キク大事典

農文協 編

野生種と育種

写真提供・解説 柴田道夫，金城栄子，野田尚信，大石一史，小西国義，八代嘉昭

●キクの野生種（柴田）

シオギク（左）：四国東端の徳島県蒲生田岬から高知県物部川までの太平洋岸に分布。イソギクと似るが，花が大きく葉の幅が広い。

イソギク（右）：千葉県の犬吠埼から静岡県の御前崎までの太平洋岸と伊豆諸島の海岸に自生。

リュウノウギク：福島県以西から山口県東部までの本州と四国に分布。

コハマギク：北海道根室から太平洋沿岸沿いに茨城県日立市まで分布。

キクタニギク：岩手県以南の東北，関東，近畿と九州北部にみられ，朝鮮半島，中国東部にも分布。アワコガネギクともよばれる。

シマカンギク：近畿以西の本州，四国，九州から，台湾，朝鮮半島，中国，ベトナム北部にまで分布。

チョウセンノギク：イワギクの変種。北海道から九州，東アジアから東部ヨーロッパにも及ぶ広い地域に分布。栽培ギクの祖先の一つと考えられている。

ハマギク：青森県から茨城県那珂湊まで，太平洋岸の岸壁や砂浜に自生。

●キクの育種

進む花色・花形の多様化　マイクロマム（左）：小輪多花性。花径が2cmにも満たない，ごく小輪の新しいタイプのスプレーギク。写真はフロリテック社'カリメロスノー'を使ったブーケ。（柴田）

古典ギクを利用した育種　風車菊（右）：肥後ギクを育種素材とした，さじ弁咲きのスプレーギク。花弁基部の管状部分と先端の平弁部との鮮明な花色のコントラストが人目を引き，洋風のフラワーアレンジメントや和風の生け花にも利用できる（品種：鞠風車）。（柴田）

キク属野生種の利用による種間交雑育種
左：イソギクとスプレーギクとの雑種第1代系統に，再度スプレーギク品種を交雑することにより，新しいタイプのキクを育成。左からイソギク（P_1），'22-B'（F_1），'ムーンライト'（$F_1 \times P_2$），スプレーギク（P_2）。（柴田）
右：沖縄県で広く普及した野生種の血が入った'沖の白波'。（金城）

突然変異育種：ピンクマーブルとその枝変わり。左上から，フロリダマーブル，ブロンズマーブル，オレンジマーブル，ポリッシュドマーブル，アプリコットマーブル，コーラルマーブル，ホワイトマーブル，ピンクマーブル，ブルーマーブル。（柴田）

遺伝子組換え（右）：青みを帯びた花色を発現するデルフィニジン誘導体を生成する鍵酵素であるフラボノイド3',5'水酸化酵素遺伝子を導入して，紫色や青色の花色を発現させる。左は野生型（品種：大平）。（野田）

●古典ギク（大石）

上左：肥後ギク
上中：伊勢ギク
上右：江戸ギク
下左：嵯峨ギク
下中：丁字ギク

●趣味ギク

上左：大菊管物（小西）
上中：一文字菊（小西）
上右：福助（小西）
下左：千輪（八代）
下右：懸崖（八代）

省力化技術

写真提供・解説 赤松富仁，本田孝志

●輪ギクの直挿し──愛知県・河合清治さん（赤松）

直挿しでラクラク＋高品質化

電照ギクの大産地・愛知県渥美半島の河合清治さんの輪ギクの直挿し（①②）。

③コテで穴をあけ、穂を挿し込み、土を寄せる。

④直挿し6日目で根が出ている。茎の表面のブツブツもこれから発根。

直挿しギクの生育の特徴

①下は細いが、上にいくにつれてボリュームがでる。
②従来の移植苗の生育。10月植えなど寒い時期に向かう作型では、節間がつまり、茎が伸びず、葉が大きくなって株元に密生しがち。
③直挿しギクはスーッと伸び、株元まで光が入る。

直挿しの方法

上段：直挿しには，左端の10cmくらいの大きい穂を使う（①）。そして太くてよい芽をとるため，20cm四方に1株の疎植（②）。
中段：直挿し後は十分灌水し（③），10日間くらい（季節や品種によって異なる）ポリフィルムをベタがけする（④）。
下段：直挿しギクは，冬至芽が土の中を横にもぐらず，まっすぐ揃って立ってくる（⑤）。当然二度切りの揃いよし（⑥）。

●スプレーギクの直挿し（本田）

輪ギクを中心に広がった直挿しは，スプレーギクにも及んでいる。直挿し作業中はシルバーカーテンで遮光し，ポリフィルムで被覆。穂がしおれないように注意する。5〜7日後には太い根が勢いよく伸びだす。

切り前

協力 （株）大田花き

収穫適期の開花程度。硬いほうから順に①→④と記している。①～④の切り前は目安で絶対的なものではない。収穫時期や品種などによって異なる。

●輪ギク
「神馬」

●スプレーギク
「セイパレット」

●小ギク

●ディスバッドタイプ
「セイオペラノヴァ」 ※①はかなり硬い状態

病虫害と障害

写真提供 原田陽帆, 栃原比呂志, 松下陽介, 片山晴喜, 竹内浩二, 大野徹, 谷川孝弘, 加藤俊博

●白さび病（原田）

冬胞子堆発生のようす

左：葉の表側に発生したようす。　右：葉の裏側に発生したようす。

冬胞子堆発生初期（左）とその5日後（右）。

最初に発生した冬胞子堆の周りに形成された新たな冬胞子堆。

多発生時のようす

白さび病によって巻き上がった葉。　葉表に形成された冬胞子堆。　茎に発生した冬胞子堆。

●ウイルス・ウイロイド病

ウイルス病（栃原）

左：キク微斑ウイルスによる退緑斑紋。右：キク微斑ウイルスによる退色。左は健全。

左：キクBウイルスによる'ミスルトー'の退緑斑。右：キクBウイルスによる退緑斑紋。

ウイロイド病（松下）

キク矮化ウイロイドによるわい化病
葉が小型化し節間が短縮してわい化する（上）。挿し穂は発根が非常に悪くなる。花の小型化や開花期の早期化（右）または遅延化が見られる品種もある。

●害虫

ミカンキイロアザミウマ（片山）

雌成虫は体長1.4〜1.7mmで紡錘型，体色は夏は黄色，冬は黒褐色。雄成虫は雌よりやや小型で体色は1年中黄色。

クロゲハナアザミウマ（竹内）

上：被害葉と幼虫。吸汁加害された部位がカスリ状の被害痕となる。
下：生長点と被害葉。新芽に潜りこんで吸汁加害されると展開してくる葉は奇形葉となる。

ハダニ（大野）

被害が全体に及ぶと葉表がざらざらした感じになる。

ヨトウガ（大野）

表皮を残し葉肉だけ食害されたキク葉。

●花首曲り（谷川）

左：'秀芳の力'の花首曲がり，右：癒着による花首曲がり。

●生理障害（加藤）

左上：'秀芳の力'の石灰欠乏。苦土の著しく多い土を客土したため発生。
左下：'精雲'の葉枯れ症状。マグネシウム過剰による根いたみが原因。中位葉葉枯症に似る。
右上：亜鉛欠乏で発生したスプレーギクの奇形葉。萎縮そう生症状に似る。
右下：スプレーギクに発生した萎縮そう生症。ホウ素の過剰，水分過多などが誘因となって発生すると考えられている。輪ギクでも発生事例が増加している。

左上：典型的なホウ素過剰症。下葉から葉縁の褐変が生じる。
右上：ホウ素過剰による著しい葉枯れ。
右下：キクの水耕栽培におけるホウ素濃度と根系。左から対照区（B 0.5ppm），中（B 0.01ppm），右（B無添加）。ホウ素欠乏により細根の伸び，根毛の発生は著しく低下する。

品　種

写真提供　愛知県農業総合試験場（A），イノチオ精興園（株）（I），小井戸微笑園（K），ジャパンアグリバイオ（株）（J），（株）デリフロールジャパン（D）

●輪ギク

秋系

①神馬（A）
②精興の誠（I）
③精興光玉（I）
④美吉野（I）

夏秋系

①精の一世（I）
②岩の白扇（A）
③フローラル優香（A）
④精の枕（I）

●スプレーギク

夏秋系

①セイパレット（I）
②コイアロームシリーズ（K）
③コイジェンヌ（K）

秋系

①セイエルザ（I）
②レミダス（I）
③レーガンエリートピンク（I）

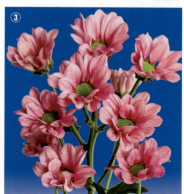

●小ギク

夏秋系

①精こまき（I）
②精ちぐさ（I）

● ディスバッドタイプ（一輪仕立て）などの新たな洋ギク（マム）

スパイダー咲き

アナスタシアダークグリーン（左：一輪仕立て，右：多輪）（D）

ポンポン咲き

ピンポンスーパー（一輪仕立て）（J） 　　モモコ（一輪仕立て）（J）

アネモネ咲き　　　　　　　　デコラ咲き

デックモナ（J）　　　　　　　　　マカロン（J）

まえがき

　日本は世界有数のキク生産・品種開発国であり，キク属植物の原産国です。キクは，日常の供花や年中行事，葬儀（祭壇）など，日本の暮らしや文化に欠かせない花であり，農家は，多様な自然環境と四季のなかで，品種選択とそれをつくりこなす技術力をもって高品質なキクをつくってきました。

　そうしたキクに，近年，人々のライフスタイルの変化や量販の拡大等により，新しい需要を目指した栽培の動きが見え始めています。例えば，輪ギクでは，従来の等級（重量）重視のつくり方に加え，量販向けサイズを多収することや，トマトやイチゴなどで先行している環境制御技術の導入。スプレーギクでは，花形や色が多彩で飾りやすい「ディスバッドマム」(スプレー品種の一本仕立て)などの「マム」とも呼ばれる新しい洋ギクの生産。小ギクではお盆や彼岸等の物日ピッタリに出荷するための露地電照栽培などです。

　このたび，当会では，上述のようなキク生産の新しい動きや課題にむけた技術に焦点をあて，キクの生理・生態，栽培の基本から，第一線の研究，経営戦略，そして，全国の優れた農家事例が収録されたキク栽培の大事典を発行する運びとなりました。本書をキク栽培のよりどころとして活用していただければ幸いです。

*

　なお，本書は当会の加除式出版物「農業技術大系花卉編」の『第6巻・キク』を中心に，『第3巻・環境要素とその制御』『第4巻・経営戦略／品質／緑化』ほか，「農業総覧花卉病害虫診断防除編」の最新記事等を再編し，一冊にまとめたものです。発行するにあたり，本書への転載をご許諾いただいた執筆者のみなさまのほか，ご協力いただいた多くの方々に心よりお礼申し上げます。

2017年1月
一般社団法人　農山漁村文化協会

全体の構成と執筆者（所属は執筆時，敬称略）

◆原産と栽培・育種史
柴田道夫（東京大学）／小西国義（岡山大学）

◆経営戦略
伊藤健二（愛知県農業総合試験場東三河農業研究所）／池内都（愛知県農業総合試験場）／川田穣一（富山県南砺市園芸植物園）／菊池和則（㈱デリフロールジャパン）／柴田道夫（東京大学）／矢野志野布（精興園）／小井戸輝雄（小井戸微笑園）／松川和弘・森本正幸・町井孝明・井ノ辻猛（ジャパンアグリバイオ㈱）／上村遙（元宮崎県総農業試験場）

◆生理・生態と生長・開花調節
川田穣一（富山県南砺市園芸植物園）／松田岑夫（元静岡県農業試験場）／藤田政良（和歌山県農業試験場）／小西国義（岡山大学）／小林隆（長野県農業総合試験場）／西尾譲一（愛知県農業総合試験場）

◆収量増を目指した環境制御
福田正夫（愛知県農業総合試験場）／大石一史（愛知県農業総合試験場）／野中瑞生（野菜・茶業試験場久留米支場）／柴田道夫（農水省野菜・茶業試験場）／林真紀夫（東海大学）／梶原真二（広島県立総合技術研究所農業技術センター）／道園美弦（農研機構野菜花き研究部門）／島地英夫（東京都農林総合研究センター）／尾上智子（宮城県栗原農改普センター）／久松完（農研機構野菜花き研究部門）／郡山啓作（鹿児島県農業開発総合センター）／島浩二（和歌山県農林水産総技センター）／西尾譲一（愛知県農業総合試験場）／景山詳弘（岡山大学）／野中瑞生（農水省野菜・茶業試験場）／谷川孝弘（福岡県農総合試験場）

◆省力化技術
川田穣一（ＪＡ全農農業技術センター）／伊藤定男（愛知県農業総合試験場）／本間義之(静岡県農業試験場)／井上知昭（東京農業大学）／本田孝志（和歌山県専門技術員）／西尾譲一（愛知県農業総合試験場）／福田正夫（愛知県農業総合試験場）／加藤俊博（愛知県農業総合試験場）／坂上修（農林水産省野菜・茶業試験場）／仲照史（奈良県農業総合センター）／石川高史（愛知県東三河農林水産事務所）

◆日持ち保証技術
宇田明（兵庫県立淡路農業技術センター）／山下市二（農林水産省野菜・茶業試験場）／山中正仁（兵庫県立農林水産技術総合センター）／豊原憲子(大阪府立環境農林水産総合研究所)／仲照史(奈良県農業総合センター)／虎太有里（奈良県農業総合センター）／市村一雄（農研機構野菜花き研究部門）

◆動向とマーケティング
宇田明（宇田花づくり研究所・㈱なにわ花いちば）／布施雅洋（滋賀県農業技術振興センター）／福田充（月刊フューネラルビジネス編集部）

◆生理障害，病害虫対策
加藤俊博（愛知県農業総合試験場）／西尾譲一（愛知県農業総合試験場）／谷川孝弘（福岡県農業総合試験場）／佐藤泰征（宮城県迫地域農業改良普及センター）／米倉悟（愛知県農業総合試験場）／後藤丹十郎（岡山大学）／原田陽帆（鹿児島県農業開発総合センター）／大野徹（愛知県農業総合試験場）／片山晴喜（静岡県農林技術研究所）／竹内浩二（東京都農林総合研究センター）／松下陽介（農研機構野菜花き研究部門）

◆輪ギク　技術体系と基本技術
福田正夫（愛知県農業総合試験場）／金子英一（熊本県農業研究センター）／由井秀紀（長野県野菜花き試験場）／松本弘義（静岡県専門技術員）／佐藤泰征（宮城県迫地域農業改良普及センター）／谷川孝弘（福岡県農業総合試験場）／出口浩（長崎県総合農林試験場）／矢野志野布（イノチオ精興園㈱）永吉実孝（鹿児島県農業開発総合センター）／今給黎征郎（鹿児島県農業開発総合センター）

◆輪ギク　生産者事例
羽賀安春（北海道上川農業改良普及センター）／山形敦子（秋田県農業試験場）／竹澤弘行（長野県佐久農業改良普及センター）／興津敏広（静岡県西部農林事務所）／坂場功（愛知県東三河農林水産事務所　田原農業改良普及課）／大羽智弘（東三河農林水産事務所田原農業改良普及課）／大辻純一（奈良県高田地域農業改良普及センター）／村口浩（香川県農政水産部）／佐伯一直（福岡県筑後農林事務所八女普及指導センター）／宮城悦子（沖縄県中部農業改良普及センター）／町田美由季（沖縄県北部農林水産振興センター農業改良普及課）

◆スプレーギク　技術体系と基本技術
中枝健（栃木県農業試験場）／佐々木功（栃木県農政部）／今給黎征郎（鹿児島県農業開発総合センター）

◆スプレーギク　生産者事例
川中子宗（栃木県塩谷南那須農業振興事務所）／石澤昌彦（群馬県吾妻振興局吾妻農業事務所）／地宗紀良（愛知県東三河農林水産事務所田原農業改良普及課）／島浩二（和歌山県農業試験場）／仁田尾学（鹿児島県曽於畑地かんがい農業推進センター）／神薗孝浩（鹿児島県大島支庁沖永良部事務所農業普及課）

◆小ギク　技術体系と基本技術
森義雄（岡山県農林水産総合センター）／住友克彦（農研機構野菜花き研究部門）／山形敦子（秋田県農業試験場）／鈴木一典（茨城県農業総合センター園芸研究所）／仲照史（奈良県農業研究開発センター）／渡邊武志（沖縄県農林水産部）

◆小ギク　生産者事例
鈴木詩帆里（福島県農業総合センター）／飯嶋啓子（茨城県県央農林事務所笠間地域農業改良普及センター）／角川由加（奈良県北部農林振興事務所）／坂本浩（奥越農林総合事務所）／富山あずさ（沖縄県南部農業改良普及センター）

◆鉢物　技術体系と基本技術
肥土邦彦（テクノ・ホルティ園芸専門学校）／八代嘉昭（元㈱サカタのタネ）

◆鉢物　生産者事例
羽村宗夫（実際家）／大島誠（長野県南安曇農業改良普及センター）

キク大事典　目次

カラー口絵　野生種と育種(1)／省力化技術(4)／切り前(6)／病害虫と障害(10)／品種(14)

まえがき …………………………………………………………………………………………… 1
全体の構成と執筆者 ……………………………………………………………………………… 2

共通コーナー

原産と栽培・育種史

キクの分類と原産地
- キクの学名 ………………………………………………………………………… 11
- 起源と日本への伝来 ……………………………………………………………… 13
- 原産地と野生種 …………………………………………………………………… 17

栽培・育種史
- キクの栽培史 ……………………………………………………………………… 25
- 系統・品種と形態的・生態的特徴 ……………………………………………… 29

経営戦略

栽培特性と経営上の課題
- 生産・消費状況と規格・品質 …………………………………………………… 37
- 栽培特性と経営形態―周年生産戦略による産地の形成過程とそれを支えた技術 ……………………………………………………………………………… 45
- 世界のキク産業とその影響，課題 ……………………………………………… 59
- オランダの経営と生産技術に学ぶ ……………………………………………… 65
- アジア諸国におけるキク産業とその影響，課題 ……………………………… 71

育種動向
- 育種の動向と課題 ………………………………………………………………… 87
- 育種目標と育種方法―精興園 …………………………………………………… 105
- 育種目標と育種方法―小井戸微笑園 …………………………………………… 111
- 育種目標と育種方法―ジャパンアグリバイオ（株） ………………………… 119

趣味ギクに学ぶ
- 趣味ギクの最新技術と資材活用 ………………………………………………… 127

生理・生態と生長・開花調節

発育相と生態的分類
- キクの発育相 ……………………………………………………………………… 139
- キクの生態的分類 ………………………………………………………………… 143

品種群の開花生態とその調節
- 夏ギク ……………………………………………………………………………… 147
- 夏秋ギク …………………………………………………………………………… 153
- 秋ギク ……………………………………………………………………………… 159
- 寒ギク ……………………………………………………………………………… 163

発育相とそれを左右する要因，調節技術
- ロゼット相 ………………………………………………………………………… 169
- 幼若相の測定と消失パターン …………………………………………………… 177
- 幼若相の経過条件 ………………………………………………………………… 181
- 感光相，成熟相とその制御 ……………………………………………………… 187

収量増を目指した環境制御

温度の制御
- 温度管理 …… 201
- 苗の低温処理 …… 207
- DIFの活用 …… 211
- 高温障害対策 …… 219
- 冷房 …… 225
- 夏期の夜間短時間冷房による高温障害抑制，開花調節，高品質化 …… 239
- 短時間変温処理の原理と応用 …… 251
- トリジェネレーション …… 269
- ハウスの中に省エネトンネル設置で油代節減（宮城県・白鳥文雄）…… 273

光の利用と制御
- 光をめぐる研究と人工光源の利用 …… 279
- キクの光周性花成のしくみと電照の最適化への展開 …… 289
- 新光源（蛍光灯やLED）による花芽分化抑制—省力で効果的な暗期中断の方法 …… 307
- キク（スプレーギク）でのEOD-FR（日没後の遠赤色光照射）の活用 …… 319
- シェード栽培における日長・温度管理 …… 323
- 再電照 …… 329

土壌養分・その他の制御
- 土壌養分管理 …… 333
- 生育調節剤の利用 …… 339
- 炭酸ガス（CO_2）施用 …… 345

省力化技術
- 苗生産分業化の課題と方法 …… 353
- 育苗方法 …… 357
- 機械定植 …… 359
- 直接短日定植法 …… 373
- 直挿し栽培（輪ギク，スプレーギク）…… 379
- 無摘心栽培 …… 391
- 二度切り栽培 …… 395
- 養液土耕 …… 399
- 防除 …… 407
- 蕾切りによる一斉収穫 …… 411
- 小ギクの一斉機械収穫 …… 417
- キクのコスト削減対策 …… 429

日持ち保証技術
- 収穫後の品質保持技術 …… 437
- 品質保持剤の活用 …… 441
- 切り花の予冷貯蔵 …… 451
- 蕾で収穫した切り花を特定日に開花させる技術 …… 455
- 日持ち保証に対応した切り花の品質管理 …… 465
- 本格化する切り花の日持ち保証販売 …… 479

動向とマーケティング
- 需要をとりもどす新しいキク—アジャストマム，フルブルームマム …… 491
- 業務需要に対応した小ギクの短茎多収栽培で産地を再興 …… 501
- 葬祭用需要の動向と求められる素材，品質 …… 507

生理障害，病害虫対策

- 要素欠乏・過剰障害 …… 517
- 萎縮そう生症 …… 521
- 心止まり症 …… 523
- 首曲がり症 …… 529
- 貫生花 …… 531
- 岩の白扇の奇形花の要因と対策 …… 535
- 黄斑症 …… 543
- 白さび病 …… 551
- タバコガ類（オオタバコガ） …… 559
- ヨトウガ …… 561
- ハスモンヨトウ …… 563
- ネグサレセンチュウ類 …… 565
- ハダニ類 …… 567
- ミカンキイロアザミウマ …… 569
- クリバネアザミウマ …… 573
- クロゲハナアザミウマ …… 575
- ウイルス，ウイロイド …… 576

[タイプ別コーナー]

輪ギク　技術体系と基本技術

周年生産の技術体系
- 体系の成り立ちと栽培の基本 …… 591
- 生育過程と技術 …… 595

季咲き栽培
- 夏ギク，夏秋ギク・暖地の技術体系 …… 605
- 夏秋ギク・冷涼地の技術体系 …… 611
- 秋ギク・暖地の技術体系 …… 617

シェード栽培
- 夏秋ギク，秋ギク・冷涼地の技術体系 …… 623

電照抑制栽培
- 夏秋ギクの技術体系 …… 629
- 夏秋ギク（岩の白扇）の栽培体系 …… 637
- 夏秋ギク（精の一世）の栽培体系 …… 647
- 秋ギク（神馬）の技術体系 …… 663
- 低温開花性系統神馬2号の技術体系 …… 675
- 秋ギク新神系品種（半無側枝性，低温開花性）の技術体系 …… 683

輪ギク　生産者事例

- 北海道・桑原敏　ハウスの有効利活用による出荷期間の拡大 …… 691
- 秋田県・羽川與助　EOD変温管理による省エネ高品質生産 …… 701
- 長野県・大工原隆実　量販向けの輪ギク生産で大規模経営を目指す …… 709
- 静岡県・木本大輔　白色花と有色花を組み合わせた周年生産体系 …… 719
- 愛知県・河合清治・恒紀　大苗直挿しと環境制御による生産性の向上 …… 725
- 愛知県・山内英弘・賢人　環境データの「見える化」への取組み …… 733
- 奈良県・吉崎光彦　二輪ギクの季咲き栽培，露地との組合わせ …… 741
- 香川県・福家和仁　白輪ギクにフルブルームタイプ，ディスバッドタイプを取り入れた経営 …… 749

福岡県・近藤和久　神馬と優花，精の一世の省力安定生産技術 ……………… 759
　　沖縄県・親川登　施設＋露地で電照抑制，輪ギクと小ギクの組合わせ ………… 769

スプレーギク　技術体系と基本技術
　　周年生産の技術体系 ……………………………………………………………… 779
　　夜温の変温管理による暖房コスト低減 ………………………………………… 787

スプレーギク　生産者事例
　　栃木県・君嶋靖夫　良質挿し穂の確保と低コスト化による周年安定生産 ……… 795
　　群馬県・荒木順一　2週間ごとの直挿し定植で労力に見合った効率経営………… 801
　　愛知県・(有)ジャパンフラワードリーム　消費者ニーズに応える「マム」
　　　生産で国産シェアを奪還 ……………………………………………………… 807
　　和歌山県・厚地恵太　冬季省エネ栽培の実現による安定生産 ………………… 817
　　鹿児島県・桑元幹夫　変温管理で省エネ・高品質生産 ………………………… 825
　　鹿児島県・三島澄仁　耐候性LED＋小型発電機を利用した安定生産………… 833

小ギク　技術体系と基本技術
　　電照栽培による夏秋期の小ギク安定生産 ……………………………………… 843
　　冷涼地の技術体系 ………………………………………………………………… 853
　　中間地の技術体系 ………………………………………………………………… 863
　　暖地の技術体系 …………………………………………………………………… 871
　　極暖地の技術体系 ………………………………………………………………… 885

小ギク　生産者事例
　　福島県・川上敦史　露地電照栽培で夏秋需要期の計画生産 …………………… 897
　　茨城県・鶴田輝夫　露地電照栽培で物日に当てる ……………………………… 905
　　福井県・松田裕二　挿し芽育苗を不要とする暮植え栽培 ……………………… 911
　　奈良県・米田幸弘　多品種栽培と電照抑制栽培で物日安定生産の実現 ……… 923
　　沖縄県・玉城肇　農作物被害防止施設（通称：平張施設）を利用した安定生産
　　　　………………………………………………………………………………… 931

鉢もの　技術体系と基本技術
　　ポットマム　栽培の基礎／生育過程と技術 ……………………………………… 939
　　ボサギク　栽培の基礎／生育過程と技術 ………………………………………… 945

鉢もの　生産者事例
　　東京都・羽村宗夫　ポットマム　季咲きとシェードによる開花促進 …………… 951
　　長野県・飯島俊一　ポットマム（ヨダーマム）パテント品種利用，
　　　年3回転の施設利用 …………………………………………………………… 957

索引 ………………………………………………………………………………………… 964
キク苗の入手先一覧 ……………………………………………………………………… 967

＊本文でふれている農薬は，各記事が執筆された時点での適用
　です。実際の使用にあたっては登録のある農薬を選ぶととも
　に，ラベルに記載の適用内容にしたがって使用して下さい。

原産と栽培・育種史

キクの分類と原産地

キクの学名

(1) キクの学名の変遷

キクの英名のクリサンセマム（chrysanthemum）は，1792年に命名された学名 *Chrysanthemum morifolium* Ramat. に由来する。キクの学名については，これ以降，200年近くの間 *Chrysanthemum morifolium* Ramat. が用いられてきたが，近年になってからいったん，*Dendranthema grandiflorum* (Ramat.) Kitamura に変更され，再び *Chrysanthemum morifolium* Ramat. に戻された経緯がある（Ohashi and Yonekura, 2004）。ちなみに鉢もの仕立てのキクの「ポットマム」の呼称は，キクの英名の語尾のマムをもじったものである。ここでは，キクの学名の変遷について述べる。

(2) 広義のキク属から狭義のキク属へ

キク属（*Chrysanthemum* L.）の学名は，植物分類学の祖とされるリンネによって1753年に命名されたものである。ギリシャ語で，黄金色の（chrysos），花（anthemon）を意味するもので，地中海原産の黄色の花のシュンギク（*C. coronarium* L.）に由来する。キク属は，かつてシュンギク，モクシュンギク（マーガレット），フランスギク，シロバナムシヨケギク（除虫菊），キクなどを含み，世界におよそ200種が分布する大きな属（広義のキク属）であった。キクはそのなかで，東アジアを中心に分布する交雑可能な種とともに，キク節（Pyrethrum）キク亜節（Subsect. Dendranthema）に分類されていた。

一方，ロシア（旧ソ連）ではキク属を小さくとらえ *Dendranthema* (DC.) Des Moulins とする見解が採用されており，1961年ツベレブはソ連植物誌（Flora URSS XXVI）でキクに *Dendranthema morifolium* (Ramat.) Tzvelev の学名（狭義のキク属）を与えた。属名の *Dendranthema* とは「木の花」という意味で，キクが草本でありながらも茎が木質化することからつけられたとされる。

1976年に狭義のキク属とするツベレブの分類がヨーロッパでも採用されたのを受けて，1978年日本のキク科植物の権威である北村四郎は，わが国に自生するキク属近縁植物を中心に学名を見直し，キクには改めて *Dendranthema grandiflorum* (Ramat.) Kitamura の学名を与えた。このように植物学の分野では1970年代に栽培ギクの属するキク属が *Chrysanthemum* から *Dendranthema* に変更されたものの，園芸学の分野ではこの変更はすぐには波及せず，1980年代後半になってから認識されるようになった。しかし，キクの学名については *Dendranthema grandiflora* Tzvelev といった北村が提唱した学名とは異なった学名が欧米中心に広まるなどの混乱が生じた。1992年に英国園芸協会が出版した The New Royal Horticultural Society Dictionary of Gardening のなかにも，実は二通りの表記がなされており，その混乱ぶりが理解できる。

Kitamura (1978) はキクの学名を見直すにあたって，属名としては前述の Des Moulins のものを採用，種名としては1792年にラマツエルが最初に発表した *Anthemis grandiflorum* Ramatuelle がキクのもっとも古い種名であったことから，これまでの種小名 *morifolium*（'クワの葉の'の意）に替えて採用し，*Dendranthema grandiflorum* とした。学名中，属名には名詞形のラテン語が用いられるが，これには文法的に男性名詞，女性名詞，中性名詞の区別がある。そして，種名（正確には種小名）の語尾は属名の性に従い，一般には男性の場合 -us，女性の場合 -a，中性の場合

原産と栽培・育種史

-umとされる。通常，属名の語尾と種名の語尾とは一致する場合のほうが多いが，そうならない場合もある（本田，1976）。北村は，ツベレブが*Dendranthema*を中性としたことを受けて*Dendranthema grandiflorum*と命名したのである。一方，*Dendranthema grandiflora* Tzvelevの表記は，1987年にHortScience誌に掲載されたアンダーソンの論文が出所となっていると推定されるが，同氏は植物分類の専門家ではないことに加え，ツベレブが命名した学名が誤って記載されていて，信憑性に問題がある。

北村の論文がラテン語と日本語で書かれたのに対して，アンダーソンの論文が英語で書かれていたことから，欧米の園芸学者の間では*Dendranthema grandiflora* Tzvelevの記載が広がってしまったものと思われる。

（3）クリサンセマムの学名の復活

このような混乱も起こるなか，1990年代になって園芸植物の分類の専門家であるTrehane (1995) により，キクの学名を再び*Chrysanthemum*に戻すべきとの提案が行なわれた。すでに*Dendranthema*の名称はオランダなどを中心に広まっていたものの，まだ広く採用されていたわけではないこと，加えて英語圏ではchrysanthemum，独語圏ではkrisantemum，スペイン語圏ではcrisantemo，フランス語圏ではchrysanthemeなどと，chrysanthemumの名称は世界中で普通名称となっている経緯を考慮すべきとの主張であった。

この提案が1995年にセントルイスで開催された第16回国際植物学会議で論議され，投票の結果，9対3で可決され，再び*Chrysanthemum*に戻された（Brummit, 1997）。これにより，かつてのキク属のタイプ標本であったシュンギクの学名は*Gleobinis coronaria*へと変更され，東アジア原産の黄色の花を咲かせる野生種シマカンギク（*C. indicum*）が新しいキク属のタイプ標本となり，*Chrysanthemum morifolium* Ramat.の学名が復活した。

執筆　柴田道夫（東京大学）

2016年記

参 考 文 献

Anderson, N. O.. 1987. Reclassification of the genus *Chrysanthemum* L. HortScience. **22**, 313.

Brummit, D.. 1997. Chrysanthmum once again. The Garden. **122**, 662―663.

本田正次．1976．学名とは．週刊朝日百科，世界の植物．3335―3337．

北村四郎．1964．野生菊．新花卉．**44**, 29―33．

Kitamura, S.. 1978. Dendranthema et Nipponanthemum. Acta Phytotax. et Geobot. **29**, 165―170.

Ohashi, H. and K. Yonekura. 2004. New combinations in *Chrysanthemum* (Compositae-Anthemideae) of Asia with a list of Japanese species. J. Jpn. Bot.. **79**, 186―195.

The Royal Horticultural Society. 1992. The New Royal Horticultural Society Dictionary of Gardening. 1. A-C. 611―618. The MacMillan Press ltd. London.

Trehane, P.. 1995. Proposal to conserve *Chrysanthemum* L. with a conserved type (Compositae). Taxon. **44**, 439―441.

キクの起源と日本への伝来

ここでは，現在栽培されているキクの起源は何か，交雑由来であればいつごろ，どこで生まれたか，わが国へはいつごろ入ってきたか，キクという和名の由来は何か，などの点について解説する。

(1) 最古のキクの記録

キクが文献上はじめて現われたのは，中国の『禮記』においてで，今から2,000年以上も前の紀元前200年ころのことである。しかし，このころ栽培されていたキクは現在の観賞を目的としたキクではなく，薬用（漢方としては頭痛，めまい，眼疾などの治療に用いる）を目的としたもので，中国北部に自生している野生種ではないかと考えられている。キクは中国では古来，不老長寿の薬とされ，9月9日の重陽の節句には長生きのために菊花の酒を飲んだとされる。この習慣はわが国にも伝わっているが，これらのキクはハイシマカンギク（*Chrysanthemum indicum* var. *procumbens* Lour.），セイアンアブラギク（*C. lavandulaefolium* var. *sianense* Kitamura）あるいはホソバアブラギク（*C. lavandulaefolium* Fischer ex Trautv.）ではないかと考えられている。

唐代に入るとキクをうたった詩文がふえていることから，北村（1950）はこのころには今日栽培されるキクが生まれていたのではないかと推定している。

(2) 栽培ギクの起源

キク科植物の権威である北村は，園芸大辞典（1950）のなかで栽培ギク（家菊）の起源に関する諸説を，以下のように整理している。

1) シマカンギク（*C. indicum* L.）から改良されたものであるとする説。これはツンベルグに始まり，わが国では中井猛之進が採用している。

2) シマカンギクとキクは別種であるとする説。これはリンネ，ラマツエル，サビネ，マキシモウィッチ，ヘムズレイ，スタッフ，わが国では牧野富太郎などが採用している。なかでも，牧野はノジギクなど *C. japonense* Nakai またはこれと近縁の中国の植物から家菊が淘汰されたとする一系説を主唱している。これに対し，マキシモウィッチ，ヘムズレイらは，チョウセンノギク（*C. zawadskii* var. *latilobum* Maxim.），オオシマノジギク（*C. crassum* Kitamura），リュウノウギク（*C. makinoi* Makino），ウラゲノギク（*C. vestitum* Stapf.）などが交雑してできたものであろうとする多系説を主唱している。

3) 北村は，唐代またはそれ以前に，中国北部および東北部に分布する二倍体のチョウセンノギクと，中南部および中部に分布する四倍体のハイシマカンギクとが，両者の分布の重なる地域において交雑し，まず三倍体ができ，その後，染色体数が倍化して，六倍体であるキクの祖先ができたとしている。

丹羽（1932）はシマカンギク起源説やノジギク起源説に対して，野生種と現在のキクとの葉の形の類似性などから，安易に原種を推定していることを批判して，「キクはただ一つの種類の植物からできたというような単純なものではなく，数種の野生ギクが雑種を重ね，さらにまた突然変異なども加わって，そこに野生ギクでもなく，だからといって現在の栽培ギクでもない，どっちつかずのある種の中間物ができ，それが長い間の人為的淘汰を受けて，今日の栽培ギクに発達してきたのではないか。この中間物は，原野に自生するには野生種よりも弱く，栽培するにはその後発達したキクに美しさに及ばないために絶滅したものと考えている」と述べている。

キクの起源については形態的特性に倍数性を加味した北村の説がよく引用されるが，北村の起源説に関しても決定的な証拠が得られているわけではなく，栽培ギクの起源は未だに謎に包まれているといえる。キクと同じ六倍体であるコムギの起源については，コムギ（*Triticum*）属植物のゲノム解析によって明らかになったことはよく知られている。キク属植物のゲノムに

ついても長年にわたり広島大学において取り組まれてきたが，キク属植物は異なる形態的特徴をもつグループ間でも容易に交雑するなど，異質倍数体であるコムギとは異なり，倍数体におけるゲノム分化を明らかにしにくい問題があった。

近年，新たな遺伝子解析の手法により栽培ギクの起源を明らかにしようとする試みがなされている。谷口（2000）は，ハマギク（*Nipponanthemum nipponicum*（Franchet ex Maxim.）Kitamura）のゲノムDNAから得た反復配列を用いてキク属野生種と栽培ギクの核ゲノムの構成を解析した。その結果，栽培ギクは形態的にはきわめて多様性に富むものの，反復配列の構成ではきわめて均質性が高かった。また，北村の起源説について，ハイシマカンギクの関与は支持されたものの，チョウセンノギクの関与は見出されなかったとしている。

一方，筆者らは母方祖先の推定に有効とされている葉緑体ゲノムについてPCR-RFLP法を用いて解析した。その結果，谷口の結果と同じく，解析した栽培品種のほとんどが同じPCR-RFLPパターンを示したのに加え，北村の起源説を支持する結果は得られなかった（岸本，2000）。現代の栽培ギクは形態的にみてきわめて多様性に富んでいるものの，遺伝子からみるとほぼ均一で，丹羽が述べているように限定された祖先型から成立してきたものと考えられる。高次倍数性に加えてゲノムサイズが大きいキク属植物においては遺伝子関連の研究がまだ緒に就いた段階であるが，さらなる遺伝子解析から栽培ギクの起源について新たな知見が得られていくものと期待される。

（3）キクの和名の由来

キクという和名は「菊（古くは鞠）」という漢字の音読みに由来することから，栽培ギクは中国より由来したという見方が一般的である（北村，1950）。しかし，中村（1980）はキクの和名の由来について，当初，キクの和名はフジバカマやカワラヨモギとする説があったが，現在は否定されており，キクが多くの小花をしめくくっている頭状花からなることから，「くくる」という意味の「クク」が起源で「キク」に転化したのではないかとしている。

ところが，これでは漢名と和名が奇妙にも一致することから，中村は牧野のノジギク説を支持し，もともと日本に分布しているノジギクが貿易航路を通じて中国に渡ると同時にこの「クク」の名前も伝わり，これが中国で「菊」に転化し，栽培品となって再びわが国に渡来し，キクと呼ばれるようになったのではないかと考えている。

ノジギク起源説については否定的な見解がなされているものの，中国よりも「キク」の和名が先に成立したとの考えは興味深い。

（4）わが国へのキクの伝来

わが国へのキクの伝来については，江戸時代の正徳2年（1712）に刊行された『和漢三才図会』において，仁徳天皇の時代（西暦385年）に百済（朝鮮）が青，黄，白，赤，黒の5種類のキクを貢いだと記されているのがもっとも古い記録であるとされている（安田，1982）。

一方，国学者を中心に，栽培ギクはわが国において生まれたものだとする見解もある（丹羽，1929a）。しかし，丹羽（1929b）は栽培ギクの起源について詳細に調べており，朝鮮から渡来したとする記述に信憑性がないことを指摘し，平安時代以前にはわが国において栽培ギクの栽培の記録がないこと，奈良時代において中国からの文物の伝来が盛んであったこと，キクの呼称が漢名由来であることなどから，栽培ギクは栽培品として中国より伝来したとし，その時期は天平時代（729〜749年）ではないかと推定している。

執筆　柴田道夫（東京大学）

2016年記

参　考　文　献

岸本早苗．2000．葉緑体遺伝子からみた栽培ギクの起源．園芸学会雑誌．**69**（別2），78—79．

北村四郎. 1950. 園芸大辞典. 576—585. 誠文堂新光社. 東京.

中村　浩. 1980. 植物名の由来. 44—49. 東京書籍. 東京.

丹羽鼎三. 1929a. 日本栽培菊の起源に関する考説（一）. 日本園芸雑誌. **41** (5), 1—17.

丹羽鼎三. 1929b. 日本栽培菊の起源に関する考説（二）. 日本園芸雑誌. **41** (6), 1—17.

丹羽鼎三. 1932. 原色菊花図譜. 23—28. 三省堂. 東京.

谷口研至. 2000. キク属植物の分布とその多様性. 園芸学会雑誌. **69** (別2), 76—77.

安田勲. 1982. 花の履歴書. 97—110. 東海大学出版会. 東京.

キクの原産地と野生種

(1) キク属植物の原産地

キク属植物の分布は，緯度で北緯22度から70度までで，亜熱帯から寒帯まで自生し，熱帯には自生しない（北村，1964）。シマカンギクが南限の種で，*Chrysanthemum articum* subsp. *polaris* Hultenや*C. integrifolium* Richardsonが北限の種である。次に経度では，南方では中国の四川省・雲南省あたりの東経100度から122度あたりまでで，ヒマラヤやインドの分布は知られていないが，北方では分布が扇状に広がり，チシマコハマギク（*C. articum* subsp. *yezoense* (Mack.) H. Ohashi & Yonek.）はヨーロッパのコラ半島から，シベリア・アラスカを経てカナダのハドソン湾に及ぶ。

主として，東アジアに種類が多く，一般に年間を通じて湿潤な気候のところに自生しており，中央アジアのような乾燥地域には自生しない。

(2) キク属植物の染色体数

キク属植物は基本数が9の倍数性を示す。つまり，体細胞染色体数（2n）が18，36，54，72，90である野生種がある。栽培ギクは一般には六倍体（2n＝54）とされているが，実際には六倍体を中心としたかなり広い異数性を示す。2n＝53や55といった奇数の染色体数をもつ品種もかなり多く，しかも偶数の品種と比較して形態や稔性に違いがまったく認められないことはキク属植物に特有の現象といえよう。これまでに調べられた栽培ギクでもっとも染色体数の少ない品種は小輪ギク'YS（2n＝36）'（遠藤，1969）で，反対にもっとも多い品種は夏秋ギク'ハート（2n＝85）'（Shibata and Kawata，1986）である。

キク属植物の染色体に関しては，広島大学において長年にわたる研究蓄積があり，わが国

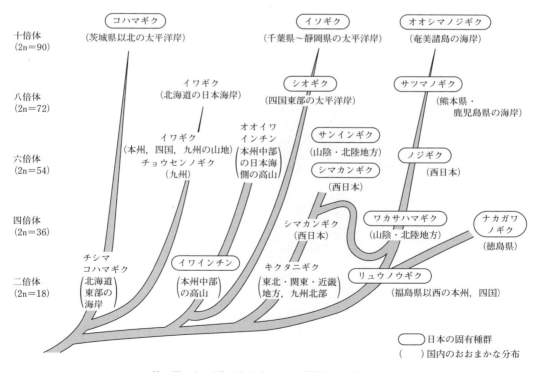

第1図　わが国に自生するキク属植物の系統分化　　　　（中田，1994）

原産と栽培・育種史

に分布する野生種については，第1図に示すような細胞遺伝学的な系統分化が推定されている（中田，1994）。

(3) 日本に自生する野生種

ここではキク属（*Chrysanthemum*）に分類されるわが国原産の野生種と，かつて同じ属に含まれていた近縁野生種（第1表）について紹介する。第2図にこれらの野生種の葉形を示した（田中，1982）。キク属内の細分化や種の設定などについては研究者による若干の違いはあるが，ここでは原則として，分類については Kitamura（1978）および北村（1983）を，学名については Ohashi and Yonekura（2004）を採用した。

キク属野生種は2つに大別できる（北村，1983）。舌状花つまり花弁をもたない野生種ともつ種との2つであり（第2表），舌状花をもたない種はオオイワインチン節に（第3表），舌状花をもつものはキク節に分類されている（第4表）。ここでは，オオイワインチン節，キク節，かつてはキク属に含まれていた近縁種について，倍数性の順に記載した。なお，キク節についてはさらに舌状花の色ごとに分けて記載し

第1表 キク属とその近縁属との検索表 (北村，1983)

1. 低木，雌花には舌状花冠が発達する。雌花の果実は鈍三角柱，両性花の果実は円柱形で10肋があり，両者とも頂に冠があり，水につけても粘化しない ･･･ ハマギク属
1. 草本 ･･ 2
    2. 果実には冠があり，雌花の果実と両性花の果実は同様で5肋があり，水につけても粘化しない。雌花の花冠は筒状で3歯があり，舌状花冠は発達しない ･･･ ヨモギキク属
    2. 果実に明らかな冠はない ･･ 3
        3. 果実は水につけても粘化しない。雌花には舌状花冠が発達するが，果実は実らない。両性花の果実は円柱形で著しい10肋がある ･･･ ミコシギク属
        3. 果実は水につけると粘化する。雌花の果実も両性花の果実も同様で5～6肋がある。雌花には舌状花冠が発達するものと，発達しないものとがある ･･･ キク属

第2図 おもな日本産キク属および近縁属植物の葉形 (田中，1982)

A：エゾノヨモギギク，B：ホソバノセイタカギク，C：ハマギク，D：リュウノウギク，E：アブラギク，F：シマカンギク，G：ナカガワノギク，H：ワカサハマギク，I：ノジギク，J：イワギク，K：チョウセンノギク，L：ピレオギク，M：シオギク，N：イソギク，O：コハマギク

第2表　キク属の節の検索表　　　　　　　　　　　　　　　　　　　　　　　　　　　　（北村，1983）

1. 雌花は筒状で先に3〜4歯があり，舌状花冠が発達しない ……………………………… オオイワインチン節
1. 雌花は舌状花冠が発達する ……………………………………………………………………………… キク節

第3表　オオイワインチン節の検索表　　　　　　　　　　　　　　　　　　　　　　　　（北村，1983）

1. 頭花は径3〜6mm，葉は羽状中〜深裂，高山の岩場に生える ……………………………………………… 2
1. 頭花は径5〜10mm，葉は羽状浅〜中裂，海岸の崖に生える ……………………………………………… 3
　2. 頭花は径5〜6mm，葉は羽状中〜深裂，茎の高さは通常20〜50cm ……………………… オオイワインチン
　2. 頭花は径3〜4mm，葉は羽状深裂，茎の高さは通常15〜20cm ……………………………… イワインチン
　　3. 頭花は径5〜6mm，総苞外片は卵形 ………………………………………………………………… イソギク
　　3. 頭花は径8〜10mm，総苞外片は線形 ……………………………………………………………… シオギク

第4表　キク節の検索表　　　　　　　　　　　　　　　　　　　　　　　　　　　　　（北村，1983）

1. 葉は裏面にT字状毛が密生して銀白色 ………………………………………………………………………… 2
1. 葉は裏面にT字状毛があって灰白色 …………………………………………………………………………… 3
1. 葉は裏面にうすくT字状毛があるか，またはなく，淡緑色 ………………………………………………… 6
　2. 葉身の基部は切形，頭花は径4〜5cm ……………………………………………………………… サツマノギク
　2. 葉身の基部はくさび形，頭花は径3〜4cm，総苞片は等長，外片は線形 …………………… ナカガワノギク
　　3. 葉身の基部は少し心径，総苞片は覆瓦状に重なり，外片は短い …………………………………………… 4
　　　4. 頭花は少なく，丈夫な長柄があり，葉身は大きく質が厚い …………………………… オオシマノジギク
　　　4. 頭花はより大きく，花柄はより短く，葉身はより薄い ………………………………………… ノジギク
　　　　5. 葉身はくさび形，表面は毛があって灰白色 ……………………………………………… ナカガワノギク
　　　　5. 葉身は卵形または広卵形，表面は緑色 …………………………………………………… リュウノウギク
　　　　　6. 葉身の基部はくさび形，羽状中裂，総苞は幅13mm，外片は線形 ……………………… ワジキギク
　　　　　6. 葉身の基部は切形または心形 …………………………………………………………………………… 7
　　　　　　7. 頭花は茎や枝の先に単生し，長柄があり，径3〜7cm，総苞外片は線形，葉裏にT字状毛はない ……… 8
　　　　　　7. 頭花は散房状またはゆるい散房状につき，多数。葉裏にT字状の毛がある ………………… 10
　　　　　　　8. 葉身は質薄く，丘陵，山地または高山の岩場に生える ……………………………… イワギク
　　　　　　　8. 葉身は質厚く，海岸に生える …………………………………………………………………… 9
　　　　　　　　9. 茎の下葉の葉身はふぞろいに3，4，5裂片があり，総苞外片は狭長楕円形，内片は長楕円形，葯の上部付属体は広長楕円形鈍頭。花は7〜9月 …………………………………… チシマコハマギク
　　　　　　　　9. 茎の下葉の葉身は掌状5中裂，総苞外片は線形，内片は長楕円形，葯の上部付属体は葯より狭くやや尖る。花は9〜10月 ……………………………………………………………………… コハマギク
　　　　　　　　　10. 頭花は径1.2〜2cm，やや散状につく …………………………………………………… 11
　　　　　　　　　10. 頭花は径2.5cm以上，散房状またはゆるい散房状につく ……………………………… 12
　　　　　　　　　　11. 総苞外片は覆瓦状に並び，外片は長楕円形または卵形，茎は開花時に下部は地上をはう ……………………………………………………………………………………… オキノアブラギク
　　　　　　　　　　11. 総苞外片は線形で少ない。茎は通常直立し，地下茎は短い ………………… キクタニギク
　　　　　　　　　　　12. 頭花は散房状につき，径2.5cm内外，総苞外片は卵形または長楕円形 ………… シマカンギク
　　　　　　　　　　　12. 頭花はゆるい散房状につき，径3〜4.5cm内外，総苞外片は長楕円形または線形 ……………………………………………………………………………………………… サンインギク

た。
　「キクの学名」の項で記したように，キク属（*Chrysanthemum*）植物については，これまでのシュンギクをタイプとした広義のキク属から，シマカンギクをタイプとした狭義のキク属に変更されたが，中国やロシアでは，舌状花をもたないオオイワインチンの仲間を*Ajania*属，痩果の性質が異なるチシマコハマギクを

Arctanthemum 属として別属で扱うことが多い。しかし，北村はこれらの植物がキク属とふつうに交雑することからキク属（*Chrysanthemum*）に含めている。この見解は被子植物の分類で広く採用されているリボソーム遺伝子のITS領域および葉緑体 *trn*L-F遺伝子のIGS領域に関するキク属およびキク属近縁種の解析結果からも支持されている（Zhao et al., 2010）。Ohashi and Yonekura（2004）も同様とし，日本産キク属を Arctanthemum, Chrysanthemum, Ajania の3つの亜節に分類し，チシマコハマギクとコハマギクとを別種としている。また，ワジキギクとサンインギクは現在は雑種起源とされている。

①舌状花をもたない野生種

1）イワインチン（染色体数2n＝18）
Chrysanthemum rupstre Matsum. et Koidz.

岩に生えるヨモギという意味の和名。本州中部の標高1,200〜2,600mの山地の岩場に生える。高さ10〜20cmで，葉は深く3〜5裂し，裂片は線形。花の直径は3〜4mmと小さいが多数が密生。

2）オオイワインチン（2n＝54）*C. pallasianum* Fisher ex Besser（第3図）

分布はやや日本海側に偏り，富山県，長野県，群馬県の高山にみられるが，シベリア東部，サハリン，中国，朝鮮半島にもみられる。イワインチンよりも大型で，高さ50cmに達することもある。

3）シオギク（2n＝72）*C. shiwogiku* Kitamura（第4図）

四国東端の徳島県蒲生田岬から高知県物部川までの太平洋岸に分布。後述するイソギクと似るが，花の直径が9mmと大きく，葉の幅が広い点で異なる。和歌山，三重両県の太平洋岸にみられるものは，キノクニシオギク（*C. kinokuniense* (Shimot. & Kitam.) H. Ohashi & Yonek.）とよばれ，イソギクとの中間的形態をもち，両者の雑種と考えられている。

4）イソギク（2n＝90）*C. pacificum* Nakai（第5図）

千葉県の犬吠埼から静岡県の御前崎までの太平洋岸と伊豆諸島の海岸に自生。10月下旬から11月に直径5mmの頭花を密集させる。葉の裏面にはT字状の毛が密生して，銀白色となる。1990年代に沖縄において普及した'沖の白波'などの小輪ギク品種はイソギクが育種素材として使われた（柴田，1994）。

②舌状花が白色の野生種

1）リュウノウギク（2n＝18）*C. makinoi* Matsum.

第3図　オオイワインチン

第4図　シオギク

第5図　イソギク

第6図　リュウノウギク

第8図　ノジギク

第7図　ナカガワノギク

第9図　チョウセンノギク

& Nakai（第6図）

　葉をつまんで指で揉むと，樟脳に似た強い香りがする。福島県以西から山口県東部までの本州と四国に分布。日当たりのよい山野，とくに道路沿いの崖などに見ることが多い。高さ50〜70cmほどで，茎は細く，葉は3裂する。葉の裏面はT字状の短毛が密生していて，白く見える。10月下旬から11月中旬に，直径2.5〜5cmの花をつける。

　2）ナカガワノギク（$2n=36$）*C. yoshinaganthum* Makino ex Kitamura（第7図）

　徳島県那賀川中流域の河川内の岩盤上にのみ生育する。葉が裏白で，くさび型になるのが特徴。10〜12月に径3〜4cmの花を開花。川沿いの鷲敷町ではシマカンギクとの自然雑種が発見され，ワジキギク（*C.*×*cuneifolium* Kitam.）とよばれている。

　3）ノジギク（$2n=54$）*C. japonense* Nakai（第8図）

　愛媛，大分両県と兵庫，広島，山口各県の瀬戸内海沿岸，高知，宮崎，鹿児島各県の太平洋沿岸，そして種子島に分布。茎は高さ90cmに達し，密な群落をつくる。葉はワカサハマギクに似るが，葉柄がはっきりしている。10〜12月に開花。花径は3〜5cm。葉や花の形態には変異が多い。四国南端の足摺岬などに分布する，葉が3裂し厚く毛が多いタイプは，変種のアシズリノジギク（var. *ashizuriense* Kitam.）とよばれる。

　4）イワギク（$2n=54$）*C. zawadskii* Herbich

　北海道から九州までの高山の岩場に分布。北海道では海岸にも自生し，東アジアから東部ヨーロッパに及ぶ広い地域に分布。7〜10月に直径3〜6cmの花を咲かせる。北海道日本海側の自生種については，染色体数が72であり，ピレオギク，別名エゾノソナレギク（*C. weyrichii* (Maxim.) Miyabe & T. Miyabe）と区別されることもある。変種のチョウセンノギク（*C. zawadskii* var. *latilobum* Kitam.）（第9図）は九州の低地や対馬，朝鮮半島や中国北部に分

原産と栽培・育種史

第10図　オオシマノジギク

第12図　キクタニギク

第11図　コハマギク

布。8〜11月に径3〜8cmの花が開花。モンゴルや中国東北部に分布するものは2n=18であり，栽培ギクの祖先の一つと考えられている（北村，1964）。

5）サツマノジギク（2n=72）*C. ornatum* Hemsl.

熊本，鹿児島両県の東シナ海側，甑島，屋久島の海岸に分布。ノジギクに似るが，毛がさらに密生して葉の裏は銀白色になり，周囲も白く縁どられて美しい。花首は太く，長い。11月に開花。

6）オオシマノジギク（2n=90）*C. crassum* (Kitam.) Kitam.（第10図）

奄美大島とその周辺の島，徳之島，喜界島，与論島，請島，加計呂麻島の海岸に自生する。ノジギクを大型にしたようで，茎は太く，葉も厚い。

7）コハマギク（2n=90）*C. yezoense* Maek.（第11図）

北海道根室から太平洋沿岸沿いに茨城県日立市まで分布している。9月から10月に開花。花径約4cm。アラスカ，サハリン，千島，北海道の網走，根室に分布する二倍体のチシマコハマギク（*C. articum* subsp. *yezoense* (Maek.) H. Ohashi & Yonek.）は痩果の特性が異なることから，別種として取り扱われる。

③舌状花が黄色の野生種

1）キクタニギク（2n=18）*C. seticuspe* f. *boreale* (Makino) Ohashi & Yonek.（第12図）

京都東山の菊渓（きくたに）に自生したことからこう呼ばれるが，黄金色の花が泡のように密生することからアワコガネギクとも呼ばれる。岩手県以南の東北，関東，近畿と九州北部にみられ，日当たりのよい山野に生える。朝鮮半島，中国東部にも分布する。茎は直立して60〜100cmになるが，地下茎は伸ばさない。葉は5深裂して裂片に切込みが多く，薄い。直径1.5cmほどの花を密生する。二倍体であることから，近年，分子生物学的なアプローチにおいて，キク属のモデル植物として注目され，幻の開花ホルモンとされてきたフロリゲンやアンチフロリゲンをコードする遺伝子が本種から単離，機能解析されている（Oda *et al*., 2012；Higuchi *et al*., 2013）

2）シマカンギク（2n=36）*C. indicum* L.（第13図）

近畿以西の本州，四国，九州から，台湾，朝鮮半島，中国，ベトナム北部にまで分布する。しかし，種名にあるインドには分布しない。茎が途中で倒れ，地下茎を伸ばす点がキクタニギクとは，異なる。茎は30〜80cmで，花は2.5cmとやや大きいが，花数は少ない。これと

第13図　シマカンギク

第14図　ハマギク

近縁の中国に自生するハイシマカンギク (*C. indicum* var. *procumbens* Lour.) が栽培ギクの祖先の一つと考えられている（北村，1964）。

④近縁野生種

1) ハマギク（2n＝18）*Nipponanthemum nipponicum* (Franchet ex Maxim.) Kitamura（第14図）

青森県から茨城県那珂湊まで，太平洋岸の岸壁や砂浜に自生。葉は肉質でさじ形。頭花は白色で，径約6cm。栽培は容易で繁殖は挿し木による。園芸的価値は高く，野生種そのものが鉢物として利用されている。胚珠培養によるキクとの雑種獲得が報告されている（長谷川，1998）。

2) エゾノヨモギギク（2n＝18）*Tanacetum vulgare* L.（第15図）

北海道の日本海，オホーツク沿岸の草原に自生。朝鮮半島，中国東北部，サハリン，シベリアなどにも分布。茎の高さは50～80cmほどで地下茎がよく伸びる。葉は2回，羽状に全裂する。頭花は舌状花を欠き，黄色で直径約1cm，散房状に多数つく。植物体全体に芳香がある。

3) ミコシギク（2n＝18）*Leucanthemella linearis* (Matsumura) Tzvelev

ホソバノセイタカギクともよばれる。山間の水がよどまない湿原に自生し，関東，東海，中国，九州の各地に隔離分布し，朝鮮半島，中国東北部にも分布する。頭花は白で，径3～6cm。ハマギクと人為的な交雑が可能。

第15図　エゾノヨモギギク

(4) 滅びゆく野生種

キク属野生種は海岸性のものと内陸性のものに大別できるが，現在，わが国の海岸線は開発が進んでおり，自然の海岸線が急速に減ってきていること，また，内陸性のものは日当たりのよい道路沿いの崖などにおもに自生するが，これらの崖も吹付けなどによって急速に減ってきていることから，野生ギクは急速に自生地を失っている状況にある。すでにイワギク（含むピレオギク），チョウセンノギク，ナカガワノギク，チシマコハマギク，オオイワインチン，エゾノヨモギギクおよびミコシギクが絶滅危惧種に位置づけられており（レッドデータブック，1993），わが国原産のキク属野生種を遺伝資源として保護あるいは保存していく必要が生じてきている。さらに，キク属野生種は栽培ギクと交雑しやすく，自生地のなかにある墓などに栽培ギクが供えられたりすると，周辺の野生種との間に容易に雑種が生じてしまう。このような

原産と栽培・育種史

栽培ギクによる遺伝的な汚染も純粋な野生種を減らす一つの原因となっており，キク属野生種の保護を困難なものにしている。

執筆　柴田道夫（東京大学）

2016年記

参考文献

遠藤伸夫. 1969. 栽培ギクの染色体研究. (第2報) 栽培ギクの染色体数について (その2). 園学雑. **38**, 343—349.

長谷川徹. 1998. 胚珠培養によるキクとハマギクとの雑種作出. 今月の農業. **42** (4), 104—106.

Higuchi Y., T. Narumi, A. Oda, Y. Nakano, K. Sumitomo, S. Fukai and T. Hisamatsu. 2013. The gated induction system of a systemic floral inhibitor, antiflorigen, determines obligate short-day flowering in chrysanthemums. PNAS. **110**, 17137—17142.

北村四郎. 1964. 野生菊. 新花卉. **44**, 29—33.

北村四郎. 1975. 週刊朝日百科. 世界の植物. **3**, 72—84.

Kitamura, S.. 1978. Dendranthema et Nipponanthemum. Acta Phytotax. Geobot. **29**, 165—170.

北村四郎. 1983. 日本の野生ギク. 新花卉. **119**, 54—59.

中田政司. 1994. 週刊朝日百科. 植物の世界. **1**, 51—59.

日本植物分類学会編. 1993. レッドデータブック. 日本の絶滅危惧植物. 118—119. 農村文化社. 東京.

Oda A, T. Narumi, T. Li, T. Kando, Y. Higuchi, K. Sumitomo, S. Fukai and T. Hisamatsu. 2012. *CsFTL3,* a chrysanthemum *FLOWERING LOCUS T*—like gene, is a key regulator of photoperiodic flowering in chrysanthemums. J. Exp. Bot. **63**, 1461—1477.

Ohashi, H. and K. Yonekura. 2004. New combinations in *Chrysanthemum* (Compositae-Anthemideae) of Asia with a list of Japanese species. J. Jpn. Bot. **79**, 186—195.

Shibata, M. and J. Kawata. 1986. Chromosomal variation of recent chrysanthemum cultivars for cut flower. Development of New Technology for Identification and Classification of Tree and Crops and Ornamentals. 41—45. Fruit Tree Research Station. MAFF. Japan.

柴田道夫. 1994. 花きの品種—キク—. 農業および園芸. **69** (5), 巻頭.

田中隆荘・下斗米直昌. 1978. 日本産野生菊の種類. 植物と自然. **12**, 6—11.

田中隆荘. 1982. キク, 植物遺伝学実験法. 343—356. 共立出版. 東京.

Zhao, H-B., F-D. Chen, S-M. Chen, G-S. Wu, and W-M. Guo. 2010. Molecular phylogeny of *Chrysanthmeum, Ajania* and its allies (Anthemideae, Asteraceae) as inferred from nuclear ribosomal ITS and chloroplast *tra*L-F IGS sequensces. Plant Syst. Evol. **284**, 153—169.

栽 培・育 種 史

キクの栽培史

（1）日本のキク

　キクは古くから日本人に愛好され，日本を代表する花の一つである。現在日本で栽培されている花の種類のなかで，栽培の歴史が最も古く，また量のいちばん多いのはキクであろう。そしてまた，日本は古くからきわめて多彩な花色や花型，多様な生育特性をもつ品種を生み出し，育種の面で世界の先導的役割を果たしてきた。後で述べるように，欧米へは初めは中国から，後に江戸時代の日本から導入されたが，欧米人はとくに日本産のキクの花型や色彩の豊富さに驚いたということである。
　利用面からみると，キクは切り花やポットマムなどの商品として生産される生産菊，古くから伝統的に鉢植えで栽培して観賞される観賞菊，庭先などに植えられる花壇菊に分けられる。このなかで生産菊の歴史がいちばん新しく，それは近々百年のことである。それまではもっぱら観賞菊や花壇菊として発達してきたが，とくに観賞菊としての発展がめざましかった。

（2）起源と歴史

①中　国

　現在の栽培ギクの起源は正確にはわかっていないが，中国で古い時代に栽培化されたものが原型であろうとされている。その起源について，北村（園芸植物大事典，1988）は中国北部から朝鮮半島に分布するチョウセンノギクと，シマカンギクの変種で中国中部に分布しているハイシマカンギクとの自然雑種か，または栽培中に雑種ができ，それがしだいに改良されたものであろうとしており，その時期は約1,500年前と考えている。なお，シマカンギクは中国南部から日本の近畿まで広く分布していて，現在でも観賞菊の懸崖づくりや盆栽に用いられている。
　中国におけるキクの歴史については，丹羽氏の詳細な記述がある（ペンネームは亜盲木聖，農耕と園芸臨時増刊号：キクのアルバム，1961）。それによれば，中国でのキクの栽培あるいは観賞そのものの始まりはもっと古く，今から2,000年以上も前だとされている。その後栽培と観賞が普及し，現在の栽培ギクの基となるものが現われた。しかし改良はかなり遅れ，花型が大きく変わったのは18世紀の中ごろとされる。この時代に「洋菊」と称される大菊が現われた。丹羽氏の解説によれば，花は五色をそなえ，円いものは毬のようであり，扁たいものは盤や輪のようで，花弁は筒になり，あるものは先端が匙のようであった。こうしてみると，「洋菊」には現在われわれがみるような匙弁や管弁をもつ品種があり，厚物も管物もあったわけである。花色も5色というから，ほぼ現在の大菊と同じであるとみられる。現在の菊花展で大菊を5鉢並べて展示するとき，しばしば5品種・5異色の条件がつく。色合いのちがう黄色と赤を2鉢ずつに白を加えて5異色である。なお，キクの花型に大変化をもたらしたこれに「洋菊」の名を与え「大菊」としなかったのは，古代中国ではナデシコ，セキチクを「大菊」としていたため，これと混同しないように「洋菊」としたのであろうとされている。

②日　本

　日本では，平安遷都3年後の797年の秋に宮中で開催された宴席で，桓武天皇がキクについて即興の短歌を詠んだことを述べたのが最も古い現実的な（空想的でない）記録だとされる。日本に野生のキク属植物が自生していたのは現在と変わらなかったと思われるが，奈良時代までにはキクについての記述がなく，キクに関心をもつ人はいなかったのだろうとされ，キクは中国から渡来したものと考えられている。その時期について，丹羽氏（前掲書）は奈良時代の

中期以後であろうとしている。ただし、ただ1回だけの渡来ではなく、後の時代を含め、何回も導入されたものと思われる。

キクは、平安時代には貴族など社会上層の人たちの間で栽培、観賞された。それが広く普及し、育種や栽培の面で著しく発展したのは江戸時代である。なかでも江戸中期（1700年代初期）と後期（1800年代初期）に発展の山がみられる。とくに中期に育種がすすみ、後に述べる今日みられるようなさまざまな花型のキク、すなわち大菊の厚物や管物、広物その他の花型のものがすでに育成されていた。中国で「洋菊」が現われたのは18世紀中ごろであるから、時期的にはそれよりも早いといえる。また、1810年代にはいわゆる菊人形が江戸巣鴨の植木屋によって始められたとされ、栽培方法の面でも多様化がすすんだ。そして、現在日本各地でみられるのと同じような菊花展も開催されていた。1717年に京都東山で行なわれた菊会には出品者248名、花数710があった。また、江戸末期の1856年に開催された浅草奥山の大輪菊合（競技会）には、花径が曲尺で1尺3寸（約40cm）の花があったという。

さらに、江戸前期の俳人松尾芭蕉は「菊の香や奈良には古き仏たち」と詠み、江戸末期の与謝蕪村は「村百戸菊なき門も見えぬかな」と詠んでいる。これらのキクが鉢植えの観賞菊なのか庭先の花壇菊であったのかは区別できないが、情景としては庶民の庭先に植えられたキクのように思われる。このことは、江戸末期にイギリスから日本を訪れ、日本のキクをロンドンに送ったロバート・フォーチュンの記述からも伺われる。彼は、日本の至るところで花が栽培されているのを見て驚き、花を愛するのが文化の高いことを示すのであれば、日本の下層階級は同じ階層のイギリス人に比べてずっとすぐれている、という意味のことを書き残している。すなわち、キクは江戸時代に育種の面でも栽培の面でも著しく発展し、さらに一般庶民へも普及した。明治以後は一時停滞もあったが、その後すぐに復活、発展して今日に至っている。

③ 欧　米

ヨーロッパへは1688年に日本からオランダに伝えられたのが最初だとされる。ただし、これは種子が実ったが間もなくすべてが枯れ、定着しなかった。1798年に中国からフランスに入り、やがてイギリスに渡った。このとき中国から渡ったのは毬咲き品種、つまりボール咲きやポンポン咲きの品種であったとされる。さらに、中国系のものとは非常に異なる花型の日本のキクが、幕末の1862年にフォーチュンによってロンドンに送られた。それによって、ヨーロッパのキクは一変したとされる。アメリカへは初めはヨーロッパを経由して、後に直接日本から伝えられた。

（3）　生産菊の登場

アメリカでは、初めは趣味家の観賞菊や花壇菊として普及し、とくに日本のキクがもてはやされたが、20世紀になって商品としての切り花生産が行なわれるようになった。こうして、長いキクの歴史のなかで、約百年前に生産菊が登場した。この場合の品種は、中国系のボール咲きが主流であり、それが切り花用として改良された。日本系のキクは切り花の輸送に向かなかったからである。

アメリカでは、その後商品経済の発展とともに切り花生産がふえていったが、とくに植物の光周性が発見され（1920）、それをキク栽培へ利用する研究がすすみ、1930年代には基本的には周年生産ができるようになった。これによって、キクの生産は飛躍的に増大した。今日のような、制御された日長と温度による近代的な周年生産体系が確立されたのは1940年代のことである。

日本では明治後期に切り花生産が始まっていたが、大正末期にアメリカから切り花用品種が逆輸入されて、切り花の商品生産が大きく発展した。昭和10（1935）年ごろには、すでに光周性を利用した開花調節による周年生産が行なわれていた。そのころの雑誌たとえば「大日本園芸組合報」その他をみると、1950年代までみられた短日開花性である秋ギク系品種の切り花が、

年末や春の彼岸あるいは6月にも出荷されていたことがわかる。

　第二次世界大戦中は，花卉生産そのものが禁止されたのでキクの切り花生産もなかったが，1950年ごろから復興し，その後は生産が飛躍的にふえた。そして，1970年代には切り花総生産額の45％をキクが占めるまでになった。その後も生産量そのものは増加しているが，花卉の多様化がすすみ，ほかの種類がふえたために比率としては下がり，現在は切り花総生産額の3分の1ぐらいになっている。それでも，キクの生産量は突出して多い。今でもキクはプライス・リーダーとされ，花市場での全体としての切り花価格がその日のキクの入荷量に左右されることが多い。

　生産菊としては，切り花ギクのほかに鉢植えで栽培して販売，観賞するポットマムがある。1950年ごろ，アメリカのヨーダー・ブラザーズ（Yoder Brothers）社で短茎性のキクが育成され，ポットマムの名称で売り出された。日本へは1960年に導入され，広く栽培されるようになった。

　こうして今日では，キクは観賞菊や花壇菊としての栽培ももちろん多いのであるが，世界的にみても商品としての生産菊が主流となっている。

〈執筆〉　小西　国義（岡山大学）

1995年記

系統・品種と形態的・生態的特徴

（1） 花の形態

　普通にキクの花とされるのは多数の小花でできた集合花であって，正確には頭状花序，通常は頭状花または頭花と呼ばれている。その中心部には黄色の管状花（筒状花ともいう）が，外側つまり周縁部には美しく着色した舌状花がある。これらはいずれも子房下位で，子房が円盤状の花床についている。花序の下部，舌状花の下には緑色の多数の総苞片が集まってできた総苞がある（第1図）。

　舌状花は5枚の花弁がゆ着してできた花冠をもち，本来は雌花であるが，普通は雌しべも発達しないで不稔性の装飾花になっている。舌状花の花冠の形は，それが平らな平（ひら）弁，その先端が内側にかるく巻いた匙（さじ）弁，筒状になった管（くだ）弁などさまざまであり，長さは15cmを超えるものからわずか1～2cmぐらいのものまである。管状花は5枚の花弁からなる合弁花で，両性花であって稔性がある。その花冠は，通常は大きく発達しない。ダリアなどとちがって，キクの小花には普通は子房の下に小苞がついていない。ところが，長日や高温で花芽形成したときなど，まれに緑色の小苞がつき，それがかなり大きく発達することがある。そういう場合，周縁部の舌状花となるべきものが花序になり，花序の中にまた花序ができて貫生花になることが多い。観賞菊の大菊栽培で，花芽分化期の8月下旬に天候が崩れて朝夕の明るい時間が短くなり，花芽形成が始まったところで天候が回復して長日・高温になった年には，品種によってはよくみられる現象である。こういう花（序）は，大きくはなるが，いわゆる弁つまり舌状花の花冠が乱れる。

（2） 花　　型

　舌状花の数が多く，それが幾重にも重なった輪になってついているのが八重咲き，小花の大部分が管状花であり舌状花の輪が少ないのが一重咲きである。一重咲きで管状花の花冠が伸び，その集まりが半球状になっているのを丁字（ちょうじ）咲き（アネモネタイプ）という。

　舌状花と管状花の数やその比率は品種の特性であるが，栽培条件によってもかなり変わる。一般に，低い温度と短い日長で花芽形成すると舌状花が少なくなり，逆に管状花がふえる。もともと八重咲きの品種でありながら管状花が多くなって黄色の心が目立つ花は，露心花といっ

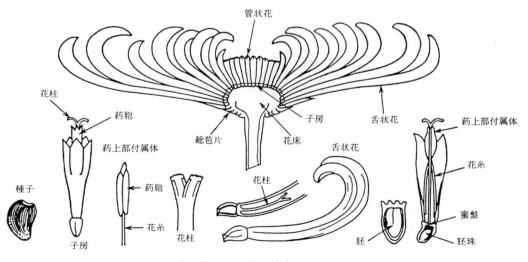

第1図　キクの花の構造（北村，1981）

原産と栽培・育種史

第2図　大菊管物
管弁の先端が巻いて玉になり，花序の中心部が茶筅のように立っているのが良花

て嫌われる。この現象は，実際栽培でしばしば問題となる。たとえば夏の切り花として，白花品種のなかで最も栽培の多い'精雲'は，10月以降に開花させると極端な露心花になる。また，観賞菊の厚物などの開花期を遅らせようとして9月中旬以降まで電照すると，多くの品種が露心してしまう。

切り花やポットマムなどの生産菊の花型は比較的に単純であり，一重咲き，丁字咲き，八重咲きに分け，それぞれを大輪，中輪，小輪に分けている。その基準は花径10cm以上を大輪，5cm以下を小輪とし，その間を中輪としている。八重咲きで小輪のものをポンポン咲きというが，最近では中輪もボール状のものはポンポン咲きということが多い。

日本で古くから伝統的に鉢で栽培して観賞するキクを特別に観賞菊という（第2図）。観賞菊は花型の改良を主目標として育種されてきたためにその花型はきわめて多様であり，第3図のように分類されている。まず頭状花の大きさで大菊，中菊，小菊に分けられる。

大菊は花序の直径（花径）が18cm以上のもので，花型により厚物，厚走り，大摑（おおつかみ），管物（くだもの），一文字菊，美濃菊などがある。厚物は，八重咲きで匙弁となった舌状花が周りから上に向かって鱗状に盛り上がり，頭状花全体が半球状になっている花型をいう。その花型で，周縁部の舌状花が管弁になり，それが長く四方にほぼ揃って伸びているのを厚走

りといい，その舌状花を走り弁と呼ぶ。走り弁が出るか出ないか，すなわち厚走りになるか厚物になるかは品種の特性であるが，同じ品種であっても出たり出なかったりする。比較的に長い日長で花芽形成したとき，あるいは花芽形成の初期に人為的に光を弱くしたときなどには走り弁が出やすい。走り弁が不揃いで垂れており，内側の舌状花の部分が乱れている花型を大摑みまたは摑み菊という。

八重咲きで，舌状花が細い管弁になっているのが管物であり，管弁の太さで太管，間管（あいくだ），細管，針管に分けられる。

舌状花が幅の広い平弁であるのを広物（ひろもの）または広のしというが，その平弁の数が少なくて配列が一重または一重に近いのが一文字菊（第4図）であり，弁数16枚を基準としている。平弁の数が多くて半八重になっているのを美濃菊という。弁数がこの中間のものを蓮華咲きと呼ぶが，最近ではほとんどみられない。

中菊は花径9cm以上のものをいい，江戸時代に地方的に発達した。主なものとしては，開花がすすむにつれて舌状花の並びが狂い，渦巻き型になる江戸菊，舌状花が細長くて刷毛状に立つ嵯峨菊，舌状花は管弁，平弁，匙弁などがあり，数が少なくて一重咲きの肥後菊，舌状花は細くて長く，配列に狂いがあり，最後は垂れる伊勢菊などがある。

花径9cm未満のものを小菊という。一重，八重，丁字咲きがあり，懸崖づくりや盆栽づくりに用いられる。

なお現在では，中菊の丁字菊や小菊の薊菊，魚子（ななこ）菊，貝咲き菊は，観賞菊としてはほとんど栽培されていない。

（3）開花特性

キクは本来的には質的な短日植物である。

観賞菊は，日本中部で8月下旬～9月上旬の日長つまり約13時間半の限界日長をもち，10月末から11月10日ごろに開花する典型的な秋ギク型である。上にも述べたように，その育種目標がもっぱら花型と花色の改良におかれ，開花時期については11月上旬を基準にして選抜されて

系統・品種と形態的・生態的特徴

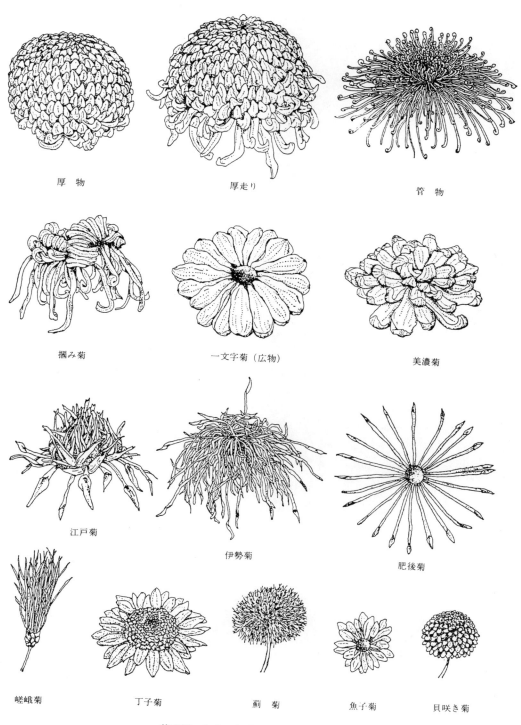

第3図　キクの主要な花型（今澄原図）

原産と栽培・育種史

第4図 一文字菊，後方は撮み菊

第5図 大菊福助づくり
前方左厚物，同右厚走り
右側5鉢は筆者の全国大会上位入賞作

きたために，開花特性は単純である。ただし，日長処理をして他の時期，たとえば9月や12月に開花させようとすると，品種の早晩性が変わることがある。すなわち，遮光や電照打切りによって一斉に短日へ移すと，本来の早生品種と晩生品種との開花期がしばしば逆転する。自然開花が同じ11月上旬であっても，限界日長が長いので早く花芽分化するがその後開花までの期間の長い品種，逆に花芽分化は遅れるが花芽発達が早い品種が混在していることになる。観賞

菊の栽培方法のなかに，「福助づくり」といって，小鉢で育成し，わい化剤で草丈を低く仕立てるものがある（第5図）。普通は5号鉢を使うので商品にもなると思われ，一部に商品として流通している。この場合，開花調節によって出荷時期を変えようとすれば，上に述べた開花特性のちがいが問題となる。

切り花などの生産菊や欧米の花壇菊の場合は，観賞菊とはちがって，開花特性が非常に複雑になっている。それは，開花期の幅を広げるための育種がすすんだからである。すなわち，限界日長が12時間以下の品種から，限界日長をもたないものまであり，その中間にさまざまな限界日長の品種がある。この限界日長の長短と花芽分化できる温度の高低その他によって，キクの品種による開花期の幅は非常に広くなった。現在，キクは開花調節の技術を使って周年生産しているが，その技術を使わないでも，品種を変えることだけで，日本西南部の露地で5月から1月まで開花させることができる。これができるようになったのは，とくに夏咲きの品種が現われたからである。

初夏咲きのキクは花壇菊のなかにかなり古くからあったが，それの血が切り花ギクにとり入れられて開花特性が多様になった。とくに最近では夏咲き品種の改良がすすみ，夏の栽培方法が変わってしまった。かつては遮光栽培といって，晩春から夏の長日の季節に短日処理をして開花させる栽培が普及していたが，今ではポットマムやスプレーギクのごく一部に残っているだけで，遮光栽培はほとんどみられなくなった。むしろ逆に，夏秋ギク型の品種を使い，夏でも電照によって開花期を調節する栽培がふえてきている。

(4) 分 枝 性

旺盛に栄養生長をしているときのキクの側枝は生長しないが，頂部が花になってシュートの生長が止まると，中〜上位節と基部節から側枝が生長する。基部とくに地中から発生する側枝を吸枝といい，晩秋以降に発生してロゼット化したものをとくに冬至芽と呼んでいる。頂花の

すぐ下の数節の側枝は通常葉をもたないで花をつけ，その下の側枝は何枚かの葉をもって花をつける。一輪ギクの場合は，これらの側枝を摘み取って頂花だけにするのであるが，その作業にはかなりの時間がかかる。

最近，基部と頂花に近い数節だけしか側芽のない，俗称「芽なしギク」と呼ばれる品種が育成されている。側枝を摘み取る手間が少なくてすむことから，将来はかなり普及するものと思われる。キクは，普通は各節に腋芽が形成され，条件によってそれが伸長したりしなかったりするのであるが，「芽なしギク」の場合は高温条件で腋芽が形成されなくなる。われわれの実験結果（未発表）では，品種によって異なるが，夜温が15℃までは腋芽がよく形成され，18℃を超えると腋芽がなくなる。また，いったん「芽なし」になった株も，低い温度では再び腋芽がつくようになる。「芽なしギク」の冬至芽に腋芽があるのは，低温期に生長するからである。

このキクの欠点は，摘心栽培ではしばしば芽が出ないこと，親株からとれる挿し穂の数が少ないことである。摘心後の不萌芽によるトラブルは無摘心栽培をすれば回避できる。同じ品種で出荷期間を広げ，しかも安上がりに苗を育成しようとすれば，株当たりの採穂数をふやすことが必要になる。その場合，冷涼地での挿し穂生産と温暖地での切り花栽培という，いわゆるリレー栽培が検討されるべきであろう。

なお，キクは分枝性というより人為的な花のつけ方，つまり仕立て方によって一輪ギク，スプレーギク，小ギクなどに分けられる。一輪ギクは輪物ともいわれ，中・大輪品種を用い，発蕾ののち頂花だけを残して他の側花蕾を除去し，1茎に1花を咲かせる。品種によっては2，3花を残すこともある。スプレーギクは1茎多花咲きとする。小ギクは日本で発達した花径6cm以下の小輪ギクで，スプレーギクと同じように1茎に多くの花を咲かせるが，分枝性が旺盛で非常に多くの花をつける。また，スプレーギクに比べて花首が短い。この分枝が多く花首が短い性質は，日本の伝統的な観賞菊のなかの小菊からきたものである。小菊の懸崖づくりの場合，1株に数百あるいはそれ以上の花を咲かせる。

（5）ロゼット

日本で育成された品種には晩秋にロゼット化し，冬の低温を受けてロゼット打破するものが多い。いったんロゼット化したものがロゼット打破するのには，1か月間以上の低温が必要である。しかも，ロゼット化したキクは未花熟となっていて，ロゼット打破した後もしばらくの間はそれが続き，花熟状態になるまで花芽分化能力がない。品種によってはそれが数か月間も続く。こういう性質は，施設を使い同じ品種の長期出荷栽培をするのには適当でない。欧米で育成された品種には，これらの性質をなくしたものが多い。日本でも，これからの育種目標の一つとして，これらの性質を取り除くことが重要であろう。

〈執筆〉 小西　国義（岡山大学）

1995年記

経営戦略

栽培特性と経営上の課題

生産・消費状況と規格・品質

(1) 生産・出荷状況

①現在の生産状況

2014年産のキク生産実績は，栽培面積5,700ha，出荷数量15億7300万本，産出額632億円である（第1表）。キクの産出額は，切り花の30.3％を占めており，2位ユリの10.3％，3位バラの9.0％を大きくリードし，切り花の主要品目である。

しかし，産出額の増減で比較すると，最近の5年間で切り花が全体で2.3％の減少であるのに対してキクは8.4％減少しており，上位10品目のなかで，カーネーションや切り葉に次いで大きな減少率となっている。一方，生花市場全体が縮小する傾向のなかで切り枝やトルコギキョウ，ガーベラの産出額は増加している。また，約20年前（1993年）と比べると切り花全体で29.3％と大きく減少しており，さらにキクは38.1％の減少でカーネーションやバラとともに大きく縮小した。

キクの内訳を比較すると，輪ギクが8.5億本（シェア54.4％），次いで小ギクが4.8億本（同30.3％），スプレーギクが2.4億本（同15.4％）となっている（第2表）。最近10年間では輪ギクは19.9％の減少，スプレーギクは同12.7％，小ギクは同9.1％で，輪ギクの減少傾向が大きい。一方，最近の5年間では輪ギクは9.2％の減少，スプレーギクは同15.6％，小ギクは5.3％の減少で，スプレーギクの減少傾向が大きい。

②生産の推移

1990年以降の出荷本数の推移を第1図に示した。

キクの合計出荷本数は，バブル経済崩壊の1991年ころを過ぎても伸び続けたが，1996年の20.8億本をピークに減少傾向に転じ，2014年は15.7億本で，ピーク時の75.6％となった。

輪ギクは，1996年が12.7億本であったものが，2014年には8.6億本となり32.3％減少した。小ギクもピークの1997年の5.8億本に比べて2012年には4.7億本まで減少し，その後は横ばいに転じている。しかし，ピーク時からの減少は19.0％にとどまっている。

第1表 2014年産主要切り花の生産状況

品目名	産出額（億円）	シェア（％）	伸び率（％） 2014/2009年	伸び率（％） 2014/1993年
キク	632	30.3	91.6	61.9
ユリ	214	10.3	98.6	119.6
バラ	187	9.0	95.9	59.6
切り枝	143	6.9	123.3	131.2
カーネーション	123	5.9	89.8	41.1
トルコギキョウ	111	5.3	120.7	120.7
スターチス	45	2.2	100.0	59.2
ガーベラ	45	2.2	115.4	—
洋ラン類	43	2.1	97.7	40.6
切り葉	42	2.0	91.3	—
その他	501	24.0	97.3	—
切り花合計	2,086	100.0	97.7	70.7

注　出典：農林水産省花き生産出荷統計

第2表 2014年産キクの内訳

品目名	出荷本数（千本）	シェア（％）	伸び率（％） 2014/2009年	伸び率（％） 2014/2004年
輪ギク	855,200	54.4	90.8	80.1
スプレーギク	241,700	15.4	84.4	87.3
小ギク	476,300	30.3	94.7	90.9
合計	1,573,000	100.0	90.9	84.3

注　出典：農林水産省花き生産出荷統計

経営戦略

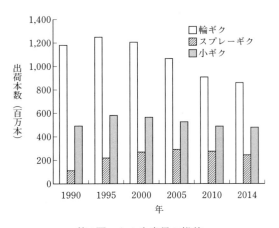

第1図　キクの生産量の推移
出典：農林水産省花き生産出荷統計

スプレーギクは、輪ギクや小ギクと異なり近年まで増加傾向にあったが、2009年2.9億本でピークとなり、その後減少に転じ、2014年産は2.4億本で、2009年に比べて17.2％の減少となった。

③主要な産地の動向

キクの主要産地ごと（都道府県）の生産状況は、愛知県29.2％、沖縄県18.5％、福岡県6.8％、以下、4位鹿児島県6.4％、長崎県4.6％、その他34.5％となっている。愛知県と沖縄県で全体の約半数に近い47.7％を占めている（2014年産）。

品目別の生産県別生産状況は第3表のとおりである。

輪ギクは、愛知県が全体の42.5％を占め、2位の福岡県以下を大きくリードしている。上位5県では、いずれも減少傾向にあるなか、長崎県が10年前に比べて35.4％と大幅な増加となっている。

スプレーギクは、愛知県が34.9％を占め、2位の鹿児島県が22.4％、栃木県が9.0％で、この上位3県で全体の66.3％を占めている。5年前と比べるとほとんどの県が減少しているなか、唯一沖縄県が42.9％伸びている。

小ギクは、首位の沖縄県が43.4％を占め、2位の奈良県以下を大きくリードしている。上位2県で52.9％を占め、輪ギクと似た構成となっている。ただ、輪ギクと異なり露地栽培がほとんどで、秋冬産地と春夏産地に分かれている。5年前と比較して全体で5.3％減少しているなか、奈良県が36％、福島県が21.6％伸びている。

④キク生産を取り巻く環境と課題

高度成長期からバブル経済期にかけて、花卉全体の生産と消費は順調に伸びた。第2次産業、第3次産業の発展に伴い「アメリカ、ヨーロッパに追いつけ、追い越せ」の気運と同時に、西洋文明や生活様式へのあこがれが高まった。マスメディアを通じて紹介されるヨーロッパやアメリカの生活様式は、花を贈り花を飾る文化とセットであり、日本でも都市部を中心に生花店が活況を呈した。

同時に冠婚葬祭の需要が大きく伸びた。冠婚を代表とするバラやカーネーションをはじめとする洋花は、結婚式のデコレーションやパーティーのテーブル花として需要が高まった。

一方、キク類、とくに輪ギク、小ギクは、葬儀花や仏花としての需要が高まった。花祭壇の普及や籠花用として消費されたり、墓花や仏壇の花として消費された。スプレーギクは、1974年にはじめて日本に導入されたが、当初のコンセプトは「キクらしくないキク」であり、冠婚用やプレゼント用として利用できるキクとしてであった。また、輪ギクや小ギクとの違いを強調

第3表　キクの主要生産県別出荷状況（2014年）

輪ギク			スプレーギク			小ギク		
県名	本数(千本)	シェア(％)	県名	本数(千本)	シェア(％)	県名	本数(千本)	シェア(％)
愛知	363,700	42.5	愛知	84,300	34.9	沖縄	206,800	43.4
福岡	86,300	10.1	鹿児島	54,100	22.4	奈良	45,300	9.5
沖縄	70,400	8.2	栃木	21,800	9.0	福島	25,300	5.3
長崎	62,000	7.2	沖縄	13,200	5.5	茨城	22,500	4.7
鹿児島	38,500	4.5	和歌山	11,000	4.6	岩手	20,900	4.4
その他	234,300	27.4	その他	57,300	23.7	その他	155,500	32.6
合計	855,200	100.0	合計	241,700	100.0	合計	476,300	100.0

注　出典：農林水産省花き生産出荷統計

して「スプレーマム」と呼称することを提唱した。

昭和50年代に入って，葬儀の花祭壇が普及するにつれて，東京を中心とした関東地方では「白い輪ギク」一色でつくる花祭壇や籠花の需要が高まった。主要産地では1980年代から，そのニーズに応えるため「白ギク」主体の生産体系が研究され，確立された。

キクは，現在も切り花の30％を占める中心的な切り花であることに変わりはなく，花卉業界にとって必要不可欠な切り花である。しかし，近年ではそのシェアを落としている。その要因は，葬儀のあり方の変化によるところが大きい。

価格の低迷や生産者の高齢化，施設の老朽化などの要因から，再生産が困難な経営体の離脱が生じている。また，今後のキクの消費に不安を感じた一部の生産者が，施設野菜などほかの作目に転換する事例も認められている。

(2) 消費・利用状況

①卸売環境の変化

1991年の東京都中央卸売市場大田花き市場開設を皮切りに，卸売市場の大型化が進んだ。

それまでのセリ人と買参人とのいわゆる「阿吽の呼吸」による取引きから，短時間に大量の荷をさばくことを重視して機械ゼリが導入された。とくに一度に多くの出荷物を扱うキクでは一箱ずつの品質ではなく，物量優先的な取引きが行なわれるようになった。

花卉卸売市場の全国的なデータは2009年産以降は公表されていないため，2015年産の東京都中央卸売市場（5市場）の状況を第4表に示した。

キクは全体の30.8％を占めており，全国的な生産出荷状況とほぼ一致している。しかし，ほかと違う傾向として小ギクとスプレーギクの取扱量が逆転している。小ギクが墓花や仏壇の供花のイメージが定着しているのに対して，スプレーギクは汎用性が広い点があげられる。また，最近のスプレーギクの葬儀需要への利用の増加を裏付けている。

第4表 東京都中央卸売市場における主要切り花の卸売状況

品目	数量（千本）	シェア（％）	単価（円）
キク	276,131	30.8	58
輪ギク	130,532	14.6	68
スプレーギク	74,842	8.4	58
小ギク	66,354	7.4	36
カーネーション	120,028	13.4	50
バラ	79,958	8.9	81
スターチス	30,063	3.4	45
洋ラン	28,941	3.2	101
ユリ	28,346	3.2	171
トルコギキョウ	27,205	3.0	162
カスミソウ	15,713	1.8	76
ストック	12,145	1.4	72
フリージア	5,424	0.6	49
グラジオラス	5,284	0.6	59
その他	265,845	29.7	56
合計	895,083	100.0	66

注　出典：2015年東京都中央卸売市場統計

第5表 キクの色別卸売状況

品目		数量（千本）	単価（円）	色別シェア（％）
輪ギク	白色系	83,559	70	64.0
	黄色系	39,187	64	30.0
	赤色系	6,391	66	4.9
	他色系	1,393	73	1.1
小計		130,532	—	—
スプレーギク	白色系	16,668	60	22.3
	黄色系	9,176	59	12.3
	ピンク	14,514	55	19.4
	他色系	34,485	58	46.1
小計		74,842	—	—
小ギク	白色系	18,096	36	27.3
	黄色系	23,144	36	34.9
	赤色系	21,617	36	32.6
	他色系	3,497	34	5.3
小計		66,354	—	—
その他キク		4,402	80	—
合計		276,131	58	

注　出典：2015年東京都中央卸売市場統計

第5表に色別の取扱い本数を示した。

輪ギクは，64％が白色系で，黄色系30％，赤系4.9％となっている。圧倒的に白色の比率が高いが，黄色系も一定の比率を確保してい

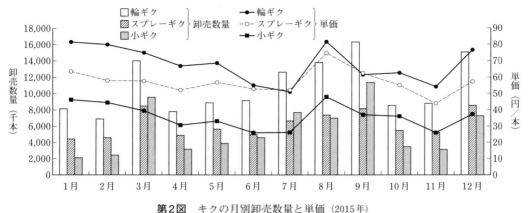

第2図　キクの月別卸売数量と単価（2015年）
出典：東京都中央卸売市場統計

第6表　愛知県における輪ギク主要品種の動向（2013年産）

	白色系	黄色系
1	神馬（A）	精の枕（S）
2	精の一世（S）	精興光源（A）
3	精興の誠（A）	精興黄玉（A）
4	岩の白扇（S）	精興光明（A）
5	フローラル優香（S）	なつき愛（S）

注　A：秋系，S：夏秋系

る。

スプレーギクは，白22.3％，ピンク系19.4％でほぼ等しく，黄色12.3％，その他46.1％となっており，多様性に富んでいる。さまざまな用途に利用されていることを裏付けている。ただ，近年は白色に対するニーズが高まっており，葬儀需要の高さを物語っている。

小ギクは，白色系27.3％，黄色系34.9％，赤系32.6％で3色のバランスがとれている。仏花，墓花需要の高さの表われである。

②月別の取引状況

東京都中央卸売市場における2015年の月別取引数量と単価の動きを第2図に示した。

輪ギク，スプレーギク，小ギクとも基本的に「物日」と呼ばれる正月，春と秋の彼岸，盆（7月の新盆，8月の月遅れ盆）の取扱量が多く，単価も安定傾向にある。ただ，この年は7月の単価が低く，8月の単価が最高となっている。これは，露地栽培が多い7～8月の生産出荷の不安定さを表わしている。

1月，2月は取引数量は少ないものの，価格は安定している。施設設備や暖房費などのコストを要する時期であり，生産に有利といえないため限られた産地からの供給となっている。

また，輪ギクやスプレーギクに比べて小ギクは，とくに物日に集中している。これは墓花用や仏壇花用に利用される機会が多いことを示している。

一方，スプレーギクは，輪ギクや小ギクに比べて比較的変動幅が小さいことから，日常の花として利用される場面が多いことがうかがえる。

③おもな品種

第6，7表は，2013年産の愛知県における輪ギクとスプレーギクの主要品種である。

白輪ギクでは，昭和50年代から1998年ころまで続いた'秀芳の力''精雲'を中心とした周年出荷体系から，'神馬''精の一世'あるいは'精興の誠''精の一世'を中心とした出荷体系が主体となっている。スプレーギクは，ピンク系，白色系，黄色系と秋ギク系，夏秋ギク系の組合わせによって産地ごとに100種類以上の品種を保持している。

小ギクは露地栽培が主体で，品種特性を利用して開花期をずらしながら，長期間出荷を目指している。

④流通・消費を取り巻く課題

輪ギク，小ギクは，葬儀需要，墓花・仏花需要に特化している。これらの用途になくてはならない花として一定の需要を確保している。このため，これまでは安定した消費が見込め，確実に再生産が可能な作目であったが，近年は葬儀の形式や宗教的行事に対する考え方の変化が大きく，需要見込は予断を許さない状況となっている。

東京を中心とした都会では「家族葬」が急速に普及している。市場関係者によると7～8年前に30％程度の件数であったものが，2年前には50％を超えたといわれている。この流れは急速に地方にも伝搬しており，各地に家族葬専用のセレモニーホールが新設されつつある。さらに都市部では葬儀自体を行なわず，火葬場へ直行する「直葬」も増えているといわれている。

取引形態では，従来のセリ取引方式から，セリ前取引，予約相対取引，年間予約相対取引などの比率が高まっている。これは，大手業務用花店や花束加工業者の台頭による。

生産者組織・団体は，この消費・流通形態の変化を見きわめ，生産・出荷体制を整備することが必須である。

(3) 出荷規格

①出荷規格の現状

第8表は，1992年度に農林水産省が推奨した規格である。当時は，花卉生産の増加に伴う流通の合理化が求められており，客観的な評価が行なわれやすいように各品目ごとに出荷規格が定められた。現在，各産地ごとにこの規格を基本として修正や改良を加えて使用している。た

第7表 愛知県におけるスプレーギク主要品種の動向 (2013年産)

	白色系	黄色系	ピンク系
1	セイエルザ（A）	レミダス（A）	レーガンエリートピンク（A）
2	セイプリンス（A）	セイエリート（A）	プリティララ（A）
3	セイヒラリー（A）	セイリムー（S）	セイアイシスピンク（S）
4	セイパレット（S）	セイアドリア（S）	レーガンエリートミーピンク（A）
5	エース（S）	レモンアレス（A）	セイソリア（S）

注　A：秋系，S：夏秋系

第8表 キクの全国標準出荷規格 (農林水産省)

ア　等級（品質）基準

評価事項	等級		
	秀	優	良
花・茎・葉のバランス	曲がりがなくバランスが特によくとれているもの	曲がりがなくバランスがよくとれているもの	優に次ぐもの
花形・花色	品種本来の特性をそなえ，花形・花色ともにきわめて良好なもの	品種本来の特性をそなえ，花形・花色ともに良好なもの	品種本来の特性をそなえ，花形・花色ともに優に次ぐもの
病害虫	病害虫の被害が認められないもの	病害虫の被害がほとんど認められないもの	病害虫の被害がわずかに認められるもの
損傷など	日やけ，薬害，すり傷などが認められないもの	日やけ，薬害，すり傷などがほとんど認められないもの	日やけ，薬害，すり傷などがわずかに認められるもの
切り前	切り前が適期であるもの	切り前が適期であるもの	切り前が適期であるもの

注：多花性の品種にあっては，開花数及び着花蕾数の合計が3輪以上でなければならない。

イ　階級（草丈）基準

輪ギク，スプレーギク		小ギク	
表示事項	草丈選別基準	表示事項	草丈選別基準
90以上	90cm以上	80以上	80cm以上
80	80cm以上90cm未満	70	70cm以上80cm未満
70	70cm以上80cm未満	60	60cm以上70cm未満
60	60cm以上70cm未満	60未満	60cm未満
60未満	60cm未満		

ウ　入れ本数基準
　　1箱当たりの標準入れ本数は，原則として200本又は100本のいずれかとする。

エ　包装基準
　　包装容器は段ボール箱とし，箱の幅（内法）はおおむね30cm又は50cmとするが，長さ，深さについては，階級（草丈），入れ本数に応じて適宜調整するものとする。

オ　表示基準
　　外装には，種類名，品種名，等級，階級（草丈），入れ本数，出荷者（団体）名を表示するものとする。

だ等級は「秀」「優」「良」が一般的だが，階級表示は「2L」「L」「M」「S」が主流となっている（第9表）。

取引における品質評価の基本は，規格どおりの品物が箱に入っていることが大前提となる。そのうえで「鮮度」「日持ち」「安定供給」などの要因が加わって産地間の競争が展開されている。

キクの出荷は，横箱を用いた乾式輸送が一般的である。これにはキクという作物の生理的特性と実需上の都合が大きく関与している。生理的にはバラなどほかの切り花に比べてきわめて

経営戦略

第9表　実際に用いられている階級基準の例

		2L	L	M	S
輪ギク	草丈（cm）	90	80	70	60
	花首長（cm以内）	5	7	7	
	1本重（g）	70〜80	60〜70	50〜60	40〜50
	1束本数	10	10	10	10
	1箱本数	100/200	100/200	100/200	100/200
スプレーギク	草丈（cm）	90	80	70	
	花蕾数	8	7	6	
	開花輪数	4	4	3	
	1束本数	10	10	10	
	1箱本数	100	100	100	
小ギク	草丈（cm）	80	70	60	
	1束本数	10	10	10	
	1箱本数	100/200	100/200	100/200	

第10表　白輪ギク主要品種（秋ギク）と求められる品質・特性

品質・特性			神馬	精興の誠
切り花として求められる品質項目	花	形3分	△	○
		形7分	△	○
		色3分	○	△
		色7分	○	△
		大きさ3分	○	○
		大きさ7分	○	○
		開花速度	△	△
	葉	形状・角度	○	○
		色	○	△
		つや	○	○
	茎	色	○	○
		垂直性・硬さ	△	○
	茎と葉	ボリューム	○	○
		バランス	○	△
	扱いやすさ		○	○
	水揚げ・日持ち性	花	△	○
		葉	△	○
生産面で求められる特性	栽培温度	伸長	○	○
		開花	△	○
	芽なし性		×	△
	病害虫・生理障害		△	○
	生育揃い		○	○
	歩留り		○	○
	秀品率		○	○
	苗生産性		○	△
	その他	幼若性	△	△
		ロゼット性	○	○

注　評価基準：3段階評価。○：優れる，△：標準，×：劣る

水揚げ，日持ちに優れる点である。このため湿式輸送のメリットが小さい点がある。実需上の都合としては，葬儀用の場合，常に一定量をストックしておく必要があり，保存場所や方法の問題がある。

しかし，一部にバケット輸送も普及している。バケット利用のメリットとして，水揚げの必要がなく到着後にすぐに利用できること，日持ち性の向上，水揚げ時の切り戻しが不要でゴミが減少することなどがあげられる。

②出荷規格の課題

現在の輪ギク規格は，ほとんどが90cmとなっている。これは，葬儀用の花祭壇に使用する場合，最大で80cmの切り花が必要で，生けるさいに10cm程度をはさみではなくて手で折りながら生けるために必要といわれている。しかし，墓花用の花束は60cm，仏壇用はさらに短い40〜35cm程度であるため，M階級で70cmあれば十分である。ゴミ処理問題もあって，この規格で出荷しようという動きが出てきている（例：「アジャストマム」（なにわ花市場），「エコマム」（農林水産省事業での取組名））。この取組みは，卸売市場が生産者と加工業者との調整役としての機能を発揮して軌道に乗りつつある。

もう一つの大きな課題として「切り前」がある。とくに輪ギクでは，流通や保存上の事情から二〜三分咲きの状態での出荷が一般的となっているため，観賞時点で本来のキク花の特徴が発揮されていない場合は多い。このことが，キクの評価全体を下げている危険性がある。もう少し開花が進んだ状態で出荷し，観賞段階で確実に七分咲きまで咲かせるような努力が求められる。

(4) 品質評価

キク切り花の品質評価は，最終的に取引価格

に反映されている。そして，品質のよしあしは，キクに限らずすべての切り花，ひいてはすべての商品に共通することだが，「ブランド力」を左右する。ブランド力とは端的にいえば「信頼の力」である。

市場流通の変化や実需者の業態の変化に伴って「ブランド力」の重要性が増している。卸売市場の大型化前は「○○産地の○○生産者のキク」として取引きされたが，現在は「○○産地ブランド」が大型取引の条件となっている。つまり1箱ずつ中身を確かめなくても品質が期待を裏切らないことである。

第10, 11表は，輪ギクに求められる切り花品質と生産場面で求められる品種特性を整理したものである。白輪ギクのうち圧倒的な市場シェアを誇る4品種であるが，それぞれの特徴があることがわかる。消費サイドが求める品質は，花，葉，茎などの外観的品質と水揚げ，日持ちなどで共通しているが，生産者が輪ギクに求める品種特性は秋ギクでは栽培温度など，夏秋ギクでは生育期間や奇形花の発生の少なさなどで若干異なる。今後，さらに高品質な生産が可能となる品種育成が望まれている。

今後のキクの需要傾向を考えると，葬祭需要に偏ったキクの消費から，日常に飾る花，慶事にも飾る花への復権（キク・ルネサンス）が求められる。キクの最大の特長である「日持ちがよい」ことを最大限に生かしながら，さまざまな花形のキクを消費者に訴え続けることが肝要である。

執筆　伊藤健二（愛知県農業総合試験場東三河農業研究所）

2016年記

第11表 白輪ギク主要品種（夏秋ギク）と求められる品質・特性

	品質・特性		精の一世	岩の白扇
切り花として求められる品質項目	花	形3分	○	○
		形7分	○	○
		色3分	○	○
		色7分	○	○
		大きさ3分	○	△
		大きさ7分	○	△
		開花速度	△	△
	葉	形状・角度	○	○
		色	○	○
		つや	△	○
	茎	色	○	△
		垂直性・硬さ	○	○
	茎と葉	ボリューム	○	△
		バランス	○	○
	扱いやすさ		○	○
	水揚げ・日持ち性	花	△	○
		葉	△	○
生産面で求められる特性	生育期間	伸長性	×	△
		到花日数	×	○
	芽なし性		○	○
	病害虫・生理障害		△	△
	生育揃い		○	△
	歩留り		○	○
	秀品率		○	△
	苗生産性		△	○
	早期発蕾・ヤナギ		○	○
	耐暑性	奇形花	△	△
		葉焼け	△	○
		中～下葉枯れ	○	○

注　評価基準：3段階評価。○：優れる，△：標準，×：劣る

栽培特性と経営形態——周年生産戦略による産地の形成過程とそれを支えた技術

(1) 愛知県におけるキクの導入期

①戦前のキクの導入期

愛知県におけるキクの切り花施設栽培は，1926年豊橋市においてガラス室内で'シルバーロール''アンゲロー'といった洋ギクを栽培したのが始まりである。ガラス室という施設を利用して栽培することで早くから開花調節に取り組み，1928年にはシェード栽培も始まった。1930年には'レモンクイーン'など晩生品種の高温抑制による11月末開花，'ラスター'などを用いた促成栽培による3〜4月開花と，年2回開花させる作型で栽培されている。そして1939年には，豊橋市で電照ギクの先駆けとなるアセチレンガスによる照明で年末開花に成功したが，第二次大戦中の灯火管制のため中断された。

このように戦前から，愛知県東三河地域では日長処理による開花調節技術が導入される基盤ができており，戦後，渥美半島を中心とする電照ギク産地が形成されていくのである。

②戦後の電照ギクの導入期

戦後のキク栽培はまず露地栽培によって再開された。次いで1948年には渥美地域（現・田原市）でガラス室を利用した年末出荷を目的とする電照栽培が始まり，1950年代前半には安定した技術として年末出荷作型は確立された。そして，電照設備を設置した農家数の推移（第1図）でわかるように，渥美地域は数年で電照ギク産地となった。同様の電照栽培は豊川市，西三河地域などにも急速に普及し，1960年ころにはほぼ全県に普及した。

このように電照ギク栽培が普及していく過程で，栽培技術の確立のため1951年に旧渥美町和地に渥美郡立の暖地園芸試験場が建設され（1953年に県に移管，愛知県園芸試験場渥美試験地となる）産地密着型の研究が進められ，多くの技術確立に貢献した。なかでも，品質が不安定であった無加温の2〜3月出荷作型において，数ある秋ギク品種のなかから低温の影響を受けにくい品種を選定しその電照方法を確立することで，1950年代後半には作型として確立して安定生産に貢献することができた。

第2図は愛知県におけるキク類の形態別栽培面積の推移を示したものである。図が示すとおり施設栽培を基盤として栽培面積が拡大しており，電照ギク栽培がその中心となっている。電

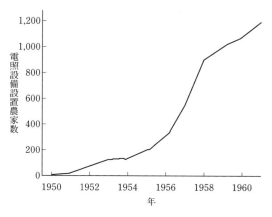

第1図 渥美地方の電照ギク勃興期における電照施設設置農家数の推移
中部電力資料より作成

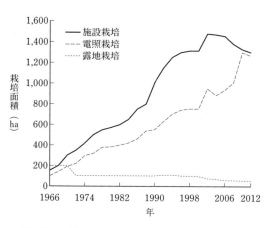

第2図 愛知県におけるキク類の施設および露地の栽培面積の推移
「愛知県花き生産実績」より

照ギク栽培を主体とすることにより施設の周年利用技術が組み立てられ、現在の周年生産体制につながる近代的な切り花生産に発展した。平成に入ってからは90％以上が施設栽培であり、2011年以降はほとんどの施設に電照設備が導入され、周年生産体制が徹底されている。

(2) 作型の成立と分化

①電照抑制栽培の作型の分化

電照ギクはまず無加温年末出荷の作型から始まった。この作型では消灯時期が10月上旬であり、施設内なら愛知県内のほとんどの地域で花芽分化できる温度が維持できる。また、出荷時期の12月は、平坦地であれば保温を行なうことで低温障害も回避できる。この作型はキクの生育適温時の栽培よりも栽培期間が20日ほど余分にかかるが、出荷期まで生育が止まらない程度の栽培温度が確保できることから、比較的容易に成立した。

年末出荷作型よりもさらに気温が低下する2〜3月の厳寒期に無加温栽培で正常に開花させるには、1）消灯時に花芽分化が可能、2）花芽の発達と花弁の伸長が阻害されない、3）凍害が発生しない温度条件を満たす必要がある。施設栽培を前提としても、この条件を満たす地域は西南暖地のごく一部に限られる。渥美半島は年平均気温15.7℃で冬季の晴天率が高い上記の条件を満たす恵まれた地域であり、先駆的な農家の取組みや関係者の技術開発により1950年代前半にはこの作型が広く普及していった（第3図）。2〜3月出荷作型で重要なのは低温でも花芽が発達する品種を導入することで、1957〜1960年にかけて渥美試験地での栽培試験により'天が原'と'乙女桜'の2品種が選定され、冬季の生産安定に貢献した。

電照ギク栽培において12月から3月にかけての複数の作型が確立したことにより、キクを主体とする経営での規模拡大が可能になった。1963年に発行された『あいちの花と温室園芸』によれば、当時の出荷形態として「花包み」を行なっており、この作業のために1日当たりの出荷本数が限定されていた。「花包み」が可能な出荷本数によって一作型の作付け面積が制限され、施設当たりの出荷本数増加による規模拡大を阻む要因となっていた。しかし、12月出荷から3月出荷まで作型が増え、作付け延べ面積が拡大することで年間の出荷量を増加させることが可能となった。これにより1960年代中ころには、複数の作型を成立させることにより経営規模を拡大するという流れができつつあった。

渥美地域以外の県内産地では作期拡大のためには暖房が必要であった。暖房は品質の向上と正確な計画生産を可能にし、さらに品種選択の

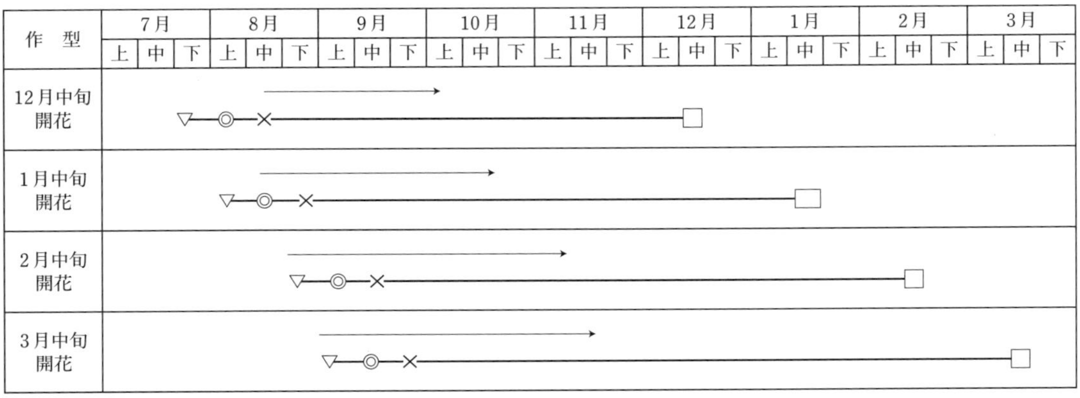

作型	7月 上 中 下	8月 上 中 下	9月 上 中 下	10月 上 中 下	11月 上 中 下	12月 上 中 下	1月 上 中 下	2月 上 中 下	3月 上 中 下
12月中旬開花	▽ ◎ ×	→				□			
1月中旬開花	▽ ◎ ×	→					□		
2月中旬開花		▽ ◎ ×	→					□	
3月中旬開花		▽ ◎ ×	→						□

▽挿し芽、◎定植、×摘心、□収穫、矢印：電照期間

第3図 無加温電照ギク（品種：天が原）の作型図

幅を広げることにもつながり、渥美地域のような暖地にも波及し、その後の周年生産を確実にした最大の要因であった。

高度経済成長期のころから生産者の意識は、花卉生産をより営利的かつ効率的に行なうものとして捉えるようになった。販売単価の高い時期に出荷できる作型ばかりにこだわるのではなく、計画生産や合理的な労力分散、省力化での規模拡大など経営の安定を目的とするように変化してきたと考えられる。

②キク促成栽培の作型の分化

促成栽培とは、短日処理や暖房によって開花期を自然開花期よりも早める栽培方法である。

秋ギク促成栽培は、十分に暖房をして自然日長が短日期のうちに花芽を分化発達させる作型であった。ただ、電照ギクの作型分化が進んで両者の開花期が一致するようになったため、1960年代中ころには秋ギクの促成栽培は行なわれなくなった。

夏ギクは花芽分化が日長とは無関係に比較的低い温度で行なわれるので、促成栽培はほかの作型に比べ容易であった。つまり、定植時期をずらし加温することにより3月から5月に出荷し、さらに自然開花で4月から6月まで出荷するように作型が分化した。

③周年栽培における夏秋ギクの活用

無加温栽培が主流であった渥美地域では、電照ギク2～3月出荷作型なら後作にメロンを入れて年2作、12月出荷作型の場合は、夏ギクとメロン、あるいはトマトとメロンを入れた年3作が標準的であった。この場合の夏ギクは、苗生産に吸枝を利用しており、電照ギクと育苗方法が異なることから周年生産に位置づけられるものではなかった。しかし、夏ギクの品種群のなかで質的短日性を示すものが発見されて、1988年に川田・堀越により夏秋ギクと命名され、夏ギクとは区別されるようになった。この夏秋ギクの'天寿'や'精雲'を用いて秋ギクと同様の挿し芽育苗を行なう栽培方法が一般化した。さらに'精雲'においては電照による開花抑制が実証され、開花調節技術が確立して夏季の作型が成立した。また、夏秋ギクは高温期でも秋ギクに比べ花が品質低下しないので、周年生産体系において夏秋ギクが重要な役割を担うこととなった（第4図）。

(3) 周年生産体系の確立の過程

①加温技術の定着とその背景

周年生産体系は、経済成長により生活にゆとりができたことで生じた花に対する需要に応え

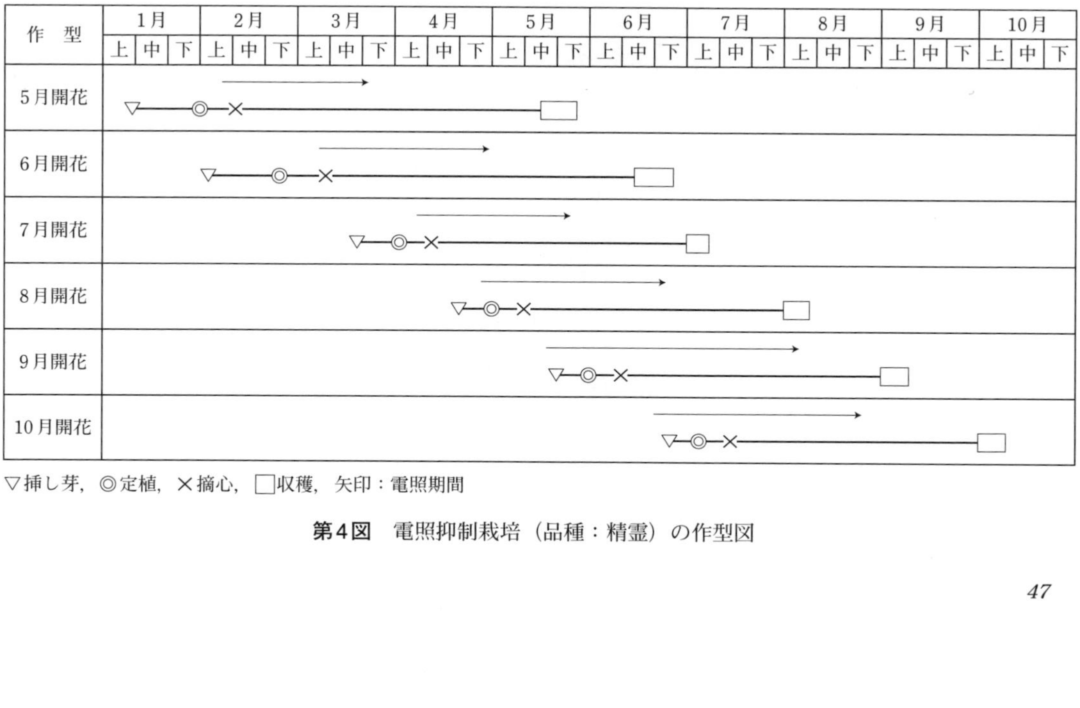

▽挿し芽，◎定植，×摘心，□収穫，矢印：電照期間

第4図　電照抑制栽培（品種：精霊）の作型図

るため，組み立てられたものである。

暖地型電照ギクでの暖房の本来の目的は，品質の向上と生産の安定化であったが，同時に栽培期間の短縮と計画生産が可能となった。このことは施設利用率を高め，年間の労力平準化を可能にし，経営規模の拡大と雇用を活用する企業的経営へ転換させる効果があった。加温栽培が拡大した背景には，高品質のものを求める実需側の要請と，生産性の向上を目指した生産側の方針があった。渥美地域を中心とする東三河地域では1970年代中ころから加温栽培が普及し始め，1980年代中ころには急速に加温面積が拡大した。また，加温技術は2～3月の冬季出荷作型を暖地以外の地域にも広める役割を果たした。東三河以外の地域では積極的に暖房しないと冬季の作型が成立しなかったので，渥美地域よりも加温栽培が早く普及した。

電照ギクへの暖房は栽培期間を短縮できるため，従来の作型よりも定植時期を遅らせることが可能になった。この結果，前作の終了時期が夏までだったものを秋まで延長できるようになり，定植直後に電照の必要がない，電照期間の短い「半電照」と呼ばれる11月出荷の電照ギクが増加したのである。このように，加温電照ギクは単純に冬季の出荷を可能にしただけでなく，栽培期間の短縮により周年の施設利用率を向上させ，キク栽培は周年化へ踏み出したのであった。

1970年代中ころには，秋ギクによる同一温室での周年生産体系が提案された。提案自体は理論上のものであり，当時の技術では年2.5作（2年5作）で施設を回転させるのが限界であった。しかし，将来の周年栽培体系として当時考案された目指すべき基準で，愛知県の意気込みを示したものであった。実際に一部で行なわれたものの，高温時の品質に問題があること，現在ほど周年需要がなかったことから，年2.5作体系は普及には至らなかったが，愛知県においては周年生産を行なうことが将来的な産地戦略として位置づけられたのであった。

②電照ギク品種の変遷

1960年代前半からの代表的品種であった'乙女桜'は加温電照栽培にも適し，シェード栽培も可能な周年生産できる品種であった。

1975年前後には加温栽培が定着し，'秀芳の力''秀芳の心''金丸富士''希望の光''寒山陽''湖西の朝'など電照ギク品種が多様化した時期があった。しかし，これらの品種は'秀芳の力'に集約されて，2000年代初めまで長く「秀力時代」が続くことになった。この状況は'秀芳の力'が品質や花持ちが優れるなど市場性が高い品種であったことによるが，幅広い作型に対応でき，シェード栽培にも適性が高いなど周年生産に適する特性があることも理由の一つである。また，二度切り，三度切りといった栽培技術も開発され，省力化や低コスト化に寄与したことも大きい。第5図に示した'秀芳の力'の二度切り栽培体系と，第4図に示した'精雲'で開発された複数の夏季の作型を組み合わせることで，品質の安定した周年栽培は可能となったのである。

その後，'秀芳の力'に替わる品種として'神馬'と'精興の誠'が登場した。'秀芳の力'は花色がややクリームがかっているのに対し，'神馬'は花色が純白で実需側に好まれたことから普及が進んだ。栽培管理の面では，'秀芳の力'は二度切りの開花を揃えるために生育初期の加温温度を上げなくてはならず，暖房費がかかることが問題であったが，'精興の誠'はより低温で栽培ができるため暖房費が節約でき，生産者にとって好都合であった。実需側のニーズと生産者のコスト削減意識に応えるために秋ギクの主力品種は交代し，'秀芳の力'は姿を消した。

③周年生産を支える夏秋ギク品種の変遷

周年生産を支える突破口となった夏秋ギク品種（1988年までは夏ギクに分類）は'精雲'であった。'精雲'は電照によって花芽分化を抑制できることから，1980年代中ころには愛知県農業総合試験場豊橋農業技術センター（現・東三河農業研究所）によって電照抑制栽培技術が確立され，5月から10月までの出荷が可能となった。この技術で，夏ギク（夏秋ギク）は本格的にキクの周年生産体系のなかに組

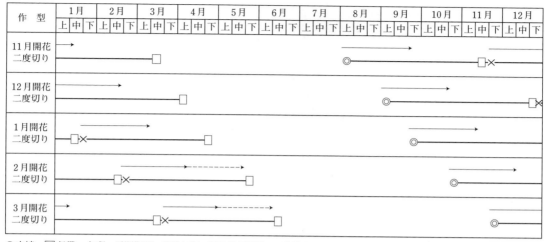

◎定植，□収穫，矢印：電照期間，破線矢印：短日処理期間，×整枝

第5図　二度切り栽培（品種：秀芳の力）の作型図

み入れられた。かつての主力品種である秋ギクの'秀芳の力'は周年生産が可能であったが，日本のような夏季の高温条件下では品質が低下するので，優れた耐暑性をもつ'精雲'を活用するほうが実用的であった。'秀芳の力'と'精雲'以降は，夏季は高品質安定生産のために夏秋ギクを生産することが一般的となり，日本型の周年生産体系が確立した。

夏季の代表品種として'精雲'が栽培されてきたが，側枝の発生が多く，摘蕾作業が生産者の負担となっていた。そこで替わって導入された品種が'岩の白扇'である。この品種は無側枝性に優れ摘蕾作業が大幅に削減できたため，品種導入が進み夏季の主力品種となった。'岩の白扇'以降，夏秋ギクにとって無側枝性は欠かせない特性となり，その後発表された'フローラル優花'や'精の一世'も無側枝性を有する。

'岩の白扇'は花芽分化の限界日長が長く，夏至のころでも消灯後の短日処理が必ずしも必要でないため，シェード設備のない簡易な施設でも栽培できた。しかし，電照による花芽抑制効果が弱いためヤナギ芽の発生が多いことや，8月中旬開花以後の奇形花の発生が問題となっていた。この状況で2009年ころから栽培が増加してきたのは'精の一世'である。本品種は短日処理が必要であるが無側枝性を有するうえ，'岩の白扇'に比べると秋口でも花，ボリュームとも優れており，シェード施設がある産地では急速に'精の一世'へと品種が切り替わり，現在の夏季の白輪ギクの主流となっている。

ただし，夏秋ギクが耐暑性に優れるといっても，近年は以前よりも猛暑日，酷暑日の発生が多く，奇形花や開花遅延，立枯れ症状への対策が必要となっている。栽培方法で解決できることもあるが，やはり今まで以上に耐暑性の高い品種の育成が重要である。

（4）産地化に寄与した「周年生産」という戦略

愛知県をキクの大産地に発展させた背景には「周年生産体制の確立」がある。多くの技術開発を基盤として周年生産が成立し，葬儀や仏花に使われる業務用という利用形態がキクの消費の主力になり周年需要を創出させた。こうして「つくれば売れる」時代においては，そのニーズを逃さず，多様な作型を成立させて，周年化による増産を進めて需要に対応してきたのである。

また，周年生産を支えたものに栽培施設の高

度化，自動化がある。露地からビニールハウスへ，さらにガラス温室へと堅牢な施設になることで，外部の気象変化の影響を受けにくくなり安定生産が実現できた。第1表に2012年における全国と愛知県のキクの施設栽培延べ面積を示した。全国のキク栽培が行なわれている全国のガラス温室面積のじつに92％を愛知県が占めており，ビニールハウスを含めた合計でも48％となり，施設化が進んでいることがよくわかる。また，第2表は花卉全体の統計であるが，内張りカーテンや自動天窓などガラス施設の装備化の状況を示したものである。愛知県の温室付帯設備の導入面積は全国の約40％から60％を占めている。このように天窓やシェード設備，遮光や保温カーテン，電照設備，暖房装置などの導入によって開花調節や環境制御が省力化され，規模拡大を支えてきた。

　生産技術面のほか，周年生産を支えた取組みとして人づくり，組織づくりがある。社会情勢や技術確立に支えられてきた背景に加え，生産者の組織化による産地化，出荷の一元化などを推進した多くの優れたリーダーの努力や生産者の協力体制が周年生産を支えてきた。先進的な生産技術と強固な産地の組織力を基盤に「周年生産」戦略を推進してきたことで，愛知県は他の追随を許さない産地を成立させたといえよう。

(5) 周年生産を支えるさまざまな栽培技術

①無摘心栽培

　周年栽培を支える技術として，定植後に摘心をせずに苗1本で切り花1本を収穫する無摘心栽培がある。かつての代表品種であった'秀芳の力'のボリューム不足を解消するために1970年代後半に試みられた。それがしだいに普及し，現在の秋ギクの主力品種の'神馬'や'精興の誠'だけでなく，夏秋ギクでも一般的な技術として定着している。苗が大量に必要だが，摘心や整枝作業にかかる労力が不要となり，栽培期間（定植から消灯まで）が短縮でき一作の栽培期間が短くなるうえ，摘心栽培に比べるとボリュームが増して品質が向上する。

②直挿し栽培

　直挿し栽培は，未発根のキクの挿し穂を本圃に直接挿す栽培方法で，挿し床やセルトレイでの挿し芽作業にはじまり，定植時の苗の抜取りまでの一連の育苗作業が省略できるため，苗生産にかかる労力が一挙に省力化された。1987年に'精雲'で実用化され，1993年には'秀芳の力'でも実用化されて全国に広まった。現在の秋ギク，夏秋ギクの主力品種やスプレーギクでも行なわれている。第6図のように，挿したあとは透明なポリフィルムで被覆し，温度と湿度を保持して活着を促進させる。また，晴天日には高温になりすぎないよう，遮光率100％の資材で遮光を行なう。未発根の穂を挿すため，発根苗定植より初期生育は遅れるが，生育後半でも草勢が衰えないので収穫時の生育は変わらなくなる。

③二度切り栽培

　かつての'秀芳の力'による周年生産では無

第1表　キクにおける全国および愛知県の施設栽培延べ面積（単位：千m^2，2012年）

	ガラス室	ビニール	合　計
全　国	5,248	22,064	27,313
愛　知	4,844	8,271	13,116

注　農林水産省「園芸用施設及び農業用廃プラスチックに関する調査　第4．ガラス室・ハウス別栽培延面積及び収穫量等」より作成

第2表　花卉における自動化装置の導入状況（単位：千m^2，2007年）

	加温設備	変温管理装置	カーテン設備	多層カーテン	自動天側窓開閉装置
全　国	10,664	7,584	8,560	4,607	6,671
愛　知	4,349（40％）	3,952（52％）	3,840（45％）	2,843（62％）	2,608（39％）

注　農林水産省「園芸用施設及び農業用廃プラスチックに関する調査　第4．ガラス室・ハウス別栽培延面積及び収穫量等」より作成
　　（　）の数値は，温室面積に対する設備の導入割合（愛知県）

第6図　直挿し栽培での発根までの管理

摘心栽培と二度切り栽培を組み合わせて行なわれていた。第5図は'秀芳の力'の二度切り栽培作型で，一つの品種で11月から6月までの出荷が可能となっている。二度切り栽培では前作の株をそのまま使うので，苗代の節約や育苗の省力化が可能となるため広く普及し，三度切り栽培も行なわれるようになった。秋ギクの品種が'神馬'や'精興の誠'に替わってからも二度切り栽培は行なわれている。

ただし，二度切り栽培は一度目の採花後の芽の整理のよしあしによって，その後の生育揃いが違ってくる。そのため，開花揃いや品質に個人差が出やすいことから，'神馬'を導入して日の浅い生産者は植替えを選択する。また，整枝のために何回も手をかけなければいけないので，大規模経営では整枝労力の省力化のため植替えが中心となっている。二度切り栽培の減少に追打ちをかけたのは，5月から11月まで夏秋ギクの'精の一世'が出荷されるようになったことである。秋ギクを一つの温室で二作栽培する機会自体が減っており，地域によっては秋ギクの二度切り栽培は行なわれなくなっている。

④冬季の品質向上のための日長および温度管理

周年生産に求められるのは単に「開花する」ということだけでなく，常に品質の高いキクを安定的に生産することである。それを支える技術として，冬季の寡日照短日条件下で花芽を正常に発達させるための日長と温度の管理が重要である。

早朝電照　2月開花作型，3月開花作型の場合，消灯後の極端に短い自然日長を電照で補うことで花芽分化を順調に促進するため早朝電照技術が開発された。方法としては，消灯から発蕾期まで12時間日長となるよう朝5時から日の出まで電照を行なうものである。

再電照　再電照は，消灯後に再び長日条件となるよう電照を行なう方法である。1970年代後半から1980年代前半に大須賀らによって研究された「12−⑤−4−③」の愛知式と呼ばれる方式が広く導入されている。この方式は，電照打切り後，12日間の無電照，5日間電照（暗期中断3時間），再び4日間無電照，そして3日間電照し，以後は開花まで無電照とするものである。上位葉が小さくなる「うらごけ」現象を防止し，ボリュームのある切り花を得ることができる。また，舌状花が減って管状花が増加して発生する開花時の「露心」症状の回避にも有効である。

変温管理　変温管理は，栽培期間を消灯前，花芽分化期，破蕾期，出荷までと区分して，それぞれにあわせて設定温度を変化させる綿密な夜温管理技術で，冬季の効率的加温技術として広く実施されている。

⑤夏季の日長調節

6月から9月出荷作型の場合，電照とシェード（短日処理）を組み合わせた日長処理が必要である。これは，長日期ではあるが深夜電照により花芽抑制を完全にして，消灯後11〜12時間日長となるよう短日処理を行なうものである。9月下旬からは秋ギクでも栽培できるが，この時期に出荷するためには高温期に定植する必要があり，切り花品質が良くないので，夏秋ギクを出荷する作型が主流になっている。

⑥購入苗の利用

1996年ころから種苗業者による海外からの苗供給が始まっており，徐々に購入苗を利用する生産者が増加した。現在では親株用の苗は大半が購入苗となっており，最近では定植苗を購入する生産者も増えている。たとえば'精の一世'の5月から6月上旬といった早い出荷の作型では定植用苗でも購入苗が利用されている。

経営戦略

苗を購入することで，自分で育苗する労力や場所を節約でき，揃った苗で栽培できるメリットがある。育苗や親株の管理にあてる労働時間を切り花栽培に向けることでロスの発生をより抑えることができるとともに，規模拡大が容易になってきた。

⑦年三作の栽培体系

周年栽培には，日長処理，暖房といった設備の必要な栽培技術と栽培時期に応じて品種を組み合わせることが必要である。現在の秋系の主力品種は'神馬''精興の誠'で，夏秋系の品種には'精の一世''岩の白扇''フローラル優花'がある。品種の組合わせの一例として，2012年当時の西三河地域の周年栽培作型の事例を第7図に示した。品種は秋ギク'神馬'，夏秋ギクは'フローラル優花'を用いており，'神馬'の二度切り栽培を行なう作型である。この組合わせでは同一の温室で'神馬'を2回，'フローラル優花'を1回収穫することになる。

現在は夏秋ギクの主流が'精の一世'に替わっており，2015年当時の田原地域の'精の一世'と'神馬'による作型を第8図に示した。こちらの作型では同一の温室で'精の一世'を2回，'神馬'を1回出荷しており，連続で'神馬'を生産する温室でも二度切りではなく植替えを行なっている。最近は，品種に対して摘蕾作業を省力化できる無側枝性が重要視されているが，'神馬''精興の誠'は無側枝性品種では

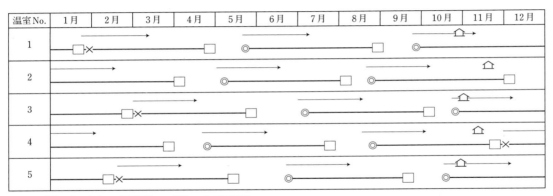

◎定植，□収穫，矢印：電照期間，×整枝，⌂暖房開始

第7図 輪ギク年三作体系（品種：神馬（二度切り），フローラル優花）の作型図（2012年当時）

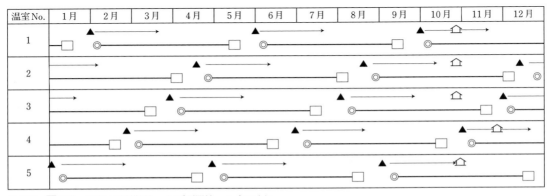

◎定植，□収穫，矢印：電照期間，⌂暖房開始，▲土つくり

第8図 輪ギク年三作体系（品種：神馬（12～5月），精の一世（6～11月））の作型図（2015年当時）

ない。そこで夏秋ギクの'精の一世'の出荷期間が長くなる傾向があり、地域によっては5月下旬から11月下旬まで出荷されている。このように同じ年三作体系でも、秋ギク主体から、作業軽減ができる夏秋ギク主体に移行しつつある。

⑧調製作業の合理化

輪ギクの共選組合や大規模経営では、調製作業が機械化されて効率化が図られている。その最たるものが「ばら受け選花」である。生産者は、共選組合の選花場に収穫後そのままあるいは一次選花したキクを搬入し、機械で選別・選花し、草丈を揃え下葉を除去する。産地によっては箱詰めまで自動化されている。必要な人手はパートによってまかなわれており、生産者に負荷がかからないようになっている。調製作業が生産者の手を離れることにより、多くの時間を栽培に向けることができるようになり、栽培管理の充実や規模拡大を可能にしている。

⑨現在の品種構成と今後の品種育成

愛知県内の主要な白輪ギク産地における周年生産体系は'神馬''精興の誠''精の一世'の3品種で構成されている。秋ギクの品種選定には低温に対する品種の生育特性が影響しており、暖房用A重油の価格が低下すれば'神馬'が増加し、価格が高騰すれば'精興の誠'が盛り返すという具合で、当面は並立状態が続くであろう。

白の輪ギクの需要はほとんどが葬祭向けの業務用であり、周年で品質、ボリュームに差がないことが要求されている。さらに生産する側も、品種を限ったほうが生産効率が高くなるため、愛知県の夏秋系白色品種の集約が進み、2015年時点で'精の一世'が約85％を占めており、主力の時代は今後も続くと思われる。

今後の輪ギクの品種育成に関しては、花色や花形、草姿に優れることはもちろんだが、耐暑性、低温伸長性、低温開花性に加え、輪ギクでは無側枝性への要求が大きい。'精の一世'が夏秋ギクにもかかわらず11月まで出荷されるのは、ひとえに無側枝性の品種であることによるものである。秋ギクの'神馬'には基本的に無側枝性がなく、摘蕾作業の省力化を望む生産者は、従来なら秋ギクの出荷シーズンにもかかわらず夏秋ギクの'精の一世'を生産している。そのため、秋ギクでも無側枝性の強い品種の開発が期待されている。また、施設利用率の向上という観点からは開花揃いの良いことが求められる。

その他、耐病性や耐虫性も当然であるが、日持ち性が注目されてきている。日持ち性は切り花を評価するときの重要項目であるため、業務用、家庭用の用途にかかわらず日持ち性の良いことが必須条件となる。とくにオリンピックをはじめとする夏の競技会やイベントにおける装飾やビクトリアブーケにも利用できるよう、夏季の高温時でも日持ち性が良い品種が期待されている。また、新たな需要を掘り起こすことを考えると、新規性のある花形や花色をもつキクの開発も必要である。

(6) 注目の技術

愛知県では既存施設を効率良く活用し、単位面積当たりの収量と品質向上をめざして、以下に示した技術開発に取り組んでいる。このほかにも収穫本数を増加させるため従来の栽植密度よりも密植にしたり、現状の規格よりも草丈を短くすることで栽培期間を短縮し施設回転率を上げる取組みも始まっている。

①ヒートポンプ暖房

暖房用A重油価格が高値に寄りながら不安定な状態が数年間続いており、暖房費の低コスト化が急務となっていた。その対策として、燃油高騰緊急対策事業を活用したヒートポンプの導入が推進され、一部でヒートポンプ暖房が行なわれている（第9図）。重油による暖房のみでは経費が増加し、キクの単価によっては採算割れのケースも出始め、冬季の作付け面積の減少を引き起こしていたが、ヒートポンプと重油暖房機のハイブリッド運転により重油使用量を削減することができるようになっている。

②ヒートポンプ夜冷

暖房のために導入したヒートポンプであるが、通年で支払う電気代の基本使用料をむだに

経営戦略

第9図　天井型ヒートポンプ

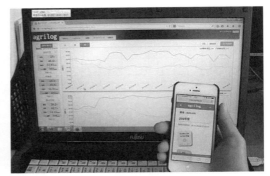

第11図　モニタリングされパソコンやスマートフォンに表示されるデータ

(撮影：中村嘉孝)

第10図　炭酸ガス発生機

しないためには周年で使用することが望ましい。そこで、夏季のヒートポンプを活用する方法として、夜間冷房の実施がある。夜間冷房は奇形花の発生抑制や立枯れ症状の減少など高温対策としての有効性が確認されており、徐々に取組みが増えている。

③炭酸ガス施用技術

1970年代から80年代前半にかけて、野菜をはじめとして炭酸ガス施用に関する研究が行なわれ、現場へも複合環境制御技術の一つとして導入されていたが普及しなかった。その原因として、正しい施用方法が理解されておらず、安定した施用効果が得られなかったことや、性能の劣る発生機が出まわり燃焼ガスによる障害が発生したりしたことによる。しかし、近年、冬季の生産性を上げる技術として炭酸ガス施用が再び注目され普及しつつある（第10図）。トマトやバラで先行して技術開発され生産性の向上が実証されてきたことから、キクでも技術導入が始まった。

施用方法は日の出後から天窓が開くまでの間は、外気よりも炭酸ガス濃度を高めに維持し、天窓が開閉する時間帯は外気並みを維持するという方法が採用されている。導入はまだ一部であるが、炭酸ガス施用により、ボリュームの不足しがちな冬季でも2L率の向上とロスの軽減に効果を上げつつある。

④施設内のモニタリング

変温管理や炭酸ガス施用など温室内の環境制御を行なう場合、実際に環境が想定どおりに制御できているか確認する必要があり、そのためのモニタリング機器が普及し始めている。機器の導入によりリアルタイムに温室内の環境データの確認ができ、データを蓄積することで過去との比較や、環境条件と出荷成績との関係を検討することができる（第11図）。

活用による効果としては、出荷成績が良いときの栽培環境データを参考にして、適正な環境を再現保持することでロスを減少させて、出荷量増加、品質向上にも貢献している。さらに先進的に活用している事例として、生産者がグループをつくってモニタリングした情報を共有し、優良事例を自分の栽培に反映させることで地域全体の収量、品質の向上に取り組んでいる。

⑤電照用光源の変遷

キクの電照には長く白熱灯が使われてきた。白熱灯は安価であるもののエネルギー効率が悪く，2012年度以降は生産が中止されていることから，代替光源が必要となっていた。そこで，電力消費量が少なく省エネ効果の高いLED照明が注目された。キクの開花抑制には620～640nmの波長がもっとも適していることが明らかにされ，信号機にも使われる634nm（赤色光）を用いた農業用の製品も開発された（第12，13図）。白熱灯や蛍光灯に比べて非常に高価であったが，寿命が長く消費電力が少ないことから，節約できた電気代と相殺できること，導入への助成制度などにより徐々に普及してきた。赤色LEDだけでは暗くて夜間の作業に適さないので，白色LEDと組み合わせたタイプや電球色タイプも用いられることがある。

LED以外の選択肢として蛍光灯がある。蛍光灯はLEDほど製品寿命は長くないが，白熱灯より消費電力が小さく寿命が5倍以上で，LEDよりは安価である。そのため現状では，白熱灯からの切替え光源は蛍光灯が主流となっている。

⑥開花揃いの向上

'秀芳の力'時代に確立された年3作体系は，その後品種の変遷があったものの，秋ギクと夏秋ギクの組合わせで年3作体系が行なわれている。1作当たり栽培期間はおおよそ100日であるが，栽培期間が延長してしまうと年3作は困難になってくる。そこで，温室内の日射量をなるべく均一にし，影の部分をなくすことで，生育や開花の揃いを良くし収穫期間が長引かないような試みがなされている。たとえば被覆資材に散乱光フィルムを用いたり，谷部に光が届くように反射資材を張ったりするなど工夫がされている。

⑦「物日」需要への対応

「物日」といわれるお盆や彼岸，年末には平生よりも大幅に需要が伸びる。そこで，周年栽培とは別に「物日」に計画出荷する体系が注目されている。「物日」には仏花に適したM，Sサイズの需要が多くなるため，通常よりも栽植

第12図　点灯中の赤色LED
（撮影：野村浩二）

第13図　赤色LED点灯中の温室内
（撮影：野村浩二）

密度を高めて通常の規格別比率よりM，Sサイズの比率を高める操作をするようになってきた。

このほか，「物日」向けとして根本的な出荷規格の見直しが提案されている。「物日」向けのキクは仏花に加工するので葬儀用ほどの草丈は必要とされていない。そこで，葬儀用よりも10～20cm程度草丈の短いキクを「エコマム」と名づけて栽培し出荷する取組みが始まっている。栽培期間が短くなるので，理論上は年4作も可能である。この取組みを成功させるには，「エコマム」が，周年で出荷される葬儀用とは異なる位置づけの商品であると実需者の理解を得たうえで，生産と需要をマッチングさせることが必要である。「不できなキク」ではなく「むだのないキク」という認識が定着すれば，単位面積当たりの生産量の増加に直結する技術であ

経営戦略

る。
　周年出荷では多少の増減はあっても平準出荷することが求められている。しかし，「物日」は通常の流通量に加えて上乗せで需要が増加するため，国内の周年出荷産地だけでは対応しきれず輸入キクが使われることが多い。そこで，「物日」向け栽培を導入することで，輸入に依存していた需要を取り返すことも可能である。

(7) キク類の動向

①輪ギクの需要動向

　白輪ギクは，業務用，葬儀用花材のイメージが定着してしまい，新たな需要開拓はむずかしい状況にある。しかも昨今では，葬儀に洋花を使うケースも見られ，必ずしもキクの独占状態が継続するとは限らない。そのため，産地のなかには危機感を抱いて，イベントなどで満開にしたフルブルームやデコレーションしたキクなどを紹介し輪ギクの新たな魅力を引き出し，業務用とは異なる消費を創り出そうと新たな挑戦を開始している。

　一方，愛知県の黄輪ギクは白輪ギクに比べると生産量は少なく，キク類生産量全体の8%程度であるが，仏壇用や墓参り用の仏花として一定の需要は確実にあり，白一辺倒であったキク生産の一角を占めるようになった。そのため，白輪ギク産地と競合しないように黄輪ギク生産で特化した地域もあり，今後も業務用の需要が継続すると思われる。

　黄輪ギクの夏秋系も品種の集約が進んで'精の光彩'にしぼられつつある。'精の光彩'は無側枝性であること，高温時でもボリュームがあることが大きな強みになっている。そのため，2014年頃から黄色の輪ギク産地では'精の光彩'へ品種の切替えが進み，2015年時点で夏秋系黄輪ギクの出荷本数の65%を占めるまでになっている。

②スプレーギクの需要動向

　輪ギクが業務用一辺倒なのに対し，スプレーギクは家庭用・業務用と利用の幅が広くなっている。スプレーギクは品種が多く花色が豊富で，ポンポン咲きや「キクらしくない」花形の品種もあって，家庭でも飾りやすい点でほかの洋花と競争することができる。周年で白，ピンク，黄，その他の花色をそれぞれまとまった量を出荷できることも強みになっている。消費量が伸びていると推測されるスプレーギクの生産量は，輸入品が入ってきているにもかかわらず減少せず，今後も需要の伸びが期待されている。

(8) 新しい取組み

①出荷情報の発信

　かつて，国産キクは輸入キクに比べると，出荷時期や出荷量が不安定で，しばしば，単価の高騰，下落を引き起こしていた。そのため，仕入れ価額に制限のある業務用需要は安定的かつ正確に納品される輸入キクに依存した経緯がある。そこで，国内の産地としては，計画生産を推進し，出荷予測を行なうことで出荷量や出荷時期を市場へ情報発信して予約相対取引きを行なうようになった。実需者側にとって予約相対取引きは確実にキクを確保できるため，セリよりは高めの単価設定となることが一般的である。セリとは異なり，あらかじめ単価が決まるので，生産者は収支の見通しが立てやすく，セリよりも高い単価で取引きされれば収益増となる大きなメリットがある。また，正確な情報発信を続けることで産地の信用度は高まり，販売面において他産地より優位に立つことができる。

　しかし，求められる規格を求められる量で欠品させずに出荷することがむずかしい季節もあり，予約相対量をさらに増加させるには季節に応じて栽培技術の見直しを行なうことが必要である。

②日持ち保証と産地表示

　キクはもともと日持ちの良い花であるため，ほかの切り花ほど前処理作業が徹底されていなかった。しかし，花卉業界全体で日持ち性向上に取り組む意識が高まり，2015年に日持ち性向上対策品質管理認証制度が始まった。制度開始後まもなく，愛知県内のスプレーギクの生産部会が団体では日本初の認証を受けるなど，今

まで日持ち性向上への取組みに遅れを取っていたキク産地も動き始めている。

キクばかりでなく切り花全般は産地表示が義務づけられておらず，出荷箱から出してしまうとどこの産地かわからなくなってしまい，ことに業務用キクのように飾られた状態では産地表示は不可能である。しかし，キク類の家庭向けの用途拡大を考えたとき，産地表示は消費者の関心をひく情報となる可能性がある。都会の消費者はキクがどんなところで生産されているか知らないと想定されるなかで，店頭に産地表示されて並んだとき，知っている地域や行なったことのある地域の地名があれば親しみがわくのではないだろうか。

③キクの魅力発信

キクは業務用に特化したため，スプレーギクはまだしも，満開の輪ギクを消費者が見る機会は少ないと思われる。満開まで開花したキクは豪華で華やかであるが，消費者に知られていないのは残念である。今まではキク＝葬式という図式が一般的で，それで需給バランスが保たれていたため，とくに新たな販路や使い方を模索する必要はなかった。

しかし，核家族化が進み，葬儀そのものが家族葬といった，規模が小さくなるケースが目立ってきた。さらに，故人が生前好んだ花を飾るなどキク以外の花が使われることも増えてきている。仏壇も小さくなり花を生けるスペースもなくなっている。第14図はキク類の産出額の推移を示したものである。リーマンショックなど景気が後退した年は消費量が大きく減少し，いったん減少すると回復せず減少ぎみの横ばいである。このままではキクの消費量は年々減少する一方であるといわれており，産地も危機感を抱くようになっている。

家庭でも楽しんでもらえるように，重陽の節句をはじめとして満開のキクを秋の商材として位置づけたり，白色にこだわらず赤やピンク，緑などのキクのイメージを変える「ディス

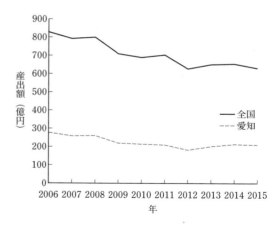

第14図 キク類の産出額の推移
「農林水産省生産農業所得統計」より作成

バッド」タイプの生産拡大，オリンピック，パラリンピックのビクトリアブーケの花材として輪ギクを提案するなど新しい流れが生まれつつある。そこで，今まで以上に花卉関係のイベントなどでは積極的に新しいキクの姿を直接消費者に示して，家庭で楽しめるキクに対する認知度を上げていく努力も必要である。キク生産を「変身」させるきっかけを逃さず，生産者はもとよりキクを扱う関係者が協力して現状打破に取り組む時期が来ているのである。

執筆　池内　都（愛知県農業総合試験場）

2016年記

参 考 文 献

愛知県花き温室園芸組合連合会企画編集．1963．あいちの花と園芸．

一般社団法人日本施設園芸協会企画・編集．2015．『施設園芸・植物工場ハンドブック』．農文協．

大石和史編著．2011．『キクをつくりこなす』．農文協．

農文協編．1995．生理・生態と生長・開花調節．農業技術大系花卉編．第6巻，91—149．農文協．

農文協編．2015．栽培技術と障害対策．農業技術大系花卉編．第6巻，153—334の3．農文協．

世界のキク産業とその影響，課題

キク産業は切り花・鉢もの生産と，それらを支える育種と苗生産から成り立っている。しかし，鉢ものは規格が多様であり，遠距離輸送が困難で，生産と輸出入のデータが少ない。したがって，ここでは主として切り花生産について述べる。

キクの切り花生産を，その歴史と輸出入の実績からみると，1）南北アメリカ，2）ヨーロッパ，3）アジアの順になる。しかし，育種の歴史から見ると，1）中国，2）日本，3）ヨーロッパ，4）アメリカの順となり，切り花生産の歴史とは逆となる。

（1）世界のキク栽培面積と切り花生産額

第1表にキク切り花生産主要国の栽培面積と生産額を示す。第1位のインドの栽培面積は1万9,000haであるが，生産量は1.48億kgである。中国は1990年代の経済成長を背景として，1999年に昆明で花の万博を開催するとともに花卉生産の振興をはかった。オランダからキク切り花用品種を導入し，その挿し穂生産を開始し，マレーシアおよびベトナムなどの高地におけるキク切り花生産を行なった。

日本では1960年代までキクは全切り花生産額と量において50％以上を占めていたが，生活様式の洋風化とともに洋花ブームが到来した。その対応として1974年にスプレーギクが導入された。しかし，2000年をピークとして生産面積・数量ともに減少に転じた。輪ギクとスプレーギクは主として平暖地の施設による周年生産，小ギクは冬は沖縄，夏は高冷地，春秋は平地で生産されている。

ヨーロッパではオランダは最大のキク切り花の輸出国で，2011年のスプレーギク，サンティニ（小輪スプレーギク），輪ギクの生産割合はそれぞれ70.5％，16.3％，13.1％であった。市場流通量は2005年は14.8億本であったが，2014年には13.1億本に減少した。この間，面積当たりの収量は13％増加した。また，農場当たりの平均温室面積は2.3haから3haに増加し，農場数は合併などによって470から170に減少した。

イタリアは，ヨーロッパのキク生産ではオランダに次ぐ地位を占めている。しかし，輸出割合は低い。全生産物の30％は10月に国内向けに出荷され，11月2日の万霊節に墓地に供えられる。

アメリカでは1940年代からキク切り花の大規模な周年生産が開始されたが，1980年代以降はコロンビアからの輸入が増大し，2000年以降は生産数量のデータがない。

（2）キク切り花の輸出入

第2表にキク切り花の主要輸出国および輸出額を，第3表に主要輸入国および輸入額を，第4表にkg当たりの輸出価格を示す。世界のキク切り花輸出額は増加し続けている。最大の輸出国はオランダであり，輸出先はユーロ圏およびロシアである。2009～2010年および2013年

第1表 キク切り花生産主要国の栽培面積と生産額
(Spaargaren, 2015)

国　名	年　次	栽培面積 (ha)	生産額 (100万ドル)
インド	2013	19,000	(1.48億kg)
中　国	2013	8,475	2,443
日　本	2010	5,230	310（スプレー） 560（小ギク） 959（輪ギク）
タ　イ	2008	2,199	—
韓　国	2012	700～800	—
台　湾	2009	728	—
オランダ	2013	475（施設）	1,132（スプレー） 174（輪ギク）
イタリア	2010	411（露地） 769（施設）	— 600
イギリス	2013	16（露地） 56（施設）	— —
ドイツ	2012	37（露地） 32（施設）	— —
コロンビア	2012	716	—

第2表　世界のキク切り花の輸出額（単位：100万USドル）　　　　　　　　　　（Spaargaren, 2015）

	2007年	2008年	2009年	2010年	2011年	2012年	2013年
全世界	—	—	—	655	788	806	814
EU28国	—	—	—	126	135	155	161
オランダ	481	508	409	429	549	530	520
コロンビア	89	87	91	108	115	125	147
マレーシア	—	—	35	51	56	81	79
リトアニア	—	1	1	1	7	4	27
中　国	7	9	11	11	17	21	23
エクアドル	—	—	1	3	4	4	10
韓　国	6	6	8	14	11	10	7
南アフリカ	7	8	3	2	4	6	7
ベトナム	—	5	8	10	11	13	16

第3表　世界のキク切り花の輸入額（単位：100万USドル）　　　　　　　　　　（Spaargaren, 2015）

	2007年	2008年	2009年	2010年	2011年	2012年	2013年
全世界	—	—	—	765	817	821	844
イギリス	187	190	158	229	215	185	170
アメリカ	87	87	94	119	131	153	169
日　本	69	79	90	119	136	151	139
ロシア	101	112	107	120	135	141	131
ドイツ	50	46	40	41	49	42	51
フランス	29	30	27	26	23	21	19
ウクライナ	—	—	—	—	7	5	28

第4表　キク切り花のkg当たりの輸出額（単位：ドル）　　　（Spaargaren, 2015）

	2010年	2011年	2012年	2013年	2014年
オランダ	6.02	7.50	6.51	—	5.46
コロンビア	3.90	3.91	3.91	4.24	—
マレーシア	1.80	1.29	1.47	1.95	2.42
リトアニア	8.00	8.50	—	7.24	5.19
中　国	2.53	2.42	2.79	2.93	3.29
エクアドル	4.43	4.20	4.33	—	3.40
韓　国	6.57	7.93	6.93	5.67	—
南アフリカ	2.88	3.60	4.38	4.06	4.30
ベトナム	3.54	4.36	5.91	4.97	—

に輸出額が低下した理由は，ユーロ圏およびロシアの国民総生産額の低下による。コロンビアの輸出額は増加し続けており，輸出先はアメリカ83％，イギリス6％，カナダ4％である。エクアドルのキク切り花生産の歴史は浅いが，輸出額は増加している。

第2表には入っていないが，マレーシアとベトナムは2008年に日本への輸出を開始し，南アフリカもイギリスに輸出している。

オランダの輸出先のユーロ圏とロシアは，所得水準が高く，オランダ産の良品質の切り花を求めるので輸出価格が高い。エクアドルは単価の高い輪ギクを輸出している。イギリスは量販店用にコロンビアおよび南アフリカから安価な切り花も輸入している。日本のキク切り花生産は2000年をピークとして減少し，輸入が増加したが2012年がピークで，その後は減少に転じた。長く続く不景気の反映であろう。2013年の輸入額は約1.4億ドルであり，輸入先はマレーシア68％，中国15％，ベトナム10％，韓国4％である。キク切り花の輸入額はキク市場流通額の約20％を占めている。

(3) 導入と栽培の歴史

キクは中国では古くから薬草として栽培されていたが，観賞用に栽培されるようになったのは唐時代以降である。日本では平安時代初期ごろに栽培が始められたといわれ，「源氏物語」と「枕草子」に，「キクの花を綿で覆って，移

世界のキク産業とその影響，課題

第1図　Lebois（1847～1850年）が育成した最初のポンポン咲きギク
出　典：J.J. Spaargaren. 2015. ORIGIN & SPREADING of the cultivated CHRYSANTHEMUM

第2図　R. Fortuneが中国で収集したキク
頂部と右上部がChusan Daisy
出典：岩佐吉純. 2008. Catalogue of catalogues. 岩佐文庫.

第3図　R. Fortuneが日本で収集したキク
出典：岩佐吉純. 2008. Catalogue of catalogues. 岩佐文庫.

り香を愛でる」と記されている。
　ヨーロッパではフランス・マルセイユの商人H. Blancardが中国からキクを持ち帰った。そのキクはパリを経てロンドンで栽培されたのを機に，John Salterがキクの品種改良を開始した。イギリス王立園芸協会はRobert Fortuneを，第一次阿片戦争直後の1843年に中国に，1862年に日本に派遣し，キクの収集を行なった。中国ではキク園を訪ねることができず，イギリスが占拠していたChusan（舟山群島）で採取したChusan Daisyと，わずかな園芸品種しか収集できなかった。Chusan Daisyは小輪でイギリスでは人気がなかったが，フランスで好まれ，第1図に示すポンポン咲き品種が1850年に発表された。日本で収集した品種には，今日栽培されているポンポン咲き品種を除くすべての花型と花色が含まれていた。岩佐吉純の収集したアメリカのカタログに，中国で収集したキク（第2図）および日本で収集したキク（第3図）が掲載されている。
　しかし，日本で収集したキクはすべて秋ギクだったため，イギリスでは鉢植えとして10月にガラス室に搬入して栽培しなければならなかった。その後，日本から早咲き品種が導入され，9～10月咲き品種が育成された。イギリスでは，花弁が反転して花色が鮮明な品種が多く，一般にイングリッシュ・マムと呼ばれている（第4図）。

第4図　アメリカでみられるいわゆるイングリッシュ・マム（品種名：左から 'Doreen Statham' 'Amy Lauren' 'Viscount'）
（写真提供：Donna Oku）

（4）アメリカにおけるキクの育種と産業

キクがイギリスからアメリカに導入された年次は明らかでない。当初は庭で栽培されたが、1950年代に温室で切り花生産が開始された。そのころ、日本から多くの品種が導入された。1889年にElmer D. Smithは抱え咲き大輪の切り花用品種'インディアナポリス'を発表し、1970年までアメリカとヨーロッパの代表品種となった。同氏はその後455品種を発表し、育成品種の無病株の保存、無病苗生産および切り花・鉢もの生産を行ない、キク生産の産業化をはかった。

1920年に植物の光周性の発見により、秋ギクは短日植物であることが明らかにされ、1930年代にシェード栽培（短日処理）による開花促進と電照栽培（長日処理による開花抑制）方法が明らかにされ、1950年代に両者を組み合わせた周年生産の体系化が達成された。当初は都市近郊で大輪品種の切り花生産が行なわれた。しかし、フロリダやカリフォルニアに大規模な周年生産が普及するにしたがって、ディスバットと呼ばれるデコラティブ咲きやポンポン咲きの中輪品種、次いで摘蕾を行なわないスプレーギクが普及した。

スプレーギクの育種はイリノイ大学のCulbert教授によって行なわれ、当初は日本の小〜中輪品種に近い花型・草姿であった。代表品種'イリニ・スプリングタイム'とその花色についての枝変わり品種は、今日のスプレーギクと比べてもまったく遜色のない花型・草姿であった。しかし、短日処理開始から開花までに11週間を要した。

Yoder Brathers社は周年生産の普及とともに、1940年代に周年生産用品種の育種を開始した。1951年にイギリスで発表された切り花用品種'プリンセス・アン'とその枝変わり品種には9色の花色があり、強健で草丈の伸長は早かったが、周年生産においては短日処理開始前に花芽分化しやすいという問題が生じた。その理由はイギリスの早咲き品種の血を引くことにある。イギリスの早咲き品種は、日本の早咲き品種を交雑して育成されたといわれており、日本の夏秋ギクと同様に幼若性をもつので、低温で育苗し、小さな苗を植え付け、長日下での花芽分化を防止している。しかし、加温室で育苗するアメリカの周年生産の栽培方法を適用すると、短日処理開始前に花芽分化する。

Yoder Brothers社では'プリンセス・アン'とアメリカで育成されたスプレーギクとの交雑を重ね、花色の美しい多くの品種を育成し、長日下で花芽分化しやすい品種は鉢用、花芽分化部位が30節以上の品種は切り花用とした。育成品種の花型はデコラティブ咲きが多かったが、一重咲きの'ピンク・マーブル'とその枝変わり品種および'ドラマチック'はもっとも花色の美しい品種であった。

Yoder Brothers 社は 1958 年に，育種に要した経費を利用者（切り花・鉢花生産者）に分担してもらうために，Yoder Brothers 社と生産者の契約（YGA）を結んだ。その後，育種家と生産者の契約（BGA）に発展した。しかし，独占禁止法に反するという理由で無効となり，1961 年に国際的品種保護法（UPOV）が発足した。

(5) ヨーロッパにおける周年生産と育種

アメリカの周年生産用品種と周年生産は，1955 年，イギリスに，1960 年にオランダに導入された。

イギリスの 1950 年代のキク切り花産地はロンドン周辺で，9～10 月咲き品種が栽培されていたが，周年生産は冬季の日照の豊富なイギリス南岸で普及し，少数ではあるが大規模生産が行なわれた。リトルハンプトンの温室作物研究所は 50 年にわたってキクの産業化に役立つ研究を行なった。しかし，1973 年のキクの温室栽培面積は 163ha であったのが，2007 年は 46ha に，1993 年の秋ギクの露地栽培 300ha は 2008 年に 16ha に減少し，代わってオランダからの輸入が増加した。

アメリカから導入した周年生産用品種は，日照の少ないイギリスには適さなかったので，B. Machin はイギリスの風土に適した多くの品種を育成した。

ヨーロッパ大陸ではキクを墓地に供する花とみなしていた。そこでオランダではキクらしくない管咲きの'トウキョウ'が普及した。しかし，花弁先に玉巻きがあり，荷づくりに労力を要するので，'スーパー・ホワイト'とその枝変わり品種の栽培が増加した。両品種とも日本で育成されたといわれている。J. W. H. van Veen は 1970 年ころ，日本で多くの品種を収集した。丁字咲きの'精興の翁'は'レフォール'の品種名で登録され，1982 年に主位を占めた。精興園の'セイロザ'は'レーガン'の品種名で登録され，1992 年から 2004 年まで主位を占めた。'レーガン'は強健で生育が早く，多くの病気に抵抗性をもっていた。その理由は，高温・多湿な日本の排水の十分でない露地で実生の選抜が行なわれたことにある。同品種は van Veen 氏の育成品種間交雑により育成された。しかし，2005 年以降の主要品種はすべてオランダ国内の育成品種が占めた。ロシアでは輪ギクが好まれるので，'アナスタシアナ'の輪仕立ての品種が普及した。

オランダにおけるキクの育種で特筆すべきことはサンティニの育成である。川田（1978）はイギリスで開催されたキク育種シンポジウムで，日本の野生ギクのなかで，イソギクはシネラリア状のコンパクトな花房を形成し，短日処理を行なうと，夏の高温下での開花遅延は小さく，冬は最低 16℃ の温室内でも正常に開花すること，この特性はスプレーギクとの雑種にも引き継がれることを示した。柴田ら（1988）はこの F_1 にスプレーギクを戻し交雑し，イソ系といわれる小輪のスプレーギクを育成した。オランダの園芸植物育種研究所の J. de Jong（1989）は，同様な組合わせによって小輪のスプレーギクを育成した。その後代はサンティニ（小輪スプレーギク）と命名された。切り花長 55cm 以下で出荷されており，栽培期間が短いので，面積当たりの年間収量は多い。

(6) わが国における周年生産と育種

わが国でキク切り花生産が開始されたのは大正時代中期である。まずアメリカから切り花用大輪ギクが導入され，その温室栽培が行なわれた。しかし，花と葉のバランスが十分でなく生け花の根締めに適さなかったこと，根が過湿に弱く，露地栽培できないという問題があった。1930 年ころ磯江景敏によって品種改良が行なわれ，花首と節間が短く，花と葉の調和のよいわが国特有の切り花用品種が育成された。

アメリカから 1930 年ころ，シェード栽培（短日処理による開花推進）と電照栽培（長日処理による開花抑制）が導入され，前者は高冷地，後者は暖地で普及した。しかし，シェード栽培は日長操作に労力と資材を要するという理由で消滅し，代わって小井戸直四郎の育成した 7・

8・9月咲きギクが栽培された。その結果，夏ギク，7・8・9月咲きギク，秋ギク，寒ギクの栽培によって，4月から2月までの切り花の供給が行なわれた。

川田は1974年にイギリスとオランダで秋ギクの日長操作による切り花の周年生産を調査し，労賃を含めた切り花の生産費が日本の生産費の50％内外であることを知った。とくにスプレーギクは摘蕾摘芽を行なう必要がなく，洋花として利用できるので，その周年生産の普及と育種を開始した。しかし，夏期は高温による開花遅延と品質低下が著しかった。そこで7・8・9月咲き品種の日長に対する開花反応を調査した結果，約半数の7月咲き品種と大部分の8・9月咲き品種は秋ギクと同様に日長操作による開花調節が可能であり（川田ら，1987），これらの品種群を夏秋ギクと命名した（川田・船越，1988）。その結果，秋ギクと夏秋ギクを組み合わせた日本特有の周年生産が成立し，関東以西のキク切り花生産の主流となった。しかし，欧米でみられるような周年生産による規模拡大はみられず，産地として周年生産と出荷が成立し，キク切り花価格は安定した。

欧米における周年生産は，周年生産用品種の育成，無病株の保存と苗生産，周年生産による労力分布の平均化により雇用労力を利用した規模拡大という経緯を経て，産業化が進んだ。欧米では農業を企業（holding）と考えているのに対し，わが国では家業として先祖伝来の土地を守るという意識が高いこと，農業の規模拡大による労働生産性の向上の必要性は指摘されてきたが，そのための土地政策が欠けていたことから規模拡大は進まなかった。

わが国の園芸作物の品種改良は世界的にみて高いレベルにある。キクの育種も例外ではない。しかし，キク育種家の多くは趣味栽培家でもあり，育種の企業化を望む人は少なかったのである。

(7) 植物品種保護法の是非

キクは繁殖が容易であり，優れた品種ほど急速に普及し，品種の経済的価値の低下が早い。したがって，植物品種保護法に基づく品種使用料の徴集は育種を促進し，育種場だけでなく利用者にも有用である。しかし，販売力のある企業的育種場が販売力のない育種場の育成品種を買収するという問題もあり，ヨーロッパではUPOV協定の実施前に多くの検討が重ねられた。

しかし，わが国では関係者相互の理解が不十分のまま，UPOV協定に基づく品種使用料の徴集を始めた。さらに販売したキクの挿し穂がキクわい化ウイロイドを保毒していたため，全国的に被害が発生するという事態がおこった。

今後は，植物品種保護法を育種場と利用者の双方にとって有益にするために，無病苗あるいは挿し穂の生産技術の向上と，品種使用料の支払い方法について検討を進める必要がある。

執筆　川田穣一（富山県南砺市園芸植物園）

2016年記

参　考　文　献

Jong, J. de and W. Rademaker. 1989. Interspecific hybrids between two *Chrys*. species. HortScience. 24 (2), 370—372.

Kawata, J.. 1978. Japanese cultivars and wild species; their useful characteristics for chrysanthemum breeding. Proceeding of Eucarpia Meeting on Chrysanthemums. 33—48.

川田穣一．1980．スプレーギクの育種．(1) 導入と普及．(2) 主要品種の特性と育種．農業技術．**35**，491—494.

川田穣一・豊田努・宇田昌義・沖村誠・柴田道夫・亀野貞・天野正之・中村幸男・松田健雄．1987．キクの開花期を支配する要因．野菜茶試研報．**A1**，187—222.

川田穣一・船越桂一．1988．キクの生態的特性による分類．農業及び園芸．**63**，985—990.

柴田道夫・川田穣一・天野正之・亀野貞・山岸博・豊田努・山口隆・沖村誠・宇田昌義．1988．イソギク（*C. pacificum* Nakai）とスプレーギク（*C. morifolium* Ramat.）との種間交雑による小輪系スプレーギク品種'ムーンライト'の育成経過とその特性．野菜茶試研報．**A2**，257—277.

Spaargaren, J.J.. 2015. Origin & Spreading of the cultivated Chrysanthemum.

オランダの経営と生産技術に学ぶ

(1) 経営の現状

オランダのキク切り花には，スプレーギク，サンティニ，輪ギクがある。サンティニ（小輪ギク）は，イソギクとスプレーギクの雑種にスプレーギクを戻し交雑して育成された（第1図）。切り花の長さは55cmであり，挿し芽苗の定植から短日処理開始までの期間は1週間内外で，栽培期間が短く，温室で年5.5～6作行なわれている。

第1表にキク切り花の種類別単価の推移，第2表に生産量の推移を示す。

1990年にはスプレーギクが97％，輪ギクは3％に過ぎなかった。2014年にはスプレーギク70.5％，サンティニ16.3％，輪ギク13.1％であった。スプレーギクはボリュームがあるので，単独あるいは葉ものと組み合わせて生けるのに対し，サンティニはバラなどほかの花と組み合わせて花束に利用されることが多いので，ファッション性が重視され，品種の移り変わりが早い。輪ギクは主としてロシアへの輸出向けに生産されている。

第1図　オランダのサンティニ
（写真提供：株・デリフロールジャパン）
左：オランダの市場のようす，右：品種'ジェラート'

第1表　オランダにおけるキク切り花の種類別単価（ユーロセント）の推移

	1995年	2000年	2005年	2010年	2014年
スプレーギク	20.4	23.0	22.2	22.0	28.0
サンティニ	15.0	18.7	17.7	17.2	21.0
輪ギク	30.0	36.1	39.5	37.8	40.0

注　出典：Wageningen University & Research「Kwantitatieve Informatie voor de Glastuinbouw 2014-2015 (KWIN Glastuibouw)」

第2表　オランダにおけるキク切り花の種類別生産割合（％）と総生産数量の推移

	1990年	2000年	2002年	2006年	2010年	2014年
スプレーギク	97.0	82.8	81.7	79.0	71.7	70.5
サンティニ	0.5	4.8	13.0	11.9	13.1	16.3
輪ギク	3.0	12.3	5.3	9.0	15.2	13.1
生産数量（百万本）	1,150	1,494	1,538	1,433	1,330	1,319

注　出典：Wageningen University & Research「Kwantitatieve Informatie voor de Glastuinbouw 2014-2015 (KWIN Glastuibouw)」

経営戦略

第3表 スプレーギクの粗収入と所要労力，直接生産費（2014年）
a．収穫期別粗収入とガス消費量，所要労力（2014年）

収穫期	収量 (本/m²)	単価 (ユーロ)	粗収入 (ユーロ/m²)	ガス消費量 (m³)	所要労力/ha (時間)
1	19	0.28	5.37	4.5	400
2	19	0.29	5.46	4.3	400
3	20	0.27	5.40	3.4	450
4	21	0.24	5.04	1.8	450
5	22	0.22	4.84	2.0	450
6	23	0.21	4.77	2.1	500
7	23	0.21	4.83	2.2	500
8	22	0.21	4.68	2.0	500
9	22	0.21	4.62	1.8	500
10	20	0.21	4.20	1.6	450
11	19	0.22	4.23	3.5	400
12	19	0.24	4.61	3.1	400
13	19	0.27	4.86	4.6	400
計	267	0.24	62.90	36.9	5,800

b．スプレーギクの直接生産費（2014年，単位：ユーロ）

生産資材	量	単価	計
苗	274	0.05	12.32
品種使用料	274	0.01	2.74
暖房用ガス（m³）	16.90	0.250	9.23
運搬用ガス（m³）	0.01	80.00	0.92
土壌消毒用ガス（m³）	3.50	0.250	0.88
電力（税を含む）	63.00	0.070	4.41
電力（冷房）	32.00	−0.055	−1.76
害虫防除剤			2.00
肥料			0.60
請負作業			0.25
出荷	267.00	0.0056	1.48
荷づくりほか	267.00	0.0030	0.80
負担金	62.90	0.0050	0.31
市場手数料	62.90	0.0200	1.26
流動資本利子	62.90	0.0100	0.63
計			36.06
粗収入−直接生産費	62.90 − 36.06 = 26.84		
労賃/m²	0.64（時間）× 16.5（単価）= 10.63		
固定資産利子			14.22
その他			2.00

第4表 キク切り花の年間の種類別収量，単価，粗収入，所要労力

種類	収量 (本/m²)	単価 (ユーロ)	粗収入 (ユーロ/m²)	所要労力 (時間/ha)
スプレーギク	267	0.24	62.90	5,800
サンティニ	450	0.27	76.73	6,750
輪ギク	227	0.29	65.81	9,050

第3表にスプレーギクの代表的生産者の経営調査結果を示す。調査は1年を4週ずつ収穫期によって区分し行なわれた。温室は13内外に区分され，毎週1区画ずつ苗を植え，1区画ずつ収穫するのが一般的であったが，現在は経営規模が拡大し，毎日定植と収穫を行なう農場もある。夏は収量が多く，冬は減少し，所要労力は収量と比例しているが，切り花単価は収量と反比例するので，粗収入の変動は少ない。

苗はすべて購入しており，単価は5セントで，品種使用料1セントを加えて支払う。電力は自家発電で4,000lx内外の補光を長日処理に用いており，余った電力は電力会社に販売している。市場販売高の0.5％をPVS（観賞植物評議会）に納入して，消費宣伝と試験研究費に当てられている。

第4表にキク切り花種類別のm²当たりの収量，粗収入および年・ha当たりの所要労力を示す。第1表に示した種類別単価は平均値であり，第4表の値は調査農場の値であるので両者の値は一致していない。サンティニの所要労力がスプレーギクより大きい理由は，植付け苗数が多く，植付け・収穫・荷づくりなどに労力を要することにある。輪ギクの所要労力がスプレーギクより大きい理由は，植付け苗数は少ないが，摘蕾・摘芽に労力を要することにある。

第5表に直接生産費のうち，切り花の種類によって大きな差異のある項目についての生産費

第5表　キク切り花生産のm²当たり種類別直接生産費および労賃（単位：ユーロ）

種　類	直接生産費	苗代＋品種使用料	出　荷	荷づくり	負担金	市場手数料	労　賃
スプレーギク	36.05	15.06/274本	1.48	0.80	0.31	1.26	10.63
サンティニ	48.30	25.25/459本	2.50	1.35	0.38	1.53	12.21
輪ギク	35.56	13.11/238本	0.95	0.68	0.33	1.32	16.03

を示す。苗代＋品種使用料（ロイアルティー），出荷および荷づくり料は切り花出荷数量の差異によって異なる。負担金および市場手数料は切り花の単価×数量によって異なる。労賃は切り花生産に要した所要労力と時間当たりの労賃16.5ユーロの積である。直接生産費と労賃の和，すなわち生産費はスプレーギク46.68，サンティニ60.57，輪ギク51.59であり，粗収入と生産費の差はそれぞれ16.22，16.16，14.22となる。これらの値から，事務の労賃，流動資本利子，雑費を差し引くと，キク切り花生産の企業としての収益はまったくない。

(2) 施設利用率の向上

オランダにおけるスプレーギクのm²当たりの年間収量は1975年90本，1985年150本，1995年175本，2014年267本であり，著しく増加した。その理由は次のとおりである。1）年間3作から4.5作に増加したこと，2）うね立ておよび摘芽を行なわないので，通路は狭くなり，温室当たりの床面積率が90％を超えたこと，3）生育促進のための補光と炭酸ガス施用によって栽培期間が短縮したこと，4）同一区画には同一品種を栽培し，開花時に一斉収穫を行ない，栽培期間が短縮されたこと，5）草丈の伸長が早く，草丈の確保に必要な長日期間が短く，短日処理開始から開花までの期間の短い品種が普及したこと。とくにサンティニの切り花は長さ55cm以下で出荷するので，年間の面積当たりの収量はスプレーギクの1.7倍である。

欧米では，切り花を集団として観賞するので，切り花用品種の育成にあたって，葉の形質は重視されなかった。しかし，日本から導入した切り花用品種の葉は小形で斜上しており，光線が下部の葉にまで到達するので耐密植性が高いことが認識され，耐密植性の高い品種が育成された。しかし，切り花は剛直に過ぎるという問題が生じた。

(3) 省力経営と労働生産性の高さ

オランダでは農業人口の都市への流入を防ぐため，農業と工業の賃金に大きな差をつけないという政策が長年にわたって採用されてきた。

そこで小規模で競争力の低い農家は土地を手放し，農業労働者に転じた。大規模農場経営者は，労働分布の平均化と労働生産性の向上をはからなければならなかった。農業の規模拡大のために100年前に作成された計画にしたがって，干拓が行なわれている。

オランダにおけるスプレーギク10aの温室栽培には，年4作で500時間を要している。わが国では10a・1作当たり600時間を要している。面積当たりの収量はともに約4万本である。このことからみると，オランダの労働生産性はわが国の4.8倍である。しかし，オランダではすべて苗を購入しているのに対し，わが国では自家苗を用いているので，わが国の育苗に要する労力100時間を差し引くと，4倍となる。オランダの労働生産性が高いおもな理由は以下のとおりである。

1) 切下株は温室外に搬出せず，すき込んでいる。そのためには徹底した病害防除を必要とする。

2) うね立ては行なわない。そのためには徹底した暗渠排水が必要である。

3) ソイルブロック育苗苗を金網製ネットの目に1株ずつ置くという方法で定植している。

4) 無摘心1本仕立てであるため，摘心・摘芽に労力を要しない。

5) 摘蕾・摘芽は行なわないという申し合わせがある。

6) 採花は1～2回で行なう。1本仕立てであ

7) コンベアを用いて収穫物を搬出し，自動結束している。

8) 温室，作業室，切り花低温貯蔵室が作業効率よく配置されている。

(4) 土壌管理

オランダの施設園芸は，ゼロメートル地帯あるいは海面下の地帯に発達したもので，徹底した暗渠排水によって，つねに地下水位を一定に保つことによって成立している。暗渠は，一般に80～100cm，砂土やピート土壌では70～80cmの深さ，6～9m間隔で埋設し，その位置に地下水位を保つために，暗渠から排出された水は自動的にポンプで運河に汲み出している。

暗渠排水の目的は次のとおりである。

1) 排水を良好に保ち，土壌孔隙率を高くして，根の活力を高めるとともに，自動灌水施肥を可能にしている。うね立てを行なわずに栽培できるのも排水がよいことによる。

2) 施設栽培では塩類集積による連作障害が発生しやすい。灌水施肥を行なえば塩類集積が防止できる。もし集積した場合は，収穫後に300mm内外の灌水で暗渠を通じて塩類を溶脱することができる。

基肥の施用量は，土壌診断の結果にしたがって，不足している要素だけを与えている。土壌中の水分とN・P・Kの濃度を一定に保ったとき，生育がもっともよく，病害抵抗性も高いといわれている。第6表に示す方法で液肥をつくり，定植から蕾の着色期まで，灌水に肥料を混ぜて与えている。

定植後，苗が地表を覆うまでは，頭上からのノズル灌水を行なったほうが均一に灌水でき，地表面の固結も起こりにくいが，その後は病気を誘発しやすいので地上灌水に切り替える。土壌溶液のECは$0.8～1.0S/cm^2$に保たなければならないが，灌水施肥する溶液のECは$2.2m/cm^2$まで安全である。

定植4週後に葉の汁液を分析して，養分吸収状態を調査している。養分吸収のバランスが悪い場合は，液肥のN・P・Kの割合を変更したり，鉄やマグネシウムが欠乏している場合は，葉面散布によって施用する。その判定基準を第7表に示す。

(5) 生産者の組織と市場

生産者は属する農協が運営する市場へすべての生産物を出荷する義務がある。市場は，生産者の収益を増加し，生産振興するためにある。市場が輸入切り花を取り扱っている理由は，市場価格を安定させ，長期展望に立ってみた場合の生産者の利益を守ることにある。すなわち，冬期は輸入しないと市場価格が国際水準を大きく上まわることとなり，北ヨーロッパ全域から集まる買参人は，南ヨーロッパなどの価格の安い市場へ流れることとなる。そこで適量を輸入して市場価格の上昇を防いでいる。

国内の生産量が多く，市場価格の低下する夏期には，輸入額を国内産の10％に制限するなどの対策がとられている。

このような，オランダ市場の国内産業の保護

第6表 1m³当たりの液肥の組成

(Teelt van jaarrond chrysanten, 2002)

A液	硝酸カルシウム	24kg
	硝酸カリ	20kg
B液	硝酸カリ	7kg
	硫酸マグネシウム	14.5kg
	ホウ砂	70g

注 上記肥料を水に溶かして，500lのA液およびB液を作製し，灌水時にA液およびB液を灌水量の200分の1ずつ加える

第7表 キク（温室栽培）の標準分析値（単位：mg/100g）

（オランダ温室作物試験場）

	標準値	欠乏	過剰
K	650～1,550	<500	
Ca	250～750	<150	
Mg	120～400	<60	
総N	2,800～3,600	<1,800	>4,300
P	100～200	<65	
Fe	5.0	<2.5	
Mn	0.4～4.5	<0.4	>15.0[1]
Zn	0.20～1.50	<0.10	
B	2.3～7.4	<1.8	>9.3

注 1) 品種間差が大きい

に重点をおいた運営に対抗して，1995年5月にテレフラワーオークションが開設された。東アフリカ諸国で生産された切り花の輸出振興を目的として設立されたが，すでにすべての輸入切り花を取り扱うという方向で発展している。パソコンを利用したセリ売り方式で販売されており，買参人は各自の事務所でセリに参加できる。オランダの生産者は，この輸入攻撃に対応して，さらなる低コスト，良品生産が求められている。

生産者は品目ごと，場合によっては品種ごとに研究グループをつくっている。キクグループでは生産量の減少する冬には，3週間に1回の割合で同業者を訪問し，経験と技術についての情報交換を行なっている。各研究会は，育苗業者，育種業者，試験研究機関，生産資材販売業者との情報交換と価格交渉を行なっている。

キクの場合，現在のところ輸入品との競合はないが，年々3～4％の割合で増加する国内産と，ほかの切り花の価格低迷が影響し，生産資材費と労賃は上昇を続けているにもかかわらず切り花価格の上昇は望めないという現状がある。

この現状を解決する対策はないといわれている。しかし，キクの育種と苗生産および球根と球根切り花生産の分野におけるオランダの優位は続くといわれている。

(6) 研究体制

1990年代まで，キクを研究対象としている研究所は園芸植物育種研究所，花卉研究所および温室作物研究所があった。研究費は，市場取扱い高の0.75％を生産者から，1％を買参人から徴集し，その60％を主として輸出先国の消費宣伝，30％を研究機関，10％を花卉園芸協会の運営費に用いていた。

研究所の研究課題は，まず現場で解決を要する問題を普及員が整理し，研究所は植物生理，植物病理，土壌・肥料などの専門別研究所から派遣された研究者と検討して，研究課題化して，研究者を公募する。研究成果はオリジナリティと研究費の提供者への貢献度によって評価される。国は市場と同額の補助金を提供するが，研究成果の評価は行なってはならない。したがって，研究者は予算要求に労することはない。しかし，研究成果の評価は厳しい。

しかし，2000年ころ温室園芸は，空気中の炭酸ガス濃度の上昇と，NO_3を含む温室からの排水による水道水の汚染を招くという理由で，政府は国立関係研究所を閉鎖し，研究は民間研究機関に移行した。しかし，温室作物生産技術は高い水準にあり，ヨーロッパにおける優位は維持できるといわれている。

執筆　川田穣一（富山県南砺市園芸植物園）

2016年記

参　考　文　献

大川清．1993．オランダの花き産業発展の要因と問題点．産業．11月号，31—71．

Spaargaren, J.J.. 2002. De teelt van jaarrond chrysanten（キクの周年栽培）．

Wageningen University & Research. 2014—2015. Kwantitative Infomatie voor de Glastuinbouw（温室園芸の量的情報）．

アジア諸国におけるキク産業とその影響，課題

(1) アジア諸国におけるキク切り花

キクは，花持ちが良く，花色や花形が豊富な花材である。アジアでは，宗教および伝統的行事にかかわる需要が多いため，西欧諸国と比べて，好まれる花色，花形，大きさ，そして需要期などに違いがある。生産地も多く，比較的安価で入手可能な花材としてアジア全域で流通している。

そのなかでも，日本は突出してキク切り花の生産量と消費量が多い国である。おもに供花，仏花として使われるが，農水省の「平成27年産花きの作付け（収穫）面積および出荷量」によると，2015年における国内産キク切り花の出荷量はおよそ15.8億本で，これに海外から輸入された2.9億本を加えるとおよそ18.7億本に達する。また，全国に存在する直売所やファーマーズマーケットなどにおける販売量についても，正確な量は把握できないが念頭に置くべきであろう。

日本の農産品の品質レベルの高さは折り紙つきであるが，生産者一人当たりの生産規模は小さく，栽培施設の発達レベルはオランダのそれに遠く及ばない。市場からはオーバースペックな規格が要求されるため生産効率は低い。しかし，生産者の知識や経験は豊富であり，部会と称される生産者間の連携は強固で，かつ，農業協同組合などによる販売体制も充実している。国内産のバラやカーネーションは，輸入切り花にかなり市場を奪われ苦戦しているが，国内産キク切り花の存在感はいまだに大きい。

マレーシアは，過去20年間アジア諸国のなかでもっとも積極的にキク切り花の輸出を進めてきた。キク切り花はパハン州キャメロンハイランドで栽培されているが，日長はあまり変動がなく，十分な日照量があり，気温も高すぎず，低すぎずで，キク切り花の生産に適した産地である。タイや日本向けが大半を占め，シンガポール，マレーシア国内，香港などで販売されている。近年オーストラリア向けの輸出も増加傾向にある。

マレーシアに次いで頭角を現わしている国はベトナムで，ランドン省ダラットの高冷地がおもな産地である。外国資本の大規模農場は，ベトナムにおけるキク切り花の生産販売，輸出の牽引役として重要な役割を果たしている。日本に対する輸出は過去5年間で大幅に伸びており，その勢いはマレーシアを凌ぐほどである。市場外流通を基本としており，切り花の規格や品種の選定も一般的なやり方とは違いがある。ただし，ベトナム産はマレーシア産と比べて切り花のボリューム感が落ちるというイメージが浸透しており，価格の点で劣勢である。

中国では，広東省，海南省などの暖地がおもなキク切り花産地で，生産された切り花の多くは国内で消費されている。高い単価水準で取引きされる日本市場の魅力に惹かれ，2013年までは日本向け輸出量は増加傾向にあったが，それ以降は減少し，ここ数年はベトナムにも抜かれ3番手に位置する。中国産は，日本産と比べて品質や供給面で劣ると評価されているが，それ以上に「中国産＝安い」というイメージが定着し，それを拭いきれない状況にある。現状としては，輪ギクの生産量が大半を占めるが，生産性が高く，かつ中国国内で需要が高まっている洋ギクにシフトする生産者が増加している。

1990年後半から2000年前半にかけては，日本の市場において韓国産の切り花の存在感が一気に高まった時期である。その主役はバラやユリであったが，キク切り花もオランダ方式を採用した公営の大規模農場から年間1200万本を輸出し，韓国農水産食品流通公社が推進する農産物共同ブランド「フィモリ」の浸透に貢献した。しかし，対円為替の問題やマレーシア産との輸出競争で後塵を拝し，現在はキク切り花を中国やベトナムから輸入する側に回っている。

(2) 栽培方法の違い

当然のことながら，キク切り花の栽培方法については各国それぞれの事情に合わせたやり方

をしている。農業先進国であるオランダの場合は、「栽培環境を最適化すること」を重視しており、それは高い技術力と生産規模が必要とされるやり方である（第1図）。

オランダは、樺太とほぼ同じ北緯52度付近に位置し、夏季は冷涼であるため、日長操作をするための設備（＝暗幕）があればキク切り花の生産は比較的容易である。しかし、冬季は日照量が不足し気温も上がらないため、キク切り花の栽培には不向きである。一般には、温湯管方式の暖房設備で施設内の温度を一定に保ち、ナトリウムランプで日照不足を補っている。電照に莫大な経費がかかるが、ボイラー稼働のさいに発電（コジェネレーションシステム）し、それを賄っている。また、コジェネレーションシステム導入にかかる費用対効果を高めるため、生産者一人当たりの生産規模は大きく、生産効率を高めることに非常に熱心である。日本でも、暖房機や多重被覆幕などによる対策が取られているが、生産規模が小さいため設備水準が低く、その効果の差は歴然としている。

一方、マレーシアのキャメロンハイランドなどのプランテーション型農業の場合は、わざわざ栽培条件を整えるのではなく、「栽培条件の優位性を最大限に生かせる農産物を選ぶ」というアプローチで、オランダの真逆である。地の利を生かすことで設備投資を抑え、安価な労働力を使って、単一作物を大量に生産する方法は効率的で、経営的にも合理性が高い。キク切り花の場合、外気温や日射量などの関係から、赤道付近にある高冷地が多い。

これに対し、日本や韓国などのアプローチは、「栽培条件に適したキク切り花の品種を選ぶこと」に重点を置いている。日本と韓国は四季の変化に富んでおり栽培条件は常に変化するが、生産者一人当たりの生産規模が小さいため大規模な設備投資はむずかしく、栽培環境の調整は最低限のレベルにとどまる。時期を選ばず、かつ、市場性のある品種を見出すことが最良の方策であるが、それは困難を極める。実際には、夏秋ギクのように特定の時期により品種を使い分ける場合が多く、市場に流通している品種の数が増える原因の一つとなっている（第1表）。

なお、上に述べたとおり栽培地の各種条件に

第1図　キク切り花生産農場（オランダ）

第1表　キク切り花の栽培方法の分類

区　分	栽培環境最適化型 （ハイテク型）	適作物または栽培地選択型 （プランテーション型）	適品種選択型 （ローテク型）
概　略	栽培環境を技術で整え、生産効率を追求するやり方	栽培条件と安価な労働力を利用し、大規模に作付けを行なうやり方	規模は小さく、栽培条件の適した品種を選び、技術や経験でカバーするやり方
生産規模	中	大	小
生産性	高	中	低
設備投資／農場	大 （生産性を考慮すると小）	中	小 （生産性を考慮すると大）
品種選択肢	多	中	少
必要とされる技術など	設備面における開発技術 計画生産性	大規模生産に伴うマネージメントノウハウ	高い栽培知識 部会などの組織運営力
対象国	オランダなど	マレーシア、ベトナムなど	日本、韓国など

よってアプローチの仕方に違いがあるため，作付け，作型についても相違が見られる。第2表に比較データを示す。

オランダでは，生産効率を高めることを重要視している。密植度を高くし，うね間はないに等しく，長日期間も可能な限り短くする。また，揃いが良くなるよう細心の注意を払うことで採花期間を短縮し，後作までのリードタイムも短くすることにより，圃場の回転率を高めている。

一方，マレーシアなどにおける栽培は，栽培条件の優位性を最大限に引き出すことをベースとしており，キク切り花栽培の基本形を守れば問題は少ないはずである。ただし，このプランテーション型栽培方式には落とし穴がある。それは，限られたハウス設備で安価な労働，つまり，外的要因に対し無防備で，信頼性の低い人材を活用して生産を行なうことによって発生する病害虫や人為ミスによる影響の大きさである。

日本などの適品種選択型の場合は，品種の選択が正しければ，キク切り花栽培の基本形でおおむね対応が可能である。ただし，とくに夏秋系については日長時間や気温を最適にしなければ生育不良となるおそれがある。冬場は，秋系品種を栽培し，比較的耐寒性のある品種が選ばれるが，日射量が不足し，日長も短いため生育状態は芳しくない。

(3) 国別の生産動向

①マレーシア

アジア最大のキク生産地マレーシアのパハン州キャメロンハイランドは，首都クアラルンプールから北に直線距離で約150kmに位置し，標高1,100〜1,500mの山間部にある（第2図）。避暑地として多くの観光客が訪れ，チャの産地と

第2表 栽培方法の分類による比較データ

区　分			栽培環境最適化型	適作物または栽培地選択型	適品種選択型
定植方法			発根苗	発根苗	直挿し／発根苗
長日期間	洋ギク	スプレー	6〜10日	25〜45日	30〜40日
		一　輪	10〜14日	30〜45日	30〜45日
		サンティニ	5〜8日	25〜30日	25〜30日
	輪ギク		—	30〜45日	45〜60日
	小ギク		—	—	45〜50日
短日期間（到花日数）	洋ギク	スプレー	46〜52日	46〜56日	46〜56日
		一　輪	49〜52日	49〜56日	49〜56日
		サンティニ	36〜39日	42〜49日	36〜39日
	輪ギク		—	49〜56日	49〜56日
	小ギク		—	—	52〜56日
圃場回転率	洋ギク	スプレー	5.0	3.0〜3.5	1.0〜3.5
		一　輪	5.0	3.0〜3.5	1.0〜3.5
		サンティニ	6.0	3.5〜4.0	1.0〜3.0
	輪ギク		—	3.0〜3.5	1.0〜2.5
	小ギク		—	—	1.0
密植度（マス目）			8〜11cm	11〜12cm	10〜15cm
日長操作			長日，短日期間中とも11〜11.5時間	栽培地の条件による11.5〜12.5時間	夏秋系：12.0〜14.0時間 秋系：11.0〜12.0時間
備　考			ソイルブロック使用		日本では直挿しが主流 摘心（ピンチ）栽培の場合もあり

経営戦略

第2図　パハン州キャメロンハイランド（マレーシア）

第3図　キク切り花生産農場（マレーシア）
上：木製フレーム，下：金属フレーム

しても知られている。外気温は，昼間は30℃前後に上がるが，夜間は20℃を下まわり少し肌寒く感じることもある。もともと平坦な場所が少なく，農業用ハウスが山肌にへばりつくように立ち並び，乱開発によって土壌の浸食が進んで，川や湖は常に大雨が降った直後のように濁っている。

10年ほど前から同州の北側に隣接するクランタン州との境にあるロジンハイランドに開発の手が伸び，キク切り花やトマトが栽培されている。ロジンハイランドは，キャメロンハイランドと比べて標高が数百mほど低いため，外気温が高く，開花遅延や退色などの問題が発生する。いまだに電力の供給がなく，主要幹線に通じる接道が未整備で，通信条件も悪い不便な場所である。そのうえ，キャメロンハイランドと同様に，乱開発による土砂崩れが頻発し，生態系への影響も懸念されている。

地元の花卉生産者協会によると，ロジンハイランドを含めた同地域には約250戸のキク切り花生産者がいる。中華系マレーシア人がその中心的役割を果たしているが，小規模で国内および近隣諸国に輸出するインド系マレーシア人も多数存在する。生産規模は，年間3000万本を超える大規模な生産者もいれば，年間100万本にも満たない小規模な生産者もあり，さまざまである。同地域で生産されるキク切り花は年間約6.5億本で，キャメロンハイランド産が約6億本，残りはロジンハイランド産である。販売先を国別にみると，約4億本がタイに，約2億本が日本に，そして，約0.2億本がシンガポールに輸出されている。残りは香港，マレーシアのほか，ここ数年でオーストラリアへの輸出が増えている。

生産施設のレベルは，タイやマレーシアなど近隣のアジア諸国に輸出する生産者の場合は，その多くが木をつなぎ合わせたフレーム構造の「雨よけ」ビニールハウスに，電照装置を設置した簡易的なものである。古い品種を長い時間をかけて太くて重量のある切り花に仕立てるため，圃場の回転率は年間3.0程度にとどまる。他方，日本向け輸出を主体とする資金力のある生産者の場合は，金属製の柱を採用してハウスの軒高を上げ，かつ，屋根の形状を工夫することで風通しを良くし，ハウス内の温度の上昇を抑えることによって開花遅延や病害虫の問題に対処するとともに圃場の回転率を高めている（第3図）。最近は，内製堆肥の使用，そして冷蔵設備やベルトコンベア，自動結束機の導入などによりパッキング作業の改善をはかり，品質の向上や省人化などの問題に取り組んでいる。

第4図　政府の取締まりにより破壊されたキク切り花生産農場（マレーシア）

第6図　キク切り花生産農場（ベトナム）

第5図　ランドン省ダラット（ベトナム）

第7図　外資系大規模農場（ベトナム）

また，生産者の育成者権に対する理解が深まるとともに，新しい品種がつぎつぎと導入され，生産性も向上している。

キャメロンハイランドは恵まれた栽培条件をもっているが，ここ数年は天候の不順，害虫の大発生，為替の変動，単価の伸び悩み，資材の高騰など，さまざまな要因がビジネスに影響をもたらしている。なかでも，数年前から土地の使用権や外国人労働者受入れにかかわる政府の取締まりが厳しくなり，2013年以降同地域におけるキク切り花の生産量は減少傾向にある（第4図）。これによって生産者の意識が変わり，生産性や品質改善の問題に積極的に取り組むようになったが，今もなお，その状況は続いている。

②ベトナム

ベトナムを訪れると，人々が黄色のキクを幸運の象徴として仏壇に供花する光景を目にし，また街には多くの花屋が軒を並べ，花の消費量が多いことを実感する。花卉は主要農産品である米と比べて10倍ほど収益性が高いとされており，切り花全体の生産量は，ハノイ省がもっとも多く，ランドン省，ヴィンフック省，ハイフォン省と続く。キクはバラに続く主要切り花であり，ランドン省のダラットにおける生産量が多い（第6図）。

ダラットは，ホーチミンから直線距離で北東に約240kmのところに位置する高原地帯にあり，およそ標高900～1,500mの丘陵地帯に農場が多数存在する。そのなかでひときわ目立つのは外資系大規模農場で，千人規模の雇用を創出し，同国の花卉生産分野におけるビジネスモデルとなり，さまざまな種類の植物を生産している（第7図）。キク切り花については，ダラットの気候を生かすだけでなく，日長を操作して品種の選択肢を広げ，また，栽培期間を短縮

経営戦略

することによって生産性を高めている。日本へのキク切り花の輸出量は，近年，飛躍的に増加しているが，マレーシアとは一線を画し，どちらかといえば低価格帯花材として位置づけされている。同外資系農場産のキク切り花は，日本以外の国々では品質面でワンランク上のものとして取り扱われている。マレーシアに代わる生産地として，日本，タイ，台湾などの外資系企業の参入がみられるが，今のところ生産規模やマネージメント力の点で前述した外資系大規模農場に大きく水をあけられている。

なお，ベトナム国内で流通しているキク切り花には病害虫による被害の痕跡が目立つ。霧が発生しやすいなど農場の立地条件の問題もあるが，栽培管理上の問題として，現地で調達することが可能な農薬の種類が限定的で，経済的に農薬を購入するための余裕がなく，また，病害虫に対する意識が低いなどの理由から，防除が徹底されていない点があげられる。今後，ベトナムがアジアにおけるキク切り花の輸出振興国として，マレーシアを脅かすような存在となっていくためには，このような問題を確実にクリアしていく必要がある。

③ 中 国

中国は，切り花全体の生産量が約80億本にも達する巨大な市場をもち，それは日本の倍の規模に相当する。その一方で，キク切り花の生産量は約6億本程度にとどまり，全体の1割にも満たない。

キク切り花の主要産地は，広東省，海南省，そして福建省である。広東省における生産者がもっとも多く全体の約20％を占める。そして，海南省は約10％，福建省は約5％である。キク切り花を生産する農場は全体で1,000戸ほど存在し，年間の生産規模は1農場当たり10万本から500万本とさまざまである。白色輪ギク'神馬'の生産量がもっとも多く，最近は芽なしの白色輪ギクの生産量も増えており，いずれも日本でも流通量が多い品種である。近年，同国の経済発展とともに人々のライフスタイルが変わり，ポンポンやデコラなどの洋ギクへの需要が高まっている。

洋ギクについては，中国産だけでは新たな需要を賄いきれないため，ベトナムやオランダなどから輸入しているが，その数量は約600万本と限定的である。他方，輸出については，韓国に対して年間約1億本，日本に約4500万本のほか，タイなどにも輸出している。

④ 韓 国

韓国のキク切り花の市場規模はおよそ2億本程度で，韓国の人口（日本の半分以下）を考慮してもその存在感は薄い。花形はシングルよりもアネモネやデコラが好まれ，花色は定番であるホワイト，イエロー，ピンクのほか，レッド，パープルなどの濃色も好まれる。また，輪径は小さめのもので，かつ輪数が多く，ボリューム感のある仕立てのほうが良いとされ，日本では規格外となる側枝が張り出しすぎたフォーメーションのものや，分枝したものでも，市場ではあまり問題視されない。

生産者一人当たりの生産規模は，日本と同様に小規模である。栽培技術の問題もあるが，ボリュームが重視されるため，長日期間は45日以上かける場合が多い。日長操作のための暗幕は，国から助成金が受けられる，韓国独特の綿入りキャンバス地仕様で，風通しが悪く高温時の栽培には不向きで，日長操作用というよりも，むしろ保温対策を意識したものである。

韓国の生産者の多くは，苗増殖業者から発根苗を調達して栽培するが，このやり方は新しい品種を普及するうえで大きな壁となって立ちはだかる。未登録の品種や公的機関が育種した品種の場合，発根苗代金にロイヤルティー料金が含まれないため，苗増殖業者にとって価格的に販売しやすい。実際に，韓国では二つの未登録品種（'神馬'：輪ギク，'フォード'：アネモネ，ホワイト）に加えて公的機関が育種した品種（'Geumsu'：アネモネ，イエロー）が大きなシェアを持っている。もちろん，これには違法性はないが，現状としては苗増殖業者が品種の普及の鍵を握っているといわざるを得ない。古い品種を否定するつもりはないが，優位性のある品種に置き換えていかなければ，市場は停滞し，生産効率も上がらず，結果的に生産者は

第8図　公営農場KMG，のちGINCO（韓国）

第9図　キク切り花生産農場：施設栽培（台湾）

不利な状況に追い込まれてしまう。

韓国のキク切り花の輸出については，公営農場（Kumi Corporation：KMC）のことを抜きに語れない。1997年にオランダ人技術者のアドバイスをもとに，8haのフェンロー型ガラスハウスを建設し，キク切り花の生産を開始した。のちに10haの生産ハウスが追加され，最盛期には同農場から約1200万本が日本に輸出された。しかし，その後，為替の問題や品質面でマレーシア産のキク切り花に太刀打ちできず衰退の一途をたどった。2011年にはKMCはGumi Infrastructure Corporation（GINCO）に吸収合併され経営の立て直しをはかったが，挽回できず2014年12月に閉鎖に至った（第8図）。韓国からは，過去に約2000万本のキク切り花が日本に輸出された実績があるが，2015年には約480万本にまで落ち込んだ。

⑤台　湾

台湾のキク切り花の産地は，台中の南側に位置する彰化郡に多く，のどかな農村部の住宅地の合間を縫って圃場が点在し，一人当たりの生産規模は限定的である。暑さが厳しく，秋系品種の周年栽培は困難である。夏は日本と同様，栽培条件が過酷で台風の影響を受けることがあるため，設備投資は最小限にとどまる。台湾では，品種のバリエーションが非常に乏しく，ダイイングフラワーが人気で，生産者のパッキングハウスでも切り花を染付している光景をよく見かける。

出荷規格は，日本の輪ギクのように重くて長

第10図　キク切り花生産農場：露地栽培（台湾）

い丈の仕上がりのものが良いとされるため，長日期間も45日以上と長い。デコラやスパイダー，ピンポンなどの花形が好まれ，花色もはっきりとしたものが選ばれる。電照設備，遮光幕，暗幕など完全装備の施設をもつ生産者は，生産量が多く，多輪仕立てのキク切り花を栽培している場合が多い（第9図）。他方，露地栽培者は，生産量が限られるため，価格面で有利な一輪仕立ての切り花を栽培する（第10図）。

キク切り花の生産は，8月ころから作付けが始まり，4月上旬の採花までである。露地栽培でも，台湾の冬場の外気温は極端に下がらないため，とくに支障はない。圃場内が一段低くなっており，プールのように水を貯めて灌水するやり方が多いが，土壌硬度が高いため排水性に問題があり，根張りが悪い。また，一見太くて立派な仕上がりだが，露地栽培のため病害虫の被害に遭うリスクが高いうえに，防除も不十分

経営戦略

で，品質は輸出水準には至らず，生産物のほとんどは国内で消費されている。

⑥フィリピン

フィリピンのキク切り花の需要期は10月から12月の間で，その後，2月のバレンタインデーに移る。その用途は他のアジアの国々と比べて宗教色が薄く，おもに贈答用フラワーアレンジメントに使われ，求められる花形や花色はさまざまである。同国でもっとも消費量が多いのはアルストロメリアであるが，露店花屋には冷蔵設備がないため，花持ちが良いキクは，花屋にとって扱いやすい花材として位置づけられている。国内で流通するキク切り花のほとんどが国産で，花形はシングルが多い。現在ベトナムからも少量輸入されているが，過去にマレーシアからキク切り花が輸入されていた名残で，キク切り花のことを「マレーシアマム」と呼ぶ場合もある。ここ数年でようやく新しい品種が受け入れられるようになり，また，一輪仕立てのキク切り花の量も増加している。

フィリピン国内で，古くからキク切り花の産地として知られているのは，北部ルソン島のベンゲッド州にあるバギオである。首都マニラから北に約250kmのところにあり，高冷地で外気温も周年17～30℃と安定しており，キク切り花の栽培に適している。山間部に小規模なハウスが点在するが，雨が凌げる程度のシンプルな構造の生産施設で電照栽培が行なわれている。

そして，首都マニラから南に約60kmのところにある，カヴィテ州のタガイタイも花の産地として知られ，キク切り花を生産する農場もある。タガイタイは，フィリピンを代表する避暑地で，タール湖を望むホテルや別荘が立ち並ぶ風光明媚なところである。標高は600～700mで，昼間は十分光量があり，外気温は30℃程度まで上がり，夜温は20℃前後にまで下がる。生産されたキク切り花は，おもにマニラ市内で販売されている。同国で流通する国内産切り花のなかでは，タガイタイ産のキク切り花がもっとも品質が高いとされる。

そのほか，フィリピンのビサヤ地方にあり観光地としても有名なセブ島のセブ州，フィリピン南部にあるミンダナオ島にあるダバオ・デル・スール州ダバオ，そして，ミサミス・オリエンタル州カガヤンデオロにキク切り花を生産する農場がある。ダバオにあるキク切り花の農場では露地電照栽培が行なわれているが，病害虫対策が徹底されていないため品質はかなり落ちる。その一方で，カガヤンデオロにある農場の場合，品質管理体制が整っており日本に輸出されている。ただし，緯度がマレーシアより高いところに位置し，春から夏にかけては日長が長くなるため，栽培可能な品種が限られる。また，輸送コストを下げるために，船便輸送が可能な，とくに花持ちの良い品種を選ぶ必要があるため，さらに品種がしぼられ，結果的に市場性を失うことになる。そこで必要となるのが，日長操作をするための暗幕の導入であるが，ハウスの構造上の問題や設備投資に見合う利益を生み出すことができるか否かが，重要な判断材料となる。

⑦スリランカ

インド半島の先端から南東に位置するスリランカは，人口約2000万人の島国である。キク切り花は冠婚葬祭いずれにも使用されており，花形がデコラで花色がホワイトの品種が圧倒的シェアを占める。宗教によって好まれる花色に違いがあり，たとえば仏教信者の場合は圧倒的に花色がホワイトのものが，そして，ヒンドゥー教の場合はパープルなどの濃い花色で小輪のものが使用される。

島の内陸部にある中部州ヌワラ・エリヤ県は，大規模なチャ畑のプランテーションが存在し，冷涼な丘陵地帯である。およそ海抜800～1,400mのところに農場があり，光量が豊富で，外気温は，昼間は30℃前後まで上昇するが，夜間は20℃以下になる。キク切り花生産は，10年ほど前にオランダ人ボランティアによって栽培指導を受けた農場があり，現在行なわれている栽培管理方法は，その当時獲得した知識がベースとなっている（第11図）。

どの農場も白さびによる被害が深刻であり，防除の回数，農薬の選び方や量などについて改善すべき点が多い。栽培条件としては，キク切

アジア諸国におけるキク産業とその影響，課題

第11図　キク切り花生産農場（スリランカ）

第13図　キク切り花生産農場：チェンマイ小規模農家（タイ）

第12図　バンコクの花問屋の店頭に並ぶマレーシア産切り花（タイ）

第14図　キク切り花生産農場：チェンラーイ小規模農家（タイ）

り花の栽培に向いている場所で，また，施設の水準も比較的高く，今後，アドバイスを的確に行なっていくことによりレベルアップをはかることは可能である。

⑧インドネシア

インドネシアでは，年間約4億本のキク切り花が生産されており，栽培面積はおよそ9,600haに及ぶ。もっとも盛んな地域は西ジャワ州であるが，中部ジャワ州や東ジャワ州でも栽培されている。その多くは小規模農家で，竹製の簡易的なハウスで栽培する。インドネシアは，ほぼ赤道直下に位置するため，日射量が豊富で，昼間の外気温は上昇し，ハウス内温度はかなり上がるが，標高700～1,200mの高冷地であるため，夜間は20℃前後まで落ち込む。

一輪仕立ての場合，人気の高い花形はデコラタイプで，ポンポン，スパイダーも引き合いが強い。スプレータイプの場合，花形はシングルがもっとも需要が高く，続いてデコラ，そしてポンポンである。花色はホワイトがもっとも人気があり，全体の35％程度を占める。続いてイエローが20％，ピンクが15％である。一般の生産者が栽培する品種は，古いものが多い。

⑨タイ

タイはアジア有数のキク切り花の消費国である。人々は太陰暦に合わせて満月，半月のときに花を仏壇に供花する。その多くはキクで，年間国内流通量はおよそ10億本に上り，このうち約6億本が国内産であり，約4億本がマレーシアから輸入されている（第12図）。

タイ国内におけるおもな産地はチェンマイで，国内産の約6割をカバーする（第13図）。チェンマイ郊外の標高800～1,200mの高冷地

で生産されている。次点は，ナコンラチャーシマで約3割程度，そしてチェンラーイ北部の高冷地でも栽培されている（第14図）。典型的なハウスは，軒高2.5m程度の簡易的なもので，防虫ネットも張られていない，いわゆる雨よけ目的の施設である。春から夏にかけてはトンネル方式の暗幕により日長操作を行なっている。いずれも高冷地で，昼間の気温は30～35℃まで上昇するが，夜間は15～25℃に下がるため，キク切り花の栽培には適している。冬場は，夜温が8～10℃程度になることもあるが，加温設備は備えていない。

マレーシアと比べると栽培管理技術および切り花の品質は劣るため，市場におけるマレーシア産のシェアが高いことも頷ける。バンコク市内にある花の問屋地区を歩くと，花形がデコラの品種が多く見られ，銘柄も2～3品種にしぼられる。花色はホワイト，イエローがともに4割程度を占める。

(4) 日本を取り巻く情勢と今後の課題

過去10年間の国内における花卉の生産は失速状態にある。2015年の全切り花の出荷量は38.8億本で，1995年と比べると約30％も減少している。3大切り花の生産量も揃って減少し，そのなかでもカーネーションは42％，バラは54％と激減し，キクの場合はそこまでの落ち込みはないものの約22％減少している。しかし，キク切り花を種類別にみると輪ギクは約30％，小ギクは約18％減少しているが，洋ギクは約16％増加している（第3表）。洋ギクの出荷量は2005年ころまで増加後，2010年ころまでほぼ同じ水準を維持し，2011年に1割減少したが，出荷量は2015年まで安定的に推移している。

洋ギクの切り花全体に対する割合は徐々に増加し，確実にその存在感は増している。なお，統計上，「輪ギク」には一輪仕立ての洋ギクが含まれており，洋ギクの切り花全体に対する割合は少なくとも7～8％程度になると推察する。

他方，この間輸入ギクは日本の市場で着実にその存在感を高めてきた。1995年の輸入量は約4000万本であったが，2011年

第3表　キク切り花出荷量（単位：千本）

		1995年	2005年	2015年
切り花全体		5,582,000 (100)	5,022,000 (100)	3,880,000 (100)
キ ク	輪ギク	1,247,000 (22.3)	1,057,000 (21.0)	861,800 (22.2)
	小ギク	576,000 (10.3)	524,500 (10.4)	467,600 (12.1)
	洋ギク	216,900 (3.9)	287,100 (5.7)	251,900 (6.5)
バラ		588,000 (10.5)	435,000 (8.7)	269,900 (7.0)
カーネーション		467,800 (8.4)	390,700 (7.8)	270,900 (7.0)
その他の切り花		446,300 (8.0)	458,700 (9.1)	176,900 (4.6)

注　出典：農水省「品目別作付面積及び出荷量累年統計及び植物検疫統計」2016
　　（　）内は当該年の切り花全体に対する割合（％）

第4表　国産キク切り花出荷量と輸入切り花数量（単位：百万本，1995～2015年）

年　次	1995	1996	1997	1998	1999	2000	2001	2002	2003	2004	2005
輪ギク	1,247	1,270	1,246	1,201	1,212	1,200	1,194	1,155	1,127	1,067	1,057
小ギク	576	582	583	558	559	561	555	535	531	524	525
洋ギク	217	229	239	243	261	267	267	274	282	277	287
輸入ギク	41	30	25	36	49	67	75	82	101	143	169

年　次	2006	2007	2008	2009	2010	2011	2012	2013	2014	2015
輪ギク	1,034	1,011	985	942	902	866	870	861	855	862
小ギク	538	522	523	503	484	479	471	486	476	468
洋ギク	285	282	284	287	274	253	254	251	242	252
輸入ギク	201	203	212	231	273	295	319	335	310	298

注　出典：農水省「品目別作付面積及び出荷量累年統計及び植物検疫統計」2016より
　　1995，2005，2015年は，第3表の数値を10万の単位で四捨五入

アジア諸国におけるキク産業とその影響，課題

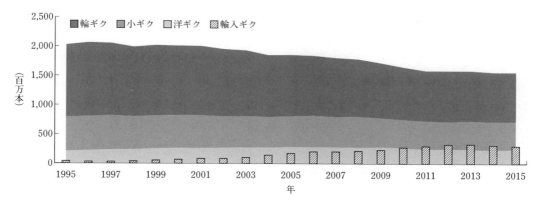

第15図　国産切り花出荷量と輸入キク切り花数量との比較（1995～2015年）
農水省「品目別作付面積及び出荷量累年統計及び植物検疫統計」より

にその量は国内産洋ギクの出荷量を超え，2013年には約3.35億本に達している（第4表，第15図）。ここ数年はマレーシアで外国人労働者や違法土地開発にかかわる問題が生産に影響し，輸入キク切り花の量は若干減少しているが，それでもなお市場におけるプライスリーダー的な存在である（第16図）。

国内の生産者は，輸入ギクが国内産キク切り花に及ぼす影響について指摘するが，誤解も多い。輸入ギクの大半は洋ギクであり，競合するはずの国内産洋ギクの出荷量は，前述したとおり過去10年間増加傾向にあり，決して共食いの状態にあるとはいえない。冬場は東北以北の地域では暖房コストがかかるため，キク切り花の出荷量は減少するが，輸入ギクはそれを補うかのように3月の輸入量がもっとも多く，国内産と輸入キク切り花は相互補完的関係にある。多くの国内産切り花が輸入切り花に市場を奪われている状況において，高品質で安定的な供給に努めてきた海外の生産者や，輸入商社がもたらした恩恵を受けたのは，むしろ国内の生産者であるといっても過言ではない。

数年前までは，国内産キク切り花よりも単価が高かったマレーシア産キク切り花であるが，シングル系の花形の品種が増え，過度なボリュームは求められなくなっており，価格は伸び悩んでいる。ベトナム産キク切り花も，輸入量は増加しているが価格優先の取引きが続いて

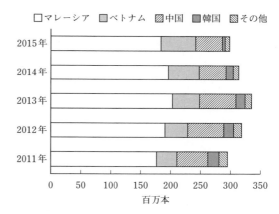

第16図　国別切り花輸入本数（2011～2015年）
（農水省植物検疫統計，2016）
その他は，フィリピン，台湾，南アフリカ，コロンビア，オランダ，エクアドル，インド，ニュージーランド，ミャンマー，スリランカ，インドネシア，タイ，デンマーク

いる。輸入キク切り花がコモディティー化すると，結果的に国内産キク切り花に影響を与えるおそれがあるため，国内産および輸入双方で留意すべきである。

また，今後は，国内の生産者は輸入キク切り花のことを気にかけるよりも，その他の切り花にシェアを奪われないようにするためには，どう対応すべきか検討していかなければならない。ライフスタイルや人々の考え方の変化に合わせるため，葬儀業者は新たなニーズを把握

経営戦略

第5表　国別キク切

項　目	日　本	マレーシア
切り花作付け面積	14,830ha	n/a
年間切り花出荷本数	約3,880百万本	n/a
キク切り花作付け面積	約4,990ha	キャメロンハイランド：約550ha ロジンハイランド：約50ha
年間キク切り花出荷本数	約1,581百万本	約650百万本
キク切り花主要産地（出荷本数ベース）	1. 愛知県（30.4％） 2. 沖縄県（18.9％） 3. 福岡県（6.2％） 4. 鹿児島県（6.1％） 5. 長崎県（4.1％）	1. キャメロンハイランド（77％） 2. ロジンハイランド（23％）
キク切り花生産者数	輪ギク：約1万戸 洋ギク：約0.34万戸 小ギク：約1.1万戸	約250戸
栽培面積／キク切り花生産者	0.1〜1.0ha	一般的な生産者は1.2〜1.6ha程度
出荷本数／キク切り花生産者	100,000〜1,000,000本	
キク切り花ピーク出荷時期	お盆：7〜8月 お彼岸：3月，9月 年末年始：12〜1月	タイ向け： 太陰暦にもとづく需要期 日本向け： お盆：7〜8月 お彼岸：3月，9月 年末年始：12〜1月
キク切り花生産地標高	0〜800m	1,100〜1,500m
キク切り花生産地気温	夏季：22〜38℃ 春季：10〜25℃ 秋季：15〜20℃ 冬季：5〜15℃	18〜28℃
キク切り花市場価格	輪ギク：50〜120円/本 洋ギク（多輪）：30〜90円/本 洋ギク（一輪）：50〜120円/本 小ギク：30〜50円	国内および近隣諸国向け：MYR9.50/束（13〜20本） 日本向け：40〜90円/本
キク切り花人気花形（一輪仕立て）	1. 輪ギク 2. ポンポン 3. スパイダー	1. ポンポン 2. スパイダー 3. デコラ
キク切り花人気花形（多輪仕立て）	1. シングル 2. デコラ 3. ポンポン	1. デコラ 2. シングル 3. アネモネ
キク切り花人気花色	1. ホワイト（40％） 2. ピンク（25％） 3. イエロー（20％）	1. ホワイト（40％） 2. イエロー（40％）

アジア諸国におけるキク産業とその影響，課題

り花生産動向一覧

韓　国	台　湾	タ　イ	インドネシア	フィリピン
約1,450ha	3,319ha	n/a	18,086ha	約200ha
約540百万本	約905百万本	n/a	約740百万本	約60百万本
約400ha	703ha	n/a	9,647ha	100ha
約170百万本	204.9百万本	約600百万本	427百万本	28.8百万本
1. Kyungnam 2. Chungnam 3. Busan	彰化郡（97%）	1. チェンマイ（60%） 2. ナコンラーチャシーマ（30%） 3. その他（10%）	西ジャワ（48.39%） 中部ジャワ（30.54%） 東ジャワ（17.82%） その他（3.25%）	1. ベンゲット州バギオ（60%） 2. セブ州（15%） 3. カヴィテ州タガイタイ（10%） 4. その他（15%）
約900戸	n/a	n/a	n/a	約1,500戸
0.4〜0.7ha	0.1〜1.0ha	n/a	0.1〜0.5ha	0.05〜0.15ha
150,000〜500,000本	30,000〜500,000本	n/a	80,000〜640,000本	30,000〜100,000本
2，3月：卒業式，入学式 4月：寒食 5月：父母の日 6月：顕忠日 7月：秋夕	旧正月：2月	10〜12月 1〜3月	新年：1月 旧正月：2月 独立記念日：8月 年末／クリスマス：12月	諸聖人の日：11月1日 バレンタイン：2月14日 クリスマス：12月
0〜100m	0〜400m	800〜1,200m	700〜1,200m	700〜1,200m
夏季：23〜35℃ 春，秋季：10〜20℃ 冬季：10〜3℃	春/秋季：20〜30℃ 冬季：13〜23℃	昼間：30〜35℃ 夜間：15〜25℃	夏季：30〜40℃ 冬季：10〜20℃	バギオ：17〜30℃ その他：19〜32℃
輪ギク：KRW200〜500/本 洋ギク（多輪）：KRW70〜400/本 洋ギク（一輪）：KRW120〜600本	洋ギク（多輪）：NTD40〜60/束 洋ギク（一輪）：NTD60〜80/束	洋ギク（多輪）：THB7〜10/束 洋ギク（一輪）：THB8〜20/束	洋ギク（多輪）：IDR14000/束 洋ギク（一輪）：IDR15000/束	洋ギク（多輪）：PHP3〜10/本 洋ギク（一輪）：PHP8〜14/本
1. 輪ギク 2. ポンポン 3. デコラ	1. デコラ 2. スパイダー 3. ポンポン	1. デコラ 2. スパイダー	1. デコラ 2. ポンポン 3. スパイダー	1. スパイダー 2. デコラ 3. ポンポン
1. シングル 2. アネモネ 3. ポンポン	1. デコラ 2. ポンポン 3. シングル	1. デコラ 2. スパイダー 3. シングル	1. シングル 2. デコラ 3. ポンポン	1. シングル 2. デコラ 3. ポンポン
1. イエロー（30%） 2. ホワイト（25%） 3. ピンク（25%）	1. ホワイト（22%） 2. レッド（21%） 3. イエロー（20%）	1. ホワイト（40%） 2. イエロー（40%） 3. その他（20%）	1. ホワイト（35%） 2. イエロー（20%） 3. ピンク（15%）	1. ホワイト（40%） 2. イエロー（20%） 3. グリーン（10%）

（次ページへつづく）

項　目	日　本	マレーシア
主要品種	1. 神馬 2. 精の一世 3. 精興の誠	タイ向け： 1. ユーロ（60％） 2. ゼンブラ（30％） 日本向け： 1. モナリザ
輸入割合	18％	n/a
輸入本数	約298百万本	n/a
輸入元国	マレーシア：183百万本 ベトナム：57.9百万本 中国：44.5百万本	中国
輸出本数	—	n/a
輸出対象国	—	タイ：約400百万本 日本：約200百万本 シンガポール：約20百万本
備　考	国内生産量は減少傾向にあるが，生産者一人当たりの生産量は増加傾向にある 洋ギクは増加し，輪ギク，小ギクは縮小傾向にある 洋ギクについては，輸入物のシェアは増加傾向にあったが2013年を境に減少している	外国人労働者就労問題および違法土地利用問題の影響により日本向け輸出量は減少傾向にある（5％程度）。その一方で，タイ向け輸出量は増加している 以前と比べて10〜20％程度生産性は向上している
補　足	農水省「品目別作付面積及び出荷量累年統計および植物検疫統計」，デリフロールジャパン調べ（2016）	現地生産者協会および生産者調べ（2016）

注　各国の通貨は以下のとおりである。MYR（マレーシア）：リンギット，KRW（韓国）：ウォン，n/a：データなし

し，それに応じた取組みを行なっている。葬儀の簡素化が進み，都会ではすでに「葬儀＝キク」という方程式も成立しなくなりつつある。これまでキク切り花の独壇場であった葬儀において，その他の切り花にシェアを奪われはじめている。

花持ちが良く，品種の選定や仕立て方を変え，流通方法なども改善すれば活路を見出していくことは可能であり，「キク離れ」は，「陰のイメージを連想するキク」という固定概念を崩すために与えられた良い機会である。キク切り花が，葬儀以外のカジュアルな場面で使用される機会は確実に増えてはいるが，大きな波がくるまでには相当の時間を要するであろう。国内産および輸入双方で共有できるようなキク切り花の将来像を描き，それに沿った対策を行なっていかなければならない。

これまでの販売の流れでは，エンドユーザーが，いつ，どのようなものを，どのぐらい求めているのか，把握することが困難であった。品種の選定を的確に行なうと同時に，生産効率を高めていくためには，できるだけ仲介の少ない

韓　国	台　湾	タイ	インドネシア	フィリピン
1. 神馬 2. フォード 3. Geumsu	1. 白天星 2. 白東洋 3. 白天星（ダイイング） 4. 黄精競	n/a	1. フィジー 2. ゼンブラ 3. レーガン	1. レーガン 2. フィジー 3. アナスタシア
35%	3%	40%	n/a	極少量
92百万本	約337百万本	約400百万本	n/a	極少量
1. 中国（97%） 2. ベトナム（0.01%） 3. マレーシア（微量）	ベトナム マレーシア	マレーシア	n/a	ベトナム
4.8百万本	n/a	n/a	n/a	n/a
日本	日本	n/a	n/a	日本
韓国ではバラやカーネーションと比べてキクの需要は低く，サイドアイテムとして使われることが多い。 反汚職法にもとづく取締まりが厳しくなり，これまで行なわれてきた葬儀用献花が規制対象となるため，白輪ギクの需要は減少する見通しである	生産本数の変動はあまりないが，生産者は生産性の高い新しい品種を導入する傾向がある。また，ダイイングフラワーも非常に人気がある 多輪仕立てのものよりも，一輪仕立てのほうが市場価格が良い			レーガンシリーズのシェア率が非常に高い。最近は，新しい品種および一輪仕立てのものが人気である
現地種苗取扱店調べ	現地種苗取扱店調べ（2016）	現地生産者調べ（2016）	現地生産者調べ（2016）	現地生産者調べ（2016）

NTD（台湾）：ニュー台湾ドル，THB（タイ）：バーツ，IDR（インドネシア）：ルピア，PHP（フィリピン）：フィリピン・ペソ。

直接的な取引きができるよう流れをつくっていくことが，今後の展開上重要なポイントとなるであろう。

　　執筆　菊池和則（株式会社デリフロールジャパン）
　　　　　　　　　　　　　　　　　2016年記

育種動向と今後の課題

育種の動向と課題

(1) 生産の現状と品種の動向

①生産の現状

2013年におけるわが国のキクの栽培面積は5,096ha、切り花本数は15億9,900万本である。キクは、わが国で栽培されている切り花のなかで、栽培面積で33.1%、切り花本数で37.8%を占めるもっとも重要な花卉である。その生産量は戦後一貫して増加し続け、2000年ごろには栽培面積で6,200ha、切り花本数で20億本を超えるまでに至ったが、その後は減少傾向に転じている（第1表）。しかし、現在もなおこの生産量はおそらく世界一であり（世界第2位と推定されるオランダの2014年の生産量は13億1,900万本、Spaargaren、2015）、かつ、約3億本に達している輸入分を加えた量のほとんどが国内消費されていることから、わが国は世界一のキク生産、消費大国ということができる。

わが国の切り花ギクは現在、統計のうえでは、輪ギク、小ギク、スプレーギクの3つに分類されている。これら3種類のキクについて、種類別の生産動向をみると、2013年の切り花本数では、輪ギクが8億6,100万本で全体の53.8%、小ギクが4億8,600万本で30.4%、スプレーギクが2億5,100万本で15.7%となっており、輪ギク、小ギク、スプレーギクの順で生産が多く、輪ギクが半分以上を占めている（第2表）。しかし、最近14年間（2000～2013年）の切り花本数の動きをみると、2000年を100としたときの2013年の比率は、輪ギク、小ギク、スプレーギクでそれぞれ72、87、94となっており、近年は輪ギクにおける生産の減少が明らかである。

また、1985年ころまではキク全体での施設栽培の占める割合はほぼ35%と横ばいであったが、その後、増加傾向に転じ、2006年には59.3%に達している。この傾向はとくに輪ギクで顕著で、輪ギクの施設栽培は1990年には全体の50.5%であったのが、2005年には75.7%

第1表 近年のわが国におけるキク切り花の生産動向

	1960年	1970年	1980年	1990年	1995年	2000年	2005年	2010年	2013年
栽培面積（ha）	1,562	2,873	4,128	5,538	6,140	6,260	5,815	5,645	5,096
うち施設栽培面積（ha）	116	692	1,442	2,161	2,860	3,170	3,199	—	—
同上率（%）	7.4	24.1	34.9	39.0	46.6	50.6	55.0	—	—
生産本数（百万本）	—	—	1,538	1,868	2,040	2,047	1,869	1,814	1,599
生産額（百万円）	2,527	12,314	51,573	87,596	96,800	86,500	82,900	78,900	65,400

注 2014～2015フラワーデータブックより作表

第2表 近年のわが国における種類別生産動向

種類		1990年	1995年	2000年	2005年	2010年	2013年
輪ギク	栽培面積（ha）	3,683	3,770	3,670	3,261	2,859	2,695
	出荷本数（百万本）	1,241	1,247	1,200	1,057	902	861
小ギク	栽培面積（ha）	1,525	1,790	1,840	1,736	1,686	1,673
	出荷本数（百万本）	509	576	561	525	484	486
スプレーギク	栽培面積（ha）	329	583	742	817	786	728
	出荷本数（百万本）	117	220	267	287	274	251

注 2014～2015フラワーデータブックより作表

経営戦略

となり，この15年あまりの間に施設化が着実に進んできた。最近は小ギクとスプレーギクの区別が明確でなくなりつつあるが，スプレーギクはおもに欧米型の周年生産体系に沿った生産が行なわれており，施設における生産比率が高いが，小ギクではほとんどが露地生産されている点が大きく異なっている。2007年以降になってキクの施設栽培面積に関する統計データがなくなってしまったが，現在も輪ギクとスプレーギクで施設栽培の比率が高く，小ギクで低い状況は変わりないと推測される。スプレーギクが伸びてきたのは，施設において周年的に安定生産でき，摘蕾作業が不要で省力生産が可能であるためである。生産者の高齢化や後継者不足からキクの露地生産が減少する一方で，キク生産の施設化・専業化が着実に進んでいることを反映しているといえよう。

② 進む世界的な花卉の適地適作化とわが国への切り花輸入

従来，花卉生産といえば欧米諸国が中心であったが，最近，中南米，アフリカ，アジアの新興産地における生産が急激に増加してきており，世界的な花卉生産動向は大きく変貌しつつある（第3表）。新興花卉生産国では通常，人件費が安く低コストでの生産が可能である。加えて，四季がなく年間を通じて栽培適温に近い自然環境条件が確保される赤道直下の高地を有するコロンビア，コスタリカ，エクアドル，ケニア，エチオピア，マレーシアなどの国々では，安定的に周年生産を実現できるうえに，冬季の暖房経費がまったく不要で，かつ，日射量も多く，自然日長が年中12時間程度ということで，短日植物であるキクを生産する場合でも，電照だけでシェード設備をまったく必要としないなど，環境制御の面でも大幅なコスト低減が実現できる。

切り花花卉はほかの農作物に比べて輸送性および貯蔵性が低いので，かつては，周りを海に囲まれたわが国では国内での生産供給が基本であるとの見方が一般的であったが，現状は大きく変化してきている。1975年に1,000万本に満たなかった切り花の輸入（切り葉を含む）は，2015年には約12億5,000万本に及んでおり，この40年間でほぼ130倍に増大している（第1図）。当初，輸入は国内生産の少ないラン（タイ）や国内生産が不足ぎみとなる冬季の黄色のキク（台湾）など，ごく一部に限られていたが，1990年代に入ってオランダからの輸入が急増した。近年は，韓国，インド，中国そしてマレ

第3表 生産面積からみた世界の主要花卉生産国

花卉類生産面積	国　名
1,000ha以上2,000ha未満	ベルギー，トルコ，ジンバブエ，ギリシャ，南アフリカ
2,000ha以上5,000ha未満	ポーランド，**コスタリカ**，スペイン，イスラエル，ロシア，**ケニア**，**エチオピア**，**マレーシア**
5,000ha以上20,000ha未満	タイ，**エクアドル**，**コロンビア**，オランダ，ドイツ，イギリス，フランス，オーストラリア，イタリア，台湾
20,000ha以上50,000ha未満	メキシコ，アメリカ，日本
50,000ha以上	中国，インド，ブラジル

注　AIPH-UNION FLEURS（2010）をもとに作表（国名は面積の多い順。ただし，それぞれの国の値はもっとも新しいもので2009年，古いものでは1995年）太字の国は赤道直下の高地をもつ花卉の新興国

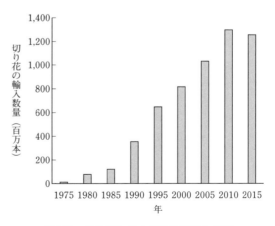

第1図　輸入切り花の植物検疫量の推移
植物検疫統計より作図，サカキ類とヒサカキ類については束数に換算

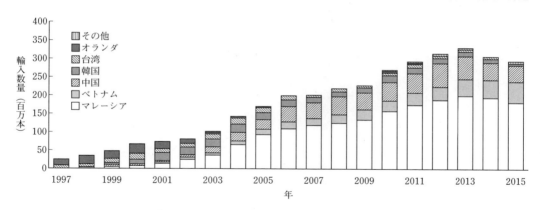

第2図　近年のキク切り花の国別輸入数量の推移　　（植物検疫統計より作図）

ーシア，ベトナムといったアジア諸国における生産が伸びたことが輸入急増の主要因となっている。

2015年の国内流通している切り花に占める海外からの輸入割合が24％に達しているなか，キクの輸入割合はこれよりは低く16％にとどまっているものの，ここ10年間でキクの輸入は急速に増加してきている。2015年の植物検疫統計によると，わが国へのキク切り花の輸入は2億9,757万本で，2013年以降，やや減少してきているもののほぼ3億本が輸入されている（第2図）。とくに，マレーシアからのスプレーギク輸入は1億8,335万本にのぼり，ベトナム産も加えるとほぼ国内で生産されているスプレーギクとほぼ同じ量の切り花が海外から輸入されるという状況になってきている。

1974年のわが国への導入以降，順調に生産を伸ばしてきたスプレーギクであるが，このような急激な輸入量の増加に，さらに燃油価格の高騰などが加わり，ここ10年は生産量が伸び悩んでいる。しかし，これらの輸入量を加えると約5億本と小ギクを上まわる流通量となっており，スプレーギクの国内消費は輪ギクや小ギクに比べて堅調に推移しているといえよう。

③主要品種の動向

第4，5表に，日本花普及センターが取りまとめた2012年のキク品種別流通動向分析調査から，輪ギク，小ギク，スプレーギクの花色別割合および上位20品種の花色，占有率について抽出してまとめてみた。本調査は日本花卉取引コード（JFコード）を使用している市場を対象に幅広く調査協力を要請しているもので，2011年の調査協力市場は全国26市場にのぼる。これによりキクの品種動向について大まかに把握することができると思われる。オランダでは生産者が花市場の経営に参画していて逐次最新の品種動向を把握するシステムが確立されており，生産者は逐次品種動向を把握しつつ，作付け計画に反映させている。かつてはわが国には花卉の品種別流通動向を示す統計資料がなかったので，本調査は一定の役割を果たしているが，今後はさらなる詳細な品種動向の把握が可能になることを期待したい。

これらをみると，種類別に特徴があることが理解できる。輪ギクは葬儀・仏事用が主体で，かつ，白色の占有率がきわめて高い。小ギクも

第4表　2012年におけるキク切り花の種類別花色割合（単位：％）

花色	輪ギク	小ギク	スプレーギク
白	69.4	26.2	22.6
黄	24.9	37.4	16.2
赤	4.6	27.4	2.0
ピンク	0.2	4.9	19.3
緑	0.0	0.0	1.3
複色	0.0	0.1	2.7
その他	0.8	3.4	35.0

注　花き品種別動向分析調査結果（日本花普及センター，2016年）をもとに作表

第5表　2012年における輪ギク，小ギク，スプレーギクの主要20品種の花色と占有率

	輪ギク品種	色	占有率(%)	小ギク品種	色	占有率(%)	スプレーギク品種	色	占有率(%)
1	神馬	白	25.03	つばさ	白	9.67	レミダス	黄	5.32
2	精の一世	白	11.71	太陽の金華	黄	4.63	セイプリンス	白	5.21
3	精興の誠	白	10.15	秋芳	黄	4.46	セイエルザ	白	5.10
4	岩の白扇	白	7.07	沖の乙女	赤	3.96	モナリザ	白	3.03
5	フローラル優香	白	5.47	金秀	黄	3.76	モナリザイエロー	黄	2.12
6	精興の秋	黄	3.00	沖の紅寿	赤	2.85	エルザ	桃	1.85
7	精の枕	黄	2.68	太陽の南奈	赤	2.21	舞風車	桃	1.74
8	精興光玉	黄	2.61	沖のくがに	黄	1.44	セイパレット	白	1.44
9	雪姫	白	2.35	小鈴	黄	0.90	モナリザピンク	桃	1.38
10	太陽の響	黄	2.15	スバル	黄	0.89	アルツ	白	1.27
11	精興光源	黄	1.90	せせらぎ	黄	0.81	エリートピンクレーガン	桃	0.94
12	つばさ	白	1.27	太陽のかりゆし	黄	0.78	セイアドリア	黄	0.88
13	花秀芳	赤	1.13	小雨	白	0.78	プリティララ	桃	0.65
14	深志の匠	黄	1.12	琉のあやか	赤	0.77	セイエーゲ	白	0.64
15	精興光明	黄	1.10	太陽のくれない	赤	0.69	セイヒラリー	白	0.63
16	精の曲	黄	0.96	川風	白	0.57	フェリー	白	0.59
17	美吉野	赤	0.95	とび丸	黄	0.56	ウリズン	桃	0.56
18	晃花の富士	白	0.92	花まつり	赤	0.55	鞠風車	桃	0.56
19	黄金浜	黄	0.88	玉姫	桃	0.54	セイマヨール	桃	0.53
20	精菱	黄	0.87	みちのく	黄	0.54	フロッギー	緑	0.52
	上位10品種計		72.22	上位10品種計		34.77	上位10品種計		28.46

注　花き品種別動向分析調査結果（日本花普及センター，2016年）をもとに作表

仏事用が主であるが，白，黄，赤の占有率がほぼ均等であり，これらのなかでは黄色の占有率が比較的高い。これに対し，スプレーギクは花色が多彩であり，いわゆる色物の占有率が白や黄を上まわる。なお，スプレーギクでその他の花色割合が高いのはマレーシアからの混色輸入分が影響しているものと考えられる。

品種ごとにみると，輪ギクでは白色5品種が上位を占めており，'神馬'の25.0%を筆頭に，'精の一世'（11.7%），'精興の誠'（10.2%），'岩の白扇'（7.1%），'フローラル優香'（5.5%）の順になっている。秋から初夏までの長期間にわたり生産される秋ギク型品種（'神馬''精興の誠'）の割合が高く，夏季中心にのみ生産される夏秋ギク型品種（'フローラル優香''岩の白扇'）の割合が低いが，9月咲きと夏秋ギク型でありながらも初夏から秋まで生産されている'精の一世'が輪ギクの生産第2位を占めるようになった点は注目される。上位10品種の占める割合が70%台と，傑出した白色の主要品種が存在している点が輪ギクの特徴である。

一方，小ギクでは，南西諸島を中心に秋から春にかけて生産される秋ギク型が上位を占め，白の'つばさ'，黄の'太陽の金華''秋芳'，赤の'沖の乙女'などが上位を占めているが，上位10品種の占める割合は35%程度と，輪ギクに比べると品種の多様化がうかがえる。これには初夏から秋にかけて非常に多くの品種が，いまだに露地での自然開花の作型で栽培されている点が影響しているものと思われる。

他方，スプレーギクでは同じく秋ギク型が上位を占めているが，第1位の'レミダス'においても占有率は5%台と低く，上位10品種の占める割合は3割にも満たない。施設において開花調節されているにもかかわらず，小ギク以上に品種の多様化が進んでいるのは，マレーシアなどから輸入される品種との差別化が図られていることが影響しているのかもしれない。

(2) これまでの育種の主要な成果

①海外からの導入とその後の育種による改良

今日の切り花ギクの原型は実はアメリカで生

まれた。アメリカで育成されたキク品種は開花調節技術とともに，わが国に大正中期に導入され，'シルバーボール''アンゲロー''ラスター''デセンバーキング''レモンクイン'などの品種によるわが国での切り花生産が始められた（岡，1981）。それゆえ，今日では輪ギクは日本的なイメージを与える花の代表格となっているものの，当初の切り花ギクは「洋ギク」と呼ばれていた。ところが，これら「洋ギク」と呼ばれた切り花用のキクも，その後，日本の気候や日本人の嗜好に適合するように，国内で育種改良され，現在は，欧米にはない独自のタイプのキクとなっている。さらに，1974年には欧米で周年省力生産用に育種改良されたスプレーギクが，農林水産省野菜試験場花き育種研究室長であった川田穣一によって再度わが国に導入されたが，これもやはり導入と同時に，わが国における育種改良が開始され，その後本格的に定着してきた経緯がある。

このように，切り花ギクについては，海外からの導入が国内での生産開始の大きな契機となってきたものの，その後に国内で育種改良されてはじめて，国内生産の定着が図られてきた経緯があり，国内育種が大変重要な役割を果たしてきた。しかし，最近はバラやカーネーションといった欧米原産の花卉のみならず，キクについても，世界一の生産量を誇るわが国をターゲットとして，海外からの新品種の導入がいっそう盛んになってきており，国内における育種基盤の強化がいっそう重要性を増してきている。

②わが国における育種の成果

草姿の改良と耐湿性の強化 大正中期にわが国に導入されたいわゆる「洋ギク」品種は，花は豪華であったものの，茎葉とのバランスが十分でなく，伝統的な生け花の花材には適さなかった。また，耐湿性が弱く，わが国の湿潤な気候下での露地栽培がむずかしいなどの問題があった。

輪ギクの育種は1930年ころに磯江景敏によって開始され，同氏は品種'新東亜'などを作出した。現在の輪ギクは，ほとんどの品種が，茎が剛直で節間が短く，葉柄が短く立ち葉であるなどの優れた茎葉形質を有している。また，わが国のような湿潤な気候下での露地栽培が可能なように，長年の育種選抜の結果により，耐湿性が強化されてきている。輪ギクの育種業者のカタログをみると，「木姿」や「木性」といった単語が頻出しているが，輪ギクの育種で草姿の改良が重要視されてきたことが反映されているものといえよう。これら草姿や耐湿性の改良はわが国独自の育種の成果といえる。欧米から導入されたスプレーギクをみると，むしろ茎の伸長性が重視されているために節間は長いものがほとんどであるのに加え，施設栽培で選抜されたために耐湿性が弱く，わが国の露地栽培には適さない。ただし，輪ギクの節間の短かさは栽培期間が長くなる欠点を招いており，今後は生産性の向上も考慮に入れながら，わが国独自の優れた草姿を維持していく必要があろう。

夏秋ギク品種の育成 欧米では自然開花期が秋である秋ギク品種を利用した周年栽培が成立してきたが，わが国では夏季に高温による開花遅延や品質低下が起こり，同一地域での周年生産が困難であったために，夏季は高冷地で生産分担が図られ，当初は秋ギクのシェード栽培が，その後シェードを要しない7～9月咲きギクの季咲き栽培が普及し，周年供給が図られた。

夏ギクは江戸時代に突然変異によって生まれたとされている（岡田，1969）が，昭和初年から行なわれてきた長野県の小井戸直四郎による夏秋ギク品種の育成は特筆できる育種の成果である。同氏は，秋ギク実生の早咲き系統の選抜によって，まず1946年ころ9月咲きを発表，次いで1948年ころには8月咲きを，さらに1956年ころには7月咲きを発表した。約30年の年月をかけて，秋に開花するキクから夏に開花するキクをつくり上げたのである。これらのキクは，新盆，旧盆，秋の彼岸といった輪ギクの需要期に開花調節を必要とせずに開花したことから，急速に秋ギクのシェード栽培にとって代わり，秋ギクのシェード栽培は一時消滅した。

夏秋ギク品種の普及により，夏秋期の出荷を

経営戦略

行なう生産農家は，数多くの品種を栽培し，それぞれの品種の開花期に適合するように順次作付けを行なっていた。このような初夏から秋にかけての出荷を行なう生産農家では百を超える品種を取り扱うことも珍しくはなかった。キクの育種業者は毎年次々と新品種を発表するなか，生産農家も積極的に新品種を導入していった。新品種の希少性に高い市場価格がつけられることもあったが，その一方で生産農家としては十分に品種特性の把握ができずに品種ごとの栽培技術が向上しにくく，さらに流通上，求められる同一品種の継続的な出荷に対応できないことが問題とされた。もっとも大きな課題は，開花調節を行なわずに生産するために，開花期が年々変動し，新盆，旧盆，秋の彼岸といった需要期に高騰暴落が繰り返されることであった。夏秋期の生産においても年末や春の彼岸における電照栽培と同様に，同一品種を開花調節し，需要期に安定して出荷する方向が望まれるようになった。

そのような状況下，1985年ころ，農林水産省野菜試験場の川田穣一ら（1987）によって，それまで電照による花芽分化抑制ができないと考えられてきた7〜9月咲きギクのなかに，夏至時の自然日長よりも長い限界日長をもち，シェードをせずに電照だけで開花調節が可能な夏秋ギクが存在することが明らかにされ，秋から春にかけての2作は秋ギク，夏の1作は夏秋ギクとするわが国独自の輪ギクの周年生産体系が成立するようになった（第3図）。ほぼ同時にスプレーギクでも同様な体系が確立された。た

だし，スプレーギクの場合には，同一施設における生産といっても複数の品種を同時に栽培することが多く，加えて，輪ギクと異なり摘蕾を行なわずに仕立てることから，夏季には消灯後にシェードを行なうのが一般的である。夏秋ギクは，秋ギクと異なり高温下でも開花遅延せずに正常に開花できる高温開花性をもつことも特筆できる特徴である（柴田，1997）。このように，キクでは高温開花性をもつ夏秋ギク型品種の利用により同一地域での周年生産が図られるようになった。

無側枝性ギク品種の育成 小井戸直四郎による無側枝（芽）性ギク（同氏は「芽なしギク」と称している）の作出も特筆に値する。輪ギクにおける摘蕾作業は生産時間のおよそ4分の1を占めるとされ（森岡，1987），手間のかかる摘蕾作業からの解放はキク生産者にとって夢であった。同氏は9月咲きギク品種のなかに側芽がほとんどつかない無側枝タイプを見出し，育種を進めた結果，1979年に最初の'松本の月'と'道の光'の2品種を発表した。その後，同氏は8月咲き，7月咲きとすべての夏秋ギクへの無側枝性タイプの作出に成功した。現在では，同氏のみならず多くのキク育種家によって秋ギクにおいても無側枝性の導入が進められているが，夏秋ギクに比べるとまだ緒に就いた段階である。しかし，生産農家の減少および高齢化の背景を受けて，輪ギクの生産現場では省力的な生産を可能とする無側枝性の重要性がいっそう高まってきている。

一方，無側枝性品種では，いったん無側枝性が発現し始めると，それ以降は挿し穂を採取しにくくなる問題を生じるために生産することが困難になったり，後述するように一部の品種では奇形花の発生を伴う問題が生じてきている。無側枝性の発現を制御できる画期的な技術の開発や奇形花を生じない品種育成が望まれている。

古典ギクの利用 キクは奈良時代に中国から伝わったとされるが，平安時代には貴族を中心に，江戸時代以降は庶民を中心に育種が進み，さまざまなタイプのキクが育成されてきた。以

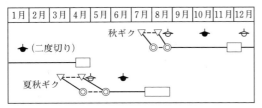

第3図 秋ギク（品種：秀芳の力）と夏秋ギク（品種：精雲）を組み合わせた周年生産体系の例

下に古典ギクを利用した品種育成を紹介する。

林（1987）は，嵯峨ギクを利用して「蓬左（ほうさ）ギク」と称するダリアのカクタス咲きに似た新しい花形のキクを育成し，1984年に発表した。通常キクの花弁は内側に巻き込む（内巻）ために花色が鮮明にならないが，嵯峨ギクではその逆の外巻であることに着目し，鮮明な花色の品種を実現したものである。また，精興園（現イノチオアグリ）では肥後ギクを育種素材として，さじ弁咲きの新しいタイプのスプレーギク「風車菊」を育成し，1989年に発表した。「風車菊」は花弁基部の管状部分と先端の平弁部分との鮮明な花色のコントラストが人目を惹き，洋風のフラワーアレンジメントにも和風の生け花にも幅広く利用できる点が高く評価され，短期間に急激に栽培が増加し，現在も主要品種として栽培されている（第4図）。

このように，栽培の歴史が長く独自の変異を備えたわが国の古典ギクには今後も有用な育種素材となる可能性がある。

キク属野生種の利用による種間交雑育種　現在栽培されているキクはもともと種間雑種起源と考えられているが，わが国には約20種のキク属野生種が分布しており，育種的に未利用のものもある。

農林水産省野菜試験場では，わが国に自生する野生種のもつ有用特性の栽培種への導入を目的として，1975年ころからキクの種間交雑に取り組んできた。そのなかで，柴田ら（1988）は1981年に関東から東海にかけての太平洋沿岸に自生するイソギク（*Chrysanthemum pacificum* Nakai.）とスプレーギクとの雑種第1代系統に，再度スプレーギクを交雑することによって，スプレーギクのもつ優れた茎の伸長性や鮮明な花色と，イソギクのもつ旺盛な分枝性や小輪多花性とを兼ね備えた新しいタイプのキクが育成できることを明らかにした。この成果をうけて，沖縄県農業試験場園芸支場では白色の'沖の白波'などの品種を1985年に育成した。これらの品種は「イソ系小ギク」などと呼ばれ，その後，瞬く間に沖縄県内に普及した（第5図）。1990年代にはその栽培面積が200ha

第4図　古典ギクが利用された育成例「風車菊」
（品種：鞠風車）

第5図　種間交雑を利用した育種例，イソ系小ギクの育成
左からスプレーギク，イソ系小ギク，F_1（スプレーギク×イソギク），イソギク

以上に達し，今日の沖縄の小ギク産地の形成に大きく貢献した（柴田，1994）。

2000年以上の長い栽培の歴史をもつキクでは栽培種のレベルが高く，当初，種間雑種の実用化はむずかしいと思われたが，雑種第1代の栽培種への戻し交雑によって実用性の高い種間雑種が得られることが実証された。現在，わが国においては「イソ系小ギク」はほぼ姿を消してしまったが，イソギクの血は，オランダで育成されてきている小輪多花性の品種群「サンティニ」にも導入されていると考えられている。今後もキク属遺伝資源を利用した新しい育種が展開される可能性は十分にあろう。

(3) 輪ギクに起こった急激な品種変遷と今後の方向性

ちょうど2000年ころ、30年近くもの間、電照栽培用の白色輪ギク品種の生産量第1位を誇ってきた'秀芳の力'が、その座をほかの品種に明け渡した。ほぼ時を同じくして、'秀芳の力'とともに約20年間、夏季の白色輪ギクとして生産量第1位を占めていた'精雲'もその座をほかの品種に明け渡した。'秀芳の力'を2作し、'精雲'を1作するタイプの周年生産は、輪ギクの周年安定供給に大きく貢献してきたが、この2つの主要品種の交替により周年生産体系に変化が生じてきている（第6図）。

①秀芳の力から神馬・精興の誠へ

冬季の茎の伸長性が低く十分な加温を行なわないと高所ロゼットなどを形成して開花に至らず、かつ花色が純白ではない'秀芳の力'は、茎の伸長性に優れ純白の花色を示す'神馬'（第6図）や'精興の誠'に置き換わった。'精興の誠'については高温期の葉の黄斑の発生が問題になるなどして、現在は'神馬'が第1位の品種となっているが、この'神馬'にも生産上の問題が生じてきている。

当初'神馬'は'秀芳の力'と比較して、低温条件下でも節間伸長が低下しにくく、低温伸長・開花性に優れた品種と期待されたが、側蕾の数が多いために摘蕾作業が煩雑な点に加え、1～2月開花の作型で高所ロゼットは形成しないものの開花が大きく遅延する問題が顕在化した。これには'神馬'の幼若性がかかわっており、当初は親株の管理温度を上げたり、挿し穂の低温貯蔵を避けるなどの対応策がとられたが、'秀芳の力'と同様に夏季の高温遭遇履歴が誘因となり低温期の開花遅延に影響していることも明らかにされている（住友ら、2008）。'神馬'は'秀芳の力'と異なって高温遭遇によっても茎の伸長がほとんど低下しないものの、'秀芳の力'と同様に花芽の分化・発達が高温遭遇履歴により抑制される特性をもつことが明らかになり、'神馬'についてもかなり加温が必要であることが判明してきている。

そこで、低温期にはおもに'神馬2号'と呼ばれる高温遭遇履歴による開花抑制程度の少ない系統が栽培されたり、後述する新たな育種手法で側蕾の発生が少なくなるように改良された新品種'新神2'が育成されている。'秀芳の力'の時代には秋から春にかけての長期間を1品種だけで対応可能であったが、'神馬'に交替して以降は'神馬'とその変異系統や改良品種との組合わせが必要となってきている。

②精雲から岩の白扇・精の一世など複数の組合わせへ

一方、夏秋ギク品種'精雲'は、おもに葉が折れやすく機械選花に向かないなどの理由で、摘蕾作業を大幅に省くことができる純白色の無側枝性品種'岩の白扇'に置き換わった。ところが、'岩の白扇'については温暖地における8月下旬以降の作型で扁平花が高率に発生する問題（第7図）が顕在化し、現在では秋まで継

第6図　現在の輪ギク主要品種（神馬）

第7図　無側枝性夏秋ギク品種（岩の白扇）に発生する奇形花（扁平花）

続的に生産されることはなくなってしまった。そこで，前述したように，現在は無側枝性をもつ品種'精の一世'がこの時期におもに生産されるようになった。しかし本品種は夏秋ギク型ではあるものの9月咲きで，限界日長が'精雲'や'岩の白扇'ほどには長くないことからシェードによる短日処理が必須であり，シェード施設をもたない輪ギクの生産農家には導入できない問題がある。そこで8月下旬以降は'フローラル優香'などを栽培するなどの対応が図られている。夏季についても'精雲'の時代には1品種で対応可能だったのが，品種変遷により複数の品種の組合わせやシェードが必要な品種への移行などの変化を余儀なくされている。

③品種をめぐる今後の展望

高緯度に位置し，夏の冷涼なオランダでは，周年にわたり秋ギク品種を日長，温度を制御しながら計画的に生産することが成立している。夏季だけの専用品種を採用することは生産農家にとっては大変煩わしく，可能であれば年間にわたり同じ品種を生産し続けることが経営上有利である。しかし，中緯度に位置し，夏季にキクにとっては異常な高温となるわが国では秋ギク品種の生産出荷がむずかしくなることから，やむを得ず秋ギクと夏秋ギクを組み合わせることで同一施設におけるキクの周年生産が定着してきた経緯がある。

2000年ころの品種変遷前後における秋ギク型および夏秋ギク型輪ギクの主要品種の特性を概観し，今後望ましい次世代の主要品種の姿を展望する。まず秋から春にわたる長い期間に対応するための秋ギク品種であるが（第6表），燃油のコストの低減を図るために，ロゼット性が強く，十分な加温が必要な'秀芳の力'からの転換が主要因であったと考えられる。しかし，'神馬'にも低温開花性に問題があることが判明してきており，次世代の主要品種としてはさらなる低温伸長・開花性に優れた品種の登場が期待される。また，無側枝性については秋ギクではまだ育種の進展が十分でないが，これをさらに進めることが必要となろう。むろん，純白の花色も引き続いて不可欠と思われる。

第6表 秋ギク型輪ギク主要品種の特性比較

	秀芳の力	神馬	精興の誠
低温開花性（無ロゼット性）	×	△	○
低温伸長性	△	○	○
純白花色	△	○	○
葉の黄斑の発生	○	○	×
無側枝性	×	×	△

第7表 夏秋ギク型輪ギク主要品種の特性の比較

	精雲	岩の白扇	精の一世
長限界日長性	○	○	×
高温開花性	○	○	○
無側枝性	×	○	○
純白花色	△	○	○
奇形花の発生	○	×	○

一方，7～10月の夏季に対応する夏秋ギクである（第7表）が，かつては夏季も電照だけで開花調節できる長い限界日長性が必要不可欠な条件であったが，9月咲きではあるものの傑出した無側枝性品種'精の一世'の登場により，今後の状況は大きく変わっていくかもしれない。できればシェード不要となる7月咲きがより望ましいが，スプレーギクと同様に輪ギクにおいても消灯後にシェードを行なうことを前提として，秋ギクと9月咲きの夏秋ギクとの2品種の組合わせで周年生産体系を確立していく方向も十分に有力であると考えられる。

筆者はスプレーギクの周年生産における夏秋ギク型の普及を進めたさいに，秋ギク型と夏秋ギク型との交替時期の設定がかなりむずかしいことを経験している。切り花の品質の優れる秋ギク型とスケジュールどおりに出荷できる夏秋ギク型のどちらを優先するかの判断が明確にしにくいためである。7月咲きよりも9月咲きのほうが秋ギクとの品質の違いが少ないことから，品種の切り替えがスムーズに進む可能性も見込まれる。

なお，小ギクにおいても開花調節による出荷期間の延長の動きが進みつつある。前述したように「イソ系小ギク」の普及に伴い南西諸島地域における電照栽培が定着したことにより，秋

から春にかけて同一品種を長期出荷できる態勢が小ギクでも確立され，主要品種は秋ギク型品種となっている。一方，いまだに露地生産が主体である夏秋期の生産ではさまざまな品種が栽培されており，主要品種がなく，単に白小ギク，黄小ギク，赤小ギクといった区分で生産流通が行なわれている例も多い。他方，夏秋期には盆や彼岸といった大きな需要期があることから，これらに連続的に同一品種を開花調節によって出荷しようとの試みが加速しつつある。7月咲き小ギクのなかで電照のみで7月の旧盆，8月の新盆そして9月の秋の彼岸向けにそれぞれ出荷可能な品種の選定と電照栽培技術が取り組まれており，小ギクでも開花調節技術が進みつつある（小山・和田，2004；小田ら，2010；森ら，2014）。当然ながら露地栽培が前提で摘蕾作業を行なわずに仕立てる小ギクでは，シェードが不要な7月咲きに限られることを付け加えておきたい。

(4) 品種の生態的特性

①品種の生態的特性の分類

わが国では親株を冬季に低温を遭遇させる栽培体系が一般的であるが，欧米では低温遭遇させずに苗生産する体系が定着している。多様なキク品種の生態的特性の分類については，古くは岡田（1963）によって日長と温度に着目した分類が行なわれ，その後，川田・船越（1988）によって日長（限界日長と適日長限界），ロゼット性，幼若性に着目した分類に発展的に変更されてきた。川田ら（1987）は冬至芽由来のキクが開花に至るには，「ロゼット相」「幼若相」「感光相」を通過しなければならず，それぞれの通過に低温，高温，短日が必要であるとの考えを示した。この概念は自然のキクの生活環に基づいたものであるが，挿し穂や苗の低温処理，栽培温度，日長処理といったキクの開花調節技術の体系化にも貢献してきた。とくに，早生の夏秋ギク（7月咲き）が，ロゼット性および幼若性が弱く春先に早く感光相に至り，しかも限界日長が夏至の自然日長よりもはるかに長いことから，夏季の電照による開花調節に適するとした。

一方，秋ギクのロゼット性や幼若性に関しては，自然開花の作型ではほとんど問題とならないことから，その品種間の変異について十分な解析がなされてこなかった。また，これまでの研究ではロゼット性や幼若性の解除に重点が置かれ，ロゼット性や幼若性の導入に関してはほとんど研究がなされてきていない。周年にわたり親株管理を継続して行なったり，低温処理などを積極的に施した場合には，秋ギク品種についてもロゼット性・幼若性関連の特性の解析が不可欠である。

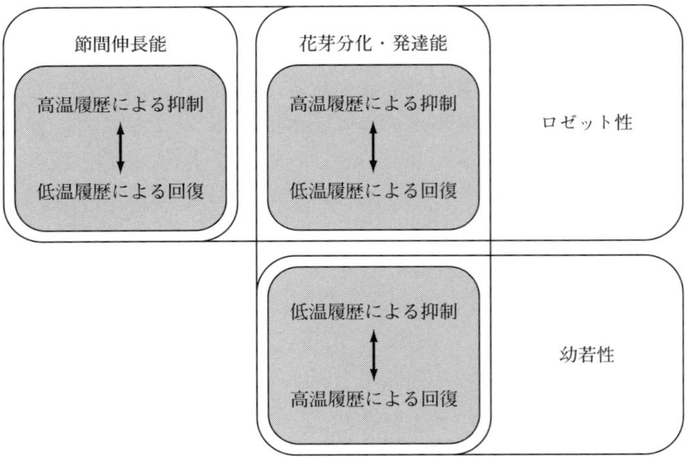

②新たな視点からの生態的特性の整理

柴田・久松（2007）は，キクの節間伸長と花芽分化・発達に及ぼす温度履歴の影響という新たな視点でキク品種の生態的特性について整理している（第8図）。まず，節間伸長についてはほとんどのキク品種で高温遭遇が抑制的に，低温が促進的に働く。'秀芳の力'では挿し穂の低温処理がロゼット化防止に有効で，茎の伸

第8図 キクの節間伸長と花芽分化・発達に及ぼす温度履歴の影響とロゼット性，幼若性との関連　（久松の原図をもとに作成）

長が大きく改善される。一方，'神馬'や'精興の誠'は高温履歴による茎の伸長性の低下が少なく，オランダで育成された低温伸長性の高い品種では，高温履歴による伸長性の低下がほとんど起きない（例'セイローザ'，オランダでは'Reagan'）。

しかし，花芽分化・発達に関しては低温履歴が促進的に働く場合と，抑制的に働く場合がある。4週間以内の比較的短い低温履歴は花芽分化・発達について促進的に働くことが知られており，挿し穂の低温処理は'秀芳の力'のロゼット化防止に役立ち正常な花芽分化を誘導する。一方，高温履歴は花芽分化・発達に抑制的に働く。通常，キクの花房では花房の上から下に向かって順に開花が進んでいくが，開花順序が逆転して花房の下から上に向かって開花が進む「デルフィマム」（第9図）においては，まず生長点付近の花芽分化能が低下し，デルフィ咲きになり，その後は花芽分化できなくなる（道園ら，2006）。これは節間伸長能の低下に先駆けて花芽分化・発達能の低下が起きていることを示している。

ところが，長い低温履歴（通常6〜8週間以上）を受けると，多くの品種で花芽分化節位が上昇し，開花しにくくなる。過去に長野県の高冷地におけるスプレーギク品種のシェード栽培で，当時の主要品種であった'ドラマチック'が，真夏にシェードしているにもかかわらず花芽分化できずに身の丈以上に草丈が伸長した姿を見かけて，まったく理解できなかった経験があるが，長期の低温履歴が影響した結果と考えれば納得できる現象と思われる。

なお，前述した'セイローザ'のような品種は，高温履歴による花芽分化・発達の抑制も長期の低温履歴による花芽分化・発達の抑制もほとんどみられない，周年生産に適した特性をもっている。低温遭遇をまったく経由しない栽培体系のなかでの選抜が，このような生態的特性をもつ品種の育成に貢献しているものと思われる。残念ながらわが国の品種はすべて多かれ少なかれ，高温履歴および低温履歴による花芽分化・発達能の低下の特性をもっている。今後は

第9図 開花順序が逆転した「デルフィマム」

オランダの品種のような特性をどのように導入していくかが課題となろう。このように，ロゼット性を高温履歴による節間伸長能および花芽分化・発達能の低下に，幼若性を低温履歴による花芽分化・発達能の低下に読み替えることによって，秋ギクの生産現場で起こるさまざまな品種の温度反応の整理がつきやすくなるものと考えている。

③分子生物学での開花研究の進展

なお，近年，分子生物学分野における植物の開花に関する研究で大きな進展があった。幻の開花ホルモンとして今から80年ほど前に名付けられた「フロリゲン」の正体が解明されたのである。2000年代に入ってシロイヌナズナとイネで，この「フロリゲン」の正体が*FT/Hd3a*遺伝子がつくりだすタンパク質であることが明らかにされたのである。キクでも2012年に二倍体野生種キクタニギクから*FTL3*遺

伝子が単離され，キクのフロリゲンをコードしていることが明らかになった（Oda et al., 2012）。続いて2013年には，「フロリゲン」とは逆の働きをもつと考えられた「アンチフロリゲン」をコードする AFT 遺伝子も単離され（Higuchi et al., 2013），キクの花芽が誘導されるさいに動き出す遺伝子に関する基盤が整ってきた。

これまでは花芽分化や発達が早まったり遅れたりという現象を科学的に把握することがむずかしかったが，今後は「フロリゲン」や「アンチフロリゲン」といった遺伝子の発現状況をみていくことで，品種の開花に関する生理状態をモニタリングできるものと考える。Nakano et al.（2013）はすでに夏秋ギクが秋ギクと比較して高温開花性に優れていることを，高温域におけるFTL3遺伝子の発現レベルで説明できると報告している。分子生物学的な研究の進捗により，開花調節しやすいキクの育種に拍車がかかることを期待したい。

(5) 今後の育種の課題と育種技術

①花色・花形の多様化

1974年に日本に導入されたスプレーギクは，輪ギク同様に施設における周年生産が確立され，順調に生産が伸びてきた。導入当初はキクと区別するためにコスモスやマーガレットのようなイメージをもつ一重咲き品種を中心に栽培された。しかし，近年は花色や花形の多様化が急速に進み，花色では覆輪や斑入りなどの複色や緑色の品種などが登場するようになった（第10，11図）。花形では，摘蕾作業を意味するディスバッドタイプの新たな「洋ギク」が，ごく最近注目を集めてきている。多様な色彩のスパイダー咲き（第12図）やピンポン玉を思わせるポンポン咲きやデコラティブ咲きの品種は，栽培のうえでは輪ギクと同様の仕立て法であるにも関わらず，現在は輪ギクと区別して取り扱われている。

かつて小ギクとの区別をつけるためにスプレーギクという新しい分類が設けられたが，これらの新しい「洋ギク」は今後新しい輪ギクの分類群を確立するかも知れない。現在の輪ギクと異なる点として，花色と花形の多様性が第一にあげられるが，満開状態に開花が進んでから出荷され，満開状態であっても花弁が脱落しにく

第10図　覆輪花色品種（セイチャイナ）の例

第11図　斑入り花色品種（アバンギャルドイエロー）の例

第12図　ディスバッドタイプの「洋ギク」品種（アナスタシアグリーン）の例

い点も輪ギクにはない大きな特徴である。

他方，花径が2cmにも満たない，ごく小輪の新しいタイプのスプレーギクも登場してきた。「アメリウム」と呼ばれる精興園の'セイアメリ'や，「マイクロマム」と呼ばれる'マディバ'（デッカー社）や'カリメロ'（フロリテック社，第13図）などは，幅広い花色変異を枝変わり品種により実現しており，ブーケ用をはじめさまざまな用途に利用できると思われる。

なお，マレーシアから輸入されるスプレーギク品種は周年を通じて秋ギク型で，花色，花形などの変異に富んでいるが，夏の間，わが国で生産可能な夏秋ギク型スプレーギク品種は一重咲きが主体で，花色変異も乏しい。マレーシアからの輸入の増大は，夏場の国産品種との競合，そして冬季のボリュームの違いなどの点で新たな問題を投げかけている。花色や花形に関する育種改良のスピードアップも重要な育種目標となってきている。

②ワンポイントの改良に有用な突然変異育種とイオンビームの利用

キクでは古くから枝変わり（突然変異）が利用されており，放射線照射による人為的な突然変異育種も行なわれている。育種業者では交雑育種によって優れた品種が育成されると，放射線照射を行ない，花色の変異などをそろえて1つの品種群として販売していく戦略が日常的に採用されている。キクは六倍体で，しかも遺伝的に雑ぱくであることから，もともと交雑育種によってねらった形質を取り入れていくのがむずかしい問題がある。突然変異育種では変異した形質以外はほとんど元の品種と変わらないことから，特定の形質の改良に利用できるが，目標とされる形質は花色が中心であった。

これまで用いる放射線としてはX線やガンマ線が一般的であったが，近年，イオンビームの利用による突然変異が注目されている。イオンビームはX線やガンマ線に比べて，よけいなDNAの損傷をできるだけ少なくでき，かつ有用な変異を効率よく獲得できるとされている。他方，キクの枝変わりは一般に周縁キメラ構造をもつものが多い。放射線照射と組織培養を組

第13図　マイクロマムとシュッコンカスミソウを使ったブーケ（カリメロスノー）

み合わせて得られる単細胞由来の完全変異体は元の品種とは特性が大きく異なる場合が多く，とくに，輪ギクにおいて，完全変異体はこれまで舌状花数や花径の減少を伴うことが多いためにほとんど実用化されなかった経緯がある。

鹿児島県が取り組んだイオンビームを利用した'新神'および'新神2'の育成は，前述してきた突然変異育種の問題点を払拭したみごとな成果といえる。前述したように'神馬'は現在の主流品種となっているが，摘蕾作業に非常に手間がかかる問題があった。鹿児島県ではイオンビームを葉片に照射し，効率よく変異体を得るシステムを開発し，側枝の発生数の少ない'新神'をまず育成した。これまでの突然変異育種では染色体数の減少を伴う場合が多く，枝変わり品種は元品種に比べて，草勢などが劣るのが一般的であったが，'新神'はほとんどDNA量の減少を伴わないもののなかから選抜され，草勢の劣化がなかった。さらに，'新神'へのイオンビームの再照射により低温開花性をもつ'新神2'の育成にも成功しており，今後，イオンビームによる効率的な変異誘発と，フローサイトメトリーを利用した核DNA量の測定を組み合わせた変異体の選抜技術は，キクのワンポイント特性の改良に有効な手法として注目される（上野ら，2013）。

経営戦略

③さらなる花色変異の拡大と純白色の追求

白，黄，ピンク，赤，オレンジ，緑，覆輪，絞りと，現在の栽培ギクの花色変異は豊富となってきているが，主要花卉であるバラやカーネーションと比べると，キクの花色は鮮明さに欠けるとともに，高温条件下で退色しやすい。

キクのアントシアニンは古くはシアニジンにブドウ糖が1つついたクリサンセミンと考えられていたが，実はクリサンセミンにマロン酸が1つもしくは2つついたアントシアニンが含まれていることが明らかにされている（Nakayama et al., 1997）。一方，カロテノイドは，キク花弁（舌状花）では，一般に葉で働いているβ-カロテン系とは異なるカロテノイド合成系（α-カロテン系）が働いており，いくつかの新規物質を含む黄色のルテイン誘導体の集合体であることが明らかになっている（Kishimoto et al., 2005）。このように，キクの花色はアントシアニンとして赤紫色のシアニジン誘導体，カロテノイドとして黄色のルテイン誘導体の組合わせにより成り立っているが，この2つは補色関係にあることから，アントシアニンがある濃度以上に達すると鮮やかさ（彩度）が増加しなくなるために，鮮明な赤やオレンジが生じにくい。

遺伝子組換えにより花色の青色化を図ろうとする研究が近年進み，カーネーションとバラではすでに品種が育成されてきている。バラ，カーネーション，キクには青みを帯びた花色を発現するデルフィニジン誘導体を生成する能力がないことから，デルフィニジン誘導体を生成する鍵酵素であるフラボノイド3'5'水酸化酵素遺伝子を導入して，紫色や青色の花色を発現させる遺伝子組換えが取り組まれている。1997年にはカーネーションで，2009年にはバラでデルフィニジンをほぼ100％発現する青紫色の品種が発表された。二倍体のカーネーション，四倍体のバラに遅れをとったものの，六倍体のキクにおいても最近になって紫色から青紫色のキクの作出に関する研究報告が出された（Brugliera et al., 2013；Noda et al., 2013，第14図）。わが国には栽培ギクと交雑可能なキク属野生種が数多く自生することから，これらの実用化には生物多様性影響評価の観点からさらなる検討が必要となるが，紫色～青紫色のキクは葬儀・仏事用としても利用可能であることに加え，新たなキクの需要を生み出す可能性も期待される。

他方，輪ギクでは純白色の品種が求められるようになったことを前述した。キクは六倍体であることから科学的な知見に基づく育種の取組みは乏しく，実際育種では単に白色同士の交配で純白色の育成が図られている。近年キクの黄色の花色発現にかかわる研究から，純白の花色を育成するための新しい知見が得られつつある。花色に関する遺伝では色素を生成する形質が優性を示すのが一般的であるが，キクでは白色が黄色に対して優性的に遺伝するとともに，キクの花色に関する枝変わりでは方向性があり，白色から黄色の枝変わりは起こるものの，その逆はほとんど起こらないことが知られていた。Ohmiya et al. (2006)はキクの白色品種と黄色品種の舌状花弁で働いている遺伝子の比較から，カロテノイドを分解する働きをもつ酵素遺伝子の発現に違いがあることを突き止めた。つまりキクでは，白色の品種でも花弁でカロテノイドはいったんつくられており，その後，分解されて白色になっていることが明らかになったのである。このカロテノイドを分解するカロテノイド酸化開裂酵素遺伝子（$CmCCD4a$）についてはキク品種に少なくとも6種類以上ある

第14図 遺伝子組換えによるキクの青色化
（原図：農研機構・野田尚信）
左：野生型（品種：大平），右：形質転換体

こと，品種によって種類と発現程度が異なることが明らかになっている（高橋ら，2016）。

純白の花色発現に必要な遺伝子構成が明らかになれば，画期的な育種効率の向上を図ることができるであろう。

④その他の育種的課題

キクの生産流通現場では新たに問題となる病害虫も多数現われてきており，病害虫抵抗性育種は重要な課題である。前述したようにキクは六倍体で，抵抗性の遺伝様式を調べることだけでも困難をきわめるが，まず品種間差に関するデータ蓄積から始め，抵抗性の機作解明などを地道に進めていく必要がある。

また，日持ち性を中心とした流通適性も重要である。かつてキクの日持ちにはエチレンは関係しないとされてきたが，葉の黄化にはエチレンがかかわっていること，かつ品種'秀芳の力'が高いエチレン感受性をもつことが明らかにされた（Doi *et al.*, 2003・2004）。葉の黄化に加え，夏秋ギクでは高温期の水揚げの良し悪しが，主要品種としての必須条件となっている。今後，水揚げに関する育種改良についての進捗も望まれるであろう。

⑤戦略的な品種開発の取組みの必要性

わが国における花卉生産は戦後一貫して右肩上がりに成長してきたが，1998年ころを境にその伸びは止まり，以降右肩下がりの状況に陥っている。かつては新しい品種にはご祝儀相場というものが存在し，その多くが注目を浴びたが，新品種が必ず売れる時代は終わってしまった。品種開発はリスクが大きいことから，花卉業界全体として品種開発への投資や取組みが減少しつつある点が懸念される。一方，種苗法の整備により，傑出した品種の育成に対してはそれ相応の育成者権が確保される環境が整ってきている。

もともとキクの品種は成立後，長い年月が経過すると，栄養繁殖の繰り返しやウイルス・ウイロイド病の複合的な感染により品質が劣化することから，新たに育成された実生品種に更新される。近年は優良品種の母株が試験管内で長期的に維持されるものもあるが，長くても数十年というのがキク品種の寿命である。前述した主要品種の変遷をみると，育成から全国的な普及までにまず10年近くを要すること，いったん生産現場および市場での評価が確立すると20年近く主要品種として安定すること，さらに有力な新品種が現われると一気に品種変遷が起こることが理解できる。

1978年にわが国はUPOV条約に加盟し，植物の特許に相当する種苗法が制定された。当初，自家育苗が主体であったキクではロイヤリティー収入に対する関心が必ずしも高くなかった。実際，前述した主要4品種において，'岩の白扇'以外の'秀芳の力''精雲''神馬'は種苗登録されている品種ではない。しかし，日本の切り花生産の過半数を占める輪ギクの主要品種を登録できれば，相当なロイヤリティー収入が見込まれる。現在の白色の主要品種'神馬'のシェアは輪ギクの約25％に及んでいるので，少なく見積もっても年間2億本が生産されている。これが数十年にわたり継続して生産されるとすると多額のロイヤリティー収入が期待できる。キクの育種会社からは毎年新品種がカタログで紹介されているが，傑出した品種が数十年おきに置き換わっている現状を把握して，もう少し長いスパンで育種を計画していくなどの戦略を立てていくことが重要ではないだろうか。

また，品種を普及させていくためには，種苗法のみならず商標権などの知的財産権を併用する手法も有効と思われる。品種開発には長い時間と経費，そして労力がかかる。育種にかかる経費をきちんと取り戻せる体制が確立されないと，品種開発へのモチベーションはどんどん低下し，育種開発が行なわれなくなることが懸念される。観賞目的とされる花卉ではどんな傑出した品種も必ず飽きられる宿命があり，新しい品種が次々に生まれてくる環境を整えることが花卉産業全体としてきわめて重要である。品種動向をきちんと把握しながら，戦略的に新品種を普及し，確実にロイヤリティー収入を確保していく戦略が必要ではないだろうか。

国内価格の低迷や輸入切り花の急増により，日本文化を代表する存在であったキクの生産に

経営戦略

ついても大変困難な時期を迎えつつある。さらに，育種や切り花生産では，まだまだわが国に主体性があるものの，すでに苗生産ではかなりの部分を海外に依存している実態がある。しかし，日本は元来キク属植物の原産国で，かつ歴史的にも育種資源に富んだ有利性があり，これまでも海外からの影響を強く受けながらわが国のキク生産は発展してきた経緯がある。今後は，国内のみならず海外にも目を向けた育種開発が不可欠となってきている。高温多湿なアジアモンスーン気候のわが国の夏には，冷涼な気候の欧米で育成された花卉品種は適用できない。かつては欧米が花卉の生産流通の中心であったが，今後は，世界人口の約6割を占めるアジアの国々において経済発展が進み，花卉の生産流通がさかんに行なわれるようになるものと考える。わが国におけるキクの育種のさらなる発展を期待したい。

執筆　柴田道夫（東京大学）

2016年記

参考文献

Brugliera, F., G. Q. Tao, U. Tems, G. Kalc, E. Mouradova, , K. Price, K. Stevenson, N. Nakamura, I. Stacey, Y. Katsumoto, Y. Tanaka and J. G. Masont. 2013. Violet/Blue chrysanthemums. Metabolic engineering of the anthocyanin biosynthetic pathway results in novel petal colors. Plant and Cell Physiology. 54, 1696—1710.

Doi, M., Y. Nakagawa, S. Watabe, K. Aoe, K. Inamoto and H. Imanishi. 2003. Ethylene-induced leaf yellowing in cut chrysanthemum (*Dendranthema grandiflorum* Kitamura). J. Japan. Soc. Hort. Sci. 72, 533—535.

Doi, M., K. Aoe, S. Watabe, K. Inamoto and H. Imanishi. 2004. Leaf yellowing of cut standard chrysanthemum (*Dendranthema grandiflorum* Kitamura) 'Shuho-no-chikara' induced by ethylene and postharvest increase in ethylene sensitivity. J. Japan. Soc. Hort. Sci. 73, 229—234.

道園美弦・久松完・柴田道夫．2006．デルフィニウム咲きスプレイギクの開花順序および花房形態の季節的変動．花き研究所研究報告．5，33—44．

林季夫．1987．蓬佐菊を作る．ガーデンライフ．236，56—57．

Higuchi, Y., T. Narumi, A. Oda, Y. Nakano, K. Sumitomo, S. Fukai and T. Hisamatsu. 2013. The gated induction system of a systemic floral inhibitor, antiflorigen, determines obligate short-day flowering in chrysanthemums. PNAS. 110, 17137—17142.

International statistics Flowers and Plants. 2010. 2010. AIPH. Uridruck. Hanover. Germany.

花き研究所編．2007．急速に進む国際化に向けたわが国キク生産の方向．平成19年度花き研究シンポジウム資料．73．

川田穣一．1980．スプレイギクの育種（1）導入と普及．農業技術．35，491—494．

川田穣一・豊田努・宇田昌義・沖村誠・柴田道夫・亀野貞・天野正之・中村幸男・松田健雄．1987．キクの開花期を支配する要因．野菜茶試研報．A1，182—222．

川田穣一・船越桂市．1988．キクの生態的特性による分類．農業および園芸．63，985—990．

小山佳彦・和田修．2004．7月咲き小ギクの暗期中断処理による開花調節—港需要期に合わせた計画生産—．園芸学研究．3，63—66．

森義雄・中島拓・藤本拓郎・常見高士・住友克彦・久松完・後藤丹十郎．2014．暗期中断による7—9月の高需要期連続出荷に適する小ギク品種の選定．園芸学研究．13，349—356．

森岡公一．1987．切り花の生産性向上の方向と問題点．農耕と園芸．42，141—144．

Nakano, Y., Y. Higuchi, K. Sumitomo and T. Hisamatsu. 2013. Flowering retardation by high temperature in chrysanthemums: involvement of *FLOWERING LOCUS T* — like 3 gene repression. J. Exp. Bot. 64, 909—920.

Nakayama, M., M. Koshioka, M. Shibata, S. Hiradate, H. Sugie and M. Yamaguchi. 1997. Identification of cyaniding 3-O-(3", 6"-O-dimalonyl-β-glucopyranoside) as a flower pigment of chrysanthemum (*Dendranthema grandiflorum*). Bioscience, Biotechnology and Biochemistry. 61, 1607—1608.

日本花普及センター．2016．2012年花き品種別流通動向分析調査．

日本花普及センター．2016．フラワーデータブック2014—15．

Noda, N., R. Aida, S. Kishimoto, K. Ishiguro, M. Fukuchi-Mizutani, Y. Tanaka and A. Ohmiya. 2013. Genetic engineering of novel bluer-colored chrysanthemums produced by accumulation of delphinidin-based anthocyanins. Plant and Cell Physiology. **54**, 1684—1695.

農林水産省植物検疫統計 (http://www.pps.go.jp/TokeiWWW/Pages/toukeiList/toukeiInfoList.xhtml)

小田篤・住友克彦・常見高士・道園美弦・本図竹司・久松完. 2010. 7月・8月咲きコギクの花芽分化・発達における日長反応の品種間差. 園芸学研究. **9**, 93—98.

Oda, A., T. Narumi, T. Li, T. Kando, Y. Higuchi, K. Sumitomo, S. Fukai and T. Hisamatsu. 2012. *CsFTL3*, a chrysanthemum *FLOWERING LOCUS T*-like gene, is a key regulator of photoperiodic flowering in chrysanthemums. J. Exp. Bot. **63**, 1461—1477.

Ohmiya, A., S. Kishimoto, R. Aida, Y. Yoshioka and K. Sumitomo. 2006. Carotenoid cleavage dioxygenase (*CmCCD4a*) contributes to white color formation in chrysanthemum petals. Plant Physiology. **142**, 1193—1201.

岡秀樹. 1981. キクの産地はどのようにしてできたか. これからのキクの営利栽培—品質向上・計画量産の技術. 9—25. 農業図書. 東京.

岡田正順. 1963. 菊の花芽分化および開花に関する研究. 東京教大農紀. **9**, 65—202.

岡田正順. 1969. キク. 最新園芸大辞典. **3**, 1337—1355. 誠文堂新光社. 東京.

柴田道夫. 1994. 花卉の品種 (5) —キク—. 農業およ び園芸. **69** (5), 巻頭.

柴田道夫. 1997. 夏秋ギク型スプレーギクの温度・日長反応と育種に関する研究. 野菜茶試研報. **A12**, 1—71.

柴田道夫・川田穣一・天野正之・亀野貞・山岸博・豊田努・山口隆・沖村誠・宇田昌義. 1988. イソギク (*Chrysanthemum pacificum* Nakai) とスプレーギク (*C. morifolium* Ramat.) との種間交雑による小輪系スプレーギク品種'ムーンライト'の育成経過とその特性. 野菜茶試研報. **A2**, 257—277.

柴田道夫・久松完. 2007. 温度がキクの節間伸長および開花に及ぼす影響について. 園芸学研究. **6**(別2), 352.

Spaargaren, J.J.. 2015. Origin & spreading of the cultivated chrysanthemum. Royal Library. Hague.

住友克彦・道園美弦・久松完・柴田道夫. 2008. 栽培ギク'神馬'において夏季の高温遭遇は低温条件下での開花遅延を引き起こす. 花き研究所研究報告. **8**, 1—7.

高橋麻美・樋口洋平・住友克彦・大宮あけみ・柴田道夫. 2016. キク品種の舌状花弁におけるカロテノイド酸化開裂酵素遺伝子の発現解析. 園芸学研究. **15**(別1), 204.

上野敬一郎・永吉実孝・今給黎征郎・郡山啓作・南公宗・田中淳・長谷純宏・松本敏一. 2013. イオンビームの再照射によって秋輪ギク'神馬'の複数形質を改良した新品種'新神2'の育成. 園芸学研究. **12**, 245—254.

育種目標と育種方法—精興園

(1) 育種事業の現状

　精興園は1921年に設立され，約1世紀近くにわたりキクの育種に取り組んできた。その間6,000種以上の品種を発表し，国内はもとよりオランダやアジア圏を中心に世界各国で広く栽培されており，キク育種のリーディングカンパニーの一つとなっている。

　育種された品種は，カタログ発表を行なったものを中心に，海外（ブラジル，ベトナム，中国）産の挿し穂と，国内産では冬至芽苗を，日本国内の栽培農家に向けて販売している。現在は，栽培農家の要望もあり，海外挿し穂生産数は6,000万本強と非常に大きな割合を占めている。また海外において，オランダの育種会社であるヴァンザンテンブリーディングス社（以下，VZB社とする）とは互いに品種提供を行ない，欧州や中南米の栽培農家（法人）に向けた販売や管理を行なっている。

　VZB社における精興園品種の最初の成功事例は'Refour'（レフォール）であり，この品種は日本では輪ギクの'精興の翁'として販売を行ない，丁字咲きの輪ギクとして一大注目を浴びた（第1図）。オランダでは，当時白さび病に対する抵抗性の高い品種が求められていたこともあり，抵抗性をもったこの品種をスプレー仕立てにして販売が加速したという経緯があった。

　'Refour'のあとに注目された品種は'Reagan'（レーガン）である。この品種はオランダの当時の生産形態（大規模化，栽培期間の短縮）に合致していたことに加え，放射線育種や自然発生による花色のシリーズ化や到花週数の違いなどの新たな品種改良が行なわれたことにより多くの枝変わりが登場し，2000年代前後にはオランダの切り花生産シェアの50％強を占めていた。日本では，ほぼ同時期に'セイローザ'という名称で販売していたが，販売当時はオランダとは異なり，生産性よりも花の美しい品種の生産が主流となっていた（第2図）。

　精興園は2008年12月から経営母体が変更され，イシグロ農材株式会社（イシグログループ）の系列会社として再出発をし，現在もキクの育種を専門として行なっている。現在の育種関連圃場の総面積は約4.5haであり，育種品目は営利生産者用切り花ギク（輪ギク，小ギク，スプレーギク），ポットマムであり，このほかに，観賞ギク，趣味者用切り花ギク（輪ギク，小ギク，スプレーギク），生態分類別にみても夏ギク，夏秋ギク，秋ギク，寒ギクと，ほぼ全栽培ギクの育種を手がけている。

　育種方法は交雑育種が98％を占め，残りの2％は放射線育種（γ線，イオンビームなど）と系統選抜である。キクの交雑育種は比較的容易であるが，精興園では保持している育種素材の多さを生かし，適材適所の品種育成を行なっている。育成した（実生選抜）品種は，選抜翌年から複数年，数回の社内栽培試験を経てカタログ発表される。カタログ発表した品種は国内で種苗登録申請をして，品種保護を行なっている。種苗登録申請は育成者権の行使のためだけに行なっていると思われがちだが，実際は優良な品種を国内外に関係なく無断栽培されないようにするためでもある。海外での種苗登録申請

第1図　レフォール（精興の翁）

経営戦略

第2図　レーガンシリーズ
　　　左：初代花色シリーズ，右：到花週数の早いエリートシリーズ展示圃場

は，アジア圏内ではUPOV条約（植物の新品種の保護に関する国際条約）を批准している国および国内種苗法を整備している国に対して申請をし，品種保護を行なっている。

(2) 代表的な品種と育種目標

日本の国内市場に出まわっている切り花用品種は，輪ギク，小ギク，スプレーギクで4,000以上である。このなかには，同一品種でありながら花色のみの表示や略称やMix（混合）などで販売されている品種も含まれているが，流通している品種数が以前より増加しているのは確かである。その理由としては，以前（昭和後期）は輪ギクなら'精雲''秀芳の力''神馬'という3大品種が存在していたが，栽培農家の生産事情の変化と国内育種会社が，より生産性の高い品種を出したことで，輪ギクも多くの品種が流通しているからである。

このようななかで，精興園は夏秋系品種で'精の一世'（第3図）を2007年に発表し販売を開始した。この品種の最大の特徴は無側枝性品種で，芽かき作業が少ないことである。自然開花は9月咲きであるが，シェード栽培を行なうことで6月からの出荷が可能になり，設備を導入している栽培農家には容易に導入された。また，本品種が夏場の輪ギクの代表品種になった理由は，暑い時期に芽かき作業が非常に少ない無側枝性品種であることに加え，生育揃いと秀品率の高さによるものも大きい。

スプレーギクでは，精興園から発表した'セイプリンス'（白シングル），'セイエルザ'（白シングル），'レミダス'（黄シングル）（第4図）の流通量が多いが，これらのシェアを上まわる自社品種を作出することが最大の課題である。

小ギクは過去も現在も流通品種数が最も多い。小ギクはいわゆる物日（7月新盆，8月旧盆，9月彼岸，年末年始，3月彼岸）の5大需要期に栽培農家がどれだけ出荷を合わせることができるか，かつ利益を上げられるかが重要であるため，各月各旬に各色と最も多くの品種を発表しているのが通例であった。しかし，栽培農家の大半が露地栽培を行なうなかでも，輪ギク，ス

第3図　精の一世

第4図 スプレーギクの開発品種
左からセイプリンス，セイエルザ，レミダス

プレーギクのようにいかに同一品種で長期出荷ができ，安定的な収益を上げられるかに注目が集まりつつある。各研究機関が行なうこの品種選別に，精興園として品種提供を積極的に行なっており，成果として夏秋系小ギクの数品種で対応可能な品種が見出されている（第5図）。

(3) 育種の重点

精興園では全体的に次のような点に重点をおいて育種に取り組んでいる。

第5図 長期出荷ができる夏秋系小ギク
左：精こまき，右：精ちぐさ

①生産性と秀品率

生育が揃い開花が揃うということは，オランダをはじめとしたヨーロッパでは常に考えられてきた育種目標にほかならないが，日本国内に向けた品種育成では，品種そのものの美しさやいくつかの優位性があることが育種目標として重視される傾向が強かった。しかし，前述の輪ギク品種の'精の一世'を発表したことで，生産性が高く秀品率も高いというのが，国内栽培農家の重要な品種選択要因の一つになりつつある。したがって，この生産性と秀品率については，今後さらに重点をおいた育種が不可欠である。

②病害虫抵抗性

キクは，非常に多くの病害虫にかかりやすい。また，病気や害虫の種類によっては，一度罹病や食害を受けると最終品質に影響を及ぼし，利益を損なうことになる。また，翌年に被害株を元にした親株育成を行なうと，さらに病虫害被害を拡大させる場合がある。したがって，精興園では各研究機関が行なう病害虫抵抗性の試験において品種提供を行ない，抵抗性の有無を判別している。

抵抗性をもつ品種は，品種自身の利用だけで

経営戦略

なく後代育種用の親としての利用価値も上がるため，病害虫抵抗性を育種目標に掲げることは非常に重要である。

③周年生産性

日本には四季が存在し夏は暑く冬は寒いという特徴的な気候のため，キクの生産そのものは一年中行なわれているが，現状は出荷時期に合わせて最低でも2種類（秋ギクと夏秋ギク）が必要となっている。とくに冬場に作付けされる秋ギクでは，近年暖房用燃料であるA重油や灯油などの高騰により，冬場の生産コスト負担が収益を上まわる場合も発生している。したがって，現行の栽培より低温で栽培した場合でも，到花週数が短く高品質生産ができる品種育成がここ数年非常に重要になっている。

近々の育種目標は，現在のものよりさらに優位性をもった夏秋ギク，秋ギクの品種育成であるが，栽培農家にとっては最低2種類の親株育成が必要になる。自家製親株の育成は手間がかかるので，精興園ではこの負担を軽減する意味でも，将来的には1種類で一年中生産が可能な品種の育成を目標としている。

④マーケティング

キクの主要な花色は白，黄，オレンジ，紅（桃），緑であり，その花色を一つの花に複数もつ複色咲きもあり，色だけをみても非常に多い。さらに花形がシングル（一重）咲き，アネモネ（丁字）咲き，スパイダー（管）咲き，デコラ（八重）咲き，ポンポン咲きとあるため，花色と花形が組み合わさることで，豊富な感覚で観賞できる品目である。その多様性から，欧州ではカジュアルフラワーとしてキクが広く流通している。

一方日本国内では，昭和時代に葬儀会社が葬儀を行なうさいに最も安定的に入手が可能な白輪ギクを利用し始めたことにより，葬儀＝キクのイメージが定着し，消費者心理はいまだにそのイメージを払拭できていない。育種会社としては，非常に豊富な観賞価値をもっているだけに，少しずつでも消費者心理を変えていくため，今後は花市場や花店などと協力しながら積極的に品種のマーケティング調査を行ない，新たな消費需要を創出することが重要である。

⑤系統選抜

オランダでは有用な品種の作出後には，放射線などを利用した花色シリーズ化と，生育や開花にいたる部分での改良育種法が一般的に行なわれている。日本でも，花卉の放射線育種は30年近く行なわれているので，花色を増やす放射線量および時間などについて，一般的な法則性がほぼ見出されている。

しかし日本の場合，技術や方法が見出されている一方で花色のシリーズ化が容易でないのは，照射設備をもつ機関が少ないことも一因である。精興園では γ 線による放射線照射を行ない，品種によっては多くの花色変異を保持しているので，今後も放射線育種による花色系統選抜は継続的に行なっていく予定である。

また近年は，放射線照射のなかでもイオンビーム照射に注目が集まっている。これについては，さらに照射機関の選択肢が狭いうえに，機械によって同元素であっても照射量が異なるようである。したがって，利用する側としては照射量を現わした単位LET（線エネルギー付与率）で確認するとよい。花卉では炭素によるイオンビーム照射が一般的になっており， γ 線より高い変異率を得ることができるとの論文もある。したがって，可能な限りイオンビーム照射による系統選抜も継続的に行なっていきたい。

系統選抜では，最初に作出した品種をいかに増やしても，同一の品質（花形や花色や品種特性）で維持し継続させることが重要になっている。このことが近年重要になってきたのは，挿し穂生産が栽培農家の自家生産から外部購入に変化してきたことによるものである。外部購入が行なわれる以上，その安定生産性，良品質の維持には育種会社の責任が非常に大きくなってきている。

⑥数値化

2005年から，精興園では社内の各種開花試験の品種データを整備している。栽培農家向け切り花では，輪ギク，小ギク，スプレーギク，ポットマムにおいて，生産性，外観，病害虫の3分類50項目前後について，社内標準指標品種

第6図　遺伝子組換えによる青色品種の作出
左から組換え前，比較写真，組換え後

と比較してデータ化（数値化および写真）している。本システムは，社内ですべての者が等しく閲覧できるようにしている。このデータ化により，社内では各品種に対して感覚的な把握ではなく，より具体的な概要を理解できるようになり，社内の認識の統一が図りやすくなっているという優位性がある。

一見，育種目標に関係のない内容と思われるが，品種概要を一定の数値で比較することで，より多くの社内関係者が育種にかかわることが可能になり，個人育種との差別化を図ることができる。

⑦新しい花色

キクは豊富な花色と花形をもっているが，残念なことに青色系の花色色素を保持していない。このため，現時点では単色（多くが白色）の品種に青色の染色を行ない，少し変わった花色を味わうのが通例である。この染色による方法は，花色だけでなく茎や葉の色も変化させてしまうため花持ちを低下させることになる。

新しい花色の開発方法として，2000年代から遺伝子組換えの研究が各所で進み，カーネーションやバラでは，すでに遺伝子組換えの行なわれた青色の品種が国内で流通している。キクでもほぼ同時期に遺伝子組換え技術の研究が始まっており，青いキクはすでに作出はされている（第6図）。

しかし遺伝子組換えされた品種は，自然界に存在する同種目および同属との後代が出現しないことが国内生産および流通の基礎的考えにある。キクでは同属などとの自然交雑問題が非常に起こりやすいという状態が考えられるため，現在は生産・流通が国内で認められていない。今後同様な遺伝子組換え技術で雄性不稔技術が開発されれば，日本国内に青色のキクが流通するようになる。そうなれば，近い将来キクに対する花色の概念が大きく変わることが期待される。

執筆　矢野志野布（有限会社精興園）

2014年記

育種目標と育種方法——小井戸微笑園

(1) 当園での育種の取組み

わが国の切り花の消費状況からみると，キクは全体の35％近くを占め，大きな園芸作物の一つであることはいうまでもない。切り花ギクを大別すると，輪ギク，スプレーマム，小ギクの3つに分類される。輪ギクおよび小ギクは仏花を中心に用いられることが多く，スプレーマムは洋花としての要素を十分備えているため，ステージ花，テーブル花，花束などアレンジ用としても幅広く使われている。

①夏秋ギク

現在のような切り花を主体とした栽培は，大正からといわれている。当時の品種は海外からの導入品種であったため，わが国のキク利用方法において馴染めないものが多く，また，秋ギクが主流であったため，高冷地などでは凍霜害の点で栽培が困難でもあった。これらの理由から，全国的に普及することは不可能であった。

しかしその後，昭和10年代にシェード栽培など日長操作による栽培技術がとり入れられ，全国的に夏場の栽培が可能となったのである。そしてこれを機に，わが国においても独自に育種が開始され，病害に強い'H・コイド'（白色，10月下旬咲き）や'新東亜'（白色，10月上旬咲き）などの秋系品種が育成され，高冷地などを含む各地でシェード栽培による夏場の出荷が盛んに行なわれるようになった。しかし，労力，経費，高温障害による品質低下など，シェード栽培の難点から生産が思うように伸びなかった。このような状況のなかから手軽に栽培ができ，安定した良品質保持が可能な品種の開発が必要不可欠となったのである。

当園では，このニーズに応えるため，1930年代，早生品種の開発に着手をし，実生選抜により，1946～1956年代にかけ，9月咲き，8月咲き，7月咲きの品種群をそれぞれ選抜した。当時の代表品種には，'陽炎'（濃紅色，7月下旬咲き），'青龍'（黄色，8月中旬咲き），'天恵'（桃色，9月上旬咲き）などがあり，育成選抜にあたっては，柳芽の発生が少なく，病虫害に対する抵抗性を有するという点についてとくに考慮した。

また当園の7～9月咲きの品種のなかには，電照によって花芽分化が抑えられ，短日に移すと40日内外で開花する品種が存在することが1970年代に解明され，また夏の高温下においても，秋ギクに劣らない良品種が多いことも特徴として実証された。その実績が認められると同時に，現在全国で栽培されている夏秋ギクといわれている品種の育成親として，当園の早生品種が幅広く使われてきた。このように早生品種の出現により全国的に季咲きの露地栽培が確立され，切り花ギクが急速に普及し，今日に至っているのである。

②スプレーギク（スプレーマム）

わが国のスプレーマムは，1974年に川田穣一氏によりオランダなどから導入され，40年の歴史をもつ。当時の代表的な品種であるマーブル系，チュンフル系，ドラマチックなどの花形，花弁の質，色彩などのみごとさは育種家たちを魅了した。それまでわが国における洋花型のキクといえば，唯一'レディーフレンド'（覆色，8月上旬咲き），'S・キャンディー'（ピンク色，8月中旬咲き）などに代表されるように，単弁の1～2輪ギクであった。このスプレーマムの出現は育種家にとって「菊」に対するイメージを変える大きな要因となった。

導入当初は，秋ギクに属する品種が主流で，輪ギク同様，暖地での施設による季咲き栽培および周年栽培には大変適しており，瞬く間に暖地に普及していった。しかし，ヨーロッパと異なり，わが国の夏場の生産において，高温障害による開花遅延，色あせなどの品質低下が最大のネックとなり，生産者を苦悩させた。この点から市場は立地条件を生かした高冷地からの夏場出荷に期待をかけていたのであるが，秋ギク型品種の日長操作による栽培は，技術，労力，経費という点で定着を図ることができなかった。

経営戦略

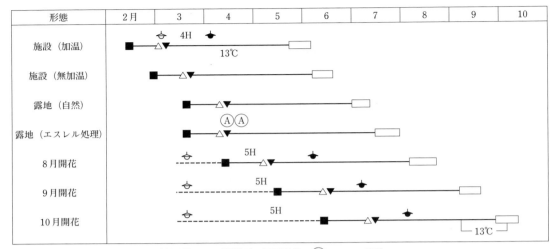

■挿し芽, △定植, ▼摘心, ⚬電照開始, ●電照終了, □開花, Ⓐエスレル処理

第1図　夏秋型スプレーマムの栽培パターン

当園ではこのような状況のもとで、輪ギクの育種経験を生かし、夏秋型スプレーマムの作出に全力を傾けていった。その結果、1977年には導入品種と当園育成品種の交雑により'ピンクラブ'（ピンク色, 8月下旬咲き）ほかを作出し、本格的な季咲き夏秋型スプレーマムとしてスタートした。その後、1983年に作出した夏秋型代表品種である'ユートピア'（ピンク色, 8月上旬咲き）は電照によって花芽分化を抑えることができ、短日に移すと開花するという性質をもっていることが実証された。それと同時に先進地である愛知県の豊川で夏秋型の長期栽培が初めて試みられたのである。当時の品種として1989年に作出した'アルカディア'（7月中旬咲き）'コイスマイル'（8月上旬咲き）も同様、電照抑制が可能な品種として定着し、全国各地で栽培されたのである。

このような品種の出現により、従来の季咲き栽培主体型から同一品種による長期栽培型へと変貌し、新しい生産形態が確立してきたのである（第1図）。

とくに、近年は夏場の高温障害が少なく（退色、開花遅延など）、無シェード、電照のみの長期出荷が可能な品種が求められるようになったのである。

このような条件をクリアする代表品種として'アローム'シリーズ（8月上旬咲き）は現在多くの産地で栽培されているのである。

③芽なしギク

従来の切り花ギクは、一般的に生長するに従って、葉のつけ根から側枝（腋芽）が発生する。輪ギクの場合、良い花を咲かせるためにはこの側枝を取り除く作業（芽かき）が必要不可欠である。近代農業において、省力化が求められるなかで、この作業に費やす時間、労力は生産者たちの大きな悩みの種であった。この芽かきの労力が省力できることにより、どんなに作業が楽になるか、どんなに時間的余裕が生まれるか。それによって規模の拡大を図っていくことが、キク生産者たちのかねてからの大きな夢であった。

当園では、1970年前半に側枝の発生が少ない省力型栽培ギクの育種に着手し、1979年、全国に先がけ'松本の月'（黄色, 10月上旬咲き）を発表した。このような省力型の性質をもった品種を「芽なしギク」と命名し、現在に至るまで約5万個体の育成を行ない、うち約350品種くらいが全国各地で栽培されるに至っている。

芽なしギク＝無側枝ギク、である。つまり、

側枝の発生がない。または少ないキクのことをいうのである。しかし側枝がまったく発生しなくては，繁殖や，摘心を行なった場合，栽培が不可能となってしまう。気象条件，土地条件などで若干の違いはあるが，芽なしギクは幹部分の下部に数か所，上部に3～4か所くらい側枝や側蕾が発生し，中間部分にはほとんど発生しないものをいい，中間部分に若干発生するものを「半芽なしギク」と称している。当園では，芽かきを必要とする品種を「従来ギク」と呼び，「芽なしギク」と区別している。

芽なしギクのメリットは次の点にある。

作業労力の削減 キクの栽培における1年間の労力をみると，摘芽，摘蕾（芽かき）に要する時間は全体の約4分の1を占めている。第1表に示したとおり，仮に従来ギクを10a栽培した場合，芽かきに要する時間は約300時間くらいといわれている。これに対し，芽なしギクの場合は30時間くらい，つまり10分の1の作業時間ですむという試験結果が出ている。その他の作業所要時間も，全体的にみて3割程度の労力削減に役立っている。

経費の節減 1) 芽なしギクの栽培において従来ギクと比較した場合，施肥量は2～3割減とすることが望ましく，肥料代の削減ができる。2) パートタイムなど雇用が困難な時代をむかえ，芽かき労働者などの人件費の削減ができる。

密植栽培（栽培面積の拡大）が可能 芽なしギクは側枝を取り除く作業が不必要であるので，密植栽培が可能である。また密植することにより，よりいっそう芽なしになることが試験で立証されている。

1人当たりの栽培面積を比較すると，従来ギクは7～8aぐらいであるのに対し，芽なしギクは12～15aぐらいは可能である。したがって収入面においても申し分ない品種である。

第1表 従来ギク（芽ありギク）と省力栽培ギク（芽なしギク）における10a当たりの所要労力の比較（輪ギク，露地）（時間）

作 業	従来ギク	芽なしギク	差
親株管理，挿し芽	140	140	0
定植準備，定植	130	130	0
摘 心	20	7	△13
整枝（芽揃い）	40	40	0
摘蕾（芽かき）	300	30	△270
ネット，灌水，施肥	90	90	0
薬剤散布	50	50	0
出 荷	280	250	△30
片づけ，その他	80	80	0
合 計	1,130	817	△313
定植本数（1,000本）	18～20	21～24	＋3～4
切り花本数（1,000本）	35～40	45～50	＋5～10

以上のような点から，「キクづくりは芽なしギクに限る」と全国の輪ギク栽培者から絶賛されている。

（2）主要品種の解説

①**輪ギク**（全品種芽なしギク）

〈8月咲き〉

● 笑の東（品種登録第19098号）

品種の特性 育成地における自然開花期は8月上旬である。花弁に光沢のある濃黄色でさじ弁混じり舟底弁の中大輪である。草姿は直立高性で，茎は褐色混じり緑色の中太である。葉は濃緑色照り切れ立ち葉で木姿は大変良い。側枝の発生は上部のみの芽なしギクである。

第2図 笑の東

経営戦略

第3図　笑の空

第4図　笑の旭

第5図　笑の舞

栽培の状況　季咲きは4月中旬摘心で8月上旬咲きである。無加温施設での促成栽培は3月下旬摘心で7月上旬に開花する。生育は旺盛で摘心後の芽ぶき，開花揃いは大変良い。少肥栽培が良い。盛花時においても花弁の乱れ，葉あがりはなく水もちは大変良く好評である。お盆用営利栽培推奨種（第2図）。

●笑の香（品種登録第21350号）

育成地における自然開花期は8月上旬咲きである。花色は花弁に光沢のある明るい赤紫色でさじ弁混じり舟底弁の中大輪である。草姿は直立高性で，茎は褐色がかった濃緑色中太である。葉は緑色切れ立ち葉で木姿は大変良い。側枝の発生は上部のみの芽なしギクである。

●笑の想（品種登録第16876号）

季咲きは8月上旬咲きである。花色は紫ピンク色で中心が濃く大変美しい。管弁混じり舟底弁の抱え咲き中大輪である。茎は緑色中太で草姿は直立高性。葉は緑色の切れ立ち葉で木姿は良い。無加温施設での促成栽培は7月上旬より開花する。高温時の色あせはなく数少ないピンク系として大変好評である。

〈9月咲き〉

●笑の空（品種登録申請中）

品種の特性　育成地における自然開花期は9月中旬である。花は花弁に光沢のある白色で管弁混じりさじ弁抱え咲き中大輪である。茎は濃緑色の中太で直立高性である。葉は濃緑色の立ち葉で木姿良い。側枝の発生は上部のみの芽なしギクである。

栽培の状況　季咲きは5月中下旬摘心で9月中旬咲きである。側枝の発生は極少で完全芽なしギクのため芽かきの作業は容易である。生育は旺盛であるが高温育苗，穂の伸ばし過ぎは摘心後の芽ぶきを悪くするので注意する。彼岸向け有望品種である（第3図）。

●笑の旭（品種登録第16060号）

自然開花期は9月上中旬である。花弁は光沢のある濃黄色で，舟底弁の中大輪で盛花時でも花弁の乱れはなく抱え咲きとなる。草姿は直立高性で，茎は褐色がかった濃緑色の太である。葉は濃緑色の照り立ち葉で木姿は大変良い。低温によるアントシアンはなく，花色，葉色ともに満点である。市場での評価は大変高く最有望品種である（第4図）。

●笑の舞（品種登録第19177号）

自然開花期は9月中下旬咲きである。花色は花弁に光沢のある赤紫色でさじ弁混じり舟底弁の中大輪である。草姿は直立高性で，茎は緑色で強く中太である。葉は光沢のある濃緑色の切れ立ち葉で木姿は満点である。雨よけ施設では6月中旬摘心で10月上旬より開花する。生育は旺盛のため，少肥，密植栽培が良い。好評品種である（第5図）。

第6図　笑王　　　　第7図　笑の杜　　　　第8図　笑の装

- 笑王（品種登録第10112号）

季咲きは9月中旬咲きである。花弁は光沢のある舟底弁で，花色は緑白色である。花径は中大輪である。茎は緑色の中太で直立長幹性である。葉は濃い緑色の切れ立ち葉で木姿は大変良い。少肥，密植型で花弁に走りがあり，切り前時の草姿は満点である（第6図）。

- 笑の歩（品種登録申請中）

育成地における自然開花期は9月上中旬咲きである。花色は花弁に光沢のある赤紫色でさじ弁混じりの舟底弁の中輪である。草姿は直立高性で，茎は緑色で強く中太である。葉は光沢のある濃緑色の切れ立ち葉で木姿は満点である。側枝の発生は上部のみの芽なしギクである（旧笑灯）。

- 笑の君（品種登録申請中）

育成地における自然開花期は9月中下旬である。花弁は光沢のある濃黄色で，舟底弁の中大輪で盛花時でも花弁の乱れはなく抱え咲きとなる。草姿は直立高性で，茎は濃緑色の太である。葉は濃緑色の照り立ち葉で木姿は大変良い。側枝の発生は上部のみの芽なしギクである。

〈10月咲き〉

- 笑の杜（品種登録第19094号）

品種の特性　育成地における自然開花は10月上旬咲きである。花色は花弁に光沢のある濃黄色で舟底弁の抱え咲き中大輪である。茎は緑色で太で直立高性である。葉は緑色の立ち葉となり草姿は良い。側枝の発生は上部のみの芽なしギクである（第7図）。

栽培の状況　6月中旬摘心で季咲きは10月上旬咲きである。雨よけ施設では6月下旬摘心で10月中下旬に開花する。生育は旺盛で摘心後の芽ぶき，開花揃いは大変良く栽培は容易である。少肥，密植栽培が良い。盛花時でも花弁の乱れおよび露心はなく，水もちは大変良い。

- 笑の装（品種登録第18378号）

自然開花期は10月上旬である。濃紫赤色で抱え咲き中大輪である。茎は緑色がかった褐色の中太で直立高性である。葉は濃緑色の立ち葉で木姿は大変良い。生育は旺盛で栽培は容易である。施設では6月下旬摘心で10月中下旬に開花する（第8図）。

② **スプレーマム**

〈"アローム"シリーズ〉

- コイアローム（ピンク）（品種登録第8156号），コイステージ（パープル）（品種登録第11156号），ホワイト（未発売品種），コイルミナ（レッド）（品種登録第19996号）（旧コイトゥモロー），コイハット（オレンジ）（品種登録第13671号）

品種の特性　'コイハット'・'コイステージ'・'コイルミナ'は'コイアローム'の枝変わりで自然開花期は8月上旬である。花は厚弁の光

経営戦略

第9図 "アローム"シリーズ
①コイアローム(ピンク)
②コイステージ(パープル)
③ホワイト(未発売品種)
④コイルミナ(レッド)
⑤コイハット(オレンジ)

沢のある舟底弁で、花色は各品種とも中心がやや濃く深みがあり、緑心で独特なムードをもった美しい花である。花径は中輪である。茎の太さは中位で緑色の直立高性である。葉は濃緑色の切れ立ち葉で草姿は大変良い（第9図）。

栽培の状況 4月下旬摘心で季咲きは8月上旬咲きである。無加温施設では3月下旬摘心で6月下旬より開花する。電照による開花調節はシェードなしで10月上旬ごろまで可能である。生育は旺盛で開花揃いは良い。高温による色あせ、花弁のいたみはなく、水もちは抜群に良い。

● コイジェンヌ（品種登録第21533号）

品種の特性 育成地における自然開花期は8月上旬である。花は光沢のある明るい赤紫色である。緑心で美しく、舟底弁の1.5重咲き小中輪である。茎は褐色混じり緑色の中軸直立高性で強く、葉は濃緑色の立ち葉で草姿良い（第10図）。

栽培の状況 4月下旬定植で季咲きは8月上旬咲きである。無加温施設での促成栽培は4月上旬定植で7月上旬より開花する。生育は旺盛で、草丈は十分にあり開花揃いも大変良く栽培は容易である。施設、露地ともにフォーメーションは満点で、水もちも大変良い。

● コイライナー（品種登録第22279号）

品種の特性 育成地における自然開花期は7月下旬～8月上旬である。花は光沢のある白色である。緑心で美しく、舟底弁の1.5重咲き中輪である。茎は褐色混じり緑色の中軸直立高性で強く、葉は濃緑色の立ち葉で草姿良い（第11図）。

栽培の状況 4月中旬定植で季咲きは7月下

第10図　コイジェンヌ

第11図　コイライナー

旬～8月上旬咲きである。無加温施設での促成栽培は3月下旬定植で6月下旬より開花する。開花揃いは大変良く栽培は容易である。施設，露地ともにフォーメーションは満点で，水もちも大変良い。

● コイアリサ（品種登録申請中）

育成地における自然開花期は8月上旬である。花は明るい赤紫色である。緑心で美しく，舟底弁の1.5重咲き小中輪系である。茎は褐色混じり緑色の中軸直立高性で強く，葉は濃緑色の立ち葉で草姿良い。

● コイミリオン（品種登録第14216号）

自然開花期は10月上旬咲きである。花色は爪白色底赤色の二色咲き中輪である。緑心で美しい。草形は直立高性で，茎は褐色がかった濃緑色の中太で強い。葉は濃緑色の照り切れ立ち葉で，木姿は大変良い。フォーメーションは満点で，水もち，花色，草姿が大変良く，市場好評品種である。

③ 小ギク

小ギクの需要は従来，春秋の彼岸，盆などの仏事に多かったが，最近の傾向としてカジュアルフラワーの普及とともに，年間をとおして増加してきている。

〈8月咲き〉

'朝風'（白），'銀流'（白），'天竜'（黄），'ささべ'（黄），'鈴絵'（赤），'三陽'（赤）。

〈9月咲き〉

'白帆'（白），'雨音'（白），'いろり'（黄），'秋穂'（黄），'王妃'（ピンク），'都鳥'（赤）。

〈10月咲き〉

'白雪'（白），'千広'（黄），'三笠'（赤）。

(3) 今後の課題

キクは2000年以上にわたり人間の手で培われてきた歴史の長い園芸作物である。また，わが国の伝統的芸術である「生け花」には欠かすことのできない花として重宝されてきた。しかし近年，とくに輪ギクは葬儀，彼岸，盆などの仏花としての需要は多いものの，人々の生活空間への消費は減少してきた。仏花というイメージが強くあることにより，若者の心をとらえる魅力を失ってきているのである。また，生産者の老齢化がすすむことにより生産の停滞をまねいていること，ほかの花と比較した場合，手間のかかるわりには収入に結びつかないなどの理由から，生産者のキク離れにいっそう拍車がかかっていることも事実である。農業の近代化を図るため，また後継者育成のためには，キクづくりにおいても生活にゆとりと安定した収入の確保が必至である。

そこで，輪ギクにおいては省力型芽なしギクの導入，スプレーマムにおいては夏秋型スプレーマムの導入など，労力，経費のかからない品

経営戦略

種選びをすることが必要になってくる。また，栽培面においてはできるだけ施設化を図り，同一品種の長期安定出荷を行なうことも必要である。

市場の共選体制主導型のなかで，全国同一品種の栽培傾向がここ数年つづいてきている。しかし最近の傾向として，産地間競争を防ぐため，産地の諸条件を生かした特徴ある栽培形態，新品種の導入など新しい動きも出てきている。また個選においても，共選品にない品種選びを行なうなど，それぞれ産地の生き残り作戦を展開しつつある。

このような状況のなか，育種にあたりとくに考慮すべき点は，耐虫，耐病性にすぐれていること，つくりやすく安定した品質が確保でき，安心して栽培できることなどである。そして常に消費動向を念頭におき，生産者，消費者のニーズに応えていくことが必要であり，その目標に一歩でも近づくべく研鑽，努力をしていくことが育種家の使命と考えている。

執筆　小井戸輝雄（小井戸微笑園）

2014年記

育種目標と育種方法──ジャパンアグリバイオ（株）

（1）キク事業の展開

　ジャパンアグリバイオ（株）のキク事業は，1990年代初めにキリンビール（株）が開始したキク事業を引き継ぎ現在に至っている。キリンビール（株）がキク事業を開始した当初から，ヨーロッパのキク育種会社の品種を日本へ導入し普及に努めてきた。サザングラスハウス社，フィデス社の品種導入からスタートし，1990年代後半からデッカー・クリサンテマム社，2004年からフロリテック・ブリーディング社の日本国内での独占販売権を獲得した。複数の育種会社からの導入により，幅広い品種ラインナップの充実を図っている。

　日本国内の需要，生産状況，栽培環境など，もろもろの条件を踏まえ，各育種会社の育種担当との検討を重ね，品種開発を行なっている。交配，選抜，オランダや海外における試作，日本での試作を繰り返し，そのなかから優秀な品種だけが販売となる。毎年，数多くの品種を選抜し，国内で導入試作を行なっているが，販売に至る品種は数品種のみである。

　当社では，オランダの育種会社によって開発された品種を導入しているため，取扱い品種は秋ギクのスプレーギクに特化している。スプレーギクには，ディスバッドタイプ（スプレーギクの頂花のみを残す，一輪仕立て）も含まれる。ここで，当社で取り扱っている育種会社の代表的な品種の変遷を記し，それぞれの育種会社の特徴を紹介する。

　①フィデス社（サザングラスハウス社）

　代表的な品種として'プーマサニー'（アネモネ咲き・黄色），'トゥアーマリン'（アネモネ咲き・ピンク），'ペリカン'（シングル咲き，ピンク）が挙げられる。これらは，1990年後半から2000年代にかけて，非常によく売れた品種である。

　'リネカー'をはじめとするリネカーシリーズには，'リネカーダーク''リネカーホワイト''リネカーサーモン''リネカーイエロー'などがある。これらは'リネカー'からの変異種であるため，同様の生育特性をもち，同じ環境で栽培ができる利点があった。現在も'リネカーサーモン'は秋出荷の定番品種である。

　ロリポップシリーズも根強い人気があり，とくに'ロリポップ'（ポンポン咲き・ピンク），'ロリポップパープル'（同，紫色），'ロリポップレッド'（同，赤色）はロングセラー品種である。ロリポップシリーズを含め，フィデス社はポンポン咲き品種の開発に強みがあり，'フロッギー'（緑），'フィーリンググリーン'（緑），'フェリー'（白），近年では，'カントリー'（緑），'フィーリンググリーンⅡ'（濃緑）などの，ポンポン咲き人気品種を輩出している。

　シングル咲き品種では，大ヒット品種の'アルツ'（白），'ファルコン'（白），'キャンパス'（白），'チャーミング'（ピンク），'セレブレイト'（黄色）などがある。

　②デッカー社

　デッカー社の開発第1号品種は'ベスビオ'（スパイダーアネモネ咲き・白）であった。続いて，'ユーロ'（デコラ咲き・白）が世界的にヒットし，デッカー社躍進のきっかけとなった。その後，'デックモナ（モナリザ）'（アネモネ咲き・白）の発売後，ピンク，ダークピンク，イエロー，サニー，サーモンなど花色を広げてシリーズ化することで，圧倒的な人気を博し現在も販売好調である。ベスビオやユーロの色変わり品種である'ベスビオイエロー'（黄色）や'ユーロサニー'（黄色），'ユーロピンク'（ピンク）もオリジナル品種とともに販売数量が伸びた。

　ポンポン咲き品種でも，ベストセラーとなっている'ピンポンゴールデン'（ポンポン咲き・黄色）や'ピンポンスーパー'（ポンポン咲き・白）があり，「ピンポンマム」という名称で流通している。これらの品種は年間を通じて需要が多く，その色や形状から，とくに年末年始や十五夜のお月見シーズンに引き合いが強い。古

い品種では，'ヨーコオノ'（緑），また，スプレー仕立て品種として'ロペス'（黄色）が挙げられる。

デッカー社はサンティニ（小輪多花・極早生）の開発でもトップの位置にあり，かつては，サンティニよりもさらにひとまわり花径の小さいマイクロマム「マディバ」という新ジャンルを打ち出して全世界に発表した。現在でも，オランダでマディバシリーズとして販売を継続している。

ユニークな花形の'ガリアログリーン'（デコラの変わり咲き・緑）など，開発品種の花形，花色のバリエーションの多さもデッカー社の特徴といえる。

③フロリテック社

'バルセキロ'（シングル咲き・濃ピンク），'キャンテラス'（シングル咲き・赤/黄覆色），'フルハウス'（シングル咲き・紫/白覆色）など，茎のしっかりした，スプレーフォーメーションの整った品種が多く，近年は'ロック'（シングル咲き・白），'バニティ'（シングル咲き・濃ピンク），'ピサン'（スパイダー咲き・緑）が人気となっている。

フロリテック社の品種は，全体的に耐暑性と白さび病に強い傾向も見られる。

(2) 周年生産と育種

ヨーロッパでのキク切り花周年生産は，1950年代にイギリスで始まった。当初はアメリカからの導入が中心であり，ヨーロッパ北部の低温・低日照条件に適応する品種がなかった。そのため，民間会社で育種が行なわれ，冬期の低温・低日照にも比較的耐える'ポラーリス''スノードン'などの品種が開発された。この結果，キクの周年栽培はより利益の上がるものとなった。その後，民間会社によって開発されたこれらの品種とともに，キクの周年栽培がオランダや日本にも広がった。

オランダでは，大規模な切り花生産者のなかから品種改良や苗生産を専門に行なう育種会社がいくつか現われ，オランダの切り花生産者は，この育種会社に品種改良・苗生産を任せることにより，きわめて効率的な切り花生産を実現してきた。育種会社はさらに品種改良を進め，高品質な苗生産技術も確立することで，顧客獲得を進め，現在では世界中にキク苗を販売する大きな育種会社に成長している。このなかに当社グループ会社のフィデス社，提携会社であるデッカー社，フロリテック社がある。

また，オランダの育種会社は切り花生産者が使用する定植用苗の供給まで責任をもって対応してきた。そのため，日本で問題になっているキク矮化ウイロイド対策もいち早く確立できた経緯がある。

(3) 育種方法

バイオテクノロジーブームであった1990年代，遺伝子組換え技術，細胞融合技術を使った育種が盛んに試みられたが，これらの技術を使って商品化されたものはそれほど多くはなかった。現在でもキクのおもな育種方法は交雑育種と突然変異育種である。近年では実生選抜を効率的に行なうDNAマーカー育種もいくつか実用化され始めている。ここではこの技術についても簡単に説明する。

①交雑育種

交雑育種で最も重要なのは，育種目標と育種素材の選定である。交雑によって得られた実生株は変異に富んでいる。実生株のなかから優れた形質をもつ個体を選抜するためには，明確な基準と，どのような環境で選抜するか，いかに

第1表　育種の流れ

月	1年目	2年目	3年目	4年目
1		採種		
2				突然変異処理
3			春期試作	
4				種苗登録申請
5			無病植物の育成	
6		実生選抜	夏期試作	母株の植付け
7			海外試作	
8				
9			秋期試作	苗の商業生産
10	交配			突然変異の選抜
11		冬期試作		
12	採種			

早く特性の優劣を評価できるかに尽きる。

交配から品種の販売に至るまでの経緯は第1表のとおりである。早いものでは交配後3年で商業的に生産できる。交配は結実が容易な秋に温室内で，手交配によって行ない，選抜した実生株は地上部30cmほどを残して掘り起こし，長日条件下で栽培し挿し穂の発生を促す。1株から5～10本の挿し穂が得られるので，これを母株として増殖を繰り返し，一部を試験栽培に用いる。母株の増殖が順調に進めば，交配後1年半くらいからは毎週植付けを行なえるようになり，その後1年ほどで品種の特性が把握できる。

②突然変異育種

突然変異育種は，元となる品種の一部の形質のみを改良する有効な育種手段である。栄養繁殖中に自然に生じる枝変わりと，ガンマー線やイオンビームなどを利用して人為的に変異を生じさせる放射線育種がある。これまで栽培特性に優れる品種が1つできると，その品種の花色幅を広げる，伸びすぎる草丈を縮める，また無駄な腋芽が出ない系統を作出するなどの目的のために突然変異が利用されてきた。突然変異で選抜された株は交配育種と同様な手順で評価，検定される。

③DNAマーカー育種

DNAマーカー育種は正確にいうと，交雑育種のなかの評価技術の1つである。実生個体を評価するうえで手間がかかる形質の1つは病害抵抗性であるが，病害抵抗性評価のため，病原菌の管理，接種や発病条件を整えることは時間と手間がかかり容易ではない。このような問題の解決策としてDNAマーカー育種が注目されてきている。形質の発現はDNAの配列によってコードされた遺伝子が関与しているが，この

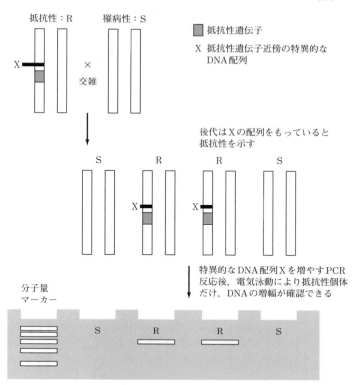

第1図　DNAマーカー育種の原理

DNA配列を選抜に利用したのがDNAマーカー育種である（第1図）。

すでに当社のグループ会社であるフィデス社では，このDNAマーカー技術を応用し，キク白さび病抵抗性個体の選抜に利用している。

さらに当社ではこのDNA検出技術を利用し，当社が販売しているキク挿し穂から抽出したDNAサンプルを用いてウイルスやウイロイドの感染の有無をチェックすることにより，ウイルス・ウイロイドフリーの健全な挿し穂の供給を可能にしている。

(4) 育種目標

当社はスプレーギクのみの取扱いであるため，スプレーギクの育種目標について述べる。スプレーギクは輪ギク，小ギクとは違い，花形，花色が非常に豊富である。これらは葬儀や仏花需要にとどまらず，カジュアルフラワー，フラワーアレンジメント，婚礼などさまざまな用途

に使用されつつあり，今後のスプレーギク市場のいっそうの展開が期待できるところである。

品種開発元として，花形，花色のバリエーションを増やし，幅広いニーズや用途に応えられる魅力的な品種群の開発を進めていきたい。ここでいう魅力的な品種には同時に栽培性の良さが求められる。たとえ，花形，花色がすばらしくても，栽培性が劣っている品種は市場に出まわることはない。

①花形

スプレーギクの花形にはシングル（一重）咲き，ポンポン咲き，アネモネ咲き，スプーン（風車）咲き，スパイダー咲き，デコラ咲き，スパイダーアネモネ咲きなどがある。

現状の日本のマーケットでは，シングル咲きが圧倒的なシェアを占めているため，シングル咲き品種の充実は最重要課題である。しかし，花形，花色の幅を広げて，スプレーギクの良さであるバリエーションの豊富さをさらに深めていくことも当社の重大な役割と考えている。

②茎

茎の硬さ，しなやかさ，長さ，これらの点は栽培や出荷調製における作業のしやすさ，秀品率の向上に不可欠な要素である。茎の品質が良い品種開発は生産者の経営結果に直結するため，導入品種の選抜にはとくに注意するところとなる。

③生育の斉一性

オランダで育種開発される品種は，生育の斉一性がとくに求められる。周年の施設利用を効率よく行ない，生産性を最大限に高めるために，各生育ステージ（発根，初期生育，花芽分化，開花）が同一品種で斉一になるよう品種開発されている。日本国内では，オランダ並みには機械化が進んでいないが，作業をより計画的に，一斉に行なう方向に進んでいくと考えられ，「揃いの良い」品種の要望が多くなってくるであろう。

④早生性

生育の斉一性とともに，施設面積当たりの生産性向上のためには，施設利用回転数を向上させる必要がある。品種の早生性を高めることにより，定植から開花，収穫までの期間の短縮を図ることができる。

⑤耐暑性

世界的な温暖化の影響からか，日本国内でも夏期の温度が高くなってきている。とくに夜間の平均温度が上昇しており，秋ギクの生育に支障をきたし，高温障害が見受けられるようになってきている。数年前までは，夏期でも秋ギクを生産できた産地が，近年は秋ギクの生産を断念せざるを得ず，高温期は秋ギクから夏秋ギクに品種を切り替える生産体系が見られるようになってきた。

夏秋ギクの花形，花色のバリエーションは非常に乏しく，シングル咲きの白，黄色，ピンクといった品種しかない状況であり，秋ギクのような豊富なバリエーションが見られないのが残念である。耐暑性のある秋ギクの開発でこれを補いたい。

⑥低温開花性

夏期の高温化と同様に冬期も温暖化により温度が上昇しているようであるが，それでも施設内の暖房なしでは冬期のスプレーギク栽培はできない。昨今の燃料費の高騰により，暖房コストが生産コストの大きな部分を占めるようになり，生産者の経営を圧迫する一因となっている。低温でも開花できる品種があれば，低い暖房設定温度での生産が可能となり，栽培コストの低減につながる。

低温開花性は重要な育種目標であるが，ここで注意すべきは，低温条件下であまりにも生育が緩慢になると，栽培期間が延びて暖房期間が延び，結果的に暖房コストが削減できないことである。今後は低温開花性と低温生育性，両方ともに優れた特性を備えもった品種が求められる。

⑦病害虫抵抗性

病害虫抵抗性をもつ品種は，さらに栽培しやすい品種として普及することとなる。白さび病，フザリウム，各種ウイルス，ハモグリバエなどに対して抵抗性がある品種は生産者にとって栽培上メリットが大きい。

かつては白さび病に強かったとされる品種で

あっても，病原菌の変異により，栽培されて数年たつと白さび病に弱くなってしまう例が見られる。変化していく病虫害に対応した品種を作出していくことも重要な育種ターゲットである。

(5) おもな品種の特性

フィデス社，デッカー社，フロリテック社の品種はヨーロッパで育成されており，日本での普及にあたっては主産地で試作を行ない，良好な結果を得た品種を販売している。しかし，このような品種でも，地域，季節によっては栽培特性が異なることがあるので，生産者自らが試作を行なってから品種を選定することが望ましい。次におもな品種を紹介する。

なお，到花週数は短日処理後の開花までの週数を指す。

アルツ シングル咲き，白。到花週数6.5週の早生品種。花径は60mm前後。アントシアンが出にくい。初期から生育旺盛で，消灯時にビーナイン処理するとボリュームが出やすい。低温開花性あり。

ロック シングル咲き，白。到花週数7.0週の中早生品種。花径は60mm前後。緑心で花弁の抱えが強い品種。消灯初期から中期の生育が旺盛。生育揃いはあまり良くないがボリュームのとれる品種。

フェリー ポンポン咲き，白。到花週数7.0週の中早生品種。花径はスプレー咲きで30mm，一輪咲き（ピンポン仕立て）で40mm前後の小輪タイプ。球状に開花しても花落ちが少ない。着色輪数が多い。低温開花性あり。

ふわり デコラ咲き，白。到花週数6.5週の早生品種。花径はスプレー咲きで70～75mm前後の大輪タイプ。生育は穏やかでビーナインが効きやすい。純白で花持ちが良い。到花週数が少ない。高温開花性があり高冷地夏作にお勧めである（第2図）。

デックモナ アネモネ咲き，白。到花週数7.5週の中生品種。花径は60mm前後。花持ちが良く，気品のある花形から幅広い用途で使用される。通称モナリザとして人気の品種。生育

第2図 ふわり

第3図 デックモナ

が旺盛なため，3～4回のビーナイン処理が必要（消灯初期から散布）（第3図）。

ピンポンスーパー ポンポン咲き，白。到花週数8.0～8.5週の晩生品種。花径は一輪咲き（ピンポン仕立て）で60mm前後。花弁の枚数多く詰まりが良い，まさに名前のとおりのピンポン玉に似てアレンジなどさまざまな用途に使われる人気の品種。初期から生育旺盛で，消灯後ビーナイン処理が必要。発蕾後も花首がよく伸びる（第4図）。

フィーリングホワイト ポンポン咲き，白。到花週数7.5～8.0週の中晩生品種。花径はス

経営戦略

第4図 ピンポンスーパー

第5図 サーシャ

第6図 ロリポップ

プレー咲きで35mm，一輪咲き（ピンポン仕立て）で60mm前後の中輪タイプ。フィーリンググリーンの変異種。球状に開花すると白が強く発色する。生育は消灯中期まで穏やか。

ベスビオ スパイダーアネモネ咲き，白色。到花週数7.5週の中生品種。花径は60mm前後。緑心が強く発色する。初期生育がやや遅いので長日期間を長めにとるとよい。冬期低温管理中にアントシアンが発色しやすいため，最低温度を16℃以上に保つ必要がある。

サーシャ シングル咲き，ピンク。到花週数7.0週の中早生品種。花径は60mm前後。消灯後によく伸びる。開花の揃い，草丈の揃いともに非常に良い。花の抱えが大変良く，花持ち良好。周年花色の変化が少ない（第5図）。

バニティ シングル咲き，濃ピンク。到花週数7.0週の中早生品種。花径は45〜50mm前後。生育は初期に旺盛で消灯中期までよく伸びる。花つきが多く，フォーメーションも良い。花の抱えが抜群。低温期には花色が濃くなり紫色が強く出る。

バルセキロ シングル咲き，濃ピンク。到花週数7.0週の中早生品種。花径は55mm前後。茎が太くボリュームがあり，開花揃いが良い。生育は消灯中期まで穏やかでビーナインの処理は必要ない。咲き始めが非常にきれいでボリュームのとれる人気品種。

ロリポップ ポンポン咲き，ピンク。到花週数7.5〜8.0週の中晩生品種。花径はスプレー咲きで50mm，一輪咲き（ピンポン仕立て）で70mm前後。花径が大きく，草姿がきれい。かわいらしい花形でスプレー・ピンポンとも高評価。高温期でも退色しにくい（第6図）。

モモコ ポンポン咲き，ピンク。到花週数6.5〜7.0週の早生品種。花径はスプレー咲きで55mm，一輪咲き（ピンポン仕立て）で60mm前後。今までにない淡いきれいな桃色のポンポン花。ポンポンとしては開花が早く草丈も十分とれる。高冷地ではお盆出荷でも色が褪

育種目標と育種方法—ジャパンアグリバイオ（株）

第7図　モモコ

第8図　マカロン

第9図　テキーラ

色しない（第7図）。

デックモナピンク　アネモネ咲き，ピンク。到花週数7.5週の中生品種。花径は60mm前後。デックモナの突然変異種で同じく花持ちが良く気品のある花。要ビーナイン処理（消灯初期から散布）。花首の伸長が強い場合は発蕾後ビーナインを散布するとよい。

マカロン　デコラ咲き，ピンク。到花週数6.5～7.0週の早生品種。花径は50mm前後。花中央のくぼみが独特の雰囲気をもったデコラタイプ。開花揃い，草丈揃いは非常に良く，花色にはさらに淡いピンク，濃いピンクの色変わり品種が出てきており新世代のキクとして期待大。高温開花性ややあり（第8図）。

ガーネット　シングル咲き，明るい赤色。到花週数7.0週の中早生品種。花径は50mm前後。丸弁で紅赤色に緑心が映える品種。到花日数が少なく，開花揃いが良好で生育が穏やかなためつくりやすい人気の品種。高温開花性ややあり。

テキーラ　シングル咲き，白地に紫色の覆輪。到花週数7.5週の中生品種。花径は55mm前後。初期は生育が穏やかで，消灯後旺盛になる。同じタイプのフルハウスに比べ覆輪のコントラストは周年安定して発色する（第9図）。

クーガ　シングル咲き，オレンジ。到花週数6.5～7.0週の中早生品種。花径は60mm前後。初期から生育が旺盛で，消灯初期からビーナイン処理が必要。秋ギクタイプとしては高温期でも開花できる数少ない品種。低温期は花色が濃くなる。

ジェニーオレンジ　ポンポン咲き，オレンジ。到花週数7.0～7.5週の中生品種。花径はスプレー咲きで35mm，一輪咲き（ピンポン仕立て）で55mm前後の小輪タイプ。茎は硬く，重量感あり。つくりやすさ，使いやすさから根強い人気がある。

セレブレイト　シングル咲き，黄色。到花週数7.0週の中早生品種。花径は60mm前後。要

経営戦略

第10図　フィーリンググリーン

第11図　ガリアログリーン

ビーナイン処理（草丈に応じて）。定植から生育旺盛。花つき良好でボリュームがとれる。葉質・葉照が良い。

ベスビオイエロー　スパイダーアネモネ咲き，黄色。到花週数7.5週の中生品種。花径は60mm前後。ベスビオの変異種。初期生育がやや遅いので，長日期間を長めにとるとよい。アントシアン要注意。

ピンポンゴールデン　ポンポン咲き，明るい黄色。到花週数8.0〜8.5週の晩生品種。花径は一輪咲き（ピンポン仕立て）で60mm前後。性質はピンポンスーパーに準じる。ピンポンスーパーと同様ポンポン咲きの定番品種として高い人気を誇る。

フィーリンググリーン　ポンポン咲き，緑。到花週数7.5〜8.0週の中晩生品種。花径はスプレー咲きで40mm，一輪咲き（ピンポン仕立て）で50mm前後。茎が太くなりやすく，ピンチ栽培も可能。高温期には樹勢が強いので長日期間を短くするとよい（第10図）。

フロッギー　ポンポン咲き，緑。到花週数7.0週の中早生品種。花径はスプレー咲きで30mm前後の小輪タイプ。要ビーナイン処理（消灯初期から散布）。生育初期から伸長性が強い。グリーン系のなかでは葉持ちが良い。

ガリアログリーン　デコラ咲き，緑。到花週数7.0週の早生品種。花径はスプレー咲きで45mm，一輪咲き（ピンポン仕立て）で70〜80mm前後。花弁がねじれる変わり咲きのデコラ品種。中茎で空洞少ない。生育は早く，消灯初期にビーナインを散布するとよい（第11図）。

執筆　松川和弘・森本正幸・町井孝明・井ノ辻猛
（ジャパンアグリバイオ株式会社）

2014年記

趣味ギクに学ぶ

趣味ギクの最新技術と資材活用

趣味のキクづくりでは大ギクが主体であるので，大ギクの技術と資材利用について述べる。

(1) 趣味ギクの技術動向

1) 現代の大ギク栽培技術の基礎は江戸時代中期にできたものであるが，古くから，技術は人に教えない，教えるものではなく盗むものだといわれ，実行されてきた。この悪い伝統は情報化時代の現在も続いており，技術発展の妨げになっている。

2) 大ギク栽培で最大の悩みは「根づまり対策」で，小鉢から順次鉢を大きくしながら何回も植え替えすることでしのいでいた。その後，割り竹や板を入れて植え付ける方法が採用されたが，やがてプラスチックの「セパレーター」使用による増し土と，砂などを入れた平鉢の上に鉢を置いて，下の鉢にも根を張らせる「二重鉢法」が登場し短期間に全国に広がった。現在は「突き固め植え」が出現したためセパレーターも二重鉢もほとんど姿を消し，「突き固め植え」が常識となっている。

突き固め植えとは，キクの生育に役立つ種々の資材を混合した培養土を突き固めて植える方法である（第1図）。こうすると，土と根が密着して根の働きが良くなり，鉢の上部の土が乾燥し始めると，毛細管現象で下部の水が上がってくるため，鉢の中にムラなく根が張って生育が良くなり根づまりしにくくなる。初めは，培養土の排水性を持続させるため，分解のおそいカヤやススキを刻んで培養土に混ぜていたが，定植のさいにフワフワして用土のおさまりが悪かった。そこで，野球のバットで突き固めて植えたところ大変成績が良かったことから，まず北陸地方に広がり，間もなく普通の腐葉土の培養土でも各地で突き固めて植えるようになった。

東日本大震災による放射能汚染は腐葉土原料の落葉にも及び腐葉土が不足しているため，熱帯地方から輸入した落葉，落花生殻，大豆殻などの培養土への利用が試みられている。

3) 有機物を，ムラなく速く好気性発酵させるため，通風発酵装置を導入する動きもある。

4) 高度な技術としては，まだ日長の長い早い時期に発蕾した「鬼蕾」が，蕾の期間が長く超巨大輪に咲くことにヒントを得て，シェードによって早く蕾をつけ，そのあと電照することによって開花までの期間を長くし超巨大輪花を，しかも菊花展の審査日に満開にする技術が，各地の熱心な栽培者によって試みられている。

5) 近年の新しい栽培技術としては，雨どいなどを利用した底面給水栽培が「水耕栽培」と呼ばれて静かに広がりつつある。

(2) 培養土づくりと資材

①赤玉土の発酵改良法

培養土づくりは，古くから腐葉土と田土や池底土などの粘土を主原料として，これにリン酸分としてバットグアノやカニ殻，ミネラル強化にゼオライト，籾がらくん炭などを加えたもの

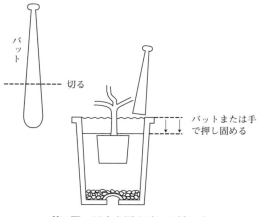

第1図　用土を固く詰める植え方

経営戦略

が主流であった。しかし近年は，全国どこでも容易にほぼ同質のものが入手できる赤玉土を基本材料として使用するようになっている。

ところが赤玉土には，肥料分がない（ECゼロ），酸性が強い（pH5.0～5.3）という欠点のほかに，リン酸を吸着して効きにくくするという大きな欠点がある。そこで，赤玉土が使用され始めたころは，リン酸を思い切り多量に加えたり，発酵リン酸などリン酸が吸収されやすいように加工したものを加えたりした。現在では，赤玉土の3つの欠点を，発酵することによって改良して使用する方法に変わってきている。

赤玉土の発酵改良法とは，赤玉土に木酢，「透水源」などの入った砂糖水をかけ，米ぬか，牛糞堆肥，籾がらくん炭，有用微生物資材「土の素」を混ぜて発酵させるものである。赤玉土の表面が菌糸で覆われるだけでなく，赤玉土にしみ込んだ砂糖を追って菌糸が赤玉土の中まで広がるため，キクの根は赤玉土の中まで入り込んで働くようになる。完成した改良赤玉土はpH6.3，EC1.0となり，リン酸と結合することもなくなって理想の土に変身する。

②保水剤の利用

鉢栽培では毎日水やりが必要であるが，大ギクでは培養土の通気性，排水性に力を入れてきたため保水力が弱く，1日も家を留守にできないのが悩みの種であった。とくに近年は猛暑続きで，1日2回水やりしたいような日が多くなり底面給水が注目を集めるようになった。

そのような状況下の培養土の改良工夫として保水剤の活用が広がりつつある。すなわち1gで50ccの水を保持する保水剤テラコッテム（ウォーターゲル）を，培養土1ℓ当たり3g混合しておくと，週2回の水やりでもよく育つ。これで，家を留守にできない悩みが解消するとともに，猛暑対策にも役立つものと期待されている。

(3) 育苗技術と資材

①新しいさし芽育苗

古くからキクのさし芽は，開いた葉を3つ

第2図 これまでの開いた葉3枚のさし穂（右）と，開いた葉5～6枚のさし穂（左）

けて挿すのがよく，貯蔵養分が切れないうちに，発根したらできるだけ早く鉢上げしなくてはいけない，といわれてきた。発根はさし穂の切り口からに限られていたので，より多く広い範囲に発根させるために，さし穂の下部をブラシなどでこすって，その傷部から発根させる技術が開発され広がり始めていた。

ところで筆者の研究で，最初の発根は，さし穂の開いた葉の方向と一致していることがわかった。そこで，開いた葉の数を増やしたさし穂を挿してみると，葉数に比例して発根数が多くなることが確認できた。これらのことから，さし穂の葉で光合成された養分によって，根がつくられ，育てられることがわかる。

そこで，開いた葉6枚をつけたさし穂（第2図）を，光合成ができる明るさの場所で挿すようにしたところ，これまでの開いた葉3枚に比べて2倍の根のついた苗ができ，鉢上げ後の生育も良いことがわかった。この方法は次に述べるさし芽用土の改良と併せて急速に広がりつつある。

②新しいさし芽用土

古くからさし芽用土は，水はけが良く，無菌状態で，肥料分のないものが良いと考えられ，川砂，山砂，鹿沼土，ボラ土，バーミキュライトなどの単用または何種かを混合したものが用いられてきた。そして，発根と同時にカリやカルシウムを吸収させると導管などの発達が良くなることがわかって，籾がらくん炭を混合して使用することが一般化した。

趣味ギクの最新技術と資材活用

第3図　保水剤（テラコッテム＝ウォーターゲル）の入った，新しいさし芽用土でのさし芽
ポットの中に根が広がると，上部から発根した根がゲル状の保水剤をもって外に出てくる

第4図　さし穂の冷蔵処理
ポリ袋に軽く満杯詰めにして袋の口を折り曲げる

　近年，猛暑が続くようになると，6〜7月のダルマづくり用や福助づくり用のさし芽で苗立枯病が多発するようになり，新しい用土で無菌のはずなのに全滅する例が多発している。そこで苗立枯病対策として種々試みた結果，有望な配合として商品化され，好評を得ているさし芽用土は次のような配合になっていた。

　基本用土は鹿沼土，バーミキュライト，籾がらくん炭を等量混合したもので，わずかに肥料分を含んだ保水剤（テラコッテム＝ウォーターゲル）を加えて水分を安定させている（第3図）。苗立枯病対策には，微生物の干渉作用を利用するため，種々の有用微生物の種菌を配合している。さし芽の前に，さし芽用土に水をかけて，有用菌が十分増殖してからさし芽する。砂糖水をかけると有用菌の増殖が速くなるので準備時間を短縮できる。

　この新しいさし芽法によって，発根はさし穂の切り口だけでなく，さし芽用土に入ったさし穂の全面から発根するようになり，根数を増やすためのブラッシングが不要となった。有用微生物配合の効果は，苗立枯病による苗の全滅を防ぐだけでなく，鉢上げしたあとの生育促進にも大きな効果を上げているので，短期間で全国に普及するものと考えられる。

　③さし穂の冷蔵処理
　さし穂の冷蔵処理技術は，営利用電照切り花ギクの低温伸長性を増すための冷蔵処理技術を，筆者が趣味の大ギクづくりに応用改良して普及させたもので，熱心な趣味家に広く普及している。

　その方法は次のとおりである（第4，5図）。晴天の夕方，さし穂に葉を2枚多くつけた状態で切り，20本程度をラブシートか新聞紙で巻く。これを20cm×30cmくらいのポリ袋に入れて袋の口を折り曲げ，紙箱に満杯詰めとしてふたをし，家庭用冷蔵庫で冷蔵する。5℃で冷蔵して7日目くらいで効果が出始め，20日間で効果は最大となる。30〜60日の長期冷蔵をする場合は，採取したさし穂をポリ袋に入れる前に予措（陰干しにして少ししおれさせる）を行なう必要がある。

　冷蔵処理により，発根が早く，発根数も多くなり，植付け後の生育が旺盛になる直接効果のほか，親株管理を早く切り上げることができ，いつでも都合の良い日にさし芽ができるのもメリットである。

　④スリット小鉢でのさし芽
　さし芽箱でのさし芽では，箱の中央付近の発根が遅れ，また苗立枯病が発生すると，その箱の苗が全滅する。この対策として，苗かごに6cmポリポットを並べて挿す方法に変える人が増加していたが，最近は6.0〜7.5cmのスリット鉢（第6図）を使用したさし芽に移行しよう

129

経営戦略

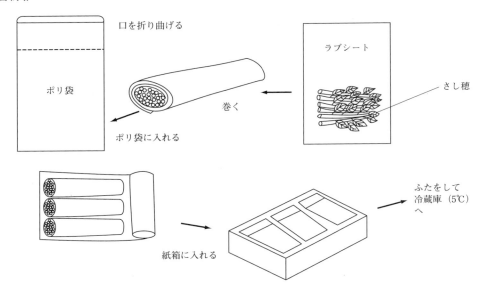

第5図　さし穂の冷蔵処理（ラブシート巻き）

第6図　根巻きしないスリット鉢

第7図　くるくるストップベルトの装着状態

としている。

スリット鉢を使用すると，根の回転による老化がないことを利用して，発根後にアミノ酸を多く含む液肥を何回か与えて大苗にして植え付けるもので，高温期に鉢上げする福助づくりなどでとくに効果が大きい。

（4）生育期の技術と資材

①根づまり対策に新工夫

鉢植え栽培では，根が鉢の周辺を回転しながら伸びる性質がある。回転すればするほど根は老化し，老化して根の働きが低下すると，それを補完するため，根はより長く伸び，その結果根づまりの時期が早くなる。突き固め植えの普及によって根づまりはかなり改善されてきたが，根巻き老化を防ぐ効果はスリット鉢には及ばない。このため，小鉢育苗に使用される鉢はほとんどスリット鉢が使用されている。

定植にスリット鉢を使用すると，開花まで根が老化することなく順調に生育するが，菊花展での出品鉢は菊鉢と限定されており，スリット鉢での出品が認められていないため根づまり対策はまだ解決していない。

そこで筆者らは，第7図のように，鉢の内側に装着して植えると，ほぼ完全に根巻きを防止できるベルト（くるくるストップベルト）を開発した。これによって開花まで根巻きを防止し，草勢を維持することができるようになっ

た。

大ギクは開花時に草勢が強すぎると、花弁があばれて花形を乱すことがある。そこで、開花が近づいた時点で、草勢が強すぎると思われる鉢のくるくるストップベルトを引き抜くと、急速に根巻きが始まり草勢がおとなしくなるので、草勢を自在に調整できるようになった。

②草丈調整の新技術

盆養仕立てやダルマづくりで三枝の高さが不揃いになった場合は、次のようにして調整する。分岐点からの枝の角度を上向きにすると伸びが早くなり下向きに下げると伸びがおそくなるので、枝の角度の上げ下げで調整する。こうして三枝の高さが揃ったら、三枝とも水平にすることで完了する。これは盆養仕立ての基本技術である。

三枝の高さの差が大きい場合は、伸ばしたい枝の芽先にジベレリン100ppmを散布する方法がある。この方法は短期間でよく伸びるが、節間が伸びる徒長型の伸び方で、長さが揃ったときにビーナインを散布して伸長を止めないと、伸びすぎて高さが逆転しやすいので非常にむずかしい方法である。

もう1つは、伸びすぎている枝の芽先にビーナインを散布して伸びを抑える方法であるが、この方法でも高さが逆転しやすい。このため、ビーナインの濃度と散布量を決めるのがむずかしく、ベテランにしか使えない技術である。

これらに対して、新しい草丈調整法は初心者でも失敗のない簡単な方法である。その方法とは、高品質のアミノ酸液肥「みらい」を1,000倍に薄めて、伸ばしたい枝の芽先10cmくらいに散布するものである。散布されたアミノ酸は短時間で吸収され、散布された芽の生長に利用されて伸びる。この枝は節間が伸びるのではなく、葉数が増加して、散布した枝だけの生長が早くなるのである。高さの差が大きい場合は500倍で散布する。

③摘心の改良

古くから3本仕立ての摘心は、できるだけ小さく摘むのが上手な摘心とされ、先の細くとがったピンセットで小さく摘むのが普通であっ

た。もう1つの方法は、心を摘まずに心を傷つけて、しばらくして棒状に伸びてきた芽を摘む「二度摘み」と呼ばれる方法で、いずれもベテランの摘心技術とされてきた。

また、草勢が十分強くならない早い時期に摘心すると、一番上の芽だけが勢いよく伸びる頂芽優勢のため、三枝を揃えるのがむずかしかった。この頂芽優勢をなくし、節間のつまった揃った三枝をつくるために、摘心直後に600倍のビーナインを散布する方法が開発され広く普及した。

このように、摘心して三枝をつくる方法はいろいろな工夫がされたが、小さく芽を摘むことだけは変わることがなかった。小さく芽を摘むと、そのあと伸びてくる側芽は鋭角に伸びてくるので、三枝の整枝作業中に枝裂けや枝折れが起こりやすく、ベテランでも安心できない困難な作業である。

この対策として生まれたのが、これまでの摘心適期とされた時期から3日遅らせて2cmくら

第8図　新しい摘心（上、大きく摘む）と従来のごく小さく摘む摘心（下）

い大きく摘心する方法である（第8図）。この方法だと、3日待つ間に草勢が強くなり、頂芽優勢がなくなって揃った側芽が45度くらいの開いた角度で伸びてくる。このため、枝折れや枝裂けが起こりにくく、初心者でも失敗なく整枝ができるようになった。現在、この摘心法が急速に広がりつつある。

④肥料の変化

市販肥料の品質が向上し、種類も増えたため、各自工夫をこらしていた自家製の乾燥肥料や液肥をつくる人が非常に少なくなっている。市販の液肥は、吸収の速い硝酸態窒素を多く含んだものが人気があり主流であったが、近年は、吸収してそのまま利用される、より速効性のアミノ酸配合に人気が集まっている。

⑤過肥障害へのマグネシウム利用

熱心な栽培者は過肥になりがちであるが、近年の温暖化、加えて梅雨明けが早くなり猛暑が続く状況では、施用した肥料の吸収が速くなって、適量を施肥していても結果的に過肥障害の発生が増えている。

そのような場合、応急処置として、硫酸マグネシウムの葉面散布が効果が大きく、かなり普及していたが、近年は、マグネシウムにカルシウム、リン酸、カリを加えた製品（PKマグ）を予防と治療に施用することが広がりつつある。

⑥ビーナインによる充実法

ビーナインはわい化剤であるが、濃度を薄くしたり散布量を少なくしたりすると、草丈をほとんど低くすることなく、茎葉を大きくして充実させることができる。このため、ビーナイン散布で生育を充実させる人が増えている。

⑦遠赤外線利用による生育促進

セラミックから放射される遠赤外線による生育促進効果をねらって、さまざまな試みがなされ、かなりの効果を上げている。

キクマット セラミックを練り込んだ化学綿でつくられた白いマットで、おもに鉢土面にのせて使用する（第9，10図）。遠赤外線効果で生育を早める直接効果のほか、次のような多くの効果がある。白いマットでアブラムシを忌避、光を反射して光合成を促進、冬は鉢土の温度を高める、夏は鉢土の高温化を防ぐ、マットの上から灌水するため土はねや穴あきを防止して病気の発生が少なくなる、などである。

セラミック鉢 セラミック粒を練り込んだ通気性の良い鉢で、この鉢に苗を植えるだけで生育が促進される。

ネフレッシュ セラミックの小さな粒製品で、これを培養土に混合すると根張りが良くなり生育を促進する。

⑧酸素発生剤の活用

農業での酸素発生剤の利用は、水稲の直播栽培で過酸化カルシウムの使用が知られているが、キクでは酸素発生期間の長い過酸化カルシウム粒剤「サンソが一番」が販売されており、

第1表　多く使用されている肥料

肥料名	N	P	K	Mg	発売元など	
菊養源	6	6	5		ウチダケミカル	
菊養源	3	7	6		ウチダケミカル	
菊乾燥肥料	8	8	6	1	国華園	
菊乾燥肥料	4	8	3	2	ウチダケミカル	
アミノパワー	5	5	2		ウチダケミカル	
どんとこい	3.4	3.2	1	0.6	マルタ小泉	
エードボールCa	12	12	12	1	タケダ園芸	60日肥効
グリーンキング	6	5	2		マルタ小泉	60日肥効
グリーンソフト	7	6	3	1	マルタ小泉	40日肥効
花工場粒状元肥	11	24	10		タケダ園芸	90日肥効
アミノ液肥	5	5	5		ウチダケミカル	
育成有機	6	8	4		ウチダケミカル	
アミノPK	3	7	2		ウチダケミカル	
大菊液肥N	9	6	5		国華園	
大菊液肥V	5	5	5	1	国華園	
大菊液肥アミノ	7	8	7		国華園	
みらい	2	4	2		ウチダケミカル	
ハイポネックス原液	6	10	5		ハイポネックス	
ハイポネックス微粉	6.5	6	19		ハイポネックス	
アミノ酸液肥	5	3	2		マルト	
大菊液肥PK	2	8	12		国華園	
PKマグ	0	12	10	3	ウチダケミカル	

定植用培養土と増し土用土に混合して効果を上げている。

⑨多目的植物活力剤の出現

これまでの植物活力剤は，苗の活着促進，生育促進，弱った植物の回復などを目標に，微量要素，ビタミン，酵素，植物抽出液などを主成分とする製品が販売され，使用されてきた。おもなものを列挙すると次のとおりである。キング，メネデール，HB101，万田酵素，キクヨウ，鉄力あくあ。

最近販売されて注目を集めているのは，多目的に使用され，強力な効果を発揮している「元気に専科」「ウルトラパワーイオン」である。これらの活力剤は二価鉄イオン，トレハロース，シリカを豊富に含んでいるため，光合成を盛んにし，根張り，生育を促進するほか，暑さ，寒さ，乾燥などの不良環境への耐性が強くなる。さらに，種子をまいた場合は発芽が早くなり，発芽率が向上するといったように，効果の範囲がきわめて広い。

そして特筆すべきは，病気にかかりにくくなることで，筆者の実験では，2年間ほとんど殺菌剤の使用がいらなかったほどである。

(5) 開花関連技術と資材

①胴切り

キクは生育中に摘心して芽を出しなおすと，幼若性を獲得して芽が若返るが，通常よりも深い摘心（これを胴切りと呼ぶ）をすると著しい若返り効果があり，芽の伸長性向上と柳芽（柳状の葉が何枚もついた開花しない不完全蕾）の

第9図 白いのがキクマット

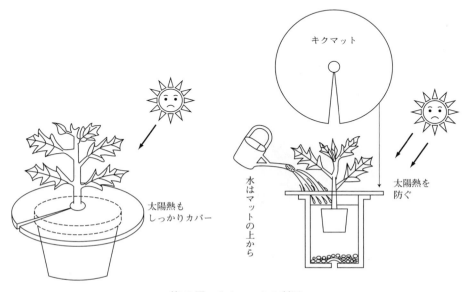

第10図 キクマットの利用

大ギクの通常の栽培では，多くの品種が着蕾までに1～2回柳芽が発生して（古い品種ではさらに発生しやすい），側芽への立て替えが必要になる。しかし，三枝に同時に柳芽が発生することは少なく，ばらばらに発生するため三枝の花を同時に，同じ大きさに咲かせることは容易ではない。その柳芽回避技術として胴切りは重要な技術である。また，短幹種の草丈を伸ばすのにも役立っている。

② 9月の増し土

9月中旬になると鉢中が根でいっぱいになり，幹の地ぎわからうわ根と呼ぶ太い根が発生する。これが良い花を咲かせるのに大きな力を発揮するので，うわ根の順調な発生と生長を助けるため，株元に増し土をする。

この増し土用土に，セラミック製品の「ネフレッシュ」を加えると遠赤外線効果でうわ根の発生が促進され，酸素供給剤の「サンソが1番」を加えると，発生したうわ根の生長を助ける。

また，この増し土用土に籾がらくん炭を多めに加えることによって，この時期にたくさん必要なカリとカルシウムを併せて供給することができる。また，花の病害防止にも効果が大きい鉢土上面の乾燥防止にテラコッテムなどの保水剤を加えると，増し土の効果は著しく向上し，花後の冬至芽の発生も大幅に増加する。

③ 開花期の調節

菊花展の審査日に満開にしたいのは，趣味ギクをつくる人の共通の願いであるが，中～晩生種に名花が多いので，これまで多くの人が8月中旬から発蕾まで長期間のシェードを行なってきた。しかし，近年の猛暑による高温障害や暗幕被覆によるムレなどのため，シェードの効果が上がりにくくなっている。その対策として，シェード時間を長くしてみる人も増えてきたが，暗時間が長すぎると逆に着蕾が遅れ失敗に終っている。

それらの対策として，自然発蕾後の早い時期に，キクの先端部30cmくらいにかぶせて暗くする「シェードコーン」による方法が誕生し，短期間で確実な効果が上がり，ムレもないので急速に広がりつつある（第11図）。

3本仕立てでは，3花の開花が揃っていないと出品できないので，開花不揃いのものは，これまで切り花部門にしか出品できなかった。しかしシェードコーンの出現によって，遅れている蕾にだけシェードすることによって簡単に揃えることができるようになった。

④ 着蕾からの肥料調整

古くから，開花期に肥料が残っていては良い花は咲かない，花腐れのもとだといわれて，第1リン酸カリによる毛根焼き法（一時的に肥料を吸収できないようにする）やエヌトールやランドライフによる肥料抜き（土に吸着されている肥料を切りはなし，直後に多量の水をかけて洗い流す，文字どおりの肥料抜き）などの方法が盛んであった。しかし，アミノ酸液肥の普及によって，吸収された窒素が葉にたまったり培養土に吸着されて肥料が残ることが少なくなったため，肥料抜きの必要性は少なくなった。

吸収したアミノ酸以外の肥料の代謝利用が遅れて，葉にたまって黒緑色になったり葉がたれ下がったりしている場合は，マグネシウム，カルシウム，リン酸，カリを主成分とするPKマグなどを与えて，肥料の代謝促進を図ることで簡単に解消できるようになった。

(6) 猛暑対策

近年，地球温暖化が問題になっているが，注意してみると，一年中すべての時期の気温が上昇しているわけではなく，高温の夏が早く到来し，梅雨明けが早くなり，厳しい残暑が長く続

第11図　シェードコーンによるシェードの状況

くようになっているようだ。このような長く厳しい猛暑をのり切って従来どおりの良い花を咲かせるためにいろいろな対策が試みられた結果，次に述べるような対策が広がりつつある。

①早めの定植
猛暑がくる前に，早めに育苗，定植して，しっかり活着させて抵抗力を強くする。

②換気扇，扇風機の利用
ビニールハウスでの栽培が多いので，換気扇（吸気と排気）の設置や扇風機の利用がこれまで以上に必要となっている。

③遮光カーテンによる遮光と光合成確保
50％遮光カーテンで覆うと，5℃くらい温度を下げることができる。しかし光合成が低下して生育が鈍るので，その対策として，二価鉄イオンとトレハロースをたっぷり配合した新しい活力剤「ウルトラパワーイオン」か「元気に専科」を週2回くらい施用する。

④肥料障害対策
化学肥料や高成分の複合肥料を使用していると，春から梅雨期まで正常な生育をしていた量でも，猛暑時（とくにその初期）には肥料成分の溶け出しが早くなり，吸収も盛んになって肥料障害が多発している。

その対策として，有機質100％の肥料を使用するか，これまでの使いなれた肥料を使用する場合は，1回の施肥量を少なくして分施する。さらに万全を期すために，吸収した窒素の葉への停滞を防ぐためにPKマグを与える。

⑤暑さと乾燥そのものへの対策
日中の暑さと乾燥によって弱ったキクの元気を回復するには，古くから行なわれてきた夕方の葉水（キク全体に日没後，軽く，冷たい水のシャワーをかける）が有効である。

また，暑さと乾燥そのものに耐える力をつけさせるには「トレハロース」と「シリカ」を与えると効果が大きい。このため，この2つの成分をたくさん含んだ活力剤「ウルトラパワーイオン」と「元気に専科」を交互に週1回ずつ与える。「元気に専科」には虫よけの成分も配合されているので効果が大きい。

⑥害虫大発生への注意
高温乾燥が続くと多くの病原菌は活動を停止するので，高温を好む立枯病以外の病気はほとんど発生しないが，同時に害虫の天敵菌類も活動しなくなるので，害虫とハダニの大発生に注意が必要である。

その対策として，定期的な殺虫，殺ダニ剤の散布をするとともに，暑さと乾燥でしおれた夕方に葉水をやることで効果を上げている。

⑦高温による着蕾の遅れ対策
8月下旬～9月初旬の花芽分化期にも猛暑が続くようになったため，着蕾，開花が遅れている。一方，菊花展の期日は文化の日を中心にほぼ固定されているので栽培者の苦労が大きい。とくに，名花の多い中～晩生品種の開花を早めるための，8月中旬からのシェードでは，高温とムレのために十分な効果が上がらなくなっている。

この対策として，9月の自然発蕾直後から，先端部にかぶせて暗くする「シェードコーン」による方法が急速に広がっている。

執筆　上村　遙（元宮崎県総合農業試験場）

2014年記

生理・生態と生長・開花調節

発育相と生態的分類

キクの発育相

キクの生態的分類は岡田（1957）によって行なわれたが、その後の品種の生態的分化がすすみ、その分類に包括できない品種が登場したので、川田・船越（1988）は以下に示す発育相のとらえ方から新しい分類を行なった。

（1） 発育相の定義

ソビエトの Lysenko（1954）は、「種子の発芽から開花結実に至る植物の生活環は、いくつかの異なった発育相から成立しており、異なった発育相を通過するには異なった外的条件を必要とする」という「発育段階説」あるいは「相的発育説」と呼ばれる仮説を提唱した。

同氏は、秋まき性ムギおよびワタでの実験結果に基づいて、植物の一生は感温相（thermo-phase）と感光相（photo-phase）から成り立っているとした。この考え方は、幼若相（若くて花芽分化能力をもたない発育相）をもつ短日植物および長日植物に適用できる。

川田（1987）は、代表的短日植物であるキクの発育相を、Lysenko の定義にしたがって作成した。今日採用されている発育相は、必ずしも Lysenko の定義にしたがったものではなく、イネでみられるように生殖相、登熟相など形態的変化を加味したものもある。

しかし、キクの発育相を生態的分類と開花調節の基礎としてみるとき、形態的変化より生育環境を重視した Lysenko の定義にしたがうのが適切であると考えられた。

（2） キクの発育相

川田（1987）は、キクの冬至芽の発生から開花結実に至る発育相は、第1図に示すようにロゼット相、幼若相、感光相、成熟相の4相より成立し、前3相の通過には、それぞれ低温・高温・短日を必要とするとした。この考え方に到達した理由は、キクの大部分の品種にはロゼット打破後に花芽分化能力をもたない期間すなわち幼若相をもち、幼若相を通過したのちは短日に感応して開花するという実験結果（川田ら、1987）にある。

この考え方の導入によって、これまで独立して開発されてきた、①低温処理によるロゼット打破あるいはロゼット回避、②促成栽培における栽培温度の上昇による花芽分化の促進、③電照による開花抑制とシェードによる開花促進を、それぞれ①ロゼット相の短縮、②幼若相の短縮、③感光相の延長および短縮として理解できることとなり、作型と開花調節方法との関係が整理できた。

挿し穂や苗の低温処理は、開花促進をもたらす場合と、開花遅延をもたらす場合とがある（樋口ら、1974）。その理由は、低温処理によるロゼット打破と、幼若性の獲得の差に由来すると推定することができる。

（3） 各発育相の定義

①ロゼット相（rosette phase）

晩秋から冬にかけて地中から発生した冬至芽は、低温・短日（岡田、1963）あるいは低照度（Mason ら、1962）によってロゼットを形成する。

発育相の呼称	ロゼット相 → 幼若相 → 感光相 → 成熟相
形態の変化	ロゼット形成 → 節間伸長 → 花芽分化・発達 → 開花・種子の成熟
発育相通過の外的条件	低温　　高温　　短日

第1図 キクの発育相の呼称、形態の変化ならびに各発育相通過の外的条件　（Kawata, 1987）

Lysenko (1954) によれば，ロゼット相とは，生理的にロゼット化の条件が整ってからロゼットが打破されるまでの期間を示すとしている。したがってこの場合，ロゼット打破とはロゼット相の通過に必要な低温要求が満足されることを示し，節間伸長開始を指標としているものではない。

ロゼット打破に必要な低温量は品種によって異なり，自然条件下では夏ギクは秋ギクより早期に低温要求が満足される。夏ギクのなかでも早生品種ほど低温要求量が小さい傾向がある（岡田，1963；船越ら，1974）。しかし，秋ギクでも，欧米において近年発表された周年生産用品種の多くはロゼット性（低温要求）をもたない（川田，1985）。その理由は，育種によってロゼット性が除去されたことによる（Machin, 1978）。わが国の品種にも'金丸富士'のようにロゼット性を欠いた品種があり，これらの品種は冬期の低温栽培が可能である。また，夏秋ギクのなかにも7月咲き品種にはロゼット性を欠いた品種もある。早春の芽立ちが早く，早期に挿し芽育苗のできる品種が選抜されてきた結果によると考えられる。

②幼若相 (juvenile phase)

「幼若相とはどのような条件を与えても花成誘導のできない発育相のことである」と定義されている (Thomas ら，1984)。この定義にしたがえば，キクではロゼット相も幼若相に含まれる。しかしながら，ロゼット相の通過には低温を必要とするのに対し，幼若相の通過には高温を必要とし，両発育相の通過に必要な外的条件が異なるので両相は区別された。

幼若相を通過する時期は品種によって著しく異なる。夏ギクの早生品種は3月中下旬に花芽分化することからみて，それ以前に幼若相を通過する。一方，夏秋ギク早生品種では暖地では5月上旬ごろに幼若相を通過するのに対し，晩生品種では7月下旬に及ぶ品種も観察されている。したがって，幼若相の通過に必要な高温とは，春から盛夏に至る温度と理解されるが，その範囲は実験的には証明されていない。経験的には，促成栽培用品種の場合，夏ギクでは最低温度10°C，秋ギクは15°C，夏秋ギクでは15〜18°Cが花芽分化の限界低温と考えられている。この温度は従来は花芽分化の限界低温とみなされてきたのであるが，発育段階説によれば，幼若性の通過に必要な温度とみなすこととなる。しかし，7月に至らないと幼若相を通過できない晩生品種は，さらに高温を要するのではないかと推定される。

③感光相 (photoperiod-sensitive phase)

感光相という呼称は photo-phase に由来する。英語では photoperiod-sensitive phase が一般に用いられているので，日長感応相と呼ぶこともできる。しかし，わが国では一般に感光相という呼称が現在なお用いられている。

秋ギクでは，日長は花蕾の着色期まで発育に影響を及ぼす。したがって，感光相は花芽分化できる苗齢，すなわち花熟に達してからおおよそ花蕾の着色期までの期間をさす。

夏秋ギクでは，秋ギクより蕾の若いステージで短日処理を中止しても開花遅延を起こさない品種が多い。さらに夏ギクでは，日長は花芽の分化・発達にほとんど影響を及ぼさない中性の品種があり，これらの品種では感光相は存在しない。

キクの感光相は，日長に対する反応の差異によって，以下に示すⅠ〜Ⅲ期に区分することができる。

第1期 花熟期：花芽分化能力をもっているが，日長が長いために栄養生長を継続している。高温・強光・多肥など生育を促進する条件を与えると花芽分化するが，この場合の花芽分化は生育が促進された枝だけに限られており，花芽は1個形成され，その下部から側芽が発生して分枝し，花芽はやなぎ芽となって開花しない。したがって，この場合の花芽分化は開花のためではなく，分枝して受光態勢を向上し，他の植物との生存競争に勝つことを目的とした生態的特性であると思われる。

切り花生産においては，このようなやなぎ芽の発生を防止するために，充分な電照を行なうとともに，日よけなどを行なって涼しく管理することに留意している。

第2期　花芽分化期，第3期　花芽発達期：
第2期の花芽分化の限界日長は，第3期の花芽発達についての限界日長より長いこと，第2期の生育適温は16°C以上であるのに対し，第3期の花蕾出現後は13°C以上であることが異なっている。しかし，営利栽培において，第2期と第3期における短日処理の日長を変えることは困難であるので，第3期の適日長が第2期にも適用されている。

④ 成　熟　相（ripening phase）

日長が蕾の発達に影響を及ぼさなくなってから結実までの期間を成熟相と呼ぶ。イネでは，ripening phaseは登熟相と訳されたが，登熟とは種子の成熟を意味しており，キクにこの呼称を採用することは適切でないので，ripeningを成熟と訳して採用した。蕾の着色期から開花までの期間は，著しい高温，低温あるいは弱光下で長くなることが知られているが，普通の温度と光線条件下ではあまり変動しない。

（4）　残された問題

① 発育相の決定

筆者がキクの日長・温度に対する開花反応についての研究に着手したのは昭和49年で，中止したのは昭和59年である。この間，夏秋ギクと秋ギクの感光性についてはかなり詳細な実験を行なうことができたが，幼若性（相）については，その存在が明らかとなった段階で中止された。ロゼット性については，観察は行なわれたが研究には着手しなかった。したがって，「キクの生態的分類」の項の第2表，第3表に示したキクの生態的分類において，感光性については，開花についての限界日長と適日長限界を数値で示すことができたのに対し，ロゼット性および幼若性は強弱で示すにとどまっている。開花期を支配する要因としてロゼット性および幼若性についての特性を記載するとき，ロゼット性はロゼット相の通過に必要な低温量，幼若性は幼若相の通過に必要な高温量によって示し，おのおのの温度と期間の関係が示されることが望ましい。しかしながら，これらの両形質を数値で表わすには至らなかった。

その理由は，これらの両形質は直接測定することができず，ロゼット性は幼若相における節間伸長，幼若性は感光相における花芽分化期によって行なわざるをえないのが現状であり，測定時の条件によって値が変動することによる。

② 生 長 活 性

Lysenko（1954）は，各発育相の決定は形態的変化に基づいて行なうべきでなく，形態的変化に先立つ生理的変化に基づいて行なうべきであると述べている。しかしながら，現在までのところ，その生理的変化について，信頼すべき実験結果が得られていない。

小西（1982）は，ロゼット化ならびにロゼット打破に先立つ生理的変化を示すものとして，生長活性という用語を用いている。しかしながら，この用語には，理論的根拠も実験的な裏付けもないままに，すでに実証されているかのように用いられているという問題がある。生長という用語には，伸長生長のほか肥大生長，栄養生長，生殖生長などを包括する語である。ロゼット化に関する用語としては，伸長生長（節間伸長）に限定すべきである。キクではロゼット化しても葉の分化速度や光合成能力は低下していない。しかし，ロゼット化すると，光合成物質の一部は茎に蓄積されること，節間伸長を行なわないので受光態勢が良好でないことによって，外観上の生長量は低下する。

③ 限 界 日 長

植物学でいう限界日長とは，花芽分化の限界日長，開花（flowering）とは花成が誘導されること，すなわち花芽分化開始を示している。この規準は，栄養生長から生殖生長への転換を発育の最も意味のある現象としてとらえていることに由来すると考えられる。しかしながら，花卉園芸の分野でいう開花（flowering）とは，文字どおり花が開くことを意味していることが多い。

Cathey（1959）は，キクの限界日長を花芽分化と花芽発達の双方について測定し，花芽分化の限界日長は花芽発達の限界日長より長く，その差は開花反応期間（短日処理開始から開花までの期間）の短い品種ほど大きいことを示した。

川田ら（1987）はキクの開花についての限界日長を調査し，この値に基づいて品種の生態的分類を行なった。花芽発達についての限界日長は，花芽分化についての限界日長より短く，開花についての限界日長と一致するので，短日処理日長の決定，花芽分化についての限界日長は，秋ギクでは秋期開花の作型における電照開始時期決定の目安となる。しかし，秋ギク型スプレーギクではやなぎ芽の発生を防止するため，定植から短日処理開始まで，周年にわたる電照が行なわれることが多い。

　川田ら（1987）においては，花芽分化の限界日長は調査されていない。その理由は以下のとおりである。①生長点を経時的に観察するには多大の供試材料を必要とする。②開花促進を目的として短日処理を行なう場合，花芽分化促進のためにも，花芽発達の適日長での処理が採用されている。③大部分のキク品種は，暗期中断4時間の電照を行なっても，苗齢がすすむと花芽分化する。したがって，厳密な意味での花芽分化についての限界日長は存在しない。

〈執筆〉　川田　穣一（ＪＡ全農農業技術センター）

1995年記

引用文献

Cathey, H. M. 1957. Chrysanthemum temperature study. F. The effect of temperature upon the critical photoperiod necessary for the initiation and development of flowers of *Chrysanthemum morifolium*. Proc. Amer. Soc. Hort. Sci., 69, 485—491.

樋口春三・原　幹博. 1987. 秋ギク幼苗の低温処理が生育と開花に及ぼす影響. 愛知農総試研報. B. 6. 62—67.

Mason, D. T. and D. Vince. 1962. The pattern of growth in chrysanthemum as a response to changing seasonal environment. Advances in Horticultural Science and their Applications. Proc. Int. Hort. Cong., 2, 374—383.

川田穣一. 1985. キクの周年生産と開花生態. 農耕と園芸. 40（5，6，7，8，9，10）.

Kawata, J. 1987. The phasic development of chrysanthemum as a basis for the regulation of vegetative growth and flowering in Japan. Acta Hort., 197, 115—123.

川田穣一・船越桂市. 1988. キクの生態的特性による分類. 農業および園芸. 63（8），985—990.

小西国義. 1982. 植物の生長と発育. 養賢堂.

Lysenko, T. D. G. 1954. Agrobiology, Essays on problems of genetics, plant breeding and seed growing.

Machin, B. and N. Scopes. 1978. Chrysanthemums, year-round growing. Blanford. Press.

船越桂市. 1984. キクの開花調節Ⅲ. 夏ギクの開花調節. 昭59年秋季園学シンポジウム要旨. 114—123.

岡田正順. 1957. 開花に対する生態反応からみた菊品種の分類. 園学雑. 26. 59—72.

Thomas, B. and D. Vince-Prue 1984. Juvenility, photoperiodism and vernalization. Advanced Plant Physiology (Pitman), pp. 408—439.

Vince-Prue, D. 1975. Photoperiodism in plants. Mc Graw Hill (U.K.).

吉井義次. 1949. 植物の光周性. 養賢堂.

キクの生態的分類

（1） 岡田の分類

キクの日長と温度に対する開花反応に基づき，岡田（1957）は第1表に示す生態的分類を行なった。この分類は，わが国における多様な作型とそれに伴う開花調節の基礎として利用されてきた。

しかしながら，夏ギクには平咲きの中〜小輪の品種しかなかったので，花型の改良のため秋ギクとの交雑が重ねられた。いっぽうでは，8月咲きギクの交雑育種による早咲き系統の選抜によって7月咲きギクが育成され，品種の生態的分化がすすんだ。その結果，第1表に示される品種群に包括できない品種が現われた。たとえば，昭和40年代に全国的に最も広く栽培されていた'天寿'は，暖地における冬至芽定植の作型では晩生夏ギク（7月咲き），挿し芽苗定植の作型では冷涼地で8月咲きギク，暖地で9月咲きギク，電照抑制栽培の作型では秋ギクとして栽培されていた。

いっぽう，以下のような生産上の問題も生じていた。キク切り花の夏期生産は，昭和20年代までは秋ギクのシェード栽培と晩生夏ギク（7月咲き）・8月咲きギク・9月咲きギクの季咲き栽培によって行なわれてきた。しかし，シェード栽培はシェードに労力と資材を要するばかりでなく，シェード内の高温による品質低下と病虫害の発生が著しいという問題があった。松本市の小井戸直四郎は9月咲きギク，8月咲きギクに引き続いて昭和30年代に7月咲きギクを育成した。これらの品種の季咲き栽培により夏期の連続出荷が可能となり，やがてシェード栽培は消滅した。ところが，季咲き栽培の開花期は不安定であり，新旧の盆，秋の彼岸の需要期に向けての計画生産が行ない難く，毎年のように需要期に切り花価格の暴騰・暴落がくり返された。

（2） 新しい生態的分類

これらの問題を解決するために，筆者は農林水産省旧野菜試験場において昭和49年よりキクの日長と温度に対する生育・開花反応の調査を行なった。その結果（川田ら，1987）と船越桂市の経験と調査に基づいて，キクの第2表，第3表に示す生態的分類を行なった（川田・船越，1988）。

この分類が第1表に示した岡田（1957）の分類と異なる点は以下のとおりである。

①岡田（1957）の分類において採用された短日の定義は，ある日長を境界として，それより長い日長下では栄養生長をつづけ，それより短い日長下で開花する植物を短日植物とみなし，長日・短日両条件下で開花する植物を中性植物とした。この定義は当時わが国で広く採用されていた（吉井，1949）。川田ら（1987）が採用したVince-Prue（1975）の定義はつぎのとおりである。24時間サイクルにおいて，ある一定の日長より短い日長下でのみ開花する植物（限界日長をもつ植物）あるいは，より早く開花する植物を短日植物とし，前者を絶対的短日植物，後者を相対的植物とする。しかし，今日では絶

第1表　キクの生態的分類　　　（岡田，1957）

品種群名	日照時間に対する反応		温度に対する反応
	花芽分化	蕾の発達，開花	
秋ギク	短日	短日	花芽分化は大部分15℃以上で行なわれ，蕾の発達および開花も高温で抑制されない
寒ギク	短日	短日	高温で花芽分化，蕾の発達，開花が抑制される
夏ギク	中性	中性	花芽分化は大部分10℃前後の温度で行なわれる
8月咲きギク	中性	中性	花芽分化は秋ギクと同様15℃以上でなければ花芽分化せず，蕾の発達も低温では柳芽となる
9月咲きギク	中性	短日	温度に対しては8月咲きと同様
岡山平和型	短日	中性	温度に対しては秋ギクと同様

生理・生態と生長・開花調節

第2表 キクの生態的特性によって分類された品種群とその適応作型

品種群名		自然開花期	適応作型	備　考
夏ギク	早生 中生 晩生	〔暖　地〕 4月下旬～5月上旬 5月中旬～5月下旬 6月上旬～6月下旬	冬至芽定植による季咲き・促成栽培	早生品種は晩生品種より低温下で花芽分化する
夏秋ギク	早生 中生 晩生	〔冷涼地〕 7　月 8　月 9　月	挿し芽苗定植による季咲き・電照・シェード栽培	高温による開花遅延の小さい品種が多い
秋ギク	早生 中生 晩生	〔冷涼地・暖地〕 10月上旬～10月中旬 10月下旬～11月上旬 11月中旬～11月下旬	同　　上	
寒ギク		〔暖　地〕 12月以降	挿し芽苗定植による季咲き栽培	高温による開花遅延が著しい

注　暖地：東海地方の平地を標準とする。冷涼地：長野県平地を標準とする

第3表 キク品種群の自然開花期を支配する発育相別特性

品種群名		ロゼット性	幼若性	感光性		開花反応期間
				限界日長	適日長限界	
夏ギク	早生 中生 晩生	極弱 弱 弱	極弱 弱 弱	24時間		
夏秋ギク	早生 中生 晩生	－ － －	中 中～強 中～強	17～24時間未満 17時間 16時間	13～14時間 13～14時間 12～13時間	7～8週 7～8週 7～9週
秋ギク	早生 中生 晩生	－ － －	－ － －	14～15時間 13時間 12時間	12時間 12時間	8～10週 9～10週 11～12週
寒ギク		－	－	11時間以下		13～15週

注　限界日長：開花についての限界日長，適日長限界：時間当たり4日以上開花遅延を基準として判別

対的は質的，相対的は量的と表現されることが多い。

ところで，以上の定義における開花という用語は，植物学上は花成すなわち花芽分化を意味しており，限界日長は花芽分化についての限界日長を示している。これに対して，花卉園芸の分野での開花は文字どおり花が開くこと，限界日長は開花についての限界日長を示す場合が多い。キクの場合は，開花調節の基礎として品種の生態的分類を行なう場合，開花についての限界日長に基づく分類のほうが適切である。キクの場合，花芽分化についての限界日長は，直接

開花期に影響を及ぼすとは限らず，開花期を支配する要因として全面的には認め難いことによる。

このような理由からVince-Prue（1975）の定義における開花の意味を花が開くことと理解し，キクの日長に対する開花反応を調査し，その結果に基づいて，キクの生態的分類を行なった。

②岡田（1957）は夏ギクを，花芽の分化・発達に中性，花芽分化限界低温は10℃内外で8月咲き品種の15℃より低いことを基準として類別したのに対して，川田・船越（1988）は夏ギクは開花について量的短日植物，冷涼地の約半数の7月咲き品種と大部分の8～9月咲き品種は質的短日植物であるとし，これらを夏秋ギクと命名した。夏秋ギクの自然開花期と日長反応はともに夏ギクと秋ギクの中間である。

③岡田（1957）の分類における岡山平和型品種群の代表品種'岡山平和'は花芽分化について短日，花芽の発達について中性としているのに対し，川田・船越（1988）は花芽の分化・発達ともに短日性を示す品種とし，早生秋ギクに類似していること，自然条件下で6月にも開花する理由として，幼若性が弱いために4～5月の日長を短日と反応して花芽分化し，開花についての限界日長が一般の秋ギクより長いので6月に開花するとした。しかし，岡山平和型品種

は現在全く栽培されていないので，分類から除外した。

④岡田(1957)の分類には苗齢による温度・日長に対する生育・開花反応の差が考慮されていないのに対し，川田・船越(1988)の分類にはキクの発育相の考え方が導入された。

この分類は，新しく開発された夏秋ギクのシェード栽培および電照抑制栽培における開花調節技術に理論的根拠を与えるとともに，秋ギクと夏秋ギクのシェード栽培と電照抑制栽培の組み合わせによるわが国特有の周年生産の成立を導くこととなった。

〈執筆〉 川田 穣一（JA全農農業技術センター）

1995年記

引用文献

岡田正順. 1957. 開花に対する生態反応からみた菊品種の分類. 園学雑. 26, 59—72.

川田穣一・船越桂市. 1988. キクの生態的特性による分類. 農業および園芸. 63(8), 985—990.

品種群の開花生態とその調節

夏 ギ ク

（1）開 花 特 性

夏ギクは暖地ほど開花が早く，4月下旬から開花し始め，中生種は5月中下旬から，晩生種は6月上旬から咲く。寒い地方ほど開花が遅れる。一部冷涼地で育成された7月咲きギクが含まれるが，川田らによれば夏ギクは「量的短日植物に属する品種」である。

夏ギクは当初，中小輪で，花型はデコラティブあるいはポンポン咲きであった（川田）。その後，花型や日持ち性の改良のために秋ギクとの交雑による晩生夏ギクタイプの品種が育成された。

①日 長 反 応

岡田（1957）は，このような夏ギクの生態的特性について調べている。

品種'光栄'と'光輝'の冬至芽苗を用い，2月上旬にガラス室に入れ電照し，4月1日から10日おきに露地に出し自然状態においた。その結果，全期間電照しても花芽分化し，普通栽培したものよりも遅れたが開花したことから，夏ギクは長・短日両条件下で開花するので，開花に対する日長反応は中性であるとした。

岡田が採用した当時の中性植物の定義は，長・短日両条件で開花する植物である。

現在では，限界日長以下でないと開花しえないものを質的（絶対的）短日植物，24時間日長下で開花するが，開花遅延の認められるものを量的（相対的）短日植物と定義するようになっている。これからすれば，岡田氏が供試した夏ギクは量的短日植物といえる。

また品種改良がすすんだ結果，特に6～7月に咲く品種では従来の夏ギクと，8月咲きギクの交雑育成種から選抜した早生系の「夏秋ギク」との区別がしにくくなっている。

第1表　日長が夏ギクの生育開花に及ぼす影響
（川田ほか，1987，一部加筆）

	品　種	開花日 (月.日)		葉数* (枚)		草丈 (cm)	
		8h	24h	8h	24h	8h	24h
早生	処女雪	4.16	5. 4	9	11	18	64
	日の丸	4.19	5. 4	14	14	16	41
	こだま	4.21	4.23	14	13	16	24
	清　純	4.22	5.10	11	11	16	40
	聖　火	4.23	5. 7	12	12	16	34
中生	うず潮	4.17	—	11	13	15	36
	新春駒	4.17	—	14	15	19	37
	映　光	4.22	—	17	16	33	58
	大日本	4.22	—	15	16	23	45
	最高輝	4.23	—	15	16	22	59
	精　王	4.26	—	15	14	24	52
	香　雪	4.30	—	20	18	50	58
	桃世界	5. 5	—	15	14	29	87
	豊　冠	5. 9	—	23	24	38	84
	ミス広島	5.10	—	24	24	26	59
晩生	富　士	5. 1	—	21	24	33	77
	遠州灘	5.10	—	27	38	40	122
	雪　風	5.19	—	31	45	41	128
	金　力	5.21	—	27	35	42	94
夏秋	宇宙船	5. 7	—	18	19	31	54
	新平和	5.12	—	14	14	37	69
	聖　山	5.12	—	18	20	25	58

注　*処理開始より花芽分化までの主枝上の展開葉数

このような「夏ギク」を露地栽培すると，開花後伸長した茎は，①秋まで継続開花する品種，②夏は花芽分化するが柳芽となり開花しない品種，③夏は栄養生長して秋に開花する品種に大別される。

川田はこれらの現象は，夏季の長日あるいは高温に基づくものと推定した。そこで，夏ギク22品種について，冬至芽からの苗を用い，最低夜温12°Cで長日（24時間日長）と短日（8時間日長）下で栽培した。

その結果，花芽分化・発達，開花に対する日長反応により4グループに分けた（第1表）。

①'処女雪'などの早生品種は，花芽分化については中性，花芽の発達・開花については量

的短日性を示す。このグループは長日区では開花が遅延したが節間伸長は著しく、花芽分化までの葉数には短日区との差がない。

② 'うず潮'などのグループは開花期は主として中生で、①と同様花芽分化までは中性、花芽の発達・開花には量的短日性を示す。花芽分化までの葉数は長・短両区間に差が認められなかったが、長日区では主枝の頂部の花芽が柳芽となり開花にいたらず、側枝に正常な蕾が現われ開花した。

③ '富士'などの晩生品種は、花芽の分化・発達あるいは開花については量的短日性を示す。長日区では、花芽分化までの葉数は短日区よりも増加し、主枝には柳芽を発生して開花にいたらず、側枝には正常な蕾が現われて開花した。

さらに、従来「夏咲きギク」に含まれていたなかで、④ '宇宙船'のグループは長日区では主枝・側枝ともに、完全に花芽の発達が抑えられ、花芽はすべて柳芽化しており、花芽分化については量的短日性、花芽の発達あるいは開花については質的短日性を示し、「夏秋ギク」に含まれる。

中晩生品種の'金力'を12〜24時間日長下で栽培すると、12時間日長が最も早く開花し、16時間日長までは急激に遅延するが、それ以上24時間日長までは開花所要日数が緩やかに増加することから量的短日植物と考えられる（小西ら、第1図）。一方、'金力'を日長時間11〜24時間の範囲で栽培した場合、展開葉数には日長による差はなく、開花所要日数が日長が多くなるほど増加したことから、花芽分化に対しては中性、その後の発達・開花に対しては量的短日性でないかとする考えもある（鈴木ら）。

これらの報告から、'金力'の場合、限界適日長は12〜13時間程度と考えられる。

夏ギクでは、長日は開花を遅延させるが、節数、柳葉数の増加と草丈、花首長を伸長させる。また、舌状花を増加させ、管状花は減少する傾向が見られる。この傾向は、出蕾後の長日処理でも同様である（船越・藤井ら、第2表）。

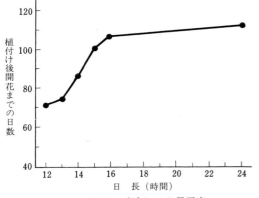

第1図 夏ギク'金力'の日長反応
（小西ら、1965）

第2表 開花所要日数と切り花の特性 （船越・藤井ら）

品種名	日長	開花所要日数(日)	切り花長(cm)	切り花重(g)	節数(節)	花首長(cm)	舌状花数(枚)	管状花数(枚)
めざめ	L	102.5**	100.9	48.9*	31.5	9.6*	295.7	4.2*
	N	96.9	94.9	39.0	31.8	6.5	279.1	12.2
日本一	L	97.1**	105.7	50.1	35.0	13.2**	373.3	4.6**
	N	90.0	101.1	48.5	31.9	8.9	373.5	28.6
乙女の粧	L	136.0**	117.3**	65.4**	36.6	102.4**	273.0	8.9**
	N	111.0	95.8	38.7	38.7	65.4	238.6	35.6
聖山	L	136.1**	137.5**	107.3	48.1	10.1	386.3**	0**
	N	129.8	101.3	89.3	44.8	8.9	297.3	56.9
新精興	L	118.0**	139.0**	138.7**	43.4	11.2**	607.7**	17.7**
	N	110.0	129.1	104.3	42.7	6.5	489.8	82.2

注 各品種とも10本について調査、右肩の*印は同一品種間における処理の有意性を示す
*=0.05、**=0.01

第3表 夏ギク品種と花芽分化限界低温
（山田・船越、1974）

	品種	花芽分化可能温度
極早生	初春、春がすみ、日本一	5〜6℃
早生	香雪、富士、白豊、岩の友	7〜8℃
中生	桃世界、岩風、映光	8〜10℃
晩生	遠州灘、金力、新栄	13〜15℃
	雪風	15℃以上
	天寿	18℃以上

②温度反応

夏ギクの花芽分化限界低温は，極早生品種が5～6℃と最も低く，晩生になるにしたがい高くなることが栽培実例から知られている（山田・船越，第3表）。

栽培中の最低夜温が高くなると開花は早まるが，切り花長，切り花重は少なくなる傾向がある。この場合，品種の早晩生によって開花に対する温度反応が異なる。

'日本一（極早生）''香雪（早生）''岩の友（早生～中生）''新栄（晩生）'を1月末日に最低夜温を4段階（5～14℃）に分け栽培した場合，花芽分化は各温度とも極早生種の'日本一'ついで'香雪''岩の友'の順で，晩生種の'新栄'が最も遅く，また，各品種とも高温区ほど花芽分化・発達が早まった（第4表）。

冬至芽苗を12月下旬に定植し，1月末日から加温した場合，花芽分化は'香雪'では5℃で33日，8℃29日，11℃27日，14℃25日，17℃23日と温度が高いほど早くなり，'新栄'では同様に39日，39日，37日，27日，28日で14℃以上で早まった（埼玉園試）。

到花日数は'日本一''香雪''岩の友'は高温区ほど短くなった。これらの品種はこの栽培温度の範囲では，高温ほど栄養生長から生殖生長への転換が早いため，開花時の草丈は短く切り花重は少なくなる。しかし，開花時の同一品種での葉数は，栽培夜温による差はほとんどない。このことは，花芽分化する時点までの「基本栄養生長性」は変わらないが，高夜温では早く葉数が確保され花芽分化・発達するためと考えられる。

夜温は高すぎても花芽の分化・発達は遅れることが'金力''豊浜黄金'でみられる。'豊浜黄金'で本加温開始（昼間は18～24℃）20日後の花芽分化・発達程度は，夜温が15，25℃では，花弁形成中期（ステージⅧ）～後期（Ⅸ）のものが多くみられたのに対し，29℃では花弁形成前期（Ⅶ）にとどまっていた。開花は，低夜温区ほど早まった。

'金力'では，夜温15℃区で総苞形成後期（Ⅳ）から花弁形成後期（Ⅸ）ないしはそれ以

第4表　切り花時の形質調査
(西村ら，1977)

品種	夜温(℃)	草丈(cm)	切り花重(g)	葉数	葉重(g)	茎重(g)	花重(g)
日本一	14	44.88	31.76	23.7	18.04	6.27	7.45
	11	53.77	32.81	22.8	17.39	6.07	8.73
	8	62.75	36.13	23.6	18.40	9.73	7.99
	5	67.2	43.39	23.8	22.57	12.86	7.94
香雪	14	57.88	48.07	31.4	23.53	8.57	15.97
	11	68.38	53.42	33.6	24.96	13.10	15.37
	8	81.15	62.78	31.7	26.05	19.74	17.01
	5	79.85	71.43	34.0	29.59	25.10	16.74
岩の友	14	76.23	54.46	31.95	25.96	15.36	13.14
	11	87.0	66.52	32.2	31.71	20.80	14.01
	8	91.98	73.96	34.9	32.51	26.01	15.44
	5	97.88	74.53	33.5	30.98	27.07	16.48
新栄	14	82.23	52.27	32.0	23.85	15.68	12.74
	11	86.1	50.42	33.4	22.35	16.66	11.41
	8	96.65	61.38	33.0	25.97	22.42	12.99
	5	88.4	60.01	31.4	25.87	22.03	12.11

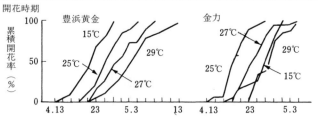

第2図　温度（分化前処理）と花芽分化および開花時期
(稲葉，1968)

第5表　昼温の違いが切り花品質に及ぼす影響　　　　　　　　（鴻野ほか，1981）

項目 昼温	草丈 (cm)	切り花重 (g)	茎径 (mm)	節間長 (cm)	葉柄長 (cm)	葉身長 (cm)	葉幅 (cm)	花首長 (cm)	花首径 (mm)	花径 (cm)	舌状花数	管状花数
25℃	84.2	68.0	6.1	3.1	3.7	9.2	6.4	5.2	4.4	15.2	263	75
30℃	88.2	60.0	5.3	3.3	3.8	8.8	6.1	7.5	4.3	14.7	275	62
35℃	88.4	57.0	5.1	3.3	3.8	8.0	6.4	7.8	4.0	14.4	270	59
40℃	86.0	55.7	5.0	3.3	3.7	8.4	6.1	9.4	3.7	14.3	257	61

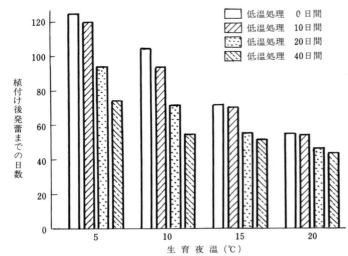

第3図　吸枝の低温処理と生育夜温がキクの発蕾に及ぼす影響
低温処理：1～3℃，品種：金力

上の段階というようにばらつきがみられたのに対し，25℃区では花弁形成前期（Ⅶ）が，27℃区では総苞形成後期（Ⅳ）～小花形成前期（Ⅴ）が多くなっており，29℃区では総苞形成前期（Ⅲ）～小花形成前期（Ⅴ）に止まっていた。開花は25℃区で早まった（第2図）。

昼間の温度が高すぎても開花に影響する。日中の換気温度が25から40℃，夜間最低温度10℃で栽培したところ，発蕾までの日数は，35℃までは温度が高まるほど少なくなったが，40℃では35℃よりも多くなった。切り花は高温区ほど切り花重量が軽く，茎径，花首長，花径が小さくなり，切り花品質が低下した（第5表）。

夏ギクの促成栽培は，従来ロゼットを早期に打破した高冷地苗を用いて行なわれてきた。この場合，低温遭遇程度（温度および日数）が高いほど，定植後の開花に必要な温度が低下する。

'金力'の1～3℃で冷蔵した吸枝を異なる生育夜温で栽培した場合，生育温度を高くすれば，無低温苗でも低温処理苗と同様に比較的早く開花するが，生育温度が低くなるにしたがい低温効果が顕著に現われてくる（小西，第3図）。

また，高冷地（標高960m，5℃以下の遭遇日数32日）育苗の'金力'を10～12℃で栽培したものと，平地育苗（同1日）を夜温15～17℃で管理したものとは同時期に開花した（船越ほか）。

（2）開花を左右する要因と調節技術
（小西）

夏ギクは量的短日植物に属するため，秋ギクのように栄養生長期間中に長日処理することで草丈確保を確保できない。

実際栽培では，3～5月出荷の促成栽培では，晩生品種を用い，低温に遭遇させ，ロゼットを打破させた冬至芽を，無加温ないしは凍結しない程度に低温管理するハウス内に年内に定植し，1月下旬までに草丈を20～25cmまで伸長させ，本加温して3月下旬～4月上旬に出荷している。

①ロゼット打破

10～15℃の涼温でおこった（岡田）冬至芽のロゼットを打破させるための低温遭遇量は，品種間差があり，自然開花期からでは判断できない。

'新精興''明光'の12月中旬定植では冬至芽苗の冷蔵効果がみられたが，前者は1月上旬定植，後者は12月下旬定植では，冷蔵による発蕾促進効果はなかったのは，その時点で低温遭遇

が充分であったためと考えられる（豆塚ほか）。

'新精興'の平坦地（岡山市）育苗では、最低夜温10℃で管理する場合、5℃以下の遭遇日数42日程度、15℃では30日程度が必要となっている（鴻野ほか）。

高冷地育苗では、5℃以下の低温が早生品種の'香雪'は15日、晩生品種の'金力'は20日以上と幅が広く、また早生種でありながら'初朝'は低温要求量が大きいなど、自然開花期からではロゼット打破のための低温遭遇量は判断できない（船越）。

自然の気象条件下では、同じ時期に定植しても年により低温遭遇日数が異なる。そこで、低温遭遇が不充分な吸枝を伸長させるには、GA100ppm処理が効果がある（岡田）。また、生育温度を高くすれば、低温に遭遇していない苗でも比較的よく伸長し、開花することができる（小西）。

気象条件に左右されず、確実に低温遭遇させ、ロゼット打破する方法として冷蔵がある。

冬至芽苗を冷蔵した場合では、'新精興''金精興'ともに冷蔵期間が20日で生育開花がよくなった（大須賀ほか）。

また、冬至芽苗の休眠明け（ロゼット打破）は長日によっても早まる。

船越は延べ76品種の「夏咲きギク」を用い、長日（16時間日長）が自然日長下よりも伸長開始が早まるとし、また、長崎農試では冬至芽を12月下旬に定植した場合、極早生品種'日本一'、中晩生品種'新精興'では自然日長よりも14時間以上の長日にすると初期生育が促進された。

なお、ロゼットおよびエセフォンによるロゼット誘導を利用しての促成栽培については、別項で詳述されるので省略する。

②日長と生育、開花

夏ギクの花芽分化は、日長に中性か、量的短日であるので、秋ギクのように長日処理では開花を制御できない。

発蕾、到花日数開花は、長日処理により早まるもの、遅れるものと幅がある。

'新さきがけ'など3品種は全期間長日（16時間日長）で開花促進したが、発蕾後も引き続き長日にした場合は開花を遅延させた。'日本一''新精興'などの6品種は長日により開花が遅れた（第6表）。また、栽培した年により長日のほうが自然開花期よりも早まる場合、逆に遅れる場合がみられた。

長崎農試で冬至芽を12月下旬に定植した場合、極早生品種'日本一''新精興'では自然日長よりも14時間以上の長日にすることで、花芽分化・発達は'日本一'では遅れ、'新精興'では14時間日長でやや促進された。

このようなロゼット状態の株に電照した場合、開花が促進される品種があるのに対し、節間伸長を開始したステージになると電照は開花を遅らせる。すなわち、電照はロゼット打破を促す結果として開花を促進させるのではないかと考えられている（川田）。また、夏ギクの花芽分化・発達に対する限界適日長が品種によって異なるため、ある程度の長日は生育を促進させ、早く幼若期を脱するためとも考えられるが、これらの点については今後検討に値する。

生育後期の長日は、開花を遅延させる品種もあるが、草丈の伸長と舌状花数を増加させるため、品質向上手段となろう（豆塚ほか）。

③温度と生育開花

幼若性の弱い夏ギクの草丈を確保するために

第6表　長日の与え方が開花所要日数に及ぼす影響

品種名	①全期間長日	②出蕾まで長日、以後自然日長
新さきがけ	(−) 5.8	(+) 3.4
めざめ	(−) 9.6	(+) 5.6
レデーフレンド	(−) 16.8	(+) 4.7
日本一	(+) 6.3	(+) 7.1
乙女の粧	(+) 5.7	(+) 25.0
聖山	(+) 8.7	(+) 16.3
映光	(+) 15.7	(+) 18.1
新精興	(+) 2.7	(+) 8.0
浜松の輝	(+) 13.8	(+) 21.8

注　①自然日長に比べて、全期間長日区の開花が
　　　　(−) すすむ
　　　　(+) 遅れる
　　②出蕾まで長日、以後自然日長区に比べて全期間長日区の開花が　(+) 遅れる

生理・生態と生長・開花調節

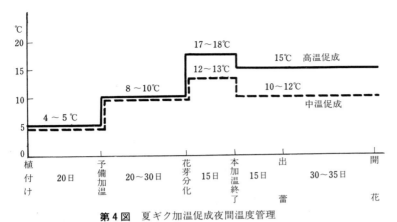

第4図 夏ギク加温促成夜間温度管理
(夏ギク促成栽培基準1978より)

は、ロゼット化を打破した後、幼若性が消去しない低温条件下で栽培する必要がある。

吸枝は低温遭遇により、その後の茎の伸長と花芽分化が可能な温度範囲が拡大する（小西）ので、早期出蕾を防ぐため、定植後は無加温2重被覆で活着促進を図る。

その後は花芽分化しない程度の夜温で草丈を伸長させる。

促成栽培で低温遭遇が不充分な場合は、GAの100ppm処理が草丈伸長を助長する。

夏ギクの新品種は近年ほとんど発表されていない（'天竜の里'は適日長が11時間で、高温で開花遅延程度が大きく、秋ギクタイプとされる；鈴木ほか）。

現在、春から夏に出荷されるキクは、秋ギクの電照およびシェード栽培と、7～9月咲きギクの促成が主体で、本来の夏ギクの栽培はほとんどみられない。

これは、夏ギクは育苗が秋ギクに比べて煩雑なこと、開花調節が難しいこと、切り花品質が秋ギクよりも劣ることがあげられる。

現在広く栽培されているのは、白花の'新精興'と黄花の'金精興'である。

品質が高い切り花を得るためには、花成誘導開始時期までに草丈20cm程度を確保する必要があり、それまでは極早生種の'日本一'の平地育苗では無加温2重被覆、中晩生種の'新精興'では生育初期7～8℃、以後徐々に最低夜温を高め、花成誘導直前には12～13℃と花成誘導しやすい内定条件にもっていく。

'新精興'の半促成栽培では、開花65～70日前まで10～12℃で管理する。

花芽分化のための本加温は'日本一'では10℃で20日間である。

'新精興'では15℃であるが、その期間は苗の前歴や、栽培地によって多少異なる。一般には15～20日間としているが、湿潤地のように花芽分化しにくい場合は、本加温まで順次温度を高めたり、予備加温を長期間としたりする（第4図）。

現在、栽培および育種の主体が夏秋ギクに移っていることもあり、夏ギク品種については、ロゼット打破の程度をからませた生育、発蕾、開花に対する日長反応についての詳細な検討はされていない。そのため、具体的データは乏しく、特に中晩生品種と7月咲きギクとの区別も明確でない。これについては今後の成果に期待したい。

〈執筆〉 松田 岑夫（株・葛西花き 元静岡県農業試験場）

1995年記

夏秋ギク

（1）開花生態

秋ギク実生の早咲き系統の選抜により，松本市の小井戸直四郎は，昭和20年代に9月咲き品種および8月咲き品種，昭和30年代始めに7月咲き品種と順次育成していった。育種の目的は，秋ギクのシェード栽培による夏期生産は，シェードに多大の労力と資材を要するばかりでなく，病虫害が発生しやすく，高温障害による切り花品質の低下もみられたので，季咲き栽培による夏期生産を可能とすることにあった。

これらのキクは草姿や花型が秋ギクに似てすぐれたので，長野県などの高冷地で普及し，育種親としても広く用いられるようになった。由井希明が育成し松風園から発表された'天寿'と精興園育成の'精雲'は，現在の施設栽培用代表品種である。秋ギクより耐暑性が強いため，今日では暖地でも広く栽培されている。これらの品種は，冷涼地では現在も主として季咲き栽培に用いられているのに対し，暖地では季咲き栽培とともにシェード栽培と電照抑制栽培に用いられている。

'精雲'は7月咲き品種で，その適日長限界は14時間であり，6～7月の日長を短日として感応するため，電照だけで6～10月の連続出荷ができる。'天寿'は日長反応からみれば9月咲き品種であり，その適日長限界は13時間であり，7～8月に開花させるためには，13時間日長の短日処理が適用されている。しかし，冷涼地における8月開花にはシェードは必ずしも必要ではない。栽培温度が低いので，7月の日長を短日として感応できることによる。

夏ギクと夏秋ギクとの類別は，川田・船越（1988）によると，前者は開花についての限界日長をもたないのに対し，後者は限界日長をもつことによって行なわれている。この類別基準は理論上は明確であるが，①その類別のために長期間の栽培を必要とすること，②栽培温度が高い場合は，24時間日長下で開花しない品種も，栽培温度が低下し，苗齢がすすむとともに24時間日長下でも開花するようになる，という問題が残されている。

生産者は，苗を暗期中断4～5時間の電照下で栽培しても低節位で発蕾し，電照による開花抑制が実用的に不可能な品種を夏ギク，発蕾節位が高く電照による開花抑制が可能な品種を夏秋ギクとみなしている。この類別方法は実用的である。しかし，秋ギクの花壇や鉢植え用品種には，夏期には低節位で発蕾して分枝をくり返すが，それらの蕾はやなぎ芽に転じて開花には至らないものがある。したがって，花芽分化の限界日長や長日下花芽分化節位を基準とした生態的分類は，開花調節の基礎として利用し難い。

夏秋ギクは夏ギクより一般に強い幼若性をもつことが一つの生態的特性となっている。夏秋ギクは挿し芽苗定植による季咲き栽培のために育成された品種群であり，強い幼若性は草丈確保のために必須の形質である。また，中晩生の品種の花芽分化期は7～8月であり，この間の日長はしだいに短くなっていくが，その程度はわずかであるから，日長反応よりむしろ幼若性が自然開花期を決定する要因として強く働いていると推定される品種も多い。

夏秋ギクでは9月中旬を自然開花期とする品種では，第1表に示すように，冷涼地における自然開花期のおそい品種ほど幼若性が強くなる傾向がみられる。しかし，9月咲き品種にも幼若性の弱い品種が含まれており，これらの品種を暖地で栽培すると6月に開花する。9月下旬を自然開花期とする品種の花芽分化期は8月中旬ごろであるが，この時の日長は5月上旬であり，幼若性の弱い品種は暖地ではこのころ花芽分化し，6月に開花するものと考えられる。

夏秋ギクは秋ギクと異なり高温による開花遅延と，それにともなう苞葉の硬化などによる切り花品質の低下が著しくない。柴田ら（1989）は第2表および第3表に示すように，夏秋ギク型スプレーギクのもつ長日期開花性（第2表の14時間日長処理と12時間日長処理の到花日数の差）と高温開花性（第3表の30／25℃〈昼温／夜温〉と20／15℃における到花日数の差）

第1表　夏秋ギクおよび秋ギクの幼若性程度　　（宇田ら，1988より作成）

夏秋ギク早生 （7月咲き品種）	幼若性程度	夏秋ギク中生 （8月咲き品種）	幼若性程度	夏秋ギク晩生 （9月咲き品種）	幼若性程度	秋ギク早・中生 （10月咲き品種）	幼若性程度
1　銀　精　山	1.9	1　ハ　　ー　　ト	-1.8	1　安　房　の　輝	9.1	1　秀　芽　の　力	2.3
2　花　の　宿	2.8	2　銀　　　　　風	1.2	2　乙　女　心	12.0	2　岡　山　平　和	4.2
3　志　摩　の　輝	6.1	3　S.キャンデー	13.1	3　ピンクセブン	12.7	3　金　丸　富　士	4.5
4　京　小　町	7.1	4　ひ　ぐ　ら　し	14.5	4　秋　の　誉	14.1	4　名　　　　　門	5.1
5　山　頂　の　輝	9.3	5　岩　の　月	14.7	5　秋　の　峰	15.1	5　山　陽　娘	6.2
6　銀　精　興	9.7	6　大　銀　盃	15.7	6　雲　　　　　山	18.3	6　乙　女　桜	11.8
7　精　　　雲	10.3	7　夏　の　調	16.9	7　美　郷	19.6	7　紅　　　燈	14.5
8　福　　　泉	12.2	8　月　の　宿	17.5	8　天　　　寿	20.7	8　芳　　　秋	18.3
9　銀　　　雪	12.5	9　早生天寿	17.7	9　美　和	21.6	9　輝　　　星	18.9
10　め　ざ　め	13.0	10　夕　　　顔	18.0	10　青　葉　城	21.7	10　博　　　栄	19.5
11　シ　ル　バ　ー	15.9	11　姫　　　香	20.0	11　精　興　の　泉	22.0	11　肌　　　雪	21.1
12　雲　　　波	16.7	12　城　　　東	22.5	12　高　原　の　輝	22.5	12　弥　　　栄	42.5
13　愛　　　郷	16.8	13　木　曽　路	24.4	13　ピンクピーチ	23.3		
14　秀　芳　二　世	18.1	14　天　　　紅	25.4	14　金　　　麗	23.4		
		15　銀　千　両	29.0	15　ヤ　　ン　　グ	24.6		
				16　高　原　の　朝	26.0		
				17　微　　　風	26.4		
				18　名　　　匠	30.0		
				19　湧　　　泉	44.9		
	平均10.9		平均16.6		平均21.5		平均14.0

注　幼若性程度：幼若状態にある苗を2月5日に摘心して，最低15℃の短日条件下で花成誘導を行なった場合の短日下における分化葉数と，温室で長期間栽培して花熟状態にある苗を5月7日に摘心して，花成誘導を行なった場合の短日下分化葉数との差で示した

との間に，0.726の相関があるという結果を得た。

　夏秋ギクの自然開花期は幼若性と日長反応の二つの主要因によって決定されるために，共選品種の決定や品種改良における実生の選抜時に，開花に関する生態的特性を知ることが困難であるという問題がある。しかし，最も日長の長い6月に花芽分化するような作型，すなわち，4月下旬電照下に定植，5月上旬摘心，5月下旬消灯以後自然日長のような作型で正常に開花する品種あるいは実生の選抜を行なえば，長日期開花性と高温開花性を兼ね備えた品種の選抜，あるいは育成ができるはずである。幼若性も5月下旬までに消失する品種あるいは実生が選抜されることとなり，幼若性が強いものは除去されることとなる。実生当代と次年の幼若性についての研究報告はほとんどないが，双方の値に高い相関があるのは当然であろう。

　川田・船越（1988）によると，10月咲き品種は秋ギク早・中生に分類されている。しかし，冷涼地で育成された10月咲き品種には，日長に対する開花反応は夏秋ギク晩生（9月咲き品種）に似ているが，幼若性が強く，開花反応期間が長いために，10月咲きとなる品種，あるいは自然開花期は10月であるが，高温開花性が高いので夏秋ギクとして栽培されている'モナミ'や'サマークイン'のような品種もある。両品種とも夏秋ギクと秋ギクの交雑によって育成されているため，総合的にみた生態的特性も夏秋ギクと秋ギクとの中間である。

　以上に述べたように，品種ごとにみると夏秋ギクの生態的特性は多様であるが，夏秋ギクは秋ギクより，①幼若性が強く，幼若相から感光相への移行期の遅い品種が多い。②開花についての限界日長が長い，③高温下における開花遅延とそれにともなう花の品質低下が小さいという生態的特性をもっている。しかし，施設栽培用の夏秋ギク品種では，育種による幼若性の除去がすすむものと推定される。

第2表 夏秋ギク型スプレーギク品種の夏作における12時間日長条件下と比較した場合の14時間日長条件下における開花遅延(柴田ら,1985)

品種・系統	到花日数 12時間	到花日数 14時間	差
	日	日	日
ユートピア	54.8	56.2	1.4
ナガノクイン	51.8	55.5	3.7
シナノピンク	54.6	59.6	5.0
ホワイトサマー	49.1	54.3	5.2
安濃11号	48.9	55.0	6.1
SP202	48.5	54.8	6.3
シルク	49.7	56.2	6.5
スリム(協議会11号)	43.9	50.6	6.7
ロッキー(協議会22号)	46.0	53.4	7.4
メルヘン	46.6	54.6	8.0
協議会19号	45.5	53.8	8.3
コスチューム	48.0	57.6	9.6
ピアス	45.5	56.2	10.7
マーガレットマム	56.3	67.3	11.0
ハート	43.6	56.1	12.5
ロマン	47.0	59.5	12.5
協議会17号	48.5	61.2	12.7
アンコール	52.6	66.4	13.8
協議会14号	48.3	63.0	14.7
アムール	44.6	59.7	15.1
レナ(協議会18号)	47.0	62.5	15.5
ハイクリスタル	60.1	77.9	17.8
エピク(協議会12号)	48.9	73.2	24.3
サマークイン(安濃13号)	49.2	78.4	29.2
エミ(協議会16号)	48.6	80.0	31.4
エメラルド	52.6	87.1	34.5
モナミ(協議会10号)	46.9	81.8	34.9
Gem[a]	51.3	∞	∞
スワン[a]	65.6	∞	∞
ホワイトピンキー[a]	71.9	∞	∞

注 [a]:秋ギク型スプレーギク品種

第3表 夏秋ギク型スプレーギク品種の高温条件下における開花遅延(柴田ら,1985)

品種・系統	到花日数 30/25℃	到花日数 20/15℃	差
	日	日	日
ユートピア	51.3	57.5	−6.2
シナノピンク	52.0	58.0	−6.0
アムール	47.0	47.3	−0.3
SR202	50.7	50.0	0.7
マーガレットマム	57.0	55.0	2.0
ハート	47.0	43.3	3.7
コスチューム	51.0	47.0	4.0
ホワイトサマー	51.0	47.0	4.0
メルヘン	50.0	45.7	4.3
ナガノクイン	55.0	50.3	4.7
ロッキー(協議会22号)	49.3	44.3	5.0
ハイクリスタル	58.3	53.0	5.3
アンコール	58.0	52.3	5.7
ピアス	51.7	44.3	6.4
シルク	54.0	47.5	6.5
協議会19号	52.3	45.7	6.6
サマークイン(安濃13号)	57.3	49.0	8.3
安濃12号	54.0	45.3	8.7
安濃11号	55.0	46.7	9.3
協議会14号	55.3	46.0	9.3
ロマン	51.3	42.0	9.7
レナ(協議会18号)	51.7	42.0	9.7
エミ(協議会16号)	54.7	45.0	9.7
協議会17号	58.3	48.3	10.0
スリム(協議会11号)	52.7	42.3	10.4
モナミ(協議会10号)	55.3	42.3	13.0
エメラルド	64.3	49.0	15.3
Gem[b]	79.0	51.0	28.0
ムーンライト[b]	>87.0	60.3	>27.3
スワン[b]	>87.0	54.3	>33.3

注 [b]:秋ギク型スプレーギク品種

(2) 開花調節の方法

①季咲き栽培

栽培温度も日長も調節しないで自然条件下で栽培する作型を季咲き栽培という。季咲き栽培は主として露地で行なわれるが、品質向上のため雨よけ施設が利用されることもある。

夏秋ギクの季咲き栽培には、冬至芽の1～3回摘心によって発生した側芽を挿し穂として育苗した幼若性を保持した苗が用いられている。採穂用母株の摘心によって側芽の若返りが起こるので、早期に採取して育苗した苗ほど、定植後の幼若性の消失期が早く、早期に花芽分化する。したがって、夏秋ギクの季咲き栽培による開花期は定植期の早い苗、あるいは母株の栽培と育苗中の栽培温度が高く、光線条件がよく、生育がすすんだ苗ほど早く開花する。定植期よりむしろ最終摘心日が開花期に大きな影響を及ぼすといわれている。

定植後のエスレルの散布は、幼若性の消失を防止し、花芽分化節位を上昇し、開花を遅らせるので、実用技術として普及している。その効果は散布時期と品種によって異なる。

定植後のビニルトンネルによる密閉処理は、夏秋ギク早生品種の花芽分化抑制による開花遅

生理・生態と生長・開花調節

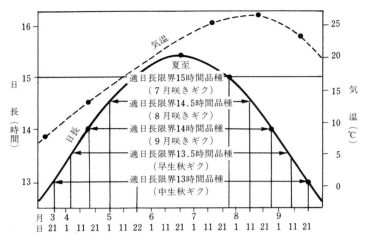

第1図 北緯35°（名古屋）における日長および気温の推移と花芽分化についての適日長限界時間より推定した短日処理が開花促進に有効な期間
（川田，1985）

延に有効である。

②促成栽培

夏秋ギクの促成栽培は夏ギクの促成栽培と同様に，冬至芽の冬期定植により，主として暖地で行なわれている。促成栽培に用いられる品種は幼若性の弱いものに限られている。その代表品種である'精雲'は夏秋ギクのなかでは最も夏ギクに類似した生態的特性を備えており，ロゼット性および幼若性は弱く，開花についての限界日長は長い。最低15℃の加温で幼若性の消失がみられ，花芽分化する。'天寿'は，夏ギクよりロゼット性が強いので，早期促成栽培には高冷地で生産された冬至芽が用いられている。'精雲'より幼若性は強く，促成栽培における花芽分化の促進には最低18℃が必要である。ロゼット性および幼若性が'天寿'より強い品種は促成栽培に適さない。

③シェード栽培

季咲き栽培と同様な方法で育苗された挿し芽苗が用いられている。しかし，施設栽培では育苗中に引き続いて電照による花芽分化抑制ができるので，苗は幼若性を保持している必要はない。シェード開始までに確実に幼若性を消失する苗でなければならない。

輪ギクでシェード栽培に用いられている品種は'天寿'だけである。スプレーギクでは'モナミ'，'コスチューム'，'アルカディア'などの主要品種はシェード栽培に用いられている。幼若性の強い品種をシェード栽培に用いると，花芽分化期が遅れるとともに，花房の形が乱れる。幼若性は頂部の生長点から消失し，順次下部に及ぶことが知られている。したがって，頂部の生長点は正常に花芽分化しても，下部の生長点は花芽分化能力がなく，栄養生長を行なったのちに花芽分化するので，側芽は長く伸びて葉をともない，花房の形が乱れることとなる。

幼若性の強い品種をシェード栽培に用いる場合，①冬の低温を与えないで挿穂用母株を栽培し，つねに花熟状態にある母本から得た挿し穂を用いて育苗する，②幼若性の消失期の早い暖地産の挿し穂を用いて育苗する，③定植後は加温室で栽培し，シェード開始までに幼若性の消失を図る必要がある。

①および③は，暖房費を要する，②は産地間競争の烈しい現状では困難であるという問題が残されている。

夏秋ギクに対して，シェードが開花促進に有効な期間は，適日長限界を上回わる期間だけである。冷涼地（長野県）における7月咲き品種の適日長限界は13～14時間である。日長が14時間を上回る期間は，東海地方では5月上旬から8月上旬までであるから，この間のシェードは7月咲き品種の開花期を促進するはずである。しかし，実際は適日長限界14時間の'精雲'や'ユートピア'にはシェードは適用されていない。シェードによる高温と見かけの光合成の低下が切り花品質の低下と開花遅延を招くので，シェードの開花促進効果は小さく，実用性が低いことによる。いっぽう，7月咲きの'アルカディア'では，シェードにより，花房の形が整い，同一花房の花がそろって開花するので，季咲き栽培でもシェードが適用されている。

開花についての適日長限界値は，花芽発達に

ついての値と一致するが，花芽分化あるいは花芽発達の後期の値より小さい。したがってシェードの開花促進に有効な期間を正確に知るには，これらの値を明らかにする必要がある。第1図は，花芽分化の適日長限界値が開花についての値より1時間長いと仮定した場合の，シェードが開花促進に有効な期間を推定したものである。

夏秋ギク型スプレーギクには，花首が短い品種が多い。これらの品種では，花首の伸長を図るために，発蕾直後にシェードを中止している。しかし，モナミなどの晩生品種は，秋ギクと同様に蕾の着色期までシェードを行なわないと開花遅延が著しいという問題が生じる。

④電照抑制栽培

電照によって開花期を自然開花期より遅らせる栽培を電照抑制栽培と呼んでいる。しかしながら，夏秋ギクでは自然開花期が定植期によって1か月内外異なること，シェード栽培でも，やなぎ芽の発生を防止するために，定植あるいは摘心後から電照を行なうことが一般化した現在，シェード栽培と電照抑制栽培はともに定植後長日条件下で栄養生長を促し，切り花として充分な品質が確保できる草丈に達したとき，短日処理を開始するという開花調節の方法には差異はない。両作型の相違は，シェード栽培では暗幕で被覆して短日処理を行なうのに対し，電照抑制栽培では自然日長を利用して短日処理を行なう点にある。

夏秋ギクのシェード栽培には，シェード開始までに幼若性を消失できる品種しか適用できないのに対し，電照栽培における短日処理開始期は，季咲き栽培における幼若性の消失時期より遅いために，普通の条件で栽培した場合，短日処理開始時には幼若性を消失し，花熟状態にあることである。したがって，幼若性の強くシェード栽培に適さない品種も電照抑制栽培には適用できる。

しかし，夏秋ギクは一般に10月中旬以降，気温が低下し，日長が短くなるとともに，生長が衰え，切り花品質が著しく低下してゆく。スプレーギクでは，夏秋ギクに属する品種は花数の減少と花首の短縮による切り花品質の低下が著しいので，冬期生産に用いられることは少ない。

〈執筆〉 川田 穣一（JA全農農業技術センター）

1995年記

引用文献

川田穣一．1985．キクの周年生産と開花生態．7．七，八，九月咲きギクの開花調節．農耕と園芸．40（10），136—139．

川田穣一・船越桂市．1988．キクの生態的特性による分類．農業および園芸．63（8），985—990．

柴田道夫・天野正之・清水明美・春山 実．1985．野菜試花き部研究年報．2，2—5．

宇田昌義・天野正之・柴田道夫・川田穣一．1988．キク品種の幼若性と自然開花期．野茶試研報．A2，239—244．

秋ギク

（1）開花生態

秋ギクは促成栽培，シェード栽培，季咲き栽培，電照抑制栽培の全作型に適し，欧米では日長操作による周年生産に用いられているため，その開花生態については多くの研究報告がある。

秋ギクの自然開花期は，感光性だけによって決定されている。感光性は，①花芽分化と花芽発達についての限界日長と適日長限界，②開花反応期間（短日処理開始より開花までの期間）で示すことができる。

花芽分化と花芽発達についての限界日長は，第1表に示すとおりである。花芽発達についての限界日長はつねに花芽分化についての限界日長より短いが，それらの値と差は早生品種ほど大きい。花芽発達についての限界日長は，いずれの品種においても高温ほど短くなる傾向を示している。この現象は短日植物に共通している。

第2表に示すように，開花反応期間を週で表わして分類したリスポンスグループの週数が増加するほど自然開花日はおそくなっている。すなわち，秋ギクの自然開花期は，花芽分化と花芽発達の限界日長と開花反応期間によって決定されることを示している。日長が花芽分化の限界日長に達すると花芽分化を開始し，花芽発達の限界日長に達すると花芽が発達して開花に至る。しかし，花芽分化についての限界日長が花芽発達についての限界日長より著しく長い場合は，分化した花芽は正常に発達することができずやなぎ芽に転じ，その下部で分枝する。花壇や鉢植え用にはこのような品種が多く，やなぎ芽の発生と分枝をくり返し，半球根の草姿を形成する。

短日処理開始から開花までの期間は，栽培適温（15～25℃）ではほぼ一定であるが，それ以上の高温あるいはそれ以下の低温では長くなる。Cathey（1955）は，キク品種の温度と開花反応との関係に基づいて，A．無反応型（thermozero），B．低温抑制型（thermopositive），C．高温抑制型（thermonegative）の3型に分類した（第3表，第1図）。無反応型品種は周年生産，低温抑制型品種はシェード栽培による夏期生産，高温抑制型品種は電照栽培による冬期生産に適するとされている。

しかし，近年は生産費低減のため，施設の利用率の向上が重視されるようになり，冬期生産では，低温で栽培できる晩生の高温抑制型品種より，高温管理を要するが無反応型の早生品種の栽培が主流となっている。わが国でもかつては電照抑制栽培に‘デセンバーキング’，‘初光の泉’，‘天竜の朝’など12月咲きの寒ギクや‘天が原’などの晩生秋ギクが電照抑制栽培に用いられていたが，現在は‘秀芳の力’や‘寒精雪’などの中生秋ギクが栽培されている。

キクの切り花生産を行なう場合，まず苗を定植して切り花として充分な草丈が確保できるま

第1表 花芽分化と発達についての限界日長と温度との関係　　（Cathey, 1957）

品種	リスポンスグループ	最低温度(℃)	限界日長 花芽分化(時間)	限界日長 花芽発達(時間)
ホワイトワンダー	6週	10	16.75	13.75
		15	16	13.75
		27	16	12
アンコール	10	10	13.75	13.75
		15	14.5	13
		27	15.25	12
スノー	15	10	12	12
		15	11	10
		27	10	9

第2表 キク品種の短日処理開始より開花までの週数による分類と自然開花期　　（Langhans, 1964）

開花所要週数	自然開花期
7	9月10日～10月14日
8	10月15日～10月24日
9	10月25日～11月4日
10	11月5日～11月14日
11	11月15日～11月24日
12	11月25日～12月4日
13	12月5日～12月14日
14	12月15日～12月24日
15	12月25日～1月4日

生理・生態と生長・開花調節

第3表 キク品種の温度に対する開花反応　　　　　　　　　　　　　　〈Cathey, 1955〉

温度反応	開花反応	生育相への影響	リスポンスグループ	代表品種
A 無反応型 (thermozero)	60°F以下，以上ともに開花が遅れる	なし	7～11週	Bluechip, Indianapolis, Shasta
B 低温抑制型 (thermopositive)	60°F以下で開花が著しく抑制され60°F以上で開花が遅れる	低温は花芽分化を抑制する	7～13週	Beauregard, Good News, Mefo Whitetop
C 高温抑制型 (thermonegative)	60°F以上で開花が著しく抑制され60°F以下で開花が遅れる	高温は蕾の発達を抑制する	13～15週	Christmas Star, Debutante, Snowcap, Vibrant

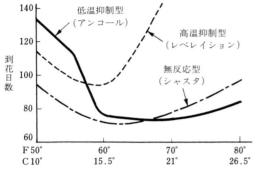

第1図 短日処理開始より開花までの日数と夜温との関係　　〈Cathey, 1955〉

で，花芽分化についての限界日長以上の長日下で栽培して，栄養生長を行なわせる。しかし，長日下においても長期間栽培すると花芽分化し，日長が長いために花芽は正常に発達できず，やなぎ芽に転じる。とくに欧米の周年生産用品種のうち，リスポンスグループ7～8週に属する早生品種では，暗期中断4時間の長日下で栽培しても，夏は30節台で花芽分化する品種が多い（第4表）。この値は long day leaf number (LDLN) と呼び，筆者は長日下花芽分化節位

第4表 4時間の暗期中断照明による長日条件下におけるキクの花芽分化節位　　　　（川田ら，未発表）

品　種	花芽分化節位	品　種	花芽分化節位
ボニージーン	30.3	スーパー・イエロー	50.6
ジェム	31.8	乙女桜	52.8
ピンク・マーブル	34.9	アリエッタ	67.8
ポラリス	35.5	アグロウ	>70
ドラマチック	43.3	天寿	>70
ホワイト・ホリム	43.4	名門	>70
田毎の月	46.7	弥栄	>70

と訳した（本「花卉編」第1巻，235ページ）。LDLNは高温・高照度・多肥など生育を促進する条件下で低下する。母株の老化および採穂節位の上昇によってもLDLNは低下することが知られている。

（2） 開花調節の方法

促成栽培においては冬至芽を定植する。高冷地で育成し，すでにロゼット打破に必要な低温に遭遇した冬至芽を定植した場合は，定植直後から保温できる。地場産の冬至芽を定植した場合は，まずロゼット打破に必要な低温を与えたのち，保温を始める。その時期は栽培地と品種で異なるが，東海地方では1月中～下旬である。保温は最低温度10°C内外となるように行ない，草丈が20～30cmに達し，切り花として充分な草丈が得られると判断されたとき最低15°C以上に加温して花芽分化を促す。発蕾後は最低温度を13°Cに低下して，昼間は通風を行なう。

シェード栽培では冬至芽あるいは挿し芽苗，電照抑制栽培では挿し芽苗を定植する。定植後摘心する場合と無摘心の場合とがある。芽の長さが輪ギクでは45cm内外となる摘心5～6週後ごろ，スプレーギクでは15～20cmとなる摘心3～4週後に短日処理を開始する。春の彼岸から秋の彼岸までの自然日長が13時間以上の期間にはシェードを行なって，高温期は11時間，春秋は12時間日長とする。春の彼岸までに出蕾しておれば，シェードを行なう必要はない。夏季はシェードによって内部が高温となるのを防ぐため，晴天時はシェード

の開始を日没と同時に開始したり，あるいは日没後充分に暗くなったとき，一時シェードを開放して内部の温度を下げる。

電照抑制栽培での短日処理は，自然日長を利用して行なう。電照打ち切り後短日処理を必要としない期間は，10月下旬～11月上旬を自然開花期とする中生品種の場合，9月15日から3月21日（春の彼岸）までの期間である。

10月中旬から2月ごろまでの間に，電照を中止した場合，日長が短すぎるので，輪ギクでは上位葉が小型化したり，花弁数が減少したりするいわゆる「うらごけ現象」をともなうので，その防止のため再電照（interrupted lighting）を行なう。輪ギクでは電照中止後10日ごろの小花の分化初期に，再び5～7日間電照するという方法で行なっている。再電照によって数日開花は遅れる。スプレーギクでは，花首を伸ばし，花を大輪化する目的で再電照を行なっているが，その開始適期は輪ギクよりおそく，小花の分化の終了期である。早期に再電照を行なうと，下部の側蕾が発育を中止するため，花数が減少したり，著しい場合は栄養芽に転じ，花房の形が乱れる。12時間の暗期を経過したのちに電照を開始し夜明けに消灯する早朝電照（predawn lighting）は，スプレーギクの節間と花首伸長を促すために行なわれており，開花遅延を起こすことはない。

秋ギクの栽培適温は定植より発蕾まで最低15°C，発蕾後開花まで最低13°Cといわれている。しかし，ロゼット化しやすい品種（例，秀芳の力）では，花芽分化期まで最低18°Cで栽培されている。

〈執筆〉 川田　穣一（JA全農農業技術センター）

1995年記

引用文献

Cathey, H. M. 1955. Temperature guide to chrysanthemum varieties. N.Y.State Flower Grow. Bull., 119, 1—4 (cited from LANGHANS (1964)).

Cathey, H.M. 1957. Chrysanthemum temperature study. F. The effect of temperature upon the critical photoperiod necessary for the initiation and development of flowers of *Chrysanthemum morifolium*. Proc. Amer. Soc. Hort. Sci., 69, 485—491.

Langhans, R. 1964 : Light and photoperiod, chrysanthemums. : A manual of the culture, disease and economics of chrysanthemums. 73—85.

寒 ギ ク

（1） 寒ギクの生育，開花と気象条件

わが国には秋から冬に開花する秋・寒ギクの品種が多数あり，その開花期は連続的である。岡田（1963）はキクの開花生態について詳しく検討し，12月上中旬以降に開花するキクを寒ギクとした。花芽形成は長日条件で抑制され，短日条件で誘起される。寒ギクは短日条件でのみ花芽形成し，秋ギクと同様，質的な短日植物である。秋ギクと異なるのは，花芽の分化，発達が高温条件で抑制されることである。

わが国での寒ギクは，昔から露地で栽培されてきたが，切り花生産では暖地および沖縄など極暖地で，小輪系品種の露地季咲き栽培か露地およびハウスの電照抑制栽培によって12月から3月まで出荷されている。

（2） 寒ギクの花芽分化期と開花期

寒ギクにおける12月上中旬咲き大輪系品種の花芽分化期は，9月中下旬に認められる（岡田，1963）。気象条件の異なる地点における寒小ギク品種の花芽分化期，発蕾期と平均切り花日を第1表に示した。栽培地点は和歌山県内の最も温暖な紀中（御坊市，無霜地帯），紀南（那智勝浦町，年末から降霜），温度の低い紀北（貴志川町，12月上中旬より降霜）である。9月20日から15日ごとに調査した花芽分化期は，12月咲きの品種が9月下旬～10月上旬，1～2月咲きの品種が10月上～下旬に認められた。花芽分化時の10月の日長時間（和歌山市）は12時間40分から11時間30分である。

平均発蕾日および平均切り花日は，12月咲きでは花芽分化期以降の気温が低い紀北が早い傾向で，逆に最も温暖な紀中が遅れたが，1～2月咲きでは温暖な紀中が紀北，紀南より早くなった。1月中旬以降，降霜のある紀北，紀南では寒害をうけ，採花できない。

このように寒ギク品種の開花期の早晩は，12月咲きでは花芽分化期に影響する温度に，1月咲きでは花芽の発達，開花期に影響する温度に，主に左右される。

また，同一地点で3か年間，花芽分化，発蕾期を調査してみても，9月から10月の気温が高い年ほど花芽分化，発蕾期が遅れた。このように寒ギクの季咲き品種の開花期は，花芽分化期の気温，特に残暑が厳しい年に遅れ，かつその後の開花までの温度にも大きく影響される。

寒ギクの露地栽培では，花芽分化，発達期に涼温の後に高温に遭遇したり，曇天が続いた後に晴天が続いたりすることがある。このような場合，花芽の発達が停止もしくは抑制されて柳芽が形成されやすい。そのため，一般に秋ギクに比べて開花時期や開花草姿が気象条件に大きく影響され，小ギクでそれが著しい。

第1表 寒小ギクの露地栽培における地帯別開花（昭和53年） （藤田ら，1980）

品　種	花芽分化期			平均発蕾日			平均切り花日		
	紀北	紀南	紀中	紀北	紀南	紀中	紀北	紀南	紀中
	月日	月日	月日	月日	月日	月日	月日	月日	月日
寒　白　梅	10.5	9.20	10.5	10.19	10.18	10.25	12.3	12.4	12.9
新年の桜	10.5	10.4	10.5	10.24	10.23	10.27	12.18	12.15	12.19
寒　小　雪	10.5	10.20	10.20	10.24	10.25	10.27	12.28	12.25	12.29
早生姫小町	10.5	10.20	10.20	10.27	11.13	10.27	1.3	※1.16	12.25
春　の　光	10.20	10.20	10.20	10.24	10.30	10.27	1.7	12.29	1.1
姫　小　町	10.20	10.20	10.20	11.6	11.13	11.6	※1.28	※1.16	1.19
春　　姫	10.20	10.20	10.20	10.31	11.10	11.3	※1.29	※1.16	1.17
きさらぎ	10.20	10.20	11.5	11.6	11.10	11.13	※2.13	※1.24	2.11

注　紀北：貴志川町農試，紀南：那智勝浦町分場，紀中：御坊市名田試験地
　　挿し芽6月20日，定植7月10日　※寒害で商品価値なし

第2表 中低温の短日日数が寒小ギクの開花に及ぼす影響

種類	品種	最低気温 12℃ 短日日数（自然日長）				最低気温 8℃ 短日日数（自然日長）			
		5日	10日	15日	20日	5日	10日	15日	20日
小ギク	寒白梅	△	○	○	○	△	△	△	○
	寒小雪	△	△	○	○	△	△	△	○
	姫小町	×	△	○	○	×	△×	△×	△
大ギク	乙女桜	△	○	○	○	△	△	△	○
	初光の泉	×	△	△	○	×	×	△	△

注 開花の可否 ○：開花，△：柳芽，×：不開花

第3表 高温における秋・寒ギク品種の開花
(藤田ら，1980)

種類	露地の開花期	品種	最低夜温（℃）		
			18	22	26
秋・寒ギク小輪品種	11月	銀の栄	○	○	○
		寒日光	○	○	○
		雪光	○	○	○
	12月	寒白梅	○	○	○
		金雪	○	○	△
		新年の桜	○	○	△
		銀雪	○	△	△
		金御園	○	△	△
	1，2月	春の光	○	△	△
		新桃園	○	△	△
		寒小雪	○	△	△
		姫小町	○	△	△
		きさらぎ	○	△	△
秋・寒ギク中・大輪品種	10，11月	秀芳の力	○	○	○
		乙女桜	○	○	○
		東の雪	○	○	○
		弥栄	○	○	○
	12月	花笠	○	○	○
		東海の輝	○	○	△
		初光の泉	○	△	△
		ジミレートホワイト	○	△	

注 ○：開花，△：柳芽，短日処理：9時間日長

（3）日長と温度条件に対する開花反応と開花調節

①開花に必要な短日日数

寒ギクは，先に述べたように花芽形成に関して質的な短日植物で，花芽分化の開始，発達は短日でのみ進む。花芽分化から開花に至るまでに必要な短日日数はどの程度であろうか。代表的な寒ギクの大輪および小輪の品種と秋ギク大輪品種（対照）を，最低気温12℃の9時間日長により短日日数の5，10，15，20日間で調査すると，第2表のように秋ギク大輪品種の開花可能な短日日数は，'乙女桜'（10月下旬咲き）が10日以上，寒ギク大輪品種の'初光の泉'が15日以上で，秋ギクに比べて寒ギクが長い。

寒小ギクの開花には'寒白梅'（12月中旬咲き）と'寒小雪'（1月中旬咲き）が20日，'姫小町'（1月下旬咲き），'きさらぎ'（2月上旬咲き）が20〜40日の短日日数が必要であった。遅咲き品種ほど開花のための短日日数が長くなる。花芽形成が充分できない短日日数では柳芽になる。また，寒ギクでは12℃で正常に開花する短日日数でも8℃では柳芽になり，低い温度の8℃では長い短日日数が必要である。

このように寒ギクの花芽形成，開花に必要な短日日数は，季咲きの開花期が遅い品種ほど，また気温が低いほど長い日数が必要である。

②高温条件での限界日長と開花

寒ギクは，秋ギクに比べて花芽形成の限界日長が短いことがこれまで知られている。また，寒ギクは高温下で花芽形成が抑制されるか，柳芽になる（岡田，1963）。秋・寒ギクを9時間日長で最低夜温の18，22および26℃で栽培すると（第3表），18℃では秋・寒ギクの小輪，大輪のすべての品種が開花する。小輪品種では11月咲きは22，26℃でも開花した。寒ギクに分類される12月咲きでは'寒白梅'は26℃でも開花するが，'新年の桜'などでは26℃，'金御園'などでは22℃以上で柳芽になり，遅咲きほど高温でも低い温度領域で柳芽になってしまう。1〜2月咲きの'春の光'，'寒小雪'，'姫小町'，'きさらぎ'は22℃で柳芽になり，開花しない。

大輪系品種でも10〜11月咲きの秋ギクは26℃でもすべての品種が開花し，12月咲きでは遅咲きほど高温の低い温度領域でも柳芽になり，開花しない。このように秋ギクは26℃でもすべて開花し，寒ギクの12月以降に開花するほと

んどの品種が22℃以上で柳芽になり，開花に至らない。

寒小ギクの高温における限界日長について18，22，26℃の最低温度の条件で9，11，13時間日長で花芽形成の限界日長をみると（第4表），18℃および22℃ではほとんどの品種が11時間日長以下の短い日長で開花する。26℃では早咲き品種の'寒白梅'などは11時間以下の日長で開花し，遅咲きの'寒小雪'，'きさらぎ'などは11時間日長では柳芽か不開花となり，9時間日長でのみ開花した。また，普及品種で遅咲きの'姫小町'は18℃でも柳芽になりやすい。このように寒ギク小輪の品種の限界日長は，一般に11〜12時間と思われるが，遅咲き品ほど限界日長が短くなり，26℃の高温でも限界日長が短くなる傾向がある。

③中低温条件での開花

寒ギクの露地栽培は，一般に挿し芽を6月下旬にして定植を7月上中旬とし，花芽分化，発蕾が9月から11月の中温期に行なわれ，低温期に開花させる。暖地における電照抑制栽培では，10月に電照を打ち切り，花芽分化，発達が中・低温期の10月から12月に行なわれ，12月から2月の低温期に開花し，花芽形成，開花の早さや可否に温度が大きく影響する。

秋・寒ギクの12，8，4℃での9時間日長による開花の可否は第5表のとおりである。12℃では秋・寒ギクのほとんどの品種が開花する。寒小ギクでは8℃で開花する品種が多いが，1〜2月咲き品種では柳芽になる。4℃では12月咲きの'寒白梅'のみが一部柳芽になるが開花する。寒ギクの大輪系品種では8℃でも開花する。このように寒ギクにおいて開花

第4表 高温における日長条件と開花，不開花
(藤田ら，1980)

品種	最低夜温 18℃ 日長時間			22℃ 日長時間			26℃ 日長時間		
	9	11	13	9	11	13	9	11	13
寒日光	○	○	×	○	○	△	○	△	△
花雪	○	○	△	○	○	×	○	△	×
寒白梅	○	○	×	○	○	×	○	△	×
新年の桜	○	△	×	○	△	×	△	×	×
寒小雪	○	○	×	○	△	×	○	×	×
姫小町	△	×	×	○	△	×	△	×	×
きさらぎ	○	△	×	○	×	×	△	×	×

注 ○：開花，△：柳芽，×：不開花

第5表 中・低温条件が秋ギク，寒ギクの開花に及ぼす影響
(藤田ら，1982)

種類	露地の開花期	品種	開花の可否* 最低夜温(℃)			発蕾日数 最低夜温(℃)			到花日数 最低夜温(℃)		
			12	8	4	12	8	4	12	8	4
秋・寒ギク小輪品種	10月	新エリザベス	○	○	×	26	44	—	55	56	—
		金の輝	○	○	×	31	34	—	67	72	—
		秀山	△	×	×						
	11月	寒日光	○	△	×	38	—	—	103	—	—
		寒銀の栄	○	×	×	54	—	—	126	—	—
		雪光	×	×	×						
	12月	寒白梅	○	○	○	24	36	54	74	84	120
		金雪	○	○	△	28	46	—	78	112	—
		金御園	○	○	△	28	45	—	87	106	—
		新年の桜	○	○	×	30	52	—	87	107	—
		寒小雪	○	○	△	28	45	—	87	106	—
		寒銀雪	○	○	△	21	32	—	90	90	—
		春の光	○	○	△	23	60	—	104	91	—
	1〜2月	新桃園	○	○	×	30	43	—	○	92	—
		日本の	○	×	×	32	—	—			
		春の姫	○	○	×	35	51	—	○	136	—
		きさらぎ	○	×	×	36	—	—			
		姫小町	△	△	×	—	—	—			
秋・寒ギク中・大輪品種	10〜12月	乙女桜	○	○	○	24	49	89	62	94	144
		東の雪	○	○	○	24	37	62	64	79	109
		秀芳の力	○	○	×	29	—	—	64	—	—
		弥栄	○	○	×	34	—	—	64	—	—
	12月	初光の泉	○	○	△	31	51	—	70	97	—
		東海の輝	○	○	○	31	45	80	78	97	141
		花笠	○	×	×	40	—	—	83	—	—
		ジミレートホワイト	○	○	×	34	75	—	87	120	—

注 * ○：開花，△：柳芽で開花せず，×：ロゼット化し不開花
発蕾日数，到花日数は短日処理開始後の日数
到花日数での○は温度処理打切り後に開花

生理・生態と生長・開花調節

第6表 寒ギク小輪品種での温度・日長に対する開花反応の品種分類と作型,地域適応性

(藤田ら,1982)

群名	品種	花芽分化・発達の速さ	高温での開花反応	花芽分化・発達の限界低温	発蕾後の低温開花性	適応作型ー地域*(出荷期)
I	寒白梅 島小町 金(銀)御園	速	柳芽になりにくい	6℃	有	露地ー暖地・極暖地(12月) 暖地・極暖地(1〜2月)
II	寒小雪 春の光 (金,銀,紅)正月	中	柳芽	8℃	中	露地ー暖地・極暖地(12〜1月) ハウス電照ー暖地・極暖地(1〜2月)
III	早生姫小町 姫小町	遅	柳芽	12℃	無	露地ー極暖地(12〜2月) ハウス無電照ー暖地・極暖地(1〜2月上)
IV	きさらぎ 日の本 春姫	遅	柳芽	8℃	中	露地ー極暖地(1〜2月) ハウス無電照ー暖地・極暖地(1〜2月)

注 *1月の平均気温で地域区分,暖地:5〜6.9℃;極暖地:7.0℃以上

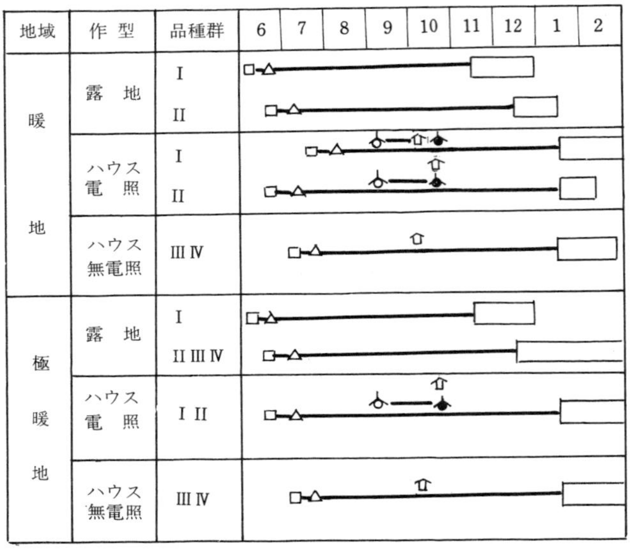

第1図 地帯別の作型と品種群 (藤田ら,1982)

暖 地:1月平均気温5〜6.9℃の地域
極暖地:1月平均気温7.0℃以上の地域
□:挿し芽, △:定植, ◆—:電照期間,
⇧:ハウス保温開始, ▭:切り花時期
品種群は第6表参照

期の早晩と低温開花性との相関はみられない。

④花芽発達段階と温度

花芽の分化,発達の早さは寒ギクの品種群で異なる。花芽分化開始から総苞前期までの速さについて,開花期の異なる3品種を8,12,16℃でみると,いずれの温度でも'寒白梅'が最も速く,ついで'寒小雪'で,'姫小町'が最も遅く,早咲き品種ほど発達が速い。また,発達に対する温度の影響は,低温開花性の'寒白梅'では温度区間差異がみられないが'寒小雪','姫小町'では低い温度で発達が遅れる。

電照抑制栽培では,電照打切り時期が10月以降で,発蕾・開花期の気温が10℃以下になる。寒ギク品種を12℃で10〜30日間栽培した後,最低気温8.4℃,無加温(最低気温0〜4℃)に移して低温下での発蕾,開花の可否をみると,'寒白梅','寒小雪'および'春の光'は花芽誘導の12℃10日間+無加温でも開花する低温開花性の品種であった。それに対して'新年の桜'や'姫小町'は花芽誘導の12℃の期間が長く,しかもその後8℃以上でないと開花しない品種で,特に'姫小町'はその傾向が強い品種である。

(4) 寒小ギクにおける品種の開花生態的分類と作型の適用

以上のように,寒小ギクの日長,温度反応は品種間差異が大きく,高温に対する柳芽の発生程度,花芽分化・発達の限界低温,発蕾後の低温開花性については,第6表,第1図のような

品種群分類と適用作型にまとめられる。

（5）開花調節

①寒ギクの開花調節と品種，作型

九州以北の暖地の無霜地帯であれば，2月下旬までの季咲き栽培の可能な品種を用いれば開花調節が必要でない。ただし，2月咲きでは切り花品質のよい品種がない。1～2月に高品質，安定出荷をする場合は，低温開花性の12月咲き品種を電照処理をする。

沖縄などのような極暖地では，寒ギクの花芽形成が抑制されない20℃になるのが11月中旬以降で，暖地より花芽形成が遅くなる。一方，花芽形成を抑制する12時間以上の日長は2月上旬になり，寒ギクの栽培には花芽の発達が抑制され，柳芽になりやすい。したがって，極暖地では限界日長の短い遅咲き品種（九州以北の2月咲き）の栽培はしにくく，晩冬から春の出荷に使う品種群は，秋ギクや寒ギクの早咲き品種群の電照栽培が適している。

②花芽分化，発達の調節と電照処理

電照の開始と打切り 花芽分化，発達の限界日長は11～12時間である。曇天等による花芽形成の可能性は9月中旬（13時間30分前後の日長）から認められ，電照開始はそのころから行なう。

わが国の暖地では，自然日長で花芽形成が速やかにすすむのは，平均気温が20℃以下になる10月以降である。そのため，電照の打切りは10月以降にする。

電照方法 花芽形成の抑制は，13時間日長で容易に可能であるが，実用的には自然日長に電照を加えて日長時間を14～15時間にする。また，深夜の光中断，あるいは間断電照による開花抑制は，秋ギクに準じて行なえば花芽形成が抑制される。電照照度は，寒ギクの開花抑制が10lxでみられ，秋ギクの電照照度と同じでよい。

〈執筆〉 藤田 政良（和歌山県農業試験場）

1995年記

参考文献

岡田正順．1963．菊の花芽分化及び開花に関する研究．東京教育大農学部紀要．9，63-202．

藤田政良・西谷年生・森泰・谷秀男．1980．寒ギクの小輪品種の切花生産に関する研究（第1報）露地栽培における花芽分化，開花に及ぼす温度の影響．和歌山農試研報．7，19-24．

藤田政良・西谷年生．1980．寒ギクの小輪品種の切花生産に関する研究（第2報）高温条件における開花可能な限界温度と日長．和歌山農試研報．7，25-30．

藤田政良・西谷年生．1982．寒ギクの小輪品種の切花生産に関する研究（第4報）低温条件における開花可能な限界温度と日長．和歌山農試研報．9，23-32．

発育相とそれを左右する要因，調節技術

ロゼット相

(1) 生育，形態的特徴

①ロゼット化の様相

　キクは旺盛に栄養生長している間は，頂芽優勢のために腋芽の生長が抑えられており，普通は分枝しない。頂部に花芽を着けると，シュート上位の腋芽は花芽をもって生長し，中位のそれも生長して分枝する。そして，花芽がかなり大きくなると，そのシュートの基部から側枝が生長し始める。

　地下部あるいは地際から生長してくる側枝を吸枝という。この吸枝は発蕾した株からだけでなく，地上部に栄養生長する部分がなくなると発生する。たとえば，長日条件で栄養生長をしているシュートであっても，その頂部を摘み取り，その後で出てくる側枝をすべて取り除いて地上部のどこにも生長する部分がないようにしてしまうと，基部分枝が起こって吸枝が発生する。また，エチレン処理によっても吸枝の発生が促される。栄養生長をしている若い株であっても，それに1,000ppm以上の高濃度のエセフォンを散布すると，地上部の生長，特に節間伸長が抑えられ，上位節の分枝が促進されるとともに，基部節から吸枝が生長してくる。このエセフォン処理による吸枝の発生は，季節や日長などの栽培条件にほとんど関係なく，いつでもみられる。

　普通の栽培条件では，初秋までに発生した吸枝はすぐ地上に現われてそのまま伸長し，温度や日長などの条件が適当であれば花芽をつける。ところが，晩秋以降に発生する吸枝は，地中に発生してすぐ地上に現われ，普通の葉を展開することもあるが，多くは地下を横に長く伸びる。その場合，地下にある間はほとんど目に見えない痕跡のような葉を着けながら節間が伸長し，ときには横に30cmあるいはそれ以上にも生長した後に先端の芽が地上に現われる。そして，その芽が地上に現われるとそこで節間伸長しなくなり，葉は大きく発達するようになる。節間が伸長しないで，葉がバラの花弁のように重なって着く生育型をロゼットという。キクはロゼット状態で生育している間は開花能力がない。また，地下でひものように生長した吸枝は，今も述べたように節があり腋芽をもっているから，これを数cmずつに切断して植えると，それぞれの上位の芽が生長する。それらもまたロゼットになる。

　地上部にあって正常に節間伸長しているときのキクの節間の長さは，品種や栽培条件によっても異なるが，短いもので2cm以上であり，ときには3.5cmを超えることもある。ところが，ロゼット状になると節間長が5mm以下，ときには1～2mmになり，長さ1cmの茎に5枚以上の葉が重なって着く。これがキクの典型的なロゼットである。

　キクで，晩秋以降に発生してロゼット状に生育する吸枝を特に冬至芽と呼んでいる。日本では，この吸枝を次の年の繁殖親にするのが普通である。冬至芽は晩秋や冬の露地の低温条件においてだけロゼットであるのではない。これを温室に入れて夜温10～15℃ぐらいに暖房し，キクにとって比較的に好適な温度で栽培しても，短日（冬の自然日長）では正常に伸長生長しないし，開花もしない。キクがこういう状態になること，すなわち比較的に好適な条件でもなお伸長生長しないようになることを，ロゼット化という。

　また，キクはロゼット化していなくても，つまり夜温が10℃程度の温度で旺盛に伸長生長する状態のときでも，非常に低い温度に移して栽培するとロゼット状になる。露地におかれたキクの1～2月の状態がそうである。しかしながら，この場合は好適な温度に移すとすぐに伸

長生長を始めるから，低温のもとでロゼット状態であってもロゼット化しているとはいわない。原因が植物体自身にあって，好適条件のもとでもなお伸長しないようになるのがロゼット化である。

多年生植物のなかには，好適な条件のもとで生育していても，旺盛な生長をするときとそれが停止または緩慢なときとを周期的にくり返す種類がある。こういう種類では，何らかの原因でその生長活性が高くなったり低くなったりしていて，活性が高いときには広い範囲の温度で旺盛に生長するが，それが低いときには生長しないか特定の温度範囲でのみ生長する。生長活性が低くなっていて生長が停止しているかあるいは緩慢な状態のときが休眠である。

キクの場合もこれに似ていて，冬を越した後の春には生長活性が非常に高い。活性が高いときには，高温から低温までの広い温度範囲と広範囲の日長のもとで節間が伸長する。逆に夏の高温を受けた後の秋には活性が低くなっていて，非常に高い温度では伸長し，高温で短日にすれば開花もするが，夜温10℃程度で短日におくとロゼットになる。生長活性が低下し，そのうえでロゼット状になるのが正確な意味でのロゼット化である。

② 生長活性とロゼット化

いったんロゼット化したキクは，ある期間の低温を経験すると比較的低い温度であっても伸長生長できるようになる。冬の低温を充分に受けたキクは，2月下旬や3月上旬の無暖房ハウスで，日長もまだ短くて夜温がしばしば5℃あるいはそれ以下にまで下がる条件のもとでも伸長し始める。かつては，冬至芽を早く生長させようとするとき，夜の保温のためにこもがけをしていたが，そういう非常に短い日長でも伸長する。すなわち，低温を受けることによって生長活性が回復し，伸長できる条件の幅が広がる。この現象をロゼット打破という。後でも述べることであるが，生長活性が低い状態のキクであっても，夜温15℃以上の高温条件ではシュートが伸長するし，特に長日条件であれば，かなり低い温度であってもよく伸長する。しかしながら，生長活性そのものは低温を受けなければいつまでも回復しないので，高温あるいは長日条件のもとで伸長はしていても，短日で夜温10℃ぐらいの温度条件に移すと直ちにロゼット状態になる。

逆に，低温を受けて生長活性が高くなっていても，非常に低い温度ではロゼット状で生育し，温度を高くすると直ちに節間が伸長する。先に指摘した1～2月の露地での状態がそれである。これは，11～12月ごろにみられるような比較的に好適な条件のもとでのロゼットとは異なるので，低温ロゼットといって区別される。

こうしてみると，キクのシュートがよく節間伸長しているときにも二通りあり，逆に節間伸長しないときにも二通りあることになる。すなわち，節間伸長している場合，生長活性が高くてよく伸長するときと，生長活性は低いが環境条件が高温あるいは長日であるために伸長するときとがある。また，節間伸長していないときにも，生長活性が低いのが原因である場合と，活性は高いが環境条件が悪くてロゼットになっている場合とがある。キクのロゼット化というのは，正確には生長活性が低いために節間が伸長しなくなることである。そして，発育相としてのロゼット相は，生長活性が低くてロゼット化している発育相のことであり，形態的にロゼット状であるからといって，それだけではロゼット相であるとはいえない。

③ 高所ロゼット

ところで，キクでロゼット化するのは吸枝だけではない。冬に開花させることを目的とした電照栽培で秋遅くまで電照したとき，電照を打ち切って自然の短日にすると，それまでよく節間伸長していたシュートの先端部分がロゼット化することがある。ロゼット状になったシュートは，もちろん開花能力がない。こういう現象を高所ロゼットといって，吸枝のロゼットと区別している。日本で育成された品種にはこういう性質のものが多く，切り花の電照栽培でしばしばロゼット化して花が咲かないことがある。キクの切り花栽培でロゼット化が問題となるのは，吸枝のそれよりもむしろこの高所ロゼット

である。普通は11月以降の電照打切りでロゼット化するが，なかには10月中旬に電照を打ち切ったときにもロゼット化する品種がある。こういう場合も，電照打切り後を高温で栽培すればロゼットにならないで開花する。しかし，光の弱い季節に高温栽培をすると切り花の品質が悪くなってよくない。

また，挿し穂生産のための親株育成でも，この高所ロゼットが問題になる。最近では，一つの品種を使った長期出荷が普及している。その場合，同じ親株から長期間にわたって挿し穂を採るのが，苗生産コストを削減するうえで合理的である。ところが，秋から穂を採ってきた親株は，12月になると電照していてもシュートが伸びなくなり，正常な穂が採れなくなる。一方，自然低温で吸枝が完全にロゼット打破するのは1月中旬であり，それをもとにした親株から穂が採れるようになるのは，早くても2月中旬以降となる。この間は，挿し芽用の穂が採れない。

（2） ロゼット化の要因

①マーソンらの見解

環境条件とキクの生育との関係について，マーソンとビンス（Mason and Vince, 1962）はそれまでの彼らの研究と他の研究報告を基にして，第1図のようにまとめている。この図はキクの生育特性をかなり的確に示していて，前節で述べたロゼット相での生育と形態的特徴を理解するのにも役立つ。ただし，その後の研究成果からみて，修正を必要とする点も含まれている。たとえば，この図は開花に関して典型的な秋ギク型の品種だけの生育特性を示しており，夏ギクや夏秋ギクの開花特性については触れていない。よく知られているように，夏ギク型の品種は極端な長日条件である連続照明のもとでも開花する。シュートの伸長問題についてみると，この図はすべての型の品種に通用するとみてよいが，特に左中段の「伸長」から斜め右下

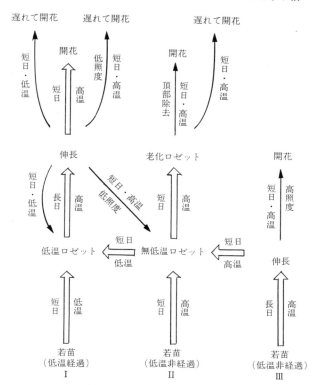

第1図 環境条件とキクの生長および開花との関係
低温：夜温10°C以下，高温：夜温16°C以上
（Mason and Vince, 1962）

の「無低温ロゼット」へ向かう実線矢印の注記，すなわち，ここで問題としているロゼット化の誘因に検討すべき問題が残っている。

以下に，まずこの図を説明し，そのうえで，修正点を含めてロゼット化の要因について解説する。なお，マーソンらは夜温10°C以下を低温，16°C以上を高温としていて，その中間の温度については触れていない。ここではそれを中温とし，温度を低温，中温，高温の3段階に分ける。この温度区分は単なる感覚的なものではなく，それにはキクの生育特性との関係からみて根拠がある。後で詳しく述べるが，低温はキクのロゼット打破に有効な温度，高温は生長活性の低下を引き起こす温度であると同時に，活性が低下していても節間伸長する温度，中温は生長活性の低いものが形態的にロゼット状態になり，いつまでも活性が回復しない温度である。

充分に低温を受けた吸枝（低温経過の若苗）であっても，短日・低温の条件では茎が伸長できず，ロゼット状態つまり低温ロゼットになる。図には記されていないが，低温経過苗は，長日であればかなり低い温度でも伸長する。一方，高温ではよく伸長し，同時に短日であれば順調に開花する。長日・高温のもとで伸長しているキクが短日・低温に移されると，ある場合にはゆっくりと生長して開花し，またある場合には低温ロゼットになる。ただし，その低温ロゼットのものは，温度を高くしてやれば直ちに伸長し始め，短日であれば順調に開花する。

低温を経過して長日・高温のもとで伸長しているものが短日・高温・低照度の条件に移されると，一部は遅れて開花するが，多くはロゼット状（無低温ロゼット）になる。これは低温を経過しない苗が短日・高温で生育しているときと同じ状態であり，それが正常に伸長するようになるためには，その前に低温を経験した低温ロゼットにならなければならない。短日・高温・低照度の条件で無低温ロゼットになる過程が，ここで問題にしているロゼット化である。

非低温経過の若苗つまり低温を受けていない冬至芽は，長日・高温の条件下ではよく伸長するが，短日・高温のもとでは伸長がわるい。しかし，長期間にわたってその条件で栽培すると，正常ではないがゆっくり生長して開花する。ビンスとマーソン（Vince and Mason, 1957）は，この場合に頂部を除去すれば，出てくる側枝は正常に伸長して早く開花すると報告している。ただし，頂部除去の効果は若い植物では認められない。彼らの報告では，低温を受けて20週間以上を経過した後であれば摘心の効果があるが，それより前に摘心したときには，発生した側枝はすべてロゼットになってしまった。

低温を経験していない苗も長日・高温のもとではよく伸長し，短日・高温・高照度の条件に移すと正常に開花する。小西の実験でも，冬を15℃以上に保って低温を与えなかったキクは，晩春から夏の高温・高照度のもとでは，露地で冬を過ごしたものとまったく同じように生長した。

マーソンら（1962，第1図）は環境条件とキクの生育との関係をこのように説明し，ここで問題にしているロゼット化は短日・高温・低照度によって誘導されるとしている。この見解は，シュワーブ（Schwabe, 1955）の実験結果に基づくものである。彼は，低照度（200lx）のもとで長期間の高温処理（35℃で30日以上）を行なうと開花遅延，脱春化が起こるとしている。脱春化というのは，正常に生長して開花するために再び低温を経験することが必要になるという意味であり，ここでいうロゼット化のことである。

②ロゼット化の要因

一方，岡田（1959）は，電照栽培において電照を打ち切った後の温度と生長，開花との関係を調べ，キクのロゼット化は短日・低温で誘導されると主張している。ただし，その低温はここで中温としている程度の温度である。このように，キクのロゼット化の誘因については，短日・高温・低照度と短日・低温という異なる二つの見解――高温と低温という反対の見解――があった。

これらの見解は互いに矛盾するようにみえるが，実際には必ずしもそうではない。結論を先にいえば，いったん冬の低温を受けて旺盛な伸長生長をしているキクが，夏の高温を受けると生長活性が低下し，活性の低下したものが短日・中温に置かれると形態的にロゼットになるからである（小西, 1975, 1980, 1982）。すなわち，シュワーブがロゼット化の原因であるとする短日・高温・低照度のなかの高温は，キクの生長活性を低下させる条件であり，岡田がロゼット化の原因とする短日・中温は，活性の低下したキクが形態的にロゼットになる条件である。従来の考え方には，キクの生理的な状態の変化と形態的状態の変化との間に区別がなく，それが混乱の原因であった。

この点を，第1表と第2表をみながら，もう少し詳しくみてみよう。冬の低温を受けたキクは，春には短日・中温でも旺盛に生長することはよく知られている。ところで，冬も夏も戸外で低温と高温を受けたキクは，秋冬季に短日・

中温（9時間日長・15°C）に移すとロゼットになった（第1表の最上段）。冬は戸外で低温を受け，7〜9月の3か月間を15°Cの温度制御室に置いて夏の高温を受けさせなかったものは，短日・中温でもロゼットにならなかった（第1表の上から2段目）。一方，冬は15°C以上にして低温を与えないでおき，夏の3か月間を15°Cにしておいたときには，すべての株が短日・中温でロゼット化した（第1表の最下段）。このことから，15°Cの温度はロゼット打破に作用しないということがわかる。したがって，夏に高温を受けなかったことがロゼット化しなかった原因ということになる。一方，冬を15°C以上にしておいたキクは，短日・中温に移すとロゼットになるが，これを短日・20°C以上で栽培するとロゼットにならないで伸長し，開花した（第2表）。

このように，長日・高温のもとで伸長生長していても，それを短日・中温に移すと伸長したりしなかったりする。その原因は，生理的な状態の違いによると思われる。すなわち，低温を受けた後のキクは生理的に生長活性が高く，その高い活性は夏の高温によって低下すると考えられる。そして，生長活性が高いときには短日・中温でもロゼットにならないが，それが低いときには短日・中温でロゼットになるものと思われる。すなわち，キクは高温による生長活性の低下と短日・中温という条件が揃ったときにロゼット化するといえる。

なお，シュワーブはロゼット化の誘因として短日・高温・低照度をあげているが，このうち決定的に作用するのは高温である。高温期間中の低照度は生長活性の低下をいくらか促進するだけであり，活性低下の主な要因ではない（小西，1980）。また，短日も活性低下になくてはならない条件でなく，長日・高温でも生長活性は低下する。

また，低温を受けた直後に高温を与えても生長活性は低下しない。低温を受けてからかなり長期間生育した後に高温を受けるとそれが低下

第1表 種々の生育条件の親株から挿し芽して長日で育てたキクを15°C・短日に移したときの40日後の状態
（小西，1980より）

親株の条件		15°C・短日への移動月日		
		10月10日	11月25日	12月25日
冬季・夏季戸外	平均節間長(cm)	0.7	0.3	0.3
	ロゼット率(%)	23.3	100	100
	発蕾率(%)	63.3	0	0
冬季　戸　外 夏季　15　°C	平均節間長(cm)	0.8	0.6	0.8
	ロゼット率(%)	0	10.0	0
	発蕾率(%)	100	90.0	100
冬季 15°C 以上 夏季 戸外	平均節間長(cm)	—	0.3	0.2
	ロゼット率(%)	—	100	100
	発蕾率(%)	—	0	0
冬季 15°C 以上 夏季 15 °C	平均節間長(cm)	0.3	0.2	0.3
	ロゼット率(%)	100	100	100
	発蕾率(%)	100	100	100

第2表 長日下で生長中のキクを11月3日に短日（9時間）15, 20, 25, 30°C（定温）へ移したときの40日後の状態 （小西，1980）

親株	生育温度(°C)	平均節間長(cm)	ロゼット率(%)	発蕾率(%)
冬季戸外	15	0.6	55.6	22.2
	20	0.9	0	63.3
	25	1.2	0	100
	30	0.7	0	96.7
冬季15°C以上	15	0.4	100	0
	20	0.8	3.3	20.0
	25	0.9	0	96.7
	30	0.7	0	80.0

する。その原因についてはわかっていない。キクはロゼット打破した直後には未花熟状態にあって開花能力がなく，ある程度生長した後に開花能力が現われるのであるが，このことと関係があるのかもしれない。

キクのロゼット化はエチレンによっても誘導あるいは促進される。キクに高濃度のエセフォンを散布すると節間伸長が著しく抑制される。エセフォンのこの伸長抑制作用は季節に関係なくいつでもみられるが，高温の季節には散布後20日ぐらいから再び伸長する。ところが，9月になってエセフォン1,000ppmを1週間ごとに3回散布すると，ごく一部には伸長を再開して発蕾するシュートもみられるが，大部分のものは特別に高温処理をしないかぎり，翌春まで節

間伸長しないでロゼットのままである（第2図）。

（3） ロゼット打破

①ロゼット打破の要因

いったんロゼット化したキクが生長活性をとり戻し，比較的低い温度でも正常に伸長生長するようになるためには，一定期間の低温が不可欠である。低温を受けないかぎり，いつまでも生長活性は回復しない。第3表にみられるように，何年間も低温を受けていない株も高温・長日条件のもとでは正常に生長し，高温・短日で花芽を着けるが，それを中温・短日（15℃・9時間日長）条件に移すと直ちにロゼットになる。この表では，無低温株の7月のロゼット率が低いのであるが，それは高照度が原因であろう。前節の第1図でも，低温非経過の若苗が短日・高温・高照度では開花するとしている。いずれにしても，いったん低下した生長活性は，低温を受けなければ回復しない。

低温を受けて生長活性が高くなり，低い温度でも伸長生長するようになるのがロゼット打破である。活性は低くても高温あるいは長日であればよく伸長するが，伸長するからといってロゼット打破しているとはかぎらない。逆に，生長活性は高くても，1～2月の露地では伸長しない。露地で伸長していなくても，それを夜温が10℃以下のハウスに入れると伸長するようであれば，その株はすでにロゼット打破しているといえる。

ロゼット打破に有効な温度は10℃以下であり，最も効果のあるのは凍らない程度の低い温度（1～3℃）である。こういう温度であれば直ちにロゼット打破するのではなく，ある期間の低温を経験してロゼット打破する。すなわち，低温の量が問題となる。その必要な低温量は，10℃以下の温度の時間積分で示すことができるが，日最低気温がより有効な5℃以下となった日数で表わすほうが実用的である。

②必要な低温量

ロゼット打破に必要な低温量について，シュワーブ（Schwabe, 1950）は5℃以下の温度を3週間受けると充分であり，2週間でも効果があったと報告している。また，林（1953）は0℃で最高30日間の低温処理を行ない，処理期間が長いほどその後の伸長生長は旺盛であったと報告している。これらはいずれも妥当な低温量であると思われる。というのは，

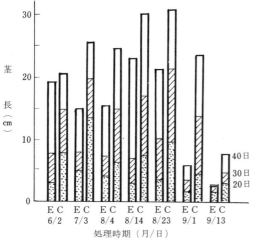

第2図 切返し時およびその1，2週間後にエセフォン1,000ppmを散布したときの切返し20，30，40日後の茎長
　　　品種：新精興，E：エセフォン散布，C：無散布
　　　　　　　　　　　　　　　　　　（小西ら，1985）

第3表　高温長日条件でまったく同じ生育をしているキクの普通株と無低温株を25℃または15℃・短日（9時間）に移したときの30日後の状態（小西，1980より）

		25℃・短日	15℃・短日への移動月日				
			4月26日	6月17日	7月17日	8月16日	9月20日
普通株*	平均節間長(cm)	1.2	1.1	1.0	1.0	0.5	0.4
	ロゼット率(%)	0	0	0	0	0	36.7
	発蕾率(%)	100	100	100	100	100	30.0
無低温株**	平均節間長(cm)	0.9	0.4	0.4	0.7	0.3	0.2
	ロゼット率(%)	0	96.6	80.0	30.0	100	100
	発蕾率(%)	96.7	0	3.3	60.0	0	0

注　* 実験前の冬に戸外で低温を受けている
　　** 4年間にわたって15℃より低い温度を受けていない

ロゼット打破に必要な低温量は品種によってかなり違うし，また低温を受けた後の栽培温度によっても，正常に伸長生長するようになるために要する低温量は大きく異なるからである。生長活性が低くても高温ではよく伸長するということをたびたび指摘してきた。ロゼット打破の場合も，低温後の栽培温度が高いときには低温量が少なくてもよく伸長するし，栽培温度が低いときには，充分な量の低温を受けなければ伸長しない（第3図）。シュワーブの実験結果は低温後の生育温度を夜温16°Cとして得られたものであり，林の場合は処理株をかなり低い温度の冷床で育てて得られた結果である。

小西が夏ギク型品種の冬至芽苗を用いて標高約600mの畑で育苗し，11月中旬から12月中旬まで10日ごとに平地のハウスに定植して生長と開花をみた結果では，定植後の栽培温度を夜温15°C以上としたときには，11月中旬植えのものが暦のうえでは最も早く開花し，定植が遅くなるにしたがって開花が遅れた。それに対して，日最低気温が5°Cかそれよりわずかに高い無暖房ハウスで栽培したときには，12月中旬に定植したものが11月植えよりむしろ早く開花した。定植後の栽培温度が低いときには，正常に生育するための低温量は多くなければならないし，逆に，高温で栽培するのであれば少ない低温量で充分である。

厳密な意味でのロゼット打破とは，生長活性が充分に高くなることであり，活性が充分に高くなれば，キクは夜温が10°C以下で短日で

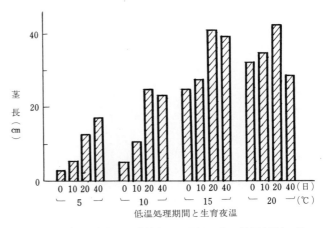

第3図　夏ギク'金力'の吸枝を1～3°Cで0～40日冷蔵し，5～20°Cの夜温で栽培したときの植付け60日後の茎長
（小西，1970より）

あってもよく伸長する。そういう意味での完全なロゼット打破にはかなり多くの低温量を要し，普通の品種は1～3°Cで40日間以上が必要である。日本の中西部の自然温度であれば1月上旬まで，品種によっては1月下旬まで露地に置かないと，ロゼット打破が完全でない。

なお，茎の伸長はジベレリン処理で促進される。まったく低温を受けていない株をジベレリン処理しても，一時的に節間が伸長するだけで，やがてまたロゼットになる。生長活性がいくらか高いとき，夜温10°C程度の温度で伸長はするがそれが鈍いときにジベレリンを与えると，残りの低温の代わりをし，正常に生育する。電照二度切り栽培では，花を切った後の吸枝にジベレリン処理を行なうことが多い。

〈執筆〉　小西　国義（岡山大学）

1995年記

幼若相の測定と消失パターン

（1） 幼若性の測定

夏秋ギクの季咲き栽培における幼若性は，切り花としての草丈確保と開花期の幅を拡大するために，育種によって強化された形質とみることができる。

自然条件下で開花した場合の頂花までの葉数で示される花芽分化節位（A）は，幼若相において分化した葉数（C）と，感光相において分化した葉数（B）の和から成り立っている。そこで川田ら（1987）は幼若性を示す指標として，C＝A－Bの値を採用した。Bが最大値を示す時期は，冬の低温を充分に経過して幼若性の獲得を完了したときと考えられる。この時期は実験的には明らかにされてはいないので，暫定的にロゼット相を経過し，最も強い幼若性を保持していると推定される時期を2月中旬とみなし，2月15日に摘心して，最低温度15℃の短日条件（3月20日までは自然日長，のち12時間日長）下に入室してAの値を調査した。同時に同じ温室の4時間の暗期中断による長日条件下に移し，採穂用母株栽培に準じて，摘心をくり返して幼若性の消失を図った苗を5月16日に摘心と同時に，12時間日長の短日処理を開始し，Bの値を測定した。Cの値は花熟状態にある場合，花芽分化の適日長（12時間内外）と適温（15～25℃）条件下で花成誘導を行なった場合，ほぼ一定である。

第1表に示す幼若性の指標A－Bの値は，'弥栄'を除外すれば，促成栽培に用いられている'山頂の輝'，'名門'，'秀芳の力'，'乙女桜'，'雲波'，'精雲'などすべての品種で小さく，これらの品種は10月咲き品種（秋ギク）および7月咲き品種（夏秋ギク早生）に属していた。A－Bの値の大きかった品種の大部分は，8～9月咲き品種（夏秋ギク中・晩生品種）および冷涼地で育成された10月咲き品種であった。この結果から，幼若性は感光性とともに夏秋ギクの自然開花期を支配する一要因であると推定された。

（2） 幼若性の消失パターン

そこで次年には，夏秋ギク早生14品種，同中生15品種，同晩生19品種および秋ギク早生（10月咲き）9品種の幼若性程度の測定を行なった。その結果は第2表および第3表に示すとおりであった。第2表の値をY軸に，X軸に全農農業技術センターでの推定値（平野・川田，未発表）を採用して第1図を作成した。

このグラフは2つの異なった場所（野菜試と全農農業技術センター）で行なわれた実験結果を合成して作成したという問題は残るが，暖地における夏秋ギク幼若性消失のパターンをかなり的確に示しているものと考えられる。さきに夏秋ギク'精雲'，'天寿'，'精興の泉'の幼若性消失のパターンを推定したが，ほぼ同時にCollinson et al.（1992，1993）によりダイズ，イネ，トウモロコシなどの幼若性測定結果が報告され，キクとほぼ同一のパターンで幼若性が消失してゆくことが示された。

第1表 キク7～11月咲き品種の短日処理開始時期が発蕾までの葉数に及ぼす影響

（川田ら，1987）

品　種	短日処理開始日 2月15日（A）	短日処理開始日 5月16日（B）	A－B	自然開花期
山頂の輝	26.7節	20.0節	6.7節	7月
名　門	23.8	16.1	7.7	10
秀芳の力	21.3	13.6	7.7	10～11
乙女桜	22.5	11.4	11.1	10～11
雲　波	30.5	18.8	11.7	7
精　雲	25.5	12.6	12.9	7
秋の誉	28.4	14.6	13.8	9
大銀盃	29.9	15.3	14.6	8
天　寿	33.5	15.4	18.1	9
紅　燈	48.8	29.2	19.6	10
精興の泉	47.1	19.1	28.0	9
木曽路	47.3	18.8	28.5	8
福　泉	41.3	12.7	28.6	7
輝　星	51.0	20.7	30.3	10
博　栄	51.2	19.6	31.6	10
姫　香	54.6	18.6	36.0	8
城　東	58.9	21.9	37.0	8
弥　栄	55.7	17.8	37.9	10～11

生理・生態と生長・開花調節

第2表 キク品種における自然開花期別の幼若性程度　　　　　　　　　　（宇田ら，1988）

夏秋ギク	A（2月5日短日開始）			B（5月7日短日開始）			幼若性程度 （c－f） （g）
	短日開始時の 未展開葉数 （a）	開花時の葉数 （b）	短日開始後の 増加葉数 （b－a） （c）	短日開始時の 未展開葉数 （d）	開花時の葉数 （e）	短日開始後の 増加葉数 （e－d） （f）	
7月咲き （14cvs）	10.2	33.1	22.9	5.7	17.7	12.1	10.9
8月咲き （15cvs）	11.2	43.3	32.1	5.7	21.2	15.5	16.6
9月咲き （19cvs）	11.0	49.9	39.0	5.9	23.4	17.5	21.5
10月咲き	11.3	36.7	25.3	6.1	18.9	12.9	12.5

注　（a）および（b）の値は摘心部直上の側芽で調査

第3表 夏秋ギクおよび秋ギクの幼若性程度　　　　　　　　　　（宇田ら，1988より作成）

品種群名		供試 品種数	4 以下	5～ 9	10～ 14	15～ 19	20～ 24	25～ 29	30～ 34	35～ 39	40～ 44	平均
夏秋ギク	早生（7月咲き）	14	2	4	4	4		2				10.9
	中生（8月咲き）	15	2		3	5	3	2				16.6
	晩生（9月咲き）	19		1	3	3	8	2	1		1	21.5
秋ギク	早生（10月咲き）	9		4	1	3	1				1	12.5

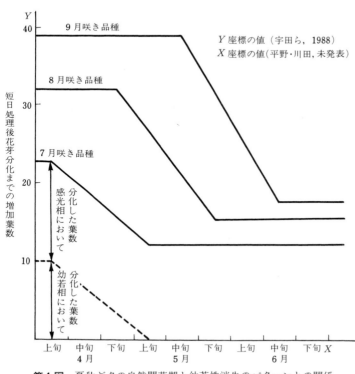

第1図　夏秋ギクの自然開花期と幼若性消失のパターンとの関係

第1表に示したAおよびBの値は，短日処理開始から頂花蕾までの展開葉数で表わしたのに対し，第2表に示したb－aおよびe－dの値は，摘心時にすでに側芽の中に分化していた葉数を差し引いた値，すなわち短日処理開始後に分化した葉数で表わしたことによる。すなわち，aの値は2月5日に摘心して短日処理を開始して求めたが，このときすでに摘心部位の側芽は10～11枚の葉を分化していた。dの値は2月5日より温室で栽培し，幼若性の消失を図り，5月7日に摘心し，同時に短日処理を開始したが，このときには摘心部位の側芽はすでに5～6枚の葉を分化していた。したがって，c－fの値はA－Bの値に，約5枚を加えた値で比較する必要がある。

第2表のc－fの値は，第1

図ではグラフの左端と右端の落差によって示されている。平均的にみた幼若性消失開始期は，7月咲き品種で4月上旬，8月咲き品種で4月下旬，9月咲き品種で5月中旬ごろである。消失終了期すなわち，幼若相から感光相への移行期は7月咲き品種で5月上旬，8月咲き品種で5月下旬，9月咲き品種で6月中旬ごろであり，9月咲き品種群と7月咲き品種群の差は約1か月に及んでいる。これらの時期は東海・関東の暖地に適用できるが，長野県では約1か月遅れる。

第3表に示す幼若性程度の品種間差は，7月咲き品種群内でも大きいが，8月咲き品種群，9月咲き品種群と自然開花期が遅れるにしたがって平均値は増大するが，同一群内の品種間差は拡大されている。したがって，第1図に示したグラフは，各品種群の平均値に基づいて作成されたものであり，品種ごとにみると8月咲き，9月咲き品種群のなかには7月咲き品種群と同程度の幼若性を示す品種が含まれている。

第1図に示すように幼若性の消失は，自然開花期のおそい品種群ほど迅速に行なわれる傾向がある。これはおそらく，春は季節の推移とともに気温が上昇し，光線量も増加して，キクの生育速度が高まることによると推定される。

温度と光条件が幼若性の獲得と消失に及ぼす影響を明らかにすることは，今後の研究課題である。越冬した株のもつ幼若性は，その株から採穂して挿し芽した苗に引き継がれることは，実際栽培からみて明らかである。しかし，挿し芽による若返りと，温度に対する幼若性消失の速度については全く試験結果がない。

〈執筆〉 川田 穰一（JA全農農業技術センター）

1995年記

引用文献

Collinson, S.T., R.H. Ellis, R.J. Summerfield and E.H. Roberts 1992. Durations of the photoperiod-sensitive and photoperiod-insensitive phases of development to flowering in four cultivars of rice (*Oryza sativa* L.). Ann. of Bot. 70, 339—346.

Collinson, S.T., R.H. Ellis, R.J. Summerfield and E. H. Roberts 1993. Durations of the photoperiod-sensitive and photoperiod-insensitive phases of development to flowering in four cultivars of soyabean [*Glycine max* (L.) Merrill]. Ann. Bot. 71, 389—394.

川田穰一・豊田 努・宇田昌義・沖村 誠・柴田道夫・亀野 貞・天野正之・中村幸男・松田健雄. 1987. キクの開花期を支配する要因. 野菜茶試研報. A. 1, 187—222.

宇田昌義・天野正之・柴田道夫・川田穰一. 1988. キク品種の幼若性と自然開花期との関係. 野菜茶試研報. A. 2, 239—244

幼若相の経過条件

（1） 幼若性の誘導

キクの吸枝は通常は秋冬期にロゼット化し、低温量が満たされると幼若相へ転換する。その転換時期はより多くの低温に遭遇してももはや出蕾までの日数に促進効果がみられない時期であり、また個体でみれば節間伸長を開始する時期である。愛知県の'精雲'や'天寿'では12月10日ころ（森田ら、1986）であり、長野県の夏秋ギク早生では11月25日ころ（長野野菜花き試、1986）である。

（2） 幼若性の消失

幼若性の消失は一般に生育経過とともにすすむが、必要な外的条件は高温、強照度などの茎頂の細胞分裂を促進し、植物体を大きくするための条件と同じと考えられている。また、休眠のある木本植物を休眠させずに生育させると、普通に生長と休眠をくり返したものより数年早く開花させることができるため、一定の齢よりは植物体の大きさといわれている。第1表は高温および長日が節数を減少させ、低照度が節数を増加させている。このうち長日は節数の減少効果が少なかった。また消失に影響を及ぼさないという結果（川田ら、1984）もある。照度については各処理区の照度が測定されておらず、無被覆区と黒寒冷紗1〜2枚被覆との差を、つまり低照度についてみたものである。したがって高照度の検討は行なわれていないが、相対的にみれば高照度ほど節数の減少をまねくと思われる。しかし照度については後述のように光合成量と関係するため、「有効照度×照射時間の光量」としての検討が必要である。

光や温度だけでなく、植物の生長に影響するすべての要因は、生長に影響することを介して幼若性の消失と結びつくと考えられている。そのため土壌水分や窒素を主体とした栄養条件なども当然影響すると考えられるが、これを解析したものはまだ少ない。またこれらの条件は光合成量に影響し、その結果植物の生長に影響を及ぼしているわけであるが、栄養生長の前段で糖などの同化物質の蓄積が影響するという考えもある。木本植物での環状剥皮などによる早期結実がその例である。

幼若性の早すぎる消失は切り花長を確保するうえからは障害となり、遅すぎる消失は早期出荷からは問題である。消失を早めるには適温である10〜20℃での栽培がよく、光合成特性（豆塚、1989）から照度は35klx以上がよいものと思われる。

（3） 幼若性の維持および再獲得

幼若性の維持に必要な外的条件は一般に低温、短日、低照度など生育を抑制するものと考えられている。通常のロゼット相からの連続的な経過で幼若相に移行する転換時期に、また移行した後に、新たな幼若性を獲得する事例がいくつかみられる。幼若相に移行した後に新たなロゼ

第1表　夏秋ギクにおける育苗期の環境条件と切り花時の節数
（塚田ら、1987）

品種	温度と日長						光強度		
	15℃[a]		10℃		5℃		黒寒冷紗[c]		無被覆
	8h[b]	16h	8h	16h	8h	16h	2枚	1枚	
雄　峰	39	41	36	36	43	42	25	22	18
清　純	13	13	16	17	17	16	12	11	10
精　雲	31	26	31	27	34	30	22	24	23
名　城	26	26	28	27	27	27	16	15	16
古城の月	27	23	33	26	36	34	26	25	18
濃染桜	39	36	37	37	40	38	21	22	15
そよ風	23	19	24	21	23	19	16	15	14
寿　光	23	19	26	23	25	26	13	15	12
清　流	37	38	40	29	37	36	18	16	16
銀　河	21	17	27	34	31	31	22	13	12
平　均	28	26	30	28	32	30	19	18	15

注　a：最低夜温、b：日長時間、c：#610
　　温度・日長処理：挿し芽（3/3）〜定植（4/16）
　　遮光処理：挿し芽（3/19）〜定植（5/14）

生理・生態と生長・開花調節

第2表 温度経歴の異なる苗における消灯後の増加節数の度数分布

(大石ら，1986)

品種	苗の種類	階級別分布割合 (%)								平均増加節数
		16〜20	21〜25	26〜30	31〜35	36〜40	41〜45	46〜50	51〜55	56〜60	
秀芳の力	低温苗	41	59								21.0 a[1]
	自然温苗		7	53	25	11	4				30.9 b
	高温苗		10	24	21	14	28	3			34.4 b
希望の光	低温苗			97	3						27.4 a
	自然温苗			61	29	10					30.9 b
	高温苗			55	38	7					30.5 b
銀鏡	低温苗		40	60							26.1 a
	自然温苗		3	17	17	10	30	17	3	3	38.7 b
	高温苗		3	33	38	10	3	3	7	3	33.4 b
精明の花	低温苗		3	23	48	10	10	3			32.8 b
	自然温苗		96	4							23.8 a
	高温苗		100								23.4 a

注 [1]：5％の危険率で異符号間に有意差あり

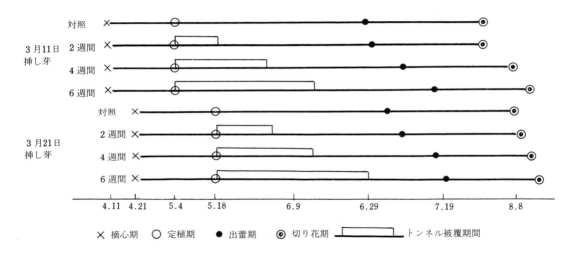

第1図 トンネル被覆期間が出蕾期と切り花期に及ぼす影響

(小林ら，1989)

ット性や幼若性を獲得することは若返りと称されているが，ここでは幼若性の再獲得を中心に記述する。

キクは夏期の高温に遭遇しなければ冬期の低温，短日，弱光下でもロゼット化しにくい。促成用の苗づくりのための母株について穂冷蔵，苗冷蔵などの高温遭遇を回避した管理を行なうことによりロゼット化を防止し，開花促進を図っている。しかし，なかには開花が遅延する品種がみられる。第2表について天野（1988）は以下のように解釈している。

'秀芳の力'では低温苗は節数の増加も少なく，節間短縮もなく，短期に順調に開花したが，自然温苗および高温苗は節数が増加したうえに節間伸長が抑えられており，高所ロゼットに突入したものと思われる。これは'秀芳の力'はもともとロゼット性が強い性質があるため，高温育苗後の10℃の栽培温度を低温と感応し，ロゼットに突入したものと思われる。

一方'精明の花'では自然温苗および高温苗では節数増加も少ないし，節間短縮もなく順調に開花したが，低温苗では節数が増加して開花

遅延を起こした。しかし節間短縮はみられなかった。このため'精明の花'の低温苗の場合は幼若性を獲得したものと思われる。'精明の花'はロゼット性は小さく、幼若性は大きい品種であるため、低温処理中にロゼット性が回避されるとともに幼若性を獲得したものと思われる。
　'銀鏡'については言及されていないが自然温苗と高温苗では節数が増加し、節間が短縮していない。これは高温経過と冬期の低温でロゼット化したもののロゼット性はただちに打破され、その後幼若性を獲得したものと思われる。
　第1図は孔あき率0.5％のトンネルの被覆による出蕾・開花抑制をみたものである。トンネル内の日最高気温の平均は約40℃で、高温処理とみることができる。寒冷地での4月中下旬摘心苗であるためロゼットは打破されており、処理中の節間伸長は無処理区に比べ旺盛であるので新たにロゼット性を獲得したものではない。また処理終了から出蕾までの期間が1区のみ21日であるが、その他は40日あまりあるため花芽分化を抑制したものでもない。幼若性の維持に必要な外的条件は一般に低温、短日、低照度など生育を抑制するものとすることとは矛盾するが、結局新たに幼若性を獲得したものと思われる。
　野中らによれば、発育相の転換は非常に緩慢で、日長・温度により可逆的に行なわれるため、生化学的研究により、特異的な生理現象の発現を解明する必要があるとし、ジベレリンについて研究をすすめている。'秀芳の力'を用い、穂・苗冷蔵後電照栽培して得た茎頂部と低温・短日条件下で得られたロゼット状茎頂部および栄養生長中のキクにエスレルを散布して高所ロゼット状になった茎頂部の遊離型ジベレリンを調査した。第2図のように旺盛な栄養生長状態にあるキクの茎頂部には、GA_{44}、GA_{19}およびGA_{20}が存在し、その他にGA_1様が推測された。一方、ロゼット状の茎頂部とエスレルを散布して高所ロゼット状になった茎頂部とにはGA_{44}が主たる遊離型ジベレリンとして認められた。したがって、エスレル散布によるキクの開花遅延は、主としてロゼット相への誘導による開花

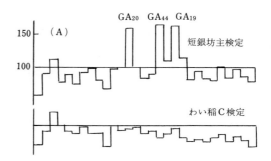

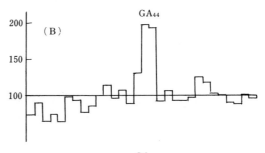

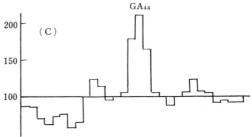

第2図　キク茎頂部に含まれる遊離型ジベレリン
　　　　　　　　　　　　　　　（野中ら，1988）

（A）冷蔵後，長日下で栽培
（B）低温・短日下でのロゼット茎
（C）エスレル散布によるロゼット茎

遅延と思われる。それに発育経過としての幼若性消失のために要する開花遅延も加わる。またエスレル散布は生理的にオーキシンの生成、移動には阻害的に働くため節間が短縮する。エスレル散布による葉数増加、開花遅延、草丈伸長には品種間差がある。
　品種により発育ステージが異なるため一概にいえないが、エスレル散布によりロゼット性と幼若性がともに強く現われる品種は無散布に比較して葉数増加と開花遅延が大きく、草丈もかなり伸長する。ロゼット性が強く、幼若性が弱い品種は葉数増加と開花遅延はある程度みられ

生理・生態と生長・開花調節

第3表 キクの花芽分化抑制に及ぼす2，3処理の影響

(野菜・茶試，1989)

〈処理法〉 品　種	無　処　理				処　理				葉数増加
	到花日数	茎長	切り花重	葉数(a)	到花日数	茎長	切り花重	葉数(b)	(b-a)
	日	cm	g	枚	日	cm	g	枚	枚
〈GA_3，100ppm〉									
高原の朝	113	80	56	40	134	93	52	54	14
月の宿	68	40	25	18	78	49	27	26	8
木曽路	85	64	36	29	97	68	33	36	7
博　栄	134	91	79	36	136	100	74	42	6
ヤング	124	73	77	29	134	76	87	33	4
〈S-07，25ppm〉									
木曽路	85	64	36	29	96	63	39	37	8
月の宿	68	40	25	18	75	36	29	22	4
高原の朝	113	80	56	40	118	76	54	43	3
ヤング	124	73	77	29	139	57	72	32	3

注　到花日数は短日処理開始から開花までに要した日数，葉数は処理開始（3月14日）から開花までに展開した葉数を示す

るが，草丈はわずか伸長する程度である。ロゼット性が弱く，幼若性が強い品種は同じく葉数増加と開花遅延はある程度みられ，草丈が伸長する。ロゼット性と幼若性がともに弱い品種は葉数，開花期および草丈の変動はみられないものに推定上分類できる。

第3表のように，GA_3の散布によって花芽分化が抑制され，葉数の増加がみられた。この幼若化の誘導については，ログラーらによってセイヨウキヅタでジベレリンの高濃度処理では生長点部位の感受性に変換を起こさせる個体発生的若返りを起こし，低濃度ではその効果が一時的な生理的若返りを起こすことが報告されており，天野らは後者に属するものと推定している（1988）。葉数増加，開花遅延および茎長増加に品種間差がみられるため，エスレル散布と同様に若返りがロゼット性と幼若性の両者に影響したと推定できる。

わい化剤S-07（スミセブン）は内生ジベレリンの生成を阻害する作用をもつため，天野らは夏秋ギクへのS-07の散布がジベレリン活性を低下させ，幼若性の消失を早める効果を期待したが，第3表のように開花が遅延し，茎長が短縮してむしろロゼット化を誘導してしまった。金ら（1988）の自然日長および光中断下のジニアに対するGA_3およびS-07の処理では，いずれも開花遅延を示している。GA_3については上記のとおりであり，S-07についてはS-07が内生サイトカイニンとエチレンのレベルを増加させると推察している。内生エチレンが関与すればやはり上記のエスレル処理と同義となる。

低照度による花芽分化の抑制も，低濃度のGAによる一時的な生理的若返りと同様（天野，1988）と考えられている。

低節位での刈込みが幼若化に有効であることは，同一植物体内において幼若性に差があることに基づいており，夏秋ギクの抑制栽培での親株の幼若性の維持のために活用されている。

組織培養による若返りではないかと思われる現象はシュッコンカスミソウやスターチス・シヌアータなどの夏秋期の栽培現場でみられる。節数の増加，草丈の伸長，シュート数の増加などが認められ，培養苗の利用が拡大している。キクにおいても検討されているが，若返り，無病化または培養変異なのか判然とはしていない（大石ら，1986）。

これらの幼若性の再獲得による開花遅延は，促進栽培では早出し上支障をきたす。一方，寒冷地での露地栽培では年による生育期の高温が早期の幼若性の消失を引き起こし，草丈が短く商品性の劣った切り花となることがある。これを避け，また出荷期を拡大するうえからも幼若性の維持または再獲得が必要である。トンネルによる高温処理，エスレル散布，母株の台刈りなどは実用化され，それなりに効果をあげている。しかし生理的解明が不充分なため，適正な取扱いができないでいる。

〈執筆〉　小林　隆（長野県農業総合試験場）

1995年記

参　考　文　献

天野正之．1988．幼若相とその制御技術．昭和63年

度課題別研究会資料. 野菜・茶業試. 9 —21.

川田穣一・宇田昌義・柴田道夫ら. 1984. 温度及び日長がキクの幼若性（juvenility）に及ぼす影響. 園学要旨. 昭59秋. 310—311.

金弘烈・渡辺弘・阿部恒充ら. 1988. 異なる日長条件下で栽培したジニアの生育開花に及ぼすウニコナゾール（S - 07）とGA₃の相互作用. 植物の化学調節. **23**（1）, 83—88.

小林隆・大塚文夫・丸山宣重ら. 1989. トンネルによる高昼温が夏秋ギクの生育・開花に及ぼす影響. 長野野菜花き試報. **5**, 75—84.

豆塚茂実. 1989. キクの光合成速度と同化産物の転流. 福岡農総試報. B - 9. 37—42.

森田正勝・西岡幹弘. 1986. キク精雲と天寿の生育開花に及ぼす温度と日長の相互影響. 園学要旨. 昭61秋. 376—377.

長野野菜花き試. 1986. 昭和61年度花き試験研究成績概要集（北海道・東北・北陸・関東東海）. 野菜・茶試編. 長野1.

野中瑞生・横田孝雄. 1988. 園学要旨. 昭63秋. 470—471.

大石一史・大須賀源芳・米村浩次. 1984. 電照栽培秋ギクの夏期長期冷蔵による親株育成. 愛知農総試研報. **16**, 162—172.

大石一史・米村浩次・大須賀源芳. 1986. 電照ギク'秀芳の力'の茎頂培養株の生産力及び優良系統の選抜. 愛知農総試研報. **18**, 168—172.

塚田晃久・小林隆・山本宗輝ら. 1987. 夏咲きギクにおける育苗期の環境条件が幼若相の打破に及ぼす影響. 園学要旨. 昭62秋. 456—457.

野菜・茶試. 1989. 野菜・花き試験研究成績概要集（国立）. 野菜・茶試編. 41—05.

感光相，成熟相とその制御

（1） 発育相の区分

「感光相」，「成熟相」とは，吸枝（冬至芽）の発生から開花・結実までのキクの一生を，ソビエト連邦の生物学者ルイセンコの学説に基づいて発育相で捉え，川田（1984）が提唱した用語である。ただし，この時点では，成熟相は「花蕾成熟相」とされていた。感光相は，キク植物体が日長（短日）を感応し花成誘導が可能な状態から日長反応を示さなくなる花弁着色期まで，成熟期は，この花弁着色期から開花・結実し，一生を終えるまで（Kawata, 1987）と定義された。

しかし，農業技術大系第1巻「生長・開花の生理・生態と発育相」で樋口は，感光相を花熟相と花芽形成相（さらにこれを花芽分化相と花芽発達相に区分），成熟相を開花・結実相としている（第1図）。

キクの生長を自然開花の過程で捉えれば，前者の定義で理解できる。この場合，秋ギクや夏秋ギクはステップを順序よくすすむが，日長反応が「中性」と分類される夏ギクは，日長処理による花成誘導という狭義の感光相をもつとはいいがたい。しかし，ほとんどの品種は短日条件で開花が促進される量的短日植物の特性を示し，日長の影響を全く受けない品種は皆無に等しいことから，花芽分化開始以降を感光相とみることはできると考えられる。

一方，今日，生産の場で広く行なわれている日長処理による開花調節を前提とする場合は，栽培管理の方法と関連づけて捉えることができる後者が理解しやすい。そこで，ここでは，後者の提案にしたがい，感光相を花熟相と花芽形成相に区分して記すことにする。

（2） 花熟相

①日長条件と生長

花熟相は，幼若相が完結し，花成刺激（キクの場合は短日）に反応して花成が成立する条件が整った生理的状態である（樋口，1994）。したがって，自然開花の場合は，夏ギクや夏秋ギクでは幼若相の離脱とともに花成が開始されることから，この相はきわめて短いと考えられる。しかし，秋ギクや寒ギクは，冬至芽が生長を開始し，幼若性の高い状態にあるが，これが夏季にほとんど消失（幼若相の完結）することから，花芽分化が可能となる8月下旬から9月下旬までは成熟相にあると考えられる。

秋ギクの電照栽培やシェード栽培，夏秋ギクの電照栽培のように開花調節を行なう作型においては，短日条件にするまで，すなわち電照期間中が花熟相になる。この場合は，電照による長日条件下に置くことにより花芽分化を抑制するものであり，日長反応を示す点で感光相にあるといえる。このような作型では，電照は一般に挿し芽の時期から行なわれているが，この時期が花熟相にあるか否か明確に解明されてはいない。親株の段階は明らかに花熟相にあるが，挿し芽により齢が若返り（樋口，1994），根をもたないことから，花成誘導可能な状態にあると断定するのは困難である。

実際の電照栽培やシェード栽培で電照により花熟相を一定期間強制的に設定するのは，切り花長を確保するためであり，その長さは作型，品種により異なる。この時期を一般には栄養生

栄養生長期			生殖生長期			備考
ロゼット相	幼若相		感光相		成熟相	川田氏説
休眠・ロゼット相	幼若相	花熟相	花芽形成相		開花・結実相	樋口氏説
			花芽分化相	花芽発達相		

第1図　キクの発育相　　（Kawata, 1987；樋口，1994より作成）

第1表 品種と抑制効果
（大須賀，1979；船越，1987より）

照度(lx)	品　種　名
12	天竜の朝
15	秀芳の宝，精興の光
20	大観，銀水
28	船出，峰の雪，天伯の朝
34	天寿，新精明の花，精興の雪，山手の雪
45	乙女桜，精興の誉，精興の雪，大芳花，春の光，朝国
68	貴麗，弥栄，新金星，八女の輝，八女の光，白精明の花
98	精興の白山

注　挿し芽8月5日，定植8月17日，摘心8月26日
　　電照8月26日～9月22日，処理9月23日

第2表 電照時間および栄養生長期間と柳葉
（愛知農総試・豊橋，1989）

電照時間	栄養生長期間	柳葉数		
		2枚以下	3～4枚	5枚以上
時間	日	%	%	%
光中断 5	45	78.1	21.9	
	50	90.2	9.8	
	55	77.6	16.4	6.0
	60	80.3	12.0	7.7
3	45	72.0	28.0	
	50	70.6	27.5	1.9
	55	57.2	29.7	13.1
	60	58.3	25.0	16.7

注　品種：秀芳の力

長期と称している。

以下は，実際栽培を念頭におき，秋ギクと夏秋ギクを主体にとり上げる。

電照方法　長日処理のための電照には，初夜電照，早朝電照および暗期中断（深夜照明）の3つの方法がある。花芽分化の抑制には，一般的に暗期中断が利用され，初夜電照は，日没時刻が毎日変わることから，タイマー制御には馴染まず，タイマー制御の普及した今日ではほとんど行なわれない。早朝電照は，花芽分化抑制効果が低いが，節間の伸長効果が大きいことから，後述のように花芽分化期における日長時間が短すぎる場合の日長補正（福田ら，1985）や，スプレーギクの側枝伸長など品質改善の手段に用いられることが多い。

以上の方法は1日に1回の照明であるが，このほかに，点灯と消灯をくり返す間欠照明（サイクリックライティング）と数日の間隔をおいて照明する交互照明（間断照明）がある。これらは実用的には利用されていないが，電力消費量が少ないことから，今後の普及に向けて，最近の品種を用いて検討を加える必要があろう。

照度と照明時間　花芽分化抑制に有効な照度と照明時間は，高照度であれば短時間でよいが，低照度では時間を長くする必要があり，相互補完関係にあるといえる。照度に対する反応は品種の生態的特性に左右されるところが大きく，日長反応の強弱による。第1表は暗期中断による花芽分化抑制に必要な照度を品種ごとに示したもので，光に敏感な'天竜の朝'は12lxで抑制できるが，鈍感な'精興白山'は98lx以上の照度が必要である。

花芽分化の抑制には，秋ギクでは，一般的に暗期中断が利用され，10m²当たり白熱灯1灯を設置し，50lx以上の照度確保を目標とし，3時間照明が基本である。夏秋ギクの場合は，'精雲'の電照による開花調節には照度50lx以上・4時間照明が必要である（福田ら，1984）。最近，広く行なわれる無摘心栽培は，摘心栽培に比べ株の齢が大きく（摘心により齢が若返る）柳芽になりやすい。第2表は照明時間による柳葉の着生数の差を示したもので，暗期中断5時間でも栄養生長期間55日以上ではその数が多くなり，花芽分化が的確に抑制されていないことが理解される。また，暗期中断3時間と早朝電照2時間の組合わせによっても花芽分化の抑制効果が高まり，併せて，茎の伸長も良好となる（第3表）。

夏秋ギク'精雲'の電照栽培は，愛知県内平坦部の施設栽培として普及し始めたが，間もなく山間地の雨よけハウスでも8～9月開花の作型で試験栽培が行なわれた。しかし，実験データのようには電照効果が現われないとの情報が多く寄せられ，照明時間の延長と電灯数の増加で対応した。このことは，雨よけハウスのため，照明の光が外に逃げ照度低下を招いたことが原因と考えられるが，他に，植物体が完全な花熟状態に達し，平坦地では高温抑制が作用するが

山間地では適温条件に近いために電照効果が低下したとも考えられる。

また，'サマーイエロー' は，'精雲' と同様に開花調節が可能な品種であるが，7月から9月開花の間で8月開花のみ消灯2週間後ころに不時発蕾する株が現われ，電照による花芽分化抑制の効果がやや低下する。このことも8月開花では消灯前しばらくの間，高温抑制が作用するか否かの違いと解することができる。これらのことは，植物体の花熟状態により電照すなわち長日処理効果に差がありうることを示しており，今後の課題であろう。

花芽分化抑制を目的とする長日処理（電照）は，親株養成時から本圃の栽培まで行なわれるが，これを必要とする時期は，秋ギクでは8月中下旬から4月下旬までであり，5月から8月上旬の間は自然日長が限界日長を超え，加えて高温が作用するため花芽分化が抑制される。しかし，曇天や雨天の場合は，植物の感ずる日長が晴天日に比べ2時間近く短くなるため，天候によっては8月上旬からの電照が必要である（船越，1987）。

光質 キクの電照栽培における照明には一般に白熱灯（100W）が用いられている。日長反応にはフィトクロームが関与しているとされ，赤色光（660nm前後）がこれを活性化し，遠赤光が不活性化する。したがって，赤色光が多く，遠赤光が少ないほど長日処理効果が高いと考えられる。したがって，白熱灯は赤色光，遠赤光ともに多いが，蛍光灯は前者が多く後者が少ないことから，昼光色蛍光灯は白熱灯より花芽分化抑制効果が高いと思われる。このように，蛍光灯は花芽分化抑制効果が高く，消費電力が少なくランニングコストが安いが，器具の設置費が高く，器具が陰をつくるなどにより，現在のところあまり利用されていない。

また，最近は630nm付近の光を発生する発光ダイオードが低照度で100W白熱灯と同様な抑制効果を示すとされ，試験的に利用され始めているが，その利用法は今後の検討を待たなければならない。

第3表 電照方法と生育および切り花形質

（愛知農総試・豊橋，1991）

電照方法		消灯時の茎長	到花日数	開花時			
光中断	未明			茎長	節数	柳葉	花首
時間	時間	cm	日	cm		枚	cm
3	2	63.7	57.3	108.8	50.0	0.6	0.6
5	0	63.4	57.3	101.0	50.2	0.7	1.4
3	0	61.5	57.5	103.5	50.2	1.1	1.9

注　品種：秀芳の力

なお，上記の長日処理法（電照方法）については，農業技術大系第1巻「生長・開花の生理・生態と発育相」長日処理の項で米村が詳述しているので参考にされたい。

②温度条件と生長

花熟相と温度条件との関係は，前相の幼若相との関係を抜きには考えられない。花熟相は幼若相を離脱していることが前提であるが，この離脱にはほぼ15°C以上の夜温の量的経過が必要とされている（川田ら，1987）。これは，大方の秋ギク品種の花芽分化限界温度（最低温度）が15°Cと捉えての判断と思われるが，10°C前後で花芽を分化する品種もあり，むしろ，花芽分化可能温度の量的経過と考えたい。また，植物体の花熟状態は，幼若性の消失と相反して蓄積されると考えられる。

花熟相の経過温度の生育に及ぼす影響は，秋ギクの電照栽培，殊に加温電照栽培では温度管理のうえで重要である。そこで，以下では，秋ギクの電照栽培を主体に記す。

栄養生長促進と花熟促進 秋ギク電照栽培では，定植後から消灯までの期間を栄養生長期と捉えている。この時期は，定植期が8月以降であることから，苗の再生，摘心により株の若返り現象はみられるものの花熟状態にあると考えられる。しかし，この期間は花芽分化限界温度より低い夜温（限界温度が15°Cとされる '秀芳の力' で13～14°C）で管理する場合が多く，これによって，花熟状態が弱まると考えられる。第4表は愛知農総試・豊橋（1991）で行なった実験の結果で，暗期中断4時間・14°Cの栄養生長期の後半に16°Cとすることにより開花は早くなる。生産場面では，消灯の1～2週間前から高夜温すなわち花芽分化適温（18°C）で

第4表 消灯前の16℃加温期間と生育開花

(愛知農総試・豊橋,1991)

処理区	開花期	茎長	節数	柳葉	花首	着花側枝数[1]
	月.日	cm			cm	
(摘心栽培)						
1週間	1. 6	80.7	26.3	1.5	5.9	6.9
2週間	1. 2	72.3	26.5	1.0	5.7	7.3
3週間	1. 2	73.7	25.2	1.0	5.5	8.1
(無摘心栽培)						
1週間	1.13	83.3	29.8	1.7	6.5	7.1
2週間	1. 8	77.3	29.5	1.2	4.8	6.9
3週間	1. 3	76.8	28.7	1.2	5.7	7.3

1) 頂花開花時の着色側枝

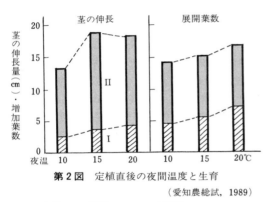

第2図 定植直後の夜間温度と生育

(愛知農総試,1989)

Ⅰ:定植日～2週間, Ⅱ:1～3週間
品種:秀芳の力

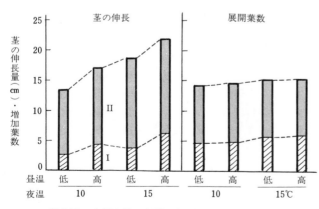

第3図 定植直後の夜間および昼間の温度と生育

(愛知農総試,1989)

Ⅰ:定植日～2週間, Ⅱ:1～3週間
品種:秀芳の力

管理する方法を広くとり入れている。このことは,当該品種の花芽分化の限界温度が15℃であることを考えると,14℃以下の夜温は株の花熟を抑制しており,消灯前に高温(夜温)管理をすることにより花熟状態となり,花芽分化の初期段階の進みを促進すると考えられる。換言すれば花熟の存在を示唆していると思われる。

夜温と昼温 栽培の観点からみた栄養生長期は,切り花の長さ確保がその目的である。したがって,伸長生長の良好な温度管理が求められるが,この点にポイントを置いた実験例は数少ない。第2,3図は筆者が行なった実験の結果である(1989)。茎伸長は,夜温10℃に比べ15℃で明らかに良好となり,20℃との間には差が見られないが,葉数は,夜温の高いほど多くなる傾向を示している。一方,昼温との関係をみると,茎伸長は,夜温が同じ場合は昼温26℃に比べ30℃で良好であるが,葉数には差が見られず,また,夜温10℃―昼温30℃は15―25℃より短くなる。したがって,茎伸長に最も影響するのは夜間温度であり,15℃を確保することが望ましく,夜温低下を昼温を高くすることで補うことはできないものと考えられる。

日温較差(DIF) DIFは差を意味する英語 difference を略した語句であり,R.Heins らの著書「Control Plant Growth with Temperature」の訳書(大川ら,1992)が出版されて注目を集めるようになった。この理論は,「DIFを大きくすれば茎は長く伸び,小さくあるいは逆転させると短くなる」とするものである。第5表のように花芽分化期(ここでは発蕾期まで)の処理によってもDIFが大きいほど茎長は長くなり,キクにも適用できるとは考えられる。しかし,前述したように(第3図)夜温低下を補うことはできず,この理論の適用ができるのは夜温が生育適温の範囲にある場合と考えられ,さらに今後の検討を待つ必

要があろう。

③柳芽の発生条件

柳芽は，長日条件下での発生と短日条件での発生に大別される。前者は，株の花熟，あるいは老化がすすみ，日長反応が低下して長日条件下で花芽分化を開始した場合であり，後者は，花熟状態の不足，温度不足，あるいは日長時間が適日長域をはずれたことなどにより，花芽分化に異常をきたす場合である。

花熟相で発生する柳芽は前者であり，長日条件下で確認できる場合と短日開始後2週間以内に発蕾する場合がある。長日条件下で確認される場合は，花芽は座止し，ほとんど開花しない。短日開始2週間程度で発蕾する場合は，頂花蕾の腋に柳葉を伴っている場合が多い。正常に花芽を分化した株はこの速度の速い品種でも16〜18日を要することから，これ以前に発蕾するものは長日下で花芽分化を開始しており，柳芽と捉えてよい。このような場合は，側芽を取ると花首が長くなり柳葉は多くなるが正常に開花する場合が多い。

このような柳芽の発生要因の一つは親株養成時にある。実験データが必ずしも整ってはいないが，親株の摘心回数が3回以上，回数が多いほど発生しやすくなると考えられる。また，摘心から採穂までの期間が長くなるほど発生する。この境界線は4週間であり，これを超すと急激に発生率が高くなり，この影響は摘心回数より大きい。その他，水分不足をきたし，ハードニングを招いた親株も発生を助長する要因と思われる。

本圃定植後の要因として，施肥量とかん水量が挙げられる。施肥量過多や大苗で初期生育が特に旺盛な茎の太い株は柳芽になりやすい。最も発生が多いのは，栄養生長期間を長くしたため株が大きくなりすぎ，日長反応の低下をきたした場合である。この場合は，照明時間を長くする（暗期中断3時間を5時間へなど）ことで，ある程度の対応は可能であるが，この効果は大きいとはいえず，好適温度下では数日程度のことと思われる。

ちなみに，柳芽の発生節位は，一輪ギク'秀

第5表 花芽分化期の日温較差と生育
(西尾ら，1991)

試験区		ジェム (1988年)	
暗期温度	日温較差	茎長	増加節数
℃	℃	cm	
20	±0	77.8	18.3
	+5	82.6	18.5
	+10	85.1	19.0
25	±0	82.1	18.4
	+5	86.5	19.2
	+10	88.0	20.4
F値	暗期(A)	17.338**	2.730
	日温(B)	23.655**	2.939
	A×B	3.526	<1

芳の力'が58〜60節，スプレーギクでは35節前後の品種が多い。

(3) 花芽形成相

①花芽分化期，花芽発達期と形態的変化

花芽形成相は，一般には花芽分化期と花芽発達期に区別される。しかし，この区別をいかなる段階でするかについて，樋口は農業技術大系第1巻「発育相―その意義と生理・生態」のなかで，花芽分化（相）は，頂芽や腋芽が葉原基の分化を停止し，花原基が形成される段階を指し，以後，花原基から花としての形態および機能が完成するまでを花芽発達（相）としている。また，小西（1991）は，栄養相から生殖相への形態的転換を花芽創始（期），その後の小花または花葉形成の始まりを花芽分化，花葉の原基が生長，発達し，全体として花芽が完成してゆくことを花芽発達としている。両者の違いはほとんどなく，言い換えれば，生長点膨大期までが花芽分化期（相），総苞形成から開花するまでの間が花芽発達期（相）としている。花芽形成の状態については，岡田（1963）あるいは小西（1970）を参照されたい。

しかし，花芽形成に及ぼす環境条件の影響について，この意味での花芽分化に関する実験例はなく，ほとんどが発蕾期を境にしている例が多い。筆者も同様な観点で実験を行なっており，ここでは，便宜的に発蕾期までを花芽分化期，以降開花期までを花芽発達期として記す。

第6表 花芽形成期の暗期の温度と生育，開花

(西尾ら，1988)

品種	暗期温度	花芽分化期		花芽発達期	
		発蕾日数[1]	到花日数[1]	開花日数[2]	茎長
	℃				cm
ジェム	20	23.6	59.6	35.3	82.9
	25	23.0	58.7	39.9	80.9
	30	23.8	63.5	48.2	75.9
	35	25.9	69.2	71.2	71.8
	LSD(0.05)	1.2	1.6	2.0	2.5
ドラマチック	20	23.0	59.3	37.0	75.3
	25	21.4	59.9	39.6	74.6
	30	21.7	62.5	48.8	68.0
	35	28.5	69.9	67.6	67.9
	LSD(0.05)	2.0	3.2	2.3	2.8

注 1) 短日処理開始からの日数，2) 温度処理開始日からの日数

②温度条件と花芽形成・開花

花芽分化に対して大きく影響する温度は夜温である。一般に夏ギク，寒ギクは低く，夏秋ギク，秋ギクは高い傾向である。しかし，花芽分化の限界温度は，種類，品種によりかなり異なり，秋ギクについて，Cathey(1954)は，夜温に対する開花反応を3つに類型化している。すなわち，① Thermo-positive type (高温促進型)，② Thermo-negative type (高温抑制型)，③ Thermo-zero type (無反応型)である。

Thermo-positive type は25℃以上の高温によっても開花抑制を受けにくい特性をもち，夏季のシェード栽培に適する。Thermo-negative type は10～12℃程度の低温下でも開花抑制されない特性をもつ品種で，冬季の加温電照栽培に適した品種群である。また，Thermo-zero type は低温から高温の広い温度範囲で到花日数に差の小さな品種群で，周年栽培に適している。今日，キク生産では周年生産が広く普及し，周年利用できる品種の作出が期待されているが，現在の高い品質要求度に耐えられる品種は今のところ見られない。

加温栽培における温度の影響 温度管理の重要性が高い秋ギク加温電照栽培では，短日開始直後の温度は，正常に花芽分化し開花するか，いわゆる高所ロゼットになるかを左右する。冬季の低温で生長活性が高まり旺盛な生長を示した株は，夏季の高温を経過することにより生長活性を消失し，ロゼット化しやすい状態になっている(小西，1980)。そのため，短日開始(消灯)後の夜温が花芽分化限界温度以下では，頂芽はロゼット状を示し，花芽分化できなくなる(豆塚，1988)。この低温の期間が短い場合はその後高温管理することにより回避でき，この期間の長短は短日開始前の温度の影響を受ける。しかし，ロゼット化してしまうとその打破には低温経過を必要とし，通常の栽培ができなくなる。花芽分化適温で管理すれば正常に花芽分化を開始し，短日開始後20日前後で発蕾するが，限界温度では節間伸長が停滞し，高所ロゼット状を示しつつ発蕾する。これを若干下回る温度では柳芽になる場合もある。

花芽分化から破蕾の間は，同一温度で管理することは少なく，発蕾までは花芽分化適温，以後，順次温度を下げて管理するが，その主たる目的は燃料節減であるものの，茎を太くするなど，品質向上も目的とされている。また，データは揃っていないが，アントシアン色素が花色を左右する場合はこの時期の温度の影響も大きく受けると考えられる。一般には破蕾期以降の温度により花色は変わるといわれているが，花芽分化途中，花弁形成期ころの温度によって色の濃淡に差が現われることが観察されている。詳細は今後の研究を待たなければならないが，温度を低くすることにより，色が濃くなることが期待できる。

昼温の影響もあり，一般に25℃を超えると開花が遅延するが，茎伸長は促進される。

シェード栽培における温度の影響 シェード栽培では，高温が大きく影響する。発蕾期までを花芽分化期，以後を花芽発達期として記載するが，暗期温度については，花芽分化期の適温限界は25℃であり，30℃までは大きな影響は受けず，許容範囲といえる。花芽発達期は，花芽分化期よりも高温に対して敏感であり，適温

限界は20°C，許容範囲は25°C以下と考えられる（第6表）。これを超えると開花は大きく遅延し，スプレーギクではスプレーフォーメイションを乱すなど，品質低下をきたす。このような，高温の影響は，小花形成あるいは花弁形成期にあたる短日開始から2〜4週間後が最も大きい。また，夕方より朝方の影響が大きく，開花遅延の小さいのは朝方が2時間以下，夕方が2時間以下であるが（第4図），実用的に許容されるのはそれぞれ2時間，合計4時間以内である。

しかし，栄養生長から生殖生長への転換は，高温の影響を受けない。

日温較差（DIF）の影響 明期温度が花芽形成に及ぼす影響は，暗期温度が適温（20°C）以上の場合には単独でみるよりも暗期温度との関係，すなわち，日温較差で捉えるほうがよく，日温較差が小さいほど開花は早く，スプレーフォーメイションも良好となる。すなわち，花芽形成の適温条件は昼夜ともに20°Cである（第5図）。茎長はこの較差が大きいほど長くなる傾向がある。

加温栽培のように暗期温度が適温より低い場合は，明期温度は20〜25°Cが適温条件であり，これより低くても高くても開花は遅れる傾向を示す。スプレーギクでは側枝伸長の促進を要する品種もあるが，この場合は，側枝の伸長が始まるころから明期温度を高めに管理することで促進効果を得ることはできる。しかし，30°Cを上限と考えることが肝要であり，これ以上にすると品質低下を招きやすい。

日変温管理の影響
日変温管理は，短日植物は暗期の始まりから9時間程度経過した後花成反応が始まると推測し，この時間帯までは比較的低温で，以

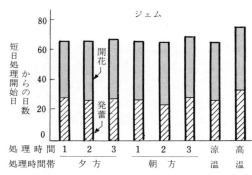

第4図　花芽分化期の暗期の高温処理時間帯および時間と開花　　（西尾ら，1988）

後，適温で管理することにより，燃料の節減と品質向上を図る管理法である。このような温度管理法を加藤ら（1980）は早朝加温と称している。加藤らは午前3時からの高温（適温）管理により開花遅延をきたすことなく品質向上が図れるとしている。大石ら（1983）は，18時から6時の間，2時間ごと，4時間の高温時間帯を設定して検討し，2〜6時の間の高温要求性が高いことを明らかにし，さらに，高温時間が短いほどわずかではあるが開花が遅延し，品質向上効果はみられなかったとしている。したがって，燃料節減を目的にする場合のみ本管理法は有効であろうと考えられる。

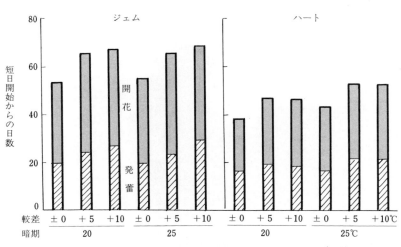

第5図　花芽分化期の日温較差と発蕾・開花　　（西尾ら，1991）

③日長条件と花芽形成・開花

花芽分化と日長との関係は，岡田（1957）の生態的分類による第7表や川田ら（1988）の第8表に見られるように適日長限界や限界日長が種類により大きく異なる。温度と日長に対する反応は清水ら（1990）が示したように，限界日長の長い品種ほど耐暑性が高く，周年生産に用いられる品種では，限界日長の長い夏秋ギクの耐暑性は高いが秋ギクはやや低い。

一般に用いられる「適日長」は，植物からみたものであり，開花の最も早い日長条件を指し，栽培の面から品質を含めて用いる用語ではない。生産場面において品質を含めて捉える場合は，生育・開花の適条件がかならずしもよいとは限らず，これを阻害する条件を与えることにより品質向上が図られる場合が多い。したがって，日長に限っていえば，花芽分化は適日長下で行ない，適切な時期に抑制条件を加える方法を基本とすべきであろう。

強日射・好適温度条件下の日長反応 春季の強日射条件下では，短日開始から発蕾まで（花芽分化期）の処理では発蕾所要日数および到花日数は11時間で最も早く，12時間日長はやや遅れるものの差はきわめて小さいが，13時間日長は大きく遅れて正常には開花せず柳芽になる場合が多い。したがって，キクの花芽分化の適日長は11時間と考えられる。発蕾から開花までについてはほとんど実験例がなく明確にはなっていないが，ほとんど同じか，これよりやや短いと考えられる。

寡日照・好適温度条件下の日長反応 一般に，キク開花の適日長は12時間とされている（福田ら，1980）が，これは寡日照条件下での実験から導かれている。前項との差は，寡日照による発育遅延が日長を若干延長することにより補う作用を示すためと考えられる。そのため，自然日長が12時間以下となる11月中旬から2月上旬の間は，日長を補正するための電照を行なうことにより，開花の促進と夜温が限界温度に近い場合は開花率の向上が図られる（第6図）。このような日長補正を目的とする電照は，途中での修正をせずにすむことから，花芽分化抑制効

第7表　キクの生態的分類　（岡田，1957）

品種群名	日照時間に対する反応		温度に対する反応
	花芽分化	蕾の発達開花	
秋ギク	短日	短日	花芽分化は大部分15℃以上で行なわれ，蕾の発達および開花も高温で抑制されない
寒ギク	短日	短日	高温で花芽分化，蕾の発達，開花が抑制される
夏ギク	中性	中性	花芽分化は大部分10℃前後の温度で行なわれる
8月咲きギク	中性	中性	花芽分化は秋ギクと同様15℃以上でなければ花芽分化せず，蕾の発達も低温では柳芽となる
9月咲きギク	中性	短日	温度に対しては8月咲きと同様
岡山平和型	短日	中性	温度に対しては秋ギクと同様

第8表　キク品種群の自然開花期を支配する発育相別特性　（川田ら，1988）

品種群名		ロゼット性	幼若性	感光性		開花反応期間
				限界日長	適日長限界	
夏ギク	早生	極弱	極弱			
	中生	弱	弱	24時間		
	晩生	弱	弱			
夏秋ギク	早生	―	中	17～24時間未満	13～14時間	7～8週
	中生	―	中～強	17時間	13～14時間	7～8週
	晩生	―	中～強	16時間	12～13時間	7～9週
秋ギク	早生	―	―	14～15時間	12時間	8～10週
	中生	―	―	13時間	12時間	9～10週
	晩生	―	―	12時間		11～12週
寒ギク		―	―	11時間以下		13～15週

注　限界日長：開花についての限界日長，適日長限界：時間当たり4日以上開花遅延を基準として判別

感光相，成熟相とその制御

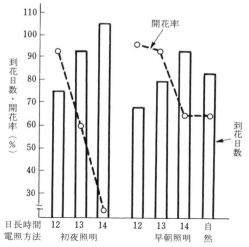

第6図　キクの花芽形成時の日長時間と電照方法が開花に及ぼす影響　（福田ら，1985）
品種：秀芳の力

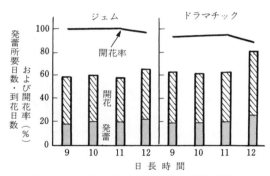

第7図　花芽分化期の日長時間と発蕾，開花
（西尾ら，1989）

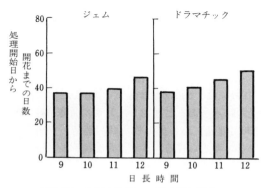

第8図　花芽発達期の日長時間と開花
（西尾ら，1989）

果の小さい早朝（未明）電照で行なうほうがよい。早朝電照は12.5時間日長でも開花遅延をほとんどきたさないので，冬至前の開始では12.5時間，冬至後の開始では12時間日長にセットすればよい。

強日射・高温条件下の日長反応　夏季高温期における花芽分化期の日長処理で最も早く開花するのは10時間日長であり，11時間との差は小さいが，12時間になると開花が大きく遅れ（第7図），スプレーギクではスプレーフォーメイションの乱れが大きく品質低下をまねく。発蕾以後の発芽発達期は9〜10時間日長で開花が早く，11時間日長までは品質低下はみられず，開花もほとんど遅れない。しかし，12時間日長は，花芽分化期以上に開花遅延（第8図）や品質低下が大きくなる。以上のことから，強日射・高温期における花芽分化期の適日長は10時間，花芽発達期は9〜10時間と考えられるが，実用場面では，シェード下の温度上昇・蒸れを考慮すると11時間日長で管理すればよい。宇田ら（1984）は高温や低温により適日長が短くなるとしているが，このように，花芽形成の適日長は，前記の好適温度条件下より若干短くなる。このことから，日長時間を短くすることによって高温による花芽形成の阻害がある程度回避されると考えられる。

④幼苗の低温処理と花芽形成・開花

秋ギク品種は，苗（挿し穂または発根苗）の低温処理によって，開花が促進されるもの（開花促進型），遅延するもの（開花遅延型），影響されないもの（無反応型）に分別される。低温処理による開花反応の違いは，開花促進型品種では，低温処理により生長活性が高まり（小西，1975），そのため花芽分化限界温度より低い温度で正常に分化し，開花が促進される（大石ら1985）。開花遅延型は，低温処理により生長活性が高くなり，生長が旺盛になりすぎて，開花が遅延すると考えられる。すなわち，開花促進型は花芽分化に適した生長活性レベルが高く，逆に，開花遅延型は適性レベルが低く，無反応型は適応範囲が広いと解釈できよう。

また，今後の研究に待たねばならないが，こ

第9表　日長が管状花の開花に及ぼす影響
(川田ら，1987)

管状花の開花列数	ピンキー 長日	ピンキー 短日	マーブル 長日	マーブル 短日	フィデサ 長日	フィデサ 短日
3	2	3	1			
4	6	8				
5	7	7			1	2
6	4	2	2		6	3
7			8	5	6	3
8	1		5	5	5	3
9			3	7	1	7
10				3	1	2

注　開花1週後11月17日に調査
　　数値は調査20花の分布花数

のことが，無摘心栽培への適応性の判断に活用できるかもしれない。

⑤光強度の影響

秋ギク品種の光合成について，谷川ら(1991)は，50lxかこれをやや超えたところに光飽和点があると推定しており，白寒冷紗1枚(30%遮光)から黒1枚(40%遮光)が適していると考えられる。5～6月出荷のシェード栽培，一部夏季のシェード栽培には秋ギク品種が使われる。この場合，40%程度の遮光により品質向上が期待されるが，有効な遮光の時期，時間帯と遮光程度などについては今後のデータの蓄積を待たなければならない。

第10表　長日処理後の最低夜温と小花（舌状花）の形態変化
(豆塚，1988)

区	舌状花の各部の長さ* a (cm)	b (cm)	c (cm)	管弁率 (%)	さじ弁率 (%)	平弁率 (%)
17℃区	6.1	5.1	1.9	4.2	2.8	93.0
13℃区	6.7	4.7	1.9	4.3	26.1	69.6
10℃区	6.6	3.0	1.4	32.1	37.2	30.7
5℃区	6.4	2.3	0.6	48.0	42.7	9.3

注　*：舌状花の各部の長さは下記のとおりとした

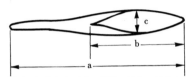

管弁率はb/aが0～33%の花弁の割合とした
さじ弁率はb/aが34～66%の花弁の割合とした
平弁率はb/aが67～100%の花弁の割合とした

しかし，'精雲'に代表される夏秋ギクは，春季から初夏にかけて生長・開花することから，耐暑性が高いことはもとより，生長や開花に強い光を必要とする。そのため，30%以上の遮光により開花が遅延し，生長も抑制されてボリューム不足になりやすい。異常気象といわれた1994年夏には，'精雲'の電照栽培で苞が花の内部に多く発生する貫生花に近い異常花が多く発生したが，この防止に遮光を活用することは逆に品質低下をまねくおそれがあり，日長時間の操作にその防止策を求める必要がある。一つの目安は13時間日長で管理することであろう。

(4) 開花・結実相

花芽の発達がすすみ花弁の色が見えるころになると，その後の開花に日長が影響しなくなる。この花弁の色が確認できるころから，開花し結実して花の一生を終えるまでの期間を開花・結実相，または成熟相と称する。

①開花期の決定

開花期は，一般には7～8分咲きを指すが，切り花生産の場面では収穫適期（切り花の切り前：2～3）を当てている。この範囲においては日長の影響を受けないといえる。一方，植物の側からみた開花期は，受粉可能な時期であり，一輪の花で捉えれば管状花が開花したとき，すなわち，葯と雌ずいが開裂したときであり，この管状花の開花は短日により促進される（第9表）。この意味では，花弁着色後も日長反応を示すが，切り花生産では花弁の開花までを対象とするので，前記のように捉えて差し支えない。しかし，育種の場面では，長日期に質的短日性を示す品種を材料にする場合に，受粉まで短日処理を実施するほうがよいと推定され，また，この特性を利用して切り花生産における花粉の放出を遅らせることができる可能性もあり，今後の検討課題である。

②温度条件と開花，切り花形質

この時期の温度条件は，夜温が高いほど開花が早くなるが，切り花品質，特に花の形質に大きく影響する。加温電照栽培で特に影響が大きい。夜温が低い場合について，豆塚(1988)は，

本来花弁が幅の広い平弁になるものが，管状の細い花弁（管弁）になることを明らかにした（第10表）。また，愛知農総試・豊橋（1992）では，夜温が15℃を超えると花弁の伸長が低下し，花が小さくなることを明らかにし，14～15℃で管理することをすすめている。

夏季の栽培では，赤色系品種の花色が高温により色褪せることは広く知られている。キク生産で冷房機などの導入は不可能であり，有効な対策は今のところ明らかでない。

③光条件と開花，切り花形質

①で述べたように日長反応は示さないが，光の強さは開花期に影響する。この影響は，花芽形成相における光強度の影響を受け継ぐところが大きいが，冬季・弱光下での栽培では遮光により開花が遅れる可能性が高く，遮蔽物を最小限にすることが肝要である。冬季の光強度がたいへん低いオランダでは，反射フィルムを施設の北面などに展張し，光の有効利用につとめているが，わが国ではほとんど利用されておらず，展張方法と有効性など，今後検討する必要があろう。

夏季の強日射は，前項の高温とともに赤色系花色の退色の原因になっているかもしれない，少なくとも，植物体の温度上昇の一因にはなっている。遮光は，植物体の温度上昇を抑制する最も手近な方法であるが，強遮光も赤色系花色を退色させることから，適切な光強度，遮光方法を明らかにする必要がある。筆者は，秋ギクでは50％，夏秋ギクでは30％程度の遮光が効果的であろうと推定しているが，実験データが乏しく，今後明らかにされる成果を期待している。

　執筆　西尾　譲一（愛知県農業総合試験場）

1995年記

参 考 文 献

愛知農総試・豊橋．1989．花き試験成績概要集，関東・東海．野菜茶試編．愛知-82．
愛知農総試・豊橋．1989．花き試験成績概要集，関東・東海．野菜茶試編．愛知-85．
愛知農総試・豊橋．1991．花き試験成績概要集，関東・東海．野菜茶試編．愛知-72．
愛知農総試・豊橋．1991．花き試験成績概要集，関東・東海．野菜茶試編．愛知-75．
Cathey, H. M. 1954. Proc. Amer. Soc. Hort. Sci. 64, 499—502.
福田正夫・米村浩次．1980．園学要旨．55秋，364—365．
福田正夫・西尾譲一．1984．愛知農総試研報．16, 227—232．
福田正夫・西尾譲一．1985．愛知農総試研報．17, 227—232．
船越桂市．1987．切り花栽培の新技術キク，上巻．誠文堂新光社．
樋口春三．1991．農業技術大系花き編．1, 2—20．
加藤俊博ら．1980．園学要旨．55秋（東海），471．
川田穣一．1984．園学シンポ要旨，106—114．
Kawata, J. 1987. Acta Hort. 1987, 115—123.
川田穣一ら．1987．野菜茶試研報．A-1, 187—222．
川田穣一・船越桂市．1988．農および園．63, 985—990．
小西国義．1975．園学雑．44, 286—293．
小西国義．1980．園学雑．49, 107—113．
小西国義．1991．花の園芸用語辞典．川島書店．
豆塚茂実．1988．福岡農総試研報．特報．3．
西尾譲一ら．1988．愛知農総試研報．20, 285—292．
西尾譲一ら．1989．愛知農総試研報．21, 211—215．
西尾譲一ら．1991．愛知農総試研報．23, 207—211．
岡田正順．1957．園学雑．26, 57—72．
岡田正順．1963．東京教育大紀要．9, 63—202．
大石一史ら．1983．愛知農総試研報．15, 223—228．
大石一史ら．1985．愛知農総試研報．17, 220—226．
大川清・古在豊樹．1992．ＤＩＦで花の草丈調節．農文協．
清水明美ら．1990．園学雑．59（別2），560—261．
谷川孝弘・小林泰生．1991．福岡農総試研報．B-11, 57—62．
宇田昌義ら．1984．野菜試育種年報．11, 174—178．

収量増を目指した環境制御

温度の制御

温度管理

(1) 温度管理の課題

従来の温度管理は，12月〜5月に開花する加温の作型が中心であった。現在では計画的な周年生産を行なうために，それ以外の時期も重要になってきている。そのうち特に，夏季の高温対策である。いずれにしても，大切なことは品質の向上と，より精度の高い開花調節を行なうための温度管理にある。より的確な温度管理は，栽培期間の短縮による年3作体系を容易にし，かつコスト低減にもつながる。

(2) 加温栽培における温度管理

①栄養生長期間

栄養生長期間の温度に対する反応は，かなり品種間差がみられ，著者らは低温伸長性の程度により，3タイプに分類した。

1) 低温伸長性のある品種（夜間最低温度7〜8℃でもよく伸長するもの）——金丸富士，秀芳の誇，銀鏡，希望の光，湖西の朝，天竜の朝，精興の轟，高見山，和峰，精興の峰，巨宝，秀芳の寿，大天狗

2) 低温伸長性が中程度の品種（夜間最低温度10℃前後で伸長のよいもの）——雲水，秀芳の心，秀芳白王，紅秋，精興の緑，紅富士，平和の泉，金秀芳の心，輝精興，太陽，新桃春，寒山陽

3) 低温伸長性の悪い品種（夜間最低温度12℃以上必要なもの）——秀芳の力，新精明の花，優月，紅鶴，日の出

この反応は，幼苗の低温処理（挿し穂冷蔵4〜5週間）を前提に分類した。そのため，無冷蔵の場合には，大半の品種がこれより2〜3℃高めの温度でないと順調な生育は示さない。このうち，低温伸長性の悪いタイプに分類されている'秀芳の力'は，栄養生長期の温度によっては，消灯後に花芽分化適温にしても開花せず，高所ロゼットになる株が発生することがある。このように，高所ロゼットになりやすい品種については，栄養生長期の温度は非常に重要となる。'秀芳の力'の生育限界として，幼苗の低温処理した場合には12℃，無冷蔵であれば13〜14℃が目安となる。

この'秀芳の力'は無摘心栽培が主流になっている。この場合に，定植から消灯までの期間を55日以上にすると，柳芽の発生が多くなるために，50日を目安に消灯する必要がある。このため，最近では定植後の活着をよくし，初期生育を促す積極的な温度管理が主流になってきている。第1図に示したとおり，定植から15℃で加温する方法が一般的である。

昼温については，ある程度高い温度ほど茎の伸長はよくなる。しかし，あまり高くすると茎が細くなりやすいので，25℃前後で管理する。

②花芽分化期前後

栄養生長期の温度を比較的低く設定した場合は，第2図に示したとおり，消灯2〜3週間前の早い時期から花芽分化適温にすると，開花が早く，揃いもよくなる。このように，消灯前から温度を高めにすることは，植物体の充実を促して花芽分化，発達を順調にする。

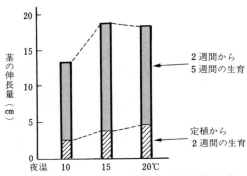

第1図 定植直後（2週間）の夜間温度と生育

(西尾，1990)

収量増を目指した環境制御

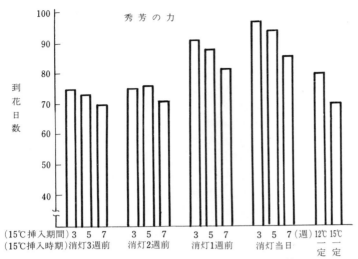

第2図 15℃を挿入する時期および期間と到花日数
(福田ら，1980)
定植は10月30日で消灯12月11日，無摘心栽培．発根苗30日冷蔵
温度管理は，定植から10℃とし，処理以後12℃で栽培した

一方，栄養生長期を13〜15℃前後で管理した場合には，消灯当日または消灯1週間前から花芽分化適温にするのがよい．あまり早い時期からの花芽分化適温は，'秀芳の力'のような，ある一定の葉数または日数になると柳芽を発生するタイプではマイナスとなる．

いずれの方法ともに，消灯3週間後までは花芽分化適温で管理する．

品種別の花芽分化温度について第1表に示した，無加温栽培における消灯限界時期の最低気温から推定すると，10月25日以前の品種は13℃以上，10月25日は10〜12℃，11月5日は8〜10℃，11月15日は8℃が花芽分化限界温度である．花芽分化適温となるとこれより3〜4℃程度高いところにあると考えればよい．

この時期の昼温については，第2表に示したとおり，花芽分化適温で管理した場合には昼温と夜温の日温較差が小さいほど花芽分化が順調にすすむので，昼温管理は20〜22℃を目安にする．昼温を高温(30℃以上)にすると，第3図に示したとおり，開花遅延や開花率の低下，柳葉の増加，花首の徒長などがみられるので，充分に注意する必要がある．

③花芽発達期

消灯から開花までを，消灯から発蕾，発蕾から破蕾，破蕾から開花の3時期に区分し，温度

第1表 無加温栽培におけるキクの品種別の消灯限界時期 (福田ら，1983)

試験年度	消灯限界時期			
	10月25日以前	10月25日	11月5日	11月15日
56	湖 竜 日 の 出 秀芳の力	紅 鶴 大 平 霜 の 朝 秀芳銀賞 雪将軍 紅 秋 希望の光	精興の轟 精興の鈴 新精明の花 乙 女 桜	雲 水 金秀芳の心 湖西の朝 雪 の 友 金丸富士
57	王 城 精興の里	秀芳の寿	精興の泉 優 月 高 見 山	平和の泉 太 陽 精興の緑 巨 宝 寒精玉 湖 月 大天狗
58	大 都 会 富士の泉 力 勝 大和の光 銀 の 雨 精興の豊 精興の栄 秀芳の幸	精興の聖	雪 景 色 和 峰 輝 精興	花 秀 芳 山陽の輝
59	雪の森 山 陽 路 新青年 濃黄秀芳の力 浮世絵 ピンクカップル	富 士 秋の誉 金色の輝 聖 峰	雪の翼 雪景色 光 力 精興の鷹 北海道	名 鏡 秋日和 月 の 輪 精興金竜

第2表 電照栽培における花芽分化期の日温較差と生育・開花　　　　(西尾ら，1989)

夜温	日温較差	発蕾所要日数	到花日数	茎長	節数	(増加[1])
℃	℃			cm		
15	±0	24.9	52.5	57.2	41.2	21.6
	+5	23.6	52.2	71.7	41.4	21.5
	+10	23.3	51.8	68.2	40.7	21.4
20	±0	19.7	48.4	58.1	41.3	21.7
	+5	20.2	50.0	67.6	40.8	21.6
	+10	20.5	50.7	68.4	40.7	21.8

注　品種：秀芳の力
　　挿し芽11月27日。定植12月12日。消灯1月29日
　　処理：消灯日から3週間，それ以後12℃

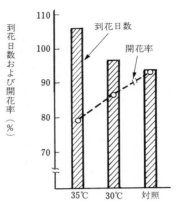

第3図 昼温がキクの開花に及ぼす影響　(福田ら，1984)
対照：27℃

の影響を見たのが第3表である。開花期について見ると消灯から開花まで温度の高い(18℃)ほど早くなっている。しかし，花弁の伸びが悪く，抱え咲きとならなかったり，花弁の垂れ下がりやネジレなどが発生し品質が著しく悪くなったりする。

また，破蕾期から12℃で管理すると，花径は最も大きくなるものの，花色がクリーム色を呈し，花弁も細くなる。このように，温度が高くても，低くても品質の劣化を招きやすい。したがって，消灯から発蕾までは花芽分化適温の18℃，発蕾から破蕾まで14℃，破蕾から開花まで16℃前後で管理するのが，最も高品質の切り花が得られる。

この時期の昼温については，25℃を越えない，22〜23℃程度で管理するのがよい。

以上，一輪ギク，特に'秀芳の力'を中心とした温度管理について述べてきた。他の一輪ギクおよびスプレーギクについても，ほぼ同様な考え方で，品質重視の温度管理を行なうべきである。ただし，スプレーギクの花芽分化期の温度の期間だけは，輪ギクよりも1〜2週間程度長くしないと，着花数の減少と3輪程度の花が揃って咲かなくなる。

(3) シェード栽培における温度管理

シェード栽培は，5月から10月中旬開花の自然日長の長い時期の作型で，主として5〜7月開花の秋ギク(一輪ギク，スプレーギク)，6〜9月開花の夏秋ギク(スプレーギク)，10月開花(一輪ギク)である。

第3表 花芽発達期の温度と開花　　　　(小久保ら，1989)

温度処理				開花期	到花日数	花径	備考
消灯	発蕾	破蕾	開花				
				月.日	日	cm	
16℃→→→→				1　12	52	14.4	○
〃 →12℃→→				22	63	*	
〃 →14℃→→				15	55	14.6	○
〃 →→12℃→				17	57	15.6	花弁がクリーム，花弁が細い
〃 →→14℃→				15	55	14.6	○
〃 →→18℃→				12	52	13.4	花弁ねじれ，花弁垂れ下がり
18℃→→→→				5	46	13.0	花弁ねじれ，花弁垂れ下がり
〃 →12℃→→				19	60	*	
〃 →14℃→→				10	51	14.1	○
〃 →16℃→→				8	49	14.1	○
〃 →→12℃→				12	52	15.3	花弁がクリーム，花弁が細い
〃 →→14℃→				9	50	15.1	○
〃 →→16℃→				7	48	14.5	○

注　到花日数：消灯から開花までの日数
　　＊：調査終了時点(消灯から65日後)で満開にならなかった。
　　○：正常開花
　定植9月27日。消灯11月21日。温度管理は消灯まで14〜15℃

収量増を目指した環境制御

第4表 夏咲きスプレーギクの冬期育苗温度と到花日数

(福田ら, 1988)

品種名	15℃一定	12月5日入室	1月21日入室		
		無加温	15℃	10℃	無加温
ロイヤル	47.1*	49.9*			
メルヘン	46.5*	70.3			
ハート	51.6*	(16.4%)	(17.1%)	(63.6%)	(16.7%)
10	44.2*	63.6	57.9	64.9	57.8
16	47.9*	57.4*	54.5*	55.6*	57.4*
18	47.1*	54.1*	49.4*	50.7*	54.1*
22	不時発蕾	53.9*	50.4*	―	55.1*
ホワイトサマー	46.8○	53.6*	54.0*	54.1*	57.8*
パラダイス	不時発蕾	47.9*	48.7*	51.0*	47.5*
コスチューム	不時発蕾	46.5*			
安濃11号	50.5*	64.7	64.0	70.8	78.2

注 *正常開花, ○一部不時発蕾, ( )内は開花率
挿し芽3月24日. 定植4月7日. 5月6日シェード開始(12時間日長)

① 栄養生長期

特に問題となるのは、夏秋ギクの6〜7月に開花させるスプレーギクである。夏秋ギクは、冬季の親株管理によって開花遅延や柳芽が多発し、著しい品質低下する場合がある。すなわち、幼若性の強い品種は、第4表に示したとおり、親株を15℃で管理したものを使用しないと、定植後の温度では消去されにくい。逆に幼若性の弱い品種では、親株管理は加温が必要なく、定植後のみ15℃で管理すればよい。このように、幼若性の程度に品種間差があるので栽培にあたり充分注意する必要がある。

② シェード開始から花芽発達期

5〜6月開花の作型、すなわち3〜4月シェード開始では、あまりシェード内が高温にならないので問題はない。それ以後の作型では、高温下でのシェードを行なうために、開花遅延や品質低下(柳葉の多発またはスプレーフォーメイションの乱れ)を起こす。この高温(30℃以上)の影響について第4図に示したとおり、

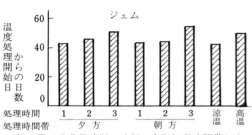

第4図 花芽発達期の暗期の高温処理時間帯および時間と開花

(西尾ら, 1987)

高温遭遇時間が長いほど著しい。しかし、朝方および夕方とも2時間、合わせて4時間以内の高温であれば、ほとんど開花などへの影響はないから、シェードの時間帯を決めるのにこのことを留意されたい。それに、夜間はシェードを開放し、できるだけ高温(25℃以上)を回避するようにしたい。

昼温についても、高温(35℃以上)はマイナス要因である。この対策として、寒冷紗被覆などが考えられるが、白寒冷紗1枚程度では葉温を下げる効果は小さい。強度の遮光はやりすぎると品質劣化となる。現地では、10時〜15時の最も高温となる時間帯に強度の遮光を数時間行な

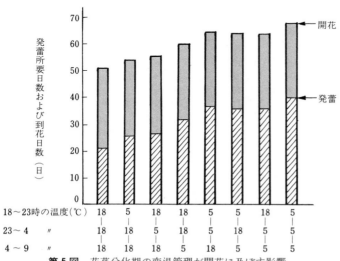

第5図 花芽分化期の変温管理が開花に及ぼす影響

(大石ら, 1989)

品種:秀芳の力, 日長:9時間日長, 昼温:25℃

って好結果を得ている例もある。しかし、被覆時間および時間帯などについての試験データはないので、今後の問題として残っている。

（4）変温管理

野菜の変温管理は、前夜半の温度を高く、後夜半を低くする変温方式が一般的である。これは、日中に光合成されたものを前夜半にすみやかに転流させ、それ以後はできるだけ消耗を抑えることがよいとしている。

キクでは、高温を必要とする花芽分化期について試験されている。高温要求時間帯をみるために、'秀芳の力'を用いて18時から18℃の高温を5時間ずつ与え、到花日数および開花率を調べたのが第5図である。これによると、野菜とは異なり後夜半を高温にする方式のほうが、すぐれていることが明らかとなった。その結果、花芽分化期の変温管理として、前夜半は花芽分化限界温度（秀芳の力なら14℃前後）、後夜半を花芽分化適温（18℃）にするのがよいとしている。しかし、品種、苗の前歴、栄養生長期の温度などで変動することが考えられるが、まだ確立されていないのが現状である。

〈執筆〉　福田　正夫（愛知県農業総合試験場）

1995年記

苗の低温処理

(1) 低温処理期間と生長活性

キク苗の低温処理技術は，貯蔵も兼ねて一般化したものとなっており，特に低温処理によって開花が促進される'秀芳の力'のような品種では，重要な栽培技術である。この低温処理について，小西（1975）は生理的にロゼット化した状態の打破であるとし，生長活性という概念で説明している。現在のところ生長活性の本質は明らかにされていないが，低温処理の効果を説明するには都合のよい概念である。そこで本項では，植物体のその時々の潜在的な生長能力を表わす用語として，生長活性という表現を用いる。

生長活性を量的にとらえると，一定の範囲内で低温処理期間が長いほど生長活性は高まると考えられるが，必要な低温処理期間は品種の低温要求度によって異なる。また，栽培環境，特に温度条件によっても左右される。'秀芳の力'を例にとってみると，花芽分化期の夜温が18℃以上であれば低温処理しなくても開花する。しかし，15℃で花芽分化させようとすれば，低温処理が必要となる。この場合，低温処理期間は4～5週間必要である。15℃下における花芽分化ということに限れば，それ以上の低温処理は必要ない。一方，茎の伸長性についていえば，低温処理期間は長いほうがよく伸長する。

穂冷蔵期間と生育の関係について作期別に調べたのが第1図である。夜温が充分に保たれる時期では，茎の伸長に対する穂冷蔵期間の影響は大きくない。この時期は生長活性が低くても充分に伸長するということである。

気温が低下し，日照量の低下する10月以降に定植する作型では，穂冷蔵期間の影響が明瞭になってくる。無冷蔵のものは明らかに生育不良を示すが，穂冷蔵5週間と7週間を比較すると，7週間冷蔵したほうが伸長性が高く，冷蔵期間が長いほうが生長活性が高くなることがわかる。11～12月はキクの生育に最も適さない環境であって，この時期に定植する作型では，低温処理期間は長いほうが有利であるということになる。

ただし，冷蔵期間が長くなると冷蔵中に腐敗したり，'秀芳の力'であれば定植後に発生する心止まりの割合が高くなったりするので，それぞれの品種に見合った冷蔵期間を知らねばならない。'秀芳の力'でいうと，4～5週間が適当である。低温処理の効果も充分に見込めるし，冷蔵中の腐敗も心配なく，心止まりについても安全な範囲である。

低温処理期間が異なると茎の伸長性に差が生じることには留意する必要がある。苗が不足した場合に，往々にして同じ圃場に低温処理期間の異なる苗を植えることがあるが，生育の不揃いをまねく原因ともなりかねない。良品生産のためには，まず苗の計画生産から心がけねばならない。

(2) 高温遭遇と生長活性の失活

低温を受けて高まった生長活性は，高温に遭遇して低下する。この現象は，バーナリゼーションとディバーナリゼーションの関係に似てい

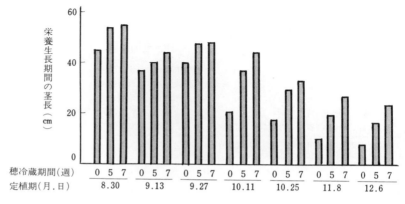

第1図 定植期が異なる場合の穂冷蔵期間と茎の伸長性
品種：秀芳の力，栄養生長期間：7週間，温度：11月以降最低夜温10℃

収量増を目指した環境制御

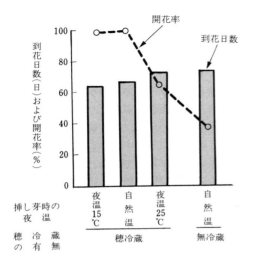

第2図 挿し芽時の高温による低温処理効果の低下
　品種：秀芳の力。挿し芽期間：9/27～10/11，
　定植：10/11，消灯：12/13

第2表　日射量と穂の貯蔵性

日射量		心腐れ苗[1]および腐敗苗率[2]	正常苗率
寒冷紗被覆枚数			
枚	(照度指数)	%	%
0	(100)	18.8	81.2
1	(62)	78.8	21.1
2	(37)	89.2	10.8
3	(22)	94.8	5.2

注　品種：秀芳の力
　1) 生長点付近のみ腐敗した苗の割合
　2) 茎葉全体が腐敗した苗の割合

る。第2図に示すように，穂冷蔵を5週間行なった後，高温下で挿し芽すると到花日数が長くなり，ロゼット状に生育して開花率が低下する。穂冷蔵の効果が，2週間の高温を受けることによってかなり消失してしまうわけである。単なる貯蔵目的で冷蔵を行なう場合は問題でないが，生長活性を高めるための積極的な低温処理として行なう場合には，挿し芽時の高温を避ける必要がある。昼間もあまり蒸れないように充分に換気したほうがよい。

(3) 品種による反応の違い

電照ギクの主要品種である'秀芳の力'は，苗の低温処理によってロゼット化が防止されて順調に開花するようになる。一方，'弥栄'のように苗を低温処理すると，開花が遅れたり開花しなくなったりしてしまう品種もある。'秀芳の力'の反応は生長活性でよく説明されるが，'弥栄'の反応は生長活性では説明できない。低温処理によって開花が遅れる現象については，幼若性を獲得した結果であるとする説が有力であるが，このように低温処理の影響の現われ方は，品種によって異なるので注意が必要である。低温処理と開花反応の関係を知ることは，計画的な生産の前提条件となる。

データは少し古いが，57品種について苗の低温処理と開花反応の関係を調べた結果を第1表に示す。促進型というのは低温処理によって開花が早くなるタイプである。遅延型は逆に開花が遅れるタイプであり，無反応型は低温処理が開花にはほとんど影響しないタイプである。

以上の反応は開花に対してであって，茎の伸長性に対して低温処理は，ほとんどの品種で促進的に作用する。したがって低温期の作付けでは，促進型はもとより無反応型の品種においても，低温処理すれば茎長の確保が容易となる。一方，遅延型品種には低温処理しないほうが賢明である。

第1表　苗の低温処理と開花反応の関係

〔促進型〕	低温処理によって開花が促進または開花率が向上する品種					
霜の朝	精興の聖	富士の泉	富士初霜	秀芳寒山	光力	
寒精玉	優月	秀芳の寿	太陽	日の出	希望の光	山手金光
山陽路	王城	湖竜	金泉	秋日和	秀芳銀賞	精興の栄
紅鶴	精興の轟	秀芳の力	大平	紅秋	濃黄秀芳の力	
〔無反応型〕	低温処理の開花への影響がほとんど現われない品種					
雪の友	天下の雪	湖西の朝	精興の緑	大都会	銀の雨	花秀芳　名鏡
乙女桜	金丸富士	精興金竜	山陽の輝	北海道	大天狗	和峰
〔遅延型〕	低温処理によって開花が遅延または開花率が低下する品種					
雲水	月の輪	高見山	精興の鷹	大和の光	精興の鈴	国王
巨宝	輝精興	雪景色	平和の泉	精興の寿	精明の花	弥栄

(4) 低温処理の方法

低温処理は未発根の

穂あるいは発根苗を冷蔵することによって行なう。低温処理の効果は発根苗のほうが高くなるという意見もあるが、大差ないと考えるのが妥当であろう。したがって、貯蔵しやすい未発根の穂を冷蔵する方法が実用的である。一般的には、夕方に穂を採取し室内で翌朝まで放置してやや乾かせた状態で冷蔵する。穂を立てた状態でビニルなどで密封するが、内部で水滴がつかないように新聞紙などで穂を覆っておくのがよい。被覆内部が蒸れて水滴がつくと、穂が腐敗しやすい。冷蔵温度は2〜3℃である。0℃以下にして凍らせることは厳禁である。

第2表に示すように、育苗中に寒冷紗で受光量を減ずると明らかに貯蔵性が低下する。晴天がつづいた後、夕方に穂をとるのがよいということになる。

第3表は、育苗時の窒素施用量と冷蔵温度が貯蔵性に対する影響を調べた結果である。まず、冷蔵温度についてみると、5℃では心腐れ（生長点付近の若い組織の腐敗）の発生は少ないが、茎葉全体の黄化や腐敗が起こりやすい。これは呼吸などの代謝による消耗が激しいためであろう。したがって、5℃では長期の貯蔵はむずかしいので、もっと低い温度で貯蔵したい。ところが、0〜1℃で貯蔵すると茎葉全体の黄化や腐敗は少なくなるが、逆に心腐れが多発する。生産現場でしばしば問題となるのがこの心腐れである。低温で発生しやすいことからみると、一種の寒害、あるいは凍害ではないかと考えられる。以上の結果、冷蔵温度は2〜3℃とするのが無難である。

次に窒素施用量の影響についてみると、実面積で10a当たり10〜40kgの範囲では、施用量の多いほうが貯蔵性が高い。供試品種の'秀芳の力'の特性であるかも知れないが、少肥よりは多肥のほうが貯蔵性の高い苗が得られるといえよう。

〈執筆〉 大石 一史（愛知県農業総合試験場）

1995年記

第3表 育苗時の窒素施用量および冷蔵温度と貯蔵性

育苗時の窒素施用量	穂冷蔵温度	冷蔵		貯蔵性		
		心腐れ[1] 苗率	腐敗[2] 苗率	下葉が枯死した苗率	正常苗率	
					未発根	発根
kg/10 a	℃	%	%	%	%	%
10	0〜1	46.7	0.0	0.0	1.7	51.6
	2〜3	47.0	4.9	8.6	2.5	37.0
	5	16.7	11.7	46.6	3.3	21.7
20	0〜1	40.0	0.0	0.0	0.0	60.0
	2〜3	15.5	2.1	9.3	6.2	66.9
	5	18.3	16.7	48.4	3.3	13.3
40	0〜1	8.3	0.0	0.0	3.3	88.3
	2〜3	6.3	0.0	1.1	0.0	92.6
	5	1.7	10.0	40.0	5.0	43.3

注 品種：秀芳の力，11月16日〜12月27日冷蔵
1），2）は第2表と同じ

DIFの活用

(1) 草花の茎の伸長に及ぼす DIF 処理効果

ノルウェー農業大学園芸学部の Moe は鉢もの用花卉のなかで，長日植物のカンパニュラ，フクシア，短日植物のキク，ポインセチア，中性植物のバラ，シクラメンを供試して，昼夜変温処理に対する開花や形態形成反応について調査した（Moe, 1993）。DIF 研究が行なわれているノルウェーやアメリカの研究報告をまとめた結果，

①昼夜温が同じか，または昼温が夜温より低い場合に比べて，昼温が夜温よりも高い場合は節間伸長が促進され，草丈が大きくなる

②12〜27°Cの範囲では，明期の平均温度は節間伸長にはあまり影響しないが，花の発達には大きく影響する

③短日植物，長日植物および中性植物において，DIF は節間伸長，草丈，葉・茎の形成，分枝，葉柄・花梗の伸長に大きく影響する

④ DIF による反応は量的なもので，正の DIF 値が大きいほど温度形態形成反応は増大する

⑤ DIF 値の変化に対する反応の大きさはすべての範囲において同じではなく，節間伸長は DIF 値が負の値から正の値へ変化するときより，0から正の値に変化するときのほうが大きくなる

などが明らかになった。

(2) DIF および短時間の温度較差処理の影響

鉢もの用花卉のなかで短日性のベゴニア，キク，カランコエの茎伸長に及ぼす DIF および短時間の降温処理効果について，昼温/夜温を21/19°C（＋2°Cの DIF 値），19/21°C（－2°Cの DIF 値），16/22°C（－6°Cの DIF 値）として，これに長日条件および短日条件を組み合わせて DIF 効果に及ぼす日長の影響を調査し

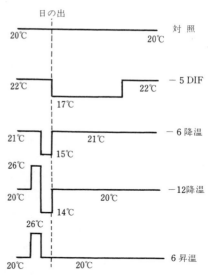

第1図 日の出前の短時間昇・降温処理方法

（Cuijpersら，1992）

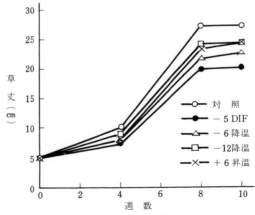

第2図 キクの草丈に及ぼす負のDIF，降温および昇温処理の影響

（Cuijpersら，1992）

試験区は第1図のとおり

た（Cuijpers ら，1992）。その結果，キクとベゴニアでは負の DIF 処理による草丈の伸長抑制は，栄養生長時ではほとんど認められなかったが，生殖生長時では負の DIF 値が大になるほど（昼温より夜温が高くなるほど）抑制効果は増大した。花首長も負の DIF 処理によって同様な伸長抑制反応を示した。しかし，乾物重，葉面積については抑制しなかった。

次に，温度条件を昼温/夜温が20/20°C（ゼ

収量増を目指した環境制御

第1表 キクの草丈，開花率，乾物重に及ぼす変温処理の影響
(Cuijpersら，1992)

	変温処理					生育調節剤	
	対照	-5℃DIF	降温-6℃	降温-12℃	昇温+6℃	+	-
草丈(cm)	21.6c	18.9a	20.6b	21.2bc	21.3c	19.1a	22.3b
開花率(%)	45.6ab	64.5bc	84.1c	38.5ab	29.4a	52.0	54.1
乾物重(g)	1.51	1.45	1.45	1.48	1.49	1.39a	1.56b

ロDIF，対照区），17/22℃（-5℃のDIF区），21/15℃（夜明け2時間前に15℃にした降温-6℃区），20/26〜14℃（夜明け4時間前から2時間を26℃に昇温，その後2時間を14℃に降温した降温-12℃区），およびこの対照区として20/26〜20℃（夜明け4時間前から2時間を26℃に昇温，その後2時間を20℃に降温した昇温+6℃区）とした昼夜温処理区を設け草丈，節間長，乾物重に対する影響を調査した（第1図）。日長条件はすべて短日とした。

キクの草丈は負のDIF処理により大きく抑制されたが，昇温+6℃区と降温-12℃区ではやや抑制された程度であった（第2図）。しかし，ポインセチアでは負のDIF処理区および他のすべての処理区は，同程度に大きく抑制された。このことから，植物の種類によって，昼夜温較差処理の草丈に対する効果は異なることが明らかとなった。乾物重はいずれの処理においても抑制されなかった。開花までの速さは降温-6℃区で最大で，負のDIF区も対照区より大であった。昇温+6℃区では開花が著しく抑制された。しかし花の重量はやや抑制された程度であった（第1表）。

この実験から，キクは-6℃のDIF条件で，広範囲に草丈を抑えることができるが，鉢ものとして必要とされる草丈に調節するには，この負のDIF条件に加えて，最低1回の生育調節剤の処理が必要とされた。また，キクの草丈調節には，生殖生長時におけるDIF処理のみが効果的であることが認められた。DIF処理と短時間の降温処理の間には，ポインセチアでは草丈はわずかな違いしか認められないが，キクでは-5℃のDIF処理は降温処理よりもはっきりした草丈抑制効果があることがわかった。また，この実験では日の出前の6℃の昇温処理は草丈伸長に効果がなかったが，夜明け時から短時間を19℃から25℃に昇温することにより草丈が増大したという報告があり（Moe，1991），温度処理法による種々の生育調節の効果が植物の種類によって異なることや，DIF処理と降温処理が植物に与える生理的影響の違いについてはまだ不明な部分が多い。

（3） DIF，短時間降温，赤色・遠赤色光照射の影響

① キク茎の伸長に及ぼす影響

昼温/夜温が20/20℃（対照），22/15℃（-7℃DIF）および20/夜明け4時間前に2時間23℃に昇温し，その後15℃に降温（降温-8℃区）した処理区を設けた。さらに夜明け前の2時間の降温時間に赤色光と遠赤色光を照射した区を設けた。その結果，-7℃DIF区では草丈および側枝の伸長が抑制された。朝の2時間の降温-8℃区では効果が認められなかった（Bertram，1992）（第3図）。朝の降温処理の有無にかかわらず，赤色光照射は茎の伸長を抑制したが，遠赤色光は茎の伸長を促進させた。茎伸長に及ぼす赤色光および遠赤色光の影響は温度処理に影響されなかった。この実験

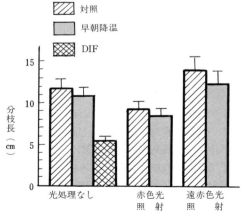

第3図 キクの分枝長に及ぼす温度，光質の影響
(Bertram，1992)

で供試したトマトでは赤色光照射は効果はなく，遠赤色光ではキクとは逆に伸長を抑制した。

②その他の植物の生育・開花に及ぼす影響

Moe（1993）は，生育・開花と DIF および赤色光・遠赤色光の関係について次のようにまとめている。

長日植物であるカンパニュラの開花に対する DIF の影響は小さいが，適温域内では高温になるほど開花が促進される。暗期または暗期の光中断時に遠赤色光を照射すると，赤色光を照射した場合と同様の時期に開花する。開花に関しては光質と DIF の作用は同じで，いわゆる温度形態形成反応とは異なると推測される。暗期における赤色光の照射はフィトクロム Pfr の割合が増大し，負の DIF の条件下での茎伸長を抑制する。短日植物であるポインセチアの開花は負の DIF によって遅延することや，夜温に大きく依存していることが明らかになっている。このようなことから，開花を遅延させることなく，草丈のみの調節ができるかについての研究を行なう必要がある。また，短時間の降温処理については，ポインセチアやベゴニアなどの短日植物では，2時間の降温処理で茎の伸長が抑制されることが明らかになっている。しかし開花に対する降温処理効果は小さい。ポインセチアでは夜明け直前と直後に2時間の降温処理を行なうと，草丈が抑制されるが，真夜中の降温処理では効果が小さいことがわかっている（第2表）。

（4） キクの茎伸長に及ぼす光周性および温度の影響

キクの茎伸長速度は明期11時間，暗期13時間，明暗恒温条件下では周期的な変化を示す（Tutty ら，1994）（第4図，第5図）。茎の伸長速度は概して明期の開始から11

第2表 ポインセチアの草丈，苞の大きさ，開花まで日数に及ぼす13℃・2時間の降温処理の影響
(Moe, R. 1993)

温度	草丈(cm)	苞の大きさ(cm)	開花まで日数
19℃恒温	20.3	11.8	62.8
夜明け直後降温	15.7	11.8	64.4
夜明け直前降温	15.1	12.8	65.7
真夜中降温	19.0	12.6	63.4
有意差	＊＊＊	N.S.	N.S.

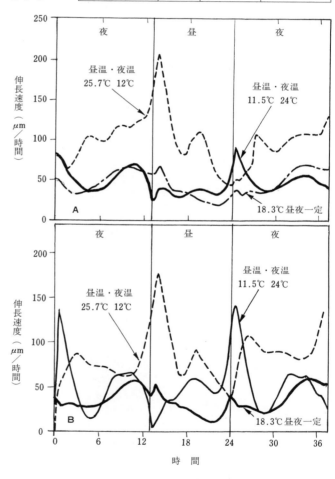

第4図A 18.3℃昼夜一定，昼温25.7℃・夜温12℃，昼温11.5℃・夜温24℃におけるキク茎の平均伸長速度
B 同上条件下における代表的な茎伸長速度
(Tuttyら，1994)

収量増を目指した環境制御

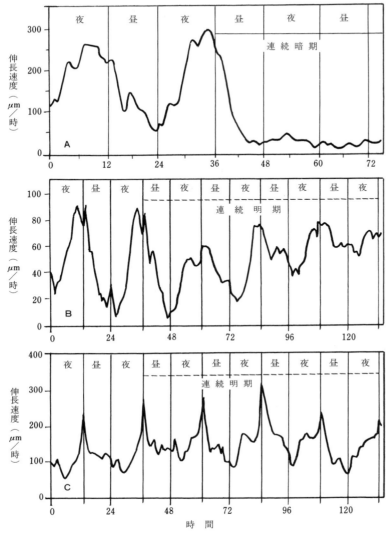

第5図A 連続暗期・18.3℃一定温度における茎伸長速度
B 連続明期・18.3℃一定温度における茎伸長速度
C 連続明期・昼温25.7℃，夜温12℃（昼11時間，夜13時間）における茎伸長速度

(Tuttyら，1994)

基本的には温度に依存している。たとえば暗から明に変化するとき，暗期の温度を明期の温度より低くすると，明期始めの伸長速度のピークの大きさは増大する。

キクでは低夜温のほうが茎伸長速度がより大きくなるが，これは低温による生育抑制後の急激な生長によるものではない。暗から明または明から暗への移行時のいずれにおいても，低温から高温へシフトしたときに起きるピークは基本的なものと考えられている。

茎の伸長速度は組織内のジベレリンと直接的な関係のあることを報告している（Jones, 1966）。また，ジベレリンの合成，移行が温度に対して大変敏感であることからも，高温へのシフトは茎内ジベレリンを増大させ，茎の伸長速度を大にすると考えられる。しかし，キクの場合，生育速度のピークは，低温から高温へのシフト後ただちに起こっており，明から暗，暗から明の移行時に起きるジベレリン活性の変化や，加水化における温度の関与が示唆されている。

キクの茎伸長速度の周期の幅は温度に影響され，昼温25.7℃，夜温12℃では，昼夜温18.3℃一定条件よりも伸長速度が速い。このことはキクでは昼温から夜温を差し引いた較差値が

時間は減少し，次の暗期13時間には増加する。この周期的な変化は，一定の光・温度条件下では内生的なものであるが，連続的な暗黒条件下に置くと，伸長率は一定値まで低下する。暗黒下でのこのような変化は，光合成産物に対するその時々の要求や光依存性，光による刺激に関係していると考えられる。明・暗または暗・明への転換は，伸長速度に大きな影響を与えるが，

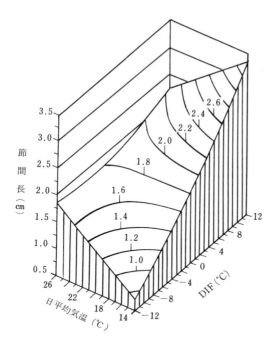

第6図　キク'ブライトゴールデンアン'の節間長に及ぼすDIFおよび日平均気温の影響
（Karlssonら，1989）

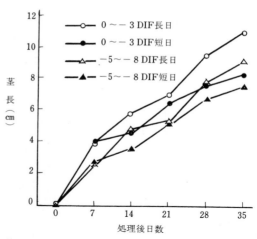

第7図　キク茎長に及ぼす日長およびDIF処理の影響
（野中，1995）

−12〜12℃になるにしたがって，すなわち正のDIF値が大になるほど節間長が増大する報告（Karlssonら，1989）と一致している（第6図）。昼温11.5℃，夜温24℃の負のDIF条件では，パターンは異なるが，節間伸長は昼夜温18.3℃一定条件の場合とほとんど同じである。

同様なことは，最終的な節間長には影響するが，1日の節間伸長量はゼロDIFの場合と−6℃ DIFの場合はほとんど同じであるとの報告がある（Erwinら，1992）。これらのことから，負のDIF条件での茎伸長抑制は1日当たりの節間伸長速度抑制以外の要因によるもので，たとえば，個々の節間伸長期間が短縮されたことによると推測されている。

明期に変わって2，4，6，8，11時間後に，それまで18.3℃で生育させていたものを8.3℃に急速に降温させると，茎の伸長速度はただちに低下したのち，ゆっくりと回復して低温処理の終わりに短いピークを形成する。1日間の茎の総伸長量は，低温処理時間が長くなると低下するが，2時間の低温処理ではほとんど影響を与えない。これらのことから，キクの茎伸長速度は日単位の内生リズムによるもので，光周性によって形成され，温度によって変化させられている。キクの正のDIFによる茎伸長促進効果は，特別の温度と光周性による生長速度のパターンによるものであるが，負のDIFまたは短時間の降温による伸長抑制効果は，生長速度のパターンからは説明が難しい。

（5）キク'秀芳の力'の生育に及ぼすDIF処理の影響

キク'秀芳の力'は高温期以外の時期の切り花品種としてすぐれた形質を有し，電照栽培の主力品種となっているが，温度，光，肥培管理にはきわめて繊細な技術を要している。

'秀芳の力'は他の品種と比較して，低温伸長性が小さく，温度管理では消灯前後の花芽形成促進時期や二度切り栽培での冬至芽または低節位からの側芽の伸長促進時期には高温管理が必要とされている。花芽形成後は花蕾の発達，節間伸長および上位葉の生育の調整期にあたり，バランスのとれた草姿をもつ良品質の切り花のための昼夜温管理が行なわれている。キク茎の伸長に及ぼす負のDIF処理効果は，消灯前の栄養生長期間（長日条件）および消灯後の生殖生長期間（短日条件）で異なり，伸長抑制は栄

収量増を目指した環境制御

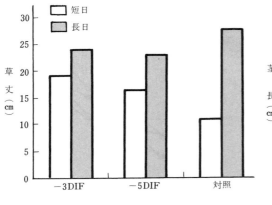

第8図 冬至芽の茎伸長に及ぼす日長およびDIF処理の影響　　　　　　　　（野中，1995）

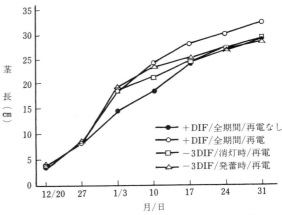

第9図 消灯後のキク茎長に及ぼすDIF処理の影響　　　　　　　　（野中，1995）

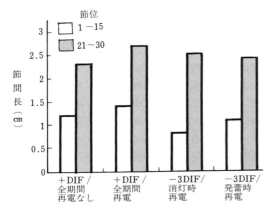

第10図 消灯後のキク節間長に及ぼすDIF処理の影響　　　　　　　　（野中，1995）

養生長期間よりも，生殖生長期間のほうが大であった（野中，1995；第7図）。茎の伸長に及ぼす負のDIF処理効果が，日長条件そのものによって影響を受けるのか，または生殖生長時の茎伸長に限って影響が大きく表われるのかについては不明である。低温を充足した冬至芽を供試し，温暖条件下で長・短日条件とDIF処理を組み合わせて草丈を比較したところ，正および負のDIF条件とも，短日よりも長日条件で大であった（第8図）。長日条件では負のDIFは正のDIFよりも伸長を抑制したが，短日条件では正のDIFよりも抑制が小であった。

キク'秀芳の力'は消灯後14〜20日目に3〜4日間電照（再電照）を行ない，上位茎葉の生育促進を図っている。この場合，上位茎葉の生育が過度にならないようにしたり，圃場全体の草丈を斉一にするため，生育調節剤の散布が行なわれていたりする。再電照終了直後および発蕾時から負のDIF処理を行ない，草丈，節間伸長，花首長，葉面積に及ぼす効果を検討したところ，草丈では正のDIF条件で再電照をしない場合がもっとも抑制され，正のDIF条件で再電照した場合もっとも大であった（第9図）。再電照を行なっても負のDIF条件にすると伸長は抑制され，効果は処理後ただちに表われた。

節間長では上位15節を比較すると，消灯直後から負のDIF処理を行なった場合にもっとも効果的に抑制され，発蕾時からの処理でも正のDIF条件より小であった（第10図）。再電照を行なうと節間伸長が促進されるが，負のDIF処理時に伸長中であった節間部分に対する効果は小であった。

花首長は草姿調節のなかでは重要な部分で，肥培管理の失敗や再電照により過剰に伸長しやすい。生育調節剤の散布処理は，節間伸長の調節と花首長の調節が目的であるが，処理濃度または処理回数が多すぎると葉色や葉の柔軟性が劣化しやすい。再電照したものに負のDIF処理を行なうと，効果的に花首長を短くすることができた（第11図）。効果は消灯時および発蕾時がもっとも大で，膜切れ時でも品質を損なう

ことなく短くすることができる。

　再電照の目的の一つは，花蕾の急速な発育によって，上位葉の葉面積が小さくなるのを防止することである。上位20葉位までの葉面積は，再電照処理によって，無電照の場合よりも著しく大きくなる。再電照処理後，負の DIF 条件下におくと，上位葉の葉面積はそれほど低下せず，草丈，節間長，花首長のような大きな抑制はない（第12図）。

　'秀芳の力' の場合は，すぐれた形質や草姿とともに，切り花後，開花までの花弁の発達が他の品種よりもすぐれており，消費者や市場に大きく評価されている。低温期の温度管理において，昼夜温に較差を設け，草丈の伸長を図る場合は夜明け時の加温処理を行ない（正の DIF 処理），逆に節間や花首長を抑えたい場合には，夜明け時からできるだけ長時間の降温処理を行なう（短時間の降温処理または負の DIF 処理）ことで効果的に生育が調節できる。DIF 処理による切り花用キクの日持ち性や，葉の柔軟性に関する試験が行なわれていないため，品質への影響については不明であるが，DIF 処理の効果が短時間で表われることや，処理を停止すると再びもとのように回復するなど，適期に適量の生育が調節できるという利点がある。ガラス室やビニルハウスなどの大型施設における温度較差処理方法，効果的な処理開始時期，処理期間，昼夜温較差値の大きさなどをさらに詳細に検討することにより，省力化や良品質化への新技術となることが期待される。

　〈執筆〉　野中　瑞生（野菜・茶業試験場久留米支場）

1995年記

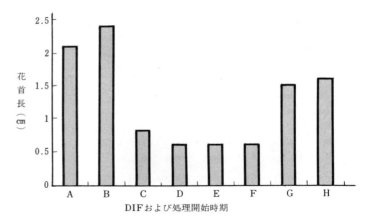

第11図　キク花首長に及ぼすDIF処理の影響　　（野中，1995）

A：＋DIF／全期間／再電なし　　E：－3DIF／発蕾時／再電
B：＋DIF／全期間／再電　　　　F：－5DIF／発蕾時／再電
C：－3 DIF／消灯時／再電　　　G：－3 DIF／膜切れ時／再電
D：－5 DIF／消灯時／再電　　　H：－5DIF／膜切れ時／再電

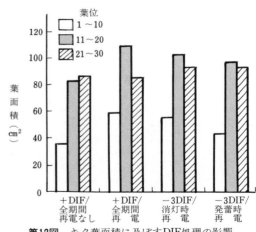

第12図　キク葉面積に及ぼすDIF処理の影響
（野中，1995）

参 考 文 献

Bertram, L. 1992. Stem elongation of Dendranthema and tomato plants in relation to day and night temperatures. Acta Hort. 327, 61—69.

Cuijpers, L. H. M. and J. V. M. Vogelezang. 1992. DIF and temperature drop for short-day pot plants. Acta Hort. 327, 25—32.

Erwin, J. E., R. D. Heins, W. Carlson and S. Newport. 1992. Diurnal temperature fluctuations and mechanical manipulation affect plant stem elongation. Plant Growth Regular. Soc. Amer. Quarterly 20, 1—17.

Jones, R. L. and I. D. Phillips. 1966. Organs of gibberellin synthesis in light grown sunflower plants. Plant Physiol. 41, 1381—1386.

Karlsson, M. G., R. D. Heins, J. E. Erwin, R. D. Berghage, W. H. Carlson and J. A. Biernbaum. 1989. Temperature and photosynthetic photon flux influence *Chrysanthemum* shoot development and flower initiation under short-day conditions. J. Amer. Soc. Hort. Sci. 114, 158—163.

Moe, R. 1991. Using temperature to control plant height. Floraculture International 3, 26—27.

Moe, R. 1993. Control of morphogenesis and flowering by temperature alterations. Flowering Newsletter. 15, 30—34.

野中瑞生. 1995. キクの生育に及ぼす昼夜温較差（DIF）処理の影響. 園学雑. 64（2）, 66—67.

Tutty, J. R., P. R. Hicklenton and D. N. Kristie. 1994. The influence of photoperiod and temperature on the kinetics of stem elongation in Dendranthema grandiflorum. J. Amer. Soc. Hort. Sci. 119, 138—143.

高温障害対策

(1) キクにおける高温障害の症状

キクは露地と施設,出荷期と品種の組合わせにより多くの作型がある。以下に,キクの高温障害の主な症状を述べる。

①露地栽培

夏ギク,夏秋ギクでは,生育・開花期が高温となるため,摘心後の不萌芽,草丈伸長不良,中位葉や下葉の黄化あるいは枯れ上がり,開花の前進あるいは遅延,奇形花の発生,花弁の伸長不良,花色の退色などほぼ全般にわたって障害を受ける。露地の秋ギク,寒ギクでは,定植・生育期が高温となるために,苗の活着不良ややなぎ芽の発生が問題となる。

②施設栽培

夏ギクの促成栽培,夏秋ギクのシェードによる促成栽培および電照による抑制栽培,秋ギクのシェード栽培では,花芽分化から開花までが高温下で行なわれるために,やなぎ芽の発生,花芽の枯死,花心部の腐敗,奇形花(貫生花,弁裂け),花弁の伸長不良(小輪化),総ほう(苞)の肥厚・硬化,開花遅延,花色の退色などの障害が発生しやすい。また,葉焼けや,換気不良などによる茎葉の軟弱徒長や切り花の水揚げ不良,日持ち性の低下なども発生する。秋ギクの電照抑制栽培では,挿し芽の発根不良,苗の活着不良および摘心後の不萌芽など,栽培初期の障害が発生する。

(2) キクにおける高温障害対策の実際例

①草丈伸長不良,早期開花

夏ギクや夏秋ギク早生品種は幼若性が比較的弱く,幼若性が親株養成期や育苗期の高温や強日照により早く消失するために,草丈の伸長不良や早期開花が起こりやすい。

これに対する対策としては,幼若性の消失を遅らせるために,親株養成および育苗段階での温度を夜間10°C,昼温25°C以下にする。また,トンネル被覆を行ない,最高気温を40°C程度にして高温によって花芽分化を抑制する方法も一部で採用されている(塚田,1991)。この方法では,定植直後より約4週間,穴あき率0.5%程度のポリでトンネル被覆する。そのさい,乾燥防止および葉焼けに留意する。

②葉焼け,葉の黄化

中位葉の葉枯れは,高温下での土壌乾燥やかん水過多などの極端な乾湿が原因と考えられる。また,下葉の黄化,枯上がりは過湿が原因と考えられる(塚田,1991)。遮光や換気などによって昇温を防止するが,露地栽培では自然条件に左右されやすく,高温対策も充分できないが,適正なかん水,排水,肥培管理を行なうことが重要である。

③開花遅延

シェード栽培では日没以前にシェードを開始することから,夜間もシェード内の温度が高くなるために,花芽分化や花芽の発達により大きな障害を与えることになる。そこで,日没後,外気温が低下してから,いったんシェードを開放し,明朝日の出前に再度被覆する夜間のシェード開放が有効である。西尾ら(1988)によれば,シェード開始直後からと朝方の開放前のおのおの2時間以内の高温は,開花遅延にあまり大きな影響を及ぼさないことが明らかにされており,夜間のシェード開放の意義は大きい。なお,後述するように,シェード栽培における開花遅延の程度は,秋ギクと比較して夏秋ギクのほうがかなり小さいことから,盛夏期には夏秋ギク型品種の利用が望ましい。

④貫生花の発生

品種'天寿'の6〜7月出しシェード栽培における貫生花の発生は,シェード開始後の昼間の換気不良による30°C以上の,とりわけシェード開始後4週目付近の高温遭遇が原因であり,最高温度を25°Cに下げることによってかなり発生を防止できる(佐藤ら,1994)。ただし,'天寿'には広い生態型の変異があり,栽培にあたっては,まず,貫生花の発生しにくい系統を選択する必要がある。

⑤苗の活着促進

まず良質の苗を養成することが重要である。老化をさせないように適正管理した親株から採穂し,品種によっては必要に応じて穂冷蔵を行なった後に挿し芽を行なう。さらに,定植後に遮光資材を用いて地温を下げて活着を促進する。ただし,その際に長期間の被覆は苗を軟弱徒長させることから1週間以内の被覆にとどめる。

(3) 夏秋ギク型品種の利用の意義

①わが国におけるキクの夏季生産の経緯と高温開花性品種の重要性

植物の光周性の発見以来,絶対的短日植物である秋ギクは日長および温度を制御することによって,周年にわたって開花させることができるようになり,欧米では同一施設における周年計画生産が成立するに至っている。わが国でもアメリカから開花調節技術が導入され,シェード栽培が1930年代に行なわれるようになった。ところが,暖地におけるシェード栽培では,シェード内が高温となり,開花遅延や切り花品質の低下が起こるために,シェード栽培は夏でもあまり温度の高くならない高冷地を中心に普及することになる。その後,シェードを要しない夏秋ギクが育種され,高冷地における秋ギクのシェード栽培は,夏秋ギクの季咲き栽培に取って替わっていった。

1974年に,欧米より大規模周年生産用に育種改良されたスプレーギクが導入されたのを機に,欧米型の周年生産体系がわが国でも見直され,シェード栽培も復活した。しかしながら,1930年代での取組みと同様に,温暖地では高温によって開花が遅延するために,周年計画出荷の上で大きな支障となったほか,切り花品質が低下し,高温障害の問題解決が迫られた。

②夏秋ギク型品種の育成と高温開花性

欧米より導入されたスプレーギクはすべて秋ギクであり,自然開花期は10月下旬から11月上旬であった。ところが,1980年ころから,長野県の育種業者によって,10月中旬以前の夏に自然開花する夏秋ギク型のスプレーギクの育種が開始された。

夏秋ギクは秋ギクよりも開花に関する限界日長が長いことから,自然日長が長い夏季においてもシェードを省略もしくは短縮することができる。また,夏ギクとは異なり,開花に関する限界日長を有していることから,秋ギク同様に電照による開花抑制が可能である。農林水産省野菜・茶業試験場では夏秋ギクの中に夏の高温条件下においても,短日処理開始から開花までに要する日数が短く,切り花品質の低下の少ないものがあることを見出していた。

1982年に民間育種業者で育成された夏秋ギク型スプレーギク系統を用い,対照の秋ギク品種

第1表 短日処理開始日が夏秋ギク型および早生,中生秋ギク型スプレーギク品種・系統の到花日数に及ぼす影響 (柴田・川田, 1984)

品種・系統	短日処理開始日		
	5月17日	7月5日	8月30日
夏秋ギク型			
SP200	46.5	45.7	42.7
SP202	49.8	46.0	45.2
早生秋ギク型			
Dramatic	——[a]	61.6	54.4
Gem	51.3	57.4	50.0
中生秋ギク型			
ピンクパール	65.9	87.3	61.8
Miros	73.8	87.3	62.0

注 a:欠測

第2表 夏秋ギク型と秋ギク型スプレーギクとの交雑後代群の8月開花および10月開花における到花日数と自然開花日 (柴田・川田, 1984)

交雑組合せ		供試個体数	到花日数		差[e](日)	自然開花日
種子親	花粉親		7月4日[a]	8月22日[b]		
SP202[c]	Gem[d]	187	53.7	51.8	1.9	9月 6.7日
Gem[d]	SP202[c]	64	54.5	52.0	2.5	9月15.9日
SP202[c]	スプリングソング	17	56.2	52.6	3.6	9月21.5日
スプリングソング	SP202[c]	7	52.1	51.3	0.8	9月25.6日
SP200[c]	Gem[d]	14	62.1	54.8	7.3	10月 2.3日
Gem[d]	SP200[c]	15	62.9	55.6	7.3	10月 2.4日
Fiducia[d]	SP200[c]	15	68.5	60.5	8.0	10月16.3日

a:8月開花の作型に準ずる
b:10月開花の作型に準ずる
c:夏秋ギク型スプレーギク
d:秋ギク型スプレーギク
e:7月4日区の値−8月22日区の値

とともに5月17日，7月5日，8月30日にそれぞれ短日処理を開始する栽培試験を行なったところ，夏秋ギク型系統は高温条件下においてもほとんど開花遅延せずに正常に開花する特性（以下，高温開花性と略す）を有することが明らかとなった（第1表）。そこで，同年秋に夏秋ギク型スプレーギクと秋ギク型品種との間で交雑を行ない，翌1983年に交雑後代の高温開花性を調べたところ，夏秋ギク型スプレーギクの有する高温開花性は交雑後代に高率に遺伝することが明らかとなった（第2表）。

夏秋ギク型スプレーギク系統およびこれと秋ギク型品種との交雑系統について，ファイトトロンにおいて高温条件（昼35°C，夜25°C）が花芽分化段階，花芽の発達段階および開花段階のそれぞれに及ぼす影響を調べた結果，秋ギク型品種がすべての段階で高温による阻害を受けたのに対して，これらの系統は高温区においても，ほとんど花芽分化は遅れず（第1図），花芽が順調に発達し（第2図），開花直前の段階ではかえって高温によって開花が早まること（第3表）が明らかになり，夏秋ギク型スプレーギクの高温開花性が確かめられた。

現在までに多くの夏秋ギク型スプレーギク品種が発表されてきているが，夏秋ギク型とはいっても，高温によって開花遅延しやすいものから，ほとんど開花しにくいものまで変異が大きい（第4表）。実際に夏季生産に利用するさいには高温開花性のあるものを選抜する必要がある。

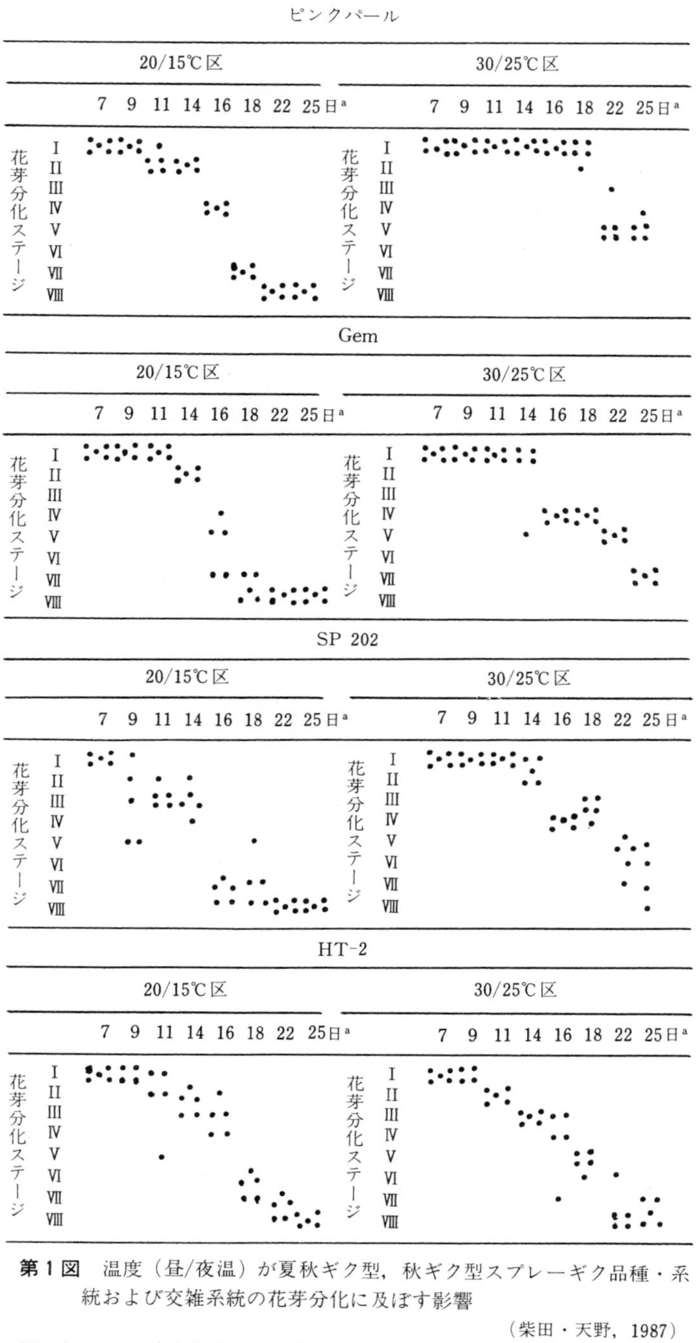

第1図 温度（昼/夜温）が夏秋ギク型，秋ギク型スプレーギク品種・系統および交雑系統の花芽分化に及ぼす影響

（柴田・天野，1987）

ピンクパール：中生秋ギク，　Gem：早生秋ギク，
SP202：夏秋ギク，　　　　　HT-2：SP202×Gem
Ⅰ：未分化，Ⅱ：生長点肥大期，Ⅲ：総苞形成前期，Ⅳ：同中期，Ⅴ：同後期，
Ⅵ：小花形成前期，Ⅶ：同中期，Ⅷ：同後期
a：調査日（短日処理開始からの日数）

収量増を目指した環境制御

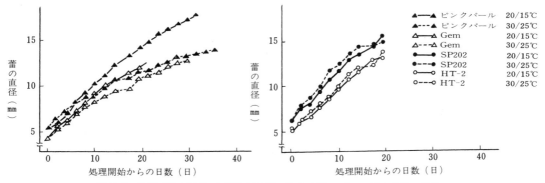

第2図 温度（昼/夜温）が夏秋ギク型，秋ギク型スプレーギク品種・系統および交雑系統の花芽の発達に及ぼす影響 　　　　　　　　　　　　　　　　（柴田・天野，1987）

ピンクパール：中生秋ギク，　　Gem：早生秋ギク，
SP202：夏秋ギク，　　　　　　HT-2：SP202×Gem

第3表　温度（昼/夜温）が夏秋ギク型，秋ギク型スプレーギク品種・系統および交雑系統の開花速度に及ぼす影響　　　　　　　　　　　　　　　　　（柴田・天野，1987）

温度処理開始時の開花ステージ	開花までに要した日数							
	SP202		HT-2		Gem		ピンクパール	
	20/15℃	30/25℃	20/15℃	30/25℃	20/15℃	30/25℃	20/15℃	30/25℃
	日	日	日	日	日	日	日	日
破蕾期	13	13	12	10	15	19	―[a]	―[a]
花弁着色期	9	7	10	9	12	15	14	17〜18
花弁伸長期	7	6	9	8	10	13	12〜13	15〜17
花弁直立期	5	5	―[a]	―[a]	8〜9	10	8〜9	11〜12

注　a：欠区
ピンクパール：中生秋ギク，　　Gem：早生秋ギク
SP202：夏秋ギク，　　　　　　HT-2：SP202×Gem

第4表　夏秋ギク型スプレーギク品種の高温開花性の品種間差　　　　　　（柴田ら，1989）

品種・系統	到花日数（日）		(A)−(B)（日）	品種・系統	到花日数（日）		(A)−(B)（日）
	30/25℃ (A)	20/15℃ (B)			30/25℃ (A)	20/15℃ (B)	
ユートピア	51.3	57.5[b]	−6.2	アンコール	58.0	52.3	5.7
シナノピンク	52.0	58.0[b]	−6.0	ピアス	51.7	44.3	6.4
アムール	47.0	47.3	−0.3	シルク	54.0	47.5	6.5
マーガレットマム	57.0	55.0	2.0	サマークイン	57.3	49.0	8.3
ハート	47.0	43.3	3.7	モナミ	55.3	42.3	13.0
コスチューム	51.0	47.0	4.0	エメラルド	64.3	49.0	15.3
ホワイトサマー	51.0	47.0	4.0	ジェム[a]	79.0	51.0	28.0
ナガノクイン	55.0	50.3	4.7	スワン[a]	>87.0	54.3	>33.3
ハイクリスタル	58.3	53.0[b]	5.3				

注　a：秋ギク型品種，b：一部ロゼット

③夏秋ギク型品種導入によるスプレーギクの周年生産体系の確立

第3図にスプレーギクの主産地である愛知県豊川市周辺地域での月別作付け割合のここ15年間の変遷を示した。そもそもスプレーギクは欧米において大規模周年省力生産用に育種改良されてきたもので、わが国においても導入当初には同一地域での周年生産が考えられた。しかし、欧米に比べて、夏季の気象条件がキクにとって適当でなくなるために、7〜8月にかけては土壌消毒を行ない、夏の間は出荷を見合わせ、夏の涼しい長野県などの高冷地との季節的な生産分担によって、周年供給を行なっていた。導入初期の1981年では、11月と4月に大きなピークがあり、当時先進地とされた豊川地域においても、ほとんど季節的な生産であったことが理解できる。

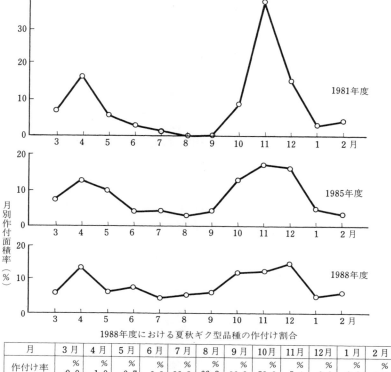

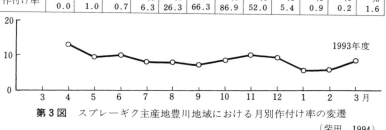

月	3月	4月	5月	6月	7月	8月	9月	10月	11月	12月	1月	2月
作付け率	0.0%	1.0%	0.7%	6.3%	26.3%	66.3%	86.9%	52.0%	5.4%	0.9%	0.2%	1.6%

第3図 スプレーギク主産地豊川地域における月別作付け率の変遷
（柴田，1994）

ところが、夏の生産をやめていては、生産者が皆同じ栽培スケジュールになり、出荷期に大きな波ができるなどの理由から、周年生産の気運が高まり、盛夏期でもかろうじて栽培可能な秋ギク型早生品種を栽培することによって、盛夏出荷が行なわれ始めた（1985年）。しかしながら、秋ギク型早生品種を用いることによっても、夏季の高温による開花遅延と切り花品質の低下は決定的な解決には至らなかった。

農林水産省野菜・茶業試験場ではキクの生態育種研究をすすめるなかで、夏に開花する夏秋ギクの中に、夏季の高温条件下においても開花遅延しにくく、切り花品質の低下の少ないものがあり、暖地の夏季生産用として有望とする研究成果が得られていたが、折しも1983年ころから露地生産用の夏秋ギク型スプレーギクが、国内のキク育種業者から発表され始めた。そこで、前述の研究成果を受けて、施設栽培主体の豊川においても夏秋ギク型品種を利用した夏季生産が急速にすすみ、年間の生産の平準化がかなり達成された（1988年）。この時、夏秋ギク型品種の作付率をみると、8月には66.3％、9月には86.9％と大半を占めており、夏秋ギクの導入

が盛夏開花の作型成立に大きく貢献しているのが理解できよう。現在（1993年）ではわずかに1～2月に生産が少なくなるほかは，年間を通じて作付率は一定で，ほぼ周年生産体系が確立したものといえる。

〈執筆〉　柴田　道夫（農林水産省野菜・茶業試験場　現　東京大学）

1995年記

参 考 文 献

水戸喜平．1991．切花類の高温による生育阻害とその回避技術．Ⅲ．主要産地における生育阻害の現状と回避技術．2．温暖地．野菜・茶試課題別検討会資料．58—65．

西尾譲一ら．1988．スプレイギクのシェード栽培における暗期の高温影響．園学要旨昭63春．470—471．

柴田道夫・川田穣一．1984．夏季生産用スプレイギクの育種（第1報）耐暑性及び早生性の導入について．園学要旨昭59春．276—277．

柴田道夫・天野正之．1987．夏季生産用スプレイギクの育種（第4報）夏季生産用スプレーギクの温度に対する開花反応．園学要旨昭62春．404—405．

柴田道夫ら．1989．夏秋ギク型スプレイギクの日長に対する開花反応と温度に対する開花反応との関係．園学雑．58（別2），444—445．

谷川孝弘．1991．切花類の高温による生育阻害とその回避技術．Ⅲ．主要産地における生育阻害の現状と回避技術．3．暖地．野菜・茶試課題別検討会資料．66—71．

塚田晃久．1991．切花類の高温による生育阻害とその回避技術．Ⅲ．主要産地における生育阻害の現状と回避技術．1．寒・高冷地．野菜・茶試課題別検討会資料．50—57．

冷　房

（1）冷房の意義

夏期晴天日の昼間の温室内の昇温抑制手段として，遮光と換気がある。しかし，この両方の手段を講じても，温室内気温は外気温よりも数℃以上高く，40℃を超えることもめずらしくない。夜間でも，昼間に温室床面の土壌に蓄えられた日射熱が温室内に放熱されるため，温室内気温は外気温よりも1～2℃以上高いのが普通である。したがって，温室内気温を外気温並み，あるいはそれ以下にするには温室冷房によるしかない。

しかし，冷房必要期間が夏期の2か月余りであることもあり，冷房装置の導入が経営上必ずしも有利になるとは限らず，暖房などの環境制御装置に比べると普及はかなり遅れている。しかし，栽培環境および作業環境の改善のため，効果的な冷房法があれば使いたいという要望は強い。冷房が利用できれば，夏期の収穫時期の延長や，定植時期の前進も可能になり，収益増加に結びつく可能性も高い。

従来から，コチョウランの花芽誘導やイチゴの山上げ栽培を代替する目的で，ヒートポンプ冷房が一部では使われていた。これは，花芽誘導という特殊な目的のための利用であるが，最近の動きとして，蒸発冷却法の一方式である細霧冷房の利用が一般栽培でかなり増えている。また，育苗施設や鉢もの栽培施設の一部では，パッドアンドファン冷房が利用されている。

（2）冷房方式の種類と普及状況

現在利用されている温室の冷房方法としては，第1表のように，①ヒートポンプ（冷凍機）を利用する方法，②水の気化冷却の原理を利用した蒸発冷却法（気化冷却法），③地下水を利用する方法がある。

ヒートポンプ利用は，コストがかかるため，一部作物の花芽分化誘導や育苗での利用に限られているので，普及面積は多くはない。汎用的

第1表 冷房・冷却装置の種類と利用状況　　　　　　　　　　　（林，1999）

大分類	中分類	小分類			普及施設	普及度
冷房	空調機利用	ヒートポンプ（冷凍機）			コチョウラン，イチゴなどの花芽誘導，育苗	○
		スポットクーラー，局所冷房			一部の栽培	△
	蒸発冷却法（冷却・加湿）	細霧冷房	自然換気型	多目的用システム	一般栽培	◎
				冷房専用システム	一般栽培	△
			強制換気型		一般栽培	△
		パッドアンドファン			育苗，鉢もの栽培，植物工場など	○
		ミスト噴霧			挿し芽，ラン・鉢もの栽培など	○
	地下水利用	ウォーターカーテン式冷房			イチゴ育苗	○
		熱交換局所冷房			育苗など	△
地下部冷却	冷凍機利用	地中冷却			アルストロメリア，ハウスミカンなどの開花調節，花卉栽培	△
		養液・培地冷却			養液栽培	○
	地下水利用	養液・培地冷却			養液栽培	△

注　普及度（推定）　◎：かなり普及（100ha以上），○：一部で普及（10～100ha），△：試験段階あるいはごく一部で普及（10ha以下）

な方法としては，蒸発冷却法ということになる。蒸発冷却法にはいくつかの方式がある。現在，これらを総計した蒸発冷却法の装置の設置施設面積は1,000ha近くになっていると推定される。

(3) 昼間の冷房と夜間の冷房

①昼間の冷房法

夏期快晴日の正午ごろ，屋外水平面日射量の最大値は1,000W/m²（＝860kcal/m²/h）近くにまで達する。仮にこの70％の熱が温室内で吸収されるとすると，この熱は700W/m²となる。これは，床面m²当たりに発熱量700Wの電気ヒーターが1台ずつ置いてあるのと同じことになる。冷房というとすぐにエアコンの利用を思い浮かべるが，この700W/m²の熱量をとり除くには1馬力程度の家庭用エアコン（冷房能力がおよそ2kW＝1,720kcal/h）が，床面積3m²当たりに1台の割で必要となる。

このように，日射に起因する冷房負荷はきわめて大きいので，遮光による冷房負荷の軽減対策をとったとしても，ヒートポンプエアコン（以下，ヒートポンプ）による温室冷房が経済的に見合うのは，付加価値の高いごく一部の作物あるいは作型に限られる。

ヒートポンプ冷房以外の昼間の温室冷房法として蒸発冷却法があり，いくつかの方式が開発されている。ヒートポンプに比べると運転経費は安価であり，一般栽培での冷房となると，この蒸発冷却法に頼らざるをえない。従来，蒸発冷却法はあまり普及していなかったが，最近になって窓換気型細霧冷房法が増えつつある。また，パッドアンドファンも一部で利用されている。

このほか，地下水を利用した冷房法もあるが，昼間冷房では多量の水量を必要とするため，昼間冷房での利用例はほとんどない。

②夜間の冷房法

夜間は日射負荷がないために，冷房でとり除かなければならない熱量（冷房負荷）は，地中や温室構造材からの伝熱と隙間換気伝熱である。このため，夜間の冷房負荷は，昼間のそれの1割前後であるから，ある程度付加価値の高い作物ではヒートポンプ利用が経済的に見合う場合がある。また，地下水冷房も同様の理由から，利用できる。

しかし，夜間は通常，相対湿度が高いので蒸発冷却法は不適とみてよい。

(4) ヒートポンプ冷房

①ヒートポンプとは

第1図に示すように，低温熱源から高温熱源を得るための装置をヒートポンプと呼ぶ。冷媒の膨張→蒸発→圧縮→凝縮のサイクルによって熱輸送がなされる。低温熱源側（蒸発器側）は冷房（冷却）・除湿に利用できるし，高温熱源側（凝縮器側）は暖房（加熱）に利用できる。家電製品のエアコンは，ヒートポンプの別名である。冷媒の流れを切り替えることによって，1台で冷房・暖房・除湿に利用できる。運転制御性がよく，クリーンであるなどの特徴がある。

②成績係数（COP）

ヒートポンプでは，運転電気入力エネルギーの数倍の熱量を吸収あるいは放出できる。この比を成績係数（COPとも呼ぶ）と呼ぶ。すなわち，冷房時の成績係数＝冷房熱量÷運転電気入力エネルギー（第1図の$Q_2÷Q_1$），暖房時の成績係数＝暖房熱量÷運転電気入力エネルギー（第1図の$Q_3÷Q_1$）である。成績係数が高いほど効率

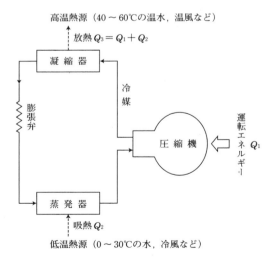

第1図　ヒートポンプの模式図

がよく，運転経費が安くなる。したがって，ヒートポンプを利用する場合，成績係数を高める工夫が大事である。

運転電気入力エネルギーは高温熱源側で放出されるために，暖房時の成績係数は冷房時の成績係数よりも高くなる。通常，冷房時の成績係数は2～3程度，暖房時の成績係数は3～4程度である。冷房時および暖房時の成績係数は，運転時の条件によって変化し，高温側（凝縮器側）熱源と低温側（蒸発器側）熱源の温度差が小さいほど高くなる。

③システム構成の種類

使用目的によって冷房専用，暖房専用，暖冷房兼用，暖冷房除湿兼用のシステムがある。第2図に示すように，1）ヒートポンプ蒸発器側の熱源が水か空気か，2）凝縮器側の熱交換が水か空気か，3）冷水を貯めておく蓄冷熱水槽があるかどうか，4）外部熱交換器を用いるかどうか，などによってさまざまなシステム構成がある。

④冷熱源の種類

冷房運転時のヒートポンプ凝縮器冷却用の冷熱源（暖房運転時は蒸発器側の温熱源）は，空気と地下水・河川水などの水に大別できる。冷房運転時のヒートポンプ成績係数は，冷熱源温度が低いほど高くなる。地下水の温度は地域によって差はある（12～18℃）ものの，周年ほぼ一定である。すなわち，夏期には外気温よりも低く，冬期には外気温よりも高い。

したがって，地下水を利用できる場合には，外気熱源を利用するよりも，冷房時および暖房時ともにヒートポンプの成績係数（COP）は高く，運転経費は安くなる。

このことから，熱源の種類が運転経費上の重要なポイントとなる。

⑤冷熱供給方法

ヒートポンプには，冷風を直接室内に吹き出すタイプと，冷水をつくるタイプの二つがある。

前者のタイプが一般的で，気温分布を均一化するために，冷風吹出口にプラスチックダクトを取り付けて配風する。第3図は，コチョウラン栽培温室に設置されたヒートポンプの例であ

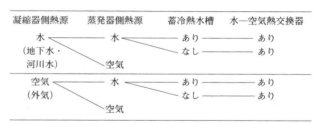

第2図　ヒートポンプを用いた冷房システムの構成
(林，1987)

る。花芽分化促進の目的で昼夜の冷房に使われる。奥の箱型のヒートポンプからポリエチレンダクトによって冷風の配風がなされる。

冷水をつくるタイプでは，温室内に設置した第4図に示すような水―空気熱交換器に冷水を流し，熱交換して冷房する。

⑥システム例

第5図に，地下水を利用した冷暖房システムの例を示す。ヒートポンプは冷（温）風吹出し式であり，温室内に設置される。地下水を利用する場合は，地下水位が下がるのを防ぐために，使用後の水を地下に還元する場合がある。

また，冷房負荷を小さくするために，温室内に第6図に示すような小トンネルをつくり，このトンネル内を局所冷房する方式もある。

⑦ヒートポンプの設置容量

昼間の冷房　昼間の冷房負荷（室温を設定値に維持するために冷房によって除去する熱量）の算定法は確立されていない。しかし，温室内設定気温が外気温よりも数℃低くなるよう冷房する場合であれば，温室内吸収日射量の最大値

第3図　コチョウラン栽培温室に設置されたヒートポンプと配風用ダクト

収量増を目指した環境制御

の1〜2割増の冷房能力を目安に装置を設置すればよいだろう。

たとえば床面積300m²（100坪）の温室の場合であれば、単位床面積当たり温室内吸収日射量の最大値を700W/m²（＝602kcal/m²/h）と仮定すると、温室全体では210kW（＝700W/m²×300m²、18万0,600kcal/h）であるから、冷房能力はその1〜2割増の230〜250kWでよいことになる。ただし実際には、冷房負荷を小さくするために遮光を行なったりしており、その場合の冷房負荷は数分の1になり得るので、それに応じて冷房能力も小さくてよい。

夜間の冷房 夜間冷房負荷の算定法は、林ら（1986）に示されているが、ここでは省略する。

おおむね昼間よりも1桁小さい冷房能力で足りるとみてよい。たとえば、温室内気温を外気温よりも数℃低くするような場合であれば、床面積300m²の通常の温室では、20kW（＝1万7,200kcal/h）程度の冷房能力でよい。

機密性と断熱の向上 夏期には昼間換気が行なわれるため、換気扇や換気窓の周辺部などに多くの隙間がある。したがって、冷房時には、1) これらの隙間を塞いだり被覆材の破れを塞いだりし、2) 冷房中は温室内カーテンを閉じ、3) さらには、温室外面をフィルムで覆うなどすれば、換気量を通常の3分の1程度にすることは容易であり、それだけで冷房負荷を上記の30％程度抑えることができる。また、地中からの伝熱量も、稲わらなどを敷いて断熱を図ることによって半分以下にできる。

温室の気密性向上と床面の断熱向上の二つにより、冷房負荷を通常の温室の半分以下にすることができるので、この点の配慮が必要である。

⑧冷房時の湿度環境

ヒートポンプ冷房の場合、冷房と同時に除湿がなされるため、通常の対照温室に比べ空気中の水蒸気含量は当然低くなる。したがって、密閉度が高い場合には相対湿度がかなり低下する場合もありえる。なお、湿度環境は、ヒートポンプの除湿量、温室の換気量、蒸発散量の程度によって異なる。

⑨冷房例

第7図は、コチョウランの花芽分化促進を目的とした昼夜冷房の実施例である。6月から9月にかけて、山上げ栽培の代わり

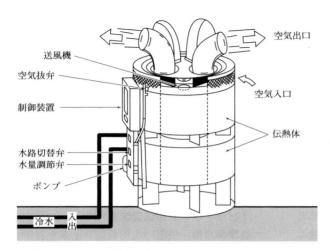

第4図 水―空気熱交換器（多重ヘリカコイル対向流方式）の例 　　　　　　　　　　　　　　（ネポン（株））

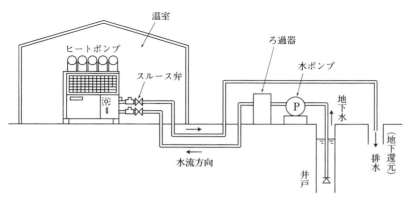

第5図 水―空気型電気式ヒートポンプ（暖冷房兼用）のシステム構成例
（N社）

に時期をずらして3作の冷房を行なっている。山上げ栽培に比べ開花時期が調節しやすく、病害発生も少ないなどの利点があげられる。

(5) 蒸発冷却法

①蒸発冷却法の原理

水 $1l$ が蒸発するには、およそ2,400kJ（約580kcal）の気化熱を必要とする。すなわち水が水蒸気に状態変化（顕熱が潜熱に変化）するのにともなって、気温が低下する。この原理を利用した細霧冷房法やパッドアンドファン法など、いろいろなタイプの蒸発冷却法が開発されている。

温室内で水が気化すれば当然相対湿度は上昇し、100％に到達すればそれ以上の蒸発は望めなくなる。したがって、蒸発冷却法では換気が必要である。気化冷却にともなって高湿となった温室内空気は、たえず室外に排出する必要がある。したがって蒸発冷却法は、水の気化と換気を組み合わせた方法といえる。

②蒸発冷却法の冷却限界

同じ乾球温度では、相対湿度の低い空気ほど（乾燥しているほど）蒸発量を多くできるので、冷房による気温降下も大きくなる。理想状態では気温を湿球温度まで下げることができる。第8図は気温が33℃のときを例に、相対湿度と湿球温度の関係を示している。図からわかるように、相対湿度が低いほど気温（乾球温度）と湿球温度の差が大きい。たとえば、相対湿度80％のときの湿球温度は29.9℃であり、最大3.1℃（33℃－29.9℃）の気温低下が見込める。相対湿度が30％になると湿球温度は20.1℃であるから、最大12.9℃（33℃－20.1℃）もの気温低下が見込める。

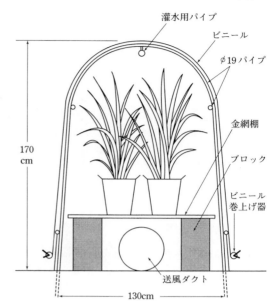

第6図 冷房トンネルの断面図
(上島, 1991)

床面がマルチで覆われ蒸発が少なく、あるいは作物が小さく蒸散が少ない温室では、高温低湿になりやすいので蒸発冷却法が向いている。

③湿球温度と冷房時の相対湿度

日本各地の7～8月の日中の湿球温度は、九州から関東にかけてはおよそ24～25℃であり、関東以北ではこれよりも低く、北海道ではおよそ20℃である。

晴天日の湿球温度は、日中の変化が比較的小さく、ほぼ一定に近い。これに比べ乾球温度は、正午すぎに最大値に達し、朝夕はこれよりも低い。このことから、相対湿度は朝夕に比べ外気温が最高となる正午前後のほうが低くなり、乾湿球温度差は大きくなる。したがって、日射負

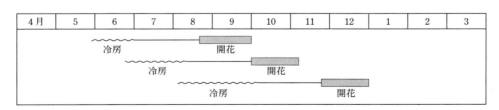

第7図 昼夜冷房によるコチョウランの花芽分化促進（昼間25℃、夜間18℃）

収量増を目指した環境制御

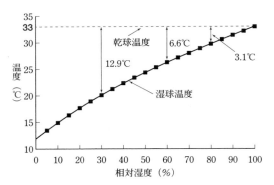

第8図 相対湿度と湿球温度の関係
(乾球温度(気温)が33℃の場合)

荷の大きい正午前後に蒸発量を多くすることができ，蒸発冷却を行なううえでは好都合である。他方，夜間は相対湿度が高くなるので，蒸発冷却は不向きである。

蒸発冷却法では，換気量が少ないと室内相対湿度が上昇（乾湿球温度差が減少）するので，冷房による気温低下は減少する。したがって，換気も蒸発冷却法では重要なポイントである。

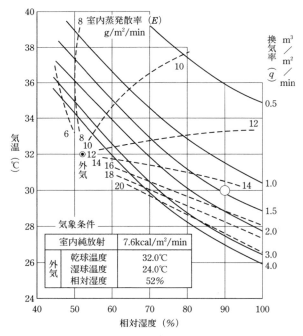

第9図 VETH線図例（無遮光温室）
(三原，1980)

蒸発冷却法では，実際に気温を湿球温度まで下げることは可能である。しかし，気温が下がる一方，相対湿度は上昇（空気飽差が小さくなる）する。連続した高相対湿度は，植物生理や病害発生の観点から問題があると思われ，断続運転など，連続した高相対湿度を避ける運転制御上の配慮が必要である。

④冷房設計

気化冷却は物理現象であり，温室内吸収日射量・外気乾球温度・外気湿球温度・換気量・室内蒸発散量の5条件を与えれば，計算から温室内の乾湿球温度を算出することができる。

細霧冷房による温室内気温および相対湿度を，換気率（単位床面積・単位時間当たりの換気量）と室内蒸発散率（単位床面積・単位時間当たりの温室内での蒸発散量）の関係で推定するための線図（VETH線と呼ぶ）が，三原（1980）によって提示されている。この線図は，換気扇換気を併用した細霧冷房用（換気扇換気型細霧冷房用）に作成されているが，他の蒸発冷却法にも適用できる。以下では，換気扇換気型細霧冷房の場合について説明する。

第9図にVETH線図例を示す。同図は無遮光温室で，外気温32℃，湿球温度24℃の場合の関東以西の平地の冷房設計用である。換気率と室内蒸発散率を示す線の交点が排気部分の気温および相対湿度となる。たとえば，室内排気温を外気よりも2℃低い30℃とするには，換気率が1.5，2.0，3.0および4.0$m^3/m^2/min$の場合の室内蒸発散率が，それぞれ約14.8，15.3，17および18$g/m^2/min$であればよいことが線図から読みとれる。

これらのうち，換気率1.5$m^3/m^2/min$，室内蒸発散率14.8$g/m^2/min$（図中の白丸）を選択したとすると，床面積300m^2の温室であれば，必要換気風量は450m^3/min（1.5$m^3/m^2/min$×300m^2）である。この場合，風量220〜240m^3/minの換気扇であれば，2台必要となる。

室内蒸発散率のなかには，細霧ノズル以外の室内土壌面や植物からの蒸発散

第10図　細霧冷房方式
（三原，1980）

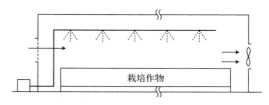

第11図　温室内に細霧ノズルを配置した細霧冷房方式

（床面蒸発散率と呼ぶ）も含まれている。床面蒸発散率については実測例が少ないものの，夏期日中では$6〜10g/m^2/min$程度とみられる。

たとえば床面蒸発散率を$7g/m^2/min$とすると，細霧装置の蒸発散量は，$14.8-7=7.8g/m^2/min$となる。したがって床面積$300m^2$の温室全体の細霧の蒸発量は，$7.8×300=2,340g/min$となり，この数値から配置ノズル数を決める。ノズル噴霧量に対する蒸発量の比は，細霧粒径が小さいほど大となる。たとえば，この比が0.5とすれば，100cc/minの噴霧量ノズルの場合，$2,340÷100÷0.5=47$個必要となる。

(6) 細霧冷房法

蒸発冷却法のなかでは，最も汎用的な方式といえる。冷房時の換気方式が，換気扇換気（強制換気）方式と窓換気（自然換気）方式がある。ここでは，前者を換気扇換気型細霧冷房，後者を窓換気型細霧冷房と呼ぶことにする。

①換気扇換気型細霧冷房

第10図に示すように，温室の吸気口部分で粒径0.05mm以下の細霧をノズルから噴霧し，ここを通過し加湿冷却した空気は温室内を通過後，反対側の換気扇で排気する。

温室内で日射熱の吸収があるので，吸気口から換気扇へ向かう温度勾配ができる。また，吸気口側で未蒸発細霧付着による作物の濡れが生じる。吸気口では外気が温室内天井方向に上昇するような構造上の工事も必要である。このため現在では，第11図のように，温室内に細霧ノズルを配置する方式にかわってきている。しかし，吸気口から換気扇までの距離が40m，50mを超える大型温室には不向きといえよう。次に述べる窓換気型細霧冷房に比べると，普及面積は少ない。

②窓換気型細霧冷房

最近，細霧システム利用による窓換気型細霧冷房が普及してきている。細霧システムは何種類かあり，第2表のような構成に分けられる。

冷房専用細霧システム　現在，たとえば，噴霧圧が$70kg/cm^2$（7MPa）程度の比較的高圧噴霧の細霧システムが市販されている。第3表にシステムの仕様例を示す。前述の換気扇換気型細霧冷房の場合にも，第3表のシステムは利用できる。細霧ノズルは温室内全体に固定配置される。細霧の平均粒径が$20\mu m$以下と比較的小さく，蒸発しやすいことから，未蒸発細霧による作物の濡れが少ない利点がある。他方，ノズル噴口に目詰まりが生じるので，水和剤などの農薬散布には利用できず，冷房・加湿利用が主目的となる。

コンプレッサーによる圧搾空気を使って，霧吹きの原理で細霧噴霧する2流体方式も一部で

第2表　細霧システム構成の種類

ノズル設置方法	固定式 自走式
噴霧方式	一流体方式（動力噴霧使用） 二流体（水・圧搾空気）方式（コンプレッサー使用）
細霧ノズルの種類	拡流方式 衝突板方式など
噴霧圧	$10〜100kg/cm^2$（$1〜10MPa$）
細霧平均粒径	$10〜100\mu m$
利用形態	単独目的利用—冷房（加湿） 多目的利用—冷房，加湿，葉面散布，農薬散布 多重目的利用—冷房と加湿，冷房と葉面散布

第3表　高圧噴霧細霧システムの仕様例　（K社カタログより）

主な構成品	仕様	
①高圧ポンプユニット （ノズル100個用）	構成	高圧ポンプ，モーター，カートリッジ式吸込フィルタ，真空スイッチ，制御盤，給水タンク（20l），プーリ，ベルト，フレームワークなど
	制御項目	気温，湿度，運転時間帯，運転時間（分），休止時間（分）
	使用圧力	7MPa（約70kgf/cm^2）
	使用電力	2.2kW，200V3相，50/60Hz
	寸法	長さ800mm×幅560mm×高さ1,090mm
	総質量	120kg（乾燥質量）
②高圧ホース		特殊ポリオレフィン系樹脂
③ヘッダー管 （マニホールド）	材質	SUS304
	寸法	長さ約3m/本，ノズル取付け口4か所（1.5m千鳥配置）
④ノズル	使用水量	噴霧量120ml/個/分（ノズル100個の場合12l/分）
	材質	SUS316
	その他	ノズルフィルタ通過径0.04mm（40μm）
⑤オプション 磁気式水処理装置	特徴	供給水を"磁場→給水タンク→磁場→給水タンク"と循環させることにより水中のコロイド状不純物の凝集・沈澱を促進させます。総硬度の高い水質にノズルの目詰まり防止用としてご使用ください

図および第13図のように，細霧ノズルが温室全体（床面上3m前後）に取りつけてあり，高温期（あるいは高温乾燥期）に細霧を噴霧（第14図）することで冷房・加湿が行なわれる。冷房時には，換気窓を開放して細霧噴霧を断続的に行なう。連続噴霧しないのは，室内の連続した高湿度化や作物の過度の濡れを避けるためである。

断続運転の細霧噴霧時間と停止時間は，その日の天候や栽培ステージに応じて利用者が

導入されている。ドライフォグと呼ばれる粒径の微小な細霧を噴霧でき，作物が濡れることはほとんどない。設備費および運転経費は，1流体方式よりもかなり高くなる。

多目的利用細霧システム　〔概要〕冷房だけではなく，農薬散布，加湿，葉面散布などの複数目的に利用できることを特徴としている。冷房専用細霧のシステムよりは細霧平均粒径が粗い。栽培者によっては冷房よりは，農薬の無人散布を主目的に導入する場合も多い。また，各種葉面散布に利用する栽培者もいる。現在までの設置面積は800haを超えていると推定され，他の方式に比べ設置面積は圧倒的に多い。

〔構造および運転方法〕この方式では，第12

設定する。通常，噴霧時間は1分前後，噴霧停止時間は気象条件により，4～30分位の間で設定される。したがって，温湿度は噴霧のON－OFFによって上下変動を示す。

温室制御用コンピュータを利用して，制御に湿度情報を加え，室内相対湿度が設定値（たとえば80％）以上では細霧噴霧を開始しない制御をとり入れている利用者もいる。冷房運転に関しては制御ロジックが確立しているわけではなく，植物生理との関係で合理的な制御ロジックを開発する必要がある。

〔噴霧水量〕たとえば，噴霧1分・噴霧停止4分の繰返しの場合であれば，1時間の噴霧水量は10a当たり600lであるので，5時間冷房したとするとおよそ3m^3（3t）の水を噴霧することになる。

〔冷房時の温湿度実測例〕第15図は，水耕トマト栽培温室の冷房時の環境実測例を示している。冷房中は，噴霧1分，噴霧停止4分の繰返しである。細霧噴霧開始後は，1分以内に室温は温室内湿球温度まで約7℃低下し，細霧噴霧停止後は，次の噴霧開始までに屋外気温に近い値まで徐々に上昇している。相対湿度は，室温が最低となる細霧噴霧終了時に100％まで上昇し，次

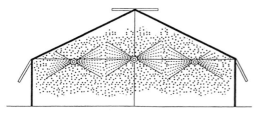

第12図　多目的利用細霧システムによる細霧冷房模式図

の細霧噴霧開始時には約60％まで低下している。

〔作物への細霧付着〕細霧噴霧によって植物に細霧が付着することがある。晴天時には次の噴霧開始時までにほぼ蒸発する。従来、細霧冷房では作物の濡れが病害発生の誘因となると指摘されてきたが、利用している栽培者の話からは特にそのような指摘はされていない。作物が連続して濡れた状態は問題であろうが、日射が強い条件下での断続的な濡れは問題にならないようである。

ただし、本システムでは井戸水が使われることが多く、長期間細霧噴霧を繰り返すと、葉など作物体表面が噴霧水に含まれる物質（カルシウムなど）の析出によって、うっすらと白色化することがあるので、注意する必要がある。また、花弁への水滴付着が問題となる場合は使用できない。

〔加湿利用〕細霧冷房は加湿をともなう。高温乾燥時には、気温を下げる効果とともに、加湿の効果もある。とくに、水ストレスを受けやすい定植直後は、水ストレスを抑制する効果が期待できる。また、噴霧時間を長めにすることで、「葉水」の効果を兼ねる場合もある。

乾燥時の加湿は、作物に対する生理的効果だけでなく、うどんこ病など低湿度で発生しやすい病害の抑制効果が期待できる。高温乾燥時における挿し木・挿し芽あるいは苗定植直後の利用では、水ストレスを抑え、葉焼け防止や活着促進効果が期待できる。

〔利用事例〕一般栽培での冷房のほかに、最近、キクではこのシステムを利用した「直挿し栽培」が一部で行なわれている（第16図）。この場合、挿し芽初期には遮光を組み合わせ、たとえば7、8分に2分程度の細霧噴霧を行ない、発根にともない徐々に噴霧間隔を広げていく。いわゆる、挿し芽の発根・順化への利用である。植替えの手間が省ける利点があげられる。

バラでは、このシステムを挿し木繁殖に利用している事例がみられる。温室内の一区画を不

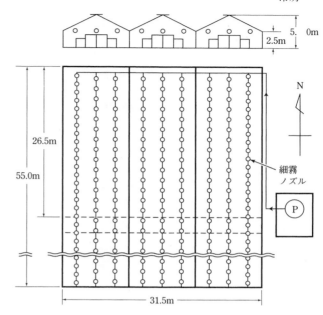

第13図　細霧システムのノズル配置例

織布でトンネル状に覆い、トンネル内上部に細霧ノズルを取り付け、その中で挿し木繁殖をしている。

〔農薬散布利用〕このシステムを利用することで、温室内での農薬の散布作業が省ける。散布時には窓を閉め切って、5分前後噴霧することで10a当たりおよそ250lの薬剤が噴霧できる。

予防的散布あるいは病虫害発生初期の散布が容易となることから、病害発生後に何度も多量に散布するようなことが避けられれば、農薬の総使用量の抑制が期待できる。ただし、手散布に比べると、下位葉や葉裏面への付着量はどう

第14図　細霧噴霧開始40〜50秒後のようす

収量増を目指した環境制御

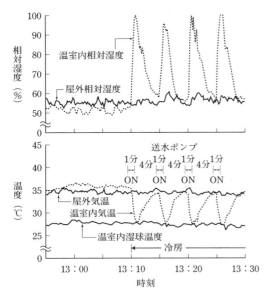

第15図　細霧システムによる冷房温室の温湿度環境
(林, 1998)

横浜市内のトマト水耕栽培ガラス温室で測定
13時10分より冷房開始。冷房中の細霧噴霧時間
1分, 細霧停止時間4分

しても少なくなる。これらの部位あるいは一部区画へ集中散布したい場合には、手散布の併用が必要となる。

また、水和剤は専用フィルターに溜まることがあるので、一定以上の希釈倍率で使うか、乳剤・水溶剤で代用できる場合にはこれらを使う。また、目詰まりを起こしやすい種類の薬剤を使用したあとには、配管に送水して水洗いしたほ

第16図　細霧システムを利用したキクの直挿し栽培

うが無難である。

〔葉面散布利用〕冷房あるいは加湿を兼ねて、水タンクに各種葉面散布剤を加えて噴霧している栽培者もいる。

〔設備費と利用範囲〕装置は単純であるが、農薬散布の省力化や、夏季の冷房（加湿）、葉面散布によって収穫期間を延長させたりあるいは定植時期を前進させている事例がみられる。多目的に使うことで設置コスト面での問題が軽減される。設置費は、10a当たりおよそ150万円である。

野菜（トマト、キュウリ、ナス、メロン、イチゴなど）、花卉（キク、バラ、カーネーション、シンビジウムなど）、果樹（ハウスミカン）など幅広い作物で利用されている。

(7) パッドアンドファン法

育苗温室、花卉鉢もの栽培温室、あるいは太陽光併用型植物工場の一部でパッドアンドファンが導入されている。導入面積はまだ20ha程度と推定され、そう多くはない。

構造を第17図上図に示した。温室の片側の壁面にパッドを設置し、そこに水を滴下させ、パッドを湿らせた状態にしておく。外気がパッドを通過するときに気化冷却され、冷却空気が室内に入る。パッドには、波形のセルロース紙を積層接着した専用パッドが使われる。パッド通過直後の空気は、設計条件がよければ湿球温度近くまで冷却される。温室内を通過した空気は、パッドと反対の壁面に設置した圧力型換気扇で排気される。

第18図は育苗温室での利用例であり、写真中の奥の壁にパッドが取り付けてある。

細霧冷房のように細霧噴霧をしないため、室内や植物体が濡れることがなく、運転制御性がよい。しかし、温室内の吸収日射エネルギーによる昇温があるため、吸入口から換気扇方向に向けての温度勾配ができる。したがって、パッドと排気換気扇の間隔は、40〜50m以内にすべきである。このため大型連棟温室には向かない。

これを避けるために第17図下図のように、パッド背後に換気扇を取り付け、プラスチックダ

クトを用いて温室全体に冷風を分配する方式もある。この場合，換気扇は吹込み式になる。ベンチ栽培ではこの方式が利用できる。

パッドアンドファンは，草丈の高い作物には室内の空気流通が妨げられるため不向きといえよう。設備費は細霧冷房のおよそ2倍であり，比較的付加価値の高い育苗や花卉鉢もの施設など，集約的な周年生産施設に向いている。既設の温室への取付けは経費増となるため，新設温室への設置が一般的である。

(8) その他の蒸発冷却法

利用事例は少ないが，以下のような方式もある。

ミストアンドファン法 温室吸気口の外側にミスト室を設けて，細霧よりも粒径の粗い0.1mm径程度のミストを噴霧して，ここを通過する空気を加湿冷却する方式である。

作物体噴霧法 ミストノズルなどを使って作物体を濡らし，気化冷却によって作物体自体の温度を下げようとする方法である。ラン栽培などの一部で採用されている。

ダクトクーラー（商品名）方式 この方式はベンチ栽培用に考案されたシステムである。第19図のように，温室妻面に吸気口と圧力型送風ファンを取り付け，ダクトを介して外気をベンチ下に導く。ベンチ下にはプラスチック製パッ

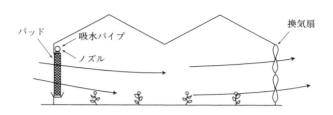

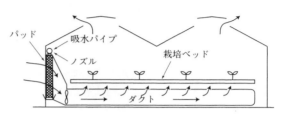

第17図　パッドアンドファン方式
上：従来のタイプ
下：栽培ベッドの下のダクトで配風するタイプ

ドがカマボコ型トンネル状に設置してあり，散水チューブによってパッドに水滴を吹きつける。パッドトンネル内に送られてきた空気はパッド通過時に加湿冷却され，この冷風を上部のベンチネットの隙間から栽培空間に送る。排気は天窓あるいは側窓から行なう。

この方式は，温室全体を冷房するのではなく，作物体付近と鉢内の根圏部の局所冷房を目的としている。

第18図　パッドアンドファン方式による育苗温室の冷房　　　　　　　　（佐瀬原図）
奥の壁面にパッドが取り付けてある

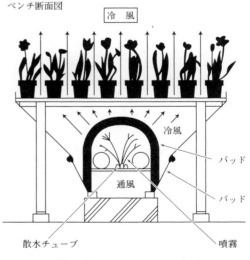

第19図　ダクトクーラー方式
（三井物産・株）

収量増を目指した環境制御

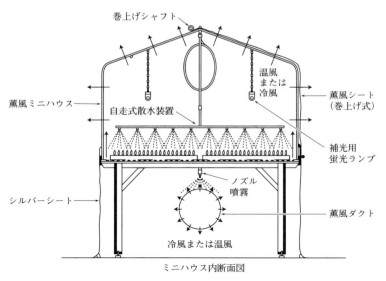

第20図 薫風ミニハウスシステム
(株・園芸施設研究所)

薫風ダクト（商品名）方式 温室壁面の吸気口に圧力型送風ファンを付け，その背後に噴霧ノズルとパッドを取り付け，パッドに水滴を吹きつける。外気はこのパッドを通過時に加湿冷却され，温室内ベンチ下ダクトに送られる。ダクトには，微細孔のあるポリビニールアルコール製の割布繊維フィルムを用いているために，冷風はダクト先端部分だけでなく，ダクト全面から吹き出す。

作物付近の局所冷房を特徴としている。フィルム製ダクトをベンチ下だけでなく，植物間や上部にも吊り下げて使用することができる。

薫風ミニハウスシステム（商品名） このシステムでは，第20図に示すような温室内に設置したミニハウスの局所環境制御を目的としており，蒸発冷却のほかに，ヒートポンプや暖房機と組み合わせて冷房，暖房，除湿，加湿，空気流動，さらに灌水，CO_2施用，補光など，多項目環境制御が可能である。育苗用や培養苗の順化用に開発されたシステムである。

(9) 地下水利用による冷房

地下水を第4図に示したような，水－空気熱交換器に流して熱交換すれば，18～25℃程度の冷風が得られる。しかし，多量の地下水を必要とするため，日射負荷の大きい昼間に温室全体を冷房することには無理がある。昼間の冷房では，ダクトなどを用いて作物付近に冷風を送る局所冷房とする。あるいは負荷の小さい夜間冷房に適している。

最近，栃木県内を中心に，花芽誘導を目的に，イチゴ育苗ハウスでの地下水利用の夜間冷房が導入されている。15℃の地下水で，ハウス内を夜間18～20℃にできる。暖房用のウォーターカーテン方式を冷房用に改良したもので，構造は比較的簡単であり，農家が自作している事例も多い。ただし，特許が取られているために，利用者には特許使用料が求められる。

執筆 林 真紀夫（東海大学）

2001年記

参考文献

林真紀夫．1998．冷房（四訂施設園芸ハンドブック）．日本施設園芸協会．151－163．

林真紀夫．1998．多目的細霧システムによる労働軽減と作期拡大．施設と園芸．No.99，13－20．

林真紀夫．1999．多目的細霧システムによる温・湿度制御の実際．平成10年度最先端施設園芸技術実証推進指導事業報告書．日本施設園芸協会．17－30．

林真紀夫．2000．夏期の昇温抑制技術．平成11年度最先端施設園芸技術実証推進指導事業報告書．日本施設園芸協会．10－21．

林真紀夫．2000．周年利用のための環境調節技術．施設と園芸．No.108，16－23．

林真紀夫．2000．細霧システムを利用した温室内環境調節技術．農耕と園芸．5月号．161－164．

林真紀夫・古在豊樹・權在永．1986．暖冷房負荷の算定法（2）．農業及び園芸．**61**，1443－1448．

林真紀夫・菅原崇行・中島浩志．．自然換気型細霧冷房温室内の温湿度環境．生物環境調節．**36**（2），

97-104.
板木利隆．1997．多目的細霧システムを利用した温湿度制御と省力・快適化．施設園芸省力・快適生産体制確立対策事業．省力・快適化検討会報告書．日本施設園芸協会．33-39.
古在豊樹・權在永・林真紀夫・渡部一郎・新古忠之・樋口春三．1986．温室の夜間冷房負荷に関する研究(2)夜間の冷房負荷軽減について．農業気象．**41**, 351-357.
三原義秋．1980．温室設計の基礎と実際．養賢堂．160-169.

夏期の夜間短時間冷房による高温障害抑制，開花調節，高品質化

(1) 夜間短時間冷房のきっかけ

気象庁がホームページ上に公表している7〜9月の平均気温偏差の経年変化を見ると，年々上昇傾向にある。また，日最高気温が過去最高を記録する，真夏日や猛暑日に加えて熱帯夜が増えるなど地球温暖化の影響を身近に感じる。こうしたことから，夏期に施設内で育苗・栽培する園芸品目では高温障害が頻繁に発生するようになっており，花卉の高温障害に関して，『最新農業技術花卉vol.4』の「温暖化と高温への対策」の章に事例が紹介されている。

低温期にも，比較的高温で栽培される花卉の生産施設においては，燃油価格が高い状態で推移していること，農林水産省などによる補助事業も行なわれたことから，加温用としてランニングコストの安いヒートポンプの導入が進みつつある。ヒートポンプは加温機能に加えて冷房機能ももつことから，バラやシクラメンなどを栽培する一部の生産者は，すでに高温障害抑制を目的に夜間冷房を行なっている。しかし，高温期の夜間冷房は低温期の加温とは異なり，品目ごとの適切な冷房温度や時間帯が明確に示されていなかった。また，花卉生産者からは，漠然と行なわれている日の入りから日の出ころまでの終夜冷房の効率化が求められていた。

これまでに，私たちは高温期の夜間冷房によるスプレーカーネーションの高品質化に取り組み，1995年の夏には21℃の終夜冷房によって高温障害の一つである花茎の軟弱化軽減による品質向上を確認していた。また，1996年には低コスト化のための時間帯について検討し，冷房時間帯は17〜24時の前夜半冷房が24〜5時の後夜半冷房と比較して品質向上効果の高いことも確認していた。それ以降，夜間冷房の研究は行なっていなかったが，農研機構花き研究所の道園らが中心となり開発した低温期の日の入り後加温技術（EOD-Heating）がヒントとなり，低温期における日の入りからの加温とは真逆の手法である，高温期における効率的な夜間の短時間冷房技術の開発に共同研究体制を構築して取り組んだ。

(2) 夜間短時間冷房の実際

夜間短時間冷房は，管理作業の都合によるヒートポンプの稼働・停止ではなく，日の出時刻あるいは日の入り時刻を基準として行なう。終夜冷房は日の入り時刻から日の出時刻まで行なうが，夜間短時間冷房のうちEOD冷房（End of the Day-Cooling，以下EOD）は日の入り時刻から4時間のみ，EON冷房（End of the Night-Cooling，以下EON）は深夜から日の出

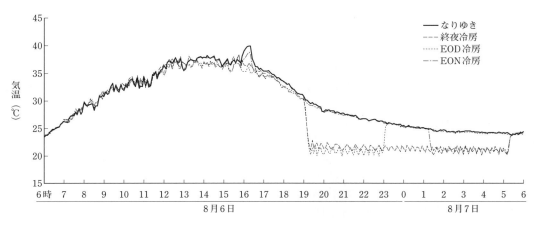

第1図　夜間短時間冷房の気温推移（EODおよびEONは4時間）　　（梶原ら，未発表）

時刻までの4時間のみ冷房を行ない，他の時間帯は冷房しないなりゆきの温度で管理する（第1図）。時間数を4時間としたのは，高い温度と長い時間のEOD-Heatingによって大きく生育が促進されたとする発表（道園ら，2008）にもとづいている。

EODおよびEONの冷房時間は終夜冷房と比較して短いことから，ヒートポンプの稼働に要する電気料金の縮減と稼働時間短縮に起因する二酸化炭素排出量の削減も可能となる。

(3) なぜ夜間短時間冷房は高温障害抑制に有効なのか

スプレーカーネーションでは，前夜半の冷房によって高温障害抑制効果が見られたが，その作用機作は明らかでなかった。そこで，モデル植物として高温によって早期開花するアフリカンマリーゴールド'アンティグアゴールド'を用い，夜間短時間冷房が花芽分化の始まりである生長点の膨大から開花に至る形態変化の，どの段階に作用しているのかについて検討した。人工気象室で明期（12時間）の温度が30℃で暗期（12時間）が24℃の対照，暗期開始から3時間を18℃に降温しそれ以降の暗期9時間を24℃のEOD，暗期開始から9時間を24℃で暗期終了前の3時間を18℃に降温するEONを比較した。ここでは，人工気象室内での栽培のため暗期開始時あるいは暗期終了前からの降温としているが，高温期の実際栽培においては日の入り後，あるいは日の出前の冷房と読み替えていただきたい。

対照および暗期終了前に降温するEONは，処理開始9日後に生長点が膨大し，花芽分化を開始した。EODにおける生長点膨大開始は，それらと比較して3日おそかったが，生長点膨大から発蕾までの日数は同じであった。発蕾以降の蕾は，対照，EOD，EONのいずれも同じ速度で大きくなった。EODにおける花芽分化節位は，対照およびEONと比較して1〜2節高くなった。到花日数には暗期の開始から降温するEODによって早期開花軽減効果が見られ，EODの開花が対照と比較しておそくなった（第

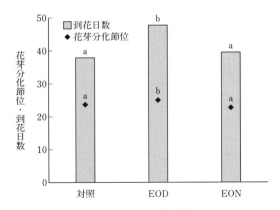

第2図　暗期短時間冷房の時間帯がアフリカンマリーゴールド（品種：アンティグアゴールド）の到花日数および花芽分化節位に及ぼす影響
（道園・久松，2012）
異なる英小文字間にはTukeyのHSD検定により5%水準で有意な差がある

2図）。

以上のように，高温条件下における暗期中の短時間降温の時間帯がアフリカンマリーゴールドの開花に及ぼす影響は異なり，EONと比較してEODによる早期開花軽減効果が大きかった。この要因は，花芽分化開始である生長点膨大の遅れにあるが，EODは生長点膨大から開花までの花蕾発達速度には影響しないことが示された。加えて，部位別の乾物重を測定したところ，EODでは根の乾物重が対照やEONと比較して大きかったことから，地下部の生長促進により養水分吸収が旺盛となったため，栄養生長から生殖生長への転換の遅れが早期開花軽減に影響したと考えられている。

(4) 品目ごとの夜間短時間冷房

①キク

夏秋ギクは高温条件下で栽培しても比較的障害を受けにくいとされているが，開花遅延あるいは開花前進を生じることがある。そこで，'岩の白扇'を用いて夜間冷房の時間帯が開花および切り花品質に及ぼす影響を検討した。冷房しないなりゆきが対照で，夜間短時間冷房では温度をなりゆきから3℃低く冷房し，冷房時間帯は日の入りから4時間のEOD，日の出前4時間

夏期の夜間短時間冷房による高温障害抑制，開花調節，高品質化

のEONおよび日の入りから日の出までの終夜冷房とした。冷房期間は暗期中断を終了した7月17日から開花終了の10月4日までとして茨城県つくば市で比較した。

暗期中断終了から発蕾までの日数は，なりゆきとEONが同じで24日，EODと終夜冷房がそれらと比較して2日早く22日となった（第3図）。また，開花（満開）までの日数も，EODおよび終夜がなりゆきおよびEONと比較して3〜5日早くなった（第4図）。開花時の切り花品質を見ると，茎長は67〜69cm，切り花重は46〜55g，花径は90〜99mmで差はなかったが，終夜冷房およびEODの舌状花長は52.0mmでなりゆきの47.6mmと比較して大きくなった（第1表）。また，EODおよびEONの舌状花率はなりゆきと比較して高くなり，終夜冷房と同等以上であった。

これらのことから，夏秋ギク'岩の白扇'の電照による9月下旬開花作型において，日の入りから4時間のみ外気よりも3℃低く冷房するEODは，なりゆきと比較して，開花遅延を軽減し，切り花品質でも重要な要因である舌状花を大きくするとともに舌状花率が高くなることで高温障害を抑制する効果のあることが明らかとなった。また，EODの効果は，日の入りから日の出までの終夜冷房と同程度であった。一方，日の出前の4時間を外気よりも3℃低く冷房するEONは，開花および切り花品質がなりゆきと同等となり，高温障害抑制の効果が小さかった。

秋ギクは夏秋ギクよりも開花遅延などの高温障害を受けやすいとされていることから，'神馬2号'のシェード栽培における夜間冷房の時間帯が開花および切り花品質に及ぼす影響を検

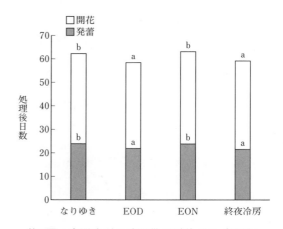

第3図　夜間冷房の時間帯が夏秋ギク（品種：岩の白扇）の発蕾および開花に及ぼす影響
(道園ら，2013)
異なる英小文字間にはTukeyのHSD検定により5％水準で有意な差がある

第4図　夜間冷房の時間帯と夏秋ギク（品種：岩の白扇）の開花　(道園ら，2013)
左からなりゆき，EON，EOD，終夜冷房

第1表　夜間冷房の時間帯が夏秋ギク'岩の白扇'の切り花品質に及ぼす影響　(道園ら，2013)

冷房時間帯	茎長 (cm)	切り花重 (g)	花径 (mm)	舌状花長 (mm)	舌状花数 (枚)	管状花数 (枚)	舌状花率 (%)
なりゆき	67.4a	46.1a	90.0a	47.6a	348.8a	36.3a	90.6
EOD	69.0a	54.6a	98.5a	52.0b	368.1a	28.4a	92.8
EON	67.7a	49.2a	96.6a	50.5ab	361.4a	29.8a	92.4
終夜冷房	66.6a	46.7a	99.2a	52.0b	352.1a	33.3a	91.4

注　冷房温度はなりゆき－3℃
　　異なる英小文字間にはTukeyのHSD検定により5％水準で有意な差がある

討した。冷房しないなりゆきが対照で，短時間夜間冷房では冷房温度を21℃とし，冷房時間帯はシェード開始から4時間のEOD，シェード開放前4時間のEONおよびシェード開始からシェード終了までの終夜冷房とした。冷房期間はシェード（18～6時の12時間日長）開始の7月11日からシェード終了の10月8日までとして比較した。

シェード開始から発蕾までの日数は，なりゆきが28日となり，EODおよびEONの25日，終夜の24日と比較して長くなった（第5図）。開花（満開）までの日数はなりゆきが50日であったが，冷房によって短くなり，EONが48日，EODが42日，終夜冷房が36日となってそれぞれに差が見られた。開花時の切り花品質を見ると，茎長は終夜冷房がEONと比較して大きかったが，切り花重は冷房による差がなかっ

た（第2表）。満開時の花径および舌状花長は，終夜冷房およびなりゆきがEONと比較して大きくなった。舌状花数は，なりゆきと比較してEOD，EONおよび終夜冷房で大きくなったが，管状花数は逆に小さくなった。したがって，舌状花率は，EOD，EONおよび終夜冷房によってなりゆきと比較して著しく高くなった。

これらのことから，秋ギク'神馬2号'のシェードによる9月下旬開花作型において，シェード開始から4時間のみ21℃に冷房するEODは，なりゆきと比較して，切り花品質のなかでも重要な要因である舌状花数を多くするとともに舌状花率を高くすることで，高温障害を抑制できることが明らかとなった。終夜冷房と比較すると，EODによる開花遅延軽減効果はわずかに劣っているが，実用上あまり問題のない範囲にあったと判断している。一方，シェード終了前の4時間を21℃で冷房するEONにおける開花日数は，EODおよび終夜冷房と比較して長く，満開時の花径，舌状花長，舌状花数が小さかったことから，高温障害抑制の効果が劣った。

以上のように，夏秋ギク'岩の白扇'，秋ギク'神馬2号'ともに，EODによる開花遅延の軽減および舌状花率を高くする効果は終夜冷房とほぼ同等であり，EONと比較して大きかったことから，夜間に短時間冷房を行なう時間帯により高温障害を抑制する程度の異なることが示された。

②バ　ラ

高温期のバラ切り花は，花茎が短くなり花弁数も減少するため，ヒートポンプを用いた終夜冷房に取り組む生産者も多い。そこで，'サムライ08'を用いて，夜間冷房の時間帯が開花，

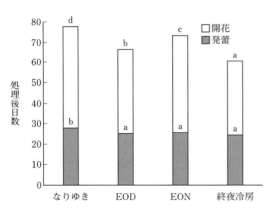

第5図　夜間冷房の時間帯が秋ギク（品種：神馬2号）の発蕾および開花に及ぼす影響
(道園ら，2014)
異なる英小文字間にはTukeyのHSD検定により5％水準で有意な差がある

第2表　夜間冷房の時間帯が秋ギク'神馬2号'の切り花品質に及ぼす影響　　（道園ら，2014）

冷房時間帯	茎長 (cm)	切り花重 (g)	花径 (mm)	舌状花長 (mm)	舌状花数 (枚)	管状花数 (枚)	舌状花率 (%)
なりゆき	54.2ab	48.3a	122.2b	63.4b	115.4a	209.3c	35.5
EOD	55.9ab	50.3a	116.4ab	59.5ab	156.1bc	146.3b	51.6
EON	52.3a	46.1a	113.9a	58.1a	147.8b	138.2b	51.7
終夜冷房	57.9b	53.8a	120.8b	62.7b	172.0c	105.0a	62.1

注　冷房温度は21℃
　　異なる英小文字間にはTukeyのHSD検定により5％水準で有意な差がある

第3表 夜間冷房の時間帯がバラ'サムライ08'の開花，切り花本数および品質に及ぼす影響

(梶原ら，2015)

冷房時間帯	到花日数	切り花数（本／株）	切り花長（cm）	切り花重（g）	節数（節）	花冠高（cm）	花弁数（枚）
なりゆき	35.5a	3.8a	51.2a	30.2a	16.0a	4.4a	30.7a
EOD	39.9a	3.8a	61.8b	45.9b	18.5a	4.7a	35.6a
EON	38.1a	3.8a	61.3b	44.1ab	16.7a	4.6a	32.7a
終夜冷房	40.3a	3.7a	62.6b	46.7b	17.4a	4.7a	33.8a

注 異なる英小文字間にはTukeyのHSD検定により5%水準で有意な差がある

切り花本数および品質に及ぼす影響を検討した。冷房しないなりゆきが対照で，冷房温度は21℃とし，冷房時間帯は日の入りから4時間のEOD，日の出前4時間のEON，および日の入りから日の出までの終夜冷房とした。冷房期間は8月2日から開花終了の9月25日までとして広島県東広島市で比較した。

処理開始から開花までの到花日数は35.5～40.3日，1株当たりの切り花本数は3.7～3.8本となり差はなかった（第3表；梶原ら，2015）。しかし，切り花重は，なりゆきと比較してEODおよび終夜冷房によって大きくなった。切り花長は時間帯にかかわらず，夜間冷房によってなりゆきと比較して大きくなった。花冠高および花弁数は，バラツキが大きく有意な差は見られなかったが，EODおよび終夜冷房で大きな値を示した。

バラ切り花は周年生産される場合が多いことから，これらの株を1年間継続して栽培し，低温期には加温した場合の生産性および品質について比較した。EOD，EON，終夜冷房による高温障害抑制効果は処理期間中に限定され，栽培期間を通した切り花本数および切り花品質にはなりゆきとの間に差が見られなかった。

これらのことから，高温期のバラ切り花生産における夜間短時間冷房の時間帯としては，日の入りから4時間冷房するEODがなりゆきと比較して終夜冷房と同程度に切り花を重くし，花弁数および花冠高を大きくする傾向にあることが明らかとなった。

夜間短時間冷房にはEODが適することが示されたことから，EODに最適な温度に関する検討を'アプラディール'を用いて行なった。なりゆきが対照で，冷房時間帯は日の入りから4時間のEOD，冷房温度は24℃，21℃，18℃，冷房期間は8月2日から開花終了の9月16日までとして比較した。

到花日数，1株当たりの切り花本数，切り花長，切り花重は，冷房温度による差が見られなかった。しかし，なりゆきと比較した花冠高は，21℃および18℃で大きくなった。また，花弁数は18℃でなりゆきと比較して多くなり，21℃および24℃でも同等であった。

これらのことから，24℃のEODによる高温障害抑制効果は，21℃あるいは18℃と比較してやや劣り，実用的には21℃のEODが適することが明らかとなった。

以上のように，品種によって反応はやや異なるが，21℃のEODでは高温による短茎化や花弁の小型化を軽減する効果が終夜冷房と同等であり，その有効性が示された。

バラに関する上記の比較は，いずれも8月の最低夜温が23℃程度の広島県東広島市において行なった。しかし，最低気温が25℃を超えることが多い静岡県磐田市においても類似の比較を行ない，23℃のEODによる高温障害抑制効果は23℃の終夜冷房と同程度となったことを確認しており，最低夜温から2℃低い温度でのEODが有効なことも指摘されている。

③カーネーション

カーネーションは高温条件下で栽培すると，開花遅延や花茎が軟弱になるなどの障害を生じる。そこで，スタンダードカーネーションについては，'エクセリア'を用いて夜間冷房が開花および切り花品質に及ぼす影響を検討した。冷房しないなりゆきが対照で，冷房温度は21℃とし，冷房時間帯は日の入りから4時間のEOD，日の出前4時間のEONおよび日の入り

から日の出までの終夜冷房とした。冷房期間は摘心を行なった7月9日から気温の低下した9月25日までとして兵庫県南あわじ市で比較した。

年内に収穫した切り花の摘心から開花までの到花日数は，EODがなりゆきと比較して15日短くなった（第6図）。開花時の切り花品質を見ると，なりゆきと比較したEODおよび終夜冷房における切り花長，切り花重，茎径に差はなかったが，着花節位が低くなり，開花遅延の軽減効果が見られた（第4表）。また，秋期に収穫する切り花での発生が問題となっている花茎の軟弱化は，EOD，EON，終夜冷房によって軽減された（第7図）。

これらのことから，スタンダードカーネーション'エクセリア'の6月定植・7月摘心作型において，21℃でのEODは，日の入りから日の出までの終夜冷房と同程度に開花遅延を軽減し，切り花品質のなかでも重要な要因である花茎の軟弱化を防止できることが明らかとなった。一方，21℃でのEONは，開花時期がなりゆきと同等であったことから，EODと比較して高温障害抑制効果の小さいことが示された。

スプレーカーネーションについては，'ライトピンクバーバラ'（早生）と'チェリーテッシノ'（晩生）を用いて，夜間冷房が開花および切り花品質に及ぼす影響を検討した。冷房しないなりゆきが対照で，冷房温度は21℃とし，冷房時間帯は日の入りから4時間のEOD，日の出前4時間のEONおよび日の入りから日の出までの終夜冷房とした。冷房期間は，摘心を行なった7月9日から気温の低下した9月25日までとして静岡県東伊豆町で比較した。

'ライトピンクバーバラ'の1番花の到花日数はEODが最も短く，終夜冷房が最も長くなった（第8図）。開花時の切り花品質をなりゆきと比較すると，切り花長，切り花重，全小花数は，EODおよびEONによって大きくなり，終夜冷房でさらに大きくなった（第5表）。花茎下垂度は，EODおよびEONで小さくなり，終夜冷房でさらに小さくなり花茎が硬くなった。栽培期間を通した1株当たりの切り花収量は，1番花の到花日数が短かったEODが最も多く7.1本となり，なりゆきと比較して約1本多くなった。

'チェリーテッシノ'の1番花の到花日数はEODが最も短く，終夜冷房で最も長くなった（第8図）。開花時の切り花品質をなりゆきと比較して見ると，切り花長および切り花重はEODおよびEONによって大きくなり，終夜冷房でさらに大きくなった（第5表）。花茎下垂度は，EODおよびEONによって小さくなり，終夜冷房でさらに小さくなった。小花数は夜間冷房により増加する傾向にあり，とくに

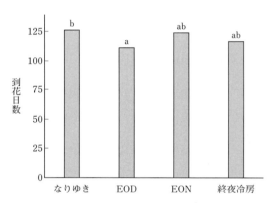

第6図　夜間冷房の時間帯がスタンダードカーネーション（品種：エクセリア）の到花日数に及ぼす影響　　　（東浦ら，2014）
異なる英小文字間にはTukeyのHSD検定により5％水準で有意な差がある

第4表　夜間冷房の時間帯がスタンダードカーネーション'エクセリア'の年内切り花の品質に及ぼす影響　　　（東浦ら，2014）

冷房時間帯	切り花長（cm）	切り花重（g）	茎径（mm）	着花節位（節）	花茎下垂度（°）
なりゆき	58.9a	19.2a	3.5a	20.6b	19.8b
EOD	59.4a	18.4a	3.5a	18.6a	15.9a
EON	57.5a	19.2a	3.5a	20.2b	14.0a
終夜冷房	61.2a	20.0a	3.6a	18.8a	14.2a

注　冷房温度は21℃
　　花茎下垂度は切り花の先端から45cmの位置で水平に保ったときの支点と先端を結ぶ角度異なる英小文字間にはTukeyのHSD検定により5％水準で有意な差がある

終夜冷房で多くなった。栽培期間を通した1株当たりの切り花収量は，EODが6.3本，終夜冷房が6.4本となり，なりゆきと比較して約1本多くなった。

これらのことから，スプレーカーネーションの6月定植・7月摘心栽培作型において，EODはなりゆきと比較して開花遅延および切り花品質のなかでも重要な要因である花茎の軟弱化を防止することで高温障害を抑制できることが明らかとなった。ただし，その効果には品種間差があり，早生の'ライトピンクバーバラ'では晩生の'チェリーテッシノ'と比較して大きいことが示された。

以上のように，21℃のEODは，なりゆきと比較して，開花遅延および花茎の軟弱化を軽減した。また，EODによる高温障害を抑制する効果は終夜冷房と同程度であったが，EONではやや劣ることも明らかとなった。スプレーカーネーションへのEODによる高温障害抑制効果は，早生品種で高くなったことから，気温の高い時期に開花する品種群や春期定植での高温期開花作型における有利性が示唆された。

④鉢ものシクラメン

鉢ものシクラメンは，高温条件下で育苗すると開花遅延や品質の低下を生じる。そこで，'改良シュトラウス'を用いて，夜間冷房の時間帯が開花および鉢もの品質に及ぼす影響を検討した。冷房しないなりゆきが対照で，冷房温度は21℃とし，冷房時間帯は日の入りから4時間のEOD，日の出前4時間のEONおよび日の入りから日の出までの終夜冷房とした。冷房期間は7月15日から気温の低下した9月15日までとして島根県出雲市で比較した。

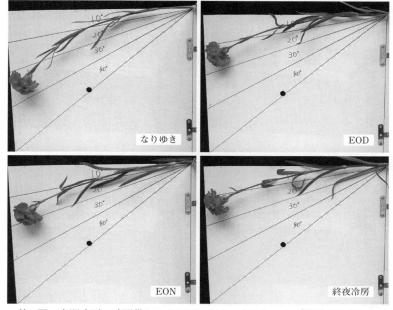

第7図 夜間冷房の時間帯とスタンダードカーネーション（品種：エクセリア）の花茎

(東浦ら，2014)

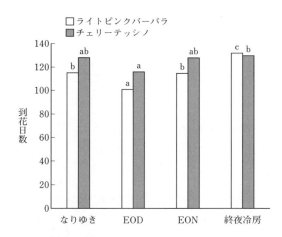

第8図 夜間冷房の時間帯がスプレーカーネーションの到花日数に及ぼす影響

(岩﨑ら，2014)

同一品種内の異なる英小文字間にはTukeyのHSD検定により5％水準で有意な差がある

時期別の出荷可能株割合は，EODおよびEONがなりゆきと比較して早期から高くなり，いずれも11月18日には50％を超え，12月1日には100％となり，終夜冷房と同じように推移した（第9図）。なりゆきと比較した12月上旬

収量増を目指した環境制御

第5表 夜間冷房の時間帯がスプレーカーネーション'ライトピンクバーバラ'および'チェリーテッシノ'の年内切り花の品質に及ぼす影響

(岩﨑ら, 2014)

品　種	冷房時間帯	切り花長 (cm)	切り花重 (g)	花茎下垂度 (°)	小花数 (個)
ライトピンク バーバラ	なりゆき	46.5a	17.0a	21.0c	5.2a
	EOD	48.2ab	18.8b	17.7b	5.7b
	EON	49.1b	19.5b	18.0b	5.4ab
	終夜冷房	51.4c	22.7c	14.3a	5.8b
チェリー テッシノ	なりゆき	45.6a	16.8a	20.8c	5.1a
	EOD	48.5b	18.7b	16.2b	5.3ab
	EON	48.7b	18.3b	17.3b	5.2ab
	終夜冷房	50.5c	20.2c	13.8a	5.5b

注　冷房温度は21℃
　　花茎下垂度は切り花の先端から45cmの位置で水平に保ったときの支点と先端を結ぶ角度
　　異なる英小文字間にはTukeyのHSD検定により5%水準で有意な差がある

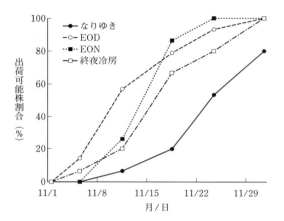

第9図 夜間冷房の時間帯がシクラメン（品種：改良シュトラウス）の時期別出荷可能株割合に及ぼす影響　　　（加古ら, 2014）

の開花数は，EOD，EON，終夜冷房で多くなったが，葉数および花蕾数には差がなかった。一方，2012年には冷房温度を18℃として同様な比較を行なったが，EONにおける出荷可能株割合はなりゆきと同等となり，EODおよび終夜冷房と比較して低く推移し，開花数も少なくなった（第10図）。

　以上のように，シクラメンにおいては夜間短時間冷房による高温障害抑制効果には年次変動のあることが明らかとなったが，夜間短時間冷房によって終夜冷房と同等の高温障害抑制効果を得るためには，日の入りからの4時間を21℃に冷房するEODの安定性が示された。

⑤鉢ものマーガレット

　鉢ものマーガレットは，高温条件下で栽培すると開花遅延や徒長を生じる。そこで，'サンデーリップル'と'風恋香'を用いて，夜間冷房の時間帯が開花および鉢もの品質に及ぼす影響を検討した。'サンデーリップル'の冷房温度は18℃で冷房期間は7月30日から9月25日まで，'風恋香'の冷房温度は21℃で冷房期間

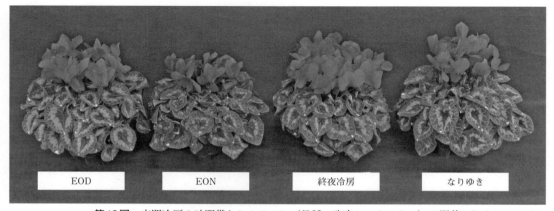

第10図　夜間冷房の時間帯とシクラメン（品種：改良シュトラウス）の開花　（加古ら, 2014）

は7月19日から9月25日までとした。両品種ともに，冷房しないなりゆきが対照で，冷房時間帯は日の入りから4時間のEOD，日の出前4時間のEONおよび日の入りから日の出までの終夜冷房として静岡県東伊豆町で比較した。

'サンデーリップル'の発蕾および開花は，EONおよび終夜冷房がなりゆきと比較して早くなり，EODはその中間となった（第11，12図；武藤ら，2014a）。一方，'風恋香'の発蕾および開花は，EODおよび終夜冷房がなりゆきと比較して早くなり，EONはその中間となった（武藤ら，2014b）。両品種ともに草丈，1次分枝数，着蕾分枝数には冷房時間帯の影響は見られなかったが，なりゆきと比較した株張りは'サンデーリップル'ではEODによって，'風恋香'ではEODおよび終夜冷房によって小さくなり，徒長防止効果が見られた。

以上のように，鉢ものマーガレットにおいては，夜間短時間冷房の時間帯が開花遅延の軽減および株張りに及ぼす影響は品種によって異なることが明らかとなった。EONの効果が高かった'サンデーリップル'はマーガレットの交配種，EODの効果が高かった'風恋香'はマーガレットとハナワギクとの属間雑種であり，このことが夜間短時間冷房への反応が異なる一因と推察されている。

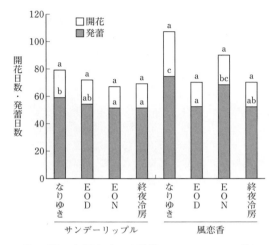

第11図 夜間冷房の時間帯がマーガレット（品種：サンデーリップルと風恋香）の発蕾および開花に及ぼす影響

（武藤ら，2013・2014a）

同一品種内の異なる英小文字間にはTukeyのHSD検定により5％水準で有意な差がある

第12図 夜間冷房の時間帯とマーガレット（品種：サンデーリップルと風恋香）の開花

（武藤ら，2013・2014a）

(5) 夜間短時間冷房導入にあたって

①ヒートポンプ停止後はハウスを開放

静岡県袋井市の養液栽培によるバラ生産施設内で2014年に湿度を測定した。ヒートポンプ稼動中の湿度は，終夜冷房，EODともに90％以下で推移したが，EODでは冷房終了後も施設を閉め切った状態に保つと，間もなく湿度が100％にまで上昇した。終夜冷房の場合，日の出以降はヒートポンプを停止するとともに施設を開放するため，施設内の湿度上昇は問題にならない。ところが，夜間短時間冷房の場合は，病害予防の観点から冷房終了後は速やかに施設を開放し，湿度上昇を防ぐ必要がある。

②自動開閉装置の導入

低温期の省エネを目的に栽培施設内に導入された内張りの天井カーテンの開閉は，その多くが自動化されているが，側面は手動による開閉も多い。日の入り時刻はまだしも，深夜に毎日内張りを手動で開閉することは非現実的である。夜間短時間冷房を利用する場合は，省力・軽労化のため，タイマーによって内張りを開閉できる装置（1セット12万円程度）を設置し，自動化をはかる必要がある。

③経済効果

終夜冷房に要した電力使用量を100とした場合，EODおよびEONにおける電力使用量は，それぞれ60および40程度となり，省エネ技術であることも示されている（貫井ら，2014）。

夜間短時間冷房は時間帯にかかわらず，いくつかの花卉品目に対してなりゆきで栽培した場合に発生した開花遅延や品質低下を軽減したが，その効果はEODが安定して高かった。そこで，ここではEODを行なった場合の経済効果について紹介する。

EODに使用するヒートポンプは低温期の燃油高騰対策により導入済とし，高温障害抑制効果による出荷額増加から内張り自動開閉装置の減価償却および電気料金などへの支出を経済的に試算した。その結果，10a当たり，バラでは25万円，スタンダードカーネーションでは31万円，スプレーカーネーションでは44万円，シクラメンでは19万円程度のコスト低減がそれぞれ見込まれた。カーネーションでは，花茎が硬くなるとともに開花遅延軽減により1番花の開花が前進したことから，年明け以降の総収量の増加による増益も期待できる。

(6) 残された課題

①ほかの花卉品目への適用

パンジー，プリムラ，トルコギキョウでも，開花遅延，生育抑制，枯死株の発生やロゼット化などの高温障害が発生している。

パンジーについては，終夜冷房のみならずEODあるいはEONを行なっても，生育抑制や枯死株の発生といった高温障害を抑制，あるいは回避できなかった。このことから，パンジーは夜間冷房のみでは高温障害対策として不十分であり，夜間冷房に加えて日中の昇温抑制が必要と判断した。

プリムラについては，高温障害抑制のためには18℃での終夜冷房が有効であったが，18℃でもEODおよびEONでは枯死株の発生や生育のバラツキをあまり軽減できなかったため（第13図），夜間短時間冷房は利用できないと判断した。

トルコギキョウについては，夜間冷房を行なわなくても，播種後に暗黒下で10℃・35日間の吸水種子湿潤低温処理を行なうと，高温期に育苗・定植してもロゼット化することなく正常に生育し，開花した。このことから，トルコギキョウへの夜間冷房は不要と判断した。

なお，今回の課題で調査していない花卉品目（洋ラン，ガーベラやユリなど）については，栽培施設へのヒートポンプが導入されており，夜間短時間冷房による高温障害抑制についての検討が待たれる。

②日中の昇温抑制対策との併用

これまでに記した夜間短時間冷房における日中の昇温抑制対策は，寒冷紗被覆のみである。ところが，一部の生産者は，夜間温度低下のためのヒートポンプに加えて，日中の昇温抑制のためにパッドアンドファンあるいは細霧冷房を併用している。日中の昇温抑制と夜間の昇温抑

夏期の夜間短時間冷房による高温障害抑制，開花調節，高品質化

第13図 EODの温度とプリムラ（品種：セブンティースカーレット）の生育（2014年）

(後藤ら，未発表)

制を併用して植物の栽培適温に近づけることは，夜間冷房のみの高温障害対策と比べて，より効果が高いと考えられる。

愛知県農業総合試験場の二村ら（2012）は，バラにおける日中の細霧冷房と終夜のヒートポンプ冷房の併用による品質向上効果を認めているが，経済性には課題が残るとも報告していることから，営利栽培における昼夜の温度制御については自らの経営内容を考慮して取り組んでいただきたい。

③夜間短時間冷房の時間

日の出時刻や日の入り時刻は日々変動するが，国立天文台のホームページに公開してある「暦の計算（http://eco.mtk.nao.ac.jp/cgi-bin/koyomi/koyomix.cgi）」を利用して各地の時刻を導き出すことができる。これまでの調査事例は，一部を除いて1週間ごとにタイマーの調整を行なっており，毎日の調整は必要ないことを示している。一般に，ヒートポンプの稼働時間が短いほど電力利用料金は安いが，高温障害抑制効果の見られた4時間よりも短い冷房時間での検討は十分に行なっていない。

第2図に示したようにマリーゴールドでは3時間のEODでも早期開花を抑制したが，夜間短時間冷房における最適な処理時間数については今後の検討課題である。

④高温障害抑制効果の年次変動

夜間短時間冷房による高温障害抑制効果は，平年と比較して夏期の平均気温の高かった2012～2013年に確認している。ところが，2014年夏期の最高気温は平年よりも低く，調査した花卉品目ではEOD，EON，終夜冷房となりゆきを比較しても開花や品質に差が見られなかった。このことから考えると，EODを含む夜間冷房は，当日の最高気温が平年値より低い場合には行なわなくてよいのかもしれない。

また，シクラメンにおけるEONでは効果に変動が見られたことから，この理由を明らかにし，効率的な夜間短時間冷房技術を構築する必要がある。

＊

本稿は，農林水産業・食品産業科学技術研究推進事業を2012～2014年度に活用し，課題名「主要花きの高温障害をヒートポンプによる短時間変夜温管理で解消」として広島県立総合技術研究所農業技術センターが中核研究機関となり，農業・食品産業技術総合研究機構花き研究所，岡山大学，静岡県農林技術研究所，静岡県農林技術研究所伊豆農業研究センター，兵庫県立農林水産技術総合センター淡路農業技術センター，島根県農業技術センターの共同研究により明らかにした成果を基にした。

執筆　梶原真二（広島県立総合技術研究所農業技術センター）

2016年記

参 考 文 献

道園美弦・久松完・柴田道夫・腰岡政二．2008．EOD-Heatingによるアフリカンマリーゴールドの開花促進．園学研．7（別1），220．

道園美弦・久松完．2012．高温条件における短時間降温処理がアフリカンマリーゴールドの開花に及ぼす影響．園学研．11（別2），265．

道園美弦・梶原真二・後藤丹十郎．2013．高温期における短時間の夜間冷房が夏秋ギク'岩の白扇'の生育および開花に及ぼす影響．生環工学会．高松大会，230―231．

道園美弦・梶原真二・後藤丹十郎．2014．高温期における短時間の夜間冷房が秋ギクの生育および開花に及ぼす影響．生環工学会．東京大会，210―211．

東浦優・岩﨑勇次郎・道園美弦・石上佳次・小山佳彦．2014．夏季夜間の冷房時間帯がスタンダードカーネーションの開花と切り花品質に及ぼす影響．園学研．13（別1），193．

岩﨑勇次郎・加藤智恵美・武藤貴大・佐藤展之・東浦優・道園美弦．2014．夏期高温下におけるEOD，EONおよび終夜冷房がスプレーカーネーションの生育・開花に及ぼす影響．園学研．13（別2），267．

梶原真二・勝谷範敏・中屋敷康・米澤鴻一．1997．光反射フィルムマルチと夜間局所冷房の併用によるスプレーカーネーションの品質改善．園学雑．66（別1），458―459．

梶原真二・石倉聡・福島啓吾・道園美弦．2015．高温期における夜間の短時間冷房がバラの切り花収量および形質に及ぼす影響．園学研．14，365―369．

加古哲也・田中博一・道園美弦・川村通．2014．夏期高温条件下における夜間の冷房時間帯がシクラメンの生育・開花に及ぼす影響．園学研．13(別2)，498．

武藤貴大・岩﨑勇次郎・稲葉善太郎・道園美弦．2013．高温期における冷房時間帯の違いがマーガレット'サンデーリップル'の生育・開花に及ぼす影響．園学研．12（別2），495．

武藤貴大・岩﨑勇次郎・佐藤展之・道園美弦．2014a．夏期高温条件下におけるEOD，EONおよび終夜冷房が鉢物用マーガレット'サンデーリップル'の生育・開花に及ぼす影響．園学研．13（別1），192．

武藤貴大・岩﨑勇次郎・佐藤展之・道園美弦．2014b．夏期高温下におけるEOD，EONおよび終夜の冷房がマーガレットとハナワギクの属間雑種'風恋香'の生育・開花に及ぼす影響．園学研．13（別2），501．

二村幹夫・山口徳之・池内都・和田朋幸・大石一史．2012．夏期高温時の超微粒ミスト噴霧と夜間冷房がバラ切り花の収量・品質に及ぼす影響．愛知農総試研報．44，53―59．

貫井秀樹・本間義之・外岡慎・名越勇樹．2014．高温期における夜間冷房時間帯がバラの収量・品質に及ぼす影響．園学研．13（別2），499．

短時間変温処理の原理と応用

（1）短時間変温処理の必要性

①花卉栽培を取り巻く情勢

　植物の生長に影響を与える環境要因として，温度，日射，日長，CO_2，湿度，風，根圏養水分などがあげられるが，そのなかでも温度は，花卉の生育および開花に大きな影響を与える環境要因である。そのため多くの花卉園芸植物の周年施設栽培，とくに冬季においては栽培適温を保つために暖房が欠かせない。

　1970年代に入り，二度のオイルショックを受けて石油価格は高騰し，国内の施設栽培農家の経営を圧迫した。現在も石油価格は急激な変動をくり返し，施設栽培の暖房にかかる光熱動力費が問題となっている。施設栽培を行なう生産者の農業経営費のなかで，光熱動力費の占める割合は年々増加しており，2007年には20％に達している。また，石油エネルギーの大量消費が地球温暖化に与える影響も無視できない。2005年度の農林水産分野の燃料消費において二酸化炭素排出量は1364万tで，このうち施設園芸分野での重油由来の二酸化炭素排出量は611万tと全体の45％を占め，1990年度比で2倍以上に増加している。

　一方，地球温暖化の傾向が加速しており，世界の平均気温は過去100年で0.74℃上昇し，日本の平均気温も100年当たり（1898～2008年）1.11℃の割合で上昇している。

　国内では，必ずしも温暖化の影響とは断定できないものの夏季の高温により農作物への影響が報告されており，花卉栽培においても例外ではない。露地小ギクでは，開花期の前進および年次変動の拡大，夏秋ギクは，奇形花の発生や葉焼け症状の発生，バラでは，夏季・秋季の施設内高温による品質低下（茎長，花弁数の低下）や出荷量の減少など多くの品目で多大な影響を及ぼしている。

　このことから，周年利用の施設栽培における暖房・冷房などの温度制御に要するエネルギーは多大となっており，施設下での温度制御が簡便・低コストとなる生産技術の開発が望まれ，省エネルギー化を目指した技術が開発されている。

　冬季の温度制御技術には，多重・多層被覆，高保温性資材の利用，気密性の向上など施設の保温性向上に関する技術，温風暖房機の効率低下防止やヒートポンプの利用など暖房システムの効率化に関する技術，植物の生育反応に基づき投入エネルギー当たりの生産量を高める温度管理技術がある。これらの技術を組み合わせることによって，施設栽培におけるより効率的な温度管理方法となり得ることが示されている（林，2007）。

　また，夏季の高温対策技術として，昼間は，生産施設内の遮光や遮熱資材被覆，循環扇や換気扇の設置，細霧冷房などが行なわれており，夜間は，おもにヒートポンプによる冷房が行なわれている花卉品目（バラ，キクなど）もある。夏季の高温対策は，昼間の高温対策を中心に行なわれており，夜間冷房のように大きなエネルギー量を必要とする環境制御手法は，花卉栽培の経営負担となるが，生産性および品質の向上のために必要な技術となりつつある。

②温度環境制御技術

　温度環境制御技術のなかで植物の生育反応に基づく温度管理技術では，植物体の生育ステージごとにあわせた温度制御技術と，一日を単位として温度調節を行なう日内変化での温度制御技術とがある。植物体の生育ステージごとにあわせた温度制御技術では，キク（松田・万豆，1978；福田・樋口，1979），カーネーション（Kohl，1961），トルコギキョウ（塚田，1991），キンギョソウ（Miller，1962）で，植物体の栄養生長（茎，葉）や生殖生長（花）の生育段階ごとに栽培適温に制御する方法が報告されている。

　一方，日内変化での温度制御技術として海外では広く行なわれている昼夜温較差（DIF）などの技術がある。わが国でもDIFは注目されているが，エネルギーコスト面と，四季があり寒暖の差のある施設内の環境制御は直面する問題

が大きい。このことから日内変化での温度管理技術としては，DIF処理よりも短時間を降温，昇温することにより植物の生育制御を試みる短時間変温処理という生育制御技術のほうが，わが国では実用性が高いと考えられる。

植物の生育適温の日内変化に対応して，昼と夜あるいは一日のうちのある時間帯で異なる温度制御を行なう変温管理については，夕方から温度が徐々に低下して後夜半には最低管理夜温に達するように加温制御をする方法が，トマト，キュウリ，ナス，ピーマンなどの果菜類を中心に取り組まれ実用化されている。

果菜類では，変夜温管理が果実に光合成産物の転流促進と呼吸抑制をもたらし，果実の高品質多収生産につながっている。花卉でも日内変化による温度管理が，キク（今給黎・姫野，2003），バラ（水戸ら，1980），カーネーション（國本・後藤，1981）などで取り組まれている。これらを組み合わせて温度制御を考えていくことが重要である。

生育ステージ別での温度制御技術は，施設内の多品目化や周年出荷を目的とした同一施設内で生育ステージをずらしていく作型には対応することが困難であり，このような場合では日内変温での温度制御技術が有用となる。しかし，多くの切り花花卉では，果実のみが収穫物となる果菜類とは異なり，花，茎，葉を含む植物体全体が収穫物となる。栄養生長期から生殖生長期に至るまでの長い期間で品質を保持する必要があり，この品質を維持できる温度管理技術が望まれている。

(2) 日内変化での温度管理技術

① DIF（昼夜温較差）

DIFとは昼温と夜温の温度差のことである（GREENHOUSE GROWER編，1992）。昼温が夜温より高いとき正（プラス）のDIF，昼温が夜温より低いときを負（マイナス）のDIFといい，昼間と夜間の温度が等しいときがゼロDIFである。

DIFの定義として，DIFは伸長生長に影響し，同一ステージでの伸長量はDIFが大きくなるにしたがって促進され，逆に小さくなるにしたがって抑制されること，DIFに対する伸長生長は量的な反応であること，一般的に，ゼロから正にDIFが変化するとき，その伸長量はゼロから負にDIFが変化するときよりも大きいこと，DIFによる伸長制御は，植物の伸長速度が大きいときに処理するともっとも大きいこと，日平均気温は植物体の節間伸長にはほとんど影響しないことなどがあげられ，植物例としてイースターリリー，カンパニュラ，キク，サルビア，ベゴニア，ポインセチア，ペチュニアなどで報告がある（DIFの詳細については「DIFによる生育調節」の項に述べられている）。

負DIFは草丈の伸長抑制が可能であり，植物生長調節剤を用いない新たな生育調節技術として注目され，欧米を中心に鉢もの花卉や花壇苗をコンパクトな草姿にするさいに活用されている。

国内の報告では，ストック，キンギョソウ，パンジー，インパチェンスの苗を使用し，初期生育に対するDIFおよび平均温度の効果を，15～25℃の温度範囲で検討している（Ito et al., 1997a）。草丈，第一節間長の伸長は，平均温度よりもDIFの影響が大きく，ゼロDIF区に比較して，正DIF区で促進され，負DIF区で抑制されている。しかし，葉伸長や葉柄長の展葉速度に表わされる生育速度はDIFよりも平均温度の影響が大きい。

また，同じ花卉苗の生育初期に与えたDIFがその後の生育に及ぼす影響をみると，DIFの正負変更処理後の伸長速度は，変更処理時まで負DIF下で伸長を抑制されていた区のほうが，それまで正DIF下にあった個体よりも大きく，生育初期に受けた温度処理の影響はそれ以降の生育に大きな影響を及ぼしていなかった（Ito et al., 1997b）。

DIFの生理作用として，キクの茎伸長速度の変化は内生ジベレリン含量あるいはジベレリンに対する組織感受性と深い関係があることが報告されている（Nishijima et al., 1997）。また，DIF処理とフィトクロムとのあいだにも茎伸長に及ぼす相互作用があることが報告されている

(Erwin et al., 1991)。

②**短時間降温処理**

古くから施設栽培では，夜明けの数時間の温度低下が負DIFと同様で草丈伸長を抑制する働きがあることが経験的に知られている。この効果は急激な温度低下による，いわば「ショック療法」的な働きによると考えられているが，ある程度の低温の長さが必要であるとも考えられている。数時間の降温処理は，明期温度を一律に暗期より低く保たなくてはならない負DIFと比べてエネルギーコスト面で効率的であるので実用的である。花卉栽培では，キク，ベゴニア，ペチュニア，ポインセチアなどで草丈伸長が抑制される報告がある。

短時間降温処理については，明期開始後の降温処理，明期開始前の降温処理および明期，暗期のさまざまな時間の降温処理の草丈抑制効果が検討されている。しかし，植物の種類，あるいは同じ植物内でも生育ステージや降温処理の温度低下の強弱，時間の長さによって効果が異なっている（短時間降温処理の詳細については「DIFによる生育調節」の項に述べられている）。

国内の報告では，シュッコンカスミソウで出蕾揃い期からの早朝換気（降温）により主茎や側枝の上位節間および花房花序軸の伸長が抑制され，締まった高品質切り花が収穫できることが報告されている（大和ら，1996）（第1図）。

パンジーは夜明け後および日没前の3時間に降温処理を行なうと，コンパクトな苗生産が可能になることが明らかになっている（腰岡ら，2000，第1表，第2図）。ただし，夜明け前および日没後の降温処理では抑制効果が認められなかった。キクでは夜明け前後，とくに夜明け後降温で伸長抑制効果が高いことが確認されている（第3図）。ミニバラの草丈伸長では，短

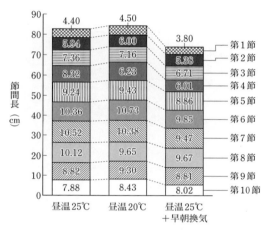

第1図 シュッコンカスミソウの早朝換気が上位10節の節間長に及ぼす影響（大和ら，1996）

第1表 短時間降温処理がパンジーの生育に及ぼす影響 （腰岡ら，2000）

品種名	処理区	草丈 a (cm)	節間長 (2〜3節) (cm)	株幅 b (cm)	草型 a/b	節数	葉色
デルタピュアレッド	対照	5.7	1.2	3.7	1.5	8.0	41.7
	夜明け前降温	5.8	1.0	3.5	1.7	7.6	43.7
	夜明け後降温	3.7	0.3	3.3	1.1	7.9	42.5
マキシムエロー	対照	4.9	0.6	3.2	1.5	7.8	42.2
	夜明け前降温	4.8	0.5	3.3	1.5	7.5	41.2
	夜明け後降温	3.2	0.3	3.1	1.0	7.8	41.1
デルタピュアレッド	対照	5.9	1.5	3.5	1.7	9.4	40.0
	日没前降温	3.5	0.5	3.2	1.1	9.5	42.1
	日没後降温	5.7	1.3	3.5	1.6	9.5	41.5
マキシムエロー	対照	4.6	0.8	3.2	1.4	10.0	41.2
	日没前降温	3.0	0.3	3.1	1.0	9.6	42.9
	日没後降温	4.4	0.7	3.1	1.4	9.7	43.6

注　播種4週間後に調査

収量増を目指した環境制御

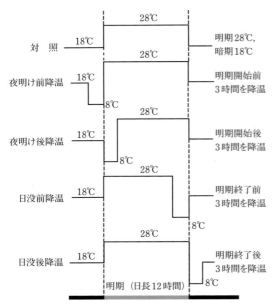

第2図 短時間降温処理の処理方法（パンジー，キク，ミニバラ）

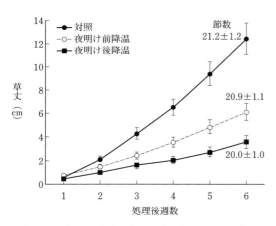

第3図 夜明け前後3時間の降温処理がキク（品種：高原の朝）の草丈に及ぼす影響

(腰岡ら，2000)

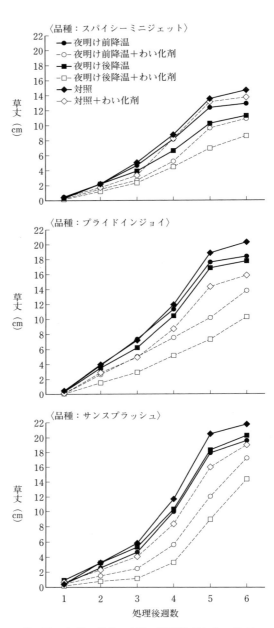

第4図 夜明け前後3時間の降温処理とわい化剤処理がミニバラの草丈に及ぼす影響

(腰岡ら，2000)

わい化剤はパクロブトラゾールの50ppmを摘心時に散布

時間降温処理および，わい化剤単独処理では有効な抑制効果が得られなかったが，夜明け後3時間の降温処理とわい化剤の併用で抑制効果が高まることが明らかとなっている（第4図）。

③高温環境下での短時間冷房

ヒートポンプによる冬季の暖房は，石油価格の高騰とCO_2削減の観点から注目され，園芸分野にも導入が進みつつある。とくに花卉栽培で

第2表　冷房開始時の生育ステージおよびスプレーカーネーションの開花に及ぼす影響

(梶原ら，1997)

生育ステージ	処理時間 (時〜時)	発蕾 (月/日)	開花 (月/日)	切り花長 (cm)	切り花重 (g)	小花数 (個)	節数 (節)	下垂度
摘心期	17〜5	8/29	10/1	66.4	40.5	6.8	20.6	2.7
	17〜24	8/28	10/1	67.0	41.6	7.2	21.1	2.5
	24〜5	8/28	9/29	66.6	41.4	6.8	20.5	2.8
花芽分化期	17〜5	9/1	10/6	72.4	42.3	6.8	21.0	2.8
	17〜24	8/26	9/28	64.3	43.3	7.0	20.0	2.6
	24〜5	8/25	9/25	63.0	40.6	7.0	20.8	3.1
発蕾期	17〜5	8/27	9/29	67.4	39.2	6.8	20.3	2.8
	17〜24	8/27	9/29	69.8	40.7	6.9	21.0	2.9
	24〜5	8/22	9/22	63.6	38.5	6.8	19.8	2.8
無処理		8/23	9/21	62.4	35.4	6.7	20.0	3.3

は，夏季の高温対策として夜間冷房に使用できるヒートポンプは，開花制御や品質向上に有効であり，とくにコチョウランやバラ生産を中心に導入が進んでいる。しかし，これまで行なわれていなかった夜間冷房は，CO_2削減に寄与せず逆に増加を招くおそれがある。そこで，ヒートポンプを活用した，より効率的な夜冷方法を探り，生育制御することが重要であると考える。

これまでに花卉栽培での夜間冷房に関する報告は，バラを中心にデルフィニウム，シンビジウムおよび花壇苗の冷房育苗など多くの報告がある。なかでも効率的な夜間冷房として，カーネーションの6月下旬から9月上旬のあいだ，17時から24時までの前夜半を21℃に夜間冷房することで，切り花形質の向上（第2表）および生産コストの低減が報告されている（梶原ら，1997）。

また，より効率的な夜間冷房方法の取組みとして，農林水産業・食品産業科学技術研究推進事業のなかの「主要花きの高温障害をヒートポンプによる短時間変夜温管理で解消」において，花卉栽培における夜間短時間冷房方法について取り組まれている（短時間冷房の詳細については，本巻「夏期の夜間短時間冷房による高温障害抑制，開花調節，高品質化」（364の20〜364の31ページ）に述べられている）。

④短時間昇温処理

短時間降温処理と同様に，古くから早朝昇温（加温）処理は行なわれている。トマトでは，低温期の夜明け前2時間，20℃に加温したものと10℃そのままと比較し，早朝加温処理は光量の少ない時期の同化量の増加と温度上昇による生育促進が示されている。ナスでは，早朝の数時間の温度上昇での生育促進と果実の結露防止を目的として行なわれている。すなわち，施設栽培でのナスの日焼け果の発生要因として太陽光と水（結露）の関与が指摘され，防止策として25℃の早朝加温で結露が起こらず日焼け果発生の抑制効果が高かったことが示されている（福呂ら，1971）。

花卉では，秋ギクの加温電照栽培で花成誘導期に夜温の加温（8〜16℃）処理を行なう時間帯について検討されている。それによると，高温性品種である'秀芳の力'は，16℃に加温する時間帯が後夜半にあるほど開花率が向上し到花日数が短くなり，前夜半の16℃加温では高所ロゼット化した。中温性品種の'希望の光'は，前夜半の16℃加温では開花が遅延し，消灯後の節数が増加し一種のロゼット化が認められた。低温性品種の'金丸富士'では，16℃加温する時間帯の違いによる生育開花への影響は大きくなかったことが報告されている（第5図）（大石・大須賀，1983）。

また，ポインセチアでは，明期/暗期が19/19℃の対照区，夜明け前昇温区（明期19℃，暗期19℃で夜明け前2時間，25℃に昇温），夜明け前降温区（明期19℃，暗期19℃で夜明け前2時間，13℃に降温），夜明け後昇温区（暗

期19℃，明期19℃で夜明け後2時間，25℃に昇温)，夜明け後降温区（暗期19℃，明期19℃で夜明け後2時間，13℃に降温），夜中降温区（明期19℃，暗期19℃で夜中2時間，13℃に降温）の処理区を設けた短時間変温処理の温度条件で調査されている。それによると，夜明け前後の降温で草丈が抑制されることと，夜明け後の昇温処理で草丈伸長が増加した報告がある（第3表）(Moe et al., 1992)。

この実験では夜明け後の昇温処理で草丈伸長が増加している。しかし，短時間変温処理による草丈調節の効果が植物の種類によって異なることも報告されており，DIF処理と短時間変温処理が植物に与える生理的影響の違いについてはまだ不明な部分が多い。

これらの報告は，草丈の制御すなわち植物の栄養生長に及ぼす影響に関するものが中心である。DIFが開花に及ぼす影響については，ポインセチアにおいて夜温が20℃を超えるDIF処理では花芽分化および発達は遅延し，開花が抑

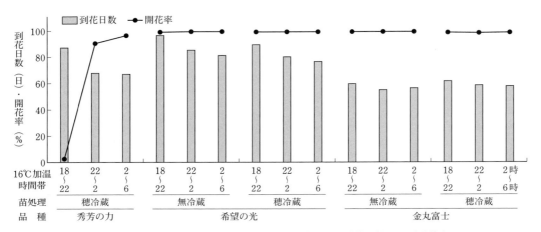

第5図 キク3品種に対する夜間の高温管理時間帯と到花日数および開花率

(大石・大須賀, 1983)

秀芳の力は正常開花率

第3表 ポインセチア Starlight (SL), Lilo (L) の短時間変温処理の生育に及ぼす影響

(Moe et al., 1992)

温度処理方法	草丈 (cm)		茎径 (mm)		包葉長 (mm)	包葉幅 (mm)	葉柄長 (mm)
	SL	L	SL	L	SL	SL	SL
対照（明期19℃／暗期19℃）	20.3	16.5	28.5	29.1	11.8	10.5	3.0
夜明け前昇温	20.3	19.4	27.8	26.7	12.1	10.5	3.2
夜明け前降温	15.1	13.0	25.5	26.5	12.8	9.8	2.4
夜明け後昇温	21.1	18.9	28.3	30.5	11.9	11.7	3.5
夜明け後降温	15.7	12.7	27.4	27.1	11.8	10.4	2.8
夜中降温	19.0	14.4	28.1	26.9	12.6	10.8	2.9
有意差	**	**	**	*	NS	NS	**

注 対照：明期19℃，暗期19℃，日長12時間
　　夜明け前昇温：明期19℃，暗期19℃で夜明け前2時間，25℃に昇温
　　夜明け前降温：明期19℃，暗期19℃で夜明け前2時間，13℃に降温
　　夜明け後昇温：暗期19℃，明期19℃で夜明け後2時間，25℃に昇温
　　夜明け後降温：暗期19℃，明期19℃で夜明け後2時間，13℃に降温
　　夜中降温：明期19℃，暗期19℃で夜中（24時〜2時）2時間，13℃に降温

第4表 明期の短時間昇温処理の方法

処理時刻	0	3	6	9	12	15	18	21	24	
明暗条件		暗期			明期			暗期		
				処理温度（℃）						平均温度（℃）
明期昇温比較（明期24℃/暗期14℃）	14	14	14	24	24	24	24	14		19
明期開始後昇温（3時間，30℃）	14	14	14	30	22	22	22	14		19
明期終了前昇温（3時間，30℃）	14	14	14	22	22	22	30	14		19
対照（明期22℃/暗期14℃）	14	14	14	22	22	22	22	14		19

制されるという報告がある．しかし，短時間変温処理が開花の制御すなわち植物の生殖生長に及ぼす影響を明らかにする試みはほとんど行なわれてこなかった．

アフリカンマリーゴールド，スプレーギク（道園，2012）およびスプレーカーネーション（馬場ら，2013）において，短時間昇温処理の開花に及ぼす影響について検討されており，なかでもEOD-heating処理による効率的な温度制御技術の開発について取組みがされているので紹介する．

(3) EOD-heating処理の効果―アフリカンマリーゴールド

キク科のアフリカンマリーゴールド（*Tagetes erecta* L.）は，夏の花壇用に広く利用されているメキシコ原産の草本植物である．短日要求性は系統間で異なるものの，基本的には相対的短日性である．アフリカンマリーゴールドは，植物体がコンパクトであり，加えて，人工気象器による環境制御下での生育のバラツキが少なく再現性が高いことが示されていることから，開花生理研究用のモデル植物として適している．

①処理時間帯と生育・開花反応

このアフリカンマリーゴールドを用いて，温度22℃/14℃（明期/暗期），12時間日長の環境制御下において明期での30℃，3時間の短時間昇温処理の影響を検討した（第4表）．その結果，短時間昇温処理の時間帯によって草丈に及ぼす影響に違いがみられ，明期開始後の昇温処理により草丈伸長の促進効果が認められた（第6図）．なお，明期終了前昇温処理では，草丈伸長の促進効果は認められなかった．一方，開花反応である発蕾は，明期の短時間昇温処理によりおそくなり，開花に対する促進効果は認められなかった．

次に，暗期での30℃，3時間の短時間昇温処理がアフリカンマリーゴールドの生育，開花に及ぼす影響について検討した（第5表）．結果として，暗期での短時間昇温処理による明確な草丈の伸長効果は認められなかったが，開花反応には顕著な効果が認められた（第7図）．発蕾日数は，短時間昇温処理の時間帯が暗期開始後と終了前では大きな違いが認められ，暗期開始後の処理により開花反応が大きく促進した．なお，暗期終了前の短時間昇温処理では，対照区と比べ開花の促進効果がないことも明らかとなっている．

また発蕾日数と同様に短時間昇温処理の時間帯が，暗期開始後，早ければ早いほど葉数は少なくなったことから，花芽分化が促進されたことによるものと考えられた．

②処理時間・処理温度と開花反応

温度22℃/14℃（明期/暗期），12時間日長の環境制御下で，開花反応の促進に有効な暗期開始後の短時間昇温処理の処理時間について検討した（第8図）．短時間昇温処理の処理温度を30℃とし，処理時間を0.5時間，1.0時間，2.0時間，3.0時間の昇温処理を行なった．その結果，わずか0.5時間の暗期開始後の短時間昇温処理でも対照区に比べて明らかに発蕾日数が短くなり，温度処理開始時から7週目の花径が大きくなることが確認された．

同様に，開花反応の促進に有効な暗期開始後の短時間昇温処理温度について検討した（第9

収量増を目指した環境制御

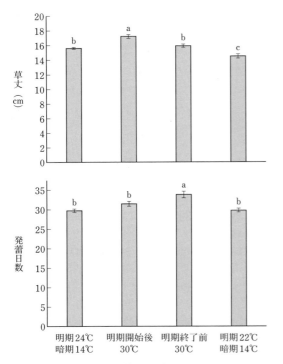

第6図 明期短時間昇温処理がアフリカンマリーゴールドの草丈および発蕾日数に及ぼす影響

値は平均値±標準誤差（n＝18）
草丈は短時間昇温処理開始後7週目に調査
異なるアルファベット文字間にTukeyの検定により5%レベルで有意差あり

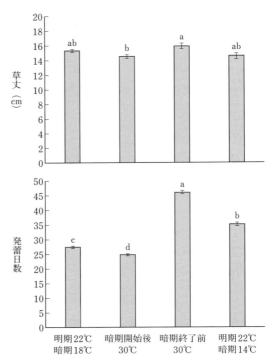

第7図 暗期短時間昇温処理がアフリカンマリーゴールドの草丈および発蕾日数に及ぼす影響

値は平均値±標準誤差（n＝18）
草丈は短時間昇温処理開始後7週目に調査
異なるアルファベット文字間にTukeyの検定により5%レベルで有意差あり

第5表 暗期の短時間昇温処理の方法

処理時刻	0	3	6	9	12	15	18	21	24	
明暗条件	暗期			明期				暗期		
	処理温度（℃）									平均温度（℃）
暗期昇温比較（明期22℃/暗期18℃）	18	18	18	22	22	22	22	18		20
暗期開始後昇温（3時間，30℃）	14	14	14	22	22	22	22	30		20
暗期終了前昇温（3時間，30℃）	14	14	30	22	22	22	22	14		20
対照（明期22℃/暗期14℃）	14	14	14	22	22	22	22	14		18

図）。暗期温度が14℃の対照区に対して，短時間昇温処理の処理時間を3時間とし，22℃，26℃，30℃の暗期開始後昇温処理を行なった結果，すべての短時間昇温処理区で対照区よりも明らかに発蕾日数が短くなり，温度処理開始時から7週目の花径が大きくなることが確認された。加えて，今回設定した温度では，短時間昇温の

温度が高いほどアフリカンマリーゴールドの開花反応を促進する効果が高くなった。

これにより，昇温処理時間を短縮し，かつ昇温温度を下げられる可能性があることが判明した。暗期開始後の短時間昇温処理で特異的に認められたアフリカンマリーゴールドの開花反応の促進は，暗期の時間帯の違いによって開花

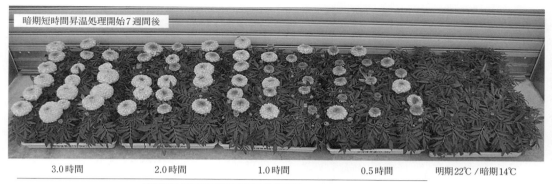

第8図 暗期短時間昇温処理の処理時間の長さがアフリカンマリーゴールドの開花反応に及ぼす影響

第9図 暗期短時間昇温処理の処理温度がアフリカンマリーゴールドの開花反応に及ぼす影響

反応の違いを示す新たな温度反応とみなしている。

③花芽分化および花芽発達への影響

アフリカンマリーゴールドの暗期開始後短時間昇温処理による開花の促進効果について，花芽分化および発蕾までの初期の花芽発達に及ぼす影響について明らかにするために，暗期昇温時間帯の違いによる生長点部の発育について剥皮法により実体顕微鏡下で観察した。

人工気象器を用いて，明期温度22℃，暗期温度14℃の日長12時間を対照とし，暗期における3時間，30℃昇温の時間帯を，暗期開始後および暗期終了前とした短時間昇温処理区を設けた。

アフリカンマリーゴールドの花芽発育ステージをキクに準じて以下のように分類した（第10図）。

0期＝花芽未分化：生長点部分は半球形ではなく平たい状態

I期＝生長点膨大期：生長点部分が半球形に肥大

II期＝総苞形成期：生長点部分の半球形がややいびつになり，総苞が形成される状態

III期＝小花形成前期：総苞をめくると小花部分が花序の下部から形成が始まった状態

IV期＝小花形成後期：小花の花序が中央部までに達し，下部から3，4段形成された状態

V期＝花弁形成前期：最下部の小花周辺部が隆起して花弁が形成された状態

VI期＝花弁形成後期：花序の中央部まで花弁が形成される状態

VII期＝発蕾期：生長点部分を真上から観察

収量増を目指した環境制御

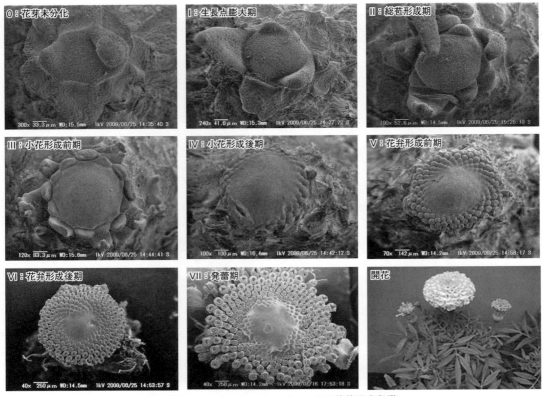

第10図　アフリカンマリーゴールドの花芽発育段階

し，自然に目視できた状態

なお，花芽発育段階Ⅱ期の総苞形成期に達したときに花芽分化したと判断した。

暗期開始後昇温区は各花芽発育段階に達するまでの処理日数がもっとも短く，花芽分化とした総苞形成期に処理後6日目には達した個体もみられ，処理後24日目には発蕾する個体もみられた（第11図）。暗期終了前昇温区および対照区は，いずれも暗期開始後昇温区より遅れて各花芽発育段階に達しており，処理後12日目で総苞形成期に達する個体がみられ，処理24日後においても一部が小花形成前期に至るにすぎなかった。これにより，暗期開始後短時間昇温処理での開花反応の促進効果は，花芽未分化から小花形成までの発育段階に作用点があるものと考えられた。

暗期短時間昇温処理の時間帯の違いが発蕾から開花に至るまでの花芽発達に及ぼす影響について明らかにするために，暗期昇温時間帯を暗期開始後および暗期終了前とした昇温処理による影響を経時的な花蕾の大きさについて検討した。人工気象器を用いて，発蕾まで同様に生育させ，発蕾後，明期温度22℃，暗期温度14℃の日長12時間を対照とし，暗期における3時間，30℃昇温の時間帯を，暗期開始後および暗期終了前とした短時間昇温処理区を設けた。

花蕾の大きさは，暗期開始後昇温区と暗期終了前昇温区ともに，処理15日目以降，対照区に比較して，花蕾径が大きくなり，処理18日目以降，その差が大きくなった（第12図）。昇温処理を行なった処理区間には有意な差はみられず，同様の花径であった。暗期短時間昇温処理による花芽発達の促進効果は明らかとなったが，暗期短時間昇温処理の時間帯による花蕾の発達に違いは認められなかった。

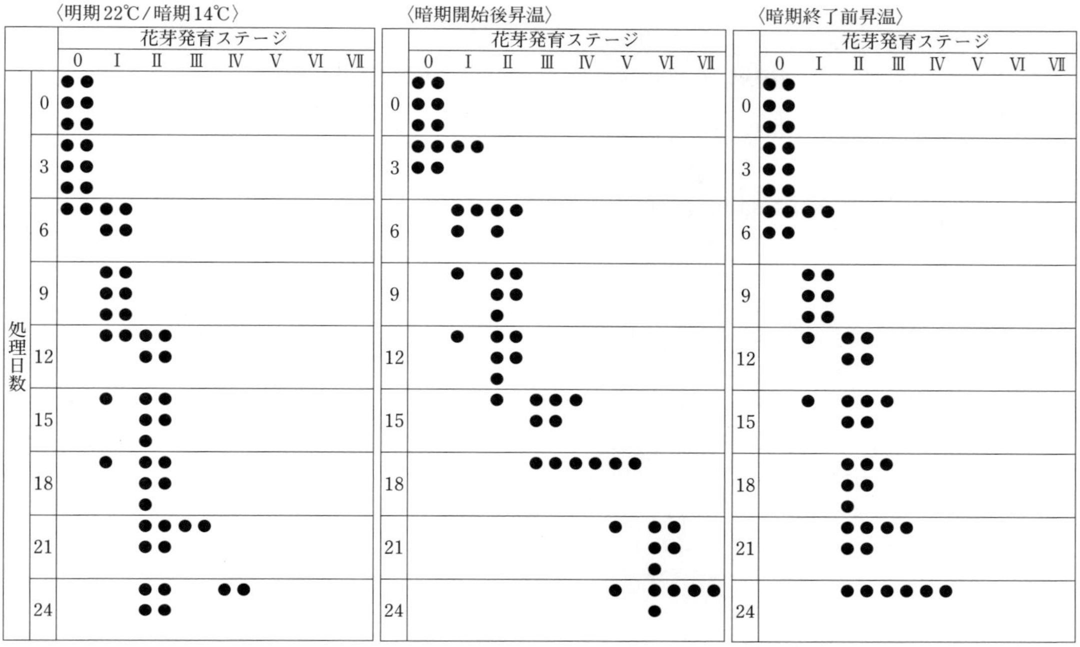

第11図 暗期短時間昇温処理の時間帯の違いが花芽分化および花芽発達に及ぼす影響
花芽発育ステージ：0：花芽未分化，Ⅰ：生長点膨大期，Ⅱ：総苞形成期，Ⅲ：小花形成前期，Ⅳ：小花形成後期，Ⅴ：花弁形成前期，Ⅵ：花弁形成後期，Ⅶ：発蕾期

④ EOD-heating 処理とは

暗期開始後いわゆる日没後の処理に特異的な植物の応答反応として，これまでに日没後（End-of-day）におけるキクやペチュニアなどの植物の環境応答反応として，日没後の短時間遠赤色光（FR）照射（End-of-day FR）による茎の伸長促進や開花の促進が報告されている。これは，植物の避陰反応によるもので，赤色光（R）と遠赤色光（FR）の相対的な量により生長パターンを変化させることで起こる。また，この反応はフィトクロムの赤色光吸収型（Pr型）と遠赤色光吸収型（Pfr型）において生理的に活性型であるPfrの量が変化し，R/FR比に応じてさまざまな生理的現象が生じる反応であり，頂芽優勢による茎伸長の増加と同化産物

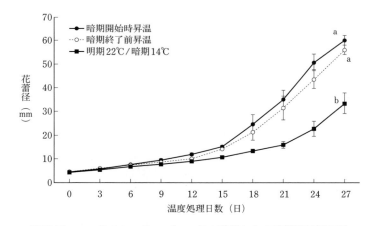

第12図 アフリカンマリーゴールドの発蕾からの暗期短時間昇温処理における時間帯の違いが花蕾径に及ぼす影響
値は平均値±標準誤差（n＝8）
異なるアルファベット文字間にTukeyの検定により5%レベルで有意差あり

の分配パターンの変化に関係している。
アフリカンマリーゴールドにおける暗期開始後（日没後）の短時間昇温処理による開花の促進現象は，光に対するものでなく温度に対する

応答反応であるが，End-of-day FR同様に日没後の環境応答反応による現象であることから，End-of-day FRにならい，End-of-day（EOD）heating処理による開花促進と呼ぶことを提案している。

（4）低温環境下でのEOD-heating処理効果—スプレーギク

アフリカンマリーゴールドでは，環境制御下においてEOD-heating処理により発蕾日数が短くなり開花反応の促進効果が得られることが明らかとなった。スプレーギクでは，冬季の施設栽培を想定した低温環境制御下（明期16℃/暗期8℃，日長12時間）におけるEOD-heating処理（暗期開始後昇温処理24℃，3時間）が開花に及ぼす影響について検討した（第6表）。品種は，低温環境下では花芽分化が遅れることが示されている品種'セイローザ'を用いた。その結果，発蕾日数は，EOD-heating区は暗期比較区（明期16℃/暗期12℃）と比べて早くなり，アフリカンマリーゴールドと同様にEOD-heating処理による開花反応の促進効果が得られた。

この実験で，低温環境制御下のEOD-heating処理が'セイローザ'の開花反応を促進することを見出した。この効果により，冬季の施設栽培で燃料費削減のために慣行より温度を下げた栽培において，栽培期間の延長や品質の低下を最小限にとどめながらコストダウンにつながる変温管理技術の開発に応用できる可能性を見出せた。

（5）冬季施設栽培での開花反応・花房形質—スプレーギク

キクの生態的特性には多様性があるものの，開花には一般的に15～20℃が好適である。15℃より低い温度では，多くの品種は花芽形成が非常に遅れるか形成されない（小西，1970）。加えて花房形質は，発蕾時以降の温度を下げることによって変化し，花房が乱れることが報告されている。低温で栽培管理を行なうと，栽培期間が長くなるうえに花房形質にかかわる品質が低下する。このことから冬季の施設栽培の温度管理では，栽培期間の延長や品質の低下を最小限にとどめながら省エネルギーを図ることができる効率的な栽培管理技術の構築が求められている。

①開花促進効果

冬季の施設栽培（3月開花作型）において，異なる気温条件下でEOD-heating処理がスプレーギクの生育および開花に及ぼす影響について検討した（第13図，第7表）。その結果，最低設定気温13℃および8℃の条件下では，20℃，3時間のEOD-heating（日没後短時間昇温）処理を行なうことにより開花の促進効果が認められた。品種によっては，EOD-heating1時間，20℃処理およびEON（End-of-night）-heating（夜明け前短時間昇温）3時間，20℃処理による開花促進も認められたが，促進効果はEOD-heating3時間，20℃処理に比べ劣った。したがって，安定的な開花の促進効果を考慮すると，3時間以上の加温が必要であると推測される。

また，最低気温13℃条件下のEOD-heating3時間，20℃処理のみ，18℃区と比べて開花の

第6表 低温環境下でのEOD-heating処理がスプレーギク（品種：セイローザ）の生育に及ぼす影響

処理区	増加茎長 (cm)	増加葉数	地上部新鮮重 (g)	発蕾日数 (日)	平均温度 (℃)
EOD-heating（24℃，3時間）	24.5±0.8a	12.5±0.3a	34.4±2.8a	28.8±0.4c	14.0
暗期昇温比較（16℃/12℃）	24.6±0.8a	11.8±0.3a	20.7±1.6b	31.2±0.6b	14.0
対照（16℃/8℃）	21.2±0.7b	9.8±0.2b	17.9±1.2b	40.8±0.8a	12.0

注 値は平均値±標準誤差（n=12）
　　発蕾日数以外は短時間昇温処理開始後7週目に調査
　　同一列の異なるアルファベット文字間にTukeyの検定により5%レベルで有意差あり

遅れがみられなかった。最低気温8℃条件下では，短時間昇温処理区の開花の遅れは18℃区と比べて著しかった。これらの結果から，スプレーギクの3月開花作型での発蕾と開花は，最低気温13℃程度の気温条件でEOD-heating3時間，20℃処理により最低気温18℃条件とほぼ同等となることが示された。

今回使用した品種は，最低気温を8℃まで下げても，開花は遅れるものの開花に至りロゼットは形成しなかった。しかし，開花の遅延程度には品種間に差がみられた。'デックモナ'や'フィウォッカイエロー'では，最低気温8℃条件でも葉数の増加もみられず花芽分化が遅れていないことから，低温により開花が抑制されにくい低温開花性をもつ品種であると考えられる。これらの品種を用いることによって，安定したEOD-heating処理による開花の促進効果が得られるものと考えている。

②花房形質の劣化軽減

次に，夜間設定気温13℃条件下でのEOD-heating処理（日没後20℃，3時間昇温）がスプレーギクの開花遅延および花房形質の劣化の軽減に及ぼす影響について2月開花作型で検討した（第14図，第8表）。その結果，スプレーギ

第13図 最低気温8℃下における短日処理後の短時間昇温処理の時間帯の違いによるスプレーギクの開花状況
①セイローザ（処理後75日目）
②デックモナ（処理後60日目）
③フィウォッカイエロー（処理後55日目）
左から，8℃，日没後昇温処理（3時間），日没後昇温処理（1時間），夜明け前昇温処理（3時間）

収量増を目指した環境制御

第7表 生育温度の異なる環境下での夜間の短時間昇温処理がスプレーギクの生育および開花に及ぼす影響

品種	処理	発蕾日数	到花日数	増加葉数
セイローザ	13℃	29.1 ± 0.6a	63.0 ± 0.8a	19.4 ± 0.2a
	13℃・日没後3時間	26.9 ± 0.3b	58.4 ± 0.5b	18.0 ± 0.4ab
	13℃・日没後1時間	27.1 ± 0.3b	59.3 ± 0.7b	16.6 ± 0.9b
	13℃・夜明け前3時間	28.0 ± 0.4ab	59.5 ± 0.8b	17.9 ± 0.2ab
	8℃	49.0 ± 1.8a	84.9 ± 1.3a	24.3 ± 1.2a
	8℃・日没後3時間	40.8 ± 0.8b	76.1 ± 0.8c	20.6 ± 0.4a
	8℃・日没後1時間	45.1 ± 1.5ab	80.7 ± 1.4ab	22.4 ± 1.1a
	8℃・夜明け前3時間	45.8 ± 1.7ab	79.3 ± 1.2bc	22.9 ± 0.9a
デックモナ	13℃	26.6 ± 0.3a	54.9 ± 0.5a	17.8 ± 0.4a
	13℃・日没後3時間	23.3 ± 0.2c	53.1 ± 0.4b	17.9 ± 0.4a
	13℃・日没後1時間	24.3 ± 0.3c	54.5 ± 0.4ab	16.9 ± 0.4a
	13℃・夜明け前3時間	25.4 ± 0.3b	54.7 ± 0.5ab	17.5 ± 0.3a
	8℃	32.9 ± 0.3a	64.4 ± 0.5ab	18.1 ± 0.3a
	8℃・日没後3時間	28.4 ± 0.2c	60.6 ± 0.6c	18.5 ± 2.3a
	8℃・日没後1時間	31.0 ± 0.5b	65.2 ± 0.6a	18.2 ± 0.4a
	8℃・夜明け前3時間	30.5 ± 0.4b	62.3 ± 0.8bc	17.7 ± 0.4a
フィウォッカイエロー	13℃	26.6 ± 0.2a	52.9 ± 0.5ab	23.3 ± 0.7a
	13℃・日没後3時間	23.2 ± 0.2c	50.4 ± 0.3c	21.3 ± 0.4a
	13℃・日没後1時間	24.6 ± 0.3b	51.7 ± 0.3bc	21.6 ± 0.4a
	13℃・夜明け前3時間	26.7 ± 0.4a	53.9 ± 0.5a	22.7 ± 0.6a
	8℃	31.3 ± 0.3a	62.4 ± 0.5a	24.7 ± 0.6a
	8℃・日没後3時間	28.0 ± 0.2b	57.4 ± 0.4b	24.6 ± 0.6a
	8℃・日没後1時間	31.5 ± 0.4a	62.4 ± 0.6a	22.9 ± 0.7a
	8℃・夜明け前3時間	31.3 ± 0.6a	60.9 ± 0.6a	23.5 ± 0.6a

注　値は平均値±標準誤差（n＝12）
　　品種ごとの温度処理による同一列で異なるアルファベット文字間にTukeyの検定により5％レベルで有意差あり

クの一般的な栽培温度を想定した18℃区に比べて開花は若干遅れたが，13℃区と比べると5日ほど早くなり，EOD-heating処理により開花の遅延を軽減できることを示すことができた。

品質を左右するスプレーギクの花房形質では，花柄長と花柄角度が重要な品質構成要素であることから品質評価の指標とした。その結果，EOD-heating処理（日没後20℃，3時間）を行なった区の'セイローザ'は，一次側枝数，第4側枝長，第4側枝着生角度で，18℃区とほぼ変わらない花房形質が得られた。使用したすべての品種の花房形質は，EOD-heating処理によって13℃区とは異なり，18℃区と同等か18℃区に準じる形質を示した。

このことから，EOD-heating処理は，開花の促進効果およびスプレーギクの出荷規格上，問題となる温度の低下による花房形質の劣化を軽減させることが明らかになった。この実験でEOD-heating処理した場合の1日当たりの消費熱量は，18℃区と比べて約20％削減できた。電照打ち切り後の温度処理期間では，18℃区と比べてEOD-heating区は若干開花が遅れ，使用した品種により到花日数が異なっていることから，今回用いたスプレーギクの温度処理期間の消費熱量の削減率は13～17％であった。

EOD-heating処理は冬季のスプレーギクの切り花生産において，著しい生育不良の生じない最低気温13℃程度の温度域内で活用することにより，最低気温18℃条件と比較して開花を顕著に遅らせることはなかった。加えて，出荷規格上，重要な花房形質を劣化させることのない効率的な温度制御技術となり得ることを示している。

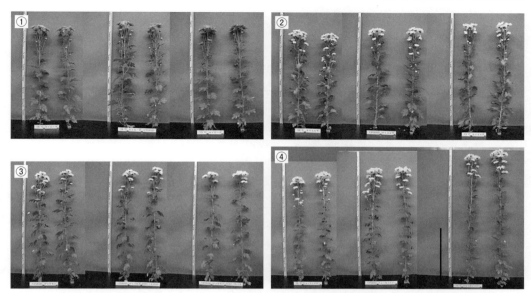

第14図 短日処理後のEOD-heating処理がスプレーギクの生育および開花に及ぼす影響
①セイローザ，②セイエルザ，③デックモナ，④フィウォッカイエロー
左から（2本ずつ），18℃，EOD-heating処理（20℃，3時間），13℃
図中のバーは50cm

第8表 スプレーギクへのEOD-heating処理が開花および花房形質に及ぼす影響

品　種	温度処理	到花日数	一次側枝数	第4側枝着生角度	第4側枝長 (cm)
セイローザ	18℃	53.2c	12.4a	41.7a	115.7b
	13℃-EOD（20℃，3時間）	55.3b	11.4a	40.0a	125.4b
	13℃	61.7a	8.0b	28.8b	146.3a
セイエルザ	18℃	53.7c	13.2a	42.9a	74.9c
	13℃-EOD（20℃，3時間）	55.7b	12.8a	42.1a	85.6b
	13℃	60.8a	10.3b	30.4b	105.6a
デックモナ	18℃	46.8c	12.0a	37.5a	101.5b
	13℃-EOD（20℃，3時間）	50.7b	9.1b	36.3ab	111.9b
	13℃	55.2a	5.5c	33.3b	141.2a
フィウォッカイエロー	18℃	46.4c	12.4a	40.8a	79.2b
	13℃-EOD（20℃，3時間）	50.7b	12.2a	40.4a	80.2b
	13℃	55.3a	10.2a	42.1a	100.3a

注　値は平均値±標準誤差（n＝12）
　　品種ごとの同一列で異なるアルファベット文字間にTukeyの検定により5％レベルで有意差あり

(6) スプレーギクでの今後の検討課題

これまでにスプレーギクのEOD-heating処理による温度管理について検討を行ない，慣行栽培と比べ同等の到花日数および花房形質が得られ燃料削減につながることを示してきたが，今後の検討課題として，スプレーギクの多様な品種に対応可能かどうか検討する必要がある。これまでに生育特性として，低温開花性をもつ品種でのEOD-heating処理の有用性が示されているので，低温開花性をもつ品種の選抜が必要になってくるであろう。

また，キクの生態的特性において，苗（親株）の前歴（とくに温度管理）が異なると適正なEOD-heatingの処理温度は異なる可能性があることにも留意する必要がある。EOD-heating処理は夜温の制御方法であるが，地域ごとの日射量や昼温の違いによる生育差がEOD-heating処理の効果に及ぼす影響について検討する必要があり，今後も各地域による実用化に向けたEOD-heating処理による温度管理方法を検討していく必要があろう。

(7) 冬季施設栽培でのEOD-heating処理効果—カーネーション

カーネーションは，冷涼な温度を好み，生育適温は15〜20℃とされる。10〜25℃の範囲ではよく生育し，良質な切り花を生産する。燃料費の高騰により，厳寒期は5℃程度まで加温温度を下げる事例もみられる。このことは，冬季の生育停滞による出荷量の減少，切り花品質の劣化および春季の出荷集中に繋がり，生産上の問題が生じている。

これらの解決のため，静岡県農林技術研究所では，スプレーカーネーションのEOD-heatingによる温度管理方法を試みている（馬場ら，2013）。処理区の加温温度は，対照区として慣行栽培温度である10℃一定，日没後昇温区として，17：00〜21：00までの4時間を17℃，その後10℃加温，日の出前昇温区として，17：00〜4：00まで10℃，4：00〜8：00まで17℃加温，また，省エネとなる日没後昇温・低温区として，17：00〜21：00までの4時間17℃，その後5℃とした処理区を設けて比較している。

各側枝の到花日数は，昇温処理により，二次摘心側枝および二次側枝の到花日数が小さくなり，開花が促進した（第9表）。また，日没後昇温・低温区も，対照区と比較して二次摘心側枝および二次側枝の到花日数が小さくなる傾向となり，開花は促進した。

収穫本数は，対照区と比較して，昇温処理により増加し，日没後昇温・低温区も増加傾向がみられた。切り花長および切り花重は，対照区と比較して，日の出前昇温の二次摘心側枝および二次側枝は小さくなった。日没後昇温処理および日没後昇温・低温区では，差はみられなかった。

花蕾数および花径については，対照区と比較して，日の出前昇温の二次摘心側枝では，全花蕾数および花径は小さくなり，二次側枝では全花蕾数が小さくなった（第15図，第10表）。日没後昇温処理は，二次摘心側枝および二次側枝の全花蕾数が小さくなった。日没後昇温・低温

第9表 冬季夜温の短時間昇温処理がスプレーカーネーションの側枝別到花日数に及ぼす影響

品　種	処理区	到花日数 一次側枝[1]		二次摘心側枝[2]		二次側枝[3]	
		日	月/日	日	月/日	日	月/日
ライトピンクバーバラ	日没後昇温・低温	120a[4]	11/12	192ab	3/14	159ab	4/20
	日没後昇温	117a	11/10	182b	3/4	157b	4/17
	日の出前昇温	118a	11/10	182b	3/4	156b	4/9
	対照	119a	11/11	207a	3/29	170a	4/25
チェリーテッシノ	日没後昇温・低温	124a	11/16	208ab	3/30	159ab	5/4
	日没後昇温	125a	11/17	192b	3/14	157b	4/28
	日の出前昇温	127a	11/12	191b	3/13	156b	4/28
	対照	127a	11/19	227a	4/18	170a	5/12

注　1) 一次側枝3本の平均値
　　2) 二次摘心側枝2本の平均値，二次摘心（2009年9月5日）から収穫までの日数
　　3) 収穫の早い二次側枝2本の平均値，一次側枝の収穫から起算した日数
　　4) 同一品種間においてTukeyの多重検定により符号間に5%水準で有意差あり

区では，二次摘心側枝で全花蕾数が小さくなったものの，二次摘心側枝および二次側枝の花径および二次側枝の全花蕾数に差はみられなかった。

スプレーカーネーション栽培では，冬季の日没後，17℃に3～4時間遭遇させ，昇温後に温度を5℃まで下げても生育促進効果が認められ，切り花品質を劣化させることなく，今までよりも少ない暖房コストで生育を促進させることができる可能性が大きいことが報告されている。

（8）花卉栽培でのEOD-heating処理への期待

これまでに，環境制御下におけるアフリカンマリーゴールドでのEOD-heating処理の実験事例，施設栽培におけるスプレーギクおよびスプレーカーネーションのEOD-heating処理の実用化に向けた実験事例について紹介した。スプレーギクでは，栄養生長期，花芽分化期，花芽発達期の各生育ステージのEOD-heating処理の方法が詳細に検討され（川西ら，2012），より効率的なEOD-heating処理方法を報告している。

他品目についても実験事例の報告がされており，トルコギキョウではEOD-heating処理（日没後23℃，3時間昇温し，その後，朝まで13℃）で開花促進および品質の向上がみられ，この処理方法で暖房費が30％削減されること，また，輪ギクおよびシクラメンでは，慣行栽培と同等

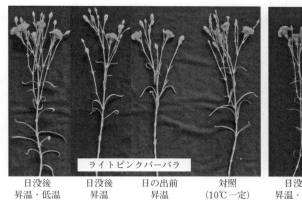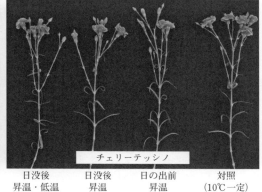

| 日没後 | 日没後 | 日の出前 | 対照 | | 日没後 | 日没後 | 日の出前 | 対照 |
| 昇温・低温 | 昇温 | 昇温 | (10℃一定) | | 昇温・低温 | 昇温 | 昇温 | (10℃一定) |

第15図　日没後または日の出前短時間昇温処理がスプレーカーネーションの草姿に及ぼす影響

第10表　冬季夜温の短時間昇温処理がスプレーカーネーションの側枝別花蕾数および花径に及ぼす影響

品　種	処理区	一次側枝[1]			二次摘心側枝[2]			二次側枝[3]		
		一次花蕾数[4] (花)	全花蕾数[5] (花)	花径[6] (cm)	一次花蕾数 (花)	全花蕾数 (花)	花径 (cm)	一次花蕾数 (花)	全花蕾数 (花)	花径 (cm)
ライトピンクバーバラ	日没後昇温・低温	5.4a[7]	5.4a	4.8a	6.3a	15.1b	5.1a	7.0a	14.2ab	5.0a
	日没後昇温	4.8a	4.9a	4.8a	6.5a	14.9bc	4.9bc	6.7a	12.6bc	5.0a
	日の出前昇温	4.7a	4.8a	4.8a	6.5a	12.2c	4.8c	6.5a	10.2c	4.9a
	対照	4.7a	5.3a	4.7a	7.2a	19.0a	5.0ab	7.2a	16.4a	5.0a
チェリーテッシノ	日没後昇温・低温	5.2a	6.2a	4.9a	6.2ab	9.5a	5.2a	6.8a	7.8a	5.0a
	日没後昇温	5.9a	6.6a	4.7a	6.4ab	8.9a	5.1ab	6.6ab	7.4a	4.9a
	日の出前昇温	5.7a	6.1a	4.7a	6.1b	8.9a	5.0b	6.2b	6.9a	4.9a
	対照	5.0a	5.5a	4.7a	6.7a	9.3a	5.2a	6.8ab	7.9a	5.0a

注　1）一次側枝3本の平均値，2）二次摘心側枝2本の平均値，3）収穫の早い二次側枝2本の平均値，4）頂花を除いた側花の花蕾数，5）頂花を除いた一次花蕾数と二次花蕾数の合計，6）収穫時に開花している最大花径，7）同一品種間においてTukeyの多重検定により符号間に5％水準で有意差あり

収量増を目指した環境制御

の品質が得られ暖房費が削減されることが示されており，実用化への検証事例が増えてきている。今後も他品目でのEOD-heating処理の効果を検証していくことで，品質を劣化させない効率的な温度管理技術の実現を期待する。

執筆　道園美弦（農研機構花き研究所）

2016年記

参 考 文 献

馬場富二夫・石井香奈子・武藤浩志・稲葉善太郎. 2013. 園学研. **12**（4），389—396.

Erwin, J. E., R. D. Heins and R. Moe. 1991. J. Amer. Soc. Hort. Sci. **116**, 955—960.

福田正夫・樋口春三. 1979. 愛知農総試研報. **11**, 75—80.

福呂和之・久富時男・植田義実・卜部昇治・藤本幸平・宮本重信. 1971. 園学要旨. 昭46秋. 130—131.

GREENHOUSE GROWER編. 1992. DIFで花の草丈調節（大川清・古在豊樹鑑訳）. 農文協.

林真紀夫. 2007. 技術と普及. **44**, 11—15.

今給黎征郎・姫野正己. 2003. 九州農業研究. **65**, 208.

Ito, A., T. Hisamatsu, N. Soichi, M. Nonaka, M. Amano and M. Koshioka. 1997a. J. Japan. Soc. Hort. Sci. **65**, 809—816.

Ito, A., T. Hisamatsu, N. Soichi, M. Nonaka, M. Amano and M. Koshioka. 1997b. J. Japan. Soc. Hort. Sci. **65**, 817—823.

梶原真二・勝谷範敏・中屋敷康・米澤鴻一. 1997. 園学雑. **66**（別11），458—459.

川西孝秀・島浩二・林寛子・道園美弦・久松完. 2012. 園学研. **11**（2），241—249.

Kohl, H. C.. 1961. Proc. Amer. Soc. Hort. Sci. **77**, 540—543.

小西国義. 1970. 園芸植物の開花調節. p.234—269. 誠文堂新光社.

腰岡政二・久松完・岸本真幸・由井秀紀. 2000. 園学雑. **69**（別1），137.

國本忠正・後藤利幸. 1981. 九州農業研究. **43**, 217.

松田岑夫・万豆鋼一. 1978. 静岡農試研報. **23**, 49—56.

道園美弦. 2012. 花き研報. **12**, 1—46.

Miller, R. O.. 1962. Proc. Amer. Soc. Hort. Sci. **81**, 535—543.

水戸喜平・万豆剛一・木村進・岩崎正男. 1980. 静岡農試研報. **25**, 53—62.

Moe, R., T. Fjeld and L. M. Mortensen. 1992. Sci. Hortic. **50**, 127—136.

Nishijima, T., M. Nonaka, M. Koshioka, H. Ikeda, M. Douzono, H. Yamazaki and L. N. Mander. 1997. Biosci. Biotechnol. Biochem. **61**, 1362—1366.

大石一史・大須賀源芳. 1983. 愛知農総試研報. **15**, 223—228.

塚田晃久. 1991. 長野野菜花き試報. **6**, 23—30.

大和明弘・浦上好博・高木和彦. 1996. 徳島農試研報. **32**, 15—21.

トリジェネレーション

(1) コジェネレーション

オランダでは,天然ガスを用いたガスエンジンによるコジェネレーションがかなり普及している。それは,オランダでは,1980年代に電力ピークへの対策として分散型電源の設置を進めていた電力会社が,熱負荷は大きいが電力負荷がほとんどない温室に目をつけ,排熱を安価に売ることを条件に温室にオンサイト電源(コジェネレーション)を設置するようになったためである。

コジェネレーションと呼ばれる熱電併給装置は,エンジンで発電し,その際に発生する排熱を暖房に用いることによって,電気エネルギーと熱エネルギーを同時に利用できるため,総合的なエネルギー効率を大幅に向上させることができる。エンジンを動かす燃料のもっているエネルギーの25〜28%が電気エネルギーとなる。発電時に捨てられていた熱も回収利用することからエネルギーの利用効率は70〜80%に達し,非常に効率が高い。そのため,熱需要の多い工場や病院,ホテル,ビルなどで普及している。

(2) トリジェネレーションシステム

コジェネレーションシステムをさらに発展させたものがトリジェネレーションシステムである。コジェネレーションを運転するときに発生する排気ガスのCO_2を,ハウス内のCO_2施用に利用することができる。施設園芸で用いるトリジェネレーションとは,電気,熱,CO_2の3つ(トリ)を利用することから,トリジェネレーションという愛称がつけられた(第1図)。最近話題になっているアルコール類を用いた燃料電池も,電気の発生と同時に熱を発生するために,コジェネレーションの一つといわれており,CO_2も発生するために,トリジェネレーションになる。

オランダでは1990年代に入ると施設栽培技術の研究が進み,CO_2施用や人工照明による収穫量アップ,作物の高付加価値化の技術ノウハウが確立されると,農家自らがコジェネレーションを所有し,電気は人工照明に,熱は温室加温に,そして排気中のCO_2は生育促進に利用して高収益を図ることが行なわれた。現在,オランダでは温室作付け面積の85%がコジェネレーションを導入しており,さらにその半分がCO_2を利用しているといわれている。

電気は人工照明,排ガスはCO_2施用と,生産性を上げる手段として,バラ,キクなどの切り花栽培,トマト栽培に利用されている。一方,わが国では今のところほとんど導入されていない。その理由は,施設の栽培規模が小さいことや気候条件,また,電気などのエネルギーに対する法的規制などの問題があると考えられる。

(3) 小規模ハウスでも利用できるシステム

現在,10a規模の栽培面積でも対応できる5〜25kW小型のコジェネレーションが開発されており,これを用いたトリジェネレーションシステムの実証実験が行なわれている。その概要を第2図に示す。LPガス燃料でエンジンを動かし,そのエネルギーの約24%が8.2kWの電

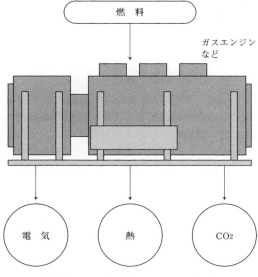

第1図 トリジェネレーションの概念
(横井,2005)

収量増を目指した環境制御

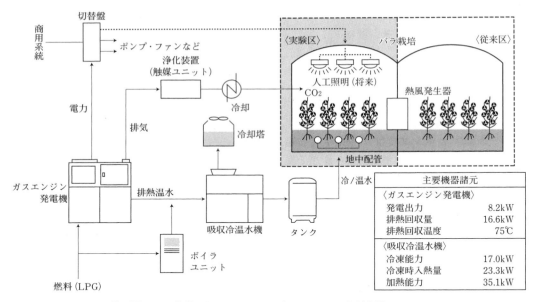

第2図 バラ栽培におけるトリジェネレーション実証実験システム

(大阪ガス，花き研究所)

力として換気扇やポンプなどの運転に利用される。エンジンの冷却水として生み出される温湯は，冬にはバラの根圏の暖房，夏には吸収式冷凍機を用いて根圏の冷却に用いられる。投入されたエネルギーの80％以上が利用されることになる。さらに，エンジンの排ガスから得られた二酸化炭素は，窒素酸化物やエチレンを浄化後にハウス内に導入され，約10％以上生長を促進できた。

トリジェネレーションの装置を運転して，電気や熱，CO_2が同時に供給されるときに，これらが同時に必要になるとは限らない。すなわち，熱は夜間に必要とし，CO_2は昼間必要とするなど，需給のアンバランスが生じる。これらを解決するためには，蓄熱設備や地域内で余剰な電気の融通を行なうなど，エネルギー需要の最適化する技術開発の必要がある。

(4) 省エネ効果と生産性

トリジェネレーションは，熱，電気，CO_2を同時に生み出す装置だが，これらが有効に働くことが重要である。施設栽培において，電気の必要性，あるいは需要は多くはない。換気窓やカーテン装置の動力や養液栽培などのポンプ類，暖房器の送風動力などが考えられる。システムを熱（暖房）負荷に合わせた規模にすると，電気は過剰になる。CO_2の発生量も同様に過剰になると考えられる。

つくば市のバラ生産農家で行なわれた実証実験では，バラの切り花を10〜20％増収させる効果が確認されたが，CO_2施用効果が反映されたものであると考えられる。したがって，トリジェネレーションシステムの規模は，CO_2施用の必要量に合わせて設計することが妥当である。

電気については，相当な余剰が出ると考えられる。余剰電力は，売電ということも考えられるが，現在，電力会社が電気を買ってくれることはない。

先進国のオランダでは，ナトリウムランプやメタルハライドランプを使用した補光にコジェネレーションによって生じた電気を使用している。それが増収，生産性向上技術として導入されている。第1表に，オランダにおけるトリジェネレーションを利用したスプレーギク栽培の生産費の比較を示す（川田，2005）が，補光

によって生産が向上している。収量の増加に伴って，償却費を含めた生産費も増加しているが，当然のことではあるが，補光したエネルギーの大部分は，最終的には熱エネルギーになるために暖房エネルギーはその分減少する。

以上のように，省エネルギーの効率は，投入エネルギーを削減するということだけではなく，生産性を向上させる技術を高めることにより，生産量当たりの投入エネルギーの比率で評価することが重要である。

執筆　島地英夫（東京都農林総合研究センター）

2009年記

参 考 文 献

川田穣一．2005．オランダのキク周年栽培体系—日長操作と補光および環境制御—Ⅲ補光．農業電化．58（7），8—14．

横井隆．2005．トリジェネレーションのしくみと実用性をさぐる．新電気．3，110—114．

第1表　スプレーギク（レーガン・エリート）の無補光と補光栽培における生産費（m^2当たり）の比較

(川田，2005)

生産費	無補光	補　光	
		4,500lx	6,000lx
生産切り花数（本）	220	265	285
植付け数（本）	230	275	295
苗代（ユーロ）	13.1	15.7	16.8
単価（セント）	(5.7)	(5.9)	(5.9)
天然ガス	8.2	7.7	7.3
使用量・18.2セント/m^2	(4)	(42.5)	(40)
電　力	0.7	4.6	6.1
使用量・6.1セント/kW	(11)	(75)	(100)
肥　料	0.3	0.3	0.4
薬　剤	1.1	1.1	1.1
出荷費	0.8	1.0	1.0
市場手数料（6.5%，負担金を含む）	3.0	3.7	3.9
その他	1.4	1.4	1.4
労賃（15ユーロ/時間）	9.0	9.8	10.5
償却費＋利子（生産施設）	12.4	12.4	12.4
補光器の償却費	—	3.5	3.9
m^2当たり生産費計（ユーロ）	50.0	61.2	64.8
切り花1本当たり（セント）	(23.1)	(23.5)	(23.1)

宮城県栗原市　白鳥　文雄

〈施設輪ギク〉精の一世，神馬2号など

ハウスの中に省エネトンネルを設置して重油代節減

1. 経営と技術の概要

　私は1968年に宮城県農業短期大学を卒業後，水稲240a＋肉用繁殖牛3頭の農業経営に就農した。当時，宮城県では水稲中心の農業経営が主であり，施設園芸はほとんど行なわれていなかったが，施設花卉栽培の有望性に着目して，1970年に輪ギクの施設栽培を開始した。栽培開始当初から，宮城県ではまだ珍しかった電照による開花調節技術を本格的に導入するとともに，ハウス加温による周年栽培に取り組んできた。1994年に鉄骨ハウス（800m^2）を，1999年にパイプハウス（330m^2×6棟）を増設し，キク栽培面積を現在の規模に拡大した。

　さらに1985年には，DIF（昼間と夜間の温度差を利用した変温管理）による生長（草丈・開花）調節技術を導入した。DIFの導入により，栽培期間の短縮や生産効率を向上させることができたほか，暖房費や植物成長調整剤処理の削減などコストダウンも実現できた。

　1993年には自走式防除機を導入したり，1998年に養液土耕栽培と直挿し栽培を導入するなど，栽培のシステム化や省力化による規模拡大も行なってきた。

　2003年には，低コスト対策として，大型鉄骨ハウスの中に小さなパイプハウス（省エネトンネル）を自ら開発して設置するとともに，DIFを組み合わせることによって，暖房費の大幅な節減に成功している。

　なお現在の栽培体系は年平均2.5作（大型ハ

■経営の概要

経営　施設輪キク
気象　年平均気温11.1℃，8月の最高気温の平均32.5℃，2月の最低気温の平均－9.6℃，年間降水量1,192mm，年間日照時間2,457hr
圃場・施設　水田240a（うち貸地120a），輪ギク70a，普通畑10a，水稲（自家消費用）23a 鉄骨ハウス（2棟）2,600m^2，パイプハウス（9棟）3,700m^2
品種　夏期（5〜10月出荷）：精の一世（白色），精の枕（黄色）
　　　冬期（11〜4月出荷）：神馬2号（白色），精興光玉（黄色）
　　　彼岸出し（3月）：神馬2号（白色），精興光玉（黄色）
暖房施設　暖房機5台

ウス）で，出荷量は年間約35万本である。

2. 暖房システムと省エネ対策

　重油価格の高騰は施設園芸農家の経営を圧迫している。私が大型鉄骨ハウスを導入した1991年当時は，重油価格は今よりもかなり安かったため，軒の低いパイプハウスよりも軒高の大型鉄骨ハウスのほうが重油の使用量は多いものの，温度変化が少なく，冬期の収量や品質が安定するとの理由から，行政やハウスメーカーなどは大型鉄骨ハウスの導入を推進していた。

　しかし，重油価格が高騰した現在では，大型鉄骨ハウスでの農作物生産はなかなかコスト

収量増を目指した環境制御

が合わなくなってきた。そこで私は，5年前の2003年の冬栽培から，大型鉄骨ハウスの中に省エネトンネル（小さなパイプハウス）を設置し，重油代の節減に取り組んでいる。

きっかけは，冬の暖房中のハウス内で，カーテンの修理のために屋根の近くまで登って作業をしたときのことである。ハウスの下のほうはそれほど暑くないのに，屋根の近くは大変暑くて，真冬なのに汗が流れるほどだった。そこで，ここはいったいどれくらいの温度があるかと測ってみたところ，暖房機の設定温度16℃より6℃も高い22℃もあったのである。暖かい空気は上のほうに移動しやすいということは知っていたが，「作物も何もない上のほうをこんなに暖めているなんて，なんてもったいないことをしているのか」と思い，さっそくこの「省エネトンネル」（第1図）を開発した。

省エネトンネルのつくり方は次のとおりである。

1) 骨組みパイプを支える「土台パイプ」（受けパイプ）を地中に埋める穴をドリルで掘る（第2図）。

2) 掘った穴に支柱の支え（土台パイプ）を埋める。キクの生長に合わせて省エネトンネルの肩高を90～120cmの間で調節できるよう，土台パイプの長さは42cmとする（第3図）。

3) 骨組みパイプを土台パイプ（受けパイプ）の穴に入れ（第4図），省エネトンネルの骨格をつくる。水稲の育苗ハウスなどのパイプハウスと同じ構造である。鉄骨ハウスの中に小さな

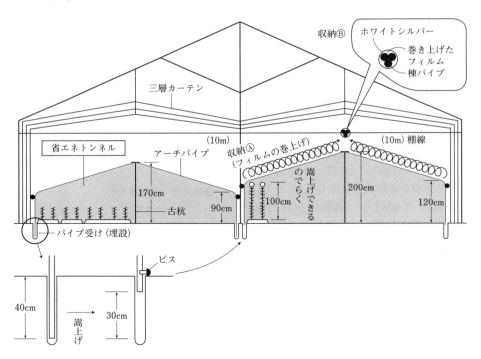

第1図　白鳥さんの省エネトンネル

「省エネトンネル」設置のコツは以下のとおりである
1) 省エネトンネルの骨になるアーチパイプは3mおきと間隔を長くとる（経費を安くし，設置・片づけもらく）。ただ，中だるみ防止に古杭で真ん中に支柱を入れる
2) アーチパイプがすぐに差し込めるように地中にパイプ受けを埋めた（設置・片付けがらく）。40cmの深さに埋めてあるので花が伸びてきたとき，嵩上げして，花を切るときまで使える
3) シーズン終了時は，トンネル頂上までフィルムを巻き上げ（収納Ⓐ），トンネルの棟パイプの上に載せたホワイトシルバーでくるんで，棚線にくくりつけて収納（収納Ⓑ）
4) 省エネトンネルの効果は抜群なので，上部の三層カーテンに多少破損があっても気にしなくてよい

ハウスの中に省エネトンネルを設置で油代節減

第2図 土台パイプ（受けパイプ）を埋める穴をドリルで掘る

第4図 骨組みパイプを土台パイプの穴に入れる
肩の高さは90cm

第3図 土台パイプを掘った穴に埋める
穴に入れる支柱支えの長さは42cm

第5図 キクの生長に合わせて肩高を上げられるようにしていく

パイプハウスをつくると思えばよい。骨組みパイプは、キクが小さいときはすべて土中に入れ、省エネトンネルの肩の高さは90cmとする。省エネトンネルの嵩高が低いほうが、暖房効率がより良くなるためである。

　4）キクが生長してくると、省エネトンネルの肩高が90cmのままでは作業がしにくくなるため、土台パイプはそのままで骨組みパイプを引き上げ、ビスで固定する。そして骨組みパイプを、キクの生長に合わせて徐々に土中から引き上げ、省エネトンネルの嵩高を上げていく。

土台パイプの長さを42cmにしておくと、省エネトンネルの肩高は最高120cmまで上げることができる（第5図）。

　5）骨組みパイプは3m間隔で設置し、トンネルの両端1mはポリ被覆を捨て張りしておく（第6図）。なお、夏期の省エネトンネルを使用

収量増を目指した環境制御

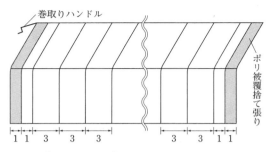

第6図　パイプの設置（間隔）（単位：m）

しない時期はハウスの片隅に片づけておく。

6) ハウスの全長が長いため，パイプだけだと歪みが生じるので，中央に廃材を利用した古杭を支柱として立てる（第7図）。

7) ポリ被覆巻上げ装置（誠和のサイド巻上げ機「ソアラ」）を取り付ける（第8図）。

第9図が省エネトンネル完成のようすである。

第7図　廃材を利用した杭を支柱にする

第8図　被覆巻上げ装置（クルクル）

第9図　省エネトンネルが完成

暖房を必要としない時期にはトンネルを片づけておく。少ないスペースで片づけることができる。

大型鉄骨ハウス（560坪＝1,800m²）4分の1につき，省エネトンネルを1つ設置しているので，鉄骨ハウス1棟の中に省エネトンネルが4つできることになる。

省エネトンネルは，骨組みとなる鉄パイプやポリ被覆巻上げ装置などの材料だけをハウスメーカーに頼み，自分でつくったため低コストですんだ。省エネトンネル1つの材料費は約10万円で，大型鉄骨ハウス1棟（560坪）当たりの設置コストは約40万円である。

なお，電照は省エネトンネルのポリ被覆の上から行なう。電照の効果が落ちるのでは，との心配は，電照時間を通常の1時間ほど多くすれば影響ない。厳冬期の作型の電照は通常4時間だが，省エネトンネル設置後は1時間多い5時間としている。

3. 活用法と導入効果

省エネトンネルと合わせて，DIFによる生育管理でさらなる暖房費節減に努めている。

DIFとは「Difference」の頭3文字から命名されたもので，昼間と夜間の温度差のことをいう。DIFには以下の3つの区分があり，植物への影響の違いで区別している。

1) 昼温が夜温より高いときはプラスのDIF
2) 昼温が夜温より低いときはマイナスのDIF

3）昼温と夜温が等しいときをゼロDIF

　植物は，プラスのDIFのときは草丈が伸び，マイナスのDIFのときは伸長が抑えられて，わい化するという性質があり，いずれの場合も，昼温と夜温の差が大きいほど，その影響も大きくなる。

　私は20年ほど前から，主にプラスのDIFを活用し，生育初期に草丈の伸長を促すことに重点を置いている。

　冬期の作型では，以前は夜間の最低温度を16℃で管理していたが，DIF技術を導入してからは栄養生長期・生殖生長期ごとに温度管理を変えている。

　定植後や二度切り栽培の摘心後などの栄養生長期は，早期に草丈を確保するため，夜間の最低温度は13℃に設定し，昼間は25℃でハウス内温度が上がったら換気を行ない，昼夜の温度差をつけている。

　栄養生長期後半から生殖生長期にかけては，上位節間が伸びすぎるのを防ぐため，昼間と夜間の温度差をなるべく少なくしている。電照を切る10日前（花芽分化前）から消灯20日後（花芽分化後）までは夜温の最低温度を16℃，消灯20日後から開花までは15℃に設定する。

　冬期の栄養生長期の夜間最低温度を3℃低くしたことにより，重油の使用量を減らすことができた。またDIF技術を活用することにより，ジベレリンやビーナインなどの植物成長調節剤の使用回数も減らすことができ，コストダウンにつながった。

　なお，栽培品種は，夏期（5〜10月出荷）は精の一世（白色）と精の枕（黄色），冬期（11〜4月出荷）は神馬2号（白色）と精興光玉（黄色），彼岸出し（3月）は神馬2号（白色）と精興光玉（黄色）である。冬期は，低温でも花芽分化しやすい品種を選定している。

　以上のように，省エネトンネルの設置とDIF技術の活用により，560坪（1,800m^2）のハウスで2007年度の重油使用量は約2万lと，設置前と比較して約40％の重油を節減することができた。

《住所など》宮城県栗原市一迫字清水目日照17
　　　　　白鳥文雄（61歳）
　　　　　TEL.・FAX. 0228-54-2164
執筆　白鳥文雄（宮城県実際家）
執筆協力　尾上智子（宮城県栗原農業改良普及センター）

2009年記

光の利用と制御

光をめぐる研究と人工光源の利用

(1) 白熱電球に代わる光源探索の背景

　光は動けない植物にとって，光合成を行なうために不可欠なエネルギー源であるとともに，生育している場所の環境を感知して，いつ発芽するか，いつ開花するかなどを決定していくうえで重要な情報源でもある。園芸作物生産における人工光源の利用は，生育・開花調節を目的とした補光（以下，電照）と光合成促進を目的とした補光とに大別される。白熱電球などの光源を利用した電照や被覆資材を用いた光環境調節による花卉類の生育・開花調節技術は，植物の生理反応に基づいて開発されており，光情報による生育調節機構を理解しておくことが重要である。最近の分子生物学的な研究の進展はめざましく，さまざまな植物の光応答機構が遺伝子レベルや細胞レベルで次々に明らかにされている。たとえば，2007年に，日長に反応して生成される"幻の開花ホルモン（フロリゲン）"の正体が明らかにされた。このような状況のなか，花卉類についても基礎的な裏づけをしながら栽培技術につなげようとする機運が高まりつつある。

　また，白熱電球は光変換効率が低いため，地球温暖化対策の一環として2012年までに電力消費量の多い白熱電球の製造，販売を中止して，電球形蛍光灯や発光ダイオード（Light Emitting Diode, LED）照明器具などに切り替える方針が2008年に経済産業省から示された。この方針と環境意識の高まりを背景に一部メーカーでは，一般照明用途の白熱球（農業用などの特殊電球を除く）について生産中止や減産の方向にある。

　このような社会情勢から，国内の花卉生産場面においても白熱電球代替光源を求める機運が高まり，白熱電球に代わる光源の探索とその効率的な利用方法の検討が精力的に行なわれている。

　また，工学分野では新しい光源や被覆資材が続々と誕生し，さまざまな場面で実用化が図られており，花卉生産の場面でも工学分野の技術と融合しつつ，新しい電照や光環境調節による生育調節技術が開発されていくものと期待されている。他方，生産現場レベルで利用される光源の種類が増えることにより光環境の評価方法についても整理が必要になってきている。

(2) 花卉生産に利用される人工光源

　人工光源は，大きく三つに分類され，燃焼真空光源（白熱電球），放電プラズマ光源（蛍光灯，高輝度放電灯など），固体素子発光光源（LED，有機ELなど）の順に開発されてきた。これまで花卉生産では，利用場面にあわせてそれぞれの人工光源の分光特性，配光，点灯や調光のしやすさ，寿命，導入コストおよびランニングコストなどを考慮して特徴を活かした選択がされ，利用されてきた。たとえば，生育・開花調節を目的とした電照には，白熱電球，蛍光灯を使用することが多く，光合成促進を目的とした補光には，出力の高い高圧ナトリウムランプ，メタルハライドランプなどの高輝度放電灯が使用されている。

　最近，省電力による経費削減と地球温暖化防止対策の流れにあわせて，国内の花卉生産現場でも白熱電球に代わる光源の探索が行なわれており，次世代光源と注目されているLEDの利用に高い関心が寄せられている。LEDは，電気‒光エネルギー変換固体素子であり，利用される化合物半導体の組成によって，ある単一ピーク波長をもつ光を発光する。

　一般にLED光源は省エネルギー光源とされているが，電気‒光エネルギー変換効率は0.5～30％程度と波長ごとに大きく異なっており，

すべてのLED光源の効率がよいわけではない。なお、現在主流の白色発光LEDは、青色LEDと黄色発光蛍光体の組合わせによって可視光領域の連続したスペクトルを得ている。LED光源や有機ELなどの次世代光源の開発は発展途上にあり、今後、さまざまな場面での実用化が期待されている。このため、花卉生産においても人工光源の特性と植物の光応答メカニズムの双方を理解し、その理解に基づいた人工光源の活用がますます重要になってくるだろう。

植物は光合成反応や種々の光形態形成反応において、それぞれ異なる波長域の光を利用しており、植物と人間の感覚は一致していない。白熱電球と白熱電球代替品として開発された電球色電球形蛍光灯、電球色電球形LEDでは光源から出力される光の分光特性はまったく異なっている（第1図）。人の目には同じような色調、明るさに感じられるように開発されたこれらの光源を植物の生育調節を目的に導入した場合、当然、植物はそれぞれ違う光と認識して反応することが予想される。多様な品目で構成される花卉分野では、新たな光源を導入していくためにも多くの品目の生育・開花反応について光応答の情報集積を進めることが重要である。

(3) 花卉生産における人工光源利用の現状

①生育・開花調節を目的とした電照

日本で最初に電照による開花抑制が試みられたのは、1937年に、アセチレンガスの炎光を人工照明としてキク生産に利用したものとされている。1950年代以降、日本では安価で取り扱いやすい光源として白熱電球が電照栽培に利用されるようになり全国に普及拡大された。現在、国内では、おもに白熱電球を用いてキク、ポインセチア、カランコエ、ソリダゴなどの短日植物では開花抑制を、シュッコンカスミソウ、デルフィニウム、ユーストマ、カンパニュラなどの長日植物では開花促進を目的として電照が行なわれている。

最近、キクの電照による開花抑制の場面では他品目に先行して省電力による生産コストや環境負荷の低減などを目的に白熱電球代替光源の探索が進められ、先駆的な生産現場では電球形蛍光灯や赤色LED照明器具などの新光源の導入が始まっている。しかし、一部品種について新光源では十分な効果が得られないとの報告もあり、いまだ安定生産を達成するためには詳細な検証が必要な状況にある。また、開花抑制に効率的な波長（630nm前後）の赤色LED照明器具を導入した場合、人の視認性の問題から作業効率が低下するといった問題点が指摘されている。その他の品目についても生育・開花調節を目的とした新光源の導入に向け精力的な取組みが実施されている。

②光合成促進を目的とした補光

冬季の日照時間の短い高緯度地域や寡日照条件となる地域での施設生産において、光合成促進を目的とした補光が導入されている。光合成促進を目的とした補光の場合、強い光量の補光が必要であり、ランプ当たりの光放射出力の高い高圧ナトリウムランプやメタルハライドランプなどが使用されている。これらのランプを導入した補光栽培は、欧米諸国の高緯度地域で発達してきた。現在では、野菜類の生産と同様、バラをはじめとした多くの花卉類の生産に普及

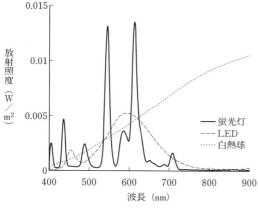

第1図　白熱球、電球形LED照明器具（電球色）、電球形蛍光灯（3波長形電球色）の分光分布
照度を75lxに合わせた場合の分光放射照度

している。この補光設備をはじめ高度に装置化された欧州の栽培施設は，まさに自然光利用型植物工場とみなすことができる。このように世界的規模でみると花卉類も工場生産されているといっても過言ではない。

わが国でも，冬季に寡日照条件となる地域において，日照不足による生育不良，品質低下や収量低下を改善するため，光合成促進を目的とした補光についてバラ，キク，ユーストマ，スイートピーなどを対象に検討が進められている。施設の重装備化が進んだバラ栽培施設などへの導入事例があるものの，ランプ導入のコストやランニングコストの問題から実際場面での利用は限られている。

光合成のための光エネルギーをすべて人工照明でまかなっている事例として閉鎖型苗生産システムがある。このシステムは完全人工光利用型植物工場とみなすことができる。また，花卉分野では，生育・開花調節を目的とした低温処理や苗貯蔵のために冷蔵庫内で一定期間，種苗を維持する場面がある。このような苗冷蔵中に種苗の消耗を防ぐために光補償点を維持するような補光が行なわれている。現状，これらの閉鎖型システム下での苗生産・保持の場面で利用される光源は白色蛍光ランプが主流だが，試験的にLED照明器具や冷陰極蛍光ランプなどの利用が検討されている。

そのほか，ランプの特性を活かした試みとして，高圧ナトリウムランプによる補光で光合成促進とともに光源からの放射熱を利用する事例がある。これは高圧ナトリウムランプを栽培ベンチから1m程度に設置し，照射コストの削減を目指し光源を移動させながら近接照射するもので，補光と補助加温を達成し，苗・鉢ものの生育促進効果を得ている。

③黄色光を利用した防蛾灯

黄色光を利用した防蛾技術は1990年代以降，花卉分野に拡大してきた。花卉における利用はカーネーション栽培でオオタバコガなどの防除を目的に最も普及が進んでいる。夜間活動中のヤガ類成虫の複眼の明適応化に580nm付近の光が効果的に作用するため，この波長域の光照射によって夜間の交尾・産卵活動が抑制され，幼虫による加害が低く抑えられる。黄色蛍光灯を利用した害虫防除技術の導入により栽培期間中の化学合成農薬散布を低減でき，「環境と人にやさしい」防除体系が構築できるため，他品目での導入の検討が進んでいる。

しかし，黄色光の波長域が植物のフィトクロムを介した日長反応に影響するため適用が困難な場面がある。そこで，日長反応性をもつ品目での防蛾灯の導入に向け，ヤガ類に対しては同等の効果をもち，植物に対する影響の小さい緑色光領域の光を利用した防蛾灯が開発され，その適切な照射方法の検討が行なわれている。また，波長幅の狭い単一ピーク波長をもち，パルス点灯が可能なLEDの特性を活かした防蛾灯の開発が始まっている。

(4) 光環境の計量法

①光とは

「光とは何か」という定義は難しいが，広く捉えると「光」とは，電磁波であると定義される。最も身近な光とは人が目で感じることができる「可視光（波長域：400～700nm）」であろう。可視光より短い波長域に紫外線，さらに短い波長域の電磁波にガンマ線やX線がある。逆に，可視光より長い波長域に赤外線，さらに長い波長域の電磁波に電波（マイクロ波，ラジオ波）がある。

また，光は電磁波の一種で波の性質をもつと同時にエネルギーの塊としての粒子的な性質ももっており，その最小単位を光子（光量子）という。光子1個のもつエネルギーは波長によって異なり短波長の光ほどエネルギーが大きく，長波長ほどエネルギーが小さくなる。光環境を測る場合，光の性質を表わす方法，光を測定する方法は多数存在するので，どのような場面で何を表わしたいかによって測定方法と単位を使い分けることが必要となる。

②計量と単位

光の計量は，物理量の評価と人間の視覚に応じて波長ごとの感度特性を加味した評価に大別されている。光放射エネルギーに対して時間

収量増を目指した環境制御

第1表 おもな放射量と対応する測光量

物理量		視感度を加味した物理量	
放射量	単位	測光量	単位
放射束（Radiant Flux）	W	光束（Luminous Flux）	lm（ルーメン）
放射強度（Radiant Intensity）	W/sr	光度（Luminous Intensity）	cd（カンデラ）
放射輝度（Radiance）	W/sr/m²	輝度（Luminance）	cd/m²
放射照度（Irradiance）	W/m²	照度（Illuminance）	lx（ルクス）

的・空間的な量を組み合せることによって構築される物理的なエネルギー量を「放射量」と総称し，これに人間の感じる「明るさ」を与える分光視感効率を波長に対して重み付けして加えたものを「測光量」と総称している（第1表）。光源から単位時間当たりに放射されるすべてのエネルギー量を「放射束」といい，受光面の単位面積当たりに入射する単位時間当たりのエネルギー量を「放射照度（W/m²）」という。放射照度に人間の視覚に対して与える影響を波長に対して重み付けして表わした測光量が「照度（lx）」である。人間の視覚は物理的には同じエネルギー量であっても，470nmの光を555nmの光の約10分の1の明るさにしか感じておらず，この波長ごとの感度特性を視感度という。視感度には体調や個人差があるため，1972年に国際度量衡総会（CIPM）において標準分光視感効率が勧告され，555nmの単色放射に対して感じる明るさを1として正規化したとき，その他の波長で感ずる同じ放射強度の明るさの比とい

う形で表わされている（第2図）。工学や物理学の立場ではエネルギー量を測る放射量や測光量を用いる場合が多く，とくに人間の目が感じる明るさに関係する分野（照明工学や建築学など）では測光量が重要である。「照度（lx）」に代表される測光量は，分光視感効率にあわせたフィルターを通した二次的で特殊な測定法であるが，花卉生産現場では人工照明の利用の始まったころから「照度」が光環境の評価基準として使用され，最も広く普及しているため，生産現場での光の計量についての混乱や誤解を招いている。

植物では，特定の吸収スペクトルをもつ光受容体（センサー）を介した光応答システムが発達している。生物において光によって引き起こされる反応は，これら光受容体が起こす光化学反応であり，基本的には反応が「起こる」か「起こらない」かの二者択一であり，吸収されるエネルギー量でなく，量子数が重要になる。たとえば，光合成反応は，光化学反応であり，1つの光子がどの程度のエネルギーをもっていたかではなく，クロロフィルがいくつの光子を吸収したかが重要になる。この考えを基に光量子数単位での計量が求められ，光合成に利用できる波長域（400～700nm）に限定して光量子束密度（Photon flux density：PFD）を計量し，「光合成有効光量子束密度（Photosynthetic photon flux density：PPFD）」を基準単位（μ mol/m²/s）として用いるようになっている。光量子束密度とは，1秒当たり，1m²当たりの光子の数を表わす単位である。

植物は，光合成以外にも情報源として光を利用している。光形態形成など植物の生育に影響する光環境を考える場合，紫外線から遠赤色光

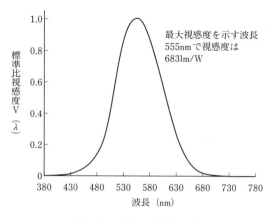

第2図 標準比視感度曲線

の波長域（300～800nm）に注目した光環境の測定・評価基準が必要となる。これらの光応答も生体内で起こる光化学反応に基づくと想定されるため生体内で反応を引き起こす光量について論議する場合，エネルギー量ベースではなく，光量子数単位で考えることが望ましい。しかし，生理作用によっては光量子反応かエネルギー反応かいまだ定かではなく，また，現在，広く使用されている光量子センサーは，光合成有効放射域（400～700nm）の光量子束密度（μmol/m^2/s）を測るものであり，紫外領域や遠赤色光領域が検出できない。さらに，植物体は複雑な立体構造をもち，刻一刻と受光体勢を変化させており，正確な受光量（吸収量）を測ることは不可能である。

このようにさまざまな問題がある現状においては，いずれの測定方法あるいは単位を用いるにせよ光源や測定機器の特性を理解し，植物の配置された三次元空間の光環境を再現できるように提示することが重要である。なお，植物を対象とした学術分野での光環境の評価は，「光量子束密度」あるいは「放射照度」が用いられている。

③計測機器（センサー）の特徴

分光放射照度計　分光放射照度計は，光の波長ごとに放射照度を測る計測器である。指示値は単位面積に入射する波長ごとの放射束「放射照度（W/m^2）」であり，光源から放射されるエネルギーの分光分布を知ることができるが高額である。なお，人工光源を計測する場合には標準光源を用いた校正値が必要であること，機器によって測定可能な波長範囲や分解能が規定されていることに留意して目的に応じて適切な測定器を使用する必要がある。

放射照度計　放射照度計は，センサーが感度をもつ波長域について，受光面の単位面積に入射する放射束を測る計測器である。指示値は「放射照度（W/m^2）」を示す。たとえば，400～1,050nmの波長域にほぼフラットな感度をもつセンサーを使用すると青色光から遠赤色光の波長域をカバーでき，紫外線以外の植物の生育に影響する光環境をモニター可能である。紫外線の測定などで使われるUVメーター（紫外放射照度計）も放射照度計の一種である。紫外放射照度計は光センサーにフィルターを取り付け，UV-A，B，Cなど特定の波長域の放射照度を測定するように調整している。ただし，紫外放射照度計の指示値は標準光源で調整されており，いずれのセンサーも対象とする波長域でフラットな感度ではないため，基準とした光源と異なる分光特性をもつ光源の下では正確な放射照度を示していないので留意が必要である。

光量子計　市販されている光量子計は，光合成有効放射域（400～700nm）の光量子束密度（μmol/m^2/s）を測る計測器である。紫外光（UV）およびFR光の領域に検出感度がない。また，センサー感度に標準規格がないためメーカー間で波長感度特性や指示値に大きな差があるのが現状である。世界的にはLI-COR社の光量子センサーが最も多く使用されている。近年，植物の光合成反応にかかわる場面での光環境は，光量子センサーを用いて光合成有効光量子束密度を測定して評価するようになったが，光形態形成にかかわる波長域は300～800nmの波長域とされており，光合成有効放射域より広いため，市販されている光量子センサーでは光形態形成反応にかかわる光環境の評価には十分でなく，検出感度のない波長域について光量子数を求めるには，分光放射照度を求め算出する必要がある。

照度計　照度計は，可視光（400～700nm）の波長域（厳密な可視領域は360～830nm）について人間の視覚感度に合わせて補正された分光応答をもつ計測器である。つまり，照度計の指示値は受光面の単位面積に入射する放射束に人の目で感じる感度（分光視感効率）を重み付けした値である。また，汎用性のある計測器のなかでは唯一，日本工業規格（JIS）があり，基準を満たした機器であれば，メーカー間の誤差がほとんどない。これまで生産現場では照度計が多く用いられてきたが，植物は人間と同じ感度で光を感受していないので，異なる光源の下で測定された照度の値を用いて植物に対する影響について論議することは困難である。ただ

し，光源ごとに必要とする光の放射量にあわせたときの照度計の指示値を求めておけば，その値は，現場での各光源設置の目安として利用可能である。また，ランプ設置時から光量がどれだけ低下したのか知りたい場面など，同一光源下での光量の相対値を知ることはできる。

*

それぞれの光センサーは特定の波長感度特性をもつため，検出感度のある波長域であっても，あらゆる光源を対象に正確な放射照度あるいは光量子束密度を求めるのは不可能である。できるだけ正確な値を求めるには，光源ごとに分光放射照度計で測った値と使用する計測器の指示値から変換係数を求め，換算することが必要となる。ただし，植物の光応答は，それぞれの波長感度特性をもつ光受容体で感受した光によって起こる生理反応であり，生理反応ごとのシステムが発達している。したがって，検出感度のある波長域について積算値を示す計測器を使用した場合，測定値を基準に光源間の定量評価を行なうことは可能であるが，測定値が同じでも分光特性の異なる光源間では植物の感度と一致していないことを理解しておく必要がある。今後，生産現場レベルで対応可能な光環境の簡便な評価基準の策定が望まれる。

(5) 電照を用いた生育・開花調節の鍵となる光応答

①光応答とは

キクをはじめ多くの花卉品目の栽培において電照による暗期中断や日長延長が行なわれているように情報としての光を活用していることが多い。"もやし"のように暗所で育った幼植物は黄白色で徒長し，葉も展開しない。他方，明所で育った幼植物は光を巧みに利用して発生や分化の過程が調節されている。この光による生長・分化すなわち形態形成の変化を光形態形成とよぶ。情報としての光は，光形態形成を支配しており，動物の目に相当する植物の光センサーであるフィトクロム，クリプトクロムやフォトトロピンなどの光受容体によって感受される。フィトクロムは赤色光領域と遠赤色光領域を，クリプトクロムやフォトトロピンは青色光領域をおもに感受し，情報を伝達し，種子発芽，伸長生長，光屈性，花芽形成，葉の分化・展開，葉緑体の発達などの反応を遺伝子発現の変化を伴って調節している。また，生物には概日時計（生物時計）として知られている恒常条件下（たとえば連続暗黒条件や連続明条件）でも約24時間周期で生理活動が変動する概日リズムが存在する。概日リズムは明暗周期によって同調されている。植物は光受容体からの光情報と内在の概日時計を用いて光形態形成や開花時期など重要なイベントを決定している。ここでは，植物の光応答のうち電照を用いた花卉類の生育・開花調節の鍵となる1）光周性と2）避陰反応について概要を紹介する。

②光周性

さまざまな光応答のうち日長の変化を感知して植物が季節を判断し，開花時期や休眠の導入時期などを決定する応答は，光周性あるいは日長感応性と呼ばれ，花卉類の生育・開花調節の鍵となる重要な光応答である。ガーナーとアラードによる光周性花成の発見（1920年）を機に光周性機構の探究が始まるとともに日長調節によるさまざまな植物の開花調節技術が開発され，1930年代にはアメリカで日長調節を利用した商業的なキク生産が始まっている。短日植物の開花反応の場合，長い暗期の中央に与えられた光パルス（暗期中断）は花成を阻害する。この暗期中断に最も効果的な光は600～700nm付近の赤色光であり（第3図），赤色光の効果は直後に照射した700～800nm付近の遠赤色光で打ち消される。このことは，花成を制御する暗期中断効果にフィトクロムが関与していることを示している。このように光周性反応では，光照射の長さや強さといった光のエネルギー量とともに光質（波長）が重要になる。

長日植物の開花反応の場合も，短日条件での赤色光照射による暗期中断によって開花が促進されることが見出され，短日植物の場合と同様，暗期の長さが重要であるとされてきた。しかし，事例を重ねていくと長日植物の場合，赤色光ばかりでなく青色光や遠赤色光に反応する

事例もみられ，光質に対する長日植物の反応にはバリエーションがあることがわかってきた。長日性のモデル植物シロイヌナズナでは，日長反応の鍵となる因子として，CONSTANS (CO) 遺伝子が同定されている。CO遺伝子の発現は光情報によって同調された概日時計の制御により日周変動を示し，さらに，光質（青色光あるいは遠赤色光）が重要な環境因子となって翻訳産物であるタンパク質の機能性に作用してフロリゲンをコードする遺伝子，FLOWERING LOCUS T (FT) 遺伝子の発現を制御している。

このように日長反応では，明暗周期の長さや光の強さばかりでなく光の質や照射のタイミングが重要な役割を担っていることがわかってきた。シロイヌナズナやイネなどモデル植物では，光情報の受容や概日時計のリズムなどについての研究が進展し，その詳細な開花調節機構の理解が進んでいるものの，日長反応性が多様な花卉類では理解があまり進んでいないのが現状である。近年，多種多様な花卉類でLED光源などを活用して発光スペクトル幅の狭い単色光への応答や遺伝子解析が進んでおり，日長反応性のバリエーションの大きい花卉類における光質の影響についてもさらに理解が進むものと思われる。

③避陰反応

自然環境下における植物群落では光エネルギー獲得のために生存競争が行なわれる。そのため植物には周囲の他個体の存在を感知し，他の植物の陰から逃れようとするメカニズムを備えている。日射は可視光領域の光をほぼ等分に含むが，植物群落内ではクロロフィルにより赤色光（R）が吸収されるため，遠赤色光（FR）に対する赤色光の割合（R/FR）が減少する。日射のR/FRは天候や季節によって多少変動するものの1～1.15の範囲であるが，植物群落内のR/FRは0.05～0.7であるとされている。このような植物群落内での低R/FRの光環境がシグナルとなり，植物は他の植物の陰から逃れようと茎伸長を促進する。さらに，植物種によっては開花促進もみられる。この応答は避陰反応と呼ばれ，R/FR受容体であるフィトクロムに

第3図 キクの花成抑制に及ぼす暗期中断時の光質の影響
12時間日長＋4時間暗期中断
左から，短日：開花，青色光：開花，赤色光：不開花，遠赤色光：開花

より調節を受けると考えられている。また，日没の時間帯に地上に到達する太陽光はFR光の割合が増加し，低R/FRの光環境となる。

自然現象を模倣した明期終了時（End-of-day：EOD）の短時間FR照射（EOD-FR）処理によっても避陰反応と同様の伸長・開花促進作用がみられる。これらの低R/FRやEOD-FRによる反応には，フィトクロムを介した情報伝達とともにジベレリン，オーキシンをはじめとする植物ホルモンの生合成や情報伝達が関与していると考えられている。

(6) 期待される新しい電照技術

①EOD-FR処理の活用

近い将来の実用的なFR光源の開発を待つ状況であるが，期待される新しい電照技術に植物の避陰反応を応用したEOD-FR処理による生育・開花調節がある。キクでは，生殖生長期間（短日期）のEOD-FR処理により開花に影響することなく茎伸長促進効果が得られること，ス

収量増を目指した環境制御

第4図 EOD-FR処理による伸長・開花促進効果
①ストック，②キンギョソウ，③ブプレウルム
左側：無処理区，右側：処理区

トック，キンギョソウ，ユーストマなどでは，生育促進ともに開花促進効果が確認されている（第4図）。

これらの効果に基づいて，スプレーギク生産に応用する試みが実施され，圃場条件においても短日期のEOD-FR処理により開花に影響を及ぼすことなく効率的な茎伸長促進効果が得られることが示された。これにより実際栽培において草丈を確保するために設けている一定期間の栄養生長期間（長日期間）を短縮することが可能になる。周年生産されるスプレーギクでは，栽培期間の短縮は施設回転率の向上や冬季における加温コストの低減などにつながることが期待される。

また，ユーストマについては，冬季寡日照地域において圃場条件でのEOD-FR処理の有効性が検討され，顕著な効果が得られている。今後，その実用化が期待されている。このようにEOD-FR処理は花卉類の生産性向上のための有効な手段となる新しい電照技術であり，早急

なFR光源の普及が待たれる。

②病害虫防除への電照の活用

最近，植物のもつ病虫害抵抗性について，その抵抗性メカニズムや抵抗性誘導機作が明らかにされつつあり，光の影響についても紫外線の関与やフィトクロムを介した情報伝達の関与が示されつつある。

光照射による病虫害抵抗性についてはイチゴをはじめ数種の野菜類において，紫外線（UV-B領域）照射によるうどんこ病防除や緑色光照射による病害防除効果が示され，一部実用化されている。この技術は特定の波長域の光照射により植物のキチナーゼやグルカナーゼなどの病害抵抗性にかかわる各種PRタンパク質の遺伝子発現を誘導することで病害抵抗性が向上しているものと考えられている。現在，花卉類への応用の可能性についても検討が始まっており，品目，病害ごとの効果の検証と抵抗性誘導機構の解明が進むと思われる。

さらに，施設生産で問題となるアザミウマ類，コナジラミ類など難防除害虫を対象に光波長や色に対する誘引・忌避などの行動解析が進行しており，近い将来，植物の光に対する生育反応や病虫害抵抗性反応と組み合わせた「環境と人にやさしい」光を活用したIPM防除技術に発展することが期待される。

(7) 今後の課題

これまでにも電照効果については，光量（長さと強さ）ばかりでなく，処理のタイミングや光質（波長）の重要性が明らかにされつつ，品目にあわせた電照技術が開発されてきた。最近，LED光源など新光源が圃場レベルで利用できるようになり，多くの品目で光質に着目した光利用の可能性について盛んに検討されるようになった。報告され始めた光質応答の事例をみると植物の反応は予想以上に複雑であり，これまでの知見では説明しきれない反応も散見される。今後は，これら現象の機構解明とともに，得られる基礎情報を基に生産現場で活用できる効率的な電照技術の開発に繋げることが大きな課題であろう。

他方，ハードの面からはLED照明器具などの新光源は開発の途上にあり出力，配光性，耐久性など検討すべき課題が残されていることに留意が必要であろう。

なお，実用化に向けて新光源の導入を検討するさいには，生産現場が特殊な環境であることを念頭に，照明器具の使用基準を遵守し，安全性を確保することを怠ってはならない。

執筆　久松　完（(独) 農業・食品産業技術総合研究機構花き研究所）

2012年記

キクの光周性花成のしくみと電照の最適化への展開

　人工光源や暗幕を利用した人為的な日長調節による生育・開花調節は，植物の日長認識のしくみを巧みに利用した技術である。電照技術の開発の端緒はGarnerとAllardによる光周性花成の発見（1920年）である。以降，光周性機構の探究が始まるとともに，日長調節によるさまざまな植物の開花調節技術が開発されてきた。キクについては，1930年代にアメリカにおいて日長調節を利用した商業的な生産が始まっている。人為的な日長調節による安定供給技術の開発は，キクが世界3大花卉品目のひとつに成長した大きな要因である。

　日本で最初に電照によるキクの開花調節が試みられたのは，1937年，アセチレンガスの炎光を人工照明として生産に利用した事例とされている。1950年代以降，日本では安価で取り扱いやすい光源として白熱電球が電照栽培に利用されるようになり，全国に普及拡大した。地球温暖化対策の推進など社会情勢の変化から国内花卉生産の現場では，50年以上利用されてきた白熱電球の代替光源を求める気運が高まり，白熱電球から消費電力の小さい電球型蛍光灯や発光ダイオード（LED）照明器具への置き換えが進んでいる。また，これまで電照による積極的な開花調節が行なわれていなかった夏秋期の露地ギク生産においても，電照栽培による開花調節を導入する気運が高まりつつある。

　一方，光周性反応の分子機構は，シロイヌナズナなどモデル植物を中心にその機構解明が進んできた。近年，モデル植物に限定されていた全ゲノムDNA配列の決定，mRNAの配列情報の収集，大規模DNAマーカーの開発など分子生物学的な研究基盤の整備の対象が，実用品目を含む多くの植物種に拡大し，これら基盤とモデル植物での先行的知見を活用した解析が進展している。この結果，キクを含む実用品目の光周性反応の分子機構の理解も深化し，多様な光周性反応を示す植物種における分子機構の保存性と多様性が解明されつつある。このような情勢の変化に対応した新たな安定・効率的な電照技術の確立には，キクの光応答など生理特性の理解が重要になってきている。

（1）光周性・限界日長・暗期中断

　Garner and Allard（1920）は，タバコやダイズなどを対象にどのような条件で開花するのか研究する過程で，植物は季節ごとに変化する環境を感じて開花期が決まると考えるようになった。彼らは暗箱を利用して人為的に明るい時間の長さを変え，さらに多くの植物の開花反応を調査した。その結果，植物は日長を認識することで季節変化を予期していることを明らかにした。光，温度，湿度，栄養条件など，さまざまな外界の環境要因が植物の生長に影響を与えるが，日長の変化は自然界でもっともぶれの小さい環境要因であり，植物が日長の変化を感知して季節変化を予期するのは理にかなった選択といえる。植物がそれらの環境要因のなかから日長の変化を感知して季節を判断し，開花時期や休眠の導入時期などを決定する反応を「光周性」あるいは「日長感応性」という。

　花成反応における日長感応性の違いから植物は，基本的に以下の三つに大別される。1）短日植物（日長がある限界以下の条件で開花），2）長日植物（日長がある限界以上の条件で開花），3）中性植物（日長に関係なく開花）。短日植物と長日植物は，さらに，それぞれ質的（絶対的）および量的（相対的）な反応を示す2種に細分される。質的短日植物の場合はある一定以下の日長，質的長日植物の場合はある一定以上の日長でなければ開花しない。この境となる一定の日長を限界日長という。なお，短日植物や長日植物という呼称は明期の長さを基準につけられているが，キクをはじめとする短日植物では暗期の長さが重要である。

　光周性花成での暗期の長さの重要性は，オナモミを実験材料としてはじめて示された。オナモミは15h/9h（明/暗）の明暗周期のもとで花成誘導されるが，9h暗期の中央での1minの光照射によって連続暗期を分断すると，花成誘導

されない (Hamner and Bonner, 1938)。のちに，このような短時間の光照射を「暗期中断」（あるいは光中断）と呼ぶようになった。暗期中断が発見されるまでキクの開花抑制には日長延長による長日処理が行なわれていたが，暗期中断の発見からまもなく，キクの開花調節に及ぼす暗期中断の効果が検討され，それまでの日長延長処理よりも短時間の光照射で花成抑制が可能であることが示された（Stuart, 1943）。日本でも電照栽培導入時には，夕方からの日長延長が行なわれていたが，現在では深夜0時を基準に前後数時間の電照による暗期中断が行なわれることが多い。

(2) 暗期中断による花成抑制とフィトクロム

植物にとって光は，光合成を行なうために不可欠なエネルギー源であるとともに，生育している場所の環境を感知して，いつ発芽するか，いつ開花するかなどを決定していくうえで重要な情報源でもある。植物は情報としての光を感知する複数のセンサー（光受容体）をもち，赤色光（R）領域と遠赤色光（FR）領域に吸収極大をもつフィトクロム (phy)，青色光（B）領域をおもに吸収するクリプトクロム，フォトトロピンやFKF/LKP/ZTLファミリーなどの光受容体によって感受され，情報伝達系を通じて光形態形成や生理反応を支配している。

キクの暗期中断による花成抑制ではフィトクロムの関与が指摘されてきた（Cathey and Borthwick, 1957・1964；Borthwick and Cathey, 1962）。栽培ギクのモデルに位置づけられている二倍体野生種キクタニギク（*Chrysanthemum seticuspe* f. boreale）の事例（Higuchi et al., 2013）で暗期中断による花成抑制効果に及ぼす光質（波長）の影響についてみると，8h/16h（明/暗）日周期の下での暗期中断（10min）による花成抑制効果は，R光領域（ピーク波長：660 nm）で顕著にみられ，次いでG光領域（ピーク波長：530 nm）でみられる。一方，B光領域（ピーク波長：465 nm）およびFR光領域（ピーク波長：740nm）でほとんどみられない（第1図）。このことからフィトクロムが重要な役割を担うことが示唆される。

フィトクロムはR光吸収型（Pr型）とFR光吸収型（Pfr型）に光可逆的に構造変換する。Pr型は660 nm付近に吸光極大をもちR光を多く吸光し，Pfr型に変換される。一方，Pfr型は730 nm付近に吸光極大をもちFR光を多く吸光し，Pr型に変換される。一般的にはR光を吸収したPr型がPfr型に変換してさまざまな生理反応を引き起こすと考えられている（第2図）。

植物が受光した光の波長分布によってフィトクロムの光平衡状態（$[Pfr]/[Pr+Pfr]$）は変化し，フィトクロム反応の効果に影響す

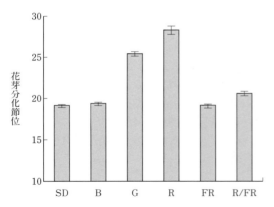

第1図　暗期中断によるキクタニギクの花成抑制効果に及ぼす光質の影響
(Higuchi et al., 2013を改変)
8h/16h（明/暗）日周期条件下で暗期の中央に暗期中断（10min）処理
SD：短日，B：青色光，G：緑色光，R：赤色光，FR：遠赤色光，R/FR：R光照射直後にFR光照射

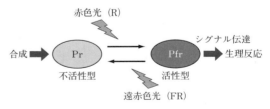

第2図　フィトクロムの可逆的な光スイッチ機構

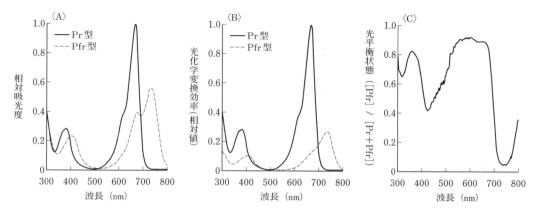

第3図 フィトクロムの光吸収スペクトル (A)，光化学変換の作用スペクトル (B)，光平衡状態 (C)
(Sager et al., 1988より作図)

る（第3図）。[Pfr]／[Pr＋Pfr]の値が大きいほど花成抑制効果が高いと推定される。この事例で見積もられる[Pfr]／[Pr＋Pfr]の値（Sager et al., 1988）は，ピーク波長660 nmの光を照射下でもっとも高く，0.89，次いで，ピーク波長530 nmで0.87，ピーク波長465 nmで0.54，ピーク波長740 nmでもっとも低く0.11と見積もられ，実際の花成抑制効果と一致した。さらに，この実験ではR光の暗期中断による抑制効果は直後に照射したFR光で部分的に打ち消され，典型的なフィトクロム反応の特徴であるR-FR可逆性（低光量反応）を示した。このことは，花成を制御する暗期中断効果に光受容体のうち，phyBに代表される光安定的なⅡ型フィトクロムが重要な役割を担っていることを示している。

そこで，キクタニギクのPHYB遺伝子（*CsPHYB*）に着目した解析が行なわれ，*CsPHYB*の発現を抑制した形質転換体は暗期中断に低感受となり早期開花した（Higuchi et al., 2013）。後述する鍵になる2つの遺伝子（花成のアクセル役の*CsFTL3*（フロリゲン）遺伝子とブレーキ役の*CsAFT*（アンチフロリゲン）遺伝子の発現を調べると，暗期中断条件下で*CsPHYB*発現抑制体は野生型に比較して*CsFTL3*の発現が高く，*CsAFT*の発現が低くなっていた。このことから*CsPHYB*が暗期中断時にR光を感受し，花成を抑制するおもな光センサーであること，暗期中断時には*CsPHYB*を介してフロリゲン合成を抑制し，反対にアンチフロリゲン合成を促進していることが明らかになった（第4図）。

ただし，後述するように暗期中断時の光照射方法によっては，R光にFR光を添加することで花成抑制効果が高まる事例がある。このことは，phyBを介した低光量反応のみでは説明できない。

（3）フロリゲンとアンチフロリゲン

多くの光周性花成研究の成果のうち接ぎ木実験の結果，Chailakhyanによって提唱されたフロリゲン説（1937）は特筆すべき成果のひとつであろう（Chailakhyan and Krikorian, 1975）。植物が光周性反応において光情報を感受する器官は葉であり，その感受性は葉齢により異なる。もっとも感受性が高いのは完全展開前後の葉である。フロリゲン説とは，植物の花成を誘導する光周期条件において葉で日長を感知して花成を誘導するホルモン様物質（フロリゲン）を合成し，それが茎頂部へと長距離移動して花成誘導するという仮説である。

フロリゲンを同定しようとする膨大な生理学的研究の蓄積と近年の変異体リソースの整備，遺伝子組換え技術の開発，ゲノムスケールでの

収量増を目指した環境制御

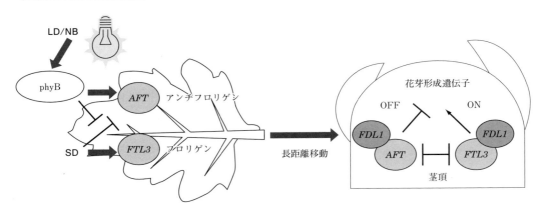

第4図　キクのフロリゲンとアンチフロリゲンによる花成のしくみ

(Higuchi et al., 2013を改変)

短日 (SD) 条件では，*FTL3*（フロリゲン）遺伝子の発現誘導および*AFT*（アンチフロリゲン）遺伝子の発現抑制によって花成誘導される。一方，長日（LD）あるいは暗期中断（NB）条件では，短日条件とは逆に*FTL3*遺伝子の発現抑制および*AFT*遺伝子の発現誘導によって栄養生長が維持される

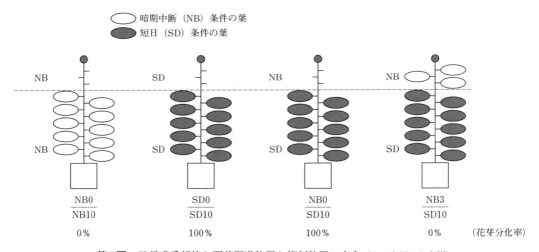

第5図　日長感受部位と開花促進物質と抑制物質の存在（キクを用いた事例）

(Higuchi et al., 2013を改変)

新たな解析ツールの開発など分子生物学的な研究基盤の整備の進展によって，フロリゲン説から70年後の2007年，長日植物シロイヌナズナの*FLOWERING LOCUS T*（*FT*）遺伝子，短日植物イネの*Heading date 3a*（*Hd3a*）遺伝子の翻訳産物，FTタンパク質とHd3aタンパク質が実際の情報伝達物質の正体であることが明らかにされた（Corbesier et al., 2007；Tamaki et al., 2007）。

フロリゲン説の提唱と同時期から，キクを含むさまざまな植物で花成に不適当な光周期条件の葉で花成を抑制する物質が合成されていることを示唆する結果が次々と示された。たとえば，キクの場合，茎先端部の日長条件にかかわらず，すべての葉を短日条件におくと花芽分化するが，上位葉のみを暗期中断すると花芽分

キクの光周性花成のしくみと電照の最適化への展開

野生型　　　　　　*FTL3* 過剰発現体　　　　　　野生型　　　　　　*AFT* 過剰発現体

第6図　キクのフロリゲンとアンチフロリゲン遺伝子の発見

(Oda *et al*., 2012；Higuchi *et al*., 2013を改変)

フロリゲン遺伝子（*FTL3*）を過剰発現する遺伝子組換え体は，，長日条件でも開花する。一方，アンチフロリゲン遺伝子（*AFT*）を過剰発現する遺伝子組換え体は，短日条件でも開花しない

化が抑制される（第5図）。また，タバコでは，短日条件でも花芽分化する中性系統に，長日条件でのみ花芽分化する長日系統を接ぎ木して短日条件で栽培すると，中性系統の花芽分化が抑制された（Lang *et al*., 1977）。

これらのことから，花成非誘導条件の葉で花成抑制物質（アンチフロリゲン）がつくられると想定された。アンチフロリゲンの正体はフロリゲンの正体と同様，長い間謎のままだった。1990年代にシロイヌナズナのFTと同じフォスファチジルエタノールアミン結合タンパク質（PEBP）ファミリーに属するTERMINAL FLOWER 1（TFL1）が花成抑制的に機能することが示された。FT/Hd3aとTFL1は花成の制御の共通した経路において拮抗的に働くと考えられ，TFL1をアンチフロリゲンと呼ぶ機運があったが，近距離の細胞間移動を示す（Conti and Bradley, 2007）ものの，多くの生理学的研究成果で示唆されたアンチフロリゲンの条件を満たすものではなかった。

葉から茎頂部へ長距離移動して花成を抑制するアンチフロリゲンは，2013年にキクタニギク（*Chrysanthemum seticuspe* f. boreale）を実験材料として世界ではじめて明らかにされた（Higuchi *et al*., 2013）。候補遺伝子，*Antiflorigenic FT/TFL1 family protein*（*AFT*）遺伝子は，DNAマイクロアレイ技術を駆使した網羅的な発現遺伝子解析によって抽出された。*AFT*遺伝子は花成に不適当な光周期条件の葉で特異的に発現が増加し，*AFT*遺伝子を過剰発現する形質転換体は短日条件下で長期間，栄養生長を維持し，*AFT*が強い花成抑制活性をもつことが確認された（第6図）。また，*AFT*遺伝子過剰発現体と野生型の接ぎ木実験からAFTタンパク質が接ぎ木面を横断し，茎頂部まで長距離移動して花成抑制することが確認された。さらに，異種植物であるシロイヌナズナにおいて花成抑制活性を示した。

これらの結果から，AFTタンパク質が花成に不適当な光周期条件の葉で合成され，葉から茎頂部へ長距離移動して花成を抑制する情報伝達物質，アンチフロリゲンの分子実体であることが示された。AFTタンパク質もFT/Hd3aおよびTFL1と同じPEBPファミリーに属するタンパク質であった。

(4) FT/TFL1様因子による花成遺伝子ネットワークの制御

シロイヌナズナの場合，茎頂に到達したフロリゲン（FTタンパク質）は，FDと呼ばれるbZIP型タンパク質とともに働き，花芽分裂組織遺伝子の*APETALA1*（*AP1*）や*FRUITFULL*（*FUL*），*SUPPRESSOR OF OVEREXPRESSION OF CO 1*（*SOC1*）遺伝

収量増を目指した環境制御

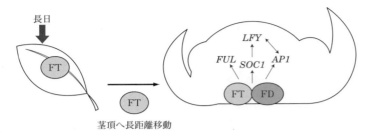

第7図　FTによる花成遺伝子発現制御ネットワーク（シロイヌナズナの事例）

葉で生成されたあと，茎頂に到達したフロリゲン（FTタンパク質）は，FD（bZIP型タンパク質）とともに働き，花芽分裂組織遺伝子の*APETALA1*（*AP1*）や*FRUITFULL*（*FUL*），*SUPPRESSOR OF OVEREXPRESSION OF CO 1*（*SOC1*）遺伝子など花芽形成の初期段階にかかわる遺伝子を誘導する

子など花芽形成の初期段階にかかわる遺伝子を誘導する（第7図）。SOC1タンパク質は花芽形態形成の鍵因子，*LEAFY*（*LFY*）遺伝子を誘導し，LFYタンパク質はFT-FDタンパク質と同様に*AP1*遺伝子の発現を誘導する。このように，FTタンパク質によって茎頂部での花芽形成にかかわる遺伝子ネットワークが働きはじめる。

一方，*TFL1*遺伝子は栄養生長期の茎頂部で発現し，生殖生長期の花序分裂組織でさらに強く発現する。TFL1タンパク質はFTと同様にFDタンパク質と相互作用するので，茎頂部に存在するTFL1はFTと拮抗して栄養生長の維持に貢献するとともに，花序分裂組織がすべて花芽分裂組織に転換することを抑制して無限花序の形成に貢献していると考えられている（荒木，2010）。

2011年にイネを実験材料にフロリゲン（Hd3a）受容体としてGF14（14-3-3タンパク質）が同定されるとともに，フロリゲンによる下流の標的遺伝子の制御機構の詳細が明らかにされた（Taoka et al., 2011）。花成決定に重要な因子Hd3a，GF14とOsFD1（FDホモログ）はそれぞれ2分子ずつからなるW字型のヘテロ六量体のタンパク質複合体を形成する。この複合体はフロリゲン活性化複合体（Florigen Activation Complex；FAC）と名づけられ，*OsMADS15*（イネ*AP1*ホモログ）などのプロモーター領域に結合して転写を活性化する。このようにフロリゲンによって花芽形成にかかわる遺伝子ネットワークが働きはじめる。

一方，栄養生長期には，Hd3aと花成制御の共通した経路において拮抗的に働くRCN（TFL1ホモログ）がFACのフロリゲンの位置に入り込んで花成抑制複合体（Flowering Repression Complex；FRC）を形成し，下流の標的遺伝子の発現を抑制していると考えられている（辻ら，2013）。

キクの場合，二倍体野生種キクタニギクにおいて5種類のFT/TFL1様遺伝子の存在が確認されている（Oda et al., 2012；Higuchi et al., 2013）。プロトプラストを用いた一過的遺伝子発現解析系を駆使したこれら因子の解析により，すべてのFT/TFL1様タンパク質は，共通のFD様タンパク質（CsFDL1）と複合体を形成すること，FT様因子-FDL1複合体は下流の*AP1*/*FUL*様遺伝子や*SOC1*遺伝子など花芽形成遺伝子群の発現を誘導し，一方，TFL1様因子（CsAFTとCsTFL1）は，FT様因子-FDL1複合体の形成を阻害して下流の花芽形成遺伝子群の発現を抑制することが示された（Higuchi et al., 2013；Higuchi and Hisamatsu, 2015）。

このように，FT/TFL1様タンパク質とFD様タンパク質を介した花成制御機構は高等植物に広く存在する重要な花成制御経路である。

(5) 概日時計と外的な光情報

概日時計（約24時間の周期リズムの発現を支配する生物時計）の制御下での日長認識を説明するために，外的符合モデルと内的符合モデルが提唱されている。

①外的符合モデル

外的符合モデル（Pittendrigh and Minis, 1964）は，光情報によって同調された概日時

計によって一日のうちの特定の時間帯に光誘導相（光に感応する時間帯）が現われるように調節される。この光誘導相（内在性シグナル）と外的な光情報が相互作用した場合に光周性反応が引き起こされるというモデルである。このモデルにおいて外的な光情報は，概日時計を明暗周期に同調させ，概日時計の位相を決定する役割と光の有無を伝える役割の二つの重要な役割をもつ。

シロイヌナズナの場合，光周性花成にかかわる重要な因子にCONSTANS（CO）がある。COタンパク質は*FT*遺伝子の発現を誘導する重要な因子であり，CO-FT経路と呼ばれる光周性反応を引き起こす重要な制御経路である。CO-FT経路は，花成のみならず木本類の休眠誘導，ジャガイモの塊茎形成などの光周性反応にも機能し，高等植物に広く存在する重要な制御経路である。概日時計構成遺伝子である*TOC1*の機能欠損変異体（*toc1-1*）は短日条件で早咲きとなる。このとき，*toc1-1*変異体では概日リズムが短周期（約21時間）となり，*CO*遺伝子の日周変動リズムも短周期化し，発現ピークの位相が前進する（第8図）。その結果，本来野生型では発現が低い短日条件の夕方に*CO*の発現が高くなる。*toc1-1*変異体では*CO*の発現が高いタイミングに明条件が重なり，*FT*遺伝子の転写が活性化される（Yanovsky and Kay, 2002）。

この結果は，内在性の概日時計による*CO*遺伝子の転写制御と特定の位相における光シグナルとの相互作用が日長認識に重要であることを示しており，外的符合モデルによる日長認識機構を示した事例である。

概日時計による*CO*遺伝子発現制御と同時に，光情報によって制御される翻訳後のCOタンパク質の安定性も長日依存的な*FT*遺伝子の発現誘導に重要である。COタンパク質は，暗所下ではCONSTITUTIVE PHOTOMORPHOGENESIS1（COP1）-SUPRESSOR OF PHYA-105（SPA）複合体によって積極的に分解される。一方，遠赤色光および青色光下ではCOタンパク質の安定性

が高まる（Valverde et al., 2004）。最近，光依存的にCOタンパク質の安定性を制御するさまざまな因子の存在が示されている。そのしくみの一つとして，FLAVIN-BINDING KELCH REPEAT F-BOX 1（FKF1）を介した制御が明らかにされた（Song et al., 2012）。FKF1遺伝子の発現制御も*CO*遺伝子と同様に概日時計の制御下にある。翻訳後のFKF1タンパク質は青色光依存的にCOタンパク質と直接相互作用してCOタンパク質を安定化する。また，恒常的にFKF1を過剰発現した形質転換体では，日中のあらゆる時間帯にCOタンパク質の安定化がみられる。このことから，概日時計に発現制御されたFKF1の夕方特異的な発現パターンと光情報の相互作用によって蓄積されるCOタンパク質が長日依存的な*FT*遺伝子の発現誘導の鍵であることが示された。

②**内的符合モデル**

他方，内的符合モデル（Pittendrigh, 1972）は，複数の内在性シグナルが，ある日長条件下でのみ一致して現象を誘導するというものである。*CO*遺伝子発現制御において，概日時計に発現制御されたGIGANTIA（GI）とFKF1の内的符合の重要性が示されている（第9図；Sawa et al., 2007）。短日下では*GI*遺伝子の発現ピークが*FKF1*遺伝子より早まり，ピークがずれているが，長日下では*GI*遺伝子と*FKF1*遺伝子の発現は夕方にピークがあり，そのピークがほぼ一致する（内的符合）。この内的符合に加えて，長日下の夕方に存在するFKF1タンパク質と光情報が重なり青色光依存的にGIと複合体を形成する（外的符合）。

この二つの符合によって形成されるGI-FKF1複合体は*CO*遺伝子のプロモーターに結合し，日中*CO*遺伝子の発現を抑制しているCDF1と相互作用し，CDF1を分解に導く。その結果，*CO*遺伝子の発現が上昇する。さらに，この*CO*遺伝子の発現上昇と光という外的符合によってFT遺伝子の発現が誘導される。なお，*CO*遺伝子の発現を抑制している*CDF1*遺伝子の発現も概日時計の制御下にある。

収量増を目指した環境制御

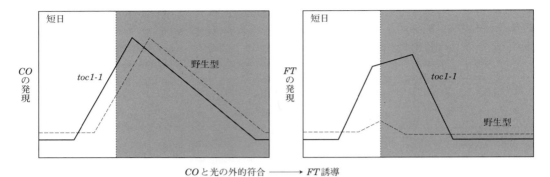

第8図　概日時計による CO 発現制御と CO と光の外的符合による FT 発現制御
(Yanovsky and Kay, 2002 より作図)

概日時計構成因子変異体（toc1-1）では，概日時計の制御下にある CO の発現ピークの位相が野生型に比較して前進する。その結果，野生型では発現の低い短日条件での夕方に CO の発現が高くなり，CO の発現の高いタイミングと明条件が重なる。CO と光の外的符合により FT の発現が誘導され，早咲きの表現型を示す

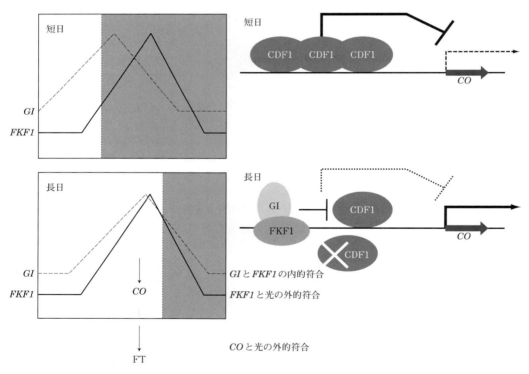

第9図　GI と FKF1 発現による CO-FT 発現制御　(Sawa et al., 2007 より作図)

長日条件では，GI と FKF1 発現ピークの位相が重なり，青色光依存的に GI-FKF1 複合体を形成する。GI-FKF1 複合体は CO プロモーター領域で CO の発現を抑制している CDF1 の分解を促し，CO の発現を誘導する。夕方に誘導された CO と光の外的符合により FT の発現が誘導される

③概日時計とゲート効果

一日のうち特定の時間だけ環境（光）刺激の影響を受ける転写制御機構はゲート効果（第10図）と総称され，概日時計によって調節されていることが示されている。イネのフロリゲン遺伝子（*Hd3a*）の発現は限界日長をもつ光周性反応を示し，この実験の条件で13.5時間日長を閾値に，これより短い日長条件で発現が誘導される質的な日長反応を示した。イネは，花成促進因子 Early heading date 1（Ehd1）と花成抑制因子 Grain number, plant height and heading date 7（Ghd7）の独立した二つのゲートシステムを利用して*Hd3a*遺伝子発現の質的な日長反応を制御している（第11図；Itoh *et al.*, 2010）。3つの因子は，Ghd7タンパク質が*Ehd1*遺伝子の発現を抑制し，さらにEhd1タンパク質が*Hd3a*遺伝子の発現を誘導するネットワークを形成している。

まず，*Ehd1*遺伝子の発現は日長条件にかかわらず朝の時間帯に光誘導相が現われ，この時間帯の青色光で誘導される。つまり，概日時計によって朝方に設定された青色光誘導相をもち，朝方の青色光を感受して*Ehd1*遺伝子が発現し，*Hd3a*遺伝子の発現を誘導する。他方，*Ghd7*遺伝子の発現はフィトクロムを介した赤色光で誘導される光誘導相をもつ。*Ghd7*遺伝子の光誘導相も概日時計によって設定されているが，日長条件によってゲートの開く時間帯が変化し，長日条件では朝方に，短日条件では夜中にゲートが開く。つまり，長日条件では朝方のR光で*Ghd7*遺伝子の発現が誘導される。また，短日条件の暗期中断では，人為的な光照射によって*Ghd7*遺伝子の発現が誘導される。誘導されたGhd7タンパク質の存在下では，青色光依存的な*Ehd1*遺伝子の発現が抑制される。

短日条件ではゲートの開いた時間帯に光情報がないため，*Ghd7*遺伝子の発現が誘導されず，朝方の青色光依存的な*Ehd1*遺伝子の発現が誘導され，*Hd3a*遺伝子の発現が誘導される。

シロイヌナズナ（長日性）やイネ（短日性）の場合，明期の長さを計測することにより*FT/Hd3a*遺伝子の発現を調節することが示されて

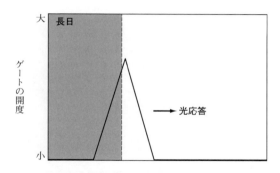
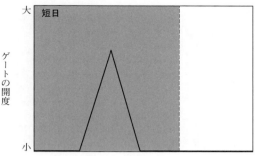
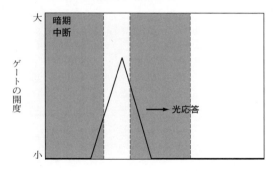

第10図　ゲート効果の模式図
概日時計によって調節されたゲートが暗期開始から一定時間後に開く場合を想定。この場合，短日ではゲートの開いているタイミングに光情報がないので光反応を示さず，ゲートの開いているタイミングで光情報を受ける長日あるいは暗期中断でのみ光反応を示す

いる（Yanovsky and Kay, 2002；Izawa *et al.*, 2002）。一方，キク（短日性）やアサガオ（短日性）では暗期継続時間に依存して*AFT/FT*遺伝子の発現が調節されていることが示されている（Higuchi *et al.*, 2013；Hayama *et al.*, 2007）。これらは，光周期依存的なフロリゲンあるいはアンチフロリゲン遺伝子の発現を制御する概日時計の同調機構は植物種により異な

収量増を目指した環境制御

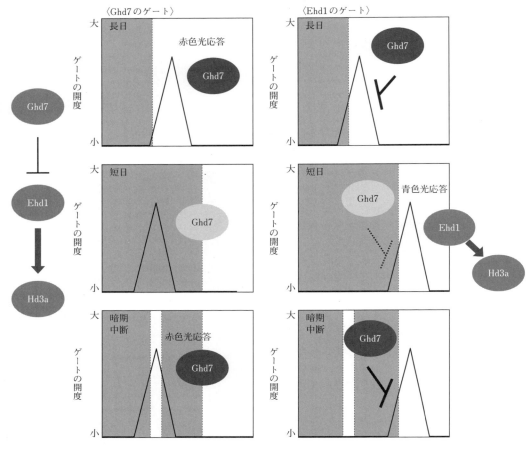

第11図 イネでのGhd7，Ehd1によるHd3a発現制御ネットワーク

(Itoh et al., 2010より作図)

概日時計によって調節されたGhd7のゲートは長日条件では朝方，短日条件では夜に開く，ゲートの開いている時間帯に赤色光を感受してGhd7を発現。Ehd1のゲートは日長にかかわらず朝方に開き，ゲートの開いている時間帯に青色光を感受してEhd1を発現。Ghd7が存在するとEhd1の発現が抑制される

り，明/暗期の認識機構にも異なるしくみが存在することを示唆している。

(6) キクの光周性花成のしくみ

①キクのFT/TFL1様因子による花成制御

キクの場合，二倍体野生種キクタニギクにおいて3種類のFT様遺伝子（*CsFTL1*, *CsFTL2*, *CsFTL3*）と2種類のTFL1様遺伝子（*CsAFT*, *CsTFL1*）の存在が確認されている（第12図）。3種類のFT様遺伝子のうち，*CsFTL3*は短日条件下の葉において強く発現すること，強い花成誘導活性をもつこと，さらに，その遺伝子産物が葉から茎頂部へと長距離移動することなどから，キクのフロリゲンをコードする遺伝子であると考えられた（第6図；Oda et al., 2012）。

*CsFTL3*の発現をさらに調べた結果，*CsFTL3*の発現は花成非誘導条件下でも比較的高く維持されており，長日から短日条件に移しても速やかには誘導されず，短日条件を繰り返し与えることによって徐々にその発現量が増加した（Nakano et al., 2013；Higuchi et al.,

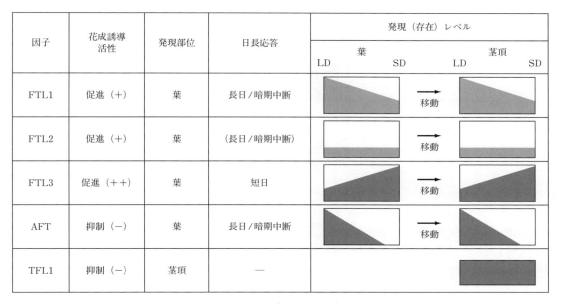

第12図　FT/TFL1様因子によるキクの花成制御
葉で日長条件に応じた発現後，茎頂部に集積したFT/TFL1様因子の存在バランスで花成を決定。すべての因子がFDL1（キクFDホモログ）と相互作用するため，茎頂部で促進因子の量（活性）が優位な場合，花芽形成の初期段階にかかわる遺伝子が茎頂部で誘導され，抑制因子が優位な場合，栄養生長が維持される。LD：長日，SD：短日

2013)。フロリゲンであるCsFTL3の発現パターンは，キクが開花に至るまでに繰り返しの短日処理を要求することとの関連を示唆した。

また，CsFTL1はCsFTL3に比較して弱いものの花成誘導活性をもつこと，その発現は花成誘導条件下に比較して花成非誘導条件下の葉において強く発現することが示された（Oda et al., 2012；Higuchi et al., 2013；Higuchi and Hisamatsu, 2015）。CsFTL1とCsFTL3の花成非誘導条件下における発現パターンのみでは，花成が厳密に抑制される質的な短日要求性を説明するには不十分であった。なお，CsFTL2については，その発現レベルはCsFTL1やCsFTL3と比較して非常に低いものであるが，弱い花成誘導活性をもつことが示されている。

2種類のTFL1様遺伝子のうち，CsAFT遺伝子は前述のとおり花成抑制活性をもち，長距離移動性を示すアンチフロリゲンをコードする遺伝子であり，花成非誘導条件下（長日/暗期中断）の葉で特異的に発現し，その発現は日長条件に質的に応答する。他方，CsTFL1遺伝子はCsAFTと同様に強い花成抑制活性をもつが，日長条件にかかわらず茎頂部で特異的に発現する（Higuchi and Hisamatsu, 2015）。茎頂部に存在する恒常的な花成抑制因子と考えられる。

これらの知見から花成非誘導条件下でのFT/TFL1様因子の状態を見積もると，花成非誘導条件下の葉でも，強い花成誘導活性をもつフロリゲン（FTL3）がある程度生成される。さらに，弱い花成誘導活性をもつフロリゲン（FTL1）を積極的に生成している。つまり，花成非誘導条件下でもある程度の量の花成誘導物質，FT質様因子（FTL1とFTL3）が存在し，花成誘導される状態にあるといえる。しかし，実際には栄養生長が維持されることから，花成非誘導条件下では茎頂部での恒常的な花成抑制物質（TFL1）の生成とあわせて，葉での積極的なアンチフロリゲン（AFT）の生成によって，FT様因子による花成誘導活性を抑えるに十分なTFL1様因子（AFTとTFL1）が存在すると考えられる。つまり，花成非誘導条件下でのアンチフロリゲン（AFT）の生成機構が質

収量増を目指した環境制御

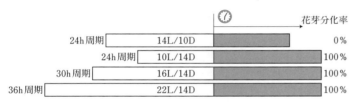

第13図 キクは絶対的な暗期の長さを認識して花成を決定する
キクタニギクの事例、24h周期では短日性を示す。非24h周期では相対的な長日条件にあっても十分な長さの暗期（14h）が存在すると花芽分化する。このことは、暗期開始のシグナルで始動する体内時計で暗期長を計測して花成を調節するしくみがあることを示唆する

的な短日要求性を示す鍵であるといえる。

②暗期の重要性

キクは24時間の明暗周期下においた場合、明期が暗期より短い日長条件で開花する典型的な短日性を示す。ところが24時間以外の明暗周期下におくと、明期が暗期より長くても十分な長さの暗期があれば花芽分化する（第13図）。非24時間周期下での$CsFTL3$と$CsAFT$の発現解析の結果、やはり、明期と暗期の長さの比でなく、絶対的な暗期の長さを認識していることが示された。つまり、暗期開始のシグナルが重要になる。暗期開始の認識によって始動する体内時計によって暗期の長さを計測し、FT/AFT遺伝子の発現を調節するしくみをもっていることを示唆した（Higuchi *et al.*, 2013）。つまり、キクの光周性花成では、特定の時間帯に光が届いているかどうかを葉で感知して日長を認識し、フロリゲンとアンチフロリゲンの生成量を調節して開花時期を決めていると考えられる。

このことから、開花抑制を目的とした電照では、連続する暗期を分断するとの考えではなく、花成抑制に効果的な時間帯に積極的に電照するとの考えで電照時間帯の最適化をはかる必要がある。

③電照抑制の鍵：光による AFT 遺伝子の発現調節

AFT 遺伝子（アンチフロリゲン）の発現調節のしくみは電照による開花抑制の鍵であり、大変興味深いものである。キクは光によるアンチフロリゲン誘導という積極的な花成抑制のしくみをもっており、花成に不適当な光周期条件（長日あるいは暗期中断）でのみ AFT 遺伝子が強く誘導される。AFT 遺伝子の発現は、光照射によっていつでも誘導されるわけではなく、光照射のタイミングによってその誘導効果に違いがみられる。暗期の特定のタイミングでのみ光を感知して $CsAFT$ の発現を誘導できる時間帯（光誘導相）が現われ（第14図）、一日のうち特定の時間だけ環境（光）刺激の影響を受ける転写制御機構であるゲート効果を示す。

$CsAFT$ 遺伝子誘導の光誘導相は、24時間の明暗周期における長日条件で育成した植物も短日条件で育成した植物も同様に暗期開始か

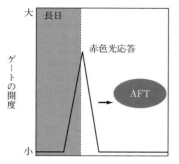 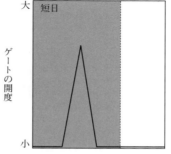 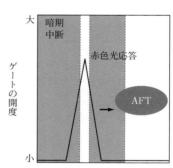

第14図 ゲート効果によるキクのAFT発現制御
概日時計によって調節されたAFTのゲートは日長にかかわらず暗期開始から一定時間後に開く（この場合、8～10時間後）。ゲートの開いている時間帯に赤色光を感受してAFTを誘導

ら一定時間後に現われ，キクタニギクのケースでは8～10時間後にもっとも感度が高くなり，この光誘導相の現われる時間帯は花成抑制に効果の高い暗期中断の時間帯と一致していた（Higuchi et al., 2013）。つまり，キクは明期の長さにかかわらず，暗期開始の一定時間後から数時間，*CsAFT*遺伝子を誘導するための光感受相をもち，この光誘導相に光を受ける日長条件（長日条件や暗期中断条件）でのみ*CsAFT*遺伝子が強く誘導される。この日没（暗期開始）から一定時間後に光誘導相が現われるという発見は，実際栽培において電照の時間帯を最適化するために重要な基盤である。

（7）電照の最適化への展開

実際のキク営利生産の場面での電照の最適化をはかる場合，キクの花成決定にかかわる光応答の理解を基礎に品種特性を把握しつつ，照射する光の質（波長），量（強さ・時間），照射のタイミングの検討が重要になる。また，生産現場が特殊な環境であることを念頭に，照明器具の諸特性や光環境の計量・評価方法についての理解も重要である。LED照明器具などの新光源は開発の途上にあり，出力，分光特性，配光性，耐候性などに留意が必要である。

①光の光質（波長）

花成抑制効果が高い波長域　前述のように，暗期中断による花成抑制ではphyBに代表される光安定的なⅡ型フィトクロムが重要な光感受センサーの役割を担っている。このことから，暗期中断でもっとも効果の高い波長域がフィトクロム（Pr型）の光吸収ピークの660 nm付近にあると想定される。栽培ギクを用いた詳細な解析から，暗期中断によるキクの花芽分化抑制における分光感度が示され，使用した品種・条件により若干の差異はみられるものの，600～640 nm付近のR光でもっとも花成抑制効果が高いことが示された（Sumitomo et al., 2012；白山・永吉，2013；郡山，2015）。興味深いことにもっとも花成抑制効果が高い波長域が，フィトクロム（Pr型）の光吸収ピークの660 nm付近よりも短波長側（600～640 nm）にシフ

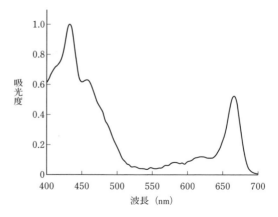

第15図　葉の粗抽出物の光吸収スペクトル（キク）

トしていた。

この原因として，ふたつの要因があげられる。まず，フィトクロムの光平衡状態（［Pfr］/［Pr＋Pfr］）である。植物が受光した光の波長分布はPr型とPfr型の平衡状態に影響し，［Pfr］/［Pr＋Pfr］値はピーク波長660 nmの光の照射下に比較して，ピーク波長639 nmおよび596 nmの光の照射下で高くなると見積もられ（第3図），フィトクロムの光平衡状態が花芽抑制に効果的な状態にあったと考えられる。ただし，この見積もられた［Pfr］/［Pr＋Pfr］値は精製された水溶性タンパク質の状態で得られた結果に基づくものであり，実際には，もうひとつの要因である緑葉中に多量に存在する化合物とフィトクロムとの光吸収の競合の影響を同時に考える必要がある（第15図）。

つまり，実際の植物体内でのフィトクロムの平衡状態については，緑色植物の葉に多量に存在するクロロフィル，カロテノイド，フラボン類などの化合物とフィトクロムの光吸収スペクトルが重なることも考慮する必要がある。

FR光の影響　長時間のFR光単独照射でもキクで花成抑制効果が認められることから，FR光の影響については考慮が必要である（Cathey and Borthwick, 1964）。国内の営利生産の場面でFR光を多く含む白熱電球からFR光の割合が少ない蛍光灯への電照光源の転換がはかられ

る過程で夏秋ギク'岩の白扇'において，白熱電球に比較して蛍光灯では花成抑制効果が劣ると問題になった。'岩の白扇'を使用した5時間照射条件下での実験で，R光単独照射よりもR光とFR光の混合照射で花成抑制効果が高まることが確かめられ（白山・永吉，2013），R光とFR光の混合照射の有効性が示唆されている。

一方，キクの暗期中断による花成抑制では典型的なフィトクロム反応，R-FR可逆性（低光量反応）がみられること（Cathey and Borthwick，1964；Sumitomo et al., 2012；Higuchi et al., 2013），また，白熱電球よりも白色蛍光灯が電照用光源として有効であること（Borthwick and Cathey, 1962；Cathey and Borthwick, 1964）が報告されている。

この矛盾は照射時間の違いによると推察される。前者は4～6時間の比較的長時間の光照射で得られた結果であり，後者は1時間以下の短時間照射で得られた結果である。このことはphyBに代表される光安定的なⅡ型フィトクロムを介した低光量反応とともに，FR光による高照射反応（HIR-FR）など他の要因の関与を示唆する事例であり，今後の機構解明が待たれる。なお，R光にFR光を加えることによる花成抑制効果の向上には品種間差がみられる（白山ら，未発表）。

異なる光源間での花成抑制能力の比較 営利生産の場面で白熱電球の代替光源として使用される光源（照明器具）の選択肢は広がっている。光源（照明器具）の種類によって分光特性は大きく異なるため，人の感じる明るさを評価する照度（lx）や放射エネルギー量を評価する放射照度（W/m^2）では，分光特性の異なる光源（照明器具）間の花成抑制能力の単純な比較ができない。そのため，新たな代替光源を選定・導入するさいに有効な光源（照明器具）の花成抑制能力を見積もる評価方法が求められる。目的とする植物の光応答の分光感度を導くことができれば，分光感度に応じて分光放射照度の値を補正し，光源ごとの能力を見積もることができる。

そこで，郡山（2015）は，栽培ギクを用いた複数の試験結果（Sumitomo et al., 2012；白山ら，2013）をもとに波長ごとの花成抑制効果を推定し，波長630 nmを1とした相対値で分光感度曲線を作成した。推定された分光感度係数で補正した光源の放射照度（補正放射照度）を求めることで，異なる分光特性をもつ光源の花成抑制能力を比較して見積もることができるようになった。詳細については，農業技術大系花卉編第6巻「新光源（蛍光灯やLED）による花芽分化抑制——省力で効果的な暗期中断の方法」（206の1の8〜206の1の19ページ）を参照していただきたい。

②**光の量（強さ・時間）**

電照による花成抑制効果は光量（強さ・時間）に対して量的な反応を示す。つまり，照射する光の強さと照射時間に依存する。照射する光の強さを固定した場合，ある一定の時間まで照射時間を長くするほど高い抑制効果が得られ，照射時間を固定した場合，ある一定の光量までは光の強さにほぼ比例して放射照度が高いほど抑制効果が高まる。そのため，秋ギク型品種と夏秋ギク型品種を同一施設で栽培する周年生産の場面では，秋ギク型品種に比較して電照効果が低い夏秋ギク型品種の電照時に，照射時間を長くするなどの対応がとられている。

しかし，必ずしも照射時間を長くすることで電照効果が高まるわけでなく，終夜の連続照射では抑制効果が低下する事例も報告されている（小田ら，2010；白山・木戸，2016）。また，Cathey and Borthwick（1970）は，暗期開始から4時間の暗期を確保することで，その後の電照効果が高くなることを報告している。これらの結果は，電照を行なう前に一定時間の暗期を確保することの重要性を示している。

また，十分な花成抑制効果を得るために必要な光量は，生育温度や日射量などの外的要因，栽培する品種，種苗の前歴などの内的要因によっても変化する。さらに，切り花長を確保するための電照期間が長くなるにつれ，十分な花成抑制効果を得るために必要な放射照度が高くなることが示されている（白山・郡山，2013）。

このように最適な光量の決定については，導入する光源の分光特性と地域の体系にあわせて最適化をはかる必要がある。

③光照射のタイミング

花成抑制効果は電照のタイミングによって異なる（Cathey and Borthwick，1964；Higuchi et al.，2013；白山・郡山，2013）。キクは暗期開始からスタートする体内時計で夜の長さを計測し，絶対的な暗期の長さを認識して花成を決定している（Higuchi et al.，2013）。そのため，電照のタイミングを検討する場合，連続する暗期を分断するとの考えではなく，暗期開始からの経過時間に着目することが重要である。

異なる限界日長をもつ栽培ギクを用いて電照の時間帯と花成抑制効果の関係を詳細に検討した結果，限界日長が13h（限界暗期11h）前後である'神馬'など秋ギク品種では，花成抑制効果のもっとも高い時間帯は明期の長さにかかわらず暗期開始から9〜10時間後に現われ，秋ギク品種に比較して限界日長が長く（限界暗期が短い）限界日長が15〜16h（限界暗期9〜8h）前後である'岩の白扇'など夏秋ギク品種では，暗期開始から電照効果の高い時間帯までの経過時間が秋ギク品種に比較して短く，6.5〜8.5時間後に現われることが示された（白山・郡山，2014）。

このことは，品種間の限界日長の違いに体内時計による暗期計測のずれが関与している可能性を示唆している。また，それぞれの品種の特性とこれら品種が栽培されている時期の日没時間を基準に，日没からの経過時間を考慮して電照の時間帯の最適化をはかる必要性を示している。

④光源選択と光環境の計量・評価

植物は光周性反応，光合成反応や種々の光形態形成反応において，それぞれ異なる波長域の光を異なる光受容体で感知して利用しており，植物と人間の感覚は一致していない。人の目には同じような色調，明るさに感じられるように開発された分光特性の異なる光源（照明器具）を導入した場合，植物はそれぞれ違う光と認識して反応することが予想される。そのため，生産現場で活用できる効率的な電照技術の開発につなげるためには，目的とする植物の生理特性の理解とともに，照明器具の諸特性や光環境の計量・評価方法についての理解が重要である（久松，2014）。

「光環境の計量法」，「単位」，「計測機器（センサー）の特徴」の情報については，「光をめぐる研究と人工光源の利用」（279ページ）を，代替光源を選定・使用するさいの留意点については，「新光源（蛍光灯やLED）による花芽分化抑制——省力で効果的な暗期中断の方法」（307ページ）を参照されたい。あわせて，関連情報を「キク電照栽培用：光源選定・導入のてびき」（光花きコンソーシアム，2013）として下記URLに公開しているので参照されたい。

http://www.naro.affrc.go.jp/publicity_report/publication/laboratory/flower/flower-pamph/052739.html

執筆　久松　完（農研機構野菜花き研究部門）

2016年記

参 考 文 献

荒木崇．2010．フロリゲン．新しい植物ホルモンの科学（第2版）．神谷勇治・小柴共一（編）．講談社サイエンティフィク．169—182．

Borthwick, H. A. and H. M. Cathey. 1962. Role of phytochrome in control of flowering of Chrysanthemum. Bot. Gaz. **123**, 155—162.

Cathey, H. M. and H. A. Borthwick. 1957. Photoreversibility of floral initiation in Chrysanthemum. Bot. Gaz. **119**, 71—76.

Cathey, H. M. and H. A. Borthwick. 1964. Significance of dark reversion of phytochrome in flowering of Chrysanthemum morifolium. Bot. Gaz. **125**, 232—236.

Cathey, H. M. and H. A. Borthwick. 1970. Photoreactions controlling flowering of chrysanthemum morifolium (Ramat. and Hemfl.). Illuminated with fluorescent lamps. Plant Physiol. **45**, 235—239.

Chailakhyan, M. K. and A. D. Krikorian. 1975. Forty years of research on the hormonal basis of plant

development -some personal reflections. Bot. Rev. **41**, 1—29.
Conti, L. and D. Bradley. 2007. TERMINAL FLOWER 1 Is a Mobile Signal Controlling Arabidopsis Architecture. Plant Cell. **19**, 767—778.
Corbesier, L., C. Vincent, S. Jangl, F. Fornaral, Q. Fan, I. Searlel, A. Giakountisl, S. Farronal, L. Gissotl, C. Turnbull and G. Coupland. 2007. FT protein movement contributes to long-distance signaling in floral induction of Arabidopsis. Science. **316**, 1030—1033.
Garner, W. W. and H. A. Allard. 1920. Effect of the relative length of day and night and other factors of the environment on growth and reproduction in plants. J. Agric. Res. **18**, 553—606.
白山竜次・永吉実孝. 2013. キクの花芽分化抑制における暗期中断電照の波長の影響. 園学研. **12**, 173—178.
白山竜次・永吉実孝. 2013. キクの電照栽培における電照期間と花芽分化抑制に必要な放射照度との関係. 園学研. **12**, 195—200.
白山竜次・郡山啓作. 2013. キクの電照栽培における暗期中断電照時間帯が花芽分化抑制に及ぼす影響. 園学研. **12**, 427—432.
白山竜次・郡山啓作. 2014. キクにおける限界日長と花芽分化抑制に効果の高い暗期中断の時間帯との関係. 園学研. **13**, 357—363.
白山竜次・木戸君枝. 2016. キクの赤色光による効果の高い暗期中断の時間と時間帯. 園学研. **15**(別2), 220.
Hamner, C. and J. Bonner. 1938. Photoperiodism in relation to hormones as factors in floral initiation and development. Bot. Gaz. **100**, 388—431.
Hayama, R., B. Agashe, E. Luley, R. King and G. Coupland. 2007. A circadian rhythm set by dusk determines the expression of FT homologs and the short-day photoperiodic flowering response in Pharbitis. Plant Cell. **19**, 2988—3000.
Higuchi, Y., T. Narumi, A. Oda, Y. Nakano, K. Sumitomo, S. Fukai and T. Hisamatsu. 2013. The gated induction system of a systemic floral inhibitor, antiflorigen, determines obligate short-day flowering in chrysanthemums. Proc. Natl. Acad. Sci. U S A. **110**, 17137—17142.
Higuchi and Hisamatsu. 2015. CsTFL1, a constitutive local repressor of flowering, modulates floral initiation by antagonising florigen complex activity in chrysanthemum. Plant Sci. **237**, 1—7.
光花きコンソーシアム. 2013. キク電照栽培用: 光源選定・導入のてびき. http://www.naro.affrc.go.jp/publicity_report/publication/laboratory/flower/flower-pamph/052739.html
久松完. 2012. 光をめぐる研究と人工光源の利用. 農業技術大系花卉編. 第3巻, 226の1の4—226の1の12.
久松完. 2014. 電照栽培の基礎と実践. 誠文堂新光社.
Itoh, H., Y. Nonoue, M. Yano and T. Izawa. 2010. A pair of floral regulators sets critical day length for Hd3a florigen expression in rice. Nat. Genet. **42**, 635—638.
Izawa, T., T. Oikawa, N. Sugiyama, T. Tanisaka, M. Yano and K. Shimamoto. 2002. Phytochrome mediates the external light signal to repress FT orthologs in photoperiodic flowering of rice. Genes Dev. **16**, 2006—2020.
郡山啓作. 2015. 新光源（蛍光灯やLED）による花芽分化抑制——省力で効果的な暗期中断の方法. 農業技術大系花卉編. 第6巻, 206の1の8—206の1の19.
Lang, A., M. K. Chailakhyan and I. A. Frolova. 1977. Promotion and inhibition of flower formation in a day neutral plant in grafts with a short-day plant and a long-day plant. Proc. Natl. Acad. Sci. USA. **74**, 2412—2416.
Nakano, Y., Y. Higuchi, K. Sumitomo and T. Hisamatsu. 2013. Flowering retardation by high temperature in chrysanthemums, involvement of *FLOWERING LOCUS T-like* 3 gene repression. J. Exp. Bot. **64**, 909—920.
小田篤・住友克彦・常見高士・道園美弦・本図竹司・久松完. 2010. 7月・8月咲きコギクの花芽分化・発達における日長反応の品種間差. 園学研. **9**, 93—98.
Oda, A., T. Narumi, T. Li, T. Kando, Y. Higuchi, K. Sumitomo, S. Fukai and T. Hisamatsu. 2012. *CsFTL3,* a chrysanthemum FLOWERING LOCUS T-like gene, is a key regulator of photoperiodic flowering in chrysanthemums. J. Exp. Bot. **63**, 1461—1477.
Pittendrigh, C. S. and D. H. Minis. 1964. The Entrainment of Circadian Oscillations by Light and Their Role as Photoperiodic Clocks. Amer. Nat.. **98**, 261—294.
Pittendrigh, C. S.. 1972. Circadian surfaces and the diversity of possible roles of circadian organization

in photoperiodic induction. Proc. Natl. Acad. Sci. USA. **69**, 2734—2737.

Sager, J. C., W. O. Smith, J. L. Edwards and K. L. Cyr. 1988. Photosynthetic efficiency and phytochrome photoequilibria determination using spectral data. Trans. of Amer. Soc. Agr. Eng.. **31**, 1882—1887.

Sawa, M., D. A. Nusinow, S. A. Kay and T. Imaizumi. 2007. FKF1 and GIGANTEA complex formation is required for day-length measurement in Arabidopsis. Science. **318**, 261—165.

Song, Y. H., R. W. Smith, B. J. To, A. J. Millar and T. Imaizumi. 2012. FKF1 conveys timing information for CONSTANS stabilization in photoperiodic flowering. Science. **336**, 1045—1049.

Stuart, N. W. 1943. Controlling time of blooming of chrysanthemums by the use of light. Proc. Amer. Soc. Hort. Sci.. **42**, 605—606.

Sumitomo, K., Y. Higuchi, K. Aoki, H. Miyamae, A. Oda, M. Ishiwata, M. Yamada, M. Nakayama and T. Hisamatsu. 2012. Spectral sensitivity of flowering and FT-like gene expression in response to night-break light treatments in chrysanthemum cultivar, 'Reagan'. J. Hort. Sci. & Biotech. **87**, 461—469.

Tamaki, S., S. Matsuo, H. L. Wong, S. Yokoi and K. Shimamoto. 2007. Hd3a protein is a mobile flowering signal in rice. Science. **316**, 1033—1036.

Taoka, K., I. Ohki, H. Tsuji, K. Furuita, K. Hayashi, T. Yanase, M. Yamaguchi, C. Nakashima, Y. A. Purwestri, S. Tamaki, Y. Ogaki, C. Shimada, A. Nakagawa, C. Kojima and K. Shimamoto. 2011. 14-3-3 proteins act as intracellular receptors for rice Hd3a florigen. Nature. **476**, 332—335.

辻寛之・田岡健一郎・島本功. 2013. 花成ホルモン"フロリゲン"の構造と機能. 領域融合レビュー. **2**, e004.

Valverde, F., A. Mouradov, W. Soppe, D. Ravenscroft, A. Samach and G. Coupland. 2004. Photoreceptor regulation of CONSTANS protein in photoperiodic flowering. Science. **303**, 1003—1006.

Yanovsky, M. J. and S. A. Kay. 2002. Molecular basis of seasonal time measurement in Arabidopsis. Nature. **419**, 308—312.

新光源（蛍光灯や LED）による花芽分化抑制——省力で効果的な暗期中断の方法

(1) キク栽培における電照

キクは短日植物であるため、夜が一定以上の長さになる短日条件下で花芽分化・発達が促進され開花に至る。その生態は細かく分類され気温や日長（限界日長や適日長限界）が花芽分化に大きく影響することが明らかになっている。

栽培現場では効率的な開花コントロール技術の確立に向けてさまざまな検討がなされ、現在ではおもに電照やシェードによる日長コントロール、加温や冷房、遮光などの気温コントロール、エテホン剤などの植物ホルモン剤が利用されている。そのなかで電照による長日処理は、国内キク栽培圃場の6割以上で実施されており、その位置づけはきわめて重要である。

キク栽培に電照による開花調節技術が導入されてから長い間、おもに白熱電球が使用されてきたが、近年、白熱電球と比較して消費電力が少なく長寿命である蛍光灯や発光ダイオード（LED）などの新しい光源の導入が進んでいる。これには、新しい光源が比較的低価格で流通するようになったことや、「省エネ」「二酸化炭素排出量削減」を求める社会情勢も大きく関与していると考えられる。これらを背景に新光源の適切な利用方法についての研究が公的研究機関を中心に精力的に行なわれてきた。

(2) 花芽分化に影響を及ぼす要因

キク電照栽培において、これまでの主要光源であった白熱電球を使用した場合は、一般的に「10m²に1球設置し、50ルクス以上の照度で暗期中断を3〜4時間行なう」ことが基本とされてきた。

しかし、実際には花芽分化抑制に必要な照度や照明時間は品種によって異なり、さらに、高照度であれば短時間照射でよいが、低照度では長時間照射の必要があるという相互補完関係

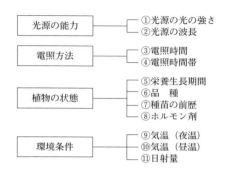

第1図 キクの花芽分化抑制効果を左右する要因

がある。また電照期間（栄養生長期間）を長くとる場合、照射強度を強くしないと花芽分化を抑制し続けられなくなり早期不時発蕾しやすくなる。一般的に花芽分化抑制には日長延長照明（初夜電照、早朝電照）より深夜照明（暗期中断）が効果が高いが、その際の光量は気温、日射量などの外的要因で変化する。

これらの事象を整理すると、電照による花芽分化抑制効果は、1) 光源の能力、2) 電照方法、3) 植物の状態、4) 環境条件によって変化すると考えられる（第1図）。したがって、これら要因と花芽分化抑制効果との関係を理解することが、効率的な電照方法の実現には重要である。

ここではとくに、1) 光源の能力、2) 電照方法が花芽分化抑制に及ぼす影響について紹介することで、効率的な電照方法について考えていきたい。

(3) 花芽分化抑制効果の高い暗期中断の光の波長

植物の日長反応は、葉に含まれる数々の色素タンパク質が光情報センサーとしてはたらくことで成立している。そのなかでもフィトクロムは種子発芽や脱黄化、アントシアニンの蓄積などさまざまな生理反応を制御しており、キクの花成制御にも大きく関与していることがわかっている。

フィトクロムにはA、B、Cなど複数の分子種がある。そのうちフィトクロムB（PhyB）は波長660nmの赤色光と波長730nmの遠赤色

光にピークを示す異なる二型の吸収スペクトルを可逆的に示し，赤色光により活性化，遠赤色光により不活性化される性質がある（R/FR可逆反応）。キクの暗期中断による花芽分化抑制についてもR/FR可逆反応がみられた（Cathey・Borthwick，1964）ことから，キクの花芽分化抑制にはPhyBが深く関与し，波長660nmの赤色光がもっとも効果が高く，さまざまな波長を含む光源の場合，波長660nmの赤色光を多く含み波長730nmの遠赤色光が少ない光源ほど長日処理効果が高いと考えられてきた。

PhyBの関与については，暗期中断反応を仲介する主要な光受容体としてはたらき，フロリゲンの発現抑制およびアンチフロリゲンの発現誘導を介して，花成抑制的に機能していることが明らかとなった（Higuchi et al.，2013）。

花芽分化抑制に効果的な波長域については，近年ごく狭い波長域の光を照射可能なLEDランプの普及に伴い，大石ら（2010），住友ら（2011），白山・永吉（2013）による検討が行なわれ，660nmよりも630nm付近の光が花芽分化抑制効果が高いという結果が複数報告された。この要因としては，葉に共存する色素（クロロフィル・カロテノイド・フラボノイドなど）の影響が考えられている。葉に共存するクロロフィルなどの色素はフィトクロムよりも圧倒的に多く存在しており，葉に入射した660nm付近の光の多くが大量に存在するクロロフィルに吸収されることで，フィトクロムに届く660nm付近の光は少なくなる。そのため，フィトクロムまで届き比較的よく吸収される630nm付近の光が花芽分化抑制に効果的にはたらいていると考えられる。

また，フィトクロムの波長ごとのPr型（不活性型）とPfr型（活性型）の光平衡状態Pfr/（Pr＋Pfr）は，ピーク波長660nmのLED照射時に比べ630nm付近のLED照射時のほうが高くなると見積もられる（Sager et al.，1988）ことからも，ピーク波長630nm付近のLED光照射のほうがPfr型（活性型）の割合が高まり，花芽分化抑制効果が高まったと考えられる。

こうしたことから，630nm付近の波長域の光を多く発する光源ほど，少ない照射エネルギーで高い花芽分化抑制効果を得られるといえよう。

（4）使用されている光源の種類と課題

花卉生産で使用されている人工光源は，燃焼真空光源（白熱電球），放電プラズマ光源（蛍光灯，高輝度放電灯など），固体素子発光光源（LEDなど）の大きく3つに分類され，目的に応じて使い分けられている。

国内キク栽培における光源使用の実態については，筆者らにより2012年1月から3月にかけて全都道府県を対象にアンケート「キク栽培用光源の使用実態調査」が実施され，各種光源の使用実態とともに，現時点で各光源をキク栽培圃場で使用する際の問題点も明らかとなっている。

光源設置面積の割合　アンケート結果によると，キク栽培圃場面積は3,463.8haであり，その63.3％にあたる2,191.1haで光源が設置されている（第2図）。光源を10a当たり110球設置したと仮定した場合，全国の電照ギク栽培では約240万球の光源が使用されていると推察される。

光源の種類　光源が設置されている2,191.1haの内訳をみると，もっとも多く使用されている光源は「白熱電球」であり，蛍光灯も含めると両者で98％以上となる（第3図）。従来から使用されてきた白熱電球が依然として主流であるが，徐々に蛍光灯に移り変わってきている。LEDはまだ普及が進んでいない。

施設・露地別の光源導入状況　白熱電球代替光源の導入割合を施設・露地別にみると，施設栽培（48.5％）が露地栽培（15.5％）より明らかに高い（第4図）。露地への代替光源（おもに蛍光灯）の導入が進まないおもな要因としては，白熱電球と比較して，1）構造上の理由から耐候性が劣る点や，2）取り扱う際に破損しやすい点があげられている。

地域別光源導入状況　キク類の施設電照栽培は，東海・北陸および九州地域で広く行なわれ，全体的に代替光源導入が進んでいる。一方，

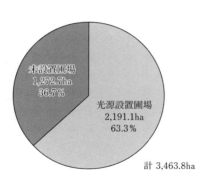

第2図 光源設置圃場の割合
光源設置数を110球/10aと仮定すると約240万球使用されている

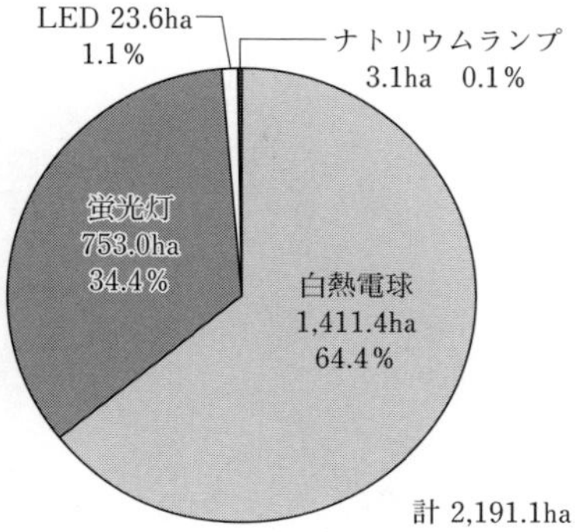

第3図 光源設置圃場に占める各種光源の割合

露地電照栽培は秋冬期の産地である沖縄および鹿児島県奄美地域で多く，本州地域に多い夏秋期の産地にはあまり電照施設が導入されていない。露地電照栽培地域では光源が直接風雨や潮風にさらされるため，使用する光源には十分な耐候性が求められる。

キクの種類別光源導入状況 キクの種類は一般的に輪ギク，スプレーギク，小ギクに分けられるが，輪ギク，スプレーギクで代替光源としての蛍光灯の導入率が50％近くと高く，反対に小ギクで6.5％と低い（第5図）。これは，キクの種類より施設化率との関係が深いと考えられる。すなわち輪ギク，スプレーギクでは施設化率が高いため耐候性が少々劣るが省エネ性能の高い蛍光灯などの導入が進み，小ギクの電照栽培は沖縄県の露地栽培が主流であるため，耐候性の高い白熱電球の使用率が高いと推察される。

蛍光灯・LEDの導入内訳 蛍光灯では「消費電力20W以上，電球色」の利用が62.8％ともっとも多く，次いで「20W以上，白色」14.9％，「20W以上赤色」13.1％と続く（第6図）。使用されている光源の9割以上が「20W以上」であるが，そのほとんどは消費電力20〜23Wの商品と推察される。蛍光灯導入の課題点として，1）耐久性への不安，2）花芽分化抑制効果への不安，3）交換時期のわかりにくさなどがあげられている。

LEDでは「赤色」の利用が91.4％ときわめて多い（第6図）。これは，LEDが特定の波長域の光照射に適しており，「キクの花芽分化抑制に効果的な色は赤色である」という，これまでの多くの研究成果に基づいた製品が開発・販売された結果と推察される。LED導入の課題点としては，1）高価，2）耐久性への不安，3）必要な波長，光量，設置間隔が判然としないな

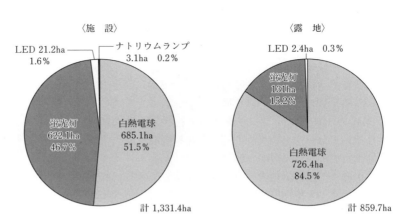

第4図 施設・露地別各種光源の割合

収量増を目指した環境制御

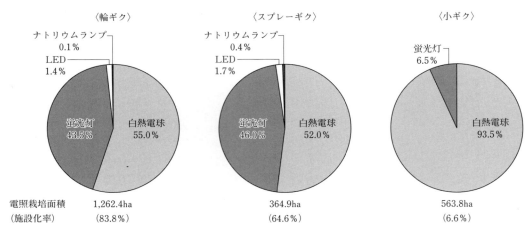

第5図 キク類種類別の光源導入状況

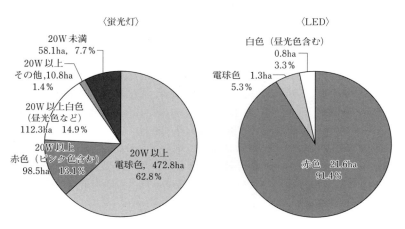

第6図 導入されている蛍光灯およびLEDの種類と割合

どがあげられている。

(5) 花芽分化抑制能力の評価方法

キク栽培で使用されている光源の光の色としては電球色，白色が多く，花芽分化抑制効果が高い630nm付近の波長域のみを照射可能なものはLEDのみである。そこで，電球色や白色など異なる波長分布をもつ光源の花芽分化抑制能力の評価方法について述べたい。

光源が同じ波長構成の光のみを照射するものだけであれば，光源間の能力の差は単純に照射エネルギーを測定することにより容易に比較可能である。しかし光源は種類によってその光に含まれる波長の分布が異なり，また波長ごとのエネルギーも異なる（第7図）。

このような場合に花芽分化抑制能力を評価するには，1）キクの光の感じ方（以下，分光感度）と，2）光源の波長分布および波長ごとのエネルギーを把握し，波長ごとの花芽分化抑制能力を見積もる必要がある。

筆者ら（2013）は過去に取り組まれた暗期中断に対するキク分光感度の検討結果をもとに，キクの波長ごとの光エネルギー利用効率を推定し，係数化（以下，分光感度係数）を行なった。具体的には，白山ら（2013），住友ら（2011）が'セイローザ''精雲''岩の白扇''新神2'を用いて行なった7試験結果から分光感度データを得て，それぞれの試験結果について，無電照区と比べた各波長照射区の葉数や花径の増加分を相対値で表わした。それらについて波長域ごとに平均をとることで分光感度係数の推定と，それらをプロットした分光感度曲線を作成した。

第8図の曲線は長日処理における波長ごとの

310

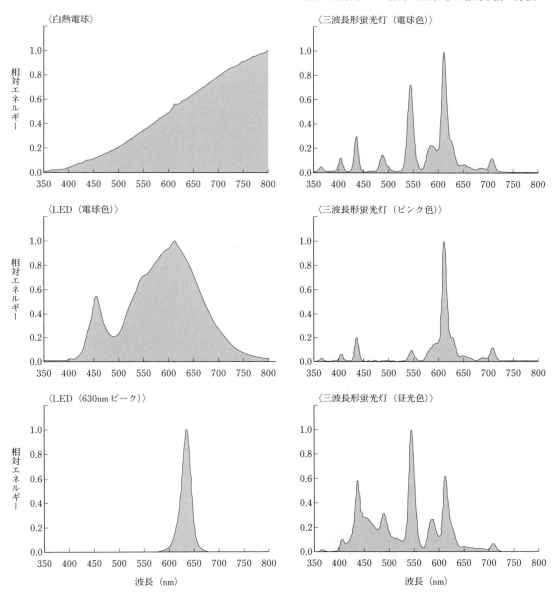

第7図 さまざまな光源が発する光の波長分布

花芽分化抑制効果を示し，波長630nmのときを1とした場合の相対値として表わしている。なお，光の波長分布および波長ごとのエネルギーの把握は分光放射照度計で測定している。

このように，光源が発する光について波長ごとのエネルギー（分光放射照度）を分光感度係数で補正し，その総和（以下，補正放射照度）を得ることで，光源の花芽分化抑制能力を表わすことが可能と考えられる（第1表，第9図）。

筆者らは'神馬'など輪ギク4品種について6種類の光源を用いて暗期中断し続けた場合の，放射照度および補正放射照度と発蕾まで展開葉数の関係を調査した。その結果，いずれの品種も，異なる光源の同じ放射照度のもとでは

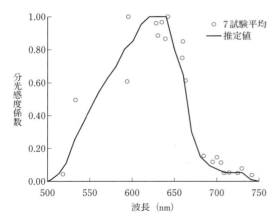

第8図 キクの花芽分化抑制の分光感度曲線

第1表 キクの花芽分化抑制の分光感度係数
（推定値）

波長域 (nm)	分光感度係数	波長域 (nm)	分光感度係数
～509	0.00	630～639	1.00
510～519	0.04	640～649	1.00
520～529	0.11	650～659	0.80
530～539	0.25	660～669	0.65
540～549	0.35	670～679	0.30
550～559	0.45	680～689	0.15
560～569	0.55	690～699	0.10
570～579	0.63	700～709	0.07
580～589	0.70	710～719	0.05
590～599	0.80	720～729	0.05
600～609	0.85	730～739	0.05
610～619	0.95	740～749	0.01
620～629	1.00	750～	0.00

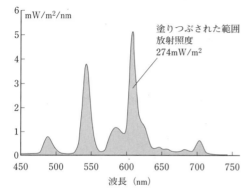

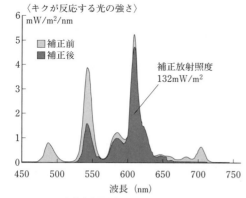

第9図 花芽分化抑制能力の算出手順
補正放射照度を用いることで、分光分布が異なる光源同士でも、花芽分化抑制能力を比較できる

展開葉数に大きな差が生じるが、同じ補正放射照度のもとでは展開葉数がより近い値を示した（第10図）。したがって、実際の圃場栽培で異なる光源が発する光の花芽分化抑制能力は、同一補正放射照度であればほぼ等しいと考えられる。

ただし、遠赤色光の評価方法については注意が必要である。フィトクロムが介する反応は、遠赤色光照射は赤色光照射の効果を打ち消すとされているが、遠赤色光を含む光を照射した場合の花芽分化抑制効果をみると、品種や照射条件によって、効果の低下、影響なし、効果が増加というように、まったく異なる反応が確認されている。たとえば'岩の白扇'では、ピーク波長749nmの遠赤色光を波長637nmの赤色光と同時照射することで、花芽分化抑制効果が高まるが（第11図）、この原因についてはPhyBのR/FR可逆反応では説明がつかない。おそらくほかの作用機構が関与している可能性があり、今後の解明が待たれる。なお、遠赤色光を多く照射する光源は一般的には白熱電球のみであり、そのほかの光源からはほとんど照射されない。

(6) 光源を選択・使用する際の留意点

①電照による必要な光強度の確保

光源を替えた場合、その光源の光の色、強

新光源(蛍光灯やLED)による花芽分化抑制——省力で効果的な暗期中断の方法

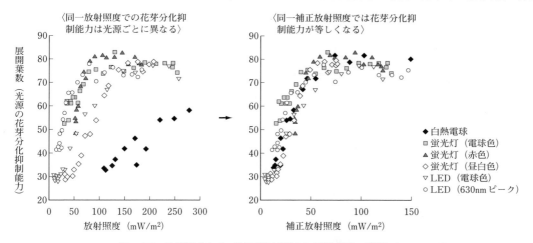

第10図 放射照度および補正放射照度と展開葉数の関係(品種:神馬)
(試験方法)10月5日定植,発蕾まで暗期中断2時間電照

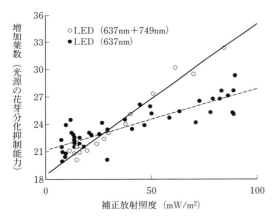

第11図 照射光の波長が岩の白扇の花芽分化抑制効果に及ぼす影響
(試験方法)5月6日定植,定植28日後まで赤色蛍光灯,その後はLEDで発蕾まで暗期中断5時間電照

さ,配光特性が既存光源と異なる可能性があるため,圃場内の各地点において,これまでと同等の花芽分化抑制能力を得るのに必要な光強度があるか確認する必要がある。光強度の不足は早期不時発蕾発生につながるため,速やかに光源設置の高さや間隔を見直す必要がある。

光強度は花芽分化抑制能力を示す補正放射照度で評価するが,現時点で補正放射照度を導くのに必要な分光放射照度計は高価で一般に普及しておらず,また補正放射照度を直接測定で

きる機器もない。そこで同じ種類・色の光源の分光分布はほぼ同じであることを前提にすると,照度や放射照度,光量子束密度から補正放射照度へ換算が可能であることから,ここでは光強度の評価に照度計の使用を推奨したい。それは,照度計が試験機関や普及組織だけでなく個人レベルでも所有されている普及率の高い機器であるためだけでなく,照度計は汎用性のある測光機器のなかでは唯一日本工業規格(JIS)があり,基準を満たした機器であればメーカー間の誤差がほとんどないためである。

圃場内での光源変更に伴う光照射環境評価の手順は次のとおりである。

手順1:まず現行の光源を従来どおりの間隔で設置した状態で,圃場内でもっとも暗くなる場所の照度を測定する。点灯後一定時間経過し光の強さが安定してから測定する(第12図)。

手順2:光源ごとに与えられている「照度→花芽分化抑制能力値(補正放射照度)への換算係数(第2表)」を用い,現行の光源と同等の花芽分化抑制能力を得るために必要な,変更予定光源の照度を推定する。たとえば現行で白熱電球を使用しており,今後,三波長形蛍光灯(電球色)に変更したい場合,手順1での測定結果が30ルクスだったとすると,30ルクス×2.0(白熱球の換算係数)÷1.5(電球色蛍光灯

収量増を目指した環境制御

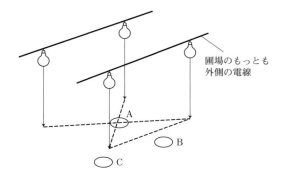

○：照度測定ポイント
A：光源4点間を結んだ箇所
B：圃場の端の光源2点間
C：圃場の端の片側からのみ光源からの光が当たる箇所

第12図　圃場での照度測定箇所

の換算係数）＝40ルクスが必要と推定される。

なおここでは，光源変更前と同じ花芽分化抑制効果が得られる環境づくりを目的としているが，厳密には，これまでが必要十分以上の光照射環境だった可能性もある。花芽分化抑制に必要な光強度を最小化し，より省エネ化を図るために，作型や品種構成，栽培条件（気温や栄養生長期間など）を考慮した圃場ごとの検討が必要である。

また，花芽分化抑制に必要な光の強さは，さまざまな要因の影響を受けて変化し，一定ではない。得られた補正放射照度は，光源の種類を問わず花芽分化抑制能力の相対的な比較には使用できるが，「数値が○○以上あれば花芽分化抑制可能」というような「能力の絶対値」ではないことに注意が必要である。

②光源の耐候性・防水性

キク栽培の環境は温室内か露地か，暖地か寒冷地か，風雨・台風・潮風に当たりやすいかなどさまざまである。一般的に流通している家庭用光源はおもに一般家屋内での利用を前提に製造されているため，キク栽培圃場で使用する光源には，家庭用光源以上に，温度・湿度の変化，直射日光（紫外線暴露など），水，チリなどに対する高い耐性が必要となる。また，蛍光灯のように構造上防水性の向上には限界がある光源もある。

したがって電照栽培用には，農業環境での使用を前提として製造・販売している商品を選択するとともに，その光源が実際の使用環境に適するかどうか購入先から情報を入手すべきである。

③光源の経済性

光源は，商品によってその販売価格，耐用年数，消費電力などがさまざまであるため，一見して経済性を比較評価するのは困難である。経済性は導入費用と電気代に分けて試算するとよい。ここでは既存施設を利用し，光源のみ交換した場合について試算した（第3表）。さらに，

第2表　白熱電球50ルクス相当の花芽分化抑制能力（補正放射照度）を示す光源別照度，放射照度およびPPFD（換算例・理論値）

光　源		照度 (lx) (A)	放射照度 (mW/m^2)		補正放射照度 (mW/m^2) (B)	PPFD (μ mol/m^2/s)	照度→補正放射照度換算係数 (B)／(A)
			理論値[1]	実測値[2]			
白熱電球（75W）		50	342	843	102	0.98	2.0
三波長形蛍光灯	（電球色，23W）	69	187	159	102	0.85	1.5
	（ピンク色，23W）	42	149	130	102	0.68	2.4
	（昼光色，22W）	91	285	250	102	1.24	1.1
LED	（電球色，8W）	61	206	174	102	0.93	1.7
	（630nmピーク，7W）	19	110	98	102	0.57	5.4

注　1）波長380～800mmで算出
　　2）放射照度センサー LP471RAD（Delta OHM社）使用時。測定波長域400－1050nm

（参考）照度から花芽分化抑制能力（補正放射照度）への換算例（使用光源が電球色LEDの場合）
　　照度計測定値：50 lx
　　補正放射照度への換算：50 lx × 1.7 ＝ 85 mW/m^2

第3表　光源別の経済性比較の例（1年・20a当たり）

項　目		購　入			リース
		白熱電球 75W	蛍光灯 電球色23W	LED 赤色7W	LED 赤色7W
ランプ設置数（a）		200球			
ランプ単価（b）		180円	500円	3,000円	リース代金 50円/月
ランプ寿命（c）		1,000時間	2,500時間	40,000時間	
年間点灯時間（d）		500時間（50日×3回転×3.5時間）			
電気料金単価（e）		10.01円/kWh（九州電力　22～8時の深夜割引適用）			
ランプのワット数（f）		75W	23W	7W	7W
ランプの使用可能年数（g）＝（c）/（d）（想定される実際の年数）		2年（2年）	5年（5年）	80年（10年）	—（—）
試算結果	ランプの導入コスト ＝（a）×（b）/（g）年当たり	36,000円/2年	100,000円/5年	600,000円/10年	120,000円/年
	電気契約　月間基本料金（h）	15kVA 2,993円	6～10kVA 1,575円	6kVA以下 1,155円	
	電気契約　年間基本料金（i）（h）×12	35,916円	18,900円	13,860円	
	年間電気料金（j）＝（a）×（d）×（e）×（f）/1,000	75,075円	23,023円	7,007円	
	燃料費調整額など（k）1.33円（平成25年7月）×消費電力	9,975円	3,059円	931円	
	ランニングコスト　年計 ＝（i）＋（j）＋（k）	120,966円	44,982円	21,798円	

光源導入後にかかる経費を延べ費用としてグラフ化すると視覚的にも理解しやすい（第13図）。

ここで注意したいのは，光源の耐用年数である。商品ごとにそれぞれ「定格寿命」が定められているので，「定格寿命」を年間の点灯時間で除した値が耐用年数の目安になる。この考え方では，定格寿命が40,000時間のLEDでは1日5時間365日点灯しても，約22年間使用できることになる。しかし，1）日本照明工業会では「安定器，ソケットや電線など電気絶縁物の絶縁劣化による寿命は1日10時間，1年3,000時間点灯で10年」「一般的には照明器具の寿命の目安を10年」としていることや，2）キク栽培環境は居住環境より気温変動が大きく高湿度になりやすい過酷な条件であることを考慮して，光源の耐用年数は最大10年程度に見積もるべきである。

また，長寿命化した蛍光灯やLEDなどの光

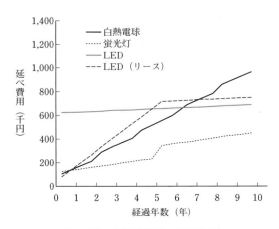

第13図　光源別費用の年次推移
（第2表をグラフ化）

1）リース期間は5年間で，それ以降は引き取りとして試算
2）施設キク栽培に使用した場合の推定
3）ランプ単価，電気料金単価，燃料費調整額などは変動するため，最新の値で試算する

収量増を目指した環境制御

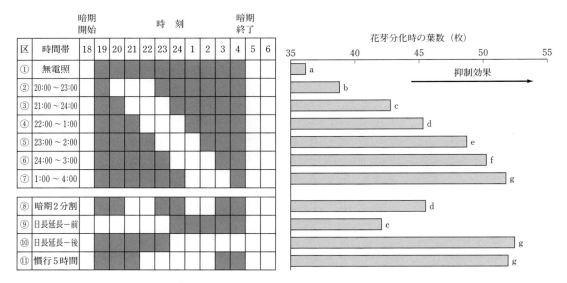

第14図 暗期中断および日長延長処理が夏秋輪ギクの開花時葉数に及ぼす影響（品種：岩の白扇）
（試験方法）4月4日発根苗定植，定植14日後から各電照処理を開始
注　異なる文字間についてはTurkey-Kramer法により有意差がある（1％）

源は，白熱電球のような電球の球切れによる栽培の失敗が起こりにくいが，経年劣化により光量が徐々に低下するため，交換時期が見きわめにくい点にも注意が必要である。

④昆虫の誘引

蛍光灯は紫外線がガラス面に塗布された蛍光体によって可視光線に変換される構造上，商品による差はあるが，可視光線に加えて紫外線も外部に向かって照射される。昆虫の走光性視感度は波長360nm付近の紫外光にピークをもつため，その波長域の光に昆虫は誘引されやすい。したがって，一般的に紫外線をほとんど照射しないLEDと比較して，紫外線を照射する蛍光灯は昆虫の誘引効果が高い傾向がみられる。

(7) 効果的な暗期中断の方法

①効果的な暗期中断の時間帯

短日植物であるキクは夜の長さを感じとることで，限界日長より短い日長（限界暗期より長い暗期）条件で花芽分化する。キク栽培で暗期中断を行なう場合，その時間帯についてはこれまで一般的に暗期の中心が花芽分化抑制効果が高いといわれてきた。これは，花成促進の重要な要素である連続した暗期の長さを短くするには，暗期の中心で光照射することが効率的と考えられてきたためである。この考え方は，15時間暗期条件では暗期開始から6～9時間後の花芽分化抑制効果がもっとも高いとする報告（Cathey and Borthwick, 1964）などがもとになって支持されたと推察される。栽培現場でも深夜12時を中心とする電照方法が推奨されてきた。

一方，塚本ら（1953）は，花芽分化抑制効果の高い電照時間帯は暗期の中心よりむしろ暗期後半にずれ込むことを確認した。また白山・郡山（2013）も，自然日長下で夏秋ギク'岩の白扇'を用いて，電照の効果が高い時間帯は暗期の中心ではなく暗期後半であり，さらに連続した暗期が短くなるような暗期の3分割処理は慣行の暗期中断5時間電照より効果が低く，必ずしも連続した暗期が短いほど花芽分化効果が高いものではないことを確認している（第14図）。

これらは，効果的な電照時間帯の考え方に相違があるようにみえる。しかし，前者が極短日条件，後者は自然日長条件と異なった条件設定だったことを含め総合的に考えると，キクの効果的な花芽分化抑制のためには，「連続暗期を短くする電照」より，「花芽分化抑制効果が高

第4表 キク5品種の11月開花作型における各種電照中断処理が消灯後展開葉数に及ぼす影響

処理区		神馬	雪姫	秀芳の力	サザングレープ	サザンチェルシー
無処理		23.4 abcd	22.9 a	18.3 ab	15.2 a	24.5 ab
中断日数 (定植31日後開始)	1日	22.8 abcd	22.3 ab	18.1 ab	10.3 b	25.8 ab
	2日	22.4 d	21.7 b	17.3 bc	8.2 c	25.3 ab
	3日	23.2 bcd	15.0 c	15.6 c	8.2 c	20.1 b
中断時期 (中断日数3日)	7日後	22.9 cd	22.6 ab	18.6 ab	13.2 ab	25.4 a
	14日後	23.9 abcd	22.7 ab	17.7 ab	10.5 bc	25.3 a
	21日後	23.5 abcd	21.7 ab	17.8 ab	11.8 b	25.7 a
	28日後	23.7 abcd	19.1 bc	14.9 abc	6.0 d	22.6 a

注 異なる文字間についてはSteel-Dwassの多重比較法により有意差がある（5%）

い時間帯の電照」が重要であると考えるべきであろう。

白山・郡山（2013）は秋ギク'神馬'を用いて，暗期の中心を深夜12時とした8，10，12時間日長条件下での花芽分化抑制効果の高い電照時間帯（暗期中断は1時間）を調査し，日長の長い（暗期の短い）区ほど電照効果の高い時間帯が暗期後半にずれる傾向を確認した。これは，暗期開始から暗期中断までの経過時間がキクの花芽分化に深く関与していることを裏付けるものである。

また，暗期開始から花芽分化抑制効果がもっとも高まるまでの時間は，'神馬'の9～10時間後，'岩の白扇'のおおむね7時間後のように秋ギクより夏秋ギクの方が短く，品種がもつ限界暗期と連動していたことから，限界暗期付近の暗期中断がもっとも花芽分化抑制に影響を及ぼしていることが明らかにされている（白山・郡山，2014）。このことは，Higuchi et al.（2013）がキクタニギクを用い，その時間帯付近の暗期中断が開花抑制物質であるCsAFTを増加させることを示した分子生物学的解析とも一致している。

さらに，限界暗期付近よりあとの電照では花芽分化抑制効果は急激に低下し（白山・郡山，2013），また，効果的な花芽分化抑制には一定の暗期が必要であることを示す報告（Cathey and Borthwick, 1970）もある。日の入り時刻は季節で変化し，それにつれて花芽分化抑制効果の高い時間帯も変化すると考えられるため，電照時間の設定にはそれらの考慮も必要である。

これらの結果より，暗期中断で効果的に花芽分化を抑制するには，限界暗期付近を起点に，それより手前3～5時間前から電照することが重要と考えられる。

②電照中断が花芽形成に及ぼす影響

生産現場では電照期間中の意図しない電照中断により，キクが花芽分化を開始し，切り花の品質が低下するトラブルがしばしば発生する。このような電照中断トラブルは，1～2日なら大丈夫だが，3日目になると影響が出るとされている。

白山ら（2014）が，秋ギク'新神2'の12月開花において電照中断が花芽形成に及ぼす影響を検討したところ，定植22日後からの電照中断処理では，電照中断3日間以上で展開葉数が有意に減少し，花芽形成に影響が現われたが，定植36日後からの電照中断では4日間以上の処理で花芽形成への影響が生じた。'新神2'の3月開花栽培では，電照中断5日間以内の処理は花芽形成への影響が認められなかった。また夏秋ギク'岩の白扇'の7月開花では，電照中断4日間以上，8月開花では3日間，9月開花では2日間以上で花芽形成に明確な影響が認められた。

この電照中断日数が花芽形成に及ぼす影響が品種や作型により変動する要因としては，処理前後の気温などの環境要因や，品種のもつ幼若性が影響している可能性が考えられる。さらに秋ギク3品種，夏秋ギク2品種を用いて，中断日数および中断時期が花芽形成に及ぼす影響を調査した結果，中断日数がわずか1日で影響を

受ける品種から，3日間まで影響を受けない品種に分かれた（第4表）。

これらの結果より，電照中断日数が花芽形成に及ぼす影響は，品種，作型，気象要因，中断時期などにより変化すると考えられる。とくに花芽分化に適した時期ほど，わずかな電照中断もトラブルにつながりやすいので注意が必要である。

執筆　郡山啓作（鹿児島県農業開発総合センター）

2015年記

参考文献

Cathey, H. M. and H. A. Borthwick. 1964. Significance of dark reversion of phytochrome in flowering of *Chrysanthemum morifolium*. Botan. Gaz. 125, 232-236.

Cathey, H. M. and H. A. Borthwick. 1970. Photoreactions Controlling Flowering of *Chrysanthemum morifolium* (Romat.and Hemfl.) Illuminated with Fluorescent Lamps. Plant Physiol. 45, 235-239.

白山竜次・郡山啓作. 2013. キクの電照栽培における暗期中断電照時間帯が花芽分化抑制に及ぼす影響. 園学研. 12, 427—432.

白山竜次・郡山啓作. 2014. キクにおける限界日長と花芽分化抑制に効果の高い暗期中断の時間帯との関係. 園学研. 13, 357—363.

白山竜次・永吉実孝. 2013. キクの花芽分化抑制における暗期中断電照の波長の影響. 園学研. 12, 173—178.

白山竜次・永吉実孝・郡山啓作. 2013. キクの電照栽培における電照期間と花芽分化抑制に必要な放射照度との関係. 園学研. 12, 195—200.

白山竜次・永吉実孝・郡山啓作. 2014. 暗期中断期間中における電照中断がキクの花芽形成に及ぼす影響. 園学研. 13, 241—248.

Higuchi, Y., T. Narumi, A. Oda, Y. Nakano, K. Sumitomo, S.Fukai and T. Hisamatsu. 2013. The gated induction system of a systemic floral inhibitor, antiflorigen, determines obligate short-day flowering in chrysanthemums. Proc. Natl. Acad. Sci. USA 110, 17137-17142.

光花きコンソーシアム. きく類栽培用光源の使用実態調査結果. 2012. （独）農研機構花き研究所ホームページ.

光花きコンソーシアム. キク電照栽培用光源選定・導入のてびき. 2013. （独）農研機構花き研究所ホームページ.

久松完. 2014. 電照栽培の基礎と実践. 誠文堂新光社.

大石一史・新井聡・犬伏加恵・中村恵章. 2010. キクの花芽分化抑制に有効なLEDの波長，および花芽分化抑制効果に及ぼす影響. 園学研. 9（別2）, 545.

Sager, J. C., W. O. Smith, J. L. Edwards and K. L. Cyr. 1988. The use of spectral data to determine photosynthetic efficiency and phytochrome photoequilibria. Trans. Amer. Soc. Agr. Eng. 31, 1882—1889.

住友克彦・樋口洋平・小田篤・宮前治加・山田真・石渡正紀・久松完. 2011. 暗期中断によるキクの花成およびFT様遺伝子発現抑制における分光感度. 園学研. 10（別2）, 251.

塚本洋太郎・坂西義洋・妻鹿加年雄. 1953. 光中断による切花の促成と抑制. 園学雑. 22, 177—182.

キク（スプレーギク）での EOD-FR（日没後の遠赤色光照射）の活用

(1) EOD-FR（日没後の遠赤色光照射）のねらい

植物は，光を光合成におけるエネルギー源として利用するだけでなく，さまざまな形態形成のための情報源としても活用し，その生長に役立てている。太陽光のうち，約300〜3,000nmの波長域の光が地上まで到達するが，植物の生長に有効な光は，一般に300〜800nmの光であるとされる。なかでも，形態形成に顕著な影響を与える光としては，赤色光（R光：600〜700nm）と遠赤色光（FR光：700〜800nm）の二つがよく知られている。これらの光は多くの植物の茎伸長に影響を及ぼし，R光とFR光の割合（R/FR比）と茎伸長との関係が数多く報告されている。R/FR比が大きい場合には，茎の伸長に抑制的に働き，逆に小さい場合，すなわちFR光が多く含まれる光環境では，伸長が促進される。日没の時間帯の太陽光は，FR光の割合が増加するが，近年，この現象を模倣して，明期終了時にFR光を短時間照射するとキクにおいては顕著な茎伸長促進効果が得られることが示されている（Hisamatsuら，2008；清水・久松，2007）。

EODとは，英語の"End of Day"の頭文字をとった造語であり，"昼間の終わり"すなわち日没後しばらくの時間を指す。第1図に示すような分光放射特性をもつFR光を非常に高い割合で発する光源を用いて，日没後のFR光照射（以下，これをEOD-FRと呼ぶ）を行なうと，キクでは茎の伸長を容易に促進することができる（第2図）。また，FR光照射では，R光照射において認められるような著しい開花抑制が引き起こされない。

このことから，FR光源を活用したEOD-FRを適正に行ない，茎伸長を効率的に促進することが可能になれば，切り花長の容易な確保や栽培期間の短縮など生産性の向上につながることが期待される。そこで，ここではキク（スプレ

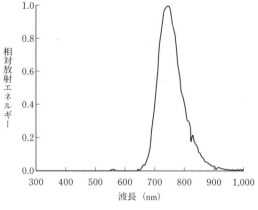

第1図 FR光源の分光放射特性の一例
エネルギーの最大値を1.0として表示

第2図 日没後の光照射がスプレーギクの茎伸長に及ぼす影響
①無照射，②日没後から1時間遠赤色光を照射，③同様に赤色光を照射，④同様に青色光を照射

ーギク）を中心としたEOD-FRの効率的な利用方法について紹介する。

（2）茎伸長促進のための効率的なEOD-FRの処理方法

先に述べたように，キクの茎伸長を促進するためには日没後のFR光照射が効果的である。逆に，日の出前にFR光の照射を行なっても茎伸長の促進効果はほとんど得られない（第3図）。FR光照射による茎の伸長促進は，植物体内の光受容体であるフィトクローム（色素タンパク質）を介した現象であると考えられる。フィトクロームによる反応は可逆的であり，FR光の照射のあとにR光を照射するとFR光による効果が打ち消される。このことから，日の出後には太陽光の影響を受けるため，日の出前に行なったFR光照射の効果はその後太陽光に含まれるR光に打ち消される結果となり，茎伸長の促進効果が低くなるものと考えられる。このようにFR光照射の後には一定時間の暗期の存在が重要である。深夜のFR光照射でも茎伸長の効果は得られやすいが，FR光にも若干の花芽分化抑制作用があるため，スプレーギクなどでは花序数が減少するなどの悪影響を及ぼす可能性も考えられる（第1表）。

また，EOD-FRの効果は，暗期中断（深夜に電灯照明を行ない，長い暗期を光で分断する照明方法）を行なう栄養生長期よりも，暗期中断終了後（いわゆる消灯後）の生殖生長期のほうが高い。暗期中断では，R光を中心とした光を深夜に照射することにより花芽分化を抑制しているが，このR光が日没後のFR光照射の作用を打ち消しているものと推察される。

また，茎伸長の反応程度は，FR光の光強度と照射時間の二つの要因によって決定され，フィトクロームが吸収した光の総量と関係が深い。すなわち，強い光のもとでは短時間の照射によっても十分な伸長効果が認められるが，弱い光のもとではより長い時間の照射が必要となる。生産現場レベルでは，地表面における放射照度で0.03W/m^{2}程度のFR光を日没後から3時間照射することで十分な茎伸長効果が得られるものと考えられる。

第3図 遠赤色光照射の時間帯がスプレーギクの茎伸長に及ぼす影響
①無照射，②日没後から1時間照射，③深夜に1時間照射，④日の出前の1時間照射

第1表 遠赤外線照射の時間帯がスプレーギクの開花および切り花の形質に及ぼす影響

照射時間帯	到花日数[1] （日）	切り花長 （cm）	地上部生体重 （g）	節数 （節）	茎径[2] （mm）	花序数[3]
日没後	47.0	85.3	67.7	39.1	5.0	13.1
深夜	47.1	84.6	61.0	37.9	4.8	11.9
日の出前	46.9	74.3	67.8	38.8	5.0	15.6
無処理	47.0	71.8	63.5	37.4	4.8	14.6

注 1) 暗期中断打切り日からの日数
    2) 基部から25〜26節目の値
    3) 切り花時の舌状花に着色が認められた花序の数

(3) EOD-FR による栽培期間の短縮効果

EOD-FRによるキクの茎伸長促進効果には，栽培時期（季節）によって変動が認められ，とくに秋季から冬季にかけては促進効果が高い（第4図）。これは，寡日照低温条件下で茎の伸長が緩慢になる時期にEOD-FRを利用すると，草丈の確保が容易になり，栽培期間の短縮効果が得られやすいことを示唆する。栽培期間の短縮は，周年栽培されるキクでは，施設回転率の向上や冬季の加温コストの低減につながり，生産性向上のための有効な手段になる可能性が高い。

冬季のスプレーギク栽培（3月出荷の作型）で，EOD-FRによる栽培期間の短縮効果を検証したところ，慣行の栽培方法に準じて栄養生長期間を35日間とった場合に対して，栄養生長期間を25日間と短くした場合にもEOD-FRを実施することでその後の茎伸長が促進され，慣行栽培と同等の草丈を得ることができた。同様の検証を12月出荷および6月出荷の作型で行なった場合にも，栄養生長期間が慣行栽培より5～10日間短くても同等の草丈を得ることができた。

このことから，スプレーギク栽培ではEOD-FRにより栽培期間を5～10日程度短縮できることがわかった。周年栽培されるスプレーギクにおいては，現在の作付けは年3.5作程度であるが，EOD-FRを導入すれば年3.8作程度にすることができる。

(4) キク以外の花卉類における EOD-FR の効果

EOD-FRがキク以外の花卉類の茎伸長および開花に及ぼす影響については，住友ら（2009）が多くの花卉類で調査を行なっている。ヒマワリなど11品目の花卉類に日の入り時刻から30分間FR蛍光灯を用いてEOD-FR（放射照度：0.32～1.04W/m^2）を行なったところ，第2表に示すような結果が報告されている。

ヒマワリ，キンギョソウ，ストック，ブプレウルムおよびカーネーションでは茎伸長および開花の促進効果が認められた。一方，ケイトウでは茎伸長の促進効果がみられたが，開花は抑制された。アスターでも開花が抑制された。また，コスモス，ガーベラ，カラー，バラでは効果は認められなかった。

このように，EOD-FRが茎伸長および開花に及ぼす影響には品目による違いが存在する。ただし，これらの効果には照射条件，生育環境，供試品種などによる変動があることが推察され，今後，詳細に検討されることが期待される。

(5) EOD-FR を実施するうえでの注意点

EOD-FRによる茎伸長の促進は，節間の伸長を促進する効果なので，茎の伸長が促進される反面，切り花重など相対的なボリュームが，慣行法で栽培された切り花よりも不足することになる。また，キクでは暗期中断終了後から収穫

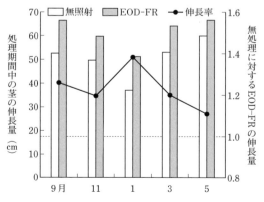

第4図　スプレーギクの茎伸長の促進に及ぼすEOD-FRの栽培時期別の効果

第2表　EOD-FRが花卉類の茎伸長および開花に及ぼす影響　　（住友ら，2009を改変）

		茎伸長	
		促　進	効果なし
開　花	促進	ヒマワリ キンギョソウ ストック ブプレウルム カーネーション	
	抑制	ケイトウ	アスター

注　処理条件により効果は異なることが予想される

にいたるまでEOD-FRをすると花軸長（いわゆる花首）も長くなり，現行の切り花の出荷規格を基準にすると，品質に影響を及ぼすことも懸念される。今後，より適正なEOD-FRの処理方法やEOD-FRに対応した栽培体系などを明らかにしていく必要がある。

また，現在のところ，この試験で利用したような効率的なFR光照射が可能な光源は高価であり，導入コストの面から生産現場レベルにおいてEOD-FRを実施するのにふさわしい光源は市場に出回っていない。近年，LEDなどの新しい光源の開発が急速に進められているが，今後，FR光を効率的に照射できる安価な光源の登場が望まれる。

　執筆　島　浩二（和歌山県農林水産総合技術センター農業試験場暖地園芸センター）

2012年記

参考文献

Hisamatsu, T., K. Sumitomo and H. Shimizu. 2008. End-of-day far-red treatment enhances responsiveness to gibberellin and promotes stem extension in chrysanthemum. J. Hort. Sci. Biotech. **83**, 695—700.

清水浩・久松完．2007．画像計測システムを用いた明期終了時の短時間遠赤色光照射によるキクの伸長成長解析．植物環境工学．**19**，203—207．

住友克彦・山形敦子・島浩二・岸本真幸・久松完．2009．数種切り花類の開花および茎伸長に及ぼす明期終了時の短時間遠赤色光照射（EOD-FR）の影響．花き研報．**9**，1—11．

シェード栽培における日長・温度管理

(1) 適用作型

シェード栽培は，短日植物の代表的な種類であるキクの花芽分化を促し，開花させるため，シルバービニルなどを用いて日長時間を短くする操作を行なう栽培法である。

この栽培法が適用される作型は，4月下旬から10月中旬開花の作型であるが，一輪ギクとスプレーギクで若干異なる。前者は，4月下旬から6月までと9月下旬から10月中旬までは秋ギク（主に'秀芳の力'）のシェード栽培が行なわれるが，7月から9月の間は夏秋ギク'精雲'の電照栽培が主体的に行なわれる。後者は，'精雲'のように7～9月の間，電照のみで開花調節が可能で品質の良好な品種がなく，夏秋ギク品種を用いるもののシェード栽培が必要である。その他の時期は一輪ギクと同様に秋ギク品種を使用する。

そこで，ここでは，開花時期を春，夏，初秋の3時期に区別し，日長操作に関わる事項を中心に考えてみたい。

(2) 春，4月下旬から6月開花（加温を要する作型）

この作型は，一輪ギクでは二度切り栽培が多く，植替えする場合は早い作型では1月上旬の定植，スプレーギク摘心栽培では1月中旬定植になり，栄養生長期の管理は2～4月上中旬開花の作型に準じて，暗期中断3時間の電照と13～14℃の加温が必要である。

消灯後すなわち短日処理（シェード）開始後の管理がポイントとなる。4月下旬から5月開花の作型は短日開始が2～3月であり，電照加温に準じた温度管理を要する。夜温は，短日開始1週間程度前から発蕾期まで花芽分化適温（一般に18℃）で管理し，以後，13～14℃を保つようにする。発蕾期が4月下旬以降であれば発蕾後の加温はほとんど必要ない。しかし，発蕾期までは，6月開花においても短日開始が4月であり，花芽分化適温を確保することが肝要である。これを怠ると柳芽の発生をまねいたり，品質低下をきたすことになる。

昼温については，正確な制御が難しいこともあり軽く考えがちであるが，花芽分化・発達や草姿，品質への影響は小さくない。花芽分化・発達に対する適温は，夜温が18℃の場合は20～25℃と考えられるが，この条件は，茎が太く，ボリュームがつきやすい。昼温を高くすると茎や側枝の伸長がよくなるが，やや細くなる。したがって，発蕾期までは20～25℃で管理し，以後，生育状態にもよるが，やや高めとし，27～28℃を目安に管理することにより，しなやかな草姿の切り花にできると考えられる。

日長管理は，この時期は気温が高くなりすぎることがほとんどないので，18～6時の間を暗期とする12時間日長でよい。発蕾期以後，やや長めの12.5時間日長で管理することによって品質向上が期待できる（第1表）。

このような日長反応を示すのは花弁着色期までであり，以降の短日処理は中止してもさしつ

第1表 スプレーギクの花芽発達期における日長と切り花品質
(愛知農総試・豊橋，1990より作成)

日長時間および処理時期			到花日数[1]	茎長	節数	花径	花重	切り花品質[2]
～初蕾	初蕾～破蕾	破蕾～開花						
時間	時間	時間		cm		cm	g	
11──→11.5─────→			32.7	79.3	54.3	12.4	21.1	3.1
11──→11.5──→12.0─→			31.5	77.1	55.4	12.3	18.1	3.3
11──→11.5──→12.5─→			28.7	77.0	55.8	12.6	18.9	3.5
11──→12.0─────→			29.6	73.1	56.8	12.9	18.6	3.9
11──→12.0──→12.5─→			28.7	79.1	57.5	12.8	19.8	4.1
11──→12.0──→自然─→			29.1	78.3	57.1	12.5	18.5	3.6
11──→12.5─────→			33.0	76.9	55.0	12.7	18.9	3.7
11──→12.5──→12.0─→			31.6	76.4	56.7	12.7	17.8	3.3
11──→13.0──→12.5─→			36.6	74.4	56.9	12.7	17.8	3.0
11─────────→			31.9	79.6	55.7	11.9	17.5	2.8

注 1) 発蕾から開花までの日数
 2) 花形，花色などの総合評価 1:悪い，2:やや悪い，3:普通，4:ややよい，5:よい
 3) 供試品種：秀芳の力

第2表　花芽分化期の暗期の温度と生育，開花

品　種	暗期温度	発蕾日数[1]	到花日数[1]	茎　長	節　数	着花数	二次側蕾着生側枝数	柳葉数
	℃			cm				
ジェム	20	23.6	59.6	86.8	26.5	8.4	0.3	2.3
	25	23.0	58.7	82.6	27.4	9.6	1.0	2.1
	30	23.8	63.5	77.9	26.5	9.4	0.7	2.1
	35	25.9	69.2	76.7	26.1	11.7	3.9	2.7
	LSD(0.05)	1.2	1.6	2.4	NS	1.8	0.9	0.4
ドラマチック	20	23.0	59.3	79.0	28.3	10.6	1.3	0.2
	25	21.4	59.9	71.7	27.6	9.4	2.0	0.5
	30	21.7	62.5	70.3	28.9	9.3	1.3	0.6
	35	28.5	69.9	70.3	28.4	9.5	3.6	1.8
	LSD(0.05)	2.0	3.2	2.4	NS	NS	1.3	0.4

注　1）短日処理開始日からの日数

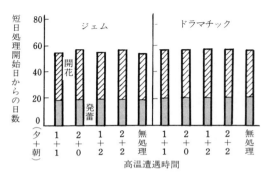

第1図　花芽分化期における暗期の朝，夕の高温遭遇時間と発蕾，開花

かえない。

（3）夏，7～9月開花（高温期の作型）

この作型には，耐暑性の高い夏秋ギク品種が使用されることが多いが，一部，秋ギク品種も用いられる。

①高温障害

7～9月開花の作型は，最も気温の高い時期に花芽分化，開花させることになり，開花遅延や草姿の乱れ，貫生花の発生など高温障害を発生しやすい。

秋ギクにおける短日開始から発蕾までの間（本稿では花芽分化期と記す）の暗期（夜）の適温限界は，第2表に見られるように25℃であり，これを超えると開花遅延や草姿の乱れを生じるようになる。30℃まではその程度が小さく，実用的に許容される範囲であるが，これを超える温度は影響が大きく，著しい品質の低下をきたす。しかし，これは，暗期全体のことであり，短時間であれば問題にならない。すなわち，シェード開始後の夕方，および終了前の朝方おのおの2時間以内であればほとんど影響しない（第1図）。したがって，短日処理の時間帯設定にあたっては，30℃以上の温度が2時間を超えないよう配慮することが重要である。なお，高温の影響は，夕方より朝方のほうが大きいことに留意しなければならない。

発蕾期以降（本稿では花芽発達期と記す）は，暗期の適温限界は20℃（第3表）であり，花芽分化期より高温の影響を大きく受ける。特に，短日開始後の2～4週間の影響が最も大きく，この時期は小花形成から花弁形成期に当たると推定される。

夏秋ギクについては，上記のようなデータがまだほとんどないが，好適条件は秋ギクとほとんど同じと考えられる。秋ギクとの差は，高温に対する適応幅にあり，夏秋ギクはこの幅が広いところに特徴があると思われる。しかし，暗期温度が30℃以上の場合には，秋ギクと同様な現象が発生すると考えられる。一輪咲き夏秋ギクの代表的品種である'精雲'も，1994年夏には，異常な高温が大きな原因と考えられる花の中に蕾をもつ貫生花が発生し，大きな品質低下をきたした。これは，13時間日長とする短日処理によりかなり解消できると考えられる。

第3表 花芽発達期の暗期の温度と生育，開花

品　種	暗期温度	到花日数[1]	茎　長	節　数	着花数	二次側蕾着生側枝数	柳葉数
	℃		cm				
ジェム	20	35.3	82.9	27.4	6.1	1.2	3.4
	25	39.9	80.9	27.9	7.9	3.1	3.3
	30	48.2	75.9	26.6	8.1	3.6	3.6
	35	71.2	71.8	26.9	8.8	3.3	3.3
	LSD(0.05)	2.0	2.5	NS	NS	1.4	NS
ドラマチック	20	37.0	75.3	29.7	8.0	1.3	1.6
	25	39.6	74.6	29.9	8.8	3.6	1.9
	30	48.8	68.0	29.1	9.4	4.0	1.4
	35	67.6	67.9	28.9	8.1	3.6	1.3
	LSD(0.05)	2.3	2.8	NS	NS	1.3	NS

注 1) 温度処理開始日からの日数

②夏秋ギク品種のシェード栽培

この時期のシェード栽培には，耐暑性の高い夏秋ギク品種を用いることが多くなっている。しかし，品種により特性がかなり異なることから，その特性を知り，適した管理をすることが重要である。

その一つは幼若性の強弱である。短日処理により花芽分化するには，株が，短日開始時に幼若性が消え花熟相にあることが必要で，これは高温により消去される（川田，1987）。しかし，この性質の強い品種は，親株を冬季の低温にあった吸枝（冬至芽）から養成すると，5月中旬までに短日処理を開始する作型では幼若性が消えておらず，花芽分化・発達に異常をきたし，草姿が乱れ，品質の劣った切り花になる。この代表的品種は'ハート'であるが，このような品種は，冬季の低温にあわせないように夜温15℃以上で親株を養成する必要がある（第4表）。

今一つは，日長反応すなわち電照効果の強弱である。この品種群は，花芽分化の限界日長が長いものが多く，栄養生長期には，自然日長の長い5，6月においても電照で花芽分化を抑制する必要がある。電照時間は，'精雲'と同じ暗期中断4時間が望ましい。しかし，品種のなかには日長反応が弱く，電照中に柳芽を発生しやすいものがある。このような品種は概して幼若性が弱いが，幼苗の低温処理や電照時間を長くすることによりある程度防止できるが，電照により花芽分化抑制が的確にできる品種を用いるのが基本である。

さらに，正常に開花するに必要な短日処理期間も品種によって異なる。第5表に示したように，ほぼ破蕾期に達するまで6週間必要な品種と発蕾の1週間後に当たる4週間で足りる品種がある。後者も6週間処理で開花遅延や品質低

第4表 夏咲きスプレーギクの冬期育苗温度と到花日数
（愛知農総試・豊橋，1988）

品　種　名	15℃一定	12月5日入室	1月21日入室		
		無加温	15℃	10℃	無加温
ロイヤル	47.1*	49.9*			
メルヘン	46.5*	70.3			
ハート	51.6*	(16.4%)	(17.1%)	(63.6%)	(16.7%)
10	44.2*	63.6	57.9	64.9	57.8
16	47.9*	57.4*	54.5*	55.6*	57.4*
18	47.1*	54.1*	49.4*	50.7*	54.1*
22	不時発蕾	53.9*	50.4*	－	55.1*
ホワイトサマー	46.8°	53.6*	54.0*	54.1*	57.8*
パラダイス	不時発蕾	47.9*	48.7*	51.0*	47.5*
コスチューム	不時発蕾	46.5*			
安濃11号	50.5*	64.7	64.0	70.8	78.2

注 ＊正常開花，○一部不時発蕾，( )内は開花率
　　短日開始　5月6日

収量増を目指した環境制御

第5表 夏咲きスプレーギクのシェード期間と到花日数
(愛知農総試・豊橋, 1988)

品種名	対照	2週	4週	6週	全期間
ロイヤル	68.0	64.1	48.8*	48.2*	46.2*
ロマン	66.6	46.6	46.6	46.0*	45.8*
メルヘン	不開花	74.0	65.6	57.1*	52.0*
ハート	不開花	67.2○	51.9	46.8*	51.2*
10	不開花	67.4○	63.3	52.9*	47.0*
18	不開花	71.0	54.0*	48.6*	49.5*
22	66.3	57.8	51.9	52.3*	50.5*
ホワイトサマー	68.1	67.5	51.8*	52.1*	48.6*
パラダイス	不開花	52.5	47.2*	48.2*	47.5*
エメラルド	不開花	74.0○	59.9	53.1*	55.1*
コスチューム	68.3	67.4	54.5*	49.5*	50.5*
安濃11号	74.0	69.0	62.6	54.1*	53.7*

注 *:正常開花, ○:不開花株あり
短日開始:5月28日

第6表 夏咲きスプレーギクの日長時間と到花日数
(愛知農総試・豊橋, 1988)

品種名	12時間	13時間	14時間	15時間	対照
	日	日	日	日	日
ロイヤル	51.8*	52.5*	59.9	∞	63.7
ロマン	58.7*	56.7*	63.0	∞	66.3
メルヘン	53.0*	58.3	68.5	∞	∞
ハート	52.1*	60.3	∞	∞	∞
10	58.3*	71.8	∞	∞	∞
16	57.3*	73.0	∞	∞	∞
18	56.3*	56.8*	64.8	∞	∞
22	55.1*	55.8*	63.3	∞	∞
ホワイトサマー	54.7*	54.2*	63.0	69.1	63.7
パラダイス	53.5*	欠測	65.9	∞	∞
エメラルド	57.3*	54.0*	∞	∞	∞
コスチューム	53.9*	54.2*	63.3	68.8	∞

注 *:正常開花, ∞:開花遅れ(到花日数75日以上)
短日開始:7月19日

下をきたすわけではないが、4週間程度で短日処理を打ち切ることにより、側枝の伸長やボリュームの増加など、若干の品質向上が期待できる。

短日処理における日長時間は、18時から6時を暗期とする12時間日長でよい(第6表)。適日長はこれよりやや短いと思われるが、シェード下の温度上昇を最小限にするにもこの日長時間が適切と考えられる。なお、シェード下のムレを防ぐために屋外が暗い間、20〜3時ごろの間はシェードを開放する。短日処理は、前述のように6週間実施すればよいが、到花日数(短日開始から開花までの日数)が長い品種ではこの期間を若干長くし花弁着色期まで行なうのが望ましい。

③秋ギクのシェード栽培

栄養生長期は、自然日長が長い時期に当たるため秋ギクでは電照は行なわなくてよいと考えられるが、スプレーギク栽培では、一輪ギクに比べ柳芽になりやすいことから暗期中断3時間の電照を行なう場合が多い。

秋ギクの適日長は12時間といわれているが、暗期温度が高温(25℃以上)の場合は、この日長時間では開花遅延や草姿の乱れ(特に二次側枝の着蕾)が著しくなる。筆者らは第2図に示したように11時間以下の日長で発蕾・開花が早い結果を得ており、高温下の適日長は10時間前後と考えている。花芽発達期に対して

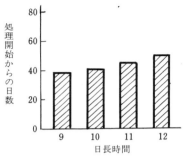

第2図 花芽分化期の日長時間と発蕾, 開花

第3図 花芽発達期の日長時間と開花

は，高温条件下の適日長が9～10時間日長といえる結果を得ている（第3図）。夏季における10時間前後の日長管理は，17時から8時の間のようにかなり強い日照下でシェードをすることになり，被覆下の温度は高くなる。しかし，11時間日長でも発蕾・開花の遅れはごくわずかで，実用的に問題にならない程度で，草姿の乱れもほとんど認められないことから，温度上昇を極力小さくするよう18時から6時，あるいは17時30分から6時30分を暗期とする日長管理がよいと考えている。これにより，朝夕の30℃以上遭遇時間はおのおの2時間程度に抑えることができる。なお，夏秋ギクと同様に屋外の暗い間はシェードを開けて換気に努め，温度降下を図ることが大切である。このような温度管理は開花まで行なう必要はなく，破蕾期から花弁着色期まで行なえばよい。

この作型の栽培期間は，高温に加えて日射のきわめて強い時期であるので，花芽形成の期間は，晴天日の10～15時ごろまでの間，夏秋ギクでは20～30％，秋ギクでは50％程度の遮光によって品質の向上が期待できる。破蕾期以降は，特に赤色系色素のアントシアニンを有する場合は退色しやすいため，50％程度の遮光を行なうのが望ましい。

ちなみに，葉温は30％遮光では1～2℃，50％遮光では2～3℃程度，低くなる。

（4） 初秋，9月下旬～10月上中旬開花

この作型に用いる品種は，ほとんど秋ギクであり，定植から短日開始が高温期に当たるため，栄養生長期および花芽分化期の管理は前項の秋ギクシェード栽培に準じて行なうことになる。ただし，9月は日長時間が急速に短くなる時期であり，10月中下旬開花の早生品種は9月中旬まで短日処理を行なえばよいと考えている。また，中生・晩生品種は自然日長が12時間余りになる9月下旬まで行なうのが望ましい。

〈執筆〉　西尾　譲一（愛知県農業総合試験場）

1995年記

参 考 文 献

愛知農総試・豊橋．1988．花き試験成績概要集．関東・東海，野菜茶試編．愛知—71—73．

愛知農総試・豊橋．1990．花き試験成績概要集．関東・東海，野菜茶試編．愛知—81．

川田穣一ら．1987．野菜茶試研報．A—1，187—222．

西尾譲一ら．1988．愛知農総試研報．20，285—292．

西尾譲一ら．1989．愛知農総試研報．21，211—215．

再電照

（1） 再電照のねらい，効果

電照栽培は，花芽抑制のために電照を行なった後に，自然日長下（短日）で花芽分化・発達し開花する。電照を打ち切った後に，再び短期間の電照をするのを再電照というが，これによって，切り花品質の向上と開花抑制の効果が期待できる。

①切り花品質の向上

1) 上位葉の葉を大きくする（一般にいわれている"うらごけ防止"）——消灯時の低温，短日により，花は咲いても上位葉の葉が自然開花に比べると著しく小さくなり，ボリューム不足となる。

2) 舌状花数の増加——消灯後の短い日長と低温により舌状花数が減少し，管状花数がふえ露心花となる。この効果は，第1表および第2表に示したとおり品種間差がかなりある。

②開花抑制

1) 自然温度下で花芽分化できる時期に電照を打ち切り，花芽分化後に再電照を行ない開花を遅らせる。

2) 発蕾前後の再電照により開花を遅らせる。

実際には，単独または複数の効果を期待する場合が考えられるが，品種，作型などを考慮して実施する必要がある。

③ねらいからみた再電照のポイント

再電照を行なうためのポイントは，前述したなかで，どの効果を期待して行なうかによって，電照を開始する時期をいつにするかが重要である。特に，切り花品質の向上のなかで，上位葉の葉を大きくする場合は，総苞りん片形成期（花芽の発達ステージ3～4期），舌状花数の増加の場合は，小花形成期（5期）に行なうのが最も効果が現われる。この時期より早すぎると，柳葉が多くなり，花首も伸びやすく，開花の揃いも悪くなる。逆に時期が遅れると開花抑制を示すのみとなり品質の向上を図ることはできない。

花芽分化，発達は品種，栽培温度，天候，消灯時の草丈および揃い，栄養状態などによっても違いがみられるから，面倒でも，そのつど花芽を検鏡し，花芽の発達段階を確認する必要がある。

（2） 再電照の方法

①無加温栽培の再電照

12月開花の無加温電照抑制栽培において，上位葉の葉が小さくなりやすい品種，舌状花数の減少する品種，温度不足のためロゼット化しやすい'秀芳の力'などの品種に利用する。花芽分化可能な温度の時期に電照を打ち切った後，再電照をし年末まで開花期を遅らせる方法である。

再電照は，大須賀らによって研究された12—

第1表 キク品種の再電照による上位10葉の葉面積増加率 （大須賀ら，1978）

増加の程度	品　種　名
241％以上	弥栄
201～240％	山手の雪，精興の誉，銀水，天寿，峰の雪
161～201％	春の光，秀芳の力，精興の花，白精明の花，新精明の花，秀芳の宝，船出，大芳花，早生天竜の朝，天伯の朝
121～160％	新金星，朝国，精興の光，新精興の光，八女の輝，八女の光，大観
101～120％	天竜の朝，精興白山，乙女桜（黄），精興の雪
100％以下	貴麗

第2表 キク品種の再電照による舌状花の増加率 （大須賀ら，1978）

増加の程度	品　種　名
121～140％	新精興の花，新精明の花，朝国，白精明の花，精興の花，銀水，峰の雪，新金星
106～120％	弥栄，精興白山，精興の光，大芳花，天竜の朝，早生天竜の朝，精興の誉，精興の雪，八女の輝
100～106％	秀芳の力，秀芳の宝，大観，乙女桜（黄），天伯の朝，船出，天寿，峰の雪（八女の光，春の光，貴麗）

収量増を目指した環境制御

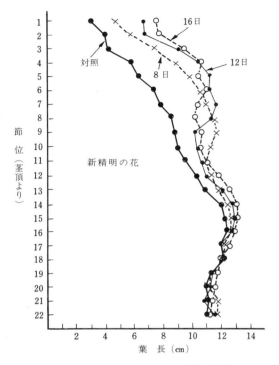

第1図　再電照開始時期と節位別の葉長

(福田ら，1982)

⑤—4—③方式と呼ばれているのが一般に使われている。すなわち，電照の打切りから12日間は暗期（無電照）とし，5日間電照（暗期中断3時間），再び4日間暗期，そして3日間電照，それ以後は開花まで無電照で行なう方式である。再電する時期（10月）の気温が徐々に低くなるため，生育が緩慢となるので再電日数が多く必要となる。開花抑制については，品種間差はあるものの，ほぼ11〜13日程度遅れる。

②加温栽培の再電照

11月以後に開花させる作型では，現在はほとんどが品質面を考え加温栽培になっている。このために，再電照は上位葉の葉を大きくしボリュームのある切り花を得る目的で使われることが多い。花芽分化・発達の適温下であれば，消灯後7日目に生長点の肥大，10日目に総苞りん片形成初期，12日目に総苞りん片形成後期，15日目に小花形成期，20日目には発蕾期と順調にすすむ。したがって，第1図から消灯後12日から16日の範囲のところで，3日または4日程度の再電照（暗期中断3時間）を行なえば充分効果がある。しかし，品種によっては，上位葉の極端に小さくなるタイプとそうでないタイプとがあるので前者ほど再電照を開始する時期を早くする必要がある。

③開花抑制の再電照

花芽分化のかなりすすんだ時期からの再電照によって，積極的に開花を遅らせる方法である。開花期は，天候によって左右されやすく，予定より早く発蕾し開花する場合と，逆に遅れてしまう場合がよくある。このときに後者は，加温をやや高めに管理することでかなり調節が可能である。前者の場合には，ハウスを開放し，できるだけ温度を下げるしかない。あまり低温で管理すると葉は硬化し，花弁の伸びも悪く，しかも白色ではクリーム色の花弁，葉にはアントシアンが発現するなど品種劣化となる。

この場合に，消灯20日後（発蕾

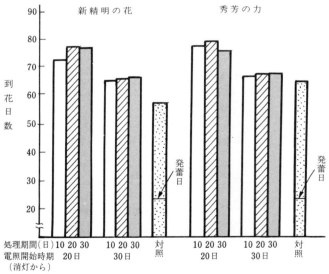

第2図　発蕾前後の電照と到花日数　　(西尾ら，1981)

挿し芽：7月13日，定植：7月27日，摘心：8月6日，消灯：10月5日，
電照：深夜3時間

第3表 消灯後の再電照の方法と生育, 開花　　　　　　　　　(福田ら, 1985)

再電方法	到花日数	開花率	茎長	節数	柳葉数	花首長	花径	花重	舌状花	管状花
	日	%	cm			cm	cm	g		
深夜2時間	59.5	100	118.1	42.9	1.0	3.6	15.1	30.4	314.3	47.8
〃 3 〃	60.7	〃	121.9	42.3	1.0	3.5	14.4	27.4	318.0	41.6
16時間日長	58.9	〃	107.8	43.0	0.5	2.4	14.8	23.4	246.3	96.8
対　照	56.3	〃	113.0	43.6	1.0	2.8	14.4	23.1	200.5	123.2
LSD(0.05)	2.1		4.3	NS	NS	0.7	NS	4.0	29.8	35.3

挿し芽：1月6日, 定植：1月22日, 摘心：2月2日, 消灯：3月20日
温度管理：定植～3月12日9℃　その後4月7日まで14℃, 以後は無加温

期）から再電照（暗期中断3時間）を行なうと、第2図に示したとおり、'秀芳の力'で約12日、'新精明の花'で約14日は開花を遅らせることが可能である。この電照期間は10日以内にしないと、外側の花弁の伸びすぎにより品質が劣る。また、蕾の大きさと開花抑制の関係をみると、蕾の大きさが直径4～5mm（発蕾期）なら開花が遅れるが、それ以上の蕾の大きさでは抑制効果はほとんどない。この技術は、開花の調整のためであり、品質の向上にはならない。

④夏秋ギクの再電照

夏秋ギクの代表品種である'精雲'は、電照栽培によって5～9月まで開花させている。5月開花での花は、舌状花数が200枚、管状花数が120枚で露心花となり品質が悪い。このために、秋ギク電照抑制栽培と同様に、総苞りん片形成後期に再電照（暗期中断3時間）を行なうことで品質のよい切り花が得られる（第3表）。しかし、この作型は1月定植、3月消灯と厳しい時期であるから、生育期および消灯後の温度管理、苗の低温感応などによって、花芽分化・発達にかなりの差がでるので、再電照を開始する時期は、日数で考えるのではなく、確実に検鏡によって決定しないと失敗することがある。

6～10月開花については、上位葉の葉を大きくしボリュームのある切り花を得るために再電照を行なう。その方法は、小花形成初期（消灯から14日前後）に暗期中断2時間を2～3日行なう。

⑤スプレーギクの再電照

自然日長の短い時期に消灯する作型（11月～2月）で、上位葉を大きくするのを目的に行なう。方法は、花芽分化抑制のための電照を消灯した直後から、花芽分化適日長である12時間になるように、早朝に補光し、花芽分化の促進と花数の確保を15～18日間する。これに引き続き、13時間30分の再電照を5～7日間行ない品質の向上を図る。一輪ギクのような暗期中断の方式は、花芽を完全に抑制するため、頂芽と下位節位の花芽分化に差のあるスプレーギクでは、危険が大きいから行なわない。

〈執筆〉　福田　正夫（愛知県農業総合試験場）
1995年記

土壌養分・その他の制御

土壌養分管理

（1）良品質の切り花を生産するための栄養管理

　一般的には，作物栽培における理想的な施肥法は，施肥した肥料養分が直ちに吸収されるような地下部の環境条件を整えたうえで，作物が要求している養分量を，要求している時期に合わせて，リアルタイムで施すことである。そして，生育に好適な環境下にあったならば，作物は自体の能力内での最大限の生育をする。この場合，主体性は作物の側にある。

　しかし，切り花類を含めて，一般に花卉類は植物体全体が収穫物であり，それ自体がバランスのとれた生育をした，観賞価値のあるものでなければならない。つまり，植物としてよく育っているものが，必ずしも良品質のものとは限らない場合がある。

　そこで，目的とする品質の収穫物を得るために，主体性を栽培者の側においた，積極的な養水分管理をしていくことがこれからの課題である。従来はこの目的を達成するために，主として水分をコントロールすることが行なわれてきたが，ここでは施肥する養分量を，あらかじめ設定しておいた施肥曲線によって計画的に施肥することによって，作物の生長をコントロールし，品質のよい切り花を生産する方法を考えてみた。

（2）窒素吸収とキクの生長

　キクを培養液濃度維持法によって養液栽培すると，旺盛に生育し，茎葉が過繁茂となって，花（花序）との大きさのバランスが悪くなり，切り花品質が低下する。この場合，肥料要素のなかで最も重要で，多量に吸収される窒素とキクの生長の関係を調査してみると，この二つの間には比例関係があることがわかった。すなわ

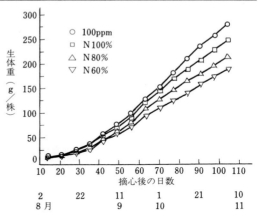

第1図 培養液への窒素の施肥方法の違いとキク'秀芳の力'の生体重増加速度

100ppm区は培養液の窒素濃度を1週間ごとに修正して100ppmに保った。他の3区は第2図の施肥曲線によって窒素を施肥した

ち，通常の生育環境のなかで，正常に生育した場合，キクの生体重が1g増加するために吸収される窒素量はほぼ4.5～5.0mgであった。そして，この値は作型や品種の違いによって多少の変動はあるが大きくは違わないことがわかった。そこで，窒素施肥量を制限しながら栽培することによって，キクの生長をコントロールした実験を次に紹介する。

　キクの養液栽培において，窒素濃度を一定に保ちながら栽培する場合と，キクの生長速度にあわせて窒素を施肥していく場合を比較した。第1図のなかで，100ppm区は1週間ごとに窒素濃度を修正して100ppmに維持したものであり，100％区は，以前に栽培したキクの栽培における窒素吸収曲線と生長曲線から作成した，窒素施肥基準曲線によって施肥した区である。さらに，80％区および60％区では，基準曲線の80％および60％となるように窒素量を制限して施肥した。これらの3区は，第2図に示したそれぞれの曲線に沿って，1週間ごとに区切って窒素施肥量を算出して施肥した。生長速度は第

収量増を目指した環境制御

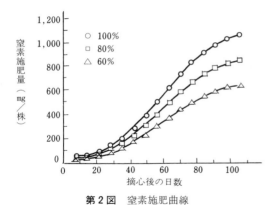

第2図 窒素施肥曲線

100%が基準曲線，他の2区は，それぞれ基準曲線の80%および60%の量。シンボルマークは施肥時期
100%区の回帰式：
$f(x) = -2.2399E-3x^3 + 3.9867E-1x^2 - 8.0619x + 97.8970$
ただし，$7 \leq x \leq 105$

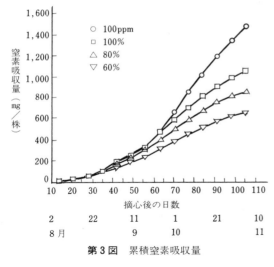

第3図 累積窒素吸収量

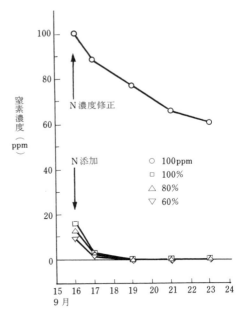

第4図 生育最盛期（発蕾期）の1週間における培養液中の窒素濃度の変化

10月16日に，100ppm区はNを添加して100ppmとし，100, 80, 60%区はそれぞれ施肥曲線によるN量を添加した。培養液量は1株当たり5 l

1図に示したように，濃度維持区で最も早く，施肥曲線による3区では窒素施肥量の多かった順に早くなった。つまり，窒素制限施肥によって生長量をコントロールできることを示した。また，100%区も濃度維持区と比べて生長量が少なかったことから，この区の場合も窒素制限施肥となっていた。

この実験では，100%区および80%区でバランスのとれた良品質の切り花が収穫でき，濃度維持区では，葉が大きく，また茎も太くなって，切り花品質は悪かった。

窒素吸収曲線を第3図に示したが，施肥曲線による3区では施肥した窒素は，それぞれの施肥時期で，ほぼすべて吸収されたので，施肥曲線と吸収曲線は類似した。

上に述べた生長曲線と窒素吸収曲線から，新たに修正した窒素施肥曲線をつくることができる。この場合は，100%区と80%区の施肥曲線の中間程度を軌跡とする曲線でよいと考えられる。

なお，この実験での窒素の吸収状況を詳しく知るために，生長の最も旺盛な発蕾期の1週間の，培養液中の窒素濃度を測定したところ，第4図のようであった。100ppm区では，週のはじめに100ppmであったものが，その後日を追って順次濃度が低下したので，全期間にわたって窒素は吸収され続けたことを示した。一方，施肥曲線によって施肥した3区の濃度は，週のはじめに100%区で16.3ppm，80%区で13.0ppm，60%区で9.7ppmであったものが，3～4日後にはいずれの区も0となって，残りの4～3日

間は窒素は全く吸収されなかったことを示した。つまり、これらの3区では生育期間を通じて、窒素は間欠的に吸収されたものと思われた。

この窒素の間欠吸収と、キクの生長との関係をさらに詳細に調査した。その結果、4日間隔で間欠施肥を繰り返すと、施肥した4日間の生長量は、施肥しなかった4日間の生長量より大きかった。一方、2日間隔として同様の処理を繰り返すと、施肥しなかった期間のほうが生長量が大きくなって逆転した。つまり、窒素吸収と生長の間には1～2日程度の時間的なずれがあるものと思われた。

以上のように、キクの生長は窒素の吸収と直接的に関連しているため、養液栽培では培養液への窒素の添加が直ちに吸収へと結びつく。そして、窒素は非常に低い濃度であっても吸収されるので、培養液中に窒素が存在するかどうかということが、キクの生長速度をコントロールすることになる。

以上に述べたキクの生長と窒素吸収に関する基本的なことについては、土耕栽培であっても同じである。ただし、土耕では緩衝材としての土壌が存在するので、時間的なずれや吸収効率の問題がある。したがって、物理性のよい（保水力があり排水のよい）土壌をつくり、施肥は液肥のような即効性のものを用いて回数多く与えることによって、計画的できめの細かい施肥管理を行なえば、養液栽培に近い形で栽培することは可能である。むしろ、地下部の生物性や温度変化に対する緩衝作用などは、土耕のほうが養液栽培より優れているので、このほうが安定した栽培ができ理想的である。このような施肥管理の方法は、近年開発され、これから実用化されようとしている「養液土耕栽培」にとり入れていきたいと考えている。

（3） 窒素以外の多量要素の吸収とキクの生育

窒素以外の重要な肥料要素であるリン、カリウム、カルシウム、マグネシウムについて、窒素の場合と同じようにこれらの吸収と生長の関連について検討した。その結果、これらの要素

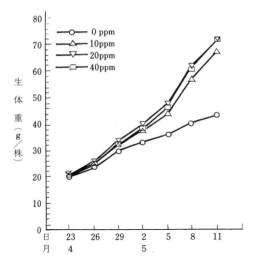

第5図　培養液中のMg濃度とキク'精雲'の生体重の増加速度

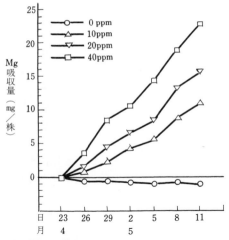

第6図　培養液中のMg濃度とキクのMg吸収量

では生長と吸収が直接的には関連せず、比例関係にならないことがわかった。これら4要素の吸収は、培養液中の濃度が高くなるにしたがって多く吸収されたが、生長速度は同じであった。これらの要素のうちマグネシウムについて次に示す。

培養液のマグネシウム濃度とキクの生長について、生長の最も旺盛な時期の14日間について精密に調査した結果を、第5図と第6図に示した。図に示したそれぞれのマグネシウム濃度は、できる限り変動を少なく保つために、2日ごと

に分析測定して、それぞれの濃度を維持するようにした。この2つのグラフから、生長速度と吸収速度は直接的には関連しないことがわかる。また、この期間中には全くマグネシウムを吸収させなかった0ppmにおいて、生長速度は著しく低くなったが、マグネシウム欠乏症状はこの範囲では観察されなかった。

リン、カリウム、カルシウムについても、生長と吸収の関係はマグネシウムの場合と同じ傾向であった。ただし、リンは培養液の濃度を高く保つと過剰吸収による障害がみられ、それは亜鉛または鉄欠乏と思われる葉の黄化であった。一方、カリウムとカルシウムでは、培養液の濃度を高くして多量に吸収させても、過剰障害はみられず、この2つの要素はぜいたく吸収されるものと考えられた。また、カルシウムは吸収を0にすると、3～4日で欠乏症状が現われ、1週間後には生長点が壊死して茎が全く伸びなくなった。

以上のことから、実際のキクの切り花栽培では、正常な生育をさせ品質のよい切り花を生産するためには、それぞれの要素において必要で充分な吸収量（施肥量）があるものと考えた。そこで、これらの要素の施肥レベルを変えて切り花（輪ギク）栽培を行ない、品質のよい切り花1本を生産するための最低必要な各要素の吸収量を検索した。その結果、次のような量とその構成比がわかった（カッコ内要素構成比）。

N：400～450mg/本　（100）
P：50～55　　　　（ 12）
K：400～450　　　（100）
Ca：160～180　　　（ 40）
Mg：60～70　　　　（ 15）

ここに示した要素吸収量とそれらの構成比は、何回かにわたって行なった切り花ギクの要素吸収に関する実験のなかから、良品質の切り花が生産できた場合のデータを照合して得られたものである。これらの数値、およびこれらが得られた栽培での生育経過から、正常で目的にあった切り花を得るためには、キクの生育にとってバランスのとれた施肥をすることであるという、従来からいわれてきた栄養管理法の基本を確認

したにすぎなかった。ただし、上に示した数値は養液栽培の場合の正味の吸収量であるので、土耕の場合には、リンの土壌による吸着や、窒素をはじめとするいくつかの要素では、土壌やかんがい水からの供給を考慮する必要がある。

（4） 適正な施肥による環境汚染の防止

近年、過剰な施肥によって、肥料塩類が栽培地外へと流出し、環境を汚染することが問題となってきている。オランダではすでにこれを規制する法律が制定されている。わが国においても、園芸生産とくに施設園芸では、生産効率を高めるために肥料の多施用が行なわれているので、将来にわたってこのことには充分に配慮しなければならない。高品質、安定多収、高能率を追い求めてきた園芸生産にとって、新たに生じてきた全く異質な問題であるが、このことについてトラブルを起こさないようにすることは、農業生産者にとっての社会的な責務であると考える。

前項までに述べてきたキクの栄養管理法は、生長をコントロールして目的とする収穫物を生産する方法として考えてきたが、結果的には、必要とする最低量を与えることによって、過剰な施肥を抑え、肥料吸収効率を高めることとなっている。実際に、この施肥法では、肥料効率はいずれの多量要素においても100％に近い値となる。次にその詳細なデータを示す。

第1表に示したものは、先に述べた窒素とリンの施肥割合について、実用的な養液栽培であるNFT栽培においてもN：P＝100：12でよいことを確かめた実験でのデータである。P12％区において、窒素、リン、カリウムの利用効率はほぼ100％となって、栽培終了時には培地内にこれらの要素はほとんど残らなかった。一方、窒素濃度維持法では、窒素をはじめいくつかの要素で吸収されなかったものが残った。この実験で用いたNFT方式では、湛液式の装置などと比べて、使用する培養液の量が少ないので、濃度維持法によっても肥料利用効率は比較的高かったが、養液栽培の方式によっては培養液量が多いものがあるので利用効率はさらに低くな

土壌養分管理

第1表 秋ギク'秋芳の力'(11月切り)の養液栽培において,窒素施肥曲線によって施肥した場合と窒素濃度維持法によった場合の各要素の利用効率

処理区		P	吸収率	N	吸収率	K	吸収率	Ca	吸収率	Mg	吸収率
P 6%	吸収量/施肥量	24.2/24.3	99.6%	378.4/405.2	93.4%	404.0/405.2	99.7%	135.9/162.1	83.8%	48.3/60.8	79.4%
P12%	吸収量/施肥量	47.8/48.6	98.4	404.5/405.2	99.8	405.1/405.2	99.9	146.2/162.1	90.2	54.6/60.8	89.8
P18%	吸収量/施肥量	71.0/72.9	97.4	404.4/405.2	99.8	403.3/405.2	99.5	150.2/162.1	92.7	56.7/60.8	93.3
P24%	吸収量/施肥量	90.1/97.2	92.7	403.4/405.2	99.6	403.6/405.2	99.6	151.3/162.1	93.3	56.5/60.8	92.9
N200ppm	吸収量/施肥量	87.8/88.8	98.9	637.6/740.2	86.1	698.6/740.2	94.4	222.7/295.7	75.3	70.9/111.0	63.9

注 N200ppm区は窒素濃度維持区,他の4処理区は窒素施肥曲線によって窒素を施肥した.施肥量および吸収量は切り花1本当たりとして換算したmg数
　処理区のP%は窒素施肥量に対するPの施肥割合.N200ppm区はP12%とした.すべての処理区でN:K:Ca:Mg=100:100:40:15とした.

る.そして,栽培終了時には10a当たり数十tの廃液を栽培地外へ排出することになるので,残余の肥料塩類による環境汚染は問題である.まして,かけ流し方式で廃液の処理をしない養液栽培は,今後は行なわないことである.

以上,主として切り花ギクの養液栽培について述べたが,土耕栽培の場合でも栄養生理の基本は同じであるから,応用できるものと考えている.そして,品質のよいキクを生産するための栄養管理は,肥料の利用効率を高めることにつながり,このことは,経済性を高めるだけではなく,余剰に施肥した肥料塩類による環境汚染の防止にもつながると考えている.

〈執筆〉 景山 詳弘(岡山大学)　1995年記

参考文献

景山詳弘ら.1987.窒素濃度がキクの初期生育に及ぼす影響.園芸学会雑誌.56,79—85.

景山詳弘・小西国義.1992.水耕におけるリン施用量がキクの生育とリン吸収量に及ぼす影響.園芸学会雑誌.61,635—642.

景山詳弘ら.1993.養液栽培におけるカリウムの施用量とキクの生育.園芸学会雑誌.62,85—90.

景山詳弘・小西国義.1993.養液栽培切り花ギクの窒素施肥基準曲線による栽培.園芸学会雑誌.62(別2),576—577.

景山詳弘ら.1994.窒素施肥曲線を用いたキクの栽培におけるリンの施用レベルが生育と切り花品質に及ぼす影響.園芸学会雑誌.63(別1),506—507.

景山詳弘ら.1995.養液栽培におけるカルシウムの施用レベルがキクの生育と切り花品質に及ぼす影響.園芸学会雑誌.64,169—176.

島 浩二ら.1995.養液栽培におけるマグネシウムの施用レベルがキクの生育と切り花品質に及ぼす影響.園芸学会雑誌.64,177—184.

景山詳弘ら.1995.養液栽培における窒素の間欠施与がキクの生長に及ぼす影響.園芸学会中四国支部発表要旨.34,61.

生育調節剤の利用

（1） キクと生育調節剤

　野菜・花卉における生育調節剤は，育苗への利用，省力・軽作業化や低コスト生産への利用ならびに多様化・高品質化への利用へ向かって開発されている。野菜・花卉における登録生育調節剤は施山（1990）によってまとめられているが，キクでは，商品名がオキシベロン，ジベレリン，ルートン，スリートーン，スミセブン，B－ナイン，ボンザイ，バウンティ，エスレルが登録されている（第1表）。

（2） 挿し穂の発根促進とオキシベロン処理

　'秀芳の力'や'精雲'の発根は，30℃では6～7日，15℃では12～13日で開始する。作型によっては挿し芽時の温度制御を充分に行なうことができないので，発根までに要する日数にも違いが生じる。
　'秀芳の力'の電照栽培では，高温期に定植するため，活着不良を回避し，初期生育の促進を図ることが重要である。そのためには挿し芽後約2週時の掘上げ時期には，適正な根長や根数が得られるような発根促進剤の処理や光・温度管理が必要とされる。穂冷蔵は腐敗や心腐れ症などを回避するため，やや萎凋した状態で行なうため，出庫後はオキシベロン1,000倍液で吸水を兼ねて発根促進処理を行なう。オキシベロン処理により発根時期が早まり，発根数は挿し芽後2週間で2～3倍増加する（第2表）。

（3） 二度切り栽培時の芽の生育促進とジベレリン処理

　二度切り栽培は苗を定植したのち，第1作目の切り花を11～12月に収穫し（半電照栽培およ

第2表　キクの発根に及ぼすオキシベロン処理の影響
（野中，1994）

品　種	挿し芽後日数					
	7日		10日		14日	
	処理	無処理	処理	無処理	処理	無処理
精雲						
根数	15	7	52	31	74	32
根長(mm)	8.6	3.5	19.6	26.6	31.3	52.7
秀芳の力						
根数	23	10	88	23	120	39
根長(mm)	5.6	5.8	14.5	14.2	24.7	27.1

注　根長：最大根長，挿し芽時期：7月20日，オキシベロン処理濃度：1,000倍

第1表　キクにおける登録生育調節剤　　　　　　　　　　　　　　　（施山，1990から抜粋）

一　般　名	商品名	有　効　成　分	使　用　目　的
インドール酪酸	オキシベロン	インドール酪酸	挿し木の発根促進　発根数の増加
ジベレリン	ジベレリン	ジベレリン(GA3)	草丈伸長促進
ナフチルアセトアミド	ルートン	α-ナフチルアセトアミド	発根促進
アンシミドール	スリートーン	α-ジクロロプロピル-α(4-メトキシフェニル)-5-ピリミジンメタノール	節間の伸長抑制(わい化)
ウニコナゾール	スミセブン	(E)-(RS)-(4-クロロフェニル)-4,4ジメチル-2-(1H-1,2,4-トリアゾール-イル)-1-ペンテン-3-オール	節間の伸長抑制(わい化)
ダミノジット	ビーナイン	N-(ジメチルアミノ)-スクシンアミド酸	節間の伸長抑制
パクロブトラゾール	ボンザイ	(2RS,3RS)-1-(4-クロロフェニル)-4,4-ジメチル-2-(1H-1,2,4-トリアゾール-1-イル)ペンテン-3-オール	
	バウンティ		花首の伸長抑制
エテホン	エスレル	2-クロルエチルスルホン酸	開花抑制

び年末電照栽培)，その後株もとから発生する新しい芽(冬至芽および株の下位芽)を利用して，第2作目を3～4月に収穫する栽培法である。二度切り栽培はその後作として夏ギクを導入することにより，1年に3回収穫できる省力・低コスト栽培法としてすでに確立されている。

この栽培法では'秀芳の力'が利用されているが，生育期に高温が必要で，芽立ちが悪いなどの問題点を有している。第2作目の開始においては，冬至芽または下位芽のロゼット打破や発育が一斉に行なわれることが重要であり，この発育の誘導にジベレリンの散布処理が行なわれている。第1作の切り花時期前後から発生する冬至芽の低温遭遇量が不足している場合は，ジベレリン散布処理は顕著な茎伸長を促す。ジベレリン処理は低温の代替作用をし，5℃以下の遭遇日数が20日未満の場合は，ジベレリン処理による茎伸長の補完が必要であることがわかった。

ジベレリンの処理濃度は，3月切り花株の下位芽においては75～200ppmで効果を示した(福田ら，1987；第3表，第4表)が，12月切り花株からの冬至芽では，400ppm1回散布処理または100ppm2回散布処理が効果的であった(豆塚ら，1984)。

ジベレリンの濃度が高くなるほど茎の伸長量は大になるが，100ppm以上になると徒長し，切り花品質が低下する。好適な濃度および回数は50ppmの場合は3回，75ppmの場合は2回を目安とする。農家では1回目75～100ppm，10a当たり80l散布，2回目は50～75ppm，10a当たり80lを散布している。処理時期は1回目は加温開始時または開始1～2日後，2回目以降は7～10日ごとに行ない，冬至芽の茎の大きさによって濃度を変え，大きい場合は濃く，小さい場合は薄くする。処理効果を高めるためには，前日までに充分かん水するとよい。濃度や処理回数を調節しながら，初めの1か月で35～40cm程度伸長させるようにすることが重要である。

第3表 キクの生育・開花に及ぼすジベレリン濃度の影響 (福田ら，1987)

ジベレリン濃度(ppm)	消灯時茎長(cm)	開花日	茎長(cm)	節数	柳葉数	花首長(cm)	花径(cm)	花重(g)	茎葉重(g)
無処理	17.6	3/21	75.1	38.3	0.8	1.9	14.6	23.1	48.0
50	32.8	3/21	93.6	42.0	1.3	3.0	15.3	24.8	50.1
75	36.1	3/22	98.6	43.4	1.0	3.1	15.6	25.4	62.1
100	37.8	3/20	96.0	41.6	1.0	2.8	14.7	23.5	50.9
200	37.6	3/21	96.1	41.0	1.1	2.3	15.1	23.1	46.3
LSD(0.05)	2.3		4.1	1.6	N.S.	0.3	N.S.	1.7	5.3

第4表 キクの生育・開花に及ぼすジベレリン濃度と処理回数の影響 (福田ら，1987)

ジベレリン濃度(ppm)	回数	消灯時茎長(cm)	開花日	茎長(cm)	節数	花径(cm)	花重(g)	舌状花数	管状花数	茎葉重(g)
無処理	—	30.8	3/3	70.3	43.4	15.8	23.1	191.2	7.0	47.3
50	1	35.5	3/3	78.8	45.5	15.4	23.6	195.7	5.7	48.1
	2	37.9	3/4	85.4	46.9	15.8	23.3	187.2	9.3	53.3
	3	43.3	3/4	94.6	48.5	16.3	23.3	199.2	6.3	60.1
75	1	38.5	3/3	84.8	44.1	16.0	23.2	197.8	9.8	55.3
	2	43.2	3/2	97.9	46.8	15.6	23.9	190.0	9.8	63.6
	3	46.0	3/2	101.5	47.1	15.7	23.5	199.8	9.2	56.1
LSD(0.05)		2.6		4.2	1.1	N.S.	N.S.	N.S.	N.S.	N.S.

(4) 夏ギクの苗の生産とエセフォン処理

　夏ギク'新精興'を8～9月に株もとから切り戻し,その直後と1,2週間後にエセフォン1,000ppmを散布する。株もとから発生するロゼット状の芽を挿し穂として使用することにより,冬至芽を利用した育苗を行なわないで,夏ギクの早期促成栽培ができる。

　エセフォン散布によって得られた挿し穂または発根苗は1～3℃で40日間冷蔵したのち,無加温または生育後半を8℃に加温したハウスで栽培すると,無加温条件では,11月上旬定植の場合は3月中下旬に,11月下旬定植の場合は4月上中旬に開花する。最低温度を8℃にすれば,11月下旬定植の場合でも,3月中下旬に開花する(小西ら,1984)。

(5) エセフォン散布による伸長抑制効果

　エセフォン散布による茎の伸長抑制については,2,000ppmを3回散布することにより最も大きな効果が得られた。また,同時に発蕾も抑制されたが,効果は持続せず,茎が伸長し始めて30～40日後には発蕾した。この結果から,キクのロゼット化とエセフォン処理との関係について次のように説明している。

　キクは夏の高温を受けて生長活性が低下し,その後,涼温・短日条件のもとでロゼット状になるが,エセフォン処理の効果は,高温を代替した生長活性の低下作用ではなく,高温遭遇後に作用して,ロゼット化を誘導すると説明している。同様な試験として,Cockshullら(1978)は,エセフォン1,000ppmを5回散布することにより,花芽形成抑制効果が増大することを報告している。また,Kherら(1974)は,ポット・マム品種'ジャック・ストロー'の摘心ま

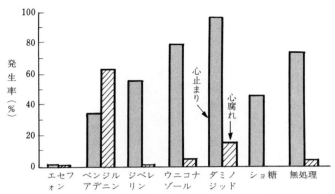

第1図　生育調節剤の採穂前散布と心止まり症,心腐れ症状の発生

(西尾ら,1993)

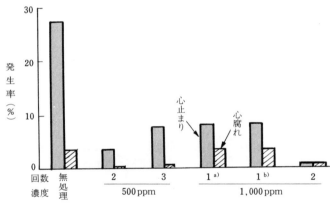

第2図　エセフォンの処理濃度,回数と心止まり症,心腐れ症状の発生

(西尾ら,1993)

a):採穂11日前処理, b):採穂5日前処理

たは無摘心苗にエスレル2,000ppmを散布することにより,花芽形成の阻害,ロゼット化の誘導,新茎数の増加,葉の一時的な生長休止が起こることを報告している。

(6) 心止まり症の防止とエセフォン処理

　西尾ら(1993)によって,秋ギク'秀芳の力'の電照・無摘心栽培で多発する心止まり症は,①挿し穂の冷蔵が直接的な原因で,冷蔵期間が5週間以上の場合,②摘心から2週間程度を経過した未熟な穂を使用した場合,③親株栽

第5表 夏秋ギクの草丈，開花に及ぼすエスレル処理の影響

(長野野菜花き試，1987より抜粋)

| エスレル散布処理 | | 出蕾期 | 切り花期 | 草丈 | 花首長 | 節数 | 柳葉数 | 生体重 | 節間長 |
濃度(ppm)	回数	月/日	月/日	(cm)	(cm)			(g)	(cm)
無処理		8/2	9/8	43	3.8	20	3.5	24	1.8
200	1	8/9	9/18	60	3.2	32	3.3	45	1.7
	2	8/20	9/27	68	4.3	39	2.4	51	1.6
	3	8/29	10/1	74	4.6	46	2.3	67	1.5
300	1	8/14	9/23	63	3.5	34	3.1	43	1.7
	2	8/26	9/27	69	4.1	42	2.2	55	1.5
	3	8/29	10/2	74	4.5	46	2.3	67	1.5
400	1	8/17	9/23	63	3.8	36	2.6	49	1.6
	2	8/23	9/29	70	4.6	43	2.4	61	1.5
	3	8/28	10/2	72	4.0	48	2.0	54	1.4

培時の施肥量が過少または過多でかん水量が多い場合，④冷蔵前の挿し穂の乾燥を50％以上に急激に行なった場合，または乾燥不足の場合，⑤冷蔵温度が高い場合に発生しやすいことがわかっている。

西尾ら（1993）は植物生長調節剤エセフォン，ベンジルアデニン，ジベレリン，ウニコナゾール，ダミノジットおよびショ糖の散布処理試験から，エセフォンが最も心止まり症の発生防止効果が高いと述べている。採穂10日および5日前に1,000ppm液を2回散布処理すると，冷蔵期間が5週間までは発生率を5％以下に抑えることができた。エセフォン処理は定植後，初期生育が抑えられるが，ジベレリン100ppmの散布で回避できる（西尾ら，1993；第1図，第2図）。

（7） 生育中の草丈調節とジベレリン，B-ナイン処理

生育中に伸長が不揃いの場合の調節法としては，伸長が不足している場合のジベレリン散布処理と，茎は細いが伸長量が大である場合のB-ナイン散布処理がある。伸長を促す場合はジベレリン25〜50ppmを定植後2〜3週間時に，伸長を抑えて茎を太くする場合はB-ナイン1,500〜2,000ppmを定植後3〜4週間時に，その株に直接散布する。消灯1〜2週間前にB-ナインを散布すると，花芽分化が抑制されて，高所ロゼットを起こし，開花遅延や不開花になりやすい。いずれにしても，切り花にした場合，中位から上位の節間長，葉質，葉色などに影響して品質が低下するような処理は避けなければならない。

（8） 高所ロゼットの回避とジベレリン処理

'秀芳の力'の年末電照栽培では，消灯後の花成誘導期間を低温で経過させると，花芽分化が不成立になるとともに節間伸長が強く抑制され，高所ロゼット現象を示す。消灯時にジベレリン100ppmを散布すると，花芽分化はしないが，高所ロゼットが回避できる。高所ロゼット後にジベレリン100ppmを散布すると，ロゼットが打破され，適温条件下で栽培すると正常に生育・開花する（豆塚ら，1983）。

（9） 夏秋ギクの草丈促進とエスレル処理

品種'天寿'を供試し，エスレル200，300，400ppmを摘心時（1回目），展開葉5枚時（2回目）および展開葉10枚時（3回目）に散布処理を行なった。平均切り花日はエスレル処理により遅延し，処理回数がふえると10〜24日遅延した。草丈はエスレル処理により長くなり，処理回数がふえると17〜31cm増大した。節数および生体重は草丈と同様増大したが，節間長は短縮された（長野野菜花き試，1987；第5表）。

夏秋ギク品種'古城の月'，'名城'，'スターレット'，'精雲'，'そよ風'，'濃染桜'，'清純'，'清流'，'天寿'を供試して，生育・開花

に及ぼすエスレルの散布回数，挿し芽時期別処理，定植後生育時期別処理のそれぞれの効果について検討した。全品種とも散布回数が多くなると，節数，生体重が増加し開花が遅延したが，草丈は品種により異なり，必ずしも処理回数による増大は認められなかった。同様な散布処理効果は，標準挿し芽時期の2〜4旬後において顕著であった。草丈の伸長増大は摘心時期から200ppmを15日おきに2回散布が最も効果的であった（長野野菜花き試，1988）。

(10) 花首の伸長調節とB-ナイン処理

切り花の草姿改善のためには，発蕾時にB-ナイン2,000ppmを散布して花首長を抑制するとともに，葉質や葉色を良質にする。特に再電照処理による上位茎葉の過度の生育に対しては必要な作業となっているが，過度の使用は下葉の枯上がりや葉の品質を低下させやすい。B-ナインのほか，ボンザイ，スミセブンのようなジベレリン合成阻害剤があるが，効果が強く現われたり，斉一な散布効果が得られないなどの点を注意しなければならない（福田，1992；第6表）。

(11) 柳葉の防止とジベレリン処理

'秀芳の力'の無摘心栽培では，消灯時の草丈が約60cmに達するまでに，定植から消灯までの期間で50日以上を要すると，通常の3時間の光中断では花芽分化を抑えることができなくなり，柳葉の発生が多くなる。これを回避するには，消灯5〜10日前にジベレリン10〜15ppmを散布すると効果的である（福田，1992）。

〈執筆〉 野中 瑞生（農林水産省野菜・茶業試験場）
1995年記

第6表 キクの花首伸長に対する生育調節剤の影響
（福田，1992）

商品名	濃度(倍)	開花期月/日	茎長(cm)	節数	花首長(cm)	花径(cm)
無処理	—	9/14	106.3	43.8	4.6	14.0
ボンザイ	400	9/14	101.8	40.9	1.6	13.8
	600	9/15	107.1	42.5	1.6	14.0
	800	9/13	104.4	39.8	2.2	14.2
スミセブン	50	9/16	98.0	41.6	2.2	13.7
	100	9/16	97.9	43.0	2.5	13.8
B-ナイン	2,000	9/14	102.5	40.8	2.0	13.4

参考文献

Cockshull, K. E. and J. S. Horridge. 1978. 2-chloroethylphosphonic acid and flower initiation by Chrysanthemum morifolium RAMAT. in short days and in long days. J. Hort. Sci. 53, 85—90.

Kher, M. A., M. Yokoi and K. Kosugi. 1974. Effects of ethrel on the growth and flower formation in pot chrysanthemums. J. Japan. Soc. Hort. Sci. 43, 91—96.

小西国義・景山詳弘．1984．エセフォン処理した挿し芽苗の直接定植による夏ギクの促成栽培．岡山大学農学報，63, 9—14

小西国義・梶原真二・景山詳弘．1985．エセフォン処理によるキクのロゼット化誘導．園学雑．54, 87—93．

施山紀男．1990．野菜・花きにおける生育調節剤の利用．雑草とその防除．27, 21—26．

長野野菜花き試．1987．高冷地における苗質管理を主体とした露地夏咲きギクの生産安定技術6．エスレル散布濃度・回数およびGA散布と切り花品質．昭61年度花き試験研究成績概要集．野菜茶試編．

長野野菜花き試．1988．高冷地における苗質管理を主体とした露地夏咲きギクの生産安定技術(8)エスレル散布回数と生育・開花．(9)挿し芽時期・エスレル散布と生育・開花．(10)エスレル散布時期と生育・開花．昭62年度花き試験研究成績概要集．野菜茶試編．

西尾譲一・山内高弘・米村浩次．1989．秋ギク'秀芳の力'の心止まり症の発生原因について．園学雑．58（別2），440—441．

西尾譲一・山内高弘・米村浩次．1990．電照ギク'秀芳の力'の無摘心栽培における心止まり症の発生要因について．愛知農総試研報．22, 173—181．

西尾譲一・原幹博・米村浩次．1993．秋ギク'秀芳の力'に発生する"心止まり症"のエセフォン処理による防止法．愛知農総試研報．25, 237—242．

福田正夫・西尾譲一・新井和俊．1987．秋ギク二度切り栽培における温度とジベレリンが生育に及ぼす影響．愛知農総試研報．19, 230—235．

福田正夫．1992．キク生産における植物調節剤の利用．農耕と園芸．8, 126—129．

豆塚茂美・松川時晴・小林泰生．1983．キクの電照栽培における高所ロゼットに関する研究．福岡農

収量増を目指した環境制御
総試研報．B―2：55―61．
豆塚茂美・松川時晴・小林泰生・近藤英和．1984．電照ギクの二度切り栽培に関する研究．第1報 冬至芽の初期生育に及ぼす植物生長調節剤及び低温要求量について．福岡農総試研報．B―3：97―102．

炭酸ガス（CO_2）施用

（1） CO_2 施用の動向

北部九州から山陰・北陸にかけての日本海沿岸地域では，冬季の日射量が西日本の太平洋岸の地域と比較して60〜70％に減少するため，気温の低下と相まって作物生産はきわめて不利な条件下におかれる。

年間を通して低温・日照不足に悩む北部アメリカや北部ヨーロッパにおいては，施設内の CO_2 濃度を高めることにより作物の光合成を促進し，生産性を向上させる試みがなされてきた。現在では，キュウリ・トマト・キクなど多くの野菜・花卉類に対して CO_2 施用が実用化されている。

わが国では主として野菜に対する CO_2 施用の研究が行なわれ，メロン・キュウリなど果菜類の一部で実用化されているが，広く普及するには至っていない。また，花卉類に関しては研究事例がきわめて少ない現状である。しかし，花卉生産では年々施設の高度化がすすみ，洋ラン，キク，バラ，カーネーションをはじめとして周年出荷と高品質化が求められてきたことから，生産者が独自に CO_2 施用を導入する動きが最近目立ってきた。福岡県八女地域の電照ギク産地も，1980年代終わりごろから冬季の CO_2 施用が試みられ，現在では30戸余りの生産農家が実用化にふみきっている。

（2） CO_2 施用の効果

現在まで多くの種類の施設花卉に対して CO_2 施用の効果が検討されているが，そのほとんどが北部アメリカやヨーロッパなどの高緯度に位置する国で実施されたものである。特にキクに対する施用効果について，これまでに検討された事例を第1表にまとめた。

茎長，葉数をはじめとして，さまざまな形質

第1表　キクに対するCO_2施用の効果

	効　果	CO_2濃度	研　究　者　他
茎　長	% 119〜137 126〜128 118 109	ppm 1,200〜1,500 1,000 — 1,200	Koth and Adzima(1965) Shaw and Rodgers(1964) Heinsら(1984) 谷川ら(1993)
葉　数	102 99 111	900 — 1,200	Heij and de Lint(1987) Heinsら(1984) 谷川ら(1993)
生体重	100〜147 107 133〜148 109 119	1,200〜1,500 900 1,000 900 1,200	Koth and Adzima(1965) Heij and de Lint(1987) Shaw and Rodgers(1964) Heij and de Lint(1987) 谷川ら(1993)
（切り花）	129	1,109〜1,800	Kobel(1965)
生体重と乾物重	最大125	900	Gardner(1965)
乾物重	127〜160 126	1,600 1,200	Mortensen and Moe(1983) 谷川ら(1993)
（葉） （茎） （根） （花） （全体）	119 150 153 107 129	— — — — —	Heinsら(1984) 〃 〃 〃 〃
葉面積	108 116	— 1,200	Heinsら(1984) 谷川ら(1993)
小花数	最大114	900	Gardner(1965)
花　径	101	—	Heinsら(1984)
開花率	111	900	Gardner(1965)
開花期	1週間前進	—	Butters(1977)
花持ち	最大4日延長	900	Gardner(1965)
収穫量	117	—	Butters(1977)
RGR	113〜121	1,000〜1,500	Mortensen(1984)

注　効果は対照区を100とした比数

収量増を目指した環境制御

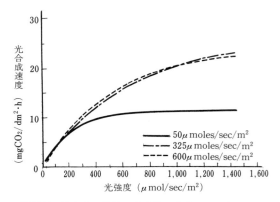

第1図 異なる3段階の光条件で生育させたキクの光合成速度と光強度との関係
（Holcombら，1988）

について CO_2 施用効果が現われているが，なかでも生体重と乾物重を含めた重量に対して最も効果が高い。この点について谷川らは，'秀芳の力'を用いて電照抑制12月出しから4月出しまでの作型で検討したが，茎長や葉数その他の形質と比べて，重量増加の割合が最も大きかった。特に根の重量増加が大きいことから，根が光合成産物の蓄積（シンク）器官として重要な働きをしているようである。生育初期に根量が増加することは，養分や水分吸収の面から生育に及ぼす影響が大きいと思われる。

諸外国の研究で注目されるのは，CO_2 施用と物質生産および生産性との関係を重要視していることである。CO_2 施用によって茎葉が大きくなることは，切り花品質の点からは必ずしも重要でない。そこで，一定レベルの切り花品質が確保された後は，採花率の向上や，栽植密度を高めて収量増加につなげようという発想である。今後，わが国でも耐密植性や生産性の点から CO_2 施用について検討する必要があろう。

実際の CO_2 施用効果として生産者は，「切り花重量が増加する。水揚げがよくなる。上位葉が充実し，全体的な葉色が濃くなる」といった点をあげている。

（3） CO_2 施用方法

①作　型

産地では電照抑制12月出しから5月出しまでの作型について CO_2 施用を行なっているが，中心となるのは，最も日射量が不足する2月出しと11月出し後の3月出し二度切り栽培，および12月出し後の4月出し二度切り栽培である。

福岡県の日射量は12月以降急速に低下し，1～2月にかけて最も少なくなる。この時期は外気温が最低となる時期とも重なり，施設内は二重被覆あるいは三重被覆を行なって気温の確保に努めるため，日の出後しばらくは施設の開放をしないのが普通である。しかし，キクは照度3,000lx以上になるとみかけの光合成が始まり，その後明るさが増すにつれて光合成速度はほぼ直線的に上昇することから（第1図），朝方の時間の経過につれ，閉めきった施設内では CO_2 飢餓の状態になると予想される。

谷川の測定では，日の出直前の施設内の CO_2 濃度は通常400～600ppmであり，堆肥などの有機物を多量に投与した圃場の場合には約800ppmに上昇しているようである。しかし，キクが光合成作用を開始する光条件に達した後は，施設内の CO_2 濃度は急速に低下を始める。

したがって，施設内の光環境よりも温度を優先したい冬季において，密閉した施設内の CO_2 飢餓を克服するため，CO_2 の補給を行なうことはきわめて意義深いことといえる。

施用時間帯は，晴れた日は日の出30分後から施設を開放するまでの2～3時間程度であるが，施設内の CO_2 濃度が目標値まで上昇する時間を見込んで，開始時間を早める生産者もいる。また，施用終了時間については，施設内気温や光条件との関係があるため後述する。

② CO_2 濃度

CO_2 施用の濃度は，現地では最近1,000～2,000ppmに落ちついてきたが，導入した当初は3,000ppm以上の濃度で深夜から施用することも行なわれていた。

CO_2 の濃度とキクの光合成との関係では，CO_2 濃度の上昇にともない光合成速度が増加するものの，およそ1,200ppm付近で光合成速度が飽和することが明らかになっている（第2図）。したがって，2,000ppm以上の高濃度の施用は光合成速度の更なる増加に対して効果がな

く，品種によっては生育中の葉にクロロシスやネクロシスを生じることが報告されている。

以上のことから，適正な施用濃度としては1,000～1,200ppmが適当である。また，第2図からもわかるように，葉位別では上位葉と中位葉の光合成速度が下位葉と比較して高い。

③光条件

バラやカーネーションは，CO_2 濃度の高い条件下では光が強いほど，相乗的に光合成速度が増加することが知られている。反対に，日射量が減少すると光合成速度が低下し，また，CO_2 飽和点も低下することから，曇天や雨天日に CO_2 施用を行なう場合には濃度を低めに設定するのがよいとされる。

冬季の日射量を考慮した1万～4万 lx の範囲で，キクの光合成速度と CO_2 濃度との関係をみると，強光条件下で必ずしも CO_2 飽和点の上昇は認められていない（第3図）。したがって，キクの場合には曇天や晴天の区別なく，CO_2 濃度を一定として施用するのがよいと思われる。

④温度条件

キュウリやトマトなど多くの種類の作物は，CO_2 濃度の高い条件下では光合成速度の適温域が上昇する。通常，CO_2 濃度1,500ppmでは，35～40℃で光合成速度が最大となるようである。

キクの場合，気温10，20および30℃の条件で CO_2 濃度を高くすると，気温20℃における光合成速度が他の気温の場合よりも高く維持される（第4図）。それに対して気温30℃では，CO_2 濃度850ppm付近を頂点として，以降，濃度が上昇すると光合成速度は逆に減少する傾向を示す。さらに第5図をみると，高 CO_2 濃度下においては，気温が20℃をこえると光合成速度が急激に減少することがわかる。

以上の結果から，晴天日における CO_2 施用

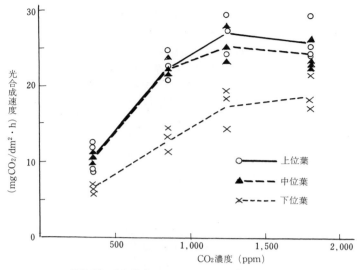

第2図　CO_2濃度と個葉の光合成速度との関係（谷川ら，1991）

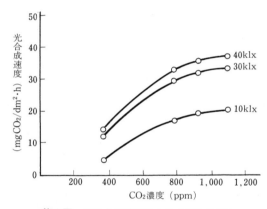

第3図　異なる照度下におけるCO_2濃度と光合成速度との関係　（谷川ら，1991）

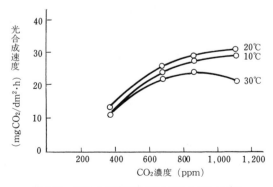

第4図　異なる温度条件下におけるCO_2濃度と光合成速度との関係　（谷川ら，1991）

打切りの目安としては，施設内の気温が25℃に達した時点とし，その後施設を開放して換気するのがよいと考えられる。

ただし，光合成にとって最適な温度域と，キクの切り花形質を考慮した伸長性や花芽発達の適温域とは異なることを考慮する必要がある。

⑤生育ステージと施用時期

生産地では，切り花の上位葉の充実など品質向上を目的として，花芽分化期以降の生育後半に CO_2 施用する事例が多くみられる。

生育ステージ別の光合成速度と炭酸ガス濃度との関係をみると，第6図に示すように，生育後期になると高 CO_2 濃度下における光合成速度が生育初期と比較して低下する。したがって，乾物生産の増加を主たる目的とした場合には，生育の初期ほど CO_2 施用の効果が高いことが予想される。

実際，定植後から開花期まで CO_2 施用時期や期間を変えてみると，施用期間が長いほど切り花重量は比例的に増加し，生育初期の施用は茎の伸長に，後期の施用は花芽の発達と花弁の伸長に大きく作用するようである。

⑥ CO_2 発生源

CO_2 の発生源としては，生ガスのほかに灯油やプロパンガス，天然ガスを燃焼させて発生する方式が導入されている。それぞれについて長所・短所があり，総合的にいずれの方式が優れているかについての検討はなされていない。しかし，過去に燃焼式を導入した生産者の圃場で不完全燃焼による有毒ガスが発生し，キクの葉が黄化・枯死するといった事態が起きた。また通常の施用でも，窒素酸化物や亜硫酸ガスなどがわずかながら発生している可能性が考えられるが，これらのガスのキクに対する影響については現在のところ不明である。したがって，燃焼式を用いた場合の取扱いには充分に注意する必要がある。

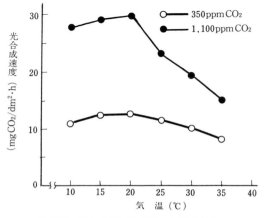

第5図 異なる CO_2 濃度下における気温と光合成速度との関係 （谷川ら，1991）

最も安全性が高いのは生ガス方式であるが，これは液化炭酸ガスボンベから直接ガスを発生させるので，電磁弁を備えた濃度調節のための CO_2 コントローラーの設置が必要である。

（4）今後の課題

以上，キクに対する CO_2 施用の方法と効果，ならびに若干の問題点について紹介した。

花卉類に対する CO_2 施用に関しては，基礎的研究を含めて，花卉の種類ごとに明らかにすべき課題が多く残されている。

わが国では，北部ヨーロッパと比較して CO_2 施用の期間や時間帯が短いことから，必ずしも経済性に見合うだけの効果をあげていない事例があるようである。

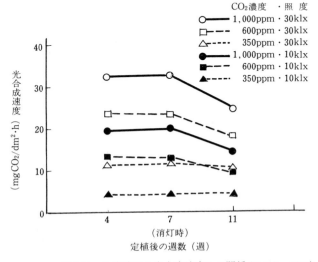

第6図 生育時期と光合成速度との関係（谷川ら，1991）

したがって，施用時期や濃度などについて，適切な施用を行なうことが最も重要である。

また，地球環境保護の面から，CO_2 の大気中への放出はきわめて問題が多い。施用した CO_2 ガスはすべて施設内で植物に消費され，その後に換気のための施設の開放を行なうよう心がけたい。

〈執筆〉 谷川　孝弘（福岡県農業総合試験場園芸研究所）

1995年記

参 考 文 献

van Berkel, N. 1984. Injurious effects of high CO_2 concentrations on cucumber, tomato, chrysanthemum and gerbera. Acta Hort. 162, 101—112.

Hand, D.W. 1984. Crop responses to winter and summer CO_2 enrichment. Acta Hort. 162, 45—63.

Mortensen, L.M. 1987. Review: CO_2 enrichment in greenhouses crop responses. Scientia Hort. 162, 153-158.

谷川孝弘・小林泰生．1991.キクの光合成に及ぼす CO_2 濃度，光及び気温の影響．福岡農総試研報．

谷川孝弘・長岡正昭・池田広・清水明美．1993.キクの生育，光合成および根の活力に及ぼす CO_2 施用の影響．園学雑．61，873—878.

省力化技術

省力化・経営合理化技術

苗生産分業化の課題と方法

（1）苗生産分業化の利点と問題点

　キク切り花生産における産地間競争の国際化がすすむ現在，低コスト・良品・安定生産が求められ，そのために，苗生産の分業化が必要と考えられている。

　わが国のキク切り花生産は，稲作の副業として発展してきたという経緯があり，立地条件を活用した適地・適作型による季節生産を中心としていた。すなわち，キク切り花は，冬は暖地，夏は冷涼地，春秋は中間地で生産され，周年供給が行なわれていた。しかし，1980年代に至って，7～9月咲き品種群のなかに，日長処理による開花調節が可能で，しかも耐暑性が強いために，暖地の施設での夏期生産のできる品種のあることが明らかにされた。その結果，わが国においても，秋ギクとのちに夏秋ギクと命名されたこれらの品種群との組合わせによる周年生産が普及することとなった。

　周年生産においては，作業体系のシステム化による省力，同一品種の長期出荷による商品性の向上が求められる。しかし，自家苗を利用した計画生産は，育苗に多大の注意をはらわねばならないために，かなり綿密な作業計画にしたがった栽培管理を行なわねばならず，普通の生産者にはその遂行は困難である。

　オランダにおけるキク切り花の市場単価は25～30円であり，わが国の2分の1内外である。その理由として，購入苗を用いて無摘心1本仕立てを行ない，施設の利用率を高め，省力的に生産されていることがある。

　わが国においても，キク切り花の周年生産が行なわれている産地では，購入苗を利用した生産をめざしているが，解決せねばならない多くの問題が残されている。購入苗利用の利点と欠点を以下に示す。

《利点》
　①ウイルス・ウイロイド・半身萎ちょう病など苗で伝染する病害の防除が容易となる。
　②専業生産者の育成した苗は，自家生産苗より，適期に採穂した齢のそろった挿し穂から育苗できるので，形態的にも生理的にも均一である。
　③専業生産者は，母株から連続的に採穂できるので，自家苗生産者より母株当たりの挿し穂の収量が高い。機械化による省力と，安価なパート労力が利用できるので，苗の低コスト生産ができる。
　④産地全体として，花色・花型・花のサイズなどについて望ましい品種構成の市場出荷を行ないやすくなる。
　⑤植物品種保護法に基づく，ロイヤルテイの徴収が円滑化し，育種家の保護と育種の活性化を図ることができる。

《欠点》
　①ウイルス・ウイロイドなど苗で伝染する病気の検定が充分に行なわれていない現状では，苗の流通が病害を拡大する可能性が高い。
　②現在，販売されている苗は，自家生産苗より必ずしも形態的・生理的に均一なものではない。
　③キク切り花産地が全国に散在しているため，苗の輸送が容易ではない。したがって，苗生産は産地内で行なわねばならないので，大規模生産による苗生産費の低減が困難である。
　④ソイルブロック育苗やセル成型育苗では，ピートを主材とした用土の利用が望ましいが価格が高い。
　⑤わが国におけるキク切り花生産は，家族経営を中心としており，切り花の市場価格は年々低下する傾向にあるため，購入苗の利用による生産費の増大は望ましくない。

省力化技術

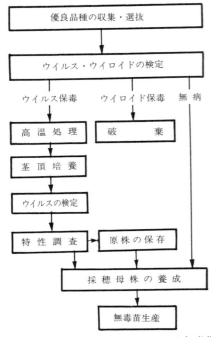

第1図 ウイルスおよびウイロイド無毒苗生産の手順

(2) 苗の専業生産成立のために解決しなければならない課題

①ウイルス・ウイロイドの検定

その具体的な方法は「生理障害,病害虫対策」の項に述べられている。

わが国では,ウイルスおよびウイロイドは一般に組織培養によって容易に除去できると考えられている。しかしながら,第1図に示すように,ウイルスの除去には高温処理(1か月)茎頂培養(2～3か月),ウイルスの検定,特性調査(6か月)を必要とし,少くとも1か年を要する。ウイロイドはウイルスよりも被害が著しいが,現在のところ治療方法がなく,検定で無毒であっても,再発することが多い。精度の高い検定方法の開発が必要である。

オランダやイギリスにはウイルスおよびウイロイドの検定と無毒化を専門とする機関があり,栄養繁殖性花卉の種苗業者は,無病原株の育成をここに依頼している。わが国にも同様な機関の設立が必要である。

②形態的・生理的に均一な苗の生産

同一の母株集団から採取した挿し穂でも,挿し穂のサイズが大きいほうが,苗の生育がよい。オランダでは挿し穂のサイズをそろえるために,挿し穂に光を当てて葉面積を測定し,同一葉面積の挿し穂を同じトレイに挿し芽するという方法で均一な苗が生産されている。しかし,挿し穂のサイズは同一であっても,採穂母株の前歴によって,苗の生育は著しく異なる。

夏ギクおよび秋ギクの促成栽培においては,冬至芽を苗として用いている。この冬至芽のロゼットが打破(ロゼット相の通過)されていない場合は,定植後に自然の低温を与えなければならない。高冷地で育成され,すでにロゼット打破された冬至芽では,定植直後から加温して栽培できる。したがって,用いる冬至芽の低温遭遇量と,ロゼット打破に必要な低温量を知る必要がある。しかし,これらの値についてのデータが不足しているため,現状では生産者の経験に基づいて定植後の栽培温度が決められている。

夏秋ギクの季咲き栽培では,冬至芽を1～3回摘心して発生した側芽を挿し穂として育苗した幼若状態にある苗が用いられている。母株や育苗中の栽培温度が高い場合は,幼若性の消失がすすみ,このような苗を用いると,早期に幼若性を消失(幼若相の通過)して花芽分化するため,切り花として充分な草丈が得られない。反対に,充分に幼若性を保持した苗を用いると,草丈が著しく伸び,開花は遅れる。したがって,この場合の挿し芽苗は適度な幼若性を保持していることが必要である。

これに対し,シェード栽培に用いる夏秋ギクの苗が幼若性を保持しており,シェード(短日処理)を開始するまでに幼若性が消失しない場合は,正常な花芽分化がみられない。とくにスプレーギクでは頂部の2～3花蕾だけが形成されても,下部の側芽は栄養生長するという奇形花房を形成する。したがって,夏秋ギクのシェード栽培には幼若性の消失期の早い品種しか適さない。

秋ギクの季咲き栽培では,挿し芽苗は6～7

月に定植され，自然の短日に感応して花芽分化するのは8月中旬以降である。したがって，このころまでに幼若性は完全に消失して花熟状態にある。しかし，大部分のキクは長日下で栽培しても，第1表に示すように，一定の節位に達すると花芽分化する性質をもっている。この花芽分化節位を長日下花芽分化節位（long day leaf number）と呼んでおり，品種の遺伝的特性とみられている。長日下花芽分化節位は，①高温・強光線など生育を促進する条件で栽培したとき，②採穂用母株の老化，③長く伸びた芽先から採穂した場合に低下する（第2表，第3表）。

スプレーギクの切り花生産では，少なくとも長日下花芽分化節位が30節以上は必要である。30節以下の場合は，短日処理を開始するまでに花芽分化して，やがてやなぎ芽に転じ，いわゆる早期不時発蕾（premature budding）を起こし，その部分から分枝して複合花房（compound sprag）を生じ，切り花品質の低下をまねく。その防止には，①母株を高温・強光度下で栽培しないこと，②摘心後に発生する側芽が採穂適期に達したら直ちに採穂すること，③定植後も充分な照度で電照を行なうこと，④多肥栽培を避けることが必要である。

秋ギクの電照抑制栽培のうち，秋から晩秋に定植する作型では品種によっては'秀芳の力'のように挿し穂および発根苗の低温処理を行なって，ロゼット化を回避しなければならない品種がある。しかし，欧米で育成された周年生産用品種の多くは，品種改良時に選抜によってロゼット性が遺伝的に除去されている。しかし，欧米の周年生産用品種間の交雑によってわが国で育成した品種のなかには，第4表に示すように軽度なロゼット性をもつ品種がある。

第1表 キク5品種の長日下花芽分化節位 (Cockshul, 1974)

	主 花 茎				側花茎
	1973 6月13日	1973 10月10日	1974 5月29日	平均	1974 5月29日
チュンフル	45.3	90.3	56.9	64.2	56.8
ゴールドクリスタル	44.0	69.2	49.5	54.2	51.7
ポラリス	33.5	56.1	40.8	43.5	45.3
ブルーチップ	29.9	48.4	33.8	37.4	37.5
B.G.アン	20.3	34.3	18.4	24.3	25.3

注 長日：自然日長＋暗期中断照明5時間

第2表 採穂用母株の例と長日下花芽分化節位 (Votrube, 1981)

母株の齢 (月)	品　　種		
	ドラマチック	スノードン	ミロンカ
1	35.0	40.8	39.3
2	35.0	42.5	39.7
3	35.0	41.8	39.2
4	34.1	40.9	39.3
5	33.7	40.3	38.4
6	34.7	40.8	38.5
7	33.7	40.0	38.2

第3表 挿し穂採穂位置と採穂用母株の齢がキク品種スノードンの長日下花芽分化節位に及ぼす影響 (Votrube, 1981)

挿し穂採取後に残した葉数	母　株　の　齢　(月)						平均
	2	3	4	5	6	7	
0	41.0	39.0	39.7	39.5	38.7	39.0	39.5 a
2	40.0	38.7	37.8	38.4	38.5	37.1	38.4 b
3	38.3	37.5	37.2	35.9	38.0	36.5	37.2 c
4	38.3	35.7	35.5	35.6	35.2	35.8	36.0 d
5	37.0	35.2	34.7	33.9	34.8	34.6	35.0 e
平　均	38.9 a	37.2 b	36.9 b	36.6 b	37.0 b	36.6 b	

注 付記されたa，b，c，d，eの数値間では5％水準で有意差あり

第4表 スプレーギク主要品種のロゼット性

ロゼット化しない品種	ドラマチック，ジェム，ショーガール[a]，ホリム系，ピンクパール[a]，フロスト，サニーオレンジ，アグロウ，セリブレーション，オレンジチャーム[a]，イエロークイン[a]，ウエストランド系
時としてロゼット化する品種	ピンキー[a]，スワン[a]，ホマロ，スノークイン[a]
ロゼット化する品種	レフォール(精興の翁)[a]，スーパー系[b]，トウキョウ[b]，チュンフル系

注 a) 日本で育成された品種
　　b) 日本で育成され，アメリカで発表された品種

省力化技術

北ヨーロッパより冬期の光線条件がよく，日長の長いわが国の冬期生産では，軽度のロゼット性をもっていても，栽培上の問題となることはないので，欧米ほど完全にロゼット性を除去する必要がない。

以上に述べたように，生理的にも均一な苗を生産するためには，促成栽培用の冬至芽苗の生産には，品種ごとのロゼット打破に必要な低温量の測定，夏秋ギクの季咲き栽培用挿し芽苗の生産においては，苗の保持する幼若性程度の測定が必要である。しかしながら，現在のところ，これらの両形質の測定方法は基準化しておらず，もっぱら生産者の経験に基づいて苗生産が行なわれている。

夏秋ギクおよび秋ギクのシェード栽培および電照抑制栽培用の挿し芽苗の生産においては，定植後の早期不時発蕾（premature budding）しないことが必要であり，そのためには品種の長日下花芽分化節位を調査し，その値の低い品種ではとくに母株の老化を防ぎ，適期に低節位から採穂する必要がある。

〈執筆〉　川田　穰一（ＪＡ全農農業技術センター）
1995年記

引用文献

Cockshull, K. E. 1976. Flower and leaf initiation by chrysanthemum morifolium Ramat. in long days. J. Hort. Sci. 51, 441—50.

育苗方法

(1) 育苗方法の課題

キク栽培は,施設の効率的利用および安定生産をより図るうえから,無摘心栽培が中心になりつつある。このため従来の摘心栽培に比べ良質な苗を多く必要とし,しかも必要な時期も周年化している。

こうした課題を改善するために,活着率および初期生育のよいソイルブロック育苗,育苗期間の調節が可能で機械定植ができるセル成型育苗などが導入されている。

花卉生産において苗生産の分業化が唱えられて久しくなるが,この間切り花では,カーネーション,洋花類などでセル成型苗を中心とした苗生産の分業化が進展してきたが,キク生産ではなかなか定着しなかった。ソイルブロック育苗の出現によりキク生産における苗の分業化方式に光明がでてきた。スプレーギクでは,今後さらに苗生産の分業化は進展すると思われるが,スプレーギクに限らず,輪ギク生産にも苗生産の分業化の導入が必要と思われる。

(2) ソイルブロック育苗

ソイルブロックシステムは,ソイルミキサーとソイルブロックマシンからなっている。

育苗手順は①用土混合:ソイルミキサーに用土(土とピートモスの配合土)に入れ,水を加えた後,約3分程度練り,ソイルブロックマシンに送る。②ソイルブロックづくり:ホッパーに入れた用土は自動的に成型(切断)されて出てくる。これを育苗箱に専用スコップで移す。育苗箱はイネ育苗用(30cm×60cm)を用いる。1箱当たり3.5cmブロックで128個(8×16個)となる。③挿し芽:成型ブロックに1本ずつ挿し芽をし,充分かん水した後にポリフィルムで覆う。④ソイルブロック苗:挿し芽後10〜12日で定植苗となる。

発根したソイルブロック苗は,運搬専用の台車に入れトラックで温室に運搬する。定植は定植ベッドに置植えする。土壌によっては軽く土寄せすると活着がよい。

ソイルブロックのメリットとしては,
①苗の生産効率が高い。
②定植労働力が軽減できる。
③定植後の活着率が高い。
④初期生育がよい(スプレーギクで挿し芽苗と比較して約10日生育が早い=農家の意見)。

いっぽう,労働時間の軽減,生育期間が短縮できるという反面,種苗費の増加,圃場で運搬に重量があるなど課題も残されている。

ソイルブロック育苗による苗生産の分業化のメリットとして①計画生産がより可能になる。②作業時間,生育期間の短縮によりスプレーギクの年4作体系が可能になってきた。③均一な苗供給により,品質の向上が望めるなどがあげられる。また,今後の課題としては①挿し穂供給農家の育成と経営安定。②スプレーギク年4作体系の確立。③ソイルブロック苗の運搬方法の改善などがあげられる。

今後は,機械定植が可能になるような定植機の開発とさらには定植機に対応できるソイルブロック育苗の確立が課題である。

(3) ロックウール育苗

最近のキク栽培は周年化しており,良質な苗を年間必要としているが,現状は露地中心の親株栽培であるため,その期待に充分対応できない。

そこで苗生産の分業化に向けた効率的な苗生産を行なうための'秀芳の力'の親株のロックウール栽培を紹介する。

ロックウール育苗の培養液濃度と採穂数および苗質については,合計採穂数は,培養液濃度が高まるほど増加する傾向が認められ,園試処方区では露地栽培区の3.3倍に達した(第1表)。

ロックウールによる親株栽培では培養液濃度を高めに管理することになって露地栽培の3倍以上の採穂数確保が可能である。しかし,生体重,乾物重で露地栽培の穂を下回ったことから生育に与える影響,冷蔵性についての検討が必要である。その後の検討で冷蔵性には問題がな

省力化技術

第1表 キクのロックウール育苗における培養液濃度と採穂数および苗質　（愛知農総試・豊橋農技セ・施設技研，1992）

育苗条件	採穂数	7月3日			9月10日		
		生体重	乾物重	乾物率	生体重	乾物重	乾物率
	本/株	g	g	%	g	g	%
園試　1	50.2	2.2	0.32	14.5	1.7	0.33	19.4
1/2	44.7	2.3	0.30	13.0	1.4	0.24	17.1
1/4	32.0	1.9	0.27	14.2	1.4	0.24	17.1
露　地	15.4	2.4	0.38	15.8	1.8	0.47	26.1

注　'秀芳の力'，挿し芽：4月28日，採穂：7月3日～9月10日までに5回

第2表 キク苗生産会社概要　（田原農改調査，1995）

	ショウエンメイカー・バンザンテン社
関連企業	丸紅，農材メーカー
供給本数	592万本（95年）
	'精雲' 52万，'秀芳の力' 540万
所在地	ブラジル国サンパウロ州
取扱い品目	スプレーギク，輪ギクの苗
経営規模	28ha
従業員	330名
販売額	約4億円（約2億5,000万本）
輸出先	6か国
	（オランダ，ブラジル，アルゼンチン，イギリス，日本，デンマーク）

いことが明らかになっている。また，スプレーギクでも有効であり，主要品種の'セイアルプス'，'セイハニー'，'セイマリア'などで可能である。このロックウールによる親株栽培は，挿し穂の生産効率は高いものの，施設費に多額な投資が必要であることから，農協などの育苗センターで採用すると有効であると考えられる。

（4）輸入挿し穂の利用

花卉生産の先進国であるオランダでは，苗生産と切り花生産との分業体制が確立しており，当渥美地域においても苗生産の分業により生産規模拡大をめざす生産農家からキク苗供給の要望は高いが，地域内生産における苗は1本12～13円といわれ，生産農家の要求する1ケタ台の価格とは，かなりかけ離れた現状にある。

そうしたなかで，安い苗を導入する一手法として数年前に渥美郡に研修生として来日していた日系ブラジル人の情報をもとに海外でのキク苗生産が開始された。

4年前に日本から，'秀芳の力'，'精雲'の穂1万本をブラジルへ送り，現地で苗生産を開始した。現地で栽培された挿し穂を検鏡し花芽分化状態を把握し，現地での育苗方法を取り決め親株栽培を行なっている。

ブラジルの苗生産会社（第2表）で生産された挿し穂は日本の輸入業者によって輸入され，その穂を地元の農材メーカーによって発根苗として農家に供給されている。

今後の課題として，花芽分化しやすい'精雲'の花芽分化抑制方法を検討する必要があり，また苗の価格についても，現在，'秀芳の力'は540万本輸入される計画であるが，苗の価格を下げるには3,000万本以上の輸入が必要となる。これは一産地では無理な数量であり，全国規模でこの問題に対応する必要がある。

〈執筆〉 伊藤 定男（愛知県農業総合試験場豊橋農業技術センター）

1995年記

機械定植

（1） 定植機器開発の背景

①開発の経過

キク用定植機ＰＶＫ101―90（ヰセキ農機）が，初めて花を対象にした定植機として発売されたのは1993年4月のことであった。これまで日本国内で「定植機」といえば，それはそのまま「田植機」のことを指していた。それが，野菜用の半自動定植機（定植機への苗の供給を人間が行なう）が開発され，さらにセル苗の普及に伴って全自動定植機（苗の供給も機械仕掛け）も開発・実用化されるにいたって，定植機という言葉に市民権が与えられた。野菜用の全自動定植機の開発がひと段落したことで，各メーカーは野菜用定植機の適用拡大を図り，新規需要を掘り起こすために花にも目を向けた。これによって，やっと花でも定植機の利用が可能になってきた。その一番手として，花で最も栽培面積が多く，切り花本数が多いキクが選ばれたのは自然な成り行きであったといえる。

1992年にスタートしたキクの定植機器の開発はわずか2年間で実用的なレベルまで到達した。

この原稿の執筆時点（'95年8月）では，まださまざまな定植様式に適応でき，汎用性のある機械はできていないものの，筆者は近い将来出現してくれることを期待している。この分野については進展が著しいため，以下に紹介する内容についても短期間に陳腐化するであろうことをあらかじめお断りしておきたい。

②機械定植の意義

キク，特に輪ギクについては周年生産と無摘心栽培が一般化しており，毎回の定植作業は重労働である。無摘心栽培により全作業時間は減少したが（第1表），10a当たりの定植本数は摘心栽培の2万本から4万本へと倍増したことから，腰を曲げての作業はいっそうつらくなった。最大の需要期である年末出荷の作型では定植期が真夏に相当するため，高齢化がすすんでいる生産者にとってはハウス内での重労働はできるだけ短時間に済ませたいのが切実な要望である。これに加えて花卉市場は統合による大型化がすすんできており，中央市場ではロットの大型化が要求され，各生産者へも規模拡大が求められている。比較的大規模な生産者はパートを雇用している場合が多いが，周年雇用している場合を除けば，定植作業には充分なパートが集められず，単価（時給）を上げるなどしてパート集めに苦労しているのが現状である。

定植作業は無摘心栽培で10a当たり50時間，摘心栽培でも25時間かかる（第2表）が，全労

第1表 輪ギク栽培の所要労働時間（時間/10a）

（鬼頭，1995）

作業名	1986年[1]	1994年[2]
育苗・採穂	80	100
挿し芽	30	55
定植準備	50	30
定 植	30	45
摘心・整枝	50	0
追 肥	15	10
かん水	25	15
摘芽・摘蕾	250	200
薬剤散布	30	15
収 穫	90	90
出荷調整・出荷	210	180
片付け	35	15
土つくり・土壌消毒	55	30
その他管理	75	35
計	1,025	820

注 1） 秋ギク摘心栽培
　 2） 秋ギク無摘心栽培，無人防除機導入施設

第2表 キク作業別労働時間（時間/10a）

（静岡県西部農林事務所）

作 業	現 状	目 標
調整，出荷*	200	8
摘 蕾	200	200
収 穫	150	50
育 苗*	120	
換 気**	70	0
定 植	50	16
整 枝***	50	10
灌 水**	40	10
薬 散**	30	10
摘 心***	20	0
その他	104	96
合 計	1,034	400

注 *外部委託，**自動化，***無摘心栽培

省力化技術

第3表 キクの機械定植における特殊事情

(本間, 1993)

項　目	特　殊　事　情
育苗	挿し芽である……………移植機では初めて 短い育苗時間……………2週間(野菜の多くは5～8週間)
機械適性	苗の大きさ・形の制約……キクの苗はイネに比べて葉が大きい 根鉢形成…………………老化防止対策が必要
機械	密植技術…………………イネ, 野菜では株間20cm程度が多い。本当は千鳥の複2条植えをしたい 高い植付け精度を要求……欠株と株間の乱れは失格, 苗が傾くのも困る 施設内での取り回し………施設内使用を前提とするのはキクが初めて。転回性能, ハウスの端の定植。うねを長く, 出入口を大きくする必要あり
その他	市場規模が小さい…………イネ, 野菜とは比較にならない

働時間(1,034時間, 同上)に占める割合は5％程度であり, 機械化が達成されても規模拡大に直接結びつくほどではない。規模拡大のための制限要因になっているのは, 実際には収穫(150時間), 調整・出荷(200時間), あるいは芽かき(200時間, 同上)である。しかしながら定植作業は栽培を開始するという意味に加え, 定植後の活着がその後の初期生育を左右する点で作業時間だけでは割り切れない重要な作業である。さらに, 定植の機械化には単なる省力化のほかに, 計画生産という重要な意味がある。

愛知県渥美町の周年菊部会は全国に先駆けて輪ギクの予約相対取引きを始め, これにより販売の優位性を確保し, 同時に周年ギクの名前を全国にとどろかせた。予約相対取引きを行なううえで最も重要なことは一定量の安定出荷である。この産地は高品質なキクの安定出荷を続けることで市場から信頼され, 予約相対取引きを成立させた。キクを計画生産するうえで最も重要なことは, 各生産者の圃場で計画に従って予定日に消灯することである。消灯日は無摘心栽培の場合は定植時期によりほぼ自動的に決まってくるので, 計画生産の鍵を握っているのは実質的には定植日である。計画生産を義務づけている産地の場合は, パートが集まらないために定植日が遅れることは生産性や品質とは別な意味で大きな問題なのである。機械化により, 間違いなく予定日に定植できることは各生産者に安心を与え, 産地を安定させる点からも重要である。

機械定植への生産者の要望は当初は「とにかく機械で植わればいい」,「半分植わればあとは手で植える」,「多少倒れても構わない」,「少しくらいコストが高くても構わない」といったひかえめなものであったが, 現在(1995年)ではかなり厳しくなっている。実際に定植機器が開発され, 数回の展示会を経ると,「機械で植えるのだからきれいに植えて当たりまえ」,「千鳥の複2条植え(慣行の植付け方式)でなきゃだめだ」といった具合である。要望は省力化に伴う低コスト化にも及ぶ。バブル景気の崩壊以降高値がつきにくい状況下では, 省力化になってもコストが上昇するのでは生産者には普及しないと考えてよい。生産者のなかにはカジュアルフラワー対策のひとつとして, 計画生産と低コスト化を主体に考える者もおり, 機械の導入コスト+ランニングコストを省力化で浮くパート雇用労賃以下に抑える必要がある。

(2) キクで利用するための定植機器の条件

キクの機械定植における特殊事情を第3表に示した。

キクでは, これまでの野菜定植機と比べて超密植が要求される。これまでの野菜定植機は大型野菜をターゲットに開発されたものが多く, 1条植えで株間20cm前後のものが多かった。そのため無摘心栽培で利用されている, うね幅50cm・株間10cmでの4条植え(千鳥の複2条植え)といった超密植の植付け様式にそのまま対応できる機種はいまのところない。キクとしては疎植の摘心栽培でも, 幅50cmのうねでは株間10cmの2条植え程度に植え付ける必要があり, これすらできない機械はキクでは利用で

第4表　3台のキク定植機器の特徴　　　　　　　　　　（本間，1993を一部改変）

	I 社	M 社	N 社
型　　　式	PVK101-90	VP-245	HP-Ⅱ，HP-VWT
植付け方式	専用のペーパーポット苗をかき取りながら定植 往復2条植え	専用セルトレイから苗を抜き出して定植 2条植え	専用のペーパーポット（チェーンポット）苗を引出しながら定植。 1，2条植え
条間・株間	29〜45cm・10〜20cm	45cm・5〜52cm	18cm・・5cm
作業能率	100分/330m²，5h/10a	15,000〜30,000ポット/h 1h/10a	8,000〜10,000ポット/h 3h/10a
ランニングコスト	育苗用土，専用ペーパーポット	育苗用土，専用ペーパーポット	育苗用土，専用ペーパーポット
育苗密度	144本/イネ育苗箱	220本/専用セルトレイ	132・264本/イネ育苗箱
特　　　徴	育苗は容易 植付け姿勢よい 石の多い圃場でも定植可能	無摘心栽培対応（2条並木） 株間はギヤで自由に調整可能	無摘心栽培対応（2条並木） 植付け姿勢よい 石の多い圃場でも定植可能 ハウス内での転回が容易
問　題　点	無摘心栽培には対応しない ハウスの両端は手植え ハウス内での転回やや難	植付けが苗の形に左右される ハウスの両端は手植え ハウス内での転回やや難 うねが多少崩れる	人力で引っ張る 株間の調整困難 植付け深さの調整困難 ペーパーポットは分解しない

きない。さらに，キクの植付け様式（うね幅，条数，株間など）は地域，産地，個人，品種によってバラバラで，気候的な問題から日本全体で統一化することは困難である。そのため，キクの定植機器にはいくつかの植付け様式に対応できる柔軟性も要求される。

ところが，上の条件は機械メーカーにとっては難問である。花では圧倒的な栽培面積のあるキクでも，統計上の生産本数は20億本/年で，栽培面積は6,000ha足らずである。水田や大型野菜と比較すれば栽培面積は問題にならないくらい小さく，メーカーから見れば大きな改造を伴う開発は行ないにくいのが本音である。すなわち，各産地の意見を反映したうえで，汎用性のある機械を開発することは困難なのが現状である。生産者側でも，ある程度定植様式を変更して，現在利用できる機器をうまく利用してゆく工夫が必要であろう。

育苗方法もこれまでの定植機からみると特殊である。田植機にしても野菜定植機にしても種子繁殖が基本である。また，野菜では育苗期間は5〜8週間程度のものが多い。この期間に苗は根鉢を形成しているのが普通である。これに対しキクは挿し芽で，育苗期間も2〜3週間と短い。特にハウス栽培の場合は，挿し芽後10日前後の発根し始めたころに定植するとその後の生育がよいことから，セル苗でも根鉢ができないうちに定植しているのが現状である。長期間育苗すると苗が老化して不時出蕾あるいは柳芽につながるためである。ところが，挿し芽後10日前後では機械定植では苗が抜けたり，倒れたりといった植付け不良が起きやすいため，機械によってはゲル化剤でセル内の土を固めるといった苦肉の策も取られている。キクの定植機には発根と根鉢形成が不充分で，しかも地上部が比較的大きな苗を，高い植付け精度で定植することが求められる。

キクの定植機を切実に必要としているのは大規模な生産者であり，多くは施設内での周年生産を主体としている。露地栽培が主体の大産地としては例外的に沖縄がある程度である。ところがこれまでの田植機をはじめとする定植機は露地での使用が前提になっており，機械本体が大きくて小さなハウス内での取り回しに問題があるものが多い。キクで汎用的に利用できる機械としては，ハウス内使用を前提として，耕うん機程度の小型の機械が望ましい。

（3）　3種類のキクの定植機器

キクの定植機器はいずれも野菜用の定植機をそのまま，あるいは必要最小限の改良でキクに適用させようとしたものである。野菜用定植機

省力化技術

第1図　ナウエル　PVK101—90（ヰセキ農機）
往復2条植えなので，植えた苗をまたいでもう1条植えている
（1993年1月静岡農試での研究会で）

第2図　第1図の苗を挿し芽したところ
ナウエルポットとナウエル培土
144本／イネ育苗箱

第3図　PVK101—90で定植した苗
手で植えるよりもきれいに植わる
株間10cmの2条植え

は各社から発売されているが，最小株間が15～20cmに設定されているものが多く，密植が要求されるキクでは利用できないことが多かった。現在利用可能な定植機器は3種類あり，特徴を第4表に示した。以下に各機種を紹介する。

① キク定植機　ナウエル　PVK101—90（ヰセキ農機，第1～3図）

キャベツやレタス用の移植機の改良型で，最小限度の改良によってキクへの利用拡大を図ったものである。ナウエルシステムに従って育苗したモールド式のペーパーポット（鶏卵の容器と同じ材質）苗を1本ずつ掻き取り，溝切りしたところに置いて，土寄せする方式。往復2条植えで株間10～20cmに調整でき，摘心栽培に対応する。作業能率は100坪100分なので，10aを一人で5時間で植えられることになる。

長所は育苗が容易で大苗も定植可能なこと，根がペーパーポットに包まれているため植え傷みがなく活着が良好なこと，パイプハウスでも利用可能なことなどである。欠点は株間10cmの2条植えなので無摘心栽培に利用できないこと，育苗資材費（ペーパーポット）が高いことなどである。

野菜用の定植機をキク用に改良した点は，最小株間を22cmから10cmに縮めたこと，穴開けしたところに植えて鎮圧する方式から，溝切りしたところに苗を置いて土寄せする形式に変えたこと，ハンドルを曲げてビニルハウスの端でも定植可能にしたことなどである。ナウエルの改良機は3つのキク用定植機器の中では最も早く1992年の春から改良が始まり，'93年4月に発売された。

PVK101—90の具体的な利用方法としては，うね幅50cm前後で株間10cm・条間30cmの往復2条植えが基本になる。機構上の問題から株間あるいは条間をこれ以上寄せることはできないため，キクでは摘心栽培専用の機械である。ただし，真鍋ら（1994）は覆土・鎮圧部を改良すれば，本来1条植えの機械ながらうね幅58cmで4条植えが可能になって密植性能が向上する

機械定植

第4図　VP245（みのる産業）
条間45cmの2条植え
1993年11月全国スプレーギク主産地協議会（浜松市）にて

第5図　第4図の苗の定植時のようす
左はみのる培土
右はオアシス挿し木培土

ことを示しており，方法によっては無摘心栽培への利用も考えられる。

②**野菜・キク用定植機　VP245**（みのる産業，第4～6図）

タマネギ定植機OP-2を，キャベツなど広葉の野菜やキクにも適用させようとして改良された。専用のセルトレイで育苗した苗をトレイごと機械にかけ，トレイの裏から苗を棒で押し出し，ベルトコンベヤーで両側に運び，下に送った苗をドラムで挟みながら，両輪とその後ろの溝切りでつくった溝に置き，土寄せする方式である。最小株間5cmでの2条並木植えが可能で，無摘心栽培に利用できる。株間はギヤの交換により自由に変えられる。条間は45cmあるいは55cm（VP-255）に固定されている。

当初はOP-2をそのままキクに適用させようとしたが，448穴のトレイでは育苗がうまくゆかなかったため220穴のトレイを新たにつくり，それに合わせて機械も改良した。試作機の段階では苗の条件によってうまく植わらないこともあったが，その後の改良によって植付け姿勢は向上した。発売は1994年8月で，十数台が沖縄県と愛知県に導入され，試験栽培を経て，今年度（'95年）から本格的な利用が始まる。

長所はペーパーポットを使わないセル苗なので育苗資材費が安いこと，2条植えで植付け速

第6図　VP245で定植したところ
幅1mのうねで6条植えも可能
株間は7cm

度が速いこと，無摘心栽培に利用できること，株間がほぼ無段階に調整可能なことなどである。また，当初から大規模経営あるいは共同育苗を想定しており，育苗準備の段階からシステム化されていることも特徴である。欠点は本体価格が高いこと，本体が大きいためベッド幅60cm以下では利用できないこと，ハウスの端で転回するさいに2m程度の余裕が必要なため小規模なハウスでは無駄が大きいこと，ゲル化剤入りの専用育苗用土が必要であり，この用土を利用するためにミスト装置が必要なことなどである。

なおVP245の特徴とその利用方法について

省力化技術

第7図　ひっぱりくん　HP−Ⅱ（日本甜菜製糖）
1条植えの機種を2台連結したところ
現在は2条植えのHP−VWTが販売されている
1993年8月浜松市伊和富農協管内で

第9図　HP−VWTで定植したスプレーギク
70cmのうねに株間5cmの4条植えで無摘心栽培
1994年9月愛知県渥美町で

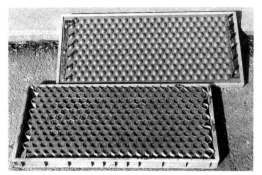

第8図　第7図のためのペーパーポットに土を入れたところ
上は反転板
キクでは反転板は不要なため別の器具が開発された

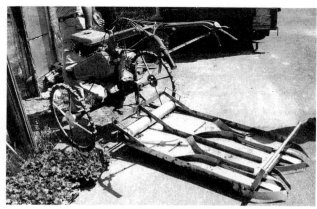

第10図　個人によるひっぱりくんの改良
浜松市の生産者が動力を利用するためにすべて自作したもの

は次項に詳しく説明されているので，そちらを参照して頂きたい。

③ペーパーポット簡易移植器　ひっぱりくん HP-Ⅱ，HP-VWT（日本甜菜製糖，第7〜9図）

専用のペーパーポット（チェーンポット：CP303）をつながったまま植え付けるための器具で，人力で引っ張る「そり」。苗を載せ，チェーンポットを手で引き出して棒などで固定する。そりを引っ張ると，裏で溝を切りながら，チェーンポットを溝に置き，つながったまま植えて土寄せする。株間5.2cmで2条並木植えにすれば無摘心栽培に対応できる，また，1本おきに挿し芽すれば株間10.5cmに，3穴のうち2穴に挿し芽すれば平均株間8cmになり摘心栽培に対応できる。

チェーンポットは当初クボタの定植機P-216に利用する目的で開発されたが，日本甜菜製糖が自社で独自にチェーンポットをつながったまま地面に植え込む器具を開発した。1993年春の発売当初はネギ用に開発された1条植えの機種（HP-Ⅱ）だけだったが，鎮圧ローラーを付けた機種（HP-Ⅲ），キク用に改良した2条植えの機種（HP-VWT）や，車輪を付けた機種（HP-6）も発売され，周辺器具も改良がすすんだ。さらに，動力で引っ張るための改良が各地ですすめられている（第10図）ようである。

第11図　HP-VWTで定植した'秀芳の力'
　写真左：株間5cm，条間25cmの2条植え。無摘心栽培。1994年9月愛知県渥美町で
　写真右：株間5cm，条間25cmの4条植え。右は慣行の植付け様式。定植本数は慣行のほうが数％多い。
　　　　　1994年9月，愛知県赤羽根町で

　HP-Ⅱは主にネギ用として普及したが，そのうちの1割程度はキクなどで利用されているらしい。キク用機種（HP-VWT）の主な改良点は1条植えだったものを2条植えにしたことで，条間は21cm以上で無段階に調節でき，幅70cm以上のベッドなら4条植えも可能になった。また，イネ育苗箱のままセットできるため苗の更新がスムーズにできるようになった。

　ひっぱりくんの長所は本体が安価なこと，小回りがきくこと，苗が大きくても小さくても植付け姿勢がよく，活着も良好なこと，構造が単純で故障がなく，個人でも改良ができることなどである。欠点は専用のペーパーポットがやや高価なこと，株間の調整がしにくいこと，人力でひっぱることなどである。ひっぱりくんは発売開始後も細かな改良が加えられてきている。特に生産者の意見により本体の改良，周辺器具の開発などがすすんできており，定植様式も多彩になって（第11図），かなり使いこなした感じになっている。

　実際の定植様式としてはうね幅45～50cmに条間25～30cmの2条植えで，無摘心栽培では株間約5cm，摘心栽培では平均株間8cmあるいは10cmで利用するのが基本になる。ただし，うね幅は産地あるいは個人によって異なるためいくつかのバリエーションがみられる。うね幅70cmでは株間約5cmの4条植え無摘心栽培が多いが，株間10cmの4条植え摘心栽培や，ペーパーポットを節約するために株間約5cmの2条植え摘心栽培もみられる。

（4）定植機器を利用したキク生産と収量性

①スプレーギクの摘心栽培

　これまで説明した3種類の機器について実際の収量などを検討した。3月に定植したスプレーギク'セイアルプス'の摘心栽培では，育苗用土のちがいにより収量に差がみられた（第5表）。これには，初期の発根と定植直後の活着の良否，さらに用土に含まれている肥料成分の有無などが影響していると考えられる。山砂やパーライトなど無肥料の土は発根は良好だが，その後の生育はやや劣るので，定植機器を利用するさいには多少肥料がある用土のほうがよいであろう。また，機器定植では育苗用土がセル苗と同様毎回圃場に投入されることから，土つくりも含めて有機質を含む用土を選択することが重要であろう。ただし有機質，あるいは肥料成分があると茎枯病などがやや発生しやすくなるので注意が必要である。

　ひっぱりくんでは用土によってペーパーポットの変形程度が異なり，結果として用土により株間が変化した。すなわち山砂はポットが六角形をきれいに維持したため株間が10.4cmだっ

省力化技術

第5表 定植機器と育苗用土のちがいが'セイアルプス'の初期生育と収量に及ぼす影響

(本間・松田, 1994)

定植機器	育苗用土	植付け株間 (cm)	初期生育[1] 草丈 (cm)	株径 (cm)	萌芽数 (本)	階級別切り花本数[2] 90	80	70	60	計
PVK 101	畑　　　土[3]	11.9	18.1	14.9	3.35	88.5	15.6	0	0	104.2
	メトロミックス[4]	11.6	17.7	13.9	3.20	65.4	17.2	5.2	1.7	89.4
	ナウエル培土[4]	11.5	19.1	14.6	3.70	87.8	10.1	0	3.4	101.3
HP－II	畑　　　土	10.9	18.6	13.5	3.25	88.5	12.9	1.8	1.8	105.1
	メトロミックス	11.4	16.3	13.7	3.30	52.9	31.7	5.3	0	89.9
	ナウエル培土	10.9	17.7	13.6	3.10	80.5	12.8	3.7	1.8	98.8
	メトロミックス＋畑土	11.0	16.4	13.5	3.35	78.1	18.2	5.5	5.5	107.1
	山　　　砂	10.4	16.1	13.0	3.10	71.3	15.4	3.9	0	90.6
手植え	山　　　砂	8.1	16.6	12.6	3.25	84.0	19.8	9.9	9.9	123.5

注：[1]調査は4/21(37日後)に行なった。調査は20株
[2]実面積1m²当たりの切り花本数
[3]実際に栽培した温室の土をふるいにかけて粒径をそろえ,育苗に用いた
[4]市販の育苗用土

第6表 機器定植したスプレーギク'セイアルプス'の初期生育と収量 (本間・松田, 1994)

機器	用土	初期生育 草丈 (cm)	腋芽数 (本)	定植株数 (本)	実面積1m²当たり 階級別切り花本数 90以上	80	70	60	計
HP－II	栄　　　作[2]	23.6	3.2	38.0	86.8	9.5	0.6	0	96.9
	ナウエル培土[2]	22.8	3.2	37.6	78.9	10.0	3.7	0.6	93.3
VP－2[1]	み　の　る[3]	20.1	2.6	40.4	80.8	8.1	2.7	0.7	92.2
	オ　ア　シ　ス[4]	19.8	2.9	41.1	77.5	11.8	3.5	3.5	96.4
PVK 101	栄　　　作	21.9	3.2	40.1	78.0	11.5	4.1	0.7	94.2
	ナ　ウ　エ　ル	22.0	3.0	40.5	79.7	8.1	3.4	1.3	92.5
手植え	山　　　砂	20.5	3.0	39.7	76.6	12.1	6.8	0	95.4
	ソイルブロック	23.6	3.1	40.0	82.5	13.5	3.4	0.7	100.0
分散分析		＊＊[5]	NS	－	NS	－	－	－	NS

注：[1]うねの大きさが合わなかったため,機械でセルから抜いた苗を手で植えた
[2]市販の育苗用土
[3]メーカーが開発中の用土
[4]オアシス挿し木培地
[5]＊＊は1％で有意

たのに対し,メトロミックスではポットが細長く変形して株間が11.4cmに広がった。ポットが変形することは面積当たりの植付け本数を減少させるとともに,根を傷めることを意味することから,ひっぱりくんではポットが変形しにくい用土,つまり発根不充分でも根鉢が形成されやすい用土が望ましい。

同様の実験をスプレーギク'セイアルプス'で数名の生産者のハウス内で行ない,3機種とソイルブロックを比較した。うね間95cm,う

ね幅45～50cm,株間10cmの2条植えで各機種を用いて定植した。ただし,VP245は条間が合わなかったため機械で苗を押し出してから手で定植した。定植1993年8月20日,摘心8月30日,消灯9月27日で,収穫開始は11月20日であった。

初期生育と収量を第6表に示した。育苗容器・用土などが機器により異なるため,定植時の苗の大きさ,初期生育などには差が認められた。特にみのる用土では定植時に苗が小さく,

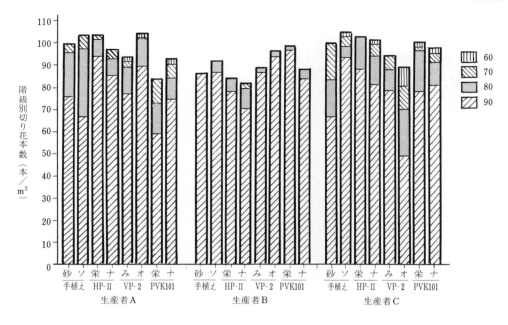

第12図　3種類の機器で定植したスプレーギク'セイアルプス'の収量

実面積1m²当たりの本数を示した

（本間・松田，1994）

砂：山砂，ソ：ソイルブロック，栄：栄作，ナ：ナウエル培土，み：みのる培土，オ：オアシス挿し木培地

初期生育もやや劣っていた。これは用土に混入してあるゲル化剤の影響であると考えられた。初期生育は手植え/ソイルブロックとHP-Ⅱ/栄作がややすぐれ，VP245がやや劣った。収量は生産者間に若干差が認められたが（第12図），定植機器・育苗用土の処理区間には明らかな差は認められなかった。どの機器を利用した場合でも，90cm以上の切り花本数，総切り花本数ともに慣行である手植え/山砂と同等かそれ以上になった。

　数字をより細かく見ると機種による差もありそうだが，これは機械の性能の差ではなく，育苗方法の差だと考えるべきであろう。一部の産地で導入されているソイルブロックの成績が良好であったが，これも育苗環境の差を反映していると考えられる。育苗方法のちがいも機種の性能のうちと考えることもできるが，生産者間の差もあることを考えると，この程度の差は定植後の管理で縮めることができると考えられる。

②輪ギクの無摘心栽培

　輪ギクの無摘心栽培でも生産性を検討した。VP245とHP-Ⅱについて幅50cmのうねに'秀芳の力'を定植し，無摘心栽培での収量と品質を調査し，同時に2条植えと4条植えとを比較した。ただし，条間が合わないＶＰ245については手で定植した。収量および品質はいずれの機種でも慣行である手植えと同等かそれ以上で，HP-Ⅱの4条植えを除けば，処理区間に明らかな差は認められなかった（第7～8表）。これによりスプレーギクの摘心栽培だけでなく，輪ギクの無摘心栽培でも定植機器が収量・品質に関して実用的に利用できることが明らかになった。

　この実験で植付け様式を同時に比較したところ，2条植えと4条植えの間には明らかな差が認められなかった。つまり，慣行の植付け様式である4条植え（千鳥の複2条植え）にこだわらなくても，慣行並の収量と品質が確保できることが示された。ただし，HP-Ⅱの4条植えでは切り花重がやや重く，60g以上の切り花本数が多かった。HP-Ⅱで4条植えする場合は，育苗密度が2条植えの場合の半分（264→132本

省力化技術

第7表 機器定植した'秀芳の力'の収量に及ぼす植付け様式の影響[1]　　　　　（本間，未発表）

処理区			定植本数	生育本数	重量別切り花本数（g）					60〜
機器	用土	条			30〜49	50〜69	70〜89	90〜	計	
VP−2	栄作	2条	78.0	72.0	14.6	20.0	24.7	11.3	70.6	46.7
	オアシス	2条	78.7	70.0	10.7	20.0	20.7	12.0	63.3	45.3
	オアシス	4条	80.7	78.6	16.0	22.0	22.7	12.7	73.3	46.0
HP−II	栄作	2条	74.7	70.0	11.3	15.3	24.7	12.0	63.3	42.7
	栄作	4条	77.3	72.0	10.0	24.0	24.0	12.0	70.0	50.7
手植え	川砂	2条	78.7	72.7	12.0	19.3	17.3	17.3	66.0	43.3
	川砂	4条	80.0	75.3	17.3	24.7	17.3	10.0	69.3	42.0

注　[1]本数は実面積1 m²当たり

第8表 機器定植した'秀芳の力'の切り花品質に及ぼす植付け様式の影響　　（本間，未発表）

処理区			到花日数[1]（日）	切り花長（cm）	90 cm 調整後		
機器	用土	条			切り花重（g）	葉数（枚）	茎径（mm）
VP−2	栄作	2条	45.4	126.1	64.5	33.6	6.2
	オアシス	2条	45.1	121.8	70.3	33.0	6.7
	オアシス	4条	44.6	122.8	66.4	32.8	6.4
HP−II	栄作	2条	44.9	120.3	65.3	33.5	6.3
	栄作	4条	44.7	125.4	72.0	34.8	6.7
手植え	川砂	2条	44.7	124.1	69.3	33.7	6.2
	川砂	4条	44.9	119.7	65.4	33.5	6.3

注　[1]シェード開始後日数

第9表 キク定植方法別作業時間（時間/10 a）

（鬼頭，1995）

定植方法	挿し芽準備	挿し芽	苗抜き取り	定植	計
砂上げ苗定植（慣行）	5	40	10	45	100
直挿し定植	2	0	0	40	42
簡易定植機	7	40	0	6	53
全自動定植機	5	60	0	6	71
ソイルブロック育成苗定植	15	40	0	32	87

注　1）無摘心栽培
　　2）育苗室からの苗の運搬時間は除く

/イネ育苗箱）になって，育苗時の環境がよくなることに加え，定植直後も隣同士の株の葉が触れ合わないため，初期生育が旺盛になったものと考えられる。機器定植を単なる省力化技術として捉らえるのであれば収量・品質は慣行並で充分であるが，条件によっては品質の向上も期待できることになる。

（5）定植機器による省力効果と生産性

定植に要する時間は短時間（3〜6時間/10 a）で済むため，従来50〜80時間かかっていたことを考えると飛躍的な進歩である。これにより10 aを1日で定植することができ，計画生産も容易になる。鬼頭（1995）は定植機器などによる定植作業時間を調査した（第9表）。それによると最も省力効果が高いのは育苗が省略できる直挿しで，簡易定植器（HP-VWT）がそれに続く。全自動定植機（VP 245）は挿し芽作業がやや時間がかかるため省力効果は今ひとつである。また，ソイルブロックはブロックをつくるのに時間がかかることから，省力効果はあまり高くない。

定植機器の利用コストを，パートの雇用労賃を基準にして試算した結果を第10表と第13図に示した。計算には各定植機器の本体価格，ペーパーポットと土のランニングコスト，10 a当たりの作業時間，を用いた。パートの雇用労賃は900円/hとして計算した。本体の原価償却費を含めたコストは，無摘心栽培の場合はペーパーポットの価格まで含めても，パートの雇用労賃と同程度かそれ以下に抑えることが可能であった。コストは機器により，生産規模により異なるが，HP-VWTでは植付け延べ面積60 a程度でセル苗のコストを下回り，VP245でも植付け延べ面積350 aでセル苗のコストを下回ることになる。すなわち，30 aのハウスを年3作で毎回植え付けることを想定すると，HP-VWTでは1年以内にコストが回収できることになり，VP245

機械定植

第10表 キク栽培における各定植機器のコストの計算条件 (本間, 1995)

記号	摘心	定植機器	定植様式	定植本数（千本/10a）	育苗資材 用土	育苗資材 ペーパーポット	定植作業時間（時間/10a）
A	無摘心	手植え	株間10cm, 4条	40	川砂	（育苗箱）	50
B		〃	株間10cm, 4条	40	栄作	（セルトレイ）	50
C		VP-245	株間5cm, 2条	40	オアシス	（セルトレイ）	2
D		〃	株間5cm, 2条	40	みのる培土	（セルトレイ）	2
E		HP-VWT	株間5.3cm, 2条	38	栄作	チェーンポット	4
F		〃	株間10.5cm, 4条	38	栄作	チェーンポット	7
G	摘心	手植え	株間10cm, 2条	20	栄作	（セルトレイ）	25
H		〃	株間8cm, 2条	25	栄作	（セルトレイ）	31
I		PVK101	株間10cm, 2条	20	ナウエル	ナウエルポット	6
J		〃	株間10cm, 2条	20	栄作	ナウエルポット	6
K		VP-245	株間10cm, 2条	20	みのる培土	（セルトレイ）	2
L		〃	株間8cm, 2条	25	みのる培土	（セルトレイ）	2
M		HP-VWT	株間10.5cm, 2条	19	栄作	チェーンポット	4
N		〃	株間8cm, 2条	25	栄作	チェーンポット	4

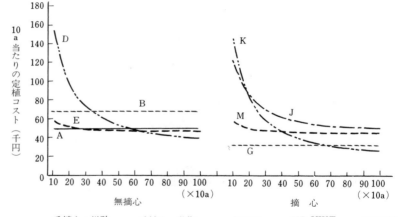

第13図 キクの定植機器における定植延べ面積とコストの関係 (本間, 1995)

記号は第10表参照

でも4年でコストは回収できる。定植作業が1日で済むのであれば1台の機械を数軒で共有することも可能であり、実際には2年以内に減価償却できるであろう。摘心栽培ではコスト低下の効果は得られないが、キク栽培でパートが最も嫌がる作業が定植作業であることを考えると、定植機器の導入による省力化は魅力的であろう。

生産性についての問題も少ない。スプレーギクの摘心栽培、輪ギクの無摘心栽培ともに収量は手植え並かそれ以上得られており、実用上問題ないレベルである。むしろ、条件によっては活着がよくて手植えよりも向上することが期待できる。現時点では、PVK101とVP245は利用例が少なくて生産者の評価は定まっていないものの、HP-VWTについてはセル苗よりも活着・初期生育がすぐれているとされており、実用上問題はないと考えられる。生育に関する生産者の評価はよい順に以下のとおりである。ソイルブロック苗＞ひっぱりくん＞セル苗＞砂上げ苗。

（6）定植機器の導入にさいしての判断基準

定植機器や、あるいは他の技術を導入するさいに、どの点を中心に考えるのかは各生産者の事情によって異なるであろう。以下に筆者なりの判断基準を示してみた。

まず基本になるのは生産性である。省力化は達成できても収量・品質が低下するのでは問題にならない。幸いにして筆者らのデータではス

省力化技術

プレーギクの摘心栽培，輪ギクの無摘心栽培とともに，収量は慣行である砂上げ苗の手植え並かそれ以上得られている。生産者の評価でもペーパーポット苗の活着・初期生育はセル苗や砂上げ苗よりも良好であり，この点では問題はない。また，省力効果も明らかで，無摘心栽培で50 h/10 a かかっていた定植作業はどの機種でも8時間以内で納まり，1日で10 a の定植が完了する。パート雇用2名程度の生産者では1作当りの面積の上限は10 a 程度で，それ以上では収穫～出荷の労力に限界があって収穫し切れない。すなわち，1作の定植は普通は10 a 程度と考えてよい。逆にいえば，1日で1 ha定植できる機械を仮に開発しても，過剰投資になるだけである。

次に問題になるのは価格である。前述のとおり定植コストは定植延べ面積によって異なるが，HP-VWTで無摘心栽培する場合は延べ60 a 程度でもセル苗のコストを下回り，本体価格が高いＶＰ245でも350 a 程度でセル苗のコストを，また600 a 程度で砂上げ苗のコストを下回る。つまり，無摘心栽培では小規模な場合にはHP-VWTが有利で，50 a 以上の大規模で各圃場を年2回以上定植する場合にはVP245が有利になると考えられる。ただし，摘心栽培の場合には定植本数が少ないためにコスト削減の効果はどの機種でもあまり期待できない。コストだけを問題にするならば，摘心栽培では定植機器は意味がないであろう。

実際に導入するうえでもうひとつ重要なのは植付け様式である。うねの形を変更することには相当抵抗が強いのが現実である。株間の調整が困難な HP-VWT は条間を無段階で調節することで栽植密度の調整が比較的容易になり，数種類のうねに対応できた。これに対して VP245 は株間の調整は容易だが，条間の調整が難しいため幅の狭いうねでは利用できず，栽培側がうねの形を合わせる必要が生じている。たとえば浜松市の生産者の多くは45～50cmのうね（うね間90～95cm）を利用しており，これをどうしても踏襲するならば VP245 は利用できないことになる。植付け様式については地域，産地，個人，品種によってバラバラで，日本全体を統一することは困難であるが，定植機器を利用するためには生産者もある程度譲歩する必要があろう。

判断基準の最後は実際に使用している生産者からの口コミ情報である。残念ながら現時点では PVK101-90 とＶＰ245は利用例が少なく，評価しにくい。これに対し HP-VWT は構造が単純なこともあって生産者により本体の改良・周辺器具の改良などがすすんだ。いくつかの定植様式にも対応できるようになり，使いこなした感じになったことが，新たに導入するさいの安心感につながっていると思われる。ＶＰ245についても本格的な利用が始まれば，多くの口コミ情報によって評価が得られることになると期待できる。

（7）機器定植に共通する問題点と今後の方向

① 育 苗 方 法

機器定植を行なううえでどの機種にも共通的に問題となる点がある。まず問題なのは育苗器具の特殊化である。現時点では各社それぞれの事情と機器の性能からペーパーポットあるいは専用セルトレイや専用用土を使用しているが，今後は育苗資材を統一していかないと育苗の分業化の足を引っ張ることになり，ひいては定植機器の普及を妨げることにもなりかねない。

現在のキクの定植機器は機種により，専用ペーパーポットを利用するもの，専用セルトレイを利用するものがあり，いずれも互換性がない。これは，個人が自己完結型で育苗～切り花生産間で行なっている場合には問題ないが，共同育苗を行なううえでは大きな障害となり得る。定植機器を切実に必要としているのは無摘心栽培主体の大規模生産者であり，彼らは現時点でも負担になる育苗の分業化を検討し，あるいはすでに購入苗を利用している。ところが，共同育苗あるいは育苗を受託する側では，利用機種が異なるとそれだけ作業が煩雑になり，受託品種と定植機器の組合わせが異なるといった間違いも起こりやすくなる。

すなわち，定植機器の種類がふえてくると，現実的には共同育苗が困難になる。これでは規模拡大の足を引っ張ることになり，結果的に省力化に逆行してしまう。全農では今後の定植機器の開発には，72穴，128穴，200穴，288穴の統一した規格のセルトレイを使用することを提唱しており，キクについてもこれに従った形の定植機が開発されることが将来的には望ましい。現在先行している3種類の定植機器はいずれも全農の提唱するセルトレイは使用できないため，育苗容器の統一はなかなか難しい。しかし，イネの育苗箱の例をみればわかるとおり，いったん規格が共通化されると機械の開発も容易になり，長い目で考えると利点が多い。

同様にペーパーポットの使用も問題である。ペーパーポットのコストが育苗用土と同じくらいかかるため，低コスト化に結びつきにくい。また，現在のシステムではペーパーポットに土を詰めてから育苗箱を反転するという無駄な操作も加えられており，苗を大量生産するうえでは問題が多い。

育苗用土の固定化も問題である。用土の価格の半分近くは運賃であり，全国を統一的に同じ用土を使用するとなると生産コストを引き上げることになってしまう。特にＶＰ245では育苗用土にゲル化剤を混入させて根鉢を形成させているが，そのためにミスト装置を利用しないとよい苗が得られない。キクは幸いに挿し芽が容易で，ミストなしでもさまざまな用土でよく発根するのだから，わざわざ高いコストをかけて育苗することはない。ミストの利用は徒長や病気の原因になることもあり，キクの場合はかえって利用しないほうが望ましい。育苗用土は各地で安価に手に入る土を利用するのが本来である。

②**植 付 け 様 式**

次に重要な問題点は，機種によって植付け様式が固定化されることである。ＰＶＫ101では幅50〜60cmのうねでの2条植えしかできず，無摘心栽培には対応しない。また，ＶＰ245は幅60cm未満のベッドでは利用できず，無摘心栽培するためには幅70cm以上のうねで4条植

えすることになる。輪ギクでは芽かき作業の必要性から，あるいは病害虫防除の面から幅の狭いうねでの複2条（中抜きの4条）植えが多く使われており，定植機器にはいくつかのうね幅に対する適応性が要望されている。全国の植付け様式のすべてに対応する必要はないが，定植機器にはある程度の様式には対応できる柔軟性が求められており，そのためには条間の変更がやさしいことが重要である。また，同時に生産者についても，ある程度の定植様式の変更を許容できる柔軟性が必要であろう。

さらに，福岡県や沖縄県ではマルチ栽培が基本となっており，マルチが利用できる機種の開発も要望されている。マルチの効用については土や肥料の流亡防止，作土が締まるのを防ぐといった理由に加えて，スリップスの防除（忌避効果）などもあげられており，容易にはマルチを廃止できない。現行の機種はいずれも溝を切りながら苗を植えていく方式なので，マルチには対応できていない。今後ビニル以外の資材でのマルチを検討して，定植機器の利用拡大を図ることも必要であろう。

③**生産者側の課題**

生産者側にもいくつか課題が考えられる。キク用としては第1世代の定植機器を利用するのであるから，各生産者および農協など団体にも努力が必要である。まずは，定植機器を各個人に使いこなしていただきたい。具体的には用土を調達して専用育苗箱での育苗に慣れ，機器に合わせて植付けを行ない，場合によっては小さな道具を開発するくらいの意欲が必要である。ひっぱりくんでは苗をイネ育苗箱から取り出さずに定植できる「すべり台」や苗の運搬器具，あるいはペーパーポットを展開するための金具など，生産者，販売店などから出されたアイデアが実際に活用されている。

次に，機械の利用を前提として，ハウスの大型化，規格化を図ることが重要である。つまり出入口を広めに取り，ハウスの両端に機械の反転用スペースを開けておくことや，パイプハウスの連棟でも機械が自由に往来できるように通路を確保しておくことが重要である。

省力化技術

　さらに，定植機器を恒常的に利用するためには，挿し穂の海外生産も含めて育苗は分業化をすすめることも重要である。規模が大きい場合，毎回植替えの場合，あるいは無摘心栽培で育苗本数が多い場合は育苗を分業化することで負担を減らすことができる。機器定植では苗を選別して定植することはできないため，苗の不揃いはそのまま品質・開花期などの不揃いにつながる。枯死株あるいは生育不良の株について定植後の補植が不要になるくらいに苗の揃いを向上させる必要がある。育苗の物理的，心理的負担を軽減することにより栽培に専念できるため，省力の波及効果は大きい。さらに，機械の共有または定植作業や農薬散布なども含めて業務委託をすすめられれば償却費の回収も容易になることが考えられ，比較的大きな産地では充分採算が合うはずである。

　キクではほぼ見通しがついた定植機器の利用であるが，他の花卉でも定植機器を利用したいものは多い。よく話題に上るのはユーストマ（トルコギキョウ），カーネーションや球根類（球根生産を含む）である。基本的には栽植密度さえ合えば利用できるはずであり，さまざまな花卉について適用を検討してみる価値がある。その過程で，汎用性のある機械の開発へのヒントも出てくるものと考えられ，その成果に期待したい。

　キクでの定植機器の利用は1993年に一部で試験的に行なわれ，実際の生産は'94年から始まったところである。まだ現在の機種への不安と不満，あるいは新機種の登場への期待があって導入をためらっている生産者も多いと思う。今後，新しい機種が登場する可能性も考えられ，実際その動きもあるが，すでに不安定な時期は脱したといえる。マルチ栽培を大前提にしている産地を除けば，現在の機種は定植作業の省力程度と生育の安定性，さらにはコストまで考慮しても充分実用レベルに達している。ソイルブロックあるいは直挿しも含めて，新しい定植方式を導入すべき時期にきているといってよいであろう。

〈執筆〉　本間　義之（静岡県農業試験場）

1995年記

引用文献

鬼頭温文．1995．技術と経営　花き　キク定植作業の省力化．農業あいち．41（6），86—87．

静岡県西部農林事務所．1990．暮らしに花咲くキク産地をめざして．

本間義之．1993．キク移植機器の開発状況と問題点．施設園芸．35（3），46—49．

本間義之．1994．キク簡易定植器「ひっぱりくん」の問題点．施設園芸．36（6），44—46．

本間義之．1994．定植機器によるスプレーギクの生育と収量比較．農耕と園芸．49（10），116—119．

本間義之・松田岑夫．1994．3つの機器で定植したスプレーギク'セイアルプス'の生育と収量．園芸学雑誌．63（別1），442—443．

本間義之．1995．キクの移植機器と省力化．新花卉．166，66—71．

真鍋尚義．1994．キクの定植における野菜定植機の適応性．農耕と園芸．49（10），113—115．

直接短日定植法

（1） 直接短日定植法のねらい

従来の栽培は長日条件下で定植され，一定の栄養生長期間をおいた後，電照消灯あるいはシェードにより短日条件をつくり，開花させる栽培法である。

これに対し，マーチン（1973）によって開発された直接短日定植法は，長日条件下で育苗したものを直接短日下に定植する新しい栽培方法である。一定規格の切り花を周年生産するもので，市場出荷規格に必要な切り花長81cm（冬は30節，夏は25節）を得ることを目的とした栽培法である。

この栽培法の特徴をあげると，栽培施設を育苗室（長日）と生産室（短日）に分けることで，発育相に合致した好適環境をつくりやすいことと，育苗期間は従来よりも長くなるが，密植，小面積栽培が可能で，本圃での電照は不要となり，経済的なことである。

従来の方法では本圃期間が12～19週必要なのに対し，直接短日定植法では9～11週で開花に至り，在圃期間が大幅に短縮される（第1図）。これにより，従来では年約3.3作であったのに対し，年5作が栽培可能となる。また，鉢やソイルブロックで育苗すると弱光季節での徒長防止など健苗育成がしやすい利点もある。

この栽培法では品種選択が重要で，長日下での葉形成が多く節間が長いこと，栄養生長から生殖生長への転換が早い品種がよいとされている。本法の適用は輪ギクよりもスプレーギクの無摘心栽培が望ましい。

日本での適用をみると，出荷規格の見直しが必要となろう。本法は低コスト，一定規格大量・周年生産向きの栽培法で，カジュアルフラワー的な要素が強い。従来の「重厚長大」的切り花の高品質生産とは商品性を異にするので，市場や消費者の満足が得られるかが問題となるであろう。技術的には周年生産を行なう場合，夏期の高温対策ならびに品種選択が課題となる。

（2） 栽培方法

マーチンによると，挿し穂（5～6cm）を採取し，通常の挿し床に挿し芽を行ない，5日間置き，挿し穂切り口の周縁部に根源体の形成を促す。5日間経過後，鉢上げを行なう。10月中旬から翌年1月は6cm角，深さ4cm，その他の期間は5cm角，深さ5cmのピートコンポストブロックや4.4～5.6cmのピートポットに植える。

鉢上げ後，長日下で3～4週間育苗を行なうと，葉数は20枚（展開葉10枚）以上となり，草丈は約20cmくらいになる。この状態になったら，そのまま短日下の本圃に定植し，開花させる方法である。

この栽培法での葉形成をみると，挿し穂が5

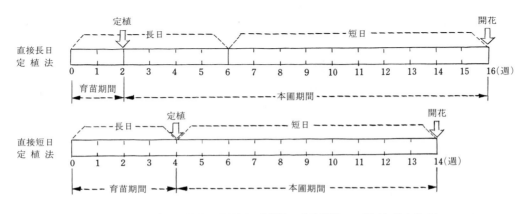

第1図　直接長日定植法と直接短日定植法の栽培期間の一例（無摘心栽培）　　　　（樋口原図）

省力化技術

第1表　夏期・冬期におけるキク品種スノードンの葉形成と平均節間長

(マーチンら，1982，キク周年生産より)

	挿し穂の葉数 (60mm)	長日下での1日当たりの葉数	短日定植時の葉数	短日下での葉形成	最終葉数	平均節間長 (cm)	最終茎長 (cm)
夏期 長日 16日	16	0.25	20	6	26	33	85
冬期 長日 28日	15	0.18	20	9	29	28	82

cmの状態でほぼ15枚が形成されている。これは開花時葉数の約50％が形成されていることになる。挿し芽が5日経過した未発根状態のものを長日下で3～4週間育苗すると，葉数は4～5枚増加し，20枚（展開葉10枚）程度となり，草丈は約20cmくらいになる。本圃に定植後の短日条件下では，さらに5～10枚増加し，最終的に葉数は夏期で25枚，冬期では30枚，切り花長は81cm以上となる。

第1表はスノードンを用いて，長日での育苗日数を夏期は16日間，冬期は28日間とした場合の生育状態をみたものである。市場規格の切り花長81cmを確保するには，夏期は1日当たりの葉数増が多く節間が長いので育苗日数を短くする。これに対し，冬期は1日当たりの葉数増が少なく節間が短いので育苗日数を長くする必要があることがわかる。

このように，直接短日定植法では，育苗環境がポイントとなる。

（3）　日本での事例

日本での適用については井上らが長日での育苗期間を3～7週間とし，その後自然日長に移し（1月定植），開花を調べている（第2表）。3週育苗ではいずれの品種も草丈は70cm以下と短く，育苗週数が長くなるにつれ草丈は長く，節数は増加している。これに対し，到花日数（定植から開花までの日数）は5～7週育苗で短く，3週間育苗がもっとも長く要している。

マーチンが述べている冬期の基準4週間育苗でみると，スプレー系のジェム，スワンではほぼ80cmと長いのに対し，輪ギク系の希望の光，金丸富士では草丈が71cm以下と短い。

品種間差が大きくみとめられ，品種の選択に

第2表　育苗期間と生育・開花

(井上・樋口，1987より一部抜粋)

育苗期間	開花時				生長量			
	草丈 (cm)	節数 (節)	生体重 (g)	到花日数[x] (日)	草丈 (cm/day)		葉数 (枚/day)	
					LD	SD	LD	SD
			金丸富士					
3 W	42.9 e	24.8 e	44.1 d	56.4 b	0.16	0.16	0.26	0.29
4 W	52.9 d	30.0 d	56.0 c	55.4 ab	0.35	0.69	0.31	0.33
5 W	62.8 c	32.6 c	58.9 bc	55.0 ab	0.44	0.77	0.32	0.33
6 W	68.3 b	35.2 d	64.5 b	55.3 ab	0.47	0.79	0.32	0.34
7 W	75.7 a	40.8 a	82.8 a	53.9 a	0.68	0.70	0.39	0.35
			スワン					
3 W	68.9 d	26.9 d	46.6 d	68.9 c	0.27	0.85	0.23	0.28
4 W	80.4 c	29.4 cd	58.9 c	59.6 b	0.41	1.07	0.28	0.31
5 W	86.7 bc	31.3 bc	69.7 bc	56.5 a	0.67	1.03	0.34	0.29
6 W	90.7 ab	32.3 ab	79.7 b	55.4 a	0.56	1.12	0.29	0.31
7 W	97.6 a	34.5 a	92.1 a	55.5 a	0.77	0.99	0.34	0.27

注　x：定植より開花までの日数。英文字はダンカン多重検定5％水準。定植：1987年1月24日

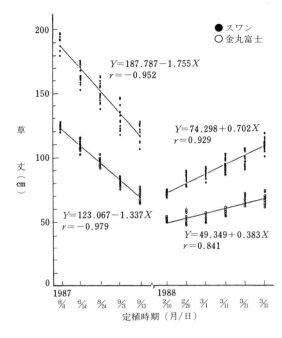

第2図 定植時期と最終草丈
(井上・樋口, 1988)

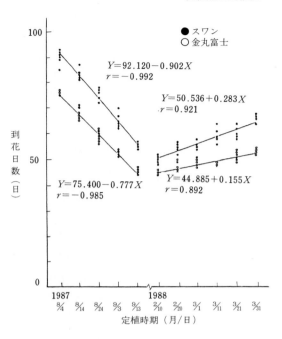

第3図 定植時期と到花日数
(井上・樋口, 1988)

よって本法を適用できるとしている。

そこで,育苗期間を4週間とした場合,直接短日定植法(自然日長下)が適用できる定植時期の限界について調べている(第2図,第3図)。

秋期定植時期の8～9月と春期の2～3月について定植時期と草丈の関係をみると,定植時期が遅れるにしたがって草丈は直線的に減少している。これに対し,春期では定植時期が遅れるにしたがい草丈は秋期にくらべやや緩やかではあるが,直線的に増加する。定植時期によって草丈は日長の変化に比例的に変化している。品種間差についてみるとスプレー系スワンではいずれの時期でも80cm以上と長いのに対し,輪ギクの金丸富士はスワンより短く,特に春期は80cm以下と顕著に短い。

定植時期と到花日数の関係も,草丈との関係と同様な傾向を示している。

また,8月24日以前の定植と3月21日以降の定植で柳芽の発生が認められている。

これらのことから,直接短日定植法は,品種の選択および育苗期間の調節によって,9月上旬～3月下旬までの年間約7か月の適用が可能だとしている。

自然日長下で直接短日定植法を適用するには,品種選択とともに,定植時期と育苗期間の関係を把握する必要がある。スプレー系スワンを用いた井上らの試験結果(未発表も含む)から育苗期間を推定してみた。

出荷規格を80cm以上と設定した場合,挿し芽後の長日期間は9月中旬で0～1週,10月上旬で4週,12月下旬で5週,1月下旬で4週,3月下旬で1～2週程度とみられる。

なお,生産室(本圃)の在圃期間を短縮するには,電照の有無にかかわらず育苗期間は3～4週間とし,鉢育苗を行なう。前述のように時期によって電照期間を調節し,栄養生長から生殖生長へ転換をはかる必要があろう。こうした方法では定植から開花までの日数は9月中旬定植で60日,10月上旬～12月下旬では約50日,1月下旬で60日,3月下旬で65日程度とみられる。

（4）今後の課題

今後，キクなどの切り花は輸入の増加が予想され，国際競争力をつけること，いかに低コストで生産が可能か，低価格商品を安定提供できるかが問題となろう。

一定の栽培面積で，施設の回転率をあげ，単位面積当たりの収量（売上げ）を確保する方法や，労力削減を主体に大規模省力栽培などでの対応が急がれる。

周年生産・低コスト生産を実現するには，計画生産ができるかがポイントである。これには一斉に定植，一斉開花，一斉収穫ができる栽培法と，定植や収穫作業などの機械化が必要になる。特に，直接短日定植法はこうした技術を生かして，経営を展開するものであろう。

日本での直接短日定植の適用試験は育苗期間は長日にするものの，定植後は自然日長の短日条件を利用している。直接定植栽培の特徴を生かすには周年生産が前提となる。

そのためには，育苗室と生産室を完全に分離し，発育相に合致した環境を設け，効率的に生産することである。育苗室では電照設備を設け，長日条件をつくり，栄養生長を旺盛にし，生産室ではシェード装置を設け，定植後に短日条件をつくり，栄養生長から生殖生長へすみやかに転換できるようにすることである。

在圃期間を短縮するには，無摘心栽培が基本で，品種の選択が重要である。前述のように，長日の育苗期間に葉数を増加，節間を伸長させ，短日条件に移したとき，すみやかに栄養生長から生殖生長へ転換できる品種を検索できるかである。また，夏期はシェードなどがより高温になりやすいので，耐暑性があり，高温下でも発育が順調にすすむ品種を選択することも重要である。

計画生産するには，市場出荷に必要な草丈を想定し，その目標の草丈を得るには長日での育苗は何日，短日での在圃期間は何日かを明らかにする必要がある。

短日条件での定植から開花までの日数は60日前後，9週以内が望ましい。品種選択と組み合わせて在圃期間が短縮できれば，年5作は栽培可能となる。

挿し芽の5日後に，ソイルブロックや鉢に植え替えて3〜4週間育苗しているが，さらに育苗，生産方法の簡素化が必要であろう。

林ら（1990）によると，鉢サイズと苗の生長について調べ，3号ポットでは約1か月間育苗でき，在圃期間の短縮を可能としている。

育苗を前提にするとしても直接，育苗鉢に挿し芽を行ない，そのまま開花まで管理する無移植栽培についても検討の余地があろう。

筆者（1992）は，元肥に緩効性被覆肥料を用い，3号ポリ鉢に直接挿し芽を行ない，鉢のままで開花させる無移植栽培を試みた（第4図）。培地はピートモスと下水汚泥焼却灰土（ハマソイル）を用い，施肥量（全量元肥のみ）は3号ポリ鉢1鉢当たり緩効性被覆肥料ロング180（14-12-14）を用い1〜9gの範囲で調べた。9月17日に挿し芽を行ない，長日育苗4週後，短日下（自然日長）に移動し，給水は底面給水で管理した。

生育が良好だったのは，下水汚泥焼却灰土の混合比率が10〜70％で，施肥量は3号ポリ鉢1

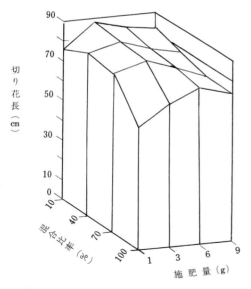

第4図 ハマソイルとピートモスの混合比率と施肥量がスノークイーンの切り花長に及ぼす影響
　　　　　　　　　　　　　　　（井上，1992）

鉢当たりロング3gで，切り花長は80cm以上が得られた。

このように施肥量，給水方法などを組み合わせれば3号鉢程度の少量培地でも切り花栽培が可能とみられる。

今後，養液栽培などを含め少量培地による直接短日定植法の効率的生産方法，つまり低コスト・省力栽培が課題である。

〈執筆〉 井上 知昭（東京農業大学厚木中央農場）
1995年記

参 考 文 献

Machin, M. and N. Scopes. 1982. Chrysanthemums year-round growing. Blandford Books. 101—108.

樋口春三．1986．花卉園芸の事典．朝倉書店．130—131．

井上喜雄・樋口春三．1987．キクの直接短日定植法における育苗期間が生育，開花におよぼす影響．園学要旨．昭62（秋），458—459．

井上喜雄・樋口春三．1988．直接短日定植法における定植時期の相違が生育，開花におよぼす影響．園学要旨．昭63（秋），468—469．

林孝洋・他3名．1990．キクとカーネーションの苗の生長に及ぼすポットの大きさの影響．園学雑．**59**（別2），588—589．

井上知昭．1992．平成3年度ハマソイルによる花き栽培実用化試験報告書．横浜市下水道局（未発刊）．60—71．

直挿し栽培（輪ギク，スプレーギク）

(1) キクの直挿し栽培の概要

キクの直挿し栽培は昭和62年，愛知県渥美郡赤羽根町の河合氏によって初めて営利的に行なわれた。

直挿し栽培では育苗を行なわず，未発根の挿し穂を栽培圃場に直挿しするため，育苗などの省力化が図られる。当初は冬〜春に定植する輪ギクの精雲を中心に行なわれていたが，近年はスプレーギクなども含めて周年実施されるようになってきた。

第1表はスプレーギク主要産地での直挿し栽培の実施状況である。

スプレーギクでは平成5年から直挿し栽培が実施され，平成8年頃から全国的に増加している。秋〜春にかけて直挿し栽培の割合が高く，作付けの90％に達している産地もある。夏の高温期は発根時の管理が難しいため，試作程度の産地が多い。愛知県豊川市や和歌山県打田町では，育苗センターから発根苗が安定的に供給されているため，直挿し栽培の割合が低くなっている。

輪ギクについては，夏秋ギクを中心に普及している。'精雲'や'岩の白扇'などの夏秋ギクは発根が早く，また低温時に直挿しを行なう作型では発根時の管理が容易である。一方，秋ギクは夏の高温期に直挿しすることが多いため，発根時の管理が難しく，直挿し栽培の割合が夏

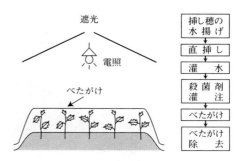

第1図　キク直挿し栽培の手順

秋ギクに比べて低い。特に遮光設備のない施設では，高温期の直挿し栽培は難しい。

以下，試験研究機関の研究成果や先進的生産者の事例などをふまえ，直挿し栽培技術について検討する。

(2) 直挿し栽培の特徴

①生育の特徴

直挿し栽培と発根苗（砂上げ苗，ソイルブロック苗など）栽培では生育が異なる。直挿し栽培では栽培圃場で発根することが大きな特徴である。通常の育苗に比べて，発根時に株間が広く，株に当たる光線量が多いため，太くて勢いのある根が多くなる（夏の高温期以外）（第1図）。

②直挿し栽培の長所，課題

直挿し栽培の一般的な長所と課題は下記のように整理できる。

【長所】
1) 育苗などの作業の省力化を図ることができる。
2) 発根力が強い。
3) 切り花のボリュームが向上する。
4) 下葉の枯上がりが少なくなる。
5) 摘心栽培では摘心作業がしやすくなる。
6) 二度切り栽培での品質が向上する。

【課題】
1) 初期生育がやや遅い。

第1表　スプレーギク主要産地での直挿し栽培の実施状況

（本田）

産地名	直挿し栽培の実施面積割合	今後の動向
福島県二本松市	秋〜春は90％，夏は試作程度，年間で70％	今後も増加傾向
栃木県真岡市	秋〜春は90％，夏は試作程度，年間で75％	今後も増加傾向
静岡県浜松市	秋〜春は65％，夏は試作程度，年間で50％	今後もよこばい
愛知県豊川市	秋〜春は15％，夏は試作程度，年間で10％	今後も増加傾向
愛知県渥美町	秋〜春は80％，夏は15％，　　年間で70％	今後も増加傾向
和歌山県打田町	秋〜春は30％，夏は試作程度，年間で20％	今後はやや増加
鹿児島県全域	周年試作程度	関心が高い

注　平成9年9月調査，生産者，普及センター，農協からの聞取り結果

省力化技術

第2図 直挿し栽培の株は発根力が強い

2) 生育の不揃いを生じることがある。
3) 高温期の管理が難しい。
4) 花房の形状が乱れることがある。
5) 立枯病が発生することがある。

③一般的な作業順序

直挿し栽培の一般的な作業順序は以下のとおりである。

1) 挿し穂の発根促進処理
2) 圃場準備
3) 挿し穂の水揚げ
4) 直挿し作業
5) 灌水
6) 殺菌剤の灌注
7) べたがけと遮光
8) べたがけと遮光の除去

1) の発根促進処理は行なわない場合もある。
7) のべたがけは，夏の高温期と他の季節で資材を検討する必要がある。遮光は，低温期には不要だが他の季節には必要になる。

(3) キクの発根と温度・光条件

キクの発根には，挿し穂の栄養条件，土壌湿度条件，発根時の温度条件，発根時の光条件，発根剤など，さまざまな要因が関係する。ここでは直挿し栽培の特徴である「栽培圃場での発根」に関係の深い，発根時の温度と光条件について検討する。

①温度条件と発根

まず，温度条件について，第2表に10～35℃での発根状況を示した。この試験では明期14時間（明るさ約1,900lx），暗期10時間とし，昼夜一定の温度条件にした。

試験の結果，温度が低い場合は発根が遅くなり，10℃で20.7日，15℃で12.4日となった。冬の低温期の土壌はこのような低い温度になることもある。25℃では発根が早く，発根後の根の伸長も優れている。35℃になると発根後の根の伸長は著しくわるくなる。

表では省略したが，40℃では直挿し2～3日後に挿し穂が黒変し，すべて枯死した。夏の高温期は遮光条件下でもべたがけ内が35℃以上になることがあるから，慎重に管理する必要がある。

②光条件と発根

第3図は光条件と発根の関係を示したものである。試験では明期14時間（22℃），暗期10時

第2表 キクの直挿し後の温度条件と発根
(本田)

温度(℃)	発根日数(日)	発根数(本)	根長(mm)	新鮮根重(mg)	根の呼吸量(mg/g/hr)
10	20.7	—	—	—	—
15	12.4	27	8	35	10.7
20	8.3	19	43	126	6.7
25	6.3	19	78	148	4.3
30	6.5	20	46	66	2.9
35	8.4	5	16	6	

注 品種：セイハニー。発根日数以外は直挿し15日後に調査，35℃区は発根株（発根率42%）について調査，呼吸量は酸素電極を用いて水温20℃で調査した（35℃は根量が少なく未測定）

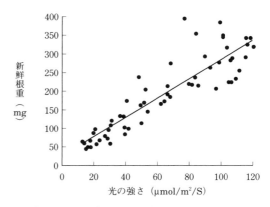

第3図 キク直挿し後の光の強さと新鮮根重
品種はセイハニー，直挿し14日後に調査

間（17℃）とした。光が強くなると新鮮根重は増加した。光が弱くなると，根が細くなるとともに，長さも短くなった。

(4) 挿し穂の準備

①直挿しに必要な挿し穂の品質と確保

よい挿し穂の条件 挿し穂の品質は直挿し栽培が成功するための重要なポイントである。特に発根時の環境条件が厳しい夏の高温期に品質のわるい挿し穂を用いると失敗する事例が多い。

品質のよい挿し穂の条件は，1）茎葉がしっかりとしていて同化養分が十分にある，2）葉が黄化していない，3）極端に乾燥していない，4）貯蔵中に茎葉が腐敗していない，5）病害虫におかされていない，などである。

適切な親株管理 よい挿し穂を確保するためには，まず親株管理を適切に行なうことが必要である。

同化養分が十分にある挿し穂を確保するために，親株が日照不足にならないように注意する。内張りなどで遮光しすぎると軟弱な挿し穂になり，品質が低下する。窒素量が挿し穂の品質に大きく影響するので，施肥管理に注意する。

病害虫の防除 直挿し栽培にかぎったことではないが，病害虫の防除は重要である。

キクわい化病（スタントウイロイド）については，発病株を発見したらすみやかに除去するとともに，無病苗の導入も検討したい。白さび病には定期的な薬剤散布を行なうとともに，過湿に注意する。キク黄化えそ病はミナミキイロアザミウマによって伝染するため，アザミウマの防除を徹底する。アブラムシ，ハダニなどの害虫防除も定期的に行ない，病害虫のない健全な挿し穂を確保する。

貯蔵期間と貯蔵環境 挿し穂を長期間貯蔵すると同化養分が減少し，品質低下の原因となる。貯蔵期間は3℃で最大30日程度である。輪ギクでは，生育促進を目的として40日程度低温貯蔵することがある。その場合，親株管理や貯蔵中の温度・湿度管理を徹底し，挿し穂の腐敗や心止まりが発生しないように注意する。貯蔵温度が高い場合は貯蔵期間を短くする。

貯蔵中の腐敗を防止するため，挿し穂をやや乾燥状態で貯蔵することが多い。挿し穂が乾燥しすぎると，水揚げが困難となり，直挿しの作業がわるくなるので注意する。また，挿し穂がしおれた状態では発根がわるく，生育不揃いの原因となる。葉が黄化した悪い挿し穂を直挿しすると，発根不良となったりべたがけ内で挿し穂が腐敗したりすることがあるので注意する。

②挿し穂の大きさと生育，品質

長い挿し穂 育苗栽培では6～7cm程度の長さの挿し穂を用いることが多いが，まず，従来より大きい挿し穂の利用について検討する。

第3表は挿し穂の長さと発根，生育について検討したものである。挿し穂の長さが7cmと10cmでは発根が良好だが，15cmと18cmでは発根が劣る。

挿し穂が長くなると茎が硬化し，発根がわるくなるとともに，株によるバラツキも大きくなる。挿し穂が長いほど初期の草丈が長くなるが，切り花長に大きく影響するものではない。切り花重は挿し穂の長さが長いほど軽くなる傾向がある。これには長い挿し穂の場合に発根がよくないことが影響していると考えられる。

特に茎の硬い品種は挿し穂が長い場合に発根がわるくなることが多いので注意する。また，長い挿し穂を直挿しすると，べたがけによって挿し穂が曲がることがあり，作業性もわるくなる。

第3表 キクの挿し穂の大きさが発根，生育，開花に及ぼす影響　　　　　　　　　　（松本，十川）

挿し穂の長さ (cm)	最長根長14日目 (cm)	根重 (mg)	茎長15日目 (cm)	切り花日 (月/日)	切り花茎長 (cm)	切り花重 (g)
18	3.2	10	12	3/3	98	69
15	4.0	13	10	3/1	98	75
10	6.9	58	9	3/2	99	77
7	6.2	32	7	3/1	94	85

注　品種：秀芳の力。平成8年7月12日親株定植，オキシベロン粉剤0.5を粉衣した挿し穂を10月31日直挿し，平成9年1月2日消灯，1月17～21日再電照

香川県農試・平成9年度成績より一部抜粋

短い挿し穂 短い挿し穂を用いると初期生育が劣る。スプレーギクで花房の形状を改善するために草勢を低下させるなど，特殊な目的がある場合以外は，切り花品質の低下につながることが多いので注意する。

以上のように，生育，作業性などを考慮すると，直挿し栽培では6～10cm程度の挿し穂長が適していると考えられる。

③発根促進処理の方法

直挿し後の発根を早くするため，挿し穂の発根促進処理が行なわれている。現在生産者が行なっている処理方法は下記のように整理できる。

1) 採穂時にオキシベロン粉剤を茎の基部に処理し，7℃で2週間程度貯蔵する。

2) 直挿し1週間前にオキシベロン液剤と殺菌剤の混合液に数秒間浸漬後，新聞紙とポリフィルムで包み，7℃で貯蔵する。

3) 砂上げ苗と同様の方法で挿し芽を行ない，6日程度育苗し，発根直前の挿し穂を直挿しする。

4) オキシベロン液剤1,000倍液に茎の基部を浸漬する処理を，涼しい場所で7日間行なう。

いずれの処理も有効な発根促進の方法だが，それぞれ課題もある。1) では挿し穂を長期間貯蔵できない。2) の場合は品種によって茎が曲がり，直挿し作業が困難になる。3) は挿し芽に多くの労力を必要とする。4) では挿し穂の基部が腐敗しやすい。また，これらの処理を行なうためには，低温期を除いて冷蔵庫などの施設が必要となる。

挿し穂の品質や作業性から考えると，1) と2) の方法が実用的ではないだろうか。

なお，キクの発根剤としてはオキシベロン（成分：インドール酪酸）液剤，粉剤，ルートン（1-ナフチルアセトアミド）が利用されている。

④発根促進処理の効果

挿し穂の発根促進処理については多くの試験研究結果が紹介されている。

オキシベロン粉剤と冷蔵処理を組み合わせると発根が促進される（山崎，愛知県農総試豊橋農技センター，1995）。オキシベロン液剤の吸収処理により，発根を促進するとともに，べたがけなしでの直挿し栽培が可能になる（本間，静岡県農試，1996）。挿し穂の冷蔵期間中に照明を行ない吸水させることにより，発根が著しく促進される（米倉・今川，愛知県農総試豊橋農技センター，1996）。

これらの試験結果を参考に，それぞれの経営に適した処理方法を選択するとよい。

第4表は「発根促進処理なし直挿し」「6日間発根促進処理直挿し」「砂上げ苗定植」の生育を比較したものである。試験では，処理区の差が明確になるよう，直挿しから消灯までの電照期間を短くして生育を比較した。

その結果，発根促進処理なし直挿しでは初期生育が劣り，切り花品質もやや劣った。しかし，発根促進処理により，初期生育が促進され，切り花品質も向上した。

挿し穂の発根促進処理を行なわないと，多くの品種では直挿し後5～8日で発根するが，発根促進処理により，3日程度発根が促進される。しかし，挿し穂が古い場合や直挿し後の環境条件がわるい場合は腐敗の原因となることがある。また，処理時の温度が高く，処理期間が長い場合も，挿し穂が腐敗することがあるので注意する。

⑤輸入挿し穂の利用

近年，海外でキクの挿し穂生産が増加しつつある。中国を始め，ブラジル，コスタリカ，南アフリカなどで生産され，1本8円程度で販売されている。

輸入される挿し穂には，採穂時に発根剤処理を行なったものがある。そのため発根が早く，直挿し後4～5日で発根する。

第4表 キクの直挿し，発根処理した直挿し，砂上げ苗の切り花品質 (本田)

挿し穂の種類	切り花日(月/日)	消灯時の草丈(cm)	切り花長(cm)	切り花重(g)	節数(節)	花蕾数(輪)
直挿し（発根促進処理なし）	11/28	11	91	45	29	5.2
直挿し（6日間発根促進処理）	11/27	18	104	57	34	6.3
砂上げ苗定植	11/27	18	103	58	36	6.5

注　品種：セイハニー。平成7年9月11日に直挿しと定植，無摘心栽培，10月1日消灯

反面，輸送や検疫に時間を要した場合，葉の黄化が生じ，直挿し後の腐敗の原因になる。特に夏の高温期は注意が必要である。葉が黄化しているときは，べたがけ期間を短くしたり，通気性のよい不織布などでべたがけすると，挿し穂の腐敗が少なくなる。

海外からの輸入挿し穂を利用する場合は，あらかじめ予約を行ない，計画的に生産できるようにすることが重要である。

⑥挿し穂の水揚げ

挿し穂がしっかりと水揚げしていることが大切である。水揚げが不十分で挿し穂がしおれていると，直挿しの作業性が低下する。また，直挿し後に長期間しおれていると発根が遅れ，切り花の品質にも影響する。

水揚げさせるには，発根剤と殺菌剤を混合した液に数秒間浸漬した後，湿った新聞紙で包んでおく。しおれた挿し穂でも1時間程度で水揚げが完了する。発根剤にはオキシベロン液剤（成分：インドール酪酸0.4％）100～200倍，殺菌剤にはリゾレックス水和剤（成分：トリクロホスメチル50％）1,000倍などを用いる。

(5) 圃場の準備

①うね立て，耕うん

直挿し栽培の圃場は砂上げ苗を定植する場合に準じる。うね幅と通路は定植方法によって異なる。うねの高さは10～20cm程度とし，排水性のわるい圃場では高くする。排水性がよい圃場ではうねを立てずに栽培している事例もある。また，うねの上面を水平にならすことが大切である。凹凸があると，水分の過不足によって発根が不揃いになるので注意する。

圃場を耕うんするとき，前作の茎葉や根の残渣の処分が問題になるが，直挿しの場合は通常，残渣を土壌とともに耕うんしても問題がない。ただし，根頭がんしゅ病などの土壌伝染性病害が発生した圃場では，茎葉などを可能なかぎり除去する。耕うんをあまり早くから行なうと前作の株の腐敗が進むため，直挿しの1～3日程度前に行なうのが望ましい。

耕うんの深さは重要である。直挿し栽培では土壌が高温多湿になり，肥料が分解しやすい条件になる。しかし，土壌表面に比べて地中は温度が上昇しにくく，肥料の分解も遅い。したがって15cm以上の深さに耕うんしたい。省力化のため，土壌表面のみを耕うんしたり，不耕起栽培を行なう場合は，元肥の量を少なくし，追肥中心の施肥体系とする。

②乾燥防止，排水対策

キクはさまざまな土壌で栽培されているが，直挿しもどのような土壌でも栽培が可能である。全国各地で直挿し栽培が行なわれているが，土壌の種類が原因で失敗した事例はほとんどない。

土壌が乾燥しすぎる場合は，灌水とべたがけにより，発根時の挿し穂のしおれが防止できる。

土壌の排水がわるい場合は発根不良になることがある。発根には水分とともに酸素も必要だから，土壌が過湿だと酸素の供給が断たれて根が細くなり，切り花のボリュームにも影響する。土壌の排水性がわるい場合はうねをやや高くするとともに，堆肥の投入による土壌改良や暗きょ排水などの対策を講じる。

③土壌消毒

土壌伝染性病害，土壌線虫，雑草などの防除のため，土壌消毒を行なう。

直挿し栽培ではべたがけが多いため，ガス抜きが不十分だとべたがけ内のガス濃度が高くなり，障害が発生する可能性がある。したがって，それぞれの薬剤に適した方法で，ガス抜きをていねいに行なう。特に，地温が低い場合や，土壌が過湿な場合は，ガスが抜けにくいため注意する。

④元肥施用

元肥の施用は，砂上げ苗の定植の場合に準じて行なう。施肥量は10a当たり窒素成分量で10kg程度とする。前作の肥料が残っていれば，土壌診断の結果にもとづいて減量する。

直挿し栽培では，べたがけによって土壌が高温多湿条件になるため，肥料の分解が進みやすくなる。したがって，緩行性の肥料を用いるようにする。

肥料からはアンモニアなどのガスが発生する。また，べたがけ内の露からはアンモニアや亜硝

酸などが検出される。キクはこれらのガスに強い植物で，通常，障害は発生しない。しかし，夏の高温期や挿し穂の品質がわるい場合には注意が必要である。こうした条件があれば，元肥の量をひかえめにする。

第5表は元肥量と直挿し後の生育との関係を示したものである。10a当たり窒素成分量で30kgを施用すると，発根が不良になり，切り花の品質も低下している。この結果から，一般的な元肥量は10a当たり15kg以内が望ましく，その程度の量なら問題がないことがわかる。

(6) 直挿し栽培での管理の基本

①直挿し作業

しっかり水揚げした挿し穂を用いて直挿しを行なう。

挿し穂の茎の基部2～3cm程度を土壌に差し込む。土壌が軟らかければ手で直接挿し込むことができる。土壌が硬ければ，茎が折れないようにこてなどを利用する。しっかりした挿し穂を利用すると，1時間に1,000本程度直挿しできる。直挿し作業は挿し穂がしおれないように遮光条件下で行なう。

直挿し後は，十分に灌水する。灌水量が少ないと挿し穂がしおれる原因となる。

灌水後，立枯病（リゾクトニア菌，ピシウム菌）予防のため殺菌剤を灌注する。リゾクトニア菌は周年発生するが，高温期に特に多い。ピシウム菌は低温期に発生が多い。殺菌剤はリゾレックス1,000倍やモンセレン1,000倍などを用いる。灌注量は，うねの上面積1m²当たり1～3ℓ

第4図　高温障害による葉の変色

とする。

灌注後にべたがけを行ない，発根を促進する。

②べたがけの資材と方法

直挿し栽培では，発根時の挿し穂のしおれを防止し，発根を促進するため，べたがけを行なう。

秋から春のべたがけ　秋～春には厚さ0.02～0.03mmの透明ポリフィルムを用いる。これによって地温が上昇し，発根が促進される。その際，うねの端までしっかりかけることが重要で，端から風が入ると挿し穂が乾燥し，発根不良の原因となる。

夏のべたがけ　夏の高温期用には，さまざまなべたがけ資材が検討されている。その種類（方法）は，低温期と同じ透明ポリフィルム，穴あきの透明ポリフィルム，白色の半透明フィルム，不織布，べたがけなし，などである。それぞれ次のような長所，短所がある。

透明ポリフィルム：高温障害がやや発生しやすいのが欠点。

穴あき透明ポリフィルム：直挿し後，日数が経過すると，挿し穂がやや乾燥する。

白色の半透明フィルム（石灰マルチ）：光の透過率が90％程度で，高温障害をやや防止できるが，フィルムの強度がやや弱い。

不織布（パオパオ90など）：べたがけ内の温度が低く，高温

第5表　'秀芳の力'の3月出し直挿し栽培での元肥施用量と発根，生育，開花，切り花品質　　(佐々木，千葉)

試験区	べたがけ除去時の最大根長（mm）	消灯時の草丈（cm）	開花盛期（月/日）	切り花長（cm）	切り花重（g）	上物率（％）
元肥なし	17.8	37	3/13	95	91	87
N－10kg/10a	19.7	47	3/11	101	98	98
N－20kg/10a	9.6	47	3/11	101	110	95
N－30kg/10a	8.8	43	3/11	95	95	89

注　平成8年10月24日直挿し，平成9年1月10日消灯，1月22～25日再電照。
　　元肥はCDUとS555を50％ずつ施用，追肥は液肥でN－5kg/10a施用
　　宮城県園試・平成9年度成績より抜粋

障害はほとんど発生しないが，挿し穂が乾燥しやすく，発根までの灌水作業が課題となる。

べたがけを行なわない場合：自動薬剤散布機などを利用して定期的に灌水し，挿し穂のしおれを防止する。

それぞれの方法の特徴を理解し，気候や施設に適した方法を用いるようにする。

べたがけ資材と温度環境　第5図は，べたがけ資材の違いによるべたがけ内の気温変化を示したものである。試験は4月3日（晴天日）に行ない，遮光率を45％とした。

その結果，ポリフィルム区は最高45℃となった。不織布区は最高36℃，無処理区（べたがけなし）は34℃であった。遮光率を高くするとポリフィルム区の気温はやや低下するが，不織布に比べて5℃程度高く推移することが多い。なお，いずれの処理区でも高温による枯死株はなかった。

第6表は，夏の高温期に30分間，べたがけに直射日光を当てて，高温障害の発生を調査したものである。

その結果，ポリフィルム区で最高48℃，不織布区で45℃になり，フィルムの種類による温度差がほとんどみられず，不織布区では高温障害の発生がなかった。穴あきポリフィルムと白色ポリフィルムでは，通常の透明ポリフィルムに比べて障害・枯死株が少なくなった。これは，べたがけ内の湿度が低くなり，葉温が低くなったことなどが影響したためと考えられる。

発根とべたがけ除去　すべての株が発根した後，べたがけを除去する。べたがけ期間は，挿し穂の発根処理を行なわなかった場合で10～14日である。発根処理を行なえば3日程度短縮できる。発根がよい春と秋ではやや短く，冬の低温期では長くなる。

③遮光の方法

直挿し後に，べたがけ内が高温にならないように適度な遮光を行なう。遮光には内張りなどを利用することが多い。スプレーギクでは短日処理用の内張りを利用することが多いが，その場合，10～20cm程度隙間をあけておくと，施設内が明るくなり，発根が促進される。

第6図は内張りの開放程度と施設内の明るさ，温度との関係を示したものである。内張りを完全に閉めると，施設の中央部の明るさは186lxと暗くなる。内張りを10cm開放すると583lx，20cm開放すると1,035lxと明るくなった。

12～2月の低温期には遮光する必要がない。それ以外の季節には天候をみながら遮光を行なう。曇りや雨の日は遮光を開放し，挿し穂に光を当てて発根を促進する。晴天日には朝と夕方のみ遮光を除去する。

高温障害は短時間で発生するため，天候が変わりやすいときには遮光を行なうようにする。また，低温期にはべたがけを除去すると同時に遮光も終了する。夏の高温期にべたがけを除去すると株がしおれやすいので，べたがけ除去後2

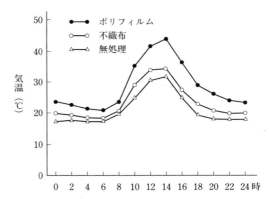

第5図　春季のキク直挿し栽培でのべたがけ資材の種類と1日の気温変化

4月3日（晴天日）に地表面の気温を測定，45％遮光

第6表　直射日光処理とべたがけ資材の種類によるキクの生育　　　　　　　　　　　　　　　　（本田）

べたがけ資材名	茎葉の状況（％）			発根状況	
	正常	障害	枯死	発根数（本）	根長（mm）
不織布（パオパオ90）	100	0	0	18	20
穴あきポリ	88	12	0	30	29
白色ポリ（サンブラックマルチ）	20	52	28	23	22
透明ポリ	16	32	52	26	24

注　品種：セイハニー。平成9年8月5日直挿し，8月11日（晴天日）の11時から30分間直射日光を当てた。穴あきポリは，透明ポリに5cm間隔に直径3mmの穴をあけた。直挿し10日後に調査

省力化技術

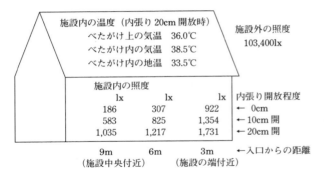

第6図 内張りの開放程度と地表面の明るさ，施設内の温度
平成9年8月21日（晴天）11時に和歌山県内のスプレーギク栽培施設で測定。
間口7.2m，3連棟の施設の中央棟で測定，地温は地下3cmで測定

～3日間遮光を行ない，株がしおれるのを防止する。

④発根時の温度管理

春～秋の温度が高い時期には，直挿し後に無加温で管理する。冬の低温期には加温を行ない，発根に適した地温を保つように管理する。一般的には12℃程度に加温している事例が多い。

日差しの強い時期は地温が上昇しやすく，加温温度が低くても発根への影響が少ない。しかし，12月下旬頃の日差しは弱く，特に曇雨天が続くと地温が低く推移するため，発根が遅くなる。発根の遅い品種では影響が大きいので注意する。

地温が上昇しにくい場合は，加温温度を15℃以上に高く設定する。低温で管理すると発根が遅れるだけでなく，立枯病の発生が多くなる。東北や北陸など，気温が低く晴天の少ない地域では注意する。

⑤高温期の管理のポイント

直挿し栽培では季節に応じた管理を行なうことが重要だが，特に夏の高温期の管理が難しい。以下，重複する部分もあるが，高温期の直挿し栽培で失敗しないためのポイントを整理する。

高温期をのりきるためには，しっかりした健全な挿し穂を用いることが最も重要である。長期保存したり葉が黄化した挿し穂では，高温期に挿し穂の呼吸量が多くなるため，発根がわるく，挿し穂が腐敗することがある。

次に，べたがけ資材の選定も重要である。不織布を用いると，高温障害の発生が少なく，発根がよくなるが，乾燥防止のため1日に2回程度葉水を行なう必要がある。そのためには労力がかかるから，穴あきフィルムや白色フィルムを用いると，灌水管理がしやすくなる。

遮光は日中に80％以上とし，べたがけ内の温度が高くならないように管理する。暖房機などで送風して施設内の温度ムラを少なくしている生産者もある。

高温障害にも注意する。日光が長時間べたがけに当たっている状態では，挿し穂の温度が40℃以上になり，茎葉が腐敗する。直射日光が当たらなくても，1日中35℃程度の高温が続くと，挿し穂が消耗して発根が遅れ，生育不良になる。高温障害を防ぐために，直挿し後はべたがけ内に温度計をセットし，注意深く管理する。また，定期的に挿し穂の葉色をチェックし，黄化が激しい場合はべたがけ（ポリフィルムの場合）を除去し，灌水によってしおれを防止するとともに，挿し穂が腐敗しないように注意する。

⑥発根後の栽培管理

発根後の栽培管理は砂上げ苗定植の場合に準じて行なう。

べたがけ除去後，灌水を行ない，水分を補給するとともに，肥料の吸収を促進させる。摘心栽培にする場合は続いて摘心を行なう。直挿し栽培ではべたがけ内で茎が徒長するため，摘心がやりやすい。また，砂上げ苗定植に比べて根がしっかりしているため，摘心作業によって株が引き抜けたり根がいたんだりすることが少ない。

スプレーギクでは，勢いが強すぎると花房の形状が乱れることがある。これは，直挿し栽培では発根力が強く，肥料吸収力も強いからで，特に無摘心栽培で草勢が強くなることが多い。その対策はスプレーギクの項で検討する。

(7) 輪ギクの直挿し栽培

①輪ギク直挿し栽培の特徴

輪ギクでは，スプレーギクに比べて栽培品種が少ないため，品種に応じた管理がしやすい。また，直挿しの時期が夏の高温期と冬の低温期に多い。

スプレーギク栽培では短日処理用の内張り（遮光率100％）のある施設が多いが，輪ギク栽培では短日処理を行なわない施設も多く，高温期の遮光が課題となる。遮光には，LSフィルムや不織布などの内張りがあれば，それを利用できる。

輪ギクの直挿し栽培では，キクの生育の特徴として，砂上げ苗栽培に比べて切り花のボリュームがあり，下葉の枯上がりが少ない。

②夏秋ギクの直挿し栽培

夏秋ギクの直挿し栽培は比較的簡単である。代表的品種である精雲は発根が早く，直挿し栽培に適している。また，夏秋ギクは冬～春の低温期に直挿しすることが多いため，高温障害の発生も少ない。3月上旬までに直挿しする場合は遮光の必要はないが，それ以降の直挿しでは高温障害に注意する。

近年，作付けが増加している'岩の白扇'も発根が早く，直挿し栽培に適している。

③秋ギクの直挿し栽培

秋ギクの代表的品種，'秀芳の力'は，夏秋ギクの精雲に比べて発根が遅い。挿し穂の発根促進処理を行なっても，その効果が精雲より低い。また，秋ギクは夏の高温期に直挿しすることが多いため，管理に注意する必要がある。

秋ギクの直挿し栽培では二度切り栽培が普及している。根の勢いが強いため，二番花もボリュームのある切り花になる。また，べたがけにより茎基部の節間が長く伸長しているため，一番花切り花後の芽の伸長がスムーズで，整枝作業がしやすい。

(8) スプレーギク直挿し栽培

①スプレーギク直挿し栽培の特徴

スプレーギク栽培では，品種が多いこと，作型が多いことが特徴である。

スプレーギクの主要産地では，長期間連続出荷するために作型が多い。また，二度切り栽培が少なく，それぞれの作型のすべてで定植を行なうため，作業が周年に及ぶ。したがって，夏の高温期は遮光を十分に行ない，高温障害が発生しないように注意する。冬の低温期は遮光を行なわず，挿し穂に光が当たるように管理するとともに，加温を行ないべたがけ内の温度を確保して発根を促すなど，それぞれの季節に応じた管理を行なうことが必要である。

直挿し後，発根時の管理については簡略化，システム化を図り，生産者の負担にならないようにすることが必要である。特に夏季は高温障害防止のため遮光や換気に注意する必要がある。この点で，天候に左右されない技術の確立が課題である。

②発根日数の品種間差を揃える

スプレーギクは輪ギクに比べて栽培品種が多いため，品種の発根・生育特性を把握して直挿しを行なうことが重要である。

まず，発根の遅い品種が問題となる。品種によって発根日数が異なると，発根時に行なうべきべたがけや遮光が難しくなる。また，発根の

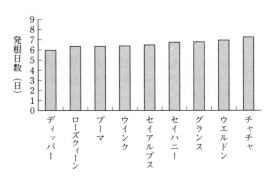

第7図 スプレーギク主要品種の直挿し栽培での発根日数　　　　　（本田）

平成8年12月6日直挿し，発根剤は使用していない，最低20℃加温

省力化技術

遅い品種は初期生育が劣ることが多く，発根の早い品種と同時に栽培すると，消灯までに草丈を確保するのが難しい。

第7図は品種別の発根日数を示したものである。平成8年12月6日に直挿しを行ない，最低20℃加温条件下で栽培した結果，'ディッパー'は6.0日で発根が早かったが，'チャチャ'は7.3日と遅かった。試験では発根に適した条件で管理したが，条件が適切でない場合，発根日数の品種間差はさらに大きくなることが多い。実際栽培では4～6日程度の差となることもある。

一般に，発根剤を使用し，直挿し後の環境（温度，光など）を適切に管理することが，発根の差を少なくするうえで重要である。これらの品種でも，他の品種より早く直挿しを行なったり，挿し穂の発根促進処理などにより，他の品種と発根を揃えるようにする。

発根のやや遅い品種としては'セイハニー'，さらに遅い品種としては'チャチャ'や'ビアリッツ'などがある。

③花房形状の乱れやすい品種と生育調節

直挿し栽培では根の勢いが強いため，草勢が旺盛となる。'セイアルプス'では消灯時に草勢が旺盛な場合，花房形状が乱れ（いわゆる柳芽），品質低下の原因となる。直挿しの無摘心栽培では特に注意が必要である。草勢を調節し，花房の形状を向上させるため，一般的には①他の品種よりやや遅く直挿しする，②肥料を少なくする，などの方法がとられている。

第7表は挿し穂の調整による草勢調節法を検討したものである。

それによると，一般的な挿し穂（長さ6cm）では正常花房率が30％と低かったが，短い挿し穂（4cm）を用いると95％に向上した。挿し穂を短くすることにより，初期生育が抑制され，花房形状の乱れが少なくなる。切り花長と切り花重はやや減少するが，切り花品質に影響するものではない。肥料や電照期間などと組み合わせて，品質向上に努めることが大切である。

セイハニーやバイキングなどの品種も，栽培条件によっては花房形状が乱れることがあるので注意する。

なお，初期の生育を抑制することによって草丈が確保できない場合は，ジベレリンを散布して草丈を確保する。

(9) 経営的評価と今後の方向

①労力と経費

第8表は，直挿し栽培の経営的評価について，自家育苗・慣行の砂上げ苗栽培と自家育苗・直挿し栽培での育苗と定植の労力を試算したものである。10a当たりの労力は砂上げ苗栽培で

第7表 短い挿し穂を用いたキク直挿し栽培による花房形状の向上 (本田)

挿し穂の茎長 (cm)	直挿し20日後の新鮮根重 (g)	消灯時の草丈 (cm)	切り花日 (月/日)	切り花長 (cm)	切り花重 (g)	1次花蕾数 (個)	正常花房率 (％)
6	2.0	36	6/12	120	69	7.9	30
4	1.4	25	6/14	117	61	9.4	95

注 平成9年3月21日直挿し，4月18日消灯，株間10cm，無摘心栽培，窒素15kg/10a

第9表 キクの直挿し栽培と発根苗栽培で挿し穂と苗を購入する場合の定植にかかる経費

定植方法	直挿し	砂上げ苗	ソイルブロック苗
挿し穂・苗の単価	7円	10円	12円
10a当たりの挿し穂・苗代	315,000円	450,000円	540,000円
殺菌剤・べたがけ資材費	25,000円	0円	0円
10a当たりの経費	340,000円	450,000円	540,000円

注 作型は無摘心栽培で，10a当たり45,000本定植

第8表 定植方法別作業労働時間 （単位：時間/10a）(小野寺)

作業内容	慣行（砂上げ苗）	直挿し
挿し床作成	6.0	—
挿し芽	25.0	—
ミスト管理	11.7	—
挿し穂の水揚げ	—	2.5
定植・直挿し	42.0	40.8
灌水	6.8	13.4
殺菌剤灌注	—	3.0
べたがけ・遮光	7.4	15.6
除覆	5.8	7.4
合計	107.4	82.4

注 宮城県園試・平成9年度成績より抜粋

107.4時間だが，直挿し栽培では82.4時間で，25時間少ない。

次に，挿し穂，発根苗を購入する場合について，その経費を検討してみよう。第9表は，和歌山県での挿し穂と発根苗の標準的な価格を示したものである。挿し穂が7円であるのに対し，砂上げ苗は10円，ソイルブロック苗は12円となっている。10a当たりで比較すると，直挿し栽培は砂上げ苗に比べて11万円，ソイルブロック苗に比べて20万円安くなる。

②課　題

直挿し栽培は，労力と育苗費については砂上げ苗栽培より優れているが，課題も残されている。つまり，作型にもよるが，砂上げ苗栽培に比べて初期生育が遅く，施設利用率がやや低下することである。

初期生育の遅れは品種により異なるが，春～秋では7日程度遅れ，冬の低温期では発根苗とほぼ同じ生育となる。これは，低温期の発根苗は活着に日数を要するが，直挿し栽培はべたがけにより地温が高く推移し，生育が優れるためである。また，夏の高温期は管理が難しく，気温の高い日が続くと挿し穂の腐敗などが発生しやすい。

これらの課題は，挿し穂の発根促進処理や各種資材の改良によって，ある程度解決できる。それに加えて，健全な挿し穂の利用，適切な温度管理などを徹底し，失敗のない直挿し栽培技術を確立したい。

執筆　本田　孝志（和歌山県専門技術員）

1995年記

引 用 文 献

竹内良彦．1995．輪ギクの直挿し栽培技術．農耕と園芸．**50**（2），168－171．

山崎一郎．1995．直挿し栽培における挿し穂の冷蔵方法と期間が発根に及ぼす影響．平成7年度関東東海花き試験成績概要集．754－755．

本間義之．1997．べたがけを行なわずに直挿し栽培するためのスプレーギクの発根前処理．園学雑．**66**（別1），522－523．

米倉悟・今川正浩．1996．挿し穂の冷蔵期間中の環境条件の違いが発根に及ぼす影響．平成8年度関東東海花き試験成績概要集．

腰岡政二・本田孝志．1997．挿し芽後の温度及び光条件がスプレーギクの発根に及ぼす影響．園学雑．**66**（別1），520－521．

本田孝志・藤田政良・上島良純．1996．スプレーギクにおける直挿し栽培と砂上げ苗栽培の生育，開花．園学雑．**65**（別1），448－449．

無摘心栽培

（1） 無摘心栽培の利点と不利点

　無摘心栽培は，現在の一輪ギクの代表品種である'秀芳の力'の生産拡大とともに，開発され普及した栽培方式と考えている。'秀芳の力'は，切り花形質がよく，日持ち性がよいことなどから市場評価は高いが，摘心栽培ではボリューム不足になりがちで，高品質安定生産技術の開発が強く望まれた。

　その対策の一つとして，1970年代後半に無摘心栽培が試みられ，しだいに普及して，今日では，二度切り栽培と組み合わせて全国で広く取り入れられている方式である。

　この栽培方式の利点は，前述のようにボリュームが付加できる品質向上にある。摘心栽培に比べ，株当たりの地上部が小さいため根に対する負担が軽く，換言すれば1茎当たりの根量が多く，生育が旺盛になる。これにより切り花にボリュームが備わると考えられる。下記のように無摘心栽培1作でみると投下労力が増加するが，二度切り栽培と組み合わせることにより，改植作業（定植準備と育苗，定植）が省略され大きな省力効果を生み出す。また，摘心栽培に比べて定植から消灯（短日開始）までの期間が短縮され，1作の栽培期間が短くなり，周年生産では生産効率が高くなる。さらに，これにともなう燃料費，電気料，施設の消却が小さくなり，この面での生産コストが軽減できる。

　不利な点は，摘心栽培に比べ，定植苗数は2～2.5倍に増加し，揃った苗が求められることから，育成苗数は2.5～3倍を必要とする。さらに，育苗と定植に要する労力もこれに相当する分多くなるなど，育苗から定植までの労力は大きく増加する。一方，摘心栽培では不可欠な，摘心と整枝の作業が不要になり，省力の面を合わせもつが，この範囲ではトータルとして労力増になる。摘心は，芽の齢をある程度揃える作用があるが，無摘心では，この作用を苗に求めることになり，苗の揃いがきわめて重要になる。

無摘心栽培は，頂芽の齢がすすんでおり，ある程度生長がすすむと電照による花芽分化の的確な抑制が困難になり，柳芽を発生しやすくなる。

　無摘心栽培には，以上のような利点と不利な点があげられるが，一輪ギク'秀芳の力'では，前記のように二度切り栽培と結びついて広く普及している。

　スプレーギクでは，無摘心栽培は，わが国では，現在のところほとんどみられないが，花卉生産の先進国オランダでは，ほとんど無摘心栽培で行なわれている。オランダでこの方式に至った最大の理由は省力化にあると思われる。オランダでは，①苗生産の分業化，②ソイルブロック苗の置え方式，③株の抜取り収穫法，④収穫物の搬送装置の開発・利用が行なわれている。すなわち，苗生産の分業化については発根苗の購入と挿し穂の購入の2通りが行なわれているが，これにより育苗労力の増大は考慮しなくてよい。置え方式により定植作業の省力化ができる。抜取り収穫と収穫場所からの搬送用ベルトコンベア（移動式）と切り花調整装置の一体化によって，収穫・調整作業の効率化・省力化ができる。

　このような背景があり，無摘心栽培の導入が可能となり，普及したと考えられる。また，定植後は管理作業のために圃場にほとんど入らないことから，通路を狭くし（30cm程度）ベッド幅を広くして（1.2～1.5ｍ）作付け効率を高めるねらいもあったのかもしれない。いずれにしろ，オランダの方式を即わが国へ導入することは，施設規模（オランダでは2万m²/棟）やレイアウトが大きく異なることから不可能であるが，これを参考に，新たなあり方を案出する必要がある。

（2） 栽培管理上の問題点と対応方法

①親株養成法と苗質

　無摘心栽培では，苗の揃いの良否が収量，品質を大きく左右する。そのため，親株管理は重要な要素になっており，小林（1991）は親株の摘心回数が生育・開花に及ぼす影響を検討し，定植後の生長は1回摘心が最も良好で，摘心回

省力化技術

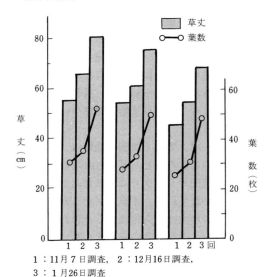

1：11月7日調査，2：12月16日調査，
3：1月26日調査

第1図 親株の摘心回数と草丈，葉数

(小林，1991)

数がふえるにしたがい低下し（第1図），柳葉がふえる傾向にある（第1表）としている。また，第1表をみると，開花期は摘心回数の影響をほとんど受けないが，茎長（表では草丈）は摘心回数がふえるにつれて短くなり，特に3回摘心でその傾向が顕著である。しかし，苗質の揃いは2〜3回摘心がよいといわれ，愛知県では2回摘心の穂を用いる場合が多い。第1表においても摘心1回と2回の差は小さく，苗が大量に必要であることから，2回摘心，摘心3〜4週間後採穂を基準に行なえばよいと考えられる。'秀芳の力'では挿し穂や発根苗の冷蔵処理（2〜3℃）がほとんど行なわれているが，長期冷蔵は心止まり症を発生しやすい（心止まり症の項を参照）ことから，4週間程度に止めることが肝要である。さらに長期の冷蔵を行なう場合は，いったん，発根させた後再度冷蔵し，定植に先立ち，温度・光に馴らすなどの配慮が必要である。

② 栄養生長期間

電照栽培においては，切り花長を決定するのは栄養生長期間であるが，この期間を長くしすぎるとムダが大きく，コストが高くなり，施設の利用効率が低下するうえ，後述するように柳芽になりやすい。切り花長の目安は，出荷規格（産地により異

第1表 採穂株の摘心回数と切り花形質（秀芳の力） (小林，1991)

| 摘心回数 | 平均開花日 | 草丈 | 葉数 | 小花数 | | 切り花重量 | 柳葉 | 心腐れ株率 | 心止まり株率 |
				舌状花	筒状花				
	月.日	cm	枚			g	枚	%	%
1回摘心	1.31	81.1	46.1	168.3	20.0	119.6	0.5	0	0
2回摘心	2. 1	78.4	47.3	175.5	18.5	141.6	0.6	0	0.02
3回摘心	2. 2	70.2	46.3	179.6	14.7	96.2	0.9	0	0.03

第2表 '秀芳の力'栄養生長期間と開花，切り花形質

(愛知農総試・豊橋，1991)

| 栄養生長期間[1] | 開花期 | 茎長 | 節数 | 柳葉 | 花首 | 花径 | 花重 | 茎葉重 |
週	月.日	cm		枚	cm	cm	g	g
6	12.16	91.2	41.6	0.8	5.2	12.8	18.5	33.4
7	15	107.6	49.9	0.9	4.4	13.6	22.0	48.3
8	14	110.1	50.4	1.1	4.5	13.4	20.6	48.8

注 [1] 定植から消灯までの期間

第3表 無摘心栽培における栄養生長期間と生育開花

(1988)

| 品種 | 栄養生長期間 | 到花日数[1] | 茎長 | 節数 | 着花側枝数 | 柳葉数 | 花首長 | 花径 | スプレーフォーメーション | 増加節数[2] |
	日		cm				cm	cm		
ドラマチック	15	55.9b	57.7a	27.5a	7.2a	0.1a	1.2a	8.3a	B	20.6a
	25	56.8b	60.9a	30.8b	8.5a	0.2a	1.4a	8.2a	B	21.1a
	30	54.3a	90.4b	37.1c	10.1b	0.2a	1.9a	8.1a	A, B	20.4a
ピンキー	15	59.0b	82.3b	27.0a	7.1a	1.0a	6.8c	8.1b	B	20.3a
	25	58.4ab	83.7b	29.2a	7.1a	0.9a	5.4b	8.2b	B	20.0a
	30	57.4a	104.7b	34.2c	8.4b	0.6a	4.4a	7.6a	A, B	19.7a

注 [1] 短日処理開始日からの日数
　　[2] 短日処理開始後の増加節数

なる）プラス10〜15cmである。

栄養生長期間と切り花形質との関係を，一輪ギク'秀芳の力'については第2表，スプレーギクについて第3表に示した。'秀芳の力'の出荷規格は，85〜90cmであることから，切り花長の目安を100cmとすると栄養生長期間が12月開花の作型で6週間では短く，7週間近く必要である。

一方，スプレーギクは，出荷規格を75〜85cmとすると85〜95cmの切り花長を確保する必要がある。品種により茎伸長にかなりの差があるが，ほぼ30日が目安である。

③電照操作と柳芽発生防止

無摘心栽培は，前述のように，株がある程度生長すると老化がすすみ，頂芽は長日条件（電照）下で花芽分化を開始し，柳芽になりやすい。この頂芽は，親株上で形成されたものであり，親株管理の影響を受け継ぐことになる。

親株の摘心回数，摘心から採穂までの期間と柳芽の発生の関係を示したのが第2図であるが，摘心回数が多く，採穂までの期間が長いほど柳芽の発生率が高い。これは，定植から65日後のデータであるが，柳芽発生防止の面からも，前記のように2回摘心，3〜4週間後採穂が望ましい。

株の老化に起因する柳芽の発生は，ある程度は電照時間を長くすることで防止できる。電照時間と柳葉の着生数との関係を第4表に示したが，栄養生長期間が50日でも暗期中断3時間では柳葉数3〜4枚が27％もあり，品質的に問題となる。また，柳葉の増加は，上位葉を大きくし品質向上を目的に行なう再電照によっても増加するが，柳芽の一歩手前とみることができ，柳葉数4枚以上は，花芽分化の抑制が限界にあると理解される。これをクリアーするには，このデータからは5時間の照明が必要となるが，一般には4時間電照が多く，筆者はこの時間でよいと考えている。

④生育特性の変化と対応方法

一般に，キクは施肥量が多すぎると株の老化をまねき柳芽になりやすく，無摘心栽培は，摘心栽培に比べ，1茎当たりの根量が多く，養水

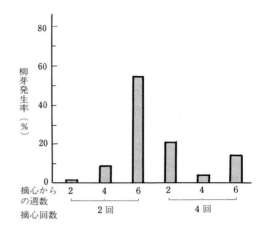

第2図 摘心回数および摘心から採穂の期間（挿し穂の齢）と柳芽発生

(1987)

品種：秀芳の力，消灯65日後に調査

第4表 電照時間および栄養生長期間と柳葉

(愛知農総試・豊橋, 1989)

電照時間	栄養生長期間	柳葉数		
		2枚以下	3〜4枚	5枚以上
時間	日	%	%	%
暗期中断 5	45	78.1	21.9	
	50	90.2	9.8	
	55	77.6	16.4	6.0
	60	80.3	12.0	7.7
3	45	72.0	28.0	
	50	70.6	27.5	1.9
	55	57.2	29.7	13.1
	60	58.3	25.0	16.7

注 品種：秀芳の力

分の吸収が多い。したがって，摘心栽培に比べ施肥量を少なくする。

'秀芳の力'では問題になっていないが，スプレーギクは，無摘心栽培では，生長力（草勢）が旺盛になり，適日長下においても花芽分化が順調にすすまず，開花の遅れや柳葉の増加，下位節からの側枝の伸長・着蕾をまねき，品質低下をきたす。その対応策は，研究に着手したところであり，明確にできないが，筆者は，栽植本数を2〜3割ふやし，施肥量，特に窒素量を減らし，初期施肥の比率を下げて花芽分化期の草勢を抑えることと考えている。窒素施肥量は，

1作当たり10～15kg/10 a，定植前後の比率を50％以下に抑えることであろう。

（3） 今後の見通し

最近，わが国でもスプレーギクの無摘心栽培を導入する動きが出始めているが，オランダと同様な対応のできる体制ができている，あるいは，取ろうとしているのではなく，'秀芳の力'と同様に二度切り栽培を前提に考えられている。育苗期間の延長による栽培期間の短縮も可能であり，今後増加することが予想される。しかし，二度切り栽培の導入は，久しく言及されている苗生産の分業化を阻害する要因となるので，経済的特性を生産全体レベルで捉え，今後の方向を決定することが重要である。

'秀芳の力'は全国各地で無摘心栽培が実施されており，若干の問題は残っているが技術の確立がかなりできている。しかし，スプレーギクについては，研究事例が少なく，上記のような大きな問題が残っており，今後，試験研究と産地が協力して技術確立を目指す必要がある。

〈執筆〉 西尾 譲一（愛知県農業総合試験場）
1995年記

参 考 文 献

愛知農総試・園研．1987．花き試験成績書．21，29—30．
愛知農総試・園研．1988．花き試験成績書．22，29—30．
愛知農総試・豊橋．1989．花き試験成績概要集．関東・東海，野菜茶試編．愛知—85．
愛知農総試・豊橋．1991．施設園芸花き試験成績書．18—19．
小林泰生．1991．農と園．46（3），130—132．

二度切り栽培

（1） 二度切りのメリットと欠点

キクの二度切り栽培は，昭和40年代に始まったが，当時の二度切りは，水揚げ，品質ともに悪いため市場側から嫌われ姿を消した。

その後，50年代前半に'秀芳の力'の栽培面積がふえるにしたがい増加してきた。

二度切り栽培が普及した理由は，1）親株の管理，育苗，定植などの作業が1回ですみ省力的であること（第1表に示した1作の10a当たり所要労働時間820時間，これを2作とし1,640時間，これより二度切りは140時間少なくなりメリットは大きい），2）栽培期間の短縮により年3作体系が容易となったこと（無摘心栽培では挿し芽から開花まで約120日，2作で240日に対し二度切りは約210日である），3）植替えと二度切りとの切り花品質に差が，技術の進歩によってなくなったこと，4）夏ギクに比べ切り花単価が比較的高く安定していること，などが挙げられる。

その反面，1）初期のロゼット打破および生育促進のために高温で管理する必要があり，暖房費は多くかかる，2）切り花後株から数本の芽が発生するため，芽の整理に多くの労力を必要とする，3）二度切り栽培は，無摘心栽培が前提条件となるために，揃った苗を多量（10a当たり約45,000本）に必要になり親株の確保がたいへんであるなどの欠点はある。

また，二度切り栽培を成功させるポイントは，1）前作の栽培において，生育および開花がよく揃うこと，2）切り花後株の芽立ちが揃うこと，3）ロゼット打破をすみやかに行ない，初期生育を促すこと，4）生育後期の昼間の換気に努めることなどが大切である。このため，何でも二度切りを行ない，省力化しようと安易な考えでは失敗するおそれがあるから，栽培計画を立ててからスタートしたい。

（2） 二度切り栽培のポイント

①作　型

二度切り栽培の作型を，第1図に示した。11月開花後株は3月開花，12月開花後株は4月開花，2月開花後株は5月下旬から6月上旬開花，3月開花後株は6月開花となる。これ以外に，10月開花後株の2月開花も考えられるが，1）発生してくる芽の大部分が花芽を持っていること，2）茎が細く，生長が緩慢であること，

第1表　無摘心栽培（秀芳の力）での10a当たり所要労働時間　（田原農業改良普及センター）

主な作業	育苗	挿し芽	定植	施肥	かん水	摘蕾	薬散	収穫・出荷	片づけ	その他	合計
労働時間	100	55	75	10	15	200	15	180	15	55	820

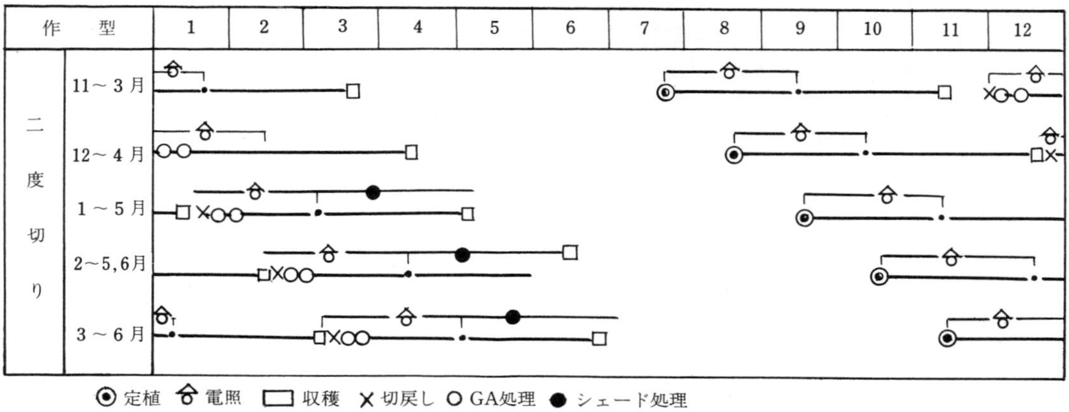

第1図　二度切り栽培の作型（秀芳の力）

◉定植　△電照　□収穫　×切戻し　○GA処理　●シェード処理

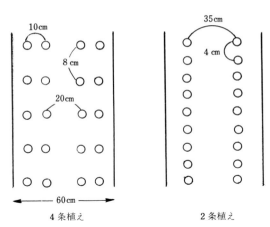

第2図　栽培方法

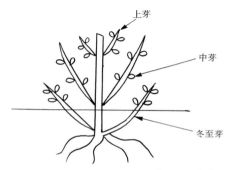

第3図　切り花後株から発生する芽の状態

第2表　二度切り栽培の施肥基準
（田原農業改良普及センター）

	全量	元肥	追肥①	追肥②	追肥③
N	26	8	6	6	6
P	15	8	3	3	1
K	26	8	4	4	10

注　追肥①：草丈20～30cm，追肥②：消灯15日後，
　　追肥③：消灯25日後

3）ロゼット化しやすいので高温管理が必要であることなど，問題が多く，現地での普及はまだ少ないのが現状である。花芽の防止については，前作の消灯3週間後にエセホン1,000ppmの株元処理が有効であることを伊藤らが報告している。今後の研究がすすめば，新作型として普及するものと思われる。

②圃場の準備

二度切り栽培は，従来の1回切りと違って栽培期間が長いので，土つくりは大切な作業である。排水良好で作土も深く，腐植質に富む土壌条件にするため，深耕（60～80cm）や暗きょなど行ない，これに，堆きゅう肥（バーク，おがくず堆肥，ヤシがらなど）を10a当たり5～6t程度，全層に施用し，キクの根が充分に張れるようにする。

栽植方法は，第2図に示した2条植えまたは4条植えとし，風通し，光線の透過を促し，根張りをよくすることが大切である。

③芽の仕立て方法

切り花後株から発生する芽は，第3図に示した，冬至芽，地ぎわ部から発生する中芽（仮称）および地上の茎から発生する上芽の3つがある。このなかで，冬至芽は柳芽になりやすく，切り花後の水揚げが悪い（40年代の二度切りは，これで失敗した）。上芽は，圃場全体に揃った芽がとりにくいのと，茎の付け根から折れやすく茎が細い。それに比べて，中芽は上記の二つの方法を補い比較的栽培しやすいので，二度切り栽培は中芽を基準に仕立てるのがよい。

この中芽の発生の良否は，前作の株の出来と定植から消灯までの期間に影響される。前者は，前述した土壌条件，後者は，50日前後が最もよく，長くなっても55日までとしないと，芽の揃いが悪くなる。

整枝は，前作終了後ただちに地ぎわから5cmのところで株を切り戻し，その時点で芽の大きいもの（冬至芽）は除いておくのがよい。加温後，茎が10cmに伸びた時点でよく揃った芽を株当たり2本前後に整理する。その後，茎長20～25cmになったら，33m²当たり130本程度に整枝を行なう。

④施　肥

加温直後の施肥（元肥）は，前作の肥料成分が残っているようであれば，第2表に示した施肥基準より少なめにする。このさいに，土寄せ，または敷わら，ヤシがらなどを株の間に入れる。これによって，肥料の分解の促進，土壌水分の保持が生育を促すのに効果がある。追肥は，草丈20～30cmのとき，消灯15日後，および消灯25日後の3回とし，10a当たりN量で各時期と

も6kgを目安に施用する。低温期の追肥は，液肥の施用を考えたほうが効果的である。

なお，石灰肥料については，前作収穫直後の土壌診断結果を見てから判断する。

⑤ **温度管理**

基本的には，全作型ともに株の切戻し後，ただちにかん水を充分に行ない加温を開始する。夜温管理は第4図に示したとおり，最初18°Cの高温とし，ジベレリン（GA）処理を組み合わせてロゼットの打破をする。2回目のジベレリン処理後（加温開始から約2週間目）は14°Cで管理する。花芽分化期は17〜18°Cとし，消灯3週間まで，この温度を保ち確実に花芽分化をさせる。その後は14°Cとし，破蕾期からは，品質をよくするために，15°Cと若干温度を上げるのがよい。昼間の温度については，初期の生育を促す時期で23〜25°C，それ以後は20〜23°Cで管理する。

11〜12月開花後株の二度切り栽培において，ハウスを開放し自然の低温を与える方法もある。11月開花後株は，4〜5週間，12月開花なら2週間の低温に遭遇されると，その後の生育がかなりよくなる（第5図）。この場合には，前述した生育初期の18°C加温は必要なく，15〜16°Cで充分である。開花期の調節と暖房費節減に室によっ

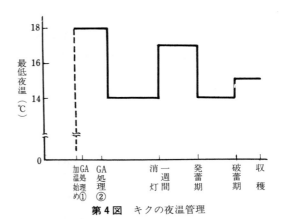

第4図 キクの夜温管理

ては考えてみてもよいと思う。

⑥ **生育調整剤の利用**

ロゼットの打破および茎伸長促進を目的に2回のジベレリン処理を行なう。1回目は，加温

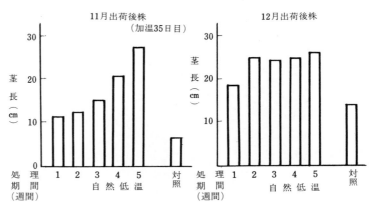

第5図 自然低温の期間と茎伸長　　（福田ら，1987）

第3表　GA濃度と回数が生育，開花に及ぼす影響　　　　　　　　　（福田ら，1987）

GA濃度	回数	消灯時 茎長	開花期	開花時						
				茎長	節数	花径	花重	舌状花	管状花	茎葉重
ppm		cm	月 日	cm		cm	g			g
50	1	35.5	3　3	78.8	45.5	15.4	23.6	195.7	5.7	48.1
	2	37.9	4	85.4	46.9	15.8	23.3	187.2	9.3	53.3
	3	43.3	4	94.6	48.5	16.3	23.3	199.2	6.3	60.1
75	1	38.5	3	84.8	44.1	16.0	23.2	197.8	9.8	55.3
	2	43.2	2	97.9	46.8	15.6	23.9	190.0	9.8	63.6
	3	46.0	2	101.5	47.1	15.7	23.5	199.8	9.2	56.1
無処理		30.8	3	70.3	43.4	15.8	23.1	191.2	7.0	47.3
LSD(0.05)		2.6		4.2	1.1	N.S	N.S	N.S	N.S	N.S

注　GA処理　12月9日，12月16日，12月23日

開始後2～3日目に行ない，75ppmを10a当たり100～120 l 散布する。2回目は，最初の処理から7～10日後に行ない，生育状態を見ながら，50～75ppmを1回と同量散布する（第3表）。

花首の徒長防止については，発蕾期と摘蕾期に1回または2回，Bナインの2,000倍液を，10a当たり100～120 l 散布する。

⑦**日　長　操　作**

電照開始は，11～12月開花後株で加温開始と同時に行なう。1月以後は，前作の収穫が半分程度すすんだ時点から開始する。電照時間は，暗期中断3～4時間とするが，長ければそれだけ生育促進効果も期待できるため，5時間行なっている場合もある。消灯時期の目安は，茎長が40cm前後，電照開始から約40日が目安となる。これ以上の日数を要する管理をした場合には，消灯後に柳芽が多く発生し，品質が劣ることになる。

消灯後，自然日長におくか，シェードを必要となるかは，3月1日を目安とする。すなわち，これ以後の場合にシェードを行なう。シェードは，18時から7時の11時間または11時間30分の日長とし，夜間はシェードを開放し，高温多湿条件をできるだけ少なくしたい。

〈執筆〉　福田　正夫（愛知県農業総合試験場）

1995年記

養液土耕

(1) ねらい

　大規模経営に適し，システム化・自動化，省力化，生産性の向上，高品質均一生産を可能とする養液栽培システムは，花卉産業にとって魅力のある栽培システムとして注目されている。施設栽培のキク生産においては，計画生産，周年生産がすすんでいるが，施設の利用効率をより高め，低コストでかつシステム化，省力化を図ることが可能な新技術開発が望まれている。土つくり・連作障害対策・施肥管理などの手間やわずらわしさからの回避，重労働からの解放，さらには快適な労働環境づくりの課題をかかえるキク生産農家にとって，養液栽培への関心が高まるのは当然である。

　施設の利用効率をより高める目的で，輪ギク，スプレーギクにおいてロックウール栽培の導入を図る農家があるものの，定植作業に土耕以上の時間がかかり，省力にならないなど問題点も多いため，ロックウール栽培をやめて土耕栽培に戻る農家も多い。キクのロックウール栽培は，施設の利用効率の向上，品質の向上などのメリットは評価できるものの，より労働生産性を高め省力化を図るキク農家にとっては不充分であるといわざるをえない。特に，定植労力を軽減するため，①ソイルブロック苗利用による置植え方式，②セル成型苗利用による機械定植法，③直接圃場へ挿し芽する直挿し栽培法が大きな注目を集め，現場へ導入され普及しつつある。

　さて一方で，「土」を利用したかん水施肥栽培（養液土耕）が，生産性向上，品質向上，自動化・システム化が可能な省力栽培システムとして注目され，普及のきざしをみせている。すなわち養液土耕は，緩衝能をもつ「土壌」を用いる適応性の高い栽培システムとして，機械定植，ソイルブロック苗定植，直挿し定植などの省力化技術を活用しながら，低コストでキクの養液栽培を行なうことができる合理的な栽培システムとして期待される。

　さて，施設ギクの主産地では，施設の周年利用（年3作）と永年の多肥連作により，塩類集積，肥料の過剰障害などの発生により，少なからず生産力・品質の低下をまねいている。養液土耕はこれらを回避し，より安定した省力栽培システムとして，また次世代につなげる革新的な栽培システムとして期待されている。

(2) 技術の特徴

　省力栽培システム　「土」のよさ（緩衝能）を生かし，養液的栽培を行なう省力栽培システムである。自動化・システム化により，施肥・かん水の省力化ができる。

　リアルタイム診断を活用した効率的施肥　リアルタイム土壌溶液診断・栄養診断を活用した培養液（液肥）による適期・適量施肥が特徴であり，キクの生育時期別の吸収特性に合わせた効率的施肥が可能である。

　土壌条件（地力）に応じた合理的施肥　現状のキクの土耕栽培の土壌は地力窒素，有効態リン酸，カルシウム，マグネシウムなどの塩基，場合によってはカリウムなどが著しく富化されている場合が多い。その場合，富化養分を利用した「土壌条件に応じた」単肥処方による合理的施肥が可能である。

　塩類集積・連作障害の回避　栽培作物の必要とする養分を必要なときに必要な量だけ，培養液としてかん水・施肥するため，特定の養分の過剰蓄積と不均衡による連作障害や塩類集積が回避でき，切り花収量および品質を維持しながら連作することが可能である。

　環境にやさしい養液栽培システム　リアルタイム診断，吸収特性に応じた効率的施肥を行なうことにより，必要な養分を過不足なく供給でき，かつ環境に負荷を与えない環境調和型の革新的な養液栽培システムである。

　好適根圏環境の維持　培地の通気性，透水性，保水性を良好にするため，土壌・土質に応じて，ピートモスなどの土壌改良資材を施用し，好適根圏環境を維持する。

　適用作物・適地の拡大　キクだけでなく，現在土耕で栽培されている作物はどこでも，あら

省力化技術

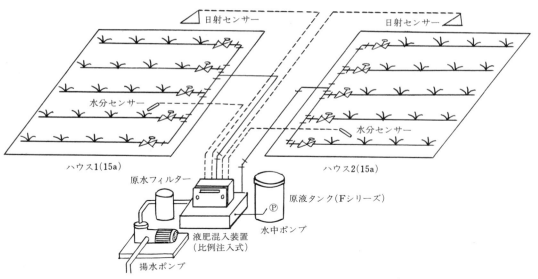

第1図　養液土耕栽培システムの一例（メーカー資料による）

第2図　コンピュータ制御による養液土耕栽培システム

ゆる種類で栽培可能である。あらゆる土壌・原水の種類に適用できる。

低コスト栽培システム　ドリップを利用した養液栽培として，装置費は安く導入できる。ランニングコストもかからない低コスト栽培システムである。

その他　①大規模な施設でも均一な施肥・水分管理が可能である。②高品質，高収量，安定生産，均一生産が可能である。③施肥・かん水などのマニュアル化が容易である。

（3）装置システムの基本

養液土耕栽培システムの事例を第1図に示した。

原水フィルター，液肥混入装置（1液タイプ，2液タイプ），かん水制御を行なう給液装置（タイマー制御，日射制御，水分センサーの利用），ドリップ（ドリップによる給液が基本）などを用いる。水耕栽培，ロックウール栽培などに比べ装置は簡易でよいが，養液濃度，かん水間隔・量が容易に変更できることが必要である。大型施設では，系統ごとに培養液濃度・給液量を制御できると多品種に対応できる。コンピューター制御のかん水・施肥自動化システムも一部で導入利用されている（第2図）。養液土耕栽培システムは，原水フィルター，液肥希釈装置，給液制御装置，給液用ドリップを組み合わせ，自分でつくることも可能な栽培システムである。点滴（ドリップ）かん水を前提とする養液土耕においては，ドリップチューブの性能が優れていることが重要で，①目詰まりのないこと，②長い距離を均一に給液できることが最低条件必要である。第1表に点滴かん水に用いられるドリップチューブの種類を示した。キクでは散水孔の間隔が10～20cmで，かん水量は30～70ml/m/分の性能のドリップチューブが利用できる。

400

第1表　かん水施肥栽培（養液土耕）に利用されるドリップの性能

種　類	材　質	利用箇所	圧力(kg/cm)	かん水量	散水径	摘　要	記載カタログ
ダブルウオールホース	軟質ポリ内径16mm	地表	0.68	ml/m/分 124	流下間隔10cm	均一性95%/100m	サンホープ
ポールドリップパイプ	海綿状細孔16mm	地中	1.0	30〜70	連続		三秀
リーキパイプ	多孔質ゴム9.2mm	地中	0.1〜2.0	最大40	連続	最大延長60m	日本酸素
スーパータイフン100	ポリ	地中	1.0	96	20cm	最大延長100m	住化農業
ドリップノズル	プラ	地表	0.5〜2.5	1.25〜125	—	各種	サンホープ
スミドリップW	軟質ポリ	地表	0.5〜1.2		10, 15cm	最大延長100m	住化農業
ラム17D	ポリ内径14.6mm	地表	0.5〜3.5	38	20, 30cm	最大延長130m	住化農業
T-テープ(0.2mm)	軟質ポリ内径16mm	地表	0.3〜0.7	60〜80	10,20,30cm	均一性90%/100m	パイオニア
T-テープ(0.375mm)	軟質ポリ内径16mm	地表	0.3〜1.05	60〜80	10,20,30cm	均一性90%/100m	パイオニア
カティーフ	ポリ内径13mm,13.8mm	地表	0.6〜3.5	38, 62	33cm	2kg/cm²で86m	A & G
ハイドロドリップ15	ポリ内径15.2mm	地表	1.5	28〜60	1.5〜20cm		A & G

（4）好適根圏環境・培地づくりの考え方

　良質の有機物資材・無機の土壌改良資材を用いて，基本的には土壌の物理性改善を中心に行なう。好適根圏環境を長期に維持できる土つくりを行ない，充分な根群，根の生理的活力を高める。一例として，粒径の粗いピートモスを利用する。その他，有機質の土壌改良資材として，クリプトモス，肥料成分の少ないバーク堆肥，くん炭，やしがらなど分解が遅く，持続性に優れ，物理性改善効果が高いものを利用する。また，無機質の土壌改良資材として，径の粗いパーライト，バーミキュライト，ロックウール粒状綿（使用ロックウールを粉砕して細粒化したものでよい）などを土質に応じて場合によっては混合施用し，物理性に優れた好適培地環境づくりをする。施用により，養分を著しく放出したり，とり込む資材の施用は避ける。

　土質・有機物施用前歴など土壌条件に合った改良資材を用いて，好適根圏環境を長期に維持できる「培地」づくりがポイントである。

（5）養水分管理の基礎

①養分管理の考え方

　ロックウールなどの養液栽培は，土壌の有する緩衝能・養分供給力がなく，養分濃度の許容幅はせまいものの，養分濃度を制御しやすく，つねに好適濃度に維持できる特徴がある。これに対し，養液土耕・かん水施肥栽培は，土壌のもつ緩衝能・養分供給力（地力）を利用しながら，かん水施肥により，好適養分濃度に維持できる栽培システムである。

　地床を培地として利用する養液栽培システムとして位置づけられ，キクの生育に必要な栄養分を含む培養液をバランスよく，適正濃度で作型，生育ステージ，季節に応じて，ドリップ下の根圏部に適当量かん水施肥すればよい。ただし，土壌のもつ富化養分は効率的に利用し，不足する養分を供給する。養液土耕は土壌溶液を介して，作物の栄養・生育をコントロールできる栽培システムである。

②培養液の施肥法・施肥設計

　基本的にはロックウールなどの固形培地耕の培養液管理と同じと考えてよい。鉄，マンガン，ホウ素などの微量要素成分についても施用する

省力化技術

第2表 かん水施肥栽培用複合肥料（メーカー資料による）

銘　柄	含　有　成　分　表　(%)							育苗期	追　肥　期		備　考
	全窒素	アンモニア性窒素	硝酸性窒素	リン酸	カリ	苦土	石灰		前期全期間	後期	
OK-F-1	15	(-)	(8.5)	8	17	2	6	○	◎		
OK-F-2	14	(-)	(8.0)	8	16	2	6	○	◎		
OK-F-3	14	(-)	(9.0)	8	25	1.2	4		◎		
OK-F-4	14	(1.2)	(8.3)	8	22	4.5	0.6		◎		苦土欠対策
OK-F-5	15	(1.2)	(7.8)	8	17	6	0.8		◎		苦土欠対策
OK-F-6	17	(-)	(7.8)	10	10	2.5	8		○		カリ過剰対策
OK-F-7	20	(1.2)	(8.8)	8	8	5.5	1		○		カリ過剰苦土欠対策
OK-F-8	15	(8.3)	(5.5)	8	8	2.5	0.2		◎		カリ過剰対策
OK-F-9	15	(1.5)	(7.5)	15	15	1.5	5	○	◎		
OK-F-10	15	(2.5)	(7.0)	15	15	4	0.8	○	◎		苦土欠対策
OK-F-11	10	(5.0)	(4.0)	15	12	6	0.2	○	○	◎	苦土欠対策
OK-F-12	15	(3.0)	(7.0)	20	15	1	3	◎	○		
OK-F-13	15	(1.0)	(7.0)	15	10	2	6	○	◎		カリ過剰対策
OK-F-14	13	(1.5)	(7.0)	18	20	1	3	◎		◎	
OK-F-15	18	(2.5)	(7.0)	15	10	5	1		○		カリ過剰対策
OK-F-16	19	(-)	(10.0)	1	20	5	1			○	リン酸過剰対策
OK-F-17	12	(1.0)	(6.5)	20	20	1	3	◎		◎	
OKエース	14	(8.5)	(5.5)	8	8	2	—		○		カリ過剰対策

注　①ホウ素，マンガン，鉄は各製品に0.1%ずつ配合されており，各種微量要素欠乏対策としても有効である
◎：最適，○：有効

第3表 かん水施肥（ファーティゲーション）専用の粉末液肥　　　　（メーカー資料による）

種　類	窒素全量	アンモニア態窒素	硝酸態窒素	水溶性リン酸	水溶性カリ	水溶性ホウ素	その他微量要素
20-20-20	20	3.8	5.8	20	20	—	—
19-19-19	19	3.5	5.5	19	19	—	Fe,Cu,Zn,Mo
15-30-15	15	6.8	4.4	30	15	0.05	Fe,Cu,Zn,Mo

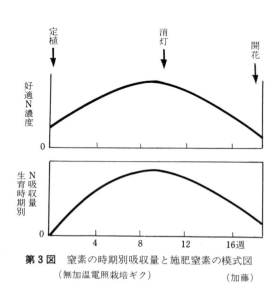

第3図 窒素の時期別吸収量と施肥窒素の模式図
（無加温電照栽培ギク）　　　　　（加藤）

が，ロックウールなどのかけ流し式と異なり，給液濃度が高すぎると土壌に集積し，過剰害をまねくおそれがあるため留意する必要がある。

また，キク連作土壌でリン酸などの養分富化が顕著である場合は，硝安，硝酸カリおよび微量要素の施用だけで充分なボリューム，高品質の切り花が得られる。第2表に養分の富化状態に応じたかん水施肥栽培用の培養液肥料を示した。そのほかにも，かん水施肥専用の微量要素入りの粉末液肥を第3表に示した。

かん水施肥用の単肥肥料として，硝酸カリ（13-0-46），第一リン酸アンモニウム（12-61-0），硝酸石灰（11-0-0-26），硝酸マグネシウム（11-0-0-15），リン酸一カリウム（0-52-34），硝安（34-0-0）などを利用する。これらを単肥配合して必要な成分を適量か

養液土耕

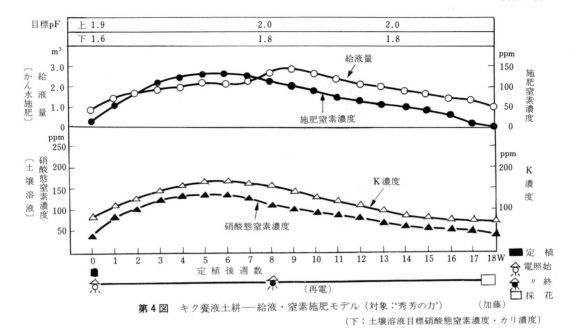

第4図　キク養液土耕——給液・窒素施肥モデル（対象：'秀芳の力'）（加藤）
（下：土壌溶液目標硝酸態窒素濃度・カリ濃度）

ん水施肥する。微量要素は鉄，マンガン，ホウ素，亜鉛，銅，モリブデンを適正濃度で施用すると，切り花品質が向上する。

③施肥法・施肥設計

キクの生育時期別の窒素の養分吸収パターンは，第3図のように，定植から栄養生長期にかけて旺盛に吸収させ，花芽分化・着蕾期にもやや多く吸収させ，破蕾期から開花にかけて窒素吸収を制限することで，切り花収量，品質とも優れる。したがって，施用法としては，定植時は前作の残留窒素成分を考慮してスターターとして施用し，花芽分花期にかけて施用量（濃度×給液量）をふやし，着蕾期から破蕾期にかけては窒素濃度は下げ，施用量をやや減らす。

第4図に'秀芳の力'の養液土耕における給液・窒素施肥モデルを示した。上段は，生育時期別の給液量（m³/10a），培養液の窒素濃度（ppm），下段は土壌溶液の硝酸態窒素濃度，カリ濃度の生育時期別の目標値を示した。もちろん，作型，季節，摘心の有無，種類（輪ギク，スプレーギク），品種（多肥性か，中肥性か，少肥性）などにより，生育時期別の窒素の好適濃度，好適施肥量は異なる。窒素吸収量は総施用量＋作付け中に放出された地力窒素で示され，

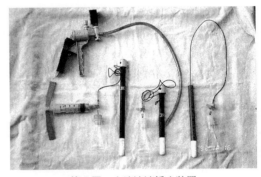

第5図　土壌溶液採水装置
左：メーカー20cm用，中：メーカー10cm用
右：自作の土壌溶液採水装置

従来のキクの施肥事例に比べ，養液土耕栽培の好適窒素施用量はかなり少なくなる。

④リアルタイム診断を活用した効率的施肥

養液土耕はリアルタイムな土壌溶液診断により，土壌溶液中の硝酸態窒素，カリなどの成分濃度を好適濃度に保つことが重要である（第4図下段）。市販の土壌溶液採水装置（第5図）を用いて土壌溶液を採水し，土壌溶液のpH，EC，硝酸態窒素濃度，カリ濃度などをリアルタイムに診断する。土壌溶液が採水できないときは生土容積抽出法により診断する。また，リ

省力化技術

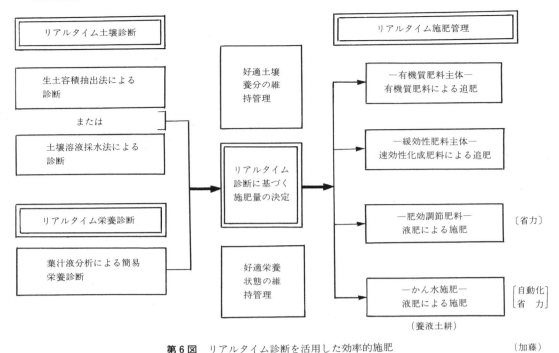

第6図 リアルタイム診断を活用した効率的施肥 （加藤）

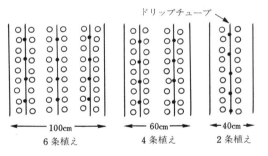

第7図 養液土耕の栽植方法
（ドリップの両側に定植）

第8図 養液土耕における根の張り方
ドリップ下に細根集中

アルタイム栄養診断も活用して，栽培作物の栄養状態をチェックする（第6図）。

⑤水分管理（pF制御）

キクに対する給液法は，第7図に示すようにドリップチューブを2条の間に配置し，均一に給液管理する。土壌条件にもよるが，ドリップの間隔は20cm程度でよい。

用いるドリップは，横方向への浸潤性に優れ，ドリップの長さや多少の傾斜に対しても均一なかん水のできることが必要である。

給液の時間帯は午前中の早い時間帯とする。

（一例として5:00～8:00）。定植直後から栄養生長期間は，pF1.9で給液開始し，pF1.6まで給液する。花芽分化前後からpF2.0で給液開始し，pF1.7～1.8まで給液する。土質，地下水位の高さ，物理性のよしあしにより，1回当たりの適正給液量は異なると考えられるが，ドリップによる浸潤の深さは20～25cmを目標とする。第8図のようにドリップの下に活力のある細根が密集する。

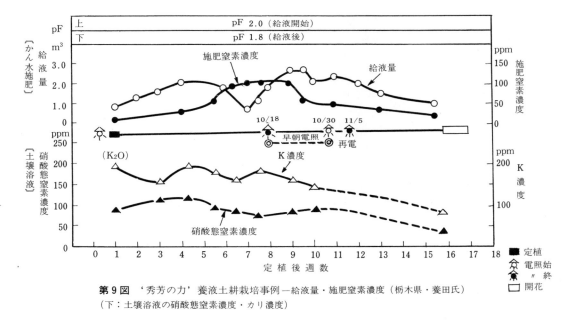

第9図 '秀芳の力' 養液土耕栽培事例―給液量・施肥窒素濃度（栃木県・養田氏）
（下：土壌溶液の硝酸態窒素濃度・カリ濃度）

（6） 養液土耕の実際

多腐植黒ボク土壌でのキクの養液土耕栽培の事例を第9図に示した。9月下旬定植、12月開花の'秀芳の力'の無摘心栽培で、定植時、土壌溶液のECは0.2、硝酸態窒素濃度38ppmであった。給液量は多いときで$2.8m^3/10a$、施用窒素濃度は花芽分化前後で100〜110ppmと∩型の施肥パターンがとられている。

土壌溶液の窒素濃度は70〜120ppmで、栄養生長期に高く、破蕾期から採花期にかけて低下している。K濃度は150〜200ppmで推移し、着蕾から採花期にかけて徐々に低下する傾向がみられる。この場合、生育揃いもよく、ボリューム、切り花品質とも優れた切り花が得られている。

礫質黄色土における養液土耕の事例では、10cmピッチのドリップチューブを用い、施肥用のタイマーとかん水用のタイマーを用い、雨天でも施肥用の給液を行なうことを基本とし、総給液量はかん水用のタイマーでコントロールするやり方である。1日当たりの施肥用の給液量

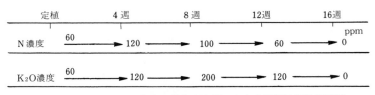

第10図 '秀芳の力' 養液土耕栽培事例・生育時期別目標施肥濃度
―単肥（硝安・硝酸カリ）による施肥事例―

は$1.5m^3/10a$とし、午前中に2回給液する。第10図に単肥（硝安、硝酸カリ）を用いての生育時期別目標施肥濃度を示した。この事例では、窒素施用量は14.3kg/10a、カリ施用量は18.9kg/10aとなる。その他、スプレーギクの栽培事例では窒素施用量は6.0〜10.0kg/10aと品種間差が大きい。

（7） 養液土耕の留意点

①ドリップチューブを用いる養液土耕は、1回当たりの給液量を少なくし、根域を制限し、そこに適正濃度の培養液を毎日給液するため、生育コントロールは容易である。しかし、蒸散量の多い夏期に給液不足となり、必要以上の水分ストレスを与えると切り花収量・品質の低下をまねく。高温期の作型では、施肥のための給

液と，1日当たりに必要な給液量との差を補い，水だけの給液と合わせて水不足を回避する。

②石灰，苦土などの塩基富化の著しい施設では，養液土耕栽培は施肥量が少なく，慣行の土耕栽培に比べ作土中の硝酸態窒素濃度が低く維持されるため，pHが上がりやすい。そのため，ホウ素，マンガンなどの微量要素不足をまねきやすい。したがって微量要素については，適正濃度での施用に心がける。

③地力，養分の富化など土壌の条件により，窒素などの適正施用量は異なるため，土壌溶液診断・栄養診断・生育状態の観察により，そのハウス温室に合った施肥管理を行なう。前作の養分が残っている場合はこれを考慮し，ほとんど残っていない場合は，スターターとしてある程度施用し，初期生育の低下をまねかないようにする。前作の養分を必要以上残さないため，残留養分をチェックし，破蕾期は水だけの給液とする。

④スプレーギクなどで品種に合わせた給液管理をするためには，吸肥特性の近い品種群を合わせ，給液ラインを分けて，品種群ごとの吸肥特性に合った合理的な施肥管理を行なう。

〈執筆〉 加藤　俊博（愛知県農業総合試験場）

1995年記

防除

防除の省力化，軽作業化は，作業快適性および安全性からも最も必要とされている作業のひとつである。以下，キク栽培で利用できる防除法を紹介する。

（1） 露地における防除

露地における防除作業機械は以下のように分類される。

①可搬式動力噴霧機：最も一般的な防除方式で，大量の水で希釈した薬剤を動力噴霧機により加圧し，ホースの先に装着したノズルをもって作業者がうね間を移動しながら直接作物に散布する。動力はエンジンが主体である。ノズル噴霧量10～15l/分，10a当たり薬液散布量140l，圃場効率0.6とした場合の作業能率は2.6～3.9時/haである。価格は性能，用途に合わせて8万～100万円と幅広い。重点防除が可能なことや葉裏への付着性がすぐれていることから，さび病，灰色かび病の防除に適する。ただし，作業能率，安全性，ホース移動の快適化が課題とされている。

②走行式動力噴霧機：自走車もしくはトラクタに搭載したブームスプレーヤにより液剤を散布する方式で，散布幅は5～20mである。作業能率は0.71～1.3時/haで，価格はトラクタ搭載式で60万～300万円程度である。

③背負い式噴霧器，ダスター：作業者が機器を背負ったり肩に掛けたりしながら作物に直接散布する方式で，動力は人力によるほか，バッテリや2サイクルエンジンを利用する。軽便なため小規模農家用である。作業能率は人力式で20～40a/日，動力式では30～60分/10aが標準である。価格は数万円程度のものが多い。飛散農薬による被曝を避けるため風向き，作業方法に留意しなければならない。

（2） 施設内防除

ハウス栽培は，ハウス内気象が外部と遮断されているので，その栽培条件は露地栽培とは異なってくる。そのためハウス内の病害虫防除にあたっては次の点に留意しなければならない。

①高温多湿のための病害虫が発生しやすい
②風雨の影響が少ない（薬剤の飛散，流亡が少ない）
③直射日光がさしこまないので，紫外線による薬剤の分解が少ない
④密閉度が高いので散布した農薬の滞留時間が長くなる

などのことからハウス内での農薬散布は，作業者の農薬被曝が問題となり，作業の無人化が望まれるようになった。無人防除技術としては無人走行型バッテリカー，配管式細霧散布装置，くん煙法，常温煙霧法などによる方法がある。

（3） 施設における各種の防除法と機器・装置

①**動力噴霧機による立入り噴霧法**

施設における動力噴霧機による立入り噴霧法は，動力に電動機を用いることが加わること以外基本的には露地における防除技術とほぼ同様であるが，施設内では特に相対湿度が高まることによる病虫害発生の誘引となったり，作業者の作業従事時間の長さや農薬被曝の大きさが問題点である。散布量は，10a当たり100～300l，作業能率は，10a当たり1～1.5時間程度である。利点としては，①広範囲の農薬が選択できる，②作物の生育・被害の状況に応じて散布量の調節ができることなどがあげられる。

②**無人走行型バッテリカーによる噴霧法**

バッテリを動力源とした自律走行式の機体に噴霧ホースリール巻取り装置とノズルを搭載した防除ロボットで，モータ駆動により自走し，うねの終端に至ると前後のバンパに取り付けられたリミットスイッチや光センサにより前後進が切り替わり，ホースを巻き取りながら戻る。この間に機体に直立した噴頭から薬剤を散布する構造で，薬液の供給は外部の動力噴霧機で行なう。排気ガスや騒音の心配がなく，ほとんどの登録農薬が使用できるため立入り噴霧法にかわる技術として普及しつつある。ただし，位置の高さによる付着の変動は少なく，葉裏への付

省力化技術

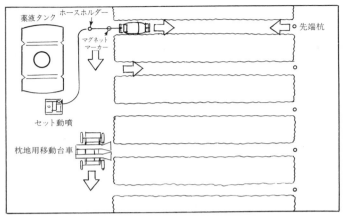
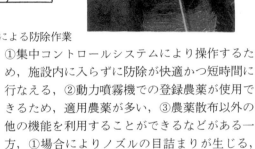

標準的な作業例（全自動タイプ：M社製）

第1図　無人走行バッテリカーによる防除作業

着も全般に良好であるが、密植や過繁茂の場合、作物への付着が不充分になりやすい。

本機の価格はホースの長さ60m使用で40万〜50万円、100m使用で60万円程度である。機体を走行させるうね間は、平らな面が40〜60cmでかつ車輪よりやや広く、うねの上面より5cm以上は低い状態が必要とされる。また最近では、作物適応性の拡大や、さらに無人化に近づけるために、横移動装置を使用したり、マイコンを使った枕地自動旋回走行制御装置搭載が出現している。第1図は、無人走行型バッテリカーの標準的な作業例である。

③定置配管式細霧散布装置による噴霧法

天井などに定置配管したパイプに一定間隔で細霧ノズルを取り付け、施設外の高圧動力噴霧機と連結し、薬剤散布のほかに液肥葉面散布、施設高温時の冷房、加湿など多目的に使用するもので、主に大型施設に多い。利点としては、①集中コントロールシステムにより操作するため、施設内に入らずに防除が快適かつ短時間に行なえる、②動力噴霧機での登録農薬が使用できるため、適用農薬が多い、③農薬散布以外の他の機能を利用することができるなどがある一方、①場合によりノズルの目詰まりが生じる、②設置費用が高いなどの問題点がある。

④配管移動式細霧散布装置による噴霧法

本システムは天井などに固定した軌道と支柱の装着したモータを動力源としてブームノズルがホースを伴い、薬液散布を行なうもので、ノズルをつける位置により第2図に示すような二つの形式がある。第1表はこの二つの形式についてのキクへの農薬付着性能を比較したもので、葉裏への付着性では頭上走行・散布方式がややすぐれている。ただし、過繁茂の場合、いずれの形式も下位葉への付着が不充分になりやすいので注意する。この方式は定置配管法と同様の

A形式（頭上走行・散布）

B形式（頭上走行・うね間散布）

第2図　配管移動式細霧散布装置

長所があるうえ，3.3m²当たり単価が3,000～5,500円と定置配管法に比べて設置費用が多少安価であり，集中コントロールシステムにより施設外から快適に操作でき，シンプルな構造でノズルの目詰まりも少ない。

最近，キクを中心に大規模な花卉栽培施設を中心に導入され始めた。ただ，散布幅が広いため，散布作業の支障となるネット支柱，温風機などの設置位置に留意する必要がある。

第1表 配管移動式細霧散布装置のキクへの農薬付着性能

（愛知県総合農業試験場）

付着高さ	配管移動式細霧散布装置（A形式）					配管移動式細霧散布装置（B形式）				
	葉 表		葉 裏		葉 裏	葉 表		葉 裏		葉 裏
	付着度	変動係数	付着度	変動係数	付着率	付着度	変動係数	付着度	変動係数	付着率
cm		%		%	%		%		%	%
150	7.7	26	2.7	41	26	8.7	22	0.8	60	8
100	4.8	64	1.3	58	21	5.0	51	0.8	95	14
50	4.2	35	1.0	71	19	6.3	42	0.2	163	3
平均	5.6	22	1.7	57	23	6.7	38	0.6	106	8

注 対象作物は切り花用施設輪キク
平成4年10月，愛知県赤羽根町大字若見地区で調査

⑤くん煙法

くん煙法は，農薬の有効成分を200～400℃の高温に加熱することにより気化し，空気中でただちに冷却固化した0.1～10μmφの微粒子を，施設内の気温差によって生ずる空気の流れを利用し施設内に拡散，充満，作物に付着させ，直接病害虫に薬剤を接触させて効果を発揮させる方式である。加熱方法としては第3図のような発熱剤をあらかじめ製剤に含んだ自然式と，他の熱源を利用する加熱式がある。いずれの方法も水を使用せず，施設内に薬剤を散布させる方式なので，施設内を加湿にせず，また薬剤を配置して点火するか機械に薬剤をセットして作動させるだけなので，作業負荷が低く，薬剤処理期間中に施設内に作業者が入らないため，薬剤使用時の安全性が高いなどの利点がある。

1個当たりの薬剤到達距離は約10mであり，20m間隔の設置でほぼ均一に植物体に付着する。農薬の作物への付着特性は常温煙霧機とほぼ同程度の効果を有する。ただし，有効成分は加熱によっても分解しないことが必要であるため，使用薬剤が限られる。また，使用にあたっては，施設の形状，位置などによる個々の施設特有の温度分布状況を把握し，くん煙粒子を拡散させる工夫が必要である。

⑥蒸散法

くん煙法が乾熱を利用するのに対し，蒸散法

第3図 くん煙装置

は，湿熱（加熱水蒸気）を利用する。ボイラで水蒸気をつくり，その一部をさらに加熱し，約400℃の加熱蒸気にして装剤中の有効成分を気化させ，空気中で結晶化させる方法であり，施設内の空気を利用して拡散させる。利点としては，比較的温度が低いため有効成分の熱分解が少ない。また加熱水蒸気には酸素を含まないため，有効成分の酸化分解が少ないなどがあるが，適用できる農薬は，くん煙法と同じ理由からある程度限定されること，また自燃式のくん煙法と比べ装置が高価な点が問題である。

⑦常温煙霧法

いわゆる常温煙霧機を利用する少量散布法のひとつで，コンプレッサの圧縮空気を渦状に高速で膨張させ，超音波の衝撃作用で薬液を常温

省力化技術

第4図　常温煙霧機

で超微粒子（煙霧）化（ $2\sim10\mu m\phi$ ）し、送風拡散させる。

常温煙霧機の基本的構造は、第4図のように二流体ノズル、薬液タンク、コンプレッサ、エンジンまたはモータ、送風機などからなっており、数社の製品が市販されている。本機の価格は40万円（600m²）から100万円（4,000m²）程度である。利点としては、農薬の熱分解がなく農薬の使用形態が液体であれば、乳剤、水和剤の種類を問わず、原理的には動力噴霧機で使用する薬剤が散布でき、通常の液剤散布と比較して希釈水量が少ないため施設を過湿にする心配がない。また薬剤セット後タイマスイッチを入れた後は無人防除であるため、散布中に農薬を被曝する危険がない安全な散布法である。しかし、散布する薬液は濃度が高いため、煙霧機の周囲にはカーテンを設置するなど、薬液が直接作物体にかからないようにするとともに、散布終了後の気中濃度の高いときに施設の開閉や機体の清掃、整備で入室する場合は、必ずマスクと軍手を着用するなどの注意が必要である。

（4）　各種防除法の作業性の比較

施設内における各種防除法の作業性を総合的に比較すると第2表のようになる。経済性を無視すれば、細霧散布法の防除性能がややすぐれているが、対象作物の種類や施設構造の違い、さらには経営規模、労働力の状況により、適切な防除法を選択する必要がある。

また、施設内の防除作業回数が多くなるに伴い、作業前後の操作、薬剤の散布準備作業と残剤の取り扱い、施設開放作業を含めた操作が楽で容易なことが、安全防除を行なううえで、強く求められることになる。

〈執筆〉　坂上　修（農林水産省野菜・茶業試験場）

1995年記

参考文献

伊藤清一．1993．無人防除技術の現状と今後の方向．平成5年度野菜・茶業試験場課題別研究会「野菜・花き生産における労働強度・作業環境の改善をめぐる技術問題」資料．43–50．

坂上　修．1994．防除機器・装置．三訂施設園芸ハンドブック．（社）日本施設園芸協会．413–416．

第2表　作業性からみた施設内防除法の比較

	作業能率	散布精度		安全性		適用＊農薬
		葉裏の付着	散布ムラ	散布時の安全	2次飛散	
常温煙霧法	◎	△	○	◎	△	△
くん煙法	◎	○	○	◎	△	△
薬液散布法						
（無人走行）	○〜◎	◎	○	○	◎	◎
（細霧散布）	◎	△	○〜◎	◎	◎	◎
（人力散布）	○	◎	◎	△	○	◎

注　◎：適応性が高い　○：適応性が中程度　△：適応性が低い
＊：対象病害虫により施設内の湿度を抑える必要のある場合は、少量散布である常温煙霧法・くん煙法が有利である

蕾切りによる一斉収穫

（1） 蕾切り・一斉収穫のねらい

出荷調整作業については，最近になって選花機・結束機などの性能がかなり向上してきており，最新機種を利用すれば従来の半分近い作業時間で済むようになってきた。

これに対し収穫作業はいまだに全て手作業で，しかも1本1本切り前を見定めながら採花しているため非常に時間がかかるとともに，気を遣う作業となっている。輪ギクでも小ギクのように，つぼみの大きさに関係なく一斉収穫することが可能ならば作業は飛躍的に楽になる。オランダではすでに収穫機も販売されており，一斉収穫が可能なら機械収穫も容易になる。

しかしながら，市場では蕾の揃いをきわめて厳しく要求しており，選別が不充分な輪ギクはそれだけでかなり低価格で取り引きされることになる。輪ギクはやはり1本1本ていねいに収穫しているのが現状である。

筆者らは，小さな蕾を，適期に収穫した蕾と同様に開花させることができれば一斉収穫が可能になると考え，いわゆる「つぼみ切り」の実験を試みた。幸い，当初想定していた以上の成果を得，かなり小さな蕾でも充分咲いてくることが明らかになったので，以下に紹介する。

（2） 一斉収穫の手順

想定している一斉収穫の方法は次のとおりである。

①通常の収穫開始日にハウス内のキクを全て収穫する。

②キクを蕾の大きさ別におおよそ5～7段階に選別する。この時点では長さは切り揃えない。

③収穫適期の花はそのまま出荷する。

④収穫適期以前の花は蕾切り専用の部屋へ持ってゆき，大きさ別にバケツ（実際には大きなタンクが必要か？）に入れ，開花液を利用して蕾を大きくする。

⑤小さかった蕾が，収穫適期相当の大きさになった時点でバケツから出し，普段と同様に選別・出荷調製して出荷する。

（3） 蕾の処理と開花状況

前記の手順に従って実験を行なった。実験では収穫適期以前の蕾を5段階に仕分け（第1図），それぞれ8HQC（$0.2g/l$ 8－ハイドロオキシキノリン＋$5g/l$クエン酸）とショ糖を組み合わせた5種類の開花液で蕾を大きくさせた。

収穫適期相当の大きさになった蕾を，模擬輸送として2日間段ボールに詰めて実験室内に放置し，2日後に切り戻してから生け花し，開花～日持ち調査を行なった。

開花液処理および開花～日持ち調査は，$20±1.5℃$，24時間日長の恒温室内で行ない，週1回切り戻して，生け水を交換した。処理には花筒を用い，1処理区当たり大きさを揃えた5本のキクを供試し，開花液または水道水を$500ml$ずつ使用した。生け花後1週間の吸水量，満開までの所要日数，花の大きさ，観賞可能日数等を調査した。ステージ4・5の蕾では8HQC処理によって生け花後1週間の吸水量が増加したが，ステージ3以下の蕾では開花液処理による吸水量の差は明らかではなかった（第1表）。

開花所要日数（生け花後満開までに要する日数）は，ステージ4・5の蕾では開花液処理による差は明らかではなく，ショ糖の添加によっても特に早まることはなかった。しかし，ステージ3以下のつぼみでは，8HQC＋2～5％ショ糖の区で開花がやや早くなった。

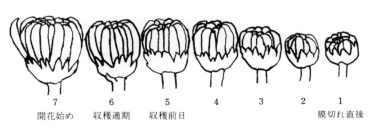

第1図 蕾のステージ

7 開花始め　6 収穫適期　5 収穫前日　4　3　2　1 膜切れ直後

省力化技術

花の大きさを調査したところ,対照区である適期収穫の蕾よりも花径,厚みともに上回る区が多くなり,特にステージ4と5の区ではほとんどの処理区で対照区の花径を上回った(第2図)。これは,収穫直後の開花液処理が,結果的に水揚げ処理になったためと推察された。ステージ2,すなわち収穫適期の4〜5日前の蕾でも適期に収穫した花と同程度に咲いた(第3図)。ショ糖の濃度による差はステージ4および5では明らかではなかったが,ステージ3〜1ではショ糖濃度が高くなるほど花が大きくなった(第4図,第5図)。

第1表 開花液処理[1]した蕾の生け花後1週間の吸水量[2] (ml/g・週)

開花液の組成	収穫時の蕾のステージ				
	5	4	3	2	1
水道水	0.66	0.58	0.56	0.47	0.54
2% ショ糖	0.60	0.65	0.56	0.61	―
8HQC+1% ショ糖	0.78	0.66	0.56	0.54	0.63
8HQC+2% ショ糖	0.79	0.71	0.55	0.57	0.46
8HQC+5% ショ糖	0.82	0.80	0.50	0.67	0.55

注 [1]開花液処理は各ステージの蕾が収穫適期の大きさになるまで行なった
　　(ステージ5:1日,4:2日,3:3日,2:5日,1:6日)
　[2]開花液処理後2日間模擬輸送を行ない,その後の吸水量を調査した

8HQCを含まない2%ショ糖を開花液にした場合には花径はあまり大きくならず,8HQCなどの殺菌剤,あるいは水揚げ促進剤が必要であることが示された。

結局,ステージ3以上の蕾を8HQCを含むショ糖液で1〜数日処理することで,適期に収穫して普通に開花させた花と同等かそれ以上に大きな花を咲かせられることが明らかになった。ステージ2の蕾も,ショ糖濃度を5%にすれば対照区並の大きさの花が得られることから,利用できることが判明した。

これらの花について日持ちを調査したところ,どの処理区でも30日程度の観賞可能期間があり,ショ糖濃度が高いほど観賞可能期間も長くなる傾向が認められた(第2表)。

ただし,問題点として8HQCにより茎が脱色された。また,開花液のショ糖濃度が5%の場合は,水に生けた花がほぼ満開になった後,葉の黄化が早かったように思われた。つまり今回いた開花液では実用的に利用するには無理があり,開花液の組成についてはまだ検討が必要である。

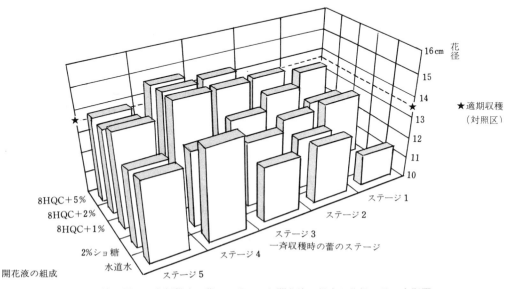

第2図 一斉収穫時の蕾のステージと開花液の組成が花径に及ぼす影響

第3図　一斉収穫したキク'秀芳の力'の満開時のようす
左：ステージ2の蕾，生け花後23日目
　収穫→8HQC＋5％ショ糖で5日間開花（20℃）
　→模擬輸送2日間（室温）
　　→切り戻して水道水で開花〜日持ち試験（20℃）

右：ステージ6（適期収穫）の蕾，生け花後28日目
　収穫→模擬輸送2日間（室温）→切り戻して水道水で開花〜日持ち試験（20℃）
　8HQC＋5％ショ糖を5日間吸わせると，ステージ2の小さな蕾（収穫適期の5日程度前）でも，ステージ6（慣行，適期収穫）の花よりも大きく咲いた

第4図　一斉収穫した'秀芳の力'のステージ1の蕾の開花に及ぼす開花液処理の影響
生け花後22日後のようす，開花液処理は6日間行なった
開花液の組成，左から，水道水
　8HQC＋1％ショ糖
　8HQC＋2％ショ糖
　8HQC＋5％ショ糖
　ショ糖濃度の影響はステージ4，5の大きめの蕾では顕著ではないが，ステージ1，2の小さな蕾の場合はショ糖濃度が濃いほど花が大きくなった

第5図　一斉収穫した'秀芳の力'のステージ1の蕾の開花に及ぼす開花液処理の影響
花の大きさがほぼ最大になったころ（観賞限界）のようす
左端はステージ6（適期収穫）の蕾を水道水で開花させたもの，生け花後42日目。他の処理区は第4図と同様，生け花後36日後
　ステージ1（膜切れ直後）の小さなうちに収穫しても，処理によっては適期に収穫した蕾と遜色ないくらいの大きさになる

省力化技術

第2表 一斉収穫して開花液処理[1]した蕾の観賞可能日数[2]

開花液の組成	収穫時の蕾のステージ				
	5	4	3	2	1
水道水	40.2	40.2	35.4	29.6	30.4
2％ ショ糖	42.0	30.8	35.4	37.6	—
8HQC＋1％ ショ糖	33.2	37.0	30.2	33.0	32.0
8HQC＋2％ ショ糖	36.2	39.8	40.0	38.4	33.8
8HQC＋5％ ショ糖	33.6	44.0	44.2	41.8	41.0

注 [1]開花液処理は各ステージの蕾が収穫適期の大きさになるまで行なった
　　（ステージ5：1日，4：2日，3：3日，2：5日，1：6日）
　　開花液処理後2日間模擬輸送を行なった
　[2]生け花〜観賞限界までの日数

第3表 一斉収穫[1]した'秀芳の力'の蕾のステージ別本数

	収穫適期	5	4	3	2	1	計
本　数	32	57	100	78	12	3	282
率(％)	11.3	20.2	35.4	27.7	4.3	1.1	100

注 [1]無摘心栽培，約1割が収穫適期になった時点で一斉収穫した

（4）蕾切りを利用した一斉収穫の可能性

これまで示したとおり，'秀芳の力'ではステージ2のように，かなり小さな蕾でも処理次第で充分立派に咲くことが判明した。第3表に一斉収穫したさいの蕾のステージ別の本数を示した。蕾切りの技術を利用すればステージ3以上はほぼ問題なく商品として利用できるのでロスは5％程度，ステージ2も利用可能であるとすれば一斉収穫に伴うロスはほとんど出ないことになる。通常の栽培でも，1週間以上収穫が遅い花は細くて商品価値のないものがほとんどであることを考えれば，ステージ2あるいは3以上が商品になれば，収量的には問題ないといってよい。

生産者の技術，あるいは季節・天候などにより蕾の発育のバラツキ具合は変化するが，一定以上の技術があれば収穫は1週間以内に済ませることができるはずである。10日以上かかるようでは一斉収穫が無理なだけでなく，品質面でも問題があると考えられる。1週間以内に，望ましくは5日程度で収穫が済むように生産できれば，一斉収穫はかなり現実味を帯びてくる。開花液の組成と処理方法が決まれば，実用的なレベルになると考えてよい。

以上'秀芳の力'のデータだけを示したが，これまで'名門'，'黄秀芳の力'，'精雲'などでも同様の実験を行なっており，いずれの品種の蕾も正常に咲いた。ピンクのキクでも，うまく開花液を吸収させることができれば，花が大きくなるだけでなく色もよくなることが判明しつつある。

研究に取り組んだ当初は「一斉収穫しても品質はそんなに低下しない」ことを期待して取り組んでいた。つまり，「一斉収穫のためなら多少の犠牲は目をつぶろう」と考えていたわけだが，研究がすすんできた現在では「キクの蕾切りは一斉収穫を可能にするだけでなく，品質を向上させる可能性が高い」と考えが変わり，期待を持って取り組んでいるところである。

（5）蕾切りを利用した一斉収穫の長所と短所

現時点で想定される，蕾切りを利用した一斉収穫の長所と短所，技術的な課題を以下に箇条書きにした。

　長所
・収穫作業が短時間で済む。
・採花の遅れがなくなる。
・蕾の大きさを気にしなくてよいため作業が単純化され，気楽に収穫できる。
・機械収穫も可能になる。
・生け花後の品質が向上する。
・圃場が早く空き，次の作に3日程度早く取りかかれるので，施設の回転率が向上する。
　短所
・水揚げに失敗すると大打撃を被る。
・蕾専用の出荷調整室が必要になる。
・水揚げ用の大きなタンクがたくさん必要になる。
・開花液のコストがかかる。
・選別作業が2度手間になる？
　技術的な課題

・開花液の組成・濃度の確定(薬害の回避)。
・'秀芳の力'以外の品種の検討。
・どの季節でも利用できるか?
・赤〜ピンクの花の着色の確認。
・開花液の処理方法。
・実際に必要な開花室の広さ。
・採算性の確認。

*

　キクは日持ちのよい花の代表であり,これまで前処理は必要ないとされてきた。しかし,出荷時に砂糖水のお弁当を持たせてやれば,水揚げがよくなり,花が大きくなり,日持ちも向上することが明らかになりつつある。

　蕾切りという言葉は母の日のカーネーションのイメージが強い。一斉収穫を目的としたキクの蕾切りでは開花液処理により水揚げの効果が期待でき,日持ちも向上するため,短期的な冷蔵処理まで組み合わせているカーネーションとはずいぶん条件が違う。今度さらに研究をすすめ,この技術を実用的なレベルまで引き上げてゆきたい。

〈執筆〉　本間　義之(静岡県農業試験場)

1995年記

小ギクの一斉機械収穫

(1) 機械収穫技術開発の経緯

①省力化が遅れる収穫・調製作業

収穫から調製までの作業は，切り花キク生産のなかで最も省力化が遅れており，小ギクでは全労働時間の約2分の1にも達する（第1図）。現状の収穫作業は，圃場全体を見回って出荷適期の花を探しながら1本ずつ採花する「抜切り」が主流で，作業時間が非常に長いだけでなく，花の開花程度を見分ける必要があるため熟練が求められる。こうした作業が省力化ができれば，飛躍的な規模拡大と労働コストの削減が見込める。

キクでは，スプレーギクを中心に輸入品が一定の地位を占めるようになって久しいが，日本の国際競争力を維持していくためには，この部分で労働生産性を高める技術開発を進める必要がある。国外では，切り花カッター，花束加工機（バインダー）などの設備を導入した省力化体系もみられるが，この場合でも切り花の回収は人手に頼っている場合が多い。人件費の高いわが国では，この部分も含めた機械開発が必要であろう。

また近年，パック花や組み花での流通が増える傾向にあるため，従来より短い（60～70cm程度）切り花で，より低価格の商品が大量に求められる傾向にある。これに対して各産地も出荷規格の見直しや短茎多収栽培技術の検討を行なっている。しかし，慣行の作業体系を前提とするなら，労働時間は収穫本数に比例して増加することになり，生産者の収益性を低下させる。このため，短茎多収という方向性を実現するうえでも，収穫本数当たりの作業時間を短縮する省力化技術の開発が不可欠である。

②慣行の収穫・調製作業の特徴

収穫・調製作業が省力化できない理由のひとつとして，同じ品種でも開花が1～2週間程度にばらつくため，収穫適期の花を探しながら，1本ずつ収穫し，1束ずつ人力で搬出していることが挙げられる。この作業方式では，収穫できる花を探しながら切るため，採花の動作時間が長く，全作業時間は切り花1本当たり2.2～2.4秒・人／本である（第2図の奈良県の事例）。

これに対して，冬の電照作型が中心の沖縄県では，鎌や草刈機で一斉に採花する事例もみられる。こうした一斉収穫では，採花の動作時間は短いものの，ネットからの抜取りに手間取るため，回収・搬出の動作時間が長く，全作業時間では1.5～1.6秒・人／本となっている（第2図の沖縄県の事例）。また，一斉収穫では，切り花を選花場に持ち帰ってから開花程度を目視で選別する作業も必要となる。

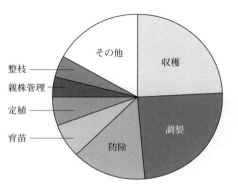

第1図 夏秋小ギク生産の労働時間配分
（2006年度奈良県農業経営指標から作図）

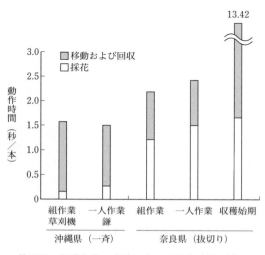

第2図 収穫作業の方法による各動作時間の違い

省力化技術

③小ギクの一斉機械収穫体系の開発

そこで，これら収穫・調製作業の大幅な省力化を目標に，栽培技術と機械開発を結合させた「小ギクの一斉機械収穫体系」を奈良県，沖縄県，農研機構近中四農研センター，みのる産業（株），兵庫県，香川県の共同研究（農水省実用技術開発事業）によって開発した。

この作業体系のフローは，第3図のように，品種選択（系統選抜）と栽培技術による開花斉一化，機械による一斉収穫と搬出，開花程度による機械選別，未開花で収穫となった切り花の商品化で構成される。

〈1. 開花を斉一化させる〉
ピーク3日間の開花揃いを90％以上に

| 開花斉一性の高い 品種と系統の選択 | ＋ | 開花を斉一化させる 栽培法 |

電照や苗冷蔵，植調剤処理など

〈2. 収穫〜搬出の機械化〉
収穫〜搬出の動作時間を半減（約2秒/本→1秒以下）

| 収穫機による一斉収穫 | ＋ | 台車での搬出 （収集・搬出の省力化） |

〈3. 選別出荷のシステム化〉
開花程度を機械で選別。未開花の切り花は集めて，開花処理

| 開花程度選別機による 未開花茎の選別 | ＋ | 開花処理によって 未開花茎も商品化 |

第3図　一斉機械収穫の作業フロー

(2) 収穫機と搬出台車による作業体系

①収穫機（みのる産業株式会社製，MH-8）の特徴

この収穫機は，小ギクのうねをまたいで走行し切り花の収集を行なう形式で，みのる産業（株），農研機構近中四農研センター，奈良農総センターらが2010年に開発した（第4図）。特徴的な機構として，ひとつのうねに生育した切り花を一気に刈り取る刈取り部，切り花を立てたまま後方に送る2段ベルト式の搬送部，慣行で使われている収穫布の上に切り花を直に集積する収容部を備えている。さらに，キクが倒れないようにフラワーネットを引っぱりながら巻き取る回収装置を装備しており，フラワーネットを外すと倒伏してしまうような切り花であっても，一斉機械収穫ができる。

駆動部は2馬力のエンジン式で，安定した走行ができるように3輪駆動のうね間走行となっている。刈取り部と搬送部は油圧で上昇させることができ，1.2m程度の少ない枕地で旋回できるため，露地圃場での一斉収穫だけでなく施設内でも利用できる。

適応範囲は，栽植幅60〜70cmに2〜4条で栽培された小ギクを対象とし，採花後の切り花長は120cmまでとなっている（第1表）。また，刈取り部にはデバイダーを設けており，小ギクを確実に刈取り部に案内し，搬送ベルトで地上部をつかむと同時に，基部を刈り取る構造となっている。刈高さは，うね面を基準として9〜

第4図　小ギク収穫機（みのる産業株式会社製，MH-8）

第1表　小ギク収穫機の主要諸元

名　称		小ギク収穫機
型　式		MH-8
機体寸法（cm）		213×160×95（全長×全幅×全高）（奈良県仕様）
		213×170×95（全長×全幅×全高）（沖縄県仕様）
機体重量（kg）		187.4
エンジン	型式名	ロビンEH09-2D形
	種類	空冷4サイクルガソリン
	総排気量（cc）	85
	出力/回転速度（PS/rpm）	2.0/3,600
	使用燃料	自動車用無鉛ガソリン
	燃料タンク容量（l）	2.3
	始動方式	リコイルスターター式
走行部	車輪（cm）	前輪46×10（外径×幅）×2個
		後輪40×7（外径×幅）×1個
	変速段数（段）	前進4（刈取り2），後進2
	速度（cm/秒）	作業速（低）5.1～7.7，（高）9.9～15.0
		後進（低）26.4～40.2，（高）51.4～78.1
		路上速（低）41.5～63.1，（高）80.3～122.0
	輪距（cm）	140（沖縄県仕様），120（奈良県仕様）
刈取り搬送部	上下調節	油圧式
	上下調節範囲（cm）	16～52
	搬送速度（cm/秒）	下（低）6.4～9.7，（高）12.4～18.8
		上（低）9.9～15.0，（高）19.2～29.1
	刈刃速度（cm/秒）	（低）8.4～12.7，（高）16.3～24.7
ネット巻取り速度（cm/秒）		（低）8.9～13.6，（高）17.4～26.4

25cmで数段階に調整できる。刈り取られた切り花は，2段の搬送ベルトにより機体後方に搬送されるが，そのさい，下ベルトが切り花の基部をしっかり保持し，上ベルトは切り花を抱くように保持する。さらに，上ベルトを下ベルトより速く搬送させることにより，搬送中に切り花を確実に斜め後方に傾かせ，収容部での切り口を揃える。

②収穫機の運行方法

この収穫機を利用する場合には，後述のような事前作業が必要になるが，これによって圃場内の障害物がなくなり，搬出台車による省力効果が得られる。

事前の作業として，支柱とフラワーネットを除去しておく。外したネットはこの時点で巻き取るか，そのまま花房上に置いておく。ネットを外したときに大きく広がったり，倒れる心配がある場合には，ネットを花房が引っかかる程度に残し，支柱も4～10mに1対程度の割合で残しておくとよい。収穫機がうねに進入する部分は1m程度を手収穫し，刈取り部の進入スペースを確保しておく。収穫機の収容部に収穫布を20枚程度重ねてセットしておけば，約50mのうねを収穫布の補給なしで収穫できる。収穫機をうねに進入させるさいには，刈高さセンサをうね上に乗せたあと，刈高さの調整を行なう。次にフラワーネットの末端を支えている角材などをフラワーネット回収部にセットする。

機械収穫の基本的な運行は，運転者と補助者（搬出など）の2名で行なう（第5図）。2.5～3.0mを収穫するごとに自動停止し，収穫布を結束して搬出台車もしくはうね上に移す作業を繰り返しながら進んでいく。結束する本数は慣行よりやや少ない200～250本が適切で，搬出

省力化技術

第5図　収穫機と搬出台車による2人組作業

台車に6束前後を積載したら，圃場外へ随時搬出する。キクの倒伏が激しいときには，補助者を2名増やして，ネットの抜取りや刈取り部への誘導を補助する必要がある。しかし，機械収穫による省力化を目指すなら，後述のように，品種や栽培上の工夫で，こうした事態を事前に回避しておくべきである。

③搬出台車の運用方法

圃場形状と作業人員によって，搬出台車の運用にはさまざまな手順が考えられる。運用の一例を第6図に示した。圃場手前（道路側）から奥に向かってうね1を収穫するさいには，搬出台車を収穫機に後続させ，補助者は随時，収穫束を搬出する。圃場奥から手前に向かってうね2を収穫するさいは，搬出台車が入れないため，補助者は収穫束を結束し，うね上に置いていく。うね3を収穫するさいに，補助者はうね1に配置した台車により，うね2上の収穫束を順次搬出し，引き続きうね3の搬出を行なう。搬出の速度は収穫機の作業速を大きく上回るため，収穫機による収穫と台車による搬出は，ほぼ同時に終えることができ，収穫速度から作業予定時間を見積もることができる。

④作業能率と省力化効果

圃場形状によって作業能率は異なるが，うねが長いほど旋回が少なく高能率となる。収穫機と搬出台車を同時に運用する作業方式で25mうねを収穫した実験では，第7図のように収穫から圃場外搬出までの切り花1本当たり作業時間を，慣行の1.5〜2.2秒・人から0.77（2名作業時）〜0.98秒・人（4名作業時）に削減できている。この作業方式では，支柱や電照の撤去など事前作業のための時間が増加するが，収穫と搬出の時間がそれ以上に削減できるため，全体として省力化に繋がっている。

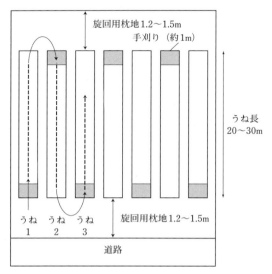

第6図　収穫機と搬出台車の組合わせによる機械収穫の運行例

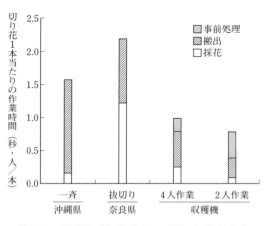

第7図　収穫機（作業速15cm/秒）と搬出台車を用いた収穫作業方式による作業時間
事前処理は，支柱とフラワーネットの前処理に要する時間

第2表 一斉機械収穫と慣行作業様式での収穫作業時間

作業方法		慣 行[1]		収穫機利用[2] (作業速0.15m/秒)	
		選択収穫 (奈良県)	一斉収穫 (沖縄県)	収穫機	収穫機 (倒伏するキクで補助者2名あり)
作業方法	収穫方法	花切り鎌による手刈り	刈払機	収穫機	収穫機
	作業人数(人)	2	2	2	4
	搬出方法	手運搬	1束積み台車	6束積み台車	6束積み台車
	事前作業	なし	なし	支柱撤去, フラワーネット除去	支柱撤去
作業能率[3]	作業時間(時/10a)	18.2	13.1	6.4	4.1
	総作業時間(人・時/10a)	36.3	26.2	12.8	16.3
	対慣行(手刈り)比	100	72	35	45
	対慣行(刈払機)比	139	100	49	62
葉の損傷枚数(枚/本)[4]		4.6		7.3	
	うち基部から20cm以上	1.3		2.0	
	基部から20cm未満	3.4		5.3	

注 1) 調査は奈良県において2005年6月,沖縄県において2005年2月に行なった
  2) 栽植様式:うね長さ(実作付け部)45m, うね幅125cm, 株間12cm, 5本仕立て/株
  3) 各作業は,上記栽植様式における立茎数(6万本/10a)に規準化して算出
  4) 2010年12月調査,品種:沖の乙女,金秀,各品種20本を調査

10a当たりの作業能率は,12.8〜16.3人・時と慣行の選択収穫方式に対して35〜45%に,最も省力化されている刈払機による一斉収穫方式に対しても49〜62%に労力が削減される(第2表)。

⑤作業精度

収穫機で刈り取った切り花の品質について,茎に損傷はないものの,葉の損傷が人手による一斉収穫より,やや多い傾向となった。しかし,これらの損傷は,切り花基部から20cm未満の下位葉がおもであり,調製時に脱葉あるいは切除する部分であるため実用上の問題とはならない(第2表)。また,収穫機上で結束した収穫束の切り口の揃いは上下各10cm以内と,収穫後に行なう水揚げ時の平均的な水深の範囲内にある。収穫後の切り下株にも大きな損傷はなく,萌芽も良好であったため,沖縄県で行なわれている二度切り栽培での適用も可能である。

(3) 一斉収穫に付随する選別・調製技術

①開花程度選別機の開発経緯

一斉収穫した切り花には,未開花や咲きすぎなどの出荷に不適切な花も含まれるため,出荷前に開花程度を選別する必要がある。手作業で一斉収穫を行なっている沖縄県の生産現場では,調製作業時に熟練者が目視で選別している。開花程度の選別には経験と熟練が必要とされており,収穫・調製の省力化のためには,この作業の単純化が不可欠となる。そこで,簡単な画像処理によって誰でも効率的で均一な選別を可能とする開花程度選別機を開発した。

②開花程度の選別原理と特徴

小ギクを天頂方向からカメラで撮影すると,葉の領域と花・蕾の領域が平面上に見える。この葉と花のみかけの面積割合を開花程度の指標にすることで,小ギクでは熟練者の目視判断に近い評価値(以下,F/G値とする)が得られる(第8図)。具体的には,以下の式によって求められる。

F/G値 = ln(100×花・蕾の画素数/葉・茎の画素数)

F/G値は未開花で小さく,開花が進むほど大きくなり,おおむね0〜6の範囲の値となる。また,膜切れ時期に蕾が退緑する過程や,花弁(舌状花)が伸び出す過程を検出できるため,収穫適期以前の状態から流通段階まで広い範囲

省力化技術

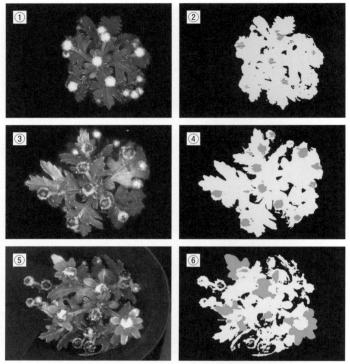

第8図 撮影例（左側）と処理結果画像（右側）
品種：やよい。目視区分は、同時に収穫した切り花を10段階に区分した
①目視区分1、②F/G値1.05、③目視区分5、④F/G値2.49、⑤目視区分9、
⑥F/G値3.37

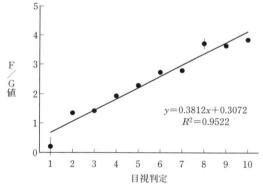

$y = 0.3812x + 0.3072$
$R^2 = 0.9522$

第9図 開花程度の目視判定とF/G値の相関
8月咲き赤色品種：広島紅
目視判定は、同時に収穫した小ギク切り花を10段階に区分した。各段階の花房のなかで、最も開花程度の進んだ花は、おおむね以下の状態であった
1：膜割れ以前、2：着色始め、3：膜割れ始め、4：花弁伸長始め、5：花弁伸長、6：花弁が直立、7：花弁が外に開く、8：開花始め、9：8分咲き、10：ほぼ満開
誤差範囲はSE

で利用でき、葉と花の比率から算出する値であるため、切り花のボリュームに影響されにくい特徴をもつ（第9図）。

③開花程度選別機（みのる産業株式会社製、MH-9）の特徴

この選別機は、バケット上を運ばれている切り花のF/G値を自動的に計測し、出荷適期の切り花と未開花（もしくは咲きすぎ）の切り花とを選別することができる（第10図）。内部にLED照明とCCDカメラを内蔵しており、すでに普及している重量選花機と同様に、切り花を1本ずつ投入口に置くと、搬送バケットで送る構造となっている。判別から仕分けまでの速度は毎秒1本以内で、無調製で110cmの切り花長まで対応できる（第3表）。

この選別機は、タッチパネルでの簡単な操作で利用でき、5～10本の花を用いて撮影条件と開花程度の閾値を自動設定する設計となっている。また、すでに普及している重量選花機の前に接続して、速度を同調させて使用することも可能である。

④蕾収穫切り花の開花技術

切り花を一斉収穫すると、どうしても出荷適期に満たない蕾収穫切り花が混じることとなる。そこで、蕾切り花を葉色、花色、日持ち性などの品質を落とさず人工的に開花させ、商品化するための開花処理技術が必要となる。この技術は、採花後の切り花を生ける開花液と、開花させる場所の気温や光などの環境条件の2点が要点となる。蕾収穫での開花ステージは、膜切れ時期以降であれば確実に開花させることができる。栽培管理によって斉一化したうえで一斉収穫した場合、おおむね2～4日程度で出荷できる状態になる。

これらの技術を，収穫遅れで出荷できない切り花が少なくなるよう早めの一斉収穫と組み合わせることで，秋ギク型品種では商品化率を95％以上に向上することができる。

⑤開花液の組成と各成分の効果

薬害などの問題点が少なく，安定した効果の得られた開花液組成を第4表に示した。

ショ糖の添加には，花径を大きくする，生け花後の開花を持続させる，開花までの処理日数を短くする，黄色や赤色の品種の花色を濃くする，などの効果がある（本間，1995）。しかし，ショ糖を含む開花液では細菌類の増殖による切り花の水揚げ不良が発生しやすいため，抗菌剤として200ppmの8HQS（8-ヒドロキシキノリン硫酸塩）を加えることとしている。

また，エチレンの作用阻害剤であるSTS（チオ硫酸銀錯塩）は，品種間差があるものの，キクにおいても葉の黄変を抑制する効果がある（土井ら，2003）。とくに，高温期の夏秋ギクでは，輸送中や生け花後の葉の黄変が，品質低下の大きな原因となっている。これに対して，開花液にSTSを添加しておくと開花処理期間中の葉の黄変を防ぐだけでなく，出荷後の品質保持にも効果がある。ただし，数日間という比較的長い期間吸液させる蕾切り花の開花液では0.03mMという低濃度にすることが重要で，これ以上の高濃度では葉に斑点状の薬害が発生するため注意が必要である。これらに加えて，界面活性剤を添加することで，吸水量が2倍以上に増加し，開花処理中の水分を維持できるだけ

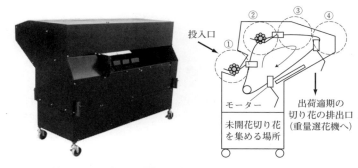

第10図　開花程度選別機（MH-9）の外観と断面模式図

(福本ら，2011)

搬送部は図中①→②→③→④→①の順にチェーンコンベアで回転する
①切り花の投入口，②天頂方向からCCDカメラによって撮影，③未開花の切り花を下のバケットに落とす，④出荷適期の切り花を排出

第3表　小ギク開花程度選別機の主要諸元

名　称	開花程度選別機
型　式	MH-9
全長×全幅×全高（cm）	100×166×126
機体重量（kg）	116
モーター出力（W）	90
モーター減速比	1/10（スピードコントローラー付）
搬送速度（cm/秒）	最高42
供給キクの長さ（cm）	110以下
供給口の高さ（cm）	78

でなく，糖やSTSの吸収量も結果的に増加することとなり，開花処理の効果が安定する。とくに，葉が萎れやすい高温期の夏秋ギクで，その効果は顕著である。

⑥開花処理の環境条件

夏秋ギクと秋ギクのいずれにおいても，最適な環境条件は気温20～25℃，光の強さ1,000～3,000lx（蛍光灯），日長8～16時間が目安になる（山中ら，2010）。

20℃より低い温度もしくは高い温度では，開花までの日数が増え，結果的に葉の黄変や花色

第4表　小ギク用開花液の成分とその効果

成分名	濃　度	おもな効果
ショ糖	3％	花径の維持，日持ち向上，花色維持
8-ヒドロキシキノリン硫酸塩（8-HQS）	200ppm	殺菌，吸水促進
チオ硫酸銀錯塩（STS）	0.03mM	葉の黄変抑制
界面活性剤（ポリオキシエチレンノニルフェニルエーテル）	0.03％	吸水促進，萎凋抑制

省力化技術

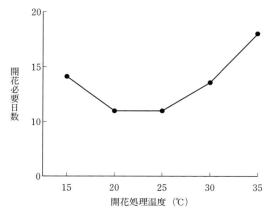

第11図　開花処理の温度と開花必要日数
8月咲き品種：小鈴，膜切れ期に処理開始し3輪の頭花が開花するまでの日数で示した

の変化など品質低下を招く可能性が高まる。そのため，季咲き時期の平均気温を目安とした適温を心がけることが必要である（第11図）。また，光が強すぎると葉の黄変や萎れを引き起こし，品種によっては生け花後の日持ちが悪くなるため，直射光のない室内で前述の環境条件を整えることが望ましい。なお，この開花処理によっても蕾の萎れなどの障害がみられる品種があるため，実用にあたっては事前に少量で効果確認を行なうことが望ましい。

(4) 機械収穫のための品種と栽培技術

①一斉機械収穫で求められる特性

収穫機を利用するためには，一斉に収穫できる程度に開花が揃うという開花斉一性と，フラワーネットを収穫と同時に除去しても倒れにくい耐倒伏性，という栽培上の2つの特性が求められる。

開花斉一性と耐倒伏性はいずれも，品種固有の特性であるとともに，栽培方法によっても変化する。このため，品種や系統を適正に選択したうえで，後述するような開花斉一性や耐倒伏性を高める栽培方法を組み合わせることが大切である。

これら開花斉一性と耐倒伏性の重要度は，地域や作型によって異なる。日照量の少ない沖縄県の冬春電照作型においては，電照による開花調節ができるため，開花斉一性よりも耐倒伏性が重要な条件となる。一方，西南暖地や関東・東北地域の夏秋季咲き作型では，日照量が多い時期の露地栽培であるため，耐倒伏性よりも開花斉一性が重要な条件となる。

②開花斉一性にかかわる品種特性

開花斉一性には，遺伝的要因と栽培的要因の両方が関与する。遺伝的要因としては，夏秋時期の品種にも，第12図に示したように開花斉一性に違いがみられ，自然開花期が10月以降の品種と比べて7～8月の品種は開花斉一性に劣ることが多い。しかし，10月咲き品種にも'はごろも'のように開花斉一性に劣る品種もあれば，8月咲き品種でも'しずか'のように開花斉一性に優れる品種が存在する。このため，一斉機械収穫を意識した栽培では，こうした適品種を選択することが第1の条件となる（第5表）。

一方，沖縄県の冬春作型では電照栽培を前提として秋ギク型品種が育成・選抜されており，開花斉一性の品種間差は比較的小さく，現在の主力品種となっている'つばさ''沖の乙女''金秀'などはいずれも3日以内に90％以上が開花する。しかし，花芽抑制に強い照度が必要な品種や，15℃以下の低温で花芽分化遅延が生じやすい品種など，開花斉一性に劣る品種も混在しており，品種選択は必要である。

また，ロングセラーの品種では，同一品種内で開花早晩性における系統分離がしばしば生じており，これらの系統を選抜して増殖することによっても開花斉一性は高くできる（第13図）。こうした生態的な系統分離は，色変わりなどと違って目につきにくいため混在したままになっていることが多いが，夏秋ギク型品種から秋ギク型品種まで多くの品種で有効な手法である。

③開花斉一性を高める栽培技術

小ギクは露地生産主体であるため，非常に多くの品種が利用されており，生態型品種群としても夏ギク型，夏秋ギク型，秋ギク型，寒ギク型のすべてにわたっている。このため第6表のように，各品種群によって開花斉一性を高める

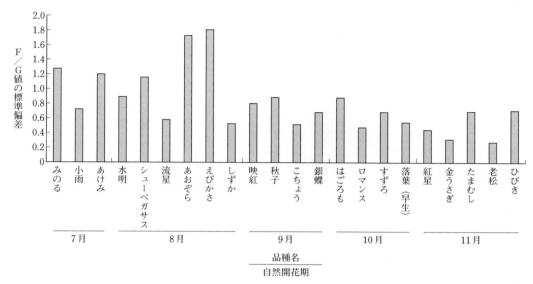

第12図 7～11月咲き小ギクの開花斉一性における品種間差
F/G値の標準偏差が大きいほど，開花斉一性が劣ることを示す

第5表 作型別の一斉機械収穫に向く小ギク品種の例

作　型	開花斉一性と耐倒伏性に優れる機械収穫向け品種の例
7～8月開花	小雨（7月，白），流星（8月，白），など
9月開花	こちょう（9月，赤），銀蝶（9月，白），など
10～11月開花	ロマンス（10月，黄），老松（11月，白），など
電照，12～3月開花	沖の乙女（赤），つばさ（白），沖のひかり（黄），など

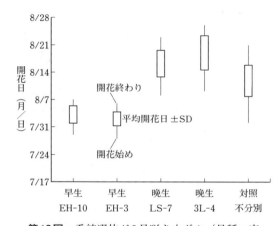

第13図 系統選抜が8月咲き小ギク（品種：広島紅）の開花斉一性に及ぼす影響
EH-3，EH-10，LS-7および3L-4は，2006年度に現地生産者親株群からおのおの，早生株および晩生株を選抜することによって得た選抜系統．不分別は現地親株群を20株程度の親株群として維持した系統

方法も異なってくる．

電照による開花制御ができない夏ギク型品種が主となる5～6月開花作型では，ロゼット打破以降の茎伸長と花芽分化期までの生育のバラツキが開花斉一性に影響する．このため，西南暖地で無加温ハウスや電照の条件があれば，吸枝由来の切り花ではなく挿し芽苗の摘心後側枝を切り花として収穫することで，大幅に開花斉一性が向上できる（仲ら，2008）．さらに，高昼温を避ける保温管理，初期の茎伸長を促進する暗期中断などが有効である．

7月以降に開花する夏秋ギク型品種では，春から夏にかけての幼若性の消失過程が開花時期に大きく影響するため，その制御に関連する系統選抜，苗冷蔵や台刈り方法などが効果的である．苗または穂の冷蔵は，夏秋ギク型品種で開花までの日数をわずかに遅らせるものの，開花日のバラツキを小さくすることができる（第7表）．

省力化技術

第6表 作型に応じた開花斉一性向上のための栽培技術

作型	適用できる栽培技術の例
5～6月開花	挿し芽苗の利用，生育初期の暗期中断，低めの換気温度
7～8月開花	暗期中断，早晩性の系統選抜，セル苗の冷蔵，親株の深い台刈り
9～11月開花	株間方向の密植，生育中期のダミノジッド散布，下葉除去
電照，12～3月開花	立茎数の制限，遅めの摘心時期

第7表 苗もしくは穂の冷蔵が開花斉一性に及ぼす影響

| 処理冷蔵週数 | 対照区 | 穂冷蔵 | | 苗冷蔵 |
		2週間	4週間	4週間
平均開花日	7月4日	7月3日	7月2日	7月8日
標準偏差	4.8	3.3	3.2	2.9

注 7月咲き品種：みのる
冷蔵：2℃暗黒条件，育苗期間：3週間，定植：4月14日

親株の台刈り方法としては，地際の低い位置まで切り戻し，挿し穂の採取節位を揃えると，開花斉一性を高める効果がみられる。また，7～8月咲き品種のなかにも秋ギク型品種のように，電照による開花制御が容易な品種があり，こうした品種を用いて電照栽培すると大幅な開花斉一化が可能となる（角川ら，2007）。

日長で開花期がほぼ決定される10月開花以降の秋ギク型品種では，低温による生長のバラツキを回避することで，ほぼ一斉収穫できる程度の開花斉一性が確保できる。

一方，生育中に発生する栄養生長のバラツキは，結果としてすべて，開花の不揃いを招く。これを修正する技術は，夏秋ギクから寒ギクまで広く効果があり，株間方向の密植（第14図），整枝本数の制限（3本／株程度），低濃度のダミノジッド剤散布（第15図），発蕾期の下葉除去などが有効である。

④耐倒伏性にかかわる品種間差

耐倒伏性においても，品種選択は大きなポイントになる。西南暖地や関東・東北の夏秋季咲き作型と沖縄県の冬春電照作型のいずれにおいても，露地条件で草丈を伸ばしすぎないよう100～120cm程度までに留めれば，現在利用されている多くの品種で大きく倒伏することはない。しかし，沖縄県や奈良県で普及している防虫（防風）ネットで覆われたネットハウスでは，品種によって倒伏が収穫機導入時の問題となる。

沖縄で栽培されている各品種の耐倒伏性をネットで被覆された平張施設内で検討した試験結果では，'沖の乙女'や'つばさ'のようにフラワーネットを除去しても倒伏しないような品種と，'しずく'のように非常に倒伏しやすい品種が混在している（第16図）。したがって，機械収穫を前提とするならば，耐倒伏性に優れる品種を事前に選択しておくべきである。

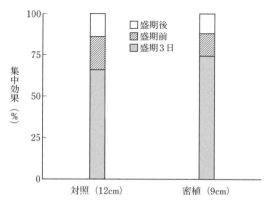

第14図 株間変更による開花日の集中効果
品種：新年の美（12月咲き小ギク），露地2条植え無整枝

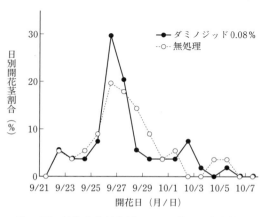

第15図 植物生育調節剤による開花日の集中効果
品種：銀星（9月咲き小ギク）

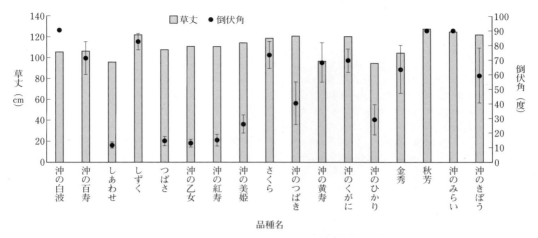

第16図　平張施設での2月開花作型における耐倒伏性の品種間差　（儀間ら，2010）

これら耐倒伏性の強い品種には，節間（草丈）が伸びすぎない，花房の枝分かれが小さい，株の根張りがよいなどの共通した傾向がみられる。

⑤耐倒伏性にかかわる栽培条件

キクの倒伏には，根ごと倒れる転び型，茎がしなる曲がり型，分枝部で裂ける裂け型の3パターンがあるが，これらは地上部の重心高と重さに対して，それを支える地下部の根張り，茎の剛性（硬さ），分枝部の裂けにくさのバランス，が関係している。このため，これらを個々に改善するような栽培を心がけることで倒伏の程度は大きく改善できる（渡邊ら，2010）。

環境条件が同じであれば，地上部の立茎密度が高くなるほど倒伏しやすくなるため，環境条件に応じた適正な立茎密度を選択することで耐倒伏性を高めることができる。茎の剛性は茎径が細くなるほど急激に低下するため，整枝が不十分で茎径の細い切り花が多いと，群落全体として非常に倒伏しやすくなってしまう。また，同じ立茎密度の場合でも，定植する株密度を下げて仕立て本数を同等にすると，根張りがよくなり倒伏が軽減できる。たとえば，日照量の少ない冬春期なら，植付け条数を5条から4条に変える，うね内部の株間を拡げる，といった対策が可能と考えられる。

また，キクの耐倒伏性は栽培環境にも大きく影響され，露地栽培よりも風の影響の小さい平張施設（ネットハウス）栽培で，日照量の多い夏秋作型より日照量の少ない冬春作型で，倒伏しやすい。これは，風によるストレスが軽減され，日照量が少なくなるほど，茎の剛性が低下するためと考えられる。

さらに，機械収穫を目指すなら，出荷規格として必要な切り花長を確保できる程度に低めの草丈を心がけることも大切である。切り花長を確保するため，極端に草丈を伸ばす栽培例が生産現場でよくみられるが，こうした切り花では重心位置が高くなるために倒伏しやすく，機械収穫には適さない。

(5) 今後の課題

今回の技術開発は，小ギクのみを対象としたものであるが，国際競争と消費低迷のなかで，低コスト生産が求められるのは，花卉全般に共通する状況である。今後は，可能性のある品目から，こうした収穫・調製の省力化を進める必要があろう。また併行して，機械収穫に適した品種育成や栽培技術開発が，さらに必要となってくるものと考えられる。

　執筆　仲　照史（奈良県農業総合センター）

2012年記

参 考 文 献

Doi, M., Y. Nakagawa, S. Watabe, K. Aoe, K. Inamoto and H. Imanishi. 2003. Ethylene-induced leaf yellowing in cut chrysanthemum. J. Japan. Soc. Hort. Sci.. 72 (6), 533—535.

Fukumoto, Y. T. Hamada, J. Suyama, A. Yamamoto and T. Naka. 2011. Development of Flowering Stage Inspection Equipment for Small-Flowered Chrysanthemum. Journal of Robotics and Mechatronics. 23 (2), 310—315.

儀間直哉ら．2010．小ギクにおける倒伏性と物理的形質の品種間差異．園学研．9（別2），p.531.

本間義之．1995．一斉収穫したキク'秀芳の力'の開花に及ぼす開花液処理とつぼみのステージの影響．静岡農試研報．40，19—25.

仲照史ら．2008．夏小ギクの半促成5月開花作型における挿し芽苗と暗期中断電照による品質改善．奈良農総セ研報．39，17—24.

仲照史ら．2011．小ギクの生産規模拡大を可能とする一斉機械収穫・調製システム．平成22年度近畿中国四国農業研究成果情報．

角川由加ら．2007．暗期中断およびエセフォン処理による小ギクの開花抑制程度の品種間差異．奈良農総セ研報．38，47—51.

田中宏明ら．2011．一斉開花栽培に対応した小ギク収穫機．平成22年度近畿中国四国農業研究成果情報．

渡邊武志ら．2010．小ギクにおける耐倒伏性の評価方法．園学研．9（別2），p.281

山中正仁ら．2010．小ギクのSTS処理による収穫後の黄変葉発生抑制技術．平成21年度近畿中国四国農業研究成果情報．

キクのコスト削減対策

(1) 生産コストの現状

キクの価格が低迷するなか、コスト削減は大きな課題である。しかし、暖房用燃料や肥料などの各種資材の価格は高値安定の様相を示し、この影響で農業経営費（自家労賃は含まない）は10年前と比べて約20％高くなっている。第1表は輪ギク3作体系とスプレーギク3.5作体系の農業経営費を示したものである。輪ギク1本当たりの農業経営費は41.0円で、そのなかで最も多い経費は荷造り運賃・手数料、次いで減価償却費、動力光熱費の順となっており、この3つの経費で全体の63％を占める。とくに、暖房用燃料の高騰により、動力光熱費の占める割合が大幅に増加しており、動力光熱費の削減が重要な課題となっている。

一方、スプレーギクは輪ギクと比べて経営費が約14％多いにもかかわらず、1本当たりの経営費は34.8円/本と約6円安い。この理由は、輪ギクと比べて燃油使用量が約20％少ないこともあるが、単位面積当たりの収量が約30％多いことが大きい。圃場占有期間の短縮による作付け回転数の増加や施設利用率（施設面積に占めるベッド面積の割合）の向上、さらにはロス率の低減により年間収量を増大することも経費削減の重要なポイントとなる。

(2) 暖房費の節減

愛知県経済連資料によると、暖房用A重油価格は2003年までは40円/l前後を推移していたが、2004年ころから上昇し、2008年9月時点の123円をピークに、2011年は70～80円で推移し高値安定となっている。しかし施設園芸農家はA重油価格が高騰しても、その分を販売価格に転嫁できないため、所得（売上げ－農業経営費）が確保しにくい状況になっている。

施設園芸の基本的な節油対策は、1）暖房機の点検と整備、清掃、2）ハウスの保温性向上（保温性の高い被覆資材や多層被覆の導入、被覆資材の隙間からの放熱防止）、3）作物の生育特性をふまえた効率的な温度管理の実施、の以上3点である。

節油対策は暖房費削減による所得確保を目的に実施する取組みなので、作物の生育・開花特性を無視した極端な低温管理で収量や品質を大きく低下させては意味がない。経費のかからない基本対策を重視し、各種対策をバランスよく組み合わせることが重要になる。

①低温開花性品種（系統）の利用

輪ギクでは'神馬'から選抜した'神馬2号'が低温開花性品種として全国的に普及している。'神馬2号'は、花芽分化期の最低夜温を高温管理の'神馬'より2～3℃低い温度で管理しても、順調に生育・開花する特性がある。第2表は3月出荷の'神馬'と'神馬2号'の重油使用量を農研機構野菜茶業研究所の温室暖房消費ツールを利用して試算したものである。'神馬2号'の導入により約15％の重油削減効果が期待できる。ただし、'神馬2号'も'神馬'と同様に親株養成時や栄養生長期に12℃以下

第1表 輪ギクとスプレーギクの農業経営費（10a当たり）
（愛知県田原普及課経営モデルを一部改変）

		輪ギク	スプレーギク
作付け回数		年3作	年3.5作
出荷本数（千本）		117	157
農業経営費（千円）	肥料費	150	160
	農業薬剤費	200	225
	動力光熱費	950	790
	減価償却費	1,026	1,093
	荷造り運賃・手数料	1,053	1,583
	雇用労賃	158	398
	その他経費	1,258	1,210
	合計	4,795	5,459
1本当たりの経営費（円/本）		41.0	34.8

注 試算条件：施設面積40a、家族労力3人、自家育苗
市場販売単価：輪ギク；60円/本、スプレーギク；52円/本
A重油価格80円、輪ギク：'神馬'2作で10kl、スプレーギク8kl

省力化技術

第2表　低温開花性品種（品種：神馬2号）の節油効果（3月出荷試算）

品　種	最低管理温度（℃）						重油使用量 (kl/10a)	重油代 (千円/10a)
	定植〜活着	活着〜消灯7日前	消灯7日前〜消灯	花芽分化期	〜破蕾前	〜収穫終了		
神　馬	15	15	18	20	15	16	8.9	712
神馬2号	15	14	16	17	14	16	7.5	600

注　栽培期間は，神馬，神馬2号ともに同じ（11月15日〜3月20日）
　　温度管理は，愛知県田原地域の栽培基準表の数値を参照
　　重油使用量は，ガラス温室（2層カーテン，1,000m^2），愛知県（名古屋）の平年値で試算
　　重油代は，80円/lで試算

の低温に遭遇すると開花遅延を起こしやすくなるので，13℃以上で管理することが重要である。

②変温管理

変温管理とは，作物の生理にあわせて1日の夜温を変更して管理する方法である。キクでは，おもに高温管理となる花芽分化期（消灯日から発蕾期）に行ない，前夜半を高温管理，後夜半を前夜半の温度より下げる方法が一般的である。

スプレーギクの花芽分化期の夜温管理において，前夜半（17〜1時）を18℃，後夜半（1〜9時）を14℃で加温しても，終夜18℃で加温する方法と比べて品質や開花に差がなく，花芽分化期の暖房費を25％（定植から開花まで換算すると約10％）削減できるとされている（今給黎，2006）。ただし，品種によって効果が異なりと開花が遅れる場合がある。また，変温管理をするには夜温を切り替える機材「多段サーモ」が必要で，価格は1台5万円程度である。

③幼若化を防止する温度管理

幼若化とは，花芽分化に適した温度，日長条件下にもかかわらず，花芽を形成しない生育相のことで，親株養成時や栄養生長期の低温遭遇

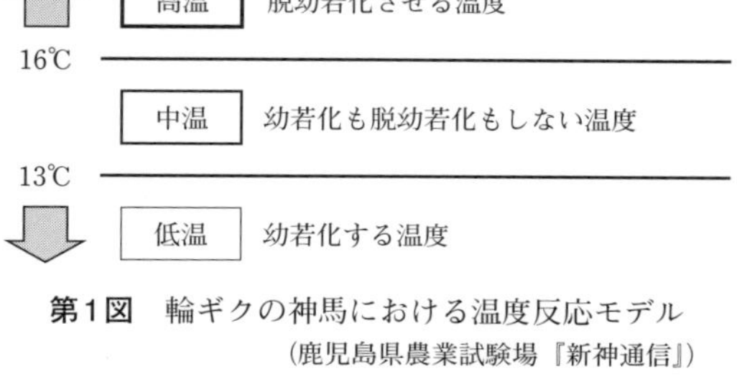

がおもな原因とされている。'神馬'など一部の品種で確認されており，幼若化すると消灯後に十分に加温しても花芽分化が順調に進まないため開花が遅れ，燃油使用量が多くなる。3月開花で16℃管理の場合，開花が1日遅れると約150l/10a多くなる。

第1図は秋ギク'神馬'の幼若化と脱幼若化に対する温度反応モデルである。幼若化する夜温は13℃未満，脱幼若化する夜温は16℃以上である。13℃より低い温度ほど幼若化され，逆に16℃より高い温度ほど幼若化しない。13〜16℃は，幼若化にはあまり影響しない温度と考えられてる。したがって，幼若化させないためには，親株養成時と栄養生長期の夜温を実温で13℃以上で管理する必要がある。また，昼温も，夜温より影響が小さいものの幼若化に影響するので，午前10時前と午後3時以降の換気はひかえたほうがよい。

④圃場占有期間の短縮

キク栽培では，労働時間の削減を目的に直挿し定植が普及しているが，栄養生長期間は発根苗定植より長くなる。そこで定植期が11月〜3月となる作型では加温期間を短縮する目的で発根苗を使用する。発根苗の利用により10日程度栄養生長期間を短縮することができ，1月上旬定植で夜温13℃管理の場合，約500l/10aの燃油が削減される。

⑤暖房機の排熱回収装置（エコノマイザー）

エコノマイザーは既存の温風暖房機に設置し，暖房機の煙突の熱を施設内に還元する構造となっている。第3表は，愛知県田原地域のスプレーギク農家の協力を得て，エコノマイザー

↑ 高温	脱幼若化させる温度	
16℃		
中温	幼若化も脱幼若化もしない温度	
13℃		
↓ 低温	幼若化する温度	

第1図　輪ギクの神馬における温度反応モデル
（鹿児島県農業試験場『新神通信』）

第3表 エコノマイザーの節油効果（設定温度 17:00～0:00は18℃，0:00～8:00は16℃）

	測定期間中の平均外気温[1] (17:00～8:00)	測定期間中のA重油使用量[2]	1℃昇温するためのA重油使用量[3]	エコノマイザーを稼働させた場合の節油率（％）
エコノマイザー稼働 （2月3日～2月8日）	5.6℃	66.2*l*/日	388m*l*	5.1
エコノマイザー非稼働 （2月9日～2月14日）	3.8℃	80.2*l*/日	409m*l*	

注 1) 伊良湖測候所における当該日の17時～翌日8時までの外気温平均値
　 2) 1日当たりの平均値，暖房機稼働時間×13.0*l*/hで算出
　 3) 外気温に対して施設内温度を1℃昇温させるためのA重油使用量

の節油効果を検証したもので，約5％の節油効果が確認された。

エコノマイザーは煙突がどれだけ熱くなるか，熱くなった時間がどれだけ続くかに比例して効果が高まると考えられている。煙突が熱くなるために必要な要素は「加温が一定時間以上続き，途切れない」ことであり，これが実現されるためには，1) 暖房機の能力が施設に対して過剰になっていない，2) 外気温と管理温度の較差が大きい，という2点を満たす必要がある。この条件にあてはまる環境であるほどエコノマイザーの節油効果は高くなると考えられる。上記のスプレーギク農家では5％の節油効果が認められたが，暖房機の稼働率が悪い場合は初期投資に見合うだけの効果が得られるとは限らない。また，当然ながらA重油価格にも左右される。

(3) 電照にかかる電気代の削減――省エネ電球の利用

キクの栽培では，花芽分化抑制のための電照方法として暗期中断が用いられ，その光源には白熱電球の利用が一般的であった。しかし，近年，白熱電球に代わり蛍光灯やLEDの導入が急速に進みつつある。蛍光灯やLEDは，白熱電球と比べて消費電力が少ないため電気代の大幅な削減が期待できる（第4表）。

これらの省エネ電球を利用することで基本料金を含めた電気代は，白熱電球と比べ蛍光灯で6.1万円/10a（削減率66％），LEDで7.2万円/10a（削減率76％）削減できる（第2図）。削

第4表 各種電照用光源の特性，価格

	白熱電球	蛍光灯	赤色LED
消費電力	90W	23W	9W
寿命（h）	1,000	5,000	15,000～20,000
価格（円/球）	100	800	5,000
導入コスト[1]（/10a）	1万円	8万円	50万円

注 1) 10a当たり100球設置した場合

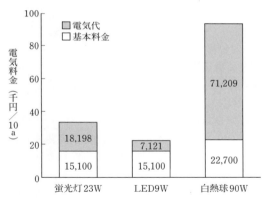

第2図 輪ギク栽培における各種電照器具の経済性比較

試算条件は以下のとおりである
年間使用時間：650時間/年3作
基本料金：蛍光灯とLEDは契約容量6kVA未満。白熱球は6～10kVA
電力料金：22～23時はデイタイム料金（20.7円/kWh），23～2時はナイトタイム料金（9.33円/kWh）
電球の設置個数：100球/10a

減された電気代から，初期投資額の回収期間を計算すると蛍光灯は1.1年，LEDは6.5年となる。

ただし，花芽分化抑制効果，とくに夏秋ギクに対してはまだ不明な点が多いため効果を十分に確認してから導入する必要がある。

省力化技術

(4) 収量性を高める——短茎多収栽培

　農林水産省のデータによると，わが国のスプレーギク1本当たりの生産コスト（農業経営費＋自家労賃）は52.7円でオランダの2.1倍となっている。この理由は，施設利用率が低い，省力化が進まず労働時間が長いことなどが挙げられるが，最も大きいのは長茎生産のため単位面積当たりの収量が少ないことである。こうしたなか，生産コストを削減する一つの方策として，短茎多収栽培が注目されている。

　短茎多収栽培とは，収穫時の切り花長60～80cmを目指したホームユース向けの栽培法である。切り花長90cmを目指した業務需要向けの慣行栽培と比べ，1）目標とする切り花長が短いため圃場占有期間を短縮できるため施設回転数の増加が可能，2）中級品（M，Sクラス）を多く出荷することが求められるため定植本数が170～180本/3.3m^{2}と慣行栽培と比べて1.3～1.4倍多い，などの特徴がある。

　各試験研究機関で短茎多収栽培についての開発が進められている。輪ギク品種の‘神馬’と‘岩の白扇’を用いて，茎長20cm以上の大苗と直接短日定植法（本圃に定植すると同時に短日処理をする方法）を用いた栽培方法を組み合わせることによって，圃場占有期間約60日で年間5回の作付けが可能であることがわかっている（静岡県農業試験場，2008）。また，切り花長65cmスプレーギクを年5回作付けするために必要な栄養生長期間を調査し，夏秋ギクタイプでは1週間，秋ギクタイプでは2～3週間であることも明らかになっている（愛知県農業総合試験場，2006）。

　第5表は，スプレーギクにおけるる短茎多収栽培と慣行栽培の経営費と労働時間の比較を示したものである。スプレーギクの場合，作付け回転数を慣行の3.5回から5回に増やすことで，経営費は約30％増加するものの年間の切り花本数が約50％増加するため，1本当たりの経営費は約13％削減され30.2円となる。

　短茎切り花に対するユーザーの需要は着実に増大しており，短茎多収栽培は低コスト生産のための非常に有効な栽培法と思われるが，産地の反応は今ひとつ鈍い。この理由は短茎切り花の市場評価が低いこと，労働時間の増加などにある。したがって，この栽培法が普及するには，実需者との連携による安定した価格の確保，機械化による労働時間の削減が大きな課題になる。

(5) 雇用費の削減——無側枝性品種の利用

　1997年ころまで，白系輪ギクの主力品種は夏秋ギクが‘精雲’，秋ギクが‘秀芳の力’で，この2品種を組み合わせて年3作体系が行なわれていた。10a当たりの年間労働時間は約2,200時間/10aで，作業別でみると摘芽・摘蕾作業が最も長く全労働時間の約25％を占めていた。この作業は，単純作業であるためパートに任せる農家が多く，これが雇用費を増大させる原因となっていた。こうしたなか，1998年ころから，夏秋ギクにおいて無側枝性品種‘岩の白扇’の導入が始まり，2010年現在，愛知県田原地域では，夏秋ギクの作付け面積の90％以上が無側枝性品種となっている。

　‘岩の白扇’と‘精雲’の労働時間を第6表に示した。‘岩の白扇’の導入により摘芽・摘蕾時間が10a当たり120時間削減できる。この時間を雇用の時給750円で換算すると，約9万円/10aのコスト削減効果になる。

第5表　スプレーギクにおける短茎多収栽培と慣行栽培の労働時間と農業経営費の比較（10a当たり）

		慣行栽培	短茎多収栽培
出荷本数・労働時間	作付け回数（作/年）	3.5	5.0
	1作出荷量（本/作）	45,000	48,000 (107)
	年間出荷量（本/年）	157,500	240,000 (152)
	労働時間（時間）	2,138	3,514 (164)
農業経営費（千円）		5,459	7,241 (133)
キク1本当たりの経営費（円/本）		34.7	30.2 (87)

注　定植方法は，慣行栽培が直挿し定植，短茎栽培が発根苗定植
　（　）内は慣行栽培比（％）

(6) 肥料費の低減

愛知県田原地域の輪ギク栽培では，有機質肥料を主体に窒素成分で1作当たり約25kg/10aを施用している。年3作の場合，年間の肥料費は約150千円/10aで農業経営費の約3％を占める。

①適正な施肥

作物の吸収に過不足のない養分を与えることが施肥の基本である。すなわち，各生育ステージごとにどれくらいの養分を吸収すればよいか考える必要がある。施肥量を増やせば単純に作物の収量が増加するというものでなく，適正施肥を超えると逆に減収することになる。したがって，圃場の土壌診断結果に基づいて施肥する必要がある。基準値から外れている場合には，欠乏であれば施肥し，過剰であれば施肥量を減らすあるいはなくす必要がある。輪ギク生産では，養分の蓄積が進んでいるところが多く見受けられる。したがって，効率的な施肥を進めるためには，土壌診断を実施し，施肥のむだを省くことが肥料費削減のポイントである。

②養液土耕栽培

養液土耕栽培とは，土がもつ緩衝能を生かしつつ，生育ステージに合わせて植物が必要とする肥料と水を点滴チューブから過不足なく与える栽培法である。効率的な施肥法であるため肥料費が20〜30％低減できる。また，自動化されているため施肥・灌水作業の省力化も可能になる。

第6表 岩の白扇と精雲の労働時間比較
(単位：h/10a)

作業名	岩の白扇(無摘心)	精雲(無摘心)
育苗・採穂	100	100
挿し芽	55	55
定植準備・土つくり	60	60
定植	45	45
摘心・整枝	0	0
追肥・灌水	25	25
摘芽・摘蕾	80	200
薬剤散布	15	15
収穫	90	90
出荷調製・運搬	180	180
後片づけ	15	15
その他	25	25
計	690	810

注 田原農業改良普及課調べ

執筆 石川高史（愛知県東三河農林水産事務所田原農業改良普及課）

2012年記

参 考 文 献

今給黎征郎．2006．夜温の変温管理による暖房コスト低減．農業技術大系花卉編．第6巻．キク（クリサンセマム）．

興津敏広．2008．輪ギク短茎栽培について．農耕と園芸．11月号．

和田朋幸ら．2006．短茎スプレーギクを年5回作付けするために必要な長日処理期間．愛知農総試研報．38．

日持ち保証技術

収穫後の品質保持技術

(1) キク切り花の特性

切り花の広義の鮮度保持には，狭義の鮮度（みずみずしさ），水揚げ，日持ちの3要素が含まれる。キクはこのうち，生け花直後の水揚げと日持ちはよいが，輸送中のムレなどにより鮮度が低下し，生け花中に葉が黄化する。

カーネーションやスイートピーなどの切り花は，エチレン生成を引きがねとする呼吸の増大（クライマクテリックライズ）を伴って老化が急激に進行するが，キクはノンクライマクテリック植物といわれ，エチレンに対する感受性が低く，日持ちに及ぼすエチレンの影響は小さいと考えられている。しかし，ハウス内の微量のエチレンで発蕾が遅れ，葉面積が小さく，節間がつまり，わき芽が増加するという報告（van Berkel, 1987）もあり，エチレンの影響は明らかとはいえない。

(2) 採花方法

生け花中に吸水を持続させ，葉の黄化を防ぐことで日持ちを長くすることができる。吸水には栽培環境とともに採花位置の影響が大きい。

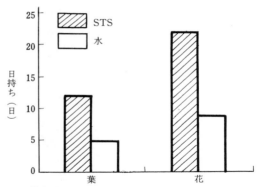

第2図 スプレーギクに対するSTSの効果
（兵庫淡路農技，1989）
1989年10月19日採花。STS0.4mMで18時間または水道水で同時間処理。24時間輸送シミュレーション後，水道水に生けて葉，花弁の萎凋を調査
品種：アラスカ

地ぎわに近い木化した茎では吸水が劣るので，地ぎわから高い位置で採花しなければならない（第1図）。

(3) 前処理方法

カーネーションやスイートピーなどの切り花に顕著な効果があるSTS（チオスルファト銀錯塩）は，エチレンに感受性が低いキクに対しては効果がないと考えられている。しかし，高温期のスプレーギクではSTSにより葉の黄化と花弁の萎凋を遅延させることができる。0.4 mMのSTSを18時間呼吸させると葉の黄化と花弁の萎凋が遅延され（第2図），愛知県農業総合試験場の実験（1991）でも0.2mMのSTSを1日吸収させることで葉の萎凋が抑制された。

品質保持剤で処理してから出荷することが義務づけられているオランダの花卉市場では，キクに対しては殺菌剤である第四アンモニウム化合物（クリザール

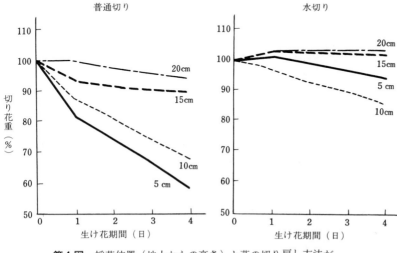

第1図 採花位置（地上からの高さ）と茎の切り戻し方法が生け花中の切り花重に及ぼす影響
（van Meeteren, 1989）

OVBなど）の処理が推奨されている。植物ホルモン剤のベンジルアデニン，ジベレリンは葉の黄化を抑制する効果があるが，花に障害が発生するなど実用化には問題点が残されている（D'hontら，1991）。

一方，マーガレットやマトリカリアは出荷，輸送後の水揚げがむずかしい切り花である。これらに対しては界面活性剤の前処理の効果が高い。マーガレットでは界面活性剤（ポリオキシエチレンラウリルエーテル）の1,000ppmを出荷前に1時間吸収させた切り花と水道水を同時間吸収させた切り花の吸水量を比較したところ，界面活性剤により著しく吸水量が増加し（第3図），早期の萎凋を防ぐことができた。

（4） 予冷，低温輸送

葉面積が大きいキクは輸送中のムレで葉の萎凋や黄化が促進されるので，品質保持には予冷と低温輸送が有効である。品温が20°C以上の切り花を段ボールケースに詰め，強制通風式の

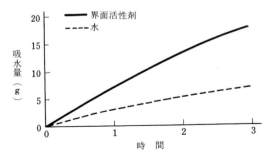

第3図 界面活性剤前処理によるマーガレットの吸水促進　　（兵庫淡路農技，1992）
1992年1月13日採花。界面活性剤（ポリオキシエチレンラウリルエーテル）1,000ppmまたは水道水で1時間前処理。24時間輸送シミュレーション後，水道水に生けて吸水量（g/切り花100g）を調査

第1表 真空予冷と低温輸送の効果　　（静岡農試，1995）

〈真空予冷，貯蔵および輸送処理期間中の水分減耗率〉

区	真空予冷	貯蔵温度	輸送温度	水分減耗率（％）			
				予冷後	予冷後～貯蔵終了	貯蔵後～輸送終了	予冷～輸送終了
1	○	L	L	2.8	0.7^{ab}	0.6^{a}	4.1^{bcd}
2	○	L	H	2.9	0.7^{ab}	1.3^{bcd}	4.9^{d}
3	○	H	H	2.8	1.4^{d}	1.6^{de}	5.8^{e}
4	×	L	L	—	1.5^{cd}	0.7^{a}	2.2^{a}
5	×	L	H	—	1.2^{bcd}	1.5^{cde}	2.7^{a}
6	×	H	H	—	2.4^{c}	1.9^{c}	4.3^{cd}
F 検定				NS	**	**	**

＊＊：1％で有意差あり，同符号はダンカンの多重検定により区間に有意差がないことを示す

〈真空予冷処理前後の切り花の部位別品温〉

予冷	初 温（°C）			終 温（°C）		
	葉	花蕾	茎	葉	花蕾	茎
真空予冷	27.1	27.7	26.8	6.9	10.7	7.5
対　照	27.9	27.4	28.4	27.1	26.9	28.2

1993年7月13日処理。真空予冷最終気圧6.5mmHg
貯蔵条件（22時間）L：2.3～5.5°C，H：22.5～29.3°C
輸送条件（24時間）L：13.3～14.9°C，H：24.5～26.7°C
品種：精雲

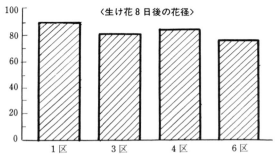

冷蔵庫で品温低下を図っても，5°Cに低下するまで12時間，段ボールケースの積み方によっては18～24時間を要する（愛知県農業総合試験場，1987）。一方，真空予冷庫では短時間（17分）で4～5°Cにまで低下させることができるが，切り花から約3％の水分が失われた（静岡県農業試験場，1995）。いったん品温を低下させても，切り花は青果物より重量に対する表面積の割合が大きいため，常温下ではすぐに品温が上昇する。真空予冷後，段ボールケースに詰めたまま外気温30°Cの環境においた例では9時間後に，40°Cでは3時間後に予冷しない切り花と同程度の約27°C，約37°Cにまで上昇した（愛知県農業総合試験場，1988）。したがって，予冷した切り花には低温輸送が不可欠である。

輸送中の水分減耗率で比較すると，常温輸送（24.5～26.7°C）では輸送中に切り花から1.6％の水分が失われたが，低温輸送（13.3～14.9°C）では0.6％が失われただけで鮮度が維持されたことがわかる。また，全体の水分減耗率は真空予冷を行なうと無予冷より大きくなったが，花弁中のフラクトース濃度が高く，花径が大きくなり，予冷と低温輸送は品質保持に有効であった（第1表）。

（5）消費地での切り花の取扱い

萎れたキク切り花を回復させるには，下葉を取り除いた後，低温の場所で湯を用いて水揚げをするか，クエン酸でpHを3.5に調整した酸性水で水揚げをする。界面活性剤を組み合わせるとさらに効果的である。砂糖はカーネーションなどの切り花では日持ちの延長に効果が高いが，キクでは3％以上の濃度で葉が黄化する（Sacalis，1993）。第1図で明らかなように，水切りは吸水促進に有効な手段である。

（6）品質保持対策の実態

日本花普及センターの調査（1995）によると，品質保持剤で前処理しているキクの出荷組織数は7％で，シュッコンカスミソウやデルフィニウムの100％と比べて低率である。これは他の切り花よりキクは日持ちがよいうえ，効果が高い品質保持剤が開発されていないためである。一方，何らかの方法で予冷を行なっている組織は27％，低温輸送を行なっているのは36％であった。これらは冬を含めた周年の結果であるので，高温期に出荷する産地ではほとんどが低温管理を行なっているとみてよい。マーガレットでは品質保持剤の前処理や予冷の事例はまだない。

〈執筆〉 宇田 明（兵庫県立淡路農業技術センター）

1995年記

引用文献

D'hont, K., J. Langeslag and B. L. Dahihaus 1991. The effect of different growth regulators and chemical treatments used during postharvest for preserving quality of chrysanthemums. Acta Hortic. 298, 211—214.

兵庫県花き試験成績書．平成元年度．

愛知県農業総合試験場．1991．流通の国際化に対応する花きの生産流通技術の開発．

愛知県農業総合試験場．昭和61年度，62年度農産物流通利用試験成績書．

日本花普及センター．1995．切り花鮮度管理作成事業平成6年度事業報告書．

Sacalis, J. N. 1993. Cut flower-prolonging freshness. pp. 47—49. Ball Publishing, USA.

静岡県農業試験場．平成6年度花き試験成績書．

van Berkel, N. 1987. Injurious effects of low ethylene concentrations on chrysanthemum moriforium ramat. Acta Hortic. **197**, 43—52.

van Meeteren, U. 1989. Water relations and early leaf wilting of cut crysanthemums. Acta Hortic. **261**, 129—135.

品質保持剤の活用

(1) 日持ちと鮮度

花では「日持ち」と「鮮度」の区別があいまいで、さまざまな混乱が生じている。それらは異なる現象で、整理が必要である（第1表）。

①日持ち

日持ちは観賞できる期間のことで、生けてから観賞価値を失うまでの日数で示される。その原理は老化で、若返らせることはできないが、収穫後の管理、品質保持剤などで進行を遅らせることはできる。

観賞価値があるかないかの判定は主観的で個人により異なるので、日持ちを決めるのは意外とむずかしい。

観賞価値がどこまであるかを客観的に示さないと「日持ち保証」は成り立たない。そこで(財)日本花普及センターでは2004年に「切り花の日持ち試験認定事業制度」の創設に伴い、科学的に観賞価値の有無を判定するために、画像と調査表からなる切り花の品質評価基準を作成した。2014年12月時点では58種類が示されている（http://www.jfpc.or.jp/reference_test/index.html）。

第2表は輪ギクの品質（日持ち判定）評価基準である。毎朝切り花を観察し、画像を参考に判定基準がCとなった項目が2項目以上、またはD、Eが1項目あれば観賞価値が失われたと判定する。

②鮮　度

現状では花の鮮度を科学的に定義することや数値で定量化することはできない。そのため、人は花の鮮度にさまざまなイメージをもっている。

第1表　日持ちと鮮度の区別

	定　義	判　定	原　理	進　行
日持ち	生けてから観賞価値を失うまで	観賞価値	老化	一方通行
鮮　度	①見かけ上のみずみずしさ、フレッシュさ ②収穫後の時間	目視、手ざわり 生産履歴情報	水分収支 老化	回復可能 一方通行

第2表　輪ギクの品質評価（日持ち判定）基準

((財)日本花普及センター、2004)

項　目	判定基準	備　考
開　花	A：舌状花の花弁が立ち上がる、B：外側の花弁が展開する、C：内側の花弁が展開して、露芯する、D：落弁する	
舌状花の褐変	A：発生なし、C：花弁の一部に褐変（しみ）が発生する、D：褐変が広がり、全体的に花色がくすむ	
舌状花のしおれ	さわってみて、A：張りがある、B：やや軟となる、C：軟らかくなる、および視覚的に、D：しおれる（垂れる）	湿度が低いと花弁、葉ともにしおれが生じやすい。しおれたら茎を切り戻す
葉のしおれ	さわってみて、A：張りがある、B：やや軟となる 視覚的に、C：しおれるが、切り戻すと回復する、D：しおれて垂れ下がり、切り戻しても回復しない	
茎葉の黄変・褐変	A：黄変・褐変の発生なし（緑色）、B：下位葉に黄変が発生する、C：中位より上の茎葉に黄変・褐変の発生が始まる、D：茎葉の1/2以上が黄変し、下葉が枯れ上がる あるいは、E：下葉が激しく枯れ上がる	黄変の発生には品種間差が大きい
その他	灰色かび病、虫害、茎基部の腐りなど	ダニの発生に注意する。後処理剤を用いた場合には茎の腐りは発生しない

注　調査条件　室温：25℃、相対湿度：60%（目標）、光：蛍光灯1,000ルクス、12時間照明、生け水：後処理剤（美咲50倍液など）

鮮度の考え方には大別して二つある。

一つは外観で，みずみずしく，フレッシュな状態にあるかないかを花弁や葉をさわった感じや視覚で判定する。この原理は水分収支である。したがって，鮮度が低いと判定された切り花でも，水揚げ技術である程度回復させることができる。この鮮度を追求したのがバケットや水入り縦箱などの輸送中の水分補給である。

もう一つの考え方は収穫後の経過時間である。収穫された切り花はその瞬間に死を宣告され，死へ向かって進んでいくので，収穫直後は鮮度が高く，時間がたつと鮮度が落ちるという考えである。つまり，鮮度が高い＝老化が進んでいない，鮮度が低い＝老化が進んでいる。多くの野菜の鮮度はこの考え方である。

収穫後の時間と見かけ上のみずみずしさは必ずしも一致しない。見かけ上のみずみずしさは収穫後の予冷，水揚げ，バケット輸送，低温輸送の有無で変わるからである。そこで，収穫後の時間の短さを鮮度としてアピールするためには生産履歴の情報が不可欠になる。これが朝採りや採花日表示の活動である。

(2) 品質保持剤

切り花は野菜や果物と違い，収穫後に薬剤を吸わせて日持ち（品質保持期間，観賞期間）を延ばすことができる。このような薬剤を品質保持剤という。一般には延命剤，鮮度保持剤，花持ち剤，切り花活力剤などさまざまな名前で商品化されている。

品質保持剤には前処理剤と後処理剤がある（第1図）。さらに，近年は湿式輸送が増えたので，バケットや水入り縦箱の水に加える抗菌目的の輸送用バケット処理剤がある。

(3) 前処理剤

前処理剤とは，生産者が出荷前の切り花に短時間吸わせておくと，消費者は水道水に生けるだけで日持ちを延ばすことができる薬剤で，その処理を前処理という。STS剤がその代表である。

前処理剤を大別すると，エチレンの作用を阻害して老化を遅らせる「エチレン阻害剤」とエチレンが関与しない老化要因を取り除く「非エチレン阻害剤」がある。

①エチレン阻害剤

エチレンは植物の老化を促進する。そのため，エチレンの作用を抑える物質を切り花に吸わせると老化の進行を遅らせ，日持ちを延ばすことができる。

銀（Ag）はエチレンの作用を阻害し，花の老化を遅らせることが古くから知られていたが，切り花は硝酸銀（$AgNO_3$）水溶液などの陽イオンの銀は吸い上げることができず，銀による日持ち延長技術は実用化しなかった。1978年にオランダのVeenは硝酸銀とチオ硫酸ナトリウムを混合して銀を錯塩に変えると切り花は銀を短時間で吸い上げ，エチレンの作用を阻害し，老化を著しく遅らせることを見出した。これがチオ硫酸銀錯塩Silver thiosulfate anionic complexで，頭文字からSTSとよばれている。

STS剤　切り花にSTS剤を吸収させると，銀がエチレンの受容体（リセプター）と結合して分子構造を変え，受容体とエチレンとの結合を妨げ，エチレンの活性と自己触媒的生成を抑制すると考えられている。そのため，STS剤は植

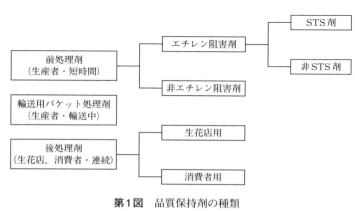

第1図　品質保持剤の種類
（　）は使用者・処理時間

物内でのエチレン生成（内生エチレン）も空気中のエチレン（外生エチレン）の作用をも抑制することができる。

　STS剤は硝酸銀とチオ硫酸ナトリウムを混合するだけで，誰でも簡単につくることができる。実際に1980年代にはSTSを自ら作製する生産者が多くいた。しかし，自家製品では保存性，安定性が劣ること，多くの商品が開発され安価になったことなどから市販品が普及した。市販STS剤には酸化防止剤が添加されているので，高温や日光などで銀が溶出，沈澱せず，品質が安定している。

　STS剤商品の形態はほとんどが液剤であるが，粉剤（美ターナルの一部，アルギレン）もある。またSTS単体はカーネーションやスイートピー用に限られ，宿根カスミソウやトルコギキョウ用ではSTSにそれぞれが必要とする糖やホルモン剤などが加えられている。

STS剤の処理方法　STS剤には多くの商品がある（第3表）。商品名だけではSTS剤か非STS剤か，STS単独か糖や界面活性剤などが含まれているのかがわからない。さらに，STS剤の銀濃度は商品により10mMから200mMまでさまざまである。商品の銀濃度に応じて希釈倍率が変わるので，ラベルやパンフレットを確認することが重要である。同様に，処理濃度を希釈倍率だけで表現すると，ほかの生産者や産地との比較で間違いが生じる。

　なお，STS剤濃度は慣習的にモル（M）で示される。モル（M）の1/1,000がミリモル（mM），モル（M）の1/100万およびミリモル（mM）の1/1,000がマイクロモル（μM）で，単位の一つとわりきればむずかしくない。

　STS剤の処理方法は，第4表に示した日持ちをもっとも延ばすのに必要な切り花100g当たりの銀量基準値（単位はマイクロモル）を吸わ

第3表　おもなエチレン阻害剤（STS剤）と対応切り花（2014年12月現在）

メーカー	商品名	成分[1]	対応切り花[2]
クリザール・ジャパン(株)	クリザール　K-20C	単体	カーネーション，デルフィニウム，スイートピー，キンギョソウ，その他エチレンで老化する切り花
	クリザール　かすみ	＋	宿根カスミソウ
	クリザール　スターチス	＋	宿根スターチス
	クリザール　ブバル	＋	ブバルジア，アスチルベ，キンギョソウ
	クリザール　メリア	＋	アルストロメリア，ユリ
	クリザール　ユーストマ	＋	トルコギキョウ
パレス化学(株)	ハイフローラ/20	単体	カーネーション，デルフィニウム，スイートピー，キンギョソウ，その他エチレンで老化する切り花
	ハイフローラ/コンク	単体	
	ハイフローラ/カーネ	＋	カーネーション（とくにスプレー），デルフィニウム，スイートピー，キンギョソウ，その他エチレンで老化する切り花
	ハイフローラ/トルコ	＋	トルコギキョウ
	ハイフローラ/スターチス	＋	宿根スターチス
	ハイフローラ/カスミ	＋	宿根カスミソウ
	ハイフローラ/AE	＋	アルストロメリア
フジ日本精糖(株)	PTカーネーション	単体	カーネーション，その他エチレンで老化する切り花
(株)フロリスト・コロナ	美ターナルSTS（液）	単体	カーネーション，デルフィニウム，ホワイトレースフラワー，その他エチレンで老化する切り花
	美ターナルSTS（粉末）	単体	カーネーション，デルフィニウム，ホワイトレースフラワー，その他エチレンで老化する切り花，鉢花・実つき植物（希釈液を散布）
	美-ターナル-セレクト2(粉末)	＋	トルコギキョウ，宿根カスミソウ，リンドウ，カーネーション，デルフィニウムなど開花にエネルギーが必要な花
(株)ハクサン	アルギレン（粉末）	単体	鉢花（希釈液を散布）

注　1)　単体：STS剤，＋：STS剤に糖，抗菌剤，界面活性剤などを添加
　　2)　メーカーのカタログなどを参考に記載

第4表　STSの効果と品質保持期間延長に必要な最適銀吸収量基準値
(宇田ら，1994)

種　類	最適銀吸収量 (μM/100g f.w.)	品質保持期間(日)[1] STS処理 なし	品質保持期間(日)[1] STS処理 あり
カーネーション	2.0	7	14
スイートピー	2.0	4	8
ラークスパー	1.5	2	15
デルフィニウム	1.3	2	10

注　1) 気温25℃，蛍光灯による連続照明下

第5表　STS処理濃度の決め方
(例：カーネーション)

①作業上，都合がよいSTS処理時間(1時間以上)を決める
②切り花を水道水に生けて，その時間の吸水量を計る(g)
③吸水量を切り花100g当たりに換算する。
④目標の切り花100g当たりの銀量(2μM)
　＝吸水量(g)×STS濃度(mM)
⑤処理するSTS濃度(mM)
　＝目標銀量(2μM)／吸水量(g)

例　カーネーションでSTS処理時間を1時間にしたい場合
　収穫した切り花の重さをはかる〈25g〉
　容器に水道水を少量入れ，重さをはかる〈1,200g〉
　切り花10本を1時間生ける
　1時間後，切り花を容器から取り出す
　水が入った容器の重さをはかる〈1,195g〉
　1,200g－1,195g＝5g(切り花10本当たりの吸水量)
　切り花100gに換算した吸水量は，
　　5g×100/250＝2g
　銀量2(μM)
　　＝吸水量2g×STS濃度(mM)
　STS濃度(mM)＝2/2＝1
　この場合，1時間での処理でのSTS濃度は1mM
　すなわち原液濃度200mMのクリザールK-20Cでは200倍に水道水で希釈する
　処理時間が8時間，16時間，24時間などの場合にも同じ方法で濃度を決めることができる
注　〈　〉の数字は一例

せるように，濃度(STS剤の希釈倍率)と処理時間を決める。まず，それぞれの産地で都合がよい処理時間(短時間処理では1時間，長時間処理では8～24時間など)を決めてから第5表の手順にしたがって処理濃度を決める。基準値がわかっていない種類は産地で確かめる。

メーカーのカタログを鵜呑みにせず，個人，産地で最適の処理方法(希釈倍率×処理時間)を試験する姿勢が重要である。その場合，採花時刻，JAなどに持ち込む時刻，選別時間などを考慮して処理方法を定め，それを会員は遵守する。処理する場所は気温，気候に影響されない5～8℃程度の冷蔵庫内が望ましい。

処理終了後は水洗い　生花店や消費者は切り花による手の荒れや，花びんの水の腐敗を気にする。STS剤などの品質保持剤がその原因になることはないが，生産者の務めとして，前処理が終わったら水道水に移し替えて水揚げを続けるか，すぐに箱詰めする場合には切り口を水道水で洗浄し，前処理剤を洗い流すなどの配慮が必要である。

STS剤の効果　STS剤で前処理をすることで内生エチレンと外生エチレンの作用を抑えるので老化を抑制し，日持ちを延ばすことができる。その効果は無処理切り花の日持ちの1.5～2倍以上に延びるなど劇的である。

キクの場合は花の老化はSTS剤の前処理で延ばすことはできないが，葉の黄化は抑制することができる。クリザール小ギクの主成分はSTSである。

STS剤は万能ではない　カーネーションやスイートピーの老化に対するSTS剤の効果があまりにも劇的であったために，STS剤はどんな花にも効果があると誤解されることがある。STS剤が有効なのはエチレンに感受性が高い(エチレンに弱い)種類だけで，感受性が低い(エチレンに強い)種類には効果がない(第6表)。エチレンに感受性が低い種類は，それぞれが日持ちを縮めている原因を取り除くことで日持ちを延ばす。しかし，STSのような大きな効果は期待できない。

さらに，鮮度と日持ちは別の現象であるため，STS剤により日持ちを延ばすことができても，鮮度を高めることはできない。鮮度を高めるためには低温輸送やバケットなどの水つけ輸送，しおれた切り花を回復させる水揚げ技術，瞬間水揚げ剤などが必要である。

STS剤水溶液は腐敗する　STS剤の主成分である銀は，後述するように抗菌剤，防カビ剤

第6表　エチレンに対する感受性

エチレンに対する感受性	エチレンに対する強弱	おもな花
高い	弱い	カーネーション，スイートピー，デルフィニウム，ラークスパー，宿根カスミソウ，HBスターチス，ラン類
やや高い	やや弱い	キンギョソウ，トルコギキョウ，カンパニュラ，アルストロメリア，バラ，オキシペタラム，HBスターチス
低い	強い	キク（ただし葉は弱い），ガーベラ，ヒマワリ，ダリア，ユリ，グラジオラス，チューリップ，フリージア，アジサイ

として身の回りに多く利用されている。しかし抗菌作用があるのは陽イオンの銀で，STS剤のような陰イオンの銀にはほとんどない。そのために，前処理で切り花をSTS剤につけておくとバクテリアやカビがどんどん増えてくる。したがって，STS剤は毎回更新するか，STS剤用抗菌剤（商品としてはフジ日本精糖のSTS・PLUSなど）を添加して腐敗を防ぐ。

STS剤の安全性　20世紀末には品質保持剤先進国オランダで，重金属の銀を主成分とするSTS剤は環境への懸念から販売が中止されるとの情報があった。しかし，現在では銀およびSTS剤の安全性はさまざまな観点から検証され，重要な品質保持剤として花産業に貢献している。

銀は古代から今日に至るまで人類の生活に深いかかわりをもち，貴金属としてだけでなく，食器，医薬品，口中清涼剤，飲料水の消毒などに利用されてきた。そのため，人体にかなりの量が摂取されてきた（第7表）が，銀が原因と考えられる障害は認められていない。

さらに最近では，銀は安全で，低濃度で持続的な効果がある抗菌剤として注目を集め，身の回りのあらゆる商品に用いられるようになり，STS剤の人体，環境への懸念は払拭された。

② STS剤以外のエチレン阻害剤

1990年代にはSTSの環境への懸念から銀に代わるエチレン阻害剤の研究が盛んで，エチレンの働きを抑える物質が多く報告された（第8表）。

エチレン阻害剤を大別すると，STS剤のようにエチレンの作用を直接的に阻害する作用阻害剤と，エチレンの生成を阻害する生成阻害剤がある。

第7表　食品に含まれる銀

品　目	銀量（μg/100g）	
口中清涼剤	1,500,000	
カキ（貝）	100	
コンブ（乾）	50	
大豆	10	
ハマグリ	10	1)
抹茶	9	
ゴマ	5	
シメジ	3	
シイタケ	2	
ブリ	2	
ハマグリ（生貝肉）	90	
アサリ（同）	80	2)
シジミ（同）	50	
STSで処理をしたカーネーション	340	3)

注　1）糸川嘉則，1987，「生体微量元素」農業図書
　　2）木村優，1996，「微量元素の世界」裳華房
　　3）宇田が試算

第8表　花の老化防止に効果があると報告されているおもなエチレン阻害剤

作用	種類
作用阻害	STS（チオ硫酸銀錯塩） PPOH（シスプロペニルホスホン酸） NBD（2,5-ノルボナジエン） 1-MCP（1-メチルシクロプロペン）
生成阻害	AVG（アミノエトキシビニルグリシン） AOA（アミノオキシ酢酸） AIB（アミノイソ酪酸）
作用機作不明	DPSS（1,1-ジメチル-4-（フェニルスルホニル）セミカルバジド） STB（四ホウ酸ナトリウム） AITC（アリルイソチオシアネート）

これらはいずれもSTS剤と比べて効果がシャープでないこと，処理コストが高いこと，適応切り花の種類が少ないことなどから，現在のところ1-MCPと成分不詳のハイフローラ/E

第9表　非エチレン阻害剤と対応切り花

メーカー	商品名	おもな成分	対応切り花
スミザーズオアシスジャパン(株) パレス化学(株)	エチルブロック ハイフローラ/E	1-MCP ？	エチレンで老化する切り花・鉢花（くん蒸） カーネーション

（パレス化学）以外には実用化，商品化には至っていない（第9表）。

1-MCP（1－メチルシクロプロペン）は花での商品名はエチルブロック™（スミザーズオアシスジャパン(株)）であるが，果樹用ではスマートフレシュ（ローム・アンド・ハース・ジャパン(株)）の商品名で販売されている。果樹用では2010年にリンゴ，ナシ，カキの果実の老化抑制剤として農薬登録がなされている。

同剤は1996年にアメリカのSisler et al.により開発された化学的に安定した無臭の気体で，毒性も認められていない。商品は気体を高分子物質に閉じこめた粉末である。処理方法は粉剤を気化させるくん蒸で，密閉された倉庫やポリ袋内での処理となる。

作用はSTSと同じで，エチレンと受容体の結合を阻害すると考えられ，カーネーション，スイートピー，デルフィニウムなどの切り花にSTSと同程度の日持ち延長，落花防止効果が認められている。また，鉢花，花壇苗に対して倉庫や輸送中のトラック内でのガス処理による落花防止，観賞期間の延長などが期待できるが，まだ実験データが少ない。

③エチレン阻害剤以外の前処理剤

残念ながら，エチレン以外の明確な老化促進物質はわかっていない。エチレンで老化が進行しない（エチレンに対する感受性が低い，STS剤の効果がない）種類については，それぞれの観賞価値を失わせている要因を排除する対症療法になる。たとえば，バラやガーベラは吸水不良によるベントネックに対する抗菌剤，ユリやアルストロメリアは葉の黄化に対する植物ホルモン剤などである。

エチレン以外の切り花の日持ちを短くしている要因とその対策，および品質保持剤には次のようなものがある（第10表）。

バクテリア，微生物の繁殖抑制　切り花は切り口からの吸水より，葉や花弁からの蒸散による水分の損失が大きくなるとしおれ，日持ちが短くなる。

吸水が減る原因の一つは，バクテリアなどの微生物が切り口付近で繁殖したために起こる導管閉塞である。切り水（水揚げの水）や生け水（花瓶の水）のバクテリアは切り花の吸水を低下させ，日持ちを短くさせる。

バラの水揚げに使用する水（切り水）では，冷蔵庫内であっても短時間のうちにバクテリアが1ml当たり100万以上に増え，ベントネックやしおれの原因になる。そのためバラの専用前処理剤の主成分は抗菌剤である。ガーベラやヒマワリなど水分収支のアンバランスでしおれる種類の前処理剤も同様に抗菌剤である。

界面活性剤による水揚げ促進　鮮度，日持ちには水揚げ促進が基本で，洗剤などの成分である界面活性剤が有効である。

吸水促進に効果がある界面活性剤には，陰イオン系の高級アルコール硫酸エステル塩，陽イオン系の塩化ベンザルコニウム，非イオン系のポリオキシエチレンラウリルエーテルなどがある。これらを用いたツウィーン20，トリトンX100，ウオーターイン，逆性石けんなどは入手しやすい界面活性剤である。どんな界面活性剤を用いているかはメーカー各社によって異なる。

糖による栄養補給　根からの養分供給を断たれた切り花は，エネルギー不足のために花が小さく，花色が不鮮明で，日持ちが短くなる。スプレータイプや小花を多くもつ切り花が，蕾を次々と開花させるためには糖（砂糖）が不可欠である。そのために，宿根カスミソウ，宿根スターチス（ハイブリッドスターチス）用の前処理剤の主成分はSTS＋糖である。トルコギキョウは特異的に葉に糖の蓄積が少ない種類で，水に生けただけでは蕾が開花せず，花色も不鮮

第10表 おもな非エチレン阻害剤と対応切り花

メーカー	商品名	おもな作用	対応切り花
クリザール・ジャパン(株)	クリザール　バラ	抗菌	バラ、キク、アスター、ソリダゴ、マーガレットなど
	クリザール　ヒマワリ	抗菌	ヒマワリ、ガーベラなど
	クリザール　CVBN	抗菌	バラ、ガーベラ、キク、ヒマワリなど
	クリザール　SVB	葉の黄化抑制	ユリ、ユーフォルビア・フルゲンス、エリンジウムなど
	クリザール　BVB	葉の黄化抑制	球根切り花
	クリザール　BVBエクストラ	花茎伸長抑制	チューリップ
	クリザール　ミラクルミスト	花弁萎凋抑制	ダリア、湿地カラー（希釈液を花にスプレー）
	クリザール　カスミSC	におい抑制	宿根カスミソウ
	クリザール　ユリSC	におい抑制	ユリ類
	クリザール　小ギク	葉の黄化抑制	小ギク
パレス化学(株)	ハイフローラ/バラ	抗菌・栄養補給	バラ、ブルースター
	ハイフローラ/マム	下葉黄化抑制	キク、コスモス、ヒマワリ、マーガレット
	ハイフローラ/ガーベラ	抗菌・水揚げ促進	ガーベラ、
	ハイフローラ/BRC	抗菌・水揚げ促進	アジサイ、カンガルーポー、コデマリ、ビバーナム、ミモザ、ライラック、ワックスフラワー
	ハイフローラ/つぼみ	栄養補給	カーネーション（蕾開花）
	ハイフローラ/クイック	水揚げ促進	すべての花の出荷前の水揚げ促進
フジ日本精糖(株)	キープ・フラワーバラ	抗菌	バラ
	キープ・フラワーバクテリアブロック	抗菌	バラ以外の切り花全般および湿式輸送
	キープ・フラワーつぼみ	栄養補給	バラ、キキョウ、アジサイ、カーネーション、キク、アカシアなど
	STS・PLUS	抗菌	STS溶液に加えて液のバクテリア増殖抑制
OATアグリオ(株)	美咲ファーム	抗菌・栄養補給	バラ、ガーベラ、トルコギキョウ、ダリア、アルストロメリア、洋ラン類、枝ものなど
	美咲ファームBC（バクテリアカット）	抗菌	一般草花
(株)フロリスト・コロナ	美-ターナル-ばら	抗菌・栄養補給	バラ
スミザーズオアシスジャパン(株)	ローズ100、ローズクリア200	水揚げ促進・栄養補給	バラ
	フィニッシングタッチウルトラ	花弁萎凋抑制	ダリア、カラー（希釈液を花にスプレー）
	クリア200	栄養補給	すべての花

明になるので、トルコギキョウもSTS＋糖の効果が高い。

　カーネーションはエチレンで老化が進行する代表的な切り花であるが、スプレーカーネーションの蕾を開花させるためには糖が必要である。宿根カスミソウ用前処理剤かSTS剤に糖を含む後処理剤を加えると、STS剤単独より日持ちが延び、蕾が咲ききる。

　植物ホルモン剤　植物ホルモン剤であるジベレリン（GA）は葉の黄化を抑える。葉が黄化しやすいアルストロメリア専用前処理剤の主成分はSTS＋ジベレリンである。

　ベンジルアデニン（BA）もある種の切り花の日持ちを延ばす。ダリアは人気の切り花であるが、日持ちが極端に短い。その欠点をBA（商品名ミラクルミスト　クリザール・ジャパン(株)、商品名フィニッシングタッチウルトラ　スミザーズオアシスジャパン(株)）の前処理で、ある程度克服することができる。この場合、通常の切り口から吸わせる処理方法より、花に直接スプレーするほうが効果的である。同じ方法で湿地性カラーの日持ちも延ばすことができる。

　エチレンも役立つ　エチレンは老化の犯人で

切り花の大敵であるが，働きは多様である。老化を促進する一方で，ホオズキの実の着色促進やアイリスや日本スイセンの休眠打破，開花促進などの効果がある。

チューリップは人々にもっとも親しまれている花であるにもかかわらず，消費が激減している。原因は生けたあとの花首の徒長である。チューリップ切り花にエスレルのようなエチレン剤（商品名　クリザールBVBエクストラ　クリザール・ジャパン(株)）で前処理をすると花首の徒長を抑えることができる。ただし，品種により効果に差がある。

香り抑制剤　花の香りには人の心を静めるなどの癒し効果がある。しかし，強すぎる香り，濃厚な香りは飲食店，結婚式の披露宴など食事を伴う場や病院では敬遠されることがある。花の香りは芳香ばかりではない。悪臭の花は生花店，消費者に嫌われる。

強すぎる香りの代表はユリで，悪臭の代表は宿根カスミソウである。それらを抑制するのが香り抑制剤である。使い方はほかの前処理剤と同じで，収穫後水揚げを兼ねて抑制剤を吸わせる。

香りの成分は花により異なる。ユリの香りはオシメン，リナロール，安息香酸メチルなど多種多様な香気成分で構成されており，抑制にはエチレン生成阻害剤であるAOA（アミノオキシ酢酸）が有効で，商品としてはクリザールユリSC（クリザール・ジャパン(株)）がある。

宿根カスミソウの悪臭成分はイソ吉草酸で，抑制にはアルコール類が有効で，商品としてはクリザールカスミSC（クリザール・ジャパン(株)）がある。

いずれも効果がマイルドで，持続時間が短いなどの問題点があるが，品質保持剤に新たな役割が加わった意義は大きい。

（4）輸送用バケット処理剤

湿式輸送の登場で，それまでは乾式輸送中の乾燥でベントネックやしおれに悩まされていたバラ，宿根カスミソウや草花類の品質が向上した。一方で，輸送中に水が腐敗するなどの問題も生じてきた。そのため，湿式輸送では水の腐敗防止が重要で，輸送用バケット処理剤を使用する。主成分は抗菌剤で，糖などが加わることもある（第11表）。

（5）後処理剤（切り花栄養剤）

切り花の鮮度を高め，日持ちを延ばすには，生産者サイドだけの処理やコスト負担では不可能である。生産→流通→生花店→消費者のすべての段階での対策が必要である。

前処理剤以上に効果があるのが，生花店，消費者段階での後処理剤の使用である。日持ち保証制度においても消費者が後処理剤を使うことが前提になる。

後処理剤は，生花店や消費者が，花瓶の水に加え，花を生けている期間中連続して切り花に吸わせ，日持ちを延ばし，蕾を確実に咲かせるなど品質を向上させる薬剤のことで，その処理を後処理という。後処理剤は多くの商品がさまざまな名称で市販され，生花店，消費者に混乱を生じていたが，2013年にメーカー各社の協議により商品の一般名称が「切り花栄養剤」に統一された。

第11表　おもな輸送用バケット処理剤

メーカー	商品名	おもな作用
クリザール・ジャパン(株)	クリザール　バケット クリザール　T-BAG クリザール　プロフェッショナル	抗菌 抗菌 抗菌・栄養
パレス化学(株)	ハイフローラ/バケット ハイフローラ/B500	抗菌 抗菌・ポリフェノール抑制
フジ日本精糖(株)	キープ・フラワーバクテリアブロック	抗菌

①切り花栄養剤のおもな成分

後処理剤（切り花栄養剤）の主成分は糖，抗菌剤，界面活性剤である（第2図）。

糖は根から養分供給を断たれた切り花にとって大切なエネルギー源である。さらに，気孔の機能を維持させるので，蒸散を抑制し，しおれを防ぐ働きがある。しかし，糖だけでは水中にバクテリアが繁殖しやすくなるため，抗菌剤との組合わせが不可欠である。

抗菌剤はバクテリアの増殖を抑え，花瓶の水の腐敗・悪臭を防ぐ。その結果，水揚げ不良や

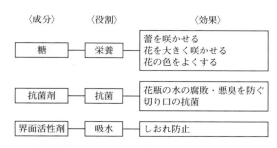

第2図 後処理剤（切り花栄養剤）の成分と役割

第12表 おもな後処理剤（切り花栄養剤）商品

用途	メーカー	商品名
生花店用	クリザール・ジャパン(株)	クリザール　プロフェッショナル（粉末，液体） クリザール　T-Bag
	OATアグリオ(株)	美咲プロ
	パレス化学(株)	華の精　エキスパート 華の精　ローズ 華の精　枝もの 華の精　キク 華の精　エチレンカット
	フジ日本精糖(株)	キープフラワー（EX）
	スミザーズオアシスジャパン(株)	フローラライフ　クリア200 フローラライフ　ローズクリア200 フィニッシングタッチ
	(株)フロリスト・コロナ	美-ターナル-ライフ
消費者用 （ボトル・その他）	クリザール・ジャパン(株)	クリザール　フラワーフード　（液体） クリザール　フラワーフード小袋（粉末） クリザール　フラワーフード　エリート小袋（液体） クリザール　ユリ・アルストロメリア用小袋（粉末） クリザール　枝物用小袋（粉末） クリザール　仏花用小袋（液体） クリザール　ハカモリ君（ボトル・液体タイプ）
	OATアグリオ(株)	美咲（ボトル・小袋）
	パレス化学(株)	華の精（ボトル・小袋）
	フジ日本精糖(株)	キープフラワー（ボトル・小袋） キープ・ローズ
	スミザーズオアシスジャパン(株)	フローラライフ　切花栄養剤フラワーフード300（ボトル・小袋） フローラライフ　バラ用切花栄養剤（ボトル・小袋）
	花王(株)	花王切花用活性化剤PAT
	レインボー薬品(株)	レインボー切り花延命剤
	国際紙パルプ商事(株)	花想（液体ボトル） 花想（紙シール）
	(株)ハイポネックスジャパン	切花長もち液 水あげ名人

日持ち保証技術

第13表　おもな瞬間水揚げ剤商品

メーカー	商品名
スミザーズオアシスジャパン(株)	クイックディップ100
フジ日本精糖(株)	ハイスピード
パレス化学(株)	花の精Run

導管閉塞によるしおれを抑えることができる。界面活性剤は吸水を促進する。

②生花店用と消費者用

　生花店用と消費者用は容器の大きさや糖濃度に違いがあるが，成分は原則的には同じである（第12表）。生花店用は容器を大きくするとともに，糖濃度を下げるなどしてコストを抑えている。生花店用の大型容器は自動希釈装置（液肥の希釈装置と同じ）を水道の蛇口につなぐと省力的に必要な倍率に希釈できる。消費者用は小型容器や1回分の小袋が便利である。また前者ではバラ，キクや枝もの専用品があるが，後者は不特定多数の花を対象とする汎用品が主流である。

③瞬間水揚げ剤

　生花店や生け花流派には，しおれた花の回復や水があがりにくい花，枝ものについて切り口を湯につける，焼く，叩くなどの水揚げ技術が蓄積されている。一方で生花店は多忙であること，アルバイトの店員が増えていることなどから，短時間での水揚げが求められている。それらの要望に応えたのが瞬間水揚げ剤である（第13表）。しおれた花，水揚げが必要な花の切り口を数秒つけるだけで水が上がる

(6) 総合的品質保持対策

　品質保持剤（前処理剤）だけで「鮮度」「水揚げ」「日持ち」のすべての問題を解決することはできない。まず，光合成による蓄積養分が多い高品質な切り花の生産が前提になることはいうまでもない。そのうえで品質保持剤を活用することになるが，前処理剤に頼るだけではなく，予冷や低温輸送，輸送中の水分補給，さらに生花店，消費者で後処理剤（切り花栄養剤）を使用するなど総合的な品質保持対策が必要である。

　　　執筆　宇田　明（宇田花づくり研究所・(株)なにわ花いちば）

2015年記

参　考　文　献

Hataitip, N. *et al*. 2006. Ester formation and substrate specificity of alcohol acetyltransferase in cut flowers of Gypsophila (Gypsophila paniculata L.). J. Japan. Soc. Hort. Sci. **75**, 148―153.

Ichimura, K. *et al*. 2002. Effect of 1-methylcyclopropene (1-MCP) on the vase life of cut carnation, Delphinium and sweetpesflowers. Bull. Natl. Inst. Flor. Sci. **2**, 1―8.

市村一雄．2011．切り花の品質保持．筑波書店．

今西英雄ら．2014．花の園芸事典．朝倉書店．

(財)日本花普及センター．2006．切り花の品質保持マニュアル．流通システム研究センター

農研機構花き研究所編集．2014．ユリの香りの特徴と香り抑制剤の処理方法　主要産地事例集．

Nowak, J. and R. M. Rudnicki. 1990. Postharvest handling and storage of cut flowers, florist greens, and potted plants. Timber Press.

Serek, M. *et al*. 1995. Effects of 1-MCP on the vase life and ethylene response of cut flowers. Plant Growth Regul. **16**, 93―97.

宇田　明ら．1994．品質保持剤STSの前処理が草花類の品質保持期間に及ぼす影響．近畿中国農研．**87**，32―35．

宇田　明．1998．切り花用品質保持剤STS剤の使用状況と安全性（1）（2）（3）．農業および園芸．**73**，385―390，501―505，597―602．

Veen, H. and S. C. van de Geijn. 1978. Mobility and ionic of silver as related to longevity of cut carnations. Planta., **140**, 93―96.

切り花の予冷貯蔵

(1) 貯蔵の状況

生産者段階では，市場の休日対策上，あるいは収穫・調整作業上やむをえない場合に短期貯蔵が行なわれる。市場では荷物の滞留による短期の保管が問題になるが，市場での低温管理施設の整備は遅れている。小売段階では，品揃え，突発的な葬儀需要対応など，やや長期の貯蔵が必要となるため，フラワーキーパーやプレハブ冷蔵庫，そしてこれにエチレン除去機能を付加したものが普及している。

(2) 予　冷

キク切り花の呼吸量は，20℃で約110mgCO_2/kg/hrとされているから，貯蔵の困難な軟弱野菜と同程度である。したがって，品質保持には収穫後の速やかな予冷と低温輸送，冷蔵が不可欠である。キクの場合，2℃の呼吸量は20℃の約1/6に低下するので，低温による品質保持効果は著しく高い。幸いなことに，低温障害がみられず，エチレン発生量および感受性も低いことから，切り花のなかでは貯蔵の容易な品目といえる。

予冷には，強制通風冷却，差圧通風冷却，真空冷却，冷水冷却がある。このうち冷水をかけたり，冷水に浸漬する冷水冷却の適用は困難である。

強制通風冷却は，冷気を吹き付けて冷却する方式で，設備費が安いこと，対象作物に対する汎用性があることから，広く利用されている。しかし，切り花がプラスチックフィルムで包装され，さらに段ボール箱に入れられている場合，冷風はこれらの包装資材に妨げられるので，冷却に長時間を要する。また，複数の段ボール箱が積み上げられていたり，接触したりしているといっそう冷却が遅くなる。間隔をあけて棚に積むなど注意が必要である。

速やかな予冷を達成するには，差圧通風冷却か真空冷却が適している。差圧通風冷却は，段ボール箱の側面に穴を設け，差圧ファンによって冷気を段ボール箱内に導く工夫がなされている。通風量は，一般的な野菜の冷却条件の1/3から1/6程度で充分である。真空冷却は，低圧下における蒸発潜熱で冷却する方式で，耐圧性施設，真空系装置など複雑で，設備費も高い。キク切り花の真空冷却は，10Torr程度で10〜20分（または，5 Torr 5分）が適している。

強制通風，差圧通風，真空の各冷却方式によるキク切り花の予冷例によると，強制通風冷却では，16℃下げるのに20時間かかり，水分ロスが1.8％，差圧通風冷却では，12℃下げるのに3時間を要し，水分ロスは1％であった。一方，真空冷却では，5 Torrまで下げて5分間保持すると，花蕾では品温が17℃，結束部では20℃下がり，水分ロスは3.9％であった。

(3) 貯　蔵（保管）

花は，野菜に比べ，予冷後の温度戻りが速い。したがって，予冷しても，その後の温度管理を怠ると，予冷の効果が発揮できない。速やかに

第1表　貯蔵時の包装方法と貯蔵限界日数

包装方法	2℃，15日貯蔵の水分ロス (％)	15日貯蔵出庫時しおれ (0〜4)	貯蔵限界日数 (日)
花部分薄紙包み　段ボール箱	19.4	4	5〜7
花部分包まず　段ボール箱	19.5	4	5以下
花部分薄紙包み　ポリ包み段ボール箱	3.9	0	15
花部分包まず　ポリ包み段ボール箱	3.8	1	10〜12
花部分薄紙包み　バケツで水揚げ	3.1	0	5以下
花部分包まず　バケツで水揚げ	＋1.4	0	5以下
花部分薄紙包みポリ覆い　バケツで水揚げ	＋14.3	0	20以上

注　品種：白椿，11月28日処理開始
　　0：しおれなし，2：しおれ中，4：しおれ甚

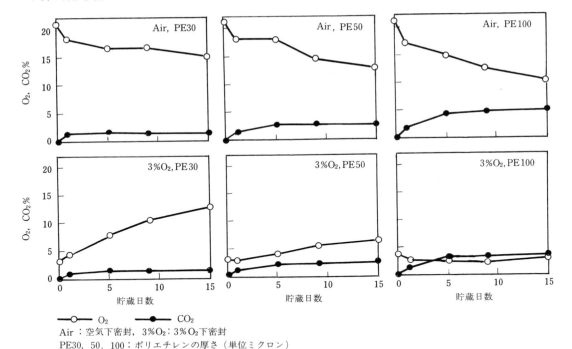

第1図 スプレーギクのMA包装条件がO_2，CO_2濃度に及ぼす影響

冷蔵庫に移す必要がある。

USDAハンドブックでは，キクの貯蔵限界は，0～1.7°Cで3～6週間としているが，静岡県の成績（静岡県，1966）では，第1表のように，乾式でポリエチレンでハンカチ包装をして段ボール箱に入れ，2°Cで2週間，これにバケツで水揚げして3週間である。冷蔵庫の冷気吹出し口からの風に当たると湿式法でも水分ロスがあるので注意を要する。

（4）輸　送

輸送には冷凍車の利用が望ましい。冷凍車の利用が困難な場合や集配場，市場での冷蔵が期待できない場合には，発泡スチロールなどの断熱容器と蓄冷剤の併用が望まれる。エチレン除去を目的とした機能性資材は必要がない。

（5）環境ガス制御貯蔵

空気の約1/10の酸素濃度，100倍程度の二酸化炭素濃度（酸素2％，二酸化炭素3％）下では，呼吸をはじめ，青果物の各種の代謝が抑制され，長期貯蔵が可能となる。この貯蔵方法はCA（Controlled Atmosphere）貯蔵と呼ばれ，リンゴの貯蔵に利用されている。

スプレーギク切り花の10°C，空気下での呼吸量は76mgCO_2/kg/hrであるが，酸素濃度を2％まで下げると，ただちに呼吸は39mgCO_2/kg/hrに低下する。このことから，CAによるキク切り花の貯蔵効果が期待できる。しかし，CA貯蔵法の花卉への適用は遅れており，試験データはほとんどない。その原因として，装置が大型，複雑で貯蔵コストが高くなる，管理が面倒，ガス障害の危険性があるなどの問題があり，花卉への適用は難しいものと考えられてきた。しかし，最近，小型，低コストCA法として，MASCA法（山下ら，1994a）が開発されたので，花卉への応用も検討すべき段階かもしれない。

他方，プラスチックフィルムで密封包装し，呼吸作用による酸素の消費と二酸化炭素の蓄積によりCA同様の環境条件を袋内につくり出すMA（Mofified Atmosphere）包装は，手軽な

鮮度保持方法として，野菜では広く普及している．しおれ防止効果も高い．キク切り花の保存にMA包装を適用する場合，花や葉，茎の物理的損傷を避けるには，ルーズパックとなる．野菜のMA包装に比べ，重量に対する容積を大きくする必要があることから，呼吸による酸素濃度の低下が緩慢になり，低酸素による代謝抑制の効果が期待できなくなる．そこで，あらかじめ酸素濃度3％程度の窒素富化空気で袋内を置換し，呼吸による酸素の消費に見合った量の酸素が袋内に供給されるよう，ガス透過性をフィルムの種類あるいは厚さによって選択しておけば，第1図のように低酸素条件を維持することができる（山下ら，1994b）．MA包装によって，容易に開花抑制が可能となる．

あらかじめ所定の低酸素濃度の空気で袋内を置換するのに有用な装置として，修整空気発生装置が開発されている（Yamashita，1994）．この装置は，PSA（Pressure Swing Adsorption）あるいはガス分離膜によって，空気から酸素を連続的に除去するもので，酸素の除去率を制御できるようになっており，0.5〜15％までの間で，任意の濃度の低酸素空気を発生する．

〈執筆〉　山下　市二（農林水産省野菜・茶業試験場）　　　　　　1995年記

引用文献

静岡県．1966．静岡県農業試験場遠州園芸分場花き試験成績書．資料955号，18—51．

山下市二・永田雅靖・壇和弘・河合正毅・妹尾良夫・渡辺和幸・田村敏行・下瀬裕・水野浩治．1994a．実用規模修整空気システムCA（MASCA）貯蔵装置の開発とキャベツの貯蔵．日食低温誌．20，137—141．

山下市二・壇和弘・永田雅靖・池田廣．1994b．スプレーギクの active MA包装による鮮度保持．野菜・茶業試験場生理生態部年報．7，82—83．

Yamashita, I. 1994. Development of CA Storage Facilities for Vegetables. JARQ. 28, 185—194.

蕾で収穫した切り花を特定日に開花させる技術

(1) 技術開発のねらい

農産物直売所（以下，直売所とする）での切り花が「売れる日」は，年単位では盆・春夏の彼岸・年末のいわゆる物日，週単位では土日である。この傾向は消費までのあいだに小売店をはさむ卸売市場への出荷に比べて顕著といえる。そのため，圃場での自然開花に合わせた収穫量で順次出荷すると，直売所では需要の少ない平常日には売れ残り，物日や土日には「欠品」が生じる。これらを含めたロス率は30％を超えるとされている（第1図）。

一般に需要日（期間）をねらった出荷調整は，定植日をずらす，あるいは電照などの日長処理やエセフォンなどの植物成長調整剤処理などの開花調節技術によって行なわれている。しかし，これら栽培上の技術ではさまざまな気象条件が影響することから，せいぜい月旬ごとの調整が限界で，物日や土日といった日レベルでの出荷調整は困難である。そこで，筆者らは切り花を未開花の蕾期に収穫し，人工環境下において日レベルで開花調節することにより，特定日（需要日）に合わせて出荷する技術を開発した（第1図）。

(2) 技術の利用場面

①気象条件によって生じる開花日のずれを調整する

近年，年ごとの気象変動が大きく，計画的な生産を行なっても，出荷目標とする日に咲かない場合がある。これに対して，蕾期収穫切り花（以下，蕾切り花とする）に人工環境下で開花処理を行なうと，自然条件下での圃場の気温よりも冷涼な管理では開花を遅らせ，温暖な管理では早めることが可能となる。これにより，需要が多い盆・春秋の彼岸・年末などの物日の出荷率が向上し，収益性を高めることができる。

②週内の出荷量を調整する

直売所では曜日によって閉店日があったり，販売量の差が大きかったりする。そのため，週内の曜日ごとの出荷量を調整する必要がある。たとえば土日の需要が多い場合は，圃場での蕾の発達状況を見ながら，本技術により前後の土日に出荷を振り分けることが可能となる。

③開花が揃いやすい品目の出荷期を拡大する

ユリなど，開花揃いが良く，定植日が同じであれば1週間ほどで出荷が完了する品目では，1日当たりの販売量が少ない直売所に出荷する

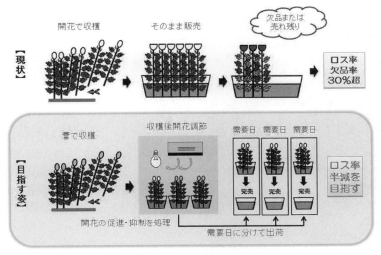

第1図 農産物直売所のロス半減を目的とした技術イメージ

と出荷量が販売量を超えてロスが生じる。本技術により販売期間を拡大することで，収益率を高めることができる。

④収穫前の悪天候を回避する

圃場での開花時期に台風や異常低温などの悪天候が予想される場合，蕾期に収穫することにより被害を回避できる。収穫した切り花は本技術により，圃場で開花した開花期収穫切り花（以下，慣行切り花とする）と同等の品質で出荷できる。

⑤圃場の回転率を高める

蕾期収穫では開花期収穫より1～2週間早く収穫できることから，圃場での作付け期間が短縮される。そのため，次作の定植を早めることが可能となり，温室などの施設利用の回転率を高めることができる。

(3) 開花処理液の組成

蕾切り花をそのまま水に生けても，開花しなかったり，また，開花しても花が小さかったり，花色が薄かったりと，圃場で自然開花した慣行切り花と同じ品質では開花しない。そのため，品目に応じた専用の開花処理液（以下，開花液とする）を吸収させる必要がある。開花液の成分はおもに糖質，エチレン作用阻害剤，植物ホルモン，界面活性剤，抗菌剤であり，品目によって種類や濃度が異なる。

①糖　質

蕾切り花の開花に最も重要な成分である。収穫後の切り花は，光合成による炭水化物の合成が制限されることから，蕾切り花を正常に開花させるには，開花処理で十分に糖質を与える必要がある。

開花液におもに添加するのはショ糖である。ショ糖を添加することにより花弁が大きくなり，花色が濃くなる（第2図）。とくにアントシアニン色素がおもな色の構成成分であるピンク，赤，紫系の品種では花色の発現効果が高い。黄色系品種でも花色は濃くなる（第3図）。

さらに，小ギクやユーストマなどの1茎で多数の花をつける品目では開花数が増加する。第4図に開花処理時のショ糖濃度が，消費場面を想定した水に生け替えたあとの小ギク'金の祝'の頭花開花数に及ぼす影響を示した。14日後の開花数はショ糖濃度2～5％処理は0％の5輪に対し，9～11輪と多くなった。

第2図　蕾期収穫切り花の開花に対するショ糖の効果（ユーストマ（品種：ラムレーズン））

左は2％処理，右は無処理。ショ糖により花が大きく，色が濃くなる。開花処理後水に生け替えて7日後の状態

第3図　蕾期収穫切り花の開花に対するショ糖の効果
（小ギク（品種：金の祝））

左はショ糖無処理，右は3％処理。黄色品種も花色の発現が良くなる。開花処理後水に生け替えて7日後の状態

また，ユリでは落蕾や落弁が減少し，日持ち性が高くなった。

多くの品目でショ糖の適正濃度は2～3％であり，濃度が高すぎたり，長期間吸収させたりすると葉の褐変や黒変，蕾の萎れ，奇形花などが発生するので注意が必要である（第5図）。

②エチレン作用阻害剤

エチレン作用阻害剤であるチオ硫酸銀錯塩（STS）は，開花処理後の小ギクの葉の黄変やカーネーションおよびナデシコの花弁の萎れを抑制し，日持ち性を高める効果がある。蕾切り花では，開花液に低濃度のSTSを添加し連続処理する。

第6図に小ギク'川風'の開花処理でのSTSが葉の黄変に及ぼす影響を示した。開花処理後，強制的に葉の黄変を発生させるため100ppmのエセフォン溶液に生け替え，7日後に葉の黄変指数を測定した。その結果，STS＋ショ糖区が39.3と低く，ショ糖単用区が120.0，無処理区が234.5で最も高くなり，ショ糖溶液へのSTSの添加により葉の黄変抑制効果が高くなることがわかった。開花液のSTS濃度は，筆者らの実験では小ギクおよびナデシコに対しては0.03mMが適正であった。

なお，STSもショ糖同様，濃度が高すぎたり，長期間吸収させたりすると，葉の褐変・黒変な

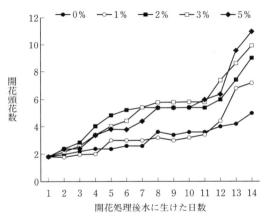

第4図　開花処理時のショ糖濃度が頭花の開花数に及ぼす影響（小ギク（品種：金の祝））

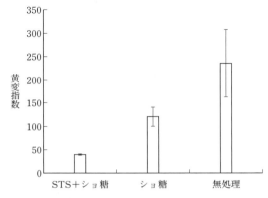

第6図　開花処理時のSTSとショ糖の混用が開花後の葉の黄変指数に及ぼす影響（小ギク（品種：川風））

STS濃度：0.03mM，ショ糖濃度：3％，開花後100ppmエセフォン溶液に生け替え，7日後に切り花の下位3枚の葉の表面色を測定，葉黄変指数＝$L^* \cdot b^* \cdot |a|^{-1}$

第5図　糖の過剰吸収による障害
左：ユーストマの葉の黒変，右：ユリの奇形花

日持ち保証技術

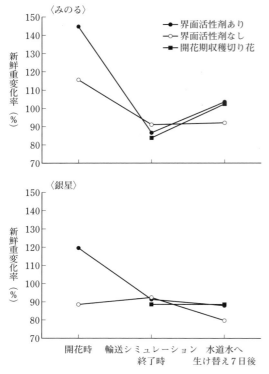

第7図 小ギク開花処理での界面活性剤が新鮮重に及ぼす影響
界面活性剤はグラミンSを使用，ショ糖濃度3％で開花処理

どの障害が生じる場合がある。

③植物ホルモン

植物ホルモンのひとつであるジベレリンの開花液への添加は，開花処理中および処理後のユリの葉の黄変抑制効果が高い。

④界面活性剤

いわゆる水揚げ剤である。小ギクなどで水揚げの悪い品種に用いると効果が高い。第7図に，小ギク開花処理での界面活性剤が切り花新鮮重の変化に及ぼす影響を示した。比較的水揚げの悪い'みのる'および'銀星'について，界面活性剤の有無の3％ショ糖溶液で開花処理後，段ボール箱に入れて乾式で24時間輸送シミュレーションし，水に生け替えた。切り花新鮮重100g当たりの開花液の日吸収量は両品種ともに界面活性剤有では界面活性剤無の約2倍となり，開花時の新鮮重は増加し，また消費場面を想定した水への生け替え後の新鮮重も慣行切り花同様に増加した。

本実験で利用した界面活性剤はポリオキシエチレン脂肪酸エステル＋ポリオキシエチレンノニルフェニルエーテル＋ポリナフチルメタンスルホン酸ナトリウム（グラミンS，三井化学アグロ）であり，濃度を0.03％とした。

⑤抗菌剤

糖質の入った開花液の腐敗を防ぐために，抗菌剤の添加は必須である。抗菌剤には8-ヒドロキシキノリン硫酸塩（8-HQS，200ppm）あるいはイソチアゾリン系抗菌剤（クリザールバケット，所定濃度）が多くの品目に対して有効である。

（4）品目ごとの開花液組成と収穫ステージ

主要品目の開花液組成（例）と，正常に開花させるための収穫の蕾のステージを第1表およ

第1表 収穫する蕾のステージと開花処理液組成の例

品目	収穫蕾ステージ	開花液組成					
		ショ糖	エチレン作用阻害剤	ジベレリン	抗菌剤		界面活性剤
		2～3%	STS 0.03mM		8-HQS 200ppm	イソチアゾリン系	ポリオキシエチレンフェニルエーテル（主）
小ギク	萼切れ時	○	○		○		○
ナデシコ	萼開裂時	○	○		○		
ユリ	第1蕾長5cm	○		○	○		
ユーストマ	第2花花色確認時	○				○	
バラ	萼開裂時	○				○	

び第8図に示した。蕾のステージは，小ギクでは膜切れ時，ナデシコとバラでは萼開裂時，ユリでは第1蕾（最も下位の蕾）長が5cm，ユーストマでは第2花花色確認時となる。これより早いと正常開花しない場合があり，これよりおそいと開花所要日数が短くなる。

(5) 開花させる環境条件と開花調節

蕾切り花を慣行切り花と同等の品質で正常に開花させるには，専用の開花処理室（以下，開花室とする）で好適な環境条件で開花液を吸収させる必要がある。温度は15〜30℃，照度は白色蛍光灯による照明で600〜1,000lx，日長は12時間，湿度は40〜60％が好適な条件である。特定日開花のための開花調節は温度制御を基本として行なう（第2表）。

①小ギク

15〜30℃の範囲で正常に開花する。これより低温では，開花までに葉縁の黄変や葉裏の赤変が発生して品質が低下する。35℃以上では正常に開花しない。開花の適温は20〜25℃で，この温度で最も早く開花し，15℃もしくは30℃ではそれより3〜4日程度開花が遅れる。開花処理中に一部の赤系品種で発生する花色の発色不良は，ブラックライトのUV照射（ピーク波長350nm，放射照度0.06〜0.53W/m^2）による明期補光で改善させることができる。

②ナデシコ

15〜28℃の範囲では，温度

第8図 品目ごとの収穫蕾ステージと開花
左：蕾収穫，右：開花

日持ち保証技術

第2表 開花処理の環境要因と開花調節 　　　　　　　　（奈良農総セ）

品　目	温　度		光環境	
	温度範囲	自然開花に対する開花調節日数の例	日　長	光強度
小ギク	15～30℃（4日）20～25℃で最も早く開花	●8月咲き→15, 30℃で抑制（+4日）●10月咲き→20～25℃で開花促進（-2日）	開花速度には影響しない（開花調節不可）	600～1,000lxで正常開花 開花速度には影響しない（開花調節不可）
ナデシコ	15～28℃（10日）	●5月咲き（圃場気温16℃）→15℃で抑制（+5日）→25℃で促進（-3日）		
ユリ	15～25℃（OL系5日, LA系6日）	●OL系12月咲き（圃場気温16℃）→15℃で抑制（+1日）→25℃で促進（-4日）●LA系5月咲き（圃場気温18℃）→15℃で抑制（+5日）→23℃で促進（-1日）	8, 12, 16時間日長では16時間が最も早い傾向にあるが, 有意差はない（開花調節不可）	
ユーストマ	15～25℃（冬季16日, 夏季4日）順化処理が必要	●1月咲き（圃場最低5℃加温）→15℃で抑制（+10日）→25℃で促進（-6日）●7月咲き→15℃で抑制（+4日）		
バラ	15～25℃（温度が高いほど開花も早いが, 開花調節は困難）		開花速度には影響しない（開花調節不可）	

注　温度範囲の（　）内は温度による開花速度の差を利用した開花調節可能日数

が高いほど早く開花する。'フォトンローズ'の場合, 蕾長が約30mmになると開花するため, 蕾長が約18mmで収穫すれば, 28℃で6日, 15℃では16日で出荷適期となり, 出荷日を最大10日程度ずらすことができる。なお, 23℃以上では萼の赤みが減少し, 花色も薄くなる傾向がある。

③ユリ類（オリエンタルハイブリッド, L. A. ハイブリッド）

15～25℃で正常に開花させることができる。5～10℃の低温でも開花させることは可能であるが, この温度下に20日間以上おくと, 葉に退緑や黒斑が生じる場合がある。15～25℃の温度範囲では, 温度が高いほど開花速度が速く, 蕾長が110～130mmに達すると開花する。

④ユーストマ

15～25℃で開花させることができる。冬季の切り花は15℃で約20日, 25℃では約4日で開花するため, 最大16日間の開花調節が可能となる。これより低温下ではベントネックが生じやすい。一方, 夏季の切り花は, 室温で2日, 15℃でも約6日で開花するため, 開花抑制可能日数は4日ほどである。15℃では圃場から開花室への移動による急激な温湿度の変化のため, 葉の萎れなどの障害が発生することがある。しかし, 開花処理前に室温・弱光下で24時間順化させることにより軽減できる。

⑤バ　ラ

15～25℃の範囲で正常開花するが, いずれの温度でも2～3日で開花する。これらのことから, バラでは温度制御による開花調節は困難と考えられる。

(6) 温度制御による開花調節——ユリを例に

小ギク, ナデシコ, ユリは開花速度と処理温度との関係式（第9図）から, 特定日開花に必要な処理温度を算出することができる。ここで

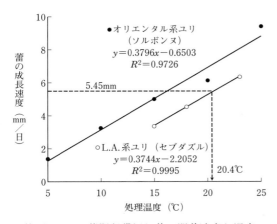

蕾で収穫した切り花を特定日に開花させる技術

$$5.45\text{mm}/日 = 0.3744x（処理温度）-2.2052$$
$$0.3744x（処理温度）= 5.45 + 2.2052$$
$$= 7.6552$$
$$x（処理温度）\fallingdotseq 20.4$$

第11図　直線回帰式から求めたユリ蕾期収穫切り花の開花処理温度

第9図　ユリ蕾期収穫切り花の開花速度と温度の関係　　　　　　　　　（奈良農総セ）

$$蕾の成長速度（mm/日）= \frac{（出荷時の蕾長：110mm）-（処理開始時の蕾長：50mm）}{（出荷希望日：5月19日）-（処理開始日：5月8日）}$$
$$= \frac{60\text{mm}}{11日} = 5.45\text{mm}/日$$

第10図　ユリの蕾の生長速度の計算式

はユリの成果を紹介する。

5月8日に蕾長50mmで収穫した。品種はL.A.ハイブリッドで，蕾長が約110mmで出荷適期となる。この切り花を5月19日に出荷したいと考えている。この場合，5月19日に出荷するために必要な1日当たりの蕾の成長速度は，第10図の計算により5.45mm/日となる。

そこで，1日当たり5.45mm成長させるために必要な処理温度を，第9図のL.A.ハイブリッド品種'セブダズル'の直線回帰から読み取ると，おおよそ20～21℃であることがわかる。より正確に，関係式（$y=0.3744x-2.2052$，y：成長速度，x：処理温度）を用いて処理温度を求めると，第11図のとおり20.4℃となる。以上から，この切り花の場合，20～21℃で開花処理を行なえば，目標とする5月19日におおむね開花すると予測できる。

なお，ここで紹介したユリの温度―蕾成長モデルは，開花予測用ソフトウエア（吉田，2013）（第12図）として独立行政法人農業・食品産業総合研究機構ホームページで公開される予定である（2013年10月現在）。

(7) 開花処理室のつくり方とコスト

本技術で利用する専用の開花室は，収穫後の調製作業の作業棟の一画や自宅の空き部屋などの既存のスペースを想定している。また，蕾切り花の開花調節の温度は15～30℃程度の範囲で，光は最大1,000lx程度であるため，家庭用エアコンや白色蛍光灯で対応でき，低コストで設置できるのが特徴である。具体的な開花室の例は第13図のとおりである。

①スペース

1畳のスペースに，大きめのバケットを3つ置くことができ，小ギクやオリエンタル系のユリなど，ボリュームのある切り花で一度に150～200本の処理が可能である。ボリュームの小さい切り花であれば，さらに多くの本数を処理できる。

②温度管理（冷暖房）

家庭用エアコンを利用し，ワット数などの性能は開花室の広さに応じて選定する。温度

日持ち保証技術

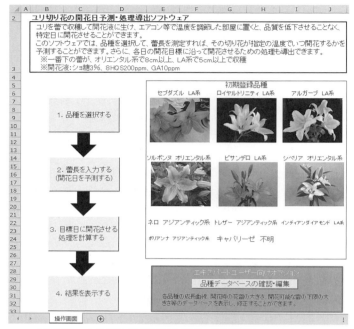

第12図　ユリ切り花の開花日予測・処理導出ソフトウエア
（農研機構近中四農研）

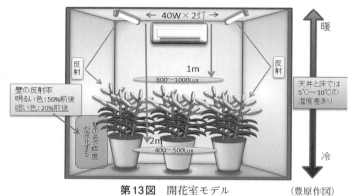

第13図　開花室モデル　　　　　　　（豊原作図）

開花室の光環境と温度環境

幅1.8m，奥行1.8m，高さ2.4mのスペースで40W直管蛍光灯を2灯付けた場合
・同じ照明でも明るい色の壁やカーテンがあると反射により明るくなり，暗い色の壁やカーテンあるいは開放状態にしていると照度が低下する
・温度は天井に向かって高く，床に向かって下がるので，蕾周辺の温度を基準に調整する

の設定はエアコンの表示温度ではなく，必ず部屋に取り付けた温度計を参考に調整する。8畳の開花室の電気料金をシミュレートしたところ，9月の2週間を23℃に設定した場合，約60kWhの電量使用量で約1,400円（1kWh24円換算）であった。

③照明

照度（明るさ）は600～1,000lxを目標とし，12時間照明する。高さ2.4mの天井に設置する場合，40W直管白色蛍光灯なら1畳当たり2本，6畳用シーリングライトなら3畳当たり1つで対応できる。第13図に示したように，照度は光源からの距離に反比例するので，照明の取り付け位置が高いと床の照度が下がり，取り付け位置を下げると照度が上がる。照明のオンオフには24時間タイマーを用いる。電気料金は40W×2灯の場合，2週間で13.4kWhの電気使用量で約320円となる。

④カーテン，発泡スチロール板などの断熱材

開花室を作業棟の一画に設置する場合，冷暖房と照明の効率を高めるために，カーテンでスペースを仕切る。カーテンは効果的に光を反射・分散させるために，厚手の生地で白または明るい色を選び，エアコンの冷暖気が逃げないよう，天井の高さまで覆う。カーテンの代わりに発泡スチロール板などの断熱資材を用いると，エアコンにかかる電気料金をさらに節約できる。

⑤温度計，テーブル，加湿器など

特定日開花では高さによる温度差を把握して，適切な温度処理をする必要がある。エアコンを使って冷暖房すると，温度は床に近い場所では低く，天井に近い場所では高くなり，とくに暖房時の温度差は5～10℃にもなる。そのため，暖房時には

テーブルの上など少し高い位置にバケットを置くと，効果的に加温できる。

一方，冬季など外気との温度差が大きい時期はエアコンの稼働時間が長いため，乾燥しやすくなり，正常に開花しないことがある（第14図）。切り花にエアコンの風が直接当たらないように注意し，加湿器を設置したりして湿度を40〜60％に保つ。

第14図 開花室で発生したユーストマの開花不良
左：風の弱いところでは正常開花した
右：エアコンの風で花弁が萎れ，花弁が正常に展開しなかった

⑥開花室の設置コスト

開花室の面積にもよるが，作業棟の一画に3畳の開花室を設置する場合，エアコン（多機能・高出力でなく安価なものでよい）の取得価格が約5万円，カーテン，白色蛍光灯およびタイマーの設置費が2万円で，約7万円の設置コストである。

(8) 実施上の留意点

①収 穫

病害虫防除を十分に行ない，いたみがない切り花を収穫する。また露地栽培の場合，雨や朝露で茎葉が濡れていると開花処理時にムレによるいたみが生じやすいので注意する。収穫期は，正常に開花するように先に述べた規定の蕾ステージ以降とする。

②収穫後の調製

収穫後，慣行の水揚げと同様に長さを切り揃える。蕾の大きさごとに分別しておくと，大きな蕾は抑制，小さな蕾は促進といった成長ステージに応じた開花調節がしやすくなる（第15図）。下葉があると開花液を汚すので，液に浸かる部分は取り除く。

③開花処理液

開花液は収穫前にあらかじめ作製しておく。水は必ず水道水を用い，まず抗菌剤を添加する。ショ糖は安価な業務用の上白糖を購入すればよい。次いで品目に応じてSTS，ジベレリン，界面活性剤を加える。たとえば，キクの場合の開花液組成は水10l当たりショ糖が300g（3％），抗菌剤の8-HQSが2g（200ppm），STS（原液濃度が200mMの場合）が1.5ml（0.03mM），界面活性剤が3ml（0.03％）とする。この場合，キク切り花1本当たりの開花液のコストは約2円である。葉が黄変しにくい品種や冬季の出荷ではSTSを省くことが可能で，水揚げの良い品種では界面活性剤を省くことも可能である。開花液は極端に汚れない限り繰り返し使用できる。

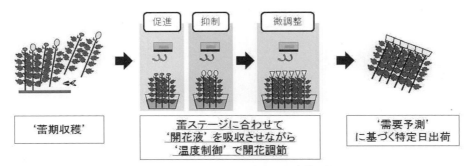

第15図 蕾ステージに合わせた開花調節

日持ち保証技術

注意点として，ここで紹介した開花液組成は，いずれの品目も限られた品種を用いて行なった研究により得られた成果である。品種によっては障害が発生することが考えられるので，初めて行なう場合は必ず試験的な実施が必要である。

④開花室への搬入と開花調節

蕾の大きさごとに束にした切り花を開花液入りバケットに入れ，開花室に搬入する。ムレて葉がいたまないように，あまり詰めすぎない。開花室の温度は出荷目標日に合わせて，先述したとおり自然開花より早めるか遅らせるかによって設定する。開花処理中は蕾の成長速度を十分に観察し，開花の進み具合に応じて温度を微調整することにより，目標日の開花率を高めることができる（第15図）。また，第15図に示したように，開花室が促進用と抑制用の2つあれば綿密な開花調節が可能となるが，コスト面を考えれば，開花の微調整は開花室と室温（エアコンなし）で行なってもよい。

なお，ここで紹介した技術は，新たな農林水産政策を推進する実用技術開発事業（2010～2012年度）「都市域直売切り花需要に対応する特定日開花・常温品質保持技術」で得られた成果である。

執筆　山中正仁（兵庫県立農林水産技術総合センター）
　　　豊原憲子（地方独立行政法人大阪府立環境農林水産総合研究所）
　　　仲　照史・虎太有里（奈良県農業総合センター）

2014年記

参　考　文　献

仲照史・虎太有里．2013．小ギクとユリのつぼみ期収穫切り花の特定日開花調節技術．近畿中国四国地域農業研究成果情報．

山中正仁・玉木克知・水谷祐一郎・宮谷喜彦・吉田晋弥．2013．ユリのつぼみ期収穫切り花の開花処理液の組成．近畿中国四国地域農業研究成果情報．

山中正仁・玉木克知・水谷祐一郎・宮谷喜彦・竹中善之・仲照史．2013．小ギクつぼみ期収穫切り花の開花処理における処理液の組成が開花および品質に及ぼす影響．兵庫農技総セ研報（農業）．**61**．12—19．

吉田晋一．2013．ユリ切り花の開花日予測・処理導出ソフトウエア．近畿中国四国地域農業研究成果情報．

日持ち保証に対応した切り花の品質管理

日本国内の花卉生産は1998年をピークとして漸減が続いている。低迷を打破する方策の一つに日持ち保証販売がある。日持ち保証販売とは，品質保持期間を明示し，購入した切り花が表示した日数よりも前に観賞価値を失った場合には，現品と交換する販売のことである。消費者に対する各種アンケート調査により，日持ちに対するニーズの高いことが明らかにされているため，日持ち保証販売により，切り花の消費の拡大が期待されている。ヨーロッパ諸国では日持ち保証販売は一般的になっており，消費の拡大に貢献している。日本国内でも日持ち保証販売が推進されつつあるが，解決が必要な技術的な問題点は多い。

切り花の品質管理技術は品目により著しく異なる。したがって，日持ち保証販売を行なうには，個々の品目それぞれに対応した品質管理技術の開発が必要である。また，カーネーションのようにすでに品質管理技術が確立されている切り花品目であっても，その技術は常温で行なうことが前提とされてきた。そのため，日本の夏季のような高温に特化した技術はほとんど開発されていない。また，ダリア，ラナンキュラスなど，最近人気が上昇している切り花品目は多いが，これらの品目では品質管理技術が未開発であった。また，ガーベラ，チューリップなど，従来から主要品目であるにもかかわらず，依然として日持ちの短さが問題になっている品目もある。

ここでは，日持ち保証販売の現状と課題，切り花が観賞価値を失う原因，主要な品質管理技術，日持ち保証に対応した品目ごとの品質管理技術の概要について解説する。

なお，紹介した成果の多くは農林水産省「新たな農林水産政策を推進する実用技術開発事業」研究課題「花持ち保証に対応した切り花品質管理技術の開発」で得られたものである。

(1) 日持ち保証販売の現状と課題

日持ち保証販売は1993年にイギリスの大手スーパーマーケットにより開始された。イギリスでは，日持ち保証販売の開始を契機として，それ以降15年間で切り花の消費が約3倍に上昇した。このようなイギリスの成功を受け，ドイツ，フランス，オランダ，スイスなどEU各国でも日持ち保証販売が一般的になっており，EU諸国では切り花の家庭消費が，ここ10年の間に1.5倍程度に増えている。

一方，日本国内でも2000年前後に，フランス資本スーパー，東京の専門チェーン店や大阪の小売店などで日持ち保証販売が行なわれた。しかし，消費者に十分認識されなかったことや，品目が少なかったことなどがあり，十分に浸透しないまま数年で姿を消した。

この間，現在に至るまで花卉の消費は漸減が続いている。この状況を打開するため，花卉業界では各種の方策が検討されてきた。その一環として，消費者に対して各種アンケート調査が行なわれた結果，日持ちのよさを求める消費者のニーズが非常に高いことが明らかにされ（第

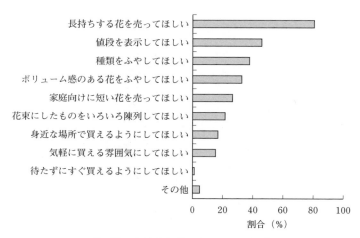

第1図　今後花を購入するさいの条件
農林水産省による1992年のアンケート調査，3つ以内を回答，回答者1,019名

日持ち保証技術

1図)，日持ち保証販売が再度注目されるようになってきた。また，消費者が満足する切り花の日持ちについてアンケート調査を行なった結果，もっとも多かった回答は7日間で，この回答の選択者は52％にのぼった。さらに10日以上という回答が31％となった（第2図）。ほかに実施された多くのアンケート結果でも同様の結果が得られている。このようなことから，多くの回答者は1週間以上の日持ちを求めているといえる。言い換えると，販売している切り花の日持ちが1週間もたないから花を購入しない消費者がいる可能性もあると考えられる。

このような情勢のもと，2009年に日本フローラルマーケティング協会（JFMA）は日持ち保証販売実証プロジェクトを開始した。さらに，このプロジェクトが農水省の補助事業の対象となり，JFMAの関連組織であるMPSジャパンが委託を受け，北海道から福岡まで全国各地の専門店や量販店で試験販売を実施し，2012年度には延べ153店舗で実施した。また，実際に行なった店のうち半数が前年度比で売上げ10％アップするという成績が得られている。

実証事業により良好な成果が得られたこともあり，日持ち保証販売を通常の販売形態とする小売業者も現われ始めた。現在国内でもっとも精力的に日持ち保証販売を実施しているのは，埼玉県を中心に関東各県で店舗展開を行なっているスーパーマーケットである（第3図）。2009年から，対面販売によって日持ち保証販売が始められ，2011年から花を取り扱っている全店舗で実施している。2013年現在，ほかにいくつかの専門店でも日常的に販売が行なわれるようになっている（第4図）。また，ごく最近，国内最大手のスーパーマーケットでも日持ち保証販売を本格的に開始した。このようなことから，日持ち保証は一般的な販売形態になりつつある。

日持ち保証販売を行なう大きな意義として，生産，市場，小売りと，花にかかわる流通各層の意識改革がある。日持ち保証販売を行なうためには，どの段階でも切り花を適切に取り扱うことが必要であり，その過程で切り花の取扱い方法などについて，それぞれの各層が熟知することも必要となる。また，副次的な効果とし

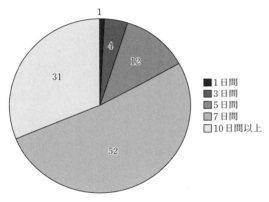

第2図　消費者が満足する日持ち日数（単位：％）
MPSジャパンによる2009年の調査，回答者520名

第3図　食料品スーパーマーケットでの日持ち保証販売のようす（埼玉県新座市）

第4図　専門店での日持ち保証販売のようす
（札幌市）

て，新しい販売形態を行なうことにより，これに携わる各人のモチベーションの向上も期待できる。

今後の課題として，日持ち保証販売は長期間継続することが必要である。長期間継続することでリピーターが増えるという効果も期待できる。日本国内で日持ち試験を実施できる市場は限られているが，全国的に普及してきたときに，日持ち試験をどのように行なうかが大きな問題になってくる可能性がある。また，日持ちは短いが有望な新規品目が登場したときに，それに対応した品質管理技術を開発することも必要である。

(2) 切り花が観賞価値を失う原因

①エチレン

エチレンは多くの切り花の老化を促進する。エチレンに対する感受性が高い切り花にはカーネーション，スイートピー，デルフィニウムなどがある（第5図）。第1表にはエチレンに対する感受性を便宜的に分類した結果を示す。この表から類推できるように，カーネーションやシュッコンカスミソウをはじめとするナデシコ科の花はエチレン感受性が高い。一方，キクをはじめとするキク科や，ユリをはじめとするユリ科，グラジオラスなどのアヤメ科に属する花はいずれもエチレン感受性が低い。エチレンによる悪影響はSTS（チオ硫酸銀錯体）剤をはじめとするエチレン阻害剤の処理により抑えることができる。

エチレンに感受性の高い多くの切り花では，老化に伴いエチレン生成が上昇する（第6図）。カーネーション，デルフィニウム，ユーストマ，リンドウなど，エチレンに感受性の高い多くの切り花品目では受粉によりエチレン生成が促進され，日持ちが短縮する。

②水分状態の悪化

切り花の水分状態は，吸水する量と蒸散により損失する量の差し引きにより決定される。水揚げが悪化する原因の一つは吸水量よりも蒸散量が多いことである。蒸散は主として，葉の裏側に存在する気孔を通して起こる。一般に気孔は明所では開き，暗所では閉じる。また，湿度

第1表 切り花のエチレンに対する感受性

感受性	品　目
非常に高い	カーネーション
高い	シュッコンカスミソウ，スイートピー，デルフィニウム，デンドロビウム，バンダ，リンドウ
やや高い	カンパニュラ，キンギョソウ，ストック，ユーストマ，バラ，ブルースター
やや低い	アルストロメリア，スイセン
低い	キク，グラジオラス，チューリップ，ユリ類

第5図 エチレンがカーネーションの老化に及ぼす影響
左：無処理，右：エチレン処理，10 μl/lのエチレンを1日間処理したときの状態

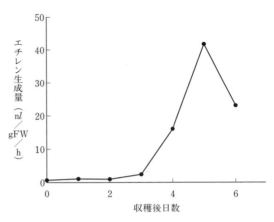

第6図 カーネーション切り花の老化に伴うエチレン生成量の変動

日持ち保証技術

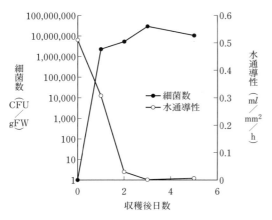

第7図　バラ切り花の細菌数と水通導性の変動

第8図　ブルースターの切り口から溢泌する白色の汁液

が低い条件では蒸散が促進され水揚げが悪化しやすい。そのため，相対湿度を高める，暗所に置く，あるいは余分な葉を取り除くことにより水揚げが促進される。

水分状態の悪化にかかわる直接的な原因は導管の閉塞である。導管閉塞の原因には，細菌の増殖，切り口と導管内部に発生する気泡および傷害反応がある。

導管閉塞のもっとも重大な原因と考えられているのが細菌（バクテリア）をはじめとする微生物である。生け水および導管において細菌の増殖に伴い導管閉塞が進行する（第7図）。細菌の増殖と導管閉塞を抑制するためにもっとも効果的な方法は，抗菌剤を含む品質保持剤の利用である。

空気も導管閉塞を引き起こす重大な原因である。国内で主体となっている乾式輸送では，切り花の切り口は空気にさらされており，空気が導管に入り込み，水の吸収を阻害する。水から離す時間が長いと，茎の上部導管にも気泡が生じる。これはキャビテーションとよばれている。切り口に入り込んだ空気は，切り戻せば取り除くことができるが，茎の上部に生じた気泡は取り除くことは困難である。したがって，空気による導管閉塞を防ぐためには湿式輸送が有効である。

植物の茎が切断されると傷口を治癒するため，表皮を保護する物質の合成と蓄積が起こる。切り花の切り口でも，切断傷害により誘導される治癒的な反応が起こっている。これにより導管閉塞はしだいに進行する。キクでは抗菌剤処理により，このような傷害反応を抑えることができる。また，ブルースターのように切り口から汁液を溢泌する品目もあり，汁液が固化することにより導管が閉塞する（第8図）。このような品目では切り口を熱湯に浸すなど，組織を死滅させることにより水揚げが促進できる。

③糖質の不足

切り花は暗所に置かれることもあり，光合成により糖質を合成することがほとんどできない。そのため，しだいに糖質が減少してエネルギー源が不足し，結果として日持ちの短縮につながる（第9図）。とくに花が開く過程では，エネルギー源および浸透圧調節物質として多量の糖質が必要である。そのため，切り花を単なる水に生けただけでは糖質が不足し，その結果，蕾がきれいに開花せず日持ちが終了する。

糖質の不足は糖質を与えることにより対応できる。バラをはじめとする各種切り花を糖質と抗菌剤を含む溶液に生けると，開花が著しく促進され日持ちも延長する。

④葉の黄化

花そのものがしおれるよりも前に葉が黄化して，観賞価値を失う花卉もある。代表的な品目はアルストロメリアである（第10図）。ほかに，キクでも花のしおれに先立って葉が黄化し，観賞価値を失う場合がある。

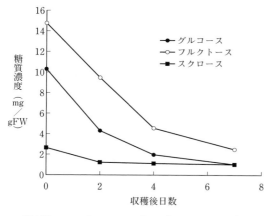

第9図 カーネーション切り花における収穫後の糖質濃度の変動

第10図 アルストロメリア切り花の葉の黄化

アルストロメリアでは，ジベレリンあるいはサイトカイニン溶液を吸収させると，葉の黄化を防ぐことができる。通常はアルストロメリア用前処理剤を使用して対応する。キクでは，葉の黄化はエチレンにより引き起こされるが，STS剤の短期間処理により葉の黄化を防ぐことができる。

(3) 切り花品質管理技術の概要

切り花の品質保持期間を延長する代表的な技術は品質保持剤の利用である。また湿式輸送も鮮度保持に有効である。ここでは両者について述べる

①品質保持剤

切り花の日持ちを延長するもっとも有効かつ

日持ち保証に対応した切り花の品質管理

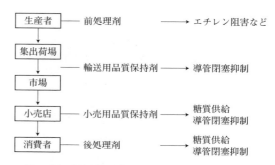

第11図 切り花の流通経路および品質保持剤とその効果

第2表 前処理剤の成分と対象品目

成分	切り花品目
STS	カーネーション，デルフィニウム，スイートピー
STS＋糖質	ユーストマ，シュッコンカスミソウ，ハイブリッドスターチス
STS＋ジベレリン	アルストロメリア，ユリ，グロリオサ
STS＋界面活性剤	キンギョソウ，ブバルディア，アジサイ
抗菌剤	バラ，キク，ガーベラ，ヒマワリ

簡便な方法は品質保持剤の利用である。品質保持剤は鮮度保持剤ともよばれている。品質保持剤は使用目的から前処理剤，輸送用品質保持剤，小売用品質保持剤，後処理剤に分類される。前処理剤は，生産者が出荷前に短期間処理する薬剤である。輸送用品質保持剤は生産者が湿式輸送で出荷するさいに用いる薬剤であり，小売用品質保持剤は店舗での保管時に使用する薬剤である。一方，後処理剤は消費者が用いる薬剤である（第11図）。使用目的が異なるため，その成分はそれぞれ異なっている。

品質保持剤に含まれる成分にはエチレン阻害剤，糖質，抗菌剤，界面活性剤，植物成長調節剤，無機塩などがある。エチレン阻害剤とは，エチレンの作用あるいは生合成を阻害する薬剤を指す。代表的な薬剤はSTSである。糖質は切り花の日持ちを延長するだけでなく，蕾の開花を促進する。また，花色の発現も良好にする。

前処理剤には，アルストロメリア用，ユーストマ用など，切り花の生理特性に応じて，品目

日持ち保証技術

第12図　カーネーションの日持ちに及ぼすSTS前処理の効果
左：蒸留水，右：STS処理。日持ち検定20日目の状態

第13図　湿式方式で出荷されたユーストマ切り花

に特化した製品が市販されている（第2表）。

STSはエチレンの作用阻害剤であり，切り花がエチレン濃度の高い環境下に置かれてもその悪影響を抑えることができる。カーネーションをはじめとしたエチレンに感受性が高い切り花では，STSを主成分とする前処理剤処理により日持ちを著しく延ばすことができる（第12図）。そのため，このような切り花ではSTS剤処理が必須となっている。

ユーストマ，シュッコンカスミソウ，ハイブリッドスターチスはいずれもエチレンに感受性の高い切り花であるが，蕾が多数ついている。これらの切り花では，蕾が開花するためには多量のエネルギー源として糖質が必要である。そのため，これらの切り花用の前処理剤はSTSと糖質（スクロース）が主成分となっている。

アルストロメリアは落弁に加え，葉の黄化が観賞価値を低下させる。アルストロメリア用前処理剤の主成分はSTSとジベレリンであり，STSによる落弁遅延とジベレリンによる葉の黄化抑制により品質保持効果を示す。

輸送用品質保持剤は湿式輸送に用いられ，主成分は抗菌剤である。輸送用品質保持剤を用いることにより，細菌の増殖による日持ちの短縮を抑えることができる。

小売用品質保持剤は中間処理剤と呼ばれることもあり，主成分は低濃度の糖質と抗菌剤である場合が多い。

後処理剤は消費者に切り花に連続的に吸収させるものであり，糖質と抗菌剤が主要な成分である。バラやユーストマなどの小花が多数ついた切り花では，後処理剤の品質保持効果はきわめて高い。

②湿式輸送

輸送方法は，水を供給しない状態で輸送する乾式輸送と，縦箱を用いて水を供給しながら輸送する湿式輸送に大別できる（第13図）。湿式輸送では，鮮度は高い状態で保持される。また，花を立てた状態で輸送するため，茎が曲がりにくく，調整も不要となる。一般に湿式輸送した切り花の日持ちは乾式輸送した場合よりも長くなることが多い。とくに，輸送温度が高く，輸送時間が長い場合には，日持ちの差は大きくなる。

(4) 日持ち保証を行なうための品質管理

①生産者段階での品質管理

生産　切り花の日持ちは栽培時の環境条件の影響を受ける。一般に高温期に収穫した切り花の日持ちは，低温期に収穫した場合よりも短い

ことが多い。キンギョソウの切り花では，糖質と抗菌剤の後処理により日持ちが延びるが，高温条件で栽培した切り花では，後処理を行なっても十分に日持ちを延ばすことはできない（第14図）。高温条件で日持ちが短くなる原因について，高温条件では呼吸活性が高く，貯蔵糖質が消費されやすいためではないかと推定されているが，後処理による品質保持効果が限られていたことから，糖質以外の要因も関係していると考えられる。

　キクとカーネーションでは，栽培時に強光で栽培するほど日持ちが長くなる。強光条件で日持ちが向上するのは，光合成活性の上昇により貯蔵糖質量が増加するためであると考えられている。実際に，栽培時に二酸化炭素を施用することにより日持ちが延長する。デルフィニウムでは，弱光条件下では光合成活性が低下して，貯蔵糖質の量が減少する。その結果，エチレン生成が促進され，落花が引き起こされる。

　バラでは栽培時の相対湿度が上昇するほど，日持ちが短縮する。バラを湿度が高い条件で栽培すると，葉の気孔開閉機能が阻害されて常時開いた状態となり，水分の損失量が増加する。その結果，吸水量が蒸散量に追いつくことができず，水分状態が悪化し日持ちが短縮しやすい。逆に湿度が低い条件で栽培した場合には，日持ちが長くなる。バラでは，冬季に収穫した切り花の日持ちは夏季よりも短い場合が多い。冬季に収穫した切り花の蒸散量は夏季に収穫したものよりも多く（第15図），日持ちが短くなりやすい。冬季に日持ちが短い原因は，生産施設内の相対湿度が高いことにより気孔の開閉機能が阻害されることが原因であると考えられる。実際に，温室内が過湿になりやすい冬季において，栽培中に通風処理することにより，収穫後の蒸散量が減少し，過湿による日持ちの短縮を抑える効果がある。それに加えて，送風処理は二酸化炭素の取込みを促進して，収量を増加させる効果もある。

　キクでは，高温・多湿・寡日照の条件下で栽培すると日持ちが著しく短くなる。また，カルシウムの吸収も阻害される。このような要因に

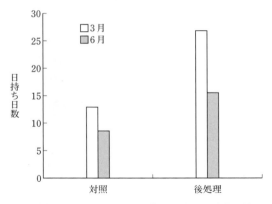

第14図　キンギョソウ切り花の日持ちの季節間差

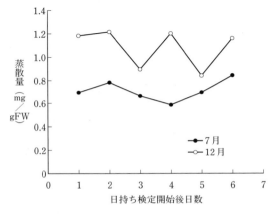

第15図　バラ切り花の蒸散の季節間差

より，水揚げが低下するとともに，茎葉が軟弱となり，日持ちが極端に短くなると推定されている。高温・多湿・寡日照の環境条件で日持ちが短縮することは，おそらく多くの切り花に共通していると考えられる。

　一般に，土壌水分を低下させて，硬くしめた花ほど日持ちがよいと考えられている。実際に，灌水をひかえて栽培したキクとカーネーションでは，切り花の日持ちが長くなることが明らかにされている。灌水量を多くすると葉の肥大生長が促進され蒸散量は増大する。したがって，灌水を多くすることにより日持ちが短くなるのは，葉面積の増大が原因の一つである可能性が高い。

　商品価値のある切り花を生産するためには適

日持ち保証技術

第16図 バラ切り花に発生した灰色かび病

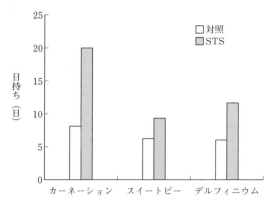

第17図 カーネーション，スイートピー，デルフィニウムの日持ちに及ぼすSTSの効果

切な施肥が必要である。しかし，多肥条件で栽培した切り花の日持ちは一般的に短い。キクを高温・多湿条件で栽培すると，窒素が過剰に吸収される一方，カルシウムの吸収が阻害され，日持ちが短縮する。これとは逆にバラでは，カルシウムの施肥量が多いほど日持ちが長くなる。カルシウムは組織を強固にする作用があるので，日持ちの長い切り花を生産するためには，カルシウムの含量が高くなるような栽培体系を検討することも有用であろう。

バラやユーストマでは，灰色かび病が発生すると切り花の日持ちが著しく短縮する（第16図）。したがって，病害の防除を徹底することも不可欠である。灰色かび病の発生は気温が15〜25℃で多湿の条件下で促進される。生産施設内では不要な花はすぐに摘み取り，廃棄するとともに，施設内の衛生管理にも注意を払わなければならない。また，施設内の湿度が高くなりすぎないよう，換気と温度管理にも注意を払うべきである。

収穫 日中は温度が高いため，収穫したばかりの切り花の品温が上昇しやすく，ダメージを与えやすい。また，日中は蒸散が盛んなため，水揚げしにくい。したがって，朝夕の涼しい時間帯に収穫することが必要である。

水揚げ・前処理 収穫した切り花はできる限り早く水揚げするべきである。品質が低下しやすい切り花は冷蔵庫内で，抗菌剤を主成分とする品質保持剤を用いて水揚げすることが必要である。また，エチレンに感受性の高い切り花では，水揚げを兼ねて前処理剤の処理を行なう。

カーネーション，デルフィニウム，スイートピーのようにエチレンに感受性が高い切り花では，生産者段階でのSTS剤処理の品質保持効果が非常に高い。これらの切り花ではSTS剤処理を適切に行なうことにより，消費者段階での日持ちを2倍前後延長することができる（第17図）。

前処理剤溶液は必要量を吸収させなければならない。溶液の吸収量は葉からの蒸散量が多いほど多くなるが，蒸散は湿度が高いほど抑制される。したがって，雨天のように湿度が高い条件下で前処理すると液の吸収が不足し，日持ちがあまり延びないことがある。そのため，必要量が吸収されたか確認することが必要である。

また，前処理剤溶液を繰り返し使用すると，微生物の増殖などにより吸収が阻害されやすい。したがって，繰り返し使用することはせず，経費を節約するためには，一回に使用する量をできる限り少なく調整したほうがよい。

容器の汚れは細菌による汚染を促して，水揚げを低下させ日持ちを短くする。そのため，容器はよく洗浄したものを使用しなければならない。また，バケツの水には細菌が増殖しやすく，日持ちを短くする。したがって，水揚げには抗菌剤を主成分とする湿式輸送用の品質保持剤を使用することが望ましい。

保管 低温で水に生けた状態での保管が適当である。保管期間が長くなるほど日持ちは短縮

するので，保管期間は極力短くするべきである。

出荷 鮮度を高く維持するため湿式低温輸送により出荷するべきである。ただし，ユリやグラジオラスのように水揚げが問題とならず，吸水により開花が急激に進行する品目では，湿式輸送は適していない。

どのような品目であっても，常温長時間の乾式輸送では日持ちが著しく短縮するため，とくに乾式輸送は低温で行なうべきである。

湿式輸送では，常時水が供給されるため鮮度は高い状態で保持され，切り戻しも不要である。また，花を立てた状態で輸送するため茎が曲がりにくく，調整も不要となる。加えて，切り花がていねいに取り扱われるため，受粉に伴う老化現象が起こりにくいだけでなく，花弁もいたみにくい。このようなことから，日持ちは乾式輸送したときよりも長くなることが多い。とくに，輸送温度が高く，輸送時間が長い場合には，日持ちの差は大きくなる（第18図）。また，湿式輸送用品質保持剤を用いることにより，細菌による日持ちの短縮を抑えることができる。

②輸送・卸売市場段階での品質管理

積み込み・荷下ろし 直射日光を避け，品温が低く維持されるように速やかに作業を行なうことが必要である。また，トラック庫内は切り花を積載する前に十分に冷却しておかなければならない。

輸送 輸送は低温条件で行なうことが必要である。品目にもよるが，輸送温度のめどは15℃以下である。結露を防ぐため，市場内の温度になるよう到着数時間前から温度を上昇させることが望ましい。常温による乾式輸送では，日持ちの短縮が著しい。また，湿式輸送では，常温により蕾の開花が促進されるため注意が必要である。

保管 常温条件で長時間放置すると日持ちが短縮するため，市場でも切り花の保管場所は温度管理しなければならない。

衛生管理 衛生状態の低下は病害の発生を招く。そのため，市場内の衛生管理を徹底するべ

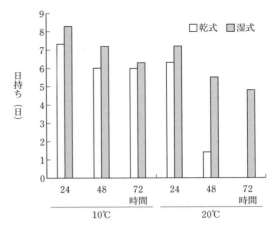

第18図 輸送方法，輸送温度，輸送時間がシュッコンカスミソウの日持ちに及ぼす影響
(宮前ら，2007)

きである。

③花束加工・小売り段階での品質管理

運搬 極力，低温で運搬することが望まれる。また，湿式で輸送された切り花は湿式の状態で運搬することが望まれる。

水揚げ 乾式で運搬された切り花は，花束加工場や店舗に到着後，小売店用の品質保持剤を用いて直ちに水揚げを行なうべきである。そのさい，バケツとはさみはよく洗浄したものを使用しなければならない。作業場は可能であれば15℃以下とする。

保管 小売用の品質保持剤を用いて，原則として低温で保管する。また，保管期間は極力短くしなければならない。

陳列 直射日光が当たる環境で陳列することは避けなければならない。また，切り花に冷暖房が直接あたらないように注意するべきである。

衛生管理 衛生状態の低下は病害の発生を招く。そのため，作業場内の衛生管理を徹底するべきである。

消費者への情報提供 消費者に対して，次項「消費者段階での品質管理」に記載したような取扱い方法などについて，積極的な情報提供に努めることが必要である。

日持ち保証技術

④消費者段階での品質管理

保管および観賞時の水と容器　花瓶に生ける切り花の本数が多い場合や生け水の量が少ない場合は，細菌の密度が高くなりやすいため注意が必要である。

観賞期間を延ばすためには後処理剤の利用が望まれる。とくにユーストマ，キンギョソウなど多数の小花をもつ品目あるいはバラなどでは，後処理剤の使用が必要である（第19図）。ただし，日持ち延長に効果がない品目もあるため，使用にあたっては注意しなければならない。

花瓶はこまめに洗い，できるだけきれいなものを用いなければならない。とくに洗浄しにくい花瓶は注意が必要である。また，はさみも細菌の汚染源となる。したがって，花瓶とはさみは洗うだけでなく，ときどき消毒することが望ましい。

スイセンのようにほかの切り花の日持ちを悪化させる物質を分泌させるような切り花は，ほかの種類の切り花といっしょに生けてはならない。

切り花の長さと葉の有無　切り花長が長くなるほど，吸収した水が花まで到達しにくくなる。したがって，切り花長が短いほど水揚げが優れる。また，バラのような切り花では，葉の枚数が多いほど蒸散量は多くなり，結果として水揚げは悪化し日持ちは短くなる（第20図）。後処理剤を使用すれば，開花に必要な糖質は十分供給されるため，茎葉に貯蔵されている糖質の必要性は低くなる。したがって，切り花長は短いほどよく，観賞上問題のない範囲で葉は取り除いたほうがよい。

観賞環境　切り花の日持ちはいうまでもなく低温で保持したほうが長くなる（第21図）。とくに気温が低い時期に開花するスイセンやチューリップの切り花では，保持する温度が高温では日持ちは極端に短くなる。一方，バラ，ユーストマなど多くの切り花では保持する温度が10℃以下だと，たとえ後処理剤を使用しても花弁を十分に展開させることは困難である。したがって，厳寒期に玄関先のような温度が低い場

第19図　バラの日持ちに及ぼす後処理の効果
左：蒸留水，右：後処理。日持ち検定15日目の状態

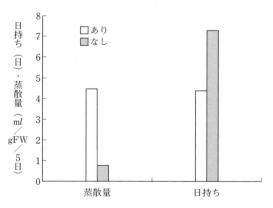

第20図　葉の有無がバラ切り花の蒸散量と日持ちに及ぼす影響

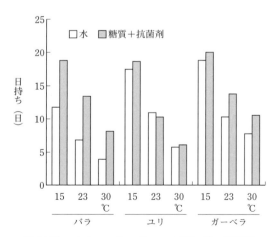

第21図　バラ，ユリ，ガーベラ切り花の品質保持に及ぼす保持温度の影響

所にこのような切り花を置くことは避けたほうがよい。

バラをはじめとする多くの切り花では水揚げが不良となることにより日持ちが終了する。湿度が低すぎると水分状態の悪化を招く。

直射日光にあたると温度が上昇し，結果として日持ちが短縮しやすい。光は気孔を開かせ，蒸散を促進するので，連続照明下では蒸散により水分状態が悪化しやすい。水分状態の悪化を回復させるため，光のあたらない時間帯を設けることが必要である。

(5) キクの品質管理技術

①特徴と収穫後生理特性

キク科の宿根草。国内でもっとも生産が多い品目であり，切り花全体の30％以上を占める。輪ギク，スプレーギクおよび小ギクに大別される。ほかにディスバッドあるいは洋マムなどともよばれ，主としてスプレーギクを一輪に調整した系統もある。出荷量がもっとも多いのは輪ギクであり，キク全体の55％を占める。次いで小ギク，スプレーギクの順となっている。生産は愛知県がもっとも多く，生産額の30％強を占めている。以下，沖縄県，福岡県，鹿児島県の順となっている。スプレーギクはマレーシアからの輸入が多く，キク全体での輸入割合は17％に達している。輪ギクとスプレーギクは施設内で生産されることが一般的であるが，小ギクは露地で生産されることが多い。

キクはどのタイプでも，花そのものはエチレンが問題とならない。しかし，エチレン濃度が高い環境では葉の黄化が引き起こされることがある（第22図）。これには品種間差があり，輪ギクでは，現在の主要品種'神馬'はエチレンに感受性が低く，1ppmのエチレンを2週間処理し続けても葉は黄化しない。一方，'精興の誠'やかつての主要品種である'秀芳の力'はエチレンにやや感受性が高く，葉が黄化しやすい。ただし，黄化するまでの時間は，10ppm以上のエチレンで連続処理しても5日程度か，あるいはそれ以上かかる。このようなことから，キクの葉のエチレンに対する感受性は，葉が黄

第22図 エチレンがスプレーギク（品種：カントリー）の葉の黄化に及ぼす影響
左：無処理，右：エチレン処理，10ppmのエチレンを3日間処理したときの状態

化しやすい品種であっても，カーネーションやスイートピーなどの花に比べ，さほど高いというわけではない。

キクは一般に水揚げがよいと評されることが多いが，むしろ水揚げが問題になる品目と考えたほうがよい。水揚げが悪化するおもな原因は，茎の切断面を保護する物質がつくられることにより引き起こされる導管閉塞であると考えられている。ただし，抗菌剤を含む水に生けると日持ち延長に効果があることから，細菌の増殖が導管閉塞に関与している可能性も考えられる。

輪ギクはかなり若い蕾の段階で収穫することが多い。また，小ギクも蕾が開花していない段階で収穫されることがある。キクの茎葉には相当量の糖質が含まれているが，開花には不十分であり，十分に開花せずに日持ちが終了してしまうことが多い。

②品質管理

生産者段階　高温・多湿・寡日照の栽培条件下では，1）茎の維管束部の発達が悪化し，導管数が減少する，2）気孔の開閉機能が低下することにより蒸散が異常となる，3）葉が黄化しやすくなる，などにより日持ちが著しく短縮する。これらのことから，高温・多湿条件を避けて栽培することが必要である。

前処理剤は使用されずに出荷される場合が多

い。糖質を主成分とした生産者用前処理剤で12時間程度処理すると，日持ちを延長させる効果はほとんどないが，花が大きくなる。日持ちが短い品種では，イソチアゾリノン系抗菌剤あるいは硝酸銀などの短期間処理が日持ち延長に効果がある。

キク切り花にSTSを処理しても花そのものの日持ちが延びる効果はあまり期待できない。ただし，STSは抗菌作用がある銀が主成分であり，STSを前処理すると水揚げが促進され，日持ちを多少延長することができる。

高温時には葉が黄化しやすいことが問題とされている。葉の黄化の防止にはSTS剤の前処理が効果的であるため，STS剤の処理を検討することが必要である。STSの濃度は0.2mM，処理時間は5時間を基本とする。ただし，処理時間が長いと葉に薬害が生じやすいため，注意が必要である。

流通段階 乾式輸送が一般的であるが，湿式で輸送されることもある。とくに，ディスバッドタイプやフルブルームマムでは，花が傷つきやすいため，湿式縦箱で輸送されている。とくに乾式では低温で輸送することが必要である。また，低温で保管していない切り花では，低温輸送に先立ち，予冷することが望まれる。ただし，低温で輸送できない場合は予冷を行なっても意味がない。

しおれたキクを回復させるには，下葉を取り除いたのち，低温下で湯を用いて水揚げする。

消費者段階 単なる水に生けると葉がしおれる場合がある。たいていの場合は，水換えと切り戻しにより，回復させることができる。

キク切り花の日持ちは一般に長いが，糖質と抗菌剤の連続処理により日持ちをさらに延ばすことができる。輪ギクでは，糖質と抗菌剤の処理により花弁の生長が促され，フルブルームマムのような花形にすることができる（第23図）。また，スプレーギクや小ギクなどでは，糖質と抗菌剤の処理により蕾の開花が促進され，日持ちも延長する。夏期のような高温期に観賞した場合でも，糖質と抗菌剤の処理により日持ちを延ばすことが可能である。通常は市販の後処理剤を使用すればよい。

③日持ち判定基準と品質保持期間

舌状花弁がしおれるか，葉がしおれるか著しく黄変した時点で日持ち終了とする（第24図）。スプレーギクと小ギクでは，半数以上の小花の舌状花弁がしおれた時点で日持ち終了とする。

品質管理が適切であれば，常温では2週間以上，高温では10日間以上の品質保持期間を確保できる。

(6) 品質管理マニュアルの作成と公表

研究成果にもとづき，日持ち保証対策に関する総論と主要切り花40品目の品質管理法から構成される品質管理マニュアルを作成した。品質管理マニュアルの総論は切り花の収穫後生理，品質管理，

第23図 輪ギク（品種：神馬）の開発に及ぼす後処理の効果
左：水，右：後処理，日持ち検定22日目

第24図 日持ち検定終了時の状態

チューリップ

基本的な日持ちは短いが、エチオンとサイトカイニン剤の前処理と後処理の組み合わせにより日持ちが延長する。

1. 特徴

ユリ科の球根類花き。自生地は、西はイベリア半島から東は中国、北は西シベリアから南はアフリカまで幅広く分布している。現在、切り花生産が最も多いのは新潟県であり、埼玉県がそれに次ぐ。

球根、花および茎葉には、アレルギー物質（チューリポサイドA）が含まれており、皮膚病を引き起こすため、収穫、調整の際には薄い手袋を用いた方がよい。

2. 切り花の生理的特性

一般に花弁の日持ちが比較的短く、特に温度が20℃以上になると、日持ちが著しく短縮する。

エチレンに対する感受性は低く、STS剤の品質保持効果は認められていない。

観賞中に花茎が伸長し、観賞価値が低下する。花茎の伸長には、ジベレリンが関与していると考えられている。

葉も黄化しやすく観賞価値低下の原因となる。細菌に対する感受性は低く、水揚げはよい。

3. 生産者段階での取扱い

収穫適期は品種により異なるが、花蕾が着色し始めたときから、花蕾全体が着色したときである。収穫する際には株ごと抜き取り、その後球根を取り除く。収穫した後、花茎の基部を切断し、温度の低い作業場などで水揚げする。

エチオン処理により、花茎の伸長を抑えることができるが、開花が抑制され、日持ちが短縮しやすい。エチオンに6-ベンジルアミノプリン（BA）を組み合わせると、エチオンの副作用が抑制されるだけではなく、葉の黄化も抑制できる（図23）。エチオンとBAの濃度はそれぞれ50 μL/Lと25 mg/Lが適当である。水揚げを兼ねて冷蔵庫内で3時間、処理を行う。ただし、エチオンとBAを組み合わせた処理が花の日持ちそのものを延ばす効果はほとんどない。最近、チューリップ用の前処理剤が市販されており、それを使用すると同等の効果が期待できる。

通常は結束後にフラワーキャップをかけ、縦置きの段ボール箱に梱包し、乾式で出荷される。

図23 チューリップの花茎伸長抑制に及ぼすエチオンとBA前処理の効果（日持ち検定4日目）
左、右：エチオン＋BA処理

4. 流通段階での取扱い

15℃以上の温度では日持ちが極端に短縮するため、5℃前後の低温で輸送しなければならない。水揚げはよく、切り戻しをよい。

5. 消費者段階での取扱い

糖質と抗菌剤の連続処理により日持ちが延長する（図24）。糖質濃度が2%以上では葉に薬害が生じるため、注意が必要である。通常は市販の後処理剤を使用すればよい。

6. 日持ち判定基準

花被の変色と萎れ、伸長した花茎が下垂、あるいは茎葉が著しく黄変した時点で日持ち終了とする。

図24 チューリップ切り花の品質保持に及ぼす前処理および後処理の効果（日持ち検定12日目）
右：水、左：前処理＋後処理

7. 品質保持期間

適切に処理された切り花では、常温で1週間程度の品質保持期間が得られる。

第25図 公表した品質管理マニュアルの内容の一部

日持ち検定方法から構成されている。また、各論は品目の特徴、切り花の生理的特性、生産者段階での取扱い、流通段階での取扱い、消費者段階での取扱い、日持ち判定基準、標準的な品質保持期間から構成されている（第25図）。また、巻末にはマニュアルに取り上げた品目の日持ち日数の目安と前処理剤と後処理剤の効果についてまとめた表も掲載した。

品質保持剤を処理しても日持ちが延長しない品目もみられたが、今回掲載した40品目では、すべての品目では常温で5日以上、30品目では1週間以上、また26品目では高温で5日以上の日持ち保証が可能と見込まれた。

品質管理マニュアルは切り花の生産者、市場、花束加工業者、小売店、普及機関が日持ち保証を行なう場合だけでなく、通常の品質管理にも、必要に応じて利用できる。また、農研機構野菜花き研究部門のウェブサイト（http://www.naro.affrc.go.jp/publicity_report/publication/laboratory/flower/flower-pamph/052743.html）からPDF版をダウンロードすることができる。

欧米に比べると日本国内では流通している切り花の品目数が非常に多いといわれており、（財）日本花普及センターが実施している花き品種別流通動向分析調査では1,000品目以上にのぼる。切り花の取扱いは品目により大きく変わるため、できる限り多くの品目の取扱いをマニュアル化することが望まれている。さらには技術開発の進展により、マニュアルのバージョンアップも必要となろう。今回の品質管理マニュアルでは主要40品目を取り上げたが、取り上げるべき品目は多い。現在、掲載品目を増やした拡充版の作成を検討している。

ヨーロッパ各国では、日持ち保証販売は切り花の消費拡大に貢献した。しかし、切り花の購入はその国の文化に根ざすところが大きいと考えられ、わが国での日持ち保証販売が直ちに需要の拡大に結びつくとは限らない。しかし、日持ち保証販売の重要性は品質管理に関する流通各層の整備に加えて、流通にかかわる関係者の意識改革にあるところが非常に大きいと考えられる。切り花も商品である以上、流通している

日持ち保証技術

切り花が適切に品質管理されることは不可欠である。今回の成果が切り花の日持ち保証販売に活用され，日本国内の花卉生産振興に貢献することを期待したい。

執筆　市村一雄（農研機構野菜花き研究部門）

2017年記

参　考　文　献

海老原克介・加藤美紀・田中亜紀子・湯本弘子・市村一雄・三平東作．2012．ベンジルアミノプリンの処理が湿地性カラー切り花の花持ちに及ぼす影響．園学研．**11**（別1），213．

本間義之・外岡慎・貫井秀樹．2012．バラ'サムライ08'に見られる花弁の離脱について．園学研．**11**（別2），277．

神谷勝己・小川瞬・市村一雄．2012．開花ステージおよび品質保持剤がラナンキュラスの日持ちに及ぼす影響．園学研．**11**（別2），275．

宮前治加・伊藤吉成・神藤宏．2007．シュッコンカスミソウ切り花の乾式および湿式輸送条件下における輸送時間と温度が花持ちに及ぼす影響．園学研．**6**，289―294．

小川瞬・神谷勝己・市村一雄．2012．収穫時期および品質保持剤の使用がシャクヤク切花の花持ち日数と不開花率に及ぼす影響．園学研．**11**（別2），293．

岡本充智・伊藤史朗・廣瀬由起夫・渡辺久・市村一雄．2011．デルフィニウム切り花品質保持におけるマルトースおよびトレハロースの前処理効果．園学研．**10**（別2），271．

Shimizu-Yumoto, H. and K. Ichimura. 2012. Effects of ethylene, pollination, and ethylene inhibitor treatments on flower senescence of gentians. Postharvest Biol. Techno. **63**, 111―115.

Shimizu-Yumoto, H. and K. Ichimura. 2013. Postharvest characteristics of cut dahlia flowers with focus on ethylene and effectiveness of 6-benzylaminopurine treatments in extending vase life. Postharvest Biol. Techno. **86**, 479―486.

宍戸貴洋・関村照吉・平渕英利・市村一雄・湯本弘子．2011．リンドウ切り花の収穫後生理特性と各種品質保持技術の効果．岩手農研セ研報．**11**，48―59．

外岡慎・本間義之・佐藤展之．2011．ガーベラの生け花時期及び抗菌剤利用が日持ちに及ぼす影響．園学研．**10**（別1），244．

渡邉祐輔・宮島利功・野水利和・市村一雄．2012．エセフォンとベンジルアデニンの前処理がチューリップ切り花の品質保持に及ぼす影響．園学研．**11**（別2），271．

矢島豊・宗方宏之・丹治克男・市村一雄．2013．アザミウマ類と訪花昆虫の活動がリンドウの花持ちに及ぼす影響．園学研．**12**（別1），485．

本格化する切り花の日持ち保証販売

(1) 消費者が切り花に求めているもの

　切り花は素材であり，鉢もののような完成品ではない（第1図）。花店により用途に応じて加工され，消費者にわたる。さらに消費者により，生け花やフラワーデザインなどとして手を加えられることもある。したがって，同じ切り花であってもさまざまな用途に利用され，用途により求められる品質が違う（第1表）。

　どんな場合でも日持ちや鮮度が重視されるわけではない。巨大輪ダリアは日持ちが短い切り花の代表だが，現在では結婚式にはなくてはならない定番商品である。クチナシの日持ちは2～3日であるが，香りのよさが魅力の新商品である。

　日持ちや鮮度が重視されるのは，スーパーマーケットなどで束売りされる家庭用（ホームユース）切り花である。無人販売されることが多いこれらの花について，消費者は価格とともに，鮮度と日持ちを購入の条件にしている。

　店そのものが信用であり保証でもある専門店でも，鮮度と日持ちの良さは消費者のために大切と考え，気をつかっている（第2図）。

　結婚式・宴会，葬儀では日持ちよりもファッション性や作業性，価格が重視される。

(2) 日持ち保証がなぜ必要か

　切り花の品質には外的品質と内的品質がある（第2表）。消費者が切り花を買うとき，花の色，花の大きさ，蕾の数，開花程度，茎の長さ，茎の太さなどの外的品質は目で見て，あるいは手に取って判断できる。しかし，内的品質である日持ちは購入時にはわからない。

　専門店であれば，店員による説明でおおよその見当がつくが，スーパーなどの無人販売ではそれができない。そんな場合には，日持ち日数

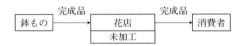

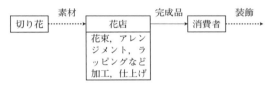

第1図　鉢ものは完成品だが切り花は素材である

第1表　切り花の用途と求められる品質

用　途	求められる品質
家庭用（ホームユース）	価格，鮮度，日持ち
ギフト	豪華さ，種類，日持ち
結婚式・宴会	ファッション性，豪華さ，作業性
葬式	価格，作業性，貯蔵性
仏花・墓花	価格，様式，日持ち

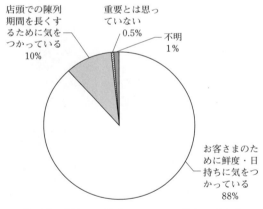

第2図　鮮度・日持ちについての花店の考え方
（2009年度JFTD白書）

第2表　切り花の外的品質と内的品質

品質	定義	具体的な品質項目	対策技術	販売対策
外的品質	数字で表示できる品質や目で見て判断できる品質	花色，花径，蕾の数，開花程度，茎の長さ，茎の太さなど	栽培技術・栽培環境の改善	
内的品質	目で見て判断できない品質	日持ち	前処理，低温管理，バケット・水つけ輸送など	日持ち保証
		鮮度		採花日表示，朝採り

の表示さらには保証があると、消費者は安心して購入できる（第3, 4図）。スーパーに並ぶ食品にはすべて、製造年月日、消費期限、賞味期限などが表示されている。切り花にはなぜそのような表示がないのかという、消費者の素朴な疑問には答えなければならない。

(3) あいまいな日持ちと鮮度

日持ち保証の日持ちとは何か、を生産者、市場、小売店、消費者が共有しないと保証システムは成り立たない。日持ちや鮮度の科学的な定義はない。そのため、日持ち保証を展開するにあたっては、関係機関での取決めと合意が必要である。

「日持ち」とは、切り花を生けてから観賞価値を失うまでの「観賞可能期間」で、生物に普遍的な「老化」である（第3表）。老化は一方通行で、遅らせることはできるが、後戻り（若返り）はできない。これは生物共有の原理である。

観賞価値を失う症状は切り花の種類によりさまざまで、花の萎れだけではない（第4表）。キクでは花弁が萎れ褐変する前に、葉が黄化して観賞価値を失う。ユリ類では花弁の褐変、落下と葉の黄化が複合的に発生し、観賞価値を失う。スイートピーやデルフィニウムは突然の落花、落蕾で観賞価値を失うが、STS（チオ硫酸銀錯塩）で前処理した切り花では、落花、落蕾せずに花弁が褐変したままで終わる。

そのような症状から観賞価値の有無を判定するのは見る人の主観であり、人により異なる。スプレータイプのキク、バラ、カーネーションなどは何輪咲いていれば観賞価値があるのか、宿根カスミソウやハイブリッドスターチスのように多数の小花をもつ種類の場合はどうかなど、統一的な基準が必要である。その客観的な

第3図 アメリカのスーパーマーケットでの日持ち保証販売
切り花はコロンビアからの輸入

第4図 スプレーカーネーションの花束は14日間の保証

第3表 日持ちと鮮度

項目	定義	原因	特徴	判定する人	判定時期	表現	対策
日持ち	観賞可能期間	老化	一方通行	消費者	生け花結果	日数	総合的老化遅延
鮮度	見かけ 収穫後の時間	水分収支	可逆的	市場 花店	競り時	みずみずしい、さわると硬い、咲きすぎていない	低温管理 バケット
				消費者	購入時		買わない

第4表 観賞価値を失う症状

症　状	おもな種類
花弁の萎れ・褐変	カーネーション，宿根カスミソウ，ダリア，フリージア，トルコギキョウ，リンドウ
落弁・落花・落蕾	バラ，スイートピー，デルフィニウム，ユリ類
落　葉	ユーホルビ・アフルゲンス
葉の黄化	キク，アルストロメリア，ユリ類
ベントネック	バラ，ガーベラ
茎の腐敗による萎れ	ガーベラ，ダリア，ストック

判定基準が，第6表（後出）のリファレンステスト（日持ち検査）マニュアルである。

「鮮度」とは，みずみずしい，咲きすぎていないなどの見た目や，さわるとシャキッとしていて硬いなどで判定される（第3表）。これらは水分収支と切り前の問題である。

老化の一方通行に対して水分収支は可逆的で後戻りが可能で，萎れは回復する。成田で通関後，水揚げし，縦箱水入りケースに詰め直された輸入切り花が，段ボールケース横詰め乾式輸送の国産切り花より，見かけ上はみずみずしく，鮮度が高いと判断されることがある。反対に，今朝収穫した花でも咲きすぎていれば，消費者は鮮度が悪いと判断する。

（4）日持ちをどのように測るか

日持ちの測定は観賞価値の有無の判定である。判定が人によりばらばらであれば，日持ちを決められない。切り花を飾る家庭環境は季節で変化し，当然，気温が低いほど日持ちが長い（第5図）。しかし，すべての気温での日持ちを表示することは不可能である。食品でも定められた条件での賞味期限の表示である。

そこで，日持ち保証をする切り花の日持ちは，これまでの日持ち調査と同じ，（財）日本花普及センターが定めた25℃一定のもとで測ることとする（第5表）。これは花業界での約束ごとで，状況に応じて修正することができる。

日持ち検査はリファレンステストとよばれている。バラのリファレンステストチェック項目とチェックシートを第6，7表

に示した。その他の切り花および観賞価値を失ったと判断する症状の画像などは，花卉流通研究会（代表：土井元章）などのデータが，（財）日本花普及センターのホームページ（http://www.jfpc.or.jp/）で公開されている。現在は33種類だが，順次追加される予定である。

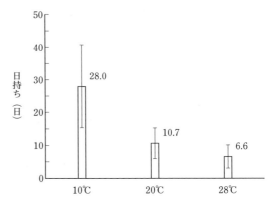

第5図　気温と日持ちとの関係
今西ら，1999の42種の日持ちデータを作図，縦棒は標準偏差。数字は平均日持ち日数

第5表　リファレンステスト条件
（日本花普及センター，2006）

項　目	条　件	備　考
切り花長	50〜60cm	一定
調査本数	5〜10本/容器	本数と容器は一定
生け水	水道水に後処理剤使用	
室　温	25℃	エアコン，電気ヒータなどを利用
相対湿度	できれば60％	
光　源	蛍光灯	
照明時間	12時間（6：00〜18：00）	
照　度	約1,000ルクス	

日持ち保証技術

第6表 リファレンステストマニュアル

(バラ，花卉流通システム研究会，2006)

〈1. 品質評価基準（Cが2つ，またはDが1つで観賞価値を失い，日持ち終了）〉

項　目	判定基準	備　考
花弁の萎れ	触ってみて，A：張りがある，B：やや軟となる，C：軟らかくなる，および視覚的に，D：垂れ下がる	
花首の萎れ（ベントネック）	視覚的に，A：張りがある，B：しわが寄る，C：傾く，D：垂れる	花弁の萎れと花首の萎れは並行するが，品種により花弁の萎れのみが進行する場合がある
開　花	視覚的に，A：花弁が展開しはじめる，B：露心する，C：雄ずいが突出する，D：落弁する，またはE：開花せずブルーイング・乾燥・変色する（花弁の状態から時期を総合的に判定）	露心までは，A-1：硬い，A-2：ほころぶ（円筒形），A-3：半開（逆円錐形），A-4：全開，B：露心と判定
灰色かび病	花弁に，C：小斑点（5mm以下）が発生する，D：大斑点となる，E：落弁する	花床に発生すると落弁しやすくなる
ブルーイング	A：ブルーイングなし，B：ややあせる，C：明らかにブルーイングが発生する，D：激しくブルーイングが発生する	花弁の展開に伴う花色の淡色化は測定対象としない
花弁の乾燥・変色	A：乾燥・変色なし，C：先端がわずかに変色する，D：先端が変色・壊死する	赤色品種では目立ちやすい
萼片・葉の黄変	A：黄変なし，B：下位葉でわずかに黄変する，C：下位葉で黄変する，D：中位葉まで激しく黄変する	黄変した葉はその後，E：落葉する
その他	D：落葉，薬害，病虫害など	

〈2. 留意点〉

下葉は十分に取り除いて，いけ水につからないようにする
乾式輸送後強く萎れた切り花は，あらかじめ水で水揚げを行なったあと，後処理剤の溶液に移して品質評価を開始する
多湿下で灰色かび病が発生しやすい
収穫以降のバクテリア管理が徹底して行なわれていることを確認する

第7表 品質チェックシート (バラ，花卉流通システム研究会，2006)

品　目　バラ（スタンダード）　　　　　　　　　　　　　　　　　担当者
品　種　　　　　　産　地　　　　　　　　　　　　　　　　　　　評価開始日

個体番号	項目	経過日数										日持ち日数	メモ
		0	2	4	6	8							
1〜10	開　花												
	舌状花の褐変												
	舌状花の萎れ												
	葉の萎れ												
	茎葉の黄変・褐変												
	その他												

評価条件等に関するメモ

(5) 保証する日持ちの決め方

リファレンステストで得られた日持ちから、何日の保証が可能か。長すぎる保証ではクレーム率が高くなるし、安全を重視しすぎると保証が短くなり、日持ち保証の意味がなくなる。また、科学的裏づけがない、勘と度胸だけの保証では持続性のある事業に発展しない。

第6図は、STSで前処理をしたスタンダードカーネーションで、25℃のリファレンステストと家庭環境との日持ちを比較した結果である。11月から4月までは家庭環境での日持ちは、リファレンステストより1.5倍ほど長くなる。暖地カーネーションの出荷終了時期である6月では、家庭環境とリファレンステストとの日持ちがほぼ同じになる。すなわち、秋〜春までの低温期には、家庭環境での日持ちはリファレンステストより長いか同じであるが、春〜秋の高温期には、リファレンステストと同じか短い。これは第5図のように、切り花の日持ちは気温に反比例するからである。リファレンステストの年中25℃に対して、家庭環境では冬は25℃より低く、夏は25℃より高い。残念ながら、1年を通じて、多くの品目についてリファレンステストと家庭環境との日持ちを比較した事例はない。

それでは消費者は切り花にどれくらいの日持ちを求めているか。MPSジャパン（株）のアンケート（2010）では、57％の人が最低7日、17％の人が最低5日を期待し、日持ちが気にならない人はわずか3％であった（第7図）。このことから、夏では5日以上、それ以外の季節では7日以上が消費者の期待する日持ちと考えられる。夏に5日以上の日持ちを保証するためには、リファレンステストで10日以上の日持ちが必要になる。

本来は科学的データの蓄積を待って事業を展開すべきであるが、経済活動は科学の結果を待ってくれない。走りながらデータを蓄積し、順次修正をしていかざるをえない。

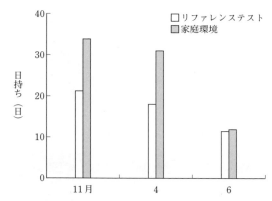

第6図 リファレンステストと家庭環境での日持ち比較（カーネーションSTS処理）

（宇田ら，1995）

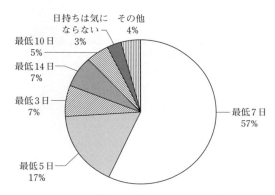

第7図 消費者が期待する日持ち日数

（MPSジャパン（株），2010）

(6) 誰が誰に保証をするのか

日持ち保証とは、誰が誰に日持ちを保証するのか、2つの事例が進行中である（第8表）。

①生産者が市場へ出荷したときに花店に保証

生産者が市場へ出荷する容器には多くの情報が記載されている。産地名（団体名）、生産者名（生産者番号）、品目、品種、入り本数、秀・優・良の等級、L・M・Sあるいは切り花の長さの階級などである。それら外的品質を表示する延長線上に、内的品質である日持ちの表示がある。これらの表示はすなわち保証である。

花店はその情報をもとに、その花の価値を見きわめ、競り落とし、販売をする。この場合、

日持ち保証技術

第8表 日持ち保証システムの考え方

誰が	いつ	どこで	誰に保証	リファレンステスト	クレームの責任	問題点
生産者	出荷時	市場	花店	出荷組織	生産者	日持ち保証が花店で止まる
花店	販売時	店頭	消費者	花店または花市場などに依頼	花店	栽培がブラックボックス 夏場に日持ちが長い切り花を確保するのがむずかしい リファレンステストのコスト

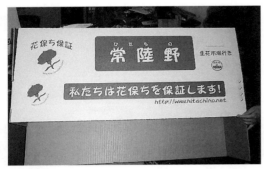

第8図 茨城県常陸野カーネーション組合の13日間日持ち保証

日持ちをも含めた情報の取扱いは花店にまかされている。

茨城県常陸野カーネーション組合の13日間保証（第8図），千葉県ブルームネット（カラー）の7日間保証などの先進事例がある。クレームに対する責任は産地が負う。

日持ちを保証できる科学的な根拠は，最適の栽培管理と収穫後の取扱い，および定期的なリファレンステストの実施である。

このシステムの問題点は，産地での取組みが消費者にまで届かないことである。

②花店が販売時に消費者に保証

花店が独自に日持ちを保証する事例が増えている。この場合，花店が市場などの公的な日持ち検査室にリファレンステストを依頼し，一定の日持ちが確認された切り花を日持ち保証販売に用いている。消費者からのクレームには花店が責任を負う。

花店主導での問題点は，花店では生産のようすがブラックボックスでわからないこと，消費者が日持ち保証をのぞむ夏場に日持ちが長い切り花を確保することがむずかしいこと，リファレンステストにコストがかかることである。そのため，生産履歴が明らかなMPS認証を取得した生産者の花を，MPS取得花店が日持ち保証販売するというネットワークが強まるであろう。

③クレームにどう対応するのか

日持ち保証では，約束の日持ちより短かければ，生産者または花店が責任を負う。責任とは，代替品，返金，値引きなどである。

幸い，これまでの取組み事例でのクレーム率は低い。日本でもクレーマーが増えているといわれているが，現実には購入した切り花にクレームをつける消費者は少ない。潜在的なクレームはかなり多いと考えられるが，次からは買わないか，価格を考えて納得したかだけであろう。

いつまでもこのような消費者の善意に支えられていては，日持ち保証およびそれによる消費拡大はのぞめない。確実に約束の日持ちが得られる切り花を生産することから日持ち保証は始まる。

(7) 日持ち保証販売を成功させるためには

①日持ちの長い切り花生産

これまでの栽培技術は外的品質の向上が目標で，内的品質である日持ちについては収穫後の取扱い技術（ポストハーベスト技術）で対処してきた。それは，1980年代に実用化したSTSによる前処理効果が劇的で，日持ちは前処理技術だけで解決できると錯覚したためである。

当然ではあるが，できの悪い花を前処理，予冷，低温輸送などの収穫後の管理で，本来の素性をごまかすことはできない。これはすべてのものづくりに共通する基本である。

残念ながら，日持ちが長くなる栽培技術は確

立していない。しかし，経験的に，外的品質が優れた切り花は日持ちも長いということは明らかである。つまり，切り花に蓄えられた光合成による同化産物が多いほど日持ちは長い。

②切り花のL，M，Sは何を表わしているか

切り花の規格には秀，優，良などの品質を示す等級と，L，M，Sなどのボリュームを示す階級がある。しかし，多くの品目，産地では等級と階級を包含した等階級としてL，M，Sですべてを表現している。すなわち，2Lは切り花長が長く，茎が太く，重い（花数も多い）だけでなく，品質も優れているが，Sは切り花長が短く，茎が細く，軽い（花数が少ない）だけでなく，品質も劣るとみなされている。大きさが違うだけで，品質はまったく同じという，衣服のL，M，Sとは根本的に違う。

植物は光がよくあたり，面積当たりのシュート（ステム）数が少なく，水，肥料が十分であれば，光合成が活発で，同化養分が多く蓄積し，ボリュームがある切り花になる。そのようなボリュームがある切り花は日持ちも長い（水ぶくれ的につくりすぎた切り花の日持ちは逆に短くなることがある）。反対に，ボリュームがない切り花の日持ちは短い。

日持ち保証に長い歴史がある茨城県常陸野カーネーション組合の出荷ケースには，秀品，優品は保証するが，良品は保証の対象外であることを明示しているのはそのためである。

家庭用（ホームユース）には2L，Lサイズの大きな切り花は不要で，手ごろなMサイズが求められている。ところが，わが国にはMをめざした生産はない。2L，Lをめざしたが，いろいろな要因でうまくいかなかったのがMである。

今後，切り花消費の核になる家庭消費を伸ばしていくためには，高品質なMを生産しなければならない。これは技術的にはむずかしいことではない。問題は，今までMを生産して経営を成り立たせた事例がないということである。

③花店は日持ちを保証できる切り花を入手できていない

JFTD（社団法人日本生花通信配達協会）が加盟店にアンケート調査（2009年度JFTD白書）したところ，88％の花店が「お客さまのために鮮度・日持ちに気をつかっている」と回答し，「鮮度・日持ちを重要とは思っていない」花店は0.5％にすぎなかった（第2図）。

その一方で，「日持ち保証販売の内容を知らない」花店が58％もあり（第9図），「日持ち保証販売にすでに取り組んでいる，今後取り組む予定がある」花店の19％を大きく上回っている。JFTDの花キューピットに加盟している全国の有力な専門店でも意識の違いが大きい。

日持ち保証販売に取り組まない理由でもっとも多いのが，「花材の供給体制ができていないので，小売店だけでは取り組めない」である（第9表）。次に多い理由が，「取り組んでいる生産者，市場の情報がない」で，日持ちを保証できる切り花を入手できないことが，日持ち保証販売の阻害要因になっていることがわかる。

日持ち保証をしている産地，日持ちが長い花を生産している（生産することができる）産地の情報を花店に伝え，花店に供給するのは市場の役割である。

④灰色かび病による日持ち低下

エチレンによる老化やバクテリアによる導管閉塞が日持ちを低下させていることはよく知られている。しかし，それら以上に灰色かび病（どこにでもいるかびのボトリチス・シネレアが病原菌）による日持ちや品質低下が大きいこ

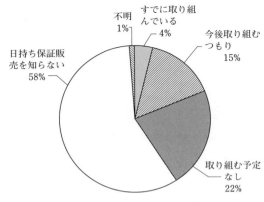

第9図　JFTD加盟店に対する日持ち保証販売アンケート　（2009年度JFTD白書を改図）

日持ち保証技術

第9表　花店が日持ち保証販売に取り組まない理由（2009年度JFTD白書）

取り組まない理由	回答数
・小売店だけでは取り組めない（花材の供給体制ができていない）	95
・取り組んでいる生産者，市場の情報がない	64
・日持ち保証販売のメリットなどについて消費者向けPRがされていない	37
・自店独自の品質保証を実施している	36
・実施すると経費が増加する（ロス率，仕入値などが高くなる）と考えるため	34
・取り組んでいる小売店の情報がない	25
・とくに理由がない	17

第10図　市場への入荷時に灰色かび病が発生していたバラ

とは生産者には認識されていない。湿度が高い梅雨シーズンには，ハウス内，圃場で感染し，日持ちや品質が極端に低下する（第10図）。高温期には輸送中のムレ，結露で灰色かび病が多発する。

灰色かび病がやっかいなのは，産地で選別，箱詰めをするときには正常そうに見えても輸送中に発病し，市場や花店，あるいは消費者の生け花中にかびが確認されることである。

灰色かび病による日持ち低下とそれに伴う収益低下は，ゆっくりした老化をもたらすエチレンよりはるかに大きい。

対策は，まずハウス，圃場での感染を防ぐことである。除湿，乾燥が感染防止の基本である。選花場，冷蔵庫にもかびは蔓延している。冷蔵庫から出した後の結露，輸送中のムレは厳禁である。

⑤生産者と花店とのリファレンステストに対する認識の違い

生産者が思っているより，花店が感じている日持ちは短い。この違いは何か。

産地でのリファレンステストは出荷するたくさんの切り花のなかから，よく揃った5本ないし10本を選び，花びんに生けて検査をする。その際，かびがはえ，花弁や葉がいたんだ切り花や茎が細い切り花などは検査からはずす。

花店はその検査から除外した花を重視する。それらをも含めた1ケース50本または100本を購入したのであるから，すべてが検査対象である。当然，不良品をも含めた日持ちは生産者の認識よりもかなり短くなる。

産地は日持ちを保証しようとするが，花店が求めているのは切り前，輸送中のいたみ，かび，病虫害，選別の不揃いなどの外的品質に加えた日持ちである。すなわち，花店は日持ちだけを対象としているのではなく，品質にかかわるすべてを対象としている。日持ち保証をする切り花に，かびが発生したり，ダニがついていたり，スリップスに食害されていたり，選別の不揃いは論外である。

⑥花店には栽培はブラックボックス

花店が主導する日持ち保証では，栽培がブラックボックスで，誰がどんな環境で，どんな方法で栽培しているのかがわからない。そのため，生産履歴が開示されているエコファーマーやMPS認証を取得した生産者の花が日持ち保証販売に利用されることが多くなる。生産者にとっては，生産履歴の記帳がますます重要になる。

⑦高品質は高価格

生産者が日持ち保証している事例は現時点では少数である。しかし，品質の良さ，日持ちの長さをアピールしたい産地は多く，今後は日持ち保証に取り組む産地が増えてくる。

ところが，日持ち保証をめざしている産地，生産者はいずれもブランド化している有力産地で，市場では高単価で取引きされている。家庭用に販売したい専門店，量販店とは価格のおりあいがむずかしい。「仕入値が高くなる」ことを，日持ち保証販売に取り組まない理由にあげているJFTD加盟店もある（第9表）。

市場が仲立ちをして，生産者と花店との価格をすりあわせしなければならない。

⑧消費者の協力

消費者に切り花を長く楽しんでいただくには，生産者──市場──花店だけでは限界がある。消費者の生け花環境，取扱いが適切でないと，日持ち保証が生きてこない。その点，日本の消費者は細やかで，茎の切戻し，枯れた花の除去など，切り花を取り扱える素養があり，日持ち保証にはめぐまれた環境にある。

花びんを直射日光があたる場所やエアコンの吹出し口，ストーブのそばにおかないことは家庭にほぼ浸透している。さらに，花びんの水に市販の後処理剤を加えることが，日持ちの延長に大きな効果があることをPRしなければならない。後処理剤の小袋を花束につけたり，ポップやチラシで後処理剤の使用をよびかけることが重要である。

⑨生産者──市場──花店の連携

生産者と花店とがばらばらでは，日持ち保証販売は成功しない。生産者は日持ちが長い，高品質な切り花を生産し，市場はコールドチェーンを途切れさせることなく，短時間で切り花を流通させ，花店はそれらの花を保証販売するという，三者の連携がなければ日持ち保証は成り立たない。

(8) 日持ち保証以外の取組み

①鮮度を重視

日持ちを重視する花店がある一方で，切り花の価値は鮮度と考えている花店がある。鮮度を追求していくと，現在の大型市場による大量の花を効率的に流通させるシステムや，地方産地→大都市大型市場→地方市場，の転送システムの問題点が明らかになってくる。

②採花日表示

第3表では，切り花の鮮度はイメージであり，見かけで決まると述べた。それに対して，切り花も野菜のように，「鮮度とは，収穫後，できるだけ早く消費者に届けること」との考え方が増えてきている。

これを実証したのが採花日表示である（第11図）。物日をねらった貯蔵や出荷調整をしていない証明として，花を切った日を表示する。これには，市場，花店にできるだけ早く新鮮な花を消費者に販売してほしいとの生産者の願いが込められている。

採花日表示は産地にとってむずかしいことではない。日常，収穫した花は水揚げ，選別後，箱詰めしてすぐに出荷しているから，採花日を表示することには何の問題もない。

問題は，流通側にある。産地では，最盛期には花を毎日収穫するが，開市は実質的には月水金である。しかも仲卸，市場とも転送が多い。このように，流通側には産地の採花日表示を生かす体制が十分とはいえない。等級，階級，入り本数などの情報に加えて，採花日を表示する産地が増えてくると，現在の流通システムは変化せざるをえない。

③朝採り

採花日表示をさらに進めたのが朝採りである（第12図）。イチゴやイチジク，軟弱野菜には朝採りがある。鮮度がもっとも大切な（とのイメージがある）切り花でなぜ朝採りがないのかという，消費者の素朴な疑問は，大量流通をめ

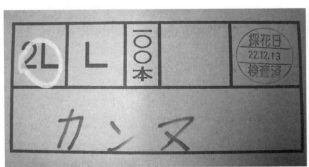

第11図　出荷容器に表示した採花日（トピア浜松PCガーベラ）

日持ち保証技術

第12図　朝採り証明書（奈良県平群温室バラ組合，なにわ花いちば）

ざす現在の流通システムの弱点をついている。

朝採りは大量流通のほんの一部にすぎないが，輸入や遠隔地の大産地に対する都市近郊産地や地方市場の生き方のヒントになる。

④咲ききり保証

バケットや縦箱がなければ，人気の巨大輪ダリアやオールドローズ，和風バラなどは輸送ができず，現在のような人気商品にはならなかったであろう。満開の花が出荷できることは，その花の本来の花型や花色を見せることができ，新しい需要を掘り起こした。

消費者は切り花を長く楽しむことを期待するが，動きがなければプリザーブドフラワーと変わらないとも感じる。生きものである花の価値として，蕾から満開，そして萎れへと連続的な動き，変化をも期待されている。それに応える蕾での出荷は，咲かずに終わるのではとの心配が付随する。その心配に対して，満開までの開花を保証するのが咲ききり保証である。土耕のバラなど，こだわりの生産者がめざす方向である。

(9) 持続性

日持ち保証販売は今に始まったことではない。古くからチャレンジしてきたが，挫折の連続であった。なぜ，消費者がのぞみ，花店も意欲がある日持ち保証が持続できなかったのか。それは，日持ち保証により売上げが増えなかったからである。

大きな志，情熱をもち，革新的なことを始めても，儲からなければ情熱をもち続け，事業を持続させることはむずかしい。

アメリカや英国のスーパーマーケットでは，日持ち保証により，切り花の消費が急増したという。学ぶべきことは，日持ち保証販売でどのように消費を伸ばし，生産者と花店の経営を向上させたのか，ということである。

これらはマーケティングの基本であり，すでに花店の組織では解析，解決済みのことであろう。花店はそれらの知識経験を生かし，日持ち保証で持続的な売上げ増を実現していただきたい。もちろん，生産者の役割は，日持ちが長い切り花を安定的に供給することである。

執筆　宇田　明（宇田花づくり研究所）

2011年記

参 考 文 献

今西英雄ら．1999．切り花の生理特性の類型化に基づく品質保持技術の開発．平成8—10年度科学研究費補助金基盤研究研究成果報告書．

花卉流通システム研究会．2006．切り花の日持ち評価リファレンステストマニュアル．

MPSジャパン（株）．2010．花き日持ち保証販売事業第2回検討会資料（平成22年度産地収益力向上支援事業）．

（社）日本生花通信配達協会．2009．平成21年度JFTD白書．

宇田明ら．1995．切り花の品質保持期間を表示するためのリファレンステスト法．園学雑．64（別2），494—495．

（財）日本花普及センター監修．2006．切り花の品質保持マニュアル．

動向とマーケティング

需要をとりもどす新しいキク
——アジャストマム，フルブルームマム

(1) キクの生産減少の原因

2012年の国産切り花出荷量41億本のうちキクは16億本で，約40％を占める（第1図）。その内訳は輪ギクが8.7億本，スプレーギクが2.5億本，小ギクが4.7億本で，これらに3億本の輸入キクが加わった19億本を国内で消費している。まさしくキクはわが国の切り花生産の中核である。

しかし，仏花需要主体の輪ギク，小ギクは年々生産量が減り続け，マレーシアなどからの高品質な輸入品に助けられて消費量が増えていたスプレーギクも国内生産量は減り始めている（第2図）。

キクの生産・消費が減っている原因には第3図に示したようなことが考えられる。

輪ギクは家族葬などが増え，葬儀規模が縮小していること，祭壇や供花に洋花が多く使われるようになったことなどが減少の原因と考えられる。また，仏花・葬儀のイメージが強く，ブライダル，ギフトなどから排除されていることも影響している。

スプレーギクは洋花として華やかで使いやすく，ホームユース用や葬儀の消費が伸びてきたが，高品質な輸入品との厳しい競合にさらされている。

小ギクは主たる需要の仏花の減少が影響している。

このように，それぞれに特有の原因があるが，共通していることは消費者である花店の要望と生産がミスマッチになっていることである。

ここではそのミスマッチを規格（切り花長，ボリューム）と切り前について検討し，その対策として（株）なにわ花いちばが開発した新商品を紹介する。

(2) 消費の実態

①業態による使い分け

花店を業態別に，専門店，花束加工業者，葬儀業者，その他に分け，キクの消費量を調査した（第4図）。

専門店では輪ギク，スプレーギク，小ギクともに流通量の3分1強が使われていた。葬儀業者では輪ギクが最も多く流通量の40％，スプレーギクは25％，小ギクはわずか5％であった。スーパーマーケットなどに納入する花束加工業者では輪ギクが23％，スプレーギクが36％，小ギクは55％が使われていた。このように，業者によりキクの種類が使い分けられていることがわかる。

これは大阪市で営業している（株）なにわ花いちばでの調査であるが，関西地域ではほぼ同じ状況で，全国的にも大きな違いはないと考えられる。

②用 途

キクの用途は仏花（仏壇に供える花），墓花（お墓に供える花），パック花（量販店やスーパーマーケットなどでスリーブに入れた輪ギク3本セットなど），供花（葬儀・仏事に飾る花），祭壇（葬儀の生花祭壇）などである（第5図）。パック花も仏壇，お墓などに供えられることが多いので，キクの用途はほとんどが仏事用である。

花店の業態によって使うキクの種類が違うように，キクの種類ごとに主な用途も異なる。輪

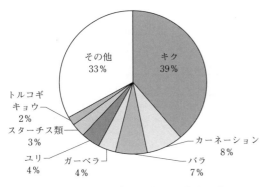

第1図　国産切り花の生産量41億本の内訳
（2012年）

動向とマーケティング

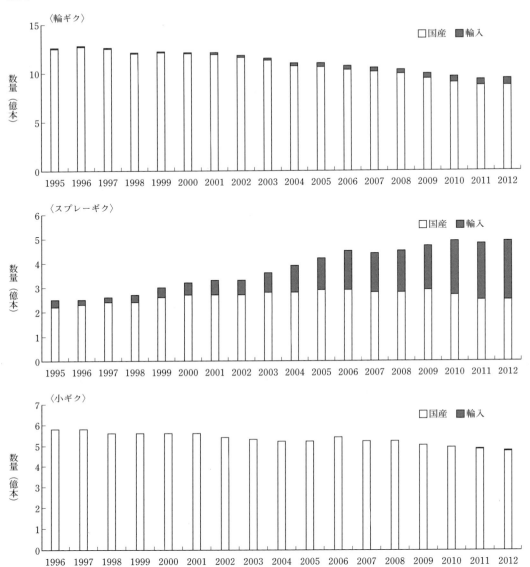

第2図 キクの出荷量の推移

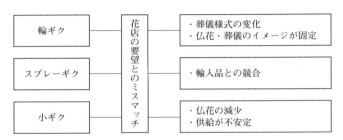

第3図 キクの国内生産減少の原因

ギクはすべての用途に用いられるが，スプレーギクは58％がパック，小ギクは仏花とパックが多く，それぞれ46％と36％である。

③使われている長さ

第5図に示した用途ごとのキクの切り花長を測定した。

関西特有の仏花は「関西仏花」とよばれ，約30cmで他の地域よりも短い。ヒサカキ十数枚の束を背に，白，黄の輪ギク，小ギク，赤のスタンダードカーネーション，青のリンドウまたはスターチス・シヌアータなどが縦に並んだ小さな花束で，1対で使う。墓花は50〜60cm，花束パックは約60cm，供花は約85cmである（第6図）。

これらのキクの用途およびその切り花長から切り花長別使用数量を推定した（第7図）。

80cm以上での使用は輪ギクでは26％，スプレーギクでは8％，小ギクは0％である（小ギクの出荷規格は75〜80cmで，切り戻すと80cm未満になる）。一方，40cm未満での使用は輪ギクでは28％，スプレーギクでは9％，小ギクでは45％であった。60cm未満にまで拡大すると輪ギクは52％，スプレーギクは28％，小ギクは51％である。

なお，葬儀の生花祭壇では約20cmから80cmまで傾斜をつけて飾りつけるが，長さ別使用数

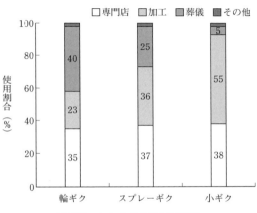

第4図　キクの業態別使用割合
（なにわ花いちば，2012）

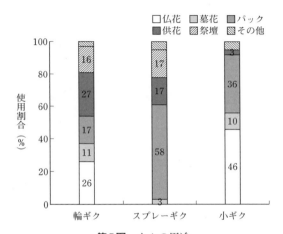

第5図　キクの用途
（なにわ花いちば，2012）

第6図　用途ごとのキクの切り花長
①関西仏花：30cm，②墓花：50〜60cm，③パック（輪ギク3本セット）：60cm，④供花：85cm

量が把握できないので，使用はすべて施工時に用いる最長の切り花長（80〜90cm）と見なした。

花卉卸売市場協会関西支所に加盟する11社の2012年キク取扱い量（国産＋輸入）は3.5億本で，内訳は輪ギク1.6億本，スプレーギク0.6億本，小ギク1.3億本である。

関西地域では第7図とほぼ同じ割合でキクが使われていると考えられるので，関西では輪ギクは80cm以上が4,100万本，60cm未満が8,400万本，40cm未満が4,500万本と推定できる（第8図）。同じように，スプレーギクでは80cm以上が470万本，60cm未満が1,600万本，40cm未満が490万本，小ギクは80cm以上がなく，60cm未満が7,700万本，40cm未満が6,800万本と推定できる。

(3) 生産と消費のミスマッチ

輪ギクのおもな産地の出荷基準（秀2L）は85〜90cmで，H県のみが80cmである（第1表）。スプレーギクは80〜85cm，小ギクは75〜80cmである。

実際の消費は輪ギクでは52％，スプレーギクでは28％，小ギクでは51％が60cm未満であるのにもかかわらず，生産は長茎志向で，明らかに消費と生産にはミスマッチがある。

消費実態にあった生産ができていない要因には次のようなことが考えられる（第2表）。

生産技術　ものづくりの基本は高品質生産で，高品質＝秀2Lと考えられている。したがって，現状の栽培技術は秀2Lをつくることを目指しており，短茎やM，Sをつくる技術がない。

経営技術　経営の向上は秀品率，2L率を高めることと考えられている。短茎やM，Sを生産して経営を成功させた事例がこれまではないので，それらの栽培には取り組みにくい。

流通のシステム　背景には市場単価は2Lが高く，M，Sは安いという流通の仕組みがある。

情報の遮断　花店の要望などの情報が，直接または市場を通じて生産者・産地に伝わっていない。

(4) アジャストマム

①花店の要望に応えたアジャストマム

花店の要望を産地に伝え，産地の生産事情を花店に伝えるのは市場の重要な役割である。市場が，花店の「こんな花があったらなぁ」という声を産地に伝え，産地でつくってもらい供給する，それを（株）なにわ花いちばでは「アジャスト」と表現した（第9図）。

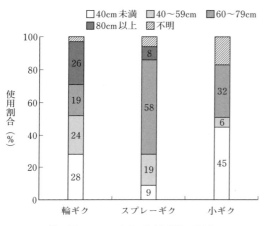

第7図　キクの切り花長別使用割合
（なにわ花いちば，2012）

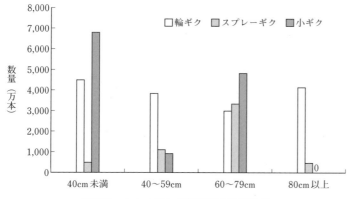

第8図　キクの切り花長別推定使用数量
（花き卸売市場協会関西支所11市場，2012）

需要をとりもどす新しいキク――アジャストマム，フルブルームマム

「アジャスト（adjust）」とは，目的や状況に合わせて「調整する，適応させる」ことである。

「アジャストマム」は花店と生産者をアジャストしたキクで，切り花長だけでなく，下葉を取り去る茎の長さ（脱葉），そして納期を花店の要望に合わせる。

具体的には切り花長は，輪ギクでは通常出荷の85～90cmに対して，仏花，墓花，パックなど花店（花束加工業者，第10図）の使用実態に合わせた60～70cmとし，下葉の脱葉は花店の要望に合わせる。価格は市場が生産者，花店の要望，状況を考慮して両者の希望をアジャストし，納得できる価格を提案する。納期は3月彼岸，8月盆，9月彼岸，12月年末の物日である。同様に小ギクは45cmで，8月盆と9月彼岸に納入する。

②利点と問題点

アジャストマムで生産者，花店，市場のそれぞれが得られる利点と問題点を第3表にまとめた。

生産者　事前に売り先，価格，数量を決めるので，市場相場に左右されない安定経営が実現す

第1表　主要産地の出荷規格（等級は秀）

品目	産地名	切り花長（cm）			
		2L	L	M	S
輪ギク	A	90	90	85	75
	B	90	85	75	
	C	90	80	70	70
	D	90	80	70	65
	E	88	88	88	
	F	85	80	70	
	G	85	80	70	50
	H	80	80	80	70
スプレーギク	I	85	75	65	60
	J	85	75	65	
	K	80	75	70	70
	L	80	80	80	
	M	80	70	60	
	N	80	80	70	
	O	80	70	60	
小ギク	P	80	80	70	60
	Q	80	70	60	50
	R	75	70	70	
	S	75	75	65	55

第2表　消費実態にあった切り花規格生産を阻害する要因

生産技術	「秀2L」をつくる技術が主体で，「M，S」をつくる技術がない
経営技術	低い「秀2L」率で経営を成功させた事例が少ない
流通システム	2Lは高くM，Sは安い
情報の遮断	生産者と花店間の情報が少ない

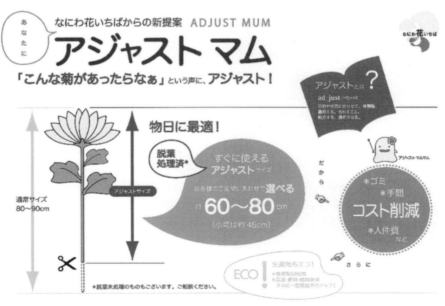

第9図　なにわ花いちばが考えるアジャストのイメージ

動向とマーケティング

第10図　花束加工の作業風景

第11図　花束加工場からでる長茎ギクの茎葉ごみ

第3表　アジャストマムの利点と問題点

	利　点	問題点
生産者	契約による安定経営 収量増 流通経費削減 国際競争力強化	物日ぴったり開花技術 クレーム対応
市　場	新商材の提供	アジャスト労力の確保 生販納得価格の提示 クレーム対応
花　店	物日の安定仕入れ 人件費の軽減 生ごみの削減	輸入品の価格動向

る。

　単価は秀2Lよりは安いが，収量増と生産経費の削減でカバーできる。すなわち，通常の定植本数4万本がアジャストマムでは5万本に増えること，栄養生長期間の短縮により通常の年間3作が4作に増えることで収量が増加する。さらに，作期の短縮で生育のバラツキが小さくなり，下物率が減少する。また，1ケースに300～500本を詰めることで流通経費が削減できる。これら収量増と経費削減はキクの国際競争力を強化する。

　一方，品質（切り花長），納期には義務を負う。電照で開花期を調節できる輪ギクであっても，契約の物日前にぴったり開花させるには高度な技術が必要である。

　花店　物日には市場入荷量や価格が大きく変動するが，事前の契約で価格，数量が決められたアジャストマムにより計画的，安定的な仕入れが可能になる。

　物日の繁忙期に，長茎の切り花を所定の長さに切りもどし，下葉を除去（脱葉）する労力が減ることで人件費を削減することができる。さらに，切り戻した茎，脱葉した葉などの生ごみが減り，コスト削減をもたらす（第11図）。

　仕入れ価格は通常の秀2Lよりは安いが，輸入品よりは高い。輸入国の生産事情，為替相場などによる輸入価格の変動でアジャストマムの価値も変化する。

　市場　生産者と花店をつなぐ新商材を提案できることは，これからの市場の役割として重要である。

　一方，生産者と花店をアジャストする労力の確保，両者が納得できる価格の提示，クレーム対応などで市場の実力が問われる。

　③実績と成功の条件
　（株）なにわ花いちばが取り扱ったアジャストマム（2013年現在）は第4表のとおりである。輪ギク（ハウス）は大分，愛知，香川のJAが年4回の物日に60～80cmの切り花を納品し，露地輪ギクは長野県のJAが8月盆と9月彼岸に70cmの切り花を納品している。脱葉は顧客の要望に応じて行なう。品種は通常の作型での栽培品種と同じで，とくにアジャストマム用品種はない。小ギクは滋賀県の6JAが8月盆と9月彼岸に45cmの切り花を納品している。

　いずれも事前に，JA，花店，市場が協議し，

第4表　おもなアジャストマム産地の生産事例　　　　　　(なにわ花いちば，2013)

品目	県	産地	納期	品種	規格 (切り花長，cm)	脱葉 (cm)
輪ギク (ハウス)	大分	JA杵築	3月・(6月)・8月・9月・12月	晃花の冨士・フローラル優花	60～70	35
	愛知	JA愛知みなみ輪ギク部会「物日勉強会」	3月・8月・9月・12月	神馬・精興の誠・フローラル優花	70～80	なし
	香川	JA香川PHM	3月・8月・9月・12月	神馬・精興の誠・フローラル優花・金優香	70～80	一部のみ40
輪ギク (露地)	長野	JA佐久浅間	8月・9月	千穂・精菱・深志の匠・笑の旭	70	40
小ギク (露地)	滋賀	JA北びわこ・JA東びわこ・JAレーク伊吹・JAグリーン近江・JA新旭町・JA滋賀蒲生町	8月・9月		45	あり

注　脱葉：花首からの葉を残す茎長

規格（切り花長，脱葉，荷姿など），価格，数量，納入日を決めている。

アジャストマム成功の条件は次のとおりである。

契約を守る　市場流通では花が咲いたときに採花した数量だけ出荷すれば，その価値に応じて販売できる。しかし，自分でつくった花の価格を自分ではつけられないという農産物の宿命から逃れられない。アジャストマムは生産者にとっての納得価格ではあるが，規格，数量，納期などが契約で定められている。この契約を守ることがアジャストマムの第一歩である。

市場・花店との連携　アジャストマムはせりでの販売にはなじまない。いわゆるLMS規格であるため，せりでは安値になる。そのため，アジャストマムは生産者の想いだけでは成り立たない。事前に市場とともに，買い手である花店と協議し，規格，数量，納期，価格を契約したうえで生産を始めることが前提である。

物日納期　現状では花店がアジャストマムを求めるのは，大物日とよばれる3月彼岸，7月新盆，8月旧盆，9月彼岸，12月年末である。仏花やパック花の需要は一年中あるが，物日以外には花店にも余裕があり，長さの調整，脱葉する労力が確保しやすいため，大きな需要は期待できない。また，物日以外では秀2Lクラスでも比較的容易に入手できるので，アジャストマムには大きな需要がない。アジャストマムが多くの花店に浸透するまでは納期は物日になる。

その限られた需要時期に確実に納品するには高度な生産・開花調節技術が必要である。とくに露地ギクではお天気任せの開花にならないよう，電照などの開花調節技術が不可欠である。

(5) フルブルームマム

①満開の花で新たな需要開拓

キクは古来より日本人に愛でられて発達してきた。伊勢菊，嵯峨菊，江戸菊などに代表されるように，江戸時代には各藩で競って独自の改良が重ねられ，大名から庶民までその多様性を楽しんだ。それが本来のキクの姿で，仏花・葬儀の花として固定したのは1970年以降で比較的新しい。

輪ギクは1996年には仏花・葬儀の安定した需要に支えられ12.8億本（国産＋輸入）の消費があったが，仏花・葬儀需要の縮小と葬儀の花の多様化から2012年は9.4億本で30％近く減少した（第2図）。キクの需要を取り戻すためには，強固な仏花・葬儀需要に応え続けることと，新たな需要を獲得するために，仏花・葬儀の花のイメージを変えることが必要である。

イメージチェンジには二つの方法がある。蕾で流通している現在の輪ギクの切り前を変え，

動向とマーケティング

第12図　フルブルームマム
下はブライダルブーケ

満開のキクを提案することと、キクらしくないキクの生産である。「フルブルームマム」は(株)なにわ花いちばで取り組んでいる満開の輪ギクである。

輪ギクは蕾で採花され、流通する。ハウスに放置された切り残しの花は巨大で、ボールのように盛り上がって咲き、まことにみごとである。しかし、その圧倒するような花は消費者の目に触れることはない。花店や消費者は輪ギクといえば蕾か、蕾を水に生けて咲かせた勢いのない小さな花しか目にすることはない。

満開の輪ギクを見たいという花店の声、消費者に見てほしいという生産者の声に応えたのが、満開のキクすなわちフルブルームマム（第12図）である。

②生産と用途・輸送

フルブルームマムには芯が見える品種は適さず、ボール状に盛り上がって咲く品種がよい。既存品種では'神馬''晃花の冨士''雪姫'が適している。

満開までハウスで咲かせるので、定植から採花まで通常の蕾より2～3週間ほど長くかかる。同一ハウスで年間3回収穫する輪ギク栽培では、満開まで咲かせるとハウス占有期間が長くなり経営的には不利である。現状ではハウス全部をフルブルームマムに咲かせるだけの需要がないので、最初にふくらんだ蕾にネットを被せ、開花を進行させフルブルームにする。それら選ばれた蕾が満開になるまでに、残された蕾を収穫し、最後にフルブルームマムを収穫すれば通常のハウス占有期間で1作を終えることができる。

キクのイメージを変えるフルブルームマムの用途は、仏花・葬儀ではなく洋花としてブライダルやギフトに期待されている。しかし、現状では年末の迎春用としての利用が多い。

満開に咲かせるまでに日数がかかるので、ブライダルやギフトなどの急な注文にバラやダリアと違いすばやく対応できないことが用途拡大のネックになっている。

蕾で収穫し、乾式輸送する輪ギクと異なり、満開のフルブルームマムは巨大輪ダリアと同様の取扱いになる。ネットを被せて輸送中の花弁のいたみを防ぎ、バケットか水入り縦箱で輸送する。1ケース当たりの入り本数も10本程度で少なく、通常より輸送コストがかかる。

③今後の課題

用途の拡大　フルブルームマムの美しさ、豪華さは花店から賞賛されているが、利用は迎春用の生け込みなど限られている。用途の拡大に向け新たな利用方法の提案が必要である。

周年供給による需要拡大　供給がないから需要が拡大しないとも考えられる。ブライダルやギフトには周年供給が不可欠である。ダリアがブライダルの主役に躍り出るまで長い年月がか

かった。フルブルームマムも供給量を増やしていけば花店が利用しやすくなり、用途、需要の拡大が期待できる。

　ピンポン、アナスタシア、ディスバッドなどの「キクらしくないキク」である特殊ギクはすでに輸入を含めると輪ギクの5％程度、約5,000万本の消費があると推定されるので、フルブルームマムもその一環と考えれば、大きな可能性を秘めている。

　新しいキクとしての栽培　フルブルームマム専作はまだない。通常の輪ギク生産において、最初にふくらんだ蕾をフルブルームマムに咲かせているだけである。花店の認知度が高まりつつあるので、これからは満開にまで咲かせた輪ギクとしてではなく、特殊ギクのような新しいタイプのキクと考えて栽培に取り組む必要がある。

＊

　キク生産の回復が切り花生産の今後を担うといっても過言ではない。そのためには顧客が誰かを知り、顧客の要望に応えた生産をしなければならない。残念ながら、現状は生産サイドの想いだけで生産され、花店の要望との間にミスマッチがある。そのミスマッチを解消するには、生産者と花店を「アジャスト」する市場の役割が大きい。

　キク消費の回復は「こんな花があったらなぁ」という花店の声、「この花を消費者に届けたい」という生産者の声を市場が「アジャスト」し、成功体験を積み重ねることでもたらされる。

　アジャストマムについては、農林水産省「新たな農林水産政策を推進する実用技術開発事業・きく生産・流通イノベーションによる国際競争力強化」研究（2012～2014年度）で、(株)なにわ花いちばが実施した一部をとりまとめたものである。

　　執筆　宇田　明（宇田花づくり研究所・株式会社なにわ花いちば）

2014年記

滋賀県　小ギク産地

業務需要に対応した小ギクの短茎多収栽培で産地を再興

(1) 関西の仏花の姿

まずは第1図をご覧いただきたい。関西（とくに京阪神地域）で仏花といえば，この姿が代表的である。これは8月のお盆用だが，サカキ（関西では下草と呼ばれている枝もので，大半が中国産）に，リンドウ（青色），輪ギク（白色），カーネーション（赤色），小ギク（黄色）の5色5点が組み合わされ，長さは40cm程度になっている。

消費者はこれを，小売店，大型量販店などで購入し，仏壇に供えたり，墓参りに持参している。ちなみに消費者の購入価格は400円前後である。

サカキと白色の輪ギクと黄色の小ギクは四季を通じて必ず使われ，その他の花は季節により変化する。それに合わせて小ギクは赤色が加わったり，数は少ないものの白色が使われることもある。

(2) 仏花製造の舞台裏

仏花製造は，専門の加工業者において大半が手作業で行なわれている。作業は，おおむね次のような手順である。

1）卸売市場から仕入れた花の下処理として，出荷箱から出した花を決められた長さに切断する。キク類は第2図左のように，40cmに切断

第1図　関西の典型的な仏花

第2図　加工業者での下処理
左：キクを決められた長さに切断する，右：2〜3枚の葉を残すだけにする

2）キク類はさらに大半の葉が取り除かれ，2～3枚を残すのみにされる（第2図右）。

3）パートの従業員がそれぞれの花を第1図のように組み，ベルトコンベアーにのせる。

4）ベルトコンベアーの端で従業員が待ち受け，結束機で束ね，セロファンのキャップで包装する。

5）販売先別にバーコードを貼り付け，水揚げをして，バケットで出荷をする。

(3) 滋賀県の小ギク産地の実態

滋賀県の小ギク栽培は水田転作の1品目として，昭和50年代後半から始まった。8月のお盆の時期を中心に，6～11月まで露地で栽培されている。栽培規模は1人平均2～3a程度だが，20～30a規模で取り組む農業者もいる。

おもな産地は県北部に3ha，東部に2.5ha，南部に1haがあり，いずれも地元のJAを通じ共選共販の形で出荷されている。

販売先は京都，大阪，名古屋方面の卸売市場が主で，100または200本詰めの段ボール箱で出荷，秀品規格は70cm，一本重量は50g程度である。

H産地は先述の県東部に位置する本県を代表する産地であるが，1994年には8500万円の販売額であったものが，その後下降の一途をたどり，2007年度には2000万円を割り込んだ。最盛期には50名を超えた農業者数も現在は14名と激減している。また，残りの2つの産地もよく似た傾向をたどっている。

産地衰退の原因は，1）県外産地の台頭による市場価格の低迷，2）産地目標，販売戦略の欠如，3）栽培者の高齢化，4）新規栽培者が現われない，などである。

思い切った改革を行なわないと，10年以内に県内すべての産地が消滅する危機にさらされていたといっても過言ではなかった。

(4) 導入までの経緯——草丈は短くても需要に即した秀品をつくろう

現在滋賀県では，6JA管内で短茎の小ギクが栽培されているが，以下はそのなかでいち早く取り組んだH産地の事例を紹介する。

①支援機関の意識統一が図られる

H産地は産地消滅の危機に瀕していたが，JAおよび担当の農産普及課（旧農業改良普及センター）では有効な解決手段を打てずに苦しんでいた。そこで農業技術振興センター（旧農業試験場）企画情報部の進言で，卸売市場から仏花の加工業者の紹介を受けて見学に行った。

そこでJA営農指導員と普及指導員が目の当たりにしたのが，先述の加工の風景であった。いきなり半分の長さに切断されるキク類。加工業者社長の「切り落とした茎や葉はすべてごみになります。この処分に年間200万円の経費がかかり，切断作業にも人件費がかかるので，できれば40cm程度のものをいただきたい。でも，卸売市場からそのような品はまったく手に入りません」という言葉を聞いた。

社長の「ごみ」「短いキクが欲しい」「どこからも手に入らない」という発言が記憶に強く残ったそうである。

また，関西の仏花需要を考えると，短茎小ギクの需要は相当あるに違いない。しかし，どの産地も取り組んでいない。

この2点が支援機関の意識を大きく変え，短茎小ギクの生産で産地の起死回生を図ろうという気運が高まり，意識の統一が図られた。2005年度の出来事であった。

②生産者の意識改革を図る

産地消滅の危機感は，程度の差こそあれ生産者個々にもあった。個々の栽培技術は高いが，産地の現状に半ばあきらめムードが強く，前年踏襲のスタイルが続いていた。明確な産地目標や販売方針といったものがないため，新規栽培者が現われることもなく，高齢化とともに農業者数と栽培面積の減少に歯止めがかからない状態であった。

そこで，JAを中心とした支援機関から「仏花用に短い小ギクを栽培して，新規栽培者を募り，産地の復興を図りたい」という提案が投げかけられた。

「草丈の長い小ギクでなければ秀品ではない」

「そんな短いキクづくりで本当に収益が上がるのか？」といった意見が大半で，「くず花をつくれというのか！」という意見まで出される始末であったが，支援機関の説得で，一応参考までにということで，生産者も上記の加工業者を見学することとなった。

見学した生産者は，支援機関が訪ねたときと同様の社長の発言や，いきなり半分の長さに切断される小ギクを目の当たりにして，これまでの徹底した病害虫防除，草丈を70cmまでに伸ばす日々の管理作業が，加工業者にはまったく評価されていないことを知り，驚きとショックを受けた。

③卸売市場との交渉

このJAが卸売市場に短茎栽培を普及したい旨を伝えたところ，当初は快諾を得られなかったが，最終的にJAが納得できる価格を提示した。需要量も，既存の長茎栽培をすべて短茎栽培に切り替えても対応できないほどの数量を見込めることがわかった。

当初，卸売市場が快諾しなかった要因は，長茎＝高品質の慣例がまだまだ強かったと推察する。支援機関の皆は，市場の「長年市場に勤めているが，こんな提案をJAから聞いた覚えがない」との言葉で，「これはいける！」と確信をもった。

④農業者に再度提案をする

卸売市場との価格交渉を終え，その結果がJAから農業者へ報告され，再度，短茎栽培に取り組むよう提案がなされた。

加工業者の見学後，短茎栽培に興味を示す農業者もいたが，本音は「短茎栽培なんかに取り組んで本当に大丈夫だろうか？」という不安が根強かった。

不安は大きく分けて2つ。1つは本当にJAがいう価格で販売できるのかということ，もう1つは栽培はどのようにすればよいのかということであった。

販売価格は，卸売市場と何度も協議をして決められたものであるため安心していたが，栽培方法は前例がないため，支援機関にも戸惑いがあった。

⑤短茎栽培の技術確立に着手

生産者から出された栽培面での不安を集約し，農業技術振興センターと地域の農産普及課が役割を分担して，2006年度から課題解決に取り組んだ。第1表は，農業技術振興センターが取り組んだ課題とその結果である。

8月のお盆出荷で，課題になったことは以下のとおり。

1) 短茎栽培に適した品種選定について（市場から短茎は黄色と赤色の品種で，頂点で6〜7輪の蕾が揃って咲き，葉色が濃く，茎があまり太くない草姿が望ましいとの注文があった）

2) 定植時期，植栽様式について（定植の限界日は5月のいつ頃か，定植間隔，摘心後の仕立て本数はどうするのか）

3) 肥料設計と病害虫防除について（長茎栽培と比較してどこまで削減できるのか）

この技術を確立していくにあたっては，新規

第1表　滋賀県農業技術振興センターにおける短茎小ギクの試験概要とおもな試験結果

年度	試験内容	おもな試験結果
2006	8月咲き品種で窒素施用量と仕立て本数を変え，切り花の長さと重量を調査	窒素施用量1kg/a（基肥全量一発施用），1株5本仕立てでも切り花長75cmを確保できた
2007	8月咲き品種で窒素施肥量を1kg/aとし，定植時期を4段階に変え開花時期と切り花品質を調査	定植時期を5月25日まで遅らせても，切り花長50cmを確保できた。また6月5日定植でも，生育期間中に2回ジベレリン散布することで，切り花長40cmの小ギクを70％生産することができる
2008	8月咲き黄色の主要5品種で窒素施用量を1kg/aとし，定植時期を4段階に変え開花時期と切り花品質を調査 8月咲き赤色2品種で有機質肥料を主体とした施肥方法の検討	2品種で6月5日に定植（ジベレリン2回散布）しても，切り花長40cm以上の採花割合が90％以上となる。ただし，需要期出荷を考慮すると5月20日が定植日の限界である 窒素施用量1.5kg/a（基肥全量一発施用）の場合，有機質100％肥料で窒素量の半分を賄っても，切り花品質は100％化成肥料を用いた場合と同等の切り花品質を確保できた

(5) 短茎栽培の実際

2006年度から支援機関による課題解決の試験が始まり，同時に短茎栽培に意欲的な農業者が試作を開始した。3年間の取組みで8月のお盆出荷の場合に，以下のことがわかってきた。

1) 栽培に適した品種を，黄色と赤色で各2品種選定。

2) 定植を5月15〜20日に行なえば，圃場で70cm程度に伸長する（第3図）。定植時期が5月下旬に遅れた場合は，草丈20cm時にジベレリン50ppmを散布する。

3) 施肥は全量基肥で緩効性の化成肥料を主体とする。窒素成分で1a当たり1〜1.2kgを施用し，雑草対策として黒色マルチで覆う。

4) 病害虫防除は，農薬の使用成分数を延べ16成分以下に抑えることができる。慣行の長茎栽培の半分以下に抑えられ，実際の防除回数は5〜6回で済む。

5) 施肥量と農薬使用量が半減されるため，環境にやさしい栽培が実践できる。

6) 植栽様式は多収を意識して，株間12cm，条間20cmの3条植えとする（第4図）。摘心後は無整枝とする。これで1a当たりの収穫本数は5,500本を見込める。

7) 3条植えにすることで密植となり，農薬の付着が悪くなることが心配されたが，草丈を長くしないため防除効果は低下しない。

(6) 出荷と販売の状況

1) 一本重量は18g前後である。長さを45cmとし，下葉を20cm取り除いて25本を束ねる。長茎用の100本詰めの出荷箱に300本を詰めて出荷する（第5図）。出荷する色の割合は，黄色7割，赤色3割である。

2) JAの集荷場で1箱ずつ厳しい品質チェックが行なわれる。

第3図 5月15〜20日に定植して70cmに伸長した小ギク

第4図 短茎栽培での小ギクの定植
株間12cm，条間20cmの3条植え

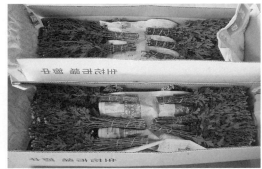

第5図 出荷時の荷姿
上：段ボール箱から出したもの，下：段ボール箱に入れた小ギク

3) 2008年度のH産地の出荷実績は，8月のお盆の時期を中心に18万本であった。

4) 卸売市場からは，8月のお盆，9月の彼岸を主体に，露地生産が可能な6～11月までの長期安定出荷を要望されている。

5) 加工業者からは，ごみになる茎や葉の量が大幅に減り，繁忙期の作業効率も大幅に改善できたと評価が高い。

(7) 今後の課題

①機械の導入による省力化

卸売市場からは，8月のお盆，9月の彼岸に大幅な出荷量の拡大を要望されている。新規の栽培者を早急に確保する必要があるが，「小ギク栽培は手間がかかるわりに，収益が少ない」という考えが地域に浸透している。

慣行の長茎栽培から短茎栽培に切り替えれば，労働時間は1a当たり56時間から40時間に短縮されるが，さらに労働時間を短縮させるには機械化が必要である。そこで2008年度から，農業技術振興センターや普及指導員の調査研究活動において，機械化体系の確立に取り組んでいる。

第6図は，園芸用の電動バリカン（ヘッジトリマー）による摘心作業で，200本の苗箱1枚を15秒で摘心できる。

第7図は，定植機による定植作業で，1時間当たり3,000本の定植が可能である。定植間隔は7.5cmから12cmまで6段階に調整でき，手作業の13倍の速さである。

第8図は，大豆用の収穫機ビーンハーベスタによる一斉収穫試験のようすである。収穫のタイミングを判断するのが難しいが，葉のいたみもなく，手作業の約30倍の速さである。機械収穫では，収穫本数の70％が販売できればよいという合理的な考え方が必要である。

このように機械化体系が確立されれば，大規模水稲農業者や集落営農組織への導入が容易となり，面積の拡大は一気に進むものと考えられる。

②販売面について

短茎小ギクは，卸売市場仲介のもとに，加工業者と出荷形態（長さ，茎の太さ，蕾の数と開花状態など）や月別の出荷本数を綿密に打ち合わせ，それに基づいた計画的な栽培が求められる。

第7図　小ギクの機械定植
機種は（株）井関農機の「ナウエルナナPVH1-90KL」

第6図　園芸用電動バリカンによる摘心作業

第8図　ビーンハーベスタによる一斉収穫

動向とマーケティング

第9図　短茎小ギクの出荷時に付けるシール

競りにかけられては二束三文の評価しか受けられない。販売相手を見つけ、その要望にしっかり応え、お互いの信頼関係を構築し、両者が納得のできる価格交渉をしていかなければならない。

価格についてだが、市場価格の現状を申し上げると、8～9月の需要期は単価25円、それ以外の時期は15～20円で出荷を行なっている。今のところ契約に基づく計画栽培、計画販売の域に達していないため、供給量がだぶついたとき（需要期直後）にはやむなく競りにかけられ、赤色で5円を下回ることも起こっている。

需要期の25円を加工業者は高いと感じているし、需要期以外の15円は農業者にとって不満である（農業技術振興センターの試算から、生産コストは17円のため）。私見では、21～22円が両者にとって納得のいく単価であると考えている。この価格が全出荷期間で固定されれば、農業者は安心して栽培に専念でき、JAの新規栽培者の発掘も容易に進むだろう。1a当たり5,500本収穫×0.8（出荷率）×21円＝92,400円は決して悪くない数字である。

すべての切り花に共通することだが、卸売市場では「草丈が短いものは下級品」という扱いが定着している。短茎小ギクもこの慣例で評価されかねないため、県北部のK産地では、「プチマム」という名称で商標申請を行ない、2009年7月31日に認可（第5252153号）を受けた。第9図のようなシールを出荷箱に貼り付け、商品の差別化を図っている。

*

滋賀県での短茎小ギク栽培は始まったばかりであるが、現在、6JA管内で取り組まれ、面積は順調に伸びている。今までの長茎栽培と比較して、短茎栽培の有利性を数字で把握し面積拡大を図る農業者も現われている。滋賀県では普及指導員を中心に、プチマムの名称で規格を統一し、滋賀県＝プチマムの産地として、花束加工業者に周知したいと考えている。

小ギク栽培歴30年以上の生産者のなかには、「今までどおり長い小ギクをつくって、市場に出荷していればよい」「農業者が売り先まで探し、それもわざわざ安い価格で売る必要がどこにあるのか」と批判的な方もおられる。しかし、滋賀県のような零細規模の産地が生き残っていくためには、大産地と同じやり方では衰退の一途をたどるだけである。

「消費の実態、仏花加工業者の実態を直視し、それに基づく栽培を行なう」という、他の業界ではごくあたり前のことが、花の世界では行なわれておらず、とても遅れているように感じている。しかし、卸売市場や加工業者からは、「この取組みをともに発展させていこう」という心強い言葉をいただいている。

このように、花卉生産額ワースト3に入る滋賀県ではあるが、他県のどの小ギク産地よりも時代の流れに即した、斬新な取組みができていると自負している。

　　執筆　布施雅洋（滋賀県農業技術振興センター）

2009年記

葬祭用需要の動向と求められる素材，品質

(1) 急激に変化する葬儀の様式

①急増する葬祭専門ホール

私は，葬祭産業向けの『フューネラルビジネス』という月刊雑誌の編集をしているので，お葬式というセレモニーの中心をなす式場ステージの「祭壇」について無関心ではいられない。

「フューネラル」とは，英語で「葬儀」の意味であるが，雑誌のタイトルをあえて英語名にしているのは，お葬式という一見，伝統的で慣習に縛られている人生儀礼においても，時代の変化の波にさらされていかざるを得ない状況を象徴するためである。実際，現代のお葬式は，近年とみに短い期間で激しく変化を遂げている。

特に，この10年ほどの間の大きな変化は，お葬式をあげる場所が喪家の自宅や寺院から，「セレモニーホール」「葬祭会館」「斎場」「葬儀式場」などと呼ばれる，専門的なスペースに移行していることである。かつて，1960年代から結婚式をあげる場所が自宅から専門の結婚式場やホテル，レストランなどに変わってきたことによく似た現象がいま，葬儀の世界に起きている。

こうした変化は，『フューネラルビジネス』で独自に調査した全国の葬祭専門会館の建設推移のデータにも示されている（第1図）。1990年代半ば以降，毎年200か所以上の新しい葬祭ホールが建設されて，累積で4,000か所近くにのぼっている。これに伴ってお葬式をする場所が自宅から，専門会場に移行しているのである。

もちろん，お葬式の場所はこれら専門ホールのほかにも，地域の集会場や寺院斎場，また火葬場に併設された式場などもあり，これらを含めた葬儀専門の斎場は，全国に5,000か所程度存在するものとみられる。

財団法人日本消費者協会によるアンケート調査（第2図。第7回葬儀についてのアンケート調査．2003年9月）によると，いまや自宅で葬儀をあげるケースは，わずか19.4％までに減少している。地域的には，北海道では5.3％，東京や神奈川など大都市圏が含まれる「関東B」では6.9％と，自宅でのお葬儀は大変珍しい状況になっている。

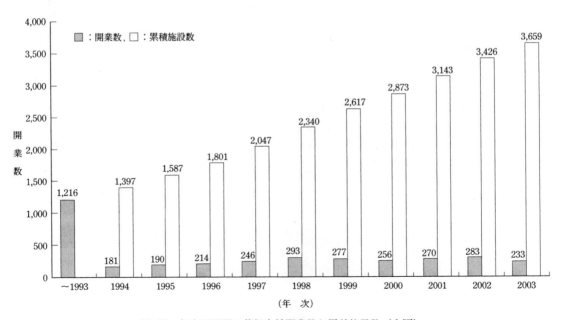

第1図　年次別民間の葬祭会館開業数と累積施設数（全国）

こうして，人々の葬儀に対するイメージやスタイルが大きく変わり，さらにお葬式で使われる花についても，大きな変化がもたらされている。

②有名人のお別れの場面がテレビ・マスコミに登場

1980年代に山口百恵さんなど，芸能人が東京の大きなホテルで結婚式を挙げて，それがテレビなどを通じてお茶の間に流れたり，新聞・雑誌の記事を飾ることで，ホテルでの結婚式が大流行した時代があった。

いま，同様の社会現象が葬儀の世界に訪れている。有名人が亡くなると，通夜や告別式の会場にテレビカメラが入って，翌朝のワイドショーで紹介されることがごく当たり前のことになっているのをお気づきであろうか。以前なら，黒服の集まる不祝儀ごとはよほどの大災害や事件以外は，ニュースにはならなかった。

戦後，映画やテレビで活躍したスターと呼ばれる歌手や芸能人の方々が，そろそろその寿命を迎えて，亡くなる方が増えたこと，葬儀・不祝儀ごとに対するタブーが薄れてきたことなどで，かつての珍しかったことが日常的な風景に変わってきているのである。

同時に，テレビに流された映像からは遺族の悲しむ姿や故人の遺影写真とともに，それを飾る祭壇の絵がシーンとして映し出される。それらを見ると，かつての寺院建築を模したいわゆる「白木祭壇」が実感として減ってきていることにお気づきであろうか。

また，最後のお別れとしての出棺シーンでも，黒い車の上に寺社建築風の「輿」が乗った宮型

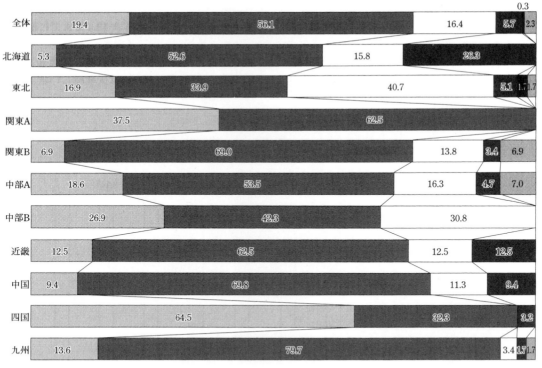

第2図　葬儀の場所（全体）

財・日本消費者協会，第7回葬儀についてのアンケート調査．2003年9月

霊柩車が減って，ワゴン車タイプの洋型霊柩車が多数を占めるようになったことも顕著である。さらに現在では，白いリムジン式の霊柩車が全国で100台近く稼動しているといわれ，結婚式さながらの華やかさでお送りするということも多くなっている。

③白木祭壇から花祭壇への移行

近年開業している新しいセレモニーホールには，式場のステージに白木祭壇を常設している例が減っている。

以前なら，「10号祭壇，幅何尺・何段飾り・豪華輿付き云々」と，白木細工を施した寺社建築のミニチュアとしての白木祭壇が大きな売りものだった。これらは，豪華さや格調高さが競われていたが，近年は社会の風潮ともあいまって，どちらかというと「シンプルさ」が売りになっている。

さらに，最初から花祭壇を設置することを前提にして，据付けの白木祭壇を置かず，ステージは空きスペースのままという式場も増えてきている。

こうした傾向は，一つには豪華さを競っている白木祭壇とて，「所詮は使い回しで，レンタルするものに数十万円の定価がつけられているのはおかしい」といった一般消費者の声が伝わっているからである。これは，かつて結婚式で借りもの衣装（＝貸衣装）に数十万円をかけたり，背の高い張りぼてのウエディングケーキがばかばかしいと嫌われたプロセスに似ている。

こうして，葬儀においても一つひとつ手づくりした花祭壇が好まれるようになっている。ある大手の葬儀向け専門生花業者によると，東京都内で葬儀に使われる白木祭壇：生花祭壇の割合は，5年ほど前までは白木祭壇90：生花祭壇10ほどだったが，最近は生花花壇が40〜50％まで増加しているのではないかという。

また，花祭壇が早くから普及している九州などでは，90％以上に花祭壇が使われており，白木祭壇を利用するにしてもキクや色花での飾り付けを付加することで，オリジナリティを演出している。

北海道などでは，そもそも歴史的な経緯もあって白木祭壇自体が導入されず，ほとんど100％が花祭壇で飾られているといってよい。

このようにいまお葬式の現場では，白木祭壇から花祭壇への移行が急激に進んでおり，今後もさらに拡大していくことは間違いないといえる。

(2) 葬儀とキク

①安定供給されるキクの花祭壇

さて，その花祭壇に使われている花材について見てみよう。

テレビなどに登場する芸能人の花祭壇は，色とりどりの洋花が散りばめられ，さながら「お花畑」のイメージが強い。しかし，葬儀には荘厳さと，故人をともに偲ぶ静けさの環境が必要である。華やかな雰囲気だけでは人々は何のために葬儀を行なうのか，その目的がわからなくなってしまう。

華やいだ気持ちで故人を送りたいというのであれば，親族だけで密葬を行ない，ホテルなどに会場を移して「お別れ会」や告別式のみを挙行すればいいのである。しかし，通夜から葬儀・告別式，そして出棺という一連の流れのなかで，故人とともにすごす最後の時間として遺族や会葬者が「死」の悲しみを共受する，これがお葬式の本来的な意味である。この点を忘れて，飾り付けや演出，料理の心配などに煩わされるのでは，本末転倒となってしまう。

そうした意味で，葬送儀礼というお別れの悲しみに包まれる葬儀にあって，美しくかつ厳粛さを表現できる最大の花材は，キクである。なかでも白い輪ギクは，葬儀を飾る花として広く普及してきた。

また，キクが葬儀を飾る花として主流を占めているのには，季節や場所を問わず安定的に供給されているというメリットが指摘されている。葬儀とは，24時間365日を通じていつ発生するかわからず，いざ人が亡くなるとすぐに大量の生花が必要となり，葬儀社や葬儀花を設営する生花店では，常時膨大なキクをストックしておいて，対応しているのである。

②年間10〜12億本の白ギクが使われている

では，そのキクは，葬儀ではどれぐらい使われているのだろうか。統計がないので，正確なところはわからないが，農林水産省の「平成15年花き卸売市場調査結果の概要」の「切り花類の需要量の推移」（第3図）がある程度の目安になる。

それによると，花卉卸売市場における切り花の卸売数量（需要量）は年間約63億7700万本であり，そのうち31％にあたる約20億本をキクが占めている。ただし，ここ10年ぐらいほとんど増減がなく，ほぼ横ばい状態が続いている。

20億本という数字は，輪ギク，小ギク，スプレーギクすべてを含んだ数字である。このうち，小ギクやスプレーギクは，仏花用に家庭内で消費されることが多いため，葬儀で使われるキクは，ほぼ輪ギクであると限定してもよいであろう。

輪ギクだけをみると，花卉卸売市場では約10億7400万本（そのうち輸入ギクは約900万本）が取引きされている。実際には，使わないで廃棄される分もある葬儀現場では，年間10億本以上のキクが使われているということになるだろう。その点で，花卉産業にとって見すごすことはできない大きな存在となっている。

そのため，大手葬祭業者などは，国内・国外問わず産地と直接取引をしているケースも多い。こうした卸売市場を通さない産地直送輪ギクの存在を考慮すると，葬儀現場で実際に使われているキクはもう少し多いと思われる。

実際に普通の個人葬1回のお葬式で使われる白ギクの本数は，花祭壇だけでなく，白木祭壇に加えて装飾するケースや供花（供養花），アレンジで使われるものまで含めると，およそ500本前後とみられる。

1年間に亡くなる方は100万人を超える時代を迎えており，1年間で100万回の葬儀が営まれるとすると，

500本×1,000,000件＝5億本

という計算になる。前述したようにキクの年間需要量は約20億本，そのうち葬儀関連で10億から12億本消費されているといわれるので，実際には生産・供給された半分以上が使われていないことになる。

これには，葬儀花として仕入れても祭壇や供花には使えない不良品の問題など，いくつかの要因が考えられるが，ある大手生花業者は，

「仕入れたキクの半分は，廃棄せざるを得ない

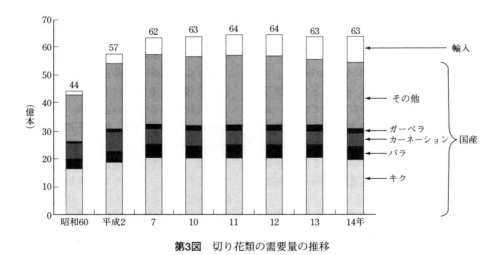

第3図　切り花類の需要量の推移

注　（資料）農林水産省統計情報部「花き生産出荷統計」，農産園芸局「花き類の生産状況等調査」，植物防疫所「植物検疫統計」
　　需要量＝国内生産量＋輸入量としている
　　平成14年は，概数値

というのが実感です。また，市場のキクは長さ（草丈）90cmの規格で流通していますが，実際には70cmの長さがあれば十分なので，1本，1本カットしていくわけですが，そのごみの量たるやすさまじいものになっています」
と語る。今後，環境問題などを考えるうえでは，重要な課題となっている。

葬儀花関係の生花店に聞くと，1本の長さ90cm規格は時代遅れで，不都合な点が多いと指摘する。こうした不都合もなくし，さらに仕入れ価格を抑えるために日本国内ではなく，韓国，台湾，中国など東アジアでキクの生産拠点を整備して，直輸入するルートを開拓する動きが急ピッチで進んでいる。

いまや，お葬式関係で使われる仏衣（死に装束）などの繊維製品や，白木祭壇や葬具，宗教用具，棺など消耗品のほとんどは，中国やベトナム，インドネシアなどの東南アジアで生産され，輸入されているといってよい。各メーカーなどは，当初は韓国，台湾などで工場建設や技術移転を行ない，これらの国々の人件費コストが高騰すると，中国などへ拠点を移してきた。

お葬式関連では，仏壇や墓石なども同様で，一般の人が求めるほとんどの仏事関連製品は国産品が稀になっているのが現状である。そのため，国内製品は価格が高くいわゆる高級品として流通しているだけになっている。

こうした海外生産のトレンドは，葬儀花も例外ではなくなっているといってよい。

キクの安定的な仕入れのために，愛知県渥美半島や福岡県八女のキク生産農家と産直契約しているある生花業者では，国内産と並行して中国・上海からコンテナ船で毎週約7万本のキクの輸送をはじめている。

中国のキクも品質が向上し，さらに夏場や冬場の供給体制も整備されるようになって，こうした直輸入によるコストダウンが可能になってきたという。実際その業者は，キクの仕入れ価格は年間を通じて1本100円以下に抑えており，中国産ならその半値以下で仕入れることができるという。

こうしてみると，キクについても他の葬儀関連用品などと同様に，早晩中国産が国内のマーケットを席巻してしまうことが予想される。これは，日本の基幹産業や農業などと同様とみられ，白い輪ギクという葬儀独特の国内需要も，国際化・グローバリゼーションの波にさらされてしまうのは必然的といえるだろう。

キク生産地では生産組合の統廃合の動きが見られたり，近々市場法が改正されて花卉流通の自由化が促進されるという。白ギク自体の生産・流通・消費システムは，こうした行政的な施策を待つまでもなく，最も需要の多い葬儀花のコスト削減要求のなかで，今後急激に変化を余儀なくされるであろう。

そうした際に，生き残りを可能にするには，葬儀需要の実態を認識して，お葬式の現場で使われる花のトレンドやお客様の志向変化を敏感に捉えて，生産システムを変革させていくことではないだろうか。

③白ギクを活かした花祭壇の例

そこで，現実にお葬式で使われている花祭壇の最近の特徴を以下に見ていきたい。

キクを白木祭壇の段代わりに使ったのが，花祭壇の原型ともいうべき，キクスロープ型花祭壇である。葬儀花専門の生花業者や葬祭業者によれば，キクスロープ型花祭壇は1970年頃に京都で始まったのでないかという。その頃は，キクの頭花を必ず上にして挿し，手前から奥にいくにしたがって直線的な傾斜がつくように挿していた（直線型スロープ）。しかし同時期に，斜めに挿しても茎が曲がりにくく，採花後の花持ちに優れた「秀芳の力」などの新品種が開発されたことで，奥にいくにしたがって傾斜がゆるやかになる，曲線的な傾斜を付けることが可能になった（曲線型スロープ）。曲線的な傾斜というスタイルはイメージしにくいが，ちょうど市販のカマボコの形を想像してもらうとわかりやすいと思う。

その後，京都に修行に来ていた全国の葬祭業者の子弟がキクスロープ型花祭壇を自社の祭壇に取り入れ，また全国にネットワークを張る祭壇や棺などの各種葬具メーカーをとおして，キクスロープ型花祭壇は全国各地に波及していっ

今日，キクスロープ型祭壇の設営レベルは第4図に示したように，地域によってかなり違いがある。その地域に，設営レベルの高い葬儀花専門の生花業者がいるかどうかにもよるが，概して寺院勢力が強いなど保守的な地域は設営レベルは発展途上であることが多いということはいえるだろう。こうした地域は，設営技術の高い葬儀花専門の生花業者が進出することで，設営技術が飛躍的にアップすることもあり，生花業者にとってはある意味，ビジネスチャンスを秘めた地域であるともいえるようだ。

品質の安定したキク品種の登場，電照ギクによる周年供給，産地から消費地までの迅速な流通体制の確立など，キクの安定供給（葬儀需要がそうさせたのかもしれないが）とキクの花祭壇の普及は密接に関係しているといえる。いずれにせよ，キクを使った花祭壇は葬儀の厳粛性・伝統性を象徴するものとして，社葬や団体葬をはじめ今日でも根強い人気がある。

A：昔ながらの直線型スロープの典型的な例
B：曲線型スロープに移行したもの
C：曲線型スロープに「ライン」と呼ばれる曲線がミックスしたもの
D：曲線型スロープ，ラインが複雑に絡み合い，高度にデザインが発達したもの
E：海や野山などの自然，あるいは建造物や動物などを模すなど，職人芸的なデザインが発達したもの

第4図　キクスロープ型祭壇のデザイン例

（3）キクを中心に洋花をアレンジした祭壇が増加傾向に

最近になってホテルでお別れパーティに近いような，飲食を伴ったお別れ会・偲ぶ会が行なわれることが多くなっている。こうしたケースでは，葬儀・告別式という儀式的な要素が薄まり，読経や焼香などの宗教的な儀礼を伴わず，「故人との告別」の目的だけで営まれることになり，その多くに厳粛性は要求されない。そのため，昨今ではキクの代わりにトルコギキョウ，カーネーション，バラなどの洋花を使った花祭壇が設営されることが多くなっている。

洋花はキクに比べて茎が細身であるなどの点で，キクのようなカッチリしたスロープをつくるのはなかなか難しいが，花をランダムに挿したスロープにすることで，「お花畑」のような花祭壇をつくることができる。

お花畑に赤やピンクの色花を混ぜるとより華やかになる。色花は，かつては葬儀では不謹慎な花とされたが，今日では個性を重んじる芸能人などの葬儀やお別れ会ではごくふつうに使われている。特に，故人が女性の場合，生前好きだった花を花祭壇に使う花材として指定することもあり，葬儀に故人らしさを求める傾向が強くなっているなかで，一つの個性化手法として定着しつつある。

何ごとにおいても時代の最先端をいくのは芸能人などのタレントである。こうした葬儀が，テレビや新聞などのマスメディアをとおしてお茶の間に知られることになり，これを見た女性が「私もあんなカラフルな花で送られたい」と思っても，少しも不思議ではない。こうして色花・洋花使用のタブー感が取り除かれるようになった。

また，葬儀は結婚式のあとを追いかけるように，ウエディングでの流行スタイルを取り入れて，新しい葬儀スタイルをつくりだしているといわれている。「ホテル婚」に対する「ホテル葬」，「ジミ婚」に対する「ジミ葬」，「ハウスウエディング」に対する「ハウスフューネラル」しかりである。

しかし，ある大手の冠婚葬祭互助会から耳にした興味ある事実がある。それによると，結婚式では業者お任せの花材で会場を装花したり，テーブルアレンジやブーケ・ブートニアなどをつくってしまうことが多いなか，葬儀やお別れ会では，祭壇花材や献花用花材として，遺族が特定の花材を指定してくるケースが多いのだという。「故人が好きだった花」や「故人を象徴する花」などを指定してくるということなのだが，こうした傾向は結婚式にはあまり見られない点である。

つまり，結婚式は当事者が存在しているから，花は会場を装飾するだけの役目があればよく，したがって花材にこだわる必要はない。ところが，葬儀は当事者がいないために，その代わりとなるものがぜひ必要なのであり，それが遺影であり，メモリアルコーナー（遺品と遺影などを組み合わせてロビーなどに飾るもの）であり，そして故人を象徴する花なのであろう。

「生前キクが好きでした」という人はかなり少ないだろうから，そういう面でも葬儀におけるキクのポジションは徐々に侵食されつつあるのは致し方ない。洋花・色花は，現状では品質や供給面においてキクほど完成・整備された体制になっていないが，花祭壇（葬儀）における脱キクの流れはもはや止められそうにないといえるだろう。

*

以上のように，花卉栽培のなかの王者ともいえるわが国の「キク」にとって，その主要需要先である葬儀・仏事における志向変化や主に価格を巡る生産・流通システムの国際化の波など，かつてない変革が要請されている状況にある。

執筆　綜合ユニコム（株）月刊フューネラルビジネス編集部

2005年記

生理障害，病害虫対策

要素欠乏・過剰障害

（1）窒　素

①欠　乏　症

窒素はキクの生育，品質，切り花収量を最も大きく左右する養分である。窒素が欠乏すると，茎葉および花が小さくなり，ボリューム不足となり葉色も淡く葉の照りもなくなって品質は低下する。軽い欠乏では葉色が淡くなり，全体に生育が劣る。さらに欠乏すると花も小さくなり，花弁は伸びず，スプレーギクでは花数も減少する。欠乏が激しくなると下葉から枯れ上がる。窒素欠乏は追肥を忘れたりして，施用量不足のほかにおがくずなどの未分解の有機物により窒素飢餓を起こした場合にもみられる。

対策　窒素を不足させないためには種類，タイプ別，キクの生育ステージ別吸収特性，品種の要求特性に合わせて窒素肥料を適期に適正濃度で施肥すればよい。そうすれば，ボリュームのある切り花が得られる。定植から発蕾期にかけては窒素の施用効果は大きく，窒素を不足させないことが大切である。

応急的には尿素の0.5％液を4～5日おきに葉面散布する。早急に硝安などの液肥を数回施用する。

②過　剰　症

過剰症は，葉が著しく濃緑化し，土壌水分が多ければ過繁茂となり茎葉は軟弱化して照り葉となる。光合成で生成した炭水化物はタンパク合成への利用が多くなり，繊維質をつくる割合が減るため，キク茎葉は全体に軟弱化する。また，品種により花芽分化の遅延，花色の発現不良などにより品質低下をまねく。さらに窒素過多の場合は濃度障害により生産力は低下する。上部節間の短縮など生育抑制，根いたみによる葉の濃色化と下葉の縁枯れ，しおれなどの症状を示し，水揚げが不良となり品質は著しく低下する。また，花弁の先に茶褐色の花腐れを生じる。さらにひどくなると，花弁全体が褐変化して正常に開花しない。

キクは硝酸態窒素だけよりも，アンモニア態窒素を3割程度とした場合に生育，葉色とも優れる。しかし，アンモニア態窒素濃度がある限度以上になると，植物体のアンモニア濃度が高まり生育障害を生じる。また，高温期は低温期に比べアンモニア過剰による生育障害が発生しやすい。窒素過多は養分吸収のバランスをくずし，カルシウム，マグネシウムなどの含有率の低下をまねき，各種の生理障害を生じやすい。

スプレーギクは，多窒素では正常側枝数が減り，スプレフォーメイションも乱れ，品質は著しく低下する。葉中の窒素含量2.7％以上では品質が劣る（山形園試，第1図）。畜ふん堆肥の多量施用，元肥の過剰施用は窒素過多をまねく。キクでは土壌消毒が年に1～2回行なわれるが，その場合，硝化抑制によりアンモニア過多になりやすい。

対策　有機物は良質な完熟堆肥を適量施用する。窒素肥料は施肥診断に基づき，適期に適正濃度で施肥する。応急的には多量かん水によるかけ流し除塩を行なう。

③窒素ガス障害

窒素の過剰施肥は，秋から春にかけてハウスが密閉される時期にガス障害をまねくことがある。長く曇天が続いたのち急に晴天になり温度が上がると，ガスが発生しやすくなり，ガス障害をまねく。有機質肥料を元肥，追肥に多量施用した場合にガス障害が発生する。

亜硝酸ガスによる障害と，アンモニアガスによる障害の発生がみられる。亜硝酸ガス障害は中位の最も活動している葉に多く発生し，アン

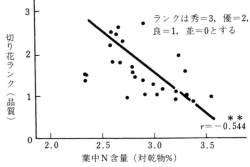

第1図　スプレーギクの葉中N含量と切り花品質
（山形園試）

モニアガス障害は中・下位葉に発生しやすい。亜硝酸ガスは中位葉の茎脈間，葉縁に白化した症状を発生する。アンモニアガスは障害部分は褐色または黄色みが残るので区別できる。また，ガス発生時の土壌pHは，アンモニアガスではアルカリ側（pH7.5以上），亜硝酸ガスは酸性側（pH5.5以下）で認められる。

対策 多肥料にしないこと。有機質肥料の追肥は一度に多量に施さない。アンモニアと亜硝酸が同時に多量集積している場合が多いため，ガス障害の応急対策は注意を要する。

（2） リン酸

①欠乏症

欠乏症では生育が著しく抑えられ，茎は細く葉も小さくなる。下葉はくすんだ濃緑色となり，新葉はダークグリーンとなり，著しく小さくなる。激しくなると葉が赤みを帯びる。スプレーギクでは花数が減少する。そのほか花弁の退色，下葉からの枯上がりなどの症状がみられる。連作土壌では欠乏することはないが，リン酸吸収係数が高く含量の少ない新土を客土した場合，あるいは新規に造成したハウスで充分にリン酸を施用しない場合に，リン酸欠乏を起こす。

対策 第一リン酸カルシウムの0.3％液を葉面散布する。また，過燐酸石灰をm²当たり40g程度施用する。そのほか液肥として燐安などを施用する。

②過剰症

過剰症では，生育低下，鉄欠様クロロシスなどを発生する。著しい場合は，中・上位葉が小葉となり黄白化する。銅，マンガン，亜鉛などの微量要素欠乏を誘発する。また，リン酸過剰により，根系は不良となり，茎葉も軟弱となる。水揚げなどの品質は低下する。畜ふん堆肥を連用したり，必要以上にリン酸の過剰施肥を続けたりするとリン酸過剰をまねく。

対策 応急的には，欠乏しやすい鉄をはじめとした微量要素を葉面散布する。根本的には，リン酸の過剰施肥をつつしむべきである。可給態リン酸濃度が100mg/乾土100g以上のときは，減肥あるいは無施用とする。

（3） カリ

①欠乏症

欠乏症では節間がつまり，茎の伸びが抑えられる。中位葉にはクロロシスを呈し，葉縁に褐色のネクロシスを生じる。花は著しく小さくなり，退色する。また，さらにひどくなると白斑が現われ，下葉から順次枯死する。また，花首がくびれるように折れ曲がることもある。キクはカリの吸収量が多いため，畜ふん堆肥などの施用を伴わないとカリ不足をまねくことが多い。排水良好な圃場ではカリが流亡しカリ不足をまねく。

対策 第一リン酸カリの0.3％液の葉面散布をする。土壌診断によるカリの適正施用を行なう。

②過剰症

過剰症では，軽度の場合は，葉は濃緑色となるが生育はよい。ひどくなると，カルシウム欠乏による花腐れを生じたり，下葉にマグネシウム欠乏によるクロロシスを呈したりして，品質低下をまねく。カリを多量に含む畜ふん堆肥の連用はカリ過剰をまねきやすい。

対策 多量かん水により過剰のカリをかけ流す。有機物のカリを考慮して，カリを減肥あるいは無施用としカリ過剰を防ぐ。

（4） カルシウム

①欠乏症

欠乏症では葉がくすんだり緑色となり茎の伸長が著しく低下し，生長が止まる。激しくなると，新葉の周辺部が灰褐色となり葉がわん曲し，生長点が枯死して心止まりとなる。根の伸びが著しく不良となり，花は著しく小さく花弁数も少ない。新規に造成したハウスや山土を客土したハウスでは，充分にカルシウムを施用しないと，カルシウム欠乏を起こす。窒素過多，高温・土壌の乾燥はカルシウム欠乏を助長する。また，高温，多湿で換気不良で栽培したキクはカルシウムの吸収が低下し，水揚げが不良となる。

対策 塩化カルシウムの0.3％液などを葉面

散布する。単純なカルシウム不足の場合は石灰資材を施用する。水分管理を適切に行なう。

②過剰症

過剰症では，草丈が短くなり茎も細くなる。葉の切込みが深くなって細長い葉となる。カルシウム過剰直接の害よりも，アルカリ化によるホウ素，鉄，マンガンなどの微量要素欠乏症状が発生する。

対策 有機石灰などの石灰資材，鶏ふん堆肥の連用は石灰の過剰蓄積をまねく。微量要素の葉面散布，ピートモスなどの酸性素材を施す。また，土壌診断により石灰の過剰施用を避ける。

（5）マグネシウム

①欠乏症

欠乏症では下葉の葉脈間が黄変し網目状となり，その症状が上葉に及ぶ。軽い場合は下葉の葉色が淡くなる程度であるが，症状が進むと上葉まで葉全体が黄白化し，葉の先から褐色になり枯れる。花は小さくなり花色は淡くなる。また，スプレーギクでは花数が減少し，花も奇形となる。マグネシウム欠乏は土壌中の含量が不足した場合，カリ過剰，リン酸過剰はマグネシウム欠乏を助長する。

対策 硫酸マグネシウムの2％液を症状が軽いうちに数回葉面散布する。また，土壌中にかん注する。マグネシウム含量の不足する圃場ではマグネシウム含有土壌改良資材を施用する。

②過剰症

過剰症では，軽度の場合は葉が暗緑色となる。根への影響が大きく活力が低下し，しおれやすくなる。花腐れ症状を起こす場合もある。花持ちは著しく低下する。マグネシウムはカリに比べ土に吸着固定される力が弱く，土壌溶液中の硫酸根の陽イオンにより，土壌溶液に溶出しやすいため，マグネシウムが過剰に蓄積するとマグネシウム過剰症は発生しやすい。

対策 多量かん水によるかけ流しを行なう。土壌診断に基づき過剰施用を避ける。

（6）鉄

①欠乏症

欠乏症では，軽度の場合には中・上位葉に葉脈間クロロシスを生じる。ひどくなると新葉が黄白化し，葉は小さく先端から褐変する。石灰などの塩基が富化され土壌pHが6.5以上と高いとき，リン酸の富化が著しいとき，根をいためたとき，低温などで根が活力低下したとき，マンガンなどの重金属が過剰のとき，——鉄欠乏発生の要因は，このように単純ではない。

対策 応急的には硫酸第一鉄0.2％液の葉面散布，あるいはキレート鉄（水1lに0.2g）をかん注する。鉄欠乏を誘発している原因を取り除く。

②過剰症

過剰症では，下葉の葉脈が赤くなったり黒ずんだりする。キレート鉄を過剰施用した場合には，褐斑を生じる。

対策 キレート鉄を過剰施用した場合，多量にかん水し洗い流す。

（7）マンガン

①欠乏症

欠乏症では，中・上位葉の葉脈間が淡緑化する。さらに，白から褐色の小斑を生じる。開花時には，上位葉の葉色はやや回復する。ひどくなると，生育不良となり，花芽も枯死する。

対策 硫酸マンガン0.2％液に生石灰0.2％を加用して2〜3回施用する。マンガン資材を土壌施用する。高pHによるマンガン欠乏の場合にはピートモスを多量に施用し，pHを下げる。

②過剰症

過剰症では，下葉の葉脈間が淡く赤褐色になる。上葉は鉄欠様クロロシスを生じる。開花期には褐色の小斑が認められる。マンガン含量の多い圃場で，土壌pHが下がった場合，過湿になった場合にマンガン過剰症が発生する。マンガン含量の高い新土を客土し，充分に石灰で中和しなかった場合にも発生する。

対策 苦土石灰などのアルカリ資材を施用し土壌pHを6.5以上に上げる。

(8) 亜 鉛

①欠 乏 症
欠乏症では，新葉が小さくなり，葉の伸長は著しく劣る。茎葉はややかたくなるとともに，葉全体に外側に巻きやすくなる。上葉は葉脈間が淡緑～黄変するとともに，褐色斑を生じる。ひどい場合には新芽が褐変枯死し，各節から腋芽が発生する。亜鉛含量の少ない圃場で，土壌がアルカリ化した場合，リン酸が過剰に富化された場合に欠乏症が発生する。

対策 硫酸亜鉛0.3％に生石灰0.3％を加用し，葉面散布する。亜鉛資材の土壌施用を行なう。

②過 剰 症
過剰症では，生育が阻害されるとともに先端部に鉄欠症状を発生する。

対策 石灰資材，リン酸を多施用して，亜鉛吸収を抑える。

(9) 銅

①欠 乏 症
キクは，切り花のなかでは銅欠乏が出やすい作物である。欠乏症では，栄養生長期には上位葉に軽いクロロシスを生じ，葉が丸みを帯び，萎凋する。ひどくなると，上位葉が内側に巻き始める。着蕾せず，生長点が枯死するダイバック症状を呈する。

対策 硫酸銅の土壌施用か，硫酸銅0.1％に生石灰0.1％を加用し，葉面散布する。

②過 剰 症
過剰症では生育が阻害されるとともに上葉は鉄欠症状がでる。

対策 石灰資材を施し，銅の吸収を抑える。

(10) ホ ウ 素

①欠 乏 症
キクはホウ素欠乏はでにくいとされるが，最近現場の発生事例がふえている。新葉が黄白化するとともに，一部ネクロシスを生じる。節間伸長が劣り，葉も小さくロゼット状になる。茎葉は硬くごわごわし，茎上部に茎曲がりを起こし，アントキアン色素により赤みを帯びる。根は側根の伸びが停止する。

対策 ホウ素資材の施用，液肥（Bとして2ppm程度）としての土壌施用を数回続ける。ホウ砂（0.1％液）の葉面散布を行なう。

②過 剰 症
過剰症では下葉の葉縁部が帯状に褐変し，しだいに上葉に及ぶ。軽度のホウ素過剰でも切り花の日持ちが著しく低下する。

対策 多量かん水してかけ流す。ビニルハウスでは雨水にあてる。ひどいときは土の入れ換えをする。

(11) モリブデン

①欠 乏 症
頂芽，新芽が茎とともに褐変枯死する。古い葉は赤みを帯びる。現地での発生圃場は，pHが著しく低くなっている。

対策 酸性で欠乏症がでるため，石灰資材で中和する。また，モリブデン酸ナトリウム0.05％液を葉面散布する。

②過 剰 症
キクのモリブデン過剰症は現われにくい。

〈執筆〉 加藤　俊博（愛知県農業総合試験場）

1995年記

萎縮そう生症

(1) 発生の実態

キクにおいても，カーネーションの萎縮そう生症と同じ症状が発生する。特に，高温で日射量の多い年に発生しやすい。ここ数年，秀芳の力，精雲，その他の輪ギク品種，スプレーギクの各品種での発生事例が増加している。症状の特徴として，初期の症状は未展開葉の葉色が淡くなる。葉は著しく奇形となり，第1図のように生長点の頂芽優勢が失われ，異常分枝して萎縮そう生症状となる。

第1図 輪ギクの萎縮そう生症（秀芳の力）

(2) 発生しやすい条件

品種 輪ギク，スプレーギクいずれも発生する。

作型 精雲の8～9月開花，秀芳の力の10月開花（シェード栽培）および11月開花，スプレーギク品種の9～10月開花の各作型で発生。

土壌条件 土壌の種類，土性との関連ははっきりしない。

被覆資材 ガラス，ビニル，硬質フィルムのいずれでも発生がみられるが，新規に建設したガラス室やフィルムを張り換えて光の入射条件のよい場合に発生しやすい。露地栽培での発生事例もある。

土壌水分 一時に多量かん水して，湛水状態となったり，作土下に硬盤がつくられ，その部分が過湿となったりした場合に，部分的にかたまってそう生症が発生する。1回のかん水量が多く，土壌水分が多すぎると，そう生症が発生しやすい。

強光・高温 光の強さ，高温条件がそう生症の発生に著しく影響し，高温・多日照の年に多く発生している。1994年，1995年はそう生症の発生事例が多かった。梅雨明け後，日射が強く

第2図 スプレーギクの萎縮そう生症

なり，高温が続くと発生事例が増加する。

生育ステージ 生育ステージとの関連はみられず，定植後～花芽分化期にかけて，いずれの時期にも発生する。花芽分化期の発生は，ブラ

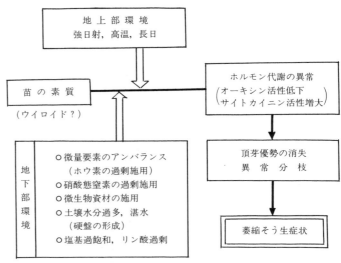

第3図 キクの萎縮そう生症の発生要因

インド，花の異常を起こす。

土壌養分 ホウ素の過剰施用は，カーネーションと同様，萎縮そう生症の発生を助長する。下葉にホウ素過剰症を呈し，生長点部分にそう生症を呈する事例もいくつかみられている。

微生物資材 微生物入り活性堆肥を施用した圃場で，萎縮そう生症が著しく発生した事例もある。

（3） 発生の要因

キクの萎縮そう生症は，第3図に示すように強日照，高温の発生しやすい環境条件で土壌水分過多（湛水など），ホウ素の過剰施用などの地下部環境が引きがねとなってホルモン代謝の異常を起こし，頂芽優勢を消失して萎縮し，異常分枝を起こすものと推察される。

（4） 防止対策

遮光 萎縮そう生症の発生防止には，遮光が効果を示す。ただし，夏秋ギクである精雲，夏秋タイプのスプレーギク品種は，遮光により開花が遅延するため，遮光率は30％以下の資材を用い，強光時間帯（10:00～15:00）だけ遮光する。

水分管理 過湿条件，あるいは湛水させると発生しやすいので，水分管理を適切に行なう。1回当たりのかん水量を必要以上に多くしないで，かん水の回数を多くする。かん水ムラを生じないように注意する。下層土の硬盤を破砕するため，深耕を行ない透水性をよくする。

微量要素のバランス ホウ素の必要以上の施用は萎縮そう生症の発生を助長するので，症状発生園ではホウ素の施用をひかえる。

排土・客土 発生が部分的で毎年同じ箇所に発生する場合は，非発生土壌と入れ換える。

その他 毎年そう生症の発生がみられる場合は，採穂用親株を更新する。

〈執筆〉　加藤　俊博（愛知県農業総合試験場）

1995年記

心止まり症

（1）発生状況

心止まり症を発現した株は，無摘心栽培において定植の3～4週間後に，茎頂部が偏平になったり，幼葉の分化が途中で止まってその痕跡が針状の突起となったりする。本症を来した株は，頂芽が消失したようになるため，正常な株と同様には生長せず，下位節から新たに腋芽の生長を待つことになり，無摘心栽培では収穫できなくなり，減収となる。なお，腋芽は，上位数節に残っている場合もあれば，消失している場合もある。

本症状が問題になっているのは，'秀芳の力'の電照・無摘心栽培であるが，品種間差異はあろうが，他の品種では，発生しないのではなく，摘心栽培が主体であるため確認されない，あるいは問題になっていないと考えられる。

（2）発生要因

心止まり症発生の直接的誘因は，挿し穂の長期冷蔵であり，冷蔵しない場合はほとんど発生しない。

①親株養成にかかわる要因

養成時の環境条件 親株の定植時期を変え，挿し穂の採取時期と心止まり症との関係をみたのが第1図である。6～7月採取では6％程度の発生率であるが，8月採取では18％と急激に増加している。その原因として7～8月の高温を想定し，親株養成時の昼夜の温度条件を変えて心止まり症の発生状況を検討したのが第2図である。夜温を15℃（涼温）とした場合は心止まり症の発生率は5％以下であるが，25℃（高温）にすると28～40％になる。この場合，昼温の影響はほとんど受けないが，日温較差が小さいとやや発生率が高くなる傾向である。したがって，親株養成時の高夜温が要因の一つになっていると考えられる。

また，親株用の挿し穂を冷蔵すると発生が減少することから，親株養成時の高温により生長活性が低下する（小西，1975）ことが関与して

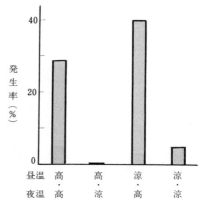

第2図 親株の管理温度と心止まり症の発生

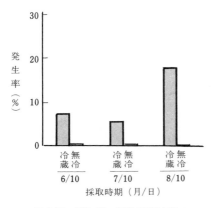

第1図 挿し穂の採取時期冷蔵の有無と心止まり症の発生

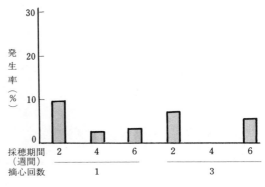

第3図 親株の摘心回数，採穂期間と心止まり症の発生

生理障害，病害虫対策

　摘心回数，採穂期間　親株の摘心回数や最終摘心から採穂までの期間（採穂期間と記す）も心止まり症の発生に関与している。第3図に示したように，摘心回数3回より1回のほうが発生率が高く，採穂期間では，2週間が発生が多く，4週間が少ない。このことは，若い挿し穂で発生しやすく，充実した挿し穂ではしにくい，また，老化しすぎても発生すると考えられる。

　施肥・かん水　親株養成には施肥・かん水は重要な要素であり，心止まり症の発生も左右する。第4図に示したように，窒素量で20〜30kg/10a施用で心止まり症発生率が低く，これより多くても少なくても高くなる。これは，適切な施肥による健全な親株育成が，前記のよ

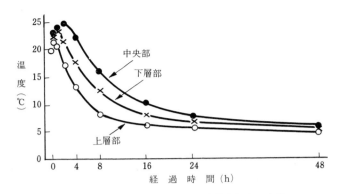

第6図　挿し穂冷蔵時における容器内温度の変化
（庫内温度：2〜3℃）

うに充実した挿し穂を得ることにつながり，結果として心止まり症の発生を低下しうると考えられる。

　かん水については，充分な水を与え，旺盛な生長を示す水分に富んだ株は，挿し穂が前述の若い穂と同様な状態にあり，心止まり症になりやすいと考えられる。逆に，採穂前2週間程度，しおれさせてから充分かん水を行なう方法のくり返しによって，側枝（挿し穂）はハードニング効果を受け，発生が低下する。

　②冷蔵処理にかかわる要因

　挿し穂の予措乾燥　挿し穂の冷蔵にさいしては，冷蔵中の腐りを回避する目的で1晩程度の予措乾燥を行なう。第5図は，その予措乾燥の時間・穂の重量変化と心止まり症発生との関係を示したものであるが，予措乾燥6時間・穂重比率84％までは心止まり症の発生率が高いが，18〜42時間・77〜56％では5％以下の発生率に止まる。冷蔵中の挿し穂は，呼吸作用を継続しており，水分含有率の高いほどこの作用は大きく，養分の消耗も無視できない。

　一般に用いられているコンテナ（45×65×19cm）に挿し穂を詰めた場合は，その中央部では冷蔵開始後しば

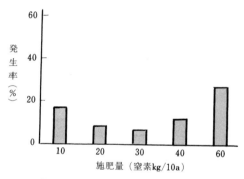

第4図　親株育成における施肥量と心止まり症の発生

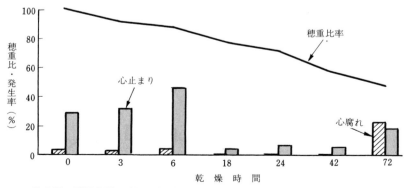

第5図　予措乾燥の時間と穂重の減少率，心腐れおよび心止まり症の発生
（穂重比率：乾燥0時間に対する穂の重量比率）

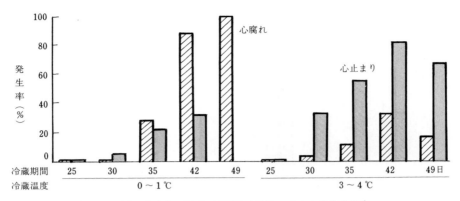

第7図　挿し穂冷蔵の温度・期間と心腐れ・心止まり症の発生

らくの間は入庫直後より温度は高くなり，時間の経過とともに低下するが庫内温度には達しない（第6図）。すなわち，挿し穂は，冷蔵開始後も呼吸作用を盛んに行なえる温度にかなりの時間置かれることになり，挿し穂の水分含有率が高い場合には養分消耗が大きく，また，暗黒・低温下でも頂芽はわずかではあるが生長をつづける。

このように，暗黒下で生長した組織は軟弱となり，急激な環境変化や過酷な環境に対する耐性が低い。そのため，出庫後の温度，光条件の急激な変化により生長点の活性が消失し，あるいは，冷蔵中の低温障害によって心止まり症を発現したと考えられる。また，挿し穂が大きいほど発生率が低くなり，貯蔵養分や養分の消耗の多少が，心止まりの発生につながっていると考えられる。

一方，予措乾燥を通風方式で行ない，急激な乾燥を行なうと逆に心止まり症の発生を助長することを確認していることから，18～42時間の徐々にすすむ乾燥は，呼吸による養分消耗のみならず，挿し穂のハードニングあるいはイモ類の貯蔵でみられるキュアリングの効果があるのかもしれない。この場合は，さらにゆっくりとした乾燥で効果が高くなると考えられるが，確認されておらず，今後の検討課題である。

冷蔵温度と期間　温度は，冷蔵中の挿し穂の生長点の動きの大小に関与する。第7図は，冷蔵温度・期間による心止まり症と心腐れ発生の差を示したものであるが，温度が高く（4～5

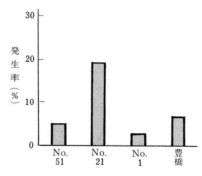

第8図　秀芳の力（白）の系統と心止まり症の発生

℃），期間が長いほど発生率が高くなる。これは，温度が高く期間の長いほど生長点の生長量が大きくなることが原因と考えられる。

したがって，心止まり症発生率を5％以下に抑えるには，0～1℃で冷蔵期間を30日までに抑えればよいが，冷蔵温度をこの範囲に制御することはむずかしく，わずかなコントロールミスによって凍結や腐敗をまねく。そのため，2～3℃で25日間冷蔵が実用的に安全な方法と考えられる。

③発生の系統間差異

心止まり症の発生は，'秀芳の力'の系統によって差異がみられる。第8図は，愛知農総試で収集した系統の一部について発生の差異を示したものであるが，No.21は心止まり症の発生しやすい系統であり，系統間の差異が認められる。この系統の存在は，逆に，発生しにくい系統の存在を示唆していると考えることができる。

生理障害，病害虫対策

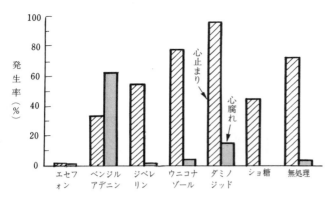

第9図 生長調節剤の採穂前散布と心止まり症，心腐れ症状の発生

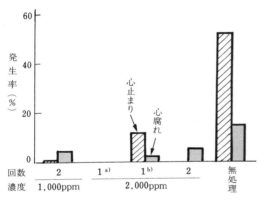

第10図 エセフォン処理の濃度，回数と心止まり症，心腐れ症状の発生
a）：採穂10日前処理，b）：採穂5日前処理

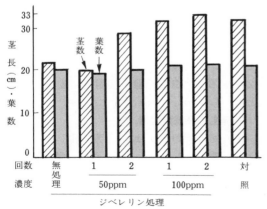

第11図 エセフォン処理苗に対するジベレリンの処理方法と生育
対照：エセフォン，ジベレリンともに無処理

以上のように，心止まり症の発生には，挿し穂の冷蔵が直接的誘因であるが，これに①親株の温度経歴に由来する生長活性の低下，②冷蔵中の養分消耗への対応度すなわち貯蔵養分の多少と穂の充実度，③親株の栽培管理（施肥・かん水）および予措処理による冷蔵中の生理活性抑制の程度，④冷蔵温度と期間による茎頂部生長量の大小，などが複合的にかかわっていると考えられる。

（3）発生防止対策

心止まり症の防止は，前述の発生要因をクリアすることである。すなわち，①高冷地で親株を養成し，②施肥は窒素量で20～30kg/10a施用して採穂2週間前ころから乾湿の大きい水分管理を行ない，③2～3回摘心した株から3～4週間後に7cm程度の挿し穂を採取し，④予措乾燥を18～42時間かけて，採穂時の70％を目安にゆっくりと行ない，⑤冷蔵は2～3℃で25日以内とすることである。しかし，実際にこれらをすべて行なうことは不可能である。

実施できる事項は実行することが肝要であるが，なかでも，予措乾燥と冷蔵温度・期間は注意を払う必要がある。愛知県では冷蔵期間を4週間以内にすることで心止まり症発生を低く抑えている。

一方，植物生長調節剤のうち，エセフォンを的確に処理することで心止まり症をかなり抑えることができる（第9図）。第10図にみられるように，採穂の10～5日前にエセフォン1,000ppm液を1 l/m²散布することにより，発生はごくわずかになる。しかし，これによっても安全な冷蔵期間（2～3℃）は5週間であり，冷蔵期間が長くなれば心止まり症発生率は高くなる。

エセフォン処理によって，挿し穂は，節間が短くて葉が小さく，茎が太くなる。また，冷蔵により，挿し穂は下位葉が黄化するが，問題にはならない。

エセフォンは，キクに対して節間伸長を抑制

し，ロゼット化を誘導する作用を示す。この作用は5週間の挿し穂冷蔵で消去消失することができない。そのため，9月定植では，定植後順調に伸長を始めるが，10月以降の定植では生長に大きなバラツキを示す。これに対しては，ジベレリン散布が有効であり，定植1週間後ころに100ppm液を1l/m^{2}散布することにより，揃いの良好な初期生育を示す（第11図）。

系統選抜は，前述のように系統間差異が認められることから有効な方法と考えられるが，現在，いくつかの県で実施しているのは品質向上が目的であり，形質がすぐれ，かつ，心止まり症の発生しにくい系統を選抜することは至難の業であり，不可能と考えざるをえない。

〈執筆〉　西尾　譲一（愛知県農業総合試験場）
1995年記

引 用・参 考 文 献

小西国義．1975．挿し芽苗の低温処理によるキクのロゼット化防止．園学雑．44，286—293．

西尾譲一ら．1990．電照ギク'秀芳の力'の無摘心栽培における心止まり症の発生要因について．愛知農総試研報．22，173—181．

西尾譲一ら．1993．秋ギク'秀芳の力'に発生する"心止まり症"のエセフォン処理による防止法．愛知農総試研報．25，237—242．

首曲がり症

(1) 発生状況

秋ギク'秀芳の力'の電照抑制栽培において、発蕾後の花首が一方向に曲がったり、頂芽の花首と摘蕾したあとの腋芽の花首とが癒着し、癒着した方向に花首が曲がったりする障害が発生している（第1，2図）。曲がりの程度は大小さまざまであるが、甚だしい場合には直角に曲がることもある。いずれも開花は正常に行なわれるが、曲がりの大きいものは出荷できないため、秀品率が低下する。

発生は12月出しから4月出し栽培で認められるが、1～2月の時期に多発するようである。天候が不順であった1994年に多発したが、翌年は少なかった。地域別では、程度の差はあるものの鹿児島から宮崎、福岡、香川、愛知、島根の各県で認められており、全国的な問題となっている。

花首の曲がる方向は光の射す方向とは関係なく、多くの場合、止葉または最上位の柳葉の着生したほうへ曲がることが多い。首曲がりは摘蕾後に確認されるが、腋芽の花首と癒着していないかぎり、その後の栽培環境条件によってわずかに回復する場合もあり、さらに助長される場合もある。しかし、癒着による首曲がりは程度が大きく、癒着部位が引きつった状態で元には回復しない。

(2) 発生のしくみと要因

発生のしくみや要因については、現在筆者らが検討中であるが、まだ充分には解明されていない。

発生状況から要因と思われる事項について考察すると、①11～12月期にはほとんど発生が認められず、1～2月期に多発することから、気象条件との関係が深い、②生育後期の施肥量が多いほど発生が多いようである、③生育後期の土壌水分が多いほど発生が多いようである、④'秀芳の力'の系統により、発生程度に差がある（第3図）、⑤'秀芳の力'の栽培が始まって20年以上になるが、近年、発生率が高くなったようである、などがあげられる。

しかし、生育後期の施肥量や水分が多くて旺盛な生育をした場合でも、11月出し栽培など光・温度条件の良好な環境では発生がほとんど認められないことから、植物体内の条件と環境要因との複合的な作用によって発生すると考えるのが妥当であろう。

筆者らの検討では、電照打切り後の花芽分

第1図　'秀芳の力'の花首曲がり
止葉（この場合には柳葉）の着生するほうへ曲がることが多い

第2図　癒着による花首曲がり

生理障害，病害虫対策

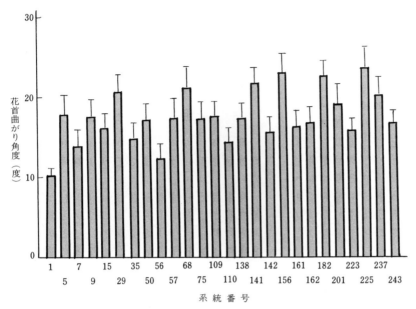

第3図　キク'秀芳の力'の花首曲がり発生の系統間差
(谷川ら，1995)

化・発達期における低温，寡日照，養水分過多が最も大きな要因として明らかになりつつある。

(3) 対　策

首曲がりの発生は，電照打切り後から発蕾までの3～4週間で決定されることから，気象的な悪条件は避け難いとしても，この期間の管理を適正に行なう必要がある。

特に，①花芽分化・発達期の夜温をやや高めに設定する，②電照打切り後の追肥をひかえ，または水分をひかえぎみにして花芽分化・発達をスムーズに行なう，③花首の伸長抑制のためのわい化剤（B－ナインなど）処理を有効に利用する，④内張りカーテンの開閉をこまめに行ない，光条件をよくする，などの管理により，首曲がりの発生をかなり抑制できるようである。

〈執筆〉　谷川　孝弘（福岡県農業総合試験場園芸研究所）

1995年記

参考文献

谷川孝弘・小林泰生・松井洋．1995．キクの花首曲がり発生要因の解明（第1報）花首曲がりの形態的観察および'秀芳の力'における系統間差．園学雑．64(別1)，482-483．

貫生花

(1) 貫生花とは

ふつうの花や散形花序，頭状花序は軸の先端の生長が止まった有限の構造をしているが，何らかの原因で花床組織の一部が活性化し，花あるいは花序のなかに反復して花または花序，さらには枝が形成される現象を貫生といい，そうしてできた花を貫生花（花中花）という。キクでは長日下で花芽形成した場合に，カーネーションでは花芽が小さいときに低温を受けた場合に貫生花となる。また，ゼラニウムでは散形花序の中から花茎が伸びて上に小花序をつくることがあり，その他多くの種類で奇形的にみられている。

キクでは作期拡大と安定生産を図るため施設化がすすみ，夏期のシェード栽培が増加するとともに，夏秋ギク品種'天寿'の6～7月出しシェード栽培では，花の中に総苞りん片ができる貫生花（通称へそともいう）といわれる障害花が発生し，大きな問題となっている。

(2) 貫生花の発生要因

こうした貫生花の発生要因を明らかにするため，シェード開始後の昼温および夜温の影響と品種系統間の発生程度について検討した。

平成5年1月29日に天寿4系統の冬至芽を定植し，2月8日に摘心して，定植時から4月8日まで4時間の深夜電照を行ない，電照打切り後は，シルバーポリトウで午後6時から午前6時までシェードして12時間日長とした。温度はシェード開始時まで昼温25℃，夜温12℃に管理し，シェード開始後は自動天窓を設定温度25℃で開閉するとともに，晴天時は出入口，ハウスサイドとも換気を行なって昼温25℃以下に管理する区と，天窓を30℃で開閉し，出入口，ハウスサイドの換気率を昼温25℃区の50％程度で管理する昼温制御区に，それぞれ夜温13℃と夜温15℃に加温する区を設けた。

シェード開始時から40日後までの30℃以上の高温遭遇積算時間をみると，昼温30℃区は60.9～70.1時間，昼温25℃区は6.2～6.5時間であった（第1表）。

貫生花の発生率を商品価値のない「甚」でみると，昼温25℃区が一般に低いのに対し，昼温30℃区は多く，さらに，系統間に差異がみられ，系統4は発生が多かった（第2表）。

また，天寿の花芽分化適温は夜温15℃以上だが，夜温13℃でも開花が10～15日遅れるものの，貫生花の発生やうらごけはなく，切り花品質は優れていた。

以上の結果，キク天寿の6～7月出しシェード栽培での貫生花の発生は，シェード開始後の昼間の施設内換気不良に起因する最高気温がおおむね30℃以上の高温遭遇が原因であり，品種の系統により発生程度に差があることがわか

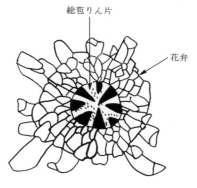

第1図　貫生花の形状（発生程度：甚）

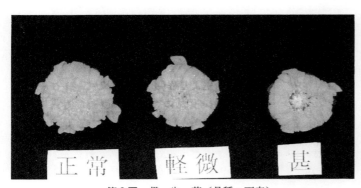

第2図　貫　生　花（品種：天寿）

生理障害，病害虫対策

第1表 シェード開始後の昼温30℃以上の
高温遭遇積算時間

(佐藤ら，1993)

区	30℃以上遭遇積算(時間)			
昼温・夜温	～20日	～30日	～40日	計
25℃・15℃	3.6	0	2.6	6.2
30℃・15℃	35.0	6.2	28.9	70.1
25℃・13℃	5.9	0	0.6	6.5
30℃・13℃	28.5	4.5	27.9	60.9

った。

次に，貫生花が多発する時期を明らかにするため，シェード開始後，時期別に高温処理を行なった。

平成6年2月10日に冬至芽苗を定植し，2月22日に摘心して，4月18日まで深夜電照を行なうとともに，昼温25℃以下，夜温13℃以上に管理した。

シェード開始後は夜温を15℃以上とし，第3表のとおり11の処理区に分け，昼温25℃以下（・印）と昼温30℃以上（○印）の条件の違うガラス温室2室間を移し換えながら温度管理をした。

その結果，天寿の6月出しシェード栽培での貫生花の発生は，シェード開始後4週間目に昼温30℃以上の高温に56時間（1日平均8時間の7日間）程度遭遇すると多発することが明らかとなった（第3表，第4表）。

(3) 貫生花の防止対策

キクでは，花芽誘導中の高温は主に花芽分化開始以後の花芽の発達を阻害して，開花遅延を引き起こす。また，高温は栄養生長を促すように働くことから，極端な場合は柳芽となったり，蕾が座止したりする。さらに，花芽分化が始まって小花形成期まですすみながら，中心部が栄養生長に逆戻りするため，中心部に再び総苞が形成され，貫生花になると考えられている。しかし，これまで貫生花の発生と温度との関係について調べた報告例は少ない。

2か年にわたり貫生花の発生要因を究明した結果，キク天寿の6～7月出しシェード栽培における貫生花の発生は，シェード開始後の昼間の換気不良による30℃以上の高温遭遇が原因であり，特に，シェード開始後4週目に56時間（1日平均8時間の7日間）程度高温遭遇すると貫生花が多発することがわかり，また，系統間で発生程度に差があることが明らかとなった。

貫生花の発生を回避するためには，発生の少ない系統を選び，シェード開始後は施設内の昼温を30℃以下に管理することが必要である。

千葉県で天寿の無加温夏期シェード栽培において貫生花が発生するとの報告があるため，シェード開始後の低夜温の影響について継続検討した結果，高温での発生より程度が軽いものの，シェード開始後夜温10℃の低温遭遇でも貫生花の発生がみられる。

夏ギクの'精雲'や秋ギクの'名門'でも貫生花の発生がみられるが，'天寿'と同様に高温遭遇が原因と考えられるので，栽培にあたっては，昼温30℃以上

第2表 昼・夜温制御がキク天寿の開花の推移と
貫生花の発生程度に及ぼす影響

(佐藤ら，1993)

区	系統	開花の推移(月.日)		到花日数	貫生花の発生(%)		
		開花期間	盛期		正常	軽微	甚
25・15℃	1	6.15～6.28	6.21	74	94	6	0
	2	6. 8～6.16	6.11	64	76	22	2
	3	6. 7～6.14	6.10	63	94	6	0
	4	6. 2～6. 8	6. 4	57	71	29	0
30・15℃	1	6.17～7. 5	6.24	77	52	33	15
	2	6. 4～6.14	6.10	63	7	54	39
	3	6. 7～6.14	6.10	63	27	51	22
	4	5.31～6. 4	6. 1	54	19	60	21
25・13℃	1	6.21～7. 7	7. 3	86	100	0	0
	2	6.20～6.30	6.25	78	100	0	0
	3	6.19～6.26	6.24	77	100	0	0
	4	6.10～6.21	6.14	67	50	38	12
30・13℃	1	6.21～7.11	7. 6	89	73	20	7
	2	6.17～6.27	6.21	74	52	23	25
	3	6.19～6.30	6.25	78	52	31	17
	4	5.10～6.16	6.13	66	4	25	71

注　系統1は園試系，系統2は園試系より選抜，系統3は県南の産地より収集，系統4は県北の産地より収集。3分咲きで採花し，開花始期が10%，盛期が50%，終期が90%開花時で，始期～終期を開花期間とした。貫生花の発生程度は花中に総苞りん片が認められるものを軽微，明らかな貫生花で商品性がないものを甚とした。

第3表　シェード開始後の処理区別温度条件と高温(30℃以上)遭遇積算時間

（宮城園試, 1994）

週	1	2	3	4	5	高温(30℃)遭遇積算時間(hr)
日	4/18〜4/24	4/25〜5/1	5/2〜5/8	5/9〜5/15	5/16〜5/22	
1区	○	・	・	・	・	31.0
2	・	○	・	・	・	40.4
3	・	・	○	・	・	33.2
4	・	・	・	○	・	55.9
5	・	・	・	・	○	60.1
6	○	○	・	・	・	71.5
7	・	・	○	○	・	89.1
8	○	○	○	・	・	104.6
9	○	○	○	○	・	160.5
10	○	○	○	○	○	220.6
11	・	・	・	・	・	9.7

注　シェード開始前は昼温25℃以下，夜温13℃以上に管理した。シェード開始後は，表のとおり11の処理区に分け，温度条件の違うガラス温室2室間を移し換えながら温度管理した（○印：高温処理）

シェード開始後の温度条件（・）
　　　　　　　　　　昼温25℃以下，夜温15℃以上
高温処理の条件（○）
　　　　　　　　　　昼温30℃以上，夜温15℃以上

第4表　シェード後の時期別高温処理が天寿の開花と貫生花の発生程度に及ぼす影響

（宮城園試, 1994）

区	開花日（月日）	到花日数（日）	貫生花の発生(%)		
			正常	軽微	甚
1	6/9	52	100	0	0
2	6/9	52	100	0	0
3	6/10	53	98	2	0
4	6/9	52	9	30	61
5	6/9	52	93	2	5
6	6/10	53	98	2	0
7	6/9	52	14	18	68
8	6/10	53	95	5	0
9	6/10	53	19	12	69
10	6/10	53	5	28	67
11	6/10	53	93	7	0

注　採花は3分咲きで行ない，シェード開始日から平均開花日までを到花日数とした。貫生花の発生程度は花中に総苞りん片が認められるものを軽微，明らかな貫生花で商品性がないものを甚とした

の高温にならないように施設内の換気を図ることが大切である。

〈執筆〉　佐藤　泰征（宮城県迫地域農業改良普及センター）

1995年記

参考文献

小西国義．1991．花の園芸用語辞典．川島書店．41.
佐藤泰征ら．1994．キク'天寿'のシェード栽培における貫生花の発生要因．東北農業研究．47，325−326.

岩の白扇の奇形花の要因と対策

(1) 発生状況

輪ギク栽培では，'精雲'に変わる品種として'岩の白扇'が導入された。この品種は，多くの労力を要する摘蕾作業の軽減が可能な無側枝性品種であり，加えて収穫調製時の葉折れが少なく，水揚げもよいため市場性も高い。しかし，夏期に花が扁平化しやすい性質がある。この奇形花は花が楕円形となる軽度のものから，扁平の度合が著しかったり，花が2つに分かれるものもあり，商品性が著しく損なわれる。

この奇形花は6～8月開花ではほとんどみられず，9月開花以降で発生する。これと似た現象は'精雲'で発生する障害の貫生花でみられ，この場合の主要な原因は花芽分化期の高温とされている。したがって，本品種でも奇形花の発生原因の一つとして，花芽分化時の高温の関与が推測される。

一方，9月および10月開花の発生割合を比較すると，9月開花の20～30％に対し，10月では50％を超える発生率となっている。また，夏期に親株用として定植した切り下株では，11月に開花する花の多くが奇形となる。これらの現象は，奇形花の発生要因を花芽分化期の高温とするだけでは説明し難く，栄養生長期の高温や栽培経歴の影響も疑われ，さらには親株養成時の温度，挿し穂の生理的な状態など多くの要因が関与していることを示している。

(2) 発生要因

①花芽分化期の高温

消灯後の昼温を40℃とし，花芽分化期の高温の影響をみたのが第2図である。奇形花の発生は高昼温処理により増加し，併せて消灯後の到花日数および節数が増加した（第1表）。このことは，花芽分化期の高温は花芽分化に抑制的に作用したことを示しており，これが奇形花の発生を助長したと考えられる。

なお，青木ら（1998）は影響が大きい温度域

花が楕円形

扁平の度合が著しい

花が2つに分かれた

第1図 岩の白扇の奇形花

を明らかにするため，花芽分化期の昼温25，30，35および40℃を比較し，30℃を超えると奇形花が急増することを示している。

②栄養生長期の高温

栄養生長期の高昼温の影響を明らかにするため高温処理を行なったところ，奇形花は20℃および30℃では発生しなかったが，40℃では多発し，同時に消灯後に節数が増加したり開花が遅延した（第2表）。キクの生育・開花に及ぼす高温の影響について，西尾ら（1984）は秋ギクを

生理障害，病害虫対策

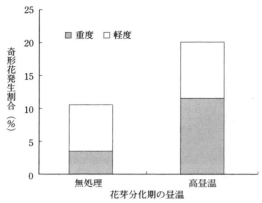

第2図　花芽分化期の昼温と奇形花発生割合奇形花程度

花径比（短径／長径）×100で判定
軽度：花径比75以上88未満
重度：花径比75未満

第1表　花芽分化期の高昼温処理と生育・開花

昼温	開花日 （月/日）	到花日数[1] （日）	節　数		増加[2] 節数
			消灯時	開花時	
無処理	1/12	43.0	18.0	40.2	22.2
高昼温	1/28	59.4	17.4	53.7	36.2

注　[1] 消灯後の到花日数
　　[2] 消灯後の増加節数

用いた花芽分化，発達期前後の高昼温（30℃以上）処理において，消灯2週間前から消灯時までの処理でも対照と比べて開花率が低下したとしている。本試験でも栄養生長期の高昼温により開花が遅延し，同様な結果となった。

一方，大石ら（1984）は，冬に低温を受けて高くなった生長活性は，夏の高温を受けること

第2表　栄養生長期中の昼温と奇形花発生割合および生育開花

昼温 （℃）	奇形花		開花日 （月/日）	到花 日数[1] （日）	節　数		増加[2] 節数
	重度 (%)	軽度 (%)			消灯時	開花時	
20	0	0	5/18	44.5	14.1	40.3	25.9
30	0	0	5/19	45.9	17.3	44.0	26.7
40	16.7	16.7	5/21	47.7	20.6	50.6	30.0

注　[1] 消灯後の到花日数
　　[2] 消灯後の増加節数

によって徐々に低下していくとしている。秋ギク‘秀芳の力’の低温期の作型では，生長活性の高い個体は順調に開花し，低い個体は開花が遅れることが知られている。

この現象には品種間差があるが，第2表の結果は，夏秋ギクに属する‘岩の白扇’でも高温により開花が抑制されることを示しており，栄養生長期の高昼温は生長活性を低下させ，このことが栄養生長から生殖生長へのスムーズな転換を妨げ，奇形花の発生を助長すると考えられる。

③冬期の親株養成温度

このように，奇形花の発生は生長活性の低下と密接な関係にあると思われる。それならば親株の栽培経歴の影響も推測されるので，親株の冬期養成温度の影響を検討した。その結果，奇形花の発生は，冬期親株養成温度が高いほど増加し，8月開花では，無加温ハウスで養成した場合はみられないが，10℃あるいは20℃では10%程度発生した。9月開花では，無加温ハウスで養成した場合も奇形花は発生したが発生率は低く，10℃および20℃の場合は大きく増加し，奇形花は冬期親株養成温度が高いほど増加することが明らかとなった（第3図）。また，冬期親株温度が高いほど開花が遅れ，消灯後の増加節数が多く，茎の伸長が劣った。

これらの結果から，冬期に低温遭遇していない親株では生長活性の回復がみられず，その性質が定植苗にも受け継がれたため奇形花の発生が増加したと考えられる。

④春期の親株の蒸込み

生産現場では，冬期に親株を十分低温に遭遇させた後，年明けから親株ハウスを蒸込み，2月から挿し穂を採取する方法が広く行なわれている。そこで，この蒸込みの有無が奇形花の発生に及ぼす影響を検討した。すなわち，親株の養成を1月25日から4月25日まで蒸込みを行なう無加温ハウスと蒸込みなしの雨よけハウスで行なったところ，前者は後者に比べて明らかに奇形花の発生は増加し，開花遅延と消灯後の節数の増加

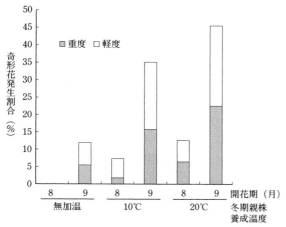

第3図 冬期の親株養成温度および作型の奇形花発生割合
消灯日:8月開花6月23日,9月開花7月29日

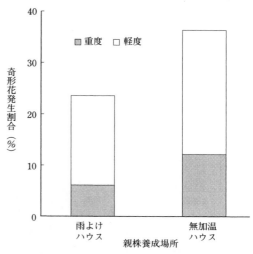

第4図 春期の親株養成場所と奇形花発生割合
7月27日消灯

がみられた(第4図)。

これは,親株の栽培環境,特に温度条件が親株の生理的な性状に影響し,その差が定植後の株に引き継がれたためと考えられる。

なお,実験では蒸込みハウスの換気温度は30℃で,実際の昼温は25〜30℃の範囲で変動していたとみなされることから,'岩の白扇'は一般的に考えられているよりも低い温度で生長活性が低下するものと推測される。

⑤穂冷蔵,苗冷蔵の有無

9月開花の作型では,冷蔵処理がない場合は6月上旬採穂となるため,この時点で挿し穂の生長活性が低下しており,それが奇形花の発生要因の一つになっていると推測される。そこで,第5図のように採穂時期を変えて,挿し穂および苗冷蔵が奇形花の発生に及ぼす影響について検討した。

その結果,奇形花の発生は採穂時期が最も遅い無冷蔵が最も多く,気温上昇のゆるやかな春先に採穂し,穂冷蔵,苗冷蔵を行なうことにより減少し,冷蔵期間が最も長い穂冷蔵5週間+苗冷蔵4週間で最も少なかった(第6図)。

第5図 各処理区の栽培概要

穂冷蔵 苗冷蔵	3月	4	5	6	7
4週間		♂〜〜〜○ 1 29		◎ 10	★ 27
2週間+4週間		♂〜〜〜〜○〜〜〜 17 1 13		◎ 10	★ 27
5週間+4週間	♂ 27	〜〜〜〜〜〜〜〜〜○〜〜〜 1 13		◎ 10	★ 27
無冷蔵			○ 29	◎ 10	★ 27

♂:採穂 ○:挿芽 ◎:定植 〜:冷蔵 ★:消灯

十分に低温を受けた苗は高温ではもちろん,低温でも比較的よく伸長し,開花する。これについて小西(1975)は,低温処理された苗は生理的にロゼット状態が打破され,生長活性が高められた結果であると説明している。本試験でも冷蔵期間の長い苗ほど茎の伸長が優れており,このような苗では生長活性が高かったとみなされ,高温下の栽培でも花芽分化が順調に進行し,奇形花の発生が減少したと考えられる。

⑥親株の台刈り,更新

実際栽培における親株の管理は生産者によって異なる。そこで,採穂時の親株の養成方法について,1)連続採穂(株を更新せず連続的に採

生理障害，病害虫対策

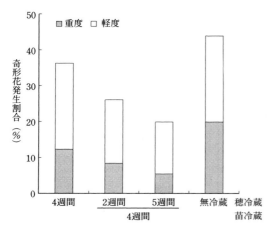

第6図 穂冷蔵，苗冷蔵処理と奇形花発生割合
7月27日消灯

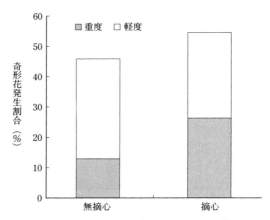

第8図 切り花栽培での摘心の有無と奇形花発生割合
7月27日消灯

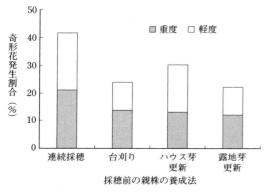

第7図 採穂前の親株の養成法と奇形花発生割合
8月1日消灯

穂），2）台刈り（連続採穂中に親株を地上5cmで台刈り），3）ハウス芽更新（ハウスの親株から4月15日採穂，挿し芽後無加温ハウスに定植して親株を更新）および，4）露地芽更新（露地の親株から4月15日採穂，挿し芽後無加温ハウスに定植して親株を更新）の4区を設定し，奇形花の発生に及ぼす影響を検討した。その結果，台刈りもしくは更新した親株から得た挿し穂は連続採穂由来のものに比べて奇形花の発生が少なかった（第7図）。

川田（1991）は，キクは同一個体内でも，頂部の組織は成熟あるいは老化しているのに対し，基部の組織は幼若状態にあるとしている。した

がって，低節位で切り戻す台刈りは親株の若返りを促すため，これから得た挿し穂も生理的に若く，このことにより奇形花の発生が減少すると判断される。親株の更新も同様に若返りの効果があるものと考えられる。

⑦**切り花栽培での摘心の有無**

本圃では無摘心，摘心のいずれでも栽培されているが，この点について検討した結果，奇形花の発生は摘心株に比べ無摘心株で少なかった（第8図）。西尾（1995）は無摘心株は摘心株に比べ，1茎当たりの根量が多く生育が旺盛になるとしている。今回の試験でも無摘心株は摘心株よりも切り花重が大きく，旺盛に生育していたことから，株の活性が高かったと判断され，奇形花の減少につながったものと考えられる。

また，一連の試験では，開花が早いほど奇形花の発生が少ない傾向がみられ，今回の試験でも無摘心株は摘心株に比べて消灯後の到花日数が少なく，同様な傾向であった。したがって，無摘心栽培での旺盛な生育は花芽分化を順調に進行させ，奇形花の減少につながったと考えられる。

⑧**開花の早晩と栄養生長期間（消灯時の節数）**

生産現場では，収穫初日または柳芽の株が奇形花の割合が少なく，収穫日が遅くなるにつれ増加するといった話をよく聞く。このことにつ

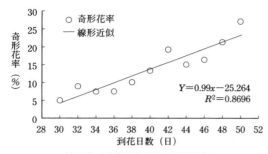

第9図 到花日数別の奇形花率
（2000年，鹿児島農業試験場花き部）
奇形花率は奇形花程度「中」＋「重」の合計
到花日数は消灯〜収穫までの日数

いて永吉（2000）は到花日数と奇形花率の関係を調査し，早期発蕾の個体ほど発生率が低く，開花が遅れる個体ほど高いとしている（第9図）。今回の一連の試験でも，奇形花の発生が多いほど開花遅延および消灯後の節数の増加がみられた。

したがって，'岩の白扇'の奇形花は，栄養生長から生殖生長に突然移行させるのでなく，消灯前の電照中に花芽分化に直ちに移行できる状態，もしくはすでに花芽分化の体制に入り，柳芽が誘導されるような状態とすることで抑制されると考えられる。

そこで，この観点から，消灯時の節数の違いが奇形花の発生に及ぼす影響を検討した。その結果，消灯時の節数が多くなるほど奇形花の発生は減少し（第10図），開花日は早かった。これは，消灯時の節数が多いほど齢が進んでいて高い花熟状態にあり，緩やかに花芽分化が進行したためであると考えられる。

⑨施肥量

施肥量の影響をみるため，肥料にIBS1号を用い，10a当たりの基肥量をN成分で10，20および30kgとする区を設けた。その結果，奇形花は基肥量が多いほど増加した（第11図）。なお，30kg区では活着後に肥焼けと考えられる症状がみられ，生育が一時的に停滞した。'岩の白扇'の根は'精雲'よりも弱く，9月開花の作型では地温もかなり高い状態であるため，過剰な施肥では根いたみが発生しやすく，株の樹勢が低下

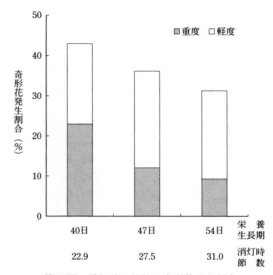

第10図 消灯時の節数と奇形花発生割合
7月27日消灯

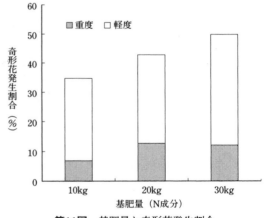

第11図 基肥量と奇形花発生割合

したものと考えられる。このような肥焼けが生長活性を低下させるか否かは明らかではないが，樹勢を損なうような過剰施肥は奇形花の発生を助長するといえる。

（3）発生防止対策

奇形花の発生防止は，これまで示した発生要因をクリアすることである。

①親株養成での注意点

第一は冬期に十分低温に遭遇させることであ

生理障害，病害虫対策

る。通常は切り花生産者が冬季に加温して親株を養成するケースはほとんどみられないが，苗生産者の場合は状況が異なる。すなわち無加温ハウスの養成では，2月中の挿し芽となる6月開花用の挿し穂が十分得られないため，それに合わせて冬期に加温養成する場合がある。

また，海外など一年中温暖な地で生産される輸入苗は，冬期に低温に遭遇していない株から採穂されている可能性が高く，挿し穂を購入するときは親株の前歴に十分注意する必要がある。

第二は，春期は冷涼な温度条件の露地または雨よけハウスで親株を養成することである。通常6月開花用の挿し穂は，1月下旬から親株ハウスを蒸し込んで採穂する。この親株からは8月開花用までは連続採穂が可能であるが，9月開花用の親株は，露地または雨よけハウスに別に用意して使い分けるべきである。

第三は，連続採穂の途中に台刈りを行なったり，改植をして株を若返らせることである。なお改植をする場合の挿し穂は，温室内よりも温度条件が冷涼な露地で養成したものが望ましい。

②採穂時期，穂および苗冷蔵

採穂は気温の上昇が緩やかな4月から5月上旬までに行ない，その後穂冷蔵および苗冷蔵を行なう。冷蔵に際しては，雨天が続いた後あるいは寡日照条件下で採穂すると，冷蔵中に心腐れが発生しやすいので，晴天日の午後に採穂する。

また，苗冷蔵期間中の水分不足は苗の老化を招くため，苗冷蔵を4週間行なう場合は，途中で一度水分を補給し，挿し芽培地の乾燥を防ぐ必要がある。水分が極端に不足すると根が赤茶色に変色し，定植後の活着不良をまねく。

③水管理と苗の活着，株の樹勢

定植後の初期の水管理は重要である。灌水が少なすぎると，苗の活着だけでなく根群形成に悪影響を及ぼす。苗の活着が十分でなかったり，初期に根を十分張らせることができなかった場合，あるいはうねの端の列で水のかかりが悪い株や，逆に灌水量が多すぎて根がいたんだ場合には樹勢が劣り，株の老化を招きやすく，奇形花の増加につながる。

このため，定植後の活着には十分に気を配り，日頃からきめ細かな灌水を行ない，株の樹勢を保つようにする。

④仕立て方法

9～10月開花の作型では無摘心栽培とする。

⑤施肥管理

施肥量は，切り花重を考慮してもN成分で10a当たり20kg以内が望ましい。一度に多量施肥すると根いたみを起こしやすくなるので，3～4回に分施する。また，塩類が集積した土壌では根に障害が発生しやすいので，施肥量をひかえると同時に土壌改良に努める。

⑥栽培温室の気温

栄養生長期から花芽分化期に遭遇する高温が，奇形花の発生を助長する。生産場面では，場所や年により奇形花の発生率に差がみられる。すなわち熱のこもりやすい温室の谷の部分や，異常気象といえるほどの高温が続く夏は発生率が高い。

したがって，9月以降の作型では，施設内の温度をできる限り抑えることが重要で，極力換気に心がけ，建ちの低い，あるいは連棟ハウスのように高温になりやすい施設は避けるべきである。温室の気温は30℃以下に保つのが理想だが，それには冷房施設が必要となりコストがかかりすぎる。

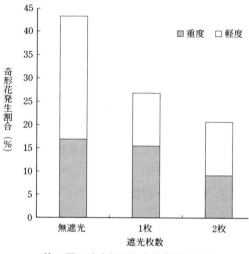

第12図　遮光処理と奇形花発生割合
8月29日消灯

簡易な方法としては寒冷紗による遮光が有効である（第12図）。この場合遮光が強すぎると切り花重が減少するため，黒寒冷紗1枚の50％程度の遮光が望ましい。また，遮光期間は作型によって異なるが，高温が続くようであれば定植後から消灯2週間後まで行なう。

⑦消灯時の生育程度

奇形花を減少させるには，消灯時の節数を多くして消灯前に花成を誘導し，柳芽が発生しやすい株の状態にもっていくことが有効である。しかし，実際には極端な柳芽となってはかえって品質を損なうため，柳芽の程度と折合いをつけながら実施することが大切である。目安となる消灯時の節数は27～30節程度で，この場合の栄養生長期間は，使用する苗の冷蔵処理期間にもよるが，6～7週間程度である。

一方，消灯前の電照時間を短くして柳芽を発生させる方法もあるが，一般的に生育が不揃いの場合は開花期が著しくばらついたり，電照時間の変更時期や電照時間については不明な部分があり，確立された技術とはなっていない。

第3表は奇形花の発生要因と対策をとりまとめたものである。実際にすべて行なうことは困難であるが，実施できる事項は確実に実行することが肝要である。

ところで伊藤ら（1993）は'天寿'での貫生花の発生割合は系統間に差があるとしている。'岩の白扇'も同様の可能性があり，今後の課題として奇形花の発生が少ない系統の選抜はぜひ試みたい。

執筆　米倉　悟（愛知県農業総合試験場弥富農業技術センター）

2002年記

第3表　奇形花の発生割合を増加または減少させる要因

減少 ←	奇形花発生割合	→ 増加
自然低温	冬期親株温度条件	加温
露地，雨よけハウス	春期親株養成場所	無加温ハウス
台刈り，改植	親株栽培法	連続採穂
早い	採穂時期	遅い
長い	穂，苗冷蔵期間	短い
無摘心栽培	仕立て方法	摘心栽培
低い	栽培温室の気温	高い
良	苗の活着	悪
強い	株の樹勢	弱い
少ない（標準）	施肥量	極端に多い
長い	消灯時茎長	短い

参　考　文　献

青木献・福田正夫．夏秋ギク「岩の白扇」の奇形花及び不萌芽対策．1998．平成10年度愛知県農業総合試験場花き研究所花き試験成績．59―60.

伊藤健二・福田正夫・大石一史・小久保恭明．キク品種「天寿」の優良系統の選抜．1993．愛知農総試研報．**25**，229―236.

川田穣一．1991．キクの周年生産と開花生態．花きの開花調節と育種．260―264.

永吉実考．2000．「岩の白扇」の奇形花防止技術．農耕と園芸．181―184.

小西国義．1975．挿し芽苗の低温処理によるキクのロゼット化防止．園学雑．**44**（3），286―293.

西尾譲一・福田正夫．1984．秋ギクの花芽分化期前後の昼温が開花に及ぼす影響．愛知農総試研報．**16**，173―177.

西尾譲一．1995．無摘心栽培．農業技術大系，花卉編．農文協編，東京．6巻，1249―252.

大石一史・大須賀源芳・米村浩次．1984．電照栽培秋ギクの夏期長期冷蔵による親株育成（第1報）．愛知農総試研報．**16**，162―172.

大石一史・米村浩次・大須賀源芳．1985．電照栽培秋ギクの夏期長期冷蔵による親株育成（第2報）．愛知農総試研報．**17**，215―219.

黄斑症

(1) 発生状況

白系輪ギクの'精興の誠'は9～10月収穫の作型で，中下位葉に黄色または白色の斑点（第1図）が発生し大きな問題となっている。この症状は生産現場で黄斑症または黄斑点症などと呼ばれている。

以前から，高温期に収穫するスプレータイプのキクに発生することが知られていたが，輪ギクでも'精興の誠'だけでなく多くの品種で発生が認められ，多少なりとも黄斑が発生する品種も含めれば，キク全品種の約半数以上を占めるともいわれている。白系輪ギクで生産量がもっとも多い'神馬'でも栽培条件によっては発生が認められる。

黄斑症の発生部位を顕微鏡で観察すると，第2図に示したように表皮細胞は崩壊しておらず，葉緑体のみ崩壊していた。さらに，柵状組織ではなく，海綿状組織から崩壊しているのが観察された。そのため，発生初期には葉の裏から観察するとわかりやすい。この点で，アザミウマ類などによる虫害とは区別できる。

赤色LED撮影装置により黄斑発生初期を検出し，黄斑発生部の形態を発生度別に生切片を作製し観察した。黄斑発生初期には海綿状組織で，重度黄斑発生部では柵状組織でも葉緑体の崩壊が観察された。黄斑発生は海綿状組織から進行すると考えられる。

①品種間差

輪ギクとスプレーギクを含めて10品種の品種間差を調べたところ，黄斑発生度（0～4の5段階評価，第3図）は第1表に示したように明確な品種間差が認められた。年度や季節によって黄斑発生度に大小はみられたが，黄斑発生の容易さは変動しなかった。いずれの条件でも

第1図 黄斑が発生した葉

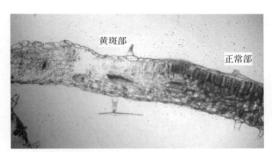

第2図 黄斑発生葉の断面写真

第3図 黄斑発生度の判定

0：発生せず，1：わずかに発生，2：葉縁全体に発生，3：葉身に発生，4：葉全体に発生

生理障害，病害虫対策

第1表 品種および栽培時期が黄斑発生に及ぼす影響

タイプ	品種	着生位置	栽培時期 2006年夏	2006年冬	2007年夏
輪ギク	精興の誠	上位葉	×	×	×
		下位葉	◎	△	○
	精興の勝	上位葉	×	×	×
		下位葉	×	×	×
	精興飛翔	上位葉	×	×	×
		下位葉	△	×	×
	精興万里	上位葉	×	×	×
		下位葉	○	△	△
	精興光明	上位葉	×	×	×
		下位葉	×	×	×
	精興粋心	上位葉	×	×	×
		下位葉	△	△	○
スプレーギク	ウィンブルドン	上位葉	○	○	○
		下位葉	◎	×	◎
	ウィンブルドンサーモン	上位葉	○	○	○
		下位葉	◎	×	◎
	セイジェニック	上位葉	×	×	×
		下位葉	◎	×	◎
	セイサイファー	上位葉	○	×	×
		下位葉	◎	×	△

注 ◎黄斑が著しく発生，○黄斑が一様に発生，△黄斑がわずかに発生，×黄斑が発生せず

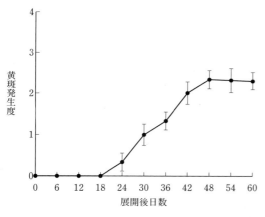

第4図 展開直後の葉身における黄斑の進行状況
7月25日展開，品種：精興の誠

黄斑が発生しない品種が存在することから，黄斑発生には遺伝的な要因が大きく関与していると考えられる。

② 症状の進行

葉身に斑点が生じる生理障害は他の植物でも発生しており，セントポーリアでは葉温の急激な変化で黄色や茶色のリーフスポットとよばれる斑点が1日以内の短期間で発生する（前川ら，1987）。

黄斑がもっとも発生しやすいといわれている高温条件下で，展開直後の葉の黄斑発生の進行状況を表わしたのが第4図である。‘精興の誠’の黄斑は視覚的に初めて観察されたのが展開24日後であった。その後，日数が進むにつれて黄斑の発生は進行し，調査開始42日後には黄斑発生度2に達したが，それ以降，ほとんど進行しなかった。このことから，セントポーリアの場合と異なり，キクでは長期間にわたり発生条件に遭遇しないと黄斑は発生せず，葉の成熟が終了するまでその感受性は継続するものと考えられる。このことが黄斑症の発生要因をわかりにくくしている最大の要因であると考えられる。

③ 季節変動

‘精興の誠’の定植期ごとの黄斑発生様相を第5図に示した。いずれの定植期にも黄斑が発生したが，黄斑発生には季節変動がみられ，生育期が高温強光期に当たる3～7月定植区で黄斑の発生度が高かった。また，低温弱光期で発生度が低かった。これらのことから黄斑の発生に環境条件が大きく影響しているものと考えられる。

(2) 発生要因

① 温度と光条件

長菅ら（2008）は，温度勾配実験施設（グラディオトロン）を利用して，同一日射量における温度の影響を詳細に検討した。‘精興の誠’の黄斑発生は高温遭遇によって促進されるこ

と，高温遭遇後の温度変化が大きくなるほど黄斑の発生はさらに増大すること，高温遭遇後には低温条件下であっても発生することを明らかにしている。

そこで，黄斑発生程度と温度と日射量の関係を詳細に調査した。'精興の誠'と黄斑発生がより顕著である'精興の望'（第6図）とも，黄斑発生は高温・強日射のときに多くなり，その関係は重回帰式で表わすことができた。

ところが，平均気温30℃以上では黄斑発生は抑制され，発生温度の上限があることが示唆された。また，夜温（17:00～8:30）を30℃，25℃とした場合，黄斑発生度は30℃区と比較して25℃区で有意に高くなった。いずれの場合も，生育が抑制されるほどの長期間の高温条件下では，黄斑発生が抑制されたことから，生育が旺盛な環境条件の外的要因により黄斑発生は助長されると考えられた。

また，培地温度の影響も検討した。'精興の誠'を6月14日～8月10日まで培地温度を35℃，30℃とした。培地温度による黄斑発生日や発生度への影響はみられなかった。

②接ぎ木

黄斑が発生しない'精興の勝'を穂木にした場合，台木が'精興の誠'でも黄斑は発生しなかったが，'精興の誠'を穂木にすると台木が'精興の勝'でも黄斑が発生した。以上の結果，上記に示した地下部の温度は黄斑発生に影響しなかったことも含めて考えると，黄斑発生には葉そのものに生じる要因の影響が大であることが判明した。

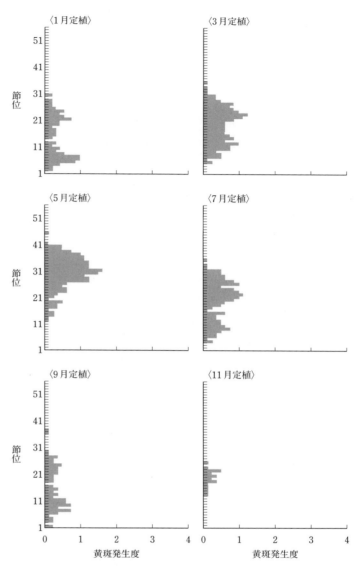

第5図　定植時期が黄斑発生に及ぼす影響
各月25日定植，定植90日後調査，品種：精興の誠

③養水分条件

灌水頻度　コンテナで栽培した'精興の誠'に点滴灌水装置を用いて，十分に給液して育てた場合と水ストレスを与えた場合を比較したところ，給液頻度が高いほど黄斑発生度が高くなった。強い水ストレスがかかっている植物では黄斑の発生が認められなかった。

生理障害，病害虫対策

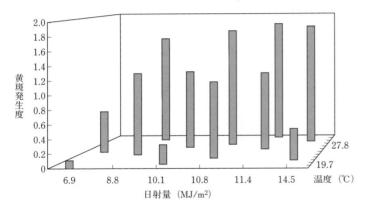

第6図　気温と日射量が精興の望の黄斑発生に及ぼす影響
重回帰係数：0.7701
黄斑発生度＝0.083×日射量＋0.113×気温－2.794

培地　'精興の誠'をピートモスと砂を3：1に混合したピートモス砂混合培地（ピート砂区）と堆肥を含んだ砂壌土（砂壌土区）に定植したところ，養分を多く含んでいる砂壌土区でピート砂区より黄斑発生度が大きかった。

また，培地や灌水する液肥のpHを5～7の範囲で変えて実験をしたが，黄斑発生に大きな違いは認められなかった。

液肥濃度　液肥濃度の影響を調べるため，完全培養液の一つである園試処方培養液を用い，N：0～300ppmの範囲で希釈した液肥を与えたところ，液肥濃度が高いほど黄斑は広範囲に発生し，かつ発生度も大きかった。水のみを灌水した場合，黄斑は発生しなかった。

無機養分欠如　園試処方培養液1/3濃度を基準にして，N，P，K，Ca，Mg，Feのうち1種のみを0ppmにした6種の液肥を作製し，それぞれ3，14日処理を行なったところ，N欠如区では黄斑がまったく発生しなかった。その他の養分欠如区では黄斑が発生したが，処理区の間に違いは認められなかった。

無機養分過剰　園試処方培養液1/3濃度を基準にして，N，P，K，Ca，Mg，Feのうち1種のみを3倍の濃度にした6種の液肥を作製し，それぞれ3，14日処理を行なったところ，いずれの養分過剰でも黄斑は発生した（第7図）。処理期間が長いほど黄斑の発生は著しかった。

田中ら（2004）は，リン酸の含有量が多い土壌で黄斑発生が顕著であり，リン酸を吸着する浄水ケーキを添加すると黄斑の発生が減少したことから，リン酸過剰症の一面があると報告しているが，黄斑発生を完全には説明できなかった。筆者らは培地にほとんど養分を含まないピート砂培地でも，年間を通して黄斑が発生したこと，液肥濃度が高いほど発生が顕著であること，特定の無機養分を欠如させても過剰に与えても黄斑の発生に違いが認められなかったことから，リン酸過剰は黄斑発生の一要因にすぎないと考えている。

④その他の発生要因

この黄斑症状には高温や強日射の環境要因が大きく関与している（後藤ら，2005；Oki et al., 2007）ことが判明したが，その他のさまざまな環境要因も黄斑発生に影響を及ぼすことが判明している。現在までに筆者らが検討した環境条件の結果を紹介する。

ウイルスやウイロイド　黄斑症の発生要因として，以前にはウイルスやウイロイドによる可能性も指摘されていたが，特定のウイルスを断定できないこと，ウイルスフリー株，ウイロイドフリー株でも黄斑が発生するうえに，ウイロイドフリー株で黄斑発生が顕著になった（未発表）ことから，現在，ウイルスやウイロイド説は否定されている。

花芽形成　シェードを行ない花芽分化させたものと，暗期中断で花芽分化させないものの黄斑発生度を比較したが，違いはほとんどみられなかった。

摘心　摘心した区と摘心しない区を設け，主枝から発生する側枝はすべて除去した。摘心区，無摘心区とも著しく黄斑が発生した。摘心区より無摘心区で黄斑がわずかに多かったが，その違いは小さかった。

⑤ 光過剰障害の可能性

一般に植物体は過剰な光条件にさらされると，植物体内で活性酸素が多量に発生し，その結果，葉の一部や植物体全体が枯死することが報告されている。キクに発生する黄斑も，高温強日射下で発生が著しいことから，光過剰障害，すなわち活性酸素によるものではないかと考えている。ところが，キク品種のなかには，'精興の勝'のように黄斑がまったく発生しない品種がある。この品種間差は，光過剰障害に対する抵抗性の差として現われているのではないかと考えている。

(3) 発生防止対策

① 栽　培

黄斑発生に関与する諸条件の影響を第2表に示した。この表を見ると，さまざまな環境要因や栽培条件が黄斑発生に関与していることがわかる。

実際の栽培現場では，夏期高温を経過した株や，同じ栽培地のなかでも西日を強く受ける葉で黄斑の発生が顕著であることが知られている。このことも，黄斑発生にもっとも影響の大きい環境要因が高温強日射であることを裏付けている。栽培上，黄斑発生を軽減するには，第2表で示した条件に遭遇する期間を減らすことが重要であろう。例をあげると，ハウス内が異常な高温にならないように換気を十分行なう，急激な環境条件（とくに光と温度）の変化を避

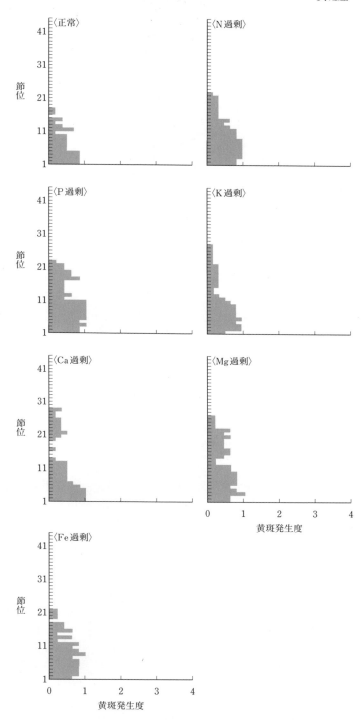

第7図　無機養分過剰が黄斑発生度に及ぼす影響
それぞれの無機養分を14日間過剰に与えた

生理障害，病害虫対策

第2表　黄斑発生に及ぼす環境要因および栽培条件の影響

要因	黄斑発生に関与する程度	発生しやすい条件
光	◎	強光，光強度の変化
温度	◎	高温，温度変化
培地	○	養分豊富，保水性大
pH	△?	pH4～8では関係なし
灌水頻度	○	過湿，灌水頻度が高いとき
施肥方法	○	高濃度液肥
養分欠乏	△	とくになし
養分過剰	○	過剰期間が長い場合
花成	△	とくになし
摘心	△	とくになし
接ぎ木	△	穂木の影響大

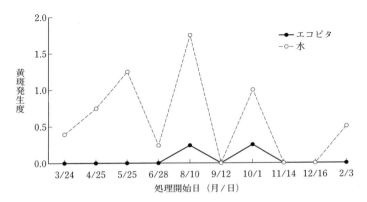

第8図　1年間にわたるエコピタ散布が精興の望の黄斑症に及ぼす影響

第3表　エコピタの散布が精興の誠の黄斑発生に及ぼす影響　　　　(後藤ら，2016)

処理物質	散布頻度	黄斑発生平均値
水	2日ごと	0.57b
	5日ごと	0.57b
エコピタ100倍希釈溶液	2日ごと	0.1a
	5日ごと	0.27a

注　表中の異なる英文字はTukeyのHSD検定で有意であることを示す（$p < 0.05$）
　　発生度を0～4の5段階で評価したものの平均値。
　　0：発生なし，1：わずかに発生，2：葉の一部に発生，
　　3：葉の半分に発生，4：葉の大部分に発生

ける，養水分を過剰に与えすぎない（適正な養水分管理を行なう）ことなどがあげられる。

②**散布剤**

黄斑症の発生は活性酸素による可能性があるので，黄斑症を軽減させるため，活性酸素系消去物質を含むさまざまな物質（過酸化水素，酸化チタン，キトサン，アスコルビン酸，アミノレブリン酸，2,6-ジクロロイソニコチン酸，殺ダニ剤（粘着くん，エコピタ））を散布した（四谷ら，2013；八木ら，2014）。これらの物質のなかで，酸化チタン，キトサン，粘着くん，エコピタで黄斑発生度が減少する傾向がみられた。酸化チタンは葉面に白粉末が残るので実用的ではなく，キトサンは薬害が生じることがあった。そこで，粘着くん，エコピタについて比較検討したところ，粘着くんでは薬害が発生しやすいため，エコピタのほうが望ましかった。

後藤ら（2016）は実用的に使用するために，エコピタ100倍（有効成分0.6％）希釈溶液の黄斑発生軽減効果を年間を通して調査した。エコピタ100倍を散布することにより，黄斑の発生は年間を通して著しく抑制された（第8図）。散布頻度は2日ごとのほうが安定的に効果を得られるが，労力を考慮すると5日ごとのほうが実用的と考えられた（第3表）。

エコピタ成分の植物内移行効果を調べるために，葉の左右にそれぞれ水とエコピタ100倍希釈溶液を筆で塗布したところ，エコピタは塗布した部分のみで黄斑発生を抑制し，その効果は同一葉内でも移行しないことが明らかになった。今後，エコピタによる黄斑症抑制機構を解明する必要がある。

③**育種**

'精興の誠'にγ線を照射したものから黄斑発生状況，花形などを基準に選抜した系統と'精興の誠'とを比較したところ，選抜系統はいずれの定植期でも'精興の誠'より黄斑発生

が著しく少なく，放射線による軽減系統の育成が可能であることが明らかとなった（後藤・花本，2004）。このことも，黄斑発生に遺伝的要因が関与していることを立証している。'精興の誠'のように，いずれの条件下でも黄斑が発生しない品種を利用した育種も黄斑発生防止の一つの方向であろう。

執筆　後藤丹十郎（岡山大学）

2016年記

参 考 文 献

後藤丹十郎・花本央義．2004．γ線によるキク'精興の誠'の黄斑軽減系統の作出．園学雑．**73**(別2)，442．

後藤丹十郎・沖章紀・景山詳弘．2005．培地および定植期がキク'精興の誠'の黄斑発生に及ぼす影響．岡山大学農学部学術報告．**94**，15—18．

後藤丹十郎・片岡宏美・八木祐貴・田中義行・安場健一郎・吉田裕一．2016．異なる環境条件におけるデンプン剤がキク黄斑症の発生抑制に及ぼす影響．日本生物環境工学会2016年金沢大会講演要旨．214—215．

前川進・鳥巣陽子・稲垣昇・寺分元一．1987．セントポーリア葉の温度低下に伴う障害について．園学雑．**58**，484—489．

Oki, A., T. Goto, K. Nagasuga and A. Yamasaki. 2007. Effect of Nutrient Levels and Mineral Composition on the Occurrence of Yellow-leaf-spot in Chrysanthemum. Sci. Rep. Fac. Agri. Okayama Univ. **96**, 43—48.

長菅香織・後藤丹十郎・沖章紀・矢野孝喜・山崎博子・稲本勝彦・山崎篤．2008．温度環境がキク'精興の誠'の黄斑発生に及ぼす影響．園学研．**7**，235—240．

田中英樹・小久保恭明．2004．秋ギク「精興の誠」における葉の黄斑点症の発生に及ぼすリン酸とマンガンの影響．愛知農総試研報．**36**，53—57．

八木祐貴・後藤丹十郎・森美由紀・田中義行・安場健一郎・吉田裕一．2014．デンプン剤散布によるキクの黄斑症の発生軽減．園学研．**13**（別2），282．

四谷亮介・後藤丹十郎・森美由紀・難波和彦・江口直輝・吉田裕一．2013．キクの黄斑症を軽減する物質の探索．園学研．**12**（別1），198．

白さび病

(1) 被害の現状

白さび病は，発病するとキクの商品性を著しく低下させ，被害が大きいときには出荷ができなくなることもある。鹿児島県が2014年12月から2015年1月にかけて全国の主要キク生産県22県に対して行なった白さび病のアンケート調査の結果では，全国のほとんどの産地で問題となっており，作付け面積の約20％で発生していると試算され，キク栽培においてもっとも被害の大きい病害といえる。

(2) 病徴

葉表と葉裏に白色の小斑点が形成される（第1図）。20℃程度の環境であれば，4～5日で葉裏には黄褐色で表面が粉状の突起物（冬胞子堆）が形成され（第1～3図），冬胞子堆の葉表側からは黄色の斑点が見えるようになる（第4図）。時間がたつと，最初に形成された冬胞子堆の周りに新たな冬胞子堆が形成される様子が見られる（第5図）。多発時には葉が巻き上がることもあり（第6図），また葉表に冬胞子堆が形成される場合や（第7図），茎に冬胞子

第2図　白さび病が発生したキクの葉

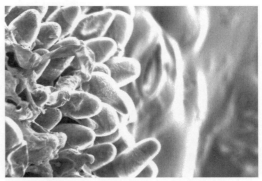

第3図　電子顕微鏡で撮影した冬胞子堆

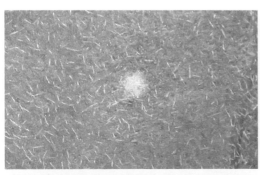

第1図　冬胞子堆発生初期（上）とその5日後（下）

第4図　圃場で発生した白さび病

生理障害，病害虫対策

第5図　冬胞子堆の周りに新たに形成された冬胞子堆

第8図　茎に発生した冬胞子堆

第6図　白さび病によって巻き上がった葉

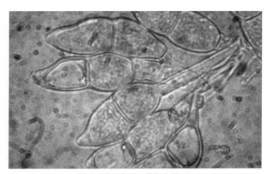

第9図　白さび病冬胞子

第7図　葉表に形成された冬胞子堆

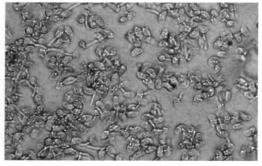

第10図　白さび病小生子と発芽のようす

堆が形成されることもある（第8図）。

(3) 生　態

　白さび病菌は，*Puccinia horiana*という担子菌類に属する糸状菌の一種であり，絶対寄生菌である。本菌の異種寄生はなく，栽培ギク，野生ギクにのみ感染することが知られている。また栽培ギクに発生する菌は野生ギクに感染しにくく，野生ギクに発生する菌は栽培ギクには感染しにくいため（内田，1983），圃場内では栽培ギクへの感染を繰り返し，生存しているものと考えられる。

　生活環をみると，冬胞子（第9図）が発芽し，小生子（第10図）が形成され，この小生子が

飛散し，葉の表面に付着する。葉の表面についた小生子が葉の内部に侵入し，やがて冬胞子堆が形成される。胞子の形態は冬胞子一種のみしかないため，キクの植物体内での潜在菌糸や，冬胞子堆で越夏，越冬する。

(4) 感染が起こる環境条件

小生子の形成は適温が10～23℃，最適温が15～20℃であり，冬胞子堆表面に水分が存在することと，相対湿度90％以上が必要となる（内田，1983）。20℃では小生子が離脱し飛散するまでかかる時間は150分である。24.5℃では小生子の離脱は見られるが，その数は少なく，25℃になると小生子の形成は見られるが，離脱は行なわれなくなる（第11図）。

小生子の生存時間は気温・湿度の影響を受け，20℃で相対湿度93％の条件下では12時間生存する（内田，1983）。しかし，相対湿度が87％の条件下では6時間で死滅し，81％では30分以内に，56％では5秒以内に死滅する。10℃では相対湿度93％，87％の条件下で18時間以上生存することができる。

小生子の発芽と侵入は適温が10～24.5℃，最適温が約20℃であり，相対湿度が95％以上と，葉の表面が濡れていることが必要である（内田，1983）。10～24.5℃では3～4時間で発芽・侵入が起こる。10℃よりも低温になると発芽にかかる時間が長くなり，26.5℃以上では発芽が起こらなくなる。

これらのことから，感染が成立するためには，気温が24.5℃以下であること，雨水や結露などで最低でも3時間以上は葉が濡れていることが必要となる。発病に結びつく小生子の伝播は風速2m以下の微風によって起こり，伝播範囲は200m内外であり，伝染源から50m離れると小生子伝播はきわめて少なくなる。小生子は上位葉には侵入しやすいが，下位葉になるほど侵入しにくくなる。また，葉の表裏どちらからも侵入することができる（内田，1983）。

(5) 冬胞子の発生と生存にかかわる環境条件

感染後の発病までの日数と気温の関係についてはいくつか報告がある。5℃以上25℃未満の気温が積算168時間（24時間×7日）を超えた

冬胞子の発芽・小生子飛散までの時間			
気温	冬胞子の状態		
20℃	前菌糸発芽 →	前菌糸上に小生子を形成 →	小生子が離脱し飛散
	90分	130分	150分
25℃	小生子が形成されるが飛散しない		

小生子の条件別生存時間				
気温	相対湿度			
	93％	87％	81％	56％
20℃	12時間	6時間	30分	5秒
10℃	18時間以上	18時間以上		

葉上の小生子が発芽から侵入までに要する時間					
気温	湿度	小生子の状態			
		小生子発芽開始 →	小生子90％発芽 →	小生子内容物が表皮細胞内にすべて移動 →	表皮細胞内で分岐と肥大を開始
20℃	100％	1時間	2時間	12時間	24時間
	98％	1時間	3時間		
	95％	4時間	8時間以上		
	93％	発芽しない			
10℃	100％	1時間	2時間		
5℃		2時間	4時間		
0℃		5時間	9時間		
26.5℃		発芽しない			

第11図　白さび病の感染にかかわる気温・湿度
（内田，1983をもとに作成）

日を初発日と推定した場合，実際の初発日と，よく一致する（杉村・岡山，2000）という報告や，気温17℃および21℃では12日間，10℃では13日間，30℃では29日間は発病しない（Zandvoort et al.，1968）という報告があり，最高気温34℃以上に遭遇すると，発病が遅延する（内田，1983）という報告もある。

これらのことから，感染から発病まではおよそ1～2週間程度であるが，気温によって発病までの日数が変動し，とくに高温で発病が抑制されると考えられる。また，冬胞子が35℃に1時間遭遇すると冬胞子から形成される小生子の数が減少し，35℃に3時間遭遇した場合には，その後24時間は小生子が形成されなくなる（杉村ら，1996）。そのため，夏場などの高温時期には，白さび病の発生が少なくなる。低温期には冬胞子堆を形成せずに，潜在菌糸として越冬することが可能であり，そのさいには茎や根の中で潜在菌糸として生存していることもある（O' Keefe，2014）。

冬胞子の生存期間は湿度79～100％では10日間であるが，湿度の低下に伴って長くなり，32％では30日生存する（山田，1956）。また枯死葉上冬胞子による越夏の可能性はないが，越冬は可能である。生葉での越夏については，生葉上冬胞子は夏の高温により致死しやすいが，日陰では越夏し秋以降の伝染源となる（内田，1983）。

（6）抵抗性とレース

菌株の種類と品種間による発病差異が確認されており，宮城県では10以上（岩井・中村，2005），鹿児島県では6以上のレースが存在する。抵抗性品種は接種2日後に過敏感反応により，葉組織内での菌糸の増殖が観察されない（岩井・中村，2006）。

（7）防　除

白さび病防除は薬剤散布による防除が主流であるが，国内でも薬剤耐性菌の発生事例があり（飯嶋，1976），薬剤のみに頼らない総合防除を考える必要がある。とくに，薬剤耐性菌が発生しやすいストロビルリン系の薬剤に対しては，耐性をもった白さび病菌が確認されたこともあるため，連用しないよう注意が必要である（Cook，2001）。

①防除のポイント

白さび病菌の特性は，キクのみに感染する絶対寄生菌であることである。つまり，キクからキクへの感染を防ぐ必要がある。キクは栄養系で繁殖するため，育苗時の防除が重要であり，育苗の段階での白さび病の発生をなくし，栽培圃場へ菌を持ち込まないことで，本病の発生を減らすことができると考えられる。無病苗の定植がもっとも重要ではあるが，現在のキク栽培においては施設周年栽培の普及などから，無病苗を定植しても周囲には白さび病の発病したキクが栽培されている場合が多く，無病苗への感染を防ぐことも必要となる。また，そういった栽培体系が白さび病防除を困難なものとする要因の一つでもある。

薬剤散布については，感染前の予防散布によって小生子のキク体内への侵入を防ぐことが効果的である。白さび病は高湿度条件で感染が成立する病害であるので，ジマンダイセンなどの保護殺菌剤を雨前散布することが基本となる。また，白さび病菌には上位葉に感染しやすいという特徴があるが，冬胞子堆に薬剤を散布することで，小生子の形成を抑制することができるため，葉表，葉裏に薬剤が付着するように植物体全体に薬剤散布をすることが望ましい。

②圃場への菌の持込みを防ぐ

まずは白さび病の発生していない母株から採穂した種苗を使用することが重要であり，母株で白さび病が発生した場合には，母株を処分し，白さび病の発生していない圃場から採穂した種苗を用いて新たに母株をつくり直すことが望ましい。

また白さび病の物理的防除技術として，種苗の温湯処理がある（内田，1983；郡山，2014）。母株圃場へ種苗を定植する前に種苗の温湯処理を行ない，白さび病罹病苗を無病化し，その後定植することで，発生を抑制することができる（第12，13図）。しかし，温湯処理

によって葉焼けや枯死などの障害が発生する事例も確認されており，また品種や処理する時期によっても障害の程度が変化するため，現時点では技術の普及にまでは至っていない。処理するさいにはまず，少量の種苗を用いて，障害の程度を確認してから行なうことが望ましい。

③**感染を防ぐ**

まずは早期発見に努め，発病した葉を処分し，伝染源を断つことが重要である。また白さび病発生母株から採穂した場合には，発病の可能性が高いため，発病前に葉かきをし，発病の可能性のある葉を処分することも有効である。しかし，発病葉をすべて処分することは困難であるため，感染抑制技術を使用することが好ましい。感染抑制技術には以下のものがある。

硫黄蒸散器の使用　硫黄蒸散器（スーパースモーキー，パワーアップタイガーなど）と硫黄剤（細井硫黄粒剤，三光硫黄粒剤など）を使用し，ハウス内に硫黄を充満させることで，白さび病の感染を抑制することができる。使用するさいには電照線とは別の電線を引き，1日3回稼働（夕方，深夜，明け方）させ，予防や生育初期には1回30分×3回，発生後や生育後期で

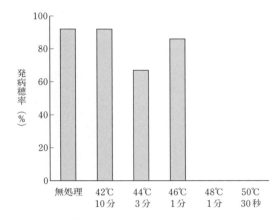

第12図　温湯処理による発病抑制効果

(郡山，2014)

は1回2～3時間×3回稼働させる。発生が多い場合には1日4回稼働させることも考えられる。ヒートポンプやビニールなどの資材がいたむ場合があるので注意が必要である。

暖房機を稼働させる　暖房機にタイマー（キリトリコントローラー，モヤトリコントローラーなど）を取り付けて，定期的に暖房機を稼働させ，ハウス内の温度を上昇させることによ

第13図　温湯処理のようす

①温湯処理装置を使用して48℃のお湯へ1分間浸漬する（水稲用のものなどを使用）
②処理後は水道水に浸漬して種苗の熱をとる
③④熱を取ったら余分な水分を切り，2日間暗黒下に置いて管理する。定植後マルチ被覆したようす（③），室内での管理のようす（④）
⑤マルチをはずしたあとは通常の栽培管理をする

生理障害，病害虫対策

第1表　紫外線照射による感染抑制効果

(郡山，2012)

放射照度 (mW/m²)	照射時間	病斑数	防除価
3	3時間	179.2	10.4
	10.5時間	56.6	71.7
20	3時間	57.6	71.2
	10.5時間	0.6	99.7
無処理		200	―

注　防除価＝1－(試験区の病斑数／無処理区の病斑数)×100

第14図　UV-B電球型蛍光灯

り，湿度を低下させ，白さび病の感染を抑制することができる。また，結露が感染を助長するため，低温期には明け方の暖房機の設定温度を高くし，結露を防ぐことも有効である。

紫外線（UV-B）蛍光灯の使用　UV-B電球型蛍光灯を設置し，キクへ紫外線を照射することで，白さび病の感染を抑制することができる（第1表，第14図）。使用するさいには電照線とは別の電線を引き，0～6時の6時間紫外線を照射する。紫外線によってキクの葉に葉焼けが発生してしまうことがあるので，切り花圃場では使用せずに，母株圃場での使用とする。低温寡日照期（12～3月）には葉焼けが発生しやすくなるため，その時期には2～6時の4時間の照射とし，それ以外の時期であっても，生長点付近などの種苗として使用する部分に葉焼けが見られた場合には，照射時間を短くすることが必要となる。

④露地栽培での防除

前項であげた感染抑制技術はすべて施設栽培で利用するものであり，露地栽培では利用することができない。露地栽培の防除では，母株での発生を抑えること，定期的な薬剤散布をすることが望ましい。

母株での発生を抑えるためには，切り花の出荷が終わった時点で，無病苗を用いて母株を新たにつくることができれば発生を抑制することができると考えられる。また，母株を養成するさいに，1月ころの冬至芽が動き出している時期に地上部をすべて刈り取ってしまい，白さび病が発病した葉をすべて処分し，その後，冬至芽を仕立てて母株とするといった試みで白さび防除を行なった事例もあるが，白さび病菌をゼロにするものではなく，菌密度を低下させるための対策である。

執筆　原田陽帆（鹿児島県農業開発総合センター）

2016年記

参 考 文 献

飯嶋勉．1976．東京都におけるオキシカルボキシン耐性キク白さび病菌の発生．東京農試研報．**10**，31―41．

岩井孝尚・中村茂雄．2005．キク白さび病に対する栽培品種のレース依存的抵抗性と薬剤による誘導抵抗．日植病報．**71**（3），203．

岩井孝尚・中村茂雄・佐々木厚．2006．宮城県内で発生するキク白さび病菌レースと宿主反応．園芸学雑誌．**75**（別冊1），192．

郡山啓作．2012．UV-B照射がキク白さび病抑制に及ぼす影響．鹿児島農総セ・花き部単年度試験研究成績．**H24**，123―124．

郡山啓作．2014．罹病穂への温湯浸漬処理方法が発病抑制および高温障害発生に及ぼす影響．鹿児島農総セ・花き部単年度試験研究成績．**H26**，143―144．

Cook, R. T. A. . 2001. First report in England of changes in the susceptibility of *Puccinia horiana*, the cause of chrysanthemum white rust, to triazole and strobilurin fungicides. Plant Pathology. **50**, 792

O'Keefe, G. . 2014. AN AMERICAN PERSPECTIVE OF CHRYSANTHEMUM WHITE RUST CAUSED

BY *PUCCINIA HORIANA* The Pennsylvania State University. 2014.

杉村輝彦・岡山健夫・松谷幸子. 1996. 高温処理と薬剤処理によるキク白さび病の罹病苗からの除去. 奈良農試研報. **27**, 39—43.

杉村輝彦・岡山健夫. 2000. キク白さび病の発病と気温ならびに降雨との関係. 奈良農試研報. **31**, 44—45.

内田勉. 1983. キク白さび病の伝染機構と防除に関する研究. 山梨農試研報. **22**, 1—105.

山田畯一. 1956. 菊白銹の伝染並びに防除に関する実験. 日植病報. **20**, 148—154.

Zandvoort, R., C. A. M. Groenewegen and J. C. Zadoks. 1968. On the incubation period of *Puccinia horiana*. European Jounal of Plant Pathology. **74**, 128—130.

タバコガ類（オオタバコガ）

（1）被害のようすと診断ポイント

①被害状況

オオタバコガ *Helicoverpa armigera* Hübner（英名：Tobacco budworm）は1990年代半ばから発生量が多くなり，西日本の果菜類，花卉類を中心に被害が問題となっている。

初発時は，若齢幼虫がおもに新芽部分に食入して加害するため心止まりとなったり，展開してくる葉が穴だらけになったりする。多発時は，蕾に食入した場合は花弁を食い荒らし，被害は著しくなる。

②診断のポイント

新芽部分が食害されていたり虫糞が見られる場合には幼虫が食入しているので，その部分を分解し幼虫を確認する。若齢幼虫のうちに防除する。

新芽部分を食害する害虫にはシロイチモジヨトウがあげられるが，タバコガ類の幼虫は体にまばらに生えた剛毛が目立つ。また体型がヨトウの仲間と比べると幾分スマートな印象を受ける。

（2）生活史と発生生態

本種は卵，幼虫，蛹を経過して成虫となる。卵は淡黄色で直径0.5mm程度の饅頭形をしていて，新芽付近に1粒ずつ産卵される。幼虫の齢期は5または6齢で，老齢幼虫は体長40mmくらいになる。体色は緑色から褐色までさまざまである。

圃場の周囲にトマト，ピーマン，ダイズなど本種の生育に好適作物があると発生量が多くなる。また，吸蜜できる花卉類があると成虫が多数誘引される。

第1図 オオタバコガ幼虫
キクでは緑色をしたものが多い

（3）防除法

物理的防除として，圃場を見回り，新芽付近の虫糞を発見したら新芽を分解し捕殺する。施設栽培では開口部に目合い5mm程度の寒冷紗を張ると飛来防止効果が高い。

本種の天敵微生物として，核・細胞質多角体病，顆粒病などのウイルスや黄きょう病，微胞子虫が知られている。また卵寄生蜂のキイロタマゴバチやコマユバチ科の幼虫寄生蜂が寄生性天敵として知られている。

現在オオタバコガのみ農薬登録がある。老齢幼虫になると薬剤の効果が極端に劣るので，若齢幼虫のうちに薬剤散布をする。

（4）効果の判断と次年度の対策

薬剤散布後被害が拡大しなければ効果があったとみてよい。交信攪乱用フェロモン剤の場合には，フェロモン剤を処理したところと処理していないところにそれぞれフェロモントラップを設置し，雄の誘殺量を比較する。

執筆　大野　徹（愛知県農業総合試験場）

2011年記

ヨトウガ

(1) 被害のようすと診断ポイント

①被害状況

雌成虫が葉裏に通常50～200卵程度の卵塊を産み付ける。孵化した幼虫はまず産み付けられた葉を群生して食害し，葉が表皮だけを残して白または褐色に透けて見えるようになる（第1図）。

2齢までは集団で加害をする。そのまま放っておくと産卵された株はほぼ食べ尽くされ，隣接した株に加害が及ぶようになる。3齢以降は単独で食害するようになり，さらに齢を重ねると食害量が加速度的にふえ，株が丸ごと食べられてしまうこともまれではない。開花期に発生すると花弁に大きな被害を生ずる。

②診断のポイント

卵塊は，キクでは中位の葉裏に産み付けられることが多い。産み付けられたばかりの卵塊は1層で白く，卵の一つ一つが確認できる。若齢幼虫では形態的に区別がむずかしい。中齢期以降は体の斑紋がはっきりしてくるので区別がつく。

圃場を見回り，孵化幼虫の食害によって透けた葉を見つけときが防除適期である。

若齢幼虫のときはほかのヤガ類と区別が困難であるが，中齢期以降は体の斑紋で区別できる。また，卵塊を産み付けるのはこのほかシロシタヨトウ，ハスモンヨトウやシロイチモジヨトウがあるが，本種の卵はほぼ白色で卵塊は産み重ねて多層になることはなく，また表面がりん毛で被われることはない。

(2) 生活史と発生生態

①生活史

卵，幼虫，蛹を経て成虫となる。幼虫は6齢を経過するが，4齢期以降は昼間姿を見せずに主として夜間に食害する。「夜盗虫」と呼ばれるゆえんである。

②発生生態

本種は典型的な多食性の害虫で，圃場の近くで多発生するとそこから幼虫が侵入してくることもある。時期的に被害が増えるのは関東以西では，幼虫が大きくなる6月と10月以降である。しかし，北陸地方や東北地方以北では夏に休眠しない系統が認められ，6月から10月にかけて連続的に発生が繰り返される。

(3) 防除法

①防除のポイント

物理的防除として，卵塊や孵化幼虫の段階では捕殺の効果が高い。施設栽培の場合は開口部に防虫ネットを張ると飛来防止効果が高い。そのさい，目合いが5mm程度の風通しのよいもので十分である。幼虫が圃場に侵入してくることもあるので，隣接圃場の発生状況にも注意する。

野外では鳥やハチ類が天敵として知られているが，これらは昼間活動性でヨトウガの幼虫が中齢期以降，夜間のみ活動するようになるとその効果は期待できない。

②防除の実際

老齢幼虫は薬剤がかかりにくい部位に潜んでいるため，中齢期以前に防除する。孵化幼虫の段階で捕殺したい場合には糸を引いて落下し逃亡する幼虫もあるので，スポット的に薬剤散布を併用すると防除効果が高くなる。

(4) 効果の判断と次年度の対策

薬剤散布後被害が拡大しなければ効果があっ

第1図　葉の被害
表皮を残し葉肉だけ食害されたキク葉

たとみてよい。交信攪乱用フェロモン剤の場合には，フェロモン剤を処理したところと処理していないところにそれぞれフェロモントラップを設置し，雄の誘殺量を比較する。

執筆　大野　徹（愛知県農業総合試験場）

2011年記

ハスモンヨトウ

(1) 被害のようすと診断ポイント

①被害状況

ハスモンヨトウ*Spodoptera litura* Fabricius（英名：Commom cutworm, Cluster caterpillar, Cotton leafworm）は，発生量の年次変動が大きい害虫で，夏期に雨が少なく高温乾燥の年には発生量が多い傾向がある。また，台風通過後に飛来した成虫により異常発生することがある。

雌成虫が飛来し葉裏に数百卵の卵塊を産み付ける。孵化した幼虫はまず産み付けられた葉を群生して食害し，葉は表皮だけを残して白または褐色に透けて見えるようになる。

2齢までは集団加害し，やがて隣接した株に加害が及ぶようになる。3齢以降は単独で食害するようになり，齢を重ねると食害量が加速度的にふえる。開花期に発生すると花弁に大きな被害を生ずる。

②診断のポイント

卵塊は，キクでは中位の葉裏に産み付けられることが多い。卵塊は成虫のりん毛で覆われ外からでは卵が見えにくい。圃場を見回り孵化幼虫の食害により透けた葉を見つける。

若齢幼虫のときは他のヤガ類と区別が困難であるが，中齢期以降は体の斑紋で区別できる。

また，卵塊を産み付け，りん毛で表面を覆うのは，このほかシロイチモジヨトウがあるが，本種のほうが卵塊のサイズが大きい。

(2) 生活史と発生生態

卵，幼虫，蛹を経て成虫となる。幼虫は6齢を経過し，老齢幼虫は大きいもので体長60mmにもなる。年間の発生は5回程度と考えられる。本種は南方系の害虫で休眠をせず，本土では越冬できないとされているが，施設内では冬でも加害を続ける。

本種は多食性の害虫で，圃場の近くで多発生するとそこから幼虫が侵入してくることもある。被害がふえるのは夏以降で，晩秋まで被害が続く。また，夏期に高温乾燥である年は発生量が多い傾向がある。

(3) 防除法

①防除のポイント

物理的防除として，卵塊や孵化幼虫の段階では捕殺の効果が高い。施設栽培では開口部に目合いが5mm程度の防虫ネットを張ると飛来防止効果が高い。ただし雌成虫はハウス部材にも卵塊を産み付けるので，そのような場合には卵塊を除去する。

本種の天敵にはクモ類などの捕食性の天敵や，緑きょう菌，核多角体ウイルスによる病気などがある。

第1図　ハスモンヨトウの特徴
左：体前半部分の一対の黒紋が特徴の中齢幼虫
右：前翅に斜めの白紋がある雄成虫

生理障害,病害虫対策

②**防除の実際**

老齢幼虫は防除効果が著しく劣ってくるので,若齢期に防除する。孵化幼虫の段階で捕殺した場合には周りに逃亡する幼虫もあるので,スポット的に薬剤散布を併用すると防除効果が高くなる。

(4) 効果の判断と次年度の対策

薬剤散布後,被害が大きくならなければ効果があったとみてよい。交信攪乱用フェロモン剤の場合には,フェロモン剤を処理したところと処理していないところにそれぞれフェロモントラップを設置し,雄の誘殺量を比較する。

執筆　大野　徹（愛知県農業総合試験場）

2011年記

ネグサレセンチュウ類

(1) 被害のようすと診断ポイント

①被害状況

とくに広範囲で大発生となって問題となることはないが，本種の生育に適した作物の連作などにより慢性的な被害に悩まされていることが多い。また，ネグサレセンチュウ類の加害はフザリウム菌やバーティシリウム菌などによる土壌病害の発生を助長する。

全国的にみれば，キク圃場で発生頻度が高いのはキタネグサレセンチュウ*Pratylenchus penetrans* (Cobb) Filipjev et Schuurmans Stekhoven（英名：Cobb root-lesion nematode）であるが，最近の報告では，九州沖縄地域ではクマモトネグサレセンチュウ*Pratylenchus kumamotoensis* Mizukubo et al.（英名：Kumamoto root-lesion nematode）が優占し，ニセミナミネグサレセンチュウ*Pratylenchus pseudocoffeae Mizukubo*は九州に広く分布することが明らかになってきた。また，一時期オランダに生息するキクネグサレセンチュウ（*Pratylenchus fallax*）が日本にも分布するとされたが，日本で記録された個体群は同定の根拠となった形質がキタネグサレセンチュウの種内変異とされ，現在のところキクネグサレセンチュウは日本には分布しないことが支持されるようになった。

初発のころは根を掘り上げないと症状はわからない。根の皮層部を加害し，初期には根面に菱形の褐色小斑を生じる。

多発すると地上部の生育にも影響が出てくる。定植後の活着が悪く草丈が低くなる。土壌中のネグサレセンチュウ類の分布は一様でなく多発生の部分だけ生育不良となり，圃場全体を見ると，ところどころ草丈が低くなるなど生育が不揃いとなる。

②診断のポイント

前作終了時にいくつか根を掘り上げて根の褐変状況を確認する。根張りがよく，健全と判断されれば防除の必要はない。前作での発生状況を見て次作前に防除する。

根の褐変はセンチュウによるものばかりでなく土壌病害によっても起こるので，根の褐変が激しい場合は農業普及指導センターなどに依頼し，根や根圏付近の土壌を採取しネグサレセンチュウ類が分離されるかどうか確認する。

(2) 生活史と発生生態

①生活史

成虫の大きさは0.5mm程度，雌雄ともウナギ型で両性生殖を行なう。幼・成虫が侵入・加害ステージで，植物体地下部の主として皮層部に侵入し口針を使って加害する。非定着性で，随時組織内を移動し摂食を続け，機械的・化学的に組織を崩壊・腐敗させる。加害部には腐生菌や病原菌が二次的に繁殖し被害を増幅させている。卵は組織内にばらばらに産下されるが，センチュウの加害により組織が腐敗してくるとセンチュウに忌避作用を示すため，センチュウは次々と健全な組織を侵していく。産卵量は1雌当たり200個程度である。

②発生生態

キタネグサレセンチュウは寒地型に属するが，熱帯圏を含む世界各地に分布する。発育適温は20〜25℃で，好適条件下では1世代に要する期間は1か月である。無寄主の野外土壌中で約3年間耐久生存できる。既知の寄主は350

第1図　キタネグサレセンチュウによる根部被害
　加害により根部が腐敗し，大部分が脱落してしまっている

種以上に及び，身近な作物のうちアスパラガス，サトイモ以外は寄主となる。わが国ではダイコン，ニンジン，ゴボウ，フキ，キクなどでとくに被害が問題となっている。好適な作物の連作によって多発する。

(3) 防除法

①防除のポイント

ネグサレセンチュウ類の対抗植物としてマリーゴールドやハブソウなどがあるが，マリーゴールドではアフリカントールやフレンチ種が有効である。栽培期間は2か月半以上とり，栽培終了後地上部ごとすき込むと効果が高まる。腐熟期間を2週間以上とり，そのあとにキクを定植する。なお，ネコブセンチュウ対象の対抗植物のなかには栽培するとネグサレセンチュウを増加させてしまう種が多いので，対抗植物の選定のさいには注意する。

物理的防除として，夏季の湛水陽熱処理も有効で，湛水後1か月程度ビニール被覆を行ない地温を高める。日照不足以外の年には有効である。

センチュウを捕捉する菌や捕食性センチュウなどの天敵が存在するが，防除効果は期待できない。

②防除の実際

発生量が多い場合はD-D剤などの土壌くん蒸剤を用いて防除する。処理前には前作の古根はできるだけ除去し，耕起，整地はていねいに行なう。土壌が乾燥している場合は灌水し，湿りすぎているときは適湿になるまで乾燥させたあと実施する。また，薬剤処理後にはビニールなどで被覆して効果を高める。ガス抜きは十分行なう。

発生量がそれほど多くない場合は植付け前に土壌混和して使用する粒剤も効果が高い。キクの産地では毎作D-D剤などによる土壌くん蒸を実施している農家もあるが，これはよほどの多発生以外過剰な防除で，年1回の防除で十分と思われる。

(4) 効果の判断と次年度の対策

防除後に定植したキクの生育状況や栽培終了時に根を掘り上げ健全であるかどうかで判断する。D-D剤など土壌くん蒸剤の使用で防除効果が低かったと判断されるときには，防除法の不備によって生じた事例が多いので，処理方法に誤りがないか今一度見直す。

執筆　大野　徹（愛知県農業総合試験場）

2011年記

＊本稿が執筆された時点で登録のある農薬を記している。実際の使用にあたっては登録のある農薬を選ぶとともに，ラベルに記載の対象病害，害虫にのみ使用する。

ハダニ類

(1) 被害のようすと診断ポイント

①被害状況

ナミハダニ *Tetranychus urticae* Koch（英名：Two-spotted spider mite（黄緑型），Carmine spider mite（赤色型））とカンザワハダニ *Tetranychus kanzawai* Kishida（Kanzawa spider mite）はともに餌植物の種類が非常に多く，増殖力も高いので各種の薬剤に対して感受性が低下した個体群が発生しやすい。また，他害虫を対象に合成ピレスロイド剤などを過剰散布した場合，リサージェンス現象（薬剤散布に起因した異常増殖）を起こして多発することがしばしばある。

発生初期には葉表にカスリ状の小斑点が部分的に見られる。多発するとカスリ状の斑点が葉表全体に広がりザラザラしたサメ肌状となる。さらに増えると株の上位に集中し，クモの巣状の糸を張りめぐらしそこを移動するようになる。そのまま放置すると株はしだいに黄変し，ついには枯死する。さらに健全な植物を求めてどんどん移動するので被害が広がっていく。

②診断のポイント

カスリ状の小斑点が認められるようになったらルーペを使って葉裏を観察するとハダニの成虫や幼虫，卵などが見られる。とくに施設栽培では開口部に近い場所や圃場のところどころ部分的に発生している場合が多いので，圃場をよく見回り初期発生を見落とさないようにする。

多発してからでは防除が困難となるので，ハダニ類によるカスリ状の小斑点を見つけたらただちに防除する。

クロゲハナアザミウマによる被害がよく似た症状であるが，ルーペで葉表をみるとアザミウマの成虫や幼虫が確認できる。ハダニ類は発生初期にはほとんどの場合，葉裏に生息している。

(2) 生活史と発生生態

卵，幼虫，第1若虫，第2若虫を経て成虫となる。卵から成虫になるまでの期間は25℃で9日足らずで，1雌が100～200卵程度産卵するので増殖力はきわめて高い。

高温乾燥条件がハダニ類には適している。また圃場の周辺に発生源があると，そこからおもに歩行して圃場内に侵入してくる。

(3) 防除法

①防除のポイント

物理的防除として，施設栽培の場合には外回りにビニールの折り返し（ハダニ返し）をすると，外部から歩行によって侵入してくるハダニを阻止できる。

ハダニ類には捕食性天敵としてカブリダニ類，ハダニアザミウマ，ヒメハナカメムシ類，

第1図　キクの被害状況
左：被害が全体に及ぶと葉表がざらざらとした感じになる
右：花の被害；高密度になると上方に集まり糸を張って歩行するようになる

ハネカクシ類など有力な天敵があり，自然条件下ではハダニ類の密度抑制要因として重要な役割を果たしている。このうち数種のカブリダニ類が天敵製剤として登録がされているので，施設栽培のキク生育初中期のハダニ類の低密度維持を目的に使用したい。

②**防除の実際**

ハダニ類は薬剤に対する感受性低下が起こりやすいことを念頭において，異なる系統の薬剤を組み合わせてローテーション散布する。現在効果のある薬剤も連用すると感受性が低下する可能性が高いので，できるかぎり年1回の使用にとどめる。また開花期以降の発生も多くみられるので，開花前の防除も徹底する。

薬剤散布後，葉裏をルーペでみてハダニ類の生死を確認する。

執筆　大野　徹（愛知県農業総合試験場）

2011年記

ミカンキイロアザミウマ

(1) 発生の状況と被害のようす

①被害状況

ミカンキイロアザミウマ *Frankliniella occidentalis* (Pergande)（英名：Western flower thrips）は，欧米で果菜類や花卉類の重要害虫とされている。さらに，トマト黄化えそウイルス（TSWV）の主要な媒介虫として問題視されている。わが国では1990年に関東地方で初めて発生が確認された。1992年には東海地方でキク，バラを中心とした花卉類に大きな被害を発生させ，その後，全国に発生地域を拡大した。また，1994年には，本種が媒介したと考えられるTSWVによるキクの被害が確認され，本ウイルス病も全国に拡大した。2000年以降は発生が比較的落ち着いているが，施設栽培の花卉類に多発する場合もある。

着蕾前のキクでは，本種の成虫はおもに芽に寄生し，食害，産卵を行なう。孵化した幼虫は芽や新葉を食害する。食害された新葉は展開後，ミナミキイロアザミウマによる被害と同様にケロイド状の被害痕が発生する（第1図）。食害が甚だしい場合は，芽の褐変や萎縮を起こす。

着蕾直後は，蕾上の萼などのすき間に寄生し，膜割れするとすぐに蕾内に侵入し，伸長前の花弁を食害し，産卵を行なう。蕾内では幼虫も急増し，花弁の食害が加速される（第2図）。

食害された花弁は色の淡い品種では褐色のカスリ症状が，色の濃い品種では部分的退色が発生する（第3図）。多発した場合はほとんどの花弁が食害され，商品価値が失われる。

本種が媒介しTSWVに感染したキクでは数枚の葉が黄化し，褐色斑紋が現われたり，枯死する場合もある。また，付近の茎にえ死条斑が発生する。本ウイルスは多くの植物に感染するため，周辺の作物，雑草が発生源となっているおそれがある。

②診断のポイント

新葉のケロイド症状はミナミキイロアザミウマによっても発生する。また，花の被害はクロゲハナアザミウマ，ヒラズハナアザミウマによっても発生するため，被害痕からアザミウマ類

第2図　開花初期の被害
花弁が少しのぞくときから，カスリ症状などがみえる。花弁の被害は開花とともに進行する

第1図　新葉の被害
成幼虫に食害された芽が展開すると，葉表にケロイドまたは引掻き様の傷が発生する

第3図　満開期の被害
花弁の内外側に食害痕が発生。淡色の花弁では褐色カスリ症状に，濃色の花弁では先端部が退色しやすい

生理障害，病害虫対策

第4図　ミカンキイロアザミウマの雌成虫
体長1.4～1.7mmで紡錘型，体色は夏は黄色，冬は茶
～褐色。雄成虫は雌よりやや小型で体色は1年中黄色

の種を特定することはむずかしい。
　アザミウマ類は体長1～2mmの細長い小型の虫で，芽や花の内部，または葉裏に生息するため，目につきにくい。虫を観察するために取り出すには，次のような方法がある。
　1) 被害が見られる株の芽の中をピンセットなどで開き覗いてみる。
　2) 被害花を白い紙の上で叩く。
　3) 展着剤を希釈した水，または50～70%アルコール液の中で被害芽や花を攪拌し，昆虫類を洗い落とし，ティッシュペーパーなどでろ過する。しかし，肉眼では正確に種を特定することはむずかしく，40～60倍の実体顕微鏡で観察する。
　ミカンキイロアザミウマの雌成虫（第4図）は体長1.4～1.7mmで，アザミウマ類のなかではやや大きいほうである。体色は夏期には体全体が淡黄色，冬期には茶～褐色になる。一方，雄成虫は雌よりも小型で，体長約1.0mm，体色は1年中淡黄色である。実体顕微鏡で観察すると，成虫の前胸背板前縁に2対，後縁に3対の長刺毛があり（*Frankliniella*属の特徴），複眼の下に1本の長い刺毛があること（第5図）および後胸背楯板に1対の鐘状感覚器があることが本種の特徴である。

(2) 生活史と発生生態

①生活史

　本種は寄主範囲が広く，200種以上の植物で

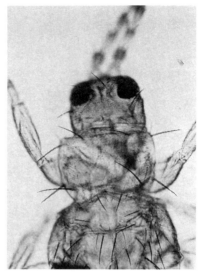

第5図　ミカンキイロアザミウマ
の頭胸部の刺毛配列

寄生が確認されている。海外での被害作物は野菜類（キャベツ，レタス，キュウリ，トマト，イチゴなど），マメ類，果樹類（リンゴ，ブドウ，西洋ナシ，モモなど），花卉類（バラ，キク，カーネーション，ガーベラ，シクラメンなど）と多種類に及ぶ。
　本種は植物の花に対する嗜好性が高く，花粉，蜜，表面組織を食べ，産卵する。花がない場合も，芽や葉に寄生し，表面組織を食べ，組織内に産卵する。
　産卵された卵は，25℃では3日で孵化し，体長0.4mmの孵化幼虫が現われる。幼虫は花粉および花や葉の表面組織を食べ，2齢を経て，土中で蛹となる。25℃での幼虫期間は約5日，蛹期間は約4日で，新成虫が羽化する。キクの花を餌とした場合，卵から成虫までの発育期間は，15，20，25，30℃でそれぞれ34，19，12，9.5日である。
　雌成虫の寿命はキクの花を餌とした場合，15，20，25，30℃でそれぞれ99，64，46，33日と長く，総産卵数は各温度とも，200～300卵に達する。一方，キクの新葉や展開葉を餌とした場合は，25℃で24日間生存するが，総産卵数は極端に少なく10卵程度である。

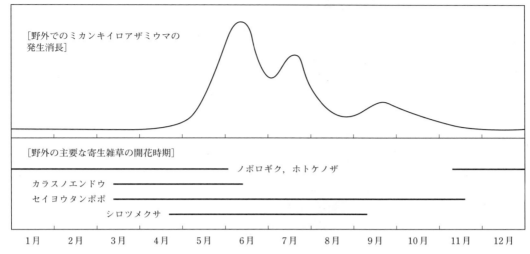

第6図 ミカンキイロアザミウマの野外での発生消長と主要な寄生雑草の開花時期（静岡県における消長）

②発生生態

静岡県西部の発生地域では，ミカンキイロアザミウマはキク親株や各種雑草上で越冬し，3月になると活動性が徐々に高まり，4月中旬ごろから飛翔・分散を始める。春から初夏に開花するキク科やマメ科の雑草は本種の寄主となる。とくにカラスノエンドウ，セイヨウタンポポ，シロツメクサでは多数の寄生が認められた。

青色平板粘着トラップによる誘殺消長からみると，野外の発生密度は5月に入ると急激に増加し，6月と7月にピークがみられる。8月以降は減少するが，9月に小さなピークがみられ，11月まで誘殺が確認される（第6図）。

秋に多発したキク圃場では，1～2月に各種雑草上に成幼虫の寄生が認められ，翌年の発生源となっている。静岡県西部地区の場合では，秋から翌春まで開花しているノボロギク，ホトケノザを中心に，多種類の雑草で成幼虫の寄生が確認された。

日本産のアザミウマでは短日条件で休眠する種が知られているが，本種は短日の冬でも休眠せず，温度が高い施設内では増殖を繰り返す。このため，施設栽培の花卉類や果菜類では冬でも被害が発生する。とくに2月以降，日長が長くなるとともに施設内温度が高まって急増し，ハウスギクやイチゴに被害が多発することがある。

キクの親株圃場では，花がなくなる2月以降も芽や葉柄基部のすき間に成幼虫の寄生がみられる。TSWV発生地域では，キクの親株も本ウイルスに感染しているケースが確認された。この親株から採集した穂は高い確率で本ウイルスに感染しているおそれがある。また，感染株で発育したミカンキイロアザミウマは10％～数十％の確率で本ウイルス病を体内にもっており（「保毒」という），これらが翌春以降，周辺圃場にウイルス病を媒介する可能性が高い。

TSWVは7種類のアザミウマ類が媒介するが，ミカンキイロアザミウマがもっとも媒介効率が高い。感染した植物上で幼虫が発育するさい，幼虫が植物の摂食とともにウイルス粒子を体内に取り込み，腸表皮上でウイルスが増殖する。増殖したウイルスはアザミウマの唾液腺に移行し，摂食のたびに何度でもウイルスを媒介するようになる。

③発生しやすい条件

露地栽培のキクでは，本種の発生が多い5～7月に被害が増加し，作型によって異なるが，芽や花に被害が発生する。ハウス栽培では露地

での発生前の3月から密度が増加しはじめ、3〜4月にも被害が発生する。

被害のあった地では、品種により発生密度の異なる傾向があるといわれるが、詳細は不明であり、今後検討が必要である。

(3) 防除法

①防除のポイント

1) 施設では開口部に防虫ネット（1mm目以下）を張り、侵入を防止する。目合いは細かいほうが侵入防止効果があるが、通気性も低下する。最近では赤色ネットがネギアザミウマやミナミキイロアザミウマの侵入防止効果が高いことが確認されている。しかし、本種には効果は低いようである。

2) 未発生地域では、本種が発生している地域から苗や株を持ち込まない。

3) 野外の発生密度が高い5〜7月には、定植直後から薬剤散布を行なう。本種は膜割れと同時に蕾内に侵入し、防除がむずかしくなるため、着蕾後は7日間隔で数種の薬剤をローテーション散布する。

4) 収穫後、不必要な株はすみやかに処分する。また、親株は必要最小限だけ養成し、花を可能なかぎり除去し、月に1回以上の薬剤散布を行なう。

5) 本種の発生した施設では、土壌消毒を行なうか、施設を密封して次作の定植まで10日以上あけ、蛹または成虫を死滅させる。

6) 観賞用の花卉類や雑草は発生源となるので、圃場周囲から除去する。冬期も雑草は本種の越冬場所となっているので、除草に努める。

7) 圃場周辺ではTSWVの寄主植物となるナス科、マメ科、キク科の作物の栽培を避ける。

8) 圃場内で本ウイルスの発病した株はすみやかに処分する。

9) TSWV発生地域では、親株を定期的に更新するとともに薬剤防除を実施する。

②防除の実際

ミカンキイロアザミウマは薬剤が効きにくい害虫である。そこで、前述の各種の対策を総合的に実施する必要がある。

キクで利用できる有効な薬剤はアベルメクチン系殺虫剤（アファーム乳剤、アグリメック）、スピノシン系殺虫剤（ディアナSC、スピノエース顆粒水和剤）、METI系殺虫剤（ハチハチ乳剤）、クロルフェナピル（コテツフロアブル）およびピラゾール（プリンスフロアブル）がある。ただ、これらの殺虫剤でも地域によっては効果が低下している場合もあるので、散布後の発生状況に注意するとともに、同一薬剤の連続使用をひかえる。

③防除上の注意

施設では開口部に防虫ネットを張ると圃場内部の温度が上昇しやすいので注意する。

TSWVの発生が確認された地域では、さらに防除対策の徹底が望まれる。

(4) 今後の課題

ミカンキイロアザミウマの侵入当初は有効な薬剤が少なかったことと、発生生態が不明であったことから防除対策が確立しておらず、国内の多くの地域でミカンキイロアザミウマの被害が発生した。しかし、多くの侵入害虫と同様に、防除対策の確立などにより現在では比較的被害が少なくなってきている。

ただし、施設栽培の花卉類では現在も被害が発生しやすい。花卉類では本種の被害が商品価値を直接左右するため、発生を低密度に維持する必要がある。そのためには、薬剤防除だけでなく、いろいろな防除対策に総合的に取り組む必要がある。ただし、薬剤防除は抵抗性発達と新規農薬開発とのいたちごっこで中核技術とならないおそれがある。今後、新たな防除技術の開発が望まれる。

執筆　片山晴喜（静岡県農林技術研究所）

2016年記

＊本稿が執筆された時点で登録のある農薬を記している。実際の使用にあたっては登録のある農薬を選ぶとともに、ラベルに記載の対象病害、害虫にのみ使用する。

クリバネアザミウマ

(1) 被害のようすと診断ポイント

クリバネアザミウマ *Hercinothrips femoralis* (Reuter)（英名：Banded greenhouse thrips）はアフリカ起源のアザミウマであるが，近年，世界中に分布を拡大し，施設栽培で問題となることがある。国内でも1992（平成4）年ころから，施設内の花卉類，果菜類で発生が確認されている。キクにおける被害は生産圃場では報告されていないが，接種試験により葉の食害が確認されている。

初発は展開葉の葉裏および葉表のシルバリング，カスリ症状となる。多発時は展開葉の全面が食害を受け，灰白色に枯死する。なお，虫糞が黒い小点として散在する。株全体が食害を受けると，株が枯死することがある。カスリ症状の出た葉を観察し，黒褐色のアザミウマ成虫，尾端に黒い虫糞をつけた幼虫が寄生している場合は本種である可能性がある。

防除適期は葉のシルバリング，カスリ症状，退緑斑などの被害初期である。

ミナミキイロアザミウマによる新葉の食害は引っ掻いたようなケロイド症状を呈するが，本種の食害は株元の展開葉にシルバリング，カスリ症状または退緑斑が発生する。また，本種の幼虫は尾端に黒い虫糞をつけており，キクに発生するほかのアザミウマ類幼虫とは大きく異なる。

第1図 キクの被害
左：成虫放飼3週間後の被害（下葉から食害される）

(2) 病原・害虫の生態と発生しやすい条件

雌成虫の体長は1.2～1.5mm。体色は褐色であるが，頭部では複眼と単眼の間が黄色～茶色，前翅には黄色の帯がある。幼虫は黄色であるが，腹部背面は排泄物が固着して黒褐色に見える。尾部末端に黒褐色で球状の排泄物が付着する場合も多い。卵から成虫まで24℃条件下では24日，27℃条件下では19日を要する。産雌単為生殖を行なうため，雌のみが発生する。海外ではキク科，サトイモ科，サクラソウ科，シソ科，サボテン科，イラクサ科，ウコギ科，コショウ科，キョウチクトウ科，ユリ科，カヤツリグサ科の植物で被害の報告があり，寄主範囲が広い。薬剤防除の少ない施設栽培で発生しやすい。

(3) 防除法

寄主範囲が広いため，施設周辺の各種植物に生息している可能性がある。耕種的防除として，施設への飛込みを防ぐため，目合い1mm以下の防虫ネットを施設開口部に設置する。

花卉類のアザミウマ類に対してスワルスキーカブリダニが市販されているが，本種に対する防除効果は不明。

発生や被害に気がついたら，できるかぎり早く薬剤防除を実施する。このとき，5～7日間隔で2～3回連続防除すると，薬剤に接触しにくい卵や蛹が発育したあとに防除でき，効果的である。キクではアザミウマ類を対象とした，有機リン剤のマラソン乳剤（2,000～3,000倍），アセフェート水和剤（1,000～1,500倍）およびトクチオン乳剤（1,000倍）が登録されており，本種に有効である。このほか，ネオニコチノイド系剤のモスピラン水溶剤（2,000倍），スピノシン系剤のスピノエース顆粒水和剤（5,000倍）の効果も高い。

(4) 効果の判断と次年度の対策

成幼虫の寄生がなくなったり，被害の拡大が収まれば，防除効果が上がったと考えられる。

生理障害，病害虫対策

施設内の作物残渣や雑草に本種が寄生する可能性があり，次作の発生源となる。次作や周辺作物のために栽培終了後は施設内の作物残渣や雑草をていねいに処分する。

執筆　片山晴喜（静岡県農林技術研究所）

2017年記

＊本稿が執筆された時点で登録のある農薬を記している（2017年1月）。実際の使用にあたっては登録のある農薬を選ぶとともに，ラベルに記載の対象病害，害虫にのみ使用する。

クロゲハナアザミウマ

(1) 被害のようすと診断ポイント

①被害状況

クロゲハナアザミウマ *Thrips nigropilosus* Uzel（英名：Chrysanthemum thrips）は，日本全国，国外ではヨーロッパ，シベリア，韓国，北アメリカ，オーストラリアなどに分布する。成虫，幼虫ともキク科植物の花と葉を加害する。成虫で越冬するが，施設栽培では冬季にも被害が発生する。

初発時，新芽に寄生，加害すると，展開してくる葉はケロイド様の症状や縮れ，引きつれが発生する。生長点の生育は阻害され，黄～褐変する。ヒマワリでは葉裏に成虫と幼虫が寄生して吸汁加害すると白色小斑点が発生する。花では線状・網目状の白斑が生じる。多発時は，シルバリング，奇形葉が目立ち，着蕾前の葉では出荷に影響を及ぼす被害となる。ヒマワリでは下位葉から葉が黄化することが知られる。

②診断のポイント

雌成虫の体長は約1.2～1.4mm，雄成虫はやや小さく約0.9mmである。体色は全体的に黄色～茶褐色で腹部は暗色に見える。胸部には不定形の褐色斑が多いことが特徴である。雄はすべて短翅型で，雌には長翅型と短翅型が現われる。触角は褐色で7節，腹部の腹板，側背板のいずれも副刺毛を欠き，第2背板側縁の刺毛は3本。

発生初期に防除する必要がある。展開してくる新葉にケロイド様の症状が発生してきたときに対策を講じる。

ヒラズハナアザミウマ，ミカンキイロアザミウマ，ダイズウスイロアザミウマ，ネギアザミウマ，ミナミキイロアザミウマなど各種アザミウマが混発することが多く，被害からの区別は困難である。カンザワハダニなどのハダニによる被害にも似るが葉では奇形葉などは発生せず，全体が白っぽく見える。ハダニ類が多発して花にも寄生するようになると花弁へのカスリ状痕も発生して，被害だけではさらに見分けにくい。

(2) 生活史と発生生態

年間3～4回世代を繰り返し，芽の中などで成虫越冬する。加温施設では通年活動し冬季の被害も発生する。露地では4月に活動し始め，秋まで見られる。新葉展開期には生長点である新芽の部位に潜り込んで加害する。春から梅雨明けころと秋季に多くなる。老熟幼虫は地上に降り，土中で蛹化する。やや乾燥した条件が増殖に好適と考えられる。

(3) 防除法

物理的防除として施設では0.6mm以下の目合いの防虫網の展張が有効である。近紫外線除去フィルムの展張もアザミウマ類に有効であるが，花色の発現に影響する可能性がある。圃場周辺のノボロギクなどキク科雑草は発生源となるので処分する。生物防除はとくになし。土着のヒメハナカメムシ類による捕食はあると思われる。

発生初期に農薬で防除する。新芽部に潜り込んでいるために散布剤がよくかかるように留意する。

(4) 効果の判断と次年度の対策

新芽部の未展開部に残存している虫がいないかルーペなどで確認する。毎年の被害発生時期を踏まえて，発生初期に対策できるよう準備する。また，施設ではアザミウマ類の粘着トラップ（青色，黄色など）の設置により発生状況のモニタリングが可能である。

執筆　竹内浩二（東京都島しょ農林水産総合センター大島事業所）

2011年記

ウイルス，ウイロイド

(1) キクのウイルス病，ウイロイド病

　キクに発生するウイルス・ウイロイド病は数十年前と状況が異なる。1993年に国内ではじめて発生報告があったトマト黄化えそウイルス（TSWV）によるえそ病が，また，キク茎えそウイルスによる茎えそ病が2006年に国内でも発見されており，媒介昆虫の分布拡大とともに，全国のキク産地で発生するようになり問題となっている。また，20年以上前ではまれにしか見なかったキク矮化ウイロイドによるわい化病も，感染親株とともに全国に広がり，TSWVと同じく全国の産地で発生する病害となった。一方，従来から知られたキクBウイルスやキク微斑ウイルスによる病害報告はこれら新興病害の陰に隠れ，最近ではほとんど被害報告を見ることもなくなった。現在ではえそ病や茎えそ病，わい化病が主要病害となっている。

　ウイロイド病害は他の花卉類でほとんど発生しないが，キクでは重要病害の一つとなっている。ウイロイドは1本鎖の環状RNAであり，外被タンパク質をもたず，大きさは分子量が$80 \sim 125 \times 10^3$，塩基数246～399塩基しかない（佐野，2007）。キク以外ではジャガイモやトマト，ホップ，カンキツなどで発生が問題となるが，花卉類で現在問題となるのはおもにキク，ダリア，マーガレットなどである。タンパク質をもたないため，血清反応による検出ができないことや，一般的な茎頂培養などでは植物体から除去できないなど，ウイルスとは異なる性質をもつ。そのため，ウイロイドに対してはウイルスとは異なった対処法を講じる必要がある。

(2) わが国のキクに発生しているウイルス病とウイロイド病

①トマト黄化えそウイルス（*Tomato spotted wilt virus*，TSWV）によるえそ病

　TSWVは直径80～100nmの球状粒子で，トスポウイルス属に含まれる。アザミウマによって永続伝染し，宿主範囲が非常に広く感染植物は92科1,050種余ときわめて広い（第1表にその一部を示す）。わが国ではトマト，ピーマン，ナスなどナス科作物，キク，ガーベラ，アスター，ジニア，シネラリア，ダリア，マリーゴールドなどのキク科，トルコギキョウ，スターチス，アルストロメリアなどの花卉類で発生が報告されている。花卉類での発生は1972年にわが国で初めてダリアでの発生報告がある（津田，2000）。キクでの発生は1993年に静岡県で最初に報告され，葉が枯死し茎にえそ条斑が生じた（加藤ら，1995）。

　TSWVはミカンキイロアザミウマ（*Frankliniella*

第1表　TSWVが発生する花卉類
(本田ら改編，1999)

科　名	発生植物
アヤメ科	ヒオウギ
イソマツ科	スターチス
キキョウ科	ロベリア
キク科	アスター オステオスペルマム ガーベラ キク ヒャクニチソウ シネラリア ソリダスター ダリア ディモルフォセカ マトリカリア マリーゴールド ムギワラギク メランポジウム
キョウチクトウ科	ニチニチソウ
クマツヅラ科	バーベナ
サクラソウ科	シクラメン
シソ科	サルビア
ツリフネソウ科	ホウセンカ インパチェンス
ナス科	センナリホオズキ トウガラシ
ヒユ科	センニチコウ
ユリ科	アルストロメリア
リンドウ科	トルコギキョウ

occidentalis）をはじめとする数種類のアザミウマ類によって媒介される。最近のTSWVの発生拡大は同虫の国内への侵入，発生拡大によるところが大きいと考えられている（本田・津田，1999）。種子伝染や土壌伝染はしない。

病徴はおもに葉と茎に発生する。葉でははじめに部分的に退緑し，その後壊死することが多い。また，退緑輪紋やえそ輪紋，えそ斑点が生じる。病徴が激しくなると茎にえそ条斑が生じ，壊死が内部にまで及ぶため茎が扁平になったりわん曲することがある（土井，1999）。しかし，これらの病徴は環境条件によっては発病しない場合もある。さらに，キクのトマト黄化えそウイルスに対する感受性には，品種間差異があることが海外，国内ともに報告されている（Allenら，1990；輪ギク：加藤・花田，2000；スプレーギク：土井，2004a）。また，TSWVはキク植物体内に偏在するため，感染個体であっても検出されないことがあるため，検定のさいには留意する必要がある（Matsuuraら，2004）。

TSWVは，ダイズウスイロアザミウマ，ネギアザミウマ，ヒラズハナアザミウマ，ミナミキイロアザミウマ，キイロアザミウマ，チャノキイロアザミウマ，ミカンキイロアザミウマなど複数のアザミウマによって媒介されるが，伝搬効率などの点でミカンキイロアザミウマの比重が高い。また，同虫は薬剤抵抗性を獲得していることが多く，防除が困難なこともこの病気拡大の一因と考えられる。TSWVのアザミウマによる媒介特性は特異的であり，幼虫時にのみTSWVを獲得し，蛹から羽化までの10日前後の潜伏期間を経たあと，成虫になってから5分以上の加害吸汁ではじめてウイルスを伝搬する。また，いちど保毒したアザミウマは終生ウイルス伝搬能力を保持するが，経卵伝染はしない（津田，2000）。

②**キク茎えそウイルス**（*Chrysanthemum stem necrosis virus*，**CSNV**）**による茎えそ病**

CSNVはTSWVと同じトスポウイルス属のウイルスである。キクえそ病の病徴に酷似した茎えそ，葉の退緑・輪紋・黄化・えそ，また奇形症状が現われる。このウイルスによる病害は2006年に広島県において発生が報告されたのが最初である（松浦ら，2007）。このウイルスも，ミカンキイロアザミウマによって媒介される（奥田ら，2007）。また，親株が感染した場合は，栽培圃場全体に蔓延する危険性がある。土壌伝染は現在報告されていない。

キク茎えそウイルスはCSNV用抗血清で診断できる。CSNVによる病徴はTSWVのそれと似ているが，TSWVの血清ではほとんど反応しない（Verhoeven *et al*．, 1996）。これまで症状から判断して，TSWVによるものと思われていたにもかかわらずTSWVの血清で反応しなかったものはCSNVであった可能性がある。

CSNVはキクだけでなく，トマトやピーマンなどの野菜類，アスターやトルコギキョウなどの花卉類でも発生しており，キクの周辺植物からの伝染のおそれもあり，各都道府県から特殊報により注意喚起されている．

③**キク微斑ウイルス**（*Tomato aspermy virus*，**TAV**）**によるウイルス病**

TAVはキクが栽培されている世界各国で発生が認められている（Hollings *et al*．, 1971）。宿主範囲は広く，各種植物上での病徴はCMVに類似しているが，ウリ科作物には全身感染しない。キクのほかでは，トマト（モザイク，えそ）やピーマン（モザイク），ジニア（モザイク）などで分離されている。キク科植物に対する接種試験ではキンセンカ，アスター，カッコウアザミ，レタスなどでモザイクを生じ，シュンギク，フランスギク，ヤグルマギクなどに無病徴感染する。また，多種類のアブラムシによって伝搬される。

TAVに感染した株では，葉に退緑斑，黄斑，輪紋，えそ紋などが生じ，生育不良となる。花は変形して小型になり，桃色～赤紫色の品種では花弁に斑入りや退色を生じる。しかし，感染した当年はふつう病徴を現わさない。感受性と病徴の程度は品種によって大きく異なり，病徴としては生育の初期に，軽い不明瞭な退緑斑紋

生理障害，病害虫対策

を示す品種がかなり見られるが，病徴を現わさない品種も多い（栃原，1970）。

被害についての詳しい調査はないが，茎頂培養でTAVをフリーにすると花重量や茎の太さ，草丈などが品種によって顕著に増大することが知られている（山口，1979）。

④ **キクBウイルス**（*Chrysanthemum virus B*，**CVB**）**によるウイルス病**

CVBはキクが栽培されている世界各国で発生が認められている。宿主範囲は狭く，キク科とナス科の一部およびツルナ，ソラマメに限られている。また，多種類のアブラムシによって伝搬される（Hollings, 1972 ; Hakkaat et al., 1974 ; Verma., 2003）。CVBに感染した株では葉に退緑斑紋，あるいは葉脈透化や軽いえそ斑紋，株の軽い萎縮などを生じ，花弁の退色やえそ条斑を生じる品種もある。多くの品種に感染するが，感受性と病徴の程度は品種によって大きく異なる。低温期に葉脈に沿って軽いモザイクを示す株も多いが，大半の品種は無病徴である。

⑤ **キュウリモザイクウイルス**（*Cucumber mosaic virus*，**CMV**）**によるウイルス病**

CMVの宿主範囲は非常に広く，野菜・花卉類にもっとも普遍的に発生するウイルスで，アブラムシによって伝搬される。関東および九州のキクから分離され，キクに対する病原性も確認されているが，キクから高率にCMVが分離されることはまれである。キクから分離された分離株を含めキクにCMVを接種すると，一時的に株により退緑斑紋などのモザイクが現われるが新しい展開葉にはしだいに病徴を示さなくなり，数か月後にはCMVが分離できなくなることが観察されている。キクでの発生は少ないと考えられている。被害についての調査はない（土崎ら，1993）。

⑥ **キク矮化ウイロイド**（*Chrysanthemum stunt viroid*，**CSVd**）**によるわい化病**

CSVdは塩基数354—356塩基の1本鎖の環状RNAである。宿主は栽培キク・野生ギクなどのキク属やシネラリア・ダリアなどのキク科植物，ペチュニアやトマトなどのナス科植物である（Matsushita 2013）。ただし，矮化などの症状が明瞭に現われるのは栽培ギクだけである。なお，日本植物病理学会植物ウイルス分類委員会によりCSVdの正式な日本語名は「キク矮化ウイロイド」と決定した。

CSVdのわが国での発生の確認は1977年が最初である（大沢ら，1977）。その後，三重県（花田ら，1982）や香川県（楠ら，1993a），兵庫県（塩飽ら，1996），熊本県（森山ら，1996），北海道（李ら，1997），山形県（兼松ら，1998），新潟県（杉浦ら，1998），福岡・宮崎・沖縄県（花田ら，2001），秋田県（山本ら，2001），静岡県（土井・加藤，2004b）など各地で発生が報告されており，また，松下（2006）による調査では，ほぼ全国で本病が発生していることが確認されている。

おもな病徴は葉が小型化し節間が短縮してわい化し（第1図），また挿し穂の発根が非常に悪くなることなどがあげられる。花の小型化や開花期の早期化または遅延化が見られる品種もある。'ミスルトー'の葉には2mm程度の特徴的な退緑斑や黄斑が生じる。

この病徴は26〜29℃でもっとも早く現われるが（Handley et al., 1980），汁液接種で1〜2か月，接ぎ木接種で20〜30日を要する。しかし低温，弱光線下では病徴が現われにくい。種子伝染に関しては，高保毒個体から得られた実生50個体から16個体がRT-PCRで検出され，種子伝染が確認されている（大石ら，2001）。虫媒伝染は報告されていない。

主要な伝染源は無病徴株を含めた罹病ギクで，摘蕾，収穫，刈込みなどの管理作業に伴う接触，あるいは刃物によって伝染が起こる。病徴が現われていない時期に外見から判断して感染個体を除去することは非常に困難であるため，罹病個体を親株として増殖していることにより被害が拡大していると思われる。

生育障害の程度は品種によって異なり，香川県農試（1994）の報告では，開花時の茎長が'秀芳の力'は正常株の約69％，'花秀芳'は約30％，'精興黄金'は約44％になり，花弁も短くなっている（第2表）。また，接種してか

第1図　キク矮化ウイロイドによるわい化病

第2表　接ぎ木接種による罹病株の生育と切り花時の特性　　　　　　　（香川県農試，1994）

品種（花色）		定植1か月後の茎長 (cm)	切り花の特性				舌状花の花色[1)]		
			茎長 (cm)	節数	舌状花数	舌状花長 (mm)	L*	a*	b*
秀芳の力（白）	健全	28	51	46	230	56	78.8	−1.0	1.0
	罹病	16	35	35	219	53	61.5	−1.3	3.0
花秀芳（赤）	健全	42	105	51	268	67	29.0	38.0	−10.8
	罹病	24	32	20	177	47	45.4	22.7	−9.9
精興黄金（黄）	健全	34	57	34	362	71	73.7	−4.0	47.0
	罹病	20	25	25	345	57	71.3	−4.5	44.6

注　1) L*a*b*表色系による。L*値は明度軸で大きいほど明るく，a*とb*は，その値によって，色相と彩度に相当する座標を示す。a*値は赤～緑の軸を，b*は黄～青の軸を表わす

らRT-PCRによる感染確認が可能になるまでに必要な期間は品種によって幅があり，汁液接種後1か月で検定可能な品種から，接種後9か月まで検出できない品種まである（森本・松下，2013）。つまり，汁液などで接種された場合，感染確認や発病に至るまでの期間は非常に長く，そのことが発見を遅らせているものと考えられる。

これまではウイロイド抵抗性は存在しないと考えられてきたが，実際はCSVdに抵抗性を有する品種が近年になって確認されている（Omori et al., 2009；Matsushita et al., 2012；Nabeshima et al., 2012）。また，抵抗性形質は後代にも遺伝することが確認されていることから，育種によって抵抗性を付与することは可能であろうと思われる（Matsushita et al., 2012）。また，抵抗性形質は子房親または花粉親どちらからも遺伝することが可能である（仲ら，2016）。しかしながら抵抗性形質の遺伝パターンについては不明なことが多く，選抜用のマーカーなどもまだ開発されていないことから，効率的な抵抗性育種にはまだ時間がかかると思われる。

一部の品種では冬季の低温を受けることでCSVdの濃度が低下し，検出漏れを起こすことがある（Matsushita & Shima, 2015）。その理由としては伸長した冬至芽にCSVdが感染しにくい状態になっていることによるものと思われる。ただし，一時的に濃度が低下するだけなのでCSVdが消滅するわけではないため，汚染源としての圃場に残るリスクとなりうる。

生理障害，病害虫対策

⑦ キク退緑斑紋ウイロイド (Chrysanthemum chlorotic mottle viroid, CChMVd) による退緑斑紋病

このウイロイドは2003年に秋田県のキクで発生が確認された (Yamamoto and Sano, 2005)。CChMVdによる病徴は新葉のクロロシス (退緑), 若い葉の微斑であるが, 病徴が一時的に回復することがあり生理障害と混同するおそれがある (Dimock et al., 1971)。宿主範囲は非常に狭く, 栽培ギク (Chrysanthemum morifolium) およびキク属野生ギクが宿主となり, また種子伝染することが確認されている (松下・森本, 2014)。CChMVdは塩基数398-401塩基であり, 病徴系統と無病徴系統があることが知られている (Navarro and Flores, 1997；De la Pena et al., 1999)。現在のところ媒介虫は報告されていない。なお, 日本植物病理学会植物ウイルス分類委員会によりCChMVdの正式な日本語名は「キク退緑斑紋ウイロイド」と決定した。

全国の発生状況の調査では, 上記の秋田県以外には京都府, 大阪府, 愛知県, 広島県, 滋賀県, 福岡県の各県のキクで感染が確認されている (Hosokawa et al., 2005)。

⑧ 紋々病

葉に淡黄色の円形, 楕円形, 不整形の斑紋となって現われる。ウイルスによる病徴に類似していることから, 当初はウイルス病が疑われたが, キクモンサビダニ (フシダニ科) によることが明らかにされた (土居ら, 1979)。キクモンサビダニは15～20℃で増殖率が高く, 温室内での発生は4～6月, 10～11月に多発する (加藤ら, 1982)。

(3) 診断法

ウイルスやウイロイドに感染している株が健全株の中に混在していると, その株が伝染源となって, 健全株に伝染するので, ウイルス, ウイロイドの感染の有無を明らかにすることが重要である。

病原の種類によって病徴が異なり特徴的な病徴を生じるが, この病徴は品種や生育環境によって大きく異なり, 無病徴感染株も多いことから, 肉眼による観察だけでは感染ウイルス・ウイロイドを的確に判断できない場合が多い。

①判別植物への接種

TSWVの場合, 検定植物としてはキノア (Chenopodium quinoa) かササゲが適しており, キノアでは接種後4～5日後に局部病斑を生じ, ササゲでは5～6日後に退緑輪紋を生じる。CSNVはDatura stramoniumにおいて, 特異的にえそ条斑がでるのでTSWVと区別できる (Verhoeven et al., 1996)。

TAVの宿主範囲と病徴はCMVと類似しているが, キュウリに全身感染しないこと, グルチノーサ (Nicotiana glutinosa) にモザイクか, ひだ葉が生じやすいことで区別できる。

CVBはペチュニアの接種葉 (ごく若い葉や老化葉は不適当) に接種10～30日後に特徴的な退緑斑～黄斑, ときにえそ斑を生じるので判別植物として利用できる。ただしペチュニアは品種によって感受性が異なるので注意が必要である。TAVとCMVはペチュニアにモザイクを生じる。TSWVでは接種数日後, 接種葉にえそ斑点を生じる。

CSVdの検定植物にはキク'ミスルトー'を用いる。一般的に高温下での接ぎ木接種がよいとされている。また, カミソリの刃で切り傷をつける接種方法はカーボランダム法に比べて高い感染率が得られている。感染した'ミスルトー'の葉に退緑斑点が生じることで確認できる。ただし, 'ミスルトー'はTAVやCVBによっても葉脈透化や退緑斑紋, 葉の捻れや萎縮, 黄斑などの病徴を現わす (Hakkaat et al., 1974；大沢ら, 1977；楠ら, 1993a)。ただし, 現在ではこのような方法を用いて検定することはほとんどない。

②抗血清による方法

ウイルスの診断には, ウイルス特異的抗体を用いた酵素結合抗体法 (ELISA法) や迅速免疫ろ紙検定法 (RIPA法), 抗原抗体反応を利用したDIBA法などの血清学的診断法を用いることが多い。各種ウイルス抗体が日本植物防疫協会などから販売されている。血清学的診断は

比較的安価で，特殊な機器などがあまり必要ではない。ただし，TSWVにおいては検定部位により安定した結果が得られない場合があり，たとえば感染個体の無病徴部位や無病徴個体からのELISA法での検出は困難であることが多い（藤ら，1997）。健全株の選定のためにはハイブリダイゼーションやRT-PCRによる検定が望ましい。そのほか，ELISA法では試料の調整方法によっては非特異反応が起こるため，調整方法の検討を十分に行なう必要がある（千田ら，1994）。TSWVやCMVの抗血清については日本植物防疫協会より販売されており，簡易診断キットであるイムノストリップについてはAgdia社より販売されている。

ウイロイドはタンパク質をもたない裸のRNAなのでウイルスのように抗血清を用いて検出することはできない。

③電子顕微鏡による方法

CVBの検出は試料作製が簡単なDN法で可能である。TSWVの検出はウイルス粒子が物理的に不安定であるため，罹病植物の汁液を試料とするさいはグルタールアルデヒドなどによる前固定操作がなければ粒子形態の判別は困難である（本田・津田，1999）。電子顕微鏡によるTSWVの診断には熟練を要する。ウイロイドの検出には適さない。

④ポリアクリルアミドゲル（PAGE）による病原核酸の検出

罹病植物体から病原核酸を抽出し，PAGE電気泳動によって泳動度や泳動パターンの分析を行ない，感染している病原体の診断を行なうことができる。CSVdの診断に用いられる。ただし，RT-PCR法と比較すると感度は高くなく，また，抽出作業が煩雑であり日常的な検定には不適当である（楠ら，1993a）。

⑤病原核酸のハイブリダイゼーションによる検出

ハイブリダイゼーション法は病原核酸と相補的な配列をもつ核酸を作製し，これをプローブとして試料中にプローブとハイブリッドを形成する核酸の存在を確認する診断方法である。CSVdの診断に用いられる（大石ら，2003；楠・松本，2006）。楠・松本（2006）は，プローブの作製が簡便なDig標識cDNAプローブを用いたドットブロットハイブリダイゼーション法によるCSVdの検出を行ない，多数の検体を一度に扱える有用な検体手段であることを示している。そのほか，RT-PCRとハイブリダイゼーションを組み合わせたPCR-ハイブリダイゼーション法がある。

⑥遺伝子増幅による検出

PCR（Polymerase Chain Reaction）を利用した検出方法が近年さかんに行なわれており，TSWV（黒田ら，1999；津田ら，1994），CSNV，TAV，CMV，CVB（山本ら，2001），CSVd（楠ら，1993b；塩飽ら，1996；兼松ら，1998；花田・酒井，2001；Matsushita et al., 2007），CChMVd（Hosokawa et al., 2005）の検出が可能である。ウイルスの検定において抗血清を入手できない場合に，有効な検定手段となる。

PCRによる検出方法は，対象となるDNAを増幅し，その増幅産物の有無を電気泳動で確認することで検出できる。検出対象となる病原核酸と配列特異的なプライマーを準備し，既定のPCRの条件下で対象となる病原核酸のみを増幅させる（RNA抽出・プライマー・PCR条件などは文末の各参考文献参照）。上記のウイルスおよびウイロイドのゲノムはRNAであるため，はじめにRNAを逆転写（RT）して相補的なcDNAを合成し，それをPCRによって増幅し電気泳動で産物の有無を確認することができる。さらに感度を上げるために，2段階でPCRを行なうNested PCRによる方法もある（山本ら，2001；Matsushita et al., 2007）。

RNA抽出法の改良もされており，注射針やつまようじで検体（葉や茎）を刺し，RT溶液に浸して抽出する簡易抽出法も報告されている（大石ら，2005；Hosokawa et al., 2006；第2図）。その後の操作は通常のPCR法を行なうだけでRNA抽出したサンプルとほぼ同等の検出結果が得られている。また，同時にCSVdとTSWV（松浦ら，2006），またCSVdとCChMVd（Hosokawa et al., 2007）をそれぞれ同時に一度のRT-PCRで検出するマルチプレックスRT-PCR法も

生理障害，病害虫対策

報告されており，作業の効率化のために有効な技術である。

RT-PCRを行なうにあたっての注意点は，1）非特異的な増幅を避けるようなプライマーを設計すること，2）誤診を防ぐために健全株と感染株をそれぞれコントロールとして用いること，3）病原RNAを感染植物から抽出するさいに，PCR阻害物質をできるだけ除去できる抽出操作を行なうこと，4）PCRの条件（アニーリング温度や試薬の組成）は参考文献の記載事項に従い忠実に行なうこと。PCR酵素の種類が異なるとまったく増幅産物が得られないことも多い。

RT-PCR法は血清学的診断より一般的に高感度であるが，PCR装置や電気泳動装置などといった機器が必要であり，試薬などが高価であるなどの問題点がある。

また，LAMP（loop-mediated isothermal amplification）法を利用した検出も行なわれている。LAMP法は短時間（15～60分）程度での遺伝子増幅が可能である。検出結果は増幅反応によって生じる副産物（ピロリン酸マグネシウム）の白濁で遺伝子の増幅を確認する。ウイルス，ウイロイドの検出ではRT-LAMP法を用いてTSWVやCMV，CVB，CSVdの検出が行なうことができる（福田ら，2005；松浦・重本，2005；平田，2006）。

(4) 防除方法

①無病苗の利用

茎頂培養によって無病にすると，その影響は品種や除去した病原体によって差が見られるが，主要な効果として，草丈の伸長と切り花本数の増加，花重の増加，発根の促進，冬至芽発生の増加，旺盛な栄養生長による花芽分化と開花期の遅れなどが起こる傾向が見られる（山口，1979）。

茎頂培養によるウイルスのフリー化には，一

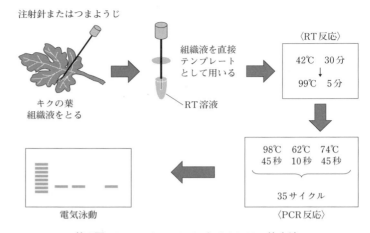

第2図　Direct RT-PCRによるCSVdの検定法

般的には生長点のドーム部分を0.2～0.3mm摘出して培養し，検定でウイルスフリーを確かめる作業が行なわれる。TAVやCVBのフリー化は比較的容易であり，0.6mm以下で100％，0.7～1.0mmで64％の個体がフリー化され（吉野ら，1971），38℃4週間培養したキク株では3mmの大きさでもフリー化されたなどの報告がある（麻谷・井上，1968）。

CSVdはおもに採穂によって伝染するため，もっとも重要な対策は健全な親株の選抜である。方法としては，茎頂培養によるウイロイドの除去株の作出および育苗段階での診断によって，無病苗を選抜して利用する方法がある。しかし，CSVdやCChMVdなどのウイロイドのフリー化は上記のウイルスのように容易ではなく，同じような茎頂培養ではフリー個体は得られない。実際の方法を以下に示す。

岩手県においては，ティッシュブロットハイブリダイゼーション（ティッシュプリントハイブリダイゼーションの変法）を用いて県内農家向けに実用的な検定を実施している（第3図）。すなわち，1）採穂用親株の候補株を生産現場で肉眼観察で選抜，2）その葉を密に丸めて棒状として鋭利な刃物で切断した面をハイブリダイゼーション用のメンブレンに圧着（普及センターで実施），3）乾熱でベーキング後研究機関に送付，4）研究機関でハイブリダイゼーシ

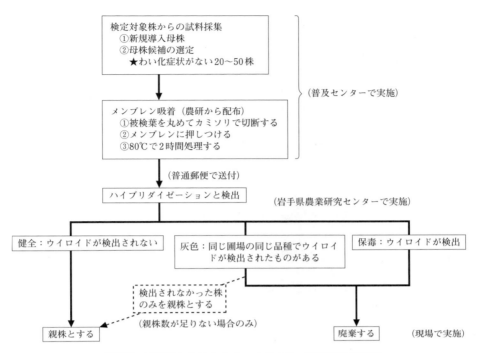

第3図 岩手県におけるウイロイドフリー親株選抜の体制

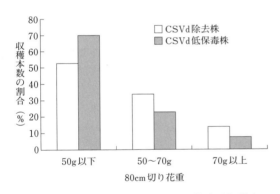

第4図 全収穫本数に対する切り花重別収穫本数の割合

ョンを行なって検定結果を通知する，5）親株選抜および感染株の廃棄を実施，という流れでCSVdフリー個体の選抜体制が実施されている（勝部，2006）。この方法は核酸抽出を必要とせず，組織切片をナイロンメンブレンに直接押しつけてウイロイド核酸を吸着させるものである。

　CSVdは葉原基を含む茎頂分裂組織を培養する通常の茎頂培養では，ほとんど除去することができない。しかし葉原基をもたない茎頂分裂組織のみ（超微小茎頂分裂組織）の培養は非常に困難である。Hosokawa et al.（2004）は，超微小茎頂分裂組織をキャベツ根へ移植する培養法を用いることで，CSVd除去株を作出できたことを報告している。このようにして作出されたCSVd除去の'神馬'では，低濃度保毒個体よりも生育が旺盛となって茎長の伸長がよくなり，また，切り花重が増加している（第4図，第3表）（堀田ら，2006）。CChMVd除去個体の作出についても同様の方法でフリー個体が作出されている（Hosokawa et al., 2005）。

　また，平田（2006）はキク苗を4℃で6か月で低温処理し，茎頂培養（直径0.2～0.3mm）を行ない，RNA合成阻害剤を加えた培地で植物体を再生させる方法を用いて，CSVdフリー個体を得ている。JA和歌山県ではこの手法を用いてウイロイドフリー苗の生産と供給を行なっている。

第3表 CSVd除去株の電照打切り時の生育と開花時の切り花品質

	電照打切り時		開花日	開花時		80cm切り花重 (g)	花首長 (cm)	平均節間長 (cm)	花蕾径 (cm)
	茎長 (cm)	節数		茎長 (cm)	節数				
CSVd除去株	64.2	30.3	12月16日	90.2	46.8	60.8	1.67	1.91	3.37
CSVd低保毒株	56.5	27.9	12月15日	83.5	44.0	53.0	1.49	1.83	3.28
	**	**	ns	**	**	**	ns	ns	ns

注 **：t検定により1％水準で有意差あり

②伝染源の除去と伝染経路の遮断

キクでおもに問題となる病原体はTSWVやCSNVのトスポウイルス，CSVdなどのウイロイドである。トスポウイルスはアザミウマによる伝搬と伝染源となる感染株に注意する必要がある。また，CSVdなどのウイロイドは感染株が主要な伝染源である。これらのウイルス，ウイロイドは感染していても明瞭な病徴を示さないことが多いため，感染株の除去は容易ではない。そのため，感染株を持ち込まないようにすることが重要であり，もし発病株が生じた場合は周辺の無発病株を含めて処分することが望ましい。

また，親株の管理に関しては，使用する刃物の消毒や交換，アザミウマ対策などを徹底した管理を行なう必要がある。

以下に詳細を示す。

TSWV TSWVはアザミウマ類が媒介すること，宿主範囲が広いことから防除対策としては，アザミウマ類の防除とウイルス源となる感染植物の除去が重要である。

ミカンキイロアザミウマは多種類の作物に寄生する。被害の大きいものとして，キク，バラ，ガーベラなどの花卉類とイチゴ，トマト，ハウスミカンがある。またそのほか，雑草にも寄生する。アザミウマ類はとくに花を好み，花弁や花粉を吸汁すると雌成虫の生存期間が延び，産卵数が増加する。増殖速度はアブラムシやハダニ類に比べればおそいが微小（体長1～2mm）でおもに花弁や頂芽の隙間に生息するため，目につきにくく，知らぬ間に多発していることがある。TSWVを保毒したアザミウマが植物を食害するときに感染する。感染成虫は死ぬまで媒介能力があると考えられており，ミカンキイロアザミウマの成虫は1か月以上生存できるため，1頭の保毒虫でも発病が多くなる可能性がある。

TSWVの防除対策としては以下のとおりである。

1）TSWV無病苗の確保：TSWVに感染していない親株を確保し，防虫ネットを張った施設内で管理する。無病徴個体が存在することから，健全な親株に感染しないように管理し，そこから採穂することが重要である。また，発生地域では定期的に健全な親株に更新する。なお，未発生地域内に新たに親株を導入するさいは十分な注意が必要である。

2）ミカンキイロアザミウマに対する薬剤防除：ミカンキイロアザミウマはキクでは葉にケロイド状の吸汁痕を発生させる。この被害を確認したら7～10日間隔で防除を行なう。多発してからでは防除効果が低い。また，桃色や青色粘着トラップによるミカンキイロアザミウマの発生状況の把握も可能である。

3）防虫ネットの設置：施設栽培では開口部にネットを張り，アザミウマ類の侵入を防ぐ。1mm以下の目合いのネットが効果が高いが，施設内の温度が上昇しやすくなるため，作物への影響が心配される場合は2mm目合いを利用する。

4）発病株の処分：発病株はTSWVの感染源となるので，病徴が確認された株は速やかに抜き取り処分する。

5）圃場周辺にTSWVの宿主となる花や作物などを植えない：第1表に示した花や作物などはTSWVの感染源となるので圃場周辺に植えないようにする。また，ミカンキイロアザミウマは花で急速に増殖するので，不要な花は植え

第4表　TSWVが発生する野草類

(本田ら編, 1999)

科　名	発生植物
キク科	アキノノゲシ オニタビラコ オニノゲシ コセンダングサ セイタカアワダチソウ タンポポ ノゲシ ハキダメギク ヒメジョオン ヨモギ
クマツヅラ科	クサギ
タデ科	ギシギシ
ナス科	イヌホオズキ
ナデシコ科	ハコベ
ヒユ科	イヌビユ

ないようにする。

6) 圃場周辺の除草：TSWVは雑草にも感染するため (第4表)，除草することが重要である (片山, 1999；土井, 1999)。

CSVd・CChMVd　前述したようにウイロイドの主要な伝染源は感染株である。CSVdの場合，わい化病状以外には明瞭な病徴がほとんどないため，親株の感染を見過ごすことが多い。そのため，親株の管理を徹底することが重要である。具体的には，1) 苗床に感染株を持ち込まないようにする。汚染株が親株の苗床に持ち込まれた場合，それが感染源となって他の健全な親株を汚染する。2) わい化病状が発生した株およびその周辺の株を次年度用の親株にしない。3) 親株の管理には使用する刃物の消毒を徹底する。4) 定期的に親株を健全株に更新することが望ましい。

ウイロイドは一般に多くのウイルスより耐熱性，耐乾性，耐薬品性を示すが，消毒に，水酸化ナトリウム液，次亜塩素酸ナトリウム液 (市販の塩素系漂白剤，ハイターなど) などが有効であるとされている。過去の文献などでは第三リン酸ナトリウム (5％) などによる消毒について記載されていたが，消毒効果は認められないとのデータもあり推奨はされない (中村ら，2013)。また，次亜塩素酸ナトリウムでは有効塩素濃度5％では消毒効果があるが，3％以下では消毒効果は低下する。次亜塩素酸ナトリウムは保存中に自然分解するため自然分解を抑えるには冷所保存が必要である。

CVB・TAV・CMV　CVB，TAV，CMVは接触伝染可能で，さらにアブラムシによって伝染することから，接触伝染とアブラムシによる伝染を防止することである。ウイルスはいずれも非永続伝搬性 (病植物を数十秒以上吸汁すると保毒虫になり，その保毒虫が数時間以内に健全植物を数十秒以上吸汁するとウイルスは伝染する) であることから，周辺の植物を含めアブラムシの着生が認められたときは，ただちに駆除することが望ましい。

ウイルス，ウイロイドの防除の基本は健全な親株の徹底した管理であり，外部から感染株を苗床に持ち込まないようにすることが重要である。また，定期的に親株を健全な株に更新することが望ましい。

執筆　松下陽介 (農研機構野菜花き研究部門)

2016年記

参　考　文　献

Allen, R. W., J. A. Matteoni and A. B. Broadbent. 1990. Susceptibility of cultivars of florist=s chrysanthemum to tomato spotted wilt virus. Can. J. Plant. Pathol. **12**, 417—423.

麻谷正義・井上忠男. 1968. ウイルス罹病キクの熱治療 (予報). 日植病報. **34**, 384—385.

De la Pena, M., B. Navarro and R. Flores. 1999. Mapping the molecular determinant of pathogenicity in a hammarhead viroid: a tetraloop within the in vivo branched RNA conformation. Proc Natl Acad Sci USA. **69**, 9960—9965.

Dimock, A. W., M. C. Geissinger and R. K. Horst. 1971. Chlorotic mottle: A newly recognized disease of chrysanthemum. Phytopathology. **61**, 415—419.

土井誠. 1999. 花きハウス栽培・露地栽培におけるトマト黄化えそウイルスの防除法 (特集, 花きのTSWV徹底防除技術). 農耕と園芸. **54** (12), 127—129.

土井誠. 2004a. スプレーギク品種のトマト黄化え

生理障害，病害虫対策

そウイルス（TSWV）に対する感受性（花き・花木・樹木の病害）．関東東山病害虫研報．**51**，105－107．

土井誠・加藤公彦．2004b．静岡県で発生したキクわい化ウイロイド（CSVd）の塩基配列とキク品種の病徴．関西病虫研報．**46**，11－14．

土居養二・大沢高志・山下修一・中野正明・興良清．1979．キクの紋紋病を起こすフシダニ（Eriophyidae），キクモンサビダニ Chrysanthemum mottle mite，について．日植病報．**45**（4），563．

藤晋一・平野哲司・中込暉雄・大石一史・中前均．1997．キクえそ病（TSWV）の診断．関西病虫研報．**39**，61－62．

福田至朗・新美善久・大石一史・吉村幸江・穴井尚子・堀田真紀子・深谷雅博・加藤俊博・大矢俊夫・神戸三智雄．2005．2種のウイルスとキクスタントウイロイドを検出する reverse transcription loop-mediated isothermal amplification（RT-LAMP）法の開発．関西病虫害研究会．**47**，31－36．

Hakkaat, F. A. and Z. Maat. 1974. Variation of chrysanthemum virus B. Neth. J. Pl Paht. **80**, 97－103.

花田薫・栃原比呂志・橋本純治・沖村誠・川田譲一．1982．わが国のキクから分離されたキク矮化ウイロイド．日植病報．**48**，131．

花田薫・酒井淳一．2001．九州・沖縄で発生したキクわい化ウイロイドの塩基配列．九病虫研報．**47**，42－45．九州病害虫研究会．

Handley, M. K. and R. K. Horst. 1980. The effect of environment on the chrysanthemum stunt viroid disease. Phytopathology. **70**, 567.

平田行正．2006．キクわい化ウイロイドの検出技術とフリー化の現状と問題点（ミニ特集：キクわい化病）．植物防疫．**60**（10），470－73．

Hollings, M. and O. M. Stone. 1971. tomato aspermy virus. C. M. I/A. A. B. Descriptions of plant viruses. No.79.

Hollings, M. 1972. Chrysanthemum virus B C. M. I./A. A. B. Descriptions of plant viruses. No.110.

本田要八郎・津田新哉．1999．トマト黄化えそウイルスによる花き類の被害と防止対策（特集，花きの TSWV 徹底防除技術）．農耕と園芸．**54**（12），130－133．

Hosokawa, M., A. Otake, K. Ohishi, E. Ueda, T. Hayashi and S. Yazawa. 2004. Elimination of chrysanthemum stunt viroid from an infected chrysanthemum cultivar by shoot regeneration from a leaf primordia-free shoot apical meristem dome attached to a root tip. Plant Cell Reports. **22**, 859－863.

Hosokawa, M., Y. Matsushita, K. Ohishi and S. Yazawa. 2005. Elimination of Chrysanthemum chlorotic mottle viroid (CChMVd) recently detected in Japan by leaf-primordia free shoot apical meristem culture from infected cultivars. J. Japan. Soc. for Hort. Sci. **74**（5），386－391.

Hosokawa, M., Y. Matsushita, H. Uchida and S. Yazawa. 2006. Direct RT-PCR method for detecting two chrysanthemum viroids using minimal amounts of plant tissue Journal of Virological Methods. **131**（1），28－33.

Hosokawa, M., H. Shiba, T. Kawabe, A. Nakashima and S. Yazawa. 2007. A simple and simultaneous detection method for two different viroids infecting Chrysanthemum by multiplex direct RT-PCR. J. Japan. Soc. for Hort. Sci. **76**, 60－65.

堀田真紀子・長谷川徹・大石一史・細川宗孝・原広志・加藤俊博．2006．きく'神馬'におけるキクわい化ウイロイド（CSVd）除去株の生育特性．関西病害虫研究．**48**，39－40．

香川県農試．1994．平成5年度業務年報．11－12．

兼松誠司・日高操・村山徹・石黒潔．1998．山形県寒河江市で分離されたキクわい化ウイロイドについて．北日本病虫研報．**49**，73－75．

片山晴喜．1999．TSWV 媒介虫の生態および防除対策（特集，花きの TSWV 徹底防除技術）．農耕と園芸．**54**（12），130－133．

加藤公彦・牧野孝宏・亀谷満朗・花田薫．1995．トマト黄化えそウイルス普通系統によるキクえそ病（新称）．日植病報．**61**（3），274．

加藤喜重郎・中込暉雄・深谷雅博・福田正夫・富田勲．1982．キク紋紋病の生態と防除について．愛知農総試研報．**14**，193－204．

加藤公彦・花田薫．2000．日本に発生したトマト黄化えそウイルス（TSWV）によるキク（Chrysanthemum morifolium Ramat.）えそ病．九州病害虫研究会．**46**，61－65．

勝部和則．2006．ハイブリダイゼーリョン法によるウイロイドフリー小ギク親株の選抜とわい化病防除対策（ミニ特集：キクわい化病）．植物防疫．**60**，466－469．

黒田智久・武田郁子・鈴木一実．1999．RT-PCR を用いたトマト黄化えそウイルス（TSWV）の検出．北日本病害虫研報．**50**，71－73．

楠幹生・松本由利子・中西正憲・祖一範夫・十河和

博. 1993a. 香川県におけるキク矮化病の発生状況. 香川県農試研報. **44**, 19—26.

楠幹生・寺見文宏・寺内英貴・十河和博. 1993b. 逆転写ーPolymerase Chain Reaction (RT-PCR) によるキク矮化ウイロイドの検出. 関西病虫研報. **35**, 7—12.

楠幹生・松本由利子. 2006. キクわい化病発生生態と診断（ミニ特集：キクわい化病）. 植物防疫. Vol.60（No.10）, 457—465.

李世訪・畑谷達児・古田和義・堀田治邦・佐野輝男・四方英四郎. 1997. 北海道におけるキク矮化病の発生と電気泳動法およびハイブリダイゼーション法によるキク矮化ウイロイドの検出. 北日本病虫研報. **48**, 113—117.

松下陽介. 2006. アンケートによるキクわい化病の発生実態調査（ミニ特集：キクわい化病）. 植物防疫. **60**（10）, 455—4565.

Matsushita, Y., T. Tsukiboshi, Y. Ito and Y. Chikuo. 2007. Nucleotide Sequences and Distribution of Chrysanthemum Stunt Viroid in Japan. Journal of the Japanese Society for Horticultural Science. **76**（4）, 333—337.

Matsushita, Y., K. Aoki and K. Sumitomo. 2012. Selection and inheritance of resistance to Chrysanthemum stunt viroid. Crop Protection. **35**, 1—4.

Matsushita, Y.. 2013. Chrysanthemum stunt viroid. Japan Agricultural Research Quarterly (JARQ). **47**（3）, 237—247.

松下陽介・森本正幸. 2014. キク退緑斑紋ウイロイドの宿主範囲と種子伝染. 日植病報. **80**（1）, 16.

Matsushita, Y. and Y. Shima. 2015. Effect of low temperature on the distribution of Chrysanthemum stunt viroid in Chrysanthemum morifolium. Phytoparasitica. **43**（5）, 609—614.

Matsuura, S., S. Ishikura, M. Shigemoto, S. Kajihara and K. Hagiwara. 2004. Localization of Tomato spotted wilt virus in Chrysanthemum Stock Plants and Efficiency of Viral Transmission from Infected Stock Plants to Cuttings. J of Phytopthol. **152**（4）, 219—223.

松浦昌平・重本直樹. 2005. RT-LAMP法による数種農作物からのトマト黄化えそウイルス（TSWV）の検出. 日植病報. **71**（3）, 235.

松浦昌平. 2006. Multiplex RT-PCRによるキクからのトマト黄化えそウイルス（TSWV）およびキクわい化ウイロイド（CSVd）の同時検出. 日植病報. **72**（4）, 255.

松浦昌平・久保田健嗣・奥田充. 2007. Chrysanthemum stem necrosis virus (CSNV) によるキク茎えそ病. 日植病報. **73**, 68.

森本正幸・松下陽介. 2013. キク品種間におけるキク矮化ウイロイドの感染性差異. 日植病報. **79**(3), 218.

森山美穂・杉浦広幸・清田洋次・花田薫. 1996. 熊本県のキクから検出されたキク矮化ウイロイド. 九病虫研報. **42**, 45—47.

Nabeshima, T., M. Hosokawa, S. Yano, K. Ohishi and M. Doi. 2012. Screening of Chrysanthemum Cultivars with Resistance to Chrysanthemum Stunt Viroid. J. Jpn. Soc. Hort. Sci. **81**（3）, 285—294.

仲照史・浅野峻介・虎太有里・松下陽介. 2016. 二輪ギク品種・系統におけるキク矮化ウイロイド（CSVd）抵抗性の遺伝様式. 園芸学研究. **15**（別1）, 444.

Nakahara, K., T. Hataya and I. Uyeda. 1999. A simple, rapid method of nucleic acid extraction without tissue homogenization for detection viroids by hybridization and RT-PCR. J Viro Meth. **77**, 47—58.

中村恵章・福田至朗・栗山幸子・服部裕美・平野哲司・大石一史. 2013. キク矮化ウイロイド（CSVd）の蔓延を防ぐ鋏等器具の消毒方法. 愛知県農総試研. **45**, 61—67.

Navarro, B. and R. Flores. 1997. Chrysanthemum chlorotic mottle viroid; unusual structural properties of a subgroup of self-cleaving viroids with hammerhead ribozymes. Proc Natl Acad Sci USA. **94**, 11262—11267.

奥田充・久保田健嗣・松浦昌平・奥田しおり・大貫正俊. 2007. 日本で分離されたChrysanthemum stem necrosis virus (CSNV) の遺伝的および生物学的特徴. 日植病報. **73**（3）, 223.

大石一史・奥村義秀・森岡公一. 2001. キクにおけるスタントウイロイドの種子伝染. 園芸学会雑誌. **70**, 192.

大石一史・奥村義秀・森岡公一. 2003. 煮沸法によるキクスタントウイロイド（CSVd）RNAの抽出. 園学研. **2**（1）, 51—54.

大石一史・福田至朗・大矢俊夫. 2005. 「つまようじ」で採取したRNAを鋳型に用いたRT-PCRおよびRT-LAMPによるキクウイルス病, ウイロイド病の診断. 園学雑. **74**（別1）, 466.

大沢高志・森田儔・森喜作. 1977. キクウイルス病の防除に関する研究2. 指標植物への接木接種に

よるウイルスの検定. 日植病報. **43**, 372—373.

Omori, M., H. Hosokawa, N. Shiba, K. Shitsukawa, S. Murai and S. Yazawa. 2009. Screening of chrysanthemum plants with strong resistance to Chrysanthemum Stunt Viroid. J. Jpn. Soc. Hort. Sci. **78**, 350—355.

佐野輝男. 2007. ウイロイド (Viroid). 植物防疫. **61** (11), 660—664.

千田茂樹・高橋義行・河野敏郎・小島誠. 1994. 花き類のELISA検定における非特異反応. 関東東山病虫研報. **41**, 163—164.

塩飽邦子・山元義久・岩井豊通. 1996. キクわい化ウイロイド (Chrysanthemum Stunt Viroid) 遺伝子のクローニングと全塩基配列. 兵庫農技研報 (農業). **44**, 1—4.

杉浦広幸・花田薫. 1993. 大ギクのキクわい化ウイロイドによる生育障害の発生. 日植病報. **59**, 344.

杉浦広幸・花田薫. 1998. 新潟県の大輪ギクに発生したキクわい化ウイロイドによる病害. 園学雑. **67** (3), 432—438.

栃原比呂志. 1970. キク微斑ウイルス. 日植病報. **36**, 1—10.

津田新哉・藤澤一郎・花田薫・日高操・肥後健一・亀谷満郎・都丸敬一. 1994. RT-PCR法によるアザミウマ1個体からのトマト黄化えそウイルスの検出. Ann. Phytopath. Soc. Japan. **60** (1), 99—103.

津田新哉. 2000. トマト黄化えそ病. 農業および園芸. **75** (1), 90—96.

土崎常男・栃原比呂志・亀谷満朗・柳瀬春夫 (編). 1993. 原色作物ウイルス病事典. 全国農村教育協会. 272—273. 504—509.

Verhoeven, J. T. J., I. W. Roenhorst, I. Cortes and D. Peters. 1996. Detection of a novel tospovirus in chrysanthemum. Acta Horticulurae. **432**, 44—51.

Verma, N., A. Sharama, R. Ram, V. Hallan, A. A. Zaidi and D. I. Garg. 2003. Detection, identification and incidence of Chrysanthemum B carlavirus in chrysanthemum in India. Crop Protection. **22**, 425—429.

山口隆. 1979. キクの無病苗生産に関する諸問題. 農業および園芸. **54**, 57—60. 331—335. 431—436. 681—684.

山本英樹・木口忠彦・大屋俊英. 2001. RT-PCR法によるキクBウイルスの検出. 北日本病虫研報. **52**, 85—86.

Yamamoto, H. and T. Sano. 2005. Occurrence of Chrysanthemum chlorotic mottle ciroid in Japan J Gen Plant Pathol. **71**, 156—157.

山本英樹・木口忠彦・大屋俊英. 秋田県におけるキクわい化病の発生状況. 北日本病虫研報. **52**, 82—84.

吉野正義・橋本光司. 1971. 組織培養法によるキクウイルス病の無毒化. 関東東山病害虫研報. **18**, 75.

輪ギク
技術体系と基本技術

周年生産の技術体系

体系の成り立ちと栽培の基本

(1) 体系の成り立ち

一輪ギクの周年生産体系を第1図に示した。基本的には秋ギクの'秀芳の力'と夏秋ギクの'精雲'の組み合わせによるが、一部で'秀芳の力'だけの周年生産（三度切り）がある。

現在の周年生産が、これだけ飛躍的に普及した理由は、1）夏秋ギク'精雲'が電照により花芽分化が抑制でき、5月から10月までの広い作型で栽培が可能であることを明らかにしたこと、2）秀芳の力の二度切り栽培の技術確立によって省力化が図られ、年3作体系が容易となったこと、3）施設の大型化と重装備化がすすみ、そのなかで特に、シェード装置の自動化が大きな要因である。今後は、同一品種での周年生産ができる品種が出現すれば、三度切りをはじめ四～五度切りとなる可能性もあり、キク栽培も新しい時代を迎えることになる。

(2) 主要品種の特性

①秀芳の力（白）

季咲きは、10月下旬開花で花は広幅のさじ弁、花径15cmぐらいの大輪の抱え咲き、葉は立葉である。水揚げ、日持ちがよく満開になっても花形がくずれないなど市場性がすぐれている。電照抑制、シェード、二度切りおよび三度切り栽培に使われ、10月から6月開花までの幅広い作型で栽培され、電照ギクの代表品種である。しかし、花芽分化温度が17～18°Cと非常に高く、低温（13～14°C以下）と短日になるとロゼット化しやすい。また、摘心後の萌芽が悪く、生育も揃いにくいなどの欠点がある。この品種の枝変わりとして'黄秀芳の力'があるが、秀芳の力に比べ、濃い黄色の系統ほど生育が悪く、花芽分化温度もやや高くする必要がある。

②精雲（白）

無加温ハウスの自然日長下で栽培すると、6月中下旬に開花期となる夏秋ギクである。花は純白で光沢のある広幅弁、抱え咲き、大輪で葉は照葉で節間が短く、茎葉のバランスが非常によい。花芽分化温度は17°C前後、適日長が14時間であるが、夏期の高温（日中30°C前後、夜温25°C）と長日（16時間日長）の条件下であっても、開花遅延はほとんどなく、正常に花が咲いてくる。そのため、電照によって5月から10月の広い作型に利用でき、夏場の代表品種である。

しかし、茎長が50cm以上になると適温下であれば、花芽分化抑制が困難となり柳芽になるので注意したい。生育はおう盛で、吸肥力が強く比較的栽培しやすい品種であるが、多肥栽培すると葉がもろくなり、発蕾ごろから中間葉の枯れあがりがみられる欠点がある。

(3) 開花期、収量、品質を支配する要因

①親株の選定

キク栽培は、挿し芽および株分けにより栄養繁殖をくり返すために、年数を経過すると形質の変化が起こりやすくなる。現在の主要品種の'秀芳の力''精雲'はともに育種されてから20年以上を経過している。第1表に示したとおり'秀芳の力'の系統間に明らかな差のあることがわかる。'精雲'においても、'秀芳の力'と同様に系統間に差がみられる。したがって、品質のよい切り花を得るには、優良な母株を選抜し、これから増殖を行なうことが重要である。

最近は、系統選抜を積極的に行ない、優良系統を配布する地域が多くなって、その地域のものは、形質の揃った品質のよい切り花を出荷している。しかし、選抜は1回行なえばそれでよいというのではなく、3年も経過すると、再び花弁みだれ、花形などの劣化株がでるので、更

輪ギク　技術体系と基本技術

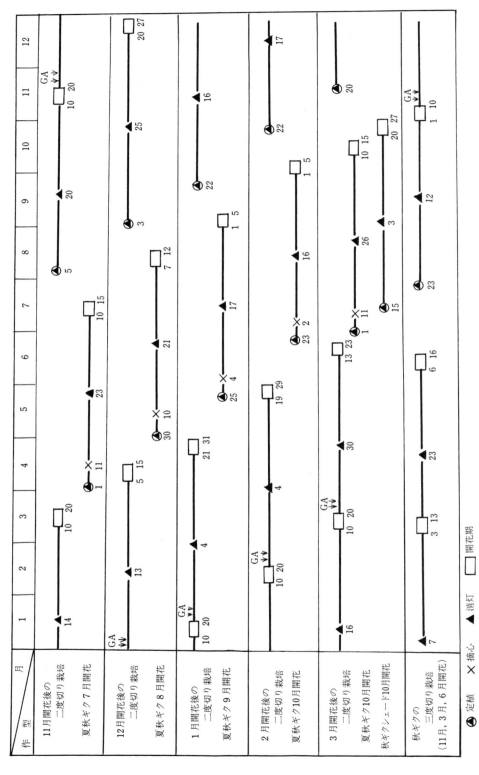

第1図　周年生産の体系（年3作型・秀芳のカ十精雲）

新をするようにしたい。

②苗の冷蔵

苗の冷蔵の目的は，苗の確保と茎丈の伸長促進や開花促進の付与に大別でき，キクでは広く普及している技術である。

しかし'秀芳の力'の無摘心栽培において定植の4～5週間後に茎頂部が生長を停止し，生長点が消失する「心止まり症」がしばしば発生する。産地では，この症状が20％前後発生したという事例もみられ，かなりの収量減となり問題となっていた。

この原因について，西尾らは，挿し穂の冷蔵によるもので，冷蔵期間30日以上で多発すると報告している。この回避策として，充実した展開葉数4～5枚の挿し穂を採り，採穂時の重さ70％前後まで予措乾燥したものを，2～3℃の冷蔵庫に4週間以内にすればよいとしている。この4週間の挿し穂冷蔵では，若干の伸長促進効果は期待できるものの持続性はほとんどない。このため，従来行なっていた冷蔵35日程度の苗に比べ，消灯後のロゼットの危険が考えられるから，栽培温度を若干高めで管理する必要がある。

③柳葉の防止

'秀芳の力'の無摘心栽培において，消灯後に早期発蕾がよくみられる。この切り花は，花首が長く，柳葉も多い品質の劣るものであり，この発生を極力抑えなければならない。定植から消灯までの期間を55日以上，また，花芽抑制のための電照時間3時間では発生が多く，開花も不揃いになり二度切り栽培にも影響することになる。したがって，揃った苗を定植し，活着，生育を促し，50日前後に茎長60cmを確保する管理を行ない，消灯する。花芽抑制のための電照についても，生育後期の消灯15日前から4～5時間と長い電照に切り換えて花芽を抑えることも大切である（第2表）。

'精雲'においても摘心から消灯までの期間が7週以上になると花芽の抑制ができなくなる。

第1表　秀芳の力の系統比較　　　　（大石ら，1988）

	開花期		開花率	茎長	節数	花径	花重	舌状花	管状花
	月	日	%	cm		cm	g		
A	12	18	91.0	94.9	49.1	14.9	25.4	190.0	12.0
B		19	94.4	93.7	47.5	14.8	27.2		正常
C		13	83.6	89.4	48.0	15.3	25.9	187.4	13.0 〃
D		18	85.9	86.9	47.6	15.7	30.2	204.0	16.6
E		20	45.4	89.9	49.9	15.0	23.0	186.0	10.9
F		19	83.5	91.9	47.3	15.4	24.1	181.6	9.8 正常
園研35		18	92.3	93.3	50.9	13.9	21.3	183.0	4.0
8		20	54.3	92.8	52.9	14.9	23.8	186.0	11.2
◎88秀芳		16	98.3	93.5	48.5	14.8	25.9	193.8	6.2 正常

注　挿し芽8月23日　定植9月5日　消灯10月23日
温度管理　10月10日から開花まで15～16℃　88秀芳：愛知花き研の選抜系統

第2表　電照時間および栄養生長期間と柳葉
（福田ら，1988）

電照時間	栄養生長期間	柳 葉 数		
		2枚以下	3～4枚	5枚以上
時間	日	%	%	%
光中断 5	45	78.1	21.9	
	50	90.2	9.8	
	55	77.6	16.4	6.0
	60	80.3	12.0	7.7
3	45	72.0	28.0	
	50	70.6	27.5	1.9
	55	57.2	29.7	13.1
	60	58.3	25.0	16.7

品種：秀芳の力

また，柳葉，貫生花の発生が多くなるから，'秀芳の力'同様に栄養生長期間（6週間）をまもるように管理する。

④花首の伸長抑制と草姿改善

B-ナインの処理は，花首の徒長を抑え上位葉の節間をつめて，草姿バランスをよくし，ボリュームのある切り花を得るために行なっている。しかし，プラスの効果ばかりではなく，散布時期，濃度，散布量および回数などによっては，開花期または切り花品質に対しマイナスに作用することがある。最近のキクは，ボリュームはあるが，花が小さくなったものが多くみうけられる。この原因として，B-ナインの散布時期などが影響していると思われる。

'精雲'を使って消灯後の処理時期と開花および切り花形質をみたのが第3表である。これによると，到花日数で消灯3週間までの処理が遅

第3表 消灯後のB-ナイン処理時間と生育，開花（精雲）

(福田ら，1986)

処理時間 消灯からの週数	到花日数 日	開花率 %	茎長 cm	節数	柳葉	花首 cm	花径 cm	花重 g
0	51.3	95.3*	101.6	44.7	1.9	2.9	15.5	19.7
1	51.9	97.1*	102.4	43.0	1.5	3.0	15.4	18.3
2	52.3	100.0	108.0	45.0	1.4	2.3	14.4	19.7
3	51.0	100.0	115.8	44.6	1.4	2.4	14.6	23.3
4	48.9	100.0	114.4	43.5	1.9	2.9	15.5	23.2
5	47.2	100.0	114.9	43.5	1.3	2.7	15.9	23.9
対照	48.6	100.0	121.4	44.5	1.4	3.6	15.9	24.3

注　消灯6月20日，処理は1,000倍液を株当たり2～3ml散布
＊蕾に一部枯死がみられた

れ，消灯1～2週間で蕾の枯死する株が一部でみられた。また，消灯2～3週間は，花径が極端に小さくなる。これは，濃度が高く，散布量が多いほど影響は大きくなる。このことから，'精雲'のB-ナイン散布は，摘蕾期に2,000倍の10a当たり100lが開花，花の大きさに影響されず，草姿バランスもよくなる。

秋ギク'秀芳の力'においても上記とほぼ同じであるから，濃度，散布量，散布時期については充分に注意して，品質のすぐれた切り花を得るようにしたい。

開花，収量，品質を支配する大きな要因として，温度管理，再電照，土つくりなどが挙げられるが，これについては別項で記載してあるので参照してほしい。

〈執筆〉　福田　正夫（愛知県農業総合試験場）

1995年記

生育過程と技術

(1) 親株管理

①電照ギク'秀芳の力'の親株管理

育苗暦 第1図に作型別の育苗暦を示した。

母株の管理 母株は，無加温ハウスまたは露地で管理し，冬期の低温に遭遇させたものを使ったほうが，本圃での生育・開花が順調にいく。そのため，11～12月開花後株を12月に植え付ける方法と2～3月開花用と同じ10月に挿し芽を行なった苗を植え付ける方法とがある。揃った苗を多量に得ようと思えば後者の方法がよい。

また，10月開花のシェード栽培を考えるならば，露地では3月の採穂がとれにくいので，無加温ハウスとなる。10a当たりの必要本数は，摘心栽培の場合，開花後株で450～500株，10月の挿し芽苗で1,300～1,400本となる。無摘心栽培であれば，これより2倍は必要になる。

採穂用親株 採穂用親株の挿し芽は，3～4月に行なうが，その時期は本圃の定植から逆算して決める。無冷蔵の場合は，挿し芽から本圃定植まで90日必要となり，冷蔵をした場合は，冷蔵期間の日数だけ早く挿し芽をすることになる（第2図）。植付けは，無加温ハウス内としたいが，露地でも可能である。しかし，露地での採穂は，花芽分化の関係から8月15日までが限界である。うね幅100cm，株間15cm，条間20cmの6条植えとし，本圃10a当たり必要本数は，摘心栽培で5,000本，無摘心栽培10,000本と若干多めに用意する。

親株の管理 施肥は，窒素として10a当たり15kg（元肥8kg）程度がよい。これより多いと発根不良や冷蔵中に腐敗しやすくなったり，やせすぎて，発根および定植後の生育が悪くな

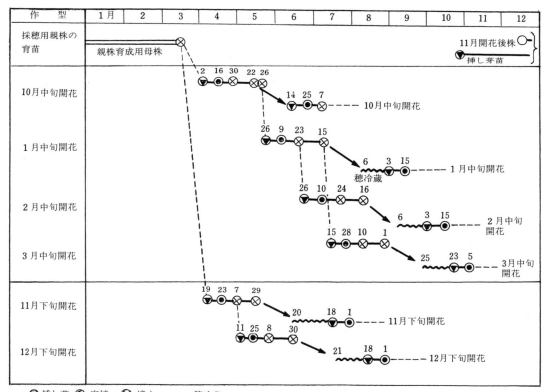

第1図 秀芳の力の育苗暦

輪ギク　技術体系と基本技術

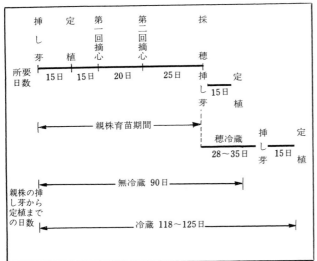

第2図　親株の挿し芽から本圃定植までの期間

ったりする。病害虫は，白さび病，アブラムシ，ダニ，マメハモグリバエなどが発生するので定期的に防除を行ない健全苗をつくる。また，気温も高くなってくる時期であるので換気とかん水管理も大切である。

挿し穂は，摘心の回数2回目が最も充実した揃った穂が得られ，定植後の生育もよいことから，2回摘心を基本に，採穂は3回目までとする。摘心から採穂までの日数は，時期によって若干違うが22〜25日目としたい。電照については，自然日長下での採穂限界が8月15日前後であるから，それより早い時期（8月上旬）に暗期中断3時間を行ない採穂する。

②夏秋ギク'精雲'の親株管理

育苗暦　第3図に育苗暦を示した。

親株の育苗は，電照育苗方式とする。従来の夏ギクと同じ，冬至芽を基本とした育苗法があるが，定植後の草勢が強いため，茎が太くなり，開花も揃いにくい欠点がある。

電照育苗　一般に，7月中旬前後に開花株を切り揃え，電照下で採穂し，挿し芽する。これを，9月に無加温ハウス，電照（暗期中断3時間）下に定植する。本圃10a当たり3,500〜4,000本は用意したい。5月出荷については，11月に採穂し11月中旬に露地または雨よけハウスに挿し芽を行ない自然低温を与えたのち，1月下旬に本圃へ定植する方法と，11月下旬に採穂したものを穂冷蔵（35日以上）を

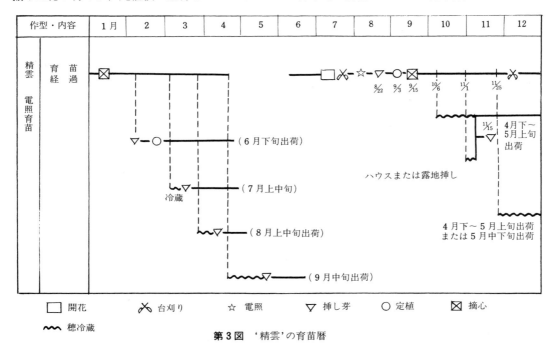

第3図　'精雲'の育苗暦

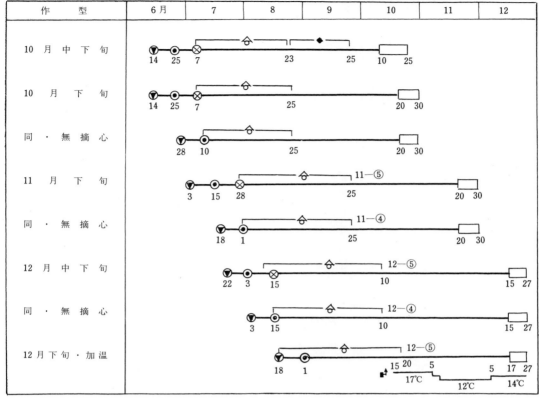

第4図　10～12月開花の栽培暦（秀芳の力）

行ない，1月上中旬に挿し芽し，1月下旬に定植する方法とがある。

6月以後に出荷の作型での採穂は，12月に地ぎわから台刈りし，冬至芽を発生させ1月上旬に摘心を行ない，2月から順次採穂していく。採穂期間が2～6月と長いので株が老化する場合は，3月下旬ころに再度，地ぎわから台刈りし再生させるか，挿し芽を行ない株の更新をしたほうが良質の挿し穂が得られる。

その他管理については，秋ギク'秀芳の力'に準じて行なえばよい。

(2) 秋ギク電照抑制栽培（10～12月開花）

①栽培暦

第4図に作型および栽培暦を示した。

10月開花については別項で詳細に記してあるので，ここでは10～12月開花を中心に述べる。

②挿し芽

一般には，挿し穂は展開葉3枚，長さ6cm前後に調整したものを用いる。用土は赤土・山土・川砂などの排水・保水性のよい無病土を8～10cmの深さにした挿し床に挿し芽する。

秀芳の力は，特別発根の悪い品種ではないが，より発根をよくするために，発根剤（商品名オキシベロン）の粉衣または液剤の5倍液を切り口に瞬間浸漬して挿し芽する。

挿し芽から定植までの日数は，12日前後が適期である。これ以上長く挿し床におくと苗の老化がすすみ，定植後の活着および生育が不揃いとなる。

この作型での挿し芽は，6月から8月の高温

輪ギク 技術体系と基本技術

第1表 施肥例（秀芳の力） (kg/10a)

項　目	施用時期	肥　料　名	施用量	N	P	K
元　肥	定植前	きくぞう1号　　（5-5-5）	140	7	7	7
		ロング180　　　（13-3-11）	60	8	2	7
追肥1	定植10日後	ユーエキペレット（8-3-6）	80	6	2	5
追肥2	消灯15日前	きくぞう2号　　（6-3-4）	100	6	3	4
追肥3	消灯後10日	きくぞう2号　　（6-3-4）	100	6	3	4
追肥4	消灯後25日	きくぞう3号　　（6-1-10）	100	6	1	10
合　計				39	18	37

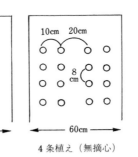

第5図　定植方法

時期であるから，黒寒冷紗の被覆，側面の開放など管理には細心の注意をはらいたい。

最近は，ソイルブロック育苗やセル成型育苗または直挿し栽培が普及し始めている。一方，海外から挿し穂の輸入など，苗の分業化もすすみ育苗の変化がみられている。これらについては，別項で記載されているから参照して，今後の方向を検討してほしい。

③定植準備

土つくり　従来のキクは，一作長くて4か月と短かったので，比較的土つくりに力を入れなくても栽培できた。最近は，二度切りまたは三度切りで栽培期間が長くなり，しかも専作化がすすむと良品生産を行なうには，カーネーション並の土つくりが基本である。

そのために，物理性の改善は積極的に行なう必要がある。伊藤らの報告によると，牛ふん主体の堆肥を10a当たり12t（乾物重5.3t），またヤシがら（3.3m²当たり50ℓ）を4年間（1年に1回）連用によって，上物率が高くなる。

ピートモスについては，1年目は施用によりpHを下げ，上記と同様な効果がみられるが，連用すると土壌の過湿になりマイナスとなる場合があるとしている。また，キク連作土壌では，どうしても塩類濃度が高まり生育不良となる場合には，深耕（60～80cm）も有効である。

土壌消毒　一般にはネグサレセンチュウ防除のために，D-Dの10a当たり40～60ℓ処理を行なう。立枯れ性病害の発生する危険がある場合にはクロールピクリンを10a当たり30～40ℓかん注する。いずれにしても，年3作体系であると，収穫終わりから次の定植までの期間が短いので，すみやかに行なうことと，ガス抜きを充分に行なうようにしたい。

施肥　施肥の基準は第1表に示したように，10a当たり窒素成分で38kgとする。そのうち，元肥は15kgで追肥を全施肥量の60％とする追肥主体の施肥が'秀芳の力'の特徴である。追肥は，栄養生長期に2回，消灯後に2回，計4回に分けて施用する。

④定植および定植後の管理

定植　定植の方法は第5図に示したとおり，50～60cm幅のベッドに2条または4条と120cm幅のベッドに6条植えがある。ハウスの大きさ，土質または摘心の有無などによって決められる。'秀芳の力'は，特に光線の透過の良否によって生育に差がでること，収穫しやすさ，薬剤散布が均一になることなど，環境条件と管理条件の両面からみて，摘心栽培であれば2条植え，無摘心栽培なら4条植えが最もすぐれている。上記は，一般に行なっている砂上げ定植の場合であり，最近普及してきたソイルブロック苗は3～4個をまとめて置き植えにする。機械定植も一部で導入しているが，これは上記4条植えとほぼ同じ間隔で定植できる。

第2表　再電照の方法

消灯時期	再電照方法
9月6～10日	な　し
9月11～15日	12－③　2時間
9月16～20日	12－④　2時間
9月21～25日	12－③　3時間
9月26～30日	12－④　3時間
10月1日以降	13－④　3時間

第3表　B－ナインの処理時期と濃度
（田原普及所資料より）

作　型	処理時期	濃度	散布量
11月開花	消灯後16～17日	倍 2,000	l/10 a 120
	〃　23～24	2,000	120
	〃　29～30	2,400	120
12月開花	消灯後20～22日	3,000	120
	摘蕾前	2,000	120

注　2回目，3回目の散布は，1回目の効き具合により
　　考慮する

また，定植期が7～8月の高温期であるから，活着を促すために寒冷紗の被覆と，わらまたはヤシがらをマルチで行なう。地温の上昇を防ぐとともに，土壌水分を保つのに効果がある。

定植後の管理　かん水は，定植後に直ちに行ない根を乾かさないよう注意し，活着および初期生育を促す。その後もあまり乾湿の差をつけず，適度な土壌水分を保ち開花まで管理する。摘心については，この品種は頂芽優勢が強いため芽立ちが悪いから，未展開葉だけの浅摘みとし，定植から2週間前後に行なう。

ただし，株の不揃いがみられる場合には，強い株は深摘みとし生育を揃えるようにする。整枝は5～8 cm茎が伸長した時点で，揃ったものを株当たり2本に整枝する。

⑤日長処理

花芽分化抑制のための電照開始する時期は8月10日を目安とするが，曇雨天のつづく場合には，これより早い時期から暗期中断3時間行なう。9月に入って，草勢の強い株や栄養生長期間が長くなると電照中に花芽分化し，柳芽になりやすくなる。このため，消灯2週間前からは電照時間を長くし，暗期中断4～5時間に切り換えて柳芽を防止する。

品質の向上を図るための再電照について，第2表に示した。9月消灯は，消灯から12日目から暗期中断2～3時間を3～4日，10月消灯では，13日目から行なう。電照を開始する時期は，花芽分化速度が天候の影響を受けやすいので，検鏡後実施するのが安全である。

⑥温度管理

9月から10月に消灯する作型であるから，栄養生長期は無加温が基本となる。しかし，最低気温13～14°C以下になる時期からは，加温を行ない，ロゼットの発生を抑える。消灯後は，花芽分化適温（18°C前後）を3週間行ない，発蕾後は徐々に夜温を下げ，破蕾期まで13°C前後で管理する。破蕾期以後は再び15°Cに温度を上げ切り花の品質向上に努める。昼温については，夜温25°C以上にならないように換気を行ない，22～23°C前後で管理したい。

⑦生育調整剤の利用

草丈20～25 cm前後のときに，生育差が生じた場合にはジベレリンの20～25 ppmを拾いがけし生育を揃える。また，消灯までに低温（13°C以下）に遭遇し高所ロゼットの心配がある場合には，ジベレリンの50 ppmを消灯1週間前または消灯当日に散布するとロゼット化を防止できる。ジベレリンは，花芽分化を直接誘起させる力はないから，正常に花芽分化できる9月消灯の散布は，開花遅延などマイナスの危険があるので注意してほしい。

花首の徒長防止および草姿改善を図るためのB－ナインについて，第3表に示した。このなかで，11月開花の消灯16～17日後に散布した場合は，茎葉のボリュームには効果が高いが，花の大きさなど品質にはマイナスに作用するから，できたら避けるようにしたい。

⑧収穫・調整

収穫は3分咲きとし，調整後一晩水揚げを行ない箱詰めして出荷する。最近は，選別，選花，結束機の普及により労力がかなり削減されるようになった。今後は，バラ集荷，温室内における切り花の搬送の機械化などが考えられており省力化がすすむと思われる。

輪ギク　技術体系と基本技術

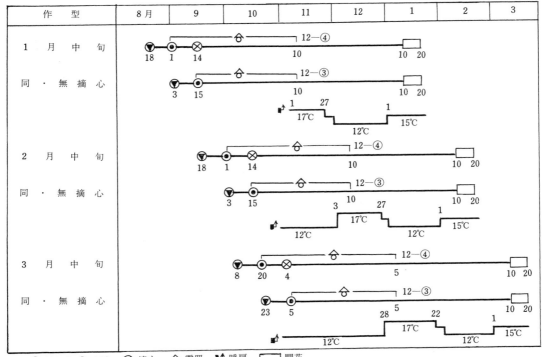

▼ 挿し芽　● 定植　⊗ 摘心　⇧ 電照　♨ 暖房　□ 開花
第6図　1～3月開花の栽培暦（秀芳の力）

（3） 秋ギク電照抑制栽培（1～3月開花）

①栽培暦

第6図に作型および栽培暦を示した。この作型は、加温が前提で、もっとも燃料を多く必要とする。しかも、低温・低日照下での栽培であるから生育が揃いにくく、ロゼットの心配もあるなど栽培のむずかしい時期である。

栽培管理については、10～12月開花とほぼ同じでよい場合が多いから、ここでは相違部分のみ述べる。

②苗の冷蔵

'秀芳の力'のように冷蔵によって開花が促進するタイプの品種は、穂冷蔵を積極的に導入したい。冷蔵効果を期待するには、穂冷蔵期間30日は必要である。しかし、無摘心栽培では「心止まり症」の問題があるから4週間以内とする。

③定植とその後の管理

定植は、無摘心栽培で1月中旬開花が9月下旬、2月中旬開花が10月中旬、3月上旬開花が11月中旬となる。定植の方法は、低温期であるから、摘心栽培は2条植え、無摘心栽培は4条植えで、できるだけ浅植えとしたい。

かん水は、定植から活着まで不揃いにならないように充分に行なうが、その後は低温期に向かうから、11～12月開花より、いくぶん水をひかえめな管理で開花まで行なう。

④日長処理

栄養生長期の電照は、花芽抑制と若干の生育促進を図るため暗期中断4～5時間と従来より長めにしている事例が多い。より生育促進を図ろうとするならば、暗期中断5時間ではなく、暗期中断3時間と早朝2時間の計5時間電照のほうが効果が高いとする報告がある。

一方、消灯後は一般に自然日長で栽培される。この時期は花芽分化の適日長（12時間）より短いために、ロゼット、開花遅延などが問題になる場合がある。第7図にみられるように、早朝電照を行なうと自然日長に比べ、開花率の向上

および到花日数の短縮がみられる。

この早朝電照を11月消灯の場合に1時間，12月なら2時間，1月が1時間程度の補光を14日間行なうと花芽分化が順調にすすむ。これに引き続き3～4日程度の再電照（暗期中断3時間）を行なうと品質がよくなる。ただし，再電照の開始する時期は，低温期の栽培であり天候，加温温度，水管理などによって花芽分化速度が左右されやすいから検鏡は実施する。

⑤温度管理

無摘心栽培の場合は，定植から消灯まで50日，そのときの茎長55～60cm，消灯から開花まで53～55日が理想的であるから，これを目標に温度管理を行なう。

定植から2週間は，活着をよくするために15℃，それ以後12～13℃とする。消灯5日前に15℃，消灯から3週間は花芽分化適温（18℃），発蕾後に徐々に温度を下げ破蕾期まで13～14℃で管理，破蕾期以後，花弁伸長を図るため15～16℃に温度を上げる。

昼温については，22～23℃を目標に管理するが，急激な冷気はキクの生育によくないから天窓を開く角度を夏場と変えるようにする。

⑥生育調整剤

花首の徒長防止および草姿改善のためのB‐

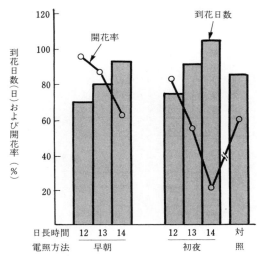

第7図 日長時間と電照方法が開花率および到花日数に及ぼす影響

(福田ら，1981)

定植9月11日，摘心9月25日（穂冷4週間）
処理11月14日から4週間，栽培温度15℃
（秀芳の力）

ナイン処理は，発蕾期（消灯20日後）に3,000倍液と消灯28日後に2,000倍液の2回，10a当たり120 l を散布する。

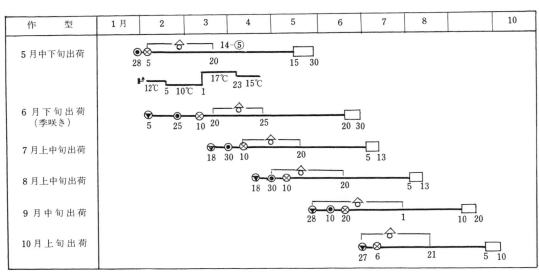

第8図 5～10月上旬開花の栽培暦（精雲）

第4表 施肥例(精雲)　(kg/10 a)

項目	時期	肥料名	施用量	N	P	K
元肥	定植前	きくぞう1号（5-5-5）	200	10	10	10
追肥1	摘心直後	ユーエキペレット（8-3-6）	80	6.4	2.4	8.4
追肥2	草丈30-35cm	きくぞう2号（6-3-4）	100	6	3	4
追肥3	消灯12～13日後	きくぞう2号（6-3-4）	80	6.4	2.4	3.2
追肥4	消灯25～26日後	きく追肥ペレット（6-1-8）	100	6	1	8
	合計			34.8	18.8	30.0

第5表 栄養生長期間と生育開花(精雲)　(福田ら, 1984)

栄養生長期間	発蕾期	開花期	茎長	節数	柳葉数	花首長	花茎	花重	舌状花数	管状花数	異状*花率
週間	月日	月日	cm			cm	cm	g			%
5	8.14	9.11	100.6	42.1	1.4	2.0	12.8	22.0	336	73	0
6	.14	.10	109.3	45.9	1.9	2.1	13.1	23.5	371	73	0
7	.7	.6	118.4	42.6	3.0	3.8	12.9	29.5	408	22	9.7
8	.5	.5	127.3	45.9	3.4	4.4	13.4	33.4	425	40	44.0
9	.1	.3	134.5	47.1	4.3	4.3	13.4	40.0	448	30	64.3

注　＊異状花——苞の肥大および貫生花
　　7月22日消灯

（4）夏秋ギク電照栽培

①栽培暦
第8図に作型および栽培暦を示した。

②挿し芽
基本的には，秋ギク電照抑制栽培とほぼ同じであるから，それを参照する。ただし，5月開花の作型で，11月に露地または雨よけハウス内に挿し芽する場合には，発根可能な11月中旬に挿し芽を行なう。自然の低温を有効に利用する方法であるが，最低気温が0℃以下が連続する地域だと，生長点が枯死するので穂冷蔵による栽培となる。

③定植準備
土壌消毒　1～3月までの定植の作型は，地温が低いためガス消毒の効果がでにくいので，前作の電照ギクで土壌消毒を行なう。4月以降はネグサレセンチュウの被害がでるから，D-D剤（10a当たり30～40ℓ）のかん注を行なう。

施肥　施肥の基準は第4表に示した。施肥量は，10a当たり窒素成分34.8kgを元肥30％，追肥70％の割合とするが，前作の肥料が残っている場合には元肥は無施用とし，追肥のみとする。消灯までの肥料が多いと草勢が強くなり柳芽および下葉の枯上がりの原因にもなる。なお，無摘心栽培は上記より2～3割減とする。

④定植および定植後の管理
定植　電照ギクと同様に，摘心栽培は2条植え，無摘心栽培は4条植えとするが，'精雲'は草勢が強いから，できれば摘心栽培で行なうほうがよい。数年前から直挿し栽培が普及し始めている（詳細は別項を参照）。

定植後の管理　かん水は，定植後に充分行ない，活着をすみやかにし，初期生育を揃える。その後も適度の土壌水分が保たれるように管理する。乾燥しすぎると，①不時発蕾を起こしやすい，②中間葉の枯上がり症状を起こしやすい，③ダニの発生を助長する，④花が小さくなるなどがみられるので注意する。

摘心は，定植から12日前後に行なうが，1～2月定植はやや長とする。その後，茎長10cmぐらいになった時期に株当たり2本に整枝し，3.3m²当たり140本程度に仕立てる。摘心から消灯までの日数は42日前後とする。

⑤日長処理
花芽分化抑制のための電照は，いずれの作型ともに暗期中断4～5時間とする。5月出荷の場合には，露心花（舌状花200枚，管状花128

枚）となる。この対策として再電照が有効で、消灯14〜16日ごろから5日間の暗期中断3時間を行なうと、舌状花300枚、管状花40枚となる。他の作型においても、上位葉を大きくし草姿をよくするために、暗期中断1〜2時間を2〜3日程度行なうとよい。

⑥温度管理

6月の自然開花から10月開花の作型は、無加温の栽培である。この時期の作型では、貫生花が問題である。この貫生花は、①摘心から消灯までの期間が7週間以上で発生する場合（第5表）と、②35°C以上の昼温が長時間連続すると発生する場合とがある。前者は、栽培の基本である摘心から消灯までの日数を6週以内とする。後者については、高温時期であるが、できるかぎり昼温を下げるように、換気などに努める。

5月開花は、定植から2週間12〜13°C、それ以後10°C、消灯1週間前から4週間を花芽分化適温の17°Cとし、その後15°C、4月下旬から無加温で管理する。昼温は25°C前後で管理する。

⑦生育調整剤の利用

花首の徒長防止と草姿改善のためのB-ナイン処理をするが、本来'精雲'はB-ナイン無散布でも花首8cm以下であるから、過度な散布を行なうと切り花品質（特に花径）が劣化することになる。したがって、摘蕾期に2,000倍液を10a当たり120ℓ 1回の散布で充分である。

⑧収穫・調整

収穫は3分咲きとし、調整後一晩水揚げを行ない箱詰めして出荷する。開花の揃いがよく、咲きも早いので、収穫始めから1週間程度で終わる。

〈執筆〉 福田 正夫（愛知県農業総合試験場）

1995年記

季咲き栽培

夏ギク，夏秋ギク・暖地の技術体系

(1) 主要品種の特性

　夏ギク，夏秋ギクの季咲きの産地は，西南暖地でも標高の高い山間地の，夏に比較的涼しい場所に位置している。特に7～8月出しの季咲きの産地は平坦地にはほとんどない。近年，7月から9月の精雲などの夏秋ギクの電照抑制栽培の普及により，季咲き栽培は減少している。特に経営規模が大きく，キク生産の比重の大きな農家ほど施設を利用した長期出荷を指向しており，その傾向が強い。

　季咲きの作型では，積極的な開花調節を行なわないので，1品種の出荷期は同一地域なら10～20日前後であ。このため，開花期の異なる多くの品種を組み合わせることにより長期間出荷している。1産地で栽培される品種はかなり多くなり，過去には1産地で100を超える品種が栽培されていたが，近年，特定の品種を促成，季咲き，抑制栽培し，長期間出荷するようになり，品種の整理がすすんでいる。しかし，新しい品種の導入もあり，品種の変遷も比較的激しい。他県の品種の状況はわからないが，熊本県の主要品種とその特徴は以下のとおりである。

　サマーイエロー　濃黄色の中大輪。葉は照葉で立ち葉となる。多肥栽培にしないと細くなりやすい。6月中旬～7月上旬咲き。白さび病には強いが，マメハモグリバエの被害を受けやすい。促成栽培からエスレル処理による抑制栽培に用いられている。

　精雲　白色の大輪。多肥栽培は向かない。6月下旬～7月上旬咲き。花持ちがよいが，葉柄が折れやすい。生育中期に葉の枯上がりが発生しやすい。促成栽培から電照抑制に用いられている。

　草原　純白色の中大輪。8月上旬咲き。葉が小さいので多肥栽培が向く。生育，開花はよく揃う。褐斑，黒斑病に弱い。

　天寿　黄色の大輪。開花が不揃いで開花の早晩による系統分化がみられる。7月から8月のかなり長期出荷が可能な品種。

　精軍　黄色の中大輪。8月上中旬咲き。葉が薄く，摘心栽培では，ボリュームが無く，無摘心栽培が向く。多肥栽培がよい。白さび病，ダニ類に弱い。生育，開花は揃いやすい。

　夏牡丹　濃紅色の大輪。8月上中旬咲き。茎は赤軸で剛直である。葉も大きく，ボリュームがある。

　赤倉　弁の外側は濃紅色で，内側はうすい中輪。7月上中旬咲き。葉は小さく，先細りしやすいので，B-ナインの散布が必要。病害虫に弱い。

(2) 開花期，品質を支配する要因と技術対応

　季咲きの作型では，年により7～10日程度の変動があり，標高による開花期の差もある。谷川らは8月咲き品種の標高，年度による花芽分花期，発蕾期，開花期の差を報告している（第1表）。

　夏ギクでは，ロゼット相の低温要求は，1月上中旬に満たされ，幼若相の期間はその後の温度により決定され，感光相に達すると自然日長で開花する（川田ら），花芽分化も温度に影響される。このため，早春の気温およびその後の気温が開花期に影響し，花芽分化は比較的低温でも行なわれるので，無加温ハウスでの換気不足による高温管理は，早期開花につながる。

　夏秋ギクは幼若性が強く，幼若性消失後の感光相では日長の影響をうける。このため気温と日長の相互作用によって花芽分化期が決定される。7～8月の極端な高温は逆に花芽分化，発達に抑制的に働く。このため，8・9月咲きで

は，同一品種で山間地のほうが平地より早く開花することが多い。

また，9月咲きでは定植期を早めると発蕾期および開花期が早くなる（第1図）が，切り花長確保のために早めに定植すると早期着蕾し，奇形花が発生しやすいので，開花予定日の100～110日前が定植適期と思われる。

第1表 標高差による8月咲きキクの花芽分化・発蕾および開花期

(谷川ら，1984)

品種（旬咲き）	年	平　地			標高320m		
		花芽分化期	発蕾期	開花期	花芽分化期	発蕾期	開花期
火　星（上）	1978	6.11	7. 4	8. 8	6.24	7.12	8.12
	1979	6. 6	7. 3	7.30	6.19	7.10	8. 6
	1980	(6. 5)	7. 2	8. 1	(6.11)	7. 7	8. 7
夏水仙（上）	1980	(6. 9)	7. 3	8. 7	(6.15)	7.17	8. 9
紅　心（上）	1982	6. 5	6.25	7.30	6.12	7. 7	8.10
新　星（中）	1978	6.19	7.19	8.19	7. 1	7.19	8.20
	1979	6.21	7.10	8.12	6.27	7.16	8.12
	1980	6.17	7.20	8.15	6.20	7.24	8.22
精興鶴（中）	1980	6.18	7.14	8.10	6.24	7.17	8.15
	1982	6. 4	6.29	8. 3	6. 6	6.30	8. 7
天　寿（中）	1982	(5.23)	6.16	7.24	(5.28)	6.21	7.31
桃太郎（下）	1978	6.20	7.24	8.22	6.28	7.25	8.24
	1979	6.25	7.25	8.20	7. 3	7.23	8.20
白精山（下）	1982	6.12	7. 3	8. 6	6.11	7. 6	8.14

注　数字は月.日.，（　）内推定

品質に影響する要因として，まず圃場の土壌条件がある。この作型では，連作を避けるために圃場を替えているが，圃場により切り花時の側枝長（切り花長）に大きな差がある。側枝の生育良好な圃場は，CECや最大容水量が大きく，栽培期間中の最少水分が比較的高く推移し，かつ水分較差（最大水分－最少水分）が小さく，ち密層が下層に存在しないなどの特徴がある（第2表）。側枝の生育不良な圃場でのキクの伸びの低下は7月中下旬と8月中下旬にみられる（第2図）。7月下旬の伸びの低下は梅雨期の過湿による根腐れによるものと思われ，掘り上げると根の分布が浅く根が褐色を呈している。8月中下旬の伸びの低下は水分不足によると推定される。キクの順調な生育のためには，根が地中深く伸び，ストレスや障害を受けないことが必要である。このため，梅雨時の表面排水を工夫するとともに，下層のち密相の破砕により水の上下浸透をすすめ根腐れを防止する。さらに深耕，有機物資材やマルチ資材の適切な利用による土壌の保水力を高めることが肝要である。

夏秋ギクの季咲き栽培は，梅雨期を経過するため，降雨による葉の枯上がりや病害の発生が多くなる。この対策として雨よけハウスは非常に効果があ

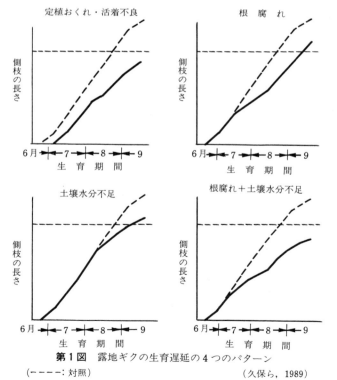

第1図　露地ギクの生育遅延の4つのパターン
（-----：対照）
（久保ら，1989）

夏ギク，夏秋ギク・暖地の技術体系

第 2 表　露地キクの生育と圃場の性質　　　　　　　　　　　　　　　（久保ら，1989）

	側枝長(cm)		土壌統群*			CEC	最大容水量	最少水分	水分較差	根腐れ発生	下層土の最高ち密度**		
	青海波	山手白光	A	B	C	(meq/100g)	(%)	(%)	(%)		以下	15kg/cm²程度	以上
生育良好	104	105	5	4	0	32.4	77.5	32	18	0/9	7	1	1
生育中庸	91	93	4	3	3	22.8	59.3	19	28	2/10	2	5	3
生育不良	80	82	2	3	4	27.3	61.6	18	30	4/9	1	0	8

注　＊A：多湿黒ボク土，B：細粒質灰色低地土，C：れき質灰色低地土
　　＊＊SR-H型円錘貫入抵抗測定器による

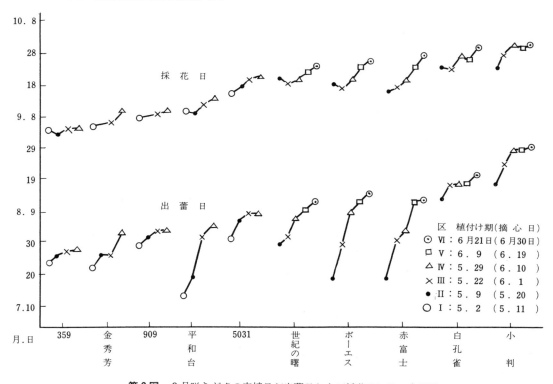

第 2 図　9 月咲きギクの定植日が出蕾日および採花日に及ぼす影響

（熊本農試園芸支場，1978）

り，かなり普及している。また，降雨時でも作業ができ，作業の快適化や効率化にも役立つ。

（3）　生育過程と技術（第 3 表，第 3 図）

①親株養成

夏ギクでは台刈りを 8 月下旬ごろ地ぎわから 10cm 残して行ない，側枝を伸ばし挿し穂としている。この側枝は挿し芽後，株間 10cm 条間 5～6cm で仮植し，ビニルで被覆し，日中は換気している。また，冬至芽を利用する場合は，11 月中旬ころからトンネルをかけて，冬至芽の生育を促し，12 月上中旬に根のついた冬至芽をかぎ取り，同様に仮植している。

夏秋ギクでは，10 月下旬から 11 月にかけて親株圃場へ移植している。そのさい，2 週間程度トンネルをかけてやや蒸し込んでやると活着がよい。施肥は N，P_2O_5，K_2O 各成分 5kg/10a 程度を元肥で施用し，肥料が少ないと挿し穂が小さくなるので追肥で調整する。その後は低温に遭遇させ，7 月，8 月咲きは 12 月中旬から，9

第3表 技術・管理の実際

〈育苗〉

作業	作業・管理の実際	注意点・補足
親株養成 かぎ挿し 冬至芽かぎとり	（夏ギク） 8月に10cm程度残して刈り込み，マルチをはいで追肥し，軽く土寄せを行ない，側枝を発生させる 伸長してきた側枝を20日程度でかぎとって，挿し穂とする。発根後，11月下旬ごろ仮植 12月上中旬に，発生した冬至芽を根を付けたままかぎとり，仮植定植	病害虫防除を徹底する 仮植は，株間10cm条間5〜6cmで行ない，ビニル被覆して保温
親株養成	（夏秋ギク） 10月下旬〜11月にかけて，親株圃に植え替える。うね幅75cmに株間20cmの2条植えとし，緩効性肥料をN成分で5kg/10a程度施用する。7月出しは11月下旬ころから，8月出しは12月中旬ころから，9月出しは1月中旬から保温	収穫後の株をそのまま利用できるが，植え替えたほうが管理しやすい。摘心栽培の場合，本圃10a当たり1,000本（100㎡）必要
親株摘心 挿し芽	挿し芽の35〜30日前に，親株の最終摘心は終える 展開葉5枚で折り取り，下位2枚をはずし天挿しを行なう。挿し芽用土は無病，無肥料の用土を用いる（赤土，川砂，山砂，パーライト）。挿し床の厚さは7〜8cm程度とし，挿し芽間隔は3〜4cmとする。1.5〜2.0cmの深さで挿す。挿し芽後は，日中ややしおれる程度に，遮光や湿度を保つ	低温期には採穂まで時間がかかる 発根の悪い品種は，オキシベロンの粉剤の粉衣や200倍液に浸漬を行なう。発根適温は15〜20℃であり，冬期は保温が必要

〈本圃〉

作業	作業・管理の実際	注意点・補足
圃場の準備	連作地を避け，日当たりがよく，排水良好で，かん水可能な圃場を選ぶ。有機物を10a当たり2〜5t投入し，深耕を行なう。pHを5.5〜6.5に調整する	水田転作圃場や下層にち密層のある圃場ではすき床やち密層を破砕する
施肥	10a当たり三要素各成分とも20kg程度施用する。マルチ栽培では，緩効性の肥料を全量元肥で，無マルチ栽培では，数回に分けて施用	
栽植密度	うね幅120〜130cmで，条間35cm〜40cm×株間10cm〜12cmの2条植え	
定植	生育のよい揃った苗を用い，浅植えとし，定植後ただちにかん水し，しおれないようにする	圃場が乾燥している場合は事前にかん水しておく
摘心	定植10〜15日後に頂部を軽く摘心	摘心は活着後に行なう。摘心位置が深いと側枝の揃いが悪くなる
整枝	摘心後，側枝が10cm程度になったら，大きさの揃った側枝を1株3本残し，かぎ取る	側枝が伸びすぎると硬くなり，かぎ取りにくくなる
ネット張り	ネットは定植時か整枝後に張り，株の生育に応じて，たるみの無いように引き上げ，茎の曲がりを防止する	
摘芽・摘蕾	花芽分化を始めると腋芽が伸長してくるので早めに取り除く。摘蕾は，側蕾が小豆大になったら頂部の蕾だけ残し，側蕾を取り除く	遅れると摘み痕が残り，品質が低下する。また，摘み残しがないよう2回以上見回る
B-ナイン処理	花首の伸びる品種ではB-ナイン処理。通常，蕾が小豆大のとき500倍液を処理	品種により，濃度と量は調整する
収穫	採花は朝夕の涼しいときに行ない，切り前は外側の花弁が1〜2枚立ってきたときに	
調整・出荷	出荷規格に基づいて調整し，出荷する	蒸れないように，切り花の温度を下げてから箱詰めする。予冷を行ない，保冷車で出荷する

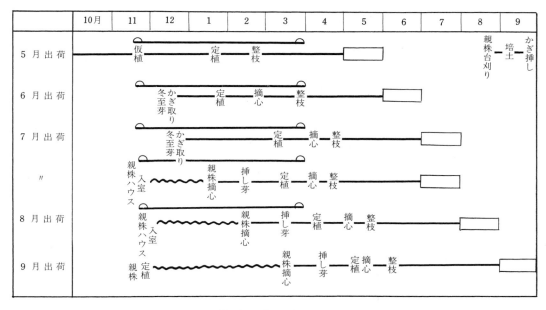

第3図　栽培のあらまし

月咲きは1月中旬から保温し，生育を促している。挿し芽の35～30日前に一斉に摘心する。

②育　苗

日中わずかにしおれる程度に湿度を保つ。採穂は晴天日の夕方行ない，老化していない，充実した無病の穂を折り取り挿し穂とする。挿し穂の長さはできるだけ揃えておかないと後の生育も不揃いとなる。挿し穂はベンレートなどの殺菌剤に瞬間浸漬消毒している。挿し穂の発根適温は15～20℃であるから，ハウス内で挿し芽し，加温するかトンネルで保温している。挿し芽後14～20日で根長2cm程度のときが活着がよい。

雑草対策として，ポリの黒マルチ，白黒マルチなどを用いている。マルチング時に適度な土壌水分のあるときに行なうことが大切である。

③圃場の準備

水田の転作地では，すき床を破砕し，排水，通気性をよくする。地下水位の高い圃場は，暗渠排水を行なうとともに高うねとする。排水溝を設置し，降雨時に水がうね間に停滞しないようにする。

④施　肥

施肥量はN，P_2O_5，K_2O各成分20～25kg/10a程度であるが，圃場の条件や品種により調整する。マルチ栽培が多く，有機質肥料や緩効性肥料を用いた元肥中心の施肥が行なわれている。しかし，キクは生育初期を除き，開花までほぼ一定の速度で肥料を必要とする。また，肥料の過不足により茎や葉が大きくなったり，小さくなったりするが，下位から上位までほぼ変わらない切り花が求められるので，不足するようだったらN成分で3～4kg/10a程度の追肥を行なっている。無マルチ栽培では，元肥を4～6割程度とし，残りを2～3回に分けて追肥する。追肥は通常摘心後側枝が10cm程度のとき，花芽分化後腋芽が伸びだしたころに行ない，着蕾を確認した後上位葉が小さい場合に行なっている。

⑤生育中の管理

5～6月出しの作型は，無加温ハウスで栽培しているが，定植後は保温し，温度をやや高めに保ち活着を促し，その後は日中高温にならないよう20～25℃で換気する。高温管理すると早期開花し草丈不足となる。

無マルチ栽培では追肥の後除草も兼ねて土寄せを行ない，2次根の発生を促す。柳芽が発生したら，早めに取り除き，最上位の側枝を伸ば

すようにしている。

　土壌が乾燥しすぎると草丈の伸びが低下し，開花も遅れるので，適宜かん水をする。特に梅雨明け後は，気温も高く，乾燥も早いのでかん水回数をふやし，適度な土壌水分を保持する。露地栽培では，うね間かん水の圃場が多いが，水が停滞して圃場に残らないように注意する。

⑥収　穫・調　整

　採花が高温期になるので，採花後，しおれないように，なるべく早く水揚げを行なう。出荷前には，水からあげ，いくぶんしおれた状態で箱詰めしている。

〈執筆〉　金子　英一（熊本県農業研究センター農産園芸研究所）

1995年記

夏秋ギク・冷涼地の技術体系

(1) 主要品種の特性

夏秋ギクのなかで栽培面積が多い品種を第1表に示した。開花時期は寒冷地の一般的な時期で分類した。

7月咲きの早生品種のなかでは白の精雲，黄のサマーイエローの栽培が最も多い。この2つは促成栽培や電照抑制栽培などに使われる中心的な品種で，夏秋ギクの代表的な品種である。

中晩生品種のなかには精雲やサマーイエローのような主力品種はないが，傾向としては無側枝性品種の割合が多くなっている。特に8月下旬咲き～9月咲きの黄色に多く，今後も無側枝性ギクの作付けは増加するものとみられる。最近では早生品種も育成されており，そのなかには，精雲などとほぼ同様に電照抑制栽培ができる品種もある。

無側枝性ギクは側枝の発生が少ないことから，摘芽労力を大幅に削減できる品種として注目される。育成されてから十数年が経過し，7月咲き～10月咲きまで多数の品種が発売されており，省力品種として重要な品種群である。無側枝性ギクには上部節位にわずかに側蕾が発生するだけの品種と，中位節からもある程度側枝が発生する品種がある。側枝の発生量は基本的には品種特性になるが，栽培環境によっても異なっている。

通常側枝の発生は，高温条件下で少なくなり，このほかにも花芽分化に好適な環境条件下や，少肥，採植密度が高いときなどにも減少する傾向がある。栽培上問題になる摘心後に萌芽してこない状態は，9月咲き以降の品種で発生しやすく，採穂時の温度が高くなっていること，採穂の位置が高いことなどが原因とみられ，品種間差が大きい。

無側枝性ギクは全般にボリュームがでやすい品種が多いので，施肥量は従来の品種よりややひかえめにするのがよい。

第1表 長野県における夏秋ギクの主な栽培品種
(平成6年)

	白	黄	赤，ピンク
7月咲き	精雲	サマーイエロー 名城	松風の夢 千代桜 初ボタン
8月咲き	緑風 夏木立	星の輝き 新月照* 天寿 みずほ*	夏休み よしの
9月咲き	銀峰* 清里 信濃の雪 玉雪 松の雪	松本城* 夕月* 深志の里* 名声*	元禄 花踊り* 古都* 飛鳥*

注 *は無側枝性品種

(2) 開花期，収量，品質を支配する要因と技術対応

①開花期に影響を及ぼす要因

夏秋ギクの季咲き栽培は，積極的な開花調節技術を用いない栽培のため，開花期の年次変動が問題となる。一般的な傾向として，8月上旬咲きの開花は，育苗期～生育初期の温度が高く，5月下旬～6月上旬に温度が高いと早まる。反対に6月中旬以降の温度が低いと遅れやすい。9月咲きは，7月中下旬に曇天がつづくと開花期が早まり，花芽分化・発達期の温度が高すぎても低すぎても開花が遅れやすい。

夏秋ギクの開花には，親株養成，育苗期の環境条件，花芽分化前の温度，花芽分化・発達期の温度・日長条件，土壌条件や栄養状態などが関与している。

親株養成期や仮植期間中の環境条件はキクの幼若性の消失に関係しており，この時期の温度条件が高いと開花が早くなる傾向がある。したがって開花の年次変動をなくすため，この時期の温度管理をできるだけ一定にするのがよい。開花時期を早めるためには，育苗温度を高くする方法もある。

②トンネル密封

7～8月上旬咲き品種では，定植後にポリフィルムをトンネル密封することにより早期短幹開花を防止し，品質の向上を図ることができる。

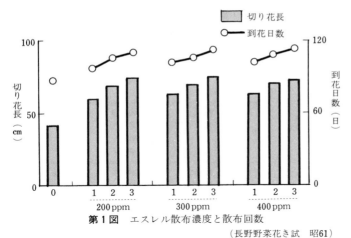

第1図 エスレル散布濃度と散布回数
(長野野菜花き試 昭61)
品種：天寿 6月13日摘心 1回目6月13日，2回目7月1日，3回目7月14日

この方式ではトンネル内の日最高気温の平均を40℃前後の高温にすることによって開花を抑制する。品種差はあるが，定植後4週間の処理によって10～14日開花がおそくなる。

トンネル密封処理は定植直後から開始し，4週間程度行なう。トンネル内は非常に高温になるため，土壌水分を充分保つことがポイントで，乾燥すると葉焼けが発生する。定植後，充分にかん水してからトンネルを被覆するのがよく，トンネル内にかん水チューブを設置しておくと被覆後もかん水が容易に行なえる。外気温が上がりトンネル内が高温になりすぎるときは，ポリフィルムに穴をあけていく。トンネルをはずしたときにも葉焼けが発生しやすいので，除去は曇天日に行なうのがよい。

③エスレル処理による開花調節

エスレルの効果 夏秋ギクの開花を抑制する方法として植調剤のエスレルの利用がある。エスレルは7～8月咲き品種の短幹開花防止による品質向上に有効であるが，同一品種の出荷期を拡大する方法としても利用効果が高い。電照抑制のように精度は高くはないが，薬剤も比較的安価で，処理方法も容易なので，簡易な開花調節技術として普及している。

エスレルは摘心直後から数回散布することにより，夏秋ギクの開花を抑制し，切り花長を増加させる。エスレルに対する反応は品種間差が大きく，エスレルの散布方法や育苗条件によっても効果が異なってくる。エスレルを散布することにより幼若性が保持され，開花が抑制されると考えられている。

基本的な使用方法は，エスレルの200ppm液を摘心時に散布し，その後10～15日間隔で1～3回散布する方法である。効果には年次変動もあるので，品種特性とあわせて処理方法を調節するのがよい。

散布濃度，散布回数の影響 第1図は散布濃度と散布回数を組み合わせて行なった試験の効果である。散布濃度が高いほど開花が遅延するが，その程度は小さく，切り花長はほとんど増加しない。むしろ散布回数の影響のほうが大きく，散布回数が多くなるほど開花が遅延し，切り花長も増加する。しかし，散布回数に比例して開花が抑制されるわけではなく，開花の抑制には限界がある。また，エスレルを散布すると節間が短く，下位葉が小さくなる傾向があり，散布濃度が高く，回数が多いほどこの傾向が強くなる。このため品質を低下させずに開花抑制を行なうには，3～4回処理までが実用的な範囲と考えられる。濃度は200ppm程度が適当であるが，節間伸長性などの品種特性に応じて100～300ppmくらいの範囲で調節してみるとよい。節間の短い品種は，処理によって草丈が短くなってしまうことがあるので，散布濃度や回数に注意が必要である。

品種別の処理回数の影響は，第2表，第3表に示すように，2回処理と3～4回処理でほとんど差がない品種と，処理回数が多くなるにしたがって効果が大きくなる品種とがあるが，3回目の散布からは全体に効果がやや小さくなる。1回処理ではほとんど効果がみられない品種でも，2～3回処理で大きな効果が現われることがあるので検討してみる。また，エスレルを処理することによって開花揃いがよくなる傾向がある。

散布間隔 1回目の散布は，摘心直後に行な

第2表 エスレル散布回数と開花抑制, 草丈伸長(1)
(長野野菜花き試 昭62)

品種	無散布区に対する抑制日数			無散布区に対する草丈伸長量(cm)		
	2回	3回	4回	2回	3回	4回
古城の月	11	14	19	1	3	9
名 城	8	15	16	22	20	18
スターレット	15	13	14	25	17	23
精 雲	10	7	28	12	13	16
そ よ 風	14	14	12	15	16	8
濃 染 桜	15	14	24	38	37	51
清 純	23	16	20	39	36	40
清 流	15	2	3	5	10	6
天 寿	12	18	19	13	31	32

注 4月6日挿し芽, 5月7日摘心。濃度200ppmで5月7日より10日おきに散布

第3表 エスレル散布回数と開花抑制, 草丈伸長(2)
(原村試験地 昭62)

品種	無散布区に対する抑制日数		無散布区に対する草丈伸長量(cm)	
	2回	3回	2回	3回
名 城	5	6	12	14
精 雲	5	9	7	11
古城の月	3	5	2	5
染 桜	7	10	4	9
雄 峰	9	10	13	15
清 風	3	6	3	2
清 純	7	11	20	27
初 姫	7	11	1	5
清 里	3	6	12	9
天 寿	5	9	9	7
信濃の雪	9	10	10	12

注 4月15日挿し芽, 5月18日摘心。濃度200ppmで5月19日より10日おきに散布

ったほうが効果が安定する。それ以降は10～15日間隔で行なうのがよく, 1回の散布によるエスレルの持続期間がこの程度と推察される。次の散布は前回の効果が消える前に行なう必要があるが, 同じ散布回数ならば効果の持続するかぎりは散布間隔が大きいほうが, 最終的にエスレルの効果がおそくまで持続することになり, 開花抑制効果が大きい。

挿し芽時期 通常の季咲き栽培と挿し芽時期を変えずにエスレルを処理すると, 開花期がおそくなるぶんだけ草丈が伸びることになる。品種によっては伸びすぎてしまうことがあるので, 挿し芽時期もある程度遅らせて行なったほうがよい。

育苗温度 夏秋ギクでは育苗期の温度が開花期に影響してくるが, エスレル処理を行なう場合も同様な傾向がみられる。第4表に育苗条件とエスレル処理との関係を示した。エスレル処理を同様に行なっても, 母株床や育苗期の温度が高いほうが開花期が早く, 育苗条件の違いにより効果が異なることがわかる。開花抑制を目的として使用する場合は, 育苗期の温度はできるだけ低くして管理したほうが効果が大きい。

第4表 苗の前歴とエスレル処理
(原村試験地 昭62)

品種	試験区			切り花日(月.日)	切り花長(cm)	節数	切り花重(g)
	処理	母株	育苗				
精雲	電照	加温	加	8.14	92	42	84
			無	19	108	43	75
		無加温	加	15	100	44	85
			無	17	99	48	105
	エスレル散布	加	加	7.30	56	33	68
			無	8.8	73	38	74
		無	加	1	66	36	71
			無	10	72	38	73
	無処理	加	加	7.25	53	29	67
			無	8.5	70	33	72
		無	加	7.23	55	27	63
			無	8.6	68	32	66

注 3月20日挿し芽, 4月27日摘心。加温温度10℃
エスレル200ppmを4月27日, 5月12に散布。電照は5月19日～7月6日

(3) 生育過程と技術

①親株養成

冬至芽の採取は, 充分に低温を受けてからがよく, 10月下旬～11月下旬までに行なう。病害虫, 特に白さび病の発生を防ぐため無病な株を選び, できるだけ地下部に発生した冬至芽を利用する。吸枝の発生が悪い早生品種に対しては, 切り花終了後に株を刈り込み, 土寄せを行なっておく。

親株床は良質な有機質を入れ排水性, 保水性を高めるような土つくりを行なっておくことが望ましい。連作する場合には土壌消毒を行なう。

植付け後は充分かん水を行ない, 活着するまでトンネルを被覆して高温多湿条件に保つ。活着したら日中は外気に当て, 夜間はやや開放し

て充分に低温に遭遇させる。冷涼地では12月下旬ころには休眠打破されるので，その後は夜温5〜10℃程度で管理する。挿し穂の質を均一にし，採穂数をふやすために行なう摘心は，採穂の30〜50日前に行なっておく。エスレル処理によって開花期を抑制する場合には，幼若性を保つために保温開始時期を遅らせ，温度を低めに管理する。また，無側枝性ギクは親株床の温度が高かったり，採穂位置が高いと，摘心後に無萌芽状態となりやすい。特に採穂時期がおそい9月咲き品種では，これらの点に注意が必要である。

②育　苗

挿し芽から開花までの日数はおおむね140日程度を目安とするが，作期，品種などを考慮して挿し芽時期を決定する。挿し芽時期を変えることにより開花期も変化するが，限界がある。挿し芽時期が早すぎると草丈が伸びすぎ管理がたいへんになるので，品種ごとに適切な挿し芽時期を把握していくことが大切である。

挿し芽はパーライトなどの用土に行なって，地温を15〜20℃に保つ。5月以降の挿し芽では，発根を始めるまで遮光して日中のしおれを防ぐ。

7〜8月咲きの露地栽培では，仮植してから定植することが多い。仮植は発根した苗を6〜8cm×8〜10cmの間隔に植え付け，夜温5〜10℃，昼温20℃を目標に管理する。仮植期間中の温度が高いと開花時期が前進しやすいので留意する。

③圃場の準備と定植

露地栽培の場合には，かん水ができ，排水が良好な圃場が望ましい。排水の悪い圃場ではあらかじめ排水対策を充分行なっておくとともに，高うねにして滞水をさける。有機質は完熟堆肥などを10a当たり2〜3t施用する。土壌酸度はpH6.0〜6.5を目標に調整しておく。

連作するとネグサレセンチュウ，ハガレセンチュウなどの発生が多くなる。これらの病害虫被害の発生がみられたら，クロルピクリン，メチルブロマイドなどで土壌消毒を行なっておく。水田転換畑では田畑輪換を行なうのも効果的である。

施設栽培の場合には，連作による塩類集積や土壌病害虫の被害がでやすいので，土壌検査などを充分に行なっておく。

施肥量は土壌条件や栽培年数により異なる。一般的には10a当たり窒素成分で25kg前後が目安となり，3分の2程度を元肥に，残りを追肥として施す。

採植密度は床幅50cm，通路50〜60cm，株間10〜15cm，条間30cm程度の2条植えが一般的である。仕立て本数は2〜3本として，品種によって株間との関係で調節する。

④生育中の管理

定植〜花芽分化期の管理　砂上げ定植の場合は，定植後10日ほどたったら摘心する。その後，側枝の発生が揃ったら生育の悪い枝を整理して2〜3本仕立てにする。生育初期の水分不足は生育を抑制し，品質低下をまねくので乾燥に注意し，充分かん水する。

7〜8月上旬咲きの栽培では，低温期の定植となるので，凍霜害による被害のおそれのあるときはトンネルを被覆する。

花芽分化〜開花期の管理　花芽分化後，数日すると上部の側枝が発生しはじめるので早めに摘除する。柳芽が発生した場合にはできるだけ早くすぐ下の側枝に切り替える。柳芽の発生原因はいろいろあるが，季咲き栽培での発生は，挿し芽時期が早すぎた場合や，花芽発達期の高温が影響していることが多い。

出蕾期以降，花首の伸びやすい品種は，草姿を改善するために，ビーナインを利用する。ビーナインは節間の伸長を抑え，上位葉を大きくする効果がある。効果は品種や栽培環境によって異なり，節間伸長しやすい品種，生育適温期，土壌水分が多いときなどは低濃度だと効果が劣る。花首が伸びやすく，うらごけしやすい品種では出蕾期と摘蕾期の2回，花首がやや長い程度の品種では出蕾期に1回散布する。濃度は1,000〜2,000倍で品種特性に応じて調節する。

出蕾後から膜切れ直前までは，土壌水分の不足によって花径が小さくなり，奇形花がでやすくなるので乾燥に注意する。降雨によって花傷

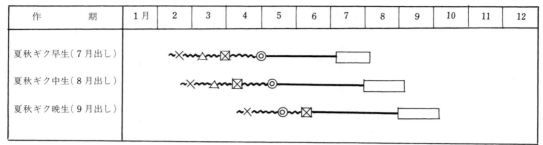

第2図　夏秋ギク季咲き栽培の栽培概要

みしやすい品種（白系）は雨よけを行なう。

病害虫防除　この作型で発生しやすい病害には白さび病，黒斑病，褐斑病，半身萎ちょう病などがあり，なかでも防除の中心は白さび病である。白さび病の防除は苗床からの持ち込みをなくすことが大切であり，生育中は窒素過多や多湿など発病を助長するような環境をできるだけ改善する。

害虫はアブラムシ，アザミウマ類，ハダニなどが防除の中心である。

（4）作期と技術のポイント

栽培の概要を第2図に表わした。7月および8月上旬開花までの栽培ではトンネル密閉を利用して品質向上を図る。8～9月開花の作型では無側枝性ギクを有効に利用して栽培の省力化を図る。

〈執筆〉　由井　秀紀（長野県野菜花き試験場）

1995年記

秋ギク・暖地の技術体系

（1） 主要品種の特性

　暖地での秋ギクの主な出荷期は9月中旬から11月中旬までの2か月である。開花期は1品種で6日程度のため，経営的には花色を加味して15品種程度を組み合わせた栽培となる。その場合，収穫・選別荷造りが労力上の制限要因となるため，栽培面積は自立経営農家でも25a程度となり，寒小ギク，施設ギクやその他花卉との複合経営となる。

　この作型での品種特性には，露地栽培でも葉状や木性がよく，花弁が雨に強いことが求められる。とくに栽培環境は必ずしもよくないため，耐病性，耐湿性や，最近では害虫の発生が著しいため耐虫性も品種選択の大きな要素となっている。また，品種により伸長性が異なるので定植・摘心時期を変え，樹勢や樹形も異なるため，定植間隔や仕立て本数を変える必要がある。

　栽培する土質や気候，仕向け先の好みによって品種は異なり，ローカル品種が多くなっている。数年前から芽かき作業の省力化のため，玉雪，彼岸参，国章などの芽なしギク品種が9～10月咲きで普及している。

　主要品種の栽培特性は第1表のとおりである。

（2） 開花期，収量，品質を支配する要因と技術対応

①栽培過程のなかで特に品質を左右する生育時期と技術のポイント

　季咲きの秋ギクは，天候に大きく左右される。とくに定植後の長雨や梅雨明け後の干ばつ，台風，病害虫の多発などによる影響を受けやすい。そのため，品種の特性，土壌条件などを把握し，早期に適切な管理が重要であるが，土壌改良やかん水装置，防風ネットなどに投資をしなければならない。

　土壌改良と土壌消毒　キクは連作障害が起こりやすいが，その被害は土壌の連作年数や化学性とは関係が少なく，土壌消毒の有無や作土の深さと相関がある。最も影響が大きいのは排水不良で，急性的なしおれは湿害による根腐れが原因であることが多い。

　洪積土壌の改良方法として，深耕は重機を使って1m程度の天地返しをする。条件が悪い場合は，さらに深さ60cm，間隔は4mごとに排水管埋設による暗きょ排水施設を施工したり，赤土や山砂，川砂などを客土したりするのも有効である。有機物として完熟堆肥を10a当たり6～8t投入する。

　慢性的な生育不良が定植時からみられる場合は，ネグサレセンチュウが原因で根がボロボロに腐る。D－Dによる土壌消毒の効果が高いが，半身萎ちょう病が心配される場合はトラペックサイド油剤やダゾメット粉粒剤を使う。

　仕立て本数の整理　15cmネットに3本，18cmネットに4本仕立てを目安とする。2回摘心栽培では，第2回摘心時に3本に整枝し，10

第1表　主要品種と作業基準月日

花色	品種名	開花期	親株摘心	挿し芽	定植	摘心	摘心
白	白　馬	9中下	4上	5.5	5.20	6.5	6.25
	玉　雪	10上	3下	4.25	5.10	5.20	6.10
	特　王	10中下	4上	5.25	6.10	6.20	7.15
	秀芳の力	10下	4中	5.15	6.1	6.10	7.1
	天　河	11上	5上	6.1	6.15	6.25	7.20
黄	松本城	9中	4上	5.5	5.20	6.1	－
	新　星	9下	4上	5.1	5.15	5.25	－
	秋　風	10上	4中	5.20	6.5	6.15	－
	金牡丹	10中下	4下	5.25	6.10	6.20	7.15
	秀　月	11上	4中	5.15	6.1	6.10	7.1
	寒大判	11中下	5上	6.5	6.20	7.1	7.25
赤	精興の紅	10中下	4中	5.20	6.5	6.15	7.10
	花の里	10下	4下	5.25	6.10	6.20	－
	紅　鶴	11上	4中	5.15	6.1	6.10	7.1
	鶴の夢	11中	4中	5.25	6.10	6.20	7.15
	秀芳夢路	11下	5上	6.5	6.20	7.10	8.1

第2表 主要病害虫と防除

病害虫名	症　状	防　除　方　法
白さび病	葉に白色のいぼ状斑点	マンネブ（水），バイコラール（水），サプロール（乳）などで5～10日おきに予防散布する。また，軟弱なつくりや多湿状態をさける
茎枯病	下部の葉のつけ根から黒褐色に腐敗	採穂前からベンレート（水），トップジンM（水）などで予防散布。本圃で発生したら抜き取り，前記農薬を散布する
ミナミキイロアザミウマ	葉がケロイド状花弁が茶褐色斑点	スプラサイド（乳），トクチオン（乳）などを定期散布する破蕾前には特に集中散布する
ミカンキイロアザミウマ	葉がケロイドと奇形，花弁カスリ状	トクチオン（乳），オルトラン（水）
シンクイムシ類	生長点を食害	スカウト（乳），オルトラン（水）など
マメハモグリバエ	葉の表皮を加害	カルホス（乳），オルトラン（水）など
ハダニ類	葉裏のかすれ	ダニトロン（フ），オサダン（水），トルピラン（乳）など乾燥状態での発生が多い
ネグサレセンチュウ半身萎ちょう病	根が加害される後半，葉のしおれ	年1～2回，D-D剤で土壌消毒する。半身萎ちょう病などが前作で発生した場合はディトラペックスなどに変える

cm時に7～8本に，20～30cm時に6本に整理する。その場合，細く生育の劣るもの，害虫の被害のものを整理する。また，下葉かき作業は通風と採光をよくし，出荷時労力の低減と，毛茸による健康障害回避となる。

害虫防除　近年，ミカンキイロアザミウマ，マメハモグリバエなどの難防除害虫やハスモンヨトウなど薬剤抵抗性のついた害虫が問題となっている。そのほかハダニ類，アザミウマ類，シンクイムシ類，アブラムシ類なども多発傾向にあり，防除回数の増加につながっている。

主要病害虫防除は第2表のとおりであるが，早期に薬剤散布をすることや，周辺作物の適正管理，草刈りや除草剤処理による雑草の根絶などで害虫生息密度を低下させる耕種的防除や地域一斉防除も重要である。

茎の曲がり防止と台風対策　曲がりと風ずれ防止にネットを張る。17cm網目の2マス目ネットを1段張り，生育につれて小刻みに上げていく。2段張る場合は1段目はテープで可能である。とくに2回摘心栽培では土寄せ作業が重要で，両側から分枝位置まで寄せる。

支柱は径2cm，長さ1.3mの鉄パイプを使い，1.5m間隔にうねの両側に40cmの深さに打つが，

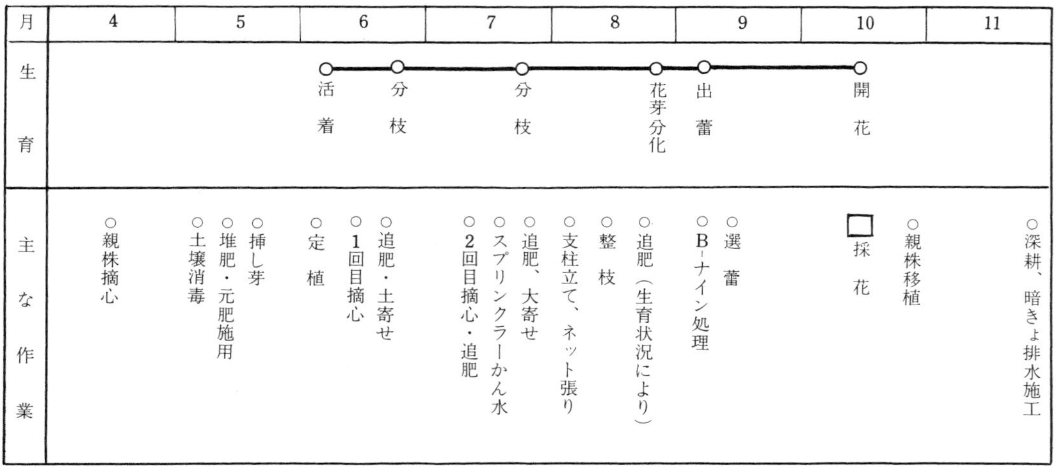

月	4	5	6	7	8	9	10	11
生育		活着	分枝	分枝	花芽分化	出蕾	開花	
主な作業	○親株摘心	○土壌消毒 ○堆肥・元肥施用 ○挿し芽	○定植 ○1回目摘心 ○追肥・土寄せ	○2回目摘心・追肥 ○追肥，大寄せ ○スプリンクラーかん水 ○支柱立て，ネット張り ○整枝	○追肥（生育状況により） ○Bナイン処理	○選蕾	□採花 ○親株移植	○深耕，暗きょ排水施工

第1図　栽培のあらまし（10月咲き2回摘心栽培）

秋ギク・暖地の技術体系

第3表 技術・作業の実際

〈育苗〉

作 業	作業・管理の実際	注意点，補足
親株移植	11月に必要株数を土壌消毒した圃場に移植する。品質がよく病害に侵されていない株を本圃10ａ当たり約1,000株とする	連作しない場合は切り花を終了した圃場のなかから，本圃10ａ当たり600株程度を残してもよい
親株管理	3月上旬に化成肥料10kg/10ａを施用	育苗期間は白さび病が多発する時期なので，スリップス・アブラムシなど害虫と合わせて定期的に薬剤散布
親株摘心	挿し芽の25〜35日前に，摘心を行なう。このときに，硫安20kg/10ａを施用し耕うんと土寄せ	品質のよい挿し穂を大量に確保するために行なう
挿し床	雨よけハウスに65％遮光率の黒寒冷紗を張る。ベンチにするか枠板を入れてビニルを敷いた隔離ベッドを設ける	用土は5cmの厚さに敷く。排水および保水がよい赤土，山砂，川砂やパーライトなど無病のものを使う
採穂調整	揃った芽を選び，長さ6〜7cm，展開葉3枚程度に調整	切り口は刃物で調整せず，手で折った状態とする。穂冷蔵（貯蔵）は，一部の芽なしギク品種で行なう
挿し芽	3cm×4cmまたは2.5cm×5cm間隔で挿し芽する。深さは2cm	発根の悪い品種や老化した挿し芽は，オキシベロンなどの発根促進剤を使用
挿し芽管理	・挿し芽後は充分かん水し，3〜4日に1回は軽くかん水 ・65％遮光率の黒寒冷紗などで日よけをし，7日以後徐々に日に慣らす ・風を入れないようにし，7日以後徐々に換気 ・温度は18〜20℃を中心に管理。25℃以上にしない ・1週間で発根し，2週間で定植が可能となる。長くおくと苗が老化するので注意	・苗腐敗対策としてオーソサイド1,000倍を2ℓ/㎡かん注 ・5〜6日後に穂は自然にしおれるが，朝，ピンとしていれば正常 ・10日目ごろで発根が始まったら一度たっぷりかん水

〈本圃〉

作 業	作業・管理の実際	注意点，補足
土壌消毒	D-Dを主体とするが，半身萎ちょう病が心配される場合はトラペックサイド油剤やダゾメット粉粒剤を使う	気温の上がる5月上旬ごろ，消毒時は土壌水分の過湿乾燥に注意し，消毒後は水封しビニル被覆
土つくり	土地に余裕がある場合は，2年に1回の作付けとする。排水不良は連作障害の原因となるので，深耕や天地返し，暗きょ排水などの対策をとる。施肥は第4表のとおり	優良な堆肥を6〜8ｔ/10ａ程度施用する。耕うんは必ず晴天のつづくときに行ない，土が固まらないよう注意
栽植密度	2回摘心栽培1条植えではうね幅80cm×株間15cm（1ａ当たり780本）。1回摘心栽培2条植えではうね幅110cm，条間30cm×株間12cmで2条植えする（1ａ当たり1,450本）。活着までは，手かん水を主体に行ないかん水むらをなくす。定植後1週間は毎日かん水	苗はよく揃ったものを使う 定植時に根を強い風や光にさらさない
摘 心	活着後（定植約10〜13日後）に本葉5〜6枚残して小苗は浅く，大苗は深めに摘心。2回目の摘心は本葉3枚残す	1回摘心栽培の場合は，2回摘心栽培より最終摘心を3〜5日早くする
ネット張り	整枝前までにネットを1段張る。17cm角を2マス使う。生育するに従い上げていく	草丈が長く曲がりやすい品種はテープで補強をする
整 枝	草丈20cmのころに140〜160本/3.3㎡となるよう整枝2回摘心栽培では1株当たり6本仕立て	目安として15cmネット内に3本，18cmネット内に4本を残す
土寄せ・マルチ	台風対策と茎の曲がり防止に土寄せをする。土壌水分を確保するために，稲わらやソルゴーを土寄せ後，うねなりに敷く	土寄せは追肥のつど行ない，3回目には大きく土寄せする（大寄せ）
かん水	水分不足は草丈不足や早蕾の原因となるので，空梅雨の場合や梅雨あけから9月までは定期的にかん水	1回摘心2条植えではチューブかん水やビニルマルチを併用
芽かき・選蕾	腋芽かきおよび選蕾はできるかぎり早めに	早蕾による三又芽は早期に1本に整理
生長調整剤 B-ナイン処理	茎が細く徒長する品種は生育中に2,000〜2,500倍を月に1回散布する。あまりうらごけせず，花首が伸びすぎる品種は出蕾期に800〜1,000倍を散布	うらごけして，花首も長い品種は出蕾期に1,000〜1,500倍を，やごかき時に600〜800倍を散布する。樹勢や水分状態により効果が異なるので濃度や時期をつかむ

第4表 施肥例(10月咲き2回摘心栽培)

(kg/10a)

施肥時期		N	P_2O_5	K_2O	堆厩肥
元肥	定植数日前(5中)	8	7	8	4,000
追肥	第1回摘心後(6中)	8	7	8	
	第2回摘心後(7上)	12	10	12	
	大寄せ時(7下)	14	12	14	
	花芽分化時(8下)	6	5	6	

うねの両端は強度の強い木杭か径3cmの鉄パイプとする。

また,台風や季節風対策は4mm目の防風ネットを使い2.5mの高さに張る。

②開花調節技術に伴う生育障害の見方と対策

季咲き栽培での開花調節技術はとくにないが,生育調節技術として次の2つがある。

最終摘心時期 1本1本の草丈,ボリューム,斉一性などを決める作業で,摘心時期が早いと草丈は伸びすぎ,柳芽も発生しやすい。遅いと草丈が短くて開花する。そのため,品種特性と土壌条件や日当たり具合などの栽培条件を考慮して決める。

B-ナイン処理 茎が細く徒長する品種は生育中に2,000~2,500倍を月に1回散布する。あまりうらごけせず,花首だけが伸びすぎる品種は出蕾期に800~1,000倍を散布する。うらごけ

して,花首も長い品種は出蕾期に1,000~1,500倍を,やごかき時に600~800倍を散布する。

生育状態や土壌水分状態,天候,散布する時期と濃度,散布量により効果が異なるので,各自の栽培に適した濃度や時期をつかむことが大切である。

(3) 生育過程と技術

①親株養成(露地畑)

親株は11月に,品質がよく病害におかされていないものを本圃10a当たり1,000株程度移植する。連作しない場合は切り花を終了した圃場に残してもよい。3月上旬に化成肥料10kg/10aを施用する。育苗時期は白さび病と挿し芽後と同じように茎腐病が多発する時期なので,スリップス,アブラムシなどの害虫と一緒にMダイファーで定期的な薬剤散布を行なう。親株摘心は挿し芽の25~35日前に行なう。

②育苗と挿し芽

挿し床はパイプハウス内にベンチを設置するか,枠板にビニルを敷いた隔離ベッドを設ける。用土は排水がよい無病の赤土や山砂,川砂単用かパーライトなどを混用し5cmの厚さに敷く。揃った芽を選び,長さ6cm,展開葉3枚程度に大きさを揃えて調整する。3cm×4cmまたは2.5cm×5cm間隔で挿し芽する。

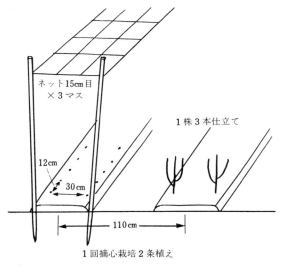
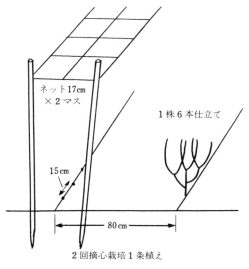

第2図 植栽方法と仕立て法,ネットの関係

挿し芽後は充分かん水し，その後は天候にもよるが3日ごとに葉水をかける。黒寒冷紗で遮光し，発根後徐々に馴らし換気にも充分注意する。10日間で発根し，2週間で定植が可能となるが，長く置くと苗が老化するので注意する。

128穴のセル成型苗とし，手植えをする方法もある。

③圃場の準備と定植

施肥は洪積土壌では第4表のように窒素量で10a当たり50kg程度とするが，肥沃な沖積土壌では3分の2でよい。元肥と大寄せ時には緩効性肥料を使う。

定植方法は第2図に示したが2つの方法がある。1回摘心2条植えと2回摘心1条植え（第3図）で，一長一短がある。暖地での沖積土壌では前者，洪積土壌では後者となる。

根の長さが約2cmになったら定植する。定植時には根を強い風や光にさらさないようにし，活着までは手かん水を主体に行ない，かん水ムラをなくす。

注意事項として，苗はよく揃ったものを使う。定植時に根を強い風や光にさらさない。

④生育中の管理

摘心は定植約10〜13日後に小苗は浅く，大苗は深めにする。1回摘心栽培の場合は，2回摘心栽培より最終摘心を3〜5日早くする。ネットは整枝前までに17cm×2マス目を張る。草丈が長く曲がりやすい品種はテープなどで下段を補強する。草丈20cmのころに140〜160本/3.3m²となるよう整枝し，株当たり6本仕立てとする。

土壌水分を確保するために，稲わらやケイントップを大寄せ後に通路に敷く。水分不足は，草丈不足や早蕾の原因となるので，空梅雨の場合や梅雨明けから9月までは4〜5日おきに1回，スプリンクラーで夕方に3〜4時間かん水する。

第3図　2回摘心栽培1条植え，1株6本仕立てとする

柳芽は発生しやすい品種があり，その年の天候が不順であったり摘心時期が早かったりすると発生する。柳芽処理や腋芽かき，および選蕾はできるかぎり早めに行なう。

⑤収穫・調整・鮮度保持

10本を1束とし，1ケース100本を基準とする。花・花首・上位葉のバランスのとれたもので，曲がりや病虫害のないものを秀品とする。選別・調整作業は選花機やフラワーバインダーなどの機械化で労力軽減ができる。

鮮度保持剤処理の必要はなく，きれいな水で半日程度水揚げし低温貯蔵する方法でよい。

〈執筆〉　松本　弘義（静岡県専門技術員）

1995年記

シェード栽培

夏秋ギク，秋ギク・冷涼地の技術体系

（1）主要品種の特性

　暖地では高温でシェード栽培が困難な時期に，東北では夏期に比較的冷涼で秋期早冷な気象条件を活かしたシェード栽培を行なっている。6～8月出荷は夏秋ギクの'天寿'，8～9月出荷は秋ギクの'名門'，'黄（金）名門'を生産している。この時期の白色品種としては夏ギクの'精雲'がある。秋ギクの'名門'はシェードが必要で，栽培には手間がかかるが，切り花の品質と日持ちがよいので人気が高い。

　天寿　夏秋ギクに属し，花芽分化温度18℃，適日長13時間で，夏秋期の黄色の代表品種である。

　早中晩生系があり，露地での季咲き栽培だと早生は8月上中旬，中生は8月中～9月上旬，晩生は9月上中旬に開花する。

　シェード栽培では，高温障害による貫生花の発生が問題となるので，系統選抜を行なって貫生花の発生程度を低くし，早生系の系統を用いるようにする（第1表，第2表）。

　名門　自然開花期が10月上旬の白色品種で，適日長12時間の早生秋ギクに属する。生育適温は夜温15～17℃と高いが，開花に対して高温障害を受けにくいため，シェード栽培の代表品種となっている。

　開花の不揃いや品質劣化を防ぐため，系統選抜を行なうとよい。一部の産地では，茎頂培養で優良な親株を育成し成果を上げているところもある。

　黄（金）名門　'名門'の枝変わりの黄色品種で，性質は準ずるが，'名門'より高温で徒長しやすく，ボリュームが付きにくい。

（2）開花期，収量，品質を支配する要因と技術対応

①日長操作

　シェード資材は，厚さ0.07～0.1mmのシルバーポリトウなどで，被覆内が真っ暗になり，しかも内部の温度が上がりにくいものを使用する。光が漏れないように張り，特に日長反応に敏感な上位葉の付近は真っ暗にする。

　シェード処理が必要な期間は，自然日長が13時間（明期）以上となる3月上旬から9月下旬までである。

　シェード前の栄養生長期間中の電照は，秋ギクの'名門'では不時出蕾や柳芽の発生を防止するために，必ず4時間程度の深夜電照を行ない，夏秋ギクの'天寿'でも開花揃いがよくなるので行なうほうが望ましい。

　シェード処理は，6月までの気温が低い時期は午後7時から午前6時を暗期とし，13時間日長にする。これは，開花時に上位葉が小さくなる「うらごけ」を防ぐのに有効である。梅雨明け以降の気温が高い時期は，高温による開花遅延と奇形花が増加するため，シェード処理は，午後6時から午前6時までを暗期とする12時間日長を基準とする。「うらごけ」を防ぐため，シェード開始後10日目ごろに4～7日程度，シェードを一時中断し，品質向上を図っている例もある。

　シェード開始時期は，出荷（開花）時の切り花長が90cm程度になるように，草丈をみて判断する。シェード開始から発蕾まで好適条件下で約20枚前後の葉が展開するので，これに品種の平均節間長を掛けた値に，シェード開始時の草丈を足せば切り花長が推測できる。おおよその目安は摘心から7～8週間後，出荷予定の7～9週間前とし，5～6月の適温期で花成誘導しやすい時期は草丈60cm前後，高温により花成誘導が抑制されやすい7～8月は草丈50cm

前後とする。

シェードの打切り時期は，蕾の幕切れ期といわれているが，7～8月の高温期には，花弁が伸び始めるまでつづけたほうが品質のよい切り花となる。

第1表 シェード開始後の昼・夜温制御がキク'天寿'の開花と貫生花の発生程度に及ぼす影響 （佐藤ら，1993）

昼間夜間温度	早晩性	開花盛期（月日）	到花日数（日）	貫生花の発生（％）		
				正常	軽微	甚
25℃・15℃	晩	6.21	74	94	6	0
	中	6.10	63	94	6	0
	早	6. 4	57	71	29	0
30℃・15℃	晩	6.24	77	52	33	15
	中	6.10	63	27	51	22
	早	6. 1	54	19	60	21
25℃・13℃	晩	7. 3	86	100	0	0
	中	6.24	77	100	0	0
	早	6.14	67	50	38	12
30℃・13℃	晩	7. 6	89	73	20	7
	中	6.25	78	52	31	17
	早	6.13	66	4	25	71

注　'93年1月29日冬至芽苗定植，2月8日摘心，4月8日電照打ち切り，短日処理開始
　　3分咲きで採花し，開花盛期は50％収穫時とした。
　　貫生花の発生程度は花中に総苞りん片が認められるものを軽微，明らかな貫生花で商品性のないものを甚とした

第2表 シェード開始後の昼・夜温制御がキク'天寿'の生育と切り花品質に及ぼす影響 （佐藤ら，1993）

昼間夜間温度	早晩性	短日処理		開　花　時				
		草丈(cm)	葉数(枚)	切り花長(cm)	切り花重(g)	葉数(枚)	葉面積(cm²)	舌状花(枚)
25℃・15℃	晩	48	17	141	83	63	8.1	275
	中	54	19	133	73	57	4.8	263
	早	52	16	132	59	54	4.2	264
30℃・15℃	晩	47	15	146	82	66	13.1	312
	中	52	16	128	64	56	4.8	274
	早	51	17	125	63	57	4.8	286
25℃・13℃	晩	50	15	158	91	65	10.9	258
	中	62	19	161	84	61	19.3	294
	早	60	17	158	85	59	21.1	298
30℃・13℃	晩	52	15	164	91	71	10.1	280
	中	57	17	155	75	62	20.3	314
	早	58	18	160	72	66	19.2	321

注　耕種概要は第1表に同じ。切り花重は切り花長95cmでの調整重。
　　葉面積は上節位1から3位葉の平均値

②温度管理

シェード栽培で重要なことは温度管理である。寒冷地では6月中旬まで施設内の最低気温が15℃以上に保てないため，'天寿'の6～7月出荷の作型では，定植時から夜温13℃前後，シェード開始時から夜温15℃以上の暖房が必要である。'名門'の8月出荷でも，栽培中に頂部の茎の節間が極端に縮まり，生育が緩慢になる「すくみ症状」といわれる高所ロゼットが発生する場合もあるので，定植時から夜温は13℃前後に，シェード開始時から15～16℃に保つ。2～3週間後，上位節に小さな腋芽が観察され，花芽分化完了が確認できたら夜温を12℃前後に下げ，かん水を充分に行なって，茎が細くなったり上位葉が小さくなったりするのを防止する。

'天寿'の花芽分化適温は夜温18℃といわれているが，実際の栽培では夜温15℃以上に管理されている。冬至芽由来の活性の高い苗を用いた6～7月のシェード栽培では，夜温13℃でも開花が10～15日遅れるものの，正常に開花し，むしろ「うらごけ」はなく，切り花品質がすぐれているという結果もある（第2表）。

一度花芽分化すれば高所ロゼットの心配はないので，切り花品質の低下をまねくためシェード後半の高夜温管理は行なわないようにする。

8月出荷では，6月20日以降のシェード開始で最低気温は確保できるが，梅雨明け後の高温による障害が問題となる。

特に'天寿'では，花の中に総苞りん片ができる貫生花（通称へそ）が発生し，品質が低下する。貫生花の発生は，シェード開始後の昼間の換気不良による30℃以上の高温遭遇が原因であり，特に，シェード開始後4週目に，56時間（1日平均8時間の7日間）程度高温遭遇すると多発することが明らかとなっている（第3表）。

高温障害を回避するためには，パイプハウスなら屋根だけ残して雨よけ状態とし，大型施設では天窓換気や側面の肩換

気を充分にし，妻面に換気扇をつけて強制換気を行なうとよい。晴天時には，夏の強烈な直射光を避けるため，不織布やアルミが蒸着された遮熱寒冷紗などの資材を利用して遮光し，昼温を30℃以下に管理することが必要である。

夜温を下げるには，タイマーなどの利用で午後8時から午前3時まで夜間にシェード幕を開放するのも効果的である。

③生育調節剤処理

温度不足を補い初期の節間伸長を促すため，摘心後側枝が伸び始めたらジベレリン50ppmを散布するとよい。

花首の徒長を防ぎ，上位葉を大きくして草姿をよくするため，摘蕾期（蕾の大きさが小豆粒大）にB-ナイン1,000～1,500倍（800～533ppm）液を10a当たり80l散布する。

高温期の栽培で，茎が細く徒長ぎみの生育になった場合，B-ナイン1万倍（80ppm）液を生育初期に2～3回散布したり，夏ギクの開花調節に使われるエスレルの500倍（200ppm）液を摘心時か生育初期に1～2回程度散布したりして，切り花品質の改善を行なっている例もある。

第3表 シェード開始後の時期別昼間高温処理が'天寿'の開花と貫生花の発生程度に及ぼす影響

(宮城園試，1994)

区	時期別昼間高温処理（月/日）	高温(30℃以上)遭遇積算時間(hr)	平均開花日(月日)	到花日数(日)	貫生花の発生(%) 正常	軽微	甚
1	4/18～4/24	31.0	6/ 9	52	100	0	0
2	4/25～5/ 1	40.4	6/ 9	52	100	0	0
3	5/ 2～5/ 8	33.2	6/10	53	98	2	0
4	5/ 9～5/15	55.9	6/ 9	52	9	30	61
5	5/16～5/22	60.1	6/ 9	52	93	2	5
6	4/18～5/ 1	71.5	6/10	53	98	2	0
7	5/ 2～5/15	89.1	6/ 9	52	14	18	68
8	4/18～5/ 8	104.6	6/10	53	95	5	0
9	4/18～5/15	160.5	6/10	53	19	12	69
10	4/18～5/22	220.6	6/10	53	5	28	67
11	無	9.7	6/10	53	93	7	0

注 1994年2月10日冬至芽苗定植，2月22日摘心，4月18日深夜電照打ち切り，6月5日まで夜温15℃以上で12時間日長の短日処理を行なった。4月18日の短日処理開始後，各区時期別に昼温30℃以上の高温処理を行なった。貫生花の発生程度は第1表参照

(3) 生育過程と技術

①育苗

'天寿'では，前年の7～8月出しの施設採花株または8～9月出しの露地採花株を親株用にうね幅80cm，株間25cmの2条植えで露地に植え付けておく。親株は採花時に無病で形質のよい株を選定しておき，本圃10a当たり600株用意する。9月上旬に地上10cm程度で台刈りし，化成肥料を10a当たり成分量で5kgになるよ

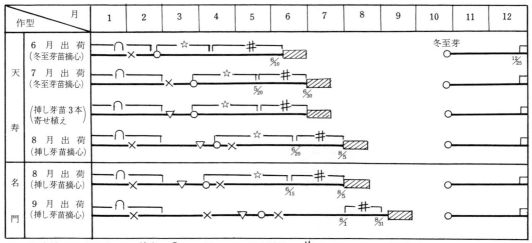

第1図 冷涼地における夏秋ギク，秋ギクのシェード栽培の作型

う，株元に施して土寄せをする。

　パイプハウスに10a当たり堆肥3t，緩効性の化成肥料を成分量で三要素各10kg施してpH6.5に矯正し，幅120cm，通路60cmの伏込み床をつくる。

　10月下旬に親株を掘り上げ，地上に頭を出していない冬至芽（うど芽）を採取する。挿し芽苗3本寄せ植えの作型では本圃10a当たり4万本，冬至芽苗摘心の作型では2万本，挿し芽苗摘心の作型では，1芽から平均3本採穂するとして7,000本程度の冬至芽を準備し，10cm×5cmの間隔で床に伏せ込む。不織布や保温シートをかけて展葉を揃える。

　活着後は充分に低温に遭わせてロゼット打破を図る。12月下旬には休眠が打破されるので，夜間はポリフィルムと保温シートの二重トンネル掛けで保温を開始する。昼間25℃以下，夜温5℃を目安に管理する。

　'名門'では，8～9月出しの施設採花株を'天寿'と同様に肥培管理しておいて，10月下旬に冬至芽を7,000本採取し床に伏せ込むか，10月出しの露地採花株を親株として，本圃10a当たり600株をパイプハウスに植え付ける。親株床の管理は'天寿'に準じて行なう。

　挿し床用土は川砂または山砂＋籾がらくん炭，パーライトなどを用いる。

　冬至芽は，採穂の30～40日前に摘心しておき，10cm程度伸びた側枝を展開葉4枚つけて5cm程度の長さで折り取る。挿し穂は展開葉を3枚つけて調整し，切り口に発根剤を粉衣して，葉と葉がふれあわない程度の間隔で，深さ2cm程度に浅く挿して，かん水する。

　寒冷紗などの資材で50％程度遮光してしおれを防ぎ，乾いていたら朝に葉水を打ち，1週間後くらいから朝夕少しずつ光にあててならす。

　ミスト施設を利用すれば，空気湿度を保って穂の萎凋を防ぎながら，短期間に発根させることができる。

　挿し床温度は，電熱温床線を利用して20℃前後に保ち2週間程度で発根させる。低温でも20～30日で発根するが，穂がやせて老化するため苗質が悪くなる。

②定植とその後の管理

　定植10日以上前に10a当たり堆肥3t施用し，苦土石灰などでpH6.5前後に調整する。元肥は成分量で三要素各12kg程度を基準とするが，施用前に土壌分析を行ない，EC0.5mSなら全量施肥，0.8mSなら半量施肥，1.0mS以上なら元肥なしとする。

　定植はベッド幅50cm，通路60cm，条間30cmとし，'天寿'の7月出しシェードの作型で，挿し芽苗3本寄せ植え栽培では，3月上旬に挿し芽し，3月下旬に挿し芽苗を3本ずつ寄せて株間15cmの2条植えにする。冬至芽苗摘心栽培では，3月上旬に冬至芽を摘心し，3月下旬に側枝の揃った冬至芽苗を親株床から掘り上げて株間15cmの2条植えにする。8月出しの作型では，2月上旬に冬至芽を摘心しておき，4月上旬に挿し芽して，4月中旬に株間10cmの2条植えにし，10～15日後に先端を浅く摘心する。側枝が10cm程度伸びたら，株当たり2～3本に整理する。'天寿'は生育が旺盛なので，10a当たりの仕立て本数は3万5,000本程度と少なめのほうが品質が揃う。

　'名門'の8月出しシェードの作型では，2月上旬に親株または冬至芽を摘心しておき，3月中旬に挿し芽して，4月上旬に挿し芽苗をベッド幅50cm，通路60cm，条間30cm，株間10cmの2条植えとし，4月中旬に摘心する。9月出しの作型では，親株を2月上旬と4月上旬に摘心しておくか，8月出しの作型で3月に挿した苗を親株に利用して摘心しておき，5月上旬に挿し芽し，5月下旬に定植して，6月上旬に摘心する。株当たり3本仕立てとして，10a当たり仕立て本数を4万2,000本程度とする。

　'天寿'のかん水は，定植後シェードを開始する1週間前までは充分に行なう。シェード開始1週間前から発蕾までは，ひかえめに管理して花芽の分化・発達を促すが，その後は普通のかん水管理に戻り，収穫期に入ったら再びひかえめに管理する。

　'名門'の欠点は，草丈が伸びにくいことと，花が中輪でやや豪華さに欠けることであるが，この欠点をカバーするために，かん水はひとつ

のポイントとなる。定植後，常に多めで一定の土壌水分を保つように心がけ，シェード開始直前の節水管理を行なわない。

追肥は，定植後30～40日後と発蕾期に窒素とカリを成分量で各4kgずつ2回施用し，そのほかは生育状態をみて液肥を施す。

③病害虫防除

白さび病は冬至芽苗からの持ち込みが多いので，親株と定植後の初期防除を徹底する。梅雨期には天候をみて1週間おきに定期散布を行ない予防に努める。

アブラムシとスリップスは，種類の違う殺虫剤のローテーション散布で初期防除に努める。

④収穫・調整

切り前2～3分咲きで収穫し，貫生花など高温障害による奇形花は区分して，一晩水揚げしてから10本1束の100本詰めで出荷する。

〈執筆〉 佐藤　泰征（宮城県迫地域農業改良普及センター）

1995年記

参考文献

船越桂市．1989．切り花栽培の新技術改訂キク上・下巻．誠文堂新光社．

佐藤泰征ら．1994．キク'天寿'のシェード栽培における貫生花の発生要因．東北農業研究．47，325－326．

電照抑制栽培

夏秋ギクの技術体系

(1) 主要品種の特性

　夏秋ギクの電照抑制7～9月出し栽培に用いられる品種は，白系では'精雲'，黄系では'天寿'が代表的である。それぞれの品種の生育・開花特性は以下のようである。

①精　雲

　花は白色，抱え咲きの広幅弁で，葉は照り葉で光沢があり，やや立葉である。無加温施設における自然開花期は6月中下旬で，夏秋ギクの早生品種に分類される。花芽分化温度は17℃，適日長は14時間とされ，電照で花芽分化を抑制することにより5月から9月までの出荷期調節が可能である。生育が旺盛で栽培が容易であり，また高温・長日期における開花遅延の程度が少なく，品質も低下しにくい。'秀芳の力'と同様に仕事花としての需要が安定していることから，各地で生産が増加している。

　栽培が始められた当初は，高温期には花弁の開きが早く，開花後の花径も小さかったが，系統選抜の取組みにより抱え咲きでボリュームのある切り花が出荷されるようになった。

②天　寿

　夏季を中心とした黄色系の代表品種で，栽培の歴史は古い。自然開花期は無加温施設で7月上中旬であるが，露地栽培では定植時期に応じて開花期の幅が7～9月と広がるのが特徴的である。花芽分化温度は'精雲'よりもやや高めの18℃とされているが，川田ら（1987）によると，'天寿'の幼若性は'精雲'よりも強く，高温は花芽分化に先立つ幼若性の除去に必要とされる。

　生育は旺盛で栽培しやすく，照り葉で水揚げがよいことから市場性が高い。しかし，暖地の施設栽培では，7～8月の高温・長日条件で開花抑制が強く，貫生花などの品質低下を生じやすい。そこで，8月上中旬出しではシェード栽培や，中山間地における栽培が一般的である。

③その他の品種

　夏秋ギクを利用した電照抑制栽培の普及により，'精雲'や'天寿'以外の品種を対象とした作型適応性が各地で検討されている。

　品種の具備すべき最低の条件は，①電照（深夜3～4時間の暗期中断）による花芽分化抑制が可能であると同時に，5～6月の自然日長下で花芽分化し開花する。すなわち，花芽分化の限界日長を有し，適日長限界が14～15時間程度の相対的短日性であること，②高温による開花抑制や貫生花など異常花の発生が少ないこと，などである。

　特に，①の条件については，限界日長が長すぎると生育がすすむにつれて電照中に花芽分化し，開花調節ができない。反対に，短すぎると消灯後の花芽分化・発達に短日処理（シェード）が必要である。'精雲'は，限界日長の微妙なバランスのうえに育成された貴重な品種といえよう。

　8月上旬出荷を目的とした筆者らの検討結果では，'新玉精（黄）'，'酔美人（淡桃色）'，'白寿（白）'，'白秀芳（白）'などの品種が有望のようである（第1表）。

(2) 開花期，収量，品質を左右する要因と技術対応

①苗の前歴と生育・開花

　キクの発育相はロゼット相，幼若相，感光相，成熟相の4相から成立しており，前3相の通過にはそれぞれ低温，高温および短日を必要とする（川田ら，1984）。'精雲'は夏秋ギクの早生品種に属することから，晩生品種と比較してロゼット相を通過するための低温要求性は小さく，5℃以下の経過日数が15～20日程度とされる。

　したがって，4～5月出し促成栽培のように

第1表 夏秋ギク品種の電照抑制栽培における作型適応性　　　　　（谷川ら，1991）

品　種	消灯日（6月14日）における花芽の発達程度	
	電照期間	
	6週間	7週間
精海	未	6.8
サマーイエロー	5.5	5.5
剣菱	2.4	4.0
岩田黄	4.4	6.5
新玉精	未	未
酔美人	未	未
精雲	未	未
村瀬宝	未	未
雷山天寿	未	未
46号	未	未
29号	未	未
天寿	未	未
白寿	未	未
白秀芳	未	未
村瀬白	未	未
ミス糸島	未	未
大宮司の誉	未	未

注　未：未分化
　　2：生長点膨大期
　　3：総苞形成前期
　　4：総苞形成後期
　　5：小花形成前期
　　6：小花形成後期
　　7：花弁形成前期

品　種	電照期間	平均発蕾日	平均開花日	切り花長	葉数	柳葉数	花首長
	週間	月.日	月.日	cm			cm
精海	6	7.11	8.11	116.6	47.3	3.1	4.7
	7	6.17	7.25	95.4	27.7	4.8	6.6
サマーイエロー	6	6.18	7.25	71.7	23.9	2.5	6.3
	7	6.18	7.27	82.9	26.0	3.2	8.0
剣菱	6	7.10	8.28	90.8	41.4	5.9	7.0
	7	6.23	8.15	80.8	27.1	8.6	11.2
岩田黄	6	6.21	8.31	98.3	42.8	3.0	4.5
	7	6.19	8. 9	82.3	28.9	4.8	8.3
新玉精	6	7.11	8.16	112.9	45.0	1.5	3.1
	7	7. 9	8.15	118.6	38.0	2.3	7.5
酔美人	6	7.11	8.13	109.5	40.7	1.5	4.4
	7	7.10	8.12	103.1	43.3	1.1	3.3
精雲	6	7. 3	8. 7	98.5	40.4	1.4	3.3
	7	7. 2	8. 6	97.6	39.4	1.2	3.0
村瀬宝	6	7.23	8.30	94.5	44.0	2.6	4.7
	7	7.18	8.27	106.1	48.9	2.4	4.8
雷山天寿	6	8. 2	─				
	7	8. 2	─				
46号	6	7.23	8.30	100.3	40.7	3.0	4.8
	7	7.22	8.30	110.6	43.8	2.9	4.6
29号	6	7.10	8.15	96.6	42.3	0.9	3.4
	7	7. 4	8.10	97.2	43.1	1.5	4.0
天寿	6	8. 9	─				
	7	8. 2	─				
白寿	6	7.11	8.12	122.6	50.2	1.6	4.7
	7	7.11	8.12	138.0	36.5	1.2	5.5
白秀芳	6	7.11	8.13	119.6	41.6	2.0	4.4
	7	7. 8	8. 9	125.4	41.3	4.7	4.5
大宮司の誉	6	7.15	8.26	109.6	47.4	2.0	3.3
	7	7.11	8.15	111.1	48.1	4.0	3.8

注　─：発蕾後，8月末までに開花に至らず
　　村瀬白，ミス糸島は柳芽発生により大部分が不開花

育苗期間が12〜1月の場合には，親株や苗の低温遭遇量によって開花期や切り花品質が左右される。つまり，充分に低温遭遇した苗のほうが開花が早く，節間伸長がよいことから，ロゼット打破処理として穂・苗の低温処理が行なわれている。

しかし，'精雲'の電照抑制7〜9月出し栽培では，12月上中旬まで親株を露地圃場で育成し，その後無加温施設で摘心，採穂することから，年明け以降はすでにロゼット相を通過しているとみなされる。したがって，通常の親株および育苗管理では，ロゼット打破のための低温処理は必要としない（第1図）。

ところで，いったんロゼット相を通過した後では，親株や苗に対する高温は幼若相の通過を早め，また低温はその通過を遅らせるように作用する。夏秋ギクの幼若性程度は，夏ギクの「弱」と比較して「中〜強」とされ，晩生品種ほど強くなる。そのため，苗の早期確保を図るために親株の栽培温度を高めに維持すると，幼若性が早期に消失し，花芽分化しやすい状態となる。加えて，採穂回数が多くなり，親株の利用期間が長くなると，電照中であっても花芽分化が誘導されることがある。特に6月出しから

夏秋ギクの技術体系

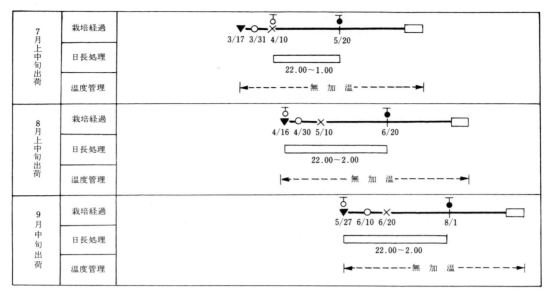

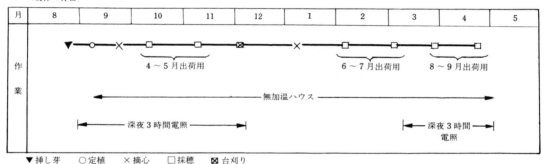

▼挿し芽　○定植　×摘心　□採穂　⊠台刈り

第1図 '精雲'の7〜9月出しにおける作型図　　　（福田）

9月出しまでのように長期にわたって親株を利用すると，本田に植えた苗が電照中に発蕾するトラブルが生じたりする。

したがって，夏秋ギクの親株管理は慎重に行なわれるべきであり，低温期の無理な高夜温管理をひかえ，長期にわたる採穂では親株をいったん更新するほうがよい。

②日長処理

電照方法　'精雲'の限界日長は17時間以上であり，12〜14時間日長の範囲では開花反応期間（短日処理開始から開花までの日数）の差はほとんどない。しかし，日長が14時間を超えると開花が6日間以上遅延することから，適日長限界は14時間とされる（川田ら，1983）。

福田ら（1984）が'精雲'に対し，深夜4時間電照区，16時間日長電照区および自然日長区で生育・開花反応を検討した結果，消灯時における発蕾は深夜4時間電照区では全く認められず，花芽の状態は未分化から生長点膨大期にあり，花芽分化の抑制効果が認められている（第2表）。

また，深夜電照における電照時間は，4時間が最も高い電照効果が認められたのに対し，3時間は総苞形成前期，2時間は総苞形成後期まですすんでいた（第3表）。このことから，深夜電照の時間は4時間が原則であるが，幼若性の残っている7月出し栽培では3時間の電照でもよい。

第 2 表　長日処理が花成および切り花形質に及ぼす影響　（福田・西尾，1984）

長日処理	発蕾率[1]	到花日数[2]	茎長	節数	柳葉数	花首長	舌状花数	管状花数
	%	日	cm			cm		
深夜4時間電照	0	47	111.4	55.4	1.8	4.1	257	64
16時間日長電照	100	30	70.2	28.6	2.2	7.7	399	22
自然日長	100	13	48.4	23.2	2.2	6.0	290	51

注　1）6月10日（長日処理終了時）調査
　　2）6月10日から開花までの日数

第 3 表　深夜の電照時間が切り花形質に及ぼす影響　（福田・西尾，1984）

電照時間	茎長	節数	柳葉数	花首長	舌状花数	管状花数
時間	cm			cm		
4	100.0	49.5	1.5	3.5	287	97
3	95.5	51.8	2.0	3.1	281	93
2	81.5	42.5	1.9	4.1	370	54
自然日長	74.0	39.3	2.2	3.5	270	111
LSD(0.05)	7.0	3.1	NS	NS	57	NS

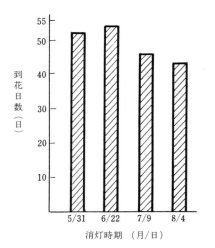

第 2 図　消灯時期による到花日数の差異　（福田・西尾，1984）

秋ギクの花芽分化抑制のための照度は，10 m²当たり100Wの白熱灯1個が基準である。夏秋ギクの場合もそれに準じてよく，'精雲'では最低50lx程度が必要とされる。

電照期間　定植後の高温により幼若相を通過し，生育がすすんでくると，深夜4時間の電照下でも花芽分化を誘導することがある。定植後の摘心から消灯までの電照期間が45日を超え，草丈が50cm以上に達した場合である。スムーズな花芽の発達が行なわれず，貫生花や花弁の乱れなど，品質低下の要因となる。

到花日数　消灯から開花までの到花日数は，5～6月消灯では52～54日と長いが，7～8月では43～46日と，消灯時期が遅いほど短くなっている（第2図）。これは，①消灯後の自然日長が次第に短くなること，②消灯後の高昼温による開花抑制が減少すること，③親株や生育中の株の老化により，電照による花芽分化の抑制効果が低下すること，などに起因すると考えられる。

再電照　上位葉の充実や露心花対策として再電照が行なわれる。再電照は，消灯後14～16日目から深夜3時間照明を5日間続けるのが基本である。しかし，花芽分化が不揃いであったりすることも多いことから，開始時期をやや遅らせるほうが無難な場合が多い。

以上のように，日長処理は切り花品質と開花調節による計画生産のために重要な管理であり，基本技術の遵守が望まれる。

③温度管理

ロゼット相から幼若相にかけての温度と生育・開花との関係については先に述べた。ここでは，電照打切り後の温度管理について記す。

7月から8月にかけては昼温が30～35℃を超える日が多くなる。高昼温とキクの花芽分化・発達との関係については詳細に検討された事例がないが，夏秋ギクでは昼温が32～33℃を超えると花芽の発達・開花が抑制されるようである。

'精雲'は高温による生育・開花抑制の少ない品種であるが，施設内の気温が35℃を超える

ようになると花弁の伸長が悪くなり，花の小型化や花弁のねじれが発生し，品質が低下する。したがって，施設の換気には充分に注意し，特に連棟の大型施設では天窓付近の換気場所を多くし，強制換気として換気扇を設置するなどの対策を講じたい。1994年のような高温・乾燥が連続する場合には，日中の寒冷紗被覆も考えてよいだろう。

④生育障害の見方と対策

貫生花 '精雲'の8～9月出し栽培では，花弁の中心付近に異常苞が着生する貫生花が発生し，問題となっている。'精雲'における貫生花の発生と要因については愛知農総試で検討されており，①摘心から消灯までの期間が45日を超えて長くなると発生が多い，②温度については夜温よりも，消灯4週間目ごろまでの高昼温が大きく影響している，③系統間差がやや認められる，④親株の低温遭遇量との関係は明らかでない，などが明らかとなっている。

対策としては，消灯前から黒寒冷紗を被覆することにより，ある程度抑制できるようである。今後，さらに抜本的な原因と対策についての検討が必要と思われる。

生育中期の中位葉の枯上がり症状 '精雲'では，定植後の草丈が60～80cmに伸長したころに，中位葉付近が急速に枯れ上がることがある。梅雨の天候不順な時期に多く発生し，天候が回復すると止まって他には広がらない。水分ストレスが原因との見方もあるが，明らかになっていない。

（3） 生育過程と技術（第4表）

①親株養成

親株床は日当たりがよく，排水良好で，通風のよい場所を選定する。圃場は必ず土壌消毒し，土壌伝染性の病害や雑草が生えないようにしておく。

収穫の終わった株を9月に元株床に移し，秋以降，低温に遭遇させながら冬至芽を発生させる。この場合，気温が高い時期には着蕾することが多いので，刈込みと同時にエスレル1,000ppmを1週間おきに2～3回散布すると花芽が着生しない。肥料は土壌消毒後に，10a当たり$N：P_2O_5：K_2O＝10：10：10kg$程度施用する。

12月上旬ごろ冬至芽を掘り上げて施設内に定植し，新しい親株とする。冬至芽の生長が始まると，随時摘心を行なって苗数を確保する。最終摘心は，最初の挿し芽時期から逆算して約30日前である。

病害としては白さび病や菌核病，虫害ではハモグリバエ，アブラムシ，スリップスなどの被害が多いので，定期的な薬剤散布を行なう。

②育 苗

挿し芽の時期は，7月出しは3月中旬，8月出しは4月中旬，9月出しは5月中下旬である。

晴天の日に健全で充実した穂をとる。穂の大きさはやや小さめの若い穂がよい。とった穂を，展開葉2～3枚，長さ6～8cmに調整し，発根剤につけて挿す。

挿し芽床は作業性のよい大型の施設内が望ましい。高温対策として寒冷紗を上部に張れるようにしておく。また，低温期には電熱線を用いて地温を確保するとともに，床の上をビニルトンネルで被覆する。

挿し芽床は，約10cm幅の板わくを立て，まさ土やパーライトなどを用土として使用する。用土は挿し芽のつど，新しいものを使用するのが望ましい。

③圃場の準備と定植

キクは本来連作を嫌う作物であることから，同一施設圃場で周年生産を行なう場合には耕土が深く，地力の高い水田圃場を選ぶ。排水対策も重要である。

また，毎年の土つくりと土壌消毒は欠かせない管理である。そのほか，除塩対策として，作期のあい間に湛水するとよい。

定植時期は，7月出しは3月下旬，8月出しは4月下旬，9月出しは6月上旬である。

定植床は120cmのうね幅に，摘心栽培では条間30cm，株間8～10cmの2条植え，または中央条間27cm，株間13.5cmの4条植えとする。また，無摘心栽培では，中央条間27cm，株間6cmの4条植えとする。仕立て本数は10a当たり4万～4.5万本程度が目安となる。

輪ギク　技術体系と基本技術

第4表　技術・作業の実際（電照抑制栽培　夏秋ギク・暖地）

〈育　苗〉

作　業	作業・管理の実際	注意点，補足
元株移植	収穫の終わった株を9月に元株床に移し，低温に当てながら冬至芽を発生させる	親株床は日当たり，排水のよい圃場を選定する
親株移植	12月上旬ごろ冬至芽を掘り上げて施設内に定植し，新しい親株とする	土壌消毒を行なっておく
摘　心	冬至芽が生長を始めたら，随時摘心を行なって苗数を確保する。除草，病害虫防除を徹底する	最終摘心は挿し芽から逆算して30日前
挿し芽	穂は，展開葉2～3枚，長さ6～8cmに調整し，発根剤につけて挿す	親株からの採穂は晴天の日がよい
電　照	8～9月出しでは挿し芽時から深夜4時間電照する	

〈本　圃〉

作　業	作業・管理の実際	注意点，補足
圃場の選定	耕土が深く，排水がよく，地力の高い圃場を選定する。有機物の投入により腐食に富んだ土地がよい	日当たりや風通しについても考慮する
圃場の準備	土壌消毒と土つくりは毎年行なう。苦土石灰などにより土壌pHを5.5～6.5に調整する	除塩対策として，作期の間に湛水するとよい
元　肥	10a当たりの全施肥量はN・P₂O₅：K₂Oで20・25・20kgとする。元肥としては半量を施し，後は追肥する	前作がキクの春出しの場合，肥料が残っていることが多いので，少なめに施す
うね立て	うね幅は作業性を考慮して120～130cmとし，植え床の幅を80cm程度確保する	
ネット張り	ネットは13.5cmの5マス，または17cmの4マスがよい。張り方が緩いと伸びてきた茎が曲がるので，しっかりと張る	中央のマスには植えないで，開けておくほうが風通しがよい
定植時期	7月出しは3月下旬，8月出しは4月下旬，9月出しは6月上旬。無摘心栽培では10～14日遅く植える	
定植間隔	摘心栽培では条間30cm，株間8～10cmの2条植え，または中央条間27cm，株間13.5cmの4条植えとする。無摘心栽培では，中央条間27cm，株間6cmの4条植えとする	仕立て本数は10a当たり40,000～45,000本となる
定　植	深植えしないように注意。定植後は充分にかん水して苗の活着を促進する	定植前日に充分にかん水し，圃場の水分ムラがないようにしておく
摘　心	定植後10～14日目に新葉が3～4枚展開したのを確認し，基部から4～5節残して摘心する	苗が活着する前に摘心すると，分枝の伸びが悪くなる
整　枝	生育の揃った分枝を3～4本残して，他を除去する。無摘心の場合には生育の劣った株を除く 整枝は数回に分けて行ない，最終的な仕立て本数を3.3㎡当たり約130本とする	
ネット上げ	茎の伸長に応じてネットを上げていく	
かん水	極端な乾燥や過湿を避け，収穫まで適度の水分を保持する	水分ストレスは，葉の枯込みの原因となる
電　照	2うねに1本の割合で電照線を張る。白熱灯の間隔は2.5～3.0mとする。7月出しでは摘心後から深夜3時間，8～9月出しでは定植直後から深夜4時間行なう	最低照度で50lx必要
電照打切り	摘心から6週間（無摘心栽培では定植から5週間）を目安に電照を打ち切る	電照期間が長いと，貫生花など奇形花の原因になりやすい
再電照	露心花対策や上位葉を充実させるため，消灯14～16日ころから深夜3時間の電照を5日間連続する	生育が揃っていることが前提となる
B-ナイン処理	消灯5週間後の摘蕾期に，B-ナイン1,000～1,500倍液を処理する	過度の散布は花の小型化や品質低下の原因となる
温度管理	施設内の気温が上がりすぎないよう換気に注意する。特に連棟のハウスでは，換気箇所を多くしたり，換気扇を利用したりして強制換気に努める	35℃以上の昼温が続くと，花弁の伸長が極端に悪くなり，品質が低下する
病害虫防除	4～5月の低温期や梅雨期を中心に白さび病が発生しやすいので，予防中心の定期的な薬剤散布が重要 虫害では，ハモグリバエ，ハダニ，スリップスの被害が多い	病害虫は親株や苗からの持込みが多いので，育苗時に徹底した防除を行なう
収穫・出荷	電照打切りから収穫までの期間は，7～8月中旬出しで50～55日，9月出しでは45～50日程度 切り前に注意して採花し，1ケースに200本または100本を詰めて出荷する	開花の揃いがよければ，収穫始めから終わりまで1週間程度である

④摘心・整枝

摘心は定植後10～14日目で，苗が充分に活着し，新葉が3～4枚伸長したことを確認し，基部から4～5節残して行なう。

整枝は，生育の揃った分枝を1株3～4本残して，他を除去する。無摘心の場合には生育の劣った株を除く。整枝は数回に分けて行ない，最終的な仕立て本数を3.3m²当たり約130本とする。

⑤日長処理

電照は，7月出しでは摘心後から深夜3時間，8～9月出しでは挿し芽後から深夜4時間行なう。照度は50lx以上必要である。

電照中の栄養生長期間が長くなり，草丈が50cm以上になると花芽分化しやすくなるため，電照は摘心後から45日以内を厳守する。

電照が連続して3日以上切れていると花芽分化するので，ときどき点検する。

消灯から開花までの期間は，7～8月中旬出しでは50～55日，9月出しでは45～50日程度である。

小花数の増加や上位葉の充実および露心花対策として再電照を行なう。時期は消灯から14～16日ごろで，深夜3時間の電照を5日間連続する。

⑥温度管理

7～9月出し栽培は加温する必要はないが，日中の換気に注意する。特に，35℃以上の日が続くと花弁の伸長が悪くなり，切り花品質が低下する。場合によっては，寒冷紗の被覆も考えてよい。

⑦わい化剤処理

花首の伸長抑制と草姿改善のためにわい化剤の処理を行なうが，過度な散布は花の小型化をまねくなど問題である。B-ナイン処理は，摘蕾期（消灯5週間後）に1,500～2,000倍の1回処理とする。

⑧病害虫防除

梅雨時期を中心として白さび病が発生しやすい。親株や苗からの持込みで広がることが多いので，育苗時に徹底して防除しておく。

施設内は乾燥しやすく，ハダニやスリップスの被害が多い。また，最近ハモグリバエの被害が広がっていることから，定植後の生育初期の防除が重要である。

⑨収穫・出荷

季咲きと比較して，電照抑制栽培では開花の揃いがよく，切り花開始から終わりまで1週間程度である。切り前に注意して採花し，1ケースに200本，または100本を詰めて出荷する。

〈執筆〉 谷川 孝弘（福岡県農業総合試験場園芸研究所）
1995年記

参考文献

川田穣一・豊田 努・宇田昌義・沖村 誠・柴田道雄・亀野 貞・天野正之・中村幸夫・松田健雄．1987．キクの開花期を支配する要因．野菜・茶試研報．A．1，187—222．

福田正夫・西尾譲一．1984．夏ギク「精雲」の7～9月開花技術の確立．愛知農総試研報．16，178—182．

船越桂市編著．1989．切り花栽培の新技術．改訂キク下巻．

夏秋ギク（岩の白扇）の栽培体系

（1）品種の特性

'岩の白扇'は，7月中旬開花の作型以降から無側枝性が発現し，摘芽・摘蕾作業が大幅に省力化されるという無側枝性夏秋ギクである。

本品種は自然開花期が6月中〜下旬で，純白，大輪，抱え咲きの花型で，従来の品種にはない開花特性をもち，夏に高温となる西南暖地で栽培した場合でも水揚げ・日持ちが非常にすぐれる。

また，キクの直挿し栽培は育苗作業を省略できる技術としておりしも本品種が育成された頃から普及しているが，直挿し栽培をとり入れたことにより，低温時期からの'岩の白扇'の栽培（作付け）が容易にできるようなり，作期の拡大と併せて普及した。

現在では，5月下旬開花の促成栽培から，9月開花の電照抑制栽培まで長期にわたって作付けが行なわれている。

しかし，その反面，下記のようないくつかの問題点もある。

1) 初期生育が緩慢で，草丈の伸びが悪く，栽培期間を長く要する。
2) 無摘心栽培では柳芽となりやすい。
3) 電照抑制栽培での消灯後に葉焼けが発生しやすい。
4) 7月上旬開花の作型までは無側枝性が発現せず，摘芽・摘蕾に労力を要する。
5) 9月以降に奇形花が発生しやすい。

これらのうち，奇形花の問題については多くの研究が行なわれているが，その解決策は確立しておらず，9月出荷については他の品種を作付けする農家が増加しつつある。

（2）作型

①6月上旬開花

加温・電照で開花させる。'岩の白扇'の作型では，最も栽培しやすい作型である。注意点としては，低温短日期からの定植となるため，初期生育がきわめて緩慢であり，電照消灯時を草丈30〜35cmと，早い時点で行なう必要がある。6月上旬に開花させるには，4月上旬が消灯時期となるが，この時期はまだまだ低温時期であるため，花芽分化はゆっくりと進行し，通常は20日程度かかる消灯から発蕾までの日数が30〜35日を要する。この間に草丈は急速に伸長し，開花時には100cmを超える切り花となり，比較的短い草丈で消灯しても十分な切り花長を確保することができる。

高温時期に発生する奇形花や葉焼け，無摘心栽培で発生しやすい柳芽もこの時期に発生することはない。初期生育を促進させるための蒸込

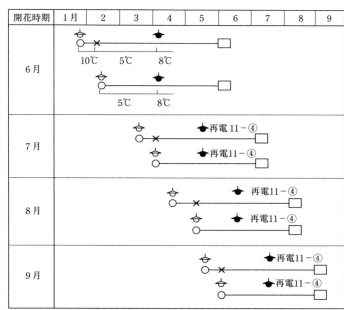

○：直挿し ×：摘心 ☼：点灯 ●：消灯 □：採花
再電11-④：電照消灯後11日暗期の後に4日点灯（再電照）

第1図 岩の白扇の作型図

み管理は白さび病の発生を助長し，切り花のボリュームも低下するのでやるべきではない。

温度管理は，定植時は最低気温10℃以上で活着を促進し，以降，消灯までは凍らない程度の5℃とする。消灯後は8℃として一斉に花芽分化させる。

②7月上旬開花

電照栽培とする。生育時期が温暖な時期に入り，4月以降はハウスを開放した状態で管理する。切り花はうらごけしやすくなるため，再電照が必要である。また，無摘心栽培では柳芽が発生しやすいので，消灯は展開葉数22〜23枚で行なうことが重要である。長崎県では，この作型までは無側枝性は発現せず，芽摘み作業が必要である。この対策として，ビニールハウスを肩換気とし，日中の温度を高く管理するとよい。

③8月上旬開花

4月下旬以降の栽培となり，高温多日照により生育は促進される。しかし，消灯以降に葉焼けが発生しやすいという問題がある。栄養生長（電照）期間が長くなると，柳芽となるため必要以上の早植えをしてはならない。8月上旬開花のためには，6月18〜20日が消灯日となるが，無摘心栽培では5月5日頃に定植。また摘心栽培では，同時期に摘心できるよう定植しておく必要がある。

④9月上旬開花

奇形花の発生が多く，出荷率が低下する。このため，作付けは減少している。また，異常高温によると思われる草丈の伸長抑制や，切り花重量の低下などの問題が多く，切り花品質そのものが低下しやすい作型でもある。

(3) 栽培管理の基本

①生育初期の灌水技術

‘岩の白扇’の栽培管理のポイントは，生育初期の灌水技術にある。この品種は初期生育が緩慢なことから，生育を促進させようとして頻繁に灌水すると根が地表付近に分布して上根となり，生育後半に生育が不良になる。

7〜8月に開花させる作型は，生育に好適な時従って高温・強光線の時期を迎える。‘岩の白扇’のように生育初期の灌水方法によって根群の形態が決定されやすい品種では，生育とともに水分の吸収と消費のバランスが崩れてしまい，植物体内の水不足により老化しやすい体質となる。これに，生育後半の高温・強光線環境が後押しをすることになる。‘岩の白扇’がつくりにくいとされる要因はここにある。

②地中深く根を伸ばす

‘岩の白扇’をつくりこなすためには，活着すると同時に根を伸ばすような灌水管理をしなければならない。生育初期の数日間にいかに株の真下に根を伸ばすかが重要である。キクに対する観察力が要求される品種である。

株の真下に根を伸ばすためには，保水力の高い土つくりが重要である。なお，排水の良好な土壌条件で高うね栽培することは問題が多い。排水が良い圃場ではうねは極力低くし，毛管現象により地中の土壌水分が上昇しやすいような栽培環境を整えることが重要である。

生育初期から地中深く根を伸ばしておき，つねに地下部優先の生育をさせるようにしなければならない。そのために重要なのは摘心後の灌水管理である。それについては第2図に，観察のポイントと生育の目標をともに示した。

(4) 栽培管理の実際

①親株養成と採穂

キクは，摘心さえ行なえば挿し穂はいくらでも採取することができ，その方法は多種多様である。ポイントは，冬至芽を多く発生させること，冬至芽は年内に十分低温に遭遇させ，休眠打破を行なっておくことである。休眠の破れていない状態で年内から保温を始めても生育を促進することはできず，むしろ休眠打破が遅れることにより生育がいっそう遅れることになる。

切り下株は9月までに親株養成ハウスに移植しておき，年内は露地の状態で管理する。移植後は十分灌水する。乾燥すると冬至芽の発生が悪い。12月に冬至芽が発生したのを確認したら，冬至芽以外の茎を地際から切除し，冬至芽に太陽光線が十分当たるようにする。1月にビニール被覆し，保温を開始し，冬至芽の生育を促す。

夏秋ギク（岩の白扇）の栽培体系

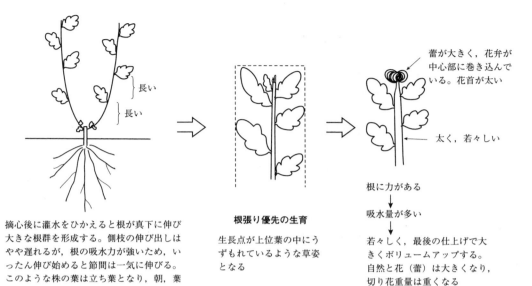

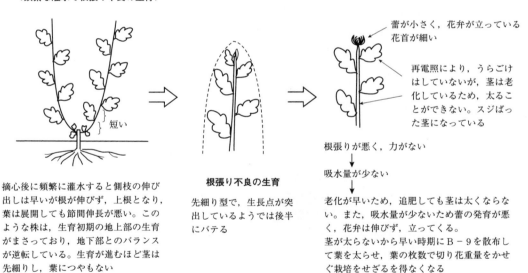

第2図　岩の白扇の灌水による生育コントロール技術と生育診断のポイント

保温を開始すると，冬至芽が伸長を始める。1回目の摘心をかねて採穂することができ，5月下旬開花用の挿し穂として用いることができる。以降，随時採穂できる。保温開始後から電照を行なうと，茎の伸長が良くなり，採穂時期を早めることができる。暖房できる場合は5℃に設定する。最初の採穂では，1株当たり5本，摘心後は1株当たり10本程度採穂できる。これを根拠にして栽培面積から逆算して切り下株の移植株数（親株数）を決定する。

切り下株を親株ハウス以外に移植した場合，年内は露地で十分に低温遭遇させ，1月に株を掘り上げ，冬至芽を1本ずつ切り分けてハウス内に直挿しする。このとき，冬至芽の根は切り取って直挿ししたほうが新根の発生がよい。活着後は摘心を繰り返して採穂する。

この場合，生長点が伸びるのを待って採穂をかねて摘心することもできる。

花芽分化抑制のための電照は，3月下旬から深夜4時間点灯する。

②穂冷蔵

秋ギクのような生育促進のための冷蔵処理ということではなく，挿し穂の貯蔵という意味で，穂冷蔵することができる。冷蔵温度は2～3℃とし，20～30日間貯蔵できる。

③定植準備

基肥を入れ，耕うん整地後，灌水装置を設置し灌水する。土壌消毒はクロルピクリン錠剤を用いて行なう。

④施　肥

基肥は，N，P_2O_5，K_2O各成分とも，10a当たり，摘心栽培では20kg，無摘心栽培では15kgを施用する。追肥は，草丈15～20cm頃，および消灯10日前を目安にそれぞれ8kgを施用する。合計施肥量は，N成分で摘心栽培では36kg，無摘心栽培では31kgとなる。このほか，発蕾2～3日前にN成分で2kg程度液肥を施用することにより，切り花のボリュームを向上させることができる。

⑤直挿し

すべての作型で直挿し栽培が行なわれている。遮光資材は，2～3月が遮光率50％，4月以降は70％のシルバーのものを用いる。挿し穂は，採穂時の折り取ったそのままで下葉の調整は行なわずに用いる。直挿し1～2日前に，展着剤，殺菌剤の混合液に1分程度浸漬したものをコンテナに入れてポリフィルムで包み，2～3℃の冷蔵庫内で水揚げする。必要であれば，殺虫剤を混用することができる。ただし，DDVPは直挿し後に使用すると薬害を生じるので使わないようにする。

直挿しは，3～4cm下葉ごと土に埋め込み，株元にくぼみがつくように締めて植える。十分灌水し，有孔ポリをべたがけする。換気は40℃を超えない程度に行なう。また，30℃以下になるほど換気しすぎると発根が遅れる。べたがけ期間中は，ハウス内温度を37～39℃の高温管理にするほど発根が促進される。直挿しの時期にもよるが，べたがけは10～14日程度行ない，1～2cm発根したらべたがけをとり，さらに2～3日後に遮光資材を取る。

⑥灌　水

べたがけ除去後数日間は日中しおれるが，夕方回復し，翌朝水が揚がっていれば灌水してはならない。日中，土の表面が多少白く乾いていても，夕方キクの葉が立ってくれば土壌水分は十分にあると判断してよく，灌水しない。このべたがけ除去後の数日間に頻繁に灌水すると根が上根になってしまいやすく，その後の管理がしにくくなる。

朝，葉水がつくようになったら完全活着と判断する。これ以降，葉水のついている日は灌水せず，数日間灌水をひかえて根を真下に伸ばすように管理する。この数日間は，日中に多少おれても灌水を我慢する。灌水は，少量を回数多く行なうのではなく，日数をあけて回数を少なくし，やる場合は十分灌水する。

直挿し後30日を経過する頃から生育が旺盛となってくるため，過不足のないように十分灌水する。

⑦摘心とその後の灌水管理

直挿し後，朝，葉水がつくようになってから生長点を浅く摘心する。摘心したら十分灌水し，その後数日は灌水をひかえる。生長点を摘心し

ているため，灌水をひかえても，葉がしおれることはない。このとき，側枝を早く伸ばそうと頻繁に灌水しても，摘心直後のため急激に側枝が伸びてくることはない。摘心後側枝が伸長を開始してくるまでの数日間は，地上部の生育は見かけ上は停止していることになる。このときに灌水をひかえて根を真下に伸ばすように管理する。このように管理すると，いったん側枝が伸長を始めれば急速に伸長する。

⑧整　枝
側枝が伸長し15～20cm伸びたときに，1株当たり2本に整枝する。生育の揃いと，どの側枝を残せば整枝後のすべての側枝に均等に太陽光線が当たるかを考慮しながら整理する。この整枝を行なったときが追肥の時期となる。

⑨電　照
花芽分化抑制のためだけであれば3月下旬からの開始となるが，生育促進のためには直挿し時点から開始したほうがよい。点灯時間は深夜4時間とする。電照消灯時の草丈は，6月上旬開花作型では30～35cm，7月上旬開花以降の作型では50～55cmとなった時点を目安とする。ただし，展開葉数が25枚を超えない範囲で消灯する。

この消灯時の草丈はビニールハウス栽培での目安であり，紫外線カット率の高いガラスや硬質フィルムを展張した温室では節間伸長が促進されるため，ここに記述した草丈よりやや長くなることを考慮すべきである。

⑩再電照
うらごけ防止のための再電照は，7月開花以降の作型から開始する。自然開花期以前の作型ではうらごけしないため不要である。ただし，現在の管理ではどうしてもうらごけしやすい場合は再電照を行なう。花弁数増加と併せた切り花品質向上のためには，電照消灯後11日暗期の後に再度4～5日間，深夜4時間電照する（第1表）。

⑪B－9散布
'岩の白扇'はB－9の効果のでやすい品種である。発蕾時に1,000倍液を散布し，以降10～15日おきに1～2回散布する。膜切れ以降に散布すると花弁がねじれる薬害を生じるため，膜切れ直前に最終のB－9を散布する。

第1表　岩の白扇の再電照方法と花弁数

試験区	舌状花(枚)	管状花(枚)	合計(枚)	舌状花率(%)
無処理	276.3	78.4	354.7	77.8
7－⑤	328.0	32.6	360.6	91.0
9－⑤	343.9	27.3	371.2	92.6
11－⑤	332.3	10.8	343.1	96.9
13－⑤	324.4	21.9	346.3	93.7
15－⑤	281.8	66.9	348.7	80.8
17－⑤	252.1	90.1	342.2	73.7

注　7－⑤：7日暗期後5日点灯（以下，同じ）
　　舌状花率＝舌状花数／合計×100（％）

ボリュームアップと称して，消蕾前後から散布を開始する事例があるが，草姿バランスを無視した切り花重量アップのためだけの散布にすぎず，感心しない。

B－9散布時には，展着剤とアザミウマ類の防除薬を必ず混用散布する。

（5）無側枝性発現技術
'岩の白扇'は，低温期から7月上旬開花の作型までは側枝が発生する「半芽なしギク」である。この無側枝性の発現を自由自在にコントロールすることができれば，キク栽培の大幅な省力化が図れる。

①無側枝性発現の要因
'岩の白扇'の無側枝性発現の要因について，金子（熊本農研センター）は，側枝の発生は親株からの採穂時期の影響は小さく，栽培期間中の温度の影響が大きいこと，さらに，夜温の影響は小さく，昼温の高温の影響が大きいことを明らかにした（第3図）。また，昼温30℃以上の高温に長く遭遇するほど側枝の発生は減少することを明らかにした。

次に，岡本ら（独・農研機構九州沖縄農研センター）は，高温の影響は，その遭遇時期にすでに分化していた未展開葉まで影響を及ぼすことを明らかにした（第4図）。低温条件で栽培した株を，昼30℃～夜20℃の高温条件に移すと，処理開始時に分化していた19.8節よりも7.1節下の12.7節目まで無側枝性が発現した。

つまり，未展開葉では，分化した後でも高温条件下におかれると側枝を形成しなくなるといえる。

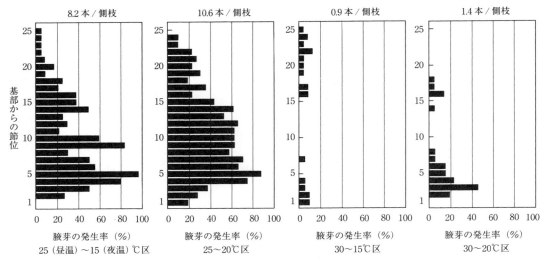

第3図　岩の白扇の栽培温度が節位ごとの腋芽発生に及ぼす影響　　　（金子，2000）

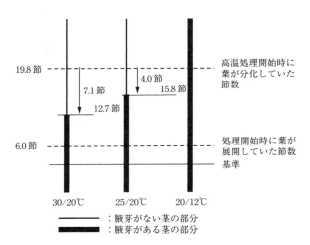

第4図　岩の白扇における処理温度と腋芽が形成されない葉腋との関係　　　（岡本ら，2000）

②肩換気のみによる昼間高温管理

無側枝性を発現させる実用技術として，ビニールハウスの換気法をハウスサイド上部の肩換気のみによる昼間の高温管理技術を開発した（第2表）。肩換気を行なうと，自然な温度上昇により日中のみを高温管理することができ（第5図），平成12年度試験では，切り花の上位付近の11節を無側枝化することができた（第2表）。

高温管理の開始時期は，活着後十分根が伸び

たと思われる直挿し30日後とすべきである。生育初期からの高温管理では，切り花品質が低下する。

キク栽培では，高温管理で栽培した切り花は品質が低下する。この高温処理の終了時期について金子（熊本農研センター）は，花芽が形成される消灯14日目までに行なえばよく，それ以降高温管理しても側枝は減少しないことを明らかにした（第6図）。

以上のことから，定植後十分根を伸ばした後に高温管理を行ない，消灯2週間後からは通常換気に戻して切り花品質を向上させるように管理しなければならない。

問題点として，'岩の白扇'は生育終盤になってから側枝が伸び始める性質がある。高温管理によって上位節位を無側枝化しても，切り花時期が近くなってから下位節位の側枝が伸長を開始し，この芽摘み作業をしなければならなくなり，省力とはいえない。このため，より低節位からの無側枝性発現技術を開発しなければならない。

③摘心栽培における不萌芽対策

4月中旬以降に採穂した挿し穂を用いて摘心栽培を行なうと，摘心後に側枝が発生しないことが多い。これは，親株ハウスの昼間の高温によ

り挿し穂の生長点の腋芽が消失した「芽なしの挿し穂」となっているからである。

この対策として，3月下旬からエスレルの1,000倍液を10～15日おきに親株に散布すると，腋芽をもった挿し穂を養成することができる。また，3月のうちに採穂したものを冷蔵しておくのも有効である。

(6) 生理障害対策

①柳　芽

発生要因　'岩の白扇'の柳芽は，7月開花作型以降の高温時期の無摘心栽培で発生しやすい。柳芽の発生により切り花品質が低下するほか，栽培面では，8月上旬（盆）出荷をめざして計画どおり消灯しても，柳芽となって早期発蕾してしまうと，需要期以前に出荷せざるを得なくなってしまうという問題がある。

柳芽は，電照により花芽分化を抑制している時期であっても，電照日数が長くなり株が老化した場合や，灌水不足や土壌の乾燥により株が老化した場合に花芽分化を開始し，不完全な花器を形成して発生する。

防止対策　株の老化程度を展開葉数によって判断し，適正時期に消灯することにより柳芽を防止できる。すなわち，展開葉数25枚までは電照によって花芽分化を抑制することができ，この時点で消灯すれば正常に花芽分化させることができ（第3表），消灯時の展開葉数が26枚を超えてしまうと柳芽の発生率が高くなる（第4表）。

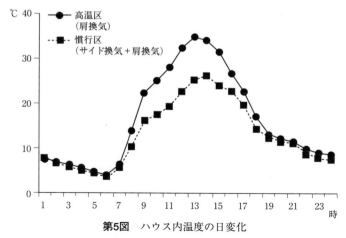

第5図　ハウス内温度の日変化
平成12年4月1日（代表例）

実用場面では，平均25枚消灯という栽培基準では柳芽となる26枚以上の割合が多くなると考えられることから，22～23枚での消灯が望ましい。8月の盆出荷の作型では，直挿しより消灯までの電照日数を40～42日程度として栽培計画を立て，平均展開葉数が22～23枚となった時点で消灯することにより，柳芽・早期発蕾を防止することができる。

草丈が40cmを超える頃には生長点の展葉速度は急に速くなるため，1～2日の差によって限界葉数を超えてしまうので，特に注意しなければならない。

第2表　岩の白扇の6月開花における高温処理と無側枝性の発現

試験区	全節数(節)	側枝消失節数(節)	側枝消失節位(節)	全摘芽摘蕾数(本)	上位70cm側枝数(本)
慣　行	46.7	1.0	46.3	24.2	23.0
高　温	47.1	10.9	31.4	13.5	9.9

注　直挿し：平成12年3月1日，消灯：4月20日
　　慣行：サイド換気＋肩換気，高温：肩換気
　　処理期間：4月1日～5月19日

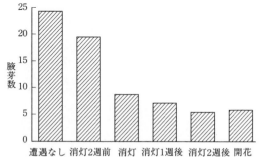

第6図　30℃遭遇終了時期が上位25節の腋芽発生数に及ぼす影響　　　（金子，2001）

挿し芽：4月3日，定植：4月16日，消灯：5月25日
30℃遭遇時間10時間/日，夜温15℃，処理開始：4月20日

第3表 岩の白扇の6月開花無摘心栽培における消灯時葉数と開花特性

試験区	消灯日(月/日)	消灯時生育 草丈(cm)	消灯時生育 葉数(枚)	発蕾日(月/日)	採花日(月/日)	草丈(cm)	柳葉数(枚)	花器の状態
20枚	4/30	41.6	20.1	5/24	6/21~6/27	98.0	1.5	正常花
25枚	5/ 7	56.1	24.9	5/30	6/23~7/ 1	108.8	1.5	正常花
30枚	5/15	69.1	29.9	6/ 1	6/28~7/ 6	111.4	1.8	柳芽

注 直挿し：平成8年3月16日
　　電照：深夜4時間

第4表 岩の白扇の7月開花無摘心栽培における電照日数と開花特性

電照日数	消灯日(月/日)	消灯時生育 草丈(cm)	消灯時生育 葉数(枚)	平均採花日(月/日)	草丈(cm)	柳葉数(枚)	柳芽発生率(%)
40日	5/22	43.0	20.0	7/11	100.2	1.3	0.0
45日	5/27	51.0	23.1	7/15	99.1	1.5	4.7
50日	6/ 1	57.9	26.4	7/18	107.0	1.7	15.6

注 直挿し：平成11年4月12日
　　電照：深夜4時間

第5表 岩の白扇における送風処理と葉焼けの発生

送風の有無	処理本数(本)	葉焼け株 本数(本)	葉焼け株 発生率(%)	葉焼け株当たり平均葉焼け葉数(枚)	上位70cm側枝数(本)
無	177	76	42.9	5.3	3.1
有	188	2	1.1	4.5	3.4

注 直挿し：平成12年5月10日
　　消灯：平成12年6月22日

第6表 カルシウム剤散布が岩の白扇の切り花品質に及ぼす影響

(日野ら, 2000)

試験区	消灯時 草丈(cm)	消灯時 葉数(枚)	平均採花日(月/日)	切り花長(cm)	葉数(枚)	85cm調整重(g)	葉焼け発生率(%)
無処理区	64.7	24.3	7/29 ± 1.8	104.4	47.6	72.0	91.3
カルプラス区	61.8	23.4	7/29 ± 1.1	101.8	47.4	72.3	17.3
カルクロン区	61.9	23.4	7/29 ± 1.1	100.4	47.0	71.4	26.0
パフォームCa区	63.8	23.6	7/30 ± 0.7	104.6	47.6	67.0	4.3

注 平均採花日：平均採花日±標準偏差
　　85cm調整重：切り花を85cmに調整したあと下葉を20cm除去した重量
　　定植：平成12年4月21日，摘心：4月28日，消灯：6月16日
　　カルシウム剤処理は消灯3日前，消灯時，その後5日おきに2回計4回，500倍で散布

　この防止技術をもってしても，生育初期に上根の根群を形成した場合は，消灯時期が近くなると，葉からの蒸散水分量に対して根群の水分吸収量不足により日中にしおれやすくなり，植物体が水不足の老化状態となり，柳芽となってしまう。土壌が乾燥しやすいハウスのサイド側が柳芽になりやすいのは，この水不足によるものと考えられる。

　摘心の有無　一方，摘心栽培では柳芽の発生は少ない。無摘心栽培では，下位節位の節間伸長が小さく，展開葉数の割に草丈が伸びないのに対し，摘心栽培では第2図に示したように，下位節位の節間伸長が良好なために少ない展開葉数でも消灯時の草丈を確保できる。摘心栽培は，その仕立て方法によって柳芽を形成しにくい条件を備えているといえる。

　また，摘心栽培では，摘心から側枝が伸長しはじめるまでに時間を要する。この間に生育後半の水分要求に耐えられる根群を形成することができ，柳芽の発生しにくい態勢を整えていると見ることもできる。

　②葉焼け

　葉焼けは，無側枝性ギクでは特に発生しやすい生理障害である。'岩の白扇'では，6月の梅雨時期に消灯する作型で発生しやすく，消灯以降から発蕾までの間に発生する。曇雨天が続いた後の晴天日に発生しやすい。とくに，換気不良のハウスでは激しく発生し，激発した場合は生長点まで消失し大きな問題となっている。

　送風機による送風処理は葉焼け防止に有効である（第5表）が，圃場全体にくまなく送風することは困難であることから，実用的には，ビニールハウスでは裾ビニールを落としたり，妻面を開放して換気をよくし，ハウス内の空気を停滞させないことが重要である。

夏秋ギク（岩の白扇）の栽培体系

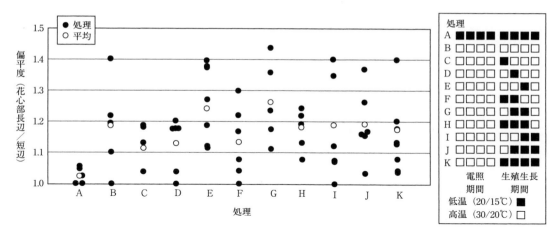

第7図 生殖生長期間の高温と低温が岩の白扇の偏平花の発現に及ぼす影響（須藤，2001）

2001年2月28日から屋外型人工気象室（20/12℃：昼／夜温）内で2号鉢で育成した冬至芽を，3月28日に5号鉢に定植後30/20℃高温環境下で栽培。4月27日まで深夜5時間の電照。以降図示環境で処理。昼温：8～18時，夜温：20～6時（2時間の上昇下降時間）

また，日野ら（宮崎総農試）は，消灯直前からのカルシウム剤（パフォームCa）の連続葉面散布が葉焼け防止に有効であることを明らかにした（第6表）。ただし，カルシウム剤散布後は農薬の効果が低下するという問題も発生している。

③奇形花

奇形花は'岩の白扇'が導入された当初からの問題であるが，いまだに有効な防止技術，回避技術は確立されていない。

早い時期に採穂した挿し穂を利用する技術や，電照期間を延長して柳芽ぎみに花芽分化を誘導する技術（鹿児島農試）が発表されているが，決定的な対策にまでは至っていない。

また，優良個体の選抜が行なわれたが，高い確率で安定して正常花を形成する優良個体は今のところ選抜されていない。

奇形花の発生要因については，栽培時期の高温によると考えられていたが，須藤（独・農研機構九州沖縄農研センター）は，消灯までの高温条件と消灯後に温度が低下する条件の組合わせでも奇形花の発生が多くなることを明らかにした（第7図）。新たな要因解明により，奇形花防止技術はさらに複雑な環境要因をクリアしなければならないことになった。

執筆　出口　浩（長崎県総合農林試験場）

2003年記

参 考 文 献

出口浩・松尾崇宏・北村信弘．2002．無側枝性夏秋ギク「岩の白扇」の6～8月開花における栽培安定技術．'長崎総農林試研報．28，1－17．

長崎総農林試・熊本農研センター・大分温泉熱花きセンター・宮崎総農試・沖縄農試・九州沖縄農研センター．2002．キクの省力生産を可能とする無側枝性品種・生態の解明と安定生産技術の確立．

夏秋ギク（精の一世）の技術体系

(1) 品種特性

'精の一世'は自然開花期が育成地では9月下旬である。自然開花では管弁主体の白色品種で，側枝の発生の非常に少ない無側枝性（通称芽なし）ギクである。2008年登録が申請され，2010年に登録が下りている。2009年ころから愛知県を中心に作付け量が急激に増え，2012年から育成会社のイノチオ精興園株式会社では毎年2000万本を超える輸入穂木を扱い，夏秋期の白色輪ギクの主力品種となっている。'精の一世'の作付け時期は徐々に伸びてはいるが，冬作での作付けはないため，輸入穂の供給は通常8月末から11月まで一時停止する。

輸入穂木の取扱い数量が他の品種より多いのは，国内での収穫後の親株育成が無側枝性であるために非常に困難であり，国内で採穂可能となるのは，一定の寒さを経過した1月ころであることと，無側枝性の消失が株により異なるため非常に多くの切り下株の確保が必要になり，次年用の穂の確保が不安定になるからである。

当初，作付け期間としては6月下旬から10月下旬までとされていたが，夏秋期の白輪ギクの主力の一つである'岩の白扇'の生産量の低下に伴い，生産期間が徐々に延長されてきており，現在は5月下旬から12月中旬までの作型で出荷されている。

品種特性として特筆すべき点としては，非常に均一性が高いことであり，出荷時の秀品率は非常に高くなった。

また，品種分類的には'岩の白扇'と同じ夏秋ギクではあるが，'精の一世'は自然開花期が9月下旬であるため，自然開花期以前の作型はすべてシェード栽培を行なう必要がある。したがって，'岩の白扇'とは異なり電照設備だけの施設では栽培は不可能である。

(2) 作型

① 6月中旬開花

この開花作型での自家育成穂木の使用は，原則として勧められない。その理由は，'精の一世'は比較的幼若性が浅い品種ではあるが，この時期の開花作型では，一部で開花遅延の報告があるためである。これは幼若性によるものとされているが，定植する穂木の幼若性を外観から判断することはできないため，使用する穂木は基本的には海外で生産された輸入穂木のほうがよい。

自家育成穂木を使用する場合，親株は必ず13℃で加温育苗したものがよい。また，幼若性の再獲得防止として，穂木の冷蔵期間は2週間以内とする。

加えて，30～50ppmのジベレリン（GA）散布を定植から消灯までの間に2回以内で行なうとよい。これは幼若性の打破のための処理であるから，茎の伸長性が悪化した場合のみ行ない，茎の伸長性に問題がない場合は行なわない。

6月開花のシェード管理は12時間日長がよい。

② 7月上旬開花

この開花作型も6月中旬開花同様，定植時期が3月になるため，定植後の温度は十分に確保する。この時期の定植では，発根苗定植より直挿し栽培を行ない，穴あき透明ポリフィルム（厚さ0.02mm，500穴/m^2）を被覆することで，浅い幼若性であれば打破できる。

7月上旬開花のシェード管理は，6月開花と同様に12時間日長がよい。ただし，7月中旬開花以後は日長管理を短くし，11時間半日長とする。

③ 8月上旬開花

この時期からの開花作型では，消灯後に高温の影響を受けて開花遅延が起こりやすくなってくるので，前作が冬作から春作（3～4月）である場合，基肥の施用量は通常の半分程度までを目安とする。また消灯までの長日期間も，6月から7月上旬開花と異なり50日以上は確保

せず，50日以内を目安とするとよい。基肥の施用量制限と長日期間の短縮は，生殖生長をスムーズに行なわせるための手段となるため，非常に重要である。

8月以降のシェード管理は11時間半日長がよい（第1図）。

④9月上旬開花

この時期からの開花作型は，全期間を通じて立枯れが発生しやすくなるので，圃場の排水性の確保や適切な土壌消毒は必須条件だが，過度の灌水を初期にひかえることが重要である。

定植以降，土壌表面の日中の乾きだけで判断して，朝方や夕方の灌水を行なうのは非常に危険である。朝方や夕方に葉がしおれていない場合は灌水をひかえるのが基本である。これは，表土付近だけの根の張りを防止し，深く張らせるための基本でもある。

9月開花からの直挿しでの栽培は，透明ポリフィルムの被覆が，高温による苗の消失につながる場合があるため，発根苗を使用するほうが安全である。

9月上旬開花までのシェード管理は11時間半日長がよいが，9月上旬開花以後は'精の一世'の自然開花に近いことと，秋彼岸に近づくため自然日長が短くなるので，シェードは行なわない。

(3) 親株の育成方法

6月から7月開花の作型で開花遅延の可能性があるのは，親株の育成方法の差によるものが多い。ここでは愛知県と青森県の試験結果について紹介する（野村ら，2011未発表データ；東，2015～2016）。

①愛知県での試験結果

愛知県での6月から7月にかけての開花作型の定植時期は3月から4月上旬までになる。この時期，自家育成の親株を使用すると開花が遅延するという報告がいくつかあがっている。これは，使用する穂木の加温の程度および穂木の冷蔵期間の差によって起きることが愛知県の試験結果から明らかになっている。

6月開花に使用した親株は3区あり，1）前年の11月22日から15℃で継続加温した区，2）前年10月上旬開花の切り下株を無加温におき，翌年1月27日から15℃加温した区，3）前年9月開花切り下株をハウス（サイド開放）で伏せ込み，発生した吸枝（一般的にはうど芽または冬至芽とよばれている）を親株とした無加温区，これに加え採穂時期を変え穂冷蔵の期間の差を加えた合計7区で，開花日の差を詳細に検討している（第1表）。

栽培概要は，3月14日直挿し，5月9日消灯（栄養生長期間56日），消灯後は12時間日長（18～6時シェード）である。

もっとも到花日数が短いのは継続加温区で，とくに短かったのは3月6日採穂区，次いで低温のち加温区で，採穂による違いはなかった。もっとも長いのは無加温区で，穂冷蔵期間が

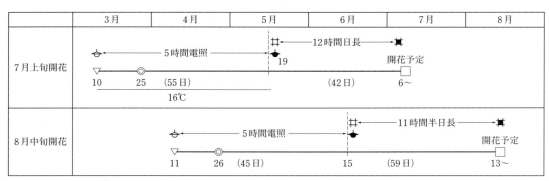

第1図　精の一世の作型図

第1表 6月開花用試験区の構成 (野村ら, 2012)

試験区名[1]	親株低温遭遇	親株育成時夜温	採穂日	穂冷蔵期間
継続加温・3/6採穂区	無	15℃	3月6日	8日間
継続加温・2/1採穂区		(11/22～採穂まで)	2月1日	42日間
低温のち加温・3/12採穂区	有(吸枝にて)	無加温→15℃	3月12日	2日間
低温のち加温・2/14採穂区		(1/27から15℃加温)	2月14日	29日間
無加温・3/12採穂区	有(吸枝にて)	無加温	3月12日	2日間
無加温・3/1採穂区			3月1日	13日間
無加温・2/13採穂区			2月13日	30日間

注 1) 継続加温区：前年11月22日に15℃加温のガラス温室に発根苗を定植。以降継続して15℃加温
　　　低温のち加温区：前年10月上旬開花の切り下株を台刈りし, 以降発生した吸枝を低温に遭遇させ, 翌年1月27日に吸枝のみを15℃加温の温室へ植え替えた
　　　無加温区：前年9月開花切り下株をハウス(サイド開放)に伏せ込み, 発生した吸枝を親株とした

第2表 精の一世における親株育成経過の違いと生育・開花(6月開花) (野村ら, 2012)

試験区	到花日数	草丈 (cm)		節数 (消灯時)	柳葉数	花首長 (mm)	全重量 (g)	90cm切り花調整重 (g)
		消灯時	開花時					
継続加温・3/6採穂区	45.0	58.4	103.4	25.4	2.1	17.8	17.8	111.4
継続加温・2/1採穂区	51.9	61.6	110.6	27.8	2.4	19.8	19.8	149.4
低温のち加温・3/12採穂区	53.0	62.7	119.8	26.5	2.1	17.1	17.1	90.3
低温のち加温・2/14採穂区	53.0	59.7	117.3	27.0	2.0	17.3	17.3	116.4
無加温・3/12採穂区	53.5	68.3	124.1	30.6	2.1	22.6	22.6	122.3
無加温・3/1採穂区	58.8	69.4	128.6	30.3	2.2	20.2	20.2	111.4
無加温・2/13採穂区	59.6	69.1	131.3	32.1	2.1	21.6	21.6	104.0

第3表 7月開花用試験区の構成 (野村ら, 2012)

試験区名[1]	親株低温遭遇	親株育成時夜温	採穂日	穂冷蔵期間
継続加温親株区	無	15℃ (11/22～採穂まで)	3月21日	13日間
低温のち加温親株区	有(吸枝にて)	無加温→15℃ (1/27から15℃加温)	3月21日	13日間
無加温親株区	有(吸枝にて)	無加温	3月21日	13日間

注 1) 継続加温区：前年11月22日に15℃加温のガラス温室に発根苗を定植。以降継続して15℃加温
　　　低温のち加温区：前年10月上旬開花の切り下株を台刈りし, 以降発生した吸枝を低温に遭遇させ, 翌年1月27日に吸枝のみを15℃加温の温室へ植え替えた
　　　無加温区：前年9月開花切り下株をハウス(サイド開放)に伏せ込み, 発生した吸枝を親株とした

長いほど開花はおそくなる傾向があった(第2表)。

7月開花に使用した親株は, 6月開花の1)から3)と同様の3区(第3表)で, 採穂日および穂冷蔵期間はすべて同一として, 開花日の差を同じく検討している。

栽培概要は, 4月18日定植, 5月30日消灯(栄養生長期間は42日), 消灯後は12時間日長(18～6時シェード)である。

6月開花ほど親株による大幅な開花の差はなかったが, 継続加温区がもっとも早く, 無加温区がもっともおそかった(第4表)。

②青森県での試験結果

青森県では'精の一世'の7月開花から10月開花までが普及しており, 自家育成の親株養成で愛知県が行なう加温は, 青森は寒冷地であるため暖房費を考慮すると不可能であり, 7～8月開花は海外生産の輸入穂木を直接使用し, それ以降は輸入穂木を養成した株の穂木を使用していることが多いが, (地独)青森県産業技術

第4表　精の一世における親株育成経過の違いと生育・開花（7月開花）　　　（野村ら，2012）

試験区	到花日数	草丈（cm） 消灯時	草丈（cm） 開花時	節数（消灯時）	柳葉数	花首長（mm）	90cm切り花調整重（g）
継続加温親株区	53 (1.84)[1]	55.9	111.4	24.2	3.6	39.6	115.6
低温のち加温親株区	55 (1.42)	62.6	122.4	25.9	3.1	41.8	115.5
無加温親株区	56 (1.34)	63.1	121.8	28.5	3.2	44.3	125.8

注　1）（　）内は標準偏差を示す

第5表　精の一世の電照下における加温状況と親株養成の有効性　（東，2015〜2016）

加温状況	年次	7月咲き	8月咲き	9月咲き	10月咲き	11月咲き
15℃	2014	×	×	×	○	○
	2015	○	○	○	×	○
10℃	2014	×	×	○	○	○
	2015	○	○	○	○	○
5℃	2014	△	△	○	○	○
	2015	○	○	○	○	○
無加温	2014	×	×	○	○	○
	2015	×	○	○	○	○

注　○：定植時の1株当たり採穂数が3本以上で，早期発蕾なし
　　△：定植時の1株当たり採穂数が3本未満，または早期発蕾10%未満
　　×：早期発蕾10%以上，または採穂不能

第6表　精の一世の無電照下における加温状況と親株養成の有効性　（東，2015〜2016）

加温状況	年次	7月咲き	8月咲き	9月咲き	10月咲き	11月咲き
15℃	2014	△	×	×	×	×
	2015	×	×	×	×	×
10℃	2014	×	○	○	○	○
	2015	○	△	×	×	×
5℃	2014	×	○	○	○	○
	2015	△	○	○	△	×
無加温	2014	×	○	○	○	×
	2015	△	○	○	○	×

注　○：定植時の1株当たり採穂数が3本以上で，早期発蕾なし
　　△：定植時の1株当たり採穂数が3本未満，または早期発蕾10%未満
　　×：早期発蕾10%以上，または採穂不能

センターでは，7〜11月開花作型（無摘心栽培）において自家育成親株を電照処理（22〜2時）と無電照の2区に分け，それに各温度条件（無加温と5℃，10℃，15℃の4区）について2年間にわたり親株養成方法を検証している。

青森県での7月開花作型の定植時期は愛知県同様4月上旬である。しかし，定植から1か月間は最高気温がおおよそ15℃以下で推移し，最低気温は5℃前後であるため，気象条件が愛知県と大きく異なる。このため，愛知県の試験結果のように高い加温（10℃や15℃）での親株育成が適正とはいえず，自家育成親株は，5℃加温に電照抑制（22〜2時）が青森県に適しているとしている（第5表）。

また，無電照で加温（とくに15℃）することは親株に花芽をもたらす行為であるため不適切であるとしているが，無加温や5℃加温であれば親株が十分休眠するようで，8〜9月開花ではこの方法が有効である（第6表）。

以上のように，愛知県と青森県は気象条件が異なるため，親株の適正な自家育成方法は大きく異なっている。親株の自家育成には外的要因（温度・日射量）も大いにかかわっているので，普及している都道府県ごとに育成方法が異なっているといえる。

(4) 栽培圃場の施肥管理

'精の一世'は無側枝性（通常芽なし）ギクであるため，土壌の種類にもよるが，基肥は基本的に有側枝性ギクよりもひかえたほうがよいとされる。とくに8〜9月開花作型では，基肥や分施（一般的には追肥）の施用量によっては奇形花や白さび病などの病気の発生を助長する場合がある。ここでは佐賀県の基肥試験結果と北海道の基肥と分施の試験結果を紹介する。

①佐賀県での試験結果

佐賀県では，すでに夏秋ギク'岩の白扇'での施肥量が多くなるにしたがい奇形花の発生が

夏秋ギク（精の一世）の技術体系

第7表　精の一世の施肥量の違いと切り花形質　　　　　　　　　　　　（川崎・千綿，2011）

| 施肥量（窒素成分） | 7月21日（消灯日） || 平均採花日（月/日） | 到花日数（日） | 開花日（月/日） | 切り花長（cm） | 葉数（枚） | 切り花重（g） | 花径（cm） | 茎径（mm） | 上位5葉目 || 舌状花（枚） | 管状花（枚） | 総苞（枚） |
	草丈（cm）	葉数（枚）									葉伸長（cm）	葉幅（cm）			
基肥8kg	51.6	28	9/19	60	9/28	87.3	50	103.2	11.3	6.7	6.5	4.0	507	94	0
基肥4kg	50.1	23	9/10	60	9/28	85.4	46	90.7	11.1	6.4	6.4	4.0	514	114	0

増える傾向にあるとの試験結果を得ていたことから，'精の一世'にも同様の奇形花が発生するかについて試験を行なっている（川崎・千綿，2011未発表データ）。

基肥の施用量を窒素成分で10a当たり8kgと4kgの2区を設けた。栽培概要は，6月15日定植（電照時間：22～3時），7月21日消灯（栄養生長期間は36日），消灯後3週間12時間日長（18～6時シェード）（夜間開放21～3時）である。

基肥の増加によって切り花重量は増加したが，その他の形質（到花日数・草丈・花径など）に差は見られなかった。奇形花の程度は，8kg区で扁平程度「重」となったものが9.5％あり，4kg区の4.0％に比べ高くなった。また，程度の軽い奇形花を含めた合計も，8kg区で19.8％と4kg区の16％に比べて高くなった。

以上のことから，'精の一世'でも，基肥窒素施用量は奇形花の発生割合に影響を及ぼし，施肥量が多いほど奇形花の発生が増加すると考えられる（第7，8表）。

②北海道での試験結果

北海道では，'精の一世'の秋季生産（9月開花）は，消灯後に気温が冷涼な時期になるため病気の発生（白さび病や灰色かび病）が増える傾向にある。とくに灰色かび病の発生のリスクは窒素施用量との因果関係が強いとされている。林・羽賀（2012）は，窒素施用量と分施による品質調査結果と，そこから導き出された安定栽培に向けての再電照，施肥，病害虫対策の留意点をまとめている。ここでは，施肥と病害虫について紹介する。

栽培概要は，6月7日定植（1週間から2週間の間で摘心），7月31日消灯（栄養生長期間55

第8表　精の一世の施肥量の違いと奇形花発生程度　　　　（川崎・千綿，2011）

| 施肥量（窒素成分） | 奇形花の発生程度（％） ||||||
| | 貫生花 ||| 扁平花 |||
	重	軽	計	重	軽	計
基肥8kg	0	0	0	9.5	10.3	19.8
基肥4kg	0	0	0	4.0	12.0	16.0

注　全収穫株（50株）に占める奇形花の観察上の割合
「重」は奇形の程度が著しく商品性を欠くもの，「軽」は奇形の程度が小さいものとした

日），消灯後12時間日長（17～5時シェード），8月28日短日処理終了である。

基肥と分施についての試験を行ない，分施は7月9日（定植後32日目）と8月6日（定植後60日目）に施用し，窒素吸収量の変化を検討している。基肥量を検討すると，時期別の生育は15kgで頭打ち傾向にあった。定植後60日目の草丈および乾物重は，30kg以上で15kgより劣った。分施時期を検討すると，定植後60日目（従来品種での分施時期に相当）10kg分施区の採花時の乾物重は他区より小さい傾向にあり，分施窒素が乾物重の増加に反映しにくかったと推察している（第9，10表）。

また翌年は合計施肥量を0から25kgとし，次の4つの試験を行なっている。試験区の窒素施肥量は基肥＋30日目分施＋60日目分施の順で，試験区1が0＋0＋0，2が10＋10＋0，3が10＋5＋5，4が15＋5＋5である。土壌硝酸態窒素が「北海道施肥ガイド」における水準Ⅱの場合，分施窒素を定植後30日ころから花芽分化期までに5kgずつ2回施用すると，定植後30日ころに一括して施用するより生育が良好であった。（第11表）

第9表　精の一世への窒素施用方法と時期別の生育　　　　　　　　　　　　　（林・羽賀，2012）

窒素施肥量 (kg/10a)				定植後32日目（分施前）				定植後60日目（分施前）				定植後104日目（分施前）			
基	32日	60日	計	草丈(cm)	節数	葉色(SPAD)	乾物重(kg/10a)	草丈(cm)	節数	葉色(SPAD)	乾物重(kg/10a)	草丈(cm)	節数	葉色(SPAD)	乾物重(kg/10a)
0	0	0	0	15.4	9.4	42.1	17	56.7	25.5	40.7	188	84.8	43.0	59.0	543
15	0	0	15	17.4	10.7	43.5	23	62.0	29.6	44.3	265	96.2	49.8	63.3	805
30	0	0	30	17.6	11.0	44.0	25	59.3	29.0	44.2	229	95.9	48.4	58.0	805
60	0	0	60	18.2	10.8	44.8	24	58.9	29.6	44.6	229	94.0	49.3	59.6	802
15	10	0	25	15.9	10.4	44.4	20	56.3	26.5	45.2	214	91.4	47.6	61.1	814
15	0	10	25	16.6	10.3	44.3	21	57.4	27.3	43.8	212	92.6	47.0	60.5	774
15	5	5	25	17.4	10.8	42.3	23	59.9	29.4	45.3	252	97.3	48.3	57.8	812

注　定植後32日目の土壌硝酸態窒素（mg/100g）は，0＋0＋0区で0.7，15＋0＋0区で1.5，30＋0＋0区で3.2，60＋0＋0区で8.2，15＋10＋0区で1.8，15＋0＋10区で8.2，15＋5＋5区で2.5

第10表　精の一世の時期別の窒素濃度および窒素吸収量，採花時の施肥窒素利用率，窒素乾物生産効率　　　　　　　　　　　　　　　（林・羽賀，2012）

窒素施肥量 (kg/10a)				窒素含有率（乾物中％）							窒素吸収量 (kg/10a)			施肥窒素利用率(%)	窒素乾物生産効率(%)
基	32日	60日	計	32日目		60日目		104日目			32日	60日	104日		
				葉	茎	葉	茎	葉	茎	花					
0	0	0	0	3.68	1.82	3.19	1.03	2.80	0.72	2.04	0.5	4.2	2.04	—	62.6
15	0	0	15	3.67	1.89	4.38	1.45	3.72	1.05	2.12	0.7	7.8	2.12	52.8	48.5
30	0	0	30	3.72	1.91	4.34	1.51	4.02	1.13	2.34	0.8	6.8	2.34	30.2	45.4
60	0	0	60	3.88	1.75	4.38	1.58	3.99	1.19	2.47	0.7	7.0	2.47	16.4	43.4
15	10	0	25	3.61	1.82	4.44	1.58	3.72	1.08	2.31	0.6	6.6	17.0	33.1	48.0
15	0	10	25	3.76	1.87	4.27	1.45	3.79	1.14	2.36	0.6	6.0	17.0	33.2	45.5
15	5	5	25	3.77	1.71	4.48	1.48	3.87	1.09	2.40	0.6	7.6	17.2	34.0	47.2

第11表　精の一世への施肥方法と9月開花収穫時の生育および窒素吸収量　　　　　　（林・羽賀，2012）

窒素施肥量 (kg/10a)				草丈(cm)	節数	一本重(g)	窒素吸収量(kg/10a)	窒素含有率(%)	施肥窒素利用率(%)	硝酸窒素	熱抽出窒素
基肥	30日	60日	合計							(跡地mg/100g)	
0	0	0	0	96	54.2	121	18.2	1.67	—	0.7	4.5
10	10	0	20	98	56.2	126	21.2	2.02	15.3	2.4	4.7
10	5	5	20	101	57.5	134	20.8	1.85	13.0	4.0	4.4
15	5	5	25	100	56.2	133	22.8	1.96	18.5	3.7	4.8

注　施肥前の土壌硝酸態窒素：2.3mg/100g。窒素乾物生産率：窒素乾物生産効率（kg/kg）

またこの時期は分施2回処理により，生育後半に灰色かび病が発病しやすくなるが，生育終盤までの薬剤散布で対応可能である。このほかにも害虫の被害軽減も含め，注意喚起を促す作型図を北海道では出している（第2図）。

以上の佐賀県と北海道の結果から，'精の一世'には基肥の施用限界量と，分施の施肥限界期日があると読み取れる。肥料設計については，各作付け場所の土壌診断を受けたあとに基肥の施肥量を決定したほうがよいが，土壌診断が無理な場合，基本的に基肥の施用は通常の半分で行ない，活着後に液肥や分施で対応するほうがよいといえる。

(5) 奇形花の軽減

'精の一世'は8月下旬開花から10月中旬開花の作型で，花が楕円状になる奇形花が発生するほか（第3図），茎の伸長不良や開花遅延の

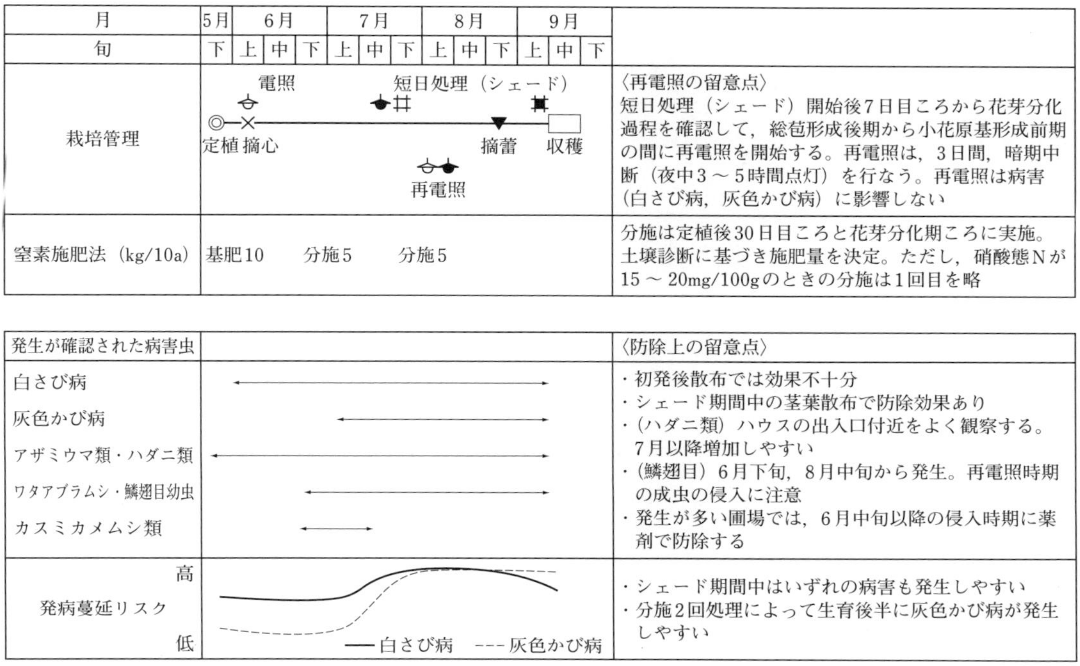

夏秋ギク（精の一世）の技術体系

月	5月	6月			7月			8月			9月	〈再電照の留意点〉
旬	下	上	中	下	上	中	下	上	中	下	上 中 下	
栽培管理		◎ × 定植摘心		電照	● #	短日処理（シェード）		▼ 摘蕾	■ 収穫			短日処理（シェード）開始後7日目ころから花芽分化過程を確認して、総苞形成後期から小花原基形成前期の間に再電照を開始する。再電照は、3日間、暗期中断（夜中3～5時間点灯）を行なう。再電照は病害（白さび病、灰色かび病）に影響しない
								☆ 再電照				
窒素施肥法（kg/10a）		基肥10			分施5			分施5				分施は定植後30日目ころと花芽分化期ころに実施。土壌診断に基づき施肥量を決定。ただし、硝酸態Nが15～20mg/100gのときの分施は1回目を略

発生が確認された病害虫		〈防除上の留意点〉
白さび病	←——————————→	・初発後散布では効果不十分
灰色かび病	←——————→	・シェード期間中の茎葉散布で防除効果あり
アザミウマ類・ハダニ類	←—————→	・（ハダニ類）ハウスの出入口付近をよく観察する。7月以降増加しやすい
ワタアブラムシ・鱗翅目幼虫	←———————→	・（鱗翅目）6月下旬、8月中旬から発生。再電照時期の成虫の侵入に注意
カスミカメムシ類	←————→	・発生が多い圃場では、6月中旬以降の侵入時期に薬剤で防除する
発病蔓延リスク 高／低	── 白さび病　--- 灰色かび病	・シェード期間中はいずれの病害も発生しやすい ・分施2回処理によって生育後半に灰色かび病が発生しやすい

第2図　北海道における精の一世の秋季出荷作型の安定生産に向けた再電照、施肥、病害虫対策の留意点
（黒島、2014）

問題も発生している。発生を軽減するには多量の施肥を避けることはすでに述べたが、このほかに遮光処理やヒートポンプを使用した夜間冷房処理が奇形花発生に及ぼす影響を調査したものがある。

①佐賀県での遮光処理試験結果

佐賀県では、寒冷紗（遮光率51％）を使用した遮光による奇形花の発生軽減の試験を行なっている（川崎・千綿、2011）。

栽培概要は、基肥は窒素成分4kgのみ、6月15日定植（電照時間：22～3時）、7月21日消灯、消灯後3週間12時間日長（18時30分～6時30分シェード）（夜間開放21～3時）である。寒冷紗区（消灯後に寒冷紗をハウスに水平張りし3週間）と無被覆区の2区を設け、それぞれ50株を植えて調査した。切り花形質は各区10株を調査し、奇形花の調査は全株を対象に行なった。

消灯後3週間被覆すると、日中の気温の上昇を最大4℃程度（平均3℃程度）抑制すること

第3図　精の一世の奇形花

ができた（第4、5図）。奇形花の発生は軽減でき、切り花品質にも問題はなかった（第12、13表）。

この結果から、寒冷紗だけでも温度の上昇抑制と奇形花の軽減が可能ではあるが、実際には、遮光資材や被覆開始時期、被覆期間につい

653

輪ギク　技術体系と基本技術

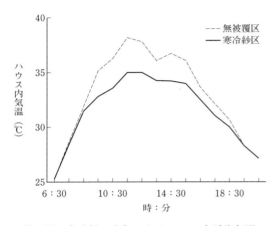

第4図　寒冷紗の有無によるハウス内平均気温
　　　　の推移（7月22日〜8月9日）
（川崎・千綿，2011）

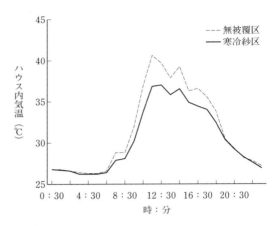

第5図　快晴日の寒冷紗の有無によるハウス内
　　　　気温の推移（8月2日）　（川崎・千綿，2011）

第12表　寒冷紗被覆の有無と切り花形質　　　　　　　　　　　　　　　　　　　　（川崎・千綿，2011）

	7月21日（消灯日）		平均採花日	到花日数（日）	切り花長（cm）	消灯から採花までの草丈の伸び率	葉数（枚）	切り花重（g）	花径（cm）	茎径（mm）	舌状花（個）	管状花（個）
	草丈（cm）	葉数（枚）										
寒冷紗区	45.4	23.6	9月20日	61	77.8	1.7倍	44.9	87.4	11.2	6.4	448	132
無被覆区	50.1	23.2	9月19日	60	85.4	1.7倍	45.6	90.7	11.1	6.4	514	114

注　平均採花日は収穫株の60%採花時，調査株数：10株
　　本調査はジベレリンは無処理

第13表　寒冷紗被覆の有無と奇形花発生程度
（単位：%）　　　　　（川崎・千綿，2011）

試験区分	奇形花		
	扁平花（重）	扁平花（軽）	扁平計
寒冷紗区	2.6	7.1	9.7
無被覆区	4.0	12.0	16.0

注　全収穫株（50株）に占める奇形花の観察上割合
　　（重）は扁平程度が著しく商品性がないもの，（軽）
　　は扁平程度が小さいもの

第14表　愛知県における奇形花軽減のための各
　　　　試験の栽培概要　　　（野村ら，2014）

試験年	試験名	挿し日	直挿し日	定植日	消灯日
2011年	試験1	—	6月2日	—	7月28日
2011年	試験2	6月2日	-	6月16日	7月28日
2013年	試験3	—	6月5日	—	8月2日
2011年	試験4	—	6月2日	—	7月28日

て検討の余地を残している。また，寒冷紗を除去するさいには，一気に剥がさず数日間は徐々に被覆時間を減らすなど高温環境への馴化をしながら行なうほうがよいとしている。

②愛知県でのヒートポンプ試験結果

愛知県では，近年，周年生産圃場に導入が進んでいるヒートポンプを使用した場合と遮光処理が奇形花に及ぼす影響を調査している（野村ら，2014）。

試験概要は次のとおりである。試験圃場はすべてガラス温室で，冷房は温室に設置したヒートポンプ（5馬力，パッケージエアコンFDUVP1403H3，三菱重工業株式会社）により，夜間23℃設定で行なった。温室は常時25℃設定で換気したが，夜間冷房中は天窓，側窓を閉め，保温カーテンは夜間冷房時間帯は閉じ

た。また，消灯後はシェードカーテンの開閉により12時間日長（18～6時シェード）とした。試験は以下の4つを行ない（栽培概要を第14表に示す），いずれも株間7.5cm，4条植えの無摘心栽培とした。試験結果のうち，ここでは温室内気温，奇形花の程度別発生割合のみを紹介する。奇形花の程度は，開花直前の蕾について，円形または楕円形の短径と直径の比率（短径÷直径×100）を測定して扁平率を算出し，さらに扁平率90％以上で「正常」，80％以上90％未満を「軽度」，70％以上80％未満を「中程度」，70％未満を「重度」と4段階に分類して示した。なお，蕾や花が二股に分かれたものは「重度」に含めた。

試験1：栽培期間中の全期間夜間冷房処理の効果

試験2：栽培期間中の処理時期別の夜間冷房処理効果

試験3：処理時間帯別の夜間冷房処理効果

試験4：栽培期間中の処理時期別の遮光処理効果

試験1：栽培期間中の全期間夜間冷房処理の効果 試験区は夜間冷房の有無により2区設けた。夜間冷房は消灯前の6月16日から7月28日には19～5時，消灯後の7月28日から9月28日はシェード開閉時間に合わせ，18～6時に行なった。無処理区の夜温は成り行きとした。試験は地床栽培で行ない，試験区の規模は各区220株である。

夜間冷房区の夜温は冷房開始後1時間30分～2時間30分で設定温度の23℃近くまで低下し，冷房終了時まで23℃より少し低い温度を維持できた。夜間冷房区は無処理区より，冷房開始時で約3℃，冷房終了時で約1℃低かった（第6図）。

奇形花の発生割合は軽度，中程度，重度のいずれも夜間冷房区で低く，夜間冷房区の正常花率は78.5％で，無処理区の58.7％より19.8％高かった（第15表）。

到花日数は夜間冷房区で無処理区よりも4日早くなった。草丈は夜間冷房区で高く，節数，切り花重には有意な差がなかった。

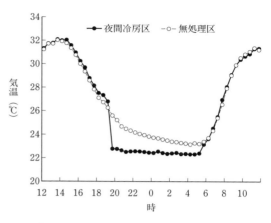

第6図 各試験区の平均室内気温（試験1）
（野村ら，2014）
冷房期間は6月16日～9月28日とした
冷房時間は7月28日（消灯日）以前は19～5時，消灯日以降は18～6時とした

第15表 夜間冷房の有無と奇形花発生割合（試験1，単位：％）
（野村ら，2014）

	正　常	軽　度	中程度	重　度
夜間冷房	78.5	14.8	4.7	2.0
無処理	58.7	30.4	4.4	6.5

試験2：栽培期間中の処理時期別の夜間冷房処理効果 試験区は夜間冷房処理時期の違いにより1）全期間，2）消灯前，3）消灯後，4）無処理の4区を設けた。夜間冷房は消灯前の6月16日から7月28日には19～5時，消灯後の7月28日から9月28日はシェード開閉時間に合わせ，18～6時に行なった。無処理区の夜温は成り行きとした。試験はプランターを用いて行ない，試験規模は10株植えのプランター各区15個（150株）である。

試験区の温度推移は，消灯前では全期間冷房区と消灯前冷房区，消灯後冷房区と無処理区はそれぞれ差がなく，全期間冷房区は無処理区より約1～3℃低く推移した（第7図）。消灯後では，全期間冷房区と消灯後冷房区，消灯前冷房区と無処理区はそれぞれ差がなく，全期間冷房区は無処理区より1～3℃低く推移した（第8図）。

正常花率は全期間夜冷区の76.5％がもっとも

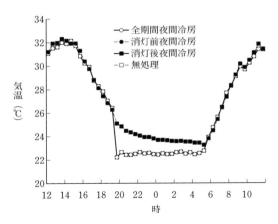

第7図 各試験区の栄養生長期における平均室内気温（試験2） （野村ら，2014）
　冷房期間は6月16日〜7月28日とした
　冷房時間は19〜5時とした

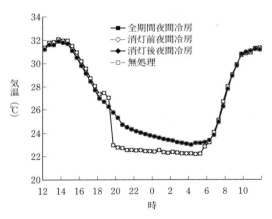

第8図 各試験区の生殖生長期における平均室内気温（試験2） （野村ら，2014）
　冷房期間は7月28日〜9月28日とした
　冷房時間は18〜6時とした

第16表 夜間冷房の有無と奇形花発生割合（試験2，単位：％） （野村ら，2014）

	正常	軽度	中程度	重度
全期間夜冷	76.5	18.8	4.0	0.7
消灯前夜冷	71.9	25.3	2.1	0.7
消灯後夜冷	72.2	24.1	3.8	0.0
無処理	67.9	28.5	2.2	1.4

高かった。消灯前と消灯後の夜間冷房区では，正常花率はそれぞれ71.9％，72.2％であった（第16表）。

到花日数は全期間夜冷区がもっとも早く，次いで消灯後夜冷区が早かった。夜間冷房処理を行なった試験区では，消灯時および開花時の草丈が有意に高く，節数，切り花重には有意な差が認められなかった。

試験3：処理時間帯別の夜間冷房処理効果
試験区は夜間冷房時間帯の違いで1）前夜半，2）全夜間の2区を設けた。夜間冷房時間帯は，前夜半冷房区は消灯前6月19日から8月2日は19〜0時，消灯後の8月2日から9月18日は18〜0時とし，全夜間冷房区は消灯前の6月19日から8月2日は19〜5時，消灯後の8月2日から9月18日はシェード開閉時間に合わせ18〜6時とした。前夜半冷房区の後夜半は冷気を保つため保温カーテンを閉じたままとした。試験は地床栽培で行ない，試験区の規模は各区200株である。

前夜半冷房区の温度推移は，前夜半は全夜間冷房区と差がなかったが，後夜半には全夜間冷房区より1〜2℃高く推移した（第9図）。

前夜半冷房区の冷房に要した総電力使用量

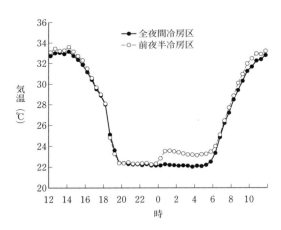

第9図 各試験区の平均室内気温（試験3） （野村ら，2014）
　冷房期間は6月19日〜9月18日とした
　冷房時間は8月2日（消灯日）以前は19〜5時，消灯日以降は18〜6時とした
　前夜半と後夜半の境は0時とした

夏秋ギク（精の一世）の技術体系

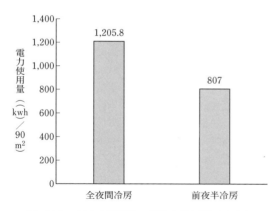

第10図　夜冷時間帯別の総電力使用量（試験3）
（野村ら，2014）

第17表　夜間冷房時間帯と奇形花発生割合
（試験3，単位：%）　　（野村ら，2014）

	正常	軽度	中程度	重度
全夜間冷房	87.5	11.3	1.2	0.0
前夜半冷房	82.8	14.7	2.5	0.0

第18表　遮光処理別照度と気温および葉面温度
（野村ら，2014）

	生長点付近の測定値		
	照度（lx）	気温（℃）	葉面温度（℃）
遮光あり[1]	43,500	34.1	29.5
遮光なし	80,300	35.4	35.5

注　1）全期間遮光区および消灯前遮光区を示す

第19表　遮光処理時期と奇形花発生割合
（試験4，単位：%）　　（野村ら，2014）

	正常	軽度	中程度	重度
全期間遮光	78.3	19.1	0.9	1.7
消灯前遮光	68.0	20.0	5.6	6.4
遮光なし	58.7	30.4	4.4	6.5

は，全夜間冷房区の66.9%であった（第10図）。

全夜間冷房区と前夜半冷房区の正常花率はそれぞれ87.5%，82.8%であり，4.7%の差があった（第17表）。

到花日数は前夜半冷房区が全夜間冷房区より1日遅かった。草丈は全夜間冷房区が有意に高かった。消灯時節数は有意に前夜半冷房区で多かったが，消灯後増加節数，切り花重には試験区内に有意な差がなかった。

試験4：栽培期間中の処理時期別の遮光処理効果　遮光処理は遮光率22%の白色寒冷紗を2枚重ねて行なった。寒冷紗はキクの茎頂部の30～40cm上部に被覆した。試験区は遮光処理時期の違いにより1）全期間，2）消灯前，3）遮光なしの3区を設けた。全期間遮光区は6月16日から9月10日まで，消灯前遮光区は6月16日から7月28日まで遮光を行なった。

試験は地床栽培で行ない，試験区の規模は各区220株である。試験区の照度，寒冷紗下の気温，葉面温度は，7月15日午前11時30分に測定した。葉面温度は放射温度計（コニカミノルタ株式会社）を，照度は照度計（横河M&C株式会社）を用いて測定した。

遮光処理区の水平照度は寒冷紗を2枚重ねて使用した結果，遮光なし区の45.8%であった。遮光処理区の生長点付近の気温は遮光なし区より1.3℃低く，葉面温度は約6℃低かった（第18表）。

正常花率は，全期間遮光区が78.3%でもっとも高く，遮光なし区は58.7%でもっとも低かった（第19表）。

到花日数は遮光なし区と消灯前遮光区が同じ52日で，全期間遮光区は54日と2日遅くなった。さらに，遮光処理は切り花品質に影響し，開花時草丈は全期間遮光区でもっとも高くなった。また柳葉数は，遮光なし区に比べ全期間遮光区で有意に少なくなった。節数，切り花重には有意な差がなかった。

この試験1～3において，夜間冷房により夜温を25℃前後から23℃程度にすることで，'精の一世'の奇形花発生率が半減した。このことから，奇形花の発生要因は'岩の白扇'と同等であることが示唆された（昼温35℃以上，夜温25℃以上で奇形花が増加する）。試験4の遮光処理によって葉面温度を35.5℃から29.5℃に下げることでも奇形花発生率は軽減できた。

愛知県の9月開花作型でもっとも気温が高い生育期は8月上中旬であるため，ハウス内の温度を少しでも低く管理する必要がある。

657

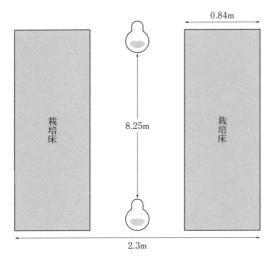

第11図　蛍光灯ランプの設置状況
（野村，2012）

　この愛知県での試験結果からは，奇形花の発生時期がいつ決定されるかは明らかになっていないが，福岡県の'岩の白扇'では栄養生長期間に高温遭遇した場合に，消灯時の生長点が不整形に肥大化して，その結果，花床部が変形し奇形花が生じていたものと推察している。愛知県では消灯後夜冷（花芽分化期）においても奇形花抑制の効果が認められた。このことから，小花形成期まで至れば，花床のさらなる変形はないものと思われる。したがって，栄養生長期に遭遇した高温により生長点の変形がある程度起きるとしても，消灯から2週間程度夜間冷房を行なうことで奇形花の発生をある程度抑制できるものと考えられる。

(6) 電照抑制資材の検討

　近年キクの生産圃場では，露地栽培を除けば，白熱電球以外の省エネランプの使用が主流となってきている。愛知県では現在主流となっている蛍光灯（電球色とピンク色）に加え，赤色LEDの検討も行なっているが，ここでは蛍光灯試験の結果についてのみ紹介する（野村ら，2012未発表データ）。

　試験区，試験規模，栽培概要は次のとおりである。1）電球色蛍光灯（バイオテック製：23W），2）ピンク色蛍光灯（バイオテック製：23W）の2種類を使用して，各区ともランプの設置間隔を8.25m，高さを1.9mとし（第11図），光強度が連続的に異なる条件を設置した。なお，試験区の光量を強くするため，両側ともランプを2個ずつ設置する。各株の消灯2週間後の発蕾率と消灯後増加節数から，精の一世の花芽分化抑制に必要な光強度を明らかにする。栽培概要は株間12cmの6条植え無摘心栽培で各450株を使用し，定植5月1日（電照時間21時30分～2時30分の5時間），無摘心栽培で消灯6月19日，消灯後は11時間半日長（17時30分～6時シェード）とした8月開花作型で試験を行なった。

　電球色蛍光灯は，地表面で測定した光による比較では45lx以上，および地上70cmの比較では45lxでそれぞれほぼ一定になった（第12，13図）。ピンク色蛍光灯は，地表面で測定した光による比較では20lx以上，および地上70cmの比較では20lx以上で電球色蛍光灯と同じく，それぞれほぼ一定になった（第14，15図）。以上から'精の一世'8月開花の花芽分化抑制光強度は，電球色蛍光灯で45lx（約119～146mW/m^2），ピンク色蛍光灯では20lx（約47mW/m^2）以上であると考えられる。

　詳細な試験データはないが，近年急速に使用が進んでいるLEDでは，赤色（ピーク波長634nm）であれば，花芽抑制効果が十分確認されているが，照射範囲などが製品により異なるため，設置間隔や高さについての検討が今後はさらに必要になってくる。電球色や新たに開発が進んでいるピンク色でも同様のことがいえる。

(7) 耐病害虫性と防除法

　'精の一世'が親株育成期間中や栽培期間中にキク白さび病に罹病しやすいことは周知の事実であるが，このほかの病害虫抵抗性について防除法などを含め紹介する。

①白さび病

　温度と湿度が発生に大きくかかわってくるので，多湿度（90％以上）の外部環境があるさい

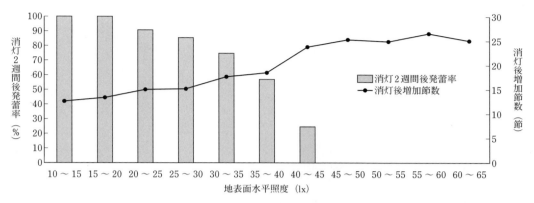

第12図　電球色蛍光灯の地表面照度と花芽分化抑制効果　　　（野村ら，2012）

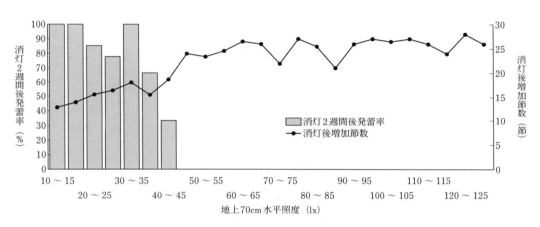

第13図　電球色蛍光灯の地上70cm照度と花芽分化抑制効果　　　（野村ら，2012）

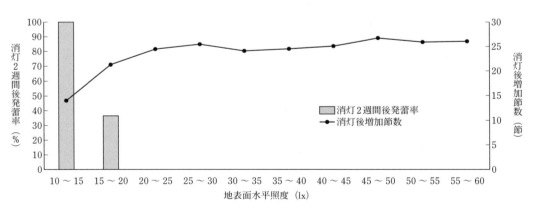

第14図　ピンク色蛍光灯の地表面照度と花芽分化抑制効果　　　（野村ら，2012）

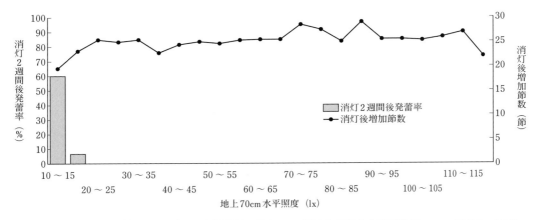

第15図　ピンク色蛍光灯の地上70cm照度と花芽分化抑制効果　　（野村ら，2012）

には，灌水は行なわず，湿度低下のための送風や換気を行なうとよい。また，薬剤散布を行なうさいには，初期罹病葉は必ず除去して圃場外にもち出し，できれば焼却処分としたあとに行なうとよい。

②灰色かび病

灰色かび病は本州での報告事例はまれであるが，'精の一世'を作付けしている北海道では8月から9月までは，発生に対する注意喚起を行なっている。発生しやすい条件として，気温の低下と秋雨による多湿（白さび病とほぼ同じ）がある。温度条件は白さび病とは異なり，5〜30℃が生育適温であるが，この温度条件は北海道以外でも十分想定しうる気温であるので，注意は必要である。また，発生要因のひとつとして，茎葉の過繁茂も大きな原因のひとつである。茎葉の繁茂に対しては施肥を抑えることが重要である。

③べと病

キクに発生するべと病は品種間差が非常に大きいが，'精の一世'には発生の報告がある。発生適温は15〜20℃のため，冬から春にかけての親株育成時期にあたる産地で発生が多い。通常，親株圃場は長期間の使用のため，基肥の施肥設計は多いが，窒素過多による茎葉の繁茂と圃場の排水性の不良が発生要因のひとつにあげられているので注意が必要である。

④茎えそ病

えそ病（TSWV）と茎えそ病（CSNV）はどちらもトスポウイルス属による，えそ病徴を示す病気であるが，えそ病を伝搬するアザミウマの種類が多いのに対し，茎えそ病を伝搬するアザミウマはミカンキイロアザミウマのみである。

'精の一世'では茎えそ病の感染が多く報告されており，伝搬虫であるミカンキイロアザミウマが難防除害虫であるため，発生地帯での根絶がむずかしいのが現状である。現在，ミカンキイロアザミウマの防除のために，ハウス内防除以外でできることは次のとおりである。1）ハウスの出入り口やサイドを開放せず，赤色ネットを張り侵入を防ぐ。2）ハウス出入り口の地表面に反射材シートを張る。3）ハウス周辺にある寄宿雑草に除草剤を散布するさいに，効果のある殺虫剤を混用するなど，寄宿先をできるだけ減らすことも重要である。

⑤キクスタントウイロイド（CSVd）

有限会社精興園（現イノチオ精興園株式会社）は2010年度から2012年度の間，愛知県農業総合試験場を中核機関に据え，京都大学，イシグロ農材（現イノチオアグリ株式会社），（独）種苗管理センター西日本農場とともに，ウイロイドの発生メカニズムの解明と防除マニュアルの作成という大きな目標に取り組んできた。そのなかで，イノチオ精興園株式会社は自社が所

有する既存品種の抵抗性評価を京都大学と共同で初年度から2年間をかけて行なった。抵抗性評価が高い品種に'精の一世'があった。抵抗性評価の手法は次のとおりである。

京都大学では，超微小茎頂分裂組織培養法を用いてスクリーニングを行なった（第16図）。抵抗性をもつ場合ともたない場合の茎頂部分の顕微鏡写真は第17図のとおりで，その抵抗性評価を4段階に分別した（第18図）。その結果，'精の一世'はもっとも強い品種の一つである

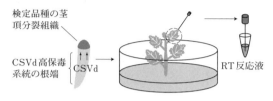

第16図 超微小茎頂分裂組織培養法を用いたスクリーニング方法 　　　　（細川ら，2012）
培養開始2か月後および4か月後に，葉が3～5枚展開した個体の展開最上位葉におけるCSVd感染の有無を調査した

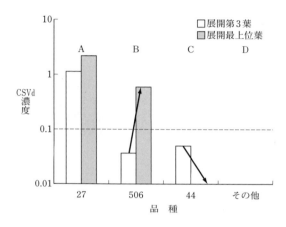

Aタイプ：CSVd濃度の上昇が早い感受性品種と考えられる
Bタイプ：CSVd濃度の上昇が比較的緩慢な罹病性品種
Cタイプ：CSVd濃度が上昇したあとに減少しており，強い抵抗性をもつ品種の可能性がある
Dタイプ：CSVd濃度の上昇がきわめておそく，強い抵抗性をもつ品種の可能性がある

┌─Cタイプから──────┐　┌─Dタイプから──────┐
│培養2か月目と比較し，│　│培養3か月目でも，展開│
│展開最上位葉のCSVd濃│　│最上位葉のCSVd濃度が│
│度が低いまま維持，あ│　│検出限界以下であった品│
│るいはさらに減少してい│　│種…14/24品種　　　　│
│た品種…7/36品種　　　│　│　　　　　　　　　　　│
└──────────────┘　└──────────────┘
　　　　　　　　　↓
これまでに合わせて21の抵抗性品種の候補が得られている
　　　　　　　　　↓
精興園Dタイプ判定品種：精の一世・鞠風車

第18図 CSVd抵抗性のタイプ
　　　　　（細川ら，2012）

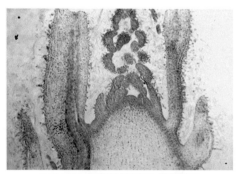

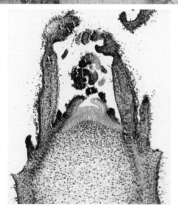

第17図 CSVd抵抗性系統の特徴
　　　　　（細川ら，2012）
抵抗性評価の指標として利用
　上：抵抗性品種，下：感受性品種

という評価を得ている．したがって，CSVdは感染させ続ければ存在するが，感染源を除去するとCSVdは消えるので，'精の一世'はCSVd抵抗性のある品種といえる．

執筆　矢野志野布（イノチオ精興園株式会社）

参　考　文　献

東秀典．2015—2016．夏秋輪ギク「精の一世」の栽培方法．(地独)青森産技セ・農林総合研究所・花き部．

川崎孝和・千綿龍志．2011．夏秋ギクの高温環境下における生育障害防止技術　施肥管理と奇形花の発生．佐農業セ・野菜・花き部・花き研究担当．

林哲央・羽賀安春．2012．輪ぎく「精の一世」の秋季出荷安定栽培法．日本土壌肥料学会2012鳥取大会．(地独)道総研　花・野菜技セ　北海道川上農改．

細川宗孝・鍋島朋之・矢野志野布・大石一史・土居元章．2012．キクわい化ウイロイド（CSVd）抵抗性キク品種におけるCSVd生体内分布．園学研．11（別1），450．

野村浩二・二村幹雄・伊藤健二．2012．「精の一世」の親株育成条件が生育開花に及ぼす影響（6月開花，7月開花）．愛知県農総試単年度試験研究成績．

野村浩二・二村幹雄・伊藤健二．2012．夏秋系輪ギク「精の一世」における花芽分化抑制に必要な蛍光灯の光強度．愛知県農総試単年度試験研究成績．

野村浩二・渡邉孝政・伊藤健二．2014．夏秋ギク「精の一世」の夜間冷房及び遮光処理が奇形花の発生に及ぼす影響．愛知農総試研報．46，87—94．

秋ギク（神馬）の技術体系

(1) 神馬の特性

①育成の経過と産地への導入

秋ギク型白系輪ギクは，昭和40年代から'秀芳の力'が主力品種として長年にわたり栽培されてきたが，2000年ころから'神馬'が急速に全国に普及し，現在の主力品種になっている。'神馬'は，1987年ころに静岡県の浜松特花園が育成した品種（子房親は'日銀'，花粉親は特定できず）で，鹿児島県への導入は1993年ころ，主力産地である枕崎市に導入されたのが最初である。

導入当初は低温でもよく伸長し，省エネ栽培に向いたつくりやすい品種と思われていたが，栽培を重ねるにつれて，低温期の開花遅延，二度切り時の不萌芽，芽かき作業の多さなどさまざまな問題点が指摘されてきた。また，この品種は栽培条件によって生育・開花反応が大きく変化する事例も知られている。

②神馬の選抜系統とその特性

'神馬'は全国に先駆けて鹿児島県で普及したが，当初から3～4月開花で開花遅延する事例が問題になった。そこで鹿児島県では，さまざまな栽培試験と併行し，1997年ころから優良系統選抜を行なった。その結果，1998年に枕崎市から採集した系統'10-1-3'が低温期でも開花遅延しにくいことが確認され，'神馬2号'と命名し，県内に種苗供給を行なった。

この'神馬2号'はその後全国に広がり，各地で低温開花性の'神馬'として'低温神馬'（愛知），'長崎4号'，'神馬2号M'（佐賀）などの再選抜が行なわれ，栽培が行なわれている。鹿児島県では2005年度に，生育や開花揃いの優れる'神馬2号K3'を再選抜したが，燃油高騰などの事情も重なり，'神馬2号K3'は全国に広く普及することとなった。

低温開花性以外として，鹿児島県では二度切り栽培での不萌芽の少ない'神馬1号'や，芽つみ作業の省力化がはかれる半無側枝性品種'新神'など，いわゆる'神馬系'の選抜系統や改良品種が栽培されるようになった。また他県でも'芽なし神馬'や，従来の'神馬'の特性をもつボリュームのある系統を選抜し，栽培している出荷団体の事例もある。

ここでは，一般的な'神馬'について記述するものとし，低温開花性系統については別項で触れる。

③栽培上の利点と欠点

第1表に示すように，'神馬'の栽培上の利点は多い。とくに業務用だけでなく個人消費も多い鹿児島県では，開花始めから純白である点は消費者や花屋から評判がよい。また水揚げのよさも人気の原因である。生産者側からは，低温条件下でもよく伸長し，立ち葉で密植栽培が可能なため生産性や秀品率が高い点がとくに評価されている。この利点を最大限に発揮できるような栽培を行なえば，経営的にも非常に魅力のある品種ということができる。

一方で，前述したように低温期の開花遅延，二度切り時の不萌芽，芽かき作業の多さなどさ

第1表 神馬の特性上の利点と欠点

利 点	1) 開花始め（収穫時）から純白である 2) 伸長性がよく，栽培期間が短縮できる 3) 低温条件下でもよく伸長し，基本的には低温開花性である 4) 立ち葉がやや小葉で，密植栽培が可能なため反収が上がる 5) 9月中旬～6月出荷までの幅広い作型に適応する 6) 親株では分枝，伸びがよく，穂の生産性が高い 7) 挿し芽での発根が早く，直挿しに適する 8) 切り花の水揚げがよい
欠 点	1) 温度管理によっては幼若化して開花遅延する場合がある 2) 高温によって腋芽が消失し，時期によっては親株の萌芽性が劣る 3) 二度切り栽培時に不萌芽が発生する 4) 比較的系統分離しやすい 5) 舌状花弁数が200枚以下と少なく，作型によっては露心花になりやすい 6) 側枝の発生が多く，芽かき作業の労力がかかる 7) 高温時に収穫した切り花で葉の黒変が発生することがある

まざまな問題点が指摘されてきた。これらの問題点は全国における試験研究や，系統選抜などによって，ほとんどが解決された。しかし，芽つみ作業の省力化をはかるために改良された半無側枝性品種では，高温期の親株萌芽性が悪化するなど，欠点をすべて解決できる神馬系品種は育成されていない。鹿児島県では作型ごとの栽培条件に適した系統・品種をつくり分けている生産者が多い。

(2) 開花期，収量，品質を左右する要因と技術対応

①親株の管理と採穂数

'神馬'は親株の分枝や伸長性がよく，穂の生産性はかなり高い。しかし導入初期から系統分離が進んでおり，高温で腋芽が消失する株が混在していたため，7〜8月に採穂した腋芽の消失した穂を用いた親株（第1，2図）や，11〜12月出荷切り花の二度切り時に不萌芽株が発生し，問題になった。現在では選抜された系統が普及し，腋芽消失による不萌芽の問題は減ってきている。問題になっている場合でも，高温期に露地など涼しい環境で親株を管理するか，親株栽培でベンジルアミノプリン（ビーエー液剤）処理を行なうことで改善が認められている。

また，'神馬'は浅根性で過湿に弱いので，雨の多い年に露地で親株管理を行なうと湿害を受けやすい。したがって，夏場の高温を避け，過湿にならないようにするには，天井ビニールのみを張った，風通しのよいハウス内で親株を管理するとよい。露地で管理する場合は，高うね栽培にして雨などによる湿害に注意する必要がある。

②穂の前歴と生育・開花への影響

12〜1月出荷の作型では，高温期に採穂した穂を苗として用いるため，定植後の伸長性があまりよくない。多くのキク品種が冷蔵を行なった穂や苗を利用することで伸長性がよくなるが，'神馬'も同様に2〜3週間程度，穂や苗の冷蔵を行なうことで，多少草丈伸長性が改善される。

一方，3〜4月出荷用の穂を低温遭遇した親株から採穂すると開花遅延しやすいことが知られている（第2，3表）。これは株が幼若化し，花芽分化しにくい状況になったためと考えられる。また穂や苗を3週以上長期冷蔵した場合も，花芽分化時の温度が低いと開花遅延や開花のバラツキが発生する（小島ら，2008）。いずれにしても，'神馬'のこのような特性について現在は一般的に認知され，大きな問題になることは少なくなっている。

しかし，'神馬'の海外からの購入種苗で起こった事例であるが，低温遭遇の少ない海外で2年ほど経過した株から採穂した穂を，国内の切り花生産に利用した際に消灯してもすぐに花芽分化しない事例が問題になった。これは，低温遭遇させずに苗生産を長期間繰り返したこと

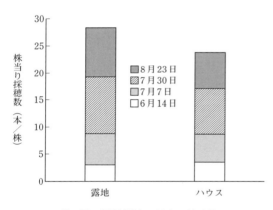

第1図　神馬親株の環境と採穂数
定植：5月11日，摘心：5月21日

第2図　高温のため側枝発生が少ない親株

で株の活性が低下し，消灯により短日条件下になったため高所ロゼット化したものと考えられた。それまで'神馬'では幼若性は問題になっていたが，'秀芳の力'で問題になっていたようなロゼット性が問題になることはなかった。その後，ある海外種苗生産では2年ごとに低温遭遇した株を更新したり，加えて冷蔵庫などで低温処理することで現在はロゼット化の問題は解決している。

③穂や苗の冷蔵と貯蔵性

穂や苗の冷蔵が生育・開花に及ぼす影響は前述したとおりだが，'神馬'の穂冷蔵では，長期の冷蔵で発根が悪くなったり，心腐れを起こしやすいなどの問題を指摘する生産者も多い。梅雨時期の穂は貯蔵性が劣ったり，スリップスの被害にあった穂は貯蔵中に心腐れしやすくなることも経験的に知られている。

したがって'神馬'の穂冷蔵・苗冷蔵は，貯蔵性と前述の幼若化を考慮すると穂冷蔵，苗冷蔵とも3週間以内を目安にするとよい。

④作式（栽植様式）

'神馬'は立ち葉で密植栽培に向いているが，あまり多く植え込むと下級品の割合が高くなったり，灌水の方法によっては過湿による下葉の枯れ上がりにもつながる。生産現場では坪当たり130～140本程度が一般的と考えられる。

鹿児島県では15cmマス目の6目ネットを用いる場合，各目2-2-1-1-2-2本植え（通路60cmの場合計算値で44,444本/10a）の方式（第3図）で植えると，内側の切り花も比較的ボリュームがつきやすい。鹿児島県では2Lに重点をおいた作式が一般的だが，物日のLMねらいでは60,000本/10aほどの密植栽培も行なわれている（第4図）。

産地や圃場の位置によっても栽培条件は異なり，市場によっても切り花のボリュームの評価

第2表 「穂冷蔵と管理夜温が開花に及ぼす影響」の試験方法

区	穂冷蔵期間（日）	管理夜温	各ステージの最低夜温（℃）			
			～消灯1週間前	～消灯2週間後	その後1週間	～開花
①	0	慣行	16	18	16	15
②	30					
③	0	低温	13	16	14	12
④	30					

注 定植：10月20日，消灯：12月9日

第3表 穂冷蔵と管理夜温の違いが開花と草丈に与える影響

区	管理温度	穂冷蔵期間（日）	開花日（月/日）	草丈（cm）		
				消灯日	開花時	差
①	慣行	0	2/2	52.7	98.0	45.3
②		30	2/5	48.7	99.0	50.3
③	低温	0	2/7	58.3	102.7	44.4
④		30	2/9	60.4	108.6	48.2

第3図 神馬の標準的な作式（44,444本/10a）
15cm×6目ネットに2-2-1-1-2-2本植え

第4図 密植栽培の作式（62,222本/10a）
15cm×6目ネットに3-2-2-2-2-3本植え

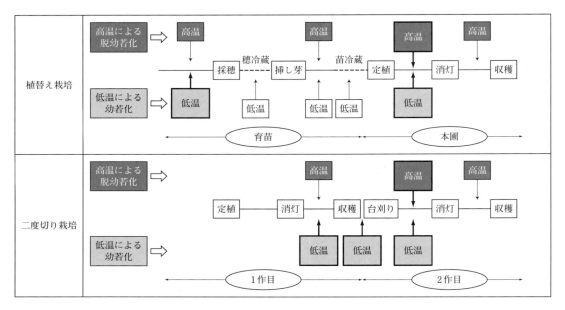

第5図 幼若化（低温）と脱幼若化（高温）の時期と程度
低温の文字が入る四角が大きい時期ほど幼若化しやすく，高温の文字が入る四角が大きいほど脱幼若化しやすい

などが異なるので，作型同様これらのことを考慮して作式を決めるとよい。

⑤系統分離と優良系統の選抜

前述のとおり，'神馬'は系統分離（枝変わり）しやすく，無造作に株を更新していくとしだいに生育や開花が不揃いになりやすい。選抜系統を導入した場合でも，目的とする特性を見極めやすい作型で株を選抜して更新することが望ましい。一般的には生育や揃いが劣っている株や開花のおそい株を淘汰するとよい。

たとえば夏期の親株からの1株当たりの採穂数は，系統による差が確認できており，またとくに本数の少なかった系統では，不萌芽株も見られた。

以上のように'神馬'は系統分離しやすいため，生産性を向上させるためには，優良系統の導入は不可欠である。鹿児島県では種苗供給を行なっている系統は，数年に1回は再選抜を行なって必要な特性の維持に努めている。

⑥開花遅延と対策

おもに3～4月出荷の作型で，消灯後花芽分化が遅れ，到花日数が長くかかる問題がある。このことはこれまでの研究で，親株や栄養生長期間の低温遭遇による幼若化が要因であることがわかっている（第5図）。幼若化する低温が何℃以下であるかは系統によって異なると考えられている。

鹿児島県農業開発総合センターで行なった試験では，'神馬'，低温開花性系統の'神馬2号'，やや晩生系統の'新神'を用い，栄養生長期間の最低夜温を10℃，12℃，14℃，消灯後の最低夜温を10℃，14℃，16℃で管理した結果，10→10℃（消灯前10℃→消灯後10℃）ではいずれの品種も開花遅延が著しく，10→14℃では'神馬2号'のみ正常に開花し，12→16℃では'神馬'も正常に開花したが，'新神'は14→16℃で正常に開花した（第6図）。

これまでの研究と現地事例から，'神馬2号'では10～12℃以下，'神馬'は13℃以下，'新神'が14～15℃以下で幼若化することが推察される。なお，栄養生長期間の昼温が低い場合にも幼若化することがあり，昼温15℃では開花遅延するという報告がある（國武・松野，2004）。またこの幼若化の程度は，温度がより

低温で，期間がより長いほど強いことが知られている。しかし幼若化の程度がとくに強くなければ，消灯後に18℃以上で加温する事例では，脱幼若化し花芽分化がスムーズに行なわれる事例も多い。

以上のことから，'神馬' では栄養生長期間を12～13℃以上，花芽分化期を16～18℃で発蕾まで加温することで開花遅延は回避できると考えられる（第7図）。

また，消灯前後の追肥による樹勢への影響で開花が遅れる事例や，極端な短日条件や日照不足でも開花が遅れる事例が知られている。対策としては，追肥，日照条件についてはそれらを改善するほか，極短日期は12時間日長となるように早朝電照を行なうことで2日程度収穫期を早めている例もある。

⑦ 再電照

'神馬' は花芽分化・発達が順調に進みすぎる（短期間で行なわれる）と，小花数が少なく花が小さくなる傾向がある。したがって，11～12月出荷などの花芽分化や発達がスムーズに行なわれる作型では再電照がとくに必要である。またいわゆる「うらごけ」対策として，上位葉肥大にも必要となる。その場合の再電照開始時期は，消灯後10～12日目ころにあたる総苞形成後期で，深夜4時間電照を4日程度行なう方法が一般的である。1月出荷以降の作型は低温で花芽分化・発達が比較的ゆっくり進むため小花数は増加するが，管状花数も多く露心花になりやすい。また極端な「うらごけ」にはなりにくいが，総苞形成後期～小花形成前期にかけて3～4日ほど再電照を行なう。栽培気温が低いほど再電照の適期になる日数は伸びるので，検鏡を行なうことが確実である。鹿児島県では3月出荷以降の作型では再電照を実施しない事例も多い。

なお近年，'神馬' などの秋ギクにもっとも効果的な電照時間帯は，日没（暗期開始）後か

第6図　異なる夜温による神馬系品種の開花状況（消灯後55日後）
定植日：11月12日，消灯日：1月7日

第7図　神馬の幼若化と脱幼若化温度

ら9～10時間経過したころであることが明らかにされている（白山・郡山，2014）。この時間帯に再電照を行なうと，従来の深夜12時中心の電照法と同じ期間・時間よりも効きすぎる可能性があるので注意する。

いずれにしても，再電照は到花日数が長くなるうえ，開始のタイミングが早すぎると草姿に悪影響がでる場合もあるため，出荷先と話し合い，必要最小限で行なうことが望ましい。

⑧ わい化剤処理

'神馬' は節間が伸長しやすいので，ボリュームのある切り花にするためには，花首だけでなく上位節間にもある程度わい化剤を効かせたほうがよい（第8図）。キクでは一般的にダミノジッド剤（ビーナイン，キクエモン）が用いられるが，処理量と濃度は作型や生育状況，圃場の水分状態などで異なる。

例として，1回目を消灯後14～16日目，2回目を発蕾時，3回目を摘蕾時とし，濃度は1

輪ギク　技術体系と基本技術

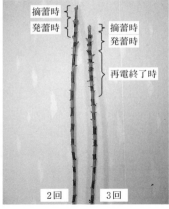

第8図　11月出荷でのわい化剤の効果

定植日：8月15日，消灯日：9月29日，再電照：消灯11日目から5日間（4時間），わい化剤：ダミノジッド剤1,500倍，80ℓ/10a，処理時期：2回処理；発蕾時（消灯20日），摘蕾時（消灯28日目），3回処理；再電照終了時（消灯15日目），発蕾時（消灯20日），摘蕾時（消灯29日目）

回目を1,500倍程度，その後は1,000〜1,500倍で100ℓ/10a散布とする。伸長しやすい作型では，生育を見て1回目を効果の高い消灯時に処理する場合もある。'神馬'では消灯後10日ころのダミノジッド剤処理で舌状花数が減少する（青木・西尾，2004）という知見があり，注意が必要である。

(3) 生育過程と技術

①作　型

'神馬'は低温条件下でも伸長性がよいので，冬春期の生産にはもっとも適しているが，シェード栽培への適応性も高く，9〜6月までの幅広い作型で栽培可能である（第9，10図）。'秀芳の力'と比べて，耐寒性，耐暑性の両方とも高いと思われ，その点では栽培しやすい品種である。ただしそれでも鹿児島県のような暖地では，9月出荷および6月出荷のシェード栽培では茎が軟弱になり，硬くしまったものができにくく，また水揚げにも若干問題があり，花腐れの事例もあるなど，十分な品質とはいえない面もある。

②元親株選抜（親株までの前作切り下株）

親株の穂をとる元株を，ここでは元親株とする。キクは長年栽培を繰り返しているうちに，系統分離し形質が変化してくるので，次の点に注意して優良株を選抜する。少なくとも劣悪系統を淘汰するだけでも有効である。

　ア．花の色，形，花弁の形や，葉の形が正常なもの。

　イ．茎の伸びがよいもの（'神馬'は伸長性ではあるが）。

　ウ．茎葉のボリュームがあり，開花のおそくないもの（開花遅延対策にもつながる）。

　エ．夏季摘心後の分枝や二度切り時の萌芽がよいもの。

　オ．わい化病やえそ病，萎縮叢生症などの症状がないもの。

優良系統選抜は年数もかかるので，生産現場と関係機関が協力して選抜することが理想的であり，効率もよくなる。

③元親株管理

元親株は冬季に自然低温を十分に受けた（活性が高まった）株を定植するのが望ましい。無加温（露地）で12月ころまでに収穫した株を元親株として，無加温ハウスか露地に移植する。作式は床幅30cm，通路40cm，株間30cmの1条植え程度がよい。無摘心栽培の本圃10a分で（④親株管理の項参照）元親株は125株，面積は30m²程度必要である（元親株1本から冬至芽6本発生，冬至芽を2回台刈りして，親株用採穂が元親株1株当たり30本で試算）。

肥料はN・P・K成分で各5kg/10a程度を基肥に，摘心（台刈り）時に同量程度追肥する。

冬至芽が伸びてきたら摘心を繰り返し，最終摘心は親株用の採穂予定日の22〜25日前に行なう。

④親株管理

10a当たり，基肥に堆肥2t，N・P・K成分で各10kg程度を施す。摘心1回目に追肥を同様に各成分2kg施し，それ以降は生育を見ながら追肥を行なう。

無摘心栽培の本圃10a分（実際の定植本数45,000本，採穂および挿し芽本数50,000本で

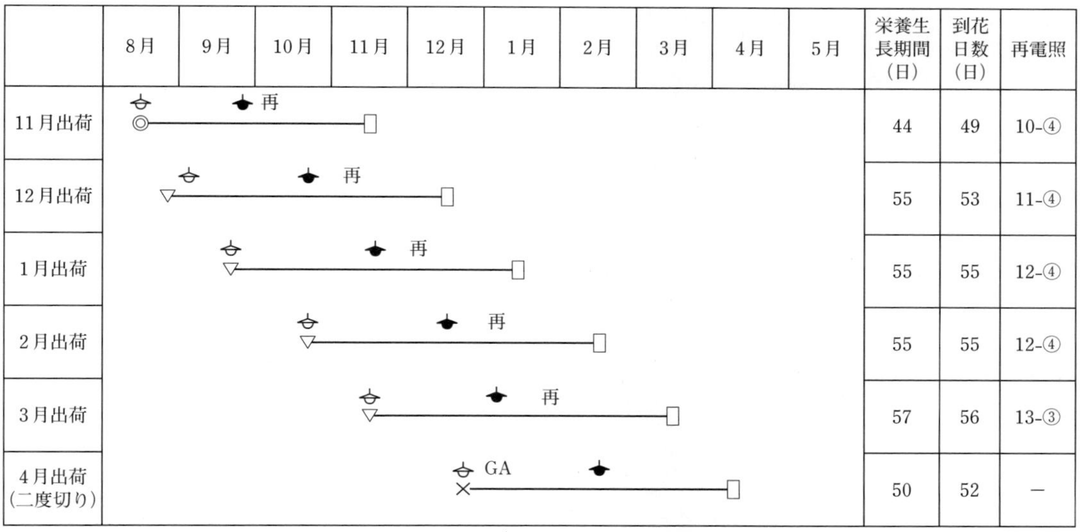

秋ギク（神馬）の技術体系

	8月	9月	10月	11月	12月	1月	2月	3月	4月	5月	栄養生長期間（日）	到花日数（日）	再電照
11月出荷	◎	電 消 再		□							44	49	10-④
12月出荷		◎	電 消 再		□						55	53	11-④
1月出荷			◎	電 消 再		□					55	55	12-④
2月出荷				◎	電 消 再		□				55	55	12-④
3月出荷					◎	電 消 再		□			57	56	13-③
4月出荷（二度切り）					◎×	GA 消			□		50	52	―

◎発根苗定植，▽直挿し，電：電照，消：消灯，再：再電照，GA：ジベレリン処理，□収穫
×台刈り

第9図　11〜4月出荷栽培の作型図
再電照の項の「10-④」は消灯後10日目から4日間電照を表わす
直挿しは周年可能だが，高温期は立枯れのリスクを考慮し，発根苗定植とした

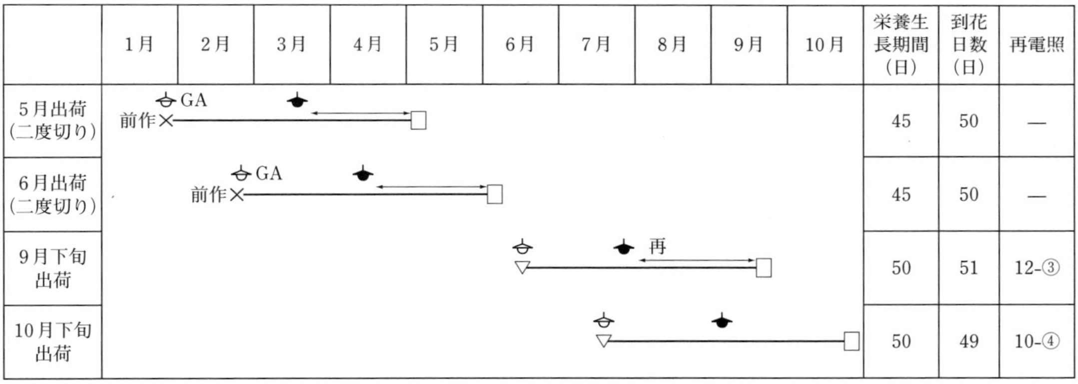

	1月	2月	3月	4月	5月	6月	7月	8月	9月	10月	栄養生長期間（日）	到花日数（日）	再電照
5月出荷（二度切り）	電 GA 前作×		消		□						45	50	―
6月出荷（二度切り）		電 GA 前作×		消		□					45	50	―
9月下旬出荷						▽ 電	消 再		□		50	51	12-③
10月下旬出荷							▽ 電	消		□	50	49	10-④

◎発根苗定植，電：電照，消：消灯，再：再電照，GA：ジベレリン処理，←→シェード，□収穫
×台刈り

第10図　シェード栽培の作型図
再電照の項の「10-④」は消灯後10日目から4日間電照を表わす
シェードは11〜12時間日長になるように処理する
シェード栽培での再電照は暗期中断ではなく，シェード中断処理の事例もある

試算）に対して，1回摘心穂5本，2回摘心穂10本の場合，親株は3,800本，面積2a程度必要である（床幅90cm，通路50cm，条間20cm×株間15cmの4条植え）。

定植後7〜10日を目安に，活着したら摘心する。その後20日目ころ2回目の摘心をする。伸長性品種なので摘心後17〜18日で採穂できる。穂の伸び具合で随時採穂・穂冷蔵し，伸ばしすぎないようにする。株が老化すると良質の穂がとれなくなるので，3か月を目安に親株を

更新する。夏季の高温時に摘心すると萌芽が悪くなり，二度切り栽培時の不萌芽が発生しやすいので，できるだけ萌芽の悪い株からは採穂しないようにする。

採穂前に病害虫防除を徹底し，とくに穂冷蔵中の心腐れの原因になるスリップス被害に注意する。'神馬'はとくに湿害に弱いので，排水対策を徹底し，できれば雨よけビニールを張り梅雨時期の腐れを防ぐ。

'神馬'は秋ギクであるので，6～7月の長日期は親株に電照は必要ないとされる。鹿児島県での無電照ハウス栽培での開花は10月中～下旬であることから，親株での電照開始時期は8月上旬ころでよいと考えられる。とくに'神馬'をはじめ，秋ギクは9～10月ころがもっとも花芽分化しやすい気候のため，しっかり電照を行なう必要がある。電照は露地圃場の場合，白熱球を9～10m²当たり1灯の割合で設置し，暗期中断で深夜4時間程度実施する。雨よけ施設なら蛍光球（23W程度）も利用でき，電気代を節約できる。

⑤挿し芽

挿し芽は，水はけのよい砂やボラに挿す方法，セルトレイに挿してプラグ苗とし圃場の回転率を優先させる方法，省力のために本圃に直挿しする方法などがある。

しおれている挿し穂は必ず水揚げしてから挿し芽する。その場合，発根剤を規定の濃度で希釈した液で吸水させるとよい（濃度と浸漬時間を厳守）。挿し芽の数時間前にこの処理を行なうとしおれが回復しやすい。

'神馬'は発根のよい品種なので，砂挿しの場合は砂上げが遅れないように注意する。

セル育苗の場合は，均一に灌水しないと外側の苗が乾燥しやすいので，ミスト育苗の場合でもセルトレイの位置を変えたり，手灌水で外側の苗に葉水をかける必要がある。

挿し芽中も6～7月を除いて電照は行なう必要がある。

⑥圃場の準備

'神馬'は浅根性なので土壌の物理性には注意し，完熟堆肥などを投入する。ガラスハウスや硬質プラスチックハウスなどの連作地ではとくにリン酸やカリが集積しやすいので，土壌診断に基づき施肥を行なう。基肥はN・P・K成分で12・8・8kg/10a程度を目安とする。

定植の2日程度前には十分灌水を行ない，適度な水分を含ませる。床の上面はていねいにならす。直挿しの場合は，表面が平らでないと，灌水後の土壌の水分がばらつき，発根が揃わない。また，栽培期間中の灌水作業でも圃場の高低差により，低い位置に水がたまり過湿の原因になることがある。

⑦直挿しでの留意点

直挿しは周年実施する生産者も多いが，7～9月の高温期は苗の腐敗が発生しやすいため，この時期だけ発根苗を利用する事例もある。とくに高温期の直挿しを成功させるためには，状態のよい健全な挿し穂を使うことと，適切な遮光管理，殺菌剤散布などがポイントになる。

また挿し芽作業を効率よくするためには，穂をしっかりと水揚げすることが大切である。発根の早い品種ではあるが，挿し穂の発根を促す発根予措は有効であり，20℃で蛍光灯による照明を併用した方法も報告されている（佐々木ら，2005）。より簡易な方法として，低温期に，穂を発根剤に浸漬後，底に新聞紙を敷いた発泡スチロール箱に密閉し，暖房ハウスの中（15℃程度）に直射日光を避けて3～4日程度おく発根処理も有効である。

直挿し作業中は穂がしおれないように，手灌水や遮光を適宜行なう。直挿し後は，たっぷりとムラのないように灌水を行ない，多少時間をおいてから有孔ポリなどを被覆する。発根させるには光に当てる必要があるが，高温期はポリ内の温度が上がり，葉焼けを起こしやすいため，9～16時くらいを強め（80％以上）に遮光して，朝と夕方は光に当てるとよい。また定期的な灌水の必要があるが，不織布などをべたがけすると高温障害が出にくい。低温期の11～3月は気温が低く日照も弱いので，遮光はとくに必要ない。

被覆したポリ内に水滴がついている状態は湿度が保たれて良好な状態と考えられるが，ポリ

の破れや隙間から水分が蒸散して乾燥すると，発根の遅れにつながるので注意する。

鹿児島県では直挿し後のべたがけ資材は有孔ポリフィルムや不織布が使用されている。べたがけは，遮光と定期的な灌水があれば必ずしも必要ないが，保温保湿効果もあり，発根を揃えるためには有効である。不織布のほうがポリフィルムより高温の時期にも蒸れが少なく，作業性も優れる。しかし，新しい不織布では透水性が悪く灌水ムラがでやすいので，被覆前に十分灌水する。風ではがれないように，洗濯ばさみでフラワーネットなどに挟んで固定するとよい。被覆期間は季節によって異なるが，1～2週間を目安とする。極寒期には保温を兼ねて，発根後もポリを被覆して初期生育を促す事例も見られる。

⑧生育中の管理

水管理 土壌の乾燥具合と草丈の伸びを見ながら灌水するが，生育全般にわたって極端な乾燥や過湿を避ける。

'神馬'は消灯時に生育が旺盛すぎると，十分な温度がない場合には開花遅延につながる可能性があるので，消灯前後はやや灌水をひかえる。しかし，極端な乾燥は下葉枯れにつながり，その後の灌水でさらに葉枯れが助長されやすくなるので注意する。発蕾後は適湿を保つ。

温度管理 プランター試験では消灯までに幼若化していなければ最低5℃の無加温栽培でも開花した事例があるように，低温でも高所ロゼットを起こしにくいが，開花遅延を起こさないためにも栄養生長期間は最低温度を12℃以上とし，消灯3日目から予備加温を行ない，消灯から温度を18℃に上げると開花揃いがよくなる。出蕾を確認するまで18℃を保ち，その後徐々に13℃まで温度を下げる。膜切れ（破蕾）以降は16～17℃程度に上げると花の品質が向上するが，生育の程度や圃場の状態によってはこれより若干低い温度でもよい。

鹿児島県では花芽分化期の温度管理は変夜温管理で行なっている事例が多い。たとえば夕方から午前1時まで18℃以上，1時から朝8時まで14℃以上とすることで，終夜18℃に比較して開花の遅れはほとんどなく，鹿児島県の3月出荷では20％以上の暖房コスト削減が認められている。

室内換気扇の導入により，夏季の高温対策だけでなく，冬季の暖房ムラがないように有効に利用する事例が増えている。

電照管理 '神馬'の花芽分化の限界日長は13.5～14時間程度であると考えられるが，環境条件や生育ステージによって変動することもわかっている。さらには電照抑制に必要な照度は電照光源や株の生育ステージ，時期などで異なる。

電球の設置方法は75W白熱球であれば9～10m²（3坪）に1個，地上180cm前後の高さに設置する。最近は自走防除機を導入したハウスも増加し，防除機の移動に支障がない高さで設置することが必要になっている。

一般の秋ギクに準じて電照管理を行なっても，照度不足によるやなぎ芽や早期出蕾などは起こしにくい。鹿児島県での季咲き（雨よけ）栽培の収穫盛期が10月中～下旬であり，自然日長下での花芽分化開始期は，8月下旬から9月上旬と考えられる。したがって，8月上旬ころから電照を開始すれば安全である。

キク栽培では深夜電力を利用した3～5時間の暗期中断電照が普及している。鹿児島県農業開発総合センターでの試験で，'神馬'の花芽分化抑制にもっとも効果的な時間帯は「(2) ⑦再電照」の項で記載したように，日没後（暗期開始後）9～10時間程度のおおむね午前3～4時ころであることがわかっている。実際栽培では3～4時を含んで，3時間電照の場合は1～4時，5時間電照の場合は午後11～4時に暗期中断電照を行なうのがよい。とくに11～12月出荷作型はもっとも花芽分化に適した気候であるため，電照に注意する。

花芽分化抑制の目的ではなく，低温寡日照時期の補光やハウス内の日照条件を改善する，いわゆる「光合成補完」の目的でナトリウムランプを設置している事例もある。葉が厚くなったり根の水分吸収がよくなり切り花重が向上するといった報告もある。

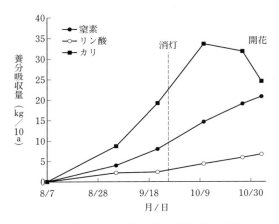

第11図 神馬11月出荷の生育時期ごとの養分吸収量 （末吉, 2000）

'神馬'は光に敏感な品種であるので，消灯後は隣接ハウスから光がもれないようにする。とくに低温期の作型では光に敏感に反応するので注意が必要である。

養分吸収に応じた施肥管理 '神馬'の養分吸収量は，11月出荷の場合，10a換算で窒素20kg，リン酸6〜7kg，カリ24kg程度であった（第11図）。施肥の方法は作業性を考慮し，基肥主体で行ない，生育に応じて液肥などで追肥をするのが一般的である。また連作地や全天候型ハウスなどではリン酸やカリなどの集積が見られるので，適正施肥量は土壌分析結果を基に判断する。

摘芽・摘蕾（芽かき） 摘蕾が遅れると摘蕾跡が目立つので，なるべく早めに摘蕾する。'神馬'は側枝の発生が多く，とくに高温時の作型では通路側の側枝の発生も多くなるので，早めに除去する。

病害虫防除 '神馬'は病害虫に強い品種ではないので，病害虫防除には注意が必要である。病気は白さび病を中心に7〜10日に1回程度の予防薬散を徹底する。害虫はマメハモグリバエ，ハダニ，スリップス，アブラムシ，カメムシ，ヨトウムシの発生が多いので，発生初期に徹底防除する。まれに低温期に菌核病の発生も見られるので注意する。

最近はキクえそ病（TSWV），茎えそ病（CSNV），キクわい化ウイロイド（CSVd）の発生も増えているので，罹病苗の持込みやウイルスを媒介するスリップスの防除を徹底する。

⑨収穫・出荷

収穫したら切り口から15cm程度の葉を取り除き，品質を揃えて10本1束とする。'神馬'は水揚げがよく水揚げ中の開花の進みも早いので，切り前にはとくに注意する。

最近は選花から結束まで自動化された全自動選花結束機が普及し，省力化に貢献している。

⑩シェード栽培

'神馬'はシェード栽培にも適応性が高いと考えられる。しかし，8月15日より早い時期の消灯では，夜温が高すぎて茎が弱かったり，水揚げが悪いなど品質が悪くなりやすい。11時間〜11時間30分日長とし，シルバーカーテンを夜間開放するなどしてできるだけ夜温を下げる。ただし現在は白系夏秋ギクの'精の一世'が普及しているため，9〜10月の'神馬'の出荷は以前よりも減少している。

春は3月15日ころの消灯でも，3月25日以降はシェードを行なうほうが開花揃いや品質がよい。5月出荷は11時間30分，6月出荷は11時間日長とする。暗期中断処理による再電照処理はとくに行なう必要はないが，3日程度のシェード中断によりボリューム向上を図っている事例もある。シェードは収穫開始まで行なったほうがよい。6月20日ころまでの出荷は可能であるが，この時期も'精の一世'の栽培が増加している。

⑪二度切り栽培

高温時期に採取した穂は，二度切り栽培時の不萌芽が増えるので，二度切り栽培する作型では，前作で8月上旬〜9月上旬に採取した穂はできれば使用しないほうがよい。高温で消失した腋芽は再生することはなく，また着生した腋芽はその後の高温でも消失しないため，穂の腋芽を確認することが確実である。

前作終了後，ただちに地際から5cm程度のところで刈り込む。あまり高い位置で刈り込むと細い上芽が多く発生し，整枝に労力を要する。'神馬'は前作終了後の芽の発生は比較的少な

い。このため，上芽を仕立てても比較的良品質のものがつくれる。また，地中からの吸枝を仕立てると栄養生長が旺盛となり，花芽分化が遅れる傾向にあるので，地際芽や上芽を仕立てる。

低温に遭遇させると幼若化し，開花遅延の原因になるので，前作終了時からおおむね12℃以上で管理する。早期発蕾防止のために，前作の収穫が半分ほど終了したころから電照を開始する。

GA（ジベレリン）処理は二度切り開始2日後に1回目，その1週間後に2回目を行なう。濃度は1回目を100ppm，2回目を50ppmとするか，2回とも75ppmとし，1回当たりの散布量は120l/10a程度とする。

'神馬'のGA処理のおもな目的は'秀芳の力'と異なり，ロゼット打破，草丈確保というよりも，萌芽が揃わないので，遅れた芽を揃わせる意味が強い。

草丈15〜20cmに伸びた時点で，揃った芽を株当たり1〜2本に整枝し，収穫時に残した古茎を整理する。草丈が25〜30cm程度で140〜160本/坪に整枝する。

肥料は前作の終了後，極端に肥料切れが見られる場合はN・P・K各成分で7kg/10a程度施用し，あとは生育を見ながら追肥する。しかし，生育が旺盛になると花芽分化が遅れる傾向にあるので注意する。

⑫さらなる秀品生産にむけて

これまで述べてきた'神馬'の栽培上で問題となる開花遅延を回避する栽培法は，特級品づくりには必ずしもつながらない。消灯まであまり生育旺盛にせず，ややボリューム不足ぎみに管理すればたしかに開花遅延はしにくくなるが，特級品を多く生産するためには，あえて開花遅延を起こしやすいような栽培法にチャレンジしてボリュームを確保する必要がある。'神馬'は消灯から開花までの到花日数が短いと，茎葉や花のボリュームが十分でない切り花になりやすい。

特級品率の高い生産者は，生育初期から追肥や土寄せを行ない，下部を太くつくり生育旺盛な状態で管理し，十分な温度管理と適正な水管理で開花遅延を回避しながら，ボリュームのある切り花を生産している。また，再電照を効果的に行ない，わい化剤を十分効かせるが，それをあまり感じさせない自然な草姿に仕上げている。ただし，これには優良系統を利用し，生育を揃わせる技術と十分な温度管理ができる条件整備が必要である。

執筆　永吉実孝（鹿児島県農業開発総合センター）

2016年記

参 考 文 献

青木献・西尾譲一．2004．ダミノジッド処理と'神馬'の切り花形質．平成15年度花き成績概要集（公立）．愛知．63．

白山竜次・郡山啓作．2014．キクにおける限界日長と花芽分化抑制に効果の高い暗期中断の時間帯との関係．園芸学研究．**13**（4），357—363．

今給黎征郎．2003．'神馬'の系統毎の温度管理の検討．平成15年度鹿児島県花き試験成績書．54—57．

今給黎征郎．2005．ビーナイン処理方法が生育・開花と切り花品質に及ぼす影響．平成17年度鹿児島県花き試験成績書．43—44．

小島啓太・長友広明・福元孝一．2008．秋ギク'神馬'の開花遅延対策．平成20年度花き成績概要集（公立）．宮崎．1—2．

國武利浩・松野孝敏．2004．'神馬'および'精興の秋'の電照期間中の昼温管理と生育・開花．平成15年花き成績概要集（公立）．福岡．7．

佐々木厚・山村真弓・相澤正樹・菅野秀忠・三品和敏・大泉眞由美．2005．キクの早期発根可能な挿し穂生産技術．平成17年度研究成果情報．

末吉忠寿．2000．秋輪ギク'神馬'の11月出し栽培におけるかん水施肥法の確立．平成12年度鹿児島県花き試験成績書．13—17．

低温開花性系統神馬2号の技術体系

(1) 品種の育成と産地への導入

'神馬2号'は'神馬'の枝変わり系統として鹿児島県で選抜された低温開花性系統で，現在，全国に広く普及している系統である。

鹿児島県では枕崎市などで1993年ころから'神馬'が栽培されたが，その後，生産現場で問題となっていた3月出荷などでの開花遅延対策として，1997年度から開花の早い個体を県内各地から収集して系統選抜試験を行なった。1998年度に枕崎市から収集した'10-1-3'が，低温でも開花が遅れにくい特性であることがわかり，のちに'神馬2号'として選抜して2002年に県内向けに種苗供給を開始した。

'神馬2号'は，消灯までの栄養生長期間を最低夜温10℃で管理しても極端な開花遅延を起こさない優れた特性をもっていた（第1図）が，当初は花が小さく，ボリュームを確保しにくいとの評価があり，鹿児島県内でも導入に慎重な産地がみられた。その後，2004年に県内大隅地区で'神馬2号'栽培圃場から選抜された個体が，草丈伸長性，開花揃い，茎葉のボリュームが優れていることが確認され，この系統を'神馬2号K3'として選抜し，種苗供給されることとなった（第2図）。

'神馬2号K3'は比較的ボリュームも改善されたことや，燃油高騰の背景も重なって，枕崎も含めて鹿児島県内に速やかに普及し，現在は全国で栽培されている。

'神馬2号'はそのほとんどが'神馬'として出荷・流通しているため統計上の数字はないが，全国の主力産地でも生産されており，かなりの生産量があると推察される。

'神馬2号'は再選抜により全国に多くの系統があるが，ここではおもに上述の'神馬2号K3'について記載する。

(2) 栽培上の利点

'神馬2号'を導入することで，'神馬'を栽培した場合と比べて低温管理ができるため，暖房コストを削減できる。また'神馬'よりも限界日長がやや長いと考えられ，温度条件にもよるが3月20日ころ消灯の5月出荷で，無シェードでも比較的順調に開花しやすい（第1表）。

'神馬2号'は神馬系のなかでも花弁が白いと評価されている。'神馬'に限らず，多くの白系品種において，低温期はややクリームがかった色になりやすいが，この系統は低温管理で

第1図　最低夜温10℃で3月に開花させた神馬2号（消灯後69日目）
左から神馬，神馬1号，神馬2号，B01-1-2（神馬改良系統）
定植：11月12日，消灯：1月7日，温度管理：定植から開花まで最低10℃

第2図　神馬2号K3の草姿

第1表　神馬2号の神馬と比較した利点と欠点

利　点	1）低温開花性が優れ，開花遅延しにくい 2）限界日長がやや長いため，無シェードによる4〜5月出荷がしやすい
欠　点	1）茎葉や花のボリュームがやや劣る 2）日照が少ないとボリュームが出にくい 3）高温期の親株での採穂性がやや劣る

も白色になる。

（3）栽培上の問題点

'神馬'の低温開花性系統であること以外の特性は'神馬'と大きくは変わらないが，いくつか注意すべき点がある。

'神馬2号'は'神馬'より小花数が20枚程度少なく，花がやや小さい。また露心花になりやすいので，花の品質向上のためには'神馬'以上に再電照を効果的に利用する必要がある。

低温でも開花遅延しにくいが，低温期の日照不足は伸長性が低下するなどボリューム不足になり，また花芽分化や発達が進みにくくなるなど，'神馬'より日照が必要な系統である。

温度管理については，'神馬'の温度管理で'神馬2号'を栽培すると，花芽分化が早く進み，やや花弁の枚数が少なく上位部の節間が間延びしたような草姿でボリューム不足になりやすいので注意が必要である。詳しくは作型ごとのポイントで説明する。

また栽培上の利点でも述べたように，限界日長がやや長いため，8月上旬ころから花芽分化抑制のために電照が必要と考えられる。とくに花芽分化に適した温度条件になると花芽をもちやすいので，電照ムラや停電などのトラブルにとくに注意が必要である。親株で老化させたり，本圃で消灯時の草丈を伸ばしすぎると早期発蕾することがあるので注意する。

また，梅雨明け後の7〜8月の高温で，'神馬'よりも一次的に親株の側枝が消失しやすい。その時期の穂を利用した摘心栽培では摘心後に萌芽が悪くなったり，12月出荷の二度切りで不萌芽が発生する場合があるので注意する。一方，本圃では従来の'神馬'と同様に側枝が発生しやすいため，芽つみ作業の労力は'神馬'

と同等に必要である。

（4）作型別栽培のポイント

①季咲き〜12月出荷

この作型は，比較的気温が高い時期なので系統の特性をあまり発揮できない。鹿児島県ではこの作型は半無側枝性品種'新神'を栽培する農家が多いが，一部で'神馬2号'を利用し，無加温で12月出荷を行なう事例もある。

栄養生長期間は無加温でもとくに問題ないが，気温が低下する地域では消灯後に発蕾まで15℃程度を確保すると，開花揃いが良い。消灯時の草丈は65cm程度を目標とする。

わい化剤は，'神馬'と同様にダミノジッド剤（ビーナイン，キクエモン）を消灯から2〜3回処理する。1回目を再電照終了時，2回目を発蕾時，3回目を最終摘蕾時とし，濃度は1,500倍で1回当たり80〜100l/10aを散布する。

②1月〜4月上旬出荷

この作型は低温開花性の特性を発揮できる作型といえる。しかし日照不足となる地域では2L率が大きく低下したり，外品の割合が増加する事例もある。

温度管理は，消灯まで12℃以上で管理すれば幼若化せずに順調に開花させやすいが，鹿児島県では10℃程度を確保し，消灯後は15℃以上を目標に加温する事例が多い。栄養生長期間に軽く幼若化させ，消灯後にしっかり加温したほうが切り花のボリュームが確保でき，開花揃いを良くすることができる。発蕾以降は出荷期に応じて温度調整を行なえばよい。消灯時草丈は60〜65cmを目安とする。

2L率に直結する問題として，栽植様式が重要となる。'神馬2号'は'神馬'と同様の密植栽培をすると個体間でボリュームの差がでやすい。日照不足時はさらに助長され，2L率の低下や外品の増加につながりやすい。詳しくは「（6）栽培技術の実際」で述べる。

わい化剤の使用は季咲き〜12月出荷の方法に準ずるが，出荷規格の切り花長を確保することを考慮して用いる。

③4月下旬～6月出荷

この作型では，消灯後に自然日長が長くなるのでシェード施設が必要となる。鹿児島県では3月中旬以降の消灯では4月以降にシェードを行なったほうが安心できる。また12～1月に良質の苗を確保することも重要で，自家苗だと穂が老化していたり，揃った苗を確保できない場合，早期発蕾や生育のバラツキが発生しやすい。最近では海外種苗の品質や特性も安定しており，海外種苗を導入する農家が増えている。

消灯時草丈は，消灯後によく伸びることと，消灯時に伸ばしすぎると樹勢がつきすぎて開花しにくくなることを考慮し，50～55cm程度でよい。

(5) 育苗技術の実際

①元親株管理

元親株用に利用する切り下株は，地際の腋芽が着生していなければ不萌芽となる。'神馬2号'の7～8月に採穂した苗は，腋芽が消失している場合があり，そのため11～12月出荷の切り下株の地際の腋芽を確認して親株に利用する。ただし海外からの購入穂を利用した圃場の切り下株であれば，どの時期でも下位部の腋芽は着生しているので，この限りでない。

その他は'神馬'と同様である。

②年内出荷用の親株管理

'神馬2号'は，低温開花性が優れ，限界日長が長い分，'神馬'よりも花芽分化しやすい性質がある。そのため，周年生産を行なう産地では，安全のため親株では電照を行なうほうが安全である。少なくとも3月以降5月末までと8月以降は電照を行なったほうがよい。

その他は'神馬'と同様に扱う。

二度切り栽培を行なう場合は，11～12月出荷などの1作目の定植苗に腋芽がついていないと，収穫後の切り下株から二度切り用の芽が確保できない。したがって，夏場の採穂では，この腋芽がついているかを確認する必要がある。'神馬2号'は'神馬'より高温で腋芽が消失しやすいので，腋芽の消失が少ない海外種苗を利用するのもよい。

③年明け出荷用の親株管理

年明け以降の出荷用に用いる親株は，'神馬'と同様に扱ってよい。しかし前述したとおり，低温開花性が優れ，限界日長が長い分，老化株や電照トラブルにより，花芽をもちやすいことから，株の老化を防ぎ，電照管理には十分注意を払う。

(6) 栽培技術の実際

①圃場の準備

'神馬'系品種は根張りが浅いため，排水の良いハウスを選定し土つくりに努める。停滞水が心配される場合には，高うねにするなど十分な排水対策を行なう。

また，'神馬2号'は日照不足では2L率の低下がみられる。被覆資材の汚れも日射量が低下する要因なので注意する。

②定　植

基肥は'神馬'と同様でよい。

低温期の作型では施肥量が多いと花芽分化や発達が順調に進まないことがあるので注意する。4～6月出荷で前作の肥料が残っている場合などでは，基肥は無肥料でスタートし，追肥で調節するなどの検討が必要である。

作式は基本的には'神馬'と同様でよいが，極端な密植はさける。鹿児島県では15cm×6目ネットに各目2-2-1-1-2-2本植え（計算値で44,444本/10a）を基本とする。うねの中まで光が届くようにすることで，個体差がつきにくく外品は少なくなる。

③電照管理

栄養生長期間の電照はおおむね'神馬'と同様でよいが，'神馬2号'は'神馬'より限界日長が長くやや早期発蕾しやすいので，草丈が40cm程度になったら電照時間を1時間長くするとよい。

④再電照

'神馬2号'は'神馬'に比べて「ボリュームがやや足りない」「花が少し小さく露心しやすい」という指摘があるが，これらは再電照でかなり改善できるので，'神馬2号'にはとくに重要な技術である。ただし「舌状花の増加」

第2表 再電照処理が神馬2号の生育および切り花品質に及ぼす影響

	処理区	再電照開始時期	処理方法[1]	50%開花日 (月/日)	草丈 (cm)	90cm切り花重 (g)	小花数 (枚)	
							舌状花	管状花
A. 11月出荷[2]	無処理	—	再電照なし	11/15	115.2	78.0	181	139
	再電4日	総苞形成後期	11-④	11/18	119.9	80.1	285	79
	再々電	総苞形成中期	10-④-4-③	11/22	117.1	83.4	313	66
B. 12月出荷[3]	無処理	—	再電照なし	12/10	119.3	66.0	190	75
	再電4日	総苞形成後期	14-④	12/15	130.0	67.3	228	37
	再電6日	総苞形成後期	14-⑥	12/17	128.8	68.7	233	36
	再々電	総苞形成中期	12-④-4-③	12/18	131.0	81.3	274	4
C. 2月出荷[4]	無処理	—	再電照なし	1/28	108.1	84.3	200.5	48.5
	再電4日	総苞形成後期	14-④	2/1	109.7	90.6	278.2	12.1
	再電6日	総苞形成後期	14-⑥	2/3	112.5	88.5	288.9	7.3
	再々電	総苞形成後期	14-④-4-③	2/4	110.9	87.9	281.7	5.0

注 1) 10-④-4-③は消灯10日後から4日電照，4日消灯，3日電照
 2) 定植：8月9日，消灯：9月24日，無加温
 3) 定植：9月5日，消灯：10月25日，温度管理：消灯後3週間15℃以上
 4) 定植：10月10日，消灯：12月5日，温度管理：最低12℃以上

第3図 12月出荷における再電照が上位葉の肥大に及ぼす影響
左から無再電，再電4日，再電6日，再々電
上位7葉を並べた

は必ずしも'神馬2号'の露心花対策につながらないことがある。花芽分化が順調に進む条件下では小花数が少なく，逆に露心花の原因となる管状花数は増加する。すなわち花芽分化時の温度条件が良いほど花が小さくなるので，花芽分化をゆっくり進ませることがポイントになる。また再電照処理の開始時期が早いと舌状花数は増加するが管状花数の減少にはつながらず，結果的に露心花は解消されないことが多い点も注意すべきである。

'神馬2号'は'神馬'に比べて花芽分化のスピードが速く，露心花対策としての再電照が効きにくいので，やや強い処理を行なう必要がある。ただし花芽分化のスピードは温度や日照条件に大きく影響されるので，作型別のマニュアル作成は困難であるが，便宜上11月出荷，12月出荷，2月出荷の3作型に分けて説明する。なお，花芽分化ステージの表記は，総苞りん片形成中期を3期，同じく後期を4期，小花形成前期を5期とする。再電照処理の時間はいずれも4時間（暗期中断）の場合である。

11月出荷の作型は消灯前後の時期に十分な温度があり，花芽分化が順調に行なわれるため露心花がとくに発生しやすい。露心花発生対策のためには，再電照開始時期3〜4期から再々電照（4日電照-4日消灯-3日電照）を行なうのが望ましい。上位葉をあまり大きくせず，スッキリした草姿を望む産地では，4〜5期から5日間程度の再電照を行なうとよい（第2表A）。

12月出荷の作型は11月出荷とわずか1か月違いの作型であるが，生育・開花条件はかなり相違がある。それは花芽分化前後の気温がかなり異なるからで，12月出荷は10月中下旬の消灯となるため，鹿児島県のような暖地では花芽分化温度が適温に近く，また消灯時の日長が

11.5～12時間程度の花芽分化に適した日長であるなどの理由で，小花数はもっとも少なくなりやすい時期である。しかし同時に露心花の原因である管状花数も11月出荷より少ないので，露心花対策としての強い再電照処理は必要ない。3～4期から再々電照（4日電照－4日消灯－3日電照）を行なうのが望ましいが，露心花の程度が11月出荷ほどではないので，4期から4～6日程度の再電照処理でも実用上問題ないと思われる（第2表B，第3図）。

2月出荷の作型は，消灯時期が低温期で花芽分化時の夜温は暖房機の設定で行なうことになる。したがって，比較的低温（13～15℃）で管理すれば花芽分化はゆっくり進み小花数は増加し，かつ露心花の原因になる管状花は少ないので，花の品質は本来もっとも良い時期である。したがって再々電照処理は必要なく，4期から4日程度の再電照でよい（第2表C，第4図）。ただしこの作型では，温度管理にもよるが，消灯から4期に達するまで15日以上かかることがあるので，必ず花芽検鏡してから開始する。1月中旬以降に消灯する作型では，再電照を行なうと上位葉が大きくなりすぎるので，実施しないか5期以降に軽く行なう程度でよい。

⑤ **温度管理**

'神馬2号'は'神馬'に比べて幼若化しにくい系統である。幼若化する温度を'神馬'が13℃以下とすると，'神馬2号'は2℃ほど低い11℃以下と考えられる。試験では最低夜温10℃一定（再電照なし）でも消灯から63日で収穫できるが，実際栽培では，栄養生長期間を10℃程度で管理し，花芽分化期は実温で15℃以上確保して花芽分化を揃わせ，発蕾以降に12℃程度に下げる方法が品質が良く，経営上も有利な管理法である。この温度管理で再電照を行なった場合，55日程度で収穫でき，切り花のボリュームも確保できる。

またキクは，昼間の日射量が多いほど花芽分化しやすく，逆に日射量が少ないと花芽分化し

第4図　2月出荷における再電照が管状花数に及ぼす影響
左から無再電，再電4日，再電6日，再々電
舌状花をすべて除去した

にくいことがわかっている。このことは，花芽分化時の加温温度とも関係しており，日照量が多い場合は10℃でも花芽分化するが，日射量が少ない場合は同じ温度でも花芽分化しにくいという事例を裏付けている。

発蕾以降は出荷期の調整を兼ねて12～10℃程度で管理してもよいが，'神馬2号'は'神馬'より花が少し小さいので，破蕾期以降はやや温度を上げて花の品質向上を図りたい。破蕾期以降を16℃程度で管理することで外弁が花を包み込むように伸びて丸花になり，また花弁が幅広になるため花が大きくなるなどの効果がある。さらに破蕾期以降を低温で管理すると，外側の花弁が数枚伸び出すいわゆる「走り弁」が出やすく，花がまだ小さいうちに収穫してしまいがちだが，16℃にするとその心配もない。

このように，栄養生長期間は強く幼若化しない程度の低温管理で省エネに努め，消灯後は品質重視で温度を加えるメリハリを効かせた温度管理に努めたい。この温度管理でも十分な省エネとなる。

第3表は鹿児島県枕崎市における3月出荷での燃油消費量のシミュレーションであるが，燃料費は'神馬'に比べ，低温管理を行なった現地事例では約4～5割の燃料消費ですんでいる。これよりも寒い地域ではさらに省エネになると予想される。

⑥ **わい化剤処理**

花首が伸びやすいので，ダミノジッド剤（ビーナイン，キクエモン）を利用する。詳細は作型ごとのポイントおよび'神馬'の項（次ページ）を参照する。

第3表　神馬または神馬2号の3月出荷における燃料消費量の比較

各ステージの最低夜温（実温）			燃料消費量（灯油）		
定植〜消灯	消灯〜発蕾	発蕾〜収穫	神馬 (l/10a)	神馬2号 (l/10a)	対比 (％)
14℃一定	18℃一定	14℃一定	6,106		100
14℃一定	18-14℃変温	14℃一定	5,315		87
13℃一定	13℃一定	13℃一定		3,358	55
10℃一定	15℃一定	12℃一定		2,526	41
5-10℃変温	16-13℃変温	12℃一定		2,341	38

注　枕崎の外気温（2010〜2015平均）で試算したシミュレーション結果
　　定植日：11月25日，消灯日：1月15日，到花日数：53日，栽培日数：104日とした

⑦二度切り栽培

鹿児島県ではあまり行なわれないが，'神馬2号'は二度切り栽培も可能である。基本的には'神馬'に準ずるが，低温遭遇しても幼若化しにくい点，伸びが比較的良い点など，'神馬'よりは低コストで二度切り栽培が可能である。ただ，育苗技術の実際の項で述べたとおり，二度切りの前作となる11〜12月出荷の地際の芽が不萌芽にならないように前作の採穂時に注意が必要である。二度切り栽培の詳細は'神馬'の項を参照する。

⑧全国の低温開花性系統の特性比較

燃油高騰に伴って，'神馬'の低温開花性系統が全国でも選抜されてきている。'神馬2号'のなかから再選抜されたものが多いと考えられ，特性は'神馬2号K3'に近いものがほとんどだが，'神馬2号'よりも伸長性や低温開花性が優れた系統もみられる。

鹿児島県指宿市において12月出荷と2月出荷の作型で特性を調査した（第4，5表，第5図）。12月出荷は無加温雨よけ栽培で行ない，収穫までの1か月間は5℃程度に気温が低下する日が多かったが，'神馬2号K3'をはじめ低温開花性系統は'神馬'よりも到花日数が7日早く60日であった。2月出荷では定植から消灯19日目までを11℃以上，その後開花まで14℃

第4表　無加温12月出荷における低温開花性系統の特性比較

品種・系統・略号	50％収穫日 (月/日)	到花日数 (日)	草丈（cm）		葉数 (枚)	90cm切り花重 (g)	摘蕾数 (個)	小花数（枚）	
			消灯時	収穫時				舌状花	管状花
神馬	12/27	67	62	112	62	84	34	262	49
新神G1	12/24	64	60	109	65	97	29	298	50
神馬2号K3	12/20	60	63	112	60	74	37	268	46
神馬宮崎系	12/20	60	67	111	64	70	37	253	36
神馬長崎系	12/20	60	69	115	63	66	44	272	27
神馬愛知系	12/20	60	65	112	61	67	44	278	42

注　定植日：9月6日（発根苗），消灯日：10月21日，再電照：消灯11日目から4日間（暗期中断4時間），わい化剤：3回処理，温度管理：無加温（雨よけのみ）

第5表　2月出荷における低温開花性系統の特性比較

品種・系統	発蕾揃い (月/日)	50％収穫日 (月/日)	到花日数 (日)	草丈（cm）		葉数（枚）		90cm切り花重 (g)	小花数（枚）	
				消灯時	収穫時	収穫時	柳葉		舌状花	管状花
神馬	1/27	2/23	59	52	100	51	0.4	76	196	43
新神G1	1/27	2/23	59	54	99	54	0.5	82	214	48
神馬2号K3	1/23	2/18	54	54	97	52	0.2	76	182	65
神馬宮崎系	1/23	2/18	54	53	93	48	0.0	69	169	59
神馬長崎系	1/23	2/18	54	55	96	50	0.0	70	177	54
神馬佐賀系	1/22	2/16	52	56	101	51	0.6	77	203	44
神馬愛知系	1/23	2/17	53	55	97	50	1.0	68	180	55

注　定植日：11月10日（発根苗），消灯日：12月26日，温度管理：定植〜消灯19日目まで最低11℃，消灯19日後〜開花まで最低14℃，再電照：なし，わい化剤：3回処理

以上で管理した結果，到花日数は低温開花性系統が52～54日と，'神馬'より5～7日早かった。なかでも佐賀系統は草丈伸長性が'神馬2号K3'よりも4cm優れ，到花日数も2日早いことから，これまでに試験を行なった系統のなかでもっとも低温期の特性が優れると考えられたが，株によって特性にバラツキがみられた。

いずれにしてもこれまでさまざまな低温開花性系統の特性を調査したが，'神馬2号K3'が切り花重や到花日数の安定性，開花揃いなど総合的に安定していると考えられた。

ただしこれらの系統は前述したように，そのほとんどが'神馬'として出荷・流通している。

執筆　今給黎征郎（鹿児島県農業開発総合センター）

2016年記

第5図　低温開花性系統2月出荷の草姿
左から2号K3，佐賀，愛知，長崎，宮崎

参 考 文 献

今給黎征郎．2002．'神馬'の低温開花性の検討．平成14年度鹿児島県花き試験成績書．106—107．

今給黎征郎．2013．秋輪ギクの優良系統選抜．平成25年度鹿児島県花き試験成績書．5—6．

今給黎征郎．2014．秋輪ギクの系統適応性検定．平成26年度鹿児島県花き試験成績書．19—20．

南公宗・田中昭．'神馬2号'の再電照方法が開花・生育・切り花品質に及ぼす影響．平成19年度鹿児島県花き試験成績書．49—50．

秋ギク新神系品種（半無側枝性，低温開花性）の技術体系

(1) 品種の育成と産地への導入

'新神（あらじん）'は，鹿児島県が'神馬'を改良して育成した半無側枝性品種で，'新神'を，さらにもう一度再改良し，低温開花性を付与し'新神2''立神（りゅうじん）''冬馬（とうま）'が育成されている（第1～5図）。

鹿児島県と日本原子力研究開発機構は共同で，'神馬'の培養葉片にイオンビームという特殊な放射線を照射して突然変異を誘発し，再生個体群から無側枝性のある'新神'を2003年度に育成した。この突然変異育種法はキクで一般的に行なわれる交雑育種法と異なり，親品種と特性はほぼ同じで，一部の特性のみを変異させることが可能である。すなわち'新神'は，'神馬'の枝変わり系統を人工的に大量につくり出したなかから選抜したものといえる。'新神'は2004年度から鹿児島県内に，翌2005年度から全国に許諾を認め栽培が開始された。

しかし'新神'は低温開花性が十分でなかったため，その後の重油高騰により低温期の栽培で暖房コストがかかることが問題となり，普及と同時進行で'新神'に低温開花性を付与する「再改良」に着手した。

'新神'育成と同様の手法で改良および選抜を行ない，2006年度に'新神2'を育成した。このイオンビームを利用した突然変異育種による再改良育種（上野ら，2005）は，手法としても評価されているが，詳細についてはここでは省略する。この品種は'新神'の優れた特性はそのままに，待望の低温開花性が付与され，そのほかにもいくつか優れた形質が加わった有望品種として，2007年度から全国に許諾を認め生産が拡大した。しかし，根にストレスを与えるような栽培環境では，切り花の水が下がりやすい事例があることが指摘され，その後，生産は衰退した。

鹿児島県では，その後も'新神'の再改良を継続し，水揚げ，日持ち面に細心の注意を払いながら選抜を続けた。そして2015年度に，'新神'のボリューム，花の大きさを維持し，'神馬2号'並の低温開花性をもつ'立神''冬馬'を育成した。この2品種はさまざまな条件下で水揚げ，日持ち試験を繰り返し，選抜をクリアした品種である。2品種の特性はやや異なっているが詳細は後述する。

鹿児島県では'神馬'系品種と'新神'系品種の識別を遺伝子レベルで行なうDNA識別を可能にしており（白尾ら，2006），'立神''冬馬'も知的所有権の保護が可能な品種と位置づけている。

2016年度から'立神''冬馬'は鹿児島県内

第1図 新神（あらじん）

第2図 立神（りゅうじん）

第3図 冬馬（とうま）

輪ギク　技術体系と基本技術

第4図　3月開花切り花の草姿
左から神馬2号K3，新神，立神，冬馬
定植：11月9日（直挿し），消灯：1月12日，再電照：なし，わい化剤：3回処理，温度管理：最低13℃，25℃換気

第5図　3月開花：蕾の比較
左上：冬馬，右上：立神，左下：神馬2号，右下：新神

で栽培を開始したが，まだ県内に普及が開始されたばかりであるため，県外への栽培許諾は行なっていない。しかし，今後全国での栽培に向けて，県外の研究機関や出荷団体で試験栽培が開始されている。

(2) 新神の特性と栽培管理のポイント

①おもな特性
基本的に'神馬'の特性を残しながら，おもに次の点が特徴である。
1) 側枝が出にくい半無側枝性である
2) 葉数が多く茎葉にボリュームがある
3) 立葉で草姿（木姿）が良い
4) 花弁数が多く花が大きい
5) 幼若化する温度がやや高く，低温管理では開花遅延しやすい

②育苗技術
半無側性品種であるので，親株での不萌芽による採穂数の減少が問題となる。ビーエー液剤の散布は必要で，鹿児島県では6月から9月までの期間は2,000倍（2週間おき）〜4,000倍（1週間おき）処理を行なう。

③温度管理
12月出荷までの栽培夜温は基本的には'神馬'とほぼ同様でよい。この時期の栽培は栄養生長期間中の低温遭遇はあまりないので，幼若化による開花遅延はほとんど見られない。しかし1月出荷以降の栽培になると，栄養生長期間中の低温遭遇が開花に影響し始め，2月出荷以降の栽培は，無加温の低温遭遇した親株（とくに11月以降の無加温親株）から採穂した穂を使用し，かつ本圃を低温で管理すると開花遅延しやすいので注意が必要である。
'神馬'の幼若化する夜温はおおむね13℃以下，脱幼若化の温度は16℃以上と考えられるが，'新神'はこれらよりも2℃程度高い温度管理が必要である。

④無側枝性の発現技術
'新神'の側枝の発生や消失には生育期間中の高温が大きく影響している。おおむね昼温

30℃，夜温25℃を上まわると側枝が顕著に消失する。側枝の消失は高温遭遇後に展開する5節付近から始まり，高温遭遇後もしばらく持続する。

夜温25℃を下まわる時期には，昼温を高く管理することで無側枝性を発現させることができる。南九州の暖地では10月上旬ころから，冷涼な地域ではそれよりも早い時期から昼温を高温管理できれば，12月出荷でも上位節の側枝を消失させることが可能である。具体的には，消灯までの栄養生長期間に，昼間の2〜4時間を35℃程度を目標にハウスを蒸し込みぎみに管理するとよい。

⑤再電照による品質向上

'新神'は小花数が多く花が大きい品種であるが，露心花が発生しやすいため，その対策が必要である。これについては，再電照と温度管理でかなり改善可能であるが，'神馬'と同じ方法では十分ではない。再電照処理を開始するタイミングが早いと，小花形成が十分に行なわれないうちに再電照が終了してしまうことが露心花発生の一つの原因である。ポイントは，慣行の再電照のあとに再び電照する「再々電照」がよいと思われる。しかし，あまりうらごけしない作型では，再々電照を行なうことによってかえって上位葉が大きくなりすぎて草姿（木姿）を悪くすることがあるので注意が必要である。

⑥扁平花の発生防止

11月出荷は扁平花の発生が多い作型なので注意が必要である。この時期以外の発生は少なく，1月出荷以降についてはほとんど問題はなくなる。扁平花の発生防止には，親株および本圃の栄養生長期間を高温にしないように管理すると効果が高い。

ただし現在種苗供給している'新神'は，茎頂培養由来の選抜系統である'新神G1'となっており，この系統になってから扁平花はほとんど問題になっていない。

⑦優良系統の選抜

'神馬'はそのまま増殖を続けると系統分離しやすい品種で，'新神'もその例外ではない。本県では種苗供給用の系統選抜に力を入れており，'新神G1'を選抜し供給している。この系統は'新神'のなかでも草丈伸長性が良く，さらにボリュームや開花揃いが向上しており，海外から購入可能な種苗もこの系統になっている。

(3) 立神の特性と栽培管理のポイント

①おもな特性

'立神'は，葉はややコンパクトな立葉で，花は'新神'並に花弁数が多くボリュームがある。低温期の到花日数は'神馬2号'より1〜2日おそいが，'新神'並の蕾の大きさで，切り花重も比較的重く，規格外品が出にくいのが特徴である。

まだ栽培事例はそれほど多くないが，これまで11〜5月出荷で大きな問題は見られていない。とくに2〜4月出荷の低温期の作型で優れた特性を発揮する（第1，2表）。

②育苗技術

年内切り花出荷用の親株の管理については，基本的な方法は'神馬'と同じでよいが，梅

第1表 2月出荷における生育・開花特性

品種	50%収穫日 (月/日)	到花日数 (日)	草丈 (cm)		葉数 (枚)	90cm切り花重 (g)	小花数 (枚)	
			消灯時	収穫時			舌状花	管状花
立神	2/18	54	57	96	50	78	190	75
冬馬	2/19	55	61	109	57	74	209	38
神馬2号K3	2/18	54	54	97	52	76	182	65
神馬	2/23	59	52	100	51	76	196	43
新神G1	2/23	59	54	99	54	82	214	48

注 定植日：11月10日（発根苗），消灯日：12月26日，加温温度：定植〜消灯19日目；11℃以上，消灯19日目〜開花；14℃以上，その他：再電照なし，ダミノジッド剤3回処理

第2表　3月出荷における密植栽培での切り花品質

作型	作式	品種・系統	到花日数(日)	草丈(cm)	調査株数(株)	90cm切り花重による階級別割合（％）					M以上	
						2L ≧70g	L ≧60g	M ≧45g	S ≧30g	外 ≧0g	割合(％)	本数/10a(本)
3月上旬出荷	慣行	立神	53	102	77	16.9	11.7	57.1	14.3	0.0	85.7	38,095
		冬馬	51	106	69	29.0	21.7	43.5	5.8	0.0	94.2	41,868
		神馬2号K3	51	104	41	26.8	19.5	39.0	14.6	0.0	85.4	37,940
		新神G1	54	100	36	30.6	25.0	33.3	11.1	0.0	88.9	39,506
	密植	立神	54	101	61	14.8	11.5	29.5	42.6	1.6	55.7	34,681
		冬馬	52	104	73	12.3	26.0	46.6	9.6	5.5	84.9	52,846
		神馬2号K3	52	99	53	15.1	13.2	47.2	24.5	0.0	75.5	46,960
		新神G1	55	102	65	23.1	1.5	32.3	43.1	0.0	56.9	35,419
3月下旬出荷	慣行	立神	51	100	77	31.9	30.9	29.8	4.3	3.2	92.6	41,134
		冬馬	49	104	69	26.0	32.3	36.5	5.2	0.0	94.8	42,129
		神馬2号K3	49	101	41	25.5	35.3	25.5	13.7	0.0	86.3	38,344
		新神G1	56	106	36	62.5	18.8	18.8	0.0	0.0	100.0	44,444
	密植	立神	52	92	61	5.8	11.6	55.1	25.4	2.2	72.5	45,088
		冬馬	50	104	73	11.1	15.9	48.4	23.0	1.6	75.4	46,913
		神馬2号K3	50	100	53	18.0	16.4	37.7	19.7	8.2	72.1	44,881
		新神G1	56	99	65	40.9	13.6	31.8	13.6	0.0	86.4	53,737

注　10a当たり栽植本数：慣行；4万4,444本，密植；6万2,222本，3月上旬出荷：定植日11月9日（直挿し），消灯日1月12日，3月下旬出荷：定植日12月2日（発根苗），消灯日2月2日，温度管理：13℃以上，25℃換気，その他：再電照なし，わい化剤3回処理

雨明け以降はやや腋芽が消失する場合があるので，できるだけ涼しい環境で栽培し，ビーエー液剤を散布すると腋芽の消失を軽減できる（処理法は'新神'に準ずる）。

年明け切り花出荷用の親株に用いる苗は，自家苗では腋芽が消失したものが多くなる時期であるため，当面は海外種苗など，腋芽がついた苗を用いるほうが安全である。

③温度管理

気温が高いと茎が徒長する傾向があるが，11月以降気温が低下するにしたがって茎が太くなり，ボリュームが確保できる。基本的には'神馬2号'の管理に準ずる。まだ栽培事例は少ないが，栄養生長期間を10℃以下の低温管理でやや幼若化するような管理をし，消灯後に18℃で一気に加温して花芽分化させた事例では，開花揃いがきわめて良く，出荷ロスがほとんど出なかった。

④無側枝性の発現技術

夏場に親株の腋芽が消失しやすいことから，無側枝性をもつと考えられるが，12月出荷などでは，腋芽の消失による芽かき作業の省力化はほとんど期待できない。

⑤再電照による品質向上

上位葉肥大と露心花対策を目的に再電照を行なう必要がある。再電照の開始時期は総苞形成後期で，暗期中断4時間電照を12〜1月出荷で5日程度，2〜3月出荷で4日程度行なう。4月出荷以降は再電照は行なわない。

⑥わい化剤処理

ダミノジッド剤（ビーナイン，キクエモン）の1,500倍液を再電照終了時，発蕾時，摘蕾時に80〜100l/10a散布する。

⑦その他

草丈伸長性は'神馬'並であり，消灯後の伸びは作型にもよるが40〜50cm程度であるので，消灯時に草丈65cmは確保できるようにする。

(4) 冬馬の特性と栽培管理のポイント

①おもな特性

'冬馬'は，低温開花性と低温伸長性を兼ね

備えた品種である。葉はやや細長い立ち葉で，花は舌状花弁数が多くボリュームがある。切り前時は蕾がやや緑色を帯びているが，開花が進むにしたがって白くなる。低温期の到花日数は‘神馬2号’と同等で，‘新神’よりも花はやや大きく，切り花重も重い。

もっとも有利な点は低温下で草丈伸長が優れる点である。同じ日に定植すると2～3月出荷で消灯時の草丈が‘神馬2号K3’より5～10cm高い。栄養生長期間を数日短縮するか，もしくは消灯時にわい化剤を散布してボリュームをつける方法が試験的に行なわれている。まだそれほど栽培事例が多いわけではないが，1～4月出荷は大きな問題は見られておらず，とくに2～3月出荷の厳寒期の作型では，伸長性が良く，2L率が高く花も大きいのでもっとも優位性を発揮できる（第1，2表）。

②育苗技術

年内切り花出荷用の親株の管理については，基本的な方法は‘神馬’と同じでよいが，梅雨明け以降は腋芽が消失しやすいので，できるだけ涼しい環境で栽培し，ビーエー液剤を散布すると腋芽の消失を軽減できる（処理法は‘新神’に準ずる）。

年明け切り花出荷用の親株に用いる苗は，自家苗では腋芽が消失したものが多くなる時期であるため，当面は海外種苗など，腋芽がついた苗を用いるほうが安全である。

③温度管理

気温が高いと茎が徒長する傾向があるが，11月以降気温が低下するにしたがって茎が太くなり，ボリュームが確保できる。基本的には‘神馬2号’の管理に準ずる。

④無側枝性の発現技術

夏場に親株の腋芽が消失しやすいことから，‘立神’と同様に無側枝性をもつと考えられるが，12月出荷などでは，腋芽の消失による芽かき作業の省力化はほとんど期待できない。

⑤再電照

再電照は原則として行なわない。その理由は，電照をしなくても花弁数が多く，再電照をして樹勢が強くなると総苞が肥大する傾向があるからである。さらに再電照をしないことで到花日数を3～4日短縮できることもメリットとなる。

⑥わい化剤処理

ダミノジッド剤（ビーナイン，キクエモン）を3回処理する。1回目は消灯時に1,500倍液，2回目は発蕾時に1,000倍，3回目は摘蕾時に1,500倍で，それぞれ80～100l/10a散布する。

再電照を行なわないかわりに，発蕾時のわい化剤を効かせて上位部の草姿を整える必要がある。

⑦作式（栽植様式）

立葉であるため，やや密植の作式でも生育はよく揃い，出荷時の蕾も大きいため出荷ロスはほとんど発生しない。たとえば，物日に量販店向け花束加工用の規格を目指し，LM規格ねらいで栽培することも可能である。試験では慣行4万4,444本/10aに対し，1.4倍の6万2,222本

第3表　冬馬3月出荷における穂冷蔵，苗冷蔵の影響

品　種	冷蔵日数 （穂冷＋苗冷） （日）	50％収穫日 （月／日）	到花日数 （日）	草丈（cm）消灯時	草丈（cm）収穫時	葉数（枚）消灯時	葉数（枚）収穫時	増加葉数 （枚）	柳　葉 （枚）	地上部全重 （g）
冬　馬	5日（0＋5）	3/7	52	49.2	90.9	26.4	49.0	22.6	1.0	96.6
	12日（0＋12）	3/8	53	51.8	96.9	25.4	47.4	22.0	0.8	90.6
	21日（0＋21）	3/10	55	49.8	96.7	26.0	49.6	23.6	0.6	106.4
	50日（29＋21）	3/12	57	52.2	105.8	29.4	53.4	24.0	1.8	97.4
	71日（34＋37）	3/16	61	50.8	97.6	30.0	55.2	25.2	2.0	96.4
神　馬	50日（29＋21）	3/22	67	42.7	110.1	27.1	53.5	26.5	1.1	

注　定植日：12月3日（発根苗），消灯日：1月14日，温度管理：定植～消灯まで11℃以上，消灯～開花まで14℃以上，換気温度25℃，その他：再電照なし，わい化剤3回処理

植えでもM以上の割合が85％確保できた（第2表）。伸長性も優れるため短茎栽培と組み合わせる方法も今後検討する余地がある。

⑧その他

定植時の気温が高いと徒長ぎみに生育し，曲がりが発生しやすい。15cmマス目のフラワーネットを使用する場合，1本植えでは曲がりやすく，2本植えることで曲がりを軽減できる。

また，穂冷蔵，苗冷蔵を過度に長く（合計50日以上）行なった場合，幼若化し，とくに低温管理で栽培すると樹勢が強まり，開花が遅れた事例があるので注意する。穂冷蔵3週間程度ではほとんど影響は見られない（第3表）。

執筆　今給黎征郎（鹿児島県農業開発総合センター）

2016年記

参 考 文 献

今給黎征郎．2015．秋輪ギク新品種の作式の検討．平成27年度鹿児島県花き試験成績書．25—26．

白尾吏・上野敬一郎・松山和樹・市田裕之・阿部知子．2006．イオンビーム育種により育成した「新神」のレトロトランスポゾン配列を利用した品種同定．育種学研究．8（別2），90．

上野敬一郎・白尾吏・永吉実孝・長谷純宏・田中淳．2005．Additional Improvement of Chrysanthemum using Ion Beam Re-irradiation．TIARA Annual Report 2004．60—62．

輪ギク
生産者事例

北海道上川郡当麻町　桑原　敏

〈輪ギク〉7～9月出荷

ハウスの有効利活用による出荷期間の拡大

―作型分散化で効率的な労働と雇用減，土壌環境の改善―

1. 経営と技術の特徴

(1) 産地の概要

①地域の気象条件と経営形態

当麻町は北海道のほぼ中央部に位置し，旭川市の北東部に隣接している。

気候は内陸性で，年平均気温は6.0℃，8月の平均最高気温26.3℃，平均最低気温15.9℃と夏季は高温となり昼夜間差が大きい。また，冬季は－10℃を下まわる日も多く（2月の平均最低気温－13.9℃），積雪量も多い。年間降水量は1,015mm，年間日照時間は1,547時間である。

このような気象条件のもと，水稲を基幹とし，水稲専業経営，および野菜，花卉を取り入れた複合経営が主体となっている。

②花卉産地としての経緯

当麻町の花卉栽培の歴史は古く，始まりは1949年に遡る。現在の主要品目であるキクは1951年から栽培が始まった。その後も高収益作物として花卉栽培者が増加し，1961年に「当麻町花き生産組合」が設立され，現在に至っている。当麻町は，道内でも古くから花卉栽培に取り組んできた産地として位置づけされている。

1971年には種苗費の低コスト化と苗品質の均一化のため，共同育苗施設によるキクの育苗が始まり，苗供給量は最高で100万本を達成するまでとなった。また，1982年から一元集荷による共販体制とし，出荷規格の統一化がはかられた。

■経営の概要

経営　花卉0.52ha（実面積0.29ha），水稲9.68ha，ソバ0.22ha，その他0.12ha，計10.54ha

気象　年平均気温6.0℃，最高気温（8月平均）26.3℃，最低気温（2月平均）－13.9℃　年間降水量1,015mm，年間日照時間1,547時間

土壌・用土　上層：褐色森林土，下層：低位泥炭土

圃場・施設　パイプハウス330m²（2棟），264m²（1棟），248m²（3棟），231m²（2棟），198m²（3棟），172m²（1棟），計2,896m²　温風加温機7機，電照設備・シェード資材12棟分

品目・作型　4月上旬定植，7，8月切り：4棟（908m²），4月下旬定植，8月切り：1棟（172m²），5月上旬定植，8月切り：3棟（693m²），5月下旬定植，9月切り：4棟（1,122m²）

苗の調達法　農協共同育苗苗を使用

労力　家族（本人，妻）2人，臨時雇用4名（96時間）

一方，消費地の洋花志向に伴い，シュッコンカスミソウ，スターチス類，カーネーションなど，キク以外の品目も導入された。

1994年は真空予冷施設，2005年には選花システムが導入され，キクの完全共選体制が確立された（第1図）。

現在，キク659a，バラ126a，カーネーション59a，その他草花類62aが栽培されている（第2図）。また，上川管内近隣の町も参入し，広

輪ギク　生産者事例

第1図　キクの共選風景

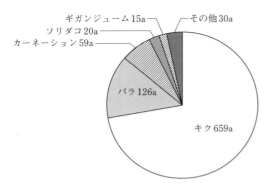

第2図　当麻町花き生産組合の品目別作付け面積（2015年）

域的な花卉産地としてロットの確保と良品質花卉生産に努めている。

③組織体制と出荷規格

生産組合では部会の合理化がはかられ，「菊部会」と，バラ，カーネーション，草花をまとめた「洋花部会」の2つの組織が活動を行なっている。

キクの出荷規格は第1表のとおりであるが，ボリュームも重点においた重量格付けが実施されている。

キク以外の品目も全量JA当麻（以下農協）に一元集荷され，厳密に格付けされた切り花は「大雪の花」ブランドとして出荷されている。

④切り花品質維持への取組み

キクは苗の供給実績にもとづき，農協が生産組合と協議のもとで出荷計画を立てている。出荷は盆，彼岸の需要期が中心で，低温トラック，航空機を輸送手段とし，おもに札幌をはじめとする道内や関西方面に出荷される（第3図）。

また，真空予冷施設の活用により，従来の鮮度保持技術に加え，日持ち性が向上し，市場評価が高まっている。

(2) 産地の技術的課題

連作障害の回避　当地ではキク作付けの経年化により，いや地現象や土壌塩基類（有効態リン酸，カリ，苦土，石灰）の過剰蓄積が目立っている。また，適正なpHでない場合も多く，生理障害発生の一因となっている。

昨今では，土壌病害，ネグサレセンチュウによる被害も散見され，定期的な土壌消毒が必要となっている（第4図）。

今後も輪作を基本にしながら，土壌診断に基づく適正な施肥管理，有機物投入による土つくりを実施していかなければならない。

病害虫対策　病害虫の被害回避として施設まわりの環境整備および薬剤防除を中心に行なっているが，アブラムシ類，アザミウマ類，ハダニ類の薬剤抵抗性個体の出現による防除効果の低下が問題となっている。また，生育後半では，薬剤防除の労働時間が増加するなど負担が大きい。

農業者の高齢化に伴い，病害虫の発見が遅れたり，薬剤防除が的確に行なわれないケースも多く見受けられる。

シェード栽培の場合，通気性の悪化により灰色かび病の発生が多く，市場からのクレームの原因となっている。

農協，指導機関は，病害虫発生状況とその対策における情報の共有化をはかり，対象農業者に対し的確な支援を実施することが必要である。

品質の高位平準化　農業者個々の土壌条件や肥培管理の相違から切り花品質の差が見受けられる。北海道のキクの責任産地として，組織ぐるみのレベルアップをはかる必要がある（第5図）。

水稲育苗後地利用での問題　所得向上のため，水稲育苗後地での栽培が増加しているなか，水稲播種時の育苗箱施用剤（いもち病薬剤）と思われる薬害が発生している（第6図）。水

第1表　輪ギクの出荷規格

品　種	等　級	規　格	草　丈	首長(花首)	入　数	重量(1本)	重量(箱)
精の一世	秀	2L	85cm	5cm	80	95～80g	8.6～7.4kg
		2L			100	80～65g	9.0～7.5kg
		L			100	55g	6.5kg
		M			200	45g	10.5kg
		S			200	35g	8.5kg
	優	2L			80	95～80g	8.6～7.4kg
		2L			100	80～65g	9.0～7.5kg
		L			100	55g	6.5kg
		M			200	45g	10.5kg
		S			200	35g	8.5kg
	A	2L		7cm	150	95～80g	15.75～13.5kg
		2L			150	80～65g	13.5～11.25kg
		L			200	55g	12.5kg
		M			200	45g	10.5kg
		S			200	35g	8.5kg
岩の白扇	秀	2L	85cm	5cm	80	95～85g	8.6～7.8kg
		2L			100	80～69g	9.0～7.9kg
		L			100	55g	6.5kg
		M			200	45g	10.5kg
		S			200	35g	8.5kg
	優	2L			80	95～85g	8.6～7.8kg
		2L			100	80～69g	9.0～7.9kg
		L			100	55g	6.5kg
		M			200	45g	10.5kg
		S			200	35g	8.5kg
	A	2L		7cm	150	95～85g	15.75～14.25kg
		2L			150	80～69g	13.5～11.85kg
		L			200	55g	12.5kg
		M			200	45g	10.5kg
		S			200	35g	8.5kg

注　秀品：茎の曲がりがなく，花・茎・葉のバランスがとくに良く，品種本来の特性を備え，花型・花色ともにきわめて良好なもの。病害虫，日焼け，薬害，すり傷などが認められないもの
　　優品：茎の曲がりがなく，花・茎・葉のバランスがとくに良く，品種本来の特性を備え，花型・花色ともに良好なもの。病害虫，日焼け，薬害，すり傷などがほとんど認められないもの
　　A品：茎に曲がりがある，若干首長である，花型・花色ともに優品に次ぐもの。病害虫，日焼け，薬害，すり傷などが多少認められるもの

稲育苗後地にキクを作付けする場合，いもち病薬剤を原則として使用しないことを徹底する必要がある。

また，生育後半に低pHによるマンガン過剰障害が散見されるため，土壌pHの改善が急務となっている（第7図）。

輪ギク　生産者事例

第3図　出荷前の荷姿

(3) 桑原さんの経営の特徴

経営概況　桑原さんは1975年から水稲＋花卉（キク）の複合経営を行なっており，地域の標準的な経営規模である。

キク（0.52ha）は輪ギクの'精の一世'を中心に作付けしており，2015年は約8万本の出荷実績となっている（第2表）。

'精の一世'は電照シェード栽培で8月上中旬，9月中下旬の出荷を目標に作型の分散化を図ることによって，効率的な労働作業が可能となり，雇用を極力抑えた経営となって

第4図　専用機械による土壌消毒作業

第6図　薬害により葉に萎縮症状を呈した株（品種：精の一世）

第5図　関係機関連携による現地研修会

第7図　マンガン過剰障害が発生した葉

いる。

土壌条件に応じた施肥量による品質低下の防止 施肥量は土壌診断に基づいた施用を実施している。桑原さんの圃場は下層土に泥炭層があるため，地域標準の窒素施用量では樹勢が強くなり品質を落としかねない。そこで，標準窒素施用量を15％低減させ，品質低下の防止に努めている（第3表）。

部会組織としての活動 2006～2012年まで当麻町花き生産組合菊部会長を努め，品質向上のための新技術の導入，新規導入農業者に対する技術支援を行なうなど部会活動を積極的に行なってきた。また，「大雪の花」のブランド化のため，共選の導入，土つくりの実践，栽培技術の高位平準化について推進，支援を行なってきた。

主要品種を'岩の白扇'から芽なし品種'精の一世'へ切り替えたことで，管理作業の労働時間を減少させ，雇用による経営費の縮減とキクの作付け振興に努めた。

土壌環境改善の取組み 施肥量の低減を行なうなど環境を考慮した施肥体系を組んでいるほか，圃場の土つくりを意識し，ヤシがらなどの粗大有機物の投入（第8図）や稲わらの収集・堆積による自家堆肥を生産し，圃場への還元を行なっている。

ハウスの有効利活用による所得向上の取組み
水稲育苗ハウスを利用し，田植え終了後の5月下旬に定植を開始，9月中下旬に採花する作型を導入し，出荷期間の延長と所得の拡大を図っている（第9図）。

水稲育苗ハウスは一般的にpHが低く，キクの栽培には適さない場合があるため，翌春の水稲育苗に影響の出ない程度までpHを調整し，歩留り向上に努めている。

第2表 桑原さんの品種別出荷数量（単位：本，2015年）

品 種	7月	8月	9月	10月	計
精の一世		49,982	33,322		83,304
精の枕		560			560
計	0	50,542	33,322	0	83,864

第8図 通路に敷かれた粗大有機物（ヤシがら）
栽培終了後にすき込まれる

第3表 施肥の実態

	区 分	肥料名	成 分	施肥量 (kg/10a)	N	P_2O_5	K_2O	MgO	備 考
地域標準例	基肥	銀河1号	8—8—8	100	8	8	8		有機複合，有機態窒素2％
		明星2号	6—8—0—1	160	9.6	12.8		1.6	有機複合，有機態窒素2％
		リンマグ	0—17—0—3.5	60		10.2		2.1	
			計		17.6	28.8	8	3.7	
	追肥[1]	液体ジャンプ	6—1—3	20	1.2	0.2	0.6		着蕾期以降2回
			合計		18.8	29.0	8.6	3.7	
桑原さん (8月切り)	基肥	敷島特8号	8—8—8—2	200	16.0	16.0	16.0	4.0	有機複合，有機態窒素1％
		グリーンセットⅡ	0—17—0—3.5	60		10.2	0	2.1	
		ヒューライム		200					土壌改良資材
			計		16.0	26.2	16.0	6.1	

注 1）追肥は生育状況に応じて行なう

輪ギク　生産者事例

第9図　水稲育苗ハウス後地の栽培

第11図　トンネルと温風ダクト（ベッド中央）による保温管理

第10図　出荷前の苗の状態

第12図　電照を開始した圃場

2. 栽培体系と栽培管理の基本

(1) 育苗

基本的には農協共同育苗施設の育苗苗を使用している（第10図）。

苗は育苗施設で挿し芽し、約15日間養成し発根したもので、草丈6〜7cm、展開葉4〜5枚で生産者へ供給される。

(2) 温度管理

キクの定植は3月下旬から始まるが、この時期の平年最低気温は－5.9℃まで下がり、活着に十分な温度が確保できない。このため、ハウスは二重張りでトンネルを施し、最低夜温10℃を目標として、保温・加温を実施する（第11図）。

活着後はステージ別の最低夜温を確保しながら、保温を中心とした管理に心がける。また、4月に入ると日中ハウス内は高温となるので、十分な換気を行なう。

花芽分化期の最低夜温は、'精の一世'は16℃以上、'岩の白扇'は18℃以上を確保する。

(3) 日長管理

'精の一世'は電照＋シェード、'岩の白扇'は電照のみの日長管理を行なっている。

電照による管理は、'精の一世'は21〜2時の5時間、'岩の白扇'は22時〜2時の4時間暗期中断（深夜電照）とし、定植して摘心後から開始している。また、摘心から消灯まで50日とし、消灯時の草丈は作型にもよるが55〜60cmを目安としている。電照は20W電照用電球を約10m²に1灯、高さ1.8mに設置している（第12図）。

'精の一世'では、シェードによる短日処理

第4表　輪ギクの施肥標準（北海道，単位：kg/10a）

作　型	目標収量(10a)	基肥			分施		
		N	P₂O₅	K₂O	N	K₂O	時期・回数
夏秋ギク・秋ギク7～10月切り	35,000本	10	20	15	10	10	花芽分化後1回

注　「北海道施肥ガイド2015」より引用

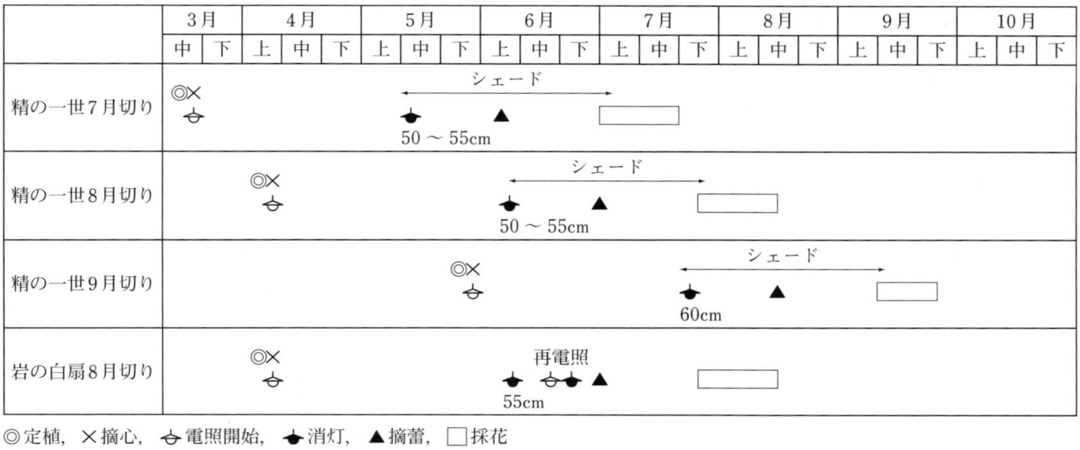

第13図　主要品種のおもな作型

◎定植，×摘心，⊖電照開始，●消灯，▲摘蕾，□採花

は，消灯後より18時から翌朝6時までの12時間日長とし，被覆資材は0.1mmのシルバーシートを使用している。また，夜間の開放は行なわないため，裾を10～15cm程度開放するなど通気性確保に努める。

'岩の白扇'では，花弁数の増加とうらごけ防止のため，再電照を行なう。8月切り作型では，消灯12日後3日間，秋切り作型では，消灯8日後7日間，暗期中断で22～2時の4時間程度実施する。

(4) 栽培環境の整備

土壌水分　定植直後は手灌水を実施し，以降灌水ムラのないよう注意する。とくに初期生育時の土壌水分の過不足は生育差を招きやすい。それによる正品歩留りの低下や収穫遅延が生じる。

施肥　基肥を中心とした施肥体系で，分施は生育状況により加減するが，施用時期は花芽分化後とする（第4表）。'精の一世'では，基肥は同じで，分施は定植後30日ころから花芽分化期ころまでに2回に分けて施用することで品質向上が期待される（「輪ギク『精の一世』の秋季出荷安定栽培法」平成26年普及奨励ならびに指導参考事項，北海道農政部）。

病害虫防除　低温期には白さび病の発生が懸念されるため，硫黄くん蒸器を使用する。シェードによる通気性低下により灰色かび病の発生が懸念されるため，消灯後は定期的に薬剤防除を実施する。

また，ハウスまわりの雑草を駆除し，アザミウマ類，ハダニ類などの害虫の侵入を防ぐ。

3．栽培管理の実際

ここでは'精の一世'の栽培管理について記す。

(1) 作　型

地域では，'精の一世'の無加温7～9月切りが中心となる作型（第13図）であり，2015年実績では輪ギクのうち'精の一世'が73％のシェアとなっている。

以前の主要品種であった'岩の白扇'は側枝の発生が多く，芽かき作業に多くの労力を要すること，また，農業者間で品質の差が出やすいなどから，2008年から無側枝性品種'精の一世'の栽培を開始した。

(2) 定植準備

土壌改良資材や堆肥は前年秋に施用し，施肥は定植の1週間前までに有機化成を中心に施用する（第3表参照）。

無加温7，8月切り作型では，地温を15℃以上に確保する。9月切りの作型では，定植後，高温によるしおれが生じるため，あらかじめ遮光資材を準備しておく。また，水稲育苗後地の栽培では，低pHによるマンガン過剰障害回避のため，pHを5.0〜5.5に調整しておく。

床幅60cm，通路60cmで15cm×4目のフラワーネットを使用し，1目2株の2条植えとする（栽植密度：20株/m²）。

(3) 定植後の管理

摘心までは活着，初期生育を促すために，手灌水による灌水は十分に行ない，生育を揃えるよう努める。

活着後，摘心を行ない電照管理に入る。同時に，ベンジルアミノプリン液剤を2,000倍で散布し，腋芽発生を促進する（第14図）。

温度管理は，定植時から日中25℃，最低夜温10〜12℃を確保する。夜間も最低気温が12℃以上あれば，ハウス内の湿度を上げないよう換気に努め，白さび病を発生させないよう注意する。

以上のように栄養生長期間は，目的の日数で十分な草丈を確保するために，温度管理に細心の注意をはらう（第15図）。

(4) 消灯直前〜消灯後

消灯5日前から最低夜温を徐々に17〜18℃に上げるとともに，土壌水分をやや控えめにする。消灯後は1週間程度灌水はひかえる。ただし極端な灌水制限は花径を小さくするので注意する。

消灯と同時にシェード管理を行なう。18時〜翌朝6時までの12時間日長とする。生殖生長開始時に追肥を行なうと花芽形成を阻害するため，消灯後12日間は追肥は行なわない。着蕾確認後，生育状況に応じて追肥2kg/10aを1〜2回施用する。

側枝整理，摘蕾は早めに行ない，実施後は灰

第14図　摘心直後（上）と脇芽から発生した状況

第15図　定植直後の状況
遮光資材によりしおれを防止する

色かび病の防除を実施する。また，通気性を促すために循環扇を使用する。

花首伸長抑制のため，発蕾確認後，ダミノジット水溶剤を1,500〜2,000倍で7〜10日間隔で2回散布する。このとき，重複散布や高濃度散布にならないよう注意する。

(5) 収　穫

採花時間帯は，品温が上昇しないようハウス上部のみシェードを下ろし，夏季で午前5〜10時ころ，秋季で午前6〜9時ころである。

切り前は，夏季ではやや硬めとし，秋季は外花弁が2〜3列直立になったときとしている場合が多い（第16図）。

4. 今後の課題

農業者の高齢化に伴い花卉作付け面積の減少が懸念されるなか，産地を守るためには「低コスト生産」「労働力の確保」が重要な課題となっている。そのため，町・農協は新規作付け者に対する助成やヘルパー制度の確立など最大限の支援を行なってきた。

今後，新規品目の導入によるアイテムの増

ハウスの有効利活用による出荷期間の拡大

第16図　精の一世の切り前

加，意欲ある担い手への育成・支援，広域産地の拡張化といった，「産地を守る」という概念から「新たな産地」へ展開することが重要と考える。

《住所など》北海道上川郡当麻町中央6区
　　　　　桑原　敏（60歳）
執筆　羽賀安春（北海道上川総合振興局上川農業
　　改良センター）
2016年記

秋田県横手市　羽川　與助

〈輪ギク〉11～12月出荷

EOD変温管理による省エネ高品質生産

―きめ細かい管理と新技術の積極的導入により経営安定―

1. 経営と技術の特徴

(1) 産地（地域）の状況

　秋田県横手地域は県南東部の内陸に位置する穀倉地帯である。気候は年平均気温10～11℃の内陸性気候で，冬は豪雪地帯（第1図）だが，春から秋にかけては比較的温暖で日照量も多く，気温の日較差が大きい地域である（第2図）。

　雄物川流域に肥沃な土壌が広がっているため，これを生かした水田で複合農業が行なわれている。2013年度の花卉販売額は5億5,000万円と本県で最大の花卉産地である。品目はキク，トルコギキョウ，ユリ，シンビジウムなどと多岐にわたる。近年の原油価格の不安定化の影響で，冬期はキクから比較的低温管理が可能なキンギョソウやカンパニュラ，ラナンキュラスへの移行が増えている。

　キク生産は水田地域の露地栽培が中心ではあるが，パイプハウスによる施設栽培により，出荷は5月から1月まで行なわれている。羽川さんが所属するJA秋田ふるさとのキク部会は活動が盛んで，種苗メーカーとロイヤリティー契約を結び，新品種の導入が積極的に行なわれている。露地ギク栽培では，基盤整備の30a区画水田を利用していることが多く，機械化への意識が高い。露地電照の導入も進み（第3図），盆や秋彼岸向けの需要期集中出荷技術の確立に取り組んでいる。近年は，短茎ギクへの取組み

■経営の概要

経営　水稲とキク，ダリアの複合経営
気象　年平均気温10.9℃，8月の最高気温の平均30.0℃，1月または2月の最低気温の平均－4.7℃，年間降水量1,325mm
土壌・用土　黒泥土，作土深60cm
圃場・施設　水稲：1.6ha，花卉：露地115a，施設27.4a（パイプハウス6棟）
品目・栽培型　キク：露地（5～6月定植，8～10月出荷）115a，施設（3月定植，6月出荷）2棟，施設（7～8月定植，11～12月出荷）2棟
　ダリア：施設（8月定植，10～5月出荷）2棟
苗の調達法　自家苗と輸入苗の組合わせ
労力　本人，妻，子，常時雇用1名

第1図　豪雪に埋もれる羽川さんのハウス

も始めており，「エコマム」として市場と取引が行なわれている。

　後継者対策や新規参入者への取組みとして，就農後は部会内の篤農家がマンツーマン指導を行なう「ブラザー制度」を導入し，フォロー体

輪ギク　生産者事例

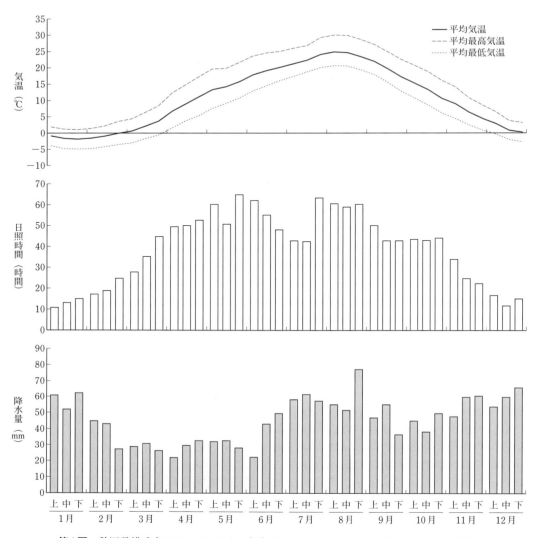

第2図　秋田県横手市のアメダスによる気象データ（データは1981～2010年の30年の平均）

第3図　夏秋期の輪ギクの露地電照

制が整えられているため，地域では20～30代の生産者も年々増加している。

(2) 経営の特徴

羽川さんは1969年に就農し，フリージア，ストック，オリエンタルユリ，デルフィニウムなど全県に先駆けてさまざまな花卉に取り組んだ。1974年にキク栽培を始め，現在までキクを主体とした経営を続けている。1976年には地域の仲間と「花き出荷グループ」（現「JA秋

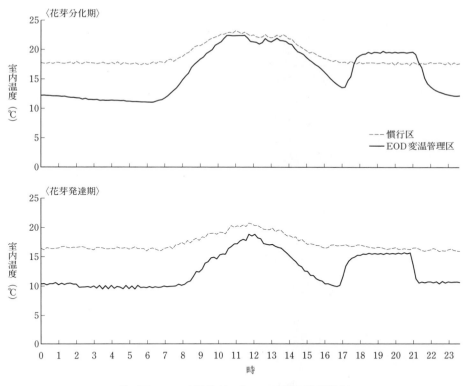

第4図　EOD変温管理による24時間の管理温度
2013年に羽川さんのハウスで行なった実証試験期間中の時間別平均温度を示している

田ふるさと花卉総合部会」）を結成し，地域の花卉の品質向上，安定生産，後継者育成のために活動している。1988年のオランダ研修を経てさらに視野を広げ，花卉の知識と最新技術の取得に至っている。2007年からは県内で先駆けて施設によるダリア栽培を始め，現在はキクとダリアを組み合わせた周年栽培に取り組んでいる。

　県内外の生産者や業者，市場関係者と交流があり，情報交換を積極的に行ない，需要動向や有望な新資材をいち早く経営に取り入れている。花卉栽培全般の栽培技術の知識が豊富で，ダリア栽培については県からアドバイザーを委嘱されている。県内花卉生産者からの信頼は厚く，地域のみならず全県のリーダーとして花卉の生産振興に尽力している。近年は海外への流通にも目を向けて，情報収集や情報交換を行なっている。

(3) 技術の特徴

　栽培は，今まで取り組んださまざまな花卉栽培から得た知識と経験に基づき，生理・生態を踏まえたうえでの効率的な管理を行ないつつ，積極的に新技術の導入を進めている。導入した技術に対しては効果や問題点を検討し，県内への情報発信も行なっている。一例としては，県内でいち早く炭酸ガス施用装置やハロゲンランプ，LEDランプを導入しており，現在も品目や作型に合わせて利用している。

　2013年には秋田県農業試験場と共同で省エネルギー栽培技術確立のため，12月出荷作型で'神馬'のEOD変温管理技術の現地実証試験を行なった。EOD変温管理技術は，日没後（End-of-Day；EOD）に短時間だけ適温まで加温し，それ以外の時間帯は低温障害の起こらない程度の温度で管理しても，適温で一定管理

輪ギク　生産者事例

第5図　消灯時のEOD変温管理による生育比較
左：EOD変温管理区，右：慣行区
EOD変温管理を行なっても慣行と同等の生育
2013年に羽川さんのハウスで行なった実証試験結果から

第6図　EOD変温管理による切り花比較
左：慣行，右：EOD変温管理
EOD変温管理を行なっても慣行と同等の切り花品質
2013年秋田県農業試験場試験結果から

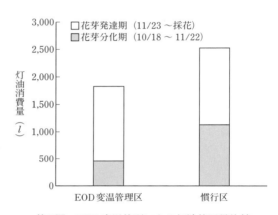

第7図　EOD変温管理による灯油使用量比較
2013年羽川さんのハウスで行なった実証試験結果から

した場合と同等以上の生育が得られる現象である。実証試験の結果，慣行と同等の品質を確保しつつ，暖房用灯油消費量は34％削減されたことから，省エネルギー効果を確認した（第4～7図）。

これをきっかけに現在も加温が必要となる期間はEOD変温管理技術を用い，効率的な生産を行なっている。

（4）栽培の課題

圃場の地下水位が高いため，灌水にはとくに気をつかい，生育を見ながら回数や量を調整している。しかし，大雨時には浸水しやすいため排水対策が，低温期間の施設が閉め切りになる時期には湿気が高くなりやすいため換気対策が課題である。

また，秋田県では11月以降は日照時間が極端に短くなるため（第2図），効果的な補光方法や日照不足をフォローする管理方法を模索している。

2．栽培体系と栽培管理の基本

（1）生長，開花調節技術

輪ギク'神馬'の12月出荷作型（第8図）は7月末に挿し芽し，8月中旬に定植，その後活着したことを見きわめ，約10日後に摘心を行ない，9月中旬には2本に整枝を行なう。定植以降は，21時から1時まで電球型蛍光ランプを用いて電照を行なうことで開花を抑制し，10

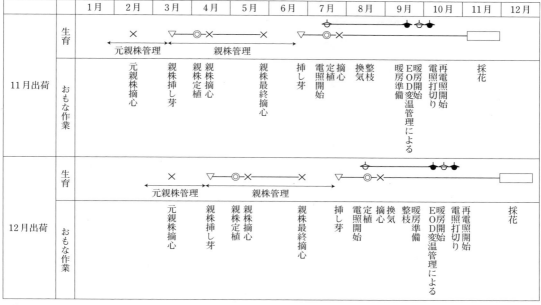

×摘心，▽挿し芽，◎定植，○電照開始，●電照打切り，□採花

第8図　11, 12月出荷輪ギクの栽培型と作業

月中旬に消灯する。消灯後の11月以降は本県では日照時間が極端に短くなってくるため，消灯10日後から7日間は必ず再電照を行なうことで，小花数の確保と上位葉の小型化の抑制をはかり，高品質生産を心がけている。

栽培温度は定植直後から25℃換気を心がけている。品種によっては最低気温が10℃を切ると休眠に入り，高所ロゼットになる。羽川さんの住む横手市では，10月上旬には最低気温が10℃以下になる日があるため，9月下旬からは暖房機稼働のための準備を始め，10℃加温設定にするようにしている。

EOD変温管理は消灯数日前から開始している。慣行の温度管理は消灯から出蕾までは17℃一定加温を行なっているが，EOD変温管理では前述の県との共同試験結果を参考に，日没後から4時間は20℃に加温し，それ以外の時間は10℃加温を行なっている。品質面では，日没後以外の時間帯は10℃加温でも問題はないが開花遅延が大きい。そのため，県の農試により追加試験が行なわれ，日没後以外の時間帯を12℃加温にすることで開花遅延が5日以内となることが明らかになっている。出蕾から採花までは，日没後から4時間は17℃に加温し，それ以外の時間帯は10℃加温を行なっている。

以上のEOD変温管理を行なうことで，2013年度に実証試験を行なったさいは，品質は慣行と同様に秀2Lで出荷し，EOD変温管理により暖房用灯油消費量は34％削減できた。

EOD変温管理を行なうには変温コントローラーが必要である。羽川さんは所有の暖房機に「4段サーモ」（ネポン株式会社）を導入している。変温コントローラー（第9図）は，ほとんどの暖房機へ取付けが可能であるうえ，比較的安価で購入できる。

(2) 品種の特性とその活用

11〜12月出荷作型に用いている現在の主品種は'精興光世''山陽黄金''精興栄山''神馬'である。

JA秋田ふるさとのきく部会では，イノチオ精興園（株）とロイヤリティー契約を結んでい

輪ギク　生産者事例

第9図　変温コントローラー

るため，初期投資が小さい当社の品種が中心である。羽川さんは，新品種の導入に対して積極的で，地域の気候，自らの圃場や作型にあった品種を常に探索している。暖房経費削減のために，11〜12月出荷用の品種は低温開花性も選定の重要な因子である。EOD変温管理においても品種によっては開花遅延がおこるため，その影響を受けにくい低温開花性品種の導入が効率的である。

(3) 環境管理と養水分管理のポイント

EOD変温管理においては，日没後を適温に保つことが重要であることから，好天時には早めに施設を閉め保温することでより省エネルギーにつながる。

また，加温時間を確実に確保する必要があることから，温度がより早く均一になるように循環扇を設置している。EOD変温管理は，EOD加温時とそれ以外の加温時の温度差が慣行栽培より大きくなることから湿度が高くなりやすい特徴がある。そのため，循環扇の設置は病害対策としても有効は手段である。

3. 栽培管理の実際

(1) 種苗，育苗

羽川さんは盆や秋彼岸出荷作型の育苗では200穴のセルトレイを用いているが，育苗時期が7〜8月の高温期にあたる冬期出荷作型では，

第10図　高温期の育苗状況
セルトレイをコンテナの上に並べて通気をよくする

病害対策として栽植密度が小さい128穴のセルトレイを用いた自家育苗をしている。育苗土には市販のキク挿し芽用培土にくん炭を混用している。

育苗は，より涼しい環境づくりを心がけている。育苗はミニパイプハウス内で行なっているが，寒冷紗を張ったうえ，ハウスの前後の被覆を外すことで，換気を向上させている。さらに，セルトレイはコンテナを並べた上に置くことで，セルトレイの下も風が通るようにしている（第10図）。挿し芽後は，状況を見て殺菌剤を散布し，病害対策を徹底している。

また，定植後の活着をよくするために，老化苗にならないように適期定植を心がけている。

(2) 土つくりと施肥

有機質肥料，堆肥やケイントップ（サトウキビの穂先）を積極的に導入し，連作障害の起こりにくい環境をつくっている。数年おきに石灰窒素も散布することで土つくりに励んでいる。

施肥は，原則，基肥として窒素：リン酸：カリを各12kg/10aの割合になるように行なっているが，残存成分を考慮し，施肥量は前作の品目や生育を見て調整している。肥料がなじむように，定植の1週間前には圃場づくりを終える

第11図 定植前の圃場

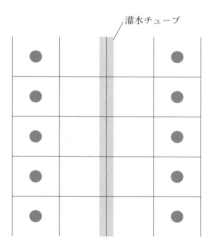

第12図 栽植方法と灌水チューブの位置
施設では10cm×10cmのフラワーネットを利用。中2条抜きの2条植え

ようにしている（第11図）。

(3) 定 植

定植は10cm目×4目のフラワーネットに中2条抜きの2条植えで行なう（第12図）。作業は早朝の気温の上がらないうちに行ない，定植後の灌水は1うねごとにしっかり行なうことで，初期のしおれを防ぎ，活着の促進をはかっている。

摘心は，活着したころを見はからい，定植から10～14日後に行ない，その後2本に整枝している。

側枝の除去や摘蕾は適時に行なうようにして，極力跡を小さくすることで，高品質生産を心がけている。

(4) 水管理・温度管理

水管理は，各うねの中心に灌水チューブを入れ，手がけと併用して，定植後から整枝までの1か月間は乾燥しないように心がけている。一方，消灯以降は極力灌水を減らし，間のびさせない管理をしている。

温度管理はすでに述べたとおりである。厳冬期は内張カーテンを2重に設置し，保温に努め，省エネルギーを心がけている（第13図）。

(5) 採花と鮮度保持

採花は涼しい時間帯に行なう。葉が濡れている場合は葉傷みするため，乾かしてからの荷詰めを心がけている。

調製作業は，選花機で90cmに切断し，下葉

第13図 EOD変温管理による採花期の状況
品種：山陽黄金

を20cm除去し，重量選別を行なっている。

出荷は，規格ごとに100本入りの出荷用段ボールへ詰め，JA秋田ふるさとを通し東京をはじめとした関東地方を中心に出荷している。

(6) 今後の課題

原油価格は，変わらず不安定であることに加え，輪ギク需要の低下，単価安とキクを取り巻く状況は厳しい。そこで，冬期出荷においては，低温開花性品種の選抜や品種に合わせた栽植密度の検討などにも取り組み，よりいっそうの効率化をはかる必要がある。

輪ギク　生産者事例

　近年導入したダリアはキクよりも開花適温が低いため，省エネ管理が可能だが，より効率化をはかりたいと考えている。そこで，品質や収量を落とさないためダリアでもEOD変温管理方法も検討し始めている。

　一方，圃場管理の履歴は表計算ソフトに入力し，スマートフォンでも確認できるように同期化し，生産のIT化を進めている。それにより家族内の情報の共有をはかり，さらなる作業の効率化を目指している。また，SNSを用いたPRも積極的に行なうことで，人脈づくりを進め，情報収集や販路の拡大をはかっている。このようにして集めた情報から，より需要にあった栽培，販売方法についても提案し，検討していくことを考えている。

《住所など》秋田県横手市十文字町谷地新田中村112
　　　　　羽川與助（68歳）
　　　　　TEL. 0182-44-3611
　執筆　山形敦子（秋田県農業試験場）
　　　　　　　　　　　　　　　　2015年記

長野県南佐久郡佐久穂町　大工原　隆実

〈輪ギク〉7〜9月出荷

量販向けの輪ギク生産で大規模経営を目指す

大工原さん親子（右が隆実さん）

1. 地域の状況と産地形成

(1) 産地の状況

　佐久地域は長野県の東に位置し，耕地は標高500〜1,300mに広がり，高原地帯はレタス，ハクサイなどの全国屈指の葉洋菜産地である。花は高冷地の特性を生かし，色づきと日持ちの良いことが定評で，夏秋の産地として，キク，カーネーション，シンテッポウユリ，トルコギキョウなどが昔から栽培されてきた。
　2014年度の佐久地域の花卉栽培面積は134haである（県推計）。このうちキク（小ギク，スプレーギクを含む）は78haで，7月の関東盆，8月盆および秋の彼岸を中心に約2000万本が全国各地へ出荷されている。栽培されているキクは，色ギク・色物と呼ばれる黄色と赤色が主体で，全出荷量の8〜9割を占める。当地域のキク栽培の施設化率は10.6％（2015年度県佐久地方事務所調べ）と低く，露地栽培が全体の9割近くを占める。大工原さんがキク専業経営を営む佐久穂町は，キクやカーネーション生産の草分け的地域であり，現在でも"花のまち"として，町をあげて花卉生産の振興に力を入れている。

(2) 量販ギク生産に向けた取組み

　量販ギクとは，市場と事前に協議しておもに量販店向けに出荷する輪ギクのことである。従来規格だと最高等階級は長さが90cmだが，量

■経営の概要

経営　キク切り花専業
気象　年平均気温10.6℃，最高気温平均16.9℃，最低気温平均5.2℃，年間降水量960.9mm，年間日照時間2,060時間（佐久市アメダス値）
標高　800m
土壌　表層腐植質多湿黒ボク土
圃場・施設　地目：水田，ビニールハウス（育苗用）607m²
機械装備　ブームスプレーヤ1台，トラクター2台，全自動結束機（商品名フラワーバインダー）1台
栽培規模　栽培圃場面積（ベッド面積）：約30a　栽培品種（輪ギク）・定植苗数：黄色輪ギク；千穂41,200本，深志の匠，20,800本，三宝8,000本，白色輪ギク；天守閣4,800本（2016年度現在）
労力　本人，息子

販ギクは70cmである。この生産に向け，現地で試験が始まったのは2004年である。JA佐久浅間と県佐久農業改良普及センター，県野菜花き試験場とが連携し，県の園芸作物振興協議会美しい信州の花推進部会の現地調査事業の一つとして，2007年まで現地佐久市で基礎的なデータの収集を行なった。「短茎短期間栽培」と名づけ，栽培期間が短いというメリットを生かした省力化とともに，当時から需要の高まっていたパック花など量販店需要を見すえての試みであった（第1図）。
　JA佐久浅間では，2009年から試験的に販売

輪ギク 生産者事例

年		摘心日(月/日)	平均切り花日(月/日)	摘心から開花までの日数	切り花長(cm)	花首長(cm)	葉枚数(枚)	4月 上 中 下	5月 上 中 下	6月 上 中 下	7月 上 中 下	8月 上 中 下	9月 上 中 下	10月 上 中 下
8月盆用品種	2004年	5/19	8/6	81	83.8	6.7	37.7							
		6/1	8/19	79	91.9	7.2	47.9							
		6/10	8/26	85	90.4	6.0	51.3							
	2005年	4/20	8/1	112	96.3	5.7	48.7							
		5/1	7/28	88	86.0	5.8	37.7							
		5/10	8/4	86	89.0	6.5	39.2							
		5/20	8/14	86	89.0	7.4	39.9							
		6/10	8/23	74	86.7	4.9	44.2							
		6/20	8/31	72	76.1	4.2	41.0							
	2006年	5/1	8/6	97	91.7	6.4	—							
		5/20	8/13	85	89.8	6.1	—							
		6/20	8/31	72	82.8	2.8	—							
		7/10	9/11	63	65.2	3.7	—							
		7/20	9/27	69	61.9	3.8	—							
		8/1	10/8	68	62.0	2.1	—							
9月彼岸用品種	2004年	7/1	9/26	87	75.9	3.9	39.5							
		7/9	9/28	81	66.8	4.0	33.0							
		7/21	10/1	72	61.6	3.6	29.7							
		4/20	8/21	123	87.3	3.3	44.8							
		5/1	8/22	113	93.6	3.7	45.8							
		5/10	8/29	111	90.0	3.3	46.7							
	2005年	5/20	9/4	107	97.6	3.5	49.0							
		6/10	9/14	96	89.6	3.9	44.4							
		6/20	9/22	94	81.1	4.2	39.9							
		7/10	10/1	83	81.0	3.1	38.9							
		7/23	10/7	76	58.6	2.7	27.8							

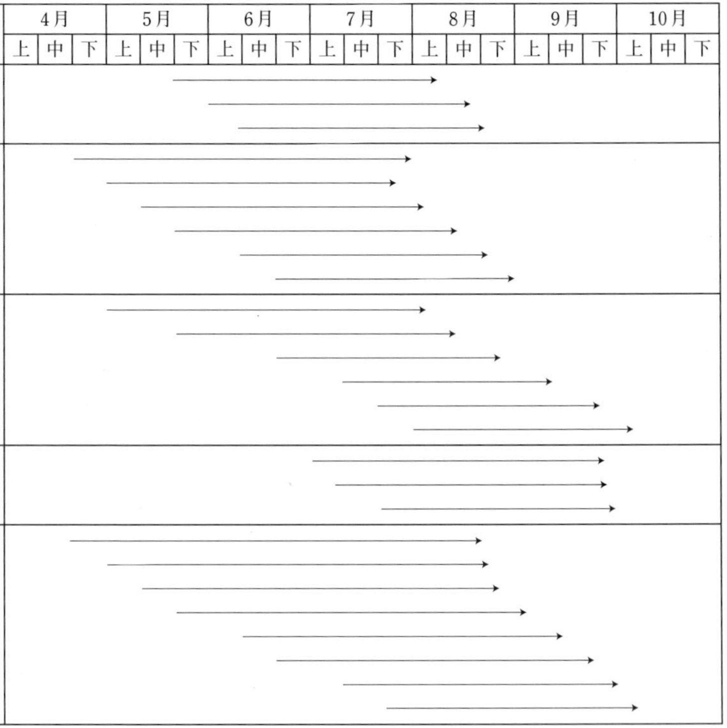

第1図 摘心時期の違いによるキクの開花と品質（2004〜2006年，県佐久農業改良普及センター，JA佐久浅間の花推進部会現地調査事業調査成績書より，試験圃場：長野県佐久市鳴瀬）

長野県園芸振興協議会美しい信州
標高650m
矢印：機転が摘心日で終点が平均開花日
ビーナイン無処理

を始め，翌年に大阪のなにわ花いちばの提唱で始まった，使う目的や用途に応じたジャストサイズのキク「アジャストマム」の企画にも参画し，2011年から本格的に量販ギクの生産が始まった。現在では大田花き，なにわ花いちばと事前に協議し，それぞれ花束加工業者へ出荷を行なっている。ちなみに2016年度は，20名の生産者が生産に取り組み，約76万本の出荷を計画している。ここでは，量販ギクを経営の柱に据えて規模の拡大を目指している，大工原さんの栽培事例を紹介する。

2. 大工原さんの経営と技術の特徴

(1) キク生産を始めたきっかけ

大工原さんはもともと兼業農家であったが，2001年に勤めていたJAを退職し，本格的に農業経営を始めた。当初はキクの露地栽培20a，ほかにアスパラガス20aと水稲が50aほどの経営内容であった。このうちアスパラガスは4，5年栽培を続けたものの，キクと作業がかぶるため完全に中止した。また，水稲もキクとの競合を避けるため，水田すべてを水稲農家に貸し出している。

経営を始めた当時，近くにはベテランのキク農家がまだまだ大勢いた。その人たちから栽培を勧められ，手ほどきを受けながらのキクづくりの始まりとなった。手を入れてていねいにつくりこなす栽培で，面積をこなすのはむずかしいと感じた反面，このとき教えてもらったことはしっかりと身についており，今のキク生産の礎となっている。とくに基本的な知識と技術を学ぶことができたのが一番良かった。それは大工原さんが植物生理をきちんと踏まえたうえで，一つひとつの作業を適時にこなしているようすからも推察できる。だからこそ，決して手抜きではない作業の省力化へと結びついており，「仕事に追われるのでなく，仕事を追いかけることが大事」が口癖のとおり，作業に一切の遅れやむだは感じない。

(2) 量販ギク導入の考え方

2016年度のキク生産計画は，栽培床の実面積で30a，圃場面積ではおおよそ45a，すべてが露地栽培である。全出荷本数の約4割程度を量販ギクにしており，2016年度は約6万本の出荷を見込む。

量販ギクを生産するメリットを大工原さんは次のように捉えている。

1) 多くが花束の花材で，茎はある程度細いほうが加工しやすい。茎を細身に仕上げるためには必然的に密植となり，従来規格のキクよりも単位面積当たりの出荷本数が増やせる。

2) 契約栽培で単価が保証されており，予定どおりの出荷ができれば，相場に左右される従来規格のキクよりも収入の増加が期待できる。また，大工原さんは特定の品種を利用することで，従来規格のキクで行なう作業を省くことを可能にしている。この省力栽培が可能で，収益の計算ができる「量販ギク」をさらに増やし，今後の規模拡大の柱に据えたいと考えている。

(3) 栽培管理の基本

良い品物をつくるためには，良い苗を育てることから始まる。そのため大工原さんは，親株の栽培床から定植圃場に至るまでの土つくりをとくに重要視している。また，挿し芽のスムーズな発根を促すため，芽の貯蔵を必ず行なう。露地栽培で契約の時期に出荷ができるように，同一品種を使って，挿し芽，摘心，定植時期に幅をもたせ，植物成長調整剤を活用している（第2図）。

(4) 品種の特性とその活用

大工原さんが量販ギク用に栽培している輪ギク，‘千穂’と‘深志の匠’の2品種は，佐久地域で栽培すると，挿し芽時期，摘心時期を変えると，それに伴って開花時期が少しずつずれるという特性があり，この性質を出荷時期の調整に利用している。

また，環境によっても違うが，この2品種は他品種に比べて側枝の発生量が少ない傾向があ

輪ギク　生産者事例

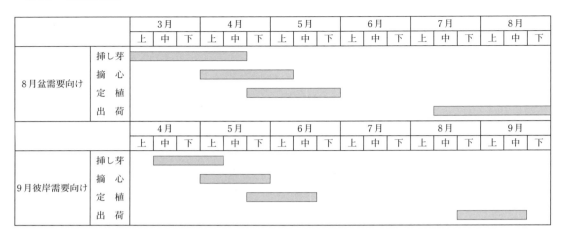

第2図　2016年度量販店用輪ギクの生産計画

り，これを密植して芽整理作業の省略を実現している。

(5) 省力化と養水分管理

量販ギク栽培では省力化も大きなポイントである。通常は定植してから行なう摘心作業を，挿し芽をしたセルトレイのなかで行なっており，省力化とともに労力の軽減にもなっている。

圃場の土はもともと水持ちが良く，干ばつになっても灌水の必要なことはほとんどないが，保水力と保肥力の維持向上をはかるために粘土質資材を毎年施用している。

3. 大工原さんの栽培管理の実際

(1) 種苗，育苗

種苗は自家育苗をしており，摘心までの育苗については，従来規格のキク生産と変わらない方法で行なっている。

①親株伏込み

佐久地域では，前年栽培した株のうち，生育が良好で病害がないなど，有望と判断した切り下株を選んで，次の年の苗をとる親株（次の年の苗生産のために挿し穂をとる元の株）にするのが一般的である。

大工原さんもある程度低温を受けた株を，例年11月に入ってから掘り上げて親株床に伏せ込む。この床の準備は早く，8月盆用の出荷が一段落してから9月彼岸用の出荷が本格化するまでの間に行なう。土壌消毒を行なったのち，土壌改良資材のゼオライトを混ぜるなど，床の土づくりには余念がない。理由は，床のある場所の土がやや地力に欠けると感じているためである。ゼオライトを施す目的は，親株床の保肥力を増やすことである。親株が長期にわたって老化せず元気に育っていれば，そこから得られる芽も充実し，育てた株もまた元気に育つことにつながるからである。

②挿し穂の冷蔵貯蔵

毎年1月下旬から2月の初めころに親株から芽をとり始める。穂は長さ5cm，葉6枚程度の，挿し芽ができる状態に調製してから梱包し，2℃に設定した専用の冷蔵庫に30日ほど入れておく。大工原さんは穂を必ず冷蔵貯蔵するようにしており，この日数を逆算してその前の作業を行なうようにしている。

穂を冷蔵貯蔵する理由は，挿し穂の日程調整や芽の確保などもあるが，一定期間芽を貯蔵するととったさいの傷口が乾いて癒合し，挿し芽後の発根がスムーズかつ一斉に揃うからである。良い苗づくりと計画的な生産のために，挿し穂の冷蔵貯蔵は必ず実行している。

③挿し芽

 露地栽培であり，8月盆の需要を見込んだ作型からスタートするため，2月下旬から挿し芽作業を始める。大工原さんの育苗ハウスの場所では，まだ外気温が氷点下になることが多い時期である。キクの発根には15～20℃が最適とされる。このため，効率的な発根には本来温床線を利用したほうが良い。しかし時期的には太陽の高度も上がり始めて，徐々に気温が上昇していく時期である。この時期になると日中のハウス内気温も高くなってくるため，温床がなくても30日程度冷蔵した穂を挿すことで，発根が容易になる。

 挿し芽には200穴のセルトレイを使用している。78穴や288穴のセルトレイも試した結果，200穴セルトレイに行き着いた。挿し芽に使う培土は，栽培圃場の土にピートモス，パーライト，ゼオライトを混ぜて，自家調合している。ゼオライトを混ぜると保肥力が増し，育苗後半まで苗の葉色が落ちず老化もない。

④挿し芽床（200穴セルトレイ）での摘心

 佐久地域では1本の苗を摘心して，出てきた側枝を2，3本に整理し，切り花に仕立てるのが一般的である。したがって佐久地域で輪ギクを栽培する場合，摘心は必須の作業となっている。

 摘心はふつう仮植床や定植床で行なう作業だが，大工原さんは挿し芽をしたセルトレイのなかで，発根した苗をそのまま摘心するという方法をとっている。芽の先端が伸び始め，発根を確認してから本葉3，4枚を残し，その上の部分をハサミで摘心する。そして側枝となる芽が少し膨らんでくるまで，そのままセルトレイのなかで苗を育てる。

 このタイミングはちょうど根鉢形成が良く，定植のとき引き抜いても崩れないことと，根も老化していない適期なのである。また，根を含めた苗が定植まで健全であることは，品質差にも大きく関係してくる。200穴セルトレイの利用，育苗後半まで老化しない培土づくりの理由がここにある。

⑤仮植をしない苗づくり

 佐久地域において8月盆用に出荷する露地栽培では，定植後の凍霜害を避けるため，ハウスや露地のビニールトンネルのなかにいったん仮植をし，摘心を実施して切り花用の側枝を生長させておくのが一般的である。しかし，大工原さんはこの仮植をせず，定植までセルトレイで育苗する。仮植は移植時のダメージがあり，この回復のために一時的に生長の停滞をまねいてしまうからである。セルトレイで育苗しても，適期に定植ができれば，活着が早くその後の生長はきわめて良好となる。

⑥量販ギクの出荷規格を生かした計画的な切り花出荷

 従来規格のキクでは最高級品（秀90cm）は，出荷時の長さが90cmで，切り下も考慮すると，側枝を100cm以上の草丈まで生長させる栽培日数が必要になる。一方，量販ギクは，最高級品（秀70cm）の長さが70cmで，切り下を考慮しても草丈は80cm以上あれば良いことになり，その分の栽培日数は少なくてすむ。大工原さんはこのメリットを生かし，定植後90日で切り花出荷するという計画的な生産を実現している。

(2) 土つくりと施肥

 圃場はもともと水田であるが排水が良く，大雨で冠水してもすぐに水がひく。また，保水性も良いため，よほどの干ばつにならない限りは定植時以外に灌水をしたことがない。作土層はある程度深く，根の張りも良い。

 塩基置換容量（CEC）を測ったことはないが，地力はあまり高いほうではないと感じている。そのため，ここ数年は保肥力と保水力の向上のためゼオライトを毎年施用している。さらに牛糞主体の堆肥を入れて，商品の品質向上のため，栽培期間後半まで窒素がある程度残るような施肥を心がけている（第1表）。ほかの作業は省けても，土台となる土つくりだけは手が抜けない。土台がしっかりしていないと栽培が計画どおり進まず，経営自体が成り立たないと土づくりには余念がない。

第1表　2016年度の施肥設計（単位：kg/10a）

肥料名	施用量	成分量				
		窒素	リン酸	カリ	苦土	石灰
花卉専用1号	110	16.5	11.0	8.8		
苦土重焼燐	60		21.0		2.7	
苦土の源さん	40				22.0	
炭酸苦土石灰	100				8.5	55.0
牛糞堆肥	3,200	4.8	19.2	5.1		
ゼオライト	100					

注　栽培床の面積当たりの施用量

（3）定　植

量販ギクの栽培床は，床肩部で幅54cm，通路は60cmで，栽培床には条間を36cmとり，2条植えする。株間は6cmで，通常より3～4cm程度狭くなり，従来規格のキク栽培に比べると3割程度多く定植する計算になる（第3図）。株間を5cmにすることも考えたが，フラワーネットにうまく収まらないことと，茎が細くなってしまうことが心配されたため，6cmの株間で栽培している。

定植方法は手植えで，栽培床をつくったあとフラワーネットを床表面に置いて目印とし，1人がネットのマスのなかに苗を置き，もう1人が定植を行なう。200穴セルトレイで適期に育苗された苗は植えやすく，この方法により2人で1日1万本は楽に定植できる。

（4）芽整理なしで省力化

量販ギクは，多少細い茎になっても規格内であれば出荷ができる。そのことが芽整理を省略化できる最大の要因である。一般的な摘心栽培の場合は，余分な側枝をとり除き，切り花にする側枝を1株当たり2，3本に整理する。この芽の整理作業は手間がかかるうえ，圃場内で身を屈めて行なうため，農家にとっては体に負担のかかる作業ともなっている。

大工原さんが生産する量販ギクは，この芽整理作業を行なっていない。ポイントはいくつかあるが，その一つが品種である。これまでの経験から，8月盆用の品種'千穂'，8月盆明けから9月彼岸までに出荷する品種'深志の匠'ともに，側枝の発生が他品種に比べ少ないことがわかっている。本葉3，4枚残して摘心を行なうため，側枝は少なくとも3本程度は発生すると考えられ，普通であれば若干の芽整理は必要なところである。しかし，量販ギクとして，密植することで勢いの弱い側枝の生長は自然と抑制され，途中で消えてしまう場合が多い。

一方，切り花本数自体は'千穂'で1株2.2

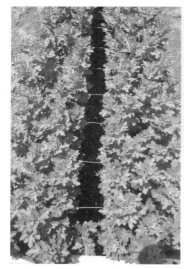

第3図　栽植密度は条間36cm，株間6cmの2条植え

本，'深志の匠'は2.5本程度は得られているため，定植した苗の本数に十分見合った収量となっている。

さらにこの2品種の良い点は，無側枝性も強く，不要な側芽の芽かき作業がほとんど要らないことである。側芽の発生が多い品種の場合は，蕾がついた途端，花茎上部の側枝が一斉に発生するということがあるが，'千穂'と'深志の匠'には，それもほとんどない。

(5) 開花調節技術

量販ギクは，盆と秋彼岸需要を見込んでの契約栽培であり，出荷時期はとても重要で，課題となるのが切り花時期の調節である。佐久地域では夏秋ギク品種の早晩性を利用して，7月から9月の間の需要期に出荷する栽培方法が多く行なわれている。このとき重要になるのが「幼若性」である。幼若性とは，植物が花芽分化に適した環境に置かれても，生育初期の一定期間は花芽分化をせず栄養生長を続ける性質のことで，花芽分化の時期に大きく影響し，開花時期を左右する要因の一つである。この幼若性はある程度の高温に一定期間遭遇することで消失するとされている。そのため育苗期の温度も影響を与えるが，とくに定植後に高温と干ばつが続くような年には，幼若性の消失が早まり開花が前倒しすると考えられている。

このような環境下での生産とはなるが，大工原さんは電照栽培など日長処理による開花調節は行なっていない。もっぱら適品種の利用と作型の調整，そして植物成長調整剤の利用である。なお，植物成長調整剤は幼若性をより長く維持するための農薬であるが，幼若性を消失した個体には効果がないほか，高温など環境条件によっては幼若性を維持できず，効果が劣ることもある。

しかし，大工原さんが栽培する'千穂'と'深志の匠'は，挿し芽時期を変えて摘心時期をずらすと，その分開花時期も少しずつずれていく性質がある。側枝や側芽が少なく省力的であるという以上にこの性質が重要で，8月盆用出荷を例にとると，挿し芽，摘心，定植の時期をそれぞれずらして1か月程度の幅をもたせ，摘心時からおおむね10日おきに2回エスレルの処理を行なって，幼若性の維持をはかることで開花時期の調節を行なっている。

(6) 病害虫防除

量販ギクの密植栽培を可能にしている一つの条件として，大工原さんの圃場の立地条件がある。圃場はほかの田畑や住宅地よりも一段と高い風光明媚な場所にある。一段高いためか風が吹き上げるようによく通り，夏の日中でも比較的さわやかな環境である。密植栽培をしても病気の発生が少ないのは，風がよく通ることが関係しているものと考えられる。

また，将来の規模拡大を視野に，白さび病を中心とした病害虫防除の省力化をはかるため，2年前にブームスプレーヤとトラクターをセットで導入した（第4図）。導入コストはかかったが，防除時間は大幅に短縮された。ブームスプレーヤはアームが片翼のみだが，最大12mまで伸び，さらに2mの高さまで上がる構造である。圃場はブームスプレーヤでの防除作業をあらかじめ想定し，12m幅6うね分を一区画として設置してあり，各圃場の中央部にはトラクターの通り道として，3mの通路が設けてある（第5図）。

片翼のアームは180度の反転が可能で，通路を前進後退で1往復すると，左右の12うねの防

第4図 防除用のトラクターとブームスプレーヤ

輪ギク　生産者事例

第5図　ブームスプレーヤによる農薬散布を考慮した圃場
12m幅6うね分が一区画。幅広の通路はトラクターや軽トラが走行できる

第6図　量販店向け輪ギクの束

第2表　量販店向け輪ギクの選別基準

等階級	草丈(cm)	花・草姿	病害虫の有無
秀70	70	適期切り前 葉の状態良好 25g以上/1本	ほとんど認められない
優70	70	曲がり 極端な首長 早い切り前	ハダニ・白さび病が少しあるもの
細	60	ボリュームの不足	
A		上記以外の品物	

注　JA佐久浅間「輪ギク」量販店対応選別基準より一部抜粋

除が終了する。薬液タンクは600lで，現在の規模ならば十分である。ブームスプレーヤを用いると，10aの防除作業に要する時間はおおよそ6～7分で，すべての圃場を防除しても1時間はかかっていない。

さらにオオタバコガなどヤガ類の被害を軽減するために，LED光を利用した防除機具も利用している。

大工原さんは今後，量販ギクを柱に規模拡大を計画しているが，とくにキクの場合は病害虫防除が多い。この作業には多くの時間を要するが，大工原さんの圃場環境であれば，ブームスプレーヤ利用も可能なため，省力化は十分はかられると見込まれる。

(7) 選花・選別作業

収穫，調製，出荷作業は，キク栽培のなかでもっとも時間のかかる作業である。2009年度作成の長野県農業経営指標では，キク栽培の全労働時間のうち約21％を占める。

以前は調製作業を手作業で行なっていたが，4年前に全自動結束機を導入した。収穫したキクを機械にセットすると，自動的に脱葉（下葉とり），結束（2か所10本1束），切断（設定した長さになる）までをこなしてくれる（第6図）。これにより選花・選別作業は大幅に能率が上がった。出荷の能力としては，日量5,000本（1箱100本入りで50箱，200本入りで25箱）

まで対応できる。

収穫から出荷までの作業の流れを見ると，8時半から12時までが収穫，昼を挟んで14時から18時ころまでを選花・選別作業にあてている。できあがった束は翌朝4時まで常温下で水揚げし，その後箱詰めして出荷している。

とくに量販ギクは出荷の規格が少なく，従来規格の輪ギク出荷基準より単純化されており，選花・選別の作業もはかどる。また細いものでも一定の等階級扱いとなり，専用箱を使って1箱200本での出荷も可能となっている。このため箱数も減って，運賃と箱代金の節約にもつながっている（第2表）。

4. 今後の課題と希望

規模拡大をはかるために，ブームスプレーヤと専用の大型トラクター，全自動結束機を続けて導入してきた。しかし，面積，出荷量ともま

だまだ機械の能力に見合っておらず，規模拡大の必要性をさらに強く感じている。防除用のトラクターの運行時間にしても年間約30時間で，レタス，ハクサイ農家で一般的とされる200時間をはるかに下まわっている。過剰投資とならないよう，機械に見合った生産規模の実現も急がれる。

　圃場の場所は基盤整備をした水田地帯であるが，農家の高齢化などで周囲にも遊休荒廃農地が目立つようになった。また，農地を大工原さんに借りてほしいという農家も近くに何軒かある。この一帯は住宅地から離れているため，騒音や農薬飛散といった問題も起こりにくい。農地としては土の質も良く，灌漑水路が整備され水の便も良い。今のところ果樹や野菜類を近くに作付けするという動きもないため，量販ギク生産を主体とした規模の拡大をするには打ってつけの条件である。

　しかし，その妨げとなっているもっとも大きな問題が労働力の確保である。なかでも摘蕾作業は，とりわけ手間の必要な作業である。1本の茎に1つの花が定番の輪ギクは，蕾が小さいうちに数個ある蕾を1つに整理する摘蕾作業が必須であり，これをしなければ商品にならない。また，花茎の生長に差が出るため，圃場全体を一斉にすませることがむずかしい。さらに側芽の出にくい芽なしの品種でも，摘蕾のときに花茎上位にわずかながら側芽が発生することがある。この摘蕾作業にはどのキク農家でも人手が必要で，機械化できない作業の一つでもある。この時期だけ人を雇うということもできないため，どのような労力確保が可能なのかを検討中である。

　キクの生産面積拡大と切り花の増産が，大工原さんの将来の夢，希望である。それを実現に向けて一歩近づけてくれたのが，JA佐久浅間の量販ギクである。従来規格のキク生産とは異なり，省力的で効率的な生産・出荷ができるため，これからもこの需要が続く限り，規模拡大の急先鋒としてさらに生産を拡大していきたいと考えている。

　また，露地栽培の模模拡大だけでなく，施設を利用した長期出荷も実現したいことの一つである。作期拡大によって出荷時期が長くなり，経営が安定することと，雇用を入れる場合は，周年仕事があるほうが望ましいからである。この実現に向けて，今後は信用を高めるために法人化も視野に入れて考えていきたい。また，国や県，町などの行政施策にもアンテナを高くし，機を逸しないよう積極的な活用をはかっていくつもりである。われわれ関係者もそれぞれの機関，団体が連携を密にし，しっかりと支えていく必要がある。

《住所など》長野県南佐久郡佐久穂町大字海瀬
　　　　　大工原隆実（59歳）
執筆　竹澤弘行（長野県佐久農業改良普及センター）
2016年記

静岡県湖西市 木本 大輔

〈輪ギク〉周年出荷

白色花と有色花を組み合わせた周年生産体系

―全量自家採穂・直挿し，環境管理，ディスバッドマムの導入―

1. 経営と技術の特徴

(1) 産地の状況

静岡県西部地域は浜松市と湖西市の2市で構成され，県内有数のキク生産地であり，県内キク生産額の50％以上を占めている。気象条件は年平均気温16.3℃，最低気温2.5℃，降水量約1,800mm（浜松市のデータ）と温暖な気候を生かし，キクの産地として発達してきた。キク生産は輪ギクのほかに，スプレーマムおよび小ギクが生産され，農協（JAとぴあ浜松）による共選共販体制により，関東を中心に出荷している。

JAは市場へ正確な出荷情報を提供し，予約相対取引を行なうことで安定的な販売網を築いている。正確な出荷情報を提供するためには，生産者の生育情報を把握することが必要なため，品種ごとの圃場巡回，消灯後の検鏡とそれに基づく栽培管理指導を行ない，出荷時期を予測している。またJAでは情報端末を一人一台営農アドバイザーに配布し，写真や生育状況を記録することで情報の共有化に努めている。

西部地域の輪ギク生産の特徴は，他産地と比べ，黄色などの有色花の作付けが多いことである。全国的な輪ギクの作付け色割合は，白色60％，黄色30％，その他10％程度と思われるが，本地域では年間を通じ白色と黄色の作付け割合はほぼ同等である。そしてとくに3月の彼岸などの物日には，黄色輪ギクの出荷量が70

■経営の概要
経営 輪ギク切り花専業
気象 年平均気温16.3℃，最高平均気温31.1℃，最低平均気温2.5℃，降水量1,800mm
土壌・用土 砂壌土，埴壌土
圃場・施設 経営面積1.4ha 全30棟
　鉄骨両屋根型ハウス12棟 75a（うちシェード・重油暖房機利用75a，自走防除機利用45a，CO_2施用機利用18a）
　鉄骨丸型ハウス4棟 20a（うちシェード・重油暖房機利用20a）
　パイプハウス14棟 45a
品目・栽培型 輪ギク
　'精の一世'（白）：定植2月下旬〜8月上旬，5月中下旬〜11月中旬出荷，出荷量9万本
　'神馬'（白）：定植7月〜1月，11月上旬〜4月出荷，出荷量2万本
　'精興北雲'（白）定植7月〜1月，11月上旬〜4月出荷，出荷量15万本
　'岩の白扇'（白）：定植1月下旬〜2月中旬，5月上旬〜6月中下旬出荷，出荷量4万本
　'精の光彩'（黄）：定植1月上旬〜9月上旬，4月中旬〜11月中旬出荷，出荷量40万本
　'精興栄伸'（黄）：定植7月〜1月，11月上旬〜4月出荷，出荷量7万本
　'黄金浜'（黄）：定植1月上旬〜3月，5月上旬7月上旬出荷，出荷量3万本
　'夏姫'（赤）：定植1月上旬〜2月下旬，5月上旬〜6月下旬出荷，出荷量0.5万本
　'精丹'（赤）：定植3〜5月，7〜9月出荷，出荷量2万本。出荷量合計80.5万本
苗の調達法 自家育苗
労力 家族3人（本人，父親，母親），パート7名

％になる時期もあり，全国の市場からは有色花の産地としても知られている。そのため，本地域は白色輪ギクとともに黄色輪ギクも視野に入れた戦略を構築し，安定的な出荷へとつなげている。

(2) 経営と技術の特徴

木本さんの経営面積は約1.4haで，労働力は家族3人（本人を含む）にパートなど7名の合計10名で生産を行なっている。作付け計画の作成とパートなどへの作業指示を木本さんが行ない，採穂や芽かき，収穫などの作業が指示に従って行なわれる。作業開始前には，目揃いなどを通じパートへのきめ細かな指示を出すことで，大面積を管理しながらも質の良いキクづくりができるように努力している。

キクの作付け色割合は，白色：黄色：赤色＝4：5：1となっており，3色の安定した周年供給体制を整えている。本地域は白輪ギクとともに黄色輪ギクを全国に供給してきた歴史のある産地のため，その歴史を守るために黄色輪ギクの生産に力を入れている。また周年安定供給を目指しつつ，物日出荷にも対応した生産体系を取っており（第1図），さまざまな需要に応えられるように常に需要動向を把握している。

輪ギク主体の経営を行なっているが，ディスバッドマムの生産も始めた。輪ギクというと葬儀や仏花のイメージであるが，ディスバッドマムは新しい洋花として活用でき，輪ギクとは違った需要が開拓できるので，販売を拡大してい

くために有利だと考えている。また，輪ギクは，お盆やお彼岸といった特定の月に需要が集中してしまうが，ディスバッドマムは仏花とは違った需要に対応できるため，集中する出荷日を分散させ，年間作業の平準化につなげられる。平成26年からディスバッドマムの試験栽培に取り組み，平成27年から栽培を開始した。作付け品種は'アマランサ'，'クルム'，'マロウ'をおもに作付けし，トータルで10品種栽培，出荷時期は11月～6月の8か月である。出荷形態は，通常，輪ギクは蕾出荷であるが，ディスバッドマムの場合は6分咲き程度で収穫し，花がいたまないようにネットで包んで出荷している。

(3) 栽培の課題

栽培上の課題は冬季の暖房コスト（重油代）である。とくに重油をもっとも多く使用する3月の彼岸向けの作型への影響が大きい。暖房コストはキクの生産費の20％を占め，重油価格は外部環境の変化によって変動するため予測がむずかしい。現在，それらに対応するため，低温伸長性・開花性といった生態的育種が進み，木本さんもそれを積極的に導入してきた。とくに白輪ギクでは，民間育種会社をはじめ多くの品種が育種されている。

一方で黄色輪ギクは，白輪ギクに比べると冬季作型に適した品種が少ない。その結果，黄色輪ギクを作型に組み込むことによる回転率の低下と暖房費による収益性の悪化対策が課題となっている。

さらには，夏の高温により開花遅延によって計画出荷がむずかしい作型もあるため，高温対策も今後の課題の一つである。

2. 栽培体系と栽培管理の基本

(1) 生長・開花調節技術

①温湿度管理

栽培品種は9品種で，品種に応じて，また生育スピードを見て管理法を変えている。夏季は最高平均気温が31.1℃と高温で，ハウス内はさ

第1図　9月の彼岸出荷用黄色輪ギク

らに上昇するため，側窓や天窓を開放し，ハウス内温度を調節している。冬季作型の場合，栄養生長期は15℃，生殖生長期は18℃に加温して管理している。また二重被覆を行なうなどしてハウスの断熱性を高め，循環扇や暖房機の送風機能を使用するなどしてハウス内の空気を循環させ，温室内の温度を均一にすることで省エネにつなげている。

一方で断熱性が高まると相対湿度が上昇しやすく，露で植物体が濡れることで病気が心配されるため，冬季にも換気が重要となってくる。

②開花調節技術

日長の調節には電照による暗期中断を行ない，その後シェードによる短日処理により花芽分化を促す。電照にはかつて白熱電球を用いてきたが，最近では蛍光灯やLED電球の普及が進み，値段も従来と比べると安くなってきた。また，白熱電球と比べ蛍光灯のほうが寿命が長いため，交換の手間が省けることから，蛍光灯による電照へと切り替えてきた。

(2) 品種の特性とその活用

年間3作体系を基本とした周年出荷を行なっているため（第2図），ハウス栽培の回転数を重視した品種選定を行ない，さらに低温伸長性・開花性や芽なし性など生産性を考慮に入れている。また，キクは花だけでなく葉も商品としての価値が高いため，草姿のバランスがとれ

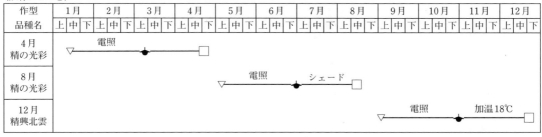

第2図　木本さんの施設利用体系

夏季作型の主力品種である'精の一世'および'精の光彩'は従来の品種と比べ，芽なし性が強く，生育および開花の揃いが良いので作業性に優れた品種である。また到花日数が短く高回転型栽培に適している。さらには'精の一世'は立葉で密植もできるので，収益性も高い。冬季作型では'精興北雲'，'精興栄伸'を導入している。その理由として低温開花性に優れることから，冬季の栽培コスト低減に役立っている。とくに'精興北雲'に関しては，開花の揃いが良いため，一斉収穫ができ収穫期間を短くできるという特徴がある。暖房設備やシェード設備がないハウスには無加温でも栽培できる'岩の白扇'，'黄金浜'，'夏姫'を作付けし，収益性やハウスの回転率を高めている。

品種導入にあたっては，出荷を行なう前年度に試験栽培を実施し，さらにはJAを通じた試験出荷による市場評価などを入念に調査し，JA担当者と相談のうえ決定している。現在，作付けが多い品種は，白輪ギク'精の一世''北雲'，黄色輪ギク'精の光彩''精興栄伸'となっている。

(3) 養水分管理のポイント

施肥設計は土壌診断に基づいて行ない，全量基肥栽培として追肥は施さない。そのため，緩効性肥料を用いて，キクの栽培期間を通じて肥効がでるような組み合わせとしている。灌水は頭上灌水装置を用いることで，圃場全体に均一に灌水し，生育ムラを出さないようにしている。品種や栽培時期によって灌水量や回数が変わってくるため，常に植物のようすを見ながらの管理となる。

3. 栽培管理の実際

(1) 親株管理と種苗

キク生産用の穂は全量自家採取するため，栽培8品種の親株はすべて自分で管理している。親株は2か所の圃場で管理し交互に採穂している。親株は膝丈程度で随時切り戻し，冬季は暖房することで穂を確保している。穂の長さは6cm程度とし，周年で直挿しを行なっている。

穂を全量自家採取している理由は，自分の納得のいく穂を使用したいこと，需要動向に応じて作付けしているため，それらにフレキシブルに対応できること，急な作付け変更が生じることによるハウスの回転効率の低下を防ぐことである。

(2) 土つくりと施肥

土つくりについては，まず作付け前にJAの土壌診断サービスを活用し，土の状態を把握して施肥設計を行なう。診断にもとづき，堆肥投入量や施肥量の調整を行なう。また深耕を行なうことで根の生育範囲を広げ，根の健全な生育を促進し，品質の良いキクづくりができる。さらには深耕で下層土と地表土を混ぜることで，土壌に集積している養分が均一に混ざるなどの効果も期待できる。

(3) 圃場準備と直挿し

作付け10日前までにセンチュウ対策としてD-D剤（商品名テロン）を土壌に所定量の薬液を注入し，ただちに覆土・鎮圧する。土壌消毒後，うね幅90cm，通路45cm，高さ10cmに仕立て，たっぷりと灌水したあと，直挿しを行なう（第3図）。うね立てを行なうことで，灌水時の水の偏りを防ぎ，生育差が生じないようにしている。直挿しは育苗の手間と育苗スペースを省略でき，現在では多くの生産者が活用して

第3図　直挿しのようす

第4図　直挿し後に有孔フィルムでべたがけを行なう

第5図　べたがけをはがした状態

いる。フラワーネットは13cm×7目を用いて，栽植密度は品種や作型によって違うが，夏季作型では坪50本，冬季作型では40本程度としている。

直挿し後，うね全体に有孔フィルムでべたがけを行なう。通常，直挿し前に散水するため，べたがけの下は過湿になりやすく，それが病気や苗の腐敗の原因となるが，有孔フィルムを用いれば余分な水分が穴から逃げ，水分量を適切に保つことができる。

有孔フィルムはべたがけ後，10～20日程度ではがす（第4，5図）。フィルムをはがすタイミングは，キクが発根して水を吸い上げ始め，葉の縁に水滴がつくときである。

3月以降は高温にも気をつける。有孔フィルムはシェード用カーテンと併用することで温度上昇を防ぐ効果もある。キクの根は25℃で発根が早くなるが，35℃では著しく悪くなり，40℃以上では枯死してしまうので，夏の高温期はとくに注意が必要である。有孔フィルムを活用した直挿しによって，定植が省力化でき，また揃いが良くなってロスが減るなど，収益性が向上してきた。

(4) 生育中の管理作業

水管理　マルチを取ったあと，土の乾き具合を見ながら頭上灌水で均一に散水する。基本的には頭上灌水装置を活用しているが，冬季などは頭上灌水後の植物の乾きが悪く作業性が悪化したり病気の発生要因となるため，冬季は地上灌水装置を用いている。

施肥管理　土壌診断結果をもとに緩効性肥料を使った全量基肥栽培としている。一般的に施設園芸は土壌のリン酸の集積が課題となっており，木本さんの圃場も同様の診断結果となっているため，リン酸含量が少ない種類の肥料を用い，キク1作で肥効が切れるものを使用している。

温湿度管理　質の高い輪ギク生産では，地下部とともに地上部の環境改善も重要である。夏季作型は，高温による開花遅延や品質の低下，葉やけなどが懸念されるため，換気や遮光による昇温の抑制などの対策を講じている。具体的には遮光剤（商品名レディソル）を全ハウスに塗布している。また換気を良くするために，サイドネットの網目もハウスの形状によって変えている。棟高が高いハウスは，植物の上部空間が広いため，低軒高ハウスと比べると昇温しにくいので，病害虫の進入防止に重点を置き，防虫ネットは0.4mm目，その他のハウスは，換気を重視し3mm目としている。

冬季作型では，栄養生長期15℃，生殖生長期18℃で管理している。2008年から重油が高騰し，暖房温度を下げる動きも見られたが，最適温度で管理することにより作期および収穫期間が短くなって結果的に省エネになり，また切り花の品質も良いため，収益性が良くなる。

上位階級に合格する花の発生率を高めるため，バラなどで積極的に導入され，一定の成果をあげている二酸化炭素施用機を，一部圃場に

輪ギク　生産者事例

第6図　選別機

第7図　出荷前の状態

試験的に導入している。今後，費用と収益への効果について検討していく予定である。現在の二酸化炭素濃度の制御方法は，天窓・側窓を全閉し，日中600ppmで施用，室温が28℃を超えると天窓が開き，400ppmの施用に切り替わるという方法である。

病害虫防除　一人で全圃場を管理しているため，病害虫防除は自走式防除機を積極的に導入し，省力化に努めている。ただし，病害虫の発生状況により，動力噴霧器による手がけ防除も行なっている。

(5) 採花と鮮度保持など

出荷時期や品種特性を考慮しながら，切り前を判断し採花している。とくに夏季作型は開花の進みが速いため，通常よりも若干堅めの切り前としている。

収穫は午前中に行ない，選別機で90cmに調製後（第6図），下葉を落としJAで決められた各階級に分類し，10本一束に結束したあと（第7図），3℃の冷蔵庫で水揚げする。水揚げ終了後は，箱詰めしJAに出荷する。

4. 今後の課題

今後の最大の課題は労働力である。現在は家族労働が主体であり，栽培・ハウス利用・出荷計画そして日々の管理作業の指示はすべて経営者本人が行なっている。栽培規模が拡大するにつれ，各仕事に費やせる時間が少なくなってくることが予想される。今後さらに規模拡大をしていくには，栽培担当や出荷担当など，今まで一人で行なってきた仕事を部門化するなどの組織の仕組みづくりが重要であるとともに，それを任せることができる人材の育成が課題である。そのためには，家族経営から法人への転換をはかり，社会的信用を高めることで人材の確保をはかりたい。

また，施設の老朽化による生産性低下が懸念され，施設の新設および更新が必要になってくるとともに，規模拡大に伴い出荷施設も拡大していかなければならない。これらのことも視野に入れるとその資金調達という課題も生じる。法人化すれば信用が高まることで資金調達もしやすくなることから，これらの課題解決のために，まずは法人化を目指す。

《住所など》静岡県湖西市
　　　　　　木本大輔（38歳）
執筆　興津敏広（静岡県西部農林事務所）
　　　　　　　　　　　　　　2016年記

愛知県田原市　河合　清治・恒紀

〈輪ギク〉周年出荷

大苗直挿しと環境制御による生産性の向上

—大苗利用による栽培期間短縮，栽培環境の改善による品質の向上—

河合清治さん（左）と恒紀さん

1. 経営と技術の特徴

（1）産地の状況

田原市は，愛知県の南端の渥美半島に位置する。渥美半島は南を太平洋，北を三河湾に挟まれた東西に細長い半島であり，冬季温暖で日照量の多い気象条件を生かした園芸品目の周年栽培が盛んで，施設栽培も古くから取り組まれてきた。

施設ギク栽培は1937年の秋ギクのシェード栽培に始まり，1948年には電照抑制栽培が開始されている。水不足から当初は一部の地域での栽培に限られていたが，1968年の豊川用水の全面通水により水不足が解消され，また1970年代から始まった構造改善事業の導入，生産者と愛知県農業試験場などが一体となった技術開発が相まって，全国一の生産地へと発展した。

現在の田原市の輪ギク生産は，2014年度の愛知県花き生産実績では，栽培延べ面積978ha，生産量3.5億本，生産額214億円，生産農家数997戸である。生産農家の半数以上が輪ギク主体の専業農家で，生産額は国内の約3割を占めている。

生産者の多くは農協の生産組織に加入しており，出荷は共選共販で行なわれている。関東，関西，中京，東北を中心に，北海道から九州まで全国60社以上の卸売市場に出荷され，おもに予約相対取引による販売が行なわれている。

■経営の概要

経営　輪ギク切り花専業

気象　年平均気温16.0℃，8月の最高気温の平均30.9℃，2月の最低気温の平均2.6℃，年間降水量1,602mm，冬期暖かく降雪はほとんどない

土壌・用土　壌土・耕土30cm

圃場・施設　ガラス温室30.3a（5棟計），いずれも加温，電照，シェード，自動灌水施設あり。育苗室はガラス温室2.6a（1棟），ビニールハウス3.3a（1棟）

品目・栽培型　輪ギク（神馬，精の一世）
2015年　神馬：定植9～11月，12～2月出荷，12万本，神馬二度切り：4～5月出荷，7万本，精の一世：定植3～7月，6～11月出荷，20万本

苗の調達法　神馬：購入（未発根苗），精の一世：自家育苗

労力　家族3人（本人，妻，長男），常時雇用1人，臨時雇用1人

（2）経営と技術の特徴

河合清治さんは，地域を代表する輪ギクの篤農家の一人である。1959年に輪ギク栽培を開始して以来，50年以上輪ギク生産に取り組み，改良を重ねてきた。1987年に'精雲'の直挿し栽培で挿し芽・移植作業の省力化を実用化したことは，河合さんのもっとも大きな功績の一つである。その後も，大苗育苗による作期短縮，'神馬'の芽なし系統の育成など，常に新たな技術改善に取り組んでいる。後継者の恒紀さん

輪ギク　生産者事例

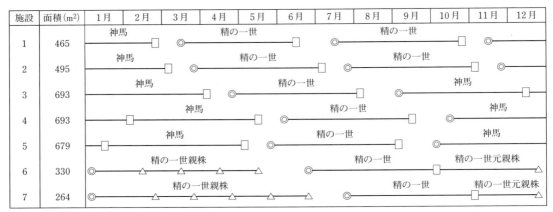

施設	面積(m²)	1月	2月	3月	4月	5月	6月	7月	8月	9月	10月	11月	12月
1	465	神馬			精の一世				精の一世				
2	495	神馬				精の一世			精の一世				
3	693		神馬				精の一世				神馬		
4	693			神馬				精の一世				神馬	
5	679			神馬				精の一世				神馬	
6	330	精の一世親株							精の一世			精の一世元親株	
7	264		精の一世親株						精の一世			精の一世元親株	

◎定植，□収穫，△採穂

第1図　河合さんの施設利用体系

第2図　直挿しの定植風景

は2008年に就農し，現在は圃場運営の中心として働きつつ，精力的に栽培技術の修得に励んでいる。

現在の河合さんの経営は，ガラス温室30.3aで年3作の周年生産を行なっている。栽培品種は'神馬'と'精の一世'の2品種である（第1図）。

①直挿し栽培技術の開発・普及

河合さんは，定植時に捨てた発根していない苗がいつの間にか活着し，ときには発根苗より旺盛に生育するのをヒントに，本圃に直接挿し芽を行なう，直挿し栽培技術を開発した。直挿し栽培は挿し芽と挿し芽管理作業を省くことができ，従来の発根苗定植と比較して10a当たり約50時間の省力になるため，現在は全国の輪ギクやスプレーギク栽培での一般的な定植方法になっている（第2図）。

河合さんは，このキクの直挿し栽培技術を開発した功績によって，1999年に岩槻賞（愛知県農業の改良・発達に顕著な功績が認められた農業関係技術者および農家を表彰する賞）を受賞し，2008年には農林水産省の「農業技術の匠」に選ばれている。

直挿しに使う挿し穂は，開発当初は10cm程度のものを使っていたが，2004年ころから，施設利用率を向上させるために20cm程度の大苗を使うことを考案し，実行している。大苗を使うことで消灯までの期間が10日程度短縮できるため，栽培期間の長い'精の一世'の導入後も，ゆとりを持って年3作栽培体系を維持できている。

②環境制御の改善による品質の向上

河合さんは栽培方針として「土，光，水，温度，風の管理により好適な生育環境を与えて，あとはキクが健康に育つのにまかせる」ことを，常に心がけている。そのため室内環境の制御には細心の注意を払い，また新たな技術の導入を積極的に行なっている。

キクの生育にもっとも重要な要因として光を重視し，1年を通して最適な光量となるよう日射量を調整している。冬季は日の出とともにシェードカーテンを開放して光の確保に努め，春

〜夏季は遮光剤を5月と梅雨明け後の二段階に分けて薄く散布して，必要以上に遮光しないようにしている。

2014年には冬季の栽培環境改善のため，2棟のハウスに炭酸ガス発生装置を導入した。河合さんはもともと土つくりとして積極的に有機物を施用していたため，炭酸ガスの不足は感じていなかったが，ガス濃度の測定により日中200ppmまで低下する日があることを知り，炭酸ガス発生装置の導入を決断した。また，光環境の改善にも取り組んだ結果，1月の2L発生率を導入前より約15％向上させている。

2．栽培体系と栽培管理の基本

(1) 品種の特性とその活用

①精の一世

河合さんは2010年に'フローラル優花'に替わる品種として，'精の一世'を導入した（第3図）。'精の一世'は花型や草姿に優れ，生産面でも芽なし性が強いこと，上位階級発生率が高いことから，現在地域でもっとも栽培される品種となっている。当初懸念された奇形花は，ハウス屋根面に遮光用塗料を散布して遮光すること，十分に換気を行なうことによって，大幅に軽減された。河合さんは6月中旬から11月初旬まで出荷を行なっている。

②神　馬

河合さんは2000年ころから地域でもっとも早く'神馬'の栽培を開始し，これまでに自家選抜した芽なし系統を含め，さまざまな系統を栽培してきた。現在は秋ギクの定植穂を全量購入していることから，低温開花性系統のなかでボリュームがあり苗質が安定している，マリンステージ社の'神馬K3'系統を使用して，12月から5月まで出荷を行なっている（第4図）。

(2) 環境管理と養水分管理のポイント

①土・水

排水性が良く根張りの良い土をつくるため，毎作サブソイラーによる深耕と，粗大有機物や腐植資材など土壌改良材の施用を行なってい

第3図　精の一世の開花圃場

第4図　神馬の開花圃場

る。

灌水は必ず，土壌の水分状態を確認しながら行なっている。その方法として，40cmの深さに挿したフラワーネットの支柱を抜き，先端の湿り具合を確認して，灌水を行なうかどうか判断している。とくに'精の一世'栽培では，土壌水分が多いと根いたみを起こしやすく，少ないと伸長が極端に悪くなる。そのため，ベッドに灌水ラインを3本（中央に塩化ビニルの灌水パイプ，両端に灌水チューブ）敷設し，ベッド内の場所ごとの水分状態を確認しながら，使用する灌水ラインを選択している（第5図）。

②光

夏季の強日射は'精の一世'にとって過酷な環境であるため，遮光剤により日射量の調整を行なっている。遮光剤（商品名：レディソル）

輪ギク　生産者事例

第5図　3本の灌水ライン

第7図　炭酸ガス発生装置

第6図　循環扇

の散布は2回に分けて行なっており、1回目は5月に葉焼けや芽焼けを予防するために薄く散布し、2回目は7月の梅雨明け時に散布して開花遅延や奇形花を軽減させる。必要以上に日射量を減らさないため、日中のシェードカーテンによる遮光は一切行なわない。

冬季の日照の少ない時期は、日光をハウス内にとり入れることを栽培管理上の最優先事項としている。夜間は保温のために二層カーテンを閉じているが、日の出とともにシェードカーテンを開け、透明の保温カーテンも8時には開放する。また、ハウスの北面にはアルミの反射フィルムを内側に張り、ハウス側面のシェードカーテンも内側が白い資材を使って、日中、光が射し込まない側のカーテンを閉めることで、反射光を最大限に活用している。

③温度・風

栽培期間中は循環扇、暖房機の送風ファンを常時稼働させて、ハウス内の空気を動かし、温度や湿度ムラの解消、キクの光合成促進をはかっている（第6図）。夏季は換気扇も常時稼働させて、室温の低下に努めている。

温度管理は暖房機や天窓のセンサー任せにせず、自分で実際に温度計を持ってハウス内を測定し、実温にもとづいて設定を行なっている。

④炭酸ガス

冬季はハウスの換気量が少なくなるため、日中の炭酸ガス濃度が低下する。そのため、現在3部屋で炭酸ガス発生装置を導入し、11月下旬から4月まで、日中外気と同じ400ppmの濃度を維持するよう管理している（第7図）。

(3) 生長・開花調節技術

①6～7月開花（精の一世）

'精の一世'の出荷は6月中旬から行なっている。定植は3月から始まり、定植から消灯まで約45日、消灯から収穫開始まで約47日、収穫終了まで約10日である。花芽分化抑制のための電照は深夜5時間、消灯時の草丈は65cm、消灯後のシェードによる短日処理は11時間日長としている。夜温は、消灯前は15℃、消灯後は20℃で管理している。定植本数は約170本/3.3m^2である。

②8～9月開花（精の一世）

高温による開花遅延が発生しやすい時期である。定植から消灯まで約45日、消灯から収穫開始まで約45日、収穫終了まで約10日である。花芽分化抑制のための電照は深夜5時間、消灯時の草丈は70cm、消灯後のシェードによる短日処理は11時間日長としている。定植本数は

約170本/3.3m²である。

③ 10～11月開花（精の一世）

生育前半は高温による立枯れ，後半は日照量の減少による開花遅延が発生しやすい時期である。定植から消灯まで約47日，消灯から収穫開始まで約45日，収穫終了まで約7日である。花芽分化抑制のための電照は深夜5～6時間，消灯時の草丈は70cmとしている。定植本数は約150本/3.3m²である。

④ 12～3月開花（神馬）

'神馬'は12月上旬から出荷を開始する。12月下旬から2月中旬までの開花作型では，日照が少ないためボリュームを確保しにくい時期である。定植から消灯まで約55日，消灯から収穫開始まで約45日，収穫終了まで約7日である。花芽分化抑制のための電照は深夜5時間，消灯時の草丈は70cmとしている。夜温は，消灯前は13℃，消灯後花芽分化期は16℃，発蕾期以降は15℃で管理している。定植本数は約140本/3.3m²である。

⑤ 4～6月開花（神馬）

'神馬'の二度切り作型となる。芽数を1株1本に整理することで，ロスのない揃った高品質の花を生産している。二度切り開始（芽の立上げのための蒸し込み開始）から消灯まで約55日，消灯から収穫開始まで約45日，収穫終了まで約7日である。花芽分化抑制のための電照は深夜5時間，消灯時の草丈は70cm，消灯後のシェードによる短日処理は10時間日長としている。夜温は，消灯前は13℃，消灯後花芽分化期は16℃，発蕾期以降は15℃で管理している。定植本数は約130本/3.3m²である。草丈を揃えるため，消灯前に草丈の長い株だけビーナインを拾いがけしている。

3. 栽培管理の実際

(1) 親株管理

'精の一世'は自家で親株を育成している。元親株は，10月および11月開花作型の切り下株を使用するが，そのさい，奇形花や伸長の悪い株，無側枝性の弱い株などの不良株は淘汰して，優良株のみ残すように選抜している。収穫後は切り下株をそのまま圃場で管理して，発生した冬至芽を12月下旬に採穂し親株とする。圃場は採穂後すぐに片付けて植付け準備を行ない，1月上旬に冬至芽を直挿し定植する。ハウスは13℃で加温し，1回ピンチを行なったあと，3月から採穂する。大苗をとるため，育苗面積は広く確保（生産面積の20％）し，採穂間隔は約30日である。

'神馬'は省力化とキクえそ病のリスク回避の面から，定植穂を全量購入している。

(2) 土壌管理と施肥

前作終了後，有機物主体の肥料を散布し，サブソイラーによる硬盤破砕を行なってから，D−D剤で土壌消毒を行なう。その後，化成肥料とともに腐植，有機石灰などの土壌改良資材を散布して，ロータリで耕うんする。施肥は基肥のみで，基本的に追肥は行なわない。

定植後は，作ごとに通路にサトウキビかすを

第1表 肥料などの施用例（神馬12月出荷の場合）

項　目	投入資材	商品名	成分（N−P−K）(%)	施肥量(kg/10a)	備　考
粗大有機物	牛糞堆肥 サトウキビかす	みなみエコユーキ ケイントップ	— —	4,500 600	3年に1回散布 毎作中に通路施用
土壌改良材	腐植資材 有機石灰 苦土石灰	アヅミン かきがらくん 活力	— — —	120 180 180	
基　肥	有機質主体肥料 化成主体肥料	幸運配合 エコロング426	5−6−5 24−2−6	280 280	140日タイプ。二度切り分を含む

輪ギク　生産者事例

10a当たり600kg敷き，土壌の乾燥を防ぐとともに，作付け終了後には切り株などの残渣とともに作土にすき込んで，有機物として供給している。また，牛糞堆肥10a当たり4,500kgを，3年に1回散布している（第1表）。

（3）直挿しの穂の準備

大苗直挿し用の穂の採穂前には，冷蔵中の穂の腐敗を防ぎ，また陰干しの時間を短縮するため，育苗ハウスの灌水をひかえ，水分量を減らす。穂は22～23cmの長さではさみで摘み，2～3時間陰干しして熱をとったあと，深さ30cmのコンテナに立てて詰める。いっぱいまで詰めたら穂の上に新聞紙をかけ，全体をポリフィルムで密封しない程度にくるんで，2℃の冷蔵庫に入れる。冷蔵期間はおおむね20日以内としている。

直挿しする4～7日前に冷蔵庫から出して，ポリフィルムと新聞紙を除き，コンテナに詰めた状態のまま，発根剤（オキシベロン液剤）と殺菌剤を入れた水で水揚げする。中古の浴槽に水揚げ用の水を入れ，これにコンテナ全体を10～15秒間浸漬する。その後1～2時間日陰で水切りをし，ふたたび新聞紙とポリフィルムに包んで，今度は5℃の冷蔵庫に入れておく。この処理により冷蔵中に発根準備が進み，直挿し後の発根が早まる効果がある。直挿しの前夜に冷蔵庫から出して，常温において慣らしておく。

購入穂（第8図）を定植する場合は，手元に届くまでに採穂から10日程度経過していることから，冷蔵庫での保管は7日以内としている。水揚げは直挿しの3日前までに行なう。購入穂は50本ずつ袋詰めされており，袋には横に穴があいているため，袋のまま水揚げ用の水槽に投入し，穴から水が入り気泡が出なくなるまで，全体を浸漬する。その後，袋の下側をあけてコンテナに立てて並べ，1時間半程度水切りを行なう。そしてコンテナ全体をポリフィルムで包んで，5℃の冷蔵庫に入れる。この方法で水揚げすることで，水揚げ時に袋から穂を出す手間が省け，定植時にも袋のまま配れるので，作業効率が良い。

（4）直挿し方法

定植前にうね立ては行なわず，ベッドになる位置に糸を張り，中央に灌水パイプを置いて，灌水チップの間隔を目安に直挿しを行なっていく。

大苗の直挿し方法は，穂を手に持って，そのままベッドへ約5cmの深さで挿す。大苗は茎が硬くなっているため，コテを使わずに片手で挿すことができる。

栽植方法は'精の一世'の場合，灌水チップ（40cm間隔）間に片側当たり4本×4列で16本植えと，3本×4列で12本植えを交互に行なう。フラワーネットは，13cm×13cm×8目で幅104cmのものか，14cm×14cm×7目で幅98cmのものを使用している（第9図）。フラワーネットを張ったあとの通路幅は27cm前後と狭く，

第8図　購入穂

第9図　フラワーネット

施設の利用率は約70％ときわめて高い。このため，ベッド内の1本当たり占有面積は140～148cm²と広いのにもかかわらず，3.3m²当たり定植本数は約170本を確保している。また通路幅が狭いことで，ベッドの外側の株が大きくなりすぎるのを抑えられる。

'神馬'の場合は，灌水チップ間の植え本数をすべて片側3本×4列の12本とし，栽植本数は3.3m²当たり約140本である。ベッド内で1本当たり占有面積は163～173cm²と大変ゆとりがあり，これが冬季の上位階級発生率を増やす一因になっている。

(5) 直挿し後の管理

直挿し後は十分に灌水を行なう。直挿し後すぐに1回目の手灌水を行ない，殺菌剤（リゾレックス粉剤）を散布して，2回目の手灌水を行なう。そして1～2時間後，灌水パイプを使って3回目の灌水を行なう。

直挿しの翌日，ポリフィルムによる被覆を行なう。フィルムは穴あきポリフィルム（500穴/m²，透明0.02mm）を年間通して使用している。'精の一世'では12～14日間，'神馬'では20日間被覆するが，途中の7日目と14日目に灌水パイプで1～2分灌水する。被覆の途中で灌水することで，発根と生育の揃いが良くなる（第10図）。

被覆中，天井部のシェードカーテンは，日中10cm程度隙間をあけて閉めておく。サイドのシェードカーテンは，日の入る方向は閉め，反対側は開けておく。朝夕は太陽の光を当てるため，日没の1時間前から日の出の1時間後まではシェードカーテンをすべてあける。ポリフィルムの被覆を取り外したあとも2日間ほど遮光を行ない，徐々に慣らしていく。遮光方法は，季節や天候に応じて調節する。

(6) 電 照

電照は蛍光灯で行なっている。昼光色で25Wのものを多く使用しているが，一部で赤色蛍光灯やLEDの試験も行なっている。設置間隔は，白熱電球と同じ約10m²に1灯である。電照時間は1年を通して，5時間電照（22～3時）で行なっている。

(7) 病害虫防除

春から秋にかけて，アザミウマの侵入防止のため，すべてのハウスの側窓や出入り口に，白色不織布を織り込んだ遮光ネット（商品名：スリムホワイト）を設置している。ネットは上部のみ固定して吹き流しとし，細かい目合いのネットは張っていないので，ハウス内の通気はきわめて良い（第11図）。

白さび病に対しては，動力噴霧機による定期的な殺菌剤散布とともに，夜間に硫黄くん蒸器による防除を行なっている。くん蒸器は11月下旬から7月上旬まで使用する。

(8) 収 穫

収穫は，JA愛知みなみ輪菊部会で決められ

第10図 直挿し後の被覆中の圃場

第11図 防虫用に設置している遮光ネット

た切り前基準に従って行なう。午前中にほとんどの収穫作業を終え，その後に選別調製を行なう。水道水で一晩水揚げ後に段ボール箱に詰めて，農協の出荷場に持ち込む。検査後，指定市場に出荷する。

4. 今後の課題

河合さんは，これまで多くの技術改良を行なってきたが，今後も新しい技術を積極的にとり入れていきたいと考えている。とくに冬季の環境制御については，まだ試行錯誤の段階であり，継続的に試験を行なっている。

また品種について，'精の一世'は伸びにくい，奇形花が発生しやすいなどの課題があり，種苗メーカーと連携しながら，より良い系統の育成に取り組んでいる。

清治さんは後継者への技術継承について，キクをよく観察し，作業の一つひとつがキクの生理生態と経営の合理化にもとづいて決定されていることを理解して，考えながら仕事をするよう促している。そして多くの優れた経営体に接したり，新たな技術を積極的に学び，変化を楽しみながら，経営の発展に取り組んでいけるよう期待している。

《住所など》愛知県田原市若見町亀太郎32
　　　　河合清治（75歳）・河合恒紀（46歳）
　　　　TEL. 0531-45-3263
執筆　坂場　功（愛知県東三河農林水産事務所田原農業改良普及課）
　　　　　　　　　　　　　　　　　2016年記

愛知県田原市　山内　英弘・賢人

〈輪ギク〉周年出荷

環境データの「見える化」への取組み
―精の一世と神馬の採用，炭酸ガス施用で高収量・経営安定―

山内英弘さん

1. 経営と技術の特徴

(1) 田原市の輪ギク生産の状況と課題

①栽培の歴史

　愛知県南東部の田原市は施設園芸を中心とした全国屈指の農業地帯である。なかでも輪ギクは全国一の産地として有名で，2014年度の生産実績は，栽培面積978ha，生産量3億5,083万本，生産額214億円となっている。生産農家は998戸で，大半が専業農家である。

　当地域の施設園芸での輪ギク栽培は，1937年の秋ギクのシェード栽培が始まりとされている。1948年には秋ギクの電照抑制栽培が試験的に導入された。その後，暖地の気象条件を利用し，無加温で2～3月開花までの作期拡大が図られた。

　1968年の豊川用水の通水に伴う土地基盤整備，周年化栽培の確立，制度資金の積極的な活用による規模拡大で，田原の輪ギク生産量は飛躍的に伸びた。

②生産組織

　輪ギク生産者のほとんどは愛知みなみ農協の組織に加入しており，経営方針の違いによって専作経営で共同選花場を利用する「TeamMAX」，専作経営主体で自家で出荷調製を行なう「TeamSTAR」，複合経営主体で輪ギクを生産する「TeamSKY」の3組織のいずれかに属している。いずれのTeamも全量共選共販を行なっている。

■経営の概要

経営　輪ギク専業
気象　年平均気温16.6℃，8月の最高気温の平均31.5℃，1月の最低気温の平均3.1℃，年間降水量1,985.5mm，冬季暖かく降霜はほとんどない
土壌・用土　壌土・耕土30cm
圃場・施設　ガラス温室20.5a（3棟），硬質ハウス54.5a（8棟）。いずれも加温，電照，シェード設備，自走式防除機を設置。育苗施設12.6a（3棟）
品目・栽培型　輪ギク（品種：神馬，精の一世）2015年度　神馬：定植8～1月，出荷11～5月，出荷量42万本，精の一世：定植1～8月，出荷5～11月，出荷量63万本
苗の調達法　自家育苗（精の一世の5月出荷作型のみ購入苗を利用）
労力　家族3人（本人，妻，長男），外国人技能実習生2人

　販売先は，関東方面を中心に関西，中京，東北と全国の市場に及んでいる。

③産地での技術・経営の課題

　産地では，経営の安定化を図るため，年間予約相対取引を主体にした販売に力を入れている。年度初めに規格別の契約単価を設定して，市場と週間取引数量を契約し，年間を通じた取引を行なっている。

　安定して輪ギクを出荷するには，部会員全員の栽培技術の高位平準化や病害虫などによるロスの低減が課題で，輪菊部会の栽培委員会が中

輪ギク　生産者事例

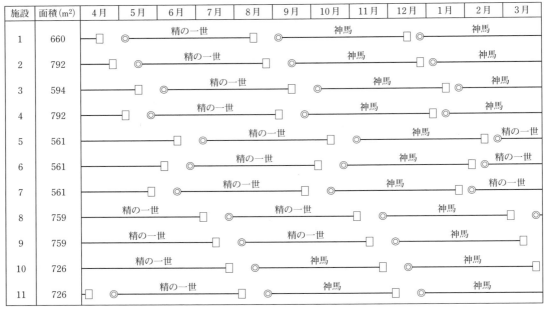

◎定植，□収穫

第1図　山内さんの施設利用体系
施設の5，6，7は3連棟，8，9と10，11は2連棟

(2) 経営と技術の特色

山内さんは，JA愛知みなみ輪菊部会「TeamMAX」に所属している。高校を卒業し，就農した1982年当時は，メロン＋輪ギク体系の15aの施設栽培と露地野菜の複合経営で，その後，3～5年ごとに規模拡大を行ない，1988年に輪ギク専作経営となった。現在，生産施設面積は75aで，すべてにシェードカーテン，暖房機，自走式防除機などが設置され，周年栽培を行なっている（第1図）。このほかに，6.6aと3aの育苗ハウスと，3aの挿し芽用ハウスがある。

施設の建設には農業改良資金，近代化資金，公庫資金などの制度資金のほか，国のリース事業を活用し，規模拡大をはかった。また，2012年度に施設園芸省エネルギー設備リース支援事業，2014年度に燃油価格高騰緊急対策事業の活用によりヒートポンプを導入し，暖房コストの低減に努めてきた。

品種は，5～8月盆までは'岩の白扇'，8月下旬～11月中旬まで'精の波'を栽培していたが，この時期の栽培は'精の一世'に替わった。この品種は2L規格の発生率がきわめて高く，市場からは仏花向けのL・M規格の出荷量を増やしてほしいという要望が高まった。そのため，単位面積当たりの定植本数を増やすことにより，上位階級から下位階級までバランス良

第2図　後継者の賢人さん

く出荷するように努めている。

秋ギクは2L発生率が低い冬場の収量増加を図るため，‘精興の誠’から‘神馬’へと切り替え，2011年11月に炭酸ガス（CO_2）施用機と併せて環境モニタリングシステムを導入した。一緒にシステムを導入した農家同士でデータを共有し，栽培技術の高度化につなげるための勉強会を立ち上げ，栽培環境の「見える化」に取り組んでいる。

2013年3月には長男・賢人さん（第2図）が就農したため，ハウス1棟を任せ，栽培技術を教えている。この指導にあたって，自らの経験や感覚を伝えるのはむずかしいが，モニタリングで得られたデータ（第3図）が大変役立っている。環境データと生育状況を見ながら教えることで後継者も理解しやすく，データにもとづいて意見交換ができる。このため勉強会へは親子で参加している。

賢人さん（26歳）は，大学卒業後，公益社団法人国際農業者交流協会が主催する海外農業研修のオランダコースに参加し，1年間スプレーギク農家で世界最先端の施設園芸を学んだ。オランダでは日射量に応じて灌水を行なっていることを学び，環境モニタリングシステムで日射量を確認し，日射量20MJ/m^2に対し5l/m^2を目安に行なっている。

施設1棟を任され，父親の栽培方法に自分の考えも取り入れて栽培し，就農1年後に行なわれた部会主催の圃場共進会で第1席を受賞した。

2．栽培品種と栽培管理

（1）精の一世

①品種の特徴と栽植方法

‘精の一世’は，立葉で密植しても茎が曲がりにくく，ボリュームもあることから多収栽培が可能である。このため部会では3.3m^2当たりの定植本数は，8月上旬開花の作型で‘岩の

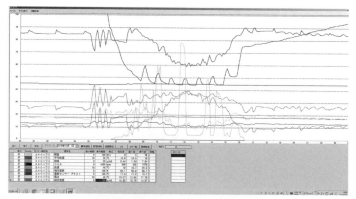

第3図　モニタリングのグラフ画像

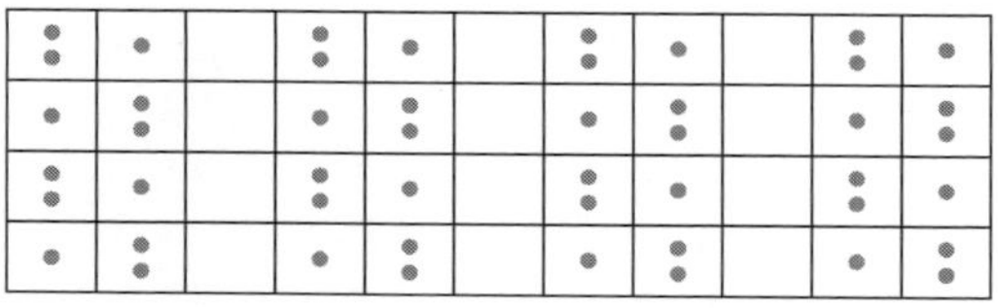

第4図　8月開花精の一世の栽植方法

白扇’の125〜135本に対し，‘精の一世’は160〜180本を基本としている。また，無側枝性が強く側枝・着蕾数がきわめて少ないため，摘芽・摘蕾作業の労力が大幅に削減できる。現在，‘精の一世’の出荷期間は5〜11月の7か月間で年間出荷の過半となり，部会の主力品種となっている。

山内さんは，2008年から‘精の一世’の栽培を開始した。自家育苗を基本としているが，5月出荷作型では苗数の確保がむずかしく，幼若性による開花遅延が起こりやすいため，この作型のみ購入苗を利用している。

この品種は，上位階級の発生率を低くし細いものまでバランスよく出荷することが課題である。8月開花の山内さんの栽植方法は，ネット目が11cm×11cmの11目のフラワーネットを使い，3.3m^2当たり190本定植している（第4図）。

②病害虫対策

‘精の一世’はハダニ，白さび病の被害を受けやすく，アザミウマ類が媒介するTSWV，CSNVに感染しやすい品種であるため，登録農

薬のローテーション防除を徹底している。

梅雨明け後の高温期には立枯れが発生しやすいため，毎作リッパーやサブソイラーによる深耕を行ない，クリンカアッシュ（火力発電所から排出される石炭灰を原料にした土壌改良資材）を土壌に混和し，排水性の向上をはかっている。灌水は，立枯れが発生しやすい高温期は，地温と灌水に使用している用水温が下がる夕方に行なっている。また，立枯れ対策のため通常より灌水量をしぼって栽培すると草丈の伸長が悪く栽培期間が長くなるので，セル成型苗を定植して栽培期間の短縮をはかっている。そのほか，ヒートポンプによる夜冷を行ない，夜間の温度を下げるようにしている。

③露心花対策

10月下旬開花以降は露心花になりやすい。これは総小花数が減り管状花数が多くなるためで，対策として再電照が有効である（第1表）。8月20日以前に消灯する作型では再電照の必要はないが，それ以降に消灯する作型では，花芽分化が3期後半から4期前半のタイミングで3時間，3日間が基本となっている。消灯10日後が目安であるが，花芽分化の進み具合は気象の影響を受けやすいので必ず検鏡し適期に行なっている。

また，低温下では花芽分化にバラツキが生じるため，外気温が17℃を下まわったら20℃で加温し花芽分化を揃えている。部会では10月に入ったら加温のセットをするようにしている。

(2) 神　馬

'神馬'は，'精興の誠'に比べ収量と2Lの発生率が高く，市場のニーズも高い品種である。管内では，鹿児島県から導入された早生系統と，当初導入された株由来の在来系統の2つの系統がおもに栽培されている。早生系統は，在来系統に比べ幼若性を獲得しにくいため在来系より最低温度は2℃低くしても栽培が可能で，厳寒期の栽培では暖房コストを削減できるが，ボリュームを確保しにくいため消灯時の草丈を在来系統より5cmほど長くする必要がある。山内さんは以前は2月開花までは在来系統を，3月以降は早生系統と時期により分けて栽培していたが，現在はボリューム確保を重視し全期間在来系統を栽培している。

部会では，取引市場と年間予約相対取引により，年間を通じて毎週，規格別に契約数量を出荷しており，12～2月出荷の2L出荷量確保が大きな課題となっている。これは，日照が少なくなるこの時期がもっとも2L規格の出荷量が少なくなるためである。

3. 炭酸ガス施用の取組み

寡日照期の2L規格の出荷本数と発生割合をできるだけ増やすため，炭酸ガス施用に取り組んでいる。

2010年，田原市内のトマト農家が，炭酸ガス施用と環境制御により増収させているとの情報を聞き関心を抱き，トマト農家を視察したこ

第1表　再電照の実施日数の違いが花弁数に及ぼす影響　　　　（田原農業改良普及課，2015）

区　名	舌状花数(枚)	管状花数(枚)	総小花数(枚)	舌状花率(%)
3日間再電照区	356.7	92.0	448.7	79.5
2日間再電照区	337.0	130.7	467.7	72.1
1日間再電照区	222.3	153.0	375.3	59.2
無再電照区	160.0	212.7	372.7	42.9

注　栽培概要は以下のとおりである
　　定植：7月28日，消灯：9月15日，再電照：9月26日～，開花：10月27日～

第5図　炭酸ガスの勉強会のようす

とがきっかけである。2011年11月，炭酸ガス施用機と環境モニタリングシステムを導入した。

輪ギク生産での炭酸ガス施用は，これまでに幾度か導入が試みられたが，効果がはっきりせず定着しなかった。山内さんは同じ轍を踏みたくないという思いから，導入と同時に有志を募り炭酸ガス勉強会を立ち上げ，農業改良普及課，市内の農業資材メーカーやJA，経済連とも連携して活動を開始した（第5図）。その活動をとおして，以下のことが明らかとなった。

(1) 炭酸ガス施用による増収効果

2013年3月開花の作型で，炭酸ガス施用区と無施用区を設け効果の比較を行なった。灯油燃焼式（ネポン社製8.07kg/h，燃料消費量3.2l/h）（第6図）で，定植日（12月9日）から消灯後34日（3月6日）までの87日間，1日の施用時間は午前8時から午後4時までの8時間とし，濃度制御器を利用して，施設内の炭酸ガス濃度が500ppmを下まわったときに施用機が稼働するように設定した。

①施設内炭酸ガス濃度

2013年2月16～18日（消灯後16～18日目）の3日間，環境モニタリング装置（誠和社製）を用いて施設内の炭酸ガス濃度を測定した。2月16日の天候は晴れで天窓が開閉したが，2月17日は薄曇り，2月18日は雨天のため天窓が

第6図 炭酸ガス施用機（右）と濃度制御器（左）

一度も開かなかった。無処理区の昼間の炭酸ガス濃度は，2月16日では天窓が開閉し換気されたが，炭酸ガス濃度は外気（400ppm）以下であった。天候が薄曇りで天窓の開閉がなかった2月17日は，外気より大幅に低く推移し，午後1時ごろには約100ppmまで低下した（第7図）。このことから曇雨天時の炭酸ガス施用の有効性が確信できた。

②収穫本数，切り花調整重

炭酸ガス施用により，1本当たりの切り花重が20％増加した。また，ボリュームが向上したことで，ロス率が11ポイント低下し，出荷本数が13％増加した（第2表）。

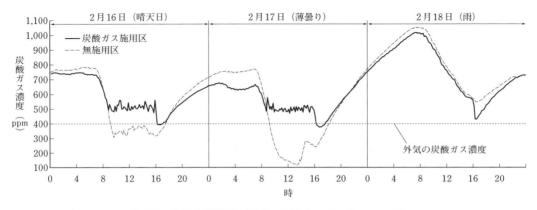

第7図 施設内炭酸ガス濃度の推移（2013年2月16～18日）

輪ギク　生産者事例

第2表　炭酸ガス施用と出荷本数・切り花重（品種：早生神馬）

区　名	出荷本数[1] （本/10a）	ロス率 （％）	平均切り花重[2] （g/本）
炭酸ガス施用区	42,300	6	61
無施用区	37,350	17	52

注　定植本数は炭酸ガス施用区，無施用区ともに45,000本/10a
　　1)　切り花長90cm，下葉20cm脱葉したときの切り花重が38g/本以上
　　2)　切り花長90cm，下葉20cm脱葉した切り花重の平均値

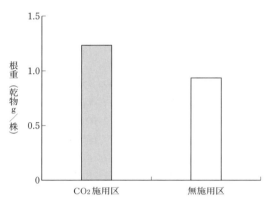

第8図　炭酸ガス施用における輪ギク早生神馬の開花時の根重

③開花時の根重

開花時の根重は，炭酸ガス施用区が無施用区より32％重く，炭酸ガス施用により茎葉とともに地下部の根重も増加した。炭酸ガス施用により茎葉だけでなく地下部の根へも光合成産物が転流していることが推測された（第8図）。

④費用対効果

費用対効果を本調査結果から試算すると，初期投資費用の約38万円（炭酸ガス施用機1台と濃度制御機1台の導入コスト）は，2年程度で回収できることがわかった。

(2) 日照が少ない時期の収量アップ

現在のところ炭酸ガスの施用方法は，施設内の炭酸ガス濃度が外気並の400ppmを維持することが適当と判断している。濃度制御装置

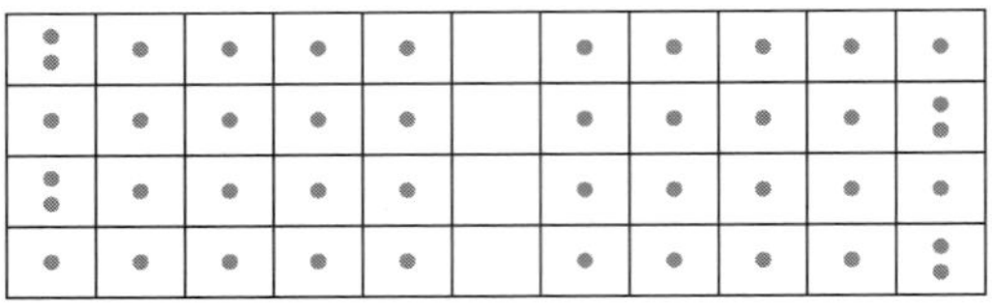

第9図　日照が少ない時期の神馬の栽培方法その1

による濃度制御のほかに，装置がない場合はタイマーで60分のうち15分施用するとおおむね400ppmを維持できるため，この方法で施用している生産者が多い。施用開始時間は，夜間に施設内の炭酸ガス濃度が高まるため日の出後1～2時間くらいは施用する必要はなく，400ppmを下まわる手前から開始し，16時ごろまで行なう。日中は，天窓が開いても施用している。

11cm×11cm×11目のネットを使い，3.3m²当たり160本定植（第9図）とした2016年1月開花の結果は次のとおりである。

栽培概要は9月25日定植，消灯は11月15日。ビーナインは11月1日に1,500倍，11月16日に2,500倍，12月24日に1,000倍で散布した。炭酸ガスは9月25日から1月3日までの間，1時間当たり15分施用する方法で，9時から16時まで施用した。再電照は暗期14日，夕方電照により15時間日長となるよう5日間行ない，収穫は1月3日から開始した。結果は，3.3m²当たりの出荷本数が144本，2L率は33％で，Teamの平均を出荷本数で27本，2L率で7.4ポイント上まわった。

2017年1月開花では，3.3m²当たりの出荷本数140本かつ2L率50％以上を目標としている。2L率をさらに高めるため，3.3m²当たり150本定植とし，各株により光線があたるよう3列続けて植えない栽植方法に取り組む予定である（第10，11図）。

4. 今後の課題

山内さんは，今後もさらに出荷量を増やすことを目指している。具体的には，施設規模を92aに拡大し，年間作付け回数を3作以上とし

3.3m²当たりの出荷本数を550本以上にしたいと考えている。年間作付け回数を向上させるためには，直挿し栽培をすべて発根苗定植に切り替え，1作当たりの栽培期間を短縮する必要がある。あわせて，環境データに基づく「見える化」の取組みを今後も継続し，日照が少ない時期の単位面積当たりの収量をさらに増やす栽培管理方法の構築が必要である。

《住所など》愛知県田原市江比間町字郷中43
　　　　　山内英弘（53歳）・山内賢人（26歳）
　　　TEL. 0531-37-0355
　執筆　大羽智弘（愛知県東三河農林水産事務所田原農業改良普及課）
　　　　　　　　　　　　　　　　　2016年記

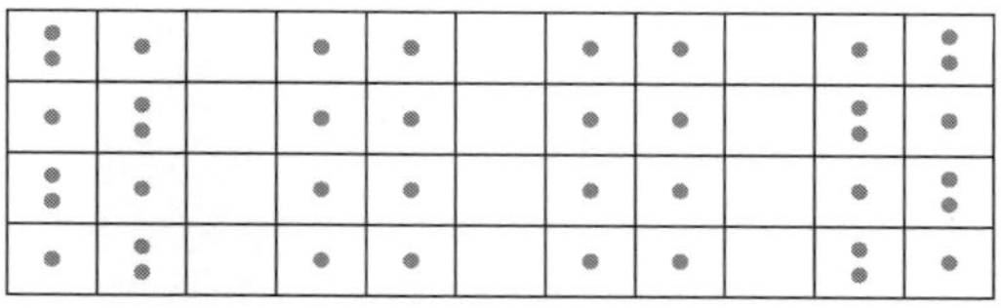

第10図　日照が少ない時期の神馬の栽培方法その2

第11図　実習生による定植のようす

奈良県北葛城郡新庄町　吉崎　光彦

〈輪ギク〉　5～9月出荷

二輪ギクの季咲き栽培，露地との組合わせ

―生長調節剤の適切な使用と蕾の選択による
　高品質切り花生産―

1．経営と技術の特徴

（1）産地の状況と課題

　奈良県新庄町は奈良盆地の西南部に位置し，西は大阪府に隣接している。町の西半分は山地で最高点は700m以上，東部は平坦地となり標高は80m程度である。大阪市の中心部まで電車で1時間弱という立地条件であるため今までは切り花や軟弱野菜栽培，酪農といった労働集約型の農業が盛んに行なわれているが，最近では都市化が進行し農業の占めるウエートが低下してきている。

　切り花キクの生産は大正時代の末期から始まり，第二次世界大戦前後の中断はあったが昭和30年代半ばには栽培面積，戸数とも最高になった。その後生産はわずかずつ減少し，現在は栽培面積25ha，生産者数80戸となっている。しかし，山地の東山麓で西日が早く遮られることや水はけがよいことなど，環境条件が適しているため現在でも高品質のキクの産地として評価されている。主要な作型は露地の季咲き栽培で約23ha栽培されており，施設栽培では半促成や電照の作型が栽培されているが，加温栽培はごくわずかである。キク以外の品目ではチューリップやフリージア，ユリなどの球根切り花やユーストマが導入されている。

　出荷組織はＪＡ大和新庄花卉出荷組合があり，町内の生産者の約3分の1が加入し，生産量の

■経営概要

経営	キクを中心とした切り花専作経営
気象	年平均気温15.0℃，8月の最高気温の平均32.0℃，1月の最低気温の平均−0.9℃，年平均降水量1,415mm
土壌・用土	壌土～砂壌土，有効土層40cm
圃場・施設	ビニルハウス8棟（計2,000m²）水田70a（うち30aにキク作付け）
品目・栽培型	一輪ギク（半促成，季咲き，電照），二輪ギク（季咲き），チューリップ，ユーストマ
苗の調達法	ミスト挿しによる自家育苗
労力	家族2人（本人，妻）

約半分を取り扱っている。

　新庄町の特産品である二輪ギクもほとんどが露地で，栽培面積は約10haとなっている。この二輪ギクは中輪の一重咲き品種を使って，1本の切り花に花を二輪つけて仕立てる。用途はおもに生花用であり，京都や大阪の市場に出荷されている。

（2）吉崎さんの経営と技術の特色

　吉崎さんは昭和35年に就農し，昭和42年からキク栽培を開始した。当初は露地栽培だけであったが，昭和50年からハウスを導入して，キクの電照栽培や半促成栽培を開始した。二輪ギクについてはキク生産に取り組んだ昭和42年から生産を始め，現在は5月から9月にかけて9品種，合計20a栽培している。

　ビニルハウスは2年3作の余裕をもった利用

輪ギク　生産者事例

第1図　収穫期の圃場
2～3うねごとに異なる品種を栽培している

体系で，夏期は湛水して連作障害の予防を行なっている。また，同じ理由で露地ギクも水稲との輪作を行なっている。作付け体系はキク中心であるが，夏場に収穫，芽かき，病害虫防除などの作業が集中し労働過重になりがちなので施設を有効に利用するとともに，露地栽培の品種組合わせにより，年間の労働の平準化と売上げの安定を図っている。平成6年の二輪ギクの品種別の栽培面積，生産量，単価は第1表のとおりである。

2．栽培体系と栽培管理の基本

（1）　生長・開花調節技術の体系

二輪ギクは基本的には季咲き栽培を行なっているが，一部の品種についてはエスレルを利用して開花を抑制し収穫期間を延長している。この場合は500倍液をピンチ直後とその10日後に施用している。効果は品種や環境条件によって異なるが，2回施用の場合最大2週間程度の開花抑制が可能である。

生長調節技術については，花首の伸長を抑制し，バランスのとれた草姿をつくるためにB－ナインを使用している。施用時期は摘蕾後で，濃度は400～600倍のものを1～2回茎葉散布する。濃度は品種や気温に応じて変えている。

（2）　品種の特性の見方と活用

二輪ギクの新品種は今までは県内外の種苗業者が少しずつ発表していたが，最近は業者も二輪ギクには力を入れず，新品種の発表はほとんどなくなってきた。このため，産地では以前からの定評のある品種を使うことが多くなってきている。ただ産地の生産者のなかには二輪ギクの育種を行なっている人が数人おり，これらの人が育成した品種も産地内では普及している。また，スプレーギクの品種のなかから草姿や花型が適している品種を選んで二輪仕立てにつくる場合もある。

吉崎さんも現在栽培している品種は十数年前からのものが多く，新品種の採用は少ないため，品種選択を行なう機会は少なくなっている。現在栽培している品種を選択したときには，次のような特性に着目して行なった。

- 花型：中輪の一重咲きのもので，花弁が波うったり反り返ったりせず，花弁どうしの間がすいていないもの。
- 花色：赤，ピンク系のものは高温で白っぽくならないもの。白系のものは心が青いほうが好ましい。
- 葉：立葉であまり大きくならず，しなやかなもの。
- 茎：一輪ギクに比べてやや細めでスプレーギクよりしっかりしているもの。茎の色が赤っぽくならないもの。
- 花首：一輪ギクにくらべて比較的よく伸びるもの。
- 白さび病，ハダニ，スリップスなどの被害が少ないもの。

（3）　環境管理と養水分管理のポイント

露地栽培の場合，圃場は前年

第1表　吉崎さんの二輪ギクの生産状況（平成6年）

品種名	色	出荷時期	栽培面積	単価(特級)	備考
フレンド	ピンク	5月下～6月中	7 a	65円	5 aはハウス
さざんか	〃	6．下～7．中	3	60	
ホワイトアンドホワイト	白	8．下～9．中	2	〃	
薄化粧	ピンク	8．下～9．上	1	50	
紅葉	赤	9．上	1	〃	
君が代	黄	9．中	2	〃	
蝶々	ピンク	9．中下	1	60	
京舞	〃	9．下	1	〃	

に水稲を作付けした水田を利用するが，できるだけ排水と日当たり（特に朝日）がよいところを選ぶ。

耕起は早めに行ない，定植の2週間以上前に元肥を施用する。元肥の量は窒素成分で10a当たり28kg程度であり，これはこの地域の一輪ギクの元肥施用量に比べて2割程度少ない。具体的な肥料の配合は第2表のとおりである。

うねは125cm幅で，かん水のためうね間に湛水することがあるので高さは30cm以上に盛り上げる。

マルチはうね立て後一度雨にあてて水分を充分浸みこませてから被覆する。マルチの種類は8月中旬以降に出荷する品種を作付けする場合は銀黒ダブルマルチを用い，それ以前の時期に出荷する場合は黒マルチを用いる。これは地温の調整をするためである。

かん水は定植直後はホースにハス口をつけて1株ずつ行なうが，梅雨の間はかん水は行なわない。梅雨明け後は根が充分に張っているので週に2回程度うね間に水を入れてかん水する。この場合，長時間湛水すると根いたみが起こりやすいので，2～3時間で水がなくなるように量を加減している。また夏の高温時には日中に湛水しないようにしている。

マルチ栽培であるため，追肥は原則的には施用していないが，気候条件などのために生育後半で肥料が切れてきた場合には液肥（500倍程度）を葉面散布する。

第2表 二輪ギクの肥料設計　　　(kg/10a)

	肥料名	成分量(%)			施用量	施用位置	備考
		N	P	K			
元肥	純有機	6	5	6	120	全層施用	有機配合
	あすか配合	8	6	6	120	うね心施用	〃
	菊配合	10	4	8	80	〃	〃
	A801	8	8	8	40	うね表面施用	普通化成

合計成分量(kg)　N:P:K=28:19.6:24

3. 栽培管理の実際

(1) 親株の選抜，親株管理

親株は前年に切り花した株をそのまま据え置いて使用するが，長年栽培をつづけている品種が多いので，ウイルス汚染には注意し，前年の収穫時期にウイルスの兆候が現われている株は抜き取っておく。また変異株などもこの時期に抜き取っておく。親株の本数は本圃1a当たり最低100株用意している。

親株の管理は品種・作型により異なる。主な作型別の管理は以下のとおりである。

6～7月咲きの品種（フレンドなど）：切り花終了後8月ころにマルチを取り除き，そのまま据え置く。秋に2番花が開花することが多いが，そのまま咲かせておく。かん水や施肥は行なわない。高温の時期にヘタにかん水すると株が枯れてしまうことがある。採穂の30日以上前にピンチを行ない，芽を揃えるようにしている。

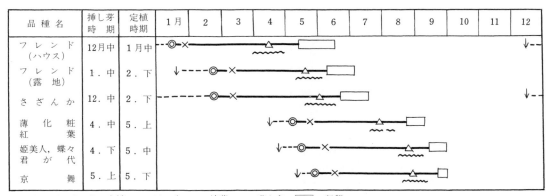

第2図　品種別の管理プログラム

輪ギク　生産者事例

第3図　育苗用ミストハウス

第4図　ミストコントローラ

ハウス栽培の株を親株にすると施設の利用効率が悪くなるので，露地栽培を併用し，露地の切り花後の株を親株にするようにしている。

8月咲き以降の品種：切り花後の株をそのまま越冬させる。冬の間の管理は乾燥がはげしい場合に時々かん水する程度である。

9月上旬咲きまでの品種の場合は，挿し芽までに充分地上部を生長させるため，3月ころにマルチを取り除きトンネルを被覆する。この場合も施肥はとりたてて行なわない。トンネルを被覆するとハダニの発生が早くなるので注意している。

9月中旬以降の品種：春からのトンネル被覆は行なわず，3月中旬にマルチをはがし，露地で管理している。

どの場合も次の作付けに病害虫を持ち越さないために注意している。特に白さび病やハダニ類については，ピンチや台刈り後の薬剤がかかりやすい状態のときに徹底して防除している。

(2) 育　苗

①採穂・調製

親株からよく充実し病害虫に侵されていない穂をとる。採穂時の穂の長さは約7cm程度で，手またはハサミで切り取る。採穂は朝夕の涼しく葉がしおれていないときに行なうようにしている。

採穂したら，下葉を取り除き，展開葉2枚程度にする。採穂前に殺菌剤を散布することが普通であるが，散布しなかった場合は穂を調製したあとオーソサイドなどの殺菌剤の液に穂を数秒浸漬することもある。また，採穂から挿し芽まで時間をおくときには挿し穂を束ねて水揚げをしておく。

②挿し芽床

挿し芽はミストかん水装置を設置した専用のハウスで行なっている。挿し芽床は高さ70cm程度のベンチに穴のあいたスレート板を敷き，まわりに10cmくらいの木枠を組んでつくっている。用土はピートモスとパーライトを等量で混合したものを用いている（第3図）。

ミストの制御はシーソー式のミストコントローラを利用し，床土の表面が乾く前にミストが出るようにしている（第4図）。

③挿し芽とその後の管理

挿し芽の時期は第2図に示したとおりであるが，調製した挿し穂の切り口に発根剤をつけ，挿し芽床に2〜3cmの深さに挿す。挿す前に用土には充分かん水をしておく。用土が乾燥しきっている場合はピートモスが水をはじき，水分がムラなく用土にしみわたりにくいので，かん水には充分注意している。

挿し芽の間隔は条間・株間とも4〜5cmが標準で，挿し穂の葉の大きさによって調節している。

挿し芽後のかん水は上記のとおりミストにより行なっている。温度管理については，ハウスのサイドの開閉で調節する。加温は行なっていない。

（3） 植付け～栄養生長期間

①定　植

定植時期は第2図に示した目安で行なっているが，発根が遅れている場合は定植も遅らせ，根が10cm以上伸長していたら定植するようにしている。

定植前にうねの上に20cmマスのフラワーネット（幅3マス分）を張っておき，このネットの目に合わせて両端の2条に1マス2株ずつ定植する。こうすることにより株間10cm，条間40cmの2条植えになる（第5図）。

②摘心，整枝

通常の場合，定植後7～10日経過すると根が活着するので，そのころに摘心する。摘心部位はできるだけ茎の先端部を小さく取るようにしている。深く摘心するとその後の枝の揃いが悪くなる。

摘心すると側枝が何本も伸長してくるので，草丈が30cm程度になったときに生育の揃った枝を残して間引きする。吉崎さんの場合は3本残す株と4本残す株が交互になるように整枝し，平均3.5本になるようにしている。

第5図　定植方法
20cmマスのネットに2株ずつ定植する

③病害虫防除

問題となる病害虫は白さび病，褐斑病，立枯

第3表　主な病害虫とその対策

病害虫名	発生，被害の状況	耕種的防除方法	使用薬剤	備考
白さび病	梅雨・秋雨の時期に低温ぎみだと発生が多くなる	被害の少ない品種の選択	マンネブダイセン，ダイセンステンレス，サプロール，ラリー，アンビル	ダイセン類は葉が汚れるので初期のみ使用
褐斑病	雨季に発生する	雨よけ栽培すると発生は減少する	トップジンM，ダコニール	
立枯病	定植後の高温，多肥栽培で多発する	銀マルチの使用。定植位置の近くに肥料がかたまらないようにする	バシタック，リゾレックス，ダコニール（株もとかん注）	
ハダニ類	高温乾燥で被害が多い。葉をしおれさせると被害が上位の葉まで拡大しやすい	日中にも葉をしおれさせないように管理	オサダン，ダニトロン，ピラニカ，ニッソラン，マブリック，ケルセン	親株，挿し芽床からの初期防除が効果的
スリップス類	夏～秋に被害が多い。花が被害を受けると商品価値が低下する	品種により被害に差があるので，被害の少ない品種の選択	マラバッサ，オルトラン，マラソン，アドマイヤー，トクチオン，デス	破蕾前に防除の徹底
マメハモグリバエ	奈良県では平成6年から発生が確認された。ハウス栽培に発生が多い	被害葉の除去	カルホス，カスケード，パダン，エビセクト	マルチ栽培のほうが発生が少ない
オオタバコガ	平成6年に発生が多かった。夏～秋に蕾を次々に食害し，花の中にももぐり込む	被害のわりに虫の密度は低いので捕殺の効果は高い	カルホス，カスケード，アタブロン，ガードジェット	幼虫は常時茎の上部にいる

輪ギク 生産者事例

第6図 摘蕾作業

第7図 摘蕾後
頂蕾と側蕾1個を残す

病，アブラムシ類，ハダニ類，スリップス類，オオタバコガ，ハモグリバエ類などである。このうちでも特に白さび病，ハダニ類，スリップス類による被害が大きい。

防除については，被害の少ない品種の選定や，マルチ栽培の採用などの耕種的防除とともに，薬剤防除についても発生前や発生初期の防除を心がけ，被害を最小限にとどめるようにしている。使用薬剤は第3表のとおりであるが，耐性菌や抵抗性害虫の出現を抑えるため系統の異なる薬剤を輪番で散布している。

(4) 花芽分化・発達〜出荷

①芽かき

頂芽が花芽分化すると脇芽が伸長し始めるので，開花の1か月以上前にこの脇芽を取り除く。芽かきが遅れると芽を取り除いたあとの傷口が目立つため見た目が悪くなるうえに，脇芽が硬くなり作業性も低下する。このため，指で脇芽を押し曲げてポロッと折れるとくらいの時期に作業するようにしている。

②摘蕾

開花の1か月前ころには，蕾が外から見えるようになってくる。通常は頂蕾のほかに数個の側蕾がかたまっているので，少し蕾が生長し指ではずせるようになったときに頂蕾と側蕾1個を残して，蕾をかき取る。側蕾は頂蕾と発達程度が近く，その蕾の下に止葉ができるだけついていないものを選んで残すようにする（第6図，第7図）。頂蕾と側蕾の発達程度が違いすぎる場合が天候などの影響で時々起こるが，この場合は節間伸長している部分を1葉切り戻して腋芽を伸長させ，その頂蕾と側蕾を利用する。ただこのようにすると，開花時期が1週間程度遅れるうえに茎が曲ってしまい商品価値は低下する。頂蕾をとばして側蕾2個を残すと2花の段差がなくなり，二輪ギクといえないただの二又のキクになってしまう。

③生長調節剤処理

止葉の大きさと花首の長さのバランスを整えるとともに，2花の微妙な段差をつけるため，摘蕾後頂蕾の花首が伸長を始める前にB－ナインを散布する。

この作業は頂蕾と側蕾の花首の伸長時期が少し違うことと，B－ナインの効果の持続期間が短いことを利用している。このため，処理時期が大幅に早い場合は花首が伸びすぎて止葉とのバランスが悪くなり，適期より少し早い場合は側蕾の花首が伸びすぎて2花の間隔が開きすぎてしまう。逆に適期より少し遅れると側蕾の花首の伸長のみが抑制され，2花の段差がなくなり，ひどい場合は側蕾のほうが頂蕾より低くなってしまう。

B－ナインの濃度については400〜600倍の範囲で施用しているが，同じ品種でも施用時期や気候条件により反応が異なるので，施用後の天候を予想しながら経験で濃度を決めている。

第4表 二輪ギクの選別基準

等級	花	茎葉	病害虫	切り前	長さ(cm)	重量(g)
特級	品種の特性を保持し、色沢、形状、鮮度が良好で全く異常がないもの	葉の色沢、形状とも良好で軟弱徒長しておらず、曲がり損傷のないもの。花・茎・葉のバランスのよいもの	病害虫および薬剤汚染が全く認められないもの	適期でよく揃っているもの	80以上	40以上
1級	品種の特性を保持し、色沢、形状、鮮度が良好でほとんど異常がないもの	葉の色沢、形状とも良好で軟弱徒長しておらず、曲がり損傷の少ないもの。花・茎・葉のバランスのよいもの	病害虫および薬剤汚染がほとんど認められないもの	適期でよく揃っているもの	70以上	30以上
2級	1級品に次ぐもの	1級品に次ぐもの	1級品に次ぐもの	適期でよく揃っているもの	60以上	25以上

④収穫・出荷

収穫・出荷は出荷日（セリ日の前日）の早朝から収穫を行ない，午後に選別・調整・荷造りし，夕方に集荷場へ持ち込むという日程である。

収穫はがくから花弁が1cm程度出てきたころに行なっているが（第7図），5月や10月の気温の比較的低い時期にはもう少し咲かせてから収穫する。

収穫後の花は作業舎に運び，機械で下葉をかき取った後，第4表の選花基準により特級，1級，2級に選別する。品種数が多いため機械選別は行なっていない。手作業で選別しながら残った腋芽をはずすなど，調整作業も同時に行なっている。選別後の花はござに巻いて水揚げをする。

荷造りは10本を1束にし，100本もしくは200本を1箱に詰めて出荷する。

（5） 生産性向上対策と今後の課題

二輪ギクは一輪ギクに比べて面積当たりの投入労力が多く，なかでも芽かきと病害虫防除には多くの時間を費やしているので，この作業の省力化が今後の課題となっている。一輪ギクのような無側芽性品種の育成が望まれている。病害虫防除については自走式の防除機が出回り始めているが，うね間に水がたまった条件での走

第8図 切り花適期の二輪ギク（ホワイトアンドホワイト）

行性などの問題があり，この改善が普及の条件となっている。

▶住所など　奈良県葛城市南藤井165
　　　　　　吉崎　光彦（54歳）
　　　　　　ＴＥＬ　074569-7278
〈執筆〉　大辻　純一（奈良県高田地域農業改良普及センター）

1995年記

香川県高松市　福家　和仁

〈輪ギク〉周年出荷

白輪ギクにフルブルームタイプ，ディスバッドタイプを取り入れた経営

―こだわりの土つくりと仕立て方による高品質栽培―

1. 経営と技術の特徴

(1) 経営の概要

高松市香南町は，香川県の中央部，高松市南西部に位置し，年平均気温15.1℃，年間降水量1,262mmと温暖な気候を利用して，町全体の5割近くを占める農地では，米作のほか富有柿などの果樹栽培を中心に，さまざまな園芸作物が栽培されている。

1989年には同町南部に高松空港が開港し，これを機会にさまざまな企業が進出し，空港周辺に公園や体験型農業施設などの観光施設も整備され，田園環境と空港を生かした町づくりが行なわれている。

福家氏は香川県内の3戸のキク栽培農家で構成される「ほわいとマム」に所属しており，年間を通じて白輪ギクの生産・販売を行なっている。「ほわいとマム」では年間60～75万本の白輪ギクを業務用として県内市場中心に出荷しているが，そのうちの約7割を福家氏が占めている。「ほわいとマム」の栽培品種は，夏秋ギク'精の一世'，秋ギク'神馬'がほとんどで，90cm規格で出荷している。福家氏はそれ以外にディスバッド・マム，夏秋スプレーマムなどの生産・販売にも取り組んでおり，それらも年間10～15万本出荷している。

福家氏のキク栽培は，父親・和幸氏（60歳）の代から始まり，40年以上経過している。和仁氏も父親とともにキク栽培に取り組むため，

■経営の概要
経営　キク切り花専業
気象　年平均気温15.1℃，年間降水量1,262mm
土壌・用土　壌土。花崗土など客土，毎作ごとに有機物投入，作土30cm
圃場・施設　施設面積1,600坪（ほとんどは鉄骨ハウス），硬質ビニール被覆，電照施設，シェード施設
品目・栽培型　精の一世：5～11月出荷，出荷量25万本
　神馬：12～4月出荷，出荷量20万本
　ディスバッド・マム：4～7月・10～12月出荷，出荷量15万本
苗の調達法　ほとんどは購入（全量購入を検討中）
労力　本人，父母，パート10名程度

高校卒業後広島県のキク種苗会社で1年間研修を受け就農，現在に至っている。

パイプハウス中心の栽培から，1993年に700坪，2002年に1,000坪，鉄骨ハウスを増設し，現在は施設面積1,600坪で，そのほとんどが軒高3m以上，最高部5m以上と背丈の高い鉄骨ハウスである（第1図）。そのすべてに被覆は硬質ビニールを用いており，サイドは上下2段で，巻き上げによって完全に開放することが可能である。電照施設はもちろん，シェード施設もすべてのハウスに設置している。

(2) 技術の特徴

香川県のキク栽培は生産者の高齢化，販売単価の低迷，生産コストの高騰などから栽培面積

輪ギク　生産者事例

第1図　鉄骨ハウスの栽培温室

第2図　スーダングラスのマルチ

の減少が続いており，短茎栽培の導入などによる施設利用率向上や野菜との複合経営に転換する農家が増加している。そのようななか福家氏は，キク本来の美しさを引き出すことに重点を置き，出荷規格も従来からの90cmで通している。

スプレー・マムの腋芽を取り除いて一輪の大輪に仕立てるディスバッド・マム，その花を満開まで開花させて出荷するフルブルームタイプへの取組みもその一環であり，「消費者にキク本来の姿を見てもらいたい」「キクのイメージを変えて，ダリアのような洋花としての用途を増やしたい」という考えで，7～8年前から取り組んだ。

また，重油高騰の折，低温開花性品種を導入してコスト低減をはかるキク栽培農家が多いなか，キクの生育に適した環境条件を確保することを主体に考えて温度管理などを行なっている。費用も手間もよけいにかかるが，吹き付け式遮光材を4月下旬と7月中旬の年2回（2回目は1回目のものが少し残っているので薄めに）かけるというのもまたその1つである。

土つくりには労力を惜しまず，5～6年に一度，パワーショベルを用いて天地返しを行なうとともに，毎作乾燥して裁断されたスーダングラスを定植後の保水性確保，抑草効果および地温維持を兼ねたマルチに用い（第2図），収穫後は土つくりの一環としてすき込んでいる。

(3) 栽培の課題

今後の栽培上の課題としては，よりいっそうの品質向上と安定供給，そして品質の伴った規模拡大を目指している。毎年のように新品種を導入し，10年後を見据えた新商材に取り組んでおり，失敗と成功を繰り返しながら，日々探求心をもってキク経営を営んでいる。

2. 栽培体系と栽培管理の基本

(1) 白輪ギクの生長・開花調節技術

経営の主体となる白輪ギクは夏秋ギク'精の一世'，秋ギク'神馬'が主体である。第3図に示すように，5～11月が'精の一世'，12～4月が'神馬'となっており，間にディスバッド・マムなどの品種を挟むときもあるが，'精の一世'2作＋'神馬'1作という作型が基本となっている。

①神　馬

定植時期は9月上旬～12月下旬で，定植直後から電照を行ない，電照時間はすべての作型において，伸長を促すために8時間（20～4時）で通している。直挿しから消灯までの日数は12月出荷が50日程度，1月出荷が55日程度，2～3月出荷が58日程度，4月出荷が60日程度で，消灯時の目安は60～65cm程度としている（第4図）。

栽培温度は2月以降の作型では定植直後から

白輪ギクにフルブルームタイプ，ディスバッドタイプを取り入れた経営

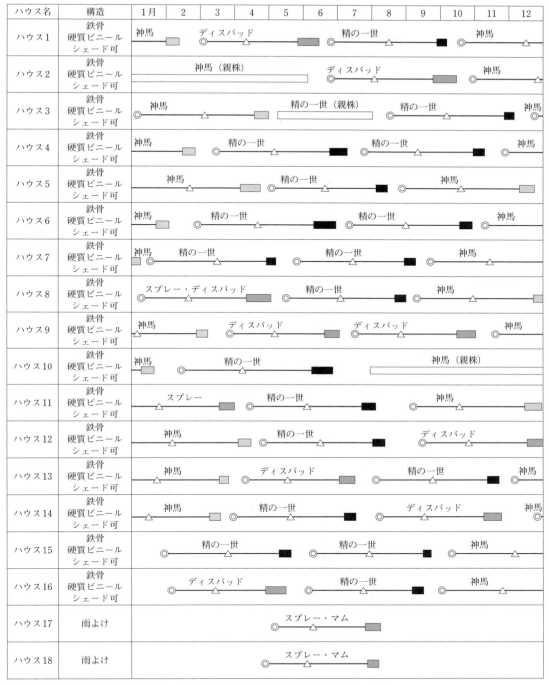

◎ 定植　△ 消灯　■ 収穫（精の一世）　▭ 収穫（神馬）　▬ 収穫（ディスバッド・マム）

第3図　2012年の作付け実績

各面積は100坪

輪ギク　生産者事例

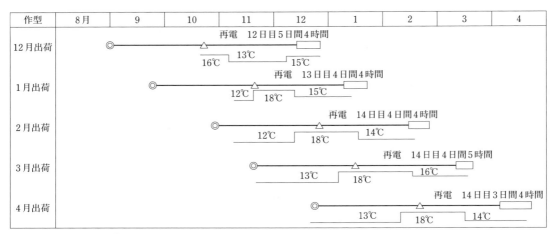

第4図　神馬の主要作型（2011～2012年実績による）

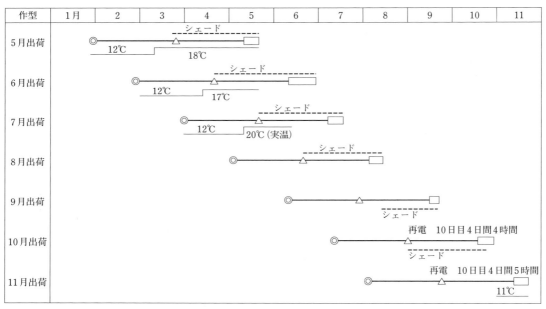

第5図　精の一世の主要作型（2012年実績による）

12℃とし，花芽分化温度は消灯10日前から18℃に上げ，摘蕾ころからは14～16℃に下げる。12～1月出荷では，花芽分化前日程度から16～18℃に上げる。

再電照は12月出荷は消灯12日目から5日間，1月出荷は13日目から4日間，2～3月出荷は14日目から4日間，4月出荷は14日目から3日間行なう。

②精の一世

定植時期は1月下旬～8月上旬で，定植直後から電照を行ない，電照時間はすべての作型において，伸長を促すために8時間（20～4時）

で通している。直挿しから消灯までの日数は，5～6月出荷が53～55日程度，7～11月出荷が48～50日程度で，消灯時の目安は60cm程度としている。

加温は花芽分化が5月となる7月出荷までは行ない，通常は定植後は12℃で加温し，消灯10日前から17～20℃程度に上げ，花芽分化の状況を見ながら加温を停止する。5月から10月中旬出荷まではシェードを行ない，それによって消灯から45～47日で採花が可能である。10～11月出荷は消灯以降気温が低下するので，うらごけ防止のため消灯10日目から4日間再電照を行なう。また，消灯からの到花日数も48～55日程度まで延びる（第5図）。

(2) ディスバッド・マムの生長・開花調節技術

ディスバッドは，スプレー・マムの腋芽を取り除いて一輪の大輪に仕立てるその栽培方法を指す。さまざまな形や花色（第6図）があり，通常の輪ギクとは違い，ダリアのように洋花として利用される場合も多い。現在，福家氏が栽培している品種は試作品種も含めると20品種程度である（第1表）。なお，品種によって，到花日数などには若干の差がある。現在の出荷時期は4～7月，10～12月であり，発色不良，日持ちの低下，花弁数の減少などの症状が見られる夏期，冬期の出荷作型には取り組んでいない。

①4月出荷

直挿しは1月上旬で，直後から加温・電照を開始する。加温温度は13℃から開始し，花芽分化温度は消灯10日前から18℃に上げ，摘蕾ころからは14℃に下げる。直挿しから消灯までの日数は42日程度で，消灯時の目安は50cm程度としている。消灯からの到花日数は48日程度である（第7図）。

②5～6月出荷

直挿しは2月中旬～3月中旬で，直後から加温・電照を開始する。加温温度は13℃から開始し，花芽分化温度は消灯10日前から18℃に上げ4月下旬ころ，外気温を見ながら加温を止めてハウスを開放する。直挿しから消灯までの日数は38日程度で，消灯時の目安は50cm程度としている。消灯からの到花日数は45日程度である。

③7月出荷

直挿しは4月中旬で，直後から加温・電照を開始する。加温温度は20℃から開始し，外気温を見ながら加温を止めてハウスを開放する。直挿しから消灯までの日数は38日程度で，消灯時の目安は50cm程度としている。消灯からの到花日数は45日程度である。

第6図 形や花色が豊富なディスバッド・マム

第1表 ディスバッド・マムの栽培品種

品種名	特徴		フルブルームの可否
	色	咲型	
アナスタシアグリーン	緑	スパイダー	○
アナスタシアスターピンク	ピンク	スパイダー	○
エストレージャ	白	デコラ	○
オペラオレンジ	オレンジ	デコラ	
オペラノヴァ	ピンク	デコラ	
オリーブ	緑	ポンポン	
シャガール	ピンク	デコラ	○
シレンシオ	淡茶	デコラ	○
ゼンブラライム	白, 緑	デコラ	○
デリウィンドイエロー	黄	デコラ	
デリウィンドブロンズ	茶	デコラ	
デリウィンドライラック	紫	デコラ	
パンテオン	赤	デコラ	
フエゴダーク	赤, 茶	デコラ	○
ロサーノダーク	ピンク	デコラ	○

輪ギク　生産者事例

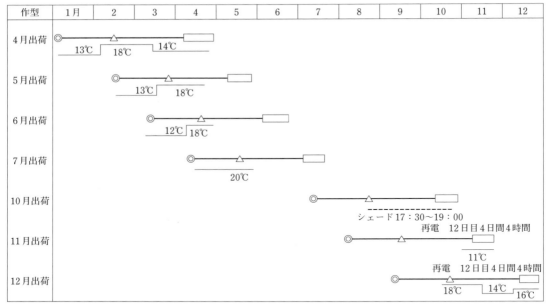

第7図　ディスバッド・マムの主要作型（2012年実績による）

④ 10月出荷

　直挿しは7月中旬で，直後から電照を開始する。直挿しから消灯までの日数は40日程度で，消灯時の目安は50cm程度としている。消灯後17：30～19：00でシェードを開始し，消灯後12日目から5日間シェードを停止，再開後は収穫まで継続する。消灯からの到花日数は50日程度である。

⑤ 11月出荷

　直挿しは8月上旬で，直後から電照を開始する。直挿しから消灯までの日数は40日程度で，消灯時の目安は50cm程度としている。11月に入ると収穫終了まで11℃程度で加温する。消灯からの到花日数は55日程度である。

⑥ 12月出荷

　直挿しは9月中旬で，直後電照を開始する。加温は消灯10日前から18℃に上げ，摘蕾ころからは14℃に下げ，収穫10日前ころから16℃に上げる。直挿しから消灯までの日数は43日程度で，消灯時の目安は50cm程度としている。消灯からの到花日数は53日程度である。

（3）フルブルームタイプの生長・開花調節技術

　フルブルームタイプで出荷する品種は，輪ギクやディスバッド・マムのなかから，満開にしても形状が崩れないもの，日持ちのするものを選んで取り組んでいる。

　フルブルームタイプとして出荷する個体は，蕾の時点で，茎が太く，花が大きくなりそうなものを選定する。また，通常出荷終了後も満開になるまで圃場で咲かせることから，狭い通路を通るさい花弁をいためないように，できる限りうねの中央付近の個体を選定する。

3．栽培管理の実際

（1）土つくりと施肥

　土壌の作土層を確保するために，5～6年に一度，パワーショベルを用いて，50～60cm程度掘り起こして天地返しを行なっている。また，そのさいに必要に応じて客土をする。毎作，直挿しの被覆ポリを新調すると同時に，スーダングラスを保水性確保と抑草効果，地温維持を

兼ねたマルチに用い，収穫後は土つくりの一環としてすき込んでいる。また，暗渠はすべてのハウスに3～4m間隔で設置している。

土壌消毒はD-Dを用いて収穫終了時に毎回実施する。

施肥は全量基肥で行ない，肥料に応じて土壌消毒の前とうね立て時にそれぞれ施用する。ぽかし肥料が中心であるが，毎作ごとに肥料の種類，施用量を変え，とくにディスバッド・マムは花弁がいたみやすいことから，窒素成分は化成肥料は使わず，ぽかし肥料のみとしている。

(2) 定　植

定植はすべて直挿しとし，無摘心で栽培する。以前は，栽培期間短縮を目的に，20cm程度の大苗直挿しを行なっていたが，栽培面積を拡大していくなかで現在はほとんどの穂を購入しており，今後全量購入を検討していることから，通常の長さの挿し穂を直挿しに利用している。

直挿しする前に散水パイプとフラワーネットを設置し，マス目を目安に定植する（第8図）。フラワーネットは12cm×8目を用い，マス目に1株を基本に定植すると約160株/坪となり，'神馬'はその方法で定植している。特級率の高い'精の一世'は両端のマス目には2本ずつ入れることによって，定植本数は190本/坪となる。しかし，ハウスの谷など生育条件の悪いところでは1マスに1本とするなど，細やかな工夫も行なっている。

定植したら，その上から0.02mmポリフィルムをかぶせる。高温になりやすい3～11月は有孔ポリフィルムを用いる。活着しポリフィルムを剥がすまでは，直射日光の強い時間帯のみ70％程度の遮光を行なう（第9図）。灌水は，ポリフィルム被覆前にたっぷり行なうが，ポリフィルム被覆期間中に一度散水パイプを用いて灌水を行なう。ポリフィルム被覆期間は，温度が高い時期で最短11日程度，低い時期で最長22日程度となっている。

(3) 水管理・温度管理

灌水は散水パイプを用いて行なう。根を地下深くまでしっかり張らせるために土つくりに力

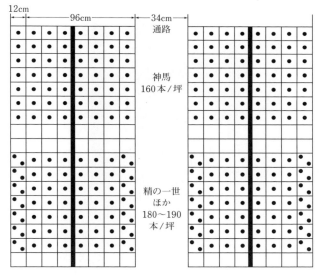

第8図　定植方法

第9図　定植とその後の管理
①定植は直挿しで行なう，②ポリフィルムをかぶせる，③直射日光が強い時間帯は遮光を行なう

輪ギク　生産者事例

第10図　三分咲きでネットに入れる
（ディスバッド・マム）

第11図　出荷をひかえたフルブルームタイプ（ディスバッド・マム）

を入れているが，灌水も必要以上にやらないように心がけている。冬期であれば15～25日間隔，夏期であれば7～12日間隔で行ない，地下深くまで水が浸透するようたっぷり灌水する。これによって，根が弱く夏期に立ち枯れを起こしやすい'精の一世'も地下深くまで根が入り込み，優良な品質の切り花が得られる。

　栽培温度は4段サーモを用いて変温管理を行なっている。通常は一定の温度で管理するが，花芽分化期は夕方から深夜までは17～19℃に加温し，早朝のみ2～3℃程度下げる。5月であっても花芽分化期は十分な加温を行なうよう心がけている。

（4）採花と鮮度保持

　採花は必ず早朝に行ない，高温時には行なわないようにしている。収穫した切り花は冷蔵庫内で3時間吸水し，そのさいには殺菌剤を中心とした品質保持剤を用いる。

①ディスバッド・マム

　摘蕾は基本的に輪ギクと同じであるが，やはり花の美しい品種ほど腋芽も勢いがある傾向があり，葉も同時に取れやすいため，輪ギク以上に気をつかいながら労力を要する作業である。三分咲き程度の時点で第10図のようにネットに入れる。その後3～7日程度で採花して鮮度保持処理を行ない，縦箱に40～50本入りで出荷する。

②フルブルームタイプ

　通常のディスバッド・マム収穫後約7～10日経過した程度で収穫する。第11図のように不織布で包み，満開になった時点で採花する。鮮度保持処理後，縦箱で出荷するが，花が大きく揃えられないため，段違いに組んで20～30本入りで出荷する。

4．今後の課題

　2013年のような夏季の異常高温の状況下では，香川県内でも花弁のねじれなど奇形花が多く発生しているが，福家氏は高軒高の施設を用い，しっかりとした土つくりでキク品種の特性を活かした栽培管理を行なうことによって，安定的に高品質な切り花の供給を行なっている。

　しかし，毎年のように新品種，新技術の導入に取り組む福家氏にとって，品質向上と安定供給は重要な課題であり，今後の大きな目標は，高品質を維持したままの規模拡大である。そのためには，福家氏の右腕となって共同経営できるような技術者の育成が重要であると考えている。

　現在，福家氏の栽培管理履歴などは表計算ソフトに記帳され，そのファイルをタブレット端末で持ち出して圃場で閲覧している。今後はリアルタイムで圃場の状況が把握できるとともに，新規参入者でも参考になるよう過去の履歴

も簡単に閲覧できるように，よりいっそうの
IT化を進めていきたいと考えている。
《住所など》香川県高松市香南町岡1019
　　　　　福家和仁（30歳）
　　　　　TEL. 090-7624-8624
　執筆　村口　浩（香川県農政水産部農業経営課）
　　　　　　　　　　　　　　2013年記

福岡県筑後市　近藤　和久

〈輪ギク〉周年栽培

神馬と優花，精の一世の省力安定生産技術

―根域を広げる土つくりと雇用労力の活用―

1. 経営と技術の特徴

(1) 産地の状況

八女地域は福岡県南部に位置し，南は熊本県，東は大分県と隣接しており，東部は山間地や丘陵台地，北は600〜800m，東および南を300〜1,000mの山が囲んでいる（第1図）。西は筑後平野の一部をなしており，茶やイチゴなどそれぞれに特色を生かした農業生産が行なわれており，電照ギクもその一翼を担っている。年間の平均気温が16.3℃（アメダスデータ，地点：久留米）で温暖な気候であるが，日本海側気候で冬季は曇天となる日が多く，年間の日照が1,972時間（地点：久留米）である。

当地域でキクの栽培が始められたのは1947年で，1950年には電照栽培が開始されている。電照ギクの組織は1956年に「忠見農協花き組合」が結成され，1960年には「八女市花卉園芸組合」に改組され，全国に先駆けて共選共販が行なわれた。八女市花卉園芸組合は生産組合と出荷組合の機能を併せ持ち，生産者運営による生産から販売まで一貫した体制によって産地を形成した。その後，2000年に農協部会へ移行し，現在の「福岡八女農業協同組合八女電照菊部会」となっている。部会内の組織構成として，販売部，指導部，育苗センター部のほかに10支部があり，生産者とJAによる検査体制や月1回の現地圃場巡回，育苗センターの巡回など生産者が主体となった取組みを行なう組織と

■経営の概要

経営　輪ギク切り花専業
気象　年平均気温16.3℃，年間降水量1,884mm，年間日照時間1,972時間，日本海側気候で冬季は曇天が多い
土壌・用土　灰色低地土
圃場・施設　ガラスハウス4,570m²，硬質フィルムハウス630m²，補強型パイプハウス2,145m²，総施設面積7,345m²
品目・栽培型　輪ギク周年出荷，年間施設回転率2.3回転，延べ栽培面積17,000m²
苗の調達法　JAふくおか八女花き育苗センターより購入
労力　家族2人（本人＋母），常時雇用3名，臨時雇用2名

第1図　八女地域の位置

なっている。

近年は，キクの単価低迷や高齢化などによって部会員は減少し，2015年の実績では，部会員数は136名，施設面積は71.3ha，栽培面積は延べ124haとなっている。部会員数の減少に対し，1戸当たりの栽培面積の増加によって産地規模を維持してきた。現在，販売金額は約30億円，出荷量は4,900万本と徐々に減少してきているが，全国2位の産地である。また，次世代を担う青年部が組織され，独自の勉強会や販売促進など活発に活動を行なっている。

(2) 地域の輪ギク栽培の概要

栽培品種は，2015年から白色秋ギクは'神馬'を主力に'雪姫'，白色夏秋ギクは'優花''精の一世'となっている。黄色秋ギクは'精興の秋''精興光玉''月姫'，黄色夏秋ギクは'晃花の宝''夏日和'，赤色秋ギクは'美吉野'，赤色夏秋ギクは'秀の彩'が栽培されている。

1戸当たりの栽培面積が増加してきており，労力のかかる摘蕾作業を軽減するため，芽なし性品種の導入が進んでいる。また，'優花'導入以降，夏秋ギクを組み合わせた周年栽培が急激に進み，重油高騰のあおりも受けて暖房経費のかからない夏秋ギクの栽培割合が増加してきている。

また，'秀芳の力'を栽培していた時代からの技術を生かし，優良系統の選抜が続けられており，現在栽培されている比較的低温で伸長・開花する'神馬'，伸長性の良い'優花'は部会が長年培ってきたものである。さらに，将来を見据え，優良な品種の適応性栽培試験に継続して取り組んでいる。

周年栽培が進むにつれ，台風などの気象災害の影響を受けず，かつ1戸当たりの面積を拡大するために省力化を進める必要があり，フェンロー型や大屋根型，丸屋根型などの耐候性ハウスの導入が進んでいる。近年ハウス新設のさいの被覆資材は，長期展張できるエフクリーンの導入が中心で，費用が高く日照が少ない時期の特級品率が低下するガラスは導入していない。

また，夏期の高温・葉焼け対策，冬期の生育揃いを良くするために散乱光となり影のできない梨地フィルムの導入が増加している（第2図）。夏期にもハウス内で作業を行なう場面が増加してきたため，梨地フィルムは作業環境の向上にも役立っている。

ハウスの付帯設備では，短日処理ができるシェード設備の充実と頭上灌水の導入が進んでいる。夏秋ギクの開花調節にはシェード設備が必要で，'精の一世'では作型によっては必ず短日処理が必要となるため，導入していないハウスでは栽培期間が限られることから，今後は導入が必要不可欠な設備となってくる。灌水は，チューブや点滴など，株元からの灌水が中心であった。しかし，資材の機能向上で水ムラの少ない頭上灌水の導入が増加してきている。ムラなく灌水できることで生育・開花の揃いが良くなり，短時間灌水ができ，停滞水による立枯れや生育不良が少なくなっている。

新たな取組みとして，収穫後管理の改善により，日持ちや品質の向上に取り組んでいる。水揚げ用の水に焼ミョウバンを添加することで，バクテリアなどの発生を抑制し，市場着荷以降の葉の黄化や萎れ，水揚げ不良の改善をはかっている。また，収穫後の管理基準を作成し，部会員の意識改善と品質の統一をはかった。これにより，2015年度には花き日持ち性向上対策認証制度において認証を取得した。

(3) 経営と技術の特色

近藤さんは，三重県にあった野菜茶業試験場，海外での研修後，後継者として就農し，一

第2図　梨地フィルムを導入したハウス

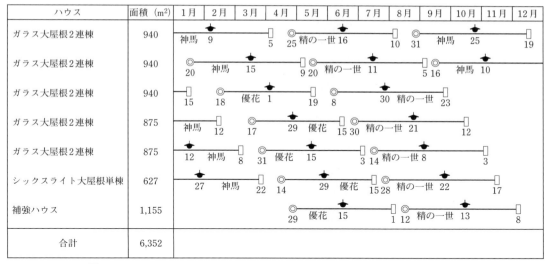

第3図　近藤さんの年間の作付計画（2016年）

◎ 定植，● 消灯，□ 収穫（日付は最盛期）

時はスプレーギクの栽培を行なっていたが，現在は輪ギクの専業農家として生産を行なっている。施設面積は，ガラスハウス4,570m²，硬質フィルムハウス630m²，補強型パイプハウス2,145m²で，総施設面積は7,345m²，親株も同施設内で栽培していることもあり，年間施設回転率2.3回転で，延べ面積で約17,000m²の周年栽培を行なっている（第3図）。

家族労力は本人を含め2名で，常時雇用3名のほか臨時に2名雇用しており，雇用によって規模を拡大してきた。

栽培品種は，秋ギクが白色の'神馬'，黄色の'精興光玉'，夏秋ギクは'優花'，'精の一世'である。

秋ギクは，2015年の部会の主力品種転換に伴い，'雪姫'から'神馬'に変更した。

夏秋ギクは，これまで'優花'のみであったが，2014年以降は部会の出荷期間の変更に合わせ'精の一世'が徐々に増加している。

キクの根域を広げるための土つくりに力を入れており，根域としての有効土層40cmを常時確保している。プラソイラーを活用し耕盤層を破壊し，堆肥を投入して土壌の物理性を改善している。また，排水が良いため，うね立てをし

ない平うねで省力化をはかっている。また，温度管理にDIF理論を用い，夜明け前の温度と夜明け後の温度を調整することで，茎伸長や花首伸長を調整する。伸長を抑制するには夜明け前（暗期）の温度を上げ夜明け後（明期）に下げる。

2. 栽培体系と栽培管理の基本

(1) 神馬の生長・開花調節技術

'神馬'は主力品種となって日は浅いが，過去に栽培した経験があるため生理・生態などの品種特性はほぼ理解されている。しかし，より低い温度で伸長・開花する系統を八女電照部会で独自に選抜したことから，系統としての特性把握は完全ではない。今後も現状に満足することなく，品質向上のため系統選抜や栽培基準の改訂が行なわれていく。以下，現在の品種・系統での作型について示す（第4図）。

① 11～12月出荷の作型

定植時期が8～9月となり，温度も十分にある時期となるため，茎が軟弱になりやすく，茎曲がりの発生も多い。高温になると，根いたみなどが発生するため排水対策をしっかりと行なう必要がある。

輪ギク 生産者事例

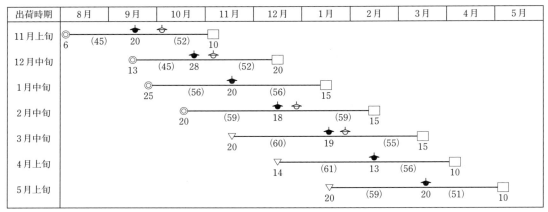

第4図 神馬の栽培基準
( ) 内の数値は，直挿しまたは定植から消灯までの日数および消灯から収穫盛りまでの日数

▽直挿し，◎定植，●消灯，○再電照，□収穫盛り

基肥は窒素成分で30kg/10aで，再電照の時期を目安に窒素成分で3kg/10aの追肥を2回程度行なう。坪当たりの定植本数は160本程度で，定植直後から深夜4時間の電照を行なう。穂冷蔵は2週間以内とし，苗冷蔵は定植までの期間の調整程度とする。消灯までは定植苗で45日程度で，草丈の目安は60cmとする。再電照は花芽分化4.5期（総苞形成後期）に4時間で3日程度行なうが，花芽検鏡を実施し，9月15日以前の消灯については再電照を行なわない。管理温度は，生育期および発蕾後の夜間最低気温は13℃，花芽分化期は15℃を保つ。わい化剤散布は発蕾時，摘蕾時に行ない，消灯から収穫最盛期までの到花日数は52日程度とする。

② 1～2月出荷の作型

基肥，追肥などは11～12月の作型と同様であるが，茎伸長が悪くなる時期であるため消灯までの期間が55～60日と長くなってくる。生育期間の管理温度は日中を25℃目安とし，夜間最低気温は10℃以上とする。また，消灯時の草丈の目安は65cmとする。消灯前の予備加温は15℃で5日程度行ない，消灯後の夜間最低気温は16℃とする。消灯以降は自然日長が短くなっているため，電照によって12時間日長となるように日長延長（早朝電照）を行なう。再電照は，舌状花弁の増加を目的とし，検鏡によって確認しながら，花芽分化4.5期に4時間で3日程度行なう。

③ 3～5月出荷の作型

3月以降の出荷作型では上位葉のボリュームがつきやすいため，基肥は窒素成分で24kg/10aと，ほかの作型に比べて若干少なくする。追肥も草姿を見ながら行なう。管理温度は1～2月出荷の作型を参照する。消灯時の草丈の目安は3月65cm，4月60cm，5月55cmと徐々に短くする。日長管理は，短日処理が必要となってくる時期で，八女地域の目安では，2月20日以降の消灯で消灯後の日長を11時間となるよう調整する。再電照は3月出荷の作型までとし，4月出荷以降の作型では行なわない。

(2) 優花の生長・開花調節技術の体系

八女電照菊部会で栽培されている'優花'は，系統選抜が繰り返され，現在の系統は，在来のものと比較して伸長性が良いため，ほかの地域の'優花'と特性が異なることがあるので注意が必要である。八女地域で栽培されている'優花4号'についての作型を示す（第5図）。

① 6～8月出荷の作型

6月出荷の作型では直挿し時期がピンチ栽培で2月下旬，無摘心栽培で3月中旬となるため，定植後から夜間最低温度10℃での加温栽培と

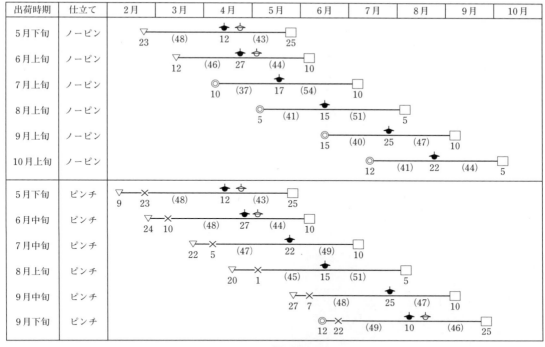

第5図　優花の栽培基準

（　）内の数値は，直挿しまたは定植から消灯までの日数および消灯から収穫盛りまでの日数
ピンチ栽培の場合はピンチ（摘心）から消灯までの日数

することが望ましい。直挿しの場合は，15℃で加温することで発根，活着が早くなる。消灯時期も4月下旬となるため，16℃で加温を行なう。年によっては暖房機が稼働しないが，加温を怠ると貫生花が発生する事例が多い。

　基肥は無摘心6月出荷の作型で15kg/10aとし，追肥は1.5～3kgを行なう。7～8月出荷の作型では9kg/10a程度とし，基本的に追肥は行なわない。基本的な坪当たりの定植本数は160本/坪とする。

　再電照は上位葉の充実を目的とし，6月出荷の作型までは，花芽分化期3期に夜間暗期中断で3時間3日程度行ない，7～8月出荷の作型では再電照は行なわない。また，花芽分化期4期以降に再電照を行なうと貫生花になるため，確実に花芽検鏡を行なう。

②9～10月出荷の作型

　'優花'は7月季咲きの品種であるために，季咲き以降の日長では開花抑制がかからず，到花日数が早く，上位葉のボリュームがとりにくい。このため，消灯時の草丈は65cmを確保し，消灯5日前ころにはジベレリンを散布する。

　基肥は24～27kg/10aとし，追肥は消灯後にようすを見て1.5kg/10a程度行なう。再電照は，9月出荷の作型で，花芽分化期3期に夜間暗期中断4時間の2日，10月出荷の作型で3期に4時間の3日で行なう。また，9月出荷以降の作型では早期発蕾による柳芽の発生が増加するため，摘心栽培をすることも多い。定植後から気温が高く，乾燥しやすい条件となるため，灌水はこまめに行ない早期発蕾や貫性花の抑制に努める。

(3) 精の一世の生長・開花調節技術の体系

　導入されて年数が浅いことや徐々に出荷期間が拡大されたことから，栽培技術が確立されて

輪ギク　生産者事例

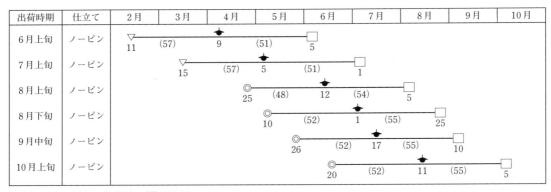

出荷時期	仕立て	2月	3月	4月	5月	6月	7月	8月	9月	10月
6月上旬	ノーピン	▽11	(57)	●9	(51)	□5				
7月上旬	ノーピン		▽15	(57)	●5	(51)	□1			
8月上旬	ノーピン			◎25	(48)	●12	(54)	□5		
8月下旬	ノーピン				◎10	(52)	●1	(55)	□25	
9月中旬	ノーピン				◎26	(52)	●17	(55)	□10	
10月上旬	ノーピン					◎20	(52)	●11	(55)	□5

▽直挿し，◎定植，●消灯，□収穫盛り

第6図　精の一世の栽培基準
（　）内の数値は，直挿しまたは定植から消灯までの日数および消灯から収穫盛りまでの日数

第7図　精の一世の栽培風景

いないため，現在の作型について示す（第6, 7図）。

① 6～8月出荷の作型

6～7月の出荷の作型では開花遅延が見られる。親株や定植後の低温遭遇が疑われるため，この時期の作型では親株から生育期間は最低夜温13℃以上で加温し，花芽分化期は18℃以上を確保する。また，夏秋ギクに分類されているが，短日処理が必要となる。病害虫では白さび病が発生しやすいため，親株からの徹底防除を行なう。

基肥は，15～18kg/10aとし，追肥は基本的に行なわない。10a当たりの定植本数は48,000本/坪を基本とするが，多めに定植しても上位等級の発生率は高い。伸長性が劣るため活着後にはジベレリン散布を行ない，その後もようすを見て散布する。消灯時の草丈は60～65cmを目安とし，消灯後は12時間日長となるように設定する。わい化剤は摘蕾時のみ散布を行なう。'優花'と比較し，栽培期間が長くなるが，生育期間を50日程度，消灯後収穫最盛期までの到花日数を50～55日程度となるよう調整を行なう。

また，収穫直前でも高温による立枯れや葉焼けが発生するため注意が必要である。日中の過度な遮光は開花遅延の原因となるため，遮光剤などを利用して葉焼け対策を行なう。

② 9～10月出荷の作型

9月以降の作型では5月以降の定植で定植時期が高温となりやすく，立枯れや扁平花などの奇形花が発生しやすくなるため，ハウス内の降温を徹底する。

基肥は15～18kg/10aとするが，追肥はようすを見て行なう。9月10日以降の消灯分についてはようすを見ながら，暗期中断で4時間2日程度の再電照を行なう。9月下旬出荷以降は自然日長でも花芽分化が可能となるが，品質確保や開花遅延の対策としてシェードによる短日処理を実施する。

3．栽培管理の実際

(1) 親株管理

親株は基本的にJAふくおか八女の育苗センターから毎年購入し，更新を行なっている。育

苗センターでは増殖前にウイルス・ウイロイドの検定を行ない無病の苗供給に努めている。

近年は，白さび病の発生が多く，親株からの徹底防除を推進しているなかで，UV-B電球型蛍光灯の試験を実施している（後述の病害虫対策の項も参照）。不明な点は多いが，白さび病の減少およびハダニ類の減少を感覚的に感じており，今後も試験を継続して技術を確立していきたい。

(2) 根域の確保と土つくり

基本的にうねを立てない平うね栽培を行なっているが，'精の一世'だけは低いながらうねをつくる。このため，排水や根域の確保に気をつかっている。排水はもともと良い土地柄であるために悪くならないように注意するだけであるが，根域についてはこだわりをもって取り組んでいる。

土壌消毒にはキルパー（60l/10a）を用い，3～10月に定植する作型での被覆期間はおおむね7～10日程度で，土壌消毒後に堆肥を投入する。堆肥は毎作90袋/10aほど投入しているが，土壌消毒後に投入するため，完熟し，雑草種子の入っていないものを選定する必要がある。堆肥投入後，プラソイラーでうね部分となるところを耕起し，耕盤層を破砕する（第8図）。耕盤層を破砕することで40cm程度の有効土層を確保しており，これよりも下層には暗渠排水の疎水材があるためこれ以上の深耕は行なわない。

(3) 肥培管理

土壌の排水が良い分，肥持ちが悪く，過去に基肥に投入しても栽培途中で肥料切れを起こすことが多かった。このことから，基肥としてではなく，うね上にオイルジョッキなどの容器を利用して置肥として施肥する手法を用いるようになった。定植後（直挿しの場合は被覆除去後）10日以内にうね上に施肥する。品種によって肥料の種類を変え，'神馬'はダイアミノ（N：P：K＝7—5—6）を110kg/10a程度，'優花'や'精の一世'は長効きダイヤ（N：P：K＝

第8図　プラソイラーによる耕盤層破砕

10—6—7）を110kg/10a程度施用する。また，追肥もうね上に施肥する手法で行なっており，追肥はすべての品種共通で，消灯直後にさざなみ（N：P：K＝5—5—5）を90kg/10a程度施用する。

(4) 優花の日長管理

'優花'は短日処理を行なわなくても開花することから，八女地域でも広く栽培が行なわれている。しかし，貫生花の発生や高温・晴天が続くと開花遅延を起こすなど，問題もあった。そこで，消灯直後から13時間日長とし，収穫まで一定にすることで，再電照を行なわずに上位葉のボリュームを確保し，到花日数を一定に保つ手法を用いている。日長を一定とすることで貫生花の発生も抑制されている。

(5) 栄養生長期の管理

低温期は，'神馬''優花'ともに夜間最低気温を10℃とし，伸長が悪い場合は温度を上げる。'精の一世'は低温遭遇による開花遅延が懸念されるため，夜間最低気温は13℃以上としている。

ボリュームのあるキクを栽培するため，ペンタキープを10,000倍程度でキクのようすを見ながら薬剤散布時に混用している。

夜間の温度管理は前項に記述したとおりであるが，昼間の温度はおおむね25℃とし，自動換気となっている。しかし，'優花'や'精の一世'では午前中30℃程度まで蒸し込み，茎

伸長促進や腋芽の消失を促している。

消灯までの期間は日数によって管理され、'神馬'で50～55日、'優花'で45日程度、'精の一世'で50日程度を目安として、時期や品種によって異なるが、おおむね草丈が60～65cmとなるようにジベレリン処理や水管理などで茎伸長を調節する。

(6) 花芽分化・発達から収穫

花芽分化をスムーズに行なうため低温期は消灯5日前から予備加温を実施する。消灯に合わせて前記したとおりの追肥を行ない、'神馬'では消灯から10日目ころに花芽検鏡を自分で行ない、花芽分化4.5期に再電照を行なう。消灯後はDIFの効果が高まるため、ようすを見ながら早朝電照やシェード時間を考慮し、早朝に－2や＋2程度のDIFによって草丈管理を実施する。DIFを用いた管理によって品質向上やわい化剤の軽減につなげている。

収穫は、部会の切り前基準に沿って行なう。収穫にも雇用労力を用いて、午前中に収穫作業が終えるように段取りする。収穫後は速やかに水揚げを行ない選花作業に移る。

水揚げには焼ミョウバンを添加した水（4,000倍）を用いる。焼ミョウバンは、抗菌作用のほか、水の中の不純物を吸着沈殿させる効果がある。焼ミョウバンの利用によって、水揚げを良くするとともにバクテリアによる導管詰まりを抑制し、出荷後の日持ち向上を心がけている（第9図）。

(7) 病害虫対策

親株をハウス内で栽培することで、黒斑病、褐斑病の発生は大きく減少したほか、冠水などによる立枯れも減少した。

白さび病の対策として、UV-B電球型蛍光灯の試験を実施している。イチゴの「うどんこ病」でUV-Bの照射によって病害虫抵抗性が誘導された事例があったため、キクにおいては白さび病での効果を検証している（第10図）。深夜2時から3時間の照射で、白さび病の発生が減少したと感じている。このため、週に1回以上行なっていた定期防除も2週間に1回とし、育苗を行なっている。

ハダニ類の防除は親株時に徹底して行ない、定植後消灯までは殺ダニ剤の散布を極力行なわないようにし、殺ダニ剤への抵抗性の発達を抑え、消灯後から再度、徹底した防除によってハダニ類の被害を抑制している。

第9図　焼ミョウバンを利用した水揚げ
上：タッパーなどで除湿，下：スプーンで計量

第10図　UV-B電球型蛍光灯を利用した白さび病対策

(8) 調製・選花・出荷

調製・選花は風通しを良くした倉庫内で行ない，収穫したキクがいたまないように注意しながら行なう。調製は部会基準に合わせ，長さを90cmとし，20cm程度下葉をとる。基本的には全自動選花機が長さ調節と下葉とりを行ない，重量別に選花され，階級に10本束に結束される。等級は収穫時に奇形や曲がりなどをあらかじめ逆さ向きに束にしておくことで作業の効率化を図っている。

選花後，桶などで水揚げをし，5℃の冷蔵庫で一晩予冷を行なう。翌朝，水切り後に箱詰めし出荷する。出荷時は高温でいたまないよう幌をつけた車で搬送している。

(9) 雇用の活用

近藤さんの経営では大半の作業を雇用が担っている（第1表）。これまでは，芽摘みなどの限られた作業のみで，繁忙期に臨時の雇用で対応してきた。規模拡大に合わせ，年間を通した作業体系を確立し，作業内容を増加させ，常時雇用を増やし現状に至っている。

収穫や選花作業にも雇用労力を活用する。「自分や家族が選花すると基準が甘くなることがあったため，厳しい選花となるようにあえて雇用に任せている」という。

4. 今後の課題

近年キクの単価が低迷しているなかで，輪ギクによる経営を続けるため，平うね栽培や直挿し栽培などの省力化技術の導入や周年安定生産が進んできた。さらに，近藤さんは常時雇用を導入し，規模の拡大によって輪ギク経営の安定を図っている。

栽培上の課題として，周年での品質安定があげられる。'神馬'では高温期の茎の軟弱，日照の少ない時期の特級品率の低下，3月以降の上位葉の肥大，開花遅延，'優花'では，早期発蕾による柳芽，貫生花，9月以降の特級品率の低下が上げられる。'優花'に代わって栽培が増加している'精の一世'では，6〜7月出荷の開花遅延，高温期の立枯れ，9月出荷以降の奇形花（扁平花）など，高品質安定生産を行なううえでの課題は多くある。さらに，物日の需要期に合わせ，天候に左右されない計画的な生産技術の向上も必要とされている。

また，販売面からはニーズに応えるため，需要期のM（中級）品の安定生産が求められている。そのなかで，もっとも重要な課題は産地としての輪ギクの出荷量（ロット）の確保と思われる。これまで部会員数の減少に対し，個人の規模拡大によって輪ギクの出荷量が確保されてきた。八女地域だけでなく，キク生産者の減少が続いているため，今後も規模拡大を続けていくための省力化技術や雇用活用の技術確立とともに新規参入できる体制が産地として求められている。

《住所など》福岡県筑後市北長田662
近藤和久（44歳）
TEL. 0942-53-5547

執筆　佐伯一直（福岡県筑後農林事務所八女普及指導センター）

2016年記

第1表　雇用による作業一覧

作業内容	家族労力	雇用労力
耕起・整地	◎	○
施肥	◎	○
ネット張り	○	◎
採穂	○	◎
挿し芽・播種	○	◎
砂上げ・冷蔵	○	◎
灌水	◎	○
病害虫防除	◎	—
除草・除草剤散布	○	◎
摘蕾	○	◎
ホルモン剤処理	◎	—
換気・保温管理	◎	○
収穫	○	◎
調製	○	◎
出荷	◎	—
後片づけ	○	◎

注　◎主作業者，○一部作業または作業補助

沖縄県国頭郡国頭村　親川　登

〈輪ギク〉年末～5月出荷

施設＋露地で電照抑制，輪ギクと小ギクの組合わせ

―効率・品質重視の苗確保と適期作業―

1. 経営と技術の特徴

(1) 産地の状況と課題

①産地の概要

　国頭村は沖縄本島の最北端，北緯26度，東経128度付近に位置し，東は太平洋，西は東シナ海に面する自然豊かな村である。面積1万9,480haで，沖縄県全体面積の約8.6％を占め，県内市町村のなかで5番目の大きさである。沖縄本島最北端の辺戸岬方面から西海岸にかけては沖縄海岸国定公園に指定されており，自然資源や景観に恵まれている。また，村土の約8割にも及ぶ森林には，ノグチゲラ，ヤンバルクイナ，ヤンバルテナガコガネなどの国指定天然記念物が棲息している。

　国頭村の中央部には，本島でもっとも高い海抜503mの与那覇岳をはじめ，西銘岳や伊部岳など，本島の背骨を形成する山々がそびえている。またそれらを水源として多くの河川が豊富な水量を有し，沖縄県の主要な水源地域となっている。

　土壌は一般的に国頭マージと呼ばれる酸性土壌が広く分布しており，有機質と保水力に乏しい。年間平均気温23.1℃，年間降水量は2,505mmで，温暖な亜熱帯性気候である。

　耕作面積は667haで，そのうちキク類が658a，切り葉類が462aを占める。2006年度の農業粗生産額は34億1000万円で，畜産が24億8000万円（72％），果樹類が8億円（23％），

■経営の概要

経営　輪ギク＋小ギク切り花（2月上旬～6月は施設ニガウリ）

気象　年平均気温23.1℃，7月の平均最高気温32.1℃，1月の平均最低気温15.3℃，年間降水量2,505mm

土壌・用土　国頭マージ，酸性，水はけ・水持ちとも悪い，肥沃度低い

圃場・施設　露地面積1万,578m^2，パイプハウス2,975m^2（ミスト灌水装置付き），いずれも電照設備。育苗施設198m^2（60坪），集出荷施設165m^2（50坪）

品目・栽培型　輪ギク（品種：精興琉黄）：年末～3月出荷，栽培面積計1,983m^2（600坪），小ギク（品種：しずく，琉のあやか，みさき）：年末～3月出荷，栽培面積計1万578～1万3,223m^2（3,200坪～4,000坪），出荷量合計14万2,400本，2月以降は後作としてニガウリ栽培

苗の調達法　親株は種苗会社から購入，増殖したのち高床式ベッドによる自家育苗

労力　家族1人（本人），常時雇用2人，農繁期は1～4人追加

花卉が1億9000万円（5.6％）となっており，花卉のなかでキク類は1億4000万円と，そのほとんどを占めている。

②花卉生産の状況

　国頭村の花卉栽培は1979年にさかのぼる。最初はリアトリスやグラジオラスなどの栽培から始まり，1980年には地域全体で本格的にキク類の栽培が始まった。当時おもに生産されて

いたキクは無電照栽培の寒ギクである。親川さんは国頭村の生産者3名とともに，沖縄本島中部地域の生産者グループに合流する形で組合を構成していた。

現在，国頭村の生産組織は2組織あり，1984年に組織された沖縄県花卉園芸農業協同組合国頭支部と，1987年に結成されたJA国頭村花き部会が活動している。2016年現在の組合員数は花卉園芸農業協同組合国頭支部24名，JA国頭村花き部会10名で，30～40代の青年層が少ない。親川さんはJA国頭村花き部会に出荷している。

花卉の産地として活性化するために国頭村花卉産地協議会が2002年に設立され，これまで活発な活動を続けてきた。2016年も，互いの圃場を回っての現地検討会や勉強会など，出荷団体の垣根を越えて活動している。

JA国頭村花き部会の出荷，選別の形態は，基本的には農家自身が選別，格付け，箱詰めを行なった花卉が，沖縄本島中部の浦添市内にある集出荷場に集められる。そこから空輸，船舶輸送によって県外出荷される。

③産地の課題

国頭村に限ったことではないが，当村でも生産者の高齢化・後継者不足の問題を抱えている。また，当村は人口の多い中部・南部地域から離れているため，雇用の確保がむずかしい。とくに輪ギクの栽培過程では，摘蕾などの熟練度を要する作業があるため，作業の正確性・効率の面を考慮すると，同じ人を雇い続けることが望ましい。そのためキク収穫後は土つくりだけでなく，夏秋ギクの栽培やニガウリの栽培に取り組むなど，各経営体に合った雇用の確保に努めている。一方で6月から10月にかけて台風の襲来が多い沖縄県では，夏秋ギクの生産はリスクが高い。さらなる経営安定化のために，夏場の栽培品目の検討が必要である。

高齢化と人手不足により，限られた期間内に従来どおりの作業量をこなすことはむずかしくなってきている。そのため，半耕起栽培や定植時の道具の開発など，作業の省力化がはかられている。しかし緑肥の栽培・すき込みなどの土つくりの作業は，簡略化するポイントが少ないため，現在は緑肥栽培そのものに取り組む生産者が少ない。緑肥栽培は，土つくりや土壌流亡防止のための重要な作業であるため，今後どのようにして緑肥などを用いた土つくりを実施するかが課題である。

近年は長雨が続いて畑の準備が遅れることがあった。出荷団体ごとのスケジュール管理で，早め早めの作業を心がけ，物日に焦点を当てた適期出荷を目指している。

ほぼ毎年，台風の襲来があるが，背の高いモクマオウなどの木々に囲まれている畑は，台風の被害も受けにくい。必要に応じて防風林・防風垣の設置が必要である。

(2) 経営と技術の特色

親川さんは輪ギクと小ギクを組み合わせた経営を行なっている。延べ面積は9,240m²となる。年末出荷と3月彼岸出荷作型を中心に栽培を行なっており，夏場の労働力の確保と労働力の分散のため，キクの後作として春先にニガウリを栽培している。出荷時期別の栽培面積を第1表

第1表 キク出荷時期別栽培面積と出荷量（2015年度）

	輪ギク		小ギク	
	栽培面積 (m²)	出荷量 (本)	栽培面積 (m²)	出荷量 (本)
年末出荷	992	40,500	10,578	464,000
2月出荷	331	13,500	0	0
3月出荷	661	27,000	10,578	464,000

第1図 自動選花機「花ロボ」

に示した。

施設はパイプハウスのほか，育苗施設198m^2，集出荷施設165m^{2}がある。このほか46馬力トラクター，キクを選別するための花ロボ2台（第1図），1.5tトラック，軽トラックなどを所有している。

労力は本人と常時雇用2人で，農繁期には1人追加する。とくに3月彼岸作型では出荷のさいに人手を要するので，5人×半日程度応援にきてもらう。そのため摘蕾などに手間がかかる輪ギクと省力品目である小ギクを組み合わせ，無理のない労力配分をしている。

施設＋露地で電照抑制，輪ギクと小ギクの組合わせ

2. 栽培品種と栽培体系

親川さんの栽培している輪ギクの品種は'精興琉黄'であり，その特性を第2表に示した。また，主要作型の管理プログラムは第2図，第3，4表のとおりである。

3. 栽培管理の実際

(1) 親株管理

沖縄県では一般的には種苗をすべて自家苗で調達することが多いが，親川さんは親株の苗を地元種苗会社サザンプラント（株）から毎年3,000本程度購入している。

第2表 電照輪ギクの品種の特性と取扱い上の注意

品種名	花色	分類	自然開花期	品種特性と取扱い上の注意
精興琉黄	黄	秋	11月中旬	1）草丈伸長も良く，花形も良好である 2）花色は濃い黄色で，葉は濃緑色の照葉。本県の主要品種である太陽の響の後継品種である 3）早生種であるため電照には敏感で，しかも限界日長は14時間程度と長い 4）到花日数は約47日である。開花揃いが良い 5）摘心栽培では2本立てが良く，無摘心栽培では品質が向上する 6）精興の秋や太陽の響よりも奇形花（扁平花）が少ない

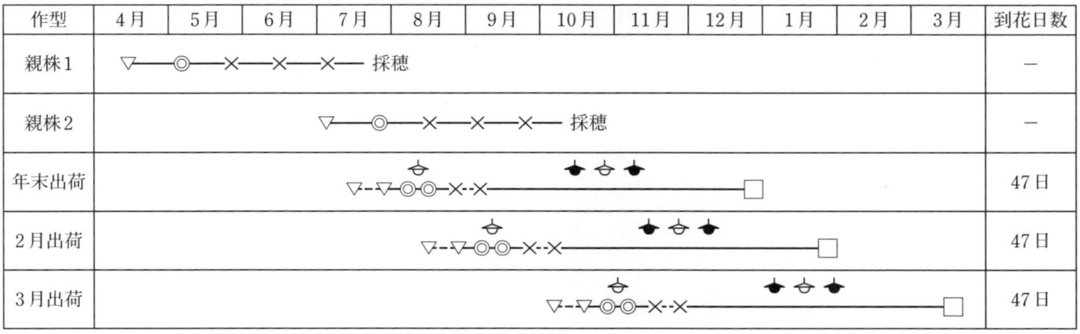

作型	4月	5月	6月	7月	8月	9月	10月	11月	12月	1月	2月	3月	到花日数
親株1	▽ーⓞー×ー×ー×ー 採穂												―
親株2				▽ーⓞー×ー×ー×ー 採穂									―
年末出荷													47日
2月出荷													47日
3月出荷													47日

▽挿し芽，ⓞ定植，×摘心，点灯，消灯，□収穫

第2図 主要作型の栽培暦

第3表 主要作型の作業予定

	挿し芽	定植	摘心	最終消灯	収穫
年末出荷	7月15日～8月5日	8月1日～8月20日	8月15日～9月5日	11月3日～11月8日	12月20日～12月25日
2月出荷	8月15日～9月5日	9月1日～9月20日	9月15日～10月5日	12月3日～12月8日	1月30日～2月5日
3月出荷	10月13日～10月19日	10月27日～11月3日			3月11日～3月15日

輪ギク　生産者事例

第4表　栽培のポイント

1. 育 苗	1) 母株：3月出荷用株から選抜，5月下旬台刈り 2) 親株：6月上旬挿し芽，6月下旬定植。遮光して高温障害対策を行なう 3) 挿し芽：200穴セルトレイに挿し芽。培地は「PSグリーン」。主原料はココピート，木炭粉など。挿し穂をオキシベロン液剤500倍＋タチガレエース1,000倍液剤に5～10秒間どぶ漬け
2. 本 畑	1) 定植本数：3.3m²当たり69本 2) 仕立て本数：株当たり2.3本 3) 労働力分散のため20日程度に分散して定植 4) 摘心：定植からおおむね2週間後 5) 整枝：摘心1か月後〜消灯前に，切り花のボリュームを確保し開花揃いを良くするための整枝を行なう。株の勢いなどを見ながら，生育の揃った芽を選び2〜3本に揃えていく
3. 成長調節剤	1) ジベレリン：ジベレリンは使わない 2) ビーナイン：1回目は発蕾時，2回目は摘蕾前にいずれも150〜200g/10a（1,000倍150〜200l）
4. 再電照	消灯12日後に4日間または5日間（気温に応じて）

採苗圃設置予定圃場は，管理に便利で排水の良い場所を選定する。ソルゴーなどによる土つくりに力を入れ，土壌消毒は行なわない。年末出荷用は4月中旬に挿し芽を行ない，5月初旬に定植する。親株設置面積は切り花栽培面積の10〜20％準備し，採苗圃1a当たり300本程度の苗が必要となる。

育苗期間中は高温で紫外線が強く，株の老化が早くなるので，定植後，寒冷紗や2mm防風ネットで遮光する。定植後2週間ころには十分活着しているので日覆いを取り除いて摘心し，その後20〜25日ごとに摘心する。充実した挿し穂を得るため，摘心ごとに住友1号液肥300〜400倍を，第1回摘心後に植物のようすを見ながら有機質肥料を追肥している。花芽分化を抑制するために電照を行なう。

(2) 育　苗

育苗施設は幅120cm，高さ30cmのベンチ式で，遮光と防風を兼ねて白色2mmネットで被覆した簡易なつくりとなっている（第3図）。ふだんは一重張りで30〜40％程度遮光し，台風時には二重張りとする。親川さんの場合，幅120cm，高さ80cmのエキスパンダーメタルを用いた上げ床としている。沖縄県では挿し芽床用土として川砂などを用いた深さ10cm程度の挿し芽床に3cm×3cm程度の間隔で挿し芽することも多いが，親川さんは定植時の手間を省くために200穴セルトレイを用いてセル苗をつくっている（第4図）。培地はココピートに木炭粉などを混合した市販の培地（商品名「PSグリーン」）を用い，挿し芽をしていく。

高温期に発生しやすくなる腐敗の防止と挿し芽の発根を促すために，タチガレエース液剤1,000倍とオキシベロン液剤500倍の溶液をつくり，挿し穂を5〜10秒間浸したのち挿し芽を行なっている。挿し芽後の管理はミストによ

第3図　簡易的な育苗床

第4図　育苗床の内部

る自動噴霧散水が良いとされているが，セルトレイ育苗では水かけにムラが出やすいため，親川さんの場合は手灌水を行なっている。挿し芽後は十分に灌水し，その後は1日3回をめどに行なう。

圃場準備の遅れや台風などの接近による挿し芽などの貯蔵が必要な場合，4℃で挿し穂30日間，苗20日間を限度として冷蔵する。JAがエチレンガス対策を施した共同冷蔵庫を導入したため，これを利用している。冷蔵庫から取り出したあとは室温に一晩置き，慣らしを十分行なってから挿し芽を行なう。

(3) 植付け〜栄養生長期

親川さんのキク圃場がある一帯は沖縄本島では珍しい水田地帯であったため，キク栽培を始めるにあたって50〜60cmの客土を施している。

また年末出荷作型では生育中に台風に遭遇することが多いため，防風ネットを被覆した強化型パイプハウスで栽培を行なっている（第5図）。パイプハウスは間口6m，奥行27mの7連棟×2棟と6連棟×1棟の全3棟である。

定植前には，堆肥3,000kg/10a，N＝20kg/10aを目安に化成肥料（バイオノ有機s）60kgを全面施肥する。親川さんはおそくとも7〜14日前には基肥を施して圃場準備を行ない，定植後のトラブル（根焼けによる活着不良など）を防止している。施肥設計の事例は第5表のとおりである。

定植はうね幅140cm（うち植え幅80cm，通路60cm）で，12cm×12cm×6目のフラワーネット6目4条植えである。10a当たりの定植本数は2万2,000本である。沖縄県ではほかに，株間13cm×13cmの5条植えなども一般的である。

植付け後は十分に灌水して苗がしおれないようにする。定植して約14日目には浅く摘心し，住友1号液肥400倍を追肥して側芽の発生を促す。摘心はできるだけ小さく，生長点部の未展

施設＋露地で電照抑制，輪ギクと小ギクの組合わせ

開葉だけを1cmくらい摘み取るようにする。

整枝は摘心後1か月後〜消灯前に行なうが，側枝が15〜20cm程度伸びたら，揃ったものから3本を目安に残し，ほかは除去する。整枝が終わったらフラワーネットを上げてキクの倒伏を防ぐようにする。

(4) 開花調節

電照設備の設置は定植前に行なう。照度は圃場全体が25lx以上になるように10m^{2}に100W電球1個の割合で設置する。以前は電球と電球の間隔が3m×4m程度であり，キクの頂部から1.5mの高さで調節できるように設置されていた。現在は電球の上げ下げの手間を省くため，電球と電球の間隔は3m×3m，地上2.2〜2.5mの高さで固定していることが多い（第6図）。親川さんの場合，電球間隔は3m×3m，地上からの電球の高さはハウス内で2.2m固定，露地で2.2〜2.5m固定としている。

また本県では75W白熱電球が一般的に使用されているが，23W程度の電球型蛍光灯や，

第5図　パイプハウス

第5表　施肥設計の事例（単位：kg/10a）

区分	肥料名	成　分	施用量	肥料成分		
				N	P	K
基肥	CDU553	15—15—3	120	18	18	3.6
	バイオノ有機s	7.2—4.0—2.5	60	4.32	2.4	1.5
	硫マグ	Mg25％	40			
	堆肥		3,000			
追肥	CDU553	15—15—3	40	6.0	6.0	1.2
	バイオノ有機s	7.2—4.0—2.5	40	2.88	1.6	1.0

輪ギク　生産者事例

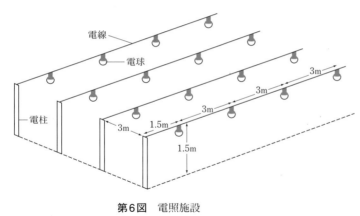

第6図　電照施設
破線はキクの頂部の高さ

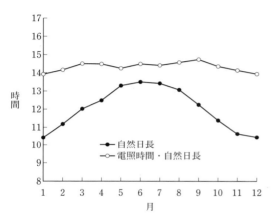

第7図　沖縄県の月別の日長と電照時間
沖縄県花き栽培要領より

LED電球も一部に導入されている。親川さんの場合，パイプハウス内では電球型蛍光灯，露地では白熱電球を使用している。

沖縄県の緯度では，6月を除けばどの月も花芽分化が可能であるが，高温抑制があるため，電照は8月下旬から行なう。沖縄県の月別の日長と電照時間は第7図のとおりである。

電照期間は消灯後の品種の草丈伸長性を考慮して決める。たとえば'精興琉黄'では到花日数（消灯から出荷までの日数）が47日と比較的短く，消灯後の伸びが期待できないため，消灯時草丈の目安は55〜60cmと長めである。12月年末や3月彼岸など目標とする出荷時期を決めたら，到花日数から逆算して電照を打ち切っている（第2図参照）。電照方法は，電気料金の節約のため深夜電力を利用し，夜の11〜3時に4時間の電照を行なう暗期中断の方法を用いている。

再電照は，消灯後再び電照し，栄養生長の促進および品質の向上をはかる方法である。輪ギクの場合，再電照の開始時期は総苞形成前期から小花形成期に行なうと効果的で，消灯してから8〜16日が適期とされている。開始時期は日長，温度，品種によって異なり，露地電照栽培が主流である沖縄県では，施設を用いた加温栽培のようにキクの花芽分化に適した温度条件をつくるのは不可能であるため，再電照開始のタイミングは花芽の分化程度を検鏡して決定するのが安全である。標準的には消灯後12日目に4〜5日間点灯する。親川さんの場合，消灯から12日後に，草勢や気温などを見ながら4日あるいは5日間点灯という方法を取っている。

4. 今後の課題

生産性向上のために，緑肥作物ソルゴーを栽培し有機質の投入による土つくりを行なっている。もともと水田地帯で水はけが悪く，また重粘土質で団粒化しにくい国頭マージと呼ばれる土壌であるため，土壌管理を徹底して行なうことが生産を安定させるうえで重要である。

また輪ギクは摘蕾など短期間に多くの労働力を必要とするため，親川さんは今後も輪ギクと小ギクの組合わせや，キク後作の夏場ニガウリの栽培などで労力配分を適正に行ない，労働時間の平準化，雇用労働の確保および経営の安定化をはかっていく意向である。

産地としての今後の課題は，沖縄県自体が離島県であるうえに，国頭村は流通の拠点である那覇市・浦添市からもっとも離れた遠隔地である。運賃などの地理的条件を克服するため高品

質・高単価な切り花生産出荷体制を強化していく必要がある。また，年間雇用の確保と収入の安定化のため，冬場だけでなく夏場にも，モンステラなどの切り葉類，夏秋ギクおよびゴーヤーなどの夏場野菜などとの組合わせを行ない，労働時間を分散していく必要がある。

《住所など》沖縄県国頭郡国頭村
　　　　　親川　登（63歳）
　　　　連絡先：沖縄県北部農林水産振興セン
　　　　　　ター農業改良普及課
　　　　沖縄県名護市大南1—13—11　沖縄県
　　　　　北部合同庁舎1階
　　　　TEL. 0980-52-2752
　　　　FAX. 0980-51-1013
執筆　宮城悦子（沖縄県中部農業改良普及センター）
　　　町田美由季（沖縄県北部農林水産振興センター農業改良普及課）
　　　　　　　　　　　2016年記

スプレーギク
技術体系と基本技術

周年生産の技術体系

(1) 周年生産の特徴

スプレーギクは在圃期間が約3か月で1作を終了する。1棟の温室で年間3.5作できるので,温室(部屋)を8棟(部屋)所有し,順次作付けすることで年に28回出荷が可能であり,安定した収入を確保できる。スタッフの月給制の導入や年間雇用による規模拡大が可能で,専業化した企業的経営が可能である(第1図)。

周年生産では草丈を確保するために電照が必要であり,開花誘導にはシェード処理が必要になる。また,栽培適温は16～23℃で,冬期の高温管理が必要になる。このため,温室は2軸2層のカーテン装置が不可欠で,保温カーテンとシェード幕を展張できるような,比較的重装備の温室が必要になる。

(2) 利用される主要品種の特性

主としてヨーロッパで育成されたスプレーギクは,日本の夏期高温や冬期の低温で生育障害を起こす品種が多い。その後の品種育成で,耐暑性を付与されたものや比較的低温開花性のものなど,新しい品種が作出されている。スプレーギクの品種の変遷は早く,数年で更新される現状にあるので,品種名は目安になる程度である(第1表)。

①秋ギクタイプ品種の特性

従来の秋ギクタイプの品種群で,最低夜温16℃以上を保持すれば正常に生育する。しかし耐暑性が劣り,30℃前後の高温に長時間遭遇すると著しい開花遅延を起こし,草姿が乱れる。

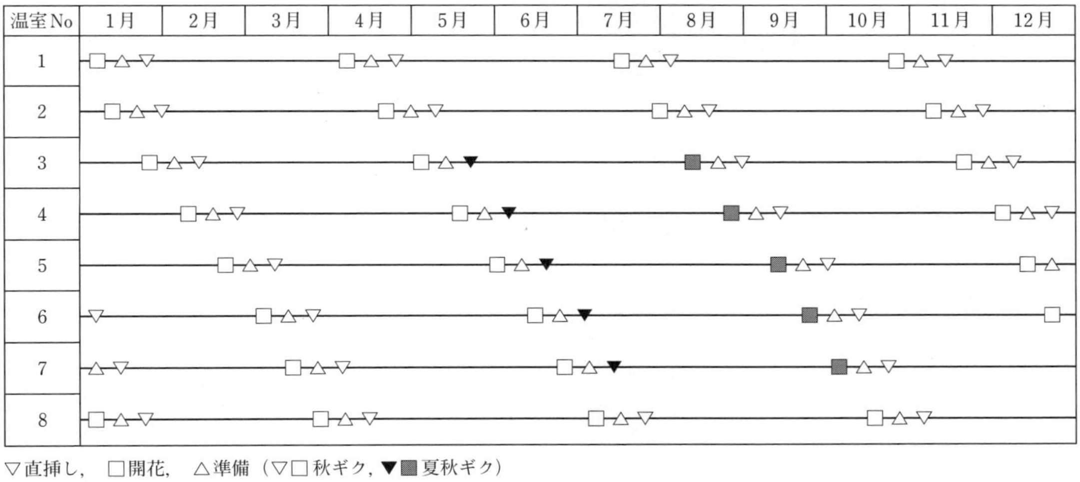

▽直挿し, □開花, △準備(▽□秋ギク, ▼■夏秋ギク)

第1図 スプレーギクの周年生産パターン (年間3.5作)

第1表 品種系統の特徴

系 統	開花可能期間	特 性	代表的な品種
秋ギク	1～7月 10～12月	・最低夜温16℃以上で正常開花 ・耐暑性劣り30℃以上で開花遅延	セイヒラリー,デックモナ,レミダス,デックモナイエロー,バニティ,デックモナピンク
夏秋ギク	7～10月	・最低夜温16℃以下でロゼット化 ・耐暑性に優れ盛夏期に正常開花	セイリムー,セイリポル,セイイレルダ,セイエーゲ,セイアイランド,セイリポルホットピンク

したがって，8～9月開花は避けるべきである。

②夏秋ギクタイプ品種の特性
秋ギクタイプに耐暑性が付与された品種群で，盛夏期でも正常開花する。しかし，冬期はロゼット化しやすく，最低夜温16℃以下にすると生育途中でも高所ロゼット化する。秋ギクタイプ品種と組み合わせて，高品質周年生産を組み立てる。7～10月上旬開花の作型で作付けする。

（3）開花期，収量，品質を支配する要因と技術対応

①栽植密度
上位等級（秀品2L規格）の生産を行なう場合は，管理通路を含んで3.3m²当たり145～150本が基準となる。やや太茎のものが要望されているため，1株の占有面積140cm²程度（12cm×12cm）を目安に季節により増減させる。

近年，ホームユース用として短茎密植栽培試験も行なわれている。栃木県農業試験場では，ホームユース用規格（切り花長60cm，切り花重30g）の生産を試みた結果，栄養生長期間が3週間で切り花長60cm以上を確保でき，栽植密度を104.2本/m²（12cm8目ネットの横1列に12本植え）とすることで単位面積当たりの規格品収量がもっとも高くなった（栃木農試，2009）。

②土壌と養水分管理
スプレーギク温室の土壌は年間を通して適度な水分と地温が確保され，土壌有機物の消耗が激しく物理性が悪化しやすい。窒素分の少ない優良な堆肥などの有機物を十分に施用する。とくに毎作，蒸気土壌消毒を行なう場合は，さらに消耗が進むので注意する。

また，周年生産では作付け回数が多くなるので，塩類集積を起こさないように計算された施肥設計が必要となる。基肥には緩効性肥料や有機質肥料を用い，窒素で15～20kg/10aとする。ECの目安は0.6～0.8程度にする。多肥栽培では茎葉が粗剛になり，後述するスプレーフォーメーションが乱れて品質を落とすので注意する。

乾燥状態が長く続くと生育が停滞し，逆に過湿状態が続くと根にストレスがたまって著しい生育停滞や立枯れを起こす。

具体的には，直挿し発根後からは適度に灌水して活着を促す。その後は土が乾燥したら十分に灌水することを繰り返すが，床面に藻類を発生させないよう過湿には十分注意する。

③挿し穂品質
スプレーギクは栄養生長期が1か月程度と短いので，挿し穂の品質が初期生育に大きな影響を及ぼす。採穂回数が多く，穂木が老化してくると発根不良や生育のバラツキ，不時発蕾などが発生しやすくなるので親株は3～4回採穂したら更新する。挿し芽による親株更新を続けると花芽分化しやすくなるので，親株は常時電照下で管理する。

穂の保存は，2～3℃設定の冷蔵庫で行なう。保存期間が長くなると腐れや生長点の枯れなどが発生するので4週間を上限にする。

④日長管理
周年生産では低温に遭遇した冬至芽を利用して育苗することは少なく，挿し芽を利用した繁殖を繰り返すことが多い。このような場合，常に不時発蕾が起こるので，生育ステージのコントロールは自然日長に関係なく長日処理（電照）と短日処理（シェード）の操作を常時行なう。

長日処理は，暗期中断方式の電照で行なう。切り花長を確保するため，草丈が約20cmになるまで行なう。

現在，電照では白熱灯に替わり蛍光灯ランプの使用が主流であるが，より省電力のLED照明の実用化に向けた研究が進み，導入が始まっている。照明の種類により光の波長や明るさが異なり，花芽分化抑制に必要な明るさも違ってくるので注意する。

シェード処理は夕方6時から朝6時までの12時間日長を基本とする。

⑤温度管理
栽培適温は16～23℃であり，好適温度の範囲が狭いので注意する。とくに冬期は保温を強化し，最低夜温を栄養生長期16℃，花芽分化

期18℃，花芽発達期16℃以上を確保する。暖房能力が劣り設定温度が維持できないと，ロゼットや柳芽の発生，開花の不揃いが多くなる。2000年以降の燃油高騰により，燃油削減対策の一つとして各種変温管理が行なわれている。

夏期のシェード処理は，一般的に夕方6時からの12時間シェード処理が行なわれる。夕方6時のシェード展張は室内が高温になりやすく，短日の効果が消滅し，柳芽が発生しやすい。障害の発生しない高温時間の限界は夕2時間，朝2時間程度のため，タイマーを4回作動させ，シェードを夜間開放し，朝方再びシェード展張を行なう方法をとるとよい。

⑥草姿管理

側枝に1花が着生する咲き型が原則とされている。さらに，開花枝に柳葉が着生しないことが理想とされている。しかし，品種によって着生するものもあり，市場では問題にしていない。

花芽は，品種によって頂花房（花蕾数5〜6個）下の分枝に2次側蕾がつきやすいが，市場では問題にしていないので，頂花から5〜6花に2次蕾がつかないかぎり正常開花となる。

柳咲き（枝咲き）は，不適切な親株管理や本圃管理によって発生する。親株でのおもな発生要因には，1）多回数の採穂（5回以上），2）採穂節位の上昇（採穂間隔が4週間以上），3）水分不足による茎の硬化，4）低温管理（最低温度16℃以下）などがある。本圃でのおもな発生要因には，1）旺盛な初期生育（施肥過多や大苗定植），2）消灯の遅れ（栄養生長期間が長くなると日長反応が低下する），3）暗期の高温（花芽分化期30℃以上，花芽発達期25℃以上），4）花芽分化期の低温管理（18℃以下）などがある。頂花房が大きく伸長し，2次あるいは3次側蕾が発生する場合と，頂花房に2次側蕾が発生する場合がある。いずれの場合も規格外となる（第2図・柳咲き）。

⑦作付け管理

スプレーギクの1作当たりの採花本数は植付け本数により上限が決定する。採花本数を増加させるには作付け回数（回転率）を増やすことが必要となり，作付け管理が重要となる。採花が終了したら，すぐに片付けて定植準備を行ない，作付けを開始するようにする。ただ，これを繰り返すと秋ギクタイプと夏秋ギクタイプの品種の切替え時期や，春以降の開花が揃いやすい時期は採花期が重なることがある。採花期が重なると次作の開始時期がおそくなり，結果的に回転率が下がることになるので，この時期はとくに計画的な作付けを行なう必要がある。

また，計画的な作付けを行なうには挿し穂の確保が重要である。自家増殖する場合は，生産面積の15％程度の面積の親株ハウスが必要となる。親株ハウスは数分割し，生育をずらして作付けし，継続的に採穂できるようにする。

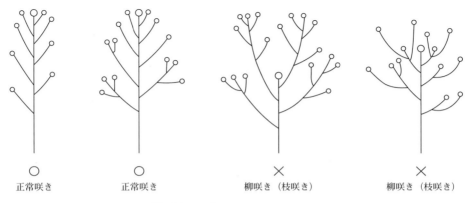

第2図　スプレーフォーメーション

(4) 生育過程と技術

①親株養成と管理

　周年生産では，秋ギクタイプ品種と耐暑性に優れた夏秋ギクタイプ品種を組み合わせて栽培する必要がある。それぞれ管理が異なるので区別して記述する（第3図，第2表）。

　秋ギクタイプ品種　前年の8月に挿し芽繁殖させた親株苗を露地に仮植し，自然低温に遭遇させる。株元から発生した冬至芽を4月上中旬に掘り上げ，加温親株室に定植する。常に電照を行なう必要があり，暗期中断4時間を基本とする。

　また，近年は挿し穂を種苗会社から購入して親株とすることが多くなっている。低温に遭遇していない穂である可能性が高いので，電照や温度管理は徹底する。

　仮植，定植床はあらかじめ土壌消毒し，排水対策をしたのち，10a当たり堆肥2t，三要素（窒素，リン酸，カリ）各成分で10kg施肥する。栽培間隔は12～15cmの床植えがよい。夜温は16℃以上を確保する。

　定植後，草丈が伸長したら摘心して側枝の発生を促し採穂する。摘心後20日程度の間隔で採穂が可能である。3～4回採穂したら，挿し芽で親株を更新する。採穂を繰り返すと老化苗となって不時発蕾を起こす危険があるので，早めに更新する。

　夏秋ギクタイプ品種　前年8月に挿し芽繁殖した親株を秋ギクタイプと同様に仮植する。自然低温に遭遇させたあと，1～2月（地域により異なる）に株を掘り上げ，加温室に植え付け，そこから採穂したものを親株として使用する。

　常に電照を行なう必要があり，電照時間は秋ギクタイプよりも長い暗期中断5時間を基本とする。11月まで栽培可能であるが，秋ギクタイプに比較して品質が劣る傾向にあるので，10月上旬までとしたほうがよい。

　また，秋ギクタイプ同様，近年は挿し穂を購入して親株とすることが多くなっている。品種によっては不時発蕾の危険性があるので，電照時間を長くする，エテホン液剤（商品名：エスレル10，親株摘心時500倍希釈液散布，使用回数3回以内）を利用するなどの対策が必要である。

　共通事項　採穂は側枝の本葉2枚を残し，なおかつ5～7cmの長さで行なう。側枝の最初に発生する欠刻の少ない対葉（カイワレ葉）には側芽がないので，本葉2枚は必ず残す。

　挿し穂は5cm前後に調製して揃える。調製は手折りとし，刃物での調製はしない。キク矮化ウイロイド（CSVd，極端なわい化を起こす病害）が切り口に感染し，大発生を招きやすいためである。

　採穂回数が多くなると，老化により挿し穂の品質の低下や節位が高くなり不時発蕾の原因に

経過週数	1	2	3	4	5	6	7	8	9	10	11	12	13
生育	○直挿し	○発根			○花芽分化			○発蕾				○開花始め	○開花終わり
おもな作業	○土壌消毒　○基肥施用・ベッドづくり　○ネット張り　○べたがけ・電照開始	○べたがけ撤去		○病害虫防除	○電照終了・シェード開始	○病害虫防除		○病害虫防除	○病害虫防除		○病害虫防除	採花	

第3図　栽培のあらまし

周年生産の技術体系

第2表 技術作業の実際（スプレーギク周年生産）

		作業名	作業・管理の実際	注意点・補足
育 苗	親株管理	親株定植	低温遭遇した株または冬至芽を温室内に定植し、発生した芽を摘心して得られた穂を親株として定植する（以降、採穂したもので親株を更新していく）	挿し穂を種苗会社から購入することも多い
		圃場準備	土壌消毒をして、10a当たり2t、三要素（窒素、リン酸、カリ）各10kg施用	
		直挿し	栽植密度は床幅90〜100cmに15cm×15cmとする	
		電 照	秋ギクタイプは暗期中断で4時間、夏秋ギクタイプは5時間とし、長日条件とする	3m×3m、高さ150cmに60W蛍光灯を配置
	採穂・保存	採 穂	親株を摘心して側枝を採穂する。本葉2枚を残して長さ5〜7cmで採穂する。3〜4回採穂で親株を更新する	繰返しの採穂は老化苗となり不時出蕾の原因となる
		穂の調製	一定の長さに手折りで調製する	刃物を使うと病害の感染を広げやすい
		保 存	挿し穂を軽くしおれさせたあと、2〜3℃設定の冷蔵庫で保存する	穂冷期間が長くなると腐れや生長点の枯れが発生するので4週間を上限にする
本 圃		圃場の準備	窒素分の少ない優良な有機物を十分に施用。土壌消毒は薬剤の場合は年1回、蒸気消毒の場合は毎作行なう	蒸気消毒の場合、施肥・ベッドづくり後に実施する
		施 肥	基肥には緩効性肥料や有機質肥料を用い、窒素で15〜20kg/10aとする	塩基類の動態をチェックしpHは6.0前後に調整する
		ネット張り	ハウスの間口やベッド数を考慮してベッド幅を決定する（12×12cmまたは15×15cmネットを用いる）。通路幅は50〜60cmとする	ベッド幅は90〜100cm程度が一般的
		直挿し	床に展張したネットのマス目に直挿しする。12cmネットの場合は1マスに1本植え、15cmネットの場合は2本植えを基本とする	
		灌 水	直挿し前と後に十分灌水し、直挿し後の穂を安定させる。べたがけ撤去後は、乾燥したら灌水する間断灌水とする	過湿は根腐れ症など生育停滞の原因となる
		べたがけ被覆	直挿し、灌水後に発根を促すためポリフィルムをべたがけし、発根したら撤去する	
		暖 房	最低夜温は16℃以上とし、花芽分化期は18℃以上を確保する。天窓は24℃で換気する	
		電 照	直挿し直後から草丈20cm前後の花芽誘導期まで、季節を問わず常時電照する	電照は親株管理に準ずる
		花芽誘導（消灯・シェード）	電照を止めたらただちにシェード処理を開始して花芽分化を促す。100%遮光のシェードカーテンを18時から6時までの12時間展張する。高温期は夜間開放して温室内の温度を下げる	
		草姿管理	消灯時から、2週間間隔で1〜2回、1,000〜2,000倍希釈のダミノジッド剤を散布する	品種や散布時期によって効果が異なる
		病害虫防除	白さび病、アブラムシ類、ハダニ類、アザミウマ類の被害が大きく、防除は発生予察を行ない7〜10日に1回程度行なう	薬剤抵抗性発現防止のため、系統の異なる薬剤をローテーション散布する
		収穫・調製	上部3花程度が7〜8分咲きとなり、ほかの花蕾の花弁が伸長して発色したときに行なう。水揚げは箱詰め前に4時間以上行なう。箱詰めは5束それぞれ箱の小口側に、頂部を揃えて行ない、1箱10束詰めとする	

なるので，3～4回採穂したら親株を更新する。

②圃場の準備と直挿し

土つくり 堆肥は10a当たり2t程度入れるが，土壌の物理性を改善するとともに，保肥力を高めるために施用する。したがって，肥料成分の高い堆厩肥などを直接入れてはいけない。籾がらなどがあれば理想的である。

pHは6.0前後に調整する。また，常に石灰やカリの動態をチェックし，不足しないよう供給する。

土壌消毒 薬剤による土壌消毒は土壌病害虫の発生が見られなくても，年1回行なう。蒸気消毒の場合は毎作実施するのが望ましい。土壌消毒直後の作付けでは潜在地力が活性化してくるので，施肥量を20%前後減肥する。

蒸気消毒を行なう場合は，施肥・ベッドづくりなどの準備をすませたあとに1ベッドごとに消毒する。

施肥 周年生産では同一施設に年3～4作が作付けされる。施肥を間違うと急速に土壌の悪化をまねき，連作障害を起こす。土壌管理は細心の注意が必要である。

化成肥料は三要素が同じ組成のものが良く，10a当たり15～20kg施用する。多肥で育てると枝咲きなどを誘発し，スプレーフォーメーションを崩して商品価値を下げるとともに，白さび病の発生を助長する。ECは0.6～0.8が目安である。

直挿し 耕うん整地後，ベッド幅90～100cm，通路幅50～60cmを目安にベッドをつくる（ハウスの間口を考慮して決定する）。ベッド幅に合わせ12×12cmまたは15×15cmネットを展張する。挿し芽はマス目に合わせて12×12cmネットでは1マス1本，15×15cmネットでは2本を基本に季節により増減させる。挿し芽はできるだけ浅植えとし，圧着しない。灌水で倒れない程度に軽く押さえる。十分な灌水後ポリフィルムをべたがけして挿し穂の蒸散を抑えて発根を促す（10～14日間程度）。

③生育中の管理

養水分管理 植付け床に灌水ムラがでない間隔で灌水チューブを配置し，チューブ灌水を行なうのが一般的である。床面が乾いたら十分に灌水する，いわゆる間断灌水を行なう。過湿は藻類の発生や根腐れを起こすので注意する。

葉色を比較しながら，必要があれば追肥を行なう。液肥の場合は600～1,000倍に希釈し，灌水チューブを通して施肥する。追肥は初期生育時に行ない，発蕾後はスプレーフォーメーションを乱しやすいので行なわない。

日長管理 直挿し直後から草丈が20cm前後になるまで電照する。高さ150cm前後に60W蛍光灯1灯，3m×3m間隔でセットする。タイマー作動で，秋ギクタイプで暗期中断4時間，夏秋ギクタイプで暗期中断5～6時間点灯する。周年生産の場合は四季を通じて電照し，不時発蕾など障害の発生を防止する。

草丈20cm前後で電照を終え，花芽誘導に入ったときからシェード処理を行なう。シェードは100%遮光のフィルムを設置し，秋ギクタイプでは夕方6時から朝6時まで展張し，12時間日長とする。シェードは蕾が破れ着色が判別できるころまで行なう。

夏秋ギクタイプは，適日長限界が12～14時間と品種の早晩性により異なる（秋ギクタイプは12時間）ので，品種の早晩性や出荷時期によりシェード処理方法を変えて管理する。晩生品種では秋ギクタイプと同様に12時間日長で採花時期まで（フルシェード）を基本に行なう。早生品種では日長14時間以上の時期を目安にシェード処理を行なう。

夏期のシェード展張は室温が上昇し，場合によっては短日条件の効果が消滅し，スプレーフォーメーションを乱すので，19時ごろから3時ごろまでシェードを開放するとともにサイドの裾を少し開け通風をはかる。シェード処理開始前に細霧冷房で室温を下げるなど夜間の室温を下げる工夫をする。

温度管理は10月下旬から翌年の5月上旬まで，いつでも加温できるように暖房機をセットしておく。暖房機は冬期の最低気温やハウスの保温性を考慮して，適した能力のものを設置する。

栽培適温は16～23℃であり，ほかの作物に

比較して高温度域にある。また，花芽誘導時の4週間は柳咲き（枝咲き）の発生防止と，開花揃いを良くするため，最低夜温18℃を保つ必要がある。栽培期間を通して，最低夜温16℃以上を確保できないと苗のロゼット化，高所ロゼット化あるいは柳芽の発生などの障害が発生する。

草姿管理　消灯時から，2週間間隔で1～2回，ダミノジッド剤（商品名：ビーナイン水溶剤，キクエモン）1,000～2,000倍希釈液を散布することで切り花のボリューム確保や草姿，葉色改善をはかることができるが，品種や散布時期によって効果が異なるため注意が必要である。

病害虫防除　主要病害虫は白さび病，アブラムシ類，ハダニ類，アザミウマ類で，防除は発生予察による早期防除を基本に，7～10日に1回程度薬剤防除を行なう。

白さび病は親株床の防除を徹底し，本圃への持ち込みを防ぐ。本圃では発蕾期までの初期防除を徹底する。とくに梅雨期や秋雨期から加温開始期に多発する。

アブラムシ類は，初夏から秋にかけて生長点から展開葉付近に多く発生する。

ハダニ類は，乾燥した環境下で多発し，高湿度を嫌うため本圃では床から20～30cm以上の上位葉に発生が多い。薬剤抵抗性がつきやすいので，系統の異なる薬剤をローテーション散布する。

アザミウマ類は，高温期の発生が多く，施設外からの飛来が主要因である。薬剤防除に加えて防虫ネットを張ると効果が期待できる。近年，おもにミカンキイロアザミウマが媒介するキク茎えそ病（CSNV）の発生が見られる。

④収穫・調製

収穫は上部3花程度が7～8分咲きとなり，ほかの花蕾の花弁が伸長して発色したときに行なう。咲き過ぎには十分注意する。

切り花は上物規格の長さで切断し，さらに，等級別重量に合わせて選花する。下葉を20cm前後除去し，等級別の切り花長に合わせて再度切断する。1束の規格に合わせて，輪ゴムなどで結束する。花穂を保護するためセロハン袋に入れる。

水揚げは箱詰め前に4時間以上行ない鮮度を保持する。

箱詰めは5束をそれぞれ箱の小口側に，頂部を揃えて行ない，1箱10束詰めとする。

(5) 作期と技術ポイント

①春・秋期

昼夜や，日ごとの寒暖差が大きいため保温や換気に十分配慮した環境管理を心がける。とくに，白さび病やべと病が発生しやすいので，湿度管理には細心の注意を払う。また，生育初期の立ち枯れ性の病害が発生しやすい時期のため，親株を含めて適正防除をはかる。

②夏　期

高温障害や開花遅延の発生が懸念されるため夏秋ギクタイプ品種の作付けとし，シェード栽培時は夜間の開放や裾の一部開放などを行ない，気温の降下に努め高温障害の回避をはかる。また，害虫の発生が多くなるので，早期防除を基本に防除を徹底する。

③冬　期

日照時間が短く，日射も弱く，切り花品質が低下しやすいため，栽植本数を少なくして受光環境を整えるとともに，十分な加温を行ない生育の促進をはかる。また，消灯までの期間を長めにするとともに，ダミノジッド剤処理を行ないボリュームアップをはかる。消灯後には，朝夕の電照（補光）を行ない12時間日長を保ってうらごけを防ぐ。

執筆　中枝　健（栃木県農業試験場）
改訂　佐々木　功（栃木県農政部）

2017年記

参 考 文 献

栃木県農業試験場．2009．花きホームユース需要に対応した生産技術の確立．単年度試験成績．38．

夜温の変温管理による暖房コスト低減

(1) スプレーギク栽培の温度管理の現状

スプレーギクの生育適温は20℃前後と考えられ，一般的には夜温15℃程度，昼温25℃以下というのが実用的な温度管理といえる。

暖房コストに直接影響するのは夜温であるが，従来は植付けから開花まで夜温15℃加温で栽培する事例もみられた。しかし，最近はさまざまな開花特性の品種が栽培され，花数などの切り花品質向上や施設の回転率などが要求されることから，花芽分化時期には18℃以上の高温管理が行なわれている。低温開花性，高温開花性の品種が同じハウスに同居するので，高いほうにあわせなければならない。だから高温管理する。

高品質のスプレーギクを生産している産地では，植付けから消灯4日前まで14℃加温，消灯3日前から発蕾期まで18℃加温，その後は14℃まで下げ，破蕾期から収穫まで16℃加温という方式がとられている。この加温方法は良好な生育や切り花品質を維持するためには，必要最低限の温度管理といえる。

ただ，品種によってはこれほど高温管理しなくても十分な切り花品質が得られると考えられるが，生産現場では同一ハウスに複数の品種が混在するため，最も花芽分化温度の高い品種に合わせた温度管理が行なわれているのが実状である。

(2) 夜温の変温管理と暖房コスト低減効果

①変温管理についての従来の研究

夜温の変温管理については20年以上前に'秀芳の力'などの輪ギク品種で詳細に取り組まれた経緯がある（大須賀ら，1983）。この試験は，夕方6時から朝6時までを4時間ごとに区切り（前夜，中夜，後夜とする），どの時間帯を高温（16℃）で管理すれば，生育や開花への影響が少

第1表　花芽分化時期の夜温の変温管理試験の構成

（鹿児島農試，2001）

区	(前夜半-後夜半) (℃-℃)	(時間) 9時 ―― 17時 ―― 1時 ―― 9時		
対照	(18-18)	25℃換気，最低14℃	18℃	18℃
前夜半高温	(18-14)	同上	18℃	14℃
後夜半高温(1)	(14-18)	同上	14℃	18℃
後夜半高温(2)	(10-18)	同上	10℃	18℃

注　試験方法）試験区面積1区90m²×4区
　　変温管理は4段サーモを用いて，最低夜温が各区の温度になるように設定した
　　耕種概要）定植：2001.12.5. 消灯：2002.1.7. 日長処理：消灯後3週間12時間日長
　　温度管理：変温管理期間以外は14℃加温，25℃換気で管理した

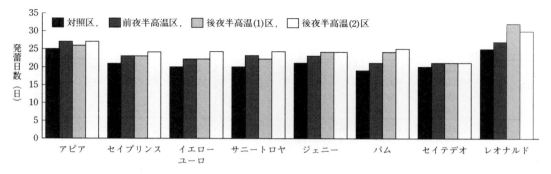

第1図　夜温の変温管理がスプレーギクの発蕾日数に及ぼす影響　（鹿児島農試，2001）
発蕾日数は消灯日から発蕾揃い日までの日数

ないかといった内容である。
　この試験の結果，'秀芳の力'では，栄養生長期間は，草丈伸長性の面では後夜高温管理がよいが，消灯後の開花率の向上から「前夜高温」がよいとされている。また花成誘導期（消灯前後2週間）については，到花日数や開花率の面から後夜高温管理がよいとされている。一方，同試験に供試された'金丸富士'という低温開花性の品種については，高温管理の時間帯の影響は少ないとされている。

②夜温の変温管理が生育・開花に及ぼす影響
　鹿児島県では2000年度にスプレーギクの産地で，暖房コスト低減を目的とした夜温の変温管理が試行され，2001年度から当試験場でも，花芽分化時期の夜温の変温管理に関する試験を開始した。

第2表　花芽分化時期の夜温の変

品種名	最低夜温 (前夜半－後夜半) (℃－℃)	発蕾日 (月/日)	50% 収穫日 (月/日)	収穫期間 (日)	到花日数 (日)	草丈					85cm切り花重 平均±標準偏差 (g)
						A (cm)	B (cm)	C±標準偏差 (cm)	B－A (cm)	C－A (cm)	
アピア	(18－18)	2/1	3/3	4	55	46	90	132±2.4	44	87	81.6±13.4
	(18－14)	2/3	3/5	3	57	44	84	130±4.7	40	86	74.7±7.1
	(14－18)	2/2	3/6	3	58	42	82	125±1.5	40	83	65.5±9.6
	(10－18)	2/3	3/7	4	59	43	82	131±2.4	40	88	73.0±9.4
セイプリンス	(18－18)	1/28	2/25	4	49	47	91	122±3.4	44	76	67.1±13.0
	(18－14)	1/30	2/26	4	50	43	85	118±5.4	42	75	67.6±14.5
	(14－18)	1/30	2/27	5	51	44	84	119±2.8	40	75	59.8±12.0
	(10－18)	1/31	2/27	4	52	42	83	122±3.2	41	80	61.7±13.2
イエローユーロ	(18－18)	1/27	3/1	3	53	28	73	120±5.0	45	92	59.0±15.5
	(18－14)	1/29	3/2	3	54	27	70	122±2.6	44	95	58.3±13.7
	(14－18)	1/29	3/2	3	54	26	68	118±6.1	43	92	50.4±9.6
	(10－18)	1/31	3/3	3	55	25	68	124±3.2	43	99	50.6±7.0
サニートロヤ	(18－18)	1/27	2/28	3	52	31	70	103±4.9	39	72	53.6±11.3
	(18－14)	1/30	3/4	3	56	27	67	112±5.8	40	85	72.0±16.6
	(14－18)	1/29	3/2	4	54	29	67	106±3.9	38	78	65.4±14.3
	(10－18)	1/31	3/3	3	56	29	69	118±3.0	40	89	93.2±22.8
ジェニー	(18－18)	1/28	2/28	4	52	38	87	120±2.6	49	82	88.0±12.4
	(18－14)	1/30	3/1	3	53	33	80	117±0.6	47	84	79.5±20.3
	(14－18)	1/31	3/2	3	54	31	75	116±1.3	45	85	74.0±0.7
	(10－18)	1/31	3/2	3	54	32	78	117±4.5	46	85	98.0±12.0
パ　ム	(18－18)	1/26	2/25	2	49	55	104	136±3.7	49	81	69.8±8.4
	(18－14)	1/28	2/26	3	50	52	99	137±1.3	47	85	65.8±13.7
	(14－18)	1/31	3/1	4	53	53	102	145±6.5	49	92	77.2±10.1
	(10－18)	2/1	3/2	4	54	53	100	143±2.3	47	90	60.2±5.7
セイテデオ	(18－18)	1/27	2/26	2	50	45	80	103±1.4	35	58	61.6±13.9
	(18－14)	1/28	2/27	2	51	42	78	103±1.3	36	61	63.0±12.2
	(14－18)	1/28	2/27	2	51	43	80	102±3.0	37	60	69.0±8.0
	(10－18)	1/28	2/28	3	52	41	73	99±4.0	32	58	81.5±5.5
レオナルド	(18－18)	2/1	3/5	4	57	47	76	114±2.6	29	67	40.0±2.1
	(18－14)	2/3	3/7	4	59	43	65	106±3.3	22	63	55.3±2.1
	(14－18)	2/8	3/9	4	61	43	72	120±2.6	29	77	40.0±7.5
	(10－18)	2/6	3/8	3	60	38	67	125±2.1	29	88	71.3±13.1

注　到花日数は消灯日から50%収穫日に要した日数，収穫期間は10～90%収穫日までの期間
　　草丈のAは消灯時，Bは変温管理終了時，Cは収穫時に調査

試験の内容は，消灯3日前から消灯後3週間の期間の夜温管理（17～9時）について，午前1時を中心に，17～1時を前夜半，1～9時を後夜半としたうえで，'秀芳の力'で行なわれてきた後夜半を高温管理にする方法を念頭において試験区を構成した。

第1表のとおり，まず対照区を終夜18℃加温（表記18－18℃），前夜半高温区（18－14℃），後夜半高温（1）区（14－18℃），後夜半高温（2）区（10－18℃）の4区制とした。

試験の結果で，消灯日から発蕾日まで要した日数を第1図に示した。

変温管理の終了時期がほぼ発蕾期と重なった。発蕾が最も早かったのは対照区（18－18℃）であったが，それに次いで早かったのは，品種により傾向が異なり，前夜半高温区（18－14℃）

温管理が生育開花に及ぼす影響 ②

(鹿児島農試, 2001)

品種名	最低夜温 (前夜半－後夜半) (℃－℃)	節　数			第5側枝長 (cm)	花首長 (cm)	花径 (cm)	花　数		フォーメーション	備　考
		消灯時 (節)	収穫時 (節)	差 (節)				1次 (輪)	2次 (輪)		
アピア	(18－18)	19	40	21	15.1	10.4	6.2	11.8	0.8	B	花弁にアントシアニン発現
	(18－14)	20	39	20	16.2	10.5	7.0	10.7	1.0	B	〃
	(14－18)	19	39	20	15.9	11.4	6.9	10.0	－	B	〃
	(10－18)	19	39	20	15.4	10.4	7.3	9.4	－	B	〃
セイプリンス	(18－18)	22	43	21	7.4	6.6	6.7	14.1	1.2	B	
	(18－14)	21	42	22	7.0	5.9	6.7	14.0	1.4	B	
	(14－18)	20	43	23	7.2	6.2	6.7	13.4	0.5	B	
	(10－18)	22	44	22	7.6	6.5	6.5	13.1	1.0	B	
イエローユーロ	(18－18)	14	31	16	20.2	14.3	8.5	8.3	－	B	
	(18－14)	14	30	16	19.7	13.7	7.9	8.7	－	B	
	(14－18)	13	29	17	19.5	13.9	7.9	8.0	－	B	
	(10－18)	15	31	17	20.7	14.4	7.7	7.9	－	B	
サニートロヤ	(18－18)	18	42	24	6.0	2.9	7.6	13.6	－	A～B	花弁にアントシアニン発現
	(18－14)	20	47	27	8.0	4.9	7.3	13.2	1.2	A～B	〃
	(14－18)	19	45	25	5.6	3.2	8.2	13.2	0.2	A～B	〃
	(10－18)	18	46	28	7.9	5.4	9.2	14.6	5.0	A～B	〃
ジェニー	(18－18)	20	45	25	9.0	8.0	7.6	15.6	1.0	B	
	(18－14)	20	43	23	11.3	8.5	9.5	12.0	6.0	B	
	(14－18)	18	42	24	10.1	8.5	7.6	14.0	－	B	
	(10－18)	21	46	25	9.5	7.9	7.5	14.3	3.3	B	
パム	(18－18)	24	50	26	13.9	7.3	6.1	14.3	1.8	B	
	(18－14)	23	48	25	13.5	9.5	6.2	13.4	0.8	B	
	(14－18)	24	51	27	13.8	10.2	7.6	11.8	5.0	B	
	(10－18)	25	48	24	13.3	11.7	7.8	12.6	0.2	B	
セイテデオ	(18－18)	21	41	20	7.0	5.6	5.9	13.0	－	B	
	(18－14)	22	43	21	6.5	4.8	5.3	11.8	－	B	
	(14－18)	20	43	23	7.3	5.3	5.6	13.3	－	B	
	(10－18)	20	43	23	7.8	5.5	7.0	14.5	－	B	
レオナルド	(18－18)	18	38	20	8.7	8.0	4.4	6.0	－	B	
	(18－14)	17	38	21	11.1	9.7	4.5	7.0	－	B	
	(14－18)	18	39	21	9.3	8.8	4.4	7.0	－	B	
	(10－18)	19	42	23	11.8	10.5	4.5	8.3	－	B	

または後夜半高温（1）区（14－18℃）であった。発蕾の遅れは多くの品種で1～2日であった。後夜半高温（2）区（10－18℃）ではさらに遅れる傾向にあった。

切り花品質を第2表に示したが，一部の品種で開花が遅れた分だけ草丈が伸びるなどの傾向がみられたが，品種間差があり一定の傾向は認められなかった。

③変温管理による暖房コスト低減の効果

変温管理期間中の燃料消費量（第3表）は，対照区に対して前夜半高温区（18－14℃）が26％減，後夜半高温（1）区（14－18℃）が23％減，後夜半高温（2）区（10－18℃）では38％の減となった。植付けから開花までのトータルの燃料消費量では，開花の遅れがなかったと仮定した場合10～15％の減となった。実際には開花が遅れた日数分の燃料消費量がかかるので節減率は10％前後ということになる。

④夜を3分割した変温管理が発蕾日数に及ぼす影響

前回の試験結果から，発蕾の遅れが少なくかつ燃料消費量の少ない前夜半高温区（18－14℃）を基準とし，今回はさらに夜を3分割した変温管理を検討した。

試験区は第4表のとおり花芽分化時期の夜間を22時と3時で区切り，前夜半高温管理を中心とした温度設定とした。

実際のハウス内気温は第5表のとおりとなった。その結果，発蕾日数は第2図に示したとおり対照区（18－18－18℃）に対して（1）区（18－14℃）が同程度か1日遅れであった。（2）区（18－14－14℃），（3）区（18－10－14℃）では品種によって徐々に発蕾が遅れる傾向にあった。ただ，'ジョースピッツ'のような早生品種についてはすべての区で発蕾日数が同じであ

第3表 変温管理による燃料消費量（計算値）の節減率

区	最低夜温 （前夜半－後夜半）	燃料消費量の比較（％）	
		変温管理中	全期間
対照	（18－18℃）	100	100
前夜半高温	（18－14℃）	74	90
後夜半高温（1）	（14－18℃）	77	91
後夜半高温（2）	（10－18℃）	62	86

注　表中の数値は，試験期間中の外気温を基に算出した計算値
　　全期間とは12月3日から3月5日までの期間

第4表 夜を3分割した変温管理試験の構成　　　　　　　（鹿児島農試，2003）

区	夜間加温温度 （℃）	消灯3日前から消灯後3週間の最低夜温			備考
		17：00～22：00	22：00～3：00	3：00～8：00	
対照	（18－18－18）	18℃	18℃	18℃	
(1)	（18　－　14）	18℃		14℃	午前1時で変温
(2)	（18－14－14）	18℃	14℃	14℃	
(3)	（18－10－14）	18℃	10℃	14℃	

注　耕種概要）定植：2003.12.5．消灯：2004.1.7．日長処理：消灯後3週間12h日長
　　温度管理：変温管理期間以外は最低夜温14℃，昼温は全期間25℃換気

第5表 試験期間中のステージごとの平均気温　　　　　　　　　　　　（単位：℃）

区	夜間加温温度 （℃）	定植から消灯3日前まで		消灯3日前から消灯後3週間				消灯3週後から開花	
		昼温	夜温	昼温	前夜温	中夜温	後夜温	昼温	夜温
対照	（18－18－18）	20.9	14.5	20.6	18.3	18.4	18.4	22.9	15.0
(1)	（18　－　14）	19.4	14.7	19.1	18.8		14.8	21.0	15.6
(2)	（18－14－14）	22.7	15.2	21.0	18.6	15.3	15.2	22.8	15.5
(3)	（18－10－14）	22.5	14.6	22.1	18.8	12.6	14.7	23.2	15.3

注　毎日の時間帯ごとの気温の平均値を示した

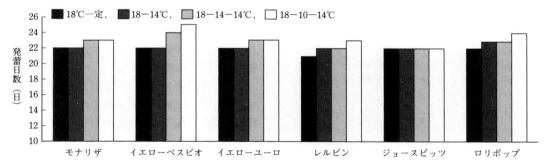

第2図 花芽分化時期の夜温の変温管理が発蕾日数に及ぼす影響　（鹿児島農試, 2003）

発蕾日数は消灯日から発蕾揃い日までの日数

ったことから，花芽分化温度が低い品種では変温管理による発蕾日への影響は少なく，逆に'モナリザ'や'イエローベスビオ'のような花芽分化温度の高い品種では発蕾が遅れやすいと考えられた。

また（2）区（18－14－14℃），（3）区（18－10－14℃）については花数が減少する傾向がみられた（第6表）。

⑤変温管理の優位性について

花芽分化時期の夜温管理について18℃－14℃の変温管理を行なった場合と，暖房コストが同程度となる16℃一定管理で，発蕾日数に差があるのかを比較した。

その結果，第3図に示すとおり，変温管理区が発蕾が早い傾向にあった。ただ一部の品種は16℃一定加温と差がないものも認められた。

以上の試験から，スプレーギクの花芽分化時期の夜温管理において，午前1時を中心とした前夜半を18℃以上，後夜半を14℃以上で加温すると，終夜18℃以上で加温する方法に比べて，ほとんどの品種では発蕾や開花に差がなく，同等の切り花品質が得られた。しかも花芽分化時期の暖房コストを25％ほど削減できた。

この方式の変温管理では，暖房コストがほぼ同程度となる一定夜温管理と比較し発蕾が早い傾向にあり，変温管理の優位性も認められた。

第6表 花芽分化時期の夜温の変温管理が花数に及ぼす影響

（鹿児島農試, 2003）

品種	区	夜間加温温度（℃）	1次花数（個）	2次花数（個）
モナリザ	対照	(18－18－18)	10.0 ± 0.9	0.0
	(1)	(18 　－　 14)	10.0 ± 1.1	0.4
	(2)	(18－14－14)	9.0 ± 0.6	0.0
	(3)	(18－10－14)	9.4 ± 0.5	0.0
イエローベスビオ	対照	(18－18－18)	14.4 ± 0.5	0.0
	(1)	(18 　－　 14)	15.8 ± 1.7	0.0
	(2)	(18－14－14)	13.0 ± 0.9	0.0
	(3)	(18－10－14)	12.8 ± 0.7	0.0
イエローユーロ	対照	(18－18－18)	8.8 ± 0.7	0.0
	(1)	(18 　－　 14)	10.0 ± 0.6	0.0
	(2)	(18－14－14)	7.4 ± 0.8	0.0
	(3)	(18－10－14)	7.2 ± 0.7	0.0
レルビン	対照	(18－18－18)	10.4 ± 0.5	0.0
	(1)	(18 　－　 14)	11.2 ± 0.4	0.0
	(2)	(18－14－14)	9.2 ± 0.4	0.0
	(3)	(18－10－14)	8.6 ± 0.8	0.0
ジョースピッツ	対照	(18－18－18)	14.8 ± 0.4	4.2
	(1)	(18 　－　 14)	14.2 ± 1.2	5.6
	(2)	(18－14－14)	13.0 ± 0.6	1.2
	(3)	(18－10－14)	13.2 ± 1.6	2.0
ロリポップ	対照	(18－18－18)	7.6 ± 1.0	0.0
	(1)	(18 　－　 14)	8.6 ± 0.8	0.0
	(2)	(18－14－14)	7.6 ± 0.8	0.0
	(3)	(18－10－14)	7.0 ± 0.8	0.0

注　1次花数は収穫適期に膜切れしていたもの，2次花数はすべて

ただ，花芽分化温度の高い品種では，この変温管理法では開花が遅れる可能性もあるので注意が必要である。

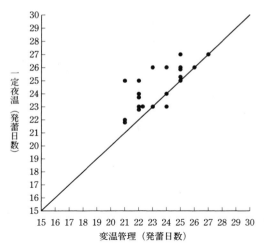

第3図 変温管理と一定夜温管理が発蕾日数に及ぼす影響

(耕種概要)
供試品種:農試育成系統21系統
定植:2004年12月20日,消灯:2005年1月21日,日長処理:消灯後3週間12時間日長
温度管理:変温管理期間以外は最低夜温14℃,昼温は全期間25℃換気

(3) 残された課題と今後の取組み

スプレーギクの花芽分化時期の変温管理については前夜半高温という方向性で試験を進めてきており,輪ギクの'神馬'でもスプレーギクと同様に前夜半高温で問題はなかった。

しかし過去に試験された'秀芳の力'では後夜半高温がよいとされてきたことから,このことは品種によって適した変温管理方法が異なることを示唆している。

キクの花芽分化時期の温度反応は,花芽分化温度の違いだけでなく,'秀芳の力'のもつロゼット性や'神馬'で問題になった幼若性なども影響を及ぼすと考えられる。もちろん最近のスプレーギク品種ではこれらの特性はほとんど除去されている場合が多いと考えられるが,同じハウスで複数品種を栽培するスプレーギクの場合,品種ごとの特性を視野にいれた加温技術を確立していく必要がある。

また,栄養生長期間の夜温の変温管理についてはまだ予備試験の段階であるが,栄養生長期間の夜温を14℃加温とする慣行法に比べて,夜明け前後を18℃程度の高温管理する方法を行なったが,明らかな草丈伸長効果は認められなかった。

逆に,花芽分化時期と同様に前夜半を高夜温管理とし,草丈伸長性を促進できないか検討する余地があるが,現地では前夜半を14℃程度とし,後夜半を2℃ほど下げる方式がとられている事例があり,今のところ生育上特に問題はないとされている。

ただ,前にも述べたように栄養生長期間の温度管理はロゼット性や幼若性に影響を及ぼし,花芽分化にも影響を及ぼすことを考慮しなければならない。

そのほかスプレーギク栽培では発蕾期から収穫期までの温度管理についても,アントシアニンの発現を防止するため比較的高い夜温管理が行なわれており,この時期の変温管理についても取り組む必要がある。

近年,原油価格の高騰に伴って,暖房コスト低減に対する関心が急激に高まりつつあることから,今後全国のキク産地や試験研究機関での新たな取組みが期待される。

執筆 今給黎征郎(鹿児島県農業開発総合センター)
2006年記

参 考 文 献

今給黎征郎・姫野正己. 2003. 鹿児島農試. 九州農業研究. **65**.
大須賀源芳・大石一史. 1983. 愛知農総試. 昭和58年度花き試験研究成績概要集(公立)関東東海.

スプレーギク
生産者事例

栃木県塩谷郡塩谷町　君嶋　靖夫

〈スプレーギク〉周年出荷

良質挿し穂の確保と低コスト化による周年安定生産

―計画的な親株管理と重油消費量の削減による低コスト化―

1. 経営と技術の特徴

(1) 産地の状況

塩谷町は栃木県の北部，県都宇都宮市の北に位置する。町中南部は東部に荒川，西部には鬼怒川が流れ，肥沃な農業地帯となっており，スプレーギクの生産もこの地域を中心に行なわれている。

当地域のキク栽培は，1949年の露地ギク導入により始まり，スプレーギクは1978年に導入された。1988年に降雹害を受けたことを契機に施設栽培が増加してきた。現在，スプレーギクは，生産者26名，施設面積11haの産地となっている。

生産者は，JAしおのや塩谷花卉部会（部会員40名，スプレーギクのほか，輪ギク，リンドウを生産）のスプレーマム研究会に加入し，共選共販体制で首都圏や東北方面を中心に市場出荷している。スプレーマム研究会は，栽培技術の向上や販売対策だけでなく，ホームページ開設や各種イベントへの参加を通じた情報発信，消費拡大活動を積極的に行ない，有利販売や消費拡大に取り組んでいる。

(2) 経営と技術の特徴

君嶋さんは1996年に就農し，スプレーギク農家の三代目として栽培を開始した。当時は鉄骨ハウス4,950m^2とパイプハウス2,400m^2の経営であったが，点在していたハウスの集約や施設更新をすすめ，現在は鉄骨ハウス5,810m^2，連棟パイプハウス1,320m^2でスプレーギクの周年生産を行なっている。

①周年安定生産体系

作付け体系を第1図に示した。鉄骨ハウス①を7分割（490m^2×7部屋），鉄骨ハウス②を6分割（270m^2×6部屋）した合計13部屋をメインに周年栽培している。それに連棟パイプハウスを3分割（495m^2×2部屋，330m^2×1部屋）した3部屋で年2作を組み合わせて栽培を行なっている。

鉄骨ハウス①と②では交互に毎週作付けを基本として（鉄骨ハウス②は6部屋なので1週あくことがあるが），年間3.6作の作型を目標に作付けを行なっている。この作型に連棟パイプハ

■経営の概要

経営　スプレーギク切り花専業
気象　年平均気温12.3℃，8月の日最高気温29.7℃，1月の日最低気温－4.6℃，年間降水量1,624.2mm（塩谷アメダス平年値）
土壌・用土　中粗粒灰色低地土
圃場・施設　鉄骨ハウス① 3,430m^2，② 1,620m^2，③ 760m^2（親株），いずれも加温，電照，シェード設備，連棟パイプハウス1,320m^2，電照，シェード設備
品目・栽培型　スプレーギク周年栽培，出荷70万本
苗の調達法　自家育苗
労力　家族4人（本人，妻，父，母），常時雇用1人，臨時雇用100日

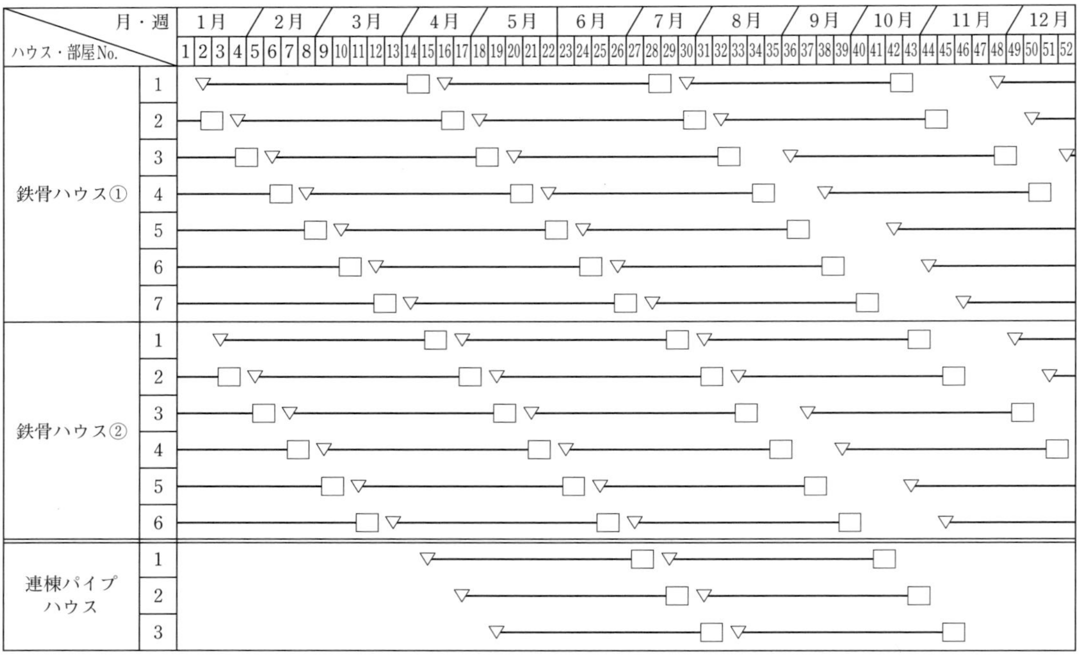

スプレーギク　生産者事例

第1図　作付け体系のイメージ

▽直挿し，□採花

ウスの年2作の作型を組み合わせて8月盆や春秋彼岸，年末の需要期に多めの出荷量を確保しつつ，作付けの谷間ができないように工夫している。

②品種選定

主力品種は，秋ギクタイプの'セイヒラリー''ロリポップ''レミダス''セイリドル''セイレイラ'など，夏秋ギクタイプの'セイアイシス'シリーズが中心であり，夏秋ギクタイプ品種は8月上旬から10月上旬開花の作型で作付けしている。品種選定は研究会活動で得た情報を活用しながら，白，ピンク，黄色のバランスや上位等級率，開花レスポンス（消灯から開花までの期間）を考慮して行なっている。

③自家育苗

専用の親株ハウス760m^{2}で安定的な挿し穂の確保に努めている。ハウスを5分割（152m^2×5部屋）し，親株の定植を2～3週間ごとに行なっている。親株が老化する前に更新することができ，また秋ギクタイプ品種と夏秋ギクタイプ品種の切替えの時期でも良質の挿し穂を安定的に確保することができる。3回採穂程度で親株更新が可能で，挿し穂が原因の生育の不揃いやフォーメーションの悪化などが見られず，計画的な作付けの実施と良質な切り花生産につながっている。

また，次年の親株の母株は低温に遭遇し，生長活性が回復したものを使用する。連棟パイプハウスの2作目に，次年に作付け予定の品種を作付けし（連棟パイプハウスNo.1の部屋に夏秋ギクタイプ品種，No.2，3の部屋に秋ギクタイプの品種），採花後の株をそのままハウス内に据え置き，低温に遭遇させている。夏秋ギクタイプ品種で1月ごろ，秋ギクタイプ品種で4月ごろに親株ハウスに株を植え付け，そこから採穂したものを親株として使用する。

④重油消費量の削減対策

これまで，保温カーテンの三層化による保温性の向上や循環扇の導入による温度ムラの改善，多段サーモ利用による省エネ型変温管理

良質挿し穂の確保と低コスト化による周年安定生産

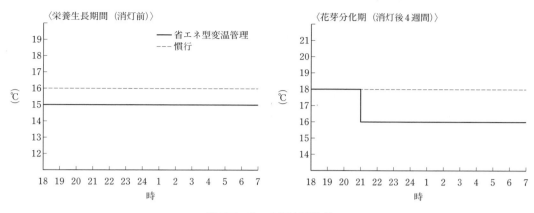

第2図　省エネ型変温管理

(第2図)などの対策を行なってきた。それに加え，2014年12月に籾がら暖房機を親株ハウスに導入した。

親株ハウスは籾がら暖房機導入以前は，重油暖房機2台で暖房を行なっていたが，うち1台を送風のみ常時運転にし（籾がら暖房機のみだと送風機能が弱いため既存の暖房機を送風機として使用），もう1台の暖房機とのハイブリッド運転としている（第3図）。夜温18℃と高い温度設定にもかかわらず，他のハウスよりも重油の消費量が少なく重油削減効果を実感している。また，籾がらは燃焼後にくん炭のような炭になる。この炭は土壌改良資材として活用している（施用量9～10m³/10a）。

籾がら暖房機は細かな温度管理が難しい点や籾がらの運搬に労力がかかる，籾がらを毎日タンクに補給しなければならない（1日で空にならないが2日は持たない）などの欠点もあるが，無料で入手可能な籾がらを利用するのでコスト低減効果は大きく，使用時期の検討や運搬方法の工夫により克服していきたいと考えている。

(3) 栽培の課題

周年作付け体系は確立されており，さらに収

第3図　籾がら暖房機の設置状況

益性を上げていくには上位等級率の向上が課題である。近年，不足ぎみであった土壌への有機物の投入や定期的な土壌診断の実施による土壌の改良や施肥方法の改善により，品質の向上をすすめている。

2. 栽培体系と栽培管理の基本

(1) 品種の特性とその活用

秋ギクタイプ品種の作付けを主力とするが，夏期高温時には開花遅延や不開花，フォーメーションの乱れなどが発生するため，8月上旬から10月上旬開花の作型では，高温条件でも正常に開花する夏秋ギクタイプ品種を作付けする。

花色のバランスや開花レスポンスなどを考慮し1作当たり4～6品種を作付けする。採花期間は10日程度である。

(2) 秋ギクタイプ品種の生長・開花調節技術

①長日処理
電照は蛍光灯を使用し，親株ハウス，生産ハウスともに23時から3時までの暗期中断4時間を行なう。生産ハウスの電照期間は35日を基本とし，時期により生育状況にあわせて調節する。

②短日処理
長日期には18時から6時30分までの12.5時間のシェードを行なう。高温時には夜間にシェードの開放を行ない高温による開花遅延を防ぐ。短日期は消灯により短日処理となる。消灯後の補光や再電照は行なわない。

(3) 夏秋ギクタイプ品種の生長，開花調節技術

①長日処理
親株ハウスは22時から3時30分までの暗期中断5.5時間，生産ハウスでは23時から3時30分までの暗期中断4.5時間を行なう。生産ハウスの電照期間は35日を基本とする。

②短日処理
8月中旬出荷の作型（消灯日の目安：6月中旬以前）までは18時から6時までの12時間のシェードを3週間，その後18時から5時までの11時間のシェードを2週間行ないシェードを終了する。8月下旬から9月上旬出荷作型（消灯日の目安：6月下旬から7月中旬）では18時にシェードを閉め，夜になったら開放し，朝方のシェードを行なわない処理を3週間のみ行なう。9月中旬以降出荷の作型（消灯日の目安：7月下旬以降）ではシェードは行なわない。

(4) 土壌管理
土壌診断を定期的に実施し，土壌の化学性の改善を行なっている。とくに，スプレーギクを連作するとpHが低下する傾向が見られるので，不足した塩基類を補給する。また，土壌中の有機物も連作と蒸気消毒により分解が早まるので，定期的に籾がらなどを投入して有機物を補給している。

施肥は，有機質肥料や肥効調節型肥料を活用し，生育初期のみの施用で採花まで肥効を維持させ，成育中後期の追肥は行なわない。

(5) 成長調整剤の利用
伸長抑制とボリューム確保のためにダミノジッド水溶剤（商品名：ビーナイン顆粒水溶剤）を使用する。消灯日ころと消灯後3週ころの2回，1,000倍液を基本に品種により調節する。
ジベレリンやエテホンは使用していない。

3. 栽培管理の実際

(1) 種苗，育苗

①親　株
親株は新品種導入時や更新時のみ挿し穂を購入するが，通常は低温遭遇させた母株からの挿し穂を用いて開始する。3回採穂後に株の更新ができるように計画的に作付けを行なう。

②採穂と保存
採穂は節位が高くならないように週に1～2回行なう。挿し穂の長さは8～10cm程度に調製し，口径10.5cmの黒ポリポットに50本程度を立てた状態で詰め，若干しおれさせたあと冷蔵庫で保存する。保存期間は1か月を目安とし，保存中の生長点の腐れや直挿し時の株腐れを防ぐ。

(2) 土壌管理と施肥

①土壌消毒
年に1回はダゾメット粉粒剤（商品名：バスアミド微粒剤）で消毒を行なう。8月盆出荷作型の出荷終了後から始め，すべての部屋で実施する。2作目以降は，作付け前に蒸気消毒を行なう。蒸気消毒は，定植できる状態にベッドを準備したあとにライトホースを用いて行なう。消毒は1ベッドごとに行ない，1ベッド当たり40～50分を目安に処理する。消毒終了後，地温が下がったらすぐ作付けが可能である。

良質挿し穂の確保と低コスト化による周年安定生産

第1表　施肥例（単位：kg/10a）

肥料の種類	肥料名	成分（％）			施用量	成分量			備　考
		N	P	K		N	P	K	
有機質肥料	味よし2号	7	2	7	160	11.2	3.2	11.2	基肥
被覆尿素肥料	LPコート	42	—	—	40	16.8	—	—	べたがけ除去後に施用
					合　計	28.0	3.2	11.2	

② 施　肥

基肥には有機質肥料のみを施用し，コーティング肥料は蒸気により肥料の溶出が早まってしまうため，べたがけ除去後に施用する（第1表）。リン酸とカリは土壌中の残存量が多いため施肥量を減らしている。

(3) 定　植

定植は直挿しで行なう。15cm×7目のフラワーネットを使用し，ベッド横方向に1マスおきに1マス当たり3本を挿す（第4図）。直挿し後にたっぷり灌水し透明ポリマルチでべたがけを行なう。べたがけは周年行ない，夏期は7～10日後，冬期は3週間後を目安に除去する。

また，3月から11月ころまでは直射日光が当たるとべたがけ内が高温になり，焼けや腐れが発生するので，シェードカーテンを利用して遮光を行なう。

(4) 水管理

ベッドに灌水チューブを3本設置し，灌水する。土壌表面が乾いたら（夏は4～5日，冬は10日に1回程度），1回当たり1時間半から2時間たっぷり行なう。

(5) 温度管理

加温期（10月～4月）の生産ハウスは，昼温を天窓22℃設定での換気を基本とするが，10時から11時には20℃設定に下げ，天窓を開け換気を行なうようにしている。

夜温は，消灯前が15℃一定，消灯時から発蕾まで（4週）は18時から21時までは18℃，21時以降翌朝まで16℃とする。発蕾以降は16℃一定に下げ，採花が始まるとさらに15℃に下げる。

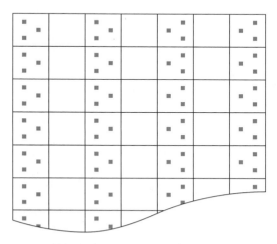

第4図　栽植様式（15cm×7目ネット）

親株ハウスは，昼温は生産ハウスと同様で，夜温は籾がら暖房機と重油暖房機のハイブリッド運転により18℃一定とし，生育促進と穂の品質向上につなげている。

(6) 採花と鮮度保持

採花は午前中に行なう。高温時には遮光カーテンを閉めてしおれを防ぐよう心がけている。採花後は選花機を利用して規格に選別し10本に束ねたあと，水揚げを行なう。水揚げ用の水は流水状態にし，清潔な状態を保っている。出荷前まで水揚げを行ない，鮮度保持に努めている。

4. 今後の課題

さらなる収益性の向上を目指すにあたり冬期の品質向上が重要である。そのなかで，炭酸ガス濃度の管理が今後の課題である。

冬期の炭酸ガス濃度の推移を見ると，日中は400ppmを下まわっており，とくに天窓が閉ま

スプレーギク　生産者事例

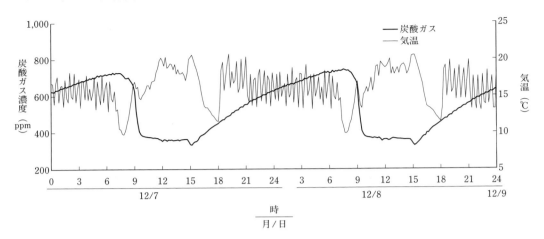

第5図　生産ハウス内の炭酸ガス濃度の推移（2015年）

ったあとの炭酸ガス濃度の低下が著しい（第5図）。土壌に有機物を多く施用している生産者の炭酸ガス濃度と比較すると低い傾向が見られるので，安定的な有機物の施用を行なう。また，炭酸ガス施用についても今後検討をすすめる。

《住所など》栃木県塩谷郡塩谷町大宮1288
　　　　　君嶋靖夫（43歳）
　　　　　TEL. 0287-46-0550
執筆　川中子　宗（栃木県塩谷南那須農業振興事務所経営普及部）
　　　　　　　　　　　2016年記

群馬県吾妻郡東吾妻町　荒木　順一

〈スプレーギク〉周年出荷

2週間ごとの直挿し定植で労力に見合った効率経営

―夏期冷涼な立地を生かした秋系品種の生産―

1. 経営と技術の特徴

(1) 産地の状況

　吾妻地域は，群馬県の西北部に位置する吾妻郡の4町2村からなり，県土の約5分の1の面積を占めている。スプレーギク生産は，県央寄りの東吾妻町（標高340～940m）を中心に行なわれている。

　気象条件は，中之条町アメダス（標高378m）のデータで年平均気温11.7℃，年間降水量1,278mmである。

　東吾妻町での花卉栽培は，冬期の換金作物として，1969年に太田地区にスイセンが導入されてから本格的に始まった。1976年にコンニャクの補完作物や水田の転作作物として，岩島地区や坂上地区に輪ギクが導入された。その後，1979年に坂上地区の生産者がスプレーギク栽培を開始し，翌年から地区内の仲間数名と本格的シェード栽培を始めた。まもなく旧東村，その後，太田地区や中之条町などにも導入され，以後生産は増加していった。

　現在，吾妻地域でのスプレーギク生産は，東吾妻町を中心に栽培面積15ha，栽培農家戸数約60戸となっている。

　出荷は「JAあがつま花き生産部会」で共選共販体制をとっている。出荷全箱を対象にJA職員が検品し，病害虫や葉いたみなどがないか確認している。規格に合わないものは持ち帰らせるなど厳しく検品していることで，市場から

■経営の概要

経営　スプレーギク切り花専業
気象　年平均気温11.7℃，8月の最高気温の平均30.2℃，1月の最低気温の平均−5℃，年間降水量1,278mm
土壌・用土　黒ボク土
施設・機械　鉄骨ハウス2,772m^2，パイプハウス1,313m^2，雨よけハウス300m^2，パイプハウス284m^2，選花機1台，フラワーバインダー1台
品目・栽培型　スプレーギク，周年生産
苗の調達法　種苗会社から購入
労力　家族2人（本人・妻）

の信頼が高い産地となっている。また，市場出荷時に次回出荷量を連絡するなど，予約販売にも力を入れている。

　おもな出荷市場は，第一花き（東京都），前橋生花（群馬県），川崎北部（神奈川県），大田花き（東京都），世田谷花き（東京都）である。

(2) 経営と技術の特徴

　荒木さんは，就農当初吾妻地域の特産であるスイセンや，そのほかスターチスなどの花卉や野菜を約30品目生産し模索するなか，スプレーギクをはじめて見たとき，今までにないパステル系の花色と新鮮なイメージに魅せられた。そして1983年ころに，先駆者や隣村の栽培者に指導を受けながら露地栽培をスタートした。1986年からハウス栽培を始め，電照の設備を導入している。2001年から直挿しによる栽培

スプレーギク　生産者事例

を始め，2006年から直挿し・無摘心および点滴灌水による周年専作経営を行なっている。

積極的に新技術の導入などを行ない，吾妻地域にあった技術に改善し関係機関と協力して技術の普及を行なっている。このように地域のリーダーとして活躍していることから，2011年には地域の生産者や関係機関から指導的な生産者として認められ，群馬県農業経営士として活躍している。

施設については，パイプハウスで台風害や雪害を経験していたことから，安定的な経営を目指し鉄骨ハウスを積極的に導入し増設してきた結果，生産物の高品質化と栽培の省力化につながっている。

現在の施設・機械の設備状況は次のとおりである。鉄骨ハウス2,772m^2（加温，シェードカーテン，年3作），パイプハウス1,313m^2（無加温，シェードカーテン，年2作），雨よけハウス300m^2（夏秋ギク），パイプハウス284m^2（親株），選花機1台，フラワーバインダー1台。

労力は荒木さん夫妻の2人なので，家族労働力に見合った適正規模による効率的な経営を行なうため，2週間ごとに150坪ずつ直挿ししていくことを目標としている。

2. 栽培体系と栽培管理の基本

(1) 生長・開花調節技術

①電照栽培

定植からシェード開始まで深夜22〜2時の4時間の電照により暗期中断を行なう。

電照ランプは高さ2m，3m間隔に設置する。電照打ち切り時のキクの草丈は約35cmである。再電照は行なわないが，冬期は17〜18時に補光を行なっている。蛍光ランプの消費電力は23Wだが LEDランプは8Wと少ないため，古い蛍光ランプから順にLEDランプへ切替えを進めている。

②シェード

資材はホワイトシルバー（完全遮光）を用いる。白色面が上になるよう設置し夏期の高温対策としている。直挿しから30日後にシェードを開始する。夕方18時に閉め，翌朝7時に開放する（暗期13時間）。高温期は室温を下げるため20〜22時までシェードを開ける夜間開放を行なっている。

③わい化剤の利用

ビーナイン顆粒水溶剤を800倍に希釈して50 l/10a散布する。'レミダス' 'シルビア' 'ロ

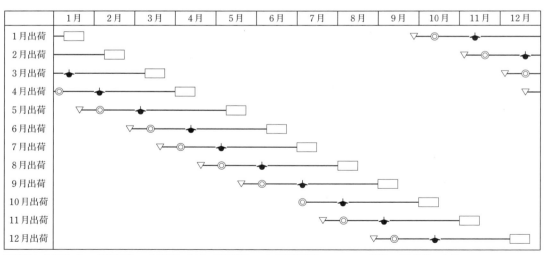

▽ 親株から採穂（3〜5℃冷蔵），　◎ 直挿し定植・電照開始，　● 電照打切り・シェード開始，　□ 収穫・出荷

第1図　秋系スプレーギクの周年生産体系

リポップ''オリーブ''ゼンブララライム'は，花首伸長抑制のためシェード開始後20～25日に1回処理する。'ピンクチュチュ'は，節間伸長抑制のため直挿しのポリ被覆除去後とシェード開始時の計2回処理する。'セイヒラリー''セイリビー'は，シェード開始時，シェード開始後20～25日の計2回処理を行なう。'マカロン'は，直挿しのポリ被覆除去後，シェード開始時，シェード開始後20～25日の3回処理する。'ラドスト'は，わい化剤処理は行なわない。品種特性に合わせたビーナイン処理により，花首や節間が伸びず，茎が太くボリュームがでて上位等級となる。また，花が上位部分にまとまって咲く効果がある。

(2) 品種の特性とその活用

中山間地域（標高350m）の夏期冷涼な立地を生かして，他産地には出せない色鮮やかな秋系の品種を栽培している（第1表）。花色別の生産割合は白色5割，ピンク3割，黄色1割，その他1割で葬儀需要のパッキン咲きを主力としている。また，周年栽培のためには，11～7月出荷体系に暖房が必要になるが，上位等級率が上がるよう管理し，年間を通して売上げを確保している。

積極的に新品種の試作を行ない（第2図），栽培特性の把握と市場ニーズをタイムリーに反映した品種の導入を心がけている。品種選びのポイントは夏期の栽培で葉に日焼けや開花遅延が生じないこと，花色が年間を通して安定していて夏も冬も栽培できることである。

3. 栽培管理の実際

(1) 種苗，親株管理

親株は第1表の種苗会社から毎年挿し穂を購入し，本圃と同じ栽植密度で親株ハウスへ直挿ししてポリで被覆する。夜温は12℃，電照は21～4時まで行なう。発根後，ポリを除去し

第1表 おもな栽培品種

種苗会社	白	黄色	ピンク	緑
イノチオ精興園	セイヒラリー	レミダス セイリドル	セイリビー	
ジャパンアグリバイオ			ピンクチュチュ ロリポップ マカロン	
デリフロールジャパン	ラドスト		シルビア	オリーブ ゼンブララライム

第2図　新品種の試作のようす

第3図　親株から採穂した挿し穂を冷蔵する保冷庫

摘心すると20～30日後に採穂が可能となる。白さび病防除のため22～2時まで硫黄くん蒸を行なう。くん蒸器は12個/10a設置している（本圃では，シェード開始時～蕾が色づくまで処理する）。採穂は長さ8cm，着葉数3～4枚に揃え40～50本ずつ9cmポリポットに入れ，育苗箱に並べて結露防止のため新聞紙を被せ薄いポリ袋で包み，保冷庫（第3図）に入れて3～5℃で冷蔵（2週間程度は保存可能）し，直挿しの本数を確保する。

採穂後の親株は，次回の穂の長さが揃うようにヘッジトリマーで刈り払い，均一な高さにしている。

(2) 土つくりと施肥

土壌は黒ボク土である。成分量を把握した良質な牛糞堆肥（N：P_2O_5：K_2O＝2：2：3％）を年1回，冬作の前に1t/10a投入による土つくりを実施している。

肥料は，有機質肥料「バイオノ有機S」（N：P_2O_5：K_2O＝7.2：4.0：2.5％）120kg/10aおよび，IB化成S1（N：P_2O_5：K_2O＝10：10：10％）30kg/10aを施用している。

(3) 直挿し定植

定植は直挿しで行なう。従来の発根苗定植に比べ育苗の手間が省ける。直挿し当日に，前もって冷蔵していた挿し穂（長さ8cm）を保冷庫から出し，発根剤の浸漬処理を行なう。

直挿しは，15cmマスのフラワーネットに合わせて，ハウスの幅により6目と8目ネットを組み合わせ，条間15cm，株間7.5cm間隔のそれぞれ6条および8条植えで行なう。10a当たりの定植本数は約5万本である。

直挿し後，手灌水により土を落ちつかせる。その後，点滴チューブで灌水を行ない，立枯れ予防の薬剤防除を行ない，ポリ（0.018ミリ厚）で被覆する。5日後，発根し始めたころに1時間の点滴灌水を行なう。

3～10月の日中はシェードを展張して日よけをする（曇雨天のときは必要なし）。10日後にポリ被覆を除去し（第4図），すぐに灌水する。その後フラワーネットの設置を行なう。摘心は行なわず，無摘心栽培としている。メリットとしては，栽培（在圃）期間が短縮できること，摘心作業や芽整理の必要がなく省力化できること，揃いが良いことがあげられる。

(4) 水管理・施肥管理・温度管理

水管理については，利用できる農業用水がなく，井戸水と水道水を併用している。点滴チューブはほかのチューブと比較して水が少なくても，広い面積の株元に均一に水が届くため，きめ細かな土壌水分管理が可能であり生育がよく揃う。

施肥管理については，夏期は前述の肥料による基肥のみだが，冬期は地温が低いため，あさひVポーラスS672（N：P_2O_5：K_2O＝16：7：12％），くみあい液肥2号（N：P_2O_5：K_2O＝10：4：8％）の500～1,000倍液をチューブ灌水および葉面散布による追肥を行なっている。

冬期の温度管理については，4段式サーモスタットによる変夜温管理を行ない，燃料消費量を削減している（第2表）。また，暖房中でもまめな換気を行なうことでCO_2濃度の低下を防いで光合成能力を高め，花卉の等級が上がるように管理している。

(5) 採花と鮮度保持

JAあがつま花き部会では，採花・選別後10本束にしてフラワーキャップに入れ，2時間以上水揚げを行なうこととしている。出荷規格を第3表に示した。

第4図 直挿し定植10日後（べたがけマルチが剥がせる状態）

第2表 変夜温管理と慣行夜温管理の比較（単位：℃）

生育ステージ	変夜温管理		慣行夜温管理
	日没～深夜0時	深夜0時～日の出	夜　間
挿し芽～発根	12	12	12
電照中（栄養生長期）	16	13	16
消灯後（花芽分化期）	19	16	18
花芽分化後（花芽発達期）	16	13	16

第3表　出荷規格

等　級	秀2L	秀L	秀M	A	B
草　丈	85cm以上	75cm以上	60cm以上	75cm以上	60cm以上
花蕾数（輪）	5輪以上	5輪以上	4輪以上	5輪以上	4輪以上
最低皆掛重量	5.5kg以上	4.5kg以上	4.0kg以上	4.5kg以上	3.0kg以上
最低1本重量	45g以上	35g以上	30g以上	35g以上	20g以上
1箱当たり本数	80・100本	100本	100本	80・100本	80・100本
使用する箱（深さ）	15cm	15cm・13cm	15cm・13cm	15cm・13cm	15cm・13cm
病害虫	なし	なし	なし	なし	多少の病害虫曲がり
中締め	しない	しない	箱一杯になるものはしない	しない	箱一杯になるものはしない

注　注意事項は以下のとおりである
1) 1箱中に同一品種，同一等級のものを入れる
2) 1項目でも等級に合格しない場合は下位等級に落とす
3) 結束部は20cm以内とする
4) 露のついているものは十分乾かしてから荷づくりをする
5) 切り口部位の曲がりは必ず切り落とし，切り落とした部分からの長さを規格とする
6) メッシュのフラワーキャップを使用する
7) 10本ずつフラワーキャップを掛け箱詰めをする
8) フラワーキャップをしてから2時間以上水揚げをする
9) 中締めは基本的にはしないが，箱の中で動きやすいものについては，出荷者の判断で中締めをする
10) A級品は，柳芽のものとする。ただし，分枝部分が総丈の半分以下になっているものはB級品とする。（途中から枝分かれしているものでも，分枝部分が総丈の下から3分の1より下になるものは出荷できない）
11) 頭が揃わず一つの枝などが極端に飛び出ているものなどは，B級品とする
12) B級品は，病害虫が多少あるもの，農薬の汚れ，さび，曲がりなどがあるものとする
13) 80本入りは，大箱に100本入らない場合のみとする
14) 極小サンティニマムは，別規格とする
15) アントシアニンがかかっているものは，A級品とする
16) 花首は20cm以下を目安とする

荒木さんが導入したフラワーバインダー（第5図）は，規格が同じ切り花10本の花を揃えてセットすると，設定した長さに切り揃えて下葉を落とし，2か所が結束されて出てくる仕組みとなっている。フラワーバインダーを導入したことにより，出荷調製時間の短縮がはかられた。

ディスバッドマム（脇芽かきによる一輪仕立て）は鮮度保持が重要であるため，出荷箱の検討を重ね，湿式縦箱（40本入り）での輸送をしている。

第5図　フラワーバインダー

4.　今後の課題

一部で連作障害が発生しているため，堆肥投入などによる土壌改良や土壌消毒を行ない，上位等級率を高める。また，冬期のボリュームを確保するため，炭酸ガス施用装置の導入を検討している。

地域内の担い手（高齢者や新規栽培者）支援

スプレーギク　生産者事例

にも取り組む。需要期の安定出荷を推進することを目的に，夏秋系スプレーギクの雨よけ電照栽培の試験を実施している。

　新たな消費拡大のため，吾妻産ディスバッドマムのPRと生産体系を確立する。また，出荷時間を早めることで，市場への早い情報提供に努め，有利販売につなげる。

《住所など》群馬県吾妻郡東吾妻町植栗1942
　　　　　荒木順一（55歳）
　　　　　TEL. 0279-68-4106
　執筆　石澤昌彦（群馬県吾妻振興局吾妻農業事務所）

2016年記

愛知県田原市　（有）ジャパンフラワードリーム　藤目方敏・健太・裕也

〈スプレーギク〉周年出荷

消費者ニーズに応える「マム」生産で国産シェア奪還

—出荷形態の多様化，炭酸ガス施用，北海道農場による周年安定供給—

左から，藤目健太さん，裕也さん，方敏さん

1．経営と技術の特徴

(1) 産地の状況

　田原市は愛知県の南端に位置し，渥美半島のほぼ全域を占めている。2003年に田原町が赤羽根町を編入合併して田原市となり，2005年に渥美町の編入合併により現在の田原市が誕生した。年平均気温16.3℃，年間日照時間2,200時間と，恵まれた気候を生かして古くから施設園芸が行なわれ，1968年の豊川用水全面通水以降は，その面積が飛躍的に拡大した。田原市は輪ギク，スプレーギク，鉢もの，洋切り花などいずれも全国有数の産地となっており，花卉生産農家は約1,400戸，生産額は約315億円（2014年愛知県花き生産実績）である。

　赤羽根町のスプレーギクの生産は藤目さんが1990年に導入して始まったが，すでに近隣には全国ではじめてスプレーギクを導入した老舗産地の豊川市，隣接の渥美町には会員数77名で年間3,000万本以上を出荷する渥美町農協スプレーマム出荷連合（現・愛知みなみ渥美スプレーマム出荷連合）があった。藤目さんは1993年に4名の仲間とともに赤羽根町農協スプレーマム部会（現・愛知みなみ農協ドリーム部会）を発足させ，この後発部会の存在価値として「世界に通用するスプレーギク生産」を部会のモットーにし，アソート出荷（後述），ディスバッドマムの導入など，常に新しい取組みを

■経営の概要

経営　花卉主体
気象　愛知県田原市：年平均気温16.3℃，8月の最高気温の平均31.9℃，1月の最低気温の平均2.6℃，年間降水量1,600mm。冬暖かく降霜はほとんどない
　　　北海道日高郡新ひだか町：年平均気温7.4℃，8月の最高気温の平均24.8℃，1月の最低気温の平均−11.7℃，年間降水量1,250mm。夏涼しく，冬の降雪量は道内では比較的少ない
土壌・用土　壌土。耕土30cm
圃場・施設　田原農場（愛知県田原市）：ガラス温室9,207m^2，硬質ハウス2,145m^2，ビニルハウス5,049m^2，小計16,401m^2
　　　北海道農場（北海道日高郡新ひだか町）：ビニルハウス6,600m^2
　　　合計23,001m^2
品目・栽培型　キクの年3.2作
苗の調達法　種苗会社から約80％購入
労力　家族（本人，妻，長男，次男，次男の妻）5名，従業員2名，外国人技能実習生6名

実行してきた。

　このディスバッドマムは乾式横箱出荷では花がつぶれることがわかったが，部会ではすぐにこの問題を解決することがむずかしかった。そこで，湿式縦箱で出荷を開始するため2006年に独立し，有限会社ジャパンフラワードリーム（以下，JFD）として販売事業を開始した。

(2) 経営と技術の特徴

①スプレーギクの導入から現在まで

藤目方敏さんは1980年に就農し，当初は施設輪ギク，露地野菜の複合経営だったが，スプレーギクのもつ多彩な色や花型，これからの消費の拡大を期待できる将来性に魅力を感じ，1990年にスプレーギク専作経営に切り替えた。藤目さんは国内に限らず海外の種苗会社，資材メーカーなどからつねに情報収集することで世界の新品種や新技術の動向をいち早く把握し，ソイルブロック，高圧ナトリウムランプ，オランダ式フェンロータイプの高軒高施設，ベルトコンベアによる収穫システム，夏季の昇温抑制のためのネットハウス，冬季の品質向上のための局所式炭酸ガス発生装置などを次々と取り入れ，経営改善につなげてきた。

また，海外の会社との取引きが増えるなかで個人経営では信用力が低いことを感じ，2004年にJFDを設立して法人経営を開始した。JFDでは「菊（キク）＝マム」と称し，呼び方を変えることで「菊（キク）」に対する日本人のイメージを変えようとチャレンジしている（以下，マムとする）。現在，方敏さんが総括，2005年に就農した健太さんが販売・経理部門，2002年に就農した裕也さんが栽培管理部門を担当し，JFDとして藤目さんの23,001m^2の施設と5戸の生産者でスプレーマム，ディスバッドマムなど年間約500万本をおもに北海道，関東から関西の市場に出荷している。

②消費者ニーズに応えた出荷形態

国産切り花は一箱一品種単位での流通がほとんどであるが，輸入品は一箱に数品種詰めて供給されている。ドリーム部会で試験的にアソート出荷を行ない，実需者の意向を調査したところ，中小の小売店では一箱一品種100本入は販売ロスが多くなってしまうため購入をためらうことがあるという意見が多かった。そこで，1999年から5品種を各20本詰めるアソート出荷を始めた。JFDはその取組みをさらに強化し，より仕入れがしやすくなるよう一箱一束10本，5品種入りのアソート箱を主要商品としている（第1図）。

実需者にとって乾式横箱出荷されたディスバッドマムの箱の下段の花は，上段の花の重さでつぶされて使いものにならないこと，水切れで花弁がいたみやすいことなどが問題であった。そこで，出荷時にネットを被せるスパイダータイプ以外のポンポンやデコラタイプなどのディスバッドマムは，輸送中の水揚げ水に抗菌剤を添加した湿式縦箱出荷を行なうことで輸送時のいたみはほとんどなくなった（第2図）。

③周年安定供給に向け北海道に第二農場建設

秋色系は花色や花型の種類が豊富なため年間を通して市場からの要望が高いが，国内の平坦地での高品質な秋系品種の夏季の出荷は困難である。国内で高品質な秋系品種を出荷できる冷涼地の産地は限られており，ほとんど輸入品で対応されている。

第1図　多様なアソート箱

第2図　湿式縦箱出荷

そこで，藤目さんは国産品の周年安定出荷に向けて，夏季でも秋系品種を出荷できる第二農場の建設を冷涼地に計画し，候補地を探した。選定基準として，1）夏季は涼しく，冬季の降雪量が少ないこと，2）消費地が近いこと，3）水利がよいことを条件に定め，北海道日高郡を選んだ。2012年に借りた施設で試作を行ない，小売店を招いて開花させた切り花品質の評価を確認し，制度資金により第二農場（以下，北海道農場）3,300m²を建設し，2013年8月から秋系品種の出荷を開始した。

　北海道農場では従業員1名が常駐し，定植や収穫など繁忙期には地元のシルバー人材センターから3名を臨時雇用し，藤目さんが実習生とともに応援に駆けつけて対応している。8月旧盆出荷用と9月彼岸用に分けて栽培し（第3図），8月旧盆出荷施設では採花終了後すぐにトラクターで耕うん，定植することで無加温での出荷限界となる10～11月出荷を可能にしている。その裏作に，3月出荷の無農薬レタスを栽培し，施設の有効利用をはかっている。

　北海道農場で生産した切り花は，道内の小売店と全量予約相対取引している。出荷1年前の8月，9月に品種検討会を開催し，納期，本数，品種指定で注文を受ける。出荷は原則ELFバケット（一部のスプレーマムは乾式横箱）を用い，小売店が直接圃場に引取りにくる方法としている。田原農場での秋系品種の出荷が困難な9月は，JFD内の産地リレーにより北海道農場の出荷量の約1割を本州の市場に供給し，周年供給を実現している。しかし，供給量が限られ，需要に対応できていないため北海道農場の規模拡大を検討中である。

④出荷需要期の予約相対取引き

　藤目さんはスプレーマム経営への転換時から，輸入品や他産地との競争激化を想定し，予約相対取引きを主体としてきた。JFDでは年6回の出荷需要期（3月，5月，7月，8月，9月，12月）は全量を予約相対取引きしており，4～6か月前までに納期，本数，品種指定で注文を受けている。ほかの時期は，相対取引き割合をできる限り高められるよう生産者から提出され

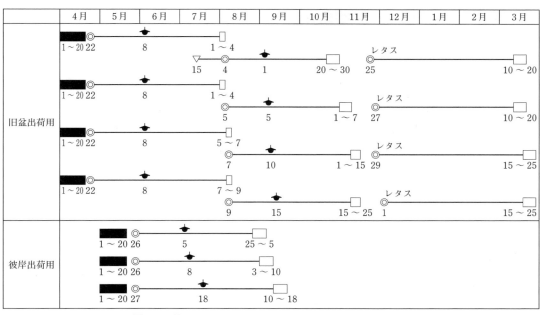

第3図　北海道農場の栽培体系

た，後述の消灯日カードをもとに出荷の1～2か月前に品種別出荷予定を直前情報として市場へ提供している。これによって，全出荷量の約70％が予約相対取引き販売で行なわれている。

生産者は消灯日カードに定植日，品種名，出荷予定本数，消灯日を記入し，毎月JFDに提出している。月1回健太さんがカードの提出があった各圃場をすべて巡回してそのカードと照合し，計画どおり出荷できるか判断している。出荷が遅れると予想されるときは，夏季は日長を短くしたり，冬季は加温したりするなどの対処方法を生産者と検討・調整し，絶対に欠品を出さないようにしている。この出荷精度を高める取組みにより，市場にとっては安定した入荷が確保されており，生産者にとってはセリ価格に左右されない安定した経営が確立されている。

⑤国内産地の発展支援

藤目さんは国産キクの維持・振興が自らの経営の発展にもつながることを確信しており，自分の技術や経営方針をオープンにしている。これまで青森県，秋田県，福島県，富山県，長崎県などの数多くの生産者や研究者に技術・販売指導や講演を行なってきた。また，積極的に研修生を受け入れており，これまでに秋田県，福島県，大阪府，福岡県，熊本県，宮崎県の農家後継者7名が研修した。

⑥育苗方法の取捨選択

経営面積拡大に伴い，膨大な量の苗が必要となってきた。それに応じて育苗圃の面積確保と育苗に要する労力も増加し，省力化が課題となった。そこで，十数年前に自家育苗に要する必要経費，労働時間などから自家育苗にかかる生産コストを試算した。これにより，購入苗と自家育苗のコストはほぼ同等であることがわかったため，安定購入がむずかしい一部の品種を除いて，購入苗を活用することで育苗にかかる労力と生産コストを削減してきた。

しかし近年，種苗費が生産コストに占める割合が高くなってきたため，あらためて自家育苗費用と購入費用を算出し直した。その結果，芽吹きがよく採穂量の多い品種は自家育苗のメリットが高いと判断されたため，今後は購入苗と自家育苗を併用していく予定である。

(3) 栽培の課題

栽培上のもっとも重要な課題は土壌管理である。これまでも有機物の投入や深耕など土つくりには力を入れてきたが，品種により立枯れなど病害に弱いものがあり，常に細心の注意を払っている。現在は農薬による土壌消毒を行なっているが，蒸気消毒の導入を検討している。それは，1）広範囲を比較的短期間で処理できること，2）殺菌効果が高いこと，3）化学農薬を使用しないため人体と環境に優しいことなどによる。

2. 栽培体系と栽培管理の基本

(1) 生長・開花調節技術

田原農場では9月は夏秋系品種を出荷し，そのほかの月は秋系品種を出荷することが基本となっている。ただし，フェンロータイプの高軒高施設や，屋根はビニールでサイド部分はすべて防虫ネットを張ったネットハウスでは，撹拌扇の使用方法を工夫することで高温期でも室温上昇を抑制できるようになったため，品種は限られるが，年間を通して秋系品種を出荷している。

田原農場ではソイルブロック苗，無摘心栽培により在圃期間を短くし，年間の作付け回数を向上させてきた。年4作を作付けしたことがあったが，現在は品質を重視し，年3.2作としている（第4図）。北海道農場ではプラグ苗と直挿し苗を併用し，年1～2作としている。

(2) 品種の活用

JFDでは年間を通して出荷の切れ目がないよう6戸で栽培品種を分担し，スプレーマムとしてシングル，サンティニ，アネモネ，デコラ，ポンポン，スパイダー咲き，ディスバッドマムではアネモネ，デコラ，ポンポン，スパイダー咲きのさまざまな品種を消費者の要望に応じて出荷している。

消費者ニーズに応える「マム」生産で国産シェア奪還

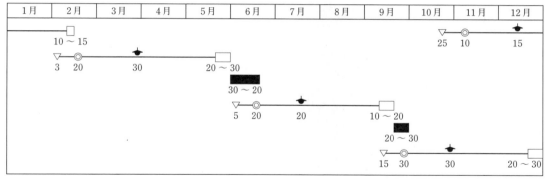

▽挿し芽, ◎定植, ◆消灯, □収穫, ■土壌消毒

第4図 田原農場の年間作付け体系の一例（2015年実績より）

そのなかで藤目さんが栽培しているおもな品種は次のとおりである。年間を通して栽培する定期出荷品種の約30品種に加え，消費者の要望により追加する契約品種が約20品種，計約50品種を栽培している。

①秋系品種

ディスバッド・スプレー兼用　ダンテ5色，ロリポップ3色，フィーリング2色，マラーマ2色。

ディスバッド専用　オペラ4色，アナスタシア5色，ジェニー2色，ピンポンスーパー，ピンポンゴールデン。

スプレー専用　マイクロポンポン6色。

②夏秋系品種

スプレー専用　セイマニサ，セイリムー，セイリポル。

(3) 環境管理と養水分管理のポイント

高品質の切り花を出荷するためには光，温度，湿度，炭酸ガス濃度，灌水など，キクにとってよい環境を整えることが重要と考え，次のように取り組んでいる。

①光環境

冬季は日照時間が短く，切り花のボリュームが低下するため5部屋（6,897m^2）に高圧ナトリウムランプを設置し，花芽分化抑制の暗期中断に加え，補光を行なっている。

生育が揃わない要因の一つは，シェードカー

第5図　影の少ない施設

テンや柱など，資材の下に多くの影ができることである。そこで，ラック式カーテンの導入や新設施設では柱資材をスリム化することで，施設内の影をできる限り少なくしている（第5図）。

②温湿度管理

加温期の夜温は，定植から消灯までは実温14℃以上，消灯から採花までは実温18℃以上で管理している。昼温は25℃以下を目標としている。湿度は，太平洋側気候で低下しやすいため，頭上灌水により意識的に高めている。

③炭酸ガス施用

厳寒期の日中は天窓が開かないことが多く，施設内の炭酸ガス濃度が外気の濃度を下まわり，光合成速度の低下により，ボリューム不足や花色の退色が起こりやすい。そこで，灯油燃

スプレーギク　生産者事例

第6図　炭酸ガス発生装置とブロアー

第8図　ネット上に配置しているチューブ

第7図　ダクトで各ベッドに分配

第9図　ソイルブロック育苗

焼式の炭酸ガス施用を始めた。施用効果を高めるためダクトによる局所施用と濃度制御を行なっている。

局所施用方法は自分で設計した。灯油燃焼式炭酸ガス発生装置の吹出し口にブロアーを設置し，発生した炭酸ガスをダクトに集め，ダクトから各ベッドのネット上に設置した穴あきのポリエチレンチューブに分配し，施用している（第6～8図）。キクの生育に応じてネットを上げるため，常に生長点付近の炭酸ガス濃度を高めることができる。

3. 栽培管理の実際

(1) ソイルブロック育苗

1999年に部会で共同購入したオランダ製のソイルブロックマシンを使用している。ソイルブロックは，ホワイトピートとブラックピートを4対6の割合で配合した調整ピートを縦3cm，横3cm，高さ3.8cmに成型し，使用している。

挿し芽は，長さ6cmに調製した穂を使い，発根剤（オキシベロン粉剤）を粉衣して行なっている。ブロックは圧縮成型され，内部が酸欠になりやすいため，挿し芽後に酸素発生剤を散布している。その後，秋系品種はおおむね12日間，夏秋系品種はおおむね10日間，ポリフィルムでマルチがけする（第9図）。その間は高圧ナトリウムランプで22～24時の2時間電照を行なっている。

ブロックは湿った状態では定植時に崩れやすいため，秋系品種では定植4日前，夏秋系品種では定植3日前にポリフィルムをはがしてある程度乾燥させている。

北海道農場用の苗も田原農場で養成している。田原農場では全量ソイルブロック苗を利用しているが，北海道農場では苗の輸送費を抑えるため直挿し栽培を主としている。しかし，10月下旬に出荷する作型では栽培期間を短縮するため200穴のセル成型トレイで育苗し，発根したものを北海道に輸送している。

(2) 土つくりと施肥

藤目さんは栽培結果の良否の50％は土で決まると考えており、土つくりにもっとも力を入れている。土壌改良資材として毎作ヤシがら、ピートモス、バーク堆肥などを投入し、約10年ごとに天地返しを行なっている。毎作収穫終了時に土壌診断を行ない、定植時の窒素量が10～12kg/10aになるよう基肥投入量を調整し、過剰施肥にならないよう心がけている。追肥は置肥を基本とし、定植14日後にN：P：K＝5：5：5のペレット肥料を150kg/10a施用している。

土壌消毒は低温期には行なわず、3～10月は定植前には必ず行なっている。次作定植までの期間が長い場合はクロルピクリン剤またはディ・トラペックス油剤、短い場合はD-D剤を使用している。

土壌消毒効果を高めるため、土壌が乾きすぎることがないよう収穫後でもしっかりと灌水している。いずれの圃場も継続した土つくりにより物理性がよいため、うね立ては行なっていない。

(3) 定 植

オランダから輸入した11cm×12cm×11目の金属ネットを使用し、通路は約40cmとしている（第10図）。栽植本数は季節により変えており、3～12月出荷作型では1目に1本ずつ定植し、168本/3.3m²としている。1～2月出荷作型はボリュームが出にくいため、光が多く当たるよう中央1目は空けて156本/3.3m²としている。

11～4月定植では活着をよくするため頭上灌水を行ない、7日間ポリフィルムで被覆し、その間は無加温で管理している。定植から消灯までの日数は夏季で30日、冬季で35日を目安としている。

(4) 水管理

灌水ムラをなくし生育を揃え、灌水チューブの設置と片付けの労力を削減するため、全施設に頭上灌水を導入している。土壌や植物体のようすを見て灌水日を決定しているが、夏季はおおむね5日間隔、冬季はおおむね8日間隔を目安としている。灌水量は、水を土中深くまで浸透させるよう1回約21t/10aとしている。

(5) 炭酸ガス施用時の環境管理

炭酸ガス施用効果を高めるため行なっている2月出荷作型での環境管理の内容を第11、12図に示した。

定植後、シェードカーテンを17時から7時まで閉め、高圧ナトリウムランプで22時から24時まで2時間の暗期中断を行ない、生育促進を図るため3～7時まで補光している。ポリフィルムをはがしてから炭酸ガス施用を行ない、補光中の3～7時は800ppm以上、日中の7～15時は600ppm以上の濃度で制御している。室温は14℃以上としている。

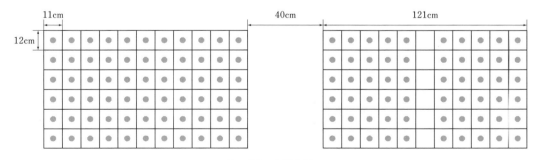

第10図　定植方法
左：3～12月出荷作型、右：1～2月出荷作型

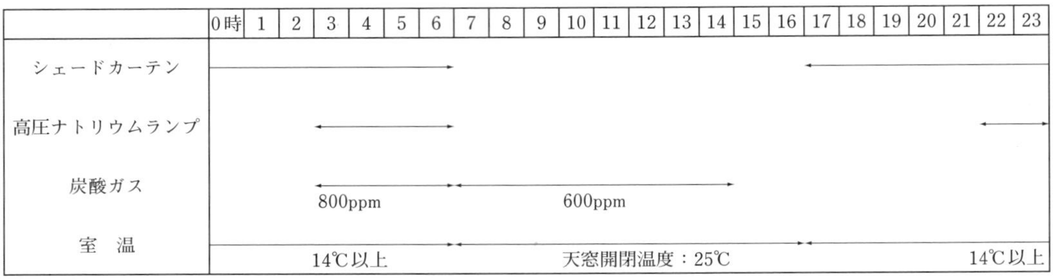

スプレーギク　生産者事例

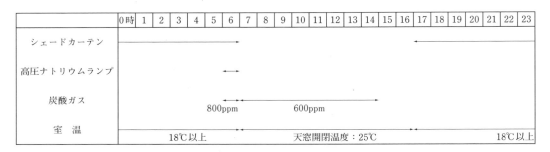

第11図　炭酸ガス施用時の定植から消灯までの環境管理（2015年11月10日から12月15日まで）

第12図　炭酸ガス施用時の消灯から収穫までの環境管理（2015年12月16日から2016年2月10日まで）

第13図　ベルトコンベアで一斉収穫・調製

消灯以降もシェードカーテンは17時から7時まで閉めている。花芽分化のため日長を11時間とするため補光を6時から7時まで行ない，補光中の炭酸ガス濃度は800ppm以上とし，7～15時は600ppm以上で管理している。炭酸ガス施用期間は日中側窓を閉める11～3月を目安とし，生育が旺盛になりすぎる場合は，その時点で施用を中止している。

うらごけ防止や花蕾数増加を目的に，おおむね総苞りん片形成後期となる消灯13日後から3日間，22～24時の再電照を行なっている。

(6) 採花と品質保持など

サンティニ系など開花揃いのよい品種は，オランダと同様にベルトコンベアを使って一斉収穫を行なっている（第13図）。採花作業者が，決まった本数の花の頭を揃えてベルトコンベアに乗せると，自動的に機械に搬送され指定の長さに切断される。それを調製作業者はその場で下葉を取ってパック詰めし，圃場に設置した冷蔵庫に入れている。これにより収穫・調製にかかる時間が大幅に削減され，いち早く水揚げすることで品質保持されている。

スパイダータイプのディスバッドマムは花弁がいたみやすいため，ネットを被せて出荷している。原則早朝に採花し，すぐに出荷調製を行ない，水揚げしている。また，作業場にはクーラーを設置し，高温期のキクの品質保持に努めている。

4. 今後の課題

　四季のあるわが国の農作物の生産は天候に左右されやすく，品質や入荷量の変動が大きいことが輸入割合が増加している要因の一つである。藤目さんは農産物も工業製品と同様，消費者の注文どおり欠品を出さずに出荷することが国産品の信頼を確保し，シェアを高めるために重要と考えている。販売面で年6回の出荷需要期の全量予約相対取引きに取り組んでおり，これまで以上に天候の影響を少なくし，注文どおり出荷することが栽培面の課題である。

　今後は田原農場，北海道農場ともに若い世代の自律性や判断力を高めることで経営基盤をさらに強化し，北海道では地域雇用を増やし，地域社会へも貢献できることを目指している。

《住所など》愛知県田原市高松町谷倉63番地
　　　　藤目方敏（58歳）
　　　　TEL. 0531-45-3655
　執筆　地宗紀良（愛知県東三河農林水産事務所田原農業改良普及課）

2016年記

和歌山県紀の川市　厚地　恵太

〈スプレーギク〉周年出荷

冬季省エネ栽培の実現による安定生産

―変温管理，ヒートポンプ，多層性高断熱被覆資材を活用―

1. 経営と技術の特徴

(1) 産地の状況と課題

　和歌山県北部を流れる紀ノ川平野に位置し，年平均気温15.5℃，年間降水量1,500～1,600mmの気象条件にある紀の川市がスプレーギク栽培の中心地である。

　県下のスプレーギクは，紀の川市と有田川町を中心とした有田郡でもっとも盛んに生産され，この2か所を核として，県北中部を中心に広域的に広がっている。現在は，県下5JAの部会が集まり，「和歌山県スプレーマム研究会」を組織しており，生産対策，販売対策などのさまざまな活動を行なっている。会員相互の栽培技術の向上をはかるため，県農業試験場を交え，最新技術の情報交換を行なったり，販売面では，各地域の出荷基準を統一し，関西地区の主要市場へ連絡を取りあい，市場対応力を強化しようと努めている。

　和歌山県では施設を利用した周年栽培が中心で，年3作以上の栽培体系が確立されているが，近年は重油価格の高騰により，冬季の作付けを中止する生産者も増加しており，年間を通した安定的な供給体制の再構築が大きな課題である。一方，冬季の作付けが減少する分，夏季の作付けが増加しており，高温多湿による切り花のいたみが目立つようになってきており，今後の対策が急がれる。また，地域間における栽培技術の統一が十分にはかられていないため，出荷した切り花の品質にバラツキが認められ，栽培技術の平準化と高度化が課題となっている。

■経営の概要

経営　スプレーギク専作
気象　年平均気温15.5℃，8月の最高気温の平均34.0℃，1月の最低気温の平均−0.3℃，年間降水量1,500～1,600mm
土壌・用土　砂壌土，有効土層200mm
圃場・施設　ビニールハウス4,300m^2，ガラス温室1,700m^2（うち親株用施設660m^2）
品目・栽培型　周年栽培（年3.5作）
苗の調達法　自家育苗
労力　本人，両親，パート5人

(2) 経営と技術の特色

　和歌山県におけるスプレーギク栽培の歴史は，県農業試験場が1974年にアメリカから，1976年に野菜試験場から苗を導入し，品種選定や栽培技術の検討を行なったのが始まりといわれている。厚地さんの家では，紀の川市（旧打田町）において，すでに1977年から先代が生産に取り組んでおり，県下でもっとも早くスプレーギクの営利栽培を始めている。

　厚地さんは，大学を卒業後，オランダおよびブラジルの種苗会社，日本の花卉市場で研修を重ねたのち，2003年に親の跡を継ぎ，就農した。地域の若手生産者のなかでも中心的な存在であり，現在は社団法人日本花き生産協会スプレーギク部会青年部部会長を務めるとともに，和歌山県スプレーマム研究会でも青年部部長として

スプレーギク　生産者事例

活躍している。

施設面積はビニールハウス4,300m²，ガラス温室1,700m²（うち親株用施設660m²）であり（第1図），第2図に示すように切り花用施設を7か所に分けて管理し，ローテーションで作付けを行なっている。7～9月出荷分は夏秋ギク型品種，それ以外の時期の出荷分は秋ギク型品種を作付けし，いずれの施設も年間3.5作として周年で栽培を行なっている。年間の出荷本数は約55万本である。

また，地域でも常にいち早く先進技術の導入に努めているのが，厚地さんの経営の特徴である。近年では，重油価格の高騰に対応するため，後述する変温管理技術を取り入れたり，2008年にヒートポンプ，2014年に内張り用資材として多層性高断熱被覆資材（通称：布団資材）の導入を行なっている。冬季における出荷量の減少は産地全体の大きな問題であるが，厚地さんは，これらの取組みにより年間を通した安定的な出荷を維持できている。

2. 栽培体系と栽培管理の基本

(1) 生長・開花調節技術の体系

①作　型

年間3.5作を基本とした周年生産である。親株を保有し，本圃への定植用の穂の調達は，ほぼすべて自家育苗でまかなっている。これにより種苗にかかるコストをできるだけ抑えるとともに計画的な作付けが可能となっている。

②育　苗

砂上げ苗，ソイルブロック苗を利用していた時期もあったが，現在はすべて直挿しで育苗（定植）を行なっている（第3図）。直挿し栽培では，太くて勢いのある根が多くなるため，その後の生育が旺盛となる。また，育苗，定植作業の省力化がはかれるメリットがあり，労働時間を半分程度に削減することが可能となる。直挿しは，施設をローテーションさせながら2週間に1回のペースで行ない，年間を通して安定

第1図　ハウス群の全景

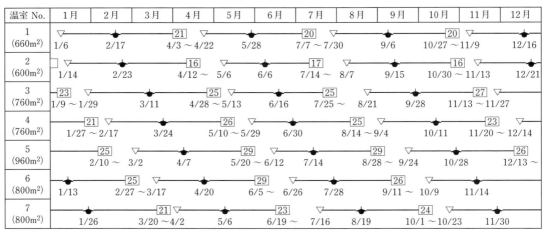

▽直挿し，●消灯，□収穫（中の数字は出荷本数，単位：千本）

第2図　2015年における作付け実績

第3図　直挿しのようす

第4図　ヒートポンプ

的な切り花の出荷を続けられるよう取り組んでいる。

　③温度管理

　冬季の加温温度については，以前は，夜間一定の温度管理としていた。その当時の管理温度は，栄養生長期が16℃，花芽分化期が18℃，それ以降が16℃であった。しかし，2004年ころから重油価格の高騰が始まり，これに対応するため，まず夜間の変温管理に取り組んだ。変温管理の具体的な方法は後述する。

　その後，さらに重油価格の高騰が続いたため，2008年に試験的に1台のヒートポンプの導入を行なった（第4図）。また，2013年にはさらに6台のヒートポンプを導入し，現在は計7台，4か所の施設でヒートポンプによる加温を行なっている。

　また，2014年には，内張り用資材として多層性高断熱被覆資材を導入した（第5図）。多層性高断熱被覆資材は，ポリエステル綿を不織布などで挟んだ布団のような形状の資材であり，従来の保温用被覆資材に比べて2倍以上高い断熱性があるといわれている。また，組み合わせる資材の選択によって完全な遮光が可能となり，シェード用のカーテンとしても利用できる。

　ヒートポンプでは，導入時のイニシャルコストに併せてランニングコストも発生するが，多層性高断熱被覆資材はイニシャルコストのみですむ利点がある。2014年に重油消費量を慣行栽培と比較したところ，多層性高断熱被覆資材

第5図　多層性高断熱被覆資材

の利用による削減効果が高かったため（約4割減），2015年にはさらに5か所の施設で導入している。

　④日長管理

　栄養生長期の電照処理には，電球型蛍光灯を主体に利用している。電照の方法は，従来の白熱電球の利用時と同様である。夏秋ギク型品種では5時間，秋ギク型品種では4時間の暗期中断を行なっている。

　消灯後は，栽培時期ごとにシェード処理による短日条件と自然日長による短日条件を使い分けて開花調節を行なっている。シェード処理は，基本的に夏秋ギク型品種では13時間日長，秋ギク型品種では12時間日長として管理している。

　(2) 栽培品種とその選び方

　現在，栽培しているおもな品種は次のとおり

である。

夏秋ギク型品種 'セイイレルダ' 'セイリムー' 'セイリポル' 'セイマニサ'。

秋ギク型品種 'シュプール' 'セレブレイトアーリー' 'ピュアハート' 'マカロン'。

イノチオ精興園株式会社とジャパンアグリバイオ株式会社の品種が多い。品種の選定時には，シングル咲きのもの，到花日数が早いもの，秀品率の高いもの（切り花のボリュームに優れるもの）を優先して選ぶようにしている。また，新品種の導入にさいしては，ほかの生産者の意見を参考にし，試作を行なったのちに導入している。

3. 栽培管理の実際

(1) 親株管理

定植用の穂の調達は，ほぼ自家育苗でまかなっている。親株の元となる穂は，すべて種苗会社から入手する。親株用の施設を2か所に分けて，栽培時期をずらしながら定植および株の更新を行ない，計画的に穂を生産している。

夏秋ギク型品種 1月下旬～2月上旬に種苗会社から穂を購入し，施設に定植する。夏秋ギク型品種は花芽がつきやすいため，定植後は無加温で管理している。摘心後，伸長してきた側枝を3月20日ころから採取し，4月上旬の挿し芽まで冷蔵庫で貯蔵する。採穂は1週間間隔で行ない，草丈をできるだけ低く抑えるようにし，花芽がつかないように気をつけている。親株は2～5月上旬まで維持し，その後，秋ギク型の品種へ更新する。

また，もう一方の親株用の施設では，3月下旬に種苗会社から穂を購入し，定植する。5月上旬から採穂が始まる。親株は7月上旬まで維持し，その後，秋ギク型の品種へ更新する。

秋ギク型品種 夏秋ギク型品種の親株の養成が終了する5月に種苗会社から穂を購入する。親株用の施設に定植し，採穂を続けながら9月まで維持する。その後，株が老化してくるため，一度更新し，再び9～1月まで親株を維持する。

また，もう1か所の親株用の施設では，7月に種苗会社から穂を購入し，定植する。11月まで採穂を行なったのち，株を更新し，11～3月まで採穂を続ける。

秋ギク型品種では，1週間～10日間隔で採穂を行なっている。

採取した穂はコンテナに立てて入れ，ポリフィルムで覆ったあとに2℃の冷蔵庫で貯蔵する（第6図）。穂の腐敗を防ぐため貯蔵期間は1か月を限度としている。貯蔵前の発根促進などの処理は行なっていない。

(2) 育苗・定植

周年を通して直挿し栽培により育苗を行なっている。作業の手順は次のとおりである。

挿し穂への発根促進処理を行なったのち，圃場に茎の基部を3cm程度挿し込む。15cmまたは13cmマスのフラワーネットを利用し，1マスに2本の穂を挿している。栽植密度は130～150本/坪となる（第7図）。直挿し後はたっぷりと灌水し，乾燥を防止することが重要である。とくにうねの両サイドは乾きやすいので注意する。

灌水後，挿し穂がしおれないよううね全面に「べたがけ」を行なう。べたがけ資材にはポリフィルムを利用している。べたがけを行なった内部の温度管理には注意が必要である。冬季を除いた晴天日には高温となりやすいため，短日処理用のシェードを利用して遮光するようにしている。シェードを完全に閉めると施設内が暗くなりすぎるため，少し開放した状態にする。

第6図 挿し穂の貯蔵

冬季省エネ栽培の実現による安定生産

第7図　栽植密度の一例

第8図　LED電球による電照

一方，12〜2月にかけては，陽ざしが弱いのでとくに気をつかうことはないが，内張り用のビニールを用いて遮光を行なっている。また，冬季には施設内を10℃に加温し，発根を促進するようにしている。べたがけの期間は，季節により12〜17日間である。

また，周年を通して無摘心で栽培を行なっている。無摘心栽培により，栽培期間が短縮されるとともにボリュームのある切り花が得られやすくなる。

(3) 日長管理

①栄養生長期（消灯まで）

電照用の光源には，現在では電球型蛍光灯の利用が主となっている。3m間隔で光源を設置し，夏秋ギク型品種では深夜5時間（21時30分〜2時30分），秋ギク型品種では深夜4時間（22〜2時）の暗期中断により，花芽分化を防止している。

また，2016年からは親株用の施設でLED電球による電照栽培に取り組み，省エネ生産につなげている（第8図）。

電照は，草丈が25〜30cmになるまで行なう。直挿しから消灯までの期間は，季節により32〜37日間となっている。

②生殖生長期（消灯〜開花まで）

栽培時期により，シェード処理による短日条件と自然日長による短日条件を使い分けて，開花調節を行なっている。

夏秋ギク型品種　消灯時期が5月中旬〜8月中旬であり，この時期の日長（日の出から日の入りまでの時間に40分を加えた時間）はおおよそ14〜15時間となる。このため，すべての作付けでシェード処理による短日処理を実施する。日長が13時間になるよう19〜6時まで遮光を行なっている（ただし，完全に暗くなった20時〜3時30分の間は，シェード内の高温多湿を防ぐためシェードを開放する）。シェード処理は消灯から開花に到るまで実施し，ねらった時期に計画的に収穫できるよう努めている。

秋ギク型品種　消灯時期が8月下旬〜5月上旬となり，この時期の日長はおおよそ14〜10時間30分と変動の幅が大きくなる。

消灯時期が8月下旬〜9月下旬までは日長が長いため，シェードによる短日処理を行なっている。秋の彼岸以降の消灯では，シェード処理は行なわずに自然日長下での開花に到らせる。その後，3月に入ると日長が12時間を超えてくるので，再びシェードによる短日処理を実施している。処理方法は，12時間日長になるよう18〜6時まで遮光を行なっている。なお，6月出荷や9月出荷の場合，スムーズな開花を促すため11.5時間日長に変更する場合もある。

また，日長が極端に短い時期（11〜1月）には切り花のボリュームが低下するため，消灯3週間後から7日間を目安に，早朝または夕方に電照を行ない，13時間日長で管理し，その後，自然日長に戻すことで切り花品質の向上をはかっている。

スプレーギク　生産者事例

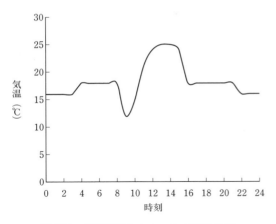

第9図　変温管理のイメージ（花芽分化期）

(4) 温度管理

最低気温が15℃を下まわる10月中旬～5月上旬は加温栽培を行なっている。ヒートポンプや多層性高断熱性被覆資材を積極的に導入するとともに夜間の変温管理を実施し，暖房コストの削減に取り組んでいる。具体的な変温管理の方法は次のとおりである。

栄養生長期（消灯5日前まで）　16～22時：16℃，22～4時：14℃，4～8時：16℃として管理している。また，昼間（8～16時）は，加温機の温度を5℃に設定し，25℃以上で換気するようにしている。

花芽分化期（消灯20日後まで）　16～22時：18℃，22～4時：16℃，4～8時：18℃として管理している（第9図）。

花芽発達期（開花まで）　16～22時：16℃，22～4時：14℃，4～8時：16℃として管理している。

また，夏季の高温対策としては，シェード用の遮光資材で日よけを行なうとともに，換気扇による強制換気を行ない，できるだけ涼しくするようにしている。

(5) その他の管理

①植物成長調整剤の利用

挿し芽時には，インドール酪酸液剤（商品名：オキシベロン）を使用し，発根促進をはかっている。

また，切り花のボリュームアップをはかるため，ダミノジッド剤（商品名：ビーナイン）をよく利用している。使用方法は品種によって異なり，茎の伸長特性を考慮したうえで使用回数を使い分けている。品種により，まったく利用しないものから，収穫までに3回以上散布するものまでさまざまである。

開花抑制や早期不時発蕾防止のためのエテホン液剤（商品名：エスレル）は使用していない。

②病害虫防除

病害虫でとくに気を遣っているのはハダニ類と白さび病である。

ハダニ類では，常に葉に寄生していないかを注意深く観察している。また，薬剤抵抗性がつきやすいため，系統の異なる薬剤でローテーションを組み，同一の薬剤を連用しないようにしている。

白さび病では，耕種的防除と薬剤防除を組み合わせて効果的な防除ができるよう心がけている。低温・多湿の条件下で発生しやすいため，適度な換気に努めるとともに，病気に侵されにくい品種を栽培するようにしている。

その他，アザミウマ類や立枯病の予防に留意しており，立枯病の予防では，2年に1回は必ず土壌消毒を実施するようにしている。

(6) 出荷後の品質維持

夏季の高温多湿時には切り花が蒸れやすく，いたみやすい。このため，品質保持対策として鮮度保持剤を利用している。切り花の収穫後，荷づくりを行なったのちに，鮮度保持剤（商品名：クリザールバラ）による前処理を行ない，品質低下を防止している。鮮度保持剤の利用は周年を通して行ない，常に品質のよい切り花を消費者に届けられるよう意識している。

出荷は，農協の集荷場に持ち寄ったのち，検査員による検査を実施し，品質の強化に努めている。また販売は，和歌山県スプレーマム研究会として一元販売を行なっている。和歌山県スプレーマム研究会では月に1回，目揃え会を実

施し，生産者間の切り花品質の統一に力を入れている。

4. 今後の展望

ここ数年，重油価格の高騰が続き，経営が圧迫されたことから，その対策に力を入れてきた。その一つとしてヒートポンプを導入したが，冷房能力ももつのがヒートポンプの大きな利点である。今後は，冬季だけの利用にとどまらず，夏季の高温期におけるヒートポンプの利用も考えている。8月下旬～9月上旬に秋ギク型品種の消灯が始まるが，その時期はまだ残暑が厳しいため，スムーズに開花させることがむずかしい。そのため，ヒートポンプを活用した冷房処理による切り花品質の向上を模索している。

近年，海外からの切り花の輸入が増加しているが，その傾向はスプレーギクでとくに著しい。市場シェアが奪われる状況にあり，国内産スプレーギクのシェア奪還が今後の大きな課題である。2020年には東京でオリンピック・パラリンピックが開催されるが，日本のスプレーギクを国内だけでなく，広く海外にPRできる機会にしていきたいと考えている。そのためには，全国のスプレーギク生産者との連携を強化し，仲間とともに一致団結して，国内産スプレーギクの魅力を発信していくことが重要である。

《住所など》和歌山県紀の川市広野54—1
　　　　　厚地恵太（39歳）
　　　　　TEL. 0736-77-4197
　執筆　島　浩二（和歌山県農業試験場）
　　　　　　　　　　　　　　　2016年記

鹿児島県曽於市　桑元　幹夫

〈スプレーギク〉周年出荷

変温管理で省エネ・高品質生産

―可動式ヒートポンプの活用，蛍光灯とLEDによる電照―

1. 経営と技術の特徴

(1) 産地の状況

鹿児島県曽於市大隅町は大隅半島の北部にあって，北東部は宮崎県に接し，東は志布志湾に開けて温暖で雨量の多い農業地帯である。

スプレーギクの栽培は1999年から「JAそお鹿児島のスプレーギク」として9名，延べ面積8haで始まり，2016年度は，40名，延べ面積28haまで拡大している。農協の販売の特徴は，秋タイプのバラエティに富む約40品種を周年出荷する点にあり，「あなたの心届けます。」をキャッチフレーズに県内外へ出荷している（第1図）。部会としては，他産地にひけをとらない栽培技術の向上や相対取引きの強化などを図り，消費者ニーズに対応した高品質生産に努めている。

(2) 経営と技術の特徴

桑元さんがスプレーギクの栽培に取り組んだのは1995年からで，それまではスイカなどの露地野菜を栽培していた。施設花卉栽培に転換した大きな理由は，ハウス栽培であれば雨の日でも作業ができる点と，集約型の農業で高収入を得られる点にあった。現在は7棟のパイプハウス約4,900m²で年間2～3作（延べ12,250m²）の栽培を行なっている（第2，3図）。労働力は家族労働（本人＋妻）のほか，地域のシルバー人材センターに臨時雇用を依頼している。

■経営の概要

- 経営　スプレーギク切り花専業
- 気象　年平均気温16℃，年間降水量2,200mm前後，県下でも日照時間が長い
- 土壌・用土　シラスを主体とし，黒ボク，赤ホヤが多い
- 圃場・施設　ビニールハウス補強型1,590m²（3連棟，2連棟），ビニールハウス3,290m²（3連棟×3，2連棟，単棟），いずれも加温電照設備，移動式ヒートポンプ2台
- 品目・栽培型　スプレーギク周年出荷，延べ栽培面積12,250m²
- 苗の調達法　新品種は農協を通じて購入し，本人管理のもと増殖
- 労力　家族2人（本人＋妻），臨時雇用1～3名

第1図　マスコットそお太くん

秋タイプのスプレーギクをほぼ周年にわたり栽培する体系で生産を行なっていて（第4図），5月～11月中旬の出荷はシェード栽培である。通常，10～11月出荷はキクの生育中後期が台風襲来時期と重なり，リスクがあることから行なっていない。ハウスはその間，天井ビニールをはずし，雨にあてることで土つくりを行なっ

スプレーギク　生産者事例

第2図　圃場の外観

第3図　スプレーギクの栽培風景

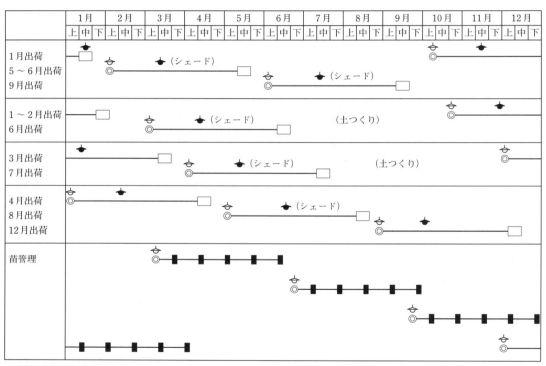

◎ 定植，□ 収穫，■ 採穂，☆ 電照開始，● 消灯

第4図　作型とおもな管理作業

ている。その後の11月後半〜4月出荷は加温・電照栽培を行なっている。

桑元さんは地域の栽培基準の遵守に努め，基本を忠実に守ることで高品質なスプレーギクを生産していて，楽しく農業を展開することをモットーとしている。

2. 栽培体系と栽培管理の基本

(1) 生長・開花調節技術

①開花調節

秋タイプのスプレーギクをほぼ周年栽培している。8月下旬〜4月の栄養生長時の電照管理

は，暗期中断（深夜4時間）処理で行なっている。電球は3m×3m間隔，地表面から約1.6mの高さに，蛍光灯電球とLED電球を設置している（第5図）。この設置方法で現在までキクの品質に影響は出ていない。電球が切れるとキクの品質に大きな影響がでることから，3日に1回は電照およびタイマーのチェックを行なっている。

3月中旬～9月中旬に花芽分化させる作型（5～9月出荷）はシェード栽培となり，100％遮光のシルバー資材を使用して

第5図 蛍光灯とLEDを設置した電照施設

いる。日長処理は，消灯後，最初の3日間は夕方6時～翌朝6時（12時間日長）とし，その後夕方6時～翌朝6時30分（11.5時間日長）となるように遮光して栽培している。また，夏場は夜間にシェードを開放して温度の低下を図るなど，換気に努めている。

　②品質向上対策

キクの上位節間，花首の伸びすぎを抑え，上位葉のボリュームを出すためにビーナイン処理を行なっている。'モナリザ' 'サーシャ' 'リモナーダ' など草丈の伸びる品種は，直挿し定植（うねに直接，キクの穂を挿し芽する方法）30～35日後に1,000倍液を80ℓ/10a散布している。すべての品種で再電照開始時に800倍液を100ℓ/10a散布し，花首の長い品種のみ，その1週間後に再び800倍液を100ℓ/10a散布する。

(2) 品種の特性とその活用

秋タイプのスプレーギクは，夏タイプのスプレーギクと比較すると花色や花形などのバラエティに富む品種が多い。産地としては，市場ニーズに応えるためこの秋タイプのスプレーギクを周年通じて供給する態勢をとっている。桑元さんは秋タイプの7品種を栽培しており，白系・赤系（ピンク系を含む）・黄系をそれぞれ2品種，緑系を1品種導入している。すなわち，白系が'モナリザ''セイヒラリー'，赤系が'サーシャ''ナボナ'，黄系が'イエローモナリザ''リモナーダ'，緑系が'オリーブ'である。

新品種は桑元さんを含めた管内の代表農家で試作を行ない，スプレーギク部門役員会で産地への導入が決定される。判断のポイントは，1）市場性，2）つくりやすさ，3）耐病性，4）育苗時の採穂性である。

(3) 低コスト・品質向上対策

　①ヒートポンプとその特徴

「ヒートポンプ」とは，電気で稼働する冷暖房用の機械で，ハウスに設置する「農業用の大きなエアコン」である。ヒートポンプはさまざまなメーカーから提供されているが，その能力は馬力とCOP（シーオーピー。自動車でいう燃費のようなもの）で表示されることが多い。一般的にCOPが高い機種ほど効率よく冷暖房ができる。農業用ヒートポンプは，冬季加温用に使われる場合，導入コストの面から，一般に単独で使用するのではなく燃油式暖房機と併用されている。

　②冬季加温コスト削減対策

桑元さんは，ヒートポンプと従来から利用している燃油式暖房機を併用して運転させ，燃油式暖房機の加温能力を補助し重油使用量を削減している。

スプレーギクは消灯と同時に花芽分化に入

スプレーギク 生産者事例

第6図　移動式ヒートポンプ室内機

第8図　母株管理
伸長した茎の折りとり作業

第7図　移動式ヒートポンプ室外機

り，発蕾までの約1か月間は花芽分化をスムーズに行なわせるために18℃の夜温が必要となるなど，ステージに応じた温度管理が必要となる。室内機2基と室外機1基からなる移動式ヒートポンプ2台を使用し（第6，7図），スプレーギクの生育ステージに応じて，ハウス間を移動させ効率良くコスト削減を図っている。移動式のヒートポンプを2台導入することで，すべてのハウスで継続稼働させることが可能となった。

③夏季高温障害対策

夏場（8〜9月出荷）の秋スプレーギクの栽培は，一般的に，消灯後，シェード栽培による短日処理を行なっている。そのシェード期間は夜温が高温となり，品種によっては到花日数が遅れ，花色落ち，花の草姿の乱れなどの高温障害が発生していた。その対策として，ヒートポンプによる夜間冷房を行なっている。稼働期間は消灯3日後から出蕾時までを基本として，午後7時〜翌朝午前5時を気象条件を考慮しながら25〜20℃で管理している。高温による開花遅延や奇形花などの発生を防止することで安定生産を実現している。

3. 栽培管理の実際

（1）母株と採穂

母株は3月，6〜7月，9月，12月の4回に分けて定植している。母株を定植し摘心後，4〜5回採穂を行なう。採穂は，同じ茎の太さで定期的に行なう。3回程度採穂をすると母株の高さが不揃いとなってくるため，伸びた茎を素手で折りとり株の高さを揃え，充実した均質な穂となるように一手間を要している（第8図）。採穂した4〜5日後には再び充実した穂がとれる。採穂前は天候を見て必ず殺虫剤を散布している。

冬季育苗時の夜温は10月下旬から4月中旬まで12〜14℃で管理している。

（2）土壌消毒

1995年から栽培を開始し，連作が続いているため，圃場によってはキクの不揃いがみられる。これは土壌センチュウの発生によるところが大きいため，年に1回夏季（8〜9月）にテロン30l/10aで消毒を行なっている。それでもセンチュウ害の発生が気になるところはラグビ

一粒剤を30kg/10a施用している。

(3) 土つくりと施肥

土つくりのために，個人的に契約した畜産農家から完熟した牛糞堆肥を購入し，年に1回，9～10月に2～3t/10a施用している。

施肥は夏作と冬作で異なる。夏作は，高温により樹勢が強くなることから窒素成分で7kg/10aとしている。冬作は窒素成分で夏作の倍近い12～14kg/10aである。12～3月出荷の作型の追肥は，直挿し2週間後の活着時にアミノキッポ（400倍）かチャンス（500倍）を1t/10a液肥灌水して草丈の伸長を図っている。

(4) 直挿し定植

うねに直接，キクの穂を挿し芽する直挿し定植は，労力の軽減と栽培期間の短縮を目的として導入している。

採穂後，オキシベロン200倍液に30秒ほど浸漬後，半日程度涼しいところで干したあとに直挿しする。作式はうね幅135cm（床幅75cm＋通路60cm），15cm×5目ネットを使用し3－2－2－2－3方式（植付け本数：58,000本/10a）で無摘心栽培である（第9図）。挿し穂は大小に区別し，大苗を内側に，小苗は太陽光のあたる外側に挿すように努めている。

(5) 灌　水

直挿し定植して10～15日（夏季は10日，冬季は15日）後，活着を確認したあとから最低1週間は灌水ムラがないように注意している。この間，チューブの詰まりや風によるねじれなどによる散水ムラがないように，圃場を細やかに見回っている。とくに夏季は，活着後に極度に乾燥しないように努めている。

灌水チューブは，横飛び型のスミサンスイを用い，通路とうねに設置している（第10図）。生育中は通路灌水を基本とし，収穫に入り通路灌水チューブを片付けたあと，うね内の灌水に切り替えている。灌水はできるだけ日中に行ない，夕方は株（葉）が乾燥するようにしている。

第9図　3－2－2－2－3方式の作式

第10図　灌水チューブの設置

(6) 温度管理

スプレーギクの生育に応じて夜間の温度設定を17～24時，24時～翌朝5時，5時～8時の3段階に分けて管理し，低コスト栽培に努めている（第1表，第11図）。日中の温度は10℃以上を保ち，最高温度は25℃を目安に換気や遮光を行なっている。①定植～消灯前の最低夜温は，直挿し中は10℃で管理し，活着後は14～12℃に温度を上げている。定植時の活着を促進し初期生育の揃いをよくするために，約15℃の地温を確保する場合もある。②消灯3日前～消灯後3週間（発蕾時）は，スムーズに生殖生長に切り替わり花芽分化を進めるために最低夜温18～14℃で変温管理している。③消灯後3週間～出蕾10日目（膜切れ時，花首が伸び始める前まで）は最低15～13℃で管理しボリュームをつける。④出蕾10日目（膜切れ時）～

スプレーギク　生産者事例

第1表　スプレーギク温度管理表 （単位：℃）

時間帯	①直挿し～活着時	活着時～消灯時	②消灯3日前～発蕾時	③発蕾時～膜切れ時	④膜切れ時～収穫
17～24時	10	14	18	15	16
0～5時	10	13	16	14	14
5～8時	10	12	14	13	13
8～17時	10	10	10	10	10

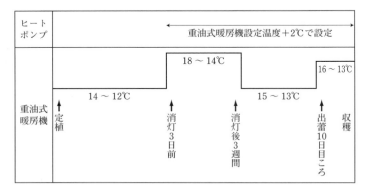

第11図　冬季の温度管理 （17時～翌朝9時）

収穫は花首と花弁の伸長を促し，本来の花色を発現させるため最低16～13℃で変温管理している。

ヒートポンプは補助暖房としての役割で，おもに②以降の期間で稼働し，設定温度は燃油式暖房機設定温度＋2℃としている。ヒートポンプは移動式のタイプで，発蕾後は次の作型のハウスに移動し，褄部に隙間ができないように設置している。ヒートポンプは，近年の重油高騰対策の一環として動力光熱水費のコスト削減を目的に導入したことで冬期の重油コストが3割程度削減されている（重油単価：85円／l時）。

(7) 病気対策

キクの難病害である白さび病の発生を予防するため，換気の徹底を図っている。冬季の朝も天候を見て8時前に入り口の褄戸を約20cm開け，同時に二重ビニールを巻き上げる。その後，天候を見て谷部を開けていく。降雨時は褄戸のみを完全に開けて管理している。また，シェード栽培は，ハウス内が密室になることから，空気の循環を図る目的で消灯後3週間ころを目安として（草丈約50cm），サイドビニールとシェードを15cm前後開けて換気している。

薬剤散布は，夕方にはキクの葉が乾くように行なう。また動力噴霧機の噴霧圧を高くして，うね内の中央部の株まで薬剤効果が及ぶように工夫している。噴口は半年に1回必ず交換し，散布ムラを防止している。

(8) 収穫・出荷

スプレーギクの出荷は，「あなたのその一本が産地の評価をおとします。これぐらいはという気持ちはなくしましょう」のスローガンのもと，高い意識をもった選花選別に取り組んでいる。

出荷階級は2L～2Sまであり，2L規格は草丈85cm，1本重量45g以上，6輪以上の輪数のものである。等級は「秀」「優」「直接表示」「良」の大きく4等級に分けている。市場と検討して頂花（中心花）が二，三番花よりも沈んでいる花は「優」として扱っている。「直接表示」は，茎の曲がり，病害虫の発生の認められるもの（白さび病，マメハモグリバエなど）で，また，規格に対し重量があるが茎長が短い場合は草丈表示を行なう。それ以外のものは「良」となる。

4. 今後の課題

近年の重油価格の高騰などによる生産コストの上昇や病害の発生が散見され品質が低下するなど，農家は経営能力を問われる状況にある。また，消費面では国産が燃料高などで採算が厳しく生産を減らすなか，スーパーなどの小売り店では比較的安い輸入物の利用が増える状況にある。

このようななか，桑元さんはヒートポンプを

有効活用して低コスト栽培に取り組むとともに，近年の天候不順による病気の予防対策や土つくりなどさらなる徹底管理を行ない高品質生産に努めていく方針である。また，JA共同販売の強みを生かした契約販売を行なう一方，当産地のスプレーギクを地元の小中高校生を対象とした花育活動を継続し地産地消につなげていくことも考えている。

《住所など》鹿児島県曽於市大隅町月野9625
　　　　　　桑元幹夫（69歳）
　　　　　TEL. 099-482-3546
　執筆　仁田尾学（鹿児島県曽於畑地かんがい農業推進センター）
　　　　　　　　　　　2016年記

鹿児島県大島郡和泊町　三島　澄仁

〈スプレーギク〉8月出荷，12〜5月出荷

耐候性LED＋小型発電機を利用した安定生産

―台風時の長期停電にも対応―

1. 経営と技術の特徴

(1) 地域の状況と課題

　沖永良部（おきのえらぶ）島は，鹿児島市から南に552kmに位置し，周囲55.8km，面積93.8km^{2}の隆起珊瑚礁の島である。年間平均気温は22℃で亜熱帯気候に属し，温暖な気候を生かした花卉類の栽培が盛んな地域である。

　スプレーギクの栽培は1985年に始まり，2015年度の生産農家は66戸，うち37戸は三島さんも所属している沖永良部花き専門農協キク部会員である。

　沖永良部地区のスプレーギクは，当初温暖な気候を生かし無加温栽培で冬〜春期の出荷のみであったが，近年，経営の効率化や有利販売の面から夏期の出荷にも取り組んでいる。

　当地区は台風の常襲地帯であるとともに，冬期には季節風の強い地域でもある。そのため，従来の露地栽培では，台風の暴風被害や季節風の強風被害により出荷不能になることも多かった。

　そこで，沖縄県ですでに導入が進んでいた平張施設の導入を検討し，2001年度に和泊町の補助事業により初めて建設され，その効果が確認された。

　平張施設とは，鉄骨または木柱で本体を組み，天井に1mm目の，サイドに0.6mm目の防風ネットを張った施設である（第1，2図）。

　この施設は風速50m/s程度まで耐えるといわ

■ 経営の概要

経営　スプレーギク切り花専業
気象　年平均気温22.4℃，8月の最高気温の平均31.1℃，1月の最低気温の平均14.0℃，年間降水量1,836mm
土壌・用土　暗赤色土，赤色土
圃場・施設　露地1.3ha，鉄骨平張施設65a（45a・20a），木柱平張施設25a
品目・栽培型　スプレーギク12月＋4〜5月出荷：平張施設，1〜3月出荷：露地，8月出荷：平張施設
苗の調達方法　自家育苗
労力　家族（本人，父母）3人，常時雇用1人，季節雇用2人

第1図　鉄骨平張施設

れ，台風襲来時や季節風時に平張施設内の風速を抑えて作物被害が軽減される。さらに害虫の侵入もある程度防止できることから，露地栽培よりも品質や収量が向上する。

833

スプレーギク　生産者事例

第2図　鉄骨平張施設内の状況

2002年度から県の補助事業，2004年度には国の補助事業での導入も認められ，平張施設の導入が順次行なわれている。

ところで，沖永良部地区では，台風襲来時に発生した停電が3～4日続くこともあり，電照栽培を行なうキクなどではこれも大きな問題であった。

これまで電照栽培の光源は，平張施設でも風雨にさらされる栽培環境であることから白熱電球がおもに使用されてきたが，近年，光源生産メーカーによって露地環境でも使用可能な電照栽培用LED電球が開発され，経済性に加え台風時の停電対策にも耐候性LEDは有効であり（理由については後述），切替えが進みつつある。

以上のような取組みにより，台風や季節風での気象災害に左右されない安定した生産が可能になってきた。

(2) 経営と技術の特徴

三島さんがスプレーギク栽培に取り組んだのは，2010年に父親が取り組んでいた生産を後継者として引き継いでからで，現在は露地1.3ha，鉄骨平張施設65a，木柱平張施設25aで年間2作の栽培を行なっている。

労力は本人と両親の3人で，常時雇用1人，季節雇用2人である。

当初は冬～春出荷だけであったが，経営の安定化や実需者ニーズへの対応をはかるため，現在は夏秋タイプを導入し8月出荷も行なってい

る。

12月出荷の作型では，台風による被害が予想されるため平張施設での栽培となり，4～5月出荷との2回転としている。

一方，1～3月出荷は露地での栽培となる。

また，8月出荷も台風の襲来の可能性があり，やはり平張施設での栽培を行なっている（第3図）。

前述したように，台風の暴風被害は平張施設で防ぎ，台風による長期停電には耐候性LED（第4図）を導入し，併せて小型発電機も導入した対策をとり，台風による暴風害，長期停電による被害を防いでいる。

2. 栽培体系と栽培管理の基本

(1) 生長・開花調節技術

沖永良部地区のスプレーギク栽培は，摘心栽培が主体である。

三島さんの栽培も同様で，定植から摘心まで10日間，摘心から消灯まで30日間を基本としている。また，秋タイプ品種で12～5月出荷，夏秋タイプ品種で8月出荷とし，電照により開花時期の調節を行ない，時期別に電照時間を設定している。

(2) 品種の特性とその活用

品種は，秋タイプで9品種（白系3品種，黄系3品種，桃系2品種，緑系1品種），夏秋タイプで3品種（白・黄・桃各系1品種）としている（第1表）。

沖永良部地区は鹿児島本土とは環境が異なり，亜熱帯気候下での花や草姿，ボリュームはもとより，伸長性，側枝の本数と生育の揃いなどが求められる。

その点，鹿児島県育成品種はこの条件に沿って育種がなされており，また毎年沖永良部での現地適応性試験が行なわれ，当地域の評価が品種化の一つの条件になっている。そのため，栽培される品種には鹿児島県育成品種も採用されている。

また，三島さんは，品種選定の条件として，

耐候性LED＋小型発電機を利用した安定生産

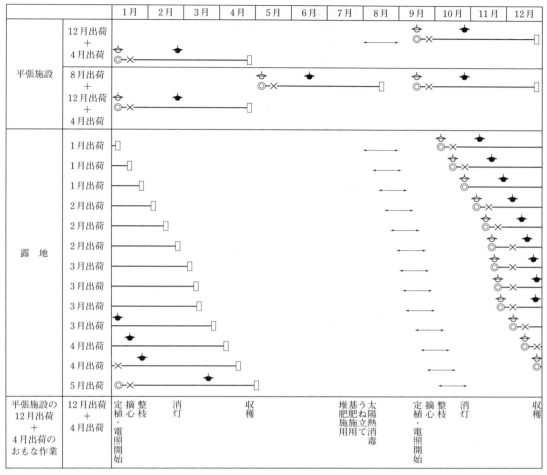

◎定植，×摘心，⇧電照点灯，♣消灯，▫収穫，矢印：太陽熱消毒

第3図　おもな作型と管理作業

葉持ちを第一に考えており，おもな実需者である葬儀およびパック関係者から求められる品質を満たすことをあげている。

(3) 環境管理と養水分管理のポイント

平張施設はネットを張っただけの無加温施設であり，細かな温度管理はできない。

しかし排水対策は，重粘土壌の当地区にとって，良品生産のための重要なポイントとなる。そのため第一に，耕盤をつくらないためのプラウ耕を2年に1回行なっている。3年に1回はユンボを入れ，耕うんにより施設周辺に偏った土

第4図　耐候性LED電球

スプレーギク　生産者事例

第1表　品種構成

花色	品種名	
	秋タイプ	夏秋タイプ
白系	きゅらシューサー（シングル） モゼクリア（アネモネ） アイビス（デコラ）	セイマニサ（シングル）
黄系	きゅらキララ（セミダブル） ボンド（ポンポン） アイビスサニー（デコラ）	イエローシューズ（シングル）
桃系	モゼクイーン（デコラ） アマルフィー（デコラ）	サザンチェルシー（シングル）
緑系	カントリー（ポンポン）	―

の平坦化と施設外への排水溝づくりを行なう。第二に，排水の悪い圃場，水がたまりやすい低い位置にある圃場は高うね栽培にしている。

一方，この重粘土壌の物理性や化学性を改善するために，有機物の施用を行なっている。三島さんは，自分で堆肥小屋を確保し，牛糞堆肥を購入して，バガス（サトウキビの搾りかす）・米ぬかなどを加え切返しを繰り返しながら，自家製堆肥をつくっている。また，2年に一度はソルゴー主体の緑肥を植え，有機物の補給をしている。

水分管理については，雨よけはできないため，乾燥時の灌水にため池の水を活用している。

3. 栽培管理の実際

(1) 親株

三島さんは，沖永良部地域の気象条件下で優れた形質を示す株を選抜し親株としている。

秋タイプでは4月出荷の作型で，立ち本数が多く，茎が太く，根張りが良く，正常に開花した株の切り下株を残すようにし，そこから発生した側枝を母株用の穂にしている。

そして，低い位置（20cmくらい）で摘心を行ない，その後は側枝が伸びすぎないように台刈りを繰り返している。

また，病害虫の発生には十分に注意して管理を行なっている。

(2) 母株

母株は，秋タイプは7月上旬から，夏秋タイプは2月上旬から栽培を始め，圃場の選定にはとくに気をつかい風当たりが弱く，排水良好な圃場を使っている。土つくりと土壌消毒（薬剤消毒）を徹底し，病害虫の発生には十分注意し，防除を徹底している。

10aの母株専用圃場を確保し，母株や穂を老化させないように適期にこまめに採穂している。病害虫防除を徹底して行ない，本圃に持ち込まないよう注意している。

母株は，肥料切れを起こさないよう肥効調節型の肥料を使用し，採穂後には液肥を施用している。また，栽培期間が長くなると老化するので，120日を目安に更新している。

(3) 育苗

採穂は，側枝が10cm程度のときに2～3節残して行ない，挿し穂は4～5cm程度に折る。採穂直後に挿し芽し，穂冷蔵はあまり行なわない。

単棟ハウスに自家製の挿し芽床（第5図）をつくって，パーライトを敷き詰め挿し芽している。

挿し芽当日はたっぷりと灌水し，通常は10日程度育苗する。育苗中は，毎日朝昼夕の3回灌水している。

苗の貯蔵目的で，定植適期になったら苗冷蔵を行なう。発泡スチロールの箱に新聞紙を敷き，苗を敷き詰め蓋をして冷蔵する（第6図）。冷蔵期間は14日までとしている。

(4) 植付け〜栄養生長期間

①圃場準備

定植圃場の耕うんは，土壌が十分に乾いてから行なわないと，土が団子状に固まり定植しにくくなるので，晴天が続いたときに行なう。

耐候性LED＋小型発電機を利用した安定生産

第5図　自家製挿し芽床

第6図　苗冷蔵用箱

　定植の1か月以上前に，自家製堆肥を2t/10aすき込み，基肥を施用しうねを立てて，露地はスプリンクラー，平張施設は天井灌水により散水を4〜6時間行ない，圃場をビニールで覆い，7〜8月は20日間，9〜10月は30日間の太陽熱消毒を行なう。
　薬剤による土壌消毒は，前作で土壌病害が発生したときのみ行なう。
　②施　肥
　基肥として化成肥料の花三四郎（赤）12—8—8を10a当たり100kg（N：12.0kg—P：8.0kg—K：8.0kg），マグホス60kg，苦土石灰60kgを施用する。
　③定　植
　作式は，うね幅130cm（床幅80cm，通路50cm），13cm×6目ネット，1-1-0-0-1-1 4条植えで（第7図），摘心栽培とし2.5本仕立てとしている。
　定植時には，同一施設内に複数の品種が植えられるため，到花日数の短い品種から順番に植えるようにしている。また，補植用の苗を中央の空いた部分に植えておく。
　定植後，ただちに天井灌水を行ない根締め（土と根を密着）を行なう。
　④摘　心
　定植後の活着を見はからって10日目を目安に摘心を行なう。摘心は摘み取る部分をできる

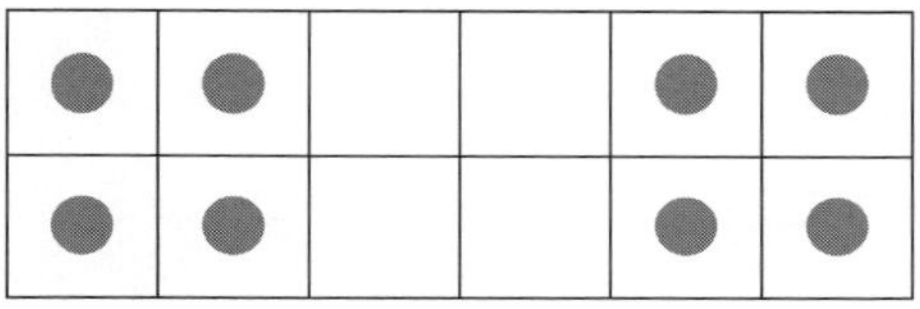

第7図　定植方法
6目ネットで外がわに2目。中2目は空ける

だけ小さく，確実に行なう。そのさいに，活着の悪いものや欠株部分に補植を行なう。
　⑤整　枝
　整枝は，草丈が20cmに達したら行なう。整枝は全体の揃いを良くし，秀品率の向上のため重要な作業と三島さんは考えている。1株当たり2〜3本を基本に調整し，太い枝や細い枝，心つぶれを切除する。
　⑥電照管理
　電照は，耐候性LED電球（（株）エルムAG10ASR03-62E26）（第8図）を使用している。これは赤色LED電球で630nmピークの単一波長である。
　電照時間帯は，秋タイプでは0〜4時，夏秋タイプでは0〜5時としている。
　⑦**耐候性LED電球のメリット**
　耐候性LED電球を使用するメリットを，革新的技術緊急展開事業「南西諸島地域でのきく

837

スプレーギク　生産者事例

第8図　耐候性LED電球

第2表　耐候性LED電球の経済性評価

項　目	スプレーギク（90a）		
	白熱電球	耐候性LED	耐候性LED/白熱電球
導入コスト	108千円	1,800千円	1,666％
消費電力	66.8W	6.2W	9.2％
ランニングコスト/年	343千円	44千円	12.8％
累積費用	7年でLED電球が白熱電球を下まわる		

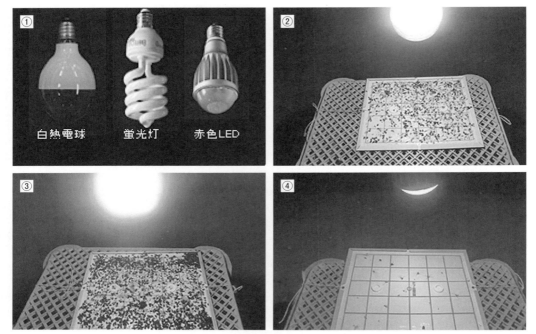

第9図　電照用光源の種類が昆虫の誘引に及ぼす影響
①電照用光源3種，②白熱電球，③蛍光灯，④耐候性LED

等花き生産における新たな光源利用技術の実証研究」から引用する。

耐候性LEDは，導入コストが白熱電球の約16倍となるが，消費電力量は，白熱電球の10％以下，年間ランニングコストは白熱電球の12％程度である。導入コストと年間ランニングコストを合わせた累積費用は，7年目に耐候性LEDが白熱電球のコストを下まわると試算された（第2表）。

虫の誘引効果は，耐候性LEDがもっとも誘引数が少なく，次いで白熱電球，蛍光灯の順で，害虫の種類は甲虫，ヤガ，カメムシなどであった（第9図）。

「耐候性LED＋小型発電機（2.5KVA）」の点灯実証で，389球が点灯できた（約35〜38a分）。点灯実証から，発電機と電照施設の接続には，漏電や配線ミスの発生の危険性，台風襲来時の風雨中や夜間の作業になるための危険性

耐候性LED＋小型発電機を利用した安定生産

が伴うと考えられ，安全に簡単に発電機と接続できるよう「非常用電源ボックス」が考案された（第10～12図）。

(5) 花芽分化・発達～出荷

①消　灯

消灯時の目標草丈は25～30cmとしている。

品種により消灯後の伸びに差がある場合は，伸びにくい品種が目標に達してから消灯するようにしている。これは，草丈を確保するとともに，ボリューム感を重視しているためである。

②収穫・出荷

収穫適期は品種によって異なるが，シングルタイプは頂花の花弁が展開30％程度，それ以外は50％程度になったら収穫する。

収穫後ただちに常温で5時間程度水揚げする。選別・調製は選花機で行ない，結束後箱詰めし出荷する。

③鮮度保持

沖永良部地域では，出荷後市場着荷までに3～4日かかるため，花き専門農協では，各市場への荷分け作業後に真空予冷を行ない，冷蔵コンテナにより出荷される。

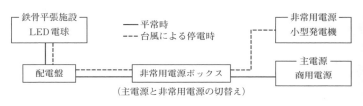

第10図　「耐候性LED＋小型発電機」による停電対応システム
安全かつ迅速な停電対応システムを確立

第11図　非常用電源ボックス

第12図　発電機への接続手順
①非常用電源ボックス，②接続ケーブル，③電源ボックスへの接続，④発電機への接続，⑤接続完了
電気業者に依頼して，非常用電源ボックスを設置
接続ケーブルで電源ボックスと発電機側の2口両方ともつなぐ
発電機を使う場合の注意点は以下のとおりである
1) 主電源と発電機の切替えを確実に行なう（発電機を使う場合と通電が再開した場合，必ず確認する）
2) 発電機をできるだけ風雨にさらさないようにする
3) 止めるときは，発電機のスイッチを切断したのちに接続を外す

船便は冷蔵コンテナのまま鹿児島本土まで運ばれ，鹿児島に着荷後保冷トラックに移され，市場まで冷蔵のまま運ばれる。

4. 今後の課題

夏期出荷の夏秋タイプの栽培経験が浅く，その栽培管理技術の確立がまず必要である。また，実需者ニーズに合った品種の情報を収集し，それと併せて当地域に合った品種の選定が必要である。

1〜3月出荷は露地栽培であるが，近年季節風による強風被害や寒波による雹被害などが発生しており，環境の変化に対応するため平張施設への転換が望まれる。

一方，産地全体としては，安定生産に向けた技術の推進，生産管理システムの導入などで，計画生産の精度をさらに改善し，相対取引きの向上が必要である。

《住所など》鹿児島県大島郡和泊町和泊820—2
　　　　　三島澄仁（30歳）
　　　　　TEL. 090-2714-1894
執筆　神薗孝浩（鹿児島県大島支庁沖永良部事務所農業普及課）

2016年記

小ギク
技術体系と基本技術

電照栽培による夏秋期の小ギク安定生産

(1) 夏秋小ギクにおける電照の必要性

　キク類のなかでも小ギクは，仏壇や墓参りの供花として多く消費され，夏秋期の盆・彼岸の墓参りシーズンには一過的に需要が急増するのに対して，安定供給されていないのが現状である。輪ギクやスプレーギクの切り花生産では，キクの短日植物としての日長反応を利用した開花調節が広く普及し，周年生産あるいは需要期に合わせた生産体系が確立されている。すなわち，電照によって花芽分化を抑制しつつ株を成長させ，開花目標時期から逆算して短日処理し，花芽分化・開花促進することで開花時期を調節している。

　一方，おもに露地で栽培される夏秋期の小ギク切り花生産では，開花調節を行なわず自然開花期の異なる多品種を組み合わせた品種リレーによる生産方式が主流である。この方法では開花調節のための設備が不要であり，低コスト生産が可能であるが，気象の変動によって開花期が安定せず，需要期の計画生産が困難である。とりわけ需要期に一定数量の出荷を確保するためには，生産者は需要期前後に開花する複数の品種を作付けし，その年の気象条件下で需要期に開花した品種を出荷する事例がある。需要期に開花しなかった品種は，市況によっては圃場廃棄される場合もある。この方式では1品種当たりの出荷期間幅を広げ，需要期に開花する可能性を高めるために，エセフォン処理（エスレル10散布）による開花遅延技術を組み合わせることもあるが，その効果には気温の影響や品種間差が大きく，精度の高い開花調節はきわめて困難である。

　近年，地球温暖化による気象の激しい変動によって開花期がいっそう不安定になる危険性が高まっている。また近年，スーパーやホームセンターなどの量販店でのキク類の販売が増加している。これら大口実需者からは計画的な定時・定量出荷が求められている。そのため，輪ギクおよびスプレーギクと同様の電照による開花調節は，夏秋期の小ギクの効率的な安定供給に向けた不可欠な技術である。

(2) 到花日数を活用した開花調節

　これまで夏秋小ギクの電照栽培がまったく行なわれてこなかったわけではない。たとえば，茨城県や福島県で行なわれている電照栽培では，自然開花期が需要期の少し前の品種を用いて電照栽培することで開花時期を遅らせて需要期開花を目指している。この方式では，ほとんどの品種で電照中に花芽分化し，その花芽発達程度が年によって異なるため，電照下での花芽の発達程度を顕微鏡下で観察し，過去のデータと比較して電照終了日（消灯日）を調整する。たとえば，電照期間中の花芽発達程度が基準年と比較して進んでおり，早期開花が見込まれる場合には，消灯日を遅らせる。この方式では，無電照に比べて需要期開花の精度は高まるものの，顕微鏡による花芽発達程度の観察や，品種ごとに複数年の花芽発達程度・消灯日・実際の開花日のデータ蓄積が必要であり，高度な技術と労力を要する。

　近年，森ら（2017）は，夏秋小ギクにおいて輪ギクやスプレーギクと同様の品種固有の到花日数を利用した電照栽培による開花調節技術を確立した。キクでは，短日・適温条件における花芽分化開始から開花までの日数（到花日数）が品種ごとに決まっている。このため，電照で花芽分化を完全に抑制しつつ，消灯後に短日処理を開始することで，消灯日＝花芽分化を開始した日となり，消灯から到花日数を経過した後に開花に至る。すなわち，品種固有の到花日数を活用し，開花させたい日から到花日数分を逆算し消灯することによって，高精度な計画出荷が可能となる。以下では，この方式を電照栽培と呼び，技術の解説を行なう。

(3) 必要とされる品種特性

　キク類の開花調節を行なうにあたって，施設生産では日長調節（電照による暗期中断・長日

処理および短日処理）および温度調節による開花調節が可能であるが，夏秋期小ギクの露地生産では短日処理や温度調節は困難である。そのため，簡易な電照設備のみを用いた花芽分化・開花抑制によって長期間開花調節可能であることが求められる。

夏秋期の輪ギク生産では，短日処理を行なわず電照開花調節だけを用いた'精雲'および'岩の白扇'の夏秋期長期出荷の事例がある。両品種ともに自然開花期が早く，電照で花芽分化を長期間抑制でき，消灯後の自然日長条件下で速やかに花芽分化し開花に至る性質をもつ。これらの温度応答反応に関しては，自然開花期が早いことから，低温下でも花芽分化・発達が可能であり，またキクには，冬の低温に長期間遭遇したあとには花芽分化・発達が抑制される性質（いわゆるキクの幼若性）があるが，それが弱く，また夏期高温となる施設での生産にも対応して高温開花性をもっている，と推測される。また光応答反応に関しては，電照下では栄養生長を継続し長期間花芽分化しない，消灯後は短日処理なしの自然日長条件下で開花に至ることから花芽分化および発達の限界日長が自然日長より長い，と推測される。

夏秋期の小ギク電照栽培においても，'精雲'および'岩の白扇'と同様の性質を備えた品種が理想型といえる（第1図）。

小田ら（2010）は，茨城県の自然条件下において7月から8月に開花する小ギク品種の光応答は多様であることを明らかにした。'たそがれ'では，12〜24時間日長のどの条件においても花芽分化節位は変わらず（第1表），花芽分化については日長応答性をもたない，いわゆる夏ギクであり，電照による開花調節は困難である。'やよい'および'すばる'では，16時間日長になると花芽分化節位の上昇および発蕾所要日数の増加が見られ始め，16時間日長から18時間日長になると急激に花芽分化節位が上昇し，花芽分化が強く抑制されたことから，16時間付近に限界日長をもつ。したがってこの2品種は，限界日長以上の長日処理あるいは暗期中断処理によって，花芽分化を抑制可能である。

またこの2品種では，18時間以上の日長において花芽分化節位に差はなく横ばいとなったが，そのような日長条件下において'やよい'は70日程度で発蕾が観察されたのに対して，'すばる'は実験期間中（87日間）に発蕾が見られなかった。つまり，この2品種間には限界日長以上の日長条件下において花芽分化の早晩に差が見られた。キクは長日や暗期中断といった花成非誘導日長条件下においても，一定期

夏秋期の露地電照栽培での開花特性の理想型　〈花成における光・温度反応特性〉

1. 自然開花期が早い ─┬─ 花芽分化・発達の適温が低い
　　　　　　　　　　└─ 冬季の長期間の低温遭遇による花芽分化・発達抑制が小さい

2. 電照によって長期間花芽分化を抑制できる ─┬─ 花芽分化の限界日長を有する
　　　　　　　　　　　　　　　　　　　　　└─ 長日下花芽分化節位が高い

3. 消灯後は速やかに花芽分化・発達する ─┬─ 花芽分化・発達の限界日長が自然日長以上である
　　　　　　　　　　　　　　　　　　　└─ 高温による開花遅延が起こりにくい

第1図　夏秋期の露地電照栽培での開花特性の理想型および光・温度反応特性

第1表　夏秋期に自然開花する小ギク3品種の各日長下における花芽分化節位および発蕾所要日数　　　（小田ら，2010）

品種		日長（時間）					
		12	14	16	18	21	24
たそがれ	花芽分化節位	20	22	19	19	18	24
	発蕾所要日数	35	36	41	40	44	46
やよい	花芽分化節位	27	24	31	45	44	39
	発蕾所要日数	46	45	51	70	71	64
すばる	花芽分化節位	31	30	42	66	63	62
	発蕾所要日数	43	39	64	>87	>87	>87

注　日長処理は12時間シェードにおける開閉前後の蛍光灯照射による日長延長である

間生育した後には花芽分化・発蕾する。この長日あるいは暗期中断条件下での花芽分化時の葉数（節位）は「長日下花芽分化節位」（Long day leaf number; Cockshull, 1976）と呼ばれ，この値が低い品種は長日あるいは暗期中断条件下でも，早期に花芽分化し発蕾するといえる。

したがって，'やよい'および'すばる'は電照栽培によって花芽分化を抑制できるが，'やよい'は'すばる'と比較して，長日下花芽分化節位が低く，電照下で長期間生育させると花芽分化しやすい品種である。

先に述べたとおり，品種固有の到花日数を活用する電照栽培では，電照下で花芽分化を長期間抑制でき，消灯日まで花芽分化を開始しないことの担保できる品種を用いることが，高精度開花調節の鍵であり，'やよい'のように電照下で花芽分化を開始してしまう危険性の高い品種は，電照栽培による高精度な開花調節には適さない。

(4) 電照栽培に適した品種の選抜

①自然開花期と電照下での花芽分化の早晩

上述のように，夏秋期に自然開花する小ギク品種にはさまざまな光応答をもつものが混在しており，そのなかから電照栽培に適した小ギク品種を選抜する試験を岡山県で実施した（森ら，2017）。試験では，小ギク45品種の自然開花期および電照下で花芽分化の早晩を評価し，電照栽培に適した特性をもつ品種を見出すことを試みた。自然開花期は定植時期によって変動し，通常は前年の秋に定植する場合がもっとも早く開花するが，営利生産における作業性や効率生産を想定し，春植えのもっとも早い時期の定植とし，岡山県では4月上旬に定植し，調査した。

また，電照下で発蕾の早晩をつぎのとおり調査した。電照下での発蕾と密接に関連する長日下花芽分化節位は季節変動し，春から夏にか

第2表　同一親株からの採穂日が電照下での発蕾および発蕾時葉数・茎長に及ぼす影響　　　　（森ら，2017）

品　種		採穂日		
		3月29日	4月17日	5月7日
精しまなみ	定植から発蕾までの日数	51	29	23
	葉数	41	19	18
	茎長 (cm)	89	32	20
すばる	定植から発蕾までの日数	未発蕾	未発蕾	未発蕾
	葉数	49	52	47
	茎長 (cm)	113	106	90

注　親株を栽培し，採穂後ただちに挿し芽した。発根苗を定植・摘心し，発生した側枝について調査を行なった。すべての管理は電照下で行なった。すばるは84日間の実験期間中，発蕾が見られなかった

けて低下すること，すなわち，春から夏に近づくにつれ，電照下で早期に花芽分化が起こりやすいことが知られている（第2表）。夏秋期の小ギクの最需要期は8月の旧盆および9月の秋彼岸であり，少なくとも秋彼岸に向けた作型までは，電照で花芽分化を強く抑制できる品種を選抜するため，電照下での花芽分化が発生しやすい秋彼岸出荷の作型において，早晩を調査した。電照下での花芽分化の早晩については，電照下で親株を維持しつつ苗を育成し，9月出荷の作型において定植より電照（毎日深夜6時間の暗期中断）下で生育させ，発蕾を調査した。

調査品種の自然開花日は，'黄金'の5月31日から'星の輝き'の7月23日まで連続的に分布した（第3表）。電照下での発蕾には大きな品種間差が見られ'黄金''こだま''たそがれ''白霧''夕凪''精しまなみ'および'精かげろう'は親株の生育期間中あるいは摘心時といった早期に発蕾が観察された。自然日長下での開花が早い品種では，暗期中断条件下の花芽分化も早い傾向が見られ，花芽分化については日長応答性をもたない夏ギクが多く含まれると推測された。

一方，'はるか''精こまき''ちづる''ほたる''すばる''精ちぐさ''はるな''さぬき''精しずえ''精しらいと''精はぎの''黄玉''ひばり''精ひなの''精けいか''精いちき'および'星の輝き'は，電照下での発蕾が'精雲'および'岩の白扇'より遅く，両品種と同等以上に電照による花芽分化抑制効果が期待で

小ギク　技術体系と基本技術

第3表　小ギク品種の自然開花日および電照下での発蕾日　　　（森ら，2017）

品　種	自然日長下での平均開花日（月/日）	電照下における発蕾開始期（月/日）
黄　金	5/31	親株時に発蕾
こだま	6/2	親株時に発蕾
たそがれ	6/12	摘心時に発蕾
白　霧	6/13	摘心時に発蕾
朝　風	6/16	8/5
はるか	6/17	9月17日以降
夕　凪	6/18	親株時に発蕾
精こまき	6/18	8/21
精はづき	6/24	8/1
水　玉	6/25	7/11
ちづる	6/25	8/20
ほたる	6/26	8/27
いそべ	6/27	8/5
こがね	6/29	7/25
すばる	7/1	9月17日以降
精ちぐさ	7/2	8/21
星　娘	7/4	8/14
はるな	7/4	8/22
ささやき	7/5	8/1
精きぬほ	7/6	6/22
やよい	7/6	8/7
精かのか	7/6	8/15
精しまなみ	7/7	親株時に発蕾
精ひづる	7/9	8/12
精なつぜみ	7/9	7/26
さぬき	7/9	8/18
精いなり	7/9	8/13
精しずえ	7/10	8/20
精はんな	7/10	8/12
精しらいと	7/10	9/4
精はぎの	7/11	8/23
日　傘	7/11	8/13
黄　玉	7/12	8/17
精きくの	7/12	7/10
精はなこ	7/14	7/13
ひばり	7/15	8/31
精かげろう	7/16	摘心時に発蕾
あおい	7/16	8/10
精ひなの	7/17	8/17
満　月	7/18	7/17
精けいか	7/19	8/17
かちわり	7/20	7/30
精いちき	7/21	8/30
清　白	7/22	7/21
星の輝き	7/23	8/24
精　雲	6/14	8/17
岩の白扇	6/21	8/7

注　実験は岡山県で実施した。自然日長下での開花日は4月上旬に定植し調査した。電照下での発蕾日は6月上旬に定植し調査した

きる品種である。これらの品種は，露地栽培条件では各品種の自然開花期から9月彼岸需要期の間は，電照のみで開花調節可能であり，加温や短日処理といった開花促進技術が適用困難な露地栽培では，自然開花期が早い品種ほど長期出荷が可能となる。

夏秋期のキク需要期には，7月新盆（東京盆），8月盆および9月彼岸があり，試験を実施した岡山県では，自然開花期が7月新盆以前である'はるか''精こまき''ちづる''ほたる''すばる''精ちぐさ''はるな''さぬき''精しずえ''精しらいと'および'精はぎの'を用いることで，夏秋需要期の長期間計画出荷が可能と考えられる。

②高温開花性

これら品種を用いて電照栽培を行なう場合，消灯後はキク類一般にあてはまる生育温度の影響を受け，とりわけ夏秋期では高温による開花遅延が問題となる。電照に適した品種のなかで高温開花性が強いものは，消灯後の気温の影響を受けにくく，より高精度な計画生産が可能となる。

そこで，電照栽培に適した品種の高温開花性の評価試験を行ない，高温開花性の強弱が明確にされた（第4表）。高温区では極端な高温負荷をかけたため，開花が大きく遅延する品種が多く見られたが，このような品種でも通常の栽

第4表　夏秋小ギクの電照栽培における高温による開花遅延の品種間差　　（森，未発表）

品　種	開花日（月/日）		遅延日数
	露　地	ハウス	
精ちぐさ	7/21	7/31	10
精しずえ	7/23	8/9	17
すばる	7/23	8/10	18
はるか	7/23	8/15	23
ほたる	7/18	8/18	31
さぬき	7/21	8/27	37
ちづる	7/20	8/26	37
精こまき	7/19	8/30	42
精しらいと	7/26	9/18	54
精雲（輪ギク）	7/20	7/30	10

注　6月1日に電照を終了し，露地あるいはハウス（高温：25℃加温/35℃換気）にて栽培した

培環境下においては，これほど開花遅延することはないと考えられるものの，電照栽培に適した品種のなかからさらに高温開花性の強い品種を用いて電照栽培することで，より安定的な計画生産が可能となる。

これまでのところ，第4表の高温のハウス条件で大幅に開花が遅延した'精こまき'でも，複数年・地域において，極端な到花日数の増加（開花遅延）は観察されていない（第5表）。だが，地球温暖化に伴う気候変動による猛暑や，小ギクの施設生産の可能性があることから，今後，夏秋期の小ギク品種を開発するさいには，電照栽培に適した温度・光応答性をもつことに加え，高温開花性であることが望まれる。

(5) 適品種の電照栽培による夏秋期計画生産

①品種・作型・地域による到花日数の違いと消灯日の決定

キクでは，前述のとおり短日・適温条件における到花日数（花芽分化開始から開花までの日数）が品種ごとに決まっている。電照栽培では，電照で花芽分化を完全に抑制することで，消灯日＝花芽分化を開始した日，となり，消灯から到花日数を経過した後に開花に至る。電照栽培では，この到花日数を用いることで計画的な生産が可能となるが，到花日数は品種によって異なることから，各品種の到花日数を明らかにし，消灯日を決定する必要がある。施設栽培では，短日処理によって花芽分化・発達に最適な短日環境とすることができるが，露地栽培では日長操作は困難であり，消灯後の自然日長は作型や地域によって異なるため，到花日数が変化する。

電照栽培に適した9品種を用いて，岡山県における電照8月および9月出荷作型における到花日数の品種間差を調査したところ，8月出荷作型における到花日数は51～59日であったが，9月出荷作型における到花日数は41～49日であり，全品種で8月出荷作型に比べ到花日数が減少した（第6表）。8月出荷作型では，一年でもっとも自然日長が長い夏至の時期に消灯

第5表 電照9月出荷作型における「精こまき」の到花日数の年次変動および地域差
（住友ら，未発表）

試験場所	年次		
	2013	2014	2015
秋田県秋田市	—	41	42
福島県郡山市	42	41	43
茨城県つくば市	—	—	47
岡山県赤磐市	—	—	47

注　各地域・年度における消灯日は8月1～2日

第6表 岡山県における電照栽培の出荷期による到花日数の差
（森，未発表）

品種	到花日数	
	8月出荷作型（消灯日：6/15）	9月出荷作型（消灯日：8/1）
精ちぐさ	51	48
ほたる	53	45
ちづる	53	46
さぬき	54	41
精しずえ	55	46
はるか	55	48
精こまき	56	47
すばる	58	44
精しらいと	59	49

後の花芽分化・発達期が重なるのに比較して，9月出荷作型では消灯以降の自然日長が短く，開花が促進されたことがおもな原因といえる。

また夏秋期の小ギク生産は全国で行なわれており，地域によっても自然日長が異なる。夏期の自然日長は高緯度地域で長く，たとえば夏至の日の出～日の入りの時間は，那覇では約13時間50分，札幌では約15時間20分であり，地域による自然日長の違いも到花日数に影響を及ぼすと考えられる。すなわち，高緯度地域において，夏至の付近で消灯するような作型では到花日数が増加することが考えられる。また極端な例ではあるが，限界日長が14時間の品種は，沖縄では夏秋期生産が可能であるが，鹿児島以北では消灯後の自然日長が限界日長以上となるため，花芽分化や開花に至らない。

消灯以降の花芽分化・発達は生育温度の影響も受ける。とりわけ夏秋期には高温による開花遅延が発生しやすい。高温年には到花日数が増

加することから，より精度の高い開花調節のためには，複数年にわたって到花日数を調査し，消灯日を決定することが望ましい。また，冷涼地に比べ暖地では高温開花遅延が発生しやすいことから，到花日数が増加する傾向がある（第5表）。以上のことから，適切な品種を用いた電照栽培において精度の高い開花調節を目指すには，品種・作型・地域ごとに複数年にわたって到花日数を調査し，消灯日を決定することが望ましい。

②夏秋需要期の連続出荷試験

第3表で示した品種のなかで，自然開花期が早く，'精雲'および'岩の白扇'と同等以上に電照による花芽分化抑制効果が期待できる品種を用いることで，電照栽培によって長期間にわたる計画出荷が可能となる。そこで，'精こまき'および'精ちぐさ'を用いて，同一品種による夏秋需要期（7月上旬，8月上旬および9月中旬）の連続出荷試験を岡山県で実施した（森ら，2014）。なお，対照品種として電照による開花調節には適さないと判断された'たそがれ'および'白霧'を用いた。試験では，電照下で管理した同一親株から約1か月おきに挿し穂を採取し，7，8および9月出荷作型において無電照栽培および電照栽培を行なった。

夏秋期のキクは，自然開花期以降は非常に開花しやすい状態となるため，定植時期を遅らせても，早期に開花し，営利栽培では十分な切り

第7表　定植日および電照が6～7月咲き小ギクの発蕾および開花に及ぼす影響　（森ら，2014）

品種	定植日 （月/日）	電照の有無	電照終了日 （月/日）	摘心時発蕾株率（％）	頂花ブラインド茎率（％）	開花日 （月/日）	切り花長 (cm)	花芽分化節位
精こまき	4/6	有	5/16	0	0	7/6	90	41
		無	—	0	0	6/7	40	15
	5/1	有	6/15	0	0	8/8	87	41
		無	—	0	0	6/23	25	7
	5/25	有	7/25	0	3	9/12	94	53
		無	—	0	0	7/28	32	9
精ちぐさ	4/6	有	5/16	0	0	7/8	86	39
		無	—	0	0	6/22	53	22
	5/1	有	6/15	0	0	8/2	82	40
		無	—	0	0	7/3	37	16
	5/25	有	7/25	0	0	9/12	93	55
		無	—	0	0	7/23	24	8
たそがれ	4/6	有	5/16	0	0	6/21	60	24
		無	—	0	0	6/3	27	8
	5/1	有	6/15	55	3	7/15	59	20
		無	—	40	0	6/25	29	8
	5/25	有	7/25	60	0	8/14	59	14
		無	—	90	0	7/21	32	6
白霧	4/6	有	5/16	0	0	6/28	70	34
		無	—	0	0	6/12	40	22
	5/1	有	6/15	15	36	8/4	81	31
		無	—	45	0	6/21	19	7
	5/25	有	7/25	30	100	9/13	85	24
		無	—	80	0	7/19	23	6

注　摘心時に発蕾していた株は，その後の調査対象から除外した
　　頂花ブラインド茎率および開花日は，摘心時に発蕾していなかった株から発生した茎のみを調査した
　　開花日は頂花の管状花が見えた日とし，頂花ブラインド茎では頂花以外のいずれかの花の管状花が見えた日とした

花長を確保することが困難となる。これら4品種は岡山県での自然開花期は6月～7月初旬であり，無電照で栽培した場合には，定植時期を遅らせても早期に開花した。一方電照栽培では，'精こまき'および'精ちぐさ'では，7～9月出荷作型のいずれも電照中の花芽分化・発蕾の目安となる摘心時発蕾株や頂花ブラインド茎はほとんど見られず（第7表），定植日が遅くなっても花房形状の大きな変化は見られなかった（第2図）。

また電照栽培では，第6表の到花日数を参考に消灯日を決定したので，それぞれの作型における高需要期に開花させることができ，これらの品種では，電照栽培による花芽分化抑制効果および開花調節効果が十分に得られることが明らかにされた。また，このことによって前述の（4）の項での品種選抜が適切であることが確認された。

以上のことから，夏秋期に開花する小ギク品種のなかから適切な品種を選抜し，電照栽培を行なうことで，輪ギクおよびスプレーギクと同様の長期間の開花調節が可能である。

一方，'たそがれ'や'白霧'では，電照栽培による開花遅延は見られたものの，8月および9月出荷作型の電照栽培では摘心時発蕾株や頂花ブラインド茎が認められた。早期に花芽分化したことによって茎の中下位で分枝し，側枝が伸長し，花房形状が乱れた。これらは電照下での生育中に花芽分化してしまったことを示しており，これらの品種は電照によって花芽分化

第2図 6～7月咲き小ギクの電照作型における定植日が切り花に及ぼす影響
　　上段：精こまき，下段：白霧
　　左から，4月6日定植，5月1日定植，5月25日定植

を十分に抑制できない。

電照栽培では，到花日数を用いて目標開花日から逆算し消灯日を決定するが，これらの品種では電照下で花芽分化し，消灯時に花芽分化および発達が進んでいるため，到花日数の逆算による消灯日決定の信頼性が著しく低下し，電照による高精度な開花調節には適さない。電照栽培による開花調節には，適切な品種を選ぶことが重要であることが確認された。

(6) 再電照による花房形状の調節および開花の微調節の可能性

沖縄の冬春期の小ギク生産では，電照を活用した花房形状の調節が行なわれている。冬春期では，消灯以降の自然日長が十分な短日で速やかに開花に至ることに加え，日射量が少ないことから，上位葉の小型化および花房（スプレーフォーメーション）のボリューム不足がしばしば発生する。そのため，ボリュームアップを目的とした再電照が行なわれる。再電照とは，消灯後一定の期間を空けて，再び電照を行なう技術であり，輪ギクの電照栽培では露心花（舌状花の減少）や，うらごけ（上位葉の小型化）の抑制対策として一般的に用いられる。

再電照は，生育や消灯後の花芽分化・発達段階が斉一に制御されていることを前提として行なわれる技術であり，輪ギクでは花芽発達状況を顕微鏡下で確認し，再電照の適期を判断している。夏秋小ギクでも適切な品種を用いて電照栽培を行なうことによって，生育および消灯後の花芽分化・発達が斉一となり，再電照技術が適用できる素地は整ったといえる。一方で，夏秋期では栽培期間が高温・強日射・長日期であることから，極端なボリューム不足は起こりにくいと考えられるが，近年小ギクの切り花形質に対するニーズは多様化していることから，ニーズに合わせた生産技術の開発に向けて夏秋小ギクの再電照による花房の形状変化を調査した。

電照栽培において，消灯後2～12日間自然日長下で生育させた後，再び12日間の暗期中断（再電照）を行なうと，調査した上位10側枝において二次分枝が発生し，花蕾数が増加する（第3，4図）とともに，開花が遅延した。再電照を開始するタイミングによって分枝の発生および花蕾数の増加効果が見られる側枝位置が変化し，再電照開始が早いほど上位側枝での花蕾数の増加効果が高いが，'すばる'において2日目に再電照を開始した場合のように，影響が見られないこともある。

仮に，沖縄の冬春期小ギクと同様に，上位側枝に分枝を発生させ，花蕾数を増加させることを目的として再電照を行なう場合，'はるか'では消灯後2～4日，'すばる'では消灯4～6日後に再電照を開始することによって可能となるが，再電照開始の適期が非常に短く，また品種によって再電照の最適なタイミングが異なるなど，営利生産での利用については大変高度な技術となると考えられる。

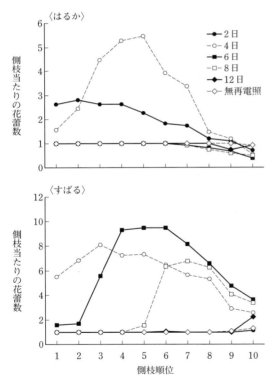

第3図　夏秋小ギクの電照栽培における消灯から再電照開始までの日数が各側枝上の花蕾数に及ぼす影響　　(Mori et al., 2016)

電照栽培による夏秋期の小ギク安定生産

第4図　夏秋小ギクの電照栽培における消灯から再電照開始までの日数が花房形状に及ぼす影響

(Mori et al., 2016)

上段：はるか，下段：すばる

再電照による開花遅延は，開花の微調節のために活用できる。上記のように消灯直後に再電照を行なう場合には，再電照日数とほぼ同程度開花が遅延する（第8表）が，再電照開始時期が遅くになるにつれ，開花遅延日数は再電照日数より少なくなり，再電照開始時期によって遅延日数が変動する。第5表に示したように，夏秋小ギクの電照栽培での到花日数の変動は小さく，消灯後の開花微調節の必要性は少ないと考えられるが，冷夏となり暖地で高温開花遅延が起こらなかった場合や，電照設備の不具合などで計画より早期に開花しそうな場合の開花微調節に再電照が活用可能である。

第8表　再電照開始時期が開花遅延日数に及ぼす影響　　　　　　　　　　　　（森，2016）

再電照開始時期および再電照日数	再電照なしの場合と比較した開花遅延日数（日）	
	はるか	すばる
消灯2日後より12日間	14	13
消灯12日後より12日間	6	8
消灯22日後（発蕾時）より14日間	4	6
消灯29日後より14日間	3	2
消灯36日後より14日間	2	1

注　8月開花作型における結果

小ギク　技術体系と基本技術

執筆　森　義雄（岡山県農林水産総合センター）
　　　住友克彦（農研機構野菜花き研究部門）
　　　　　　　　　　　　　　　　2016年記

参 考 文 献

Cockshull, K. E. . 1976. Flower and leaf initiation by *Chrysanthemum morifolium* Ramat. in long days. J. Hort. Sci. **51**, 441—450.

森義雄・中島拓・藤本拓郎・常見高士・住友克彦・久松完・後藤丹十郎．2014．暗期中断による7～9月の高需要期連続出荷に適する小ギク品種の選定．園学研. **13**, 349—356.

森義雄．2016．暗期中断法を活用した夏秋小ギクの7～9月の高需要期連続出荷体系の確立．岡山大学大学院環境生命科学研究科学位論文．

Mori, Y., K. Sumitomo, T. Hisamatsu and T. Goto. 2016. Effects of interrupted lighting on the spray formation of summer-to-autumn-flowering small-flowered spray-type chrysanthemum cultivars 'Haruka' and 'Subaru'. Hort. J. **85**, 264—271.

森義雄・鈴木安和・山形敦子・村﨑聡・高田真美・矢吹隆夫・横井直人・間藤正美・田附博・永井永久・矢野志野布・小川貴弘・廣瀬信雄・小田篤・中野善公・久松完・住友克彦．2017．夏秋小ギクの安定生産に向けた電照栽培用品種の選抜．園学研．**16**，印刷中．

小田篤・住友克彦・常見高士・道園美弦・本図竹司・久松完．2010．7月・8月咲きコギクの花芽分化・発達における日長反応の品種間差．園学研．**9**, 93—98.

冷涼地の技術体系

(1) 本作型に利用される主要品種の特性

冷涼地における小ギク生産は，露地栽培が中心で7月から10月まで行なわれているが，主要な出荷時期は8月盆および9月秋彼岸の需要期である。秋田県では年間小ギク出荷量の約80%が8月盆および9月秋彼岸の需要期に出荷されているため重要な作型である（第1図）。

8月盆に向けては8月上旬，9月秋彼岸に向けては9月中旬の，それぞれ7日間程度の短期間に出荷することが市場から強く求められている。そのため，取引価格は需要期には高騰するが，その前後に取引価格が大きく下落することが多い。以上のことから，夏秋期の小ギク生産では需要期に確実に開花させることが最重要ポイントであることから，品種は，開花時期が需要期にあたることを第一条件に選定されている。

また，花色は鮮明な赤，白，黄の3色が基本であり，これらの数量をバランスよく出荷することが求められている。

栽培は，夏秋小ギク産地のほとんどで，それぞれの時期に自然開花期をもつ品種を利用する季咲き栽培が行なわれている。また，エチレン発生剤である植物成長調整剤のエテホンを定植後に数回散布し，開花を5〜15日程度遅延させる方法により開花期の延長を行なっている。しかし，これらの栽培は生育温度の影響を受けやすいため，開花時期に年次変動がある。

そのため生産者は，赤，白，黄の3色を需要期に一定量以上の出荷ができるように，需要期を含め，その前後に咲く品種を3色ずつ3品種以上栽培していることが多い。そのため，各産地で多数の品種が取り扱われているのが現状である。

品種選定のほかの条件としては，開花揃いが良いことや草姿のバランスが良いこと，作業性から枝が広がりすぎないこと，採花後の水揚がりが良く，日持ちの良いことがあげられる。これらの視点から選ばれている，秋田県における各需要期の主要品種を第1表にまとめた。

一方で近年は，加工花と呼ばれるホームセンターや量販店などで売る花束への対応も増えている。加工花は，花束へ加工する手間がある分，今までより数日早いタイミングで注文量のピークがくる。形質的にも，切り花長が長くボリュームがある2Lのものよりも，比較的安価で手に入り，切り花長も短めでボリュームがありすぎないLやMのものが好まれる傾向がある。加工花への対応も新しい需要として注目されている。

(2) 開花期，収量，品質を支配する要因

①親株の温度履歴

キクは，前年度の親株管理の時期に低温に遭遇した量により開花期が左右される形質がある。低温遭遇量が大きいほど，その後開花まで必要とされる高温量も多くなることから，冬期が低温で推移した年は開花がおそくなる傾向がある。夏秋ギクの多くの品種はこのような影響を受けるため，冬期間の親株管理方法も重要視される。

一方，民間種苗会社から購入した穂は，苗生産を温暖な海外で行なっている場合がある。こ

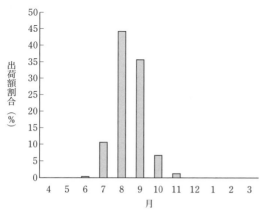

第1図　秋田県における月別小ギク出荷割合
（2014年度全農秋田調べ）

小ギク　技術体系と基本技術

第1表　秋田県における小ギクの主要品種

出荷作型	花色	品種名	特徴
8月	赤	紅天下	中長幹性。開花時期が合う
		舞人	中長幹性。高温期でも退色しない。茎や葉が丈夫
	黄	このみ	中長幹性。小輪で花数が多い頂点咲き。茎や葉が丈夫
		精はぎの	中長幹性。開花揃いが良く、ボリュームも取りやすい
	白	小雨	長幹性。茎が硬く、開花期が早いため開花調整しやすい
		精しまなみ	長幹性。ボリュームが取りやすい
9月	赤	おちゃめ	中長幹性。花色が美しく、変色しにくい。木性は硬くガッチリとしている
		精はちす	中長幹性。やや花色が淡いが、生育・開花揃いが良い
		てまり	高温による退色が起こりにくい。生育・開花の揃いが良く、水揚げ・水持ちも良い
	黄	花穂	中長幹性。開花揃いが良い
		やぶさめ	中幹性。花数は多く花房が大きい。茎が硬く、ガッチリとしている
		精やすらぎ	中長幹性。草姿が美しくボリュームが取りやすい
	白	せせらぎ	中長幹性。ボリュームと重量感がある
		松子	中長幹性。花数が多くボリュームを取りやすい
		精あきさめ	中長幹性。開花揃いが良く、ボリュームも取りやすい

の場合、低温に遭遇している量が小さいため、産地で親株を管理した場合と比較して、早く開花することが多いため、このことを考慮に入れた管理が求められる。

また、挿し芽し発根させた苗を冷蔵処理することで、低温遭遇した場合と同様に、ある程度開花が抑制される。したがって、早期出蕾しやすい品種は苗冷蔵を行なうことで早期開花予防になる。

②生育温度

親株の低温遭遇の影響を打破することで花芽分化が開始されるため、生育初期の高温は早期開花へつながる。一方、花芽分化期以降の夜温25℃以上の高温は開花を抑制する。8月盆出荷作型であれば6月上中旬、9月秋彼岸出荷作型であれば7月下旬ころが花芽分化時期にあたるため、この時期以降の高温に対してはミスト散水などを行ない、少しでも気温を下げる対策を行なう。

③植物成長調整剤処理

開花調節技術としては、植物体内でエチレンを発生させる植物成長調整剤であるエテホン散布による開花抑制が行なわれている。エテホンの効果は品種間差があるため、品種ごとにそれぞれの自然開花期とエテホンの影響の受けやすさを考慮に入れる必要がある（第2表、第2図）。そこで、品種ごとにエテホン処理の最終処理期限を設定したうえで、1回または2回処理を行なっている。しかし、エテホンの効果も生育温度など環境要因の影響を大きく受け、処理後に高温の場合は効果が小さく、低温の場合は効果が大きい（住友、2009）ため、処理時の環境も配慮する必要がある。

④肥培管理

窒素の過剰施肥は、栄養生長が過剰に進むため、開花期が遅れたり、草姿が乱れることで品質が低下したりする。したがって、圃場の土壌条件に合った施肥が重要である。追肥も生育状況を見ながら花芽分化期までに行なう。

⑤病害虫防除

病害虫の生態に合わせた適期の防除は、高品質生産のためには必須技術である。

キクの代表的な病気として白さび病がある。白さび病への罹病のしやすさは品種間差が大きい（第3図）。そのため、白さび病にかかりにくい品種を選抜することも高品質生産のためには1つの方法である。白さび病は発生し始めると防除が非常に困難なことから、親株段階から徹底的な防除を行ない、健全な苗の育成に努め、病害菌の圃場への持込みを避けることが必

第2表　エテホン処理による小ギクの開花への影響

品種名（花色）	処理方法	出蕾日（月／日）	切り花日（月／日）	エテホン処理と無処理の採花日の差（エテホン処理－無処理）（日）
はるか（黄）	無処理 エテホン処理	6/23 7/9	7/22 8/10	18.8
精ちぐさ（赤）	無処理 エテホン処理	6/22 6/30	7/24 8/3	9.5
精こまき（黄）	無処理 エテホン処理	6/24 7/5	7/31 8/8	8.4
すばる（黄）	無処理 エテホン処理	6/30 7/9	8/3 8/8	5.5
白精ひなの（白）	無処理 エテホン処理	7/16 7/15	8/22 8/19	－2.9

注　2014年秋田県農業試験場試験成績より
　　耕種概要は以下のとおりである
　　8月出荷作型：挿し芽；4月22日，定植；5月12日，摘心；5月19日
　　栽植密度：株間15cm，条間45cm，2条植え，施肥量：N－P_2O_5－K_2O（kg/a）各1.2
　　エテホン処理方法：摘心時（5月19日），摘心から10日後（5月28日）の500倍2回処理

第2図　エテホン処理による精こまきの開花と草姿への影響

第3図　白さび病への罹病程度の品種間差
隣接していても，左の品種と右の品種で白さび病の被害程度はこれだけ差が出る

⑥作業の機械化・省力化

　秋田県では水田転換畑を用いた大規模な園芸産地がつくられ始めている。そのなかで小ギクは輪ギクと比較して，摘芽や摘蕾作業が不要であることから省力的な品目として導入が進んでいる（第4図）。このような大規模圃場での小ギク生産では，需要期に向けて作業を効率的かつ省力的に行なうために作業の機械化が進んでいる。
　病害虫防除においてはブームスプレーヤーが導入される例もある（第5図）。そのさいは，圃場をつくるときからブームスプレーヤーのア

第4図　大規模区画圃場での小ギク栽培

第5図 ブームスプレーヤーによる薬剤散布

第7図 エダマメ用の乗用型移植機をキクへ利用

第6図 支柱設置用の杭打ち機
写真左の黒い部分を杭の頭に乗せ、スイッチを入れると振動が起こり、容易に支柱が打てる

ームの長さごとにブームスプレーヤーが通るための通路を広く取っている。

フラワーネットを設置するための支柱を設置するさいには、杭打ち機を使って行なうことで省力化をはかっている（第6図）。

さらに、近年は移植機も導入され始めている（第7図）。既存の乗用型移植機では現状の栽植密度に対応しきれていないため、改善の余地があるが、将来的に拡大する可能性がある。

(3) 生育過程と技術

①親株養成

採花後は、マルチを剥いで地際から5cm程度の高さで刈り込み、芽が伸びたら土寄せを行ない、脇芽や冬至芽の発生を促す。この時期から病害虫の防除はしっかり行なう。

10月上旬から下旬ころの霜が降りる前までには、ハウス内へ親株の伏込みを行なう。排水が悪い場合は1m幅程度のうねをつくる。冬至芽やかぎ芽を利用することも可能である。かぎ芽とは刈り込み後に発生した側枝を主茎についた部分からかぎ取ったものである。基部に根もついているため、初期からの生長が旺盛である。

伏込み後は、活着まで地温を10℃に保つが、活着後はハウスを開放できるだけ低温に当てる。12月中旬ころからは5℃で管理を行なうようにする。

採穂予定の1か月前に最終摘心を行なう。

採穂の数日前には薬散し、病害虫の防除を徹底する。採穂は展開葉を5枚以上で、太さの揃った穂をとるようにする。その後、長さ5～6cm程度、展開葉3枚程度に調製し、根元に発根剤をつける。調製した穂はポリポットなどに立てて、発泡スチロール箱などに詰めて乾燥しないようにしながら2～5℃で冷蔵することで発根が促進される。穂冷蔵は穂の貯蔵としても行なわれるが、20日以上の冷蔵は穂が弱り発根が悪化するため行なわない。

②育　苗

挿し芽は、定植予定日から逆算して14～20日前に行なう。挿し芽用土にはパーライトとバーミキュライト、ピートモスなどの混合資材や、市販の挿し芽用培土が使用されることが多い。挿し芽は128穴または200穴のセルトレイに行なわれる。128穴のセルトレイのほうが水管理も比較的しやすく、蒸れにくく、発根量も多くなるため、メインで用いられているが、育

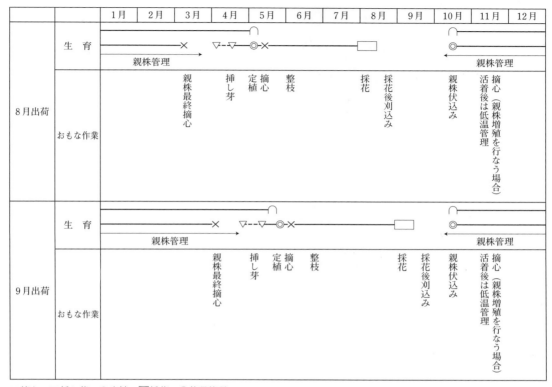

×摘心，▽挿し芽，◎定植，□採花，∩施設管理

第8図　8，9月出荷小ギクの栽培型と作業

苗期間がまだ冷涼で量がより多くなりがちな8月出荷作型では200穴のセルトレイを用いる例もある。

挿し芽は調製した穂を1～2cmの深さに挿し，挿し芽後は十分灌水をし，用土と穂木を密着させることが重要である。発根を促すためには地温は15℃を確保し，初期は乾燥しないようにこまめに灌水を行なう。

苗を老化させると，生育不良や早期発蕾の原因になるため，計画的な作業が求められる。

挿し芽育苗段階から病害虫の防除は徹底し，圃場への病害虫の持込みを極力避ける。

③圃場の準備と定植

圃場は，できるだけ保水・排水が優れていたほうが良い。水田転換畑のような排水が悪い圃場では高うねにし，明渠を掘るなどの排水対策が必須である。

2週間前には石灰などでpH6.0～6.5に調整し，堆肥も2t/10a入れ，土つくりを行なっておく。肥料は窒素，リン酸，カリをそれぞれ成分量で15kg/10aを基準として施す。

うね立て後は，雑草抑制，水分保持のためにマルチをする。採花終了後，圃場へのすき込みができるように生分解マルチなどを用いて，省力化をはかっている例もある。フラワーネットはパイプ支柱と枕木を使って強く張っておく。

栽植密度は株間10～15cm，条間30～45cmの2条植えで，生産者によって幅がある（第9図）。岩手や福島県では株間8～10cmの1条植えにしている産地もある。当然，栽植密度が小さいほうが1本当たりの重量は増え，日の当たるうねの外側では側枝の発達が進み，ボリュームがでる傾向がある。そこで，産地の環境条件や品種，求める草姿，単位面積当たりの収量

小ギク　技術体系と基本技術

第3表　技術・作業の実際

	作　業	作業・管理の実際	注意点・補足
親株養成	採花後の管理	採花後，地際から5cm程度の高さで刈り込む。芽が伸びたら土寄せを行なう	病害虫防除を行なう
	親株の伏込み	10月上旬から下旬ころの霜が降りる前までにハウス内に伏込みを行なう 活着までは地温10℃，活着後はハウスを開放する。12月中旬からは5℃で管理	排水が悪い場合は1m幅のうねをつくる
	採　穂	採穂の1か月前に最終摘心 展開葉を5枚以上つけ，太さの揃った穂をとる 長さ5～6cm，展開葉3枚程度に調製	採穂の数日前には病害虫防除を行なう 根元に発根剤をつける 冷蔵することで発根が促進される
本　圃	育苗管理	挿し芽用土はパーライトとバーミキュライト，ピートモスなどの混合資材，市販の挿し芽用土を使用。セルトレイに1～2cmの深さで挿し芽する	128穴または200穴。挿し芽後は十分灌水し，用土と穂木を密着させる。地温15℃を確保。病害虫防除を徹底する
	圃場準備	石灰などでpH6.0～6.5に調整。堆肥を2t/10a入れ，土つくりをしておく 施肥は10a当たり窒素，リン酸，カリを成分量で15kgを基本とする 黒マルチ，フラワーネットを張っておく	生分解マルチを用いる例もある
	定　植	栽植密度は株間10～15cm，条間30～45cmの2条植え 定植後は株元へしっかり灌水し，活着を促す	産地の状況に合わせて栽植密度を決定する
	定植後の管理	活着までは積極的に灌水する。活着後も草丈30cmまではこまめに灌水する 活着後は摘心を行なう。整枝は側枝が20～25cmに伸長したさいに3～5本を残す フラワーネットは，草丈の7割程度の高さになるよう，こまめに上げる 台風などへの対策	ネットからはみ出している側枝はネットのなかに入れる フラワーネットの緩みを直す。支柱が倒れないよう補強。倒された場合は早急に立ち上げる
	収穫・調製	頂花の3～4輪の花弁が立ち始めた程度で採花 次年度に向けて優良株を選定しておく 採花は早朝や夕方の気温の低い時間に行なう。 涼しく風通しの良いところで水揚げ	高温期の出荷では，切り前の段階を早めることもある 下葉の黄化や病害の発生による品質低下に注意する 出荷までの冷蔵保管では，過剰な低温，外気との温度差による品質低下に注意

などを踏まえたうえで，栽植密度を決定する必要がある。

定植後は株元にしっかり灌水することで，根と土の間の隙間が埋まり，活着を促すことができる。

④生育中の管理

活着までは乾燥させないように気をつけ，積極的に灌水を行なう。その後も草丈30cmまではこまめな灌水を行なう。

活着後は摘心を行なう。エテホン処理を行なうときは，摘心後の1回，または摘心後とその2週間後の2回処理を行なう。具体的には，「エスレル10」では500倍（200ppm）を茎葉が濡れる程度に散布を行なう。

整枝は側枝が20～25cmくらいに伸長したさいに，揃った側枝を3～5本程度選び，ほかのものは取り去る。

フラワーネットは，草丈の7割程度の高さになるように，こまめに上げる。またネット外へはみ出している側枝はネット内へ入れるなどの

冷涼地の技術体系

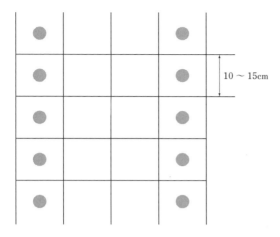

第9図　植付け方式
1目の大きさは地域や品種間差があるが，多くの産地で4目のネットを使用し，その両側に植える方式

第10図　通常の小ギクの切り前

第11図　調製作業前の水揚げ光景

細かい管理で曲がりが少なくなり，収量の向上につながる。

また，台風など強風への対策も必要である。強風や豪雨が予想される場合には，フラワーネットの緩みを直し，支柱をひもで引っ張るなどして倒れないように補強をする。倒された場合には早急に立ち上げ，曲がりを予防する。

⑤収穫・調製

採花は通常では頂花の3～4輪程度の花弁が立ちはじめた程度で行なっている（第10図）。しかし，高温期の出荷では，輸送中でも開花が進むことから切り前の段階を早めることもある。切り前は，環境や流通日数などの状況によって大きく変わるため，農協や市場と相談して採花する必要がある。

また次年度に向けて，採花時に開花期や花型，病害虫の有無などから優良株を選定しておく。不良株はこのさいに確実に処分しておく必要がある。

採花は早朝や夕方の気温の低い時間帯に行ない，できるだけ涼しく風通しの良い状況で水揚げを行なう（第11図）。水揚げ後は調製，選別を行ない，箱に詰める。出荷作業中や輸送の環境条件次第では，下葉の黄化や病害の発生による品質低下がおこり，クレームの対象となるため注意をする。また，出荷までは冷蔵庫へ入れて保管を行なうこともあるが，低温すぎることで障害が出たり，庫外との温度差によって出し入れを行なうときに結露し病気が発生したりすることもあるため，注意が必要である。

（4）作期と技術ポイント

近年は生育期間が温暖で推移することが多く開花期が早まる傾向があり，需要期に安定出荷できない年次も増加している。市場からのニーズに応え産地競争力を高めるためにも，輪ギクにおいて露地電照栽培を行なっている産地を中心に，小ギクにおいても露地電照栽培による開

小ギク 技術体系と基本技術

第4表 秋田県における電照抑制選抜品種の自然開花期と到花日数

品種名	花色	8月出荷作型		9月出荷作型	
		無処理	到花日数	無処理	到花日数
精ちぐさ	赤	7月24日	47～50	8月14日	41～43
精こまき	黄	7月27日	52～57	8月20日	41～45
すばる	黄	7月30日	53～60	8月14日	41～43
はるか	黄	7月23日	53～59	7月22日	44～48
精しずえ	白	7月31日	59～65	8月20日	43～45
白精ひなの	白	8月24日	63～70	8月31日	44～48
精しらいと	白	8月5日	63～73	9月3日	44～48

注 到花日数は8月出荷作型は6月15日,6月22日,6月27日,9月出荷作型は7月25日,8月1日に消灯し,それぞれの消灯後から採花日までかかった日数を到花日数として平均した値である
2015年秋田県農業試験場試験成績より
耕種概要は以下のとおりである
8月出荷作型：挿し芽；4月22日,定植；5月12日,摘心；5月20日
9月出荷作型：挿し芽；5月25日,定植；6月16日,摘心；6月23日
栽植密度：株間15cm,条間45cm,2条植え,施肥量；N—P₂O₅—K₂O (kg/a) 各1.2
電照条件は以下のとおりである
電照期間：8月出荷作型は挿し芽～6月15日,6月22日,6月27日,9月出荷作型は挿し芽～7月25日,8月1日
電照時間：22～4時
電球設置方法：うね上2mの高さに2列千鳥の3m間隔で白熱電球を設置

第12図 8月出荷作型精こまきにおける消灯日の違いによる切り花長および開花への影響
左から無処理,6月15日消灯,6月22日消灯（自家苗）,6月22日消灯（輸入苗）,6月27日消灯,耕種概要は第4表と同様。自家苗は苗冷蔵を実施したものを用いている

第13図 現地での小ギク電照試験のようす

花調節技術の導入が始まっている。

夏秋小ギクにおいて電照栽培が導入されてこなかった主な要因は設備投資にコストがかかる点にあるが,それ以外にも,夏秋小ギクは電照による開花調節がしにくいとされていたこともあげられる。しかし,農研機構花き研究所（現・野菜花き研究部門）を中心とする研究グループにより,電照効果が認められる品種選抜や,開花抑制に効果的な電照時間帯の解明が進んだことで,夏秋小ギクにおいても電照栽培による需要期安定生産の道が見えてきた。

秋田県農業試験場ではこれらの選抜品種を用い,本県における到花日数を明らかにした（第4表,第12図）。明らかにしたデータを元に需

要期に出荷できるように消灯日を算出し現地実証試験を行ない（第13図），現地への導入を図っている最中だが，全県的にも小ギクの電照栽培への関心が高まってきている。また，県内流通主要品種や他の民間育成品種についても，秋田県における電照による開花抑制効果の有無や，効果がある場合の品種特性について試験を進めている。このような電照栽培への取組みは福島県や岩手県，宮城県など東北の各県でも始まっている。
　執筆　山形敦子（秋田県農業試験場）
2016年記

参 考 文 献

住友克彦. 2009. キク（*Chrysanthemum morifolium*）の生育における制御機構の解明に向けて―エチレンおよびジベレリンを介した制御経路. 花き研報. **9**, 13―52.

中間地の技術体系

(1) 本作型に利用される主要品種

夏秋小ギクは，7月の新盆向けの作型から始まり，8月旧盆，9月彼岸の各需要期の出荷を中心にした作型となっている（第1図）。茨城県で栽培されているおもな品種は，第1表のとおりである。品種の色割合は，白：黄：赤が1：1：1を基本として，実需側の要望から黄≧赤＞白の順にやや多く栽培されている。

5月咲きや12月咲きの作型では無加温ハウスの栽培があるが，夏秋小ギクの作型は露地の季咲き栽培が中心となっている。7月咲きの品種は，秋植えまたは春植えで定植され，霜害対策のため4月下旬まで簡易な小トンネルで被覆されている。春先の不順な天候に遭いやすいので，初期生育に優れ，草丈が確保しやすい品種が作付けされている。

8月咲きと9月咲きの作型では露地電照栽培が普及してきており，季咲き栽培に比べ，開花調節により出荷の安定化がはかられている。夏秋小ギクの日長反応性は夏ギクと秋ギクの中間であり，電照栽培に用いる品種は日長反応性のよいものが選定されている。また，定植時期を変えて電照栽培することにより，7月から9月までの複数作型に適応できる品種も存在する。電照栽培は，ほとんどが8月旧盆と9月彼岸の需要期向けに行なわれているが，経営規模の大きい生産者では，需要期以外にも電照栽培を取り入れ，連続出荷体系を構築している。

夏秋小ギクは，積極的な開花調節を行なわない露地季咲き栽培が中心であるため，開花期の異なる多くの品種を組み合わせて需要期に出荷している。そのため，生産現場では100以上の多くの品種が栽培されており，品種の管理が課題となっている。電照栽培に適する品種や複数作型に適応できる品種，商品性の高い品種などを選定し，品種を絞り込んでいくことが必要である。

(2) 開花期，収量，品質を支配する要因と技術対応

①日長と気温

露地の季咲き栽培は，日長と気温を人為的に制御できる施設栽培とは異なり，自然の気象条件に左右されやすい。日長反応性が質的な短日植物である秋ギクに比べ，夏秋小ギクは品種に

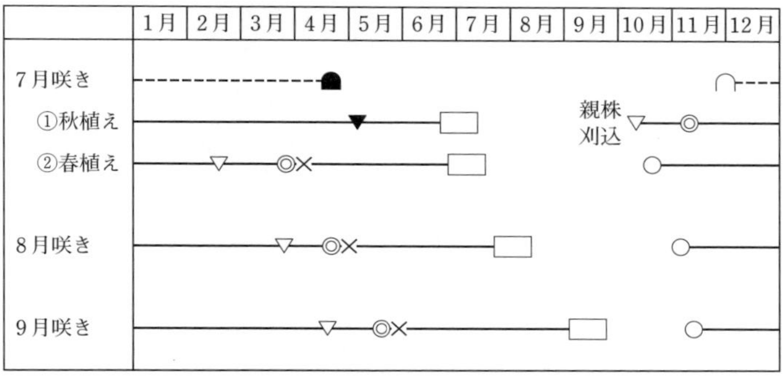

○親株定植，▽挿し芽，◎定植，×摘心，▼土寄せ，∩保温，□収穫

第1図 夏秋小ギクの季咲き栽培の作型

第1表 茨城県で栽培されているおもな夏秋小ギク品種

	白	黄	赤・桃
7月咲き	小雨 夏しぐれ はじめ 常陸サニーホワイト	精はぎの 玉手箱 夏ひかり はるか ほたる	玉姫 千代 はなぶさ 紅千代
8月咲き	いさはや 精しまなみ はじめ 夕霧	小鈴 すばる 精はぎの 玉子 はるな	糸子 ともしび 常陸サマールビー 紅千代
9月咲き	静 せせらぎ 天露	あずさ 精はぎの 精やすらぎ 常陸オータムレモン	かれん 祭典 花舟 美人草

より質的から量的な日長反応性を示し，開花期は気温の影響を受けやすい。

7月咲きと8月咲きの品種は，花芽分化前の栄養生長期を高温で通過すると，生育が促進され花芽分化，開花が早まる。栄養生長期が短くなると，節数，草丈が不足し，品質が落ちる。これを回避するために，植物生長調節剤のエスレル散布や電照栽培を行なうことで，草丈を確保し開花調節も行なうことができる。一方，定植後の初期生育時に低温や晩霜害に遭うと，生育が停滞し短茎化や開花遅延などの悪影響が出てくる。降霜のおそれがない日を選んで健全苗を定植し，とくに低温に遭いやすい7月咲きの作型では小トンネルなどで被覆するとよい。

9月咲きの品種は，定植時期から比較的安定した気象条件になるため，栄養生長期に十分な生育量を確保しやすい。品種によってはボリュームが出やすいため，栽植密度や1株の立ち本数などを制御し，適正なボリュームになるよう心がける。9月咲き品種は，秋ギクに近い質的な日長反応性があるため，7月咲きや8月咲きの品種に比べて電照栽培による開花調節がしやすい。

②花芽分化後の高温

夏秋小ギクの作型，とくに8月咲きと9月咲きは，気温の高い時期に花芽を分化，発達させることになるため，開花遅延や花芽のとび，草姿の乱れなどの高温障害が発生しやすい。

電照栽培では，花芽分化は消灯後に始まるが，第2表に見られるように，開花は消灯後の高温で遅延する一方，低温で早まる傾向にあり，その程度は品種により異なる。'はじめ'と'すばる'の開花は，28℃の高温区が露地なりゆき区に比べて10日から2週間以上遅れるが，露地なりゆき区より低温になると開花は早くなる。'やよい'は高温区でも開花が遅延しにくいことから，高温耐性に優れる品種であると考えられる。

茨城園研では，高温下でも開花遅延しにくい品種として，'糸子''精しまなみ''精ちぐさ''すばる''常陸サマールビー''舞人'を選定している。高温の影響は夜温，とくに後夜半から朝方が大きいといわれており，篤農家では開花遅延の対策として，明け方に通路灌水をしている事例もある。

③キク白さび病の発生と防除対策

夏秋小ギクの栽培にとって，とくに被害の大きい病害はキク白さび病である。白さび病は葉に発生する斑点性の病害で，発生が少なくても切り花の商品性を著しく損ねてしまう。発病の

第2表 電照消灯後の気温条件が開花日と切り花形質に及ぼす影響 (茨城園研, 2006)

品種	平均気温 (昼温－夜温) ℃	開花日[1] (月/日)	切り花長 (cm)	節数	切り花重 (g)	側枝数	花蕾数
すばる	16 (18－14)	8/7b	118	45	45	11	15
	20 (22－18)	8/2d	117	47	47	11	17
	24 (26－22)	8/3cd	104	46	45	13	19
	28 (30－26)	8/15a	111	47	59	11	21
	23.5 (露地なりゆき)	8/4c	96	45	44	12	16
はじめ	16 (18－14)	7/29d	97	46	35	9	11
	20 (22－18)	7/30cd	95	46	32	10	13
	24 (26－22)	8/8b	102	49	53	11	22
	28 (30－26)	8/18a	99	48	40	9	13
	23.5 (露地なりゆき)	8/2c	93	49	51	11	23
やよい	16 (18－14)	7/20c	85	32	38	12	16
	20 (22－18)	7/23b	93	34	36	10	21
	24 (26－22)	7/23b	88	33	35	12	22
	28 (30－26)	7/27a	86	32	31	11	18
	23.5 (露地なりゆき)	7/25ab	87	34	53	13	28

注 1) 多重比較はTukey法により，5％水準で異符号間に有意差があることを示す

適温は20℃前後，多湿で降雨が多い時期に発病進展する。

感染は栽培ギクと一部の野生ギクに限られるので，キクからキクへの感染を断ち切ることが大切である。親株や苗の無病化を図るとともに，梅雨時期など連続した降雨が予想される場合には，薬剤の散布間隔が長くあかないように防除を実施する。また，圃場やその周辺に，罹病した株や残渣を残さないようにする。なお，薬剤散布については，耐性菌の発達を防ぐため，同一の系統（作用機作）は連用せず，ローテーション防除に努める。

(3) 生育過程と技術

育苗および本圃での作業と管理の実際を第3表にまとめた。

①親株養成

苗半作といわれるように，品質の高い切り花を生産するためには，適正に選抜，管理された親株から健全な苗をつくることが大切である。栄養繁殖性の小ギクは，同じ品種であっても世代を繰り返すことにより，生育や形質にバラツキがでてくる。親株の選抜は，切り花の栽培時から注意深く観察することが大切で，品種独自の花色や草姿を備え，草丈伸長がよく，開花揃いもよく，かつ，無病の株を事前に選定しておく。

収穫後，事前に選定しておいた株を作型ごとに10月から11月中旬までに株分けし，ハウス内の親株床（幅1mに15cm×10cm程度の間隔）に伏せ込む。9月咲き品種は，露地トンネル内に親株床を設置してもよい。伏込みが遅れると，低温により生育が遅れ冬至芽が少なくなり，苗の確保がむずかしくなるので，適期の伏込みに留意する。準備する親株床の面積は，品種により若干異なるが，本圃1a分に対して2〜3m^{2}が目安となる。

株分けではなく，かき芽挿しにより親株をつくる場合は，収穫後に地際から5〜10cmの高さで台刈りする。その後，若干の追肥と土寄せを行ない，側枝から発根を促す。伏込みは，側枝を根ごとかきとり，10cm程度の間隔で植え付ける。

キクは冬季の低温を十分に受けることでロゼットが打破され，その後の気温上昇により伸長が始まる。作型にもよるが12月中下旬までは低温で管理し，保温は12月下旬から年明けに開始する。温度管理の目安は，育苗ハウスで日中15〜20℃，夜間5〜7℃とし，温度が確保できない場合はハウス内にトンネルを設置する。日中は十分に光が当たるようにし，25℃を超えないように換気する。

保温管理のために，夜間，ハウスやトンネルを密閉する場合は過湿になりやすく，白さび病や灰色かび病の発生が懸念される。日中の換気に心がけるとともに，定期的に薬剤散布を行なう。

②育　苗

収量目標を1a当たり3,500本，3本仕立ての摘心栽培をする場合は，苗は約1,200本必要となる。穂は活着具合も考慮し，1a当たり1,300〜1,400本用意する。採穂する2〜3日前に親株に薬剤を散布するが，白さび病を対象にした殺菌剤を必ず入れるようにする。健全で充実した穂を確保するためには，晴天が続いた日の夕方に採穂する。採穂は，はじめ展開葉を4〜5枚つけてとり，穂の長さを5cm程度とし展開葉を3枚に調製してから水揚げをする（第2図）。

基本的に採穂したあとは，速やかに挿し芽を行なう。しかし，作業がすぐにできない場合は，穂冷蔵をする。2〜3℃で20〜30日の貯蔵が可能であるが，品種や穂の充実度で日数は変わる。挿し芽は，200穴のプラグトレイに行なう。培土は無病で排水性，保水性のよいものを用い，深さ2〜3cm程度に挿す。市販の育苗用培土を用いる場合は，窒素成分は100〜150mg/lのものを用いる。穂を挿す前に発根促進剤を使用すると，発根がよくなる。

挿し芽直後は十分に灌水し，その後5〜6日間はひかえめにする。発根を確認するまでは，寒冷紗（遮光率65％程度）で遮光し，その後，寒冷紗を徐々に外し十分に光を当てて徒長を防ぐ。育苗ハウス内は夕方から朝方は保温に努め（5℃目安），日中は温度が上がりすぎないよう

第3表 技術・作業の実際（8月咲き小ギク）

	作 業	作業・管理の実際	注意点・補足
育苗	母株の選定	収穫前に健全な株を母株として選定しておく	切り花の収穫後も，病害虫除去を徹底する
	台刈り	収穫後に地際から5～10cmの高さで台刈りし，若干の追肥と土寄せを行ない，側枝から発根を促す	
	かき芽挿し	側枝を根ごとかきとり，ハウス内で幅1mの親株床に10cm程度の間隔で伏せ込む。準備する親株床の面積は，本圃1a分に対して2～3m²を目安とする	伏込みが遅れると，低温により生育が遅れ冬至芽が少なくなり，苗の確保がむずかしくなるので，11月上旬までに行なう
	親株管理	12月中下旬までは低温で管理し，保温は12月下旬から年明けに開始する。温度管理の目安は，夜間5～7℃，日中15～20℃とし，25℃を超えないように換気する	夜間に温度が確保できない場合は，ハウス内に小トンネルを設置し，日中は十分に日光が当たるように開閉する
	親株摘心	挿し芽30～40日前の2月中下旬に，浅く摘心して腋芽の発生を促す	
	採 穂	穂は展開葉4～5枚つけてとり，長さを5cm程度に調製して，展開葉を3枚にしてから水揚げをする。本圃1a分に対して，1,300～1,400本を採穂する	採穂2～3日前に殺菌剤の散布を行なう。健全で充実した穂を確保するためには，晴天が続いた日に採穂することが望ましい
	挿し芽	挿し芽は200穴のプラグトレイを利用し，培土は無病で排水性，保水性のよいものを用い，深さ2～3cm程度に挿す	育苗用培土は，窒素成分が100～150mg/lのものを用いる。穂を挿す前に発根促進剤を使用すると，発根がよくなる
	水管理	灌水は，挿し芽直後は十分に行ない，その後5～6日程度はひかえる	
	温度管理	夕方から朝方は保温に努め，日中は温度が上がりすぎないように（25℃目安）注意する。苗は，挿し芽から20日程度で定植できる	挿し芽後1週間は寒冷紗（遮光率65％程度）で遮光し，その後徐々に寒冷紗を除去して十分に光を当てて徒長を防ぐ
本圃	圃場の選定	有機質に富み排水がよく，多雨時に冠水せず，かつ，干ばつ害を受けにくい圃場を選定する	灌水ができる圃場が望ましい
	圃場の準備	完熟堆肥を10a当たり1～2t投入する。連作圃場では切り花品質が劣化しやすいので，必要に応じて土壌消毒を実施する	pH5.5～6.0（塩化カリ浸出）を目安に石灰質資材を投入しておく
	基 肥	窒素，リン酸，カリウムの三要素を10a当たり各10～15kg施用する	施肥は有機質肥料や緩効性肥料を主体とする
	定植時期	プラグトレイに根鉢が回らない程度の苗を4月中下旬に定植する	老化苗は，活着や初期生育がよくないので使用しない
	栽植密度	マルチ栽培を基本とし，うね間1.2～1.4m，うね幅60～70cm，株間10～12cmの2条植えとする	マルチは昇温抑制効果のある白黒マルチを利用する。7月咲きは黒マルチがよい
	定植と摘心	4月下旬に定植し，7日ほどで苗が十分に活着したら生長点を浅く，確実に折り取り，側枝を伸長させる	活着を促すために，苗は押さえすぎないように植え付け，定植後灌水する
	整 枝	摘心後，生育の揃った側枝を1株当たり3本残し，そのほかは取り除く	摘心後20～30日後に行なう
	病害虫防除	無病苗を用いるとともに，白さび病や害虫の予防防除に努める	耐性菌の発達を防ぐため，薬剤のローテーション防除を行なう。また，連作や肥料過多，排水不良による病害の発生に注意する
	収穫・調製	販売先に応じた切り前とする。収穫は朝夕の涼しい時間帯に行ない，品質・規格別に選別，結束し箱詰めする	収穫後はしおれる前に水揚げを行なう

第2図　挿し穂の調製（右）

に（25℃目安）注意する。

③圃場の準備と定植

連作圃場では切り花品質が低下しやすいので，必要に応じて土壌消毒を行ない，完熟堆肥を10a当たり1〜2t投入する。土壌酸度はpH5.5〜6.0を目安に石灰質資材を投入して，土壌改良を図る。キクの根は浅根性で過湿に弱く，また乾燥にも弱いため，排水性，保水性に優れた肥沃な土壌がよい。排水の悪い粘質土や，水田畑，低地で栽培する場合は高うねにする。

マルチ栽培を基本とし，うね間1.2〜1.4m，うね幅60〜70cm，株間10〜12cmの2条植えとする。7月咲きでは初期生育を確保するため黒マルチを，8月咲きと9月咲きでは昇温抑制効果のある白黒マルチを利用する。7月咲きは，3月中下旬に定植する。8月咲きは4月下旬，9月咲きは5月下旬に定植する。定植後はしっかりと灌水し，活着を促す。7月咲きでは定植後，低温対策として小トンネルを設置し，晩霜の恐れがない4月下旬から5月上旬に取り除く。

④生育中の管理

定植後，7日ほどで苗が十分に活着したら生長点を浅く，確実に折り取り，側枝を伸長させる。摘心後20〜30日ころ，生育のそろった側枝を1株当たり3本残し，そのほかは取り除く。フラワーネットは草丈が20cmくらい伸長したころ，15〜20cm×3目のものを展張し，生育にあわせて引き上げていく。

⑤収穫・調製

収穫は朝夕の涼しい時間帯に行ない，しおれる前に水揚げを行なう。切り前は販売先，出荷時期に応じたものとし，品質・規格別に選別，結束して箱詰めする。雨天時に収穫した切り花は，濡れていると箱の中でムレが生じ，葉の黄化，腐敗などが発生するので，扇風機などで十分に乾かしてから箱詰めをする。

（4）開花調節技術

夏秋小ギクは，7月新盆，8月旧盆，9月彼岸に需要が集中するため，各需要期に安定出荷させる開花調節技術が必要である。これまでは，自然開花期の異なる品種を多数栽培することやエスレル処理などで対応してきたが，これらの技術は気象変動の影響を受けやすい。現在は，気象変動の影響を受けにくい露地電照栽培が普及してきている。

①エスレル処理

開花時期を遅らせたい場合や草丈を確保したい場合には，エスレル10を使用する。品種や条件にもよるが，1週間程度の遅延効果が得られる。処理方法は，500〜1,000倍液を株全体が濡れる程度に全面散布する。使用時期は，摘心時または定植後1週間以内およびその後10〜14日ごとで，総使用回数は3回以内である。エスレル処理は手軽に散布でき，低コスト，また，圃場条件を選ばずに処理できるメリットがある。

一方で，降雨や散布後の高温の影響により効果が不安定になったり，品種によっては，処理回数が少ないと開花の遅延効果が得られなかったりする。また，処理回数が多すぎるとフォーメーションの悪化や株元の木質化が生じることがあるので注意が必要である。

②露地電照栽培（長日処理）

夏秋小ギクは短日植物であるため，電照で長日処理をすると，花芽分化が抑制されて開花が遅れる。これを利用して，需要期に安定出荷をすることができる。

品種　電照栽培に適する品種は，1）電照により開花期が安定して遅れる，2）開花期が揃

小ギク　技術体系と基本技術

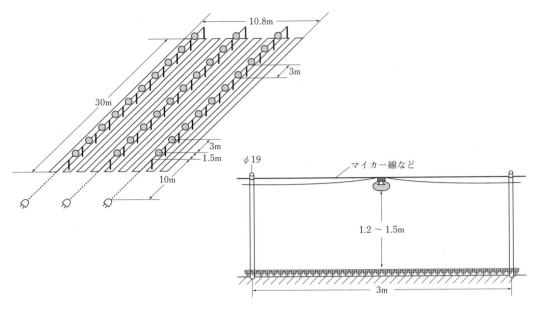

第3図　電照設備の設置方法

う，3）草姿が乱れない・うらごけしない，などの特性が求められる．適品種は以下のとおりである．7月咲き：白鳥（白），常陸サニーホワイト（白），玉姫（赤），8月咲き：精しまなみ（白），はじめ（白），すばる（黄），精こまき（黄），はるか（黄），精ちぐさ（赤），常陸サマールビー（赤），やよい（赤），9月咲き：静（白），せせらぎ（白），天露（白），常陸オータムホワイト（白），あずさ（黄），常陸オータムレモン（黄），花舟（赤），美人草（赤）など．

設置方法　電球は，防水の75W白熱電球または20W前後の電球色蛍光灯を，50lx程度を確保できるように生長点から1.2〜1.5m程度の高さに設置する．電球の間隔はおおむね3〜3.5mで，10a当たり100個必要である（第3図）．新光源のLEDも露地電照栽培に使用できることが確認されており，今後，単価の低減とともに普及が期待される．

電照期間　摘心後から，出荷ピーク予定の約45〜55日前まで電照を行なう．夏秋小ギクは生育が進んでくると電照期間中でも花芽分化が誘導されることがあるため，長すぎる電照は正常な花芽の発達を妨げ，草姿の乱れを引き起こす．

消灯の目安は7月咲きが5月20日，8月咲きが6月15日，9月咲きが7月20日前後である．消灯日から開花までの日数（到花日数）は品種や圃場条件で異なり，また，その年の気象条件により花芽分化が変動するので，毎年，消灯前に花芽検鏡し分化ステージを確認する必要がある．9月咲きでは，8月咲きの消灯後に電照設備を移設し，6月中下旬から電照を開始しても花芽分化の抑制が可能であり，設備を有効活用できる（第4図）．

電照時間は，夜間4〜5時間，夜22：00〜2：00・3：00の暗期中断を基本とする．輪ギクでは，夜間の中央よりもややおそい時間に電照をすると効果が高いことが示されている．小ギクでも，後夜半に電照をしたほうが効果の高い可能性がある．

長所と短所　電照栽培の長所として，開花期をその年の需要期に合わせることができる，開花期が揃うため収穫期間を短縮できる，草丈が伸び草姿もよくなることがあげられる．一方で，電線の設置可否，住宅地への明かりの影響，他農作物への長日処理の影響などに注意す

る。また，収穫作業が集中するので，労力の確保や，労力に見合った導入面積を検討する必要がある。

③複数の作型で出荷できる品種

夏秋小ギクの栽培では，作型ごとに多くの品種が使用されるため，生産管理の煩雑さや品質のバラツキが問題となっている。品種数を削減する方法として，1品種を電照栽培により複数の作型で出荷する方法が考えられる。

複数作型で出荷できる品種は，日長反応性に優れ，また，おそい作型でも頂花が下がりづらく良好な草姿を維持できるものがよい。開花期と頂花の高さを基準とした選定結果から，'はるか'と'ほたる'は7月，8月，9月咲きの3作型で，'すばる''精こまき''精ちぐさ''やよい'は7月と8月咲きの2作型で出荷できることが明らかにされている（第4表）。

(5) 作期と栽培の注意点

夏秋小ギクは7月から9月まで出荷が続くので，作業が集中する時期が出てくる。収穫・調製は出荷前のもっとも大切な作業ではあるが，その間にほかの作型の病害虫防除がおろそかになる場合がある。品質低下を回避し安定出荷するためには，作業集中期の労力確保や，開花調節などにより作業の分散化をはかる必要がある。

夏秋小ギクは露地栽培であるため，生育中は暴風，豪雨，台風などの気象災害を受けやすい。日ごろから支柱やフラワーネットの点検，補強に心がけ，豪雨が予想される場合は，圃場の周囲に排水溝を設置し排水を

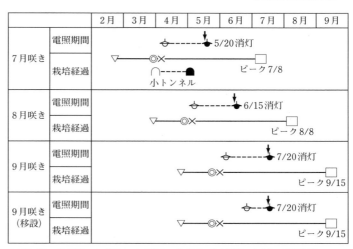

▽挿し芽，◎定植，×摘心，☀電照，∩保温，□収穫　矢印：花芽検鏡

第4図　露地電照栽培の電照期間の例

第4表　夏秋小ギク品種の複数作型による栽培

（茨城園研，2013）

品　種	定植日 (月/日)	電照終了日 (月/日)	開花期 (月/日)	頂花の高さ[1] (cm)	不良判定[2]
はるか	3/26	無電照	7/4	－1.0	
	4/24	6/14	8/4	0.0	
	5/27	8/1	9/14	0.0	
ほたる	3/26	無電照	7/6	－1.1	
	4/24	6/21	8/7	－1.3	
	5/27	8/8	9/17	＋0.4	
すばる	3/26	無電照	7/9	－3.7	
	4/24	6/14	8/3	－0.5	
	5/27	8/8	9/14	－6.6	B
精こまき	3/26	無電照	7/2	－2.1	
	4/24	6/14	8/1	－5.3	
	5/27	8/8	9/19	－29.4	B
精ちぐさ	3/26	無電照	7/6	－0.9	
	4/24	6/21	8/1	－1.1	
	5/27	8/8	9/20	－13.2	B
やよい	3/26	無電照	7/9	－2.0	
	4/24	6/21	8/5	－3.4	
	5/27	8/8	9/7	－30.6	A，B

注　摘心日（定植日より約1週間後）より電照を開始した
　1）花房の最上部に対する頂花の高さ。正数は頂花が高く，負数は頂花が低いことを示す
　2）Aは開花期が需要期と一致しないため，Bは頂花の位置が低いため不良判定

速やかに行なえるようにしておく。電照栽培では，電線，電球，タイマーなどの電照設備の点検を行なう。

執筆　鈴木一典（茨城県農業総合センター園芸研究所）

2016年記

参 考 文 献

茨城園研．2006．園芸研究所試験成績書．315―316．

茨城園研．2013．園芸研究所試験成績書．花き研．15―16．

暖地の技術体系

(1) 本作型に利用される主要品種の特性

奈良県などの西南暖地の主要産地では，開花習性の異なる多様な品種が利用され，5～12月までの長期出荷が行なわれている（第1表）。これらの品種は，日長と温度に対する反応の違いを基準とした川田・船越（1988）によって，大きく夏ギク，夏秋ギク，秋ギク，寒ギクに分類されている（第2表）。暖地では，これらすべての生態型を利用した各種作型が同一産地内で複合して営まれていることが大きな特徴である（第1図）。

いずれの作型も露地季咲き栽培が基本となっているが，それに加えて今日では，夏ギク型品種を用いた無加温ハウス半促成栽培，夏秋ギク型品種を用いた露地電照抑制栽培，秋ギク型お

第1表　自然開花期と花色ごとの主要品種

自然開花期	赤	白	黄
5～6月	紅小町，あかね，いろどり，清姫，精ゆめの，玉姫，精ちぐさ	あさもや，川風，砂丘，白霧，雪舟，剣，夏しぐれ，白ひかり	春日路，秀ささやき，釣船，夏ひかり，夏丸，はるき，やまどり，みさき
7月	すもも，ともしび，花染，紅千代，舞人，糸子，春日の鈴音	小雨，小窓，山水，しぐれ，精しまなみ，水草，カスミ，風の精	きなこ，秀ちはや，寿光，精はぎの，とび丸，ナツキ，ほたる，みのる，あけみ
8月	小紫，精あかり，精ひなの，春日の紅，花絵，花えくぼ，広島紅，まりこ	アクア，こずえ，しずか，シューペガサス，白波，シルク，水星，風鈴，流星，虫の音	翁丸，小鈴，武光，弓戸6号，イサム，精やまなみ
9月	篤姫，映紅，京美人，こちょう，精はやま，紅車，紅桜，みさお，みゆき，夕映	白馬，おりがみ，銀蝶，秀あらたま，白ともしび，せせらぎ，わかさ，銀星，秀玉，山手白	秋の月，いやさか，金の香，金の里，秀こさめ，秀なごみ，鈴丸，精やすらぎ，宝，やぶさめ，あずさ
10月	はごろも，花形，芳香，まゆみ，夕霧	青空，しぐれ，秀白，すずらん，すずろ，瀬音，ちづる，白山，緑童	秋風，秋こだま，いざよい，お吉，金秀，月光，秀芳の黄，月見草，福寿，満月，横笛
11月	赤汐，あずみ，オペラ，寒桜，紅葉，浜の恋，紅桜岡，紅星	あけぼの，朝露，老松，白芳，初冬，ほしぞら，水車，小霜	金うさぎ，たまむし，ひびき，落葉
12月	乙和，寒うたげ，寒小春，新年の美	寒小若，寒しおり，精雪祭り，初雪，寒ほたる	寒金賞，寒月，しわす，精つどい，冬の旅，寒小判

注　自然開花期は，奈良県平坦部における平年の開花盛期で区分した

第2表　キクの生態的特性によって分類された品種群とその適応作型，自然開花期を支配する発育相別特性

（川田・船越，1988より抜粋）

品種群名			自然開花期	限界日長	ロゼット性	幼若性
夏ギク	早生	暖地	4月下旬～5月上旬	24時間	極弱	極弱
	中生		5月中旬～5月下旬	24時間	弱	弱
	晩生		6月上旬～6月下旬	24時間	弱	弱
夏秋ギク	早生	冷涼地	7月	17～24時間未満	—	中
	中生		8月	17時間	—	中～強
	晩生		9月	16時間	—	中～強
秋ギク	早生	冷涼地・暖地	10月上旬～10月中旬	14～15時間	—	—
	中生		10月下旬～11月上旬	13時間	—	—
	晩生		11月中旬～11月下旬	12時間	—	—
寒ギク		暖地	12月以降	11時間以下		

小ギク　技術体系と基本技術

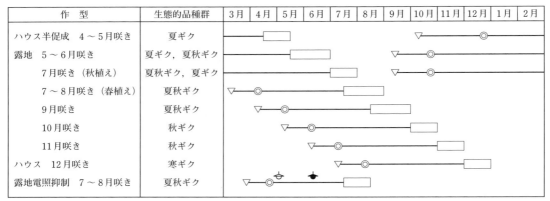

▽挿し芽またはかぎ芽挿し，◎定植，□収穫，▷電照開始，▶電照消灯

第1図　奈良県で展開されているおもな作型

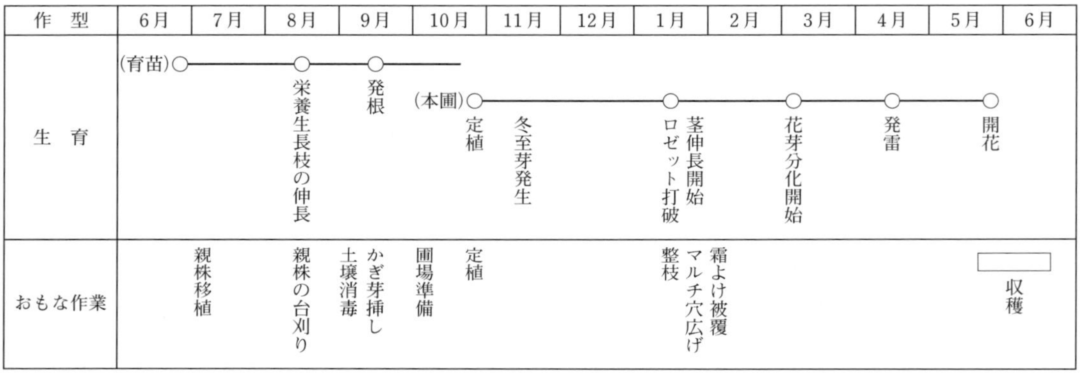

第2図　夏ギク型品種を用いた栽培のあらまし（暖地：露地栽培，早生品種：清姫，5～6月出荷）

よび寒ギク型品種を用いた防虫ネットハウス栽培，霜よけを目的とした無加温ハウス栽培などが組み合わされている。

以下では，これらの代表的な作型ごとに分けて記述する。なお，4～6月咲き作型に用いられている品種には，夏ギクと早生夏秋ギクが含まれるが，生産現場では区別されずに利用されるため便宜上，ここでは夏ギクと記載する。

(2) 夏ギク（露地栽培，ハウス半促成栽培）

①開花期，収量，品質を支配する要因

4～6月に出荷される夏ギク品種は，限界日長が17時間以上ときわめて長く，冬の低温経過後に花芽分化可能な温度になると速やかに花芽分化する。この作型では，夏秋ギクや秋ギクと異なり冬至芽を伸長させて切り花にするため，かぎ芽苗を秋に定植して栽培される（第2図）。

苗から発生させたロゼット状の冬至芽は，11～1月の低温によってロゼット打破され，1～3月の低温下でも徐々に茎伸長を開始する。その後，10℃前後の比較的低い温度で花芽分化し，早生品種ほどより低い温度で花芽分化が開始される。このため，夏ギクの開花期はロゼット打破後の栽培温度を高くすることによって容易に早めることができ，夜温と昼温の両方が作用する（第3図）。露地栽培での花芽分化時期は3月上旬～4月，開花時期は5月下旬～6月であるが，無加温ハウス半促成栽培での花芽分化時期

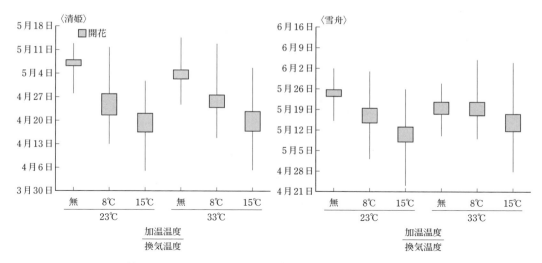

第3図 加温温度と換気温度が夏ギクの開花に及ぼす影響　　　（仲ら，2008）

は，早生品種で2月中旬〜3月下旬であり，4月中旬から出荷可能となる。

夏ギクでは，冬至芽の伸長開始が不斉一なため開花期がバラツキやすく，収穫期間が長くなりやすい。また，春先の茎伸長が順調でないと早生品種や無加温促成栽培で切り花長を確保しにくいという問題点がある。これらの問題は，1月以降の茎伸長期に暗期中断を行なうことによって改善することができ，開花期も数日程度早くなる（仲ら，2008）。

夏ギクでは，切り花となる冬至芽を秋に十分確保し，1月以降の茎伸長期に適正数に揃えて整枝することによって，収量と品質が安定する。冬至芽は9月下旬から11月に形成されるため，このさいに仮植育苗と定植を行なっておくことが重要である。とくにハウス栽培では12〜1月定植となる場合もあるが，12月以降は冬至芽形成が少なくなるため，そのさいにも育苗時期は露地栽培と同様に行なっておく必要がある。また，かぎ芽挿しには親株のなかでもできるだけ下位にある節間の詰まった枝を用いると，その後の冬至芽発生数が確保しやすい。このため，花芽のつきやすい品種では，安定してかぎ芽苗を確保するため，親株の台刈り後にエセフォンを散布する。

また近年，春3〜4月の気温変動が大きい場合に，切り花シュートの先端が褐変・心止まりする生育障害が多発している。これは，春先の急激な気温低下と放射冷却による低温障害と考えられ，1月の厳寒期よりも茎伸長が進む3月以降に多く発生し，生育ステージが進むにつれて耐寒性が弱くなるためと考えられる。この対策としては，ハウスでの保温・霜よけがもっとも効果的であるが，トンネル被覆やべたがけ資材の水平展張によっても被害を軽減できる。

②生育過程と技術

親株の養成　ウイルスや白さび病などの症状がない健全な切り下株を，2〜3個体に株分けし親株圃場に植え付ける。切り下株をそのまま親株とする場合は，マルチを除去して窒素成分で5kg程度を追肥しておく。8月中旬ごろに親株を地上3〜5cm程度で台刈りし，できれば株元に土寄せしておくとよい。秋季の花芽が多い品種では，台刈り直後と7〜10日後の2回，エセフォン散布（500ppm）を行なう。

育苗　9月中旬〜10月上旬に親株の基部から発生した側枝をかき取って，仮植床または育苗箱にかぎ芽挿しを行なう。かぎ芽挿しに用いる側枝は，できるだけ花芽を持たず節間の詰まった下位側枝が望ましい。冬至芽の発生は，おもに仮植期間中に始まるため，乾燥や過湿にならないよう灌水管理に注意する。挿し芽による育

小ギク　技術体系と基本技術

第3表　技術・作業の実際（夏ギク型品種，暖地，露地栽培・ハウス半促成栽培）

	作　業	作業・管理の実際	留意点・補足
育　苗	親株床の準備	排水の良い圃場に，10a当たり窒素成分量で5kg程度を施肥し，うね幅120cm程度とする。切り下株をそのまま用いる場合は，マルチを除去し追肥とする	
	親株養成	8月中旬～9月上旬に，親株を地上3～5cm程度で台刈りする	台刈り直後と7～10日後の2回，エセフォン散布（500ppm）を行なうと，秋の花芽分化を抑制できる
	かぎ芽挿し	5～10cm程度に伸びた下位側枝を分枝基部からかき取って，仮植する	挿し芽による育苗も可能だが，株当たり切り花本数は少なくなる
	仮　植	定植まで仮植床に植え付けて，冬至芽の発生を促す。仮植床はうね幅120cm，株間および条間10～15cmとする。施肥は仮植期間に応じて，窒素成分量で10a当たり5～15kg程度とする	とくに，ハウス栽培などで12月以降に定植する場合でも，仮植の開始時期は遅らせない
本　圃	圃場の選定	春先の低温障害と白さび病を軽減するため，風通しが良く，排水良好な圃場を選定する	
	圃場の準備	連作圃場では土壌消毒を行ない，十分にガス抜きを行なっておく。施肥量は10a当たり窒素28kg，リン酸25kg，カリ25kg程度とする。施肥後にうね立てし，降雨後に黒マルチで被覆しておく	
	定　植	露地栽培では10月中旬～11月中旬，ハウス栽培では10月中旬～12月下旬。うね幅120～130cm，条間40cm，株間15cmの2条植えとする	
	株の管理	定植株が活着し，ロゼット状の冬至芽が十分生育した1月以降に，老化した定植時のシュートを切除する。同時に，冬至芽の発生数を確保するため，マルチの穴を広げる	
	整　枝	冬至芽由来のシュートが20cm程度に生育した時期に，株当たり5～6本程度に整枝する。遅れて発生する弱小枝は随時，切除する	
	保温管理	露地栽培では，1月中旬以降にトンネルもしくは霜よけ資材の展張を行なう。ハウス栽培では，夜間の保温を開始する	ハウスやトンネル被覆では晴天時の高温を避けるような換気が重要
	病害虫防除	ハウス栽培では多湿を避けるため，十分に換気を行ない，白さび病の予防散布を行なう。春からの開花期には，スリップスの飛込みが増加するため，予防散布を心がける	
	収穫・調製	頂部のもっとも開花の進んだ頭花で，花弁伸長が始まり円錐形となるころに収穫する。収穫後は必ず水揚げしたあと，70～80cmの切り花長に調製して箱詰め，出荷する	降雨後に収穫した切り花でも，水揚げは必ず行なうこと

苗では，定植までの仮植期間を十分に確保できるよう10月上旬までに行なう。

定植　露地栽培では10月中旬～11月中旬，ハウス栽培では10月中旬～12月下旬に，うね幅120～130cm，条間40cm，株間15～18cmの2条植えで定植する。冬季の栽培となるため

うねは黒マルチで保温する。

本圃管理　ロゼット状の冬至芽が十分に生育した1月以降，老化した定植時のシュートを切除する。同時に，冬至芽の発生数を確保するため，マルチの穴を広げる。品種によって時期は異なるが，冬至芽由来のシュートが20cm程度に生育したころに，株当たり5～6本程度に整枝する。遅れて発生する弱小枝は随時，切除する。

保温管理　近年では，開花・収穫まで無被覆で露地栽培することも多い。しかし，春先の心止まりなどの生育障害を軽減する意味では，1月下旬以降にトンネル被覆または霜よけ資材の展張を行なうことが望ましい。

ハウスでの半促成栽培では，1月中旬以降に保温を開始する。このさいには，晴天日の日中は十分に換気を行ない25℃以上の高温を避けるように心がける。換気温度を上げると花芽分化は早くなるが，切り花長が短くなる。1～2月下旬に電照で暗期中断を行なうと，生育初期の節間伸長促進による切り花品質の改善と7日程度の開花促進が可能である（仲ら，2008）。

収穫・調製　頂部のもっとも開花の進んだ頭花で，花弁伸長が始まり円錐形となるころに収穫する。この作型では収穫時期が6月の梅雨時になるため，収穫した切り花が濡れた状態であることも多い。こうした切り花は出荷後に葉の黄変などのトラブルが生じやすい。この対策として，必ず水揚げを行なってから出荷することで，出荷後の下位葉の黄変を軽減できる。また，葉の黄変が生じやすい品種は，0.25～0.5mMのSTS前処理でより効果的に葉の黄変が抑制できる（山中ら，2013）。

③作期と技術ポイント，問題点

夏ギク型品種では，温度管理による出荷時期の調節が可能であり，ハウス半促成栽培と露地栽培を組み合わせることで，同一品種による長期出荷が可能となる。しかし本作型では冬至芽由来のシュートを切り花とするため，育苗期間に十分な冬至芽発生を促すこと，およびシュート伸長初期の整枝によって立茎数を適正に維持することが，切り花品質を高めるうえで重要である。

(3) 夏秋ギク（露地栽培，電照抑制栽培）

①開花期，収量，品質を支配する要因

7～9月に出荷される品種の多くは，限界日長が15～17時間程度で，電照による開花調節が可能な夏秋ギク型品種であり，8月旧盆と9月彼岸という最需要期に出荷される作型を含んでいる。このため近年は，季咲きの露地栽培に加えて，8月旧盆出荷作型では暗期中断による電照抑制栽培が増えてきている。ただ，すべての品種が電照抑制栽培に適用できるわけではなく，花芽分化抑制に必要な光強度や高温下での開花抑制程度に大きな品種間差があるため，適品種を選択することが重要である（第4表）。

また，夏秋ギク型品種の開花期は日長だけでなく，温度と定植期の影響を強く受ける。この特徴を利用して産地では，標高差や定植日の調整を組み合わせることによって同一品種による長期出荷が実現されている。

第4表　6～7月咲き小ギクの電照抑制8月開花作型への適応性

電照抑制栽培での試験結果	赤色品種	白色品種	黄色品種
6月中旬消灯による8月上旬出荷が可能	糸子，やよい，うたげ，花えくぼ，紅千代，花染，小紫，赤魚，美風，ともしび，秀かぐら，舞人，しみず，はなふさ，おふく，精ぐさ	はじめ，精しまなみ，いさはや，しんざん，小鳩，こかげ，夕霧，夕波，山水，白鳥	あけみ，みのる，ほたる，翁丸，すばる，イサム，むつみ，暁の星，精こまき
電照抑制が不十分または奇形花の発生により電照に不適	紅子，真紅，すもも，いろどり，千本桜，玉姫，千代	白舟，雲水，あさもや，小雨，水明，風鈴，水草，風遊び，雪舟，たそがれ	みちのく，玉手箱，とび丸

注　奈良農研センほか8県の公設試での試験結果から作表

第5表 奈良県における旬別積算温度（0℃基準）と県内産地の平均出荷日との相関係数[1]（1995～2003年）

		品種					旬別平均気温（℃）平均（最低年～最高年）
		花えくぼ	風鈴	小鈴	広島紅	翁丸	
年次変動日数[2]		25.4	23	14.3	27.7	19.8	
平均出荷日	平年値	7月30日	7月29日	8月5日	8月4日	8月3日	
	もっとも早い年	7月14日	7月14日	7月27日	7月16日	7月21日	
	もっともおそい年	8月9日	8月6日	8月10日	8月13日	8月10日	
平均出荷日と旬別積算気温との相関係数	3月下旬	−0.23	−0.41	−0.36	−0.38	−0.32	9.5（8.2～10.7）
	4月上旬	−0.49	−0.47	−0.41	−0.46	−0.41	11.6（8.0～14.1）
	4月中旬	−0.74**[3]	−0.77**	−0.75**	−0.78**	−0.75**	13.9（9.2～17.4）
	4月下旬	−0.66*	−0.78**	−0.73**	−0.79**	−0.77**	14.2（1.6～19.2）
	5月上旬	−0.92**	−0.74**	−0.75**	−0.85**	−0.73**	17.9（15.5～20.0）
	5月中旬	−0.39	−0.37	−0.45	−0.34	−0.38	18.2（16.9～19.6）
	5月下旬	−0.03	−0.35	−0.38	−0.14	−0.41	19.6（16.5～21.2）
	6月上旬	0.07	−0.25	−0.14	−0.03	−0.18	20.8（19.9～23.4）
	6月中旬	0.14	−0.35	−0.36	−0.06	−0.37	21.9（21.0～22.9）
	6月下旬	0.01	0.20	−0.02	0.11	0.12	23.1（20.1～25.1）
	7月上旬	−0.63*	−0.57*	−0.59*	−0.59*	−0.52*	25.4（22.9～27.6）
	7月中旬	0.56*	0.50*	0.51*	0.60*	0.53*	25.8（23.3～27.8）
	7月下旬	0.28	0.21	0.31	0.30	0.29	27.2（23.6～29.2）
	8月上旬	0.30	0.26	0.43	0.27	0.39	27.8（26.7～28.6）
	8月中旬	−0.31	−0.05	−0.03	−0.21	0.02	27.1（25.0～28.3）

注 1）相関係数は−1～1の範囲の値をとり，絶対値が1に近いほど強い関係を示す。正の値は「その時期の気温が高い年ほど平均出荷日が遅れる」ことを，負の値は「その時期の気温が高い年ほど平均出荷日が早まる」ことを意味している
2）年次変動日数は，もっともおそく開花した年の平均出荷日から，もっとも早く開花した年の平均出荷日を引いた日数
3）＊＊と＊は，相関係数の絶対値が0.7以上と0.5以上となった比較的強い相関関係を示す

温度の影響は大きく2つに区別でき，ひとつは，川田ら（1987）によって「幼若性」と呼ばれてきた現象であり，冬季の低温履歴が多いほど開花節位が高くなり開花が遅れ，3～6月の気温が高いほど開花節位が低くなり，開花が早くなる（脱幼若化）。このため，ハウス内で管理された親株から得た苗は，露地管理された親株から得た苗と比較して，開花が早くなる。また近年，春から初夏にかけての気温が高い年に，開花が早期化することが多くなっているのは，この性質によるものであり，とくに平均気温が15℃前後となる4月中旬から5月上旬の気温の影響が顕著に見られる（第5表）。このような開花節位の低下と開花早期化を引き起こす高温の範囲については，多くの品種で15℃以上と考えられてきた。しかし近年，高温傾向に対して年次変動しにくい'春日の紅'などの品種が育成されてきており，こうした品種ではこの高温の範囲が20℃以上と高いものと考えられる。

もうひとつの温度の影響は，花芽分化期以後の高温によって花芽発達が抑制されて開花が遅れる現象である。この現象は8月旧盆出荷の小ギクで顕著に見られ，平均気温が25℃を上回るようになる7月中旬以降の温度の影響が大きい（第5表）。8月旧盆出荷の小ギクが開花遅延で全国的に不足した2010年の気温を見ると，4～5月の気温が平年より低く推移して脱幼若化が遅れたうえに，7月の気温が高くなったため花芽発達の遅延が重なったものと考えられる（第4図）。近年では，7月の高温によって8月旧盆出荷作型の開花が遅れるだけでなく，9月の高温によって9月彼岸出荷作型の開花が遅延する傾向もしばしば見られる。

品質面では，夏の高温乾燥期に花芽分化～開花に至る作型であるため，年によって柳芽の発生や花房型の乱れが生じやすい。これらの問題は，窒素過多や土壌水分の不足によっても助長

される。このため，生育後半での追肥を避けるとともに，初期の灌水をひかえることによって根張りを良くしておくことが重要である。

②生育過程と技術

親株の養成　親株には，直前の切り下株または冬至芽をかき取って養成したかぎ芽苗を用いる。そのさいには，発根が旺盛で冬至芽発生の多い健全株を選んで親株床に植え付ける。7〜8月開花作型は無加温ハウス内で，9月開花作型は露地で親株を養成する。親株床の面積は，本圃面積の1割程度を目安として十分な面積を確保する。

近年，問題となっているキク矮化ウイロイド（CSVd）の被害は，少ない親株から繰り返し採穂した事例で多く見られるため，1回の採穂で必要な挿し穂を確保できるよう心がける。

親株の定植は9月下旬〜11月上旬に行ない，冬までに冬至芽の発生を促す。親株床としたハウスは1月中旬まではサイドを開放し，できるだけ低温にあてる。それ以降はサイドを開閉して，夜間の保温を開始する。昼間は25℃以上になることがないよう十分に換気する。

いずれの作型も挿し芽の20〜30日前に，地上5cm程度の高さに台刈り（最終摘心）を行なう。台刈りの地上高は高いほど多くの挿し穂が採取できるが，上位の側枝から得た苗は開花が早まり，開花も不揃いとなりやすい。台刈りの時期は，7月開花作型で1月下旬〜2月上旬，8月開花作型で2月中下旬，9月開花作型で3月上中旬を目安とするが，低温期の茎伸長は品種間差も大きいため，品種に応じた調節が重要となる。

育苗　台刈り後に発生したシュートの先端5〜7cmを挿し穂として採取し，本葉2枚程度をつけて調製する。このさい，展開葉を多めに残すと発根は早くなるが定植適期が短くなるため，栽培計画に応じて調節するとよい。無病の育苗用土を充填した200穴または128穴のセルトレイに挿し芽し，間欠ミスト下で育苗する。間欠ミストは，挿し芽当初の30分に1回程度から徐々に間隔を広げ，不定根発生が始まる10日目ころからは葉がしおれない範囲で灌水をひ

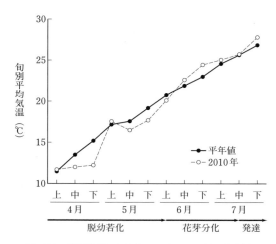

第4図　開花遅延が大きかった2010年の旬別気温の推移　　（奈良気象台観測値より作図）

かえるようにする。

育苗用土には従来，花崗岩風化土（マサ土，山土）やこれにくん炭を混和したものがよく使われてきたが，セル育苗の普及と並行してピートモスを主体とした購入培養土（与作N150，メトロミクス#350など）が多く用いられるようになっている。こうした購入培養土によるセル育苗では，根の接触や前作残渣によるウイロイド汚染を回避できる長所もある。

定植適期は，根が2cm程度伸びてセルの根鉢が崩れなくなる2〜3週間後である。挿し芽の時期は，7月開花作型で2月下旬〜3月上旬，8月開花作型で3月中下旬，9月開花作型で4月中下旬が目安となる。

定植　7〜8月開花作型では3月下旬〜4月中旬に，9月開花作型では5月上中旬にうね幅120〜130cm，条間36〜40cm，株間12cmの2条植えで定植する。連作圃場では必ず土壌消毒を行ない，十分にガス抜き後，10a当たり完熟堆肥2〜3tを施用する。施肥量は全量基肥で10a当たり窒素28kg，リン酸25kg，カリ25kg程度を全層施用する。施肥後にうね立てし，降雨後にマルチ被覆しておく。本作型では，集中豪雨による冠水や夏の高温乾燥など水分状態が安定しないので，できるだけ大きな根域をつくらせるため25〜30cmの高うねとする。定植時

小ギク　技術体系と基本技術

第6表　技術・作業の実際（夏秋ギク型品種，暖地，露地栽培・電照抑制栽培）

	作　業	作業・管理の実際	留意点・補足
育　苗	親株床の準備	排水の良い圃場に，10a当たり窒素成分量で15kg程度を施肥し，うね幅は120cm程度とする。親株床の面積は本圃面積の1割程度を目安とする	7～8月咲き品種は無加温ハウスで親株養成する
	親株養成	9月下旬～10月中旬に，かぎ芽苗または株分けした切り下株を親株として定植する	
	親株の保温と台刈り	7～8月咲き品種では1月下旬からハウスの保温を開始する。各作型に応じて，挿し芽予定の約25～30日前に台刈りを行なう	昼間の気温が25℃以上にならないよう，十分に換気する
	挿し芽	新芽の先端5～7cmを挿し穂として採取し，本葉2枚程度をつけて調整する。無病の育苗用土を充填した200穴または128穴のセルトレイに挿し芽し，間欠ミスト下で育苗する。定植適期は，セルの根鉢が崩れなくなる2～3週間後である	発根剤を用いるさいは，IBAの0.2％液に挿し穂基部を瞬間浸漬する
本　圃	圃場の準備	連作圃場では土壌消毒を行ない，十分にガス抜きを行なっておく。施肥量は10a当たり窒素28kg，リン酸25kg，カリ25kg程度とする。施肥後にうね立てし，降雨後にマルチ被覆しておく	定植が5月以降となる9月開花作型では，地温抑制のため白マルチを用いる
	定　植	7～8月開花作型では3月下旬～4月中旬に，9月開花作型では5月上中旬に定植する。うね幅120～130cm，条間36～40cm，株間12cmの2条植えとする	電照抑制栽培では季咲き栽培より茎伸長が良いため，定植を10日程度おそくする
	摘　心	定植した苗が十分に活着するのを待って，10～14日後に本葉5枚程度を残して茎先端を摘心する	定植期の気温が低いときには，摘心を急がないことが肝要
	整枝・下葉かき	摘心後分枝が20～30cm程度に伸長した時期に，株当たり4～5本を目安に整枝する。これ以降，下位節から伸びた弱小枝や黄変の見られる群落内部の下位葉などは随時，摘除する	
	日長管理 （電照抑制栽培）	電照抑制栽培では，摘心から深夜5時間（22：00～3：00）の暗期中断を開始する。75W白熱灯を2.5m×2.5mに1灯の割合で配置し，50lx程度のうね面水平照度を確保する。8月上旬開花のためには，6月中旬を目安に消灯する	4～6月の気温によって花芽抑制効果に年次間差があるため，消灯前に花芽検鏡を行ない，消灯日を調節する
	病害虫防除	親株，育苗後期および定植後1か月までの薬剤防除により，本圃への病害虫持込みを最小限とする。オオタバコガ，ハダニ類，白さび病は予防散布を心がける	
	収穫・調製	頂部のもっとも開花の進んだ頭花で，花弁伸長が始まり花心の見えるころに収穫する。収穫後は必ず水揚げしたあと，70～80cmの切り花長に調製して箱詰め，出荷する	降雨後に収穫した切り花でも，水揚げは必ず行なうこと

の気温が比較的低い7～8月開花作型では黒マルチを，高い9月開花作型では白マルチやシルバーマルチを使用する。

　本圃管理　定植の10～14日後に，本葉5枚程度を残して茎先端を摘心する。摘心するさいは，できるだけ同じ程度の地上高で摘心すると分枝の発生位置が揃い，その後の生育も斉一となる。また，7～8月開花作型で定植後の気温が低い場合には摘心を急がず，十分な活着と展開葉の肥大を待って摘心する。

　分枝が20～30cm程度に伸長する摘心3～4週後に，株当たり4～5本を目安に整枝し，こ

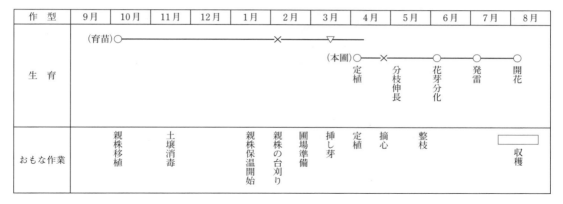

第5図　夏秋ギク型品種を用いた栽培のあらまし（暖地：露地栽培，品種：小鈴，8月旧盆出荷）

れ以後に下位節から伸び出してくる弱小枝は随時，切除する。この作型では梅雨期から盛夏期にかけて，うねの内部で葉の黄変が多く見られる品種があり，こうした品種では摘心6～8週後ごろに下葉を取り去ると群落全体の生育が揃い，病害虫の発生も軽減できる。

　エセフォン処理　この作型では開花調節として，エセフォン（商品名：エスレル10）の散布処理がしばしば利用される。処理方法は，200ppm溶液を摘心直後と摘心10～14日後の2回処理とすると効果的で，品種間差はあるものの平均10日程度，開花期を遅らせることができる（第7表）。エセフォン処理の効果は散布直後の気象条件の影響を大きく受けるため，12時間以内の降雨見込みがなく，散布後できるだけ気温が高く推移することが予想されるときが処理のタイミングである。

　エセフォン処理によって多くの品種で開花遅延とともに，開花節位の上昇と中下位節間の節間短縮が見られる。これら2つの反応の強弱は品種間差が大きく，品種によっては開花が遅れずに草丈が短くなる場合もあるため注意が必要である。

　電照抑制栽培　気温によって開花期が不安定になりやすい8月旧盆向け出荷（7月下旬～8月上旬）では，露地での電照抑制栽培も近年，増加している。露地電照抑制栽培では，摘心までに電照用の支柱立てとケーブル敷設が必要である。電照用光源として奈良県では，75W電照

第7表　エセフォン処理が7～8月咲き小ギクの開花に及ぼす影響　　（角川ら，2007）

品　種	平均開花日[1]（月/日）		開花遅延日数
	無処理	エセフォン処理	
みのる	7/10	8/3	24
玉手箱	7/15	7/27	12
やよい	7/16	7/16	0
花　染	7/16	7/28	12
ほたる	7/16	8/3	18
紅千代	7/17	7/22	5
みちのく	7/18	7/24	6
小　紫	7/19	7/29	10
水　草	7/19	7/31	12
小　雨	7/20	8/3	14
ともしび	7/21	7/27	6
あけみ	7/22	7/30	8
糸　子	7/23	8/1	9
いさはや	7/23	8/2	10
風遊び	7/24	7/29	5
はじめ	7/24	7/29	5
水　明	7/26	8/2	7
風　鈴	7/27	8/7	11
翁　丸	7/29	8/5	8
あおぞら	7/29	8/12	14
広島紅	8/1	8/8	7
玉　子	8/2	8/14	12
花えくぼ	8/2	8/17	15
こずえ	8/5	8/8	3
小　鈴	8/5	8/17	12
イサム	8/7	8/16	9
武光	8/7	8/20	13

注　1）開花日は2002～2004年の3か年平均

879

用白熱灯や9W赤色LEDが多く利用されているが，これらを2うねに1本の割合でケーブル敷設し，2.5m間隔で2mの高さに設置する。これによって白熱灯の場合，うね面水平照度でおおむね50lx程度が確保できる。

電照用光源は近年，多くのメーカーから種々の商品が販売されているが，本作型に適用できる商品は少ないため光源選択には注意が必要である。光源を選ぶさいには，花芽抑制に有効な光質をもっているか，配光特性が良く圃場が均一に照射できるか，降雨や薬剤散布によっても故障しないか，といった点がポイントとなる。しかし，これらの特性は人間の見た目ではまったくわからないため，普及組織や研究機関の協力により個別に評価すべきである。

8月上旬出荷を目指す場合には，6月第4半旬が平年の消灯時期となるが，前述のように夏秋ギク型品種の場合，栄養生長期間の気温の影響を大きく受けるため，6月上中旬に花芽分化の状況を確認し，平均的な花芽分化の様相と比較して消灯日を調節することが望ましい（第6図）。また，消灯後の到花日数も品種によって異なるため，同一圃場には同程度の消灯後到花日数をもつ品種を定植する。

8月旧盆向け電照抑制栽培では，できるだけ低照度の電照によって開花抑制でき，高温による花芽発達抑制の小さい品種が，年次変動なく適期出荷できる適品種といえるが，こうした理想的な品種は多くない。このため生産現場では，複数年の試作と花芽分化および花芽発達の様相を検討することによって新品種の導入をはかっている。

収穫・調製　頂部のもっとも開花の進んだ頭花で，花弁伸長が始まるころに収穫する。収穫時期が高温期となるため，早朝の涼しい時間帯に収穫するようにし，収穫した切り花はできるだけ早く調製作業を行ない，日陰で2～3時間以上水揚げする。水揚げの良くない品種では，界面活性剤を少量添加することで水揚げが安定する。

また，この作型では旧盆や彼岸といった高需要期があるため，適期前に収穫（固切り）される場合も少なくない。固切りされた切り花は，花弁伸長が不十分となるため花が小さくなり，花色も薄くなる。こうした問題が予想される場合には，2～3％程度のショ糖と抗菌剤を水揚げや保存時に加えることで改善できる。また夏ギク同様，葉の黄変が生じやすい品種は，0.25～0.5mMのSTS前処理によって葉の黄変を効果的に抑制できる。今日では，これらの成分を含む前処理液（クリザール・小ギクなど）も販売されており，集中的に大量の切り花を収穫・出荷する必要のある物日には，こうした資材を有効に活用して品質向上に努めたい。

③作期と技術ポイント，問題点

この作型では，旧盆や彼岸の高需要期に集中して需要が増大するため，適期に安定して出荷するよう作付け計画を

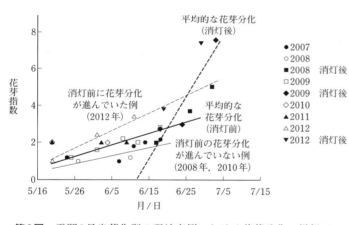

第6図　電照8月出荷作型の現地事例における花芽分化の様相（品種：精しまなみ）

図中の太線は平均的な花芽分化の様相を，破線は消灯日の調整が必要な例
花芽分化の様相は，岡田（1963）に準じて以下のとおり指数化した
1：未分化，2：生長点膨大期，3：総苞形成前期，4：総苞形成後期，5：小花形成前期，6：小花形成後期，7：花弁形成前期，8：花弁形成後期
凡例は，年次と消灯前・後の区別，消灯前・後の記載がない場合は消灯前のみ

組み立てることが重要である。そのためには，春の気温変動に対して安定した品種の利用を進めるとともに，電照抑制栽培を計画的に組み入れるとよい。ただし，電照抑制栽培は，季咲き栽培と比べて収穫期間が短く，収穫作業が集中するため，労働力の分散を考慮しておく必要がある。

(4) 秋ギク・寒ギク（露地栽培，ネットハウス栽培，無加温ハウス栽培）

①開花期，収量，品質を支配する要因

10〜12月に出荷される品種は，15時間以下の限界日長をもつ秋ギク型品種と，さらに低温でも正常開花する低温開花性のある寒ギク型品種に分類される。いずれも質的短日植物なので，ほぼ短日によって花芽分化と開花が決定される。毎年ほぼ同時期に開花し，1品種当たりの収穫期間が1週間程度と短い。そのため，露地栽培のみで連続出荷するためには多品種を計画的に作付ける必要がある。電照施設を利用できる場合には，消灯日の調節によって計画的生産も可能である。

その一方，低温期に向かう作型であることから，極端な気温変動によって奇形花の発生や上位葉の節間短縮など品質面での問題が生じることがある。このため，11月中旬以降に開花させる作型では霜よけを目的としたハウス栽培とすることで品質が著しく向上する。

また，この作型では切り花が剛直になりやすく，切り花重が過大となる切り花が多い。この原因は明らかではないが，摘心前後の高温乾燥による立茎数の不足，秋の気温低下による軽度の高所ロゼット化などが関与しているものと考えられる。この対策として，摘心前後の灌水による土壌管理の適正化による摘心後分枝の確保（第7図）や，株間を9cm程度まで密植することによる立茎密度の増加（第8図）が有効である。

もう一点，暖地における本作型ではオオタバコガによる被害が大きな問題となってきた。これに対しては，4mm目合いの防虫ネットを圃場全体に展張するネットハウス栽培によって，実

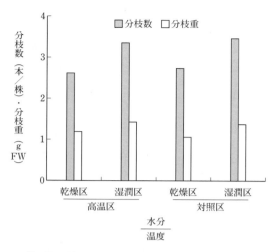

第7図 摘心前後の高温乾燥が摘心後萌芽に及ぼす影響（11月咲き品種：ロマンス，摘心15日後）

高温区と対照区は，昼温／夜温を35/25℃と25/20℃に制御，乾燥区は葉にしおれが見られてから灌水，湿潤区は毎日1回の灌水，処理は摘心の前日から16日後まで。摘心：2012年5月24日

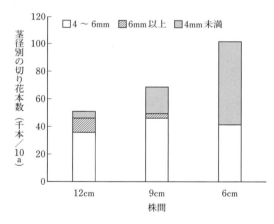

第8図 株間の密植が茎径別の切り花本数に及ぼす影響（露地栽培，10月咲き金うさぎ）

茎径階級は，出荷に適する4〜6mm，ボリューム過多の6mm以上，ボリューム不足の4mm未満に区分して，10a当たり収量（圃場利用率約70％）で示した

害をほぼ回避できる。加えてネットハウス栽培には，防風効果によって茎伸長を促し，剛直になりがちな切り花品質を改善する効果や，霜よけによる花色および葉色の改善効果も得られる

小ギク　技術体系と基本技術

ことから近年，普及が進んできた。

②生育過程と技術

親株の養成　この作型では収穫後の気温が急速に低下するため，開花後すみやかに切り下株を親株床に移植して親株とする。圃場に余裕があれば切り下株のマルチを除去して，そのまま据え置いて親株とすることもできる。いずれの作型も，挿し芽の20～30日前に地上5cm程度の高さに台刈り（最終摘心）を行なう。このときまでに伸長してくるシュートは，事前に1回台刈りしておく。

ハウスで親株を越冬させることができる場合には，十分な低温に遭遇させたあとに保温を開始し，3月上中旬以降に採穂・挿し芽した苗を新しい親株床に定植して親株を更新する。4月上中旬以降に，この更新親株を摘心し，3～4週間後に側枝先端から定植苗を採穂する。台刈り（最終摘心）の時期は，10月開花作型で4月中下旬，11～12月開花作型で5月中下旬を目安とし，品種に応じて調節する。

育苗　挿し芽の方法は，夏秋ギク型品種と同様であるが，高温期の育苗となるため定植までの育苗期間が2週間程度と短くなり，定植適期も短くなるので注意が必要である。挿し芽の時期は，10月開花作型で5月中下旬，11～12月開花作型で6月中下旬が目安となる。

定植　10月開花作型では6月上中旬に，11～12月開花作型では6月下旬～7月中旬に定植する。圃場準備は夏秋ギクに準じ，うね幅120～130cm，条間36～40cm，株間9～12cmの2条植えとするが，この作型では定植時の気温が高いため，白マルチやシルバーマルチで地温抑制をはかることが重要である。

本圃管理　定植の10～14日後に，本葉5枚程度を残して茎先端を摘心する。以後の管理は夏秋ギクと同様とする。11月下旬以降に開花させる作型では，霜や低温による花色と葉色の変化や頭花数の減少を避けるため，できるだけ無加温ハウス栽培とする。

ネットハウス栽培　この作型ではオオタバコガやハスモンヨトウなどの鱗翅目害虫の被害が大きな問題となる。その対策として，4mm目合いの防虫ネットで圃場全体を被覆するネットハウス栽培が普及している。防虫ネットの支持体には，既存ハウスのアーチパイプだけでなく，逆U字型支柱パイプ間に高張力プラスチック線を展張するような簡易な構造（超簡易型ネットハウス，第9図）や，50mm角パイプによる平張り構造（耐候型ネットハウス，第10図）な

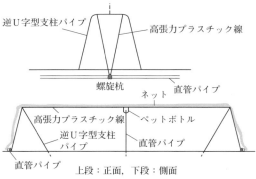

第9図　超簡易型ネットハウスとその骨格構造
（国本ら，2008）

第10図　耐候型ネットハウス

どさまざまな構造体が利用できる。いずれの場合でも，ハウス高は2m以上を確保するようにする。

このようなネットハウス内の環境は無被覆と比較して，気温差はなく日射量も90％以上に保たれるが，風速が弱くなる。このため，開花日や開花節位に差は見られないものの，切り花長がやや長くなる傾向がある。なお，ネットハウス栽培でも，排水溝や出入り口などから害虫が侵入してネットハウス内で増殖する可能性があるため，少しでも被害を見つけた場合にはすみやかに薬剤防除を行なうようにする。

電照抑制栽培 10～11月咲き品種では電照抑制栽培が可能で，夏秋ギクと同様75W電照用白熱灯や9W赤色LEDを，2うねに1本の割合で敷設したケーブルに2.5～3.0m間隔で2mの高さに設置する。'紅の谷'‘すずろ'‘たまむし'を用いた奈良県農業研究開発センターでの試験結果では，9月24日消灯で11月中旬に，10月1日消灯で11月下旬に開花させることができ，消灯後到花日数は46～53日である（虎太ら，2016）。

第8表 技術・作業の実際（秋ギク型品種，暖地，露地栽培・ネットハウス栽培）

	作 業	作業・管理の実際	留意点・補足
育 苗	親株床の準備	排水の良い圃場に，10a当たり窒素成分量で15kg程度を施肥し，うね幅120cm程度とする。親株床の面積は本圃10a当たり1a程度を目安とする	
	親株養成	切り花終了後すみやかに，切り下株を親株として定植する。定植が遅れる場合は，切り下株をそのまま据え置く	
	親株の更新・台刈り	春以降のシュート伸長に応じて，1～2回の台刈りを行なう。挿し芽の20～30日前には地上5cm程度の高さに台刈り（最終摘心）を行なう。ハウスで親株を越冬させることができる場合には，十分な低温に遭遇させたあとに保温を開始し，3月上中旬以降に採穂・挿し芽した苗を，新たな親株床に定植して親株を更新する。その場合も，挿し芽の20～30日前に最終摘心を行なう	ハウス管理では，昼間の気温が25℃以上にならないよう，十分に換気する
	挿し芽	新芽の先端5～7cmを挿し穂として採取し，本葉2枚程度をつけて調製する。無病の育苗用土を充填した200穴または128穴のセルトレイに挿し芽し，間欠ミスト下で育苗する。定植適期は，セルの根鉢が崩れなくなる2～3週間後である	発根剤を用いるさいは，IBAの0.2％液に挿し穂基部を瞬間浸漬する
本 圃	圃場の準備	連作圃場では土壌消毒を行ない，十分なガス抜きを行なっておく。施肥量は10a当たり窒素28kg，リン酸25kg，カリ25kg程度とする。施肥後にうね立てし，降雨後にマルチ被覆しておく	地温抑制のため白マルチを用いる
	定 植	10月開花作型では6月上中旬に，11～12月開花作型では6月下旬～7月中旬に定植する。うね幅120～130cm，条間36～40cm，株間9～12cmの2条植えとする	
	摘 心	定植苗の活着を待って，10～14日後に本葉5枚程度を残して茎先端を摘心する	
	整枝・下葉かき	摘心後分枝が20～30cm程度に伸長した時期に，株当たり4～5本を目安に整枝する。これ以降，下位節から伸びた弱小枝や黄変の見られる群落内部の下位葉などは随時，摘除する	
	病害虫防除	親株，育苗後期および定植後1か月までの薬剤防除により，本圃への病害虫持込みを最小限とする。ネットハウス栽培では，被覆後も被害発生に注意し，少しでも被害があればすみやかに薬剤防除する。ハダニ類および白さび病は予防散布を心がける	
	収穫・調製	頂部のもっとも開花の進んだ頭花で，花弁が伸長して円錐形になったころに収穫する。収穫後は必ず水揚げしたあと，70～80cmの切り花長に調製して箱詰め，出荷する	降雨後に収穫した切り花でも，水揚げは必ず行なうこと

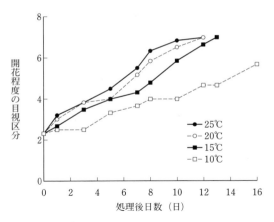

第11図 蕾切り花の開花処理による開花程度の
進行（露地栽培，10月咲き品種：金秀）
開花程度の目視区分は，以下の基準によって行なった

開花程度	花房の開花状況
0	膜切れしている頭花なし
1	膜切れしている頭花が1個以上
2	膜切れしている頭花が3個以上
3	舌状花が総包片から伸び出した頭花が1個以上
4	舌状花が伸びて円錐状になった頭花が1個以上
5	舌状花が直立し花心が見える状態の頭花が1個以上
6	舌状花が花心より外側に開いた頭花が1個以上
7	舌状花が花心より外側に開いた頭花が3個以上

収穫・調製 頂部のもっとも開花の進んだ頭花で，花弁が円錐形となるころに収穫する。収穫後は夏秋ギクと同様，できるだけ早く調製作業を行ない，日陰で2～3時間以上水揚げする（第8表）。11月下旬以降，年によっては急激な気温低下によって開花が著しく遅延する場合がある。こうした場合には，やや固切りの状態で早期に蕾期収穫し，2～3％程度のショ糖と抗菌剤を含む処理液を用いて20℃前後の室内で開花させると，計画出荷と品質改善が可能である（第11図）。

③作期と技術ポイント，問題点

この作型では，1品種当たりの開花期間が短いため，きわめて多くの品種が利用される。これに対して少数の品種を用いて電照抑制すれば，同一品種での長期安定出荷が可能となり，今後の普及が期待される。しかし，露地での電照抑制栽培では花房型の変化や奇形花の発生，葉色の変化など問題を生じる品種も少なくないため，栽培地の環境条件での予備試験を行なってから利用すべきである。また，11月下旬以降に開花させる作型では，切り花品質を安定させる意味で，無加温ハウス栽培を基本と考えておく必要がある。

執筆 仲 照史（奈良県農業研究開発センター）
2016年記

参 考 文 献

川田穣一・豊田努・宇田昌義・沖村誠・柴田道夫・亀野貞・天野正之・中村幸男・松田健雄．1987．キクの開花期を支配する要因．野茶試研報A．1，187—222．

川田穣一・船越桂市．1988．キクの生態的特性による分類．農業及び園芸．63，985—990．

国本佳範・小山裕三・印田清秀・平浩一郎・平冨勇介．2008．超簡易露地圃場ネット被覆法の開発．奈良農総セ研報．39，1—4．

仲照史・角川由加・前田茂一．2008．夏小ギクの半促成5月開花作型における挿し芽苗と暗期中断電照による品質改善．奈良農総セ研報．39，17—24．

岡田正順．1963．菊の花芽分化期および開花に関する研究．東京教育大学農学部編要．9，63—202．

角川由加・仲照史・前田茂一．2007．暗期中断およびエセフォン処理による小ギクの開花抑制程度の品種間差異．奈良農総セ研報．38，47—51．

虎太有里・仲照史・辻本直樹．2016．10—11月咲き小ギクの電照処理による11月継続出荷技術の開発．園学研．15（別1）．402．

山中正仁・玉木克知・水谷祐一郎・宮谷喜彦・竹中義之・仲照史．2013．小ギクつぼみ期収穫切り花の開花処理における処理液の組成が開花および品質に及ぼす影響．兵庫農技総セ研報．61，12—19．

極暖地の技術体系

(1) 主要品種の特性

 極暖地とはおおよそ鹿児島県南部の諸島群と沖縄県全域にあたる。この地域の小ギクのおもな出荷時期は12〜4月であり、温暖な気候（第1，2図）を生かした露地栽培と、電照を用いた開花調節が特徴である。とくに年末と3月彼岸は物日にあたり、本地域は責任産地として短期間に大量に出荷が求められる。そこで用いられる品種は、1) 電照による花芽分化抑制が可能な秋ギクであること、2) 低温や低日照条件でも伸長性がありロゼット化しないこと、3) 花芽分化がスムーズかつ開花揃いが良いこと、4) 露地栽培であるため、長雨、低温が誘発する病気や飛来する害虫への耐性が高いこと、5) 以上を備えつつ、さらに市場ニーズに合うものが選定されている。

 主要品種の特性は次のとおりである。

①沖の乙女

 花色は濃赤紫で草丈伸長性に優れ、秀品率が高い。茎は剛直で赤みを帯びている。開花揃いが良く一斉収穫が可能である。到花日数は、12月出荷型で約49日、3月出荷型で約53日である。花数が少ないので再電照してボリュームをつけることが望ましい。マメハモグリバエの被害が少ない。二度切り栽培が可能である。水揚げ、花持ちも良い。葉は濃緑色の照り葉で、葉質は良い（第3図）。

②太陽の金華

 花色は濃黄色で小輪、輪数が多く、濃い黄色と枝ぶりがきれいなボリュームの出る品種である。季咲きは11月上旬の秋ギクである。立枯れに強く、開花揃いも良い。肥料切れすると黒斑病、褐斑病が発症するため、肥料切れ、水切れがないように管理する。11月下旬〜4月出荷作型に適する。低温期も到花日数はずれない（第4図）。

③琉のあやか

 花色は赤色で、季咲きは11月中旬の秋ギクである。立枯病や黒斑病・褐斑病などが少な

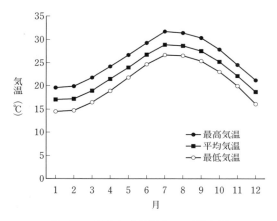

第2図 極暖地（沖縄県）の平均気温
気象庁統計，那覇市：1981〜2010年平均値

第1図 露地電照栽培のようす

第3図 沖の乙女

第4図　太陽の金華

く，病害には比較的強いと思われる。4月でも花色が薄くなりにくい。低温期2～3月の開花作型では花揃いが良いため3月彼岸期の作型に適している。一方で，夏場の親株養成時や12月作型などでは葉の黄白化が発現するため，高温期の作型には適さない。消灯時の草丈が40cm以上で再電照を行なうと二重分枝になりやすく，草姿バランスが悪くなるので注意が必要である。

④太陽の南奈

花色は濃い赤で，季咲きは10月下旬の秋ギクである。花弁は立ち弁で花型が崩れにくい。立枯れに強く，開花揃いも良い。低温期も到花日数はずれない。アザミウマ類，マメハモグリバエに弱い。11月下旬～4月出荷作型に適する。

⑤つばさ

花色は純白で，季咲きは10月下旬の秋ギクである。根が強く，立ち本数が多くボリュームの出る品種である。少々伸長性が悪いが，開花揃いは良く，花持ち，葉持ちに優れている。11月下旬～4月出荷作型に適する。

⑥みさき

白色の品種で，季咲きは11月中旬の秋ギクである。花色は純白で緑芯，市場評価が高い品種である。草丈伸長に優れ，茎は剛直で生育旺盛である。萌芽数が多いため，苗確保が容易である。電照反応が早い。注意点としては，咲き足が速いため，切り前に注意が必要である。また，夏場の親株養成時や12月作型など高温期には葉が黄化する。

⑦沖のくがに

花色は鮮橙黄色。花弁は短く，小輪多花性である。開花揃いは良く，一斉収穫が可能である。葉色は濃く，伸長性に優れている。再電照の効果は出やすく，切り花のボリュームに優れるため平張施設栽培に適している。マメハモグリバエの被害は少ない。

⑧金　秀

花色は濃黄色で茎は強く生育旺盛，草丈伸長は中程度である。摘心後の萌芽性，開花揃いが良い。花数が少ないため，再電照によってボリュームをつけることが望ましい。二度切り栽培が可能である。高温期の出荷で黒斑病，褐斑病が多い。ハダニに注意が必要である。

(2) 開花期，収量，品質を支配する要因と技術対応

本地域では露地栽培を基本とすることから，光や気温，風雨など環境による影響を受けやすい。とくに生育期にかかる7～10月は台風通過時期にあたり，暴風雨や塩害などの影響を必ず受ける。また，周年を通じて温暖な気候であることから病害虫の発生が多いことも特徴である。

①強光，高温の影響と対策

本地域における夏場の直射光量や紫外線量は非常に高く，温帯植物のキクには厳しい環境である。夏場の高温は親株の萌芽に影響を与え，必要な量の挿し穂が得られない場合がある。この対策として，本地域で利用される品種は夏場の萌芽性があることが条件となっている。

安定生産を行なう対策として，9月中旬までは30％程度の遮光ネットの設置を推奨している。遮光ネットは露地ならばアーチ型のパイプを挿し，パイプの上から被せて設置する。

②台風の影響と対策

本地域で栽培するには台風の遭遇は避けられない。台風は強風による葉茎の被害だけでなく，通過後に風の向きが逆となり，何も対策が施されていない露地での栽培では，この動きに

よって株ごと左右に動かされ断根や茎折れが発生する。茎折れや断根箇所からは病原菌が侵入し立枯れ症状が発生し，ひどい場合には全滅に至る。

本地域では事前対策として，親株や定植直後の株では防風ネットを用いて「べたがけ」による株の固定を行なう。葉にはスレや裂傷が起きるが株の動きが抑えられ，その後の萌芽からの回復が期待できる。伸長している場合には支柱の上から防風ネットを被せ，裾をピンなどで止める「うきがけ」により風力を弱めることで，葉茎の被害を抑え出荷に結び付ける（第5図）。

台風は暴風だけでなく，海水を巻き上げ植物に吹き付けながら進む。台風通過後は急速に天候が回復する場合が多く，植物体に付着した塩分によって塩害が発生する。対策としては台風通過後，天候が回復する前に塩分を洗い流すため散水を実施し，その後，殺菌剤の灌注および液肥の葉面散布を行ない，傷からの病害被害の発生抑制と早期の樹勢回復を促す。

台風は長期間の雨をもたらす場合も多い。低い土地の圃場では作物が水没する場合もあり，事前の対策として排水路の整備や高うねを行なう。

台風ほどではないが，沖縄地方では12月以降10～15m/sの強い季節風が吹くため，露地栽培で茎の曲がりが発生しやすい。そのため，13cmマス目のフラワーネットを用い，1マスに1本定植，さらに摘心して1マス3本の高密度で生育させている。フラワーネットは2mごとに支柱でガッチリと固定し，圃場の周囲には防風ネットを設置している。

③病害虫の影響と対策

本地域は露地栽培であるため，風雨による外傷や周辺植物からの虫の飛来が周年発生するため病害虫の被害を受けやすい。そのため予防態勢が必要で，10日に1回程度は定期的に防除する必要がある。沖縄県の代表的な害虫，病気とその被害および対策を紹介する。

ウスモンミドリカスミカメ　成虫が生長点の部分を吸汁加害することにより，加害部が固くなる，曲がる，心止まり（ピンチ状態）を起こ

第5図　露地栽培における台風対策事例
伸長した株はうねごとに防風ネットを「うきがけ」する

す。草姿が著しく悪くなる。周辺部から飛来してくるため，薬剤散布の防除効果が得にくく，場所によっては高頻度の防除が必要である。

アザミウマ類　本地域では8種類のアザミウマが報告されているが，そのなかでクロゲハナアザミウマが高頻度で分布している。葉では加害部がケロイド状になり，ひどい場合は奇形化する。花弁では加害部が脱色して白や黄色の品種は黒ずみ，赤やピンクの品種は斑紋が入ったように見える。

クロゲハナアザミウマの成虫，卵は薬剤の感受性が高いが，本圃の栽植密度では，内部の葉裏まで十分な薬液が届かないため，親株からの防除と定植時の粒剤利用，定期的な農薬散布で常に低密度にコントロールする防除が必要である。

マメハモグリバエ　成虫が葉に産卵し，孵化後葉内を食害する。成虫の産卵や幼虫の食害の痕が外観を大きく損なわせる。定植時の粒剤の施用，葉の内部への浸透移行性のある農薬，脱皮阻害の効果のある農薬による定期的な防除が必要となる。

立枯病　糸状菌が原因で発生し，本地域では6月から10月ころまでが発生しやすい温度条件となっている。とくに6月は梅雨時期にあたり，長雨によって親株で発生した場合，その後の作付け計画に影響を及ぼす。耐病性のある品種の導入や太陽熱消毒の実施などで対応している。

黒斑病，褐斑病　葉に発生する。罹病葉上に

形成された柄子殻で越冬し，翌年度の伝播元となっている。降雨によって跳ね上がり，下葉に感染して伝播していく。圃場では殺菌剤の散布だけでなく，マルチを使う，下葉を除去するなどの対策がとられている。

白さび病　葉，萼，茎，ときに花弁にも発生する。春から初夏にかけての発生が多い。高温に弱いことが報告されているため，本地域で越夏させた親株から採穂していない挿し穂を利用するさいは，殺菌などを十分に行なってから利用する。

④平張施設による台風・害虫対策

本地域の栽培は施設を用いず，無加温で低コストに栽培できる露地栽培が基本であるが，12月出荷作型では生育期間が台風襲来時期の8～10月にあたり，安定的な出荷ができないことが課題であった。

そこで，圃場全体をネットで囲み，風を弱めて農作物を守る施設が考案された。この施設の効果は高く，露地栽培ではほぼ全滅するような台風の風速でも，本施設ではネットに近いところがややダメージを受ける程度で十分出荷可能であり，安定生産に大きく寄与した。当初はさまざまな形状があったことから農作物被害防止施設として事業導入され普及していったが，その後仕様が統一され「平張施設」という名称で普及している（第6図）。

平張施設は，基礎石を用いずに角パイプの支柱を打ち込む方式で建てられている。支柱は3m間隔で設置し，側面と屋根面が平面の鉄骨の枠組みをつくり，筋交いや方杖などの補強を行なう。最後に，枠組みの天井面と側面に耐久性の高い防風ネットが設置される。ネットの目合いは，天井面1mm，側面0.6mmが一般的である。雪の降らない本地域では，常時設置のままで施設の耐用年数は5年となっている（ネットは2～3年程度）。

平張施設のメリットとして11～12月の安定出荷体系が確立されている。さらに，収穫株からの二度切り栽培も実施され，生産性の向上が図られている。平張施設は圃場の形状に沿って建設することができ，圃場利用率が高いことも特徴である。建設費用は，風を遮蔽して農作物を守るH鋼材ハウスの場合と比較して4分の1以下である。

また，害虫対策としても大きな効果を発揮している。側面のネット目合を0.6mmとし，ヨトウ類，カメムシ類，マメハモグリバエの成虫の侵入を防止しているため，これらの害虫被害の抑制による品質向上や農薬散布回数の軽減による省力化が図られている。

デメリットとしては，ネットが遮光として働き，かつ風が弱まることから，同じ品種でも露地栽培に比べ徒長ぎみに生育しボリューム不足が懸念される点がある。この対策としては，平張施設でもボリュームが低下しにくい品種の選定が行なわれている。また，平張施設は風の侵入を抑えることから気温と湿度が上がりやすく，夏場の作業者への負担が大きい。そこで近年の平張施設では，側面のネットに巻上げ機をつけ，作業時の負担軽減を図る工夫がなされている。

沖縄県では鉄骨を用いた平張施設だが，鹿児

第6図　平張施設の外観（上）と内部（下）

島県では，より低コストで設置できる木柱による平張施設が利用されている。

(3) 生育過程と技術

①親株養成

基本的に自家生産を行なうため，親株選抜は本圃場の開花時に開花揃い，ボリュームを確認しマーキングしておく。本圃終了後，選抜した株から採穂して親株とし養成する。年末～1月出荷作型では5月下旬，2月出荷作型では6月下旬，3月出荷作型では7月下旬を目安に，切り花栽培面積の10分の1の面積の親株圃場を設置する。

本地域の親株養成時期は，高温，干ばつ，台風による豪雨，暴風が発生するため，農業用水の確保が容易で排水が良く，台風への対策ができる圃場が必要である。電照は6～8月は長日高温により花芽分化が抑制されるので本来必要ないが，品種によっては老化などで柳葉が発生するので通年電照とし，3時間程度の暗期中断を行なっている。15～18cm間隔で定植し，活着後は2～3回摘心を繰り返すが，老化を防ぐために摘心は20日前後間隔で早めに行ない，最終草丈を30～40cm程度に維持する。摘心と同時に300倍液肥で追肥し萌芽を促す。

②育苗

挿し芽は台風襲来時期の7月から始まるため，防風強度のあるハウスで育苗が行なわれる。平床による発根苗が多いが，セル形成苗も利用される。また，圃場条件の良い場所では，育苗を行なわない直挿し栽培も行なわれている。

挿し穂は，手で容易に折れるほど軟らかく充実したもので，展開葉3枚程度，長さ5～7cm，茎の太さが揃ったものを用いる。採穂2～3日前に殺菌剤および殺虫剤の散布を行なう。採穂は，涼しい朝夕に行なう。

平床の発根苗，セル形成苗 挿し穂は殺菌剤と発根剤の溶液に浸漬して，苗の腐敗防止と発根促進を図る。平床は作業しやすい高さにつくり川砂などを敷き詰め，挿し穂を3cm×3cm程度で1m^{2}当たり600本程度を挿す。セル形成苗は200穴トレイと専用培土を用いて行なう。育苗期間は約2週間であるが，十分な発根が確認できるまで育苗する。平床の苗は根を傷つけないように掘り上げたものを利用する。セル形成苗はセルが独立しているため均一に灌水しても外側の苗が乾燥しやすいので，外側の苗にはたっぷりと灌水する必要がある。また，定植時期の調整として，苗冷蔵を行なうことで定植を2週間程度ずらすことができる。

遮光，電照 年末から2月出荷の作型では，挿し芽時期は高温期になるので60％程度の遮光（外部黒2mm＋内部黒2mm）が必要となる。10月以降は外部黒2mmカーテンをはずす。電照は6～8月は長日高温により花芽分化が抑制されるので本来必要ないが，品種によって老化などで柳葉が発生したりするので通年電照とし，3～4時間程度の暗期中断を行なっている。

③本圃

圃場準備と定植4月の出荷が終わった圃場を片付けたあと，サブソイラーなどによる深耕やソルゴーなどの緑肥すき込み，土壌消毒を行なう。圃場は定植2週間前までに植付け準備を行なう。10a当たり堆肥3,000kg，化成肥料200kg（窒素成分量30kg），油かす150kgを施し耕うんする。うね幅140cm，通路50cmのうねを切り，高さは10～15cmの平うねとする。キクは3日冠水すると根腐れ，生育不良，枯死などが発生するので，排水の悪い圃場では20～25cmの高うねとする。

次いで13cmの6～7目のフラワーネットを張る。風や雨による倒伏のないように，2～2.5m間隔に支柱を入れる。除草対策として黒マルチ，または除草剤の散布を行なう。フラワーネットのマス目に沿って定植するが，全マス定植では密植となるため中2マスあけ，または中2マスを千鳥植えとし，10a当たり18,000～24,000株定植する。定植後は十分に灌水する。

年末から1月にかけての出荷作型では夏季高温強光下での定植になるので，寒冷紗などで遮光を行なう場合もある。

直挿し栽培 直挿しは，輪ギクやスプレーギクで確立されている方法であるが，本地域では

小ギク　技術体系と基本技術

第1表　技術・作業の実際（沖縄県小ギク電照栽培，2〜3月出荷）

	作　業	作業・管理の実際	注意点・補足
親株養成	母株の選定	切り花収穫前に形質の揃った株を母株として選定する	品種特性である花色，草姿，草丈伸長，開花揃いおよび病害虫抵抗性などに注意する
	選抜株の管理	切り花収穫後，茎を切り詰め，病葉，枯葉を除去する。中耕，除草後に液肥を300倍で追肥する	
	農薬散布	育苗床に病害虫を持ち込まないように，採穂前日に薬剤散布	害病虫はアザミウマ類，マメハモグリバエ，ダニ類。病害は黒斑病，褐斑病を中心に防除
	挿し芽	挿し穂は5cmに調製する。平床育苗は3cm間隔で挿す。トレイは200穴トレイを用いる	育苗施設は60％遮光，採苗圃1a当たり2,000本程度の苗が必要。挿し穂後は十分に灌水
	灌水管理	ミストで自動灌水。散水間隔は30分に10秒とする	発根開始後は灌水間隔を広げる
	土壌消毒	親株圃場は管理が便利で水はけの良いところに設置し，土壌消毒を行ない定植を待つ	土壌消毒に薬剤を用いるときはガス抜きを十分に行なう。台風対策のしやすいように準備する
	定植準備	基肥に10a当たり堆肥3t，化成肥料200kg，油かす150kgを施す。うね幅140cm，通路50cmのうねを切る	高温期であるため，黒のポリマルチは避ける
	定　植	定植間隔は15〜18cmとする。定植後は十分に灌水し，活着まで2日間隔で灌水	高温期であるため苗の活着までは寒冷紗などで遮光
	摘　心	活着と同時に摘心し，その後は20日間隔で2〜3回摘心を繰り返す	摘心は浅く行なう。最終摘心は本圃挿し芽の25日前
	追　肥	摘心後に液肥300倍で追肥	
	電　照	8月から電照を開始。挿し芽床も同時に行なう	深夜電照
本　圃	育苗管理	親株養成に準じる	10a当たりの苗数は1.8〜2万本必要で，苗床面積は30〜50m2必要である。冬期のミスト散水間隔は60分に10秒。冬期の遮光は40％程度
	圃場準備	基肥に10a当たり堆肥3t，化成肥料200kg，油かす150kgを施す。うね幅1.4m，通路50cmのうねを切る。黒またはシルバーポリでマルチ。フラワーネットを張る	13cm×13cm 6〜7目のフラワーネットを用い，支柱は2〜2.5m間隔に入れる
	電照準備	電柱は4m，電球の間隔は3mとして配線する。電線はキクの生育に合わせて上げていくのでたるみをもたせる	照度を25lx以上保つように注意
	定植準備	フラワーネットの目に沿って定植するが，6目のうち中2条あけまたは千鳥とする	年末出荷作型の定植時期は高温期で，日中の日射が強いので注意
	電　照	電照は定植と同時に行なう。電照時間は自然日長を考慮して決める	電照中断がないように，毎日電球およびタイマー音点検をする
	摘　心	活着と同時に浅く摘心	平床育苗は10日，トレイ育苗は1週間で活着する
	追　肥	摘心時と消灯時に液肥300倍で追肥	消灯時の追肥には緩効性肥料は使わない
	整　枝	摘心後3週間目に整枝	生育の揃った側枝を2〜3本残す
	ネット上げ	キクの生長に従ってネットを上げていく	キクの上部20cmが，常にネットの上にあるようにこころがける
	薬剤散布	定期的に防除	防除効果の高い農薬を選び，濃度も考慮する
	消　灯	摘心後9週間をめどに消灯	品種の草丈伸長性，到花日数を考慮する
	摘芽，下葉除去	下部から発生する側芽の除去，下葉を20cm程度除去する	側枝はよく日の当たる側に発生しやすい。跳ね上がりによる病気の抑制のため，整枝以降に下葉を除去する
	収穫・調製	2〜3輪の蕾が着色時に収穫し，水揚げ後，出荷基準に基づいて選別，10本ずつに結束する。1箱20束（200本）で箱詰めする	濡れた葉茎は完全に乾かす。水揚げを4時間以上行なう

露地栽培（平張施設を含む）の小ギクで行なわれている。圃場条件としては，水の使用量が通常の1.2～1.5倍必要になるため，農業用水の確保が容易で，かつ排水性の良いことが必要である。

充実し揃った挿し穂を用いて殺菌後，切り口を下にしてトレイに立てた状態で穂冷蔵を20日間実施する。その後45％遮光した常温のミスト室で，トレイのまま4～5日管理すると発根開始の状態となる。この段階で，十分に灌水した圃場に深さ2cmで挿し芽を行なう。定植後のビニール被覆などはかえって生育不良をまねくため行なわない。灌水間隔は，マイクロスプリンクラーによる頭上散水で30分ごとに2～5分間，通常のスプリンクラーで3時間ごとに60分間実施する。夜間は実施しない。定植から10～14日で活着する。活着後は摘心を行ない，緩効性肥料をうねに散布し，徐々に灌水回数を減らし通常管理に戻る。

発根苗よりも根張りが良く，大幅な育苗コスト削減と省力化が図れるため，実施可能な圃場で普及している。

④生育中の管理

摘心，整枝，追肥 平床の発根苗は活着まで10日程度を要し，トレイ育苗の苗は1週間程度で活着する。活着と同時に浅く摘心し，300倍の液肥で追肥し萌芽を促す。摘心が遅れたり深く摘心したりすると萌芽数が少なく，側芽の生育が不揃いとなり切り花収量，品質の低下をまねく。

摘心3週間後に整枝を行なう。生育の揃った側枝を2～3本残し，ほかの側枝をかきとる。生育の旺盛な側枝から残すと，他の側枝の生育が抑制されるので注意が必要である。また，整枝が遅れると密植状況となり下葉が枯れ上がり，茎が細くなって切り花品質，収量が低下する。

フラワーネットはキクの生育とともにこまめに上げ，倒伏による茎曲がりのないように注意する。消灯時に速効性の液肥で追肥を行なう。緩効性肥料での追肥は，肥料の後効きで品質低下をまねき，とくに4月出荷作型では栄養枝の発生を誘起するので注意する。

電照 花芽分化を抑制して切り花長を確保するために電照を行なう。電照施設は定植前に準備し，定植と同時に電照を開始する。電照方法は暗期中断で23：00～3：00の4時間が一般的である。電球はおもに農業用白熱電球（71～75W）が用いられ，電柱間隔4m，電球間隔3m，高さがうね面より1.8～2m程度に設置されている。

キクは，3日間の短日で内的に花成誘導され，1週間で花芽の形態分化が始まる。台風災害などで電照が中断された場合，2日以内なら問題はないので電照を再開してもかまわない。このためには，電照期間中は3日間に一度は正常に点灯しているか確認をしなければならない。

新たな光源として，キク栽培用の電球形蛍光灯やLED電球の導入が試みられているが，ほとんどが施設内での栽培を想定してつくられているものであり，屋外では浸水や錆が発生し使用できる製品はほとんどない。

小ギクの再電照 小ギクの再電照技術は，輪ギクとは異なりシュート当たりの着花数を多くするボリュームアップの技術である。まず3～4日間消灯し，その後再点灯を14日間行ない，最終消灯を行なう。はじめの消灯によって内的に頂芽の花成誘導がなされ，頂芽優勢が崩れる。その後再電照を行なうことで上位2～4節の側芽が伸長する。最終消灯で側枝それぞれの頂芽を花芽分化させる。この再電照によって，上位3本の側枝に揃って着蕾させることができる。この方法により，有効花蕾数が通常より多くなりボリュームアップを図ることができる。

花芽分化誘導は気温に影響され，最初に必要な消灯期間に品種間差がある。短すぎると花芽が分化せず，長すぎると側枝の発生が多くなり開花が揃わず，草姿も乱れる。また，消灯時の気温が高すぎても低すぎても，花芽の分化発達がスムーズに行なわれない。品種，出荷時期によって必要な草丈や消灯期間，再電照期間が異なるので，目安として第2表を参考に調整する。品種によっては主茎の頂花が柳芽となる品種もあるが，開花するものは除去して側枝の蕾で開

第2表 主要品種の消灯時草丈，再電照日数の目安と到花日数

品　種	作型	最終消灯時草丈（cm）	再電照の目安		到花日数（日）
			消灯日数	点灯日数	
沖の乙女	年末	35〜45	4	10〜18	42〜50
	彼岸	35〜45	4〜5	10〜18	45〜50
太陽の金華	年末	40〜45	3	12〜14	46〜48
	彼岸	40〜45	3	12〜14	47〜50
太陽の南奈	年末	40〜45	3	14	40〜43
	彼岸	45〜50	3	14	42〜45
つばさ	年末	45〜50	4〜5	12〜16	40〜43
	彼岸	45〜55	4〜5	16	43〜46
みさき	年末	35〜40	3〜4	12	46〜48
	彼岸	40〜45	3〜4	12	46〜48
沖のくがに	年末	35〜40	なし	なし	47〜48
	彼岸	35〜40	なし	なし	48〜50
秋芳	年末	45〜50	4	12〜18	43〜46
	彼岸	45〜60	4	12〜18	45〜52
金秀	年末	40〜45	3〜4	14	45〜47
	彼岸	40〜45	3〜4	14	53〜58
沖の紅寿	年末	40〜45	4〜5	12〜16	45〜53
	彼岸	40〜45	4〜5	16	48〜58

第7図　一斉収穫のようす

第8図　調製作業のようす

花を揃えて出荷する。

⑤収穫，調製，出荷

本地域の小ギク栽培は正月や彼岸などの大量需要に対応する。収穫，調製，出荷作業はキクの労働時間のなかでも大きいため，省力的な収穫方法や調製，出荷技術が導入されている。

一斉収穫　本地域では秋ギクを用いた電照栽培が行なわれているが，利用する品種は安定した到花日数と開花揃いが必要条件となっている。同じ時期に消灯を行なった圃場では開花状態がよく揃っているため，稲刈り用のノコギリ鎌を使い稲刈りのように収穫する（第7図）。収穫したキクは収穫布に束ねられる。一度に大量の収穫を行なうため，トラックの荷台にビニールシートでプールをつくり，そのなかに収穫物を立てて入れ，吸水させながら次の収穫を続ける。

省力的な収穫方法として，株元を刈り払い機で切り，回収する方法もある。また，研究機関によって小ギクの一斉収穫機も開発され，従来の作業時間の半分程度に省力化できることが実証されている。

調製，出荷　収穫されたキクは収穫布ごと貯水槽で4〜6時間給水させ，その後調製作業が行なわれる（第8図）。本地域では草丈75cmを基準とし，下葉を20cm除去した状態で人力による2階級（L, S），重量選別機にて3階級（L, M, S）の選別方法が一般的である。一斉収穫のため開花が揃わないものや病害被害のあるもの，再電照によるボリュームアップができていないものも混じっているが，この段階で選別される。本地域は消費地から遠いため，やや硬めの蕾が揃った状態での出荷が必要とされる。選別されたキクは上部を揃えて10本ごとに束ねられ，1ケース20束（200本）で箱詰めされ出荷される。

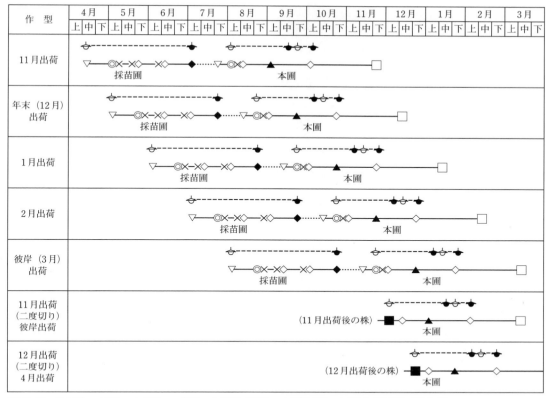

▽挿し芽, ◎定植, ×摘心, ◇追肥, ▲整枝, ◆採穂（冷蔵）, ⚊電照点灯, ⚋消灯, □収穫, ■台刈り

第9図　小ギクのおもな作型（沖縄県）

近年では，長さ調製，下葉とり，重量選別，10本ごとの結束までを一度に行なえる花ロボの導入が増えており，調製・出荷作業の省力化が図られている。また，地域によっては花ロボ利用による共同選別が実施され，調製・出荷作業の分離による生産性の向上が図られている。

(4) 作期と栽培ポイント

極暖地（沖縄県の場合）の作型と栽培のポイントは次のとおりである（第9図）。

① 11～1月出荷作型

育苗，定植とも高温期であるため，遮光や灌水管理に十分留意する。また台風襲来期でもあり，平張施設を用いない場合は，台風対策資材などはあらかじめ準備すると同時に，台風対策および台風通過後の管理に万全を期する。12月以前の収穫切り株を用いての二度切りが行な

える。

② 2～3月出荷作型

低温期の栽培であり，低温によって再電照効果が得にくい場合があることや開花が遅延することがあるので，品種の選定に留意する。曇天の日が多く日照が少なくなり，下葉が枯れ上がったり，茎が細くなったり，ボリュームが乏しくなったりするので，栽植密度を広げ，仕立て本数を少なくして，光を十分に確保する。3月の彼岸出荷作型では降雨が多いため，切り花が蒸れないように十分に乾かしてから箱詰めする。

③ 3～4月出荷作型（二度切り）

11～12月の出荷後の切り株に対して再度電照を行ない，萌芽させ3～4月に出荷する作型である。植替えを必要としないため，面積当たりの収量は多くなるが，不揃いの萌芽を放置し

ておくと生育が遅れ品質が下がるため，適宜整枝を行なう必要がある。また病害虫が発生しやすいため，十分な管理が必要である。4月出荷作型は需要期から外れるため，出荷制限が行なわれる場合があり計画的に実施する必要がある。

　執筆　渡邊武志（沖縄県農林水産部）
2016年記

小ギク
生産者事例

福島県相馬郡新地町　川上　敦史

〈小ギク〉8〜9月出荷

露地電照栽培で夏秋需要期の計画生産

―電照反応性の高い品種を用いて同一品種で8, 9月連続出荷―

1. 経営と技術の特徴

(1) 川上さんの経営概要

　川上さんは，福島県の北東部，浜通り地方の最北端に位置する新地町で，高祖父の代（明治時代）から続く，ヒノキ・スギなどの樹木苗を生産・販売する種苗園を営んでいる。大学を卒業後，2007年に家業を継ぐかたちで就農した。就農当初から数名を雇用していたが，樹木苗の農繁期は3〜5月および10〜11月であり，そのほかの時期にも継続して雇用することが課題であった。また，樹木苗の需要は公共工事に依存する割合が大きく，年次間差があるため，長期的には不安定であると感じていた。

　新地町は約60年前から生産が行なわれている夏秋小ギク産地であり，樹木苗との複合経営として小ギク生産に着目した。小ギク栽培を経営に取り入れることにより，雇用の安定確保に加えて経営の多角化，すなわち樹木苗生産との組合わせによる安定した収入の確保も見込まれた。これらの理由により，2012年度から小ギク栽培に着手した。

　樹木苗の栽培面積は3haであり，年間でおおよそ30万本生産している。小ギクの栽培面積は7月咲き20a，8月咲き27a，9月咲き18aの合計65aである。年間のおおよその労力分配は樹木苗：小ギク＝7：3となっている。

■経営の概要

経営　樹木苗生産＋小ギクを中心とした切り花生産

気象　年平均気温12.8℃（4か年平均），8月の最高気温の平均28.2℃（5か年平均），1月の最低気温の平均−1.5℃（5か年平均），年間降水量1,359mm（4か年平均）

土壌・用土　埴壌土・耕土30cm

圃場・施設　露地圃場約3.7ha，ビニールハウス4.3a（5.4×40m×2棟）

品目・栽培型　ヒノキ・スギなどの樹木苗，夏秋小ギクなど切り花

苗の調達法　小ギクは購入（電照栽培用）および自家増殖（慣行栽培用）

労力　家族（本人，母親），常時雇用1名，臨時雇用4名

(2) 電照栽培の導入経緯

　川上さんが小ギク栽培を開始した2012年度は，近隣の生産者同様，自然開花期の異なる多品種を組み合わせたリレー生産を行なっていた。しかし，気象によって開花期が変動するため計画的な作業ができず，さらに，高単価が見込まれる需要期の出荷が一部しかできず，安定出荷が困難であることに頭を悩ませていた。

　そのような状況のなかで，東日本大震災の復興事業である「食料生産地域再生のための先端技術展開事業（周年安定生産を可能とする花き栽培技術の実証研究）」において，福島県農業総合センター（以下，福島農総セ）および農研

機構野菜花き研究部門が中心となり，夏秋小ギクの電照栽培による安定生産の実証試験が実施されることになった。そこで2013年度から川上さんが実証試験協力者として，電照栽培による需要期計画生産に取り組み始めた。

2. 栽培体系と栽培管理

(1) 電照栽培の方法

①電照栽培による開花調節技術の概要

福島県内の他産地では，自然開花期が需要期の少し前である品種を用いて電照栽培することで，開花時期を遅らせて需要期出荷を目指している事例がある。一方，川上さんは森ら（2016）によって確立された，輪ギクやスプレーギクと同様の品種固有の到花日数を利用した電照栽培技術を活用し，同一品種を用いて8月盆および9月彼岸出荷を行なっている。この方法では，電照反応性が良い品種を利用することが不可欠であり，これまでの選抜試験結果（森ら，2016）および福島農総セでの自然開花期を参考に，'精しらいと'（白），'精こまき'（黄），'精ちぐさ'（赤）を利用している。これらの自然開花期は，岡山県では6月～7月上旬，福島農総セでは4月下旬定植の場合，7月上中旬であり，電照による花芽分化抑制によって，8月および9月需要期の出荷が可能である。

これらの品種では，電照下では花芽分化せず，電照終了日よりただちに花芽分化を開始し，一定の日数（到花日数）を経過したあとに開花に至る。すなわち，品種固有の到花日数を活用することで，開花させたい日から到花日数分逆算して消灯し，計画的な出荷が可能となる。各品種の到花日数は，福島農総セによるこれまでの試験で明らかになっていることから，その結果を基本とし，さらにこれまでの圃場での実際の到花日数の結果にもとづき，消灯日を設定している。

②栽培規模

2016年度の電照栽培面積は8月咲きが10a，9月咲きが7aである。それぞれ同一圃場にあるため，8月咲きが9月咲きの電照の影響を受けにくくなるよう，8月咲きと9月咲きのうねの間は6m以上あけている。今後は，より確実に電照の影響を受けないよう，8月咲きと9月咲きのうね間に遮光ネットを設置する予定である。

③電照方法の実際

電照方法は，100V75W電照用白熱電球（みのりK-RD100V75W/Dパナソニック）を地面から高さ1.8mに設置し，6時間（22：00～4：00）の暗期中断を定植時から消灯日まで行なっている。

電照ケーブル設置本数は，8月咲きは2うねに1本で，電球間隔3m×3mとしている（第1図）。同一品種による8, 9月連続出荷体系では，9月咲きでは8月咲きと比べ電照期間が長く，また時期的に株が花芽分化しやすい状態となり，電照による花芽分化抑制効果が得られにくくなるため，電照の設置間隔を狭くし，照射光量を増やしている。具体的には，圃場の最大電源容量に制限があるため，9月咲きの電照開始時はケーブル間隔は3mとしているが，8月咲きの消灯後にケーブルを9月咲の圃場に移設して，電球を増やし，電球間隔を3m×1.5mとしている（第2図）。

④再電照

沖縄の冬春期の小ギク生産では，ボリュームアップのため再電照による花房形状（フォーメーション）の調節が行なわれている。同様の技術は夏秋小ギクでも可能であることが示されており（Mori et al., 2016），9月出荷の作型では，

第1図　8月咲き電照栽培風景

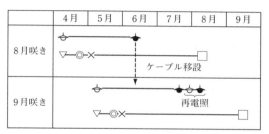

▽挿し芽，◎定植，×摘心，○電照，●消灯，□収穫

第2図　川上さんの電照栽培作型

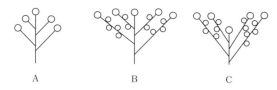

第3図　花房のフォーメーション

上位側枝に分枝を発生させ，花蕾数を増加させることによるボリュームアップを目的として再電照を行なっている。また，フォーメーションは，現在の出荷先市場および実需者と情報交換を行ない，好ましいと評価された上位側枝にボリュームのあるBおよびCを目指している（第3図）。

(2) 開花調節技術

計画的に需要期に出荷すること，また，作業の集中を避けて労力分散を行なうことをねらいとして，消灯日をうねごとやうねを分割して細かく設定している（第4図）。

① 8月咲き電照栽培

電照を終了してから開花するまでの日数は，品種や地域によって異なる。

これまでの川上さんの圃場での栽培結果より，8月咲きの消灯日からの到花日数は，'精ちぐさ'で約43日，'精こまき'で約49日，'精しらいと'で約56日であった。そのため，2016年は需要期である8月上旬（8/2～9）を中心に出荷することを目標に，消灯日を'精ちぐさ'は6月21・23日，'精こまき'は6月

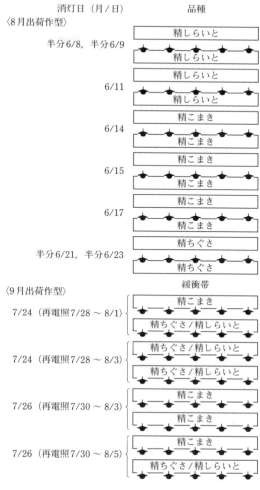

第4図　圃場図および消灯日（2016年）

14・15・17日，'精しらいと'は6月8・9・11日とした（第4図）。それぞれの収穫日は'精ちぐさ'が8月3～9日，'精こまき'が8月2～10日，'精しらいと'が8月4～10日であり，'精しらいと'が若干遅れたが，おおむね想定どおりとなった（第1表）。

また，消灯日を設定するさいに想定した出荷日ごとの出荷本数割合（出荷本数の累計／全出荷本数）の推移も，おおむね想定どおりとなった（第5図）。

② 9月咲き電照栽培

これまで川上さんの圃場および福島農総セで

小ギク　生産者事例

第1表　想定収穫日と実収穫日（2016年度）

需要期	品　種	消灯日 （月／日）	再電照期間 （月／日～月／日）	想定収穫日 （月／日）	実収穫日 （月／日）
8月盆	精ちぐさ	6/21・23	—	8/2～8/8	8/3～8/9
	精こまき	6/14・15・17	—	8/1～8/7	8/2～8/10
	精しらいと	6/8・9・11	—	7/31～8/8	8/4～8/10
9月彼岸	精ちぐさ	7/24・26	7/28～8/1・3，7/30～8/5	9/9～9/16	9/7～9/12
	精こまき		7/28～8/1，7/30～8/3・5	9/9～9/15	9/7～9/14
	精しらいと		7/28～8/1・3，7/30～8/5	9/9～9/16	9/10～9/17

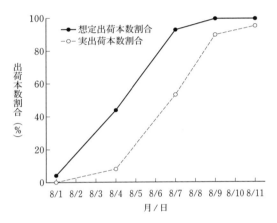

第5図　3品種の8月咲き想定出荷本数割合と実出荷本数割合の推移（2016年度）

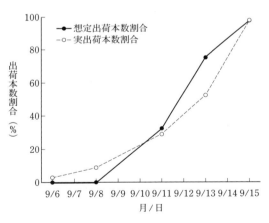

第6図　3品種の9月咲き想定出荷本数割合と実出荷本数割合の推移（2016年度）

の栽培結果によると，9月咲きの消灯日からの到花日数は，'精ちぐさ'で約42日，'精こまき'で約43日，'精しらいと'で約44日であった。そのため，2016年は需要期である9月中旬（9/10～15）出荷を目標に，それぞれの品種で消灯日を7月24・26日とし（第4図），フォーメーション（花房形状）調節のため再電照処理を行なっている。再電照は消灯後4日目より，4日間または6日間としている。収穫日は'精ちぐさ'が9月7～12日，'精こまき'が9月7～14日，'精しらいと'が9月10～17日となり，おおむね想定どおりとなった（第1表）。また，出荷日ごとの出荷本数割合の推移も，ほぼ消灯日を設定するさいに想定したとおりとなった（第6図）。

なお，消灯4日後からの再電照では，再電照期間と同等日数，開花が遅延することが明らかになっているので，再電照を行なう場合には，到花日数に再電照日数を加えて消灯日を決定している。

2016年の9月咲き作型のフォーメーションは，'精ちぐさ'ではA，'精こまき'ではC，'精しらいと'ではBが多くを占めた。再電照により，'精しらいと'では側枝の伸張および花蕾数の増加がはかられ，期待どおりのフォーメーションの調節を行なうことができた（第7図）。しかし，効果には品種間差がみられ，'精こまき'では再電照期間中の花芽分化が完全に抑えきれず，3次分枝の発生が多くなり，'精ちぐさ'では，期待されるフォーメーションとならないなど，品種によって再電照の最適なタイミングが異なっていると考えられた。

現在，出荷先市場からはフォーメーションの指定要望がないため，どの花房形状でも出荷は可能だが，川上さんは，今後フォーメーションの指定要望が出たさいに柔軟に対応できる小ギク生産を行なっていくことも視野に入れ，再電照技術についてはさらに精査していくことを目指している。

③電照栽培の利点と経済性

電照栽培を行なうことによりうねごとの開花が揃うため，1電照区1品種で，おおむね5日間の収穫で終了し，調製の作業性が良くなる。そのため，収穫・調製の時間が通常より減少し，雇用労力の有効活用や計画作業が可能となっている。

電照栽培の経費は，川上さんの事例（8・9月咲き合計17a）では，資材費（白熱電球，ソケット，ケーブル，支柱など）が4万4,000円/年，電力料金（東北電力・深夜電力，未使用月の基本料金含む）が12万6,000円/年である。これら経費には，圃場への電気引き込み工事費用は含んでいない。

川上さんは，電照を行なっていない慣行栽培でも小ギクを生産している。ちなみに，2016年旧盆の単価の高い需要期を含む8月3〜10日の収穫率を比較した場合，慣行栽培（9品種の計）で28％（実出荷本数/定植時見込み収穫本数），電照栽培（3品種の計）で95％（実出荷本数/全出荷本数）であった。電照栽培を行なうためには投資を必要とするが，需要期の計画出荷効果が明確であり，十分に利益につながる技術であると川上さんは考えている。

第7図　再電照の有無による精しらいとの花房形状の比較
左：フォーメーションA，再電照なし
右：フォーメーションB，再電照あり

3. その他の栽培管理

(1) 育　苗

新地町の慣行栽培では，前年の切り下株から発生したシュートを根付きのまま分割し，苗として圃場に定植する方法が主流であった。この方法では，株の管理作業に経験が必要であること，前年株からの病原菌や害虫の持ち込みが発生すること，生育揃いが良くないことなどの問題があった。そのため，電照栽培で使用する苗は，イノチオ精興園株式会社から穂木を購入し，挿し芽を行なうことで，親株管理作業などの省力化をはかっている。購入穂木による切り

小ギク　生産者事例

第8図　育苗中のようす

第9図　見学対応のようす

花生産では，苗由来の病害虫の発生は見られず，生育は良好であり，メリットが多いと考えている。

8月咲きでは4月中下旬から挿し芽を行ない，5月上旬を目安に定植する。9月咲きでは5月上中旬に挿し芽を行ない，6月上旬に定植する。挿し芽は，発根剤を用いて，200穴のセルトレイにメトロミックス培養土を用いて挿す。育苗期間は約20日であり，育苗期間中も6時間（22：00～4：00）の暗期中断を行なっている（第8図）。また，8月咲き作型の育苗は発根を促すため電熱マットを使用する。電熱マットの温度設定は18℃としている。基本的に育苗時の灌水は毎日朝・夕2回行なっている。

(2) 定　植

定植間隔は2条植えの15cm×45cmとしている。マルチは白黒ダブルマルチを用いて，雑草抑制および地温上昇軽減に努めている。

(3) 土壌管理

採花後は，次年度の作付けに備え，緑肥（エンバク極早生品種）を作付けした後，土壌分析とバスアミドによる土壌消毒を行なっている。

4. 今後の課題

電照栽培では，消灯以降の花芽分化・発達は温度の影響も受ける。とりわけ夏秋期には高温による開花遅延が発生しやすい。高温年には到花日数が増加することから，より精度の高い開花調節のためには，栽培圃場で複数年にわたって品種ごとの到花日数（消灯日および採花日データ）を調査し，消灯日を微調整していくことが望ましい。

現在，同一品種による8月盆および9月彼岸の需要期計画出荷を目指した夏秋小ギクの露地電照栽培は，新しい取組みとして注目され，川上さんの圃場には多くの生産者らが見学に訪れている（第9図）。川上さんは，今後も電照栽培による需要期の計画出荷が可能であることを実証していくことで，地域をはじめ地域外へも電照技術を普及させ，需要期出荷が求められている夏秋小ギク産地全体で計画出荷を実現することを目指している。

また品質面でも，より高品質の小ギクを生産し，市場および実需者の信頼を得ることを目指している。そのためにも，より的確な防除を行ない，品質の安定した小ギク生産を行なっていくことが大切であると考えている。

さらに，実需者とも積極的に意見交換し，望まれる規格の小ギクを出荷していきたい考えである。

経営規模については，数年は面積を維持し，栽植密度および圃場内でのうね配置の最適化による収穫本数の増加，すなわち生産性の向上や反収増加をはかり，栽培体系が確立したところでさらに規模拡大することを目指している。

電照栽培技術については，今後年次間差や他品種の電照効果を確認していくとともに，消費電力の少ないLEDに着目し，試験的に使用す

る予定である。
《住所など》福島県相馬郡新地町
川上敦史（31歳）
TEL. 0244-62-2057
執筆　鈴木詩帆里（福島県農業総合センター）
2016年記

参 考 文 献

Mori, Y., K. Sumitomo, T. Hisamatsu and T. Goto. 2016. Effects of interrupted lighting on the spray formation of summer-to-autumn-flowering small-flowered spray-type chrysanthemum cultivars 'Haruka' and 'Subaru'. The Horticulture Journal. 85, 264—271.

森義雄・鈴木安和・山形敦子・村﨑聡・高田真美・矢吹隆夫・横井直人・間藤正美・田附博・永井永久・矢野志野布・小川貴弘・廣瀬信雄・小田篤・中野善公・久松完・住友克彦. 2016. 夏秋小ギクの安定生産に向けた電照栽培用品種の選抜. 園学研. 15, 印刷中.

茨城県笠間市　鶴田　輝夫

〈小ギク〉8〜9月出荷

露地電照栽培で物日に当てる

―露地電照技術と品種選定，土つくりで需要期高品質安定出荷―

1. 経営と技術の特徴

(1) 地域の状況

　笠間市は，茨城県の県央部の比較的平坦地に位置する。東京まで100km圏内で，JR常磐線・水戸線や常磐自動車道・北関東自動車道が交差するなど，交通の便に恵まれた立地である。気象的には年平均気温13.3℃，年間降水量1,350mm，初霜は11月上旬，終霜は4月中下旬である。自然災害としては降雹や晩霜の被害をしばしば受ける地域である。

　笠間市の主要農産物は，普通作物（コメ，ムギ，ダイズ），小ギク，クリなどの果樹類など，また酪農も盛んで多彩な農業が営まれている。花卉類では，小ギクのほかにハナモモやヤナギ類の枝もの，アルストロメリアやガーベラが栽培されている。

(2) 笠間市の小ギク産地

　笠間市の小ギク産地の歴史は，1946年，旧友部町で鶴田輝夫さんの祖父・故徳三郎氏が1株のキク苗を植えたことから始まる。徐々に生産者は増加し，1954年以降，共同出荷の体制が町内各地で整えられた。輸送手段は鉄道による時代，竹すだれに包んで東京まで担いで出荷していた。その後，竹かご出荷の自動車輸送に変わっていった。

　この間，防除手段が手こぎ噴霧器からハンドブラザーに変わり，新品種の導入，土壌消毒の

■経営の概要

経営　小ギク200a（露地180a，施設20a）＋枝もの類（ハナモモなど）50a
気象　年平均気温13.3℃，8月の最高気温の平均30.4℃，1月の最低気温の平均−3.6℃，年間降水量1,350mm，初霜11月上旬，終霜4月中下旬
土壌・用土　腐食質黒ボク土
圃場・施設　鉄骨ハウス20a，育苗用パイプハウス4a，出荷調製施設660m²
品目・栽培型　小ギク：5〜12月出荷（8〜9月出荷の一部で露地電照栽培）
苗の調達法　自家増殖で確保
労力　家族（本人，妻）1.5人，常時雇用3人

実施，パイプハウスの導入と，栽培技術も飛躍的に改善された。1967年，米の生産調整が始まると補助事業を活用して鉄骨ハウスやトラクターの導入が進んだ。1978年，友部町農協花き部会が設立され，同時に花き集荷場（花センター）が整備されたことで共選共販体制が整った。現在は，常陸農協笠間地区花き部会と名称が変わり，小ギクと枝ものを中心とした86名の部会組織となっている。

　現在，当地域の小ギク生産者は78名で，多くはキク類専作またはキク類＋枝もの（ハナモモ）との複合経営となっている。近年，小ギクの新規生産者の確保・育成の取組みにより，定年帰農者や品目転換による生産者も増えている。当産地におけるおもな小ギク作付け品種は第1表のとおりである。

小ギク　生産者事例

第1表　JA常陸笠間地区花き部会のおもな小ギク作付け品種（2015年）

出荷期	黄	白	赤
5～7月	精こまき，夏ひかり	賀集，精しらたき	玉姫，精ことひら
8月	精こまき[1]，はるな	はじめ[1]，精なつぜみ[1]	精はんな[1]，常陸サマールビー[1]
9月	精やすらぎ，あずさ	せせらぎ，天露[1]	かれん，精はちす[1]
10, 11月	コオロギ，星の町，ホタル	すずろ，すずかけ	赤秋

注　1）露地電照栽培の対象品種

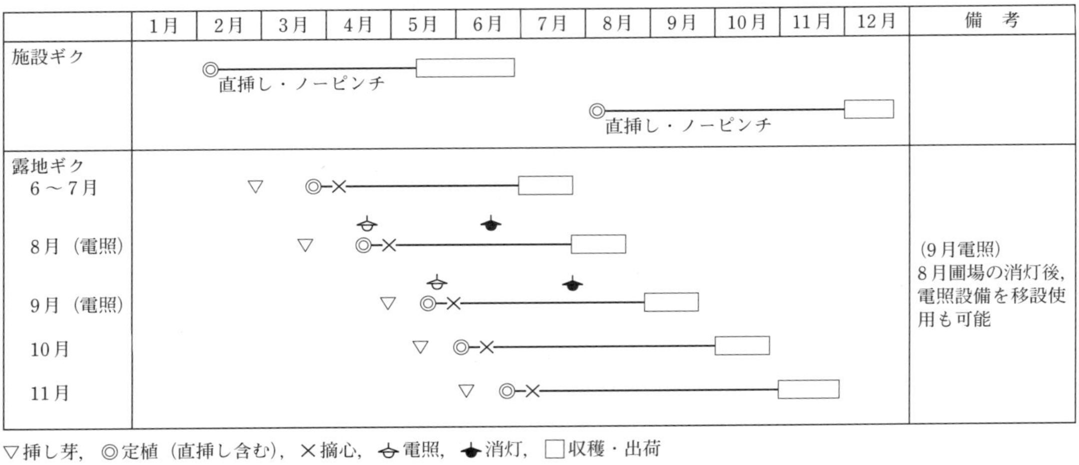

第1図　小ギクの栽培体系

▽挿し芽，◎定植（直挿し含む），×摘心，電照，消灯，□収穫・出荷

小ギクについては7～9月出荷の露地栽培を中心に，無加温ハウスによる5，6月出荷作型から12月出荷作型まで広く栽培されている。産地全体の小ギク栽培面積は約25haである。そのうち，露地電照栽培の面積は約240a（8，9月出荷作型合計）で，29名が導入している。

(3) 経営と技術の特徴

鶴田さんはキク栽培農家の三代目で，地域を代表する篤農家の一人である。県内で小ギクの露地電照栽培に取り組んだ先駆者でもある（2000年）。

現在は，小ギク200a（露地180a，施設20a），枝もの類（ハナモモ，ハナウメ，オモト，ナンテン）50aを栽培する。所有施設は鉄骨ハウス20a，育苗用パイプハウス4a，出荷調製施設660m^{2}であり，おもな所有機械としてはトラクター，マルチ張り機，動力噴霧機，管理機，自動結束機，ホイールローダー，予冷庫，トラック（軽・2t），電照設備70a分がある。労働力は家族労力1.5人と常時雇用3人である。

常陸農協笠間地区花き部会と，その青年部に所属している。また，茨城県青年農業士に認定されており地域の若手リーダーである。

小ギクについては無加温ハウスと露地の組合わせにより，5～12月出荷の作型で栽培している（第1図）。とくに8，9月の物日出荷作型については，露地電照栽培により需要期出荷を実現している。露地電照面積は8月出荷作型で35a，9月出荷作型で10aである。

2．栽培体系と栽培管理の基本

(1) 生長・開花調節技術

① 露地電照栽培導入のきっかけ

鶴田さんは，就農当時から小ギクの開花期が年により変動することに問題意識をもっていた。それまでエスレル処理による開花調節を行

露地電照栽培で物日に当てる

第2図　電照設備を設置した圃場

第3図　夜間点灯のようす

なってきたが，その効果も不安定になってきたと感じ，輪ギクで使用していた電照技術が露地小ギクにも応用できないかと考え，2000年から取り組み始めた。

②露地電照栽培の実際

電照設備の設置のようすは第2図のとおりで，うねに沿って基本的には3.6mに1本の間隔でコードを設置し，そこに3mおきに電球をぶら下げる。露地での使用のため風雨や埃に耐性のある電球やソケットを使用している。電球は当産地では導入当初は白熱球であったが，現在では約90％が蛍光灯で，露地栽培でも使用可能なバイオテックライト（23W）を使用している。

電照時間は22時から2時の4時間暗期中断である（第3図）。

電照期間は定植時または摘心時からとしている。9月咲き作型については，8月咲き作型の消灯後（6月中旬）に設備を移設し電照開始することも可能である。

鶴田さんは親株から電照している。これはもともと，5，6月出荷の早い作型でより多くの穂を確保する目的で始めたことだが，それ以降の作型で花芽分化抑制を確実にするのではと考え，9月出荷までの作型で親株電照を導入している。

消灯日の決定は，花芽検鏡による花芽分化程度の確認と今後の気象予報をもとに決定する。毎年，農業改良普及センターで消灯時期前の6月中旬（8月咲き作型用）と7月中旬（9月咲き作型用）に花芽検鏡を行ない，当年の花芽分化

第4図　電照で発雷の揃いが良好

程度を調査している。そのうえで定植以降の積算気温とその後の気象予報を加味して，生産者が各自で消灯日を決定している。消灯後の気象条件（高温や干ばつ）により，予想より花芽分化が進んだり遅れたりすることもあるので，消灯日の決定は毎年悩むところである。

消灯日はおおむね8月盆出荷用では6月中旬，9月彼岸出荷用では7月下旬である。

露地小ギクで電照栽培をするメリットは，開花期の調整ばかりでなく，草丈伸長や生育揃いが良くなることである（第4図）。その結果，一斉収穫が可能となり上位等級が揃うので，収穫後の選別労力を削減する効果もある。

同じ品種でも生産者ごとに到花日数は少しずつ異なる（第2表）。同じ笠間市内であっても定植日の違いや積算気温，施肥量，降水量の違いで生育に差が出るためと思われる。

小ギク　生産者事例

第2表　品種ごとの到花日数の目安

作型	色	品種	到花日数
8月咲き	黄	精こまき	46～52
	白	精しらたき	50～54
		精なつぜみ	51～59
	赤	精はんな	52～58
9月咲き	黄	常陸オータムレモン	51～56
	白	天露	54～57
	赤	精はちす	53～55

注　到花日数は普及センターで聞取り調査した結果
　　8月咲き4品種は2014，2015年のみのデータ

（2）品種の特性とその活用

当地域で栽培されている小ギク品種はおおむね，「夏ギク」（5～6月開花），「夏秋ギク」（7～9月開花）に分類されるもので，そもそも「秋ギク」（10～11月開花）のような日長反応の良い品種ではない。また，花芽分化や生育が高温の影響を受けやすいことから露地電照栽培に向く品種は限定される。

露地電照栽培に取り組み始めた当初は，それまで栽培していた6～8月上旬開花の品種を用いて電照処理をし，開花遅延程度や品質の向上（フォーメーション改善）が見られるかを調査していった。2000年からのこれらの現地試験の積み重ねにより，適正品種の選抜と到花日数の確定がされてきたわけである。このころの電照向け品種として有望だったのは，'はなぶさ''白舟''きなこ''すばる''はじめ''おけさ''さんご''ささやき''玉姫''白鳥'などである。

現在では，新品種の導入もあり電照用品種も変わってきた。当産地では8月出荷用としては'精こまき''精しらたき''精なつぜみ''精はんな'，9月出荷用としては'常陸オータムレモン''天露''精はちす'が現在の主力品種である（第2表）。

電照用で栽培される品種は，電照反応が良いうえにフォーメーションが崩れないこと，到花日数の年次変動が少ないこと，病害虫に強いことが基準となる。

3．栽培管理の実際

（1）種苗，育苗

苗は自家増殖で確保している。品質の良い小ギク生産のために生育・開花揃いの良いもの，病害虫の発生がないものを親株に選定している。とくにわい化ウイロイドによるわい化病の症状のないことも重視している。

切り花収穫後，選定した親株を10月下旬から11月を目安に掘り上げ，枯れ葉や古い根を取り除く。親株床は，パイプハウス内で（9月出荷作型以降は，露地トンネル），土壌消毒を実施し，N-P-K各成分で2kg/aを目安に施肥して準備しておく。古い根を整理した株は，幅120cmの親床に10cm間隔で斜めにして伏せ込む。本圃10a分に必要な親株は2,000～2,500株である。新芽の伸長が始まったら，12月のうちに古い芽や枝を地際から整理しておく。以降，伸長してきた芽をピンチしながら挿し穂できる穂の数を確保する。

また，十分寒さに当てた12月下旬以降はパイプハウスを二重にし，さらに親株床にトンネルを被覆して夜間しっかり保温する。日中は温度が上がりすぎないように被覆をあけて換気する。

8月出荷作型の場合，3月下旬に親株から穂を摘み，パイプハウス内の仮植床（親株床と同様に準備しておく）に直挿しする。たっぷり灌水したあと，ビニール資材でべたがけし発根するまでの約10日間被覆しておく。発根後はべたがけを外し灌水，トンネル保温，換気をしながら育苗管理をして定植苗とする。定植直前は日中，パイプハウス内の温度が急激に上がりやすいので25℃を目安に換気をする。9月出荷作型の場合は4月下旬に採穂し同様に育苗する。

（2）土つくりと施肥

連作圃場であるため土つくりと土壌消毒は重視している。

鶴田さんは，土つくりとして3月ころに鶏糞籾がら堆肥を1.5t/10a施用する。購入した発酵

第5図　鶴田さんの堆肥場

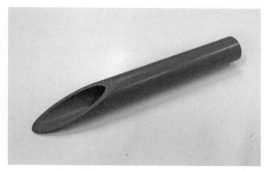
第6図　定植時の穴あけ器具

鶏糞と籾がらを1年以上かけて切り返し，再発酵させて完熟した自家製造堆肥を使用している（第5図）。

土壌消毒はクロルピクリンまたはD-Dで毎年実施している。

基肥は，N-P-K各成分で10～15kg/10aを基準に施用している。追肥はしない。

(3) 定　植

8月出荷作型の場合4月下旬に定植する。マルチは7月出荷作型では黒マルチを使用するが，8月出荷作型以降は白黒マルチを使用している。うね幅60cmのベッドに株間12cm間隔で2条植え（条間30cm）とする。フラワーネットは18cm×3マスのものを使用している。

定植時は24mm径の塩ビ管を斜めに切った器具（第6図）を用いて，マルチに穴をあけながら定植している。定植直後にたっぷり灌水する。

定植1週間後を目安に摘心する。摘心後は側枝が伸びてきたら枝の数を3本に整理する。

(4) 電　照

定植日から電照を開始できるよう電照設備は定植前までに用意しておく。具体的な電照方法は前述のとおりである。

需要期向けに開花調節をするばかりでなく，消灯日をずらすことで出荷期を前後に拡大し計画的出荷を実現している。

(5) 病害虫防除

毎年，病害虫の発生には苦労している。とくに白さび病は作付け期間を通して深刻である。発病してから抑えるのはむずかしいため，予防剤による薬剤散布を定期的に行なうことで発病を未然に防ぐように気を配っている。

白さび病対策でもっとも有効なのは病害に強い品種を選定し栽培することだが，電照効果の有無などを加味すると有望品種を見つけるのはむずかしいのが現状である。

(6) 採花と鮮度保持など

採花は早朝または夕方の涼しい時間帯に行なう。採花後，鶴田さんは5℃設定の予冷庫に一時入れておく。しおれ防止のため採花後の葉に軽く散水しておくが水揚げ作業はしていない。順次，手作業で選別を行ない10本ずつ自動結束機に流す。下葉を落として基準の長さに切り結束されたものを100本箱に入れて出荷となる。出荷調製作業の機械化については経営規模が大きい生産者に限られる。

出荷規格は草丈80cmが2L，75cmがL，70cmがMとなっている。花蕾数のボリューム感も各基準に設けている。さらに病害虫や曲がりの品質に応じて秀・優・良の基準を設けている。

4. 今後の課題

露地電照栽培に取り組む以前は，盆や彼岸の需要期向けに多品種作付けで対応していた。そ

小ギク　生産者事例

のため年間約100品種を栽培していたが，露地電照栽培に取り組んでからは8，9月出荷作型の品種数がしぼられ親株管理が楽になった。また，1品種で5〜9月出荷作型をカバーする品種も選定してきた。今後も各花色で広い作型で栽培可能な品種を選抜していきたいと考えている。そのために赤色LEDや再電照技術の導入など新技術の検討が必要と考えている。また，7月需要期の露地電照栽培技術が未確立のため品種選定が当面の目標である。

《住所など》茨城県笠間市湯崎1238—9
　　　　　鶴田輝夫（38歳）
　　　　　TEL. 0296-77-1828
　執筆　飯嶋啓子（茨城県県央農林事務所笠間地域
　　　　農業改良普及センター）
　　　　　　　　　　　　　　　2016年記

福井県大野市　松田　裕二

〈小ギク〉6～8月出荷

挿し芽育苗を不要とする暮植え栽培

—水田転換畑での露地栽培，不織布で冬至芽を保護—

1. 経営と技術の特徴

(1) 産地の状況

　松田さんが所属するJAテラル越前キク部会は，1970年から奥越地域でキク生産に取り組んでいた奥越花卉生産組合を前身として，テラル越前農業協同組合の部会として2006年に発足した。水田転換畑で小ギクを中心に栽培し，生産面積8.2ha，農家数39名，出荷本数154万本の県内最大級の生産組織である（2015年現在）。

(2) 経営と技術の特徴

　松田さんが住む新河原集落は，冬季の積雪が1mに達することもあるので，耐雪型の施設は1棟しか保有していない。そのため，挿し芽苗育苗時に施設を必要とする春植え栽培は比較的少なく，露地栽培43aの約6割が，寒さが厳しくなる前の10月に定植する暮植え栽培である。暮植え栽培は，品種と摘心，さらに松田さんが独自に工夫した植調剤エテホン（商品名：エスレル10）の組み合わせで，6～8月までの出荷が可能となっている（第1図）。

　暮植え栽培での工夫のしどころは，消雪直後から萌芽する冬至芽を保護するために，3月下旬ごろから不織布などで被覆することである。この方法が産み出されるまでは，新芽が寒さで焼け，安定した本数の芽が立ち上がらなかったが，この方法の導入後は収穫本数が大幅に増加

■経営の概要

経営　キク切り花＋鉢もの（おもにサイネリアなど3,000鉢），花卉苗
気象　年平均気温13.3℃，8月の最高気温の平均31.2℃，1月の最低気温の平均−2.4℃，年間降水量2,340mm
土壌・用土　壌土
圃場・施設　露地43a，ガラス温室500m²1棟，保冷庫（1.5坪）など
品目・栽培型　キク　暮植え（6～8月出荷），春植え（8～11月出荷）
苗の調達法　自家育苗
労力　家族（本人，妻，父）3人

した。そこで，ほかの生産者にも指導を行なって，地域全体の底上げも目指している（第2図）。

　また，当地域では積雪が早いため，10月20日ごろまでに定植を行ない，厳寒期までに根を張らせることも重要である。ただし，この時期に定植を完了するには，水稲は早生品種を作付けすることが必要となる。しかし，圃場のある地域は集落生産組織の関係で，水稲作付けの圃場選定の自由度が小さいため，近年は，バスアミドによる土壌消毒を行なうことで，ほぼ同じ圃場での連作を試みている。

　また，キク作終了後の補完品目として，キク育苗用ガラス温室（500m²）を活用して，冬期間サイネリア鉢もの（約3,000鉢）や，JAから委託された切り花用花卉苗の育苗にも取り組んでいる。

小ギク　生産者事例

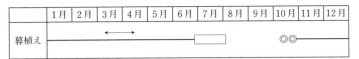

第1図　キク（暮植え）の作型
◎定植，矢印：不織布被覆，□収穫

第2図　不織布下のキク生育を巡回指導する松田さんら（3月）

第3図　切戻し前の水あて（うね間灌水）

2. 栽培体系と品種

6月咲きの主力品種として，'白霧' '白舟' 'いそべ'（白），'釣舟' '秀まこと' 'とび丸'（黄），'あかね' '玉姫'（赤），7月咲きは'精しまなみ' 'シューペガサス'（白），'とび丸' '小鈴'（黄），'やよい' '小紫'（赤）を栽培している。

基本的には7月までの出荷だが，4月下旬に摘心し，エスレル10を2～3回処理することで8月まで出荷できる感触を得ている。

6月咲き品種の'あかね'などは，年により4月の芽立ちが悪く，生育や開花にバラツキがあったが，前述したとおり，不織布による新芽の保護を行なうようになってかなり改善し，安定した収穫ができるようになった。

3. 栽培管理の実際

(1) 苗づくり

①親株の必要量

品種にもよるが，1株から採れる次年度の親株の数は5本程度なので，必要とする株数の5分の1ぐらいで，株を用意する。ただし，必要とする分だけは台刈りなどが遅れないように十分な管理を行なう。とくに7月以降に雑草が繁茂しやすいため，株の生育が阻害されないよう，除草をあらかじめ行なっておく。除草後，殺虫剤，殺ダニ剤と殺菌剤で防除しておき，病害虫の持ち越しを防ぐ。

②台刈り

新しく苗として育てる芽を出させるために，切り下株を再度低く刈り込む作業が必要となる（台刈り）。台刈りの時期を8月上中旬にすると，親株から発生した新芽はすぐに着蕾してしまうため，奥越地域では8月20日ころが適当である。この時期に行なうと，太く充実した，蕾が着いていない苗が得られやすい。

また，切戻し前に，2016年度のように極端な干ばつで乾燥が続くと，葉がしおれて萌芽が悪くなる。事前にマルチ下の土壌状況を確認し，うね間灌水を行なう。

ただし，高温期であるため，うね間灌水は夜間のよく地温が下がったときを見計らって行ない，翌朝には完全に落水するようにする（第3図）。

③台刈り方法と管理

8月下旬に必要な株数を，よく切れるはさみなどで切り戻すが，あまり高い部位から切り戻すと蕾が早くから着くので，株が弱り，良い苗にならない。また，地ぎわで切り戻すと苗の数

挿し芽育苗を不要とする暮植え栽培

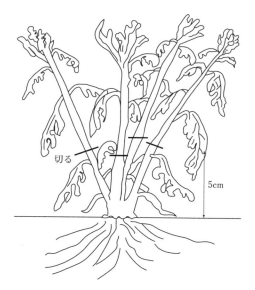

第4図　台刈りの方法

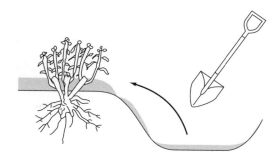

第5図　土寄せの概念

がとれなくなる。目安として，地ぎわから5cm程度残して切り戻すとよい（第4図）。

大量に切り戻す場合は，刈払機で切り戻してもよいが，古い刃を用いると地ぎわの株間で振動して，株の細根がちぎれ，新芽が出にくい場合がある。刈払機を用いる場合は，新しい刃で回転数を上げて，台刈り時の切り口をできるだけいためないように，さっと刃をあてて切るようにする。

また，草勢の弱い品種はやや長めに切戻しを行ない，芽の数を確保する。

これらの作業の区切りがついた時点でマルチフィルムを除去する。

④親株の施肥

古株を切り戻したあと，勢いの良い新芽が出てくるようにするため，「そ菜5号」などの速効性の肥料（成分例：窒素16，リン酸10，カリ14％）を，30mうねで1～2kg程度をうねの中央に施す。液肥などを灌注してもよい。

(2) 土寄せ苗と挿し苗

①土寄せ苗

切戻しから2週間後の9月上旬には古株の基部から，新芽が3～4cm伸びてくる。この時期が土寄せの適期である。

土寄せは，管理機などで通路の土を細かく砕いて，新芽を吹いた株の上から土をかける（第5図）。株元がよく隠れるように土を差し込む。土が少ない場合は籾がらを地ぎわにかけるだけで発根する。キクは，暗くて水分のある箇所から発根する性質があるため，これを利用したのが土寄せ苗である（第6～9図）。

②挿し苗

土寄せのできない場合や数が少なくて苗数が予測できない場合は，新芽が5～8cmぐらい伸びたら，親茎から茎皮をつけるようにかきとり，それを挿し穂としてそのまま挿す方法もある。

挿し床はキクの古株をとり除き，うねを平らにならしたあと，5×10cmの間隔で挿し芽をする。挿し床の長さが5mもあれば1,000本は挿すことができるため，苗数の確保が不安な場合の保険としても利用できる。

挿したあとは，十分灌水してパスライトなどの不織布のべたがけを行ない，遮光と床の湿度を維持する。天候にもよるが約3週間で発根する。

(3) うねづくりと肥料

①うねづくり

連作圃場はどうしても春先の芽立ちや生育が悪くなりやすいため，できるだけキクを栽培したことがない圃場か，3年以上，栽培間隔が空いた圃場を選定するが，どうしても連作となる場合は，バスアミドなどで土壌消毒を行なうと

小ギク　生産者事例

第6図　管理機を利用した土寄せ

第7図　土がのった株の状態

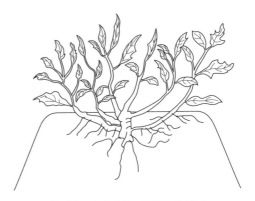

第8図　土寄せ後，発根した状態

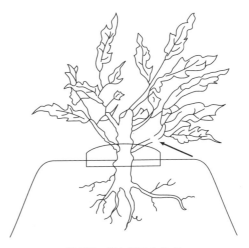

第9図　挿し穂のとり方
矢印：この部分を持って下へこそぎとる。なるべく太く締まったものを選ぶ

効果的である。また，排水の良い圃場が最良で，春先の芽立ちが多く，切り花の秀品も得られやすい。

稲刈り後，できるだけ圃場が乾いているころを見計らって，トラクターは低速，ロータリーは高速にして，1回で細かく耕起する。土を起こすタイミングを逃すと土が思ったように砕けず，その後の作が悪くなり苦労するので注意する。

耕起する前には，石灰窒素を10a当たり20kg1袋（わらを腐らせる目的）と堆肥などを施すが，キクを栽培したことがない圃場や，肥料が残っている圃場では堆肥のみでもよい。

うね幅約100cm，通路幅30cmで，棒や足跡で目印をつけてから，培土板をつけた管理機などでうね立てをする（第10図）。うね高は30cm以上の高うねにする。消雪時の雪解け水が早く落ちるほか，冬季の排水が良くなり，新芽の芽立ちも良い。

②施　肥

10月に定植した場合，11月の後半になると，気温が下がりキクの生育が止まる。したがって暮植え作型の施肥は，気温が下がるまでの40～50日間の生育に必要な肥料と，春の雪解け後の生育に必要な肥料と考え，あまり多く施す必要はない。

有機ペレット（成分例：5—6—5）を5～6kg，または「そ菜5号」を30mうねに1～2kgほど，うねの中央部に施し，土をかけてうねの面をならす。

(4) 除草剤の施用

暮植え栽培の場合，春先に冬至芽が発生する場所が一定でないため，雑草抑制用マルチなどを使用できない。このため選択性のある除草剤を使用する。奥越地域で使用されている除草剤は第1表のとおりであるが，通常はゴーゴーサン乳剤30のみでかなりの抑草効果が見られる。

うね立て後なるべく速やかに，除草剤を水で希釈し，噴霧器でていねいに散布する。雨上がり後の土の表面が濡れているときを見計らって散布する。土が乾いた状態で除草剤を処理しても，除草効果が極端に低下し，春先の除草に手間どることになる。散布する前にうねの肩が湿っていることを確認のうえで作業にかかる。

(5) 定 植

①定植時期

定植は冬の寒さがくるまでに，根がしっかりと張っている状態にすることが重要である。そのためには10月上中旬，おそくとも10月20日までには終わらせる必要がある。遅れると根張りが悪いため，春の芽立ちが悪くなる。

②定植方法

土寄せをしてから約3週間で，新芽（かき挿し苗）が発根して，いつでも定植ができる状態となっている（第11図）。親株から新芽を外すさいは，古株の茎皮を一部つけるように，軽くとり外す。株の付け根あたりには，節が多くあり，芽が出やすい部分であるため，乱暴に扱って節がいたむと，活着や来年の芽立ちに影響する。定植圃場への移動のため育苗箱などに苗をとるが，なるべく午前中に苗とりを行なう。

植付け間隔は条間35cm，株間10cmの2条植えとするが，芽の出にくい品種はやや密植ぎみに細かく植える。植え穴を大きくあけて，根をいためないように植える。あまり深植えにすると芽が出にくく，浅植えしすぎると寒さでいたむ（第12，13図）。定植後，500〜1,000倍の

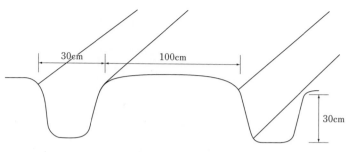

第10図　うねの概念図

第1表　暮植えうねに使用する除草剤

商品名	倍率	使用量(ml/10a)	使用時期
ゴーゴーサン乳剤30	200倍	200〜400	定植前
トレファノサイド乳剤	200倍	200〜300	（定植後）
プリグロックスL	100倍	600〜1,000	雑草生育期

第11図　かき挿し苗

液肥を灌注する。

③定植後の管理

晴天が続くようであれば，灌水を行なうことが望ましい。蕾が出て，花が咲いたものはできるだけ花だけを摘みとっておく。株が病害虫の越冬場所になる場合があるので，寒くなるま

小ギク　生産者事例

第12図　定植後の状態（中央下は百円玉）

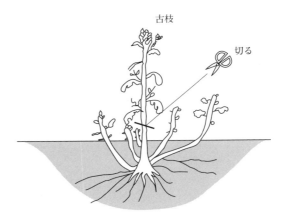

第14図　古枝整理の概念

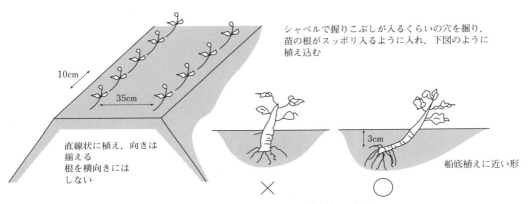

第13図　定植の方法

で，病害虫などの防除を行なう。とくに，カスミカメムシ類や黒さび病に注意を払う必要がある。

晩秋の長雨時や春先に排水不良となり，株が弱る場合があるため，圃場の排水溝を掘るか，暗渠を見回り，排水が十分できているかを確認しておく。

(6) 春先の管理

①芽　肥

春になり雪が消えたら，除草剤の効果が落ち徐々に雑草が生えてくるので，状況により除草を行なう。夜温が5℃以上になるとキクの根が活動を始め，冬至芽が伸長するが，そのころに生長を促進するために芽肥を施す。うねの中央に「そ菜5号」（1〜2kg/30mうね），または尿素（1kg/30mうね）を施す。

②古枝整理

暮植え時に定植した苗には古茎部が残っている。この部分をそのままにしておくと不織布被覆時に引っかかるため，切除する必要がある。ただし，古枝は養分を冬至芽に転流しながら生育しているため，古枝整理はあまり早く行なわない。気温と地温が上がると，冬至芽が地表に出芽し始めるが，3cm前後に伸びたころに古枝を地ぎわから切りとり，圃場外に出して処分する（第14図）。

③基肥と土入れ

3月上旬に冬至芽が元気に伸び始めたら，基肥を施す。基肥は30mうねで，有機ペレ（成分例：5－5－6）などのブリケット肥料を18kgを目安にうねの中央に施すが，キクを栽培したことのない圃場では3割程度減肥する。松田さんの圃場は壌土であるため，やや多めに施肥している。

また，葉が大葉になる系統や，白さび病が出やすい品種は，やや減肥したほうが草姿が優れる。施肥が終わったら，基肥の上に，鍬で通路の土を蓋をするようにかける（第15図）。

この作業で，肥料の窒素分が大気中に逃げるのを抑制するとともに，病害虫の発生を予防する効果がある。質の悪い有機質肥料を投入した場合，植物に有害なガスが発生して，下葉が白化するときがあるが，それを抑制する効果も期待できる（第16図）。

④冬至芽の保護

雪解け後すぐに不織布でうね面を覆い，株の地ぎわからでる冬至芽を保護することで，芽立ちの悪い品種の芽立ちが安定する。コの字型の金具で，風でまくれたり，冬至芽の頭がたたかれたりしないように不織布を固定する。冬至芽が伸びてくるにしたがって，生育に応じて，不織布を少しずつ緩めてゆき，芽の先が極端に曲がらないようにする。6月咲き品種は，草丈の伸長を促進するために，初期に2枚重ねで被覆することがある（第17図）。

晴天の暖かい日はときどき不織布を外し，日光と風に当てて，株を少しずつ硬くしていく。不織布の中は暖かいため，ハモグリバエやネキリムシの温床になっているので適時防除する。浸透移行性の持続性の高い粒剤などを活用する（第2表）。

4月中下旬には，不織布の上からみても，キクの苗がパンパンに張った状態になるため（第18図）不織布を外すが，外す日は暖かくて風のない曇った日か，小雨の降る日とする。わざわざ寒い日に不織布を外し，株を寒がらせたり霜に遭わせたりしないようにする。

とくに'小紫'は寒の戻りで芽が飛びやすい傾向があるので注意する。

近年は4～5月に暖かい日が続く場合が多いため，開花が前進化する傾向がみられる。草丈

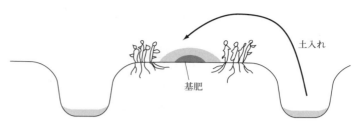

第15図　基肥施肥と土入れ

第16図　肥料のガス発生による下葉白化

第17図　不織布下の新芽の状態

第2表　春先に施用する粒剤例

薬剤名	おもな対象害虫	時期	施用量 (kg/10a)
オンコル粒剤5	ミカンキイロアザミウマ	生育期	9
アルバリン粒剤	アブラムシ	生育期	20

小ギク　生産者事例

第18図　キクの伸びでパンパンに張ったうね

第19図　ネット張り適期の状態

第20図　選り前の株が混んだ状態

が伸びやすい7月咲きの品種は摘心日を若干遅らせ，エスレル10の500倍液を1～3回，株全体が濡れる程度に全面散布することで，ある程度開花時期を抑制できる。

(7) 杭打ちとネット張り

キクの草丈が10～15cmほどになると風雨で倒伏するので，早めにネット張りを行なう（第19図）。ネットは17.5cmの3目で100mのものが市販されているため，うねの長さに合わせて切断して使用する。杭は親杭で45mm角材で140cm程度，鋼管を用いる場合はΦ31.8×137.5cmくらいのものが使いやすい。

角材は3年くらいで油分が抜けて折れやすくなるので，長く栽培するなら鋼管が適当である。同様の理由で支柱はΦ19.1mm×120cmの鋼管を用いる。10a当たりの杭の必要本数は親杭120本（30うね×4本），支柱540本（30うね×18本）である。

(8) 選り（間引き）

①選りの目的

選りは，キクの切り花を商品として，同じ太さ，同じ長さの規格に入るよう，揃った生育をしているキクを選び，育てる大切な作業である。通常1株から4～5本新芽が出てくるので，それを所定の本数に間引く（第20，21図）。

②選る時期

草丈20～30cmの時期に行なうが，草丈の伸びが悪いものは選りをおそめにして植物同士を競わせて草丈を伸ばす。茎が細くなりがちな品種は心持ち早めに行なう。20～25cm時に7～8本に粗選り，30cm時に5～6本の本選りを行なってもよい（第22図）。

本選りが終わった時点での立ち本数は，10a当たり4万本で，30mうね1本につき1,800本程度を目安とする。

③選りの留意点

基本は細いもの，短いもの，太すぎる茎，生育が良すぎるものを選るが，最近はオオタバコガやカスミカメムシなどによる心止まりや食害が多発するため，一度に選ると，選ったあとに食害され，出荷本数が減ることになりかねない。

1回目の粗選りでは，虫に食われていないものを残し，最終の選りで良いものを残してもよい。また，草勢が強く，丈が高くなりそうな品種は，場合によっては下葉かきを強めに行なったりするなどで調整する。

選りが大幅に遅れたり，残した本数が多い

と，細茎などの不揃いが目立つようになり，通路に植物がはみ出るなどで，防除などの作業がしにくくなり，等級などが悪くなる（第23図）。

(9) 土寄せと追肥

①土寄せの目的

キクの根の寿命は140～150日くらいといわれており，秋に定植した株の根は徐々に活力が低下する（第24図）。7月咲きの場合，花が開花するころに根の老化が始まり，下部の葉が黄変しやすくなるが（第25図），土寄せすることによって，二次根が発生して肥料の吸収が改善し，下葉の色がもどってくる。土寄せを開花の80日くらい前に行なうことでボリュームがでる。

②土寄せの方法

草丈が20cmほど伸びたころに，通路の土を管理機などでキクの株元に土寄せを行なうが，たいていの場合跳ね上げる土が少ないため，まず通路の土を耕してから，その後管理機で土寄せを行なう。

この場合，管理機のロータリーの回転を上げすぎると土が飛びすぎるため，低速で作業を行なう。場所によっては載せた土の量が少ない部分がでるため，鍬などで再度株間に差し込んでいくとよい。

③追　肥

このときに，7月下旬咲きなどの品種で肥料不足が見込まれれば，うねの肩に追肥を入れてから土寄せを行なう。速効性の化成肥料が適当で「そ菜5号」で2kg/30mうねが目安である。

このさいに葉裏に白さび病のイボ（冬胞子堆）が確認されたら，必ず防除を先に行ない，新しい病斑発生が止まったことを確認してから施肥するようにする。施肥後は葉中窒素が増加するため病気が激発しやすくなるからである。同様な理由から，カルシウムや微量要素入り液肥なども窒素が含まれているため，慎重に施肥を行なう。

④通路マルチ設置と下葉かき

この時期に最後の土寄せを行なったら通路マルチをしておく。草止めとうねの乾燥防止になり，肥効が良くなる。またキク収穫後の除草労力も軽減できる。

梅雨前に雨の跳ね上がりによるダニ類の発生

両側のネットに確実に入るようなものを残す

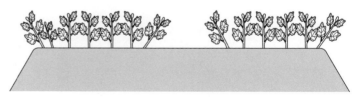

ネットのマスだけでなく，うね全体で秀品を最大にするように選るとよい

第21図　選りのイメージ図

第22図　選り時に落とす茎の基準例（線で囲った茎を落とす）
①生育が良すぎるもの，太すぎるもの
②生育につれてはみだし，曲がるもの
③生育が悪く，細いもの

小ギク　生産者事例

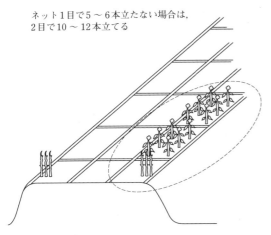

第23図　選り終了後のイメージ図

第25図　根が弱って下葉が枯れ上がった状態

第26図　通路マルチに落とした下葉
落とした葉は圃場外で焼却する

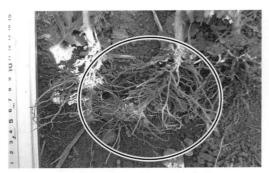

第24図　土寄せ時期の根の状態
円の中以外は毛根が少ない

や病害の予防のために，下葉を20cm程度落とす作業が下葉かきである。下葉を落とすことで茎基部の通風がはかられ，採光条件が向上するため，光が当たりにくい下部の葉が黄化する品種には有効である。

黒斑病などの病害が多くみられた場合は，落とした下葉が新たな感染源になりうるため，回収して圃場外で焼却する（第26図）。

（10）病害虫の防除

暮植え作型で重要な病害虫は，4～6月に断続的に発生するネキリムシ，6～7月の黒斑病，褐斑病，収穫直前に発生量が増加するアブラムシ類とアザミウマ類である。

とくにアブラムシとアザミウマが花に入ると商品価値を大きく損なうため，出荷の2週間前からは防除に気をつける必要がある。

また，高温乾燥ぎみの年はダニ類の発生が多いため注意する必要があるが，事前に予測できないため5月からダニ剤を定期的に散布し，大発生を防止しておくとよい。

（11）採花と鮮度保持

①切り前

発蕾から4～5週間で花が咲きはじめる。これからが，キクを商品としてつくる場合の最終段階の作業である（第27図）。

収穫鎌は清潔にしておく。汚れがひどく雑菌が繁殖すると日持ちに影響する。

通常は3～4分咲きで切るが，白，黄色系は4分咲き，赤系は3分咲きで切ることが多い。それ以外にも，品種によって咲き方が違うの

挿し芽育苗を不要とする暮植え栽培

第27図　収穫直前の状態

第29図　天井設置の撹拌扇

第28図　水揚げのようす

第30図　自作の水揚げ機材の例
プランター（①）と送風機（②）を組み合わせたもの

で，何日で見頃になるかを見極めることも栽培の勉強になる。

雨天時の収穫では，花を下向きにして振り，水気をなるべく落としておくと，その後の調製が容易になる。

②水揚げ

収穫する時間帯は早朝～午前9時までとし，昼～夕方の暑い時間帯は切らない。葉温がおちて，涼しくなってから切り出すのが基本である。

キクを収穫したら，できるだけ早く水揚げをする（第28図）。切り口が乾くと空気が導管に入り，水揚げが悪くなる。水揚げの悪い品種は水切りを行なうことが望ましい。

また，揚げ水はなるべく清浄な水を用いるようにし，水揚げ容器もぬめりが出る前に洗浄して用いる。ぬめりは雑菌が繁殖したもので，雑菌が繁殖すると導管が詰まり，水揚げに影響する。

梅雨時は水揚げと同時に花の乾燥を行なう。換気扇や扇風機を緩く回したり（第29図），空気の触れる面積を増やすために，雨どいなどで自作した水揚げ容器を使用するなど，生産者が効率的に作業を行なうために工夫している（第30図）。葉の一部が濡れている状態で箱詰めすると，黄化（ムレ葉）と呼ばれる黄変や黒変を誘発するので，水揚げのさいには注意を払う。

また，キクの場合，品質保持剤は大きな効果は見られない場合が多いが，葉がしおれている場合の回復は早くなるようである。また，黄化しやすい'小鈴'などの品種には，STSを含んだ品質保持剤を用いることで黄化防止に効果がある。

4. 今後の課題

現在の黄小ギクの主力品種'小鈴'は，葉が黄化（ムレ葉）することが多く，対策を立てる必要があった。そこで，本年から実験的に切

小ギク　生産者事例

第31図　松田さんが作出した
　　　　品種：結姫

り花用品質保持剤の試用を始めて，好結果を得た。その結果を部会員に周知し，部会員全体での導入を検討している。

　松田さんは2008年ころから，付加価値を高める試みとして独自品種の育種を目指して交配を行なってきた。2014年には優れた系統が出現しはじめ，'結姫'（大野市長命名，第31図），'奥越蛍'（勝山市長命名）をはじめ，多くの新品種を作出した。これらの品種はキク部会内で検討し，地域特産種として栽培される。

　また，毎年，大野市内のショッピングセンターでキク部会の品評会を行なっているが，そのさい，松田さんが育種した新品種を市場や市民に向けて展示し，好評を博している。

《住所など》福井県大野市新河原5—39
　　　　　　　　松田裕二（58歳）
　執筆　坂本　浩（奥越農林総合事務所）
　　　　　　　　　　　　　　　　2016年記

奈良県生駒郡平群町　米田　幸弘

〈小ギク〉5～12月出荷

多品種栽培と電照抑制栽培で物日安定生産の実現

―標高差・無加温施設・多品種栽培を組み合わせた長期安定生産技術―

1. 経営と技術の特徴

(1) 産地の状況と課題

平群町は奈良県北西部に位置し、奈良県のなかでは比較的温暖で日照時間も長い。大阪へ1時間以内の通勤圏にあるベッドタウンであるが、農業の盛んな町で、小ギクのほかにもバラやブドウ、イチゴなどが生産されている。

平群町で花卉生産が始まったのは明治時代末期で、以降、第二次世界大戦中に一時中断されるものの、輪ギクを中心に多種多様な切り花、花木の生産が行なわれてきた。1970年代後半に入り、輪ギクから小ギクへ主幹品目の転換が始まった。1982年ころには作付けされるキクの大半が小ギクとなった。生産規模の拡大から、共同輸送を開始するために花卉集出荷場を建設、西和花卉部会が発足した。1984年には共販を開始し、2003年からは、従来出荷していた関西の5市場以外への分荷を開始した。現在では、関西市場を中心に約10市場に出荷している。また、2015年には集出荷場の整備を行ない、低温貯留庫を新設し産地規模の拡大に対応している。

栽培面では1985年から県営農地開発事業による農地造成が始まり、約90haの農地造成および区画整理が行なわれた（第1図）。それまで山あいの狭小な圃場で栽培を行なっていたが、生産基盤の整備により生産性が格段に向上した。現在では、標高60mの平坦地から標高

■経営の概要

経営　小ギク主体の切り花専業
気象　年平均気温14.9℃、8月の最高気温の平均32.6℃、2月の最低気温の平均−0.2℃、年間降水量1,316mm（奈良地方気象台（奈良市）平年値）
土壌・用土　造成圃場は斑状花崗岩質の砂壌土または壌土、平坦地圃場は中粗粒灰色低地土
圃場・施設　パイプハウス1,200m²（育苗2棟、生産1棟）、圃場面積160a（うち電照抑制栽培面積8a）
品目・栽培型　小ギク150a（5～6月出荷25a、7～8月出荷40a、9～10月出荷65a、11～12月出荷20a、出荷量計70万本）、切り枝・花木10a
苗の調達法　自家育苗
労力　家族（本人、妻、息子）3人、雇用3人

第1図　造成圃場

400mの信貴・生駒山系の山頂付近まで広範囲で栽培を行なうことで，同一品種でも標高差による作期の拡大を実現させている。

出荷団体であるJAならけん西和花卉部会は部会員121名で，小ギクを中心とした花卉生産者で構成されている。小ギクの栽培面積は約84ha，年間約4,000万本を出荷しており，夏秋期では生産量日本一の産地である。ブランド名の「平群の小菊」は2009年に花き部門としては全国初の地域団体商標を取得している。

露地季咲き栽培が大勢を占める夏秋期の小ギク生産では，需要期に出荷を合わせることが最大の課題となっている。そこで，西和花卉部会では2007年から8月盆需要期に合わせた電照抑制栽培に取り組み始めている（第2図）。現在は生産者15名，栽培面積1.5haに広がっている。しかし，近年の温暖化傾向で季咲き栽培の開花が前進する年が多発するなかで，需要に応えるためにはさらなる電照面積の拡大が喫緊の課題となっている。

(2) 経営と技術の特徴

米田さんは西和花卉部会が発足し，花卉集出荷場が建設された1982年に就農した。現在は小ギク150a，切り枝・花木10aを家族3人と雇用3人で営んでいる。

米田さんは西和花卉部会の会長を2013年度から現在に至るまで4年間勤め，地域のリーダーとして産地の発展に尽力している。会長就任初年度の2013年には，生産者ごとに出荷市場が固定されている従来の市場グループ共販の枠を崩し，部会全体の荷物を一元化して各市場のニーズに応えられる柔軟な分荷を可能にした。

また，栽培技術面でも地域を牽引し，8月盆需要期の電照抑制栽培や難防除害虫被害軽減のためのネットハウスの導入など，先進技術に積極的に取り組み，2015年には第54回農林水産祭において農林水産大臣賞を受賞している。

産地内には4～5haの大規模生産者もいるなか，米田さんは小ギク専業農家の経営面積としては中程度であるが，家族経営を基幹として最低限の雇用で人件費コストを抑えた安定経営を目指している。2016年には後継者も就農したことから，今後は計画的に規模拡大と設備投資を進めていく予定である。

2. 栽培体系と栽培管理の基本

(1) 生長，開花調節技術

①自然開花期の異なる多品種栽培による長期間出荷

基本的には多品種を組み合わせることにより，5～12月までの長期間連続出荷を実現している。西和花卉部会は独自に共選品種として211品種を指定しており，米田さんは約150品種を栽培している。

②標高差を利用した作期拡大

また，大阪府との県境をなす信貴・生駒山系の東斜面の標高差を利用して，同一品種でも開花時期をずらすことが可能である。たとえば，標高約60mの平坦地と400m近い山頂付近では，同一品種でも7日程度開花時期に差があるため，圃場の場所を変えることにより作期拡大が可能である。

③電照抑制栽培による需要期安定出荷

西和花き部会では2007年から8月盆需要期の電照抑制栽培（第2図）を行なっており，米田さんも2014年から取り組み始め，現在は8aで8月盆電照抑制栽培を行なっている。近年の気候変動により夏秋ギクの開花は前進傾向にあり，需要期に十分な量を供給することは産地の命題となっている。

第2図　8月盆電照抑制栽培

電照抑制栽培には主に7月開花の'紅千代''精しまなみ''秀ちはや'などの感光性の高い品種を用いる。これらを4月中下旬に定植し，摘心～6月第4半旬の消灯まで深夜5時間の暗期中断電照を行なうことで花芽分化および発達を抑制し，8月盆需要期に開花させる。光源には60Wの電照用白熱球もしくは9Wの赤色LEDを用い，1うねおきにケーブルを通し，2.8m間隔で高さ2mに設置する。

④無加温施設を利用した端境期の生産強化

西和花卉部会では，出荷期間の端境期にあたる5月と11～12月の市場シェアを確保するため，無加温施設と電照を利用した年2作栽培に取り組んでいる。

12月下旬に'紅小町''春日路''川風'など5月咲き品種を定植し，摘心～3月中旬まで節間伸長目的で深夜6時間の暗期中断電照を行なう。25℃換気とし，2月下旬以降の好天の日中はハウスサイドを開放する。5月咲き品種収穫後，'お吉''紅の谷''すずろ'など10月咲き品種を7月上旬に定植し，8月上旬～10月上旬まで花芽分化抑制目的で深夜4時間の暗期中断電照を行なう。電照設置方法は8月盆需要期に準じる。

これにより，5月咲き作型では切り花長を十分に確保し，11～12月咲き作型では安定出荷と低温による品質低下を回避し，高品質切り花生産を実現している。

⑤奈良県育成オリジナル品種の利用

奈良県農業研究開発センターでは2006年からキクの品種育成に取り組んでいる。そのなかで，奈良県は生産者団体，農協，市場関係者で構成されるキク品種選定普及会議を組織し，育種方針の決定や系統の評価の過程から生産者に加わってもらうことにより，より効率的な品種作出をはかっている。

この取り組みにより，開花変動の少ない8月咲き小ギクとして，2013年に'春日の紅'を品種登録，2016年には'春日の鈴音'（仮称）を登録出願した。これら2品種の育成には，西和花き部会もキク品種選定普及会議の一員として評価や現地試験から参画している。'春日の紅'は2016年には約20aで栽培され，8月盆需要期出荷の1品種として利用されている。

(2) 品種の特性とその活用

西和花卉部会では独自に「小菊共撰指定品種」を定めている。2016年は赤65品種，白71品種，黄70品種，その他（ピンク，オレンジ系など）5品種の計211品種を共選品種としている。各月各色10品種前後の品種を指定し，出荷期間中，切れ目なく供給できるように努めている。そのうち，代表的な品種は第1表のとおりである。

(3) 環境制御と養水分管理のポイント

平群町では露地栽培主体の栽培体系となっているため，環境制御はほとんど行なわれていない。

養水分管理も基本的に水分は天水，肥料は全量基肥のマルチ栽培である。ただし，干ばつ時にはうね間灌水，またはスプリンクラーを設置して頭上から灌水を行なう場合もある。県営農地開発事業ではファームポンド（貯水池）を設置しており，各圃場ごとに取水バルブが付いているため，灌水は容易である。

施肥設計例は第2表に示した。栽培圃場は山

第1表　平群町で栽培されている小ギクの主要品種

	赤	白	黄
5，6月	清姫 あかね	川風 うずしお	春日路 夏丸
7月	紅千代 弓さや	精しまなみ 秀このえ	弓昴 秀ちはや
8月	春日の紅 精あかり	シュー・ペガサス アクア	小鈴 翁丸
9月	かれん 京美人	せせらぎ 山手白	秀こさめ 京丸
10月	花形 紅の川	白滝 すずろ	いざよい お吉
11月	オペラ 紅桜岡	白芳 ほしぞら	たまむし 落葉
12月	寒つばめ 新年の美	精雪祭り 寒しおり	寒月 寒金賞

小ギク　生産者事例

あいの造成畑や平坦地の普通田などさまざまであるため，土壌条件に合わせて施肥量を調節している。

3．栽培管理の実際

平群町では季咲き栽培で5〜12月までの連続出荷を行なっているほか，8月盆需要期の電照抑制栽培や，無加温施設を利用した5月咲きと11〜12月咲きの年2作栽培も行なわれている。各作型の栽培体系は第3図のとおりである。

(1) 親株の選抜と親株管理

繁殖は自家増殖の栄養繁殖である。親株は前作の生育状態の良いものから選ぶ。とくにウイルスや白さび病などに罹病していない健全な親株を準備するように心がける。また，繁殖を繰り返すことで生育や開花時期にバラツキが生じてきた場合は開花時点でマーキングをして，系統分離を行なうこともある。

春植えの7〜8月咲き作型は収穫終了後，切り下株の台刈りを行ない，10月にかき芽をして無加温ハウス内の親株床に生ける。年明けまではハウスサイドを開放して親株をしっかり低温に当て，それ以降は朝夕にサイドを開閉し，昼温が25℃以上にならないよう管理する。加えて1〜2月の厳寒期にトンネル被覆を行ない，夜温を確保する。品種により台刈りする場合は挿し芽の約1か月前に行なう。

9月咲き以降の作型は，圃場に余裕のある場合は，前作収穫後の株をそのまま残しておくこともあるが，基本的には収穫後，親株床に生け替える。5〜6月咲き作型は8月中に台刈りを行ない，秋にはかき芽を定植する。9月咲き以降の作型は，挿し芽の約1か月前に台刈りを行なう。

第2表　小ギクの施肥設計例 (単位：kg/10a)

肥料名	成分			施用量(袋)	成分量		
	N	P	K		N	P	K
スーパー菊配合	8	6	7	17	27.2	20.4	23.8
奈良県施肥基準					28.0	25.0	25.0

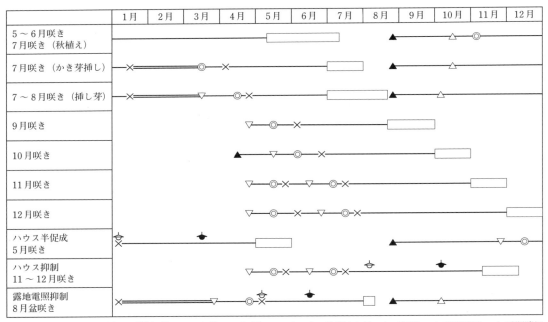

▽挿し芽，◎定植，×摘心，□収穫，△かき芽，▲台刈り，＝トンネル被覆またはハウス保温，⊖電照開始，⬤電照消灯

第3図　小ギクの各作型と栽培体系

(2) 育苗

①挿し芽育苗

育苗は無加温ハウス内で行なう。親株台刈り後に発生したシュートの先端5～7cmを採穂し，下葉を取って完全展開葉3～4枚程度に調製する。これを育苗用土を充填した200穴セルトレイに挿す。育苗用土は与作N-100などの市販培養土を用いることが多いが，自家配合している生産者もいる。

灌水は頭上スプリンクラーで行なう。頻度は1～2回/日程度とし，葉が乾かないように注意する。日差しが強く，葉がしおれてしまう場合は50～80％程度の遮光を行なう。挿し芽から3週間程度で根鉢が巻き始めるので，老化苗になる前に定植する。

②かき芽挿し育苗

先端を折り取る挿し芽と違い，親株の基部からかき取る採穂方法である。7～8月咲き品種の親株採取用，または5～7月咲き品種の育苗で用いられる。採取のさいには花芽がついておらず，節間の詰まった芽を採るように心がける。従来は仮植床に植え付けることが多かったが，近年は128穴セルトレイを利用するのが主流となりつつある。

(3) 植付け～栄養成長期間

①圃場準備

冬季にピートモスやサトウキビかすといった有機物資材などを投入し，土つくりを行なっておく。3月から7月末まで定植作業が続くため，施肥・うね立ては冬のうちから順次始めておく。

肥料は全量基肥で，施肥設計例は第2表に示した。肥料散布機を用いて全層施肥する。

その後，うね立て機を使用してうね立てを行なう。うねはかまぼこ形でうね幅は120～130cmである。マルチは8月咲き作型までは黒マルチで，9月咲き作型以降は高温対策のために白黒マルチを使用する。その後，うね上に18cm×3マスのフラワーネットを張る。

第4図　栽培風景

②定植

定植は，フラワーネットの中1マスを空け，外側の2マスに株間12cm・条間36cmの2条植えとする。例外として，秋植えの夏ギクは株間18cmとしたり，立茎数が少ない品種では株間10cmとすることもある。

③摘心・整枝作業

定植10～14日後に葉を6～7枚程度残して摘心する。摘心の約1～2か月後に株当たり5本程度を目安に整枝する。秋植えの夏ギクのみ整枝数は7～8本程度とやや多めに残す。

8月盆電照抑制栽培の場合，摘心後すぐに点灯する。また，電照設備のない圃場では，開花抑制のためにエテホン処理を行なう場合もある。エスレル10を500倍で1～2回散布する。1回目は摘心時に，2回目は1回目の2週間後に散布する。エテホン処理により電照と同様に開花抑制効果が得られるが，品種間差が大きいので注意が必要である。

その後は随時ネット上げを行ないながら，弱小枝の除去などの栽培管理を行なう（第4図）。

④病害虫防除

病害でもっとも問題になっているのは白さび病である。近年の温暖化傾向で春季の発生が前進増加しており，重点防除の対象となっている。白さび病対策としてもっとも重要なのは初期防除の徹底である。親株から生育初期までの薬剤のかかりやすい時期にていねいな予防散布を繰り返すことで，圃場の菌密度を下げることが蔓延の防止につながる。万が一発生した場合

小ギク　生産者事例

第5図　超簡易ネット被覆法

第6図　選花作業

は，早期に下葉を除去したあと，アミスター20フロアブルなどの治療剤を散布する。

害虫ではハダニやアザミウマ類の防除にとくに注意を払っている。また，オオタバコガなどの鱗翅目害虫対策として，ネットハウスの利用が広がっている。奈良県の独自技術として奈良県農業総合センター（当時）が開発した超簡易ネット被覆法（第5図）がある。これは，キュウリ用支柱（農業用鉄パイプを湾曲させたもの）と直管パイプを組み合わせて骨格とし，そこにエスター線を張りめぐらせた上に4mm目合いネットで被覆したものである。この技術により，従来のパイプハウス骨格を利用する方法に比べ設置経費を2分の1～3分の1程度に削減できる利点がある。

（4）花芽分化・発達～出荷

①花芽分化・発達

ネット上げや弱小枝の除去，病害虫防除などの栽培管理を引き続き行なっていく。とくにネットが高くなっていくとうね間に飛び出す弱小枝が多くなるので，こまめに除去する。

②収穫・調製・出荷

収穫は花弁が立って円錐形になったころが適期である。花切り鎌を使用し，咲き前を確認しながら一本ずつ手作業で収穫する。収穫作業は気温の低い早朝に行ない，収穫した切り花は収穫布を巻いて直ちに選花場へ運ぶ。

選花は重量選花機を用いて行なう（第6図）。JAならけん西和花卉部会の出荷規格（第3表）に従って等階級を分別し，25本束で結束する。水揚げは収穫後から選花作業をはさみ，箱詰めまでの間，できる限り長時間行なう。

箱詰め後は速やかに出荷し，花卉集出荷場の低温貯留庫に搬入する。

（5）出荷後の品質維持に向けて

2015年度に整備された花卉集出荷場の低温貯留庫は，面積500m²で最大3,000箱の貯留が可能である。

産地形成当初は近郊産地の利点を生かし，朝収穫した切り花をその日の夕方に出荷し，翌日の競りにかける販売を行なっていた。しかし，産地の規模拡大が進み，1経営体当たりの生産量が多くなるにつれ，出荷当日の収穫では荷づくりが間に合わなくなってきた。また，市場の販売形態の変化から，より早い出荷情報が求められるようになり，鮮度が高いという近郊産地の利点が，有利販売につながらなくなってきた。

そこで，低温貯留庫を装備して売立て日の前々日から荷受けし，低温で保管することにより，従来どおりの商品性を維持し，同時に早くから集出荷場に荷物を集めることで，より早く出荷情報を市場に提供できる体制を構築した。

低温貯留庫は，10～15℃で管理することにより，商品の品質悪化を防ぐとともに，冷やしすぎないことで出庫後のヒートショックも防いでいる。加えて，出庫時間に向けて段階的に室温を上昇させる馴化機能も備えている。悪天候

第3表 JAならけん西和花卉部会小菊共撰出荷規格 (JAならけん西和花卉部会)

等級	品質	階級	入本数(本)	長さ(cm)	茎葉の長さ(cm)	皆掛重量(kg)
秀	ほとんど異常が認められないもの	3L	100	75	55以上	10.5～15
			150	75	55以上	12.5～16
		2L	200	75	55以上	11.5～16
		L	250	70～75	50以上	10.5～15
		M	300	60～75	45以上	9.5～14
優	秀に準ずるもの	3L	100	70～75	45以上	10～15
			150	70～75	45以上	12～16
		2L	200	70～75	45以上	11～16
		L	250	65～75	45以上	10～15
		M	300	60～75	40以上	9～14
		S	300	55～75	40以上	6.5～9
良	優に準ずるもの		200	65～75	40以上	9～15
			300	55～75	35以上	8～13

の場合は，湿度の高い外気を導入すると切り花が結露してしまうので，ヒーターで室温を上昇させることも可能である。

輸送トラックは保冷車を用い，高品質のまま市場まで切り花を届けている。

4. 今後の課題

JAならけん西和花卉部会では，目揃え会，立毛品評会，栽培技術研修会など，栽培技術高位平準化のための各種取組みを行なっている。

現在の最大の産地課題は需要期安定出荷体制の強化である。とくに8月盆需要期に開花する夏秋ギクは気候により開花期が大きく変動するため，平群町だけでなく全国的な小ギク産地の課題となっている。そこで，前述のように西和花き部会として電照抑制栽培に取り組み，2016年には1.5haまで導入が進んでいる。今後も面積拡大をはかり，需要期安定出荷を実現していく計画である。

需要期安定生産体制を確立していくことと，作業の省力化が今後の大きな課題である。とくに防除作業と収穫・調製作業は労働全体に占める時間的，労力的割合が高く，もっとも省力化が望まれている。

また，西和花卉部会青年部（40歳以下の青年農業者で構成）の部員数は16名と後継者は比較的多いものの，高齢化は進んでおり，西和花卉部会の部会員数は漸減し続けている。現在は個別経営体の規模拡大で小ギク栽培面積は維持しているものの，新たな担い手の確保は急務である。

《住所など》奈良県生駒郡平群町久安寺
　　　　　　米田幸弘（58歳）
執筆　角川由加（奈良県北部農林振興事務所）
　　　　　　　　　　　　　　2016年記

沖縄県糸満市　玉城　肇

〈小ギク〉11～5月出荷

農作物被害防止施設（通称：平張施設）を利用した安定生産

―品種選定のポイント，親株管理，電照管理の実際―

1. 経営と技術の特徴

(1) 産地の状況と課題

　糸満市は，県都那覇市から南へ12km，沖縄本島の最南端に位置し，東西7.5km・南北10.3km，総面積46.63km²である。

　土壌は地質構造の影響を受けており，島尻層群からなる地域には保水性のある肥沃な灰色のジャーガルが分布し，琉球石灰岩からなる地域には保水性が乏しい赤色の島尻マージが分布している。

　当地域で栽培されている主要な花卉はキク類，洋ラン類，ストレリチア，ドラセナ類，観葉鉢ものなどで種類が多い。そのなかで作付け面積，出荷量ともに多いのは戦略品目のキク類で，次いで洋ラン類となっている。2007年の花卉類全体の作付け面積は102ha，産出額は12億8442万円であり，野菜類，サトウキビに匹敵する品目となっている（沖縄県農林水産部「沖縄県の園芸・流通」2010年7月より）。

　当地域の露地ギク栽培は，1980年に栽培面積6.1ha，生産額5910万円で始まり，1987年には県内最大の輪ギク産地となった。しかし，単価の低迷や摘蕾など管理作業に時間がかかるなどの理由から，しだいに輪ギクから小ギクへ移行していった。その後，小ギクの生産面積は拡大し，2007年には栽培面積，生産量，出荷額ともに県下第1位となった。2003年9月には小ギクの拠点産地として認定されており，生産農家

■経営の概要

- **経営**　小ギク切り花＋野菜類＋サトウキビ
- **気象**　年平均気温22～23℃，月平均気温16℃～28℃の範囲にあり，8月の最高気温31.8℃，1月の最低気温14.6℃，年間降水量は2,000mmと多いが，年によっては干ばつに悩まされることもある
- **土壌**　島尻群層が見られる北部は，保水性のある肥沃な灰色のジャーガルが分布し，琉球石灰岩からなる地域には，保水性の乏しい赤色の島尻マージが分布している。玉城さんの地域は島尻マージが多く分布する地域である
- **圃場・施設**　電照施設32.9a，H鋼ハウス20a，農産物被害防止施設（平張施設）30a，圃場筆数20筆，育苗ハウス162m²，出荷施設1,000m²，農用車2台（軽，4t），自動結束機1台，下葉落とし機1台，電気ポンプ
- **品目・栽培型**　小ギク（品種：つばさ（白），沖の黄寿（黄），沖の美姫（赤），沖の紅寿（赤），沖のきぼう（黄），琉のあやか（赤））
  2009年出荷実績：11月46,200本，12月232,730本，1月203,800本，2月111,700本，3月245,400本，4月282,170本，5月93,450本，合計1,215,450本
  野菜類（ニガウリなど）15a
  サトウキビ43a
- **苗の調達方法**　自家育苗
- **労力**　家族労働力：本人，妻，息子，両親，常時雇用：4人，臨時雇用：9人

74戸のうち約50％が40代と若い担い手が多い（2007年度拠点産地活動報告，経営意向調査）。

　大規模経営が多く，1人当たりの栽培面積が

小ギク　生産者事例

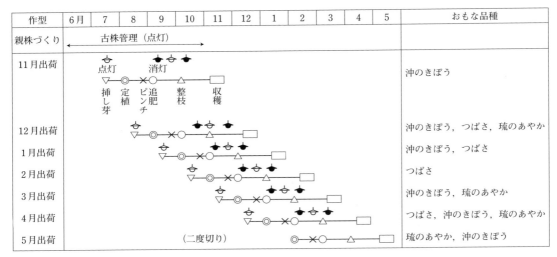

第1図　小ギクの作型と栽培体系

約160aと県平均の58.5aを上まわり，家族労働力以外の常時，臨時雇用を加えて，多くの労働力が投入される。

(2) 玉城さんの経営と技術の特色

玉城さんは小ギクを中心に野菜，サトウキビを組み合わせた複合経営を行なっている。就農以前は農協の臨時職員をしていたこともあったが，就農当時糸満市では輪ギク栽培が盛んに行なわれており，1991年に輪ギク栽培を60aからスタートした。

それから年々栽培面積を拡大し，1997年には経営構造対策事業を利用して鉄骨ハウス2,383m²を導入した。その後，年間平均1,500m²程度拡大し，現在に至っている。

現在の経営面積は，露地2万7,667m²，農作物被害防止施設（通称：平張施設）2,918m²，鉄骨ハウス2,383m²で，合計3万2,968m²であるが，さらに年末出荷した株を切り戻し，出荷する圃場もあるので延べ面積は5万4,870m²となっている。

所有施設は鉄骨ハウス2,383m²，平張施設2,918m²，育苗施設162m²，出荷場1,000m²があり，このほか自動結束機1台と下葉落とし機，灌水タンクを搭載した灌水車（4t），トラックや軽トラックなどを保有している。

労働力は本人を含む家族労働5人が主体であるが，それに加えて常時雇用が4人，臨時雇用が4人おり，出荷がピークの時期はさらに臨時雇用を5人増やして合計18名の労働力が投入される。

栽培品種の割合は黄系小ギク'沖のきぼう'が全体の約65％，白系'つばさ'が25％，残り10％が赤系小ギク'琉のあやか'である。以前は糸満市といえば「小ギクの白」といわれるほど，白系が栽培面積の7〜8割程度を占めていたが，近年では市場の要望である色バランス（黄：白：赤＝4：3：3）に応えるため，黄系，赤系を組み合わせた経営体が増えている。

2．栽培体系と栽培管理の基本

(1) 生長・開花調節技術の体系

①電照施設と日照管理

現在栽培している小ギクの3品種（'つばさ' '沖のきぼう' '琉のあやか'）は秋ギクであり，電照によって開花を調節している。月ごとに自然日長時間が異なるため，15時間の日長時間になるように11時からの深夜光中断を行なっている（第2図参照）。

電照施設と電球の配置を第3図に示した。75kW白熱電球を3m×3m（9m²）に1球とし，

農作物被害防止施設（通称：平張施設）を利用した安定生産

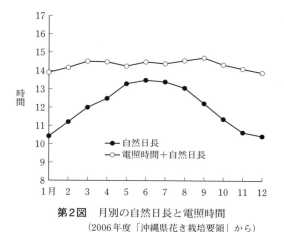

第2図　月別の自然日長と電照時間
（2006年度「沖縄県花き栽培要領」から）

キクの生長点から約1.5mのところに設置している。

②消灯時草丈

電照によって開花調節しているが，草丈を確保するためには，消灯時期が重要で，品種の特性によって異なる。消灯時草丈の目安は'つばさ'が45cm，'琉のあやか' 35〜40cm，'沖のきぼう' 35〜40cm，'秋芳' 45cmである。

③開花促進

消灯日は出荷予定日から逆算して決めているが，消灯から開花までの到花日数は消灯後の気象条件の影響を受け，高温・多日照条件で促進され，低温・寡日照条件で抑制される。そのため，天気予報や長期予報を参考にしている。

そのほかの技術として開花促進のため窒素成分を含まない資材（第1リン酸カリやマグホスなど）で追肥する。また灌水はなるべくひかえ，乾燥がひどく害虫の発生が懸念される場合は，葉水程度の軽い灌水を実施する。

(2) 品種特性の見かたと活用

小ギク栽培の開始時期が8〜9月の高温期であるので，1)高温期でも立ち枯れしにくい，2)挿し芽の発根性がよく定植後の活着がよい，3)定植後の伸張性に優れ秀品率が高く，開花をコントロールしやすい，4)ハダニ類やアザミウマ類，黒斑病，褐斑病に強いことなどを，品種を選ぶさいの目安としている。

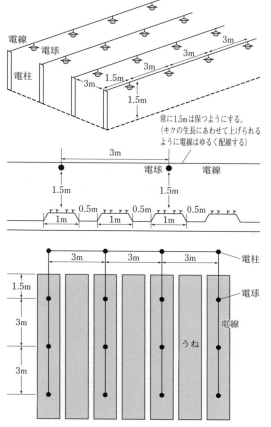

第3図　電照施設と電球の配置
（2006年度「沖縄県花き栽培要領」から）

3. 栽培管理の実際

(1) 親株の選抜・親株管理

基本的に種苗は自家苗で確保するため，親株の管理はキク栽培の重要な作業となる。

品質のよいキクを栽培するためには，母株の選定が重要となる。1)花色，花形，草丈伸長性，草姿に優れている，2)開花揃いがよい，3)病害虫の発生が少ないなどの点に留意しながら母株を選定する。

古株は切り花収穫後台刈りし，古葉の除去，中耕除草を行ない，液肥など速効性肥料を施し，萌芽促進させる。本畑10aには2aの採苗圃，4,000本の挿し穂が必要で，この挿し穂を確保

933

するには600株程度の母株を必要とする。

親株圃場は排水がよく，灌水管理に便利で，台風対策が可能な圃場を選ぶ。親株圃場の面積は切り花栽培面積の10〜20％を確保し，ディトラペックスや米ぬかを用いた太陽熱消毒などの土壌消毒を行なう。

基肥は堆肥の代替資材として10a当たりアヅミン80kg，化成肥料（15—15—15）12kgを施用したあと，150cmのうね幅に50cmの通路を切り，定植間隔は15〜18cmの5条または6条植えとする。

第1回摘心は定植後7〜10日ころまでに行ない，その後は20日間隔で2〜3回行なう。それ以上採穂を繰り返すと充実した挿し芽の確保がむずかしくなるため，3回の採穂で終了する。

6〜8月は長日高温により花芽分化が抑制され電照は必要ないが，品種によっては老化などで柳葉が発生したりするので，通年電照とする。

(2) 育　苗

育苗はパイプハウスなどの雨よけ施設内で行なうのがよい。挿し芽時期は高温期になるので，1mmの黒ネットで遮光する。採穂する2〜3日前に殺菌剤と殺虫剤を散布し，涼しい朝夕に採穂する。採穂後は2〜3℃の冷蔵庫で，段ボールや発泡スチロールの箱に新聞紙を敷いて約2週間保存し，低温処理により生長活性を高める。挿し芽時は冷蔵庫から取り出し，2〜3時間涼しいところで室温に慣れさせてから，128穴の育苗トレイに挿す。培養土はPSグリーンである。挿し芽後の発根促進のため，挿し穂をオキシベロン液に浸漬したのち挿している。灌水はミスト灌水が望ましいが，玉城さんは手灌水で行なっている。育苗期間の目安は2週間であり，その間電照で花芽抑制を行なう。

(3) 植付け〜栄養生長期間

①畑の準備と施肥

排水の悪い圃場はサブソイラーによる深耕を行なってから，ソルゴーを播種する。ソルゴーはストローチョッパーで定植1週間前までに数回粉砕し圃場にすき込む。

基肥は10a当たりアヅミン80kg，有機質肥料（6—8—4）200kgを定植1週間前に施用している（第1表）。

②定　植

うね幅は135〜140cm，12.5cmの6マスのフラワーネットを用い，4条植えとしている。定植前に除草剤を土壌表面に散布し，マルチは使用しない。

③ピンチ・整枝作業

定植約2週間後に，苗の活着が確認できたら生長点付近を浅く摘心し，側枝の発生を促進するため化成肥料（15—15—15）を40kg/10a施肥する。側枝が20〜30cmになったころ2〜3本に仕立てる。ピンチ後に分枝した枝を草丈がほかの枝より低いものや，葉の枯れなど生育が悪い枝を除去することにより，開花揃いや秀品率の増加につながっている。この整枝作業を生育後半まで実施しないと，4〜5本分枝して生育が競合し，草丈の短いものが多くなる（第4図）。

④電　照

8月以降は，花芽分化の抑制のため深夜光中断による電照を開始する。電照施設は定植前に準備し，定植と同時に電照開始する。電照設備の設置間隔や電照時間などは生長・開花調節技

第1表　施肥設計

区分	肥料名	成分 (N—P—K)	施用量 (kg/10a)	肥料成分 (kg/10a)		
				N	P	K
基肥	アヅミン		80			
	バランス	6—8—4	200	12	16	8
	CDU	15—15—15	60	9	9	9
追肥	CDU	15—15—15	80	12	12	12
	2号液肥	10—5—8	3	0.3	0.15	0.24
	第1PK	0—50—33	0.5	0	0.25	0.17
計				33.3	37.4	29.41

第4図　整枝作業

第5図　農産物被害防止施設（平張施設）

術体系の項で述べたとおりである。

小ギクの再電照は消灯後いったん花芽分化させたあと，再び電照してブラッシングさせることで側枝と着蕾数を増やし，品質の向上を図る技術である。3〜4日間消灯したのち，約12〜14日間再電照を行なう。再電照の日数は品種によって異なる。

⑤台風対策（農産物被害防止施設の導入）

台風襲来の多い沖縄において，夏場に定植をする11，12月出荷は，台風被害にあうことが多い。これまでは被害を防ぐための施設といえば耐候性に優れたH鋼ハウスが主であった。しかし初期投資が大きく，維持管理コストもかかるため，施設についてもより安価で台風被害に強い施設の要望が高まり，H鋼ハウスに代わって農産物被害防止施設（以下，平張施設）が導入された。

平張施設とは，角パイプを柱とし，上面を1mmネット，側面を0.6mmネットで囲む栽培施設で，1999年に県の花き振興対策事業，2000年には花き産地総合整備事業（国庫事業）などの補助事業を活用し，広く普及された。平張施設は2001〜2004年にとくに多く導入されており，この期間の導入総面積は53haになった。

そして2009年には県のキク類の作付け面積765haのうちの14.2％を占める109haが平張施設栽培となっている。平張施設の普及により台風襲来時の被害が軽減し，11〜12月出荷の安定に結びついている（第5図）。

（4）花芽分化・発達〜出荷

消灯は出荷時期から品種，作型ごとに到花日数を逆算して行なう。到花日数は点灯後の最終消灯日から出荷予定日までである。

消灯は同じ圃場でも複数のブロックに区切り，2〜3日ずらして消灯を行なう。出荷ピーク時期は，1日当たり150ケースの出荷を最大として，1日に収穫から箱詰めまでできる量を調節している。

午前中に圃場で収穫し，収穫物を随時出荷場に運び，水揚げしている（第6図）。

規格や秀品の選別は手選別で行ない（第7図），10本1束にして基準の長さに切り揃え，下葉を落とし，自動結束機で結束して200本単位で箱詰めする（L品：200本，M品：250本，S品：300本）。選別の基準は，L品の場合草丈75cm以上，1本重量43g以上で，茎曲がりがなく，病害虫の被害がないものが秀品となる。

第6図　水揚げのようす

小ギク　生産者事例

第7図　選別作業

(5) 生産性向上対策と今後の課題

就農してから今年で20年目となる。経営主である玉城さんは年々経営規模を拡大しながら現在の経営に到っている。常時雇用が4人おり，今後も規模を拡大していく方針である。

しかし，作業の進捗状況を管理しながら実際の作業を行なうのはとても重労働であり，精神的にも負担となるので，今後は規模拡大に伴い，後継者育成や従業員への技術指導も行なう必要がある。

また栽培技術の点では，病害虫の適期防除や計画的な出荷は安定的して実施できている。しかし，出荷市場の色バランスへの要求（黄：赤：白＝4：3：3）に農家も対応することが求められており，玉城さんも黄系，赤系，白系小ギクを栽培しているが，白系'つばさ'以外は年々品種の変更があり，技術習得に苦慮している。黄系や赤系の品種で，より秀品率の高い安定出荷できる品種を毎年模索している。

《住所など》沖縄県糸満市米須421—3
　　　玉城　肇（43歳）
　　　TEL. 098-997-2786
　執筆　富山あずさ（沖縄県南部農業改良普及センター）
　　　　　　　　　　　　　　2012年記

鉢もの
技術体系と基本技術

ポットマム

栽培の基礎

（1） ポットマムとは

　ポットマム（Pot Mum）は，Potted Chrysanthemum の略で，1950年代にアメリカ，カリフォルニアのヨーダーブラザーズ社（Yoder Brothers Co.）から苗が販売されるようになった短茎性の鉢植え用のキクである。1956年ごろから本格的な周年栽培が確立され，各地で大量に生産されるようになった。日本には1968年ごろに導入され，アメリカと同様な周年栽培が行なわれたが，その後秋期中心の栽培が多くなってきている。

　本来のポットマムは，分枝した1枝に1輪ずつ花を咲かせるものでありディスバッドタイプと呼ばれる（第1図）。これは，一つ一つの花は大きく豪華であるが，先端の蕾以外は摘蕾しなければならず，この作業労力が非常に大きいものとなっており栽培現場での問題点となっている。一茎多花性のスプレーギクは，欧米で育種され，日本でも1975年ごろから切り花としての本格的な生産が始まっている（第2図）。このスプレータイプのものも，摘蕾作業が不要なこと，花色が豊富で明るいものが多いこと，日長，温度などの環境条件に敏感に反応し周年栽培が可能であることから，ポットマム栽培に応用されるようになってきている。

　ポットマムは，1970年代をピークに生産過剰から価格が低迷し，生産が減少していたが，1990年代に入るとヨーダーブラザース社が従来のポットマムとは異なる新品種をライセンス供給するようになった。ヨーダーマムと呼ばれるものである。

（2） 生理・生態と品種

　ポットマムは，生態的には秋ギクに分類される。すなわち日長時間に対する反応としては，花芽分化は短日条件で行なわれ，蕾の発達，開花も短日条件で行なわれる。短日開始から開花までの期間つまり品種の早晩性と電照栽培およびシェード栽培とを組み合わせることにより，周年栽培が行なわれてきた。

第1図　ポットマム（パラゴン）

第2図　スプレーマム（サーカス）

鉢もの　技術体系と基本技術

第1表　ポットマムの品種区分

9週種	短茎種……………………品種区分		A
	中茎種…………………… 〃		B
	長茎種…………………… 〃		C
10週種	短茎種…………………… 〃		D
	中茎種…………………… 〃		E
	長茎種…………………… 〃		F
11週種	短茎種…………………… 〃		G
	中茎種…………………… 〃		H
	長茎種…………………… 〃		I

品種については栽培の実用上，草丈と早晩性から第1表のような区分が行なわれている（松井，1969）。

〈執筆〉　肥土　邦彦（テクノ・ホルティ園芸専門学校）

1995年記

生育過程と技術

(1) 挿し芽

キクは一般に挿し芽によって増殖されるが、ポットマムも例外ではない。挿し芽繁殖の場合、健全な親株の確保が必要である。特にウイルス病などに罹病していない無病株でなければならない。また、若く草勢の強い、生育のそろった親株からでないと、よくそろった挿し芽を得ることはできない。よくそろった挿し芽からでないと、斉一な開花をするポットマムを生産することはできない。

親株を摘心して2〜3週間後に伸びた側枝を折り取り挿し芽とするが、品種により、また時期により挿し芽の大きさを調整しなければならない。挿し芽が長すぎると草丈が高くなりすぎ、短すぎると発根が遅れてしまうことがある。一般に短茎種は早生であり、挿し穂は長めのほうが株の型はよくなる。逆に中長茎種では短めに採穂したほうがよい（第1図）。

挿し穂の採取位置では、基部に節がついていると発根がよいとされているが、この場合は、基部からでた葉を除くという調整作業が必要となる。大量の挿し芽作業を行なうにはこれは大きな負担になるわけであるが、挿し穂の基部に節があるかないかによって発根にどのような影響があるか調べたところでは、あまり関係ないという結果がでており、芽の伸長程度に応じて採穂すればよい（東京農試，1970）ということになっている。

また採穂作業において、カミソリの刃を用いて切断した場合と手折りによって採取した場合でも、発根に大きな差は認められていない（東京農試，1970）。

挿し穂の切断面にルートンなどの発根促進剤を処理したものでは、無処理のものと比べ発根数が大幅に増加している。また発根促進剤を処理したものでは、挿

第1表　技術・作業の実際

〈育苗〉

作業	作業・管理の実際	注意点・補足
親株の養成	地床に15cm間隔に定植	周年栽培の場合は時期に合わせて用意する
摘心	2〜3週間後にピンチする	
挿し穂採取	展開葉3〜4枚で採取	10週間くらい採穂できる
挿し木	調整後、水揚げしてから挿す	切り口にオキシベロン0.5％粉剤を処理

〈栽培〉

作業	作業・管理の実際	注意点・補足
定植	5号鉢に5本を定植	挿し木後2週間くらいで発根
摘心	未展開葉を傷めないように弱く摘む	定植後7〜10日後に行なう
わい化剤散布	ダミノジット剤200〜400倍液を散布	摘心後10日目くらいに1回目処理。着蕾後2回目処理
摘蕾	中心の蕾が大豆大になったら、中心の蕾を残して摘蕾	指先でかき取るように取る
追肥	液肥などにより10日に1回追肥を施す	
かん水	定植後充分にかん水、あとは乾いたらかん水	鉢を地面に少し埋めてかん水労力を省く
病害虫防除	白さび病、ダニ、アブラムシ、アザミウマ、ハモグリバエなどに注意	白さび病は、サプロール乳剤、マンネブ水和剤などで予防。ダニはニッソランV乳剤など、アザミウマなどはオルトラン水和剤などで防除

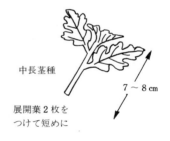

中長茎種　7〜8cm
展開葉2枚をつけて短めに

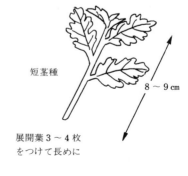

短茎種　8〜9cm
展開葉3〜4枚をつけて長めに

第1図　挿し穂の採取

鉢もの 技術体系と基本技術

植込み	ピンチ仕立て(本数)	鉢のサイズ	シングル仕立て(本数)	植込み
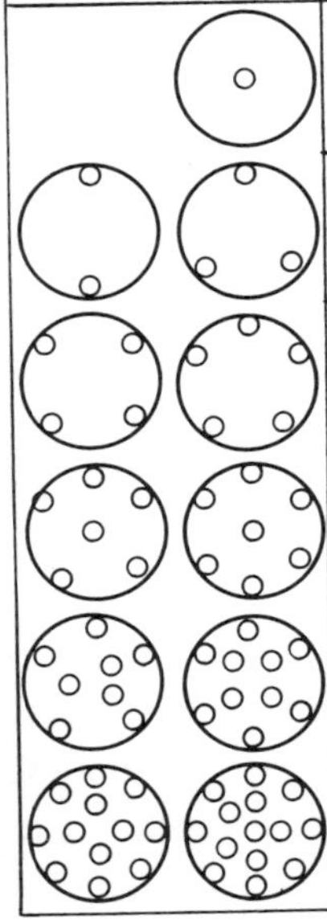 ○	1	9cm（3寸）	1	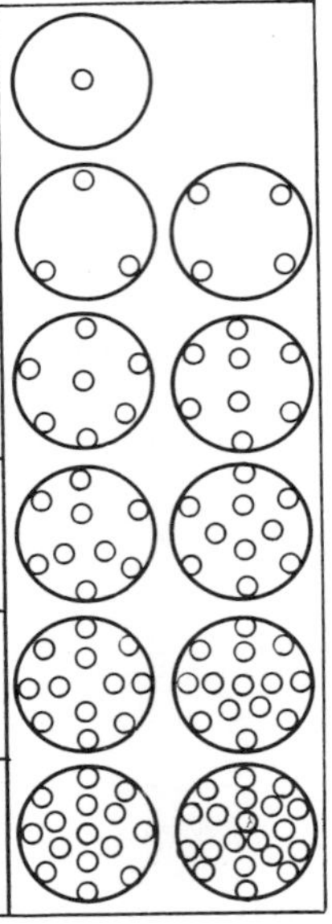 ○
○○	2～3	12cm（4寸）	3～4	○○○
○○○	4～5	15cm（5寸）	7～8	○○○○○○○
○○○○	6～7	18cm（6寸）	9～10	○○○○○○○○○
○○○○○	8～10	24cm（8寸）	12～14	○○○○○○○○○○○○
○○○○○○	12～14	30cm（10寸）	15～20	○○○○○○○○○○○○○○○

第2図　鉢のサイズと定植要領

し芽苗の鉢上げ後の初期生育がよくなり、地上部生体重の増加が多かった。しかも有効側枝の重量が重くなり、実用的にも有効と評価できる（東京農試，1970）とされている。

（2）定　植

　発根した苗の定植で重要な点は、よくそろった苗を選択することである。苗のそろいが悪いと定植後の生育がそろわず、草丈なども不斉一になってしまうばかりでなく、開花も不斉一になってしまうことがある。また、このとき病害虫におかされているものは、枯死する危険性があるばかりでなく、他の苗や鉢に被害を広げてしまう心配があるので厳重な選別が必要である。

　1鉢当たりの苗の植込み本数は、摘心を行なうのか1本仕立てにするのかによっても異なるが、鉢の大きさと植込み本数の基準は第2図のようになる（松井，1969）。

（3）用土，施肥

　ポットマムの生育と養分吸収については、定植後20日間くらいまでは、活着および腋芽の伸長にかかるため生体重の増加はほとんどみられない。その後、出蕾までは茎葉の生体重の増加が著しい。出蕾後は、葉の増加は減少し、花蕾の生体重が増加している。乾物重の増加も生体重の増加とほぼ同じ傾向を示している。

　養分吸収量は、品種によって異なるが、5号鉢5株植えのものの平均的な吸収量はN1.7g，P_2O_5 0.4g，K_2O 1.9g，CaO 0.6g，MgO 0.2g程度あったという。施肥は三要素各0.5～1.5g/5号鉢を基準として、土壌の肥沃度などによって増減する。液肥の場合は、N，K_2O各200～400ppmとする。また濃度は0.6mS/cm以下が安全とされている（細谷，1995）。

　鉢用土としては、固相30～40%、液相40～50%、気相10～20%のものが生育良好であったという。沖積砂壌土：籾がら：ピートモス＝6：3：1を基本に、入手しやすい資材で作成するのがよいとされている。

（4）開花調節

　定植後しばらくの間は栄養生長させ、その後生殖生長させて花芽をつけさせる。栄養生長には日長16時間以上の長日条件とする。長日処理は100Wの白熱灯を1.2mの高さから照射する。10m²当たり1灯を要する。生殖生長には、3～9月の間は短日処理が必要である。夕方5時くらいから翌朝8時までシェード栽培を行なう。高温期にはムレに注意しなければならない。被覆資材としては0.1mmのシルバービニルなど使用すると熱も反射し温度上昇が少なくてよい。また日差しが落ちて暗黒になってからは開放して温度の上昇を防ぐのがよい。短日処理は確実に発蕾するまで行なう必要がある。不充分だと開花がそろわなかったり、花首が伸びてしまったりして、草姿が乱れることがある。

(5) わい化剤処理

現在鉢もの,苗もの栽培の多くでわい化剤が使用されているが,このわい化剤処理技術は1960年代後半にポットマムとともに日本に導入されたものである。このポットマム生産においてダミノジットを処理するという技術は,当初は他の植物に応用されることはなかった。1970年代になるとハイビスカスにＣＣＣを処理したものが好評を呼び,一躍わい化剤の使用がブームになった(肥土,1992)。

摘心後,腋芽が2cmくらい伸びた時点でダミノジット250～400倍液を茎葉散布する。さらに花首の伸長抑制のために蕾が見え始めたころダミノジット400倍液を散布する。ダミノジット以外にもウニコナゾール,バクロブトラゾールなども使われることがあるが,適正処理濃度の幅がやや狭いので注意が必要である。

(6) 摘　　蕾

ディスバッドタイプのポットマムでは,1本の茎に1個の花だけを咲かせるために摘蕾作業を行なわなければならない。花梗を残さないように,横に倒すように折り取るとよい。この作業は膨大なものがあり,全作業の3分の1を占めるほどである(東京都農林水産部,1981)。

この摘蕾作業を省略するためもあって,現在ではスプレータイプの栽培が増加してきている。

〈執筆〉 肥土　邦彦(テクノ・ホルティ園芸専門学校)

1995年記

引用文献

東京都農業試験場.1970.企業的ポットマム周年生産体系の確立に関する研究.
松井紀潔.1969.ポットマムの栽培と経営.誠文堂新光社.
東京都農林水産部.1981.花き作目別経営特性カード.
肥土邦彦.1992.鉢物・花壇苗生産への矮化剤の使用.新花卉.154.
細谷毅.1995.新版花卉の栄養生理と施肥.農文協.

ボサギク

栽培の基礎

(1) 原産と来歴

ボサギク (Chrysanthemum spp.) は交配種であり, その由来は判然としない。東京都江戸川区鹿骨付近で古くから栽培されていた小輪系の秋ギクが基本になっていると考えられる。起源は定かでないが, この付近は古くから東京出荷の鉢もの, 地掘りものの生産地であり, また小ギクの切り花も生産されていて, そのなかから草丈の低いものを選抜して鉢ものとして栽培するようになったと思われる。この系統の栽培は大部分の生産者は挿し芽で繁殖していたが, 一部で実生繁殖も行なわれていた。

現在, 市場でボサギクの名で取引されているもののなかには, タマギクなどと呼ばれる系統があり, 明らかにボサギクとは系統が異なっている。しかし, これらの品種はごく一部の地域で生産されているのにとどまる。

露地栽培で日当たりがよく, 通風のよい場所が適する。土壌は特に選ばないが, 有機質が多く団粒構造になりやすい土壌を好む傾向がある。

(2) 生育と生理・生態

ポットマムは, 大輪系および中輪系の高性の品種を, わい化剤を用いて草丈を低くして, 鉢ものに仕立てている。しかし, ボサギクはわい化剤を用いないでも草丈が低くなる品種が育成されていて, 地際から摘心しないでも自然に分枝する性質をもっている。花の大きさも5～6cmの小輪種が主体である。

ボサギクの基本的な性質は, 一般の切り花用の秋ギクと同様であるが, 現在では品種の分化がすすみ, 夏秋ギクと同様の品種もあり, また, 一部の地域では晩生系の品種が栽培されている。寒ギク系の品種は市場には出荷されていないので, このような性質をもった品種はないものと思われる。

(3) 栽培特性と経営上の課題

現在, ボサギクの生産の主力は, 古くから栽培されている東京近郊を中心とした関東地方に限られており, 他の地域では非常に少ない。また, 市場に出荷される数量の90％以上が, 9月と10月に集中している。このように出荷が集中するのは, ボサギクが秋咲きの小ギクであり, 自然開花が中心になっていることを示している。また, ポットマムの場合は, 同じ秋ギクでありながら, 環境制御によって周年出荷が容易に行なえることを示している。

ボサギクの場合も当然, 環境制御を行なうことができるはずだが, 周年栽培の実例は現在みられない。それは, 需要の大半が花壇材料であり, 一般的にキクは秋の花との認識があって秋花壇に欠かすことができないものになっているために, 自然開花の時期に出荷しても比較的価格が安定していることによる。しかし今後, 花壇の多様化によって周年需要が喚起されるならば周年栽培も行なわれるようになると考えられ

第1図 ボサギクプランター植え

鉢もの　技術体系と基本技術

第1表　キクの鉢もの出荷量(1994年度)
(単位：鉢，円)

月	ポットマム	ボサギク	鉢もの合計
1	48,299	367	55,587
2	47,116	332	60,667
3	76,982	1,025	118,657
4	84,142	178	132,917
5	86,292	2,043	149,817
6	68,361	801	130,683
7	60,160	337	98,880
8	97,460	11,224	158,701
9	370,996	474,402	1,243,562
10	648,936	725,353	2,036,858
11	398,589	63,368	866,706
12	75,860	1,169	124,180
年合計	2,063,193	1,280,599	5,177,215
平均単価	323	258	310

注　鉢もの合計にはボサギク，ポットマム以外のキクの鉢ものが含まれる(たとえば懸崖ギクなどを含む)

る。また，鉢ものに適した花色や花型をもった品種が育成されたならば，ポットマムと同様な需要が生ずるのではないかと思われる。

(4) 品種，系統と栽培特性

現在，ボサギクには挿し芽繁殖によって増殖する系統と，実生によって増殖する系統がある。実生系の品種は現在，クッションマム系と，ファション系の二系統が販売されていて，いずれも一代交配種である。二系統間には開花時期に10日の差がある程度で性質はほぼ同じであり，草丈も5cm程度の差があるだけである。この一代交配種が販売されてからは，古くからの生産者による育種がなくなり，一代交配種を主体とした栽培が大部分となった。

一代交配種は花色に幅がある。花壇などに使用する場合は花色の揃いが重要なポイントとなるため，一代交配種のなかから花色がよく草姿のよい系統を選抜し，これを親株にして挿し芽繁殖している。ただし，この場合は親株のように地際から分枝せずに主枝が伸長して，上部で分枝するものが多く，市場出荷できないものになりやすい。したがって，このような系統選抜を行なう場合には必ず挿し芽繁殖したものを試験的に栽培して，草姿の整ったものを選抜する必要がある。

〈執筆〉　八代　嘉昭（元　株・サカタのタネ）
1995年記

生育過程と技術

繁殖法には実生と挿し芽があり，それぞれの栽培のあらましと技術・作業の実際を第1図，第1表に示した。

〈執筆〉 八代 嘉昭（元 サカタのタネ）

1995年記

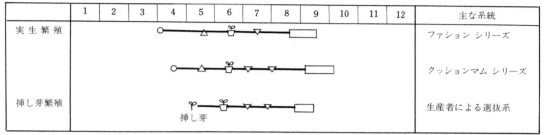

○ 実生, △ 仮植, 🪴 鉢上げ, ▽ 摘心

第1図 栽培のあらまし（花壇用）

第2表 技術・作業の実際

作　業	作業・管理の実際	注意点・補足
〈実生繁殖〉		
播　種	種子は1mℓ当たり1,200粒前後で比較的細かい	15～20℃の範囲の温度でよく発芽する
播種用土	微細な用土を用いると根が地表に浮き，立枯れの原因になるので，2mm目の篩でふるい落した土を除いた粗い用土が適する	覆土は床土と同程度の粗い用土でタネが見えない程度に覆う。発芽まで適温なら5日から10日前後必要
仮　植	播種床を広くして本葉5～6枚程度まで育てられる間隔がある場合は仮植の必要がない。播種床が狭い場合には本葉2～3枚程度になったとき6cmポットに仮植	仮植の用土は有機質の多い団粒構造のものがよい
鉢上げ	本葉5～6枚のときに鉢上げ。仮植を行なった場合には本葉10枚程度のときに行なう	鉢上げの用土が乾燥していると根詰まりになりやすい
鉢上げ後の管理	草姿を整えるために1回から2回摘心を行なう。最終摘心は，早生系で7月中旬までに終了し，クッションマム系で7月下旬までに行なう。最終の摘心が終わり，側枝が伸長を始めたときにB－ナインを散布すると草姿が整う。この場合，薬剤の効果が消滅する前にさらに1～2回程度の散布が必要	仕上げ鉢の大きさは一般に15cm鉢
病害虫	ハガレセンチュウ，アカダニ，白さび病が発生しやすい。また，かん水時の土壌のはね上がりによって下葉が枯れ上がる病気が発生することがあるので，ていねいにかん水する必要がある	
出　荷	側枝の天花が開花を始めたときに行なう	
〈挿し芽繁殖〉		
親株管理	露地で越冬した株が芽を伸ばし始めたころから，管理が容易になるように雨よけ下で栽培し，枯れ葉や病害が認められる枝を整理し，薬剤散布を行なう	
摘　心	均一の成品を仕立てるためには同一時期に均一な挿し芽を得る必要がある。そのための摘心を4月中旬に行なう	
挿し芽	一般の切り花用の品種と同様に行なう	
鉢上げ	挿し芽後2週間で発根するが，直接上げ鉢に鉢上げすることが多い	実生系の場合と同様，乾燥した土で鉢上げをすると根詰まりになり，開花時に下葉が黄変，落葉する
その他の管理	実生系と同様	

鉢もの
生産者事例

東京都羽村市　羽村　宗夫

〈ポットマム〉10月下旬出荷

季咲きとシェードによる開花促進

—5号鉢5本植え，1茎に1輪，摘心3回，鉢上げ後は1回—

1. 経営と技術の特徴

(1) 地域(産地)の状況と課題

　羽村市は大都市東京都心から西に40kmに位置し，人口増と住宅の密集にともない，年々施設の近くは日照，通風などの生産環境が悪化している。一方，地価の高騰にともない，生産施設への租税公課の強化，後継者難など産地として憂慮すべきことが多いのが現実である。

　欧米から導入したポットマムは，わが国における栽培の歴史は30年ほどで昭和39年に市場に出回りはじめた鉢花だが，当時としては鉢花の種類も少ないところへ日本人のキクに対する愛着心も強く，多くの人々に好まれて，導入後はいちじるしく発展した。

　当地域は，ポットマム栽培の歴史は古く，昭和43年ころより，パイプハウスによる果菜類半促成栽培の後作として導入された作型である。季咲き栽培(自然開花)がほとんどで，一部開花促進(シェード栽培)の作型をとり入れて栽培している農家もある。栽培戸数も，当時(昭和43年)と同じ10戸程度で，規模的にも微増にとどまっている。

　昭和45～50年ころには，東京市場では秋の需要期には100万鉢の入荷があったが，そのうち東京産のものは10%ほどにすぎず，ほとんどが中部圏の愛知，静岡産で，流通コスト削減のためコンパクトに仕上げたものであった。これに対して，当地域は大消費地が身近にあり，他産地より販売条件が有利なので，ボリュームのある，高品質な消費者のニーズに合った色彩の品種を生産することを目標に積極的に市場関係，消費者などからの情報収集に努めている。

　近年は花壇の植込みにも利用されるようになり，それにともなって予約生産方式がとられている。これによって，事前に色彩，植付け日に合った計画生産がなされ，生産直売方式で時代に合った色彩，花型のものを多品種，少量生産する方式に変わってきた。また，ごく近年は，若年層に好まれるスプレー系統の品種を積極的に導入しているところである。

(2) 私の経営と技術の特色

　基本的目標は，限られた施設，労働力のなかで，より良質で高級感のある生産物をつくるようにしている。大量の生産では，労賃，経費も安い地方産地と競争してとても及ばないからである。東京という面積の限られた土地のなかで，しかも市街化という悪条件に囲まれた経営だか

■経営概要
- 経営　ポットマム専業
- 気象　年平均気温13.3℃，8月の最高気温の平均29.2℃，1月の最低気温の平均-2.6℃，年間降水量14,228mm
- 土壌・用土　挿し床は鹿沼土＋ピートモス＋バーミキュライト，鉢用土は牛ふん堆肥＋腐葉土，籾がらくん炭など
- 品目・栽培型　ポットマム3,500鉢，8月上旬挿し木，10月下旬出荷
- 苗の調達法　奈良県から発根した種苗(母株)を導入，自家育苗
- 労力　夫婦2人

鉢もの　生産者事例

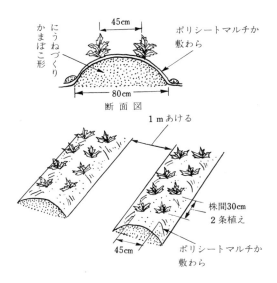

第1図　親株の植付け（露地）

ら前述のとおり生産環境は良好とはいえない。しかし，都市化がすすむ地域であるから販売の面では非常に有利な条件にある。私の園では，施設はすべてパイプハウスに限っているが，そのため他の栽培品目との組合わせが自由自在に変えられ，スペース的にも自由に利用できる利点がある。

労働力は夫婦2人である。鉢上げ，摘蕾作業と，限られた期間の繁忙時には一時的パートを入れるが，基本的には夫婦2人で経営のできる規模の範囲におさまるように努力している。

2．栽培体系と栽培管理の基本

(1) 作　型

花壇苗の生産が5月で終了するから，その後作として自然開花（季咲き）の作型をとり入れている。8月上旬の挿し木，10月下旬の出荷が作業のほとんどだが，花壇の植込みなどの関係で10月中旬出荷のものは1週間ほど早めに挿し木し，約30日間シェード処理を行なって開花を促進する作型を一部栽培している。この作型のものは公共施設の花壇などに多く使用されている。11月の上旬に秋の大きなイベントが催され，この時期にいちばん見栄えのよい状態になる。

これらの品目はすべて5号鉢に5本植え，1つの茎に1輪ずつ咲かせる仕立てで色彩的には黄色，白色，ピンク系統を主力にしているが，近年は明るい色彩のものが好まれるようになり，一般消費者には特にその傾向がうかがわれる。

しかし，ポットマムの品種のなかにはこれに適合したような品種がないのが残念である。同じポットマムの仲間のヨダーマムでは最近ポットマムと異なった室内観賞に適した草姿，色彩の新しいヨダーマムが注目されてきている。

(2) 栽培様式

季咲き栽培が主力であるが事前に期日の指定があれば開花促進（シェード）栽培を行なう。親株の保存は行なわず，すべて毎年奈良県から親株を5月に導入し，培地に植え付けて育成している。培地が露地であるため梅雨期には病気の多発があり防除には細心の注意が必要である。特に白さび病はポットマム栽培において宿命的な病気であり，有効的な薬剤がないため病原菌との闘いでもある。

挿し芽は8月の上旬に行なうが，早生種のものは早く，晩生の品種は後のほうで行なう。早生種の場合は栄養生長期間が短く，草姿にボリュームができないうちに生殖生長に変化して仕上がりも貧弱で見栄えのないものになりやすい。一方，晩生の品種は比較的に生育も旺盛で日長時間が短日になってもすぐに生殖生長に変化するようなことはない。そこで挿し芽は早生種を先に行なっている。

3．栽培管理の実際

(1) 親株の育成と管理

5月上旬，奈良県から発根した種苗を導入して露地の畑に定植する。第1図のように，ポリシートマルチを敷き，乾燥や土のはね返り予防対策を行ない，採穂するまで約90日の間の育成期間中で，摘心を3回行なうことにより，1株の親株からより多くの挿し芽を採取する。第1回の摘心は定植後1週間ほどで，2回目は本葉が4枚くらいになったときで，最後の摘心は採

穂予定日前20日前後（たとえば8月上旬の採穂では7月10日ころ）を目安にする。しかしこれは標準的な品種（パラゴン系）の基準で，短茎種（バーミリオン，ラブ）などは2回摘心して採穂する。

培地が露地なので病害虫の予防は定期的に行ない，アブラムシ，スリップスなどはもちろん，白さび病予防には数種類の薬剤を交互散布し，特に梅雨期には注意して予防に努める。良質，無病の状態で維持，管理するには，ビニルハウスなどの施設で育成するほうが安全のようだ。

親株育成中は常に生育の状態を観察し，各品種の特徴をつかみ，鉢上げ後のわい化剤の処理の回数や病害虫の発生の強弱など，その品種の性質を親株育成中にいち早く知ることが良質のポットマムをつくるポイントである。特に新品種を導入したときには，親株のときに研究観察をする。

（2） 挿し床と育苗

育苗時期は太陽光線の強い季節だから，ハウス内の遮光は70～80％程度にする。挿し床は底面を材木などで直接地面にふれないようにして，プラスチック製育苗箱を用いる。用土として鹿沼土6，ピートモス2，バーミキュライト2の割合で混合したものを約8～7cm厚さに入れる（第2図）。挿し穂は第3図のように採り，間隔を3cm×4cmとして挿し芽する。育苗箱1つ当たり120本程度挿す。

散水は1日に4～5回行なうが，葉面が濡れるぐらいのかん水で充分である。注意点としては，8月の真夏日の日光は強烈だから，日中の光線の強い時間帯にかん水すると，葉面に溜った水分が熱湯になり新芽が焦げてしまう。

この時期には，ほとんどの品種で挿し芽後2週間で充分に発根し，鉢上げをできるようにな

第2図 挿し床の準備

挿し床の用土は鹿沼土6，ピートモス2，バーミキュライト2の混合土

る。

（3） 鉢　上　げ

①用　土

5号鉢という限られた土の中できれいな花を咲かせるためには，なんといっても用土が重要である。牛ふん堆肥を1年間堆積して充分に発酵のすんだものを基本に，腐葉土，籾がらくん炭，ようりん，そして赤土（関東ローム層），外国産培用土など混合してつくる。ポットマム

短茎種は長め（展開葉3～4枚をつけて約8～9cm），中長茎種は短め（展開葉2枚をつけて約7～8cm）にとる。短茎種は平均的に早生種なので，挿し穂は長めのほうが仕上がりがよくなる。例はバーミリオン，ラブ，スプレー系のデージーゴールド，デージーサンゴ，デージールビー，スパークなど

中長茎種の例は，パラゴン系，ホステス，スプレー系のゴールデンスプーン，デージースノー，デージーブロンズなど

第3図 品種による挿し穂の長短

鉢もの　生産者事例

第1表　わい化剤散布表（B-ナイン使用の場合）

	品　種　名	草丈	散布濃度	散布回数
ポットマム	イエローパラゴン	中茎種	200倍	2回
	イントレバイトゴールド	短茎種	〃	〃
	ダークイエローパラゴン	〃	〃	〃
	ジャスミン	中茎種	〃	3回
	パラゴン	〃	〃	2回
	バーミリオン	短茎種	300倍	〃
	フェスティバル	中茎種	100倍	3回(効果小)
	ホステス	〃	200倍	3回
	ラブ	短茎種	〃	1回
	ピンクレディ	中茎種	〃	2回
スプレーマム	デージーゴールド	短茎種	〃	〃
	ゴールデンスプーン	長茎種	〃	3回
	デージースノー	〃	100倍	〃
	デージーサンゴ	短茎種	200倍	1回
	デージーブロンズ	中茎種	〃	3回
	スパーク	短茎種	〃	2回
	サーカス	〃	〃	〃
	デージールビー	〃	〃	〃

はキクの仲間であるから，弱酸性の土を好むのでpH5.5～6.5以内でおさめる。この範囲の酸度であれば，これが原因で生育障害を起こすことはない。

肥料分としては，腐葉土をつくるときに油かすを混合して腐敗を促進するから，その肥料分が多くなっている。植物にとってよい用土とは，根が充分に養分を吸収し，健やかに生長できる条件をもっていることである。

保水力があって，しかも排水性のある用土だが，なかなかこのような用土をつくることは困難なので，少しでもこの条件に近いものを求めている。

②鉢上げ

苗の生育が均一なものをプラスチック白5号鉢に5本単位でそろえる。発根状態や草丈を見て，同じ程度のものを植え付けないと仕立て上がりがよくない。この季節は1年で最も気温の高いときだから，鉢上げしたものは1週間ほど遮光50～80％の場所で管理する。鉢の間隔は苗の葉がふれ合わない程度にしておき，かん水は1日に3～4回葉水程度に水を与える。遮光下ではあまり乾燥しないが，しおれるようならば充分に与える。しかし鉢土を過湿にすると初期の根の活着が遅れる。

（4）鉢上げ～開花期の管理

①摘心

鉢上げ後1週間ほどで活着し新芽が伸び始めたら摘心を行なう。品種によって新芽の伸びがおそくなるものや，反対に徒長しやすいものもあるから常に観察し，適期にピンチを行なう。基本的に1鉢5本の各株の高さを揃えて，未展開葉2枚を残して摘心をする。そのさい，爪で摘まないで親指の腹で押すようにして折るのがポイントである。分岐性の悪い品種は特に弱く摘心をするので細かい作業が必要になる。

②わい化剤処理

ポットマムの栽培はわい化剤の開発によって可能になったといえる。草丈は一般に鉢の高さの2～2.5倍が理想とされている。鉢の形式などによって違うが，5号鉢の場合は底面より35cmまでとし，これに近いほどボリュームがあって良質な鉢花とされる。短茎種でも長茎種でもわい化剤の感度（効果の良否）違いなどを考えてわい化剤を上手に使うことにより，どの品種も同じ高さに調節できる。

わい化剤にはいろいろな種類があるが，私は最も効果的で使いやすいダミノジット剤（B-ナイン）を使用している。濃度，処理回数は第1表を基本にする。散布は晴天の日の早朝か夕方，または曇天の日に行なって，直射日光の強い日中はさける。

わい化剤処理のポイントは次の点にあるから注意を払いたい。

1．品種のわい化剤に対する感度
2．品種の特性
3．わい化剤の効果期間
4．散布のタイミング
5．濃度と散布回数

③かん水

鉢上げ後は摘心するまで，乾燥しないように1日に3回，葉水程度として根の活着をすすめる。摘心後は鉢の間隔を広げ遮光資材をとり除くから直射日光が強く当たるので，天気のよい

日にはたっぷりと2回かん水する。9月は残暑の季節だから，たっぷりとかん水することにより生育も旺盛になる。このころから，かん水と同時に800倍の液肥を3日に1回の割合で混合かん水を行なう。

また，この時期に自動かん水装置にセットする。間隔は35cm×30cm（チューブからたこ足かん水）とし，他の生産者よりも鉢の間隔は広く通風もよくし，葉張りのあるポットマムをつくる。この装置を使用して，今までと同じ程度のかん水を行なう。

10月に入ると液肥の回数を2日に1回の割合にし，草姿も大きくなるので1回のかん水量は200～230ccを目安に与え，晴天の日には2回行なう。このようなかん水は出荷までつづける。

この装置は栽培当初から使用しているが，省力はもちろん，水量の節約ができる長所もある。しかし，鉢の表面より点の状態で水が流れるから鉢土の中に水脈ができ，一定のところを水が流れてしまい底面より早く流亡して鉢の表面が乾燥するので，ダニの発生も多い。これは1週間に1回は葉面かん水することによって予防できる。

④施　　肥

ポットマムの植物体は弱酸性の土と空気を好む。用土の中の腐葉土などの有機質が各種の微量要素を補ってくれるから，施肥は摘心後に，置肥として10－10－10の固形肥料を1鉢に7～10粒を鉢土の表面に置く。その間，かん水と同時に10－4－8の液肥の800倍を生育前期には3日に1回，後期には2日に1回の割合で使用している。Nが多いと過繁茂になるから，葉に厚みと照りがあって，葉柄が短くピンと立っているような葉をつくり，光合成能力のある草姿に仕上げるようにする。

⑤病害虫防除

防除作業はポットマムづくりのなかで一番重要な事項である。中心は，前述のように白さび病をいかに発生させないようにするかである。親株の梅雨期，出蕾期の秋雨の時期に集中的に白さび病の防防を行なう。散布する薬剤はバイコラール水和剤，マンネブ水和剤，ラリー乳剤

第4図　栽培のようす

で，これをローテーションする。以前はプラントバックスで防除したが，今ではほとんど効果がないように思われる。

摘心後の新芽にホコリダニの発生が多く，高温，乾燥のときに多く発生する。これに対しては同一薬剤を連用せず，数種の殺ダニ剤を葉裏に充分に散布する。その他の害虫はそれぞれ適合する薬剤を散布する。

（5）出　　荷

現在は，予約生産の直売が80％，市場出荷が20％の割合で生産している。予約生産は価格が事前に決定して安定している。直売の場合はお客様の好みが毎年のように変化して，近年はスプレーマムを求める人が多く，色彩的にはピンク，黄色などパステル調の色が好まれてきている。過去には市場出荷を中心とした生産体系で，永年にわたり同一市場に出荷して信頼を高め，いつでも最高の価格で取引されていた。当時は500円/鉢ほどの価格であったから，良質品の生産を心がけることができた。

（6）生産性向上対策と今後の課題

①ポットマムの問題点

ポットマムは，営利生産を目的に開発された園芸品種なので，周年栽培が可能である。早咲きのシェード栽培，自然開花の季咲き栽培，遅く咲かせる電照栽培など各種の栽培体系が確立されている。しかし，長所ばかりでなく，いくつかの問題点も出てきた。

まず白さび病に弱いことである。品種の育成

鉢もの　生産者事例

地がアメリカの温暖な乾燥地帯であるため、日本のような気候の地帯では白さび病が多発する。有望な品種があっても病気に弱ければ耐病性品種に栽培が限定される。特効薬もないので予防対策に苦慮しているのが現状である。

ポットマムは1茎1花の八重咲きであるから、摘蕾作業に多大の労力を要し、生産者は規模拡大には限度がある。昭和55年以後、生産量が減少しているのは、消費者の好みの変化、鉢花生産の多様化という背景もあるが、生産上の問題点も見逃せない要因である。

②耐病性品種の開発

日本に導入されて30数年、ポットマムは比較的新しい園芸品種である。日本古来の仕立て方と異なり室内に飾るのにふさわしい仕立て方、加えて豊富な色彩が新鮮なイメージとなって日本人をとらえた。一時期、全国各地で盛んに栽培されたが、その後生産量は減少している。日本人はキクの花に対する愛着心が強いほうだが、消費が秋の一時期に集中し、そのほかの季節には消費が落ちるという傾向が見られる。ポットマム本来のゴージャスな花形、色彩の品種にも根強い人気があるが、白さび病に弱いのが致命的な欠点であるから、薬剤だけでなく病気に強い遺伝子をもった品種の開発、選抜が課題である。

③スプレーマムとクッションマム

ポットマムの抱えている問題点を考えると、今後は摘蕾を必要とせず、しかもより洋風のイメージの強いスプレーマムを中心とした小輪、多花の品種が支持される傾向がつづくと思われる。スプレーマムはどの品種も比較的白さび病に強く、一年中どこにでも飾れるのが大きな魅力である。このようなスプレーマムと同じ仲間のヨダーマムが近年、各地で栽培されるようになり、いままでになかった草姿で平面的な広がりをもち、日射しの弱い室内でも充分に花を楽しめる品種が導入され、消費者によろこばれている。スプレーマムの品種も多くなり、種苗会社や育種家などの間で積極的に研究開発がすすめられているので、切り花用や小ギク、風車菊系統から新品種が開発される日も近いと思われる。

生産面での省力化という点では、やはり洋菊の一つであるクッションマムも魅力的である。春に種をまけば10月に開花する小ギクで、無摘心栽培が可能である。アメリカでは花壇によく利用されているが、丈夫で、鉢植えにも向く。クッションマムの改良しだいでは、労働力を必要としないポットマムづくりが可能かもしれない。

日本はキクの種類では世界一である。品種改良と仕立て方の工夫によっては、現在あるポットマムよりさらに素晴しい鉢花が実現できると思われる。

▶住所など　東京都羽村市羽中4－1－3
　　　　　　羽村　宗夫（57歳）
　　　　　　ＴＥＬ　0425－54－2346
〈執筆〉　羽村　宗夫（本人）

1995年記

長野県南安曇郡三郷村　飯島　俊一

〈ポットマム（ヨダーマム）〉2〜11月出荷

パテント品種利用，年3回転の施設利用

―調整ピート利用，輸入苗を密閉挿し，電照とシェードによる生育調節―

1. 経営と技術の特徴

（1） 地域の状況と課題

長野県南安曇郡三郷村は，長野県の中部「安曇野」と呼ばれる風光明媚な北アルプスの麓に位置し，イネと果樹を中心とした農業が盛んな農村地域である。

近年，松本市のベッドタウンとして人口増加が著しく，急速に混住化がすすんでおり，人口約16,000人は県内では一番人口の多い村である。

標高は約600mで，内陸盆地のため気温の較差が大きく，降水量は少なく日照時間の多い内陸性気候である。長野県下にあっては冬期間も晴天が多く，比較的積雪は少ない。

交通は，松本市と糸魚川を結ぶ国道147号線とJR大糸線や，広域農道が南北に走っており，長野自動車道豊科インターへも約10分と，輸送には恵まれた条件下にある。

飯島さんは，長野県鉢花園芸組合に所属しているが，県内にはほかにヨダーマムの生産者はいないので，販売は独自に行なっている。

（2） 飯島さんの経営と技術の特徴

飯島さんの経営は，ポットマムのほかにイネを120a栽培しているが，ほとんど鉢花専業経営である。

施設は，総合施設資金で平成4年に建設した鉄骨ハウスと平成元年に建設した鉄骨ハウスと

■経営概要

経営　キク鉢花専業
気象　年平均気温10.4℃，8月の最高気温の平均30.2℃，1月の最低気温の平均−6.1℃，年間降水量1,100mm
用土　調整ピートモス（プロミックスBX）単用
施設　硬質ビニルハウス2棟2,908m²，ビニルハウス1棟330m²。いずれも加温・電照・シェード設備
品目・栽培型　キク（品種：ヨダーマム10品種）
　平成6年度：定植（苗導入）11〜8月，出荷2〜11月。出荷量12万鉢，年間17回
苗の調達法　ヨーダー社からの輸入苗を購入（挿し穂）
労力　家族（本人，妻，母）3名

パイプハウスの合計3棟，総面積3,238m²でポットマムを栽培している（第1，2図）。自宅と3棟の施設が隣接しており，効率は大変よい。

労力は，本人，妻，母の3名の家族労働で，雇用はいない。

第1図　栽培施設の外景

鉢もの　生産者事例

第2図　施設内のようす。シェードと電照の施設がある

飯島さんは，奈良のポットマム栽培農家へ約1年間先進農家留学研修をした後，昭和47年からポットマムの栽培を行なっている。

既存のポットマムの販売が低迷するなかで，新しいポットマムとしてヨダーマムを知り，生産者と業者や問屋・市場とのセミナーを機会に，7名の生産者で平成4年に試作が始まっている。平成5年から実用的栽培に入っており，本年で3年目を迎えている。

飯島さんは，平成4年当時から現在まで，研究会組織である「ヨダーマム倶楽部」の会長を務めている。

ヨダーマムの最大の特徴は，品種と苗にある。ヨダーマムとは，従来のポットマムとはひと味違ったイメージで販売するために，飯島さんたちが名づけた呼び名であり，販売戦略のひとつである。

全品種パテント品種で生産契約を輸入業者（J＆Hジャパン）と契約した生産者でなければ栽培できない。また，栽培においても増殖および親木の保持などが禁止されており，限定生産により生産者等の保護を図っている。

品種は従来のポットマムに比べて，花色がカラフルで花型も近代的であり，生育が旺盛でよく分枝し，鉢ものとしてのバランスがよいことが上げられる。これらの品種はアメリカのヨーダー社のパテント品種で，最近発表された新品種である（第1表）。

また，従来の5号鉢主体の生産から4号鉢主体に替えたことと，親株床が不要なことにより，1作当たりの鉢数が倍増でき，施設の回転も平均3回転できることから年間出荷鉢数も大きく増加している（第2表）。

第1表　品種名と割合

品種名（花色）	2～7月出荷	9～11月出荷
ミラマー　　　　　　（黄）	27%	21%
ピコ　　　　　　　　（黄）	9	7
ラプチャー　　　　（赤紫）	18	14
ピンクブラッシュ　（ピンク）	18	14
オレンジブラッシュ（オレンジ）	9	7
ホワイトブラッシュ　（白）	9	7
ダークアキラ　　　（ピンク）	9	7
ホワイトダイヤモンド（白）	―	7
フォンタナ　　　　　（黄）	―	7
ペレー　　　　　　（複色）	―	7

第2表　平成7年度のキク出荷時期別栽培鉢数（予定）

定植期	出荷期	出荷鉢数		
		4号	5号	7号
11月中旬	2月下旬	9,000	500	
11月下旬	3月上旬	9,000	500	
12月中旬	3月下旬	9,000	500	
12月下旬	4月上旬	9,000	500	
1月中旬	4月下旬	9,000	500	
1月下旬	5月中旬	9,000	500	
2月上旬	5月下旬	9,000	500	
2月下旬	6月上旬	9,000	500	
3月上旬	6月中旬	9,000	500	
3月下旬	7月上旬	9,000	500	
4月上旬	7月中旬	9,000	500	
4月中旬	7月下旬	9,000	500	
6月上旬	9月上旬	8,000		700
6月中旬	9月中旬	8,000		700
6月下旬	9月下旬	8,000		700
7月上旬	10月中旬	8,000		700
7月下旬	10月下旬	8,000		700
8月上旬	11月中旬		2,000	
18回	18回	130,000	8,000	3,500

2. 栽培体系と栽培管理の基本

(1) 生長・開花調節技術の体系

育苗は，挿し穂がケニアから空輸されてくるために親株の管理や挿し穂の採取といった作業が全く不要である。第4図のように，挿し穂は10本束で25束（250本）が1袋に入っており4袋（1,000本）が品種ごとに1箱に詰められている。この挿し穂には，すでに発根促進剤が粉衣処理されており，生産者はただ，挿し芽を行なえばよい。

価格は輸入量によって変動するが，現在は1本当たり20円で苗を導入している。

また，仕上げ鉢に直接挿し芽を行なう栽培方式によって，育苗管理を大幅に合理化していることも大きな特徴で，規模拡大を可能にしている。挿し芽は，直接仕上げ鉢に挿し芽したものをベンチに並べ，その上を農ポリで覆って密閉し，7～10日間そのままにして発根させる密閉挿しを行なっている（第5図）。

夏場は，ムレや日焼け防止として，さらに白色の保温マットを農ポリの上に被覆している。この密閉挿しは，ヨーダー社の生産方式で従来の挿し芽方法と全く異なり，省力化に役立っている。

(2) 品種の特性の見方と活用

ヨダーマムは，現在16品種が発表されているが，飯島さんのところでは試作を含めて10品種が栽培されている（第1表参照）。

それぞれ，花色や花型に特徴があり，組み合わせて生産をすることによってバラエティーに富んだ出荷を可能にしている。第6図のような色バランスで出荷を行なっており，色合わせを

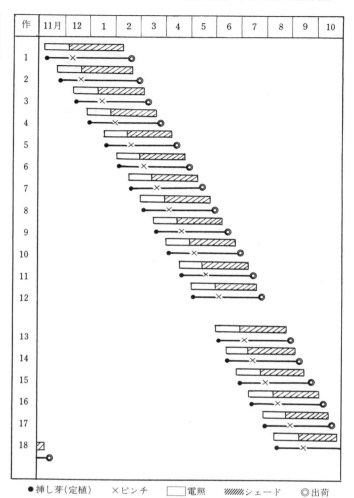

●挿し芽(定植)　×ピンチ　□電照　////シェード　◎出荷

第3図　主要作型の管理プログラム

第4図　空輸されてきた苗

鉢もの　生産者事例

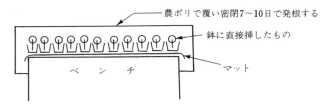

第5図　密閉挿しの方法

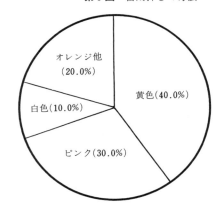

第6図　色別割合

考えた品種導入を行なっている。

ヨダーマムは，花色がカラフルで花型も近代的であり，生育が旺盛で分枝が多く病害にも強い。鉢ものとしてのバランスもよい新しい品種なので，品種選定は今のところ特に問題となっていない。

（3）環境管理と養水分管理のポイント

苗の導入が2週間ごとに18回と長期にわたるため，安定した品質の製品を出荷するには環境管理をいかに行なうかが重要であり，季節による変動を最小限にとどめ，一定のサイクルでそれぞれの作ができるように環境管理を行なうことがポイントである。

養水分管理も同様に，年間一定の品質の出荷を目標に，生育に応じたコントロールを行なう必要がある。

3．栽培管理の実際

（1）植付け〜栄養生長期

①この時期の生育目標と栽培管理の要点

挿し芽から発根して密閉挿しの農ポリを除去するまでは7〜10日，その後約14日でピンチを行ない，ピンチ後7日電照するので，栄養生長期間は約1か月である。年間を通して一定のペースで安定生育させることが生育目標であり，特に草姿を整え分枝の発生をよくするわい化剤の使用方法と電照・肥培管理などが大きなポイントになる。

前述のとおり，親株の選抜，親株管理，育苗といった管理は生産者段階では不要であり，全く行なっていない。

②栽培管理の実際，作業の注意点

挿し芽（定植）　挿し芽は，仕上げ鉢に直接挿すことによって定植を兼ねている。4号鉢は1鉢に1本，5号鉢は1鉢に4本，7号鉢は1鉢に7本挿している（第7図）。

用土は，プロミックスBX（調整ピートモス）100％であり，挿し芽の前日までにミキサーで攪拌し，ポッティングマシンで土詰めをしておき，延べ2日で1万本以上の挿し芽を終わらせている。

従来の定植では，発根苗を扱うために相当労力が必要であったが，ヨダーマムでは鉢上げ作業が不要のために大幅に省力化できている。

わい化剤の処理　ポットマムの草姿は，コンパクトで鉢の大きさとのバランスが重要で，わい化剤の使い方が大きなポイントである。

ヨダーマムは，ヨーダー社の生産方式としてB−ナインを挿し芽後に，約1,500ppmの薄い濃度で処理し，発根後密閉挿しの農ポリを除去2日後に2回目の処理を約3,000ppmで行ない，

第7図　4号鉢（1本挿し）と7号鉢（7本挿し）

さらにピンチ後7〜10日後に3回目を約3,000ppmで行なっている。

その後ようすを見ながら、品種や天候によって異なるが、さらに7〜10日おきに3〜4回、約3,000ppmで、合計6〜7回B－ナイン処理を行なうことが特徴である。ピンチ前の2回の処理によって分枝の発生をよくし、低濃度多回数処理によってバランスのとれた草姿に仕上げるようにしている。

わい化の目安としては、鉢の高さの1.5倍の大きさがバランス的によいので、4号鉢は約20cm、5号鉢・7号鉢は25〜30cmを目標にわい化剤の処理を行なっている。

日長調節：電照 栄養生長と花芽分化をコントロールし、開花を揃えるとともに計画生産を行なうために、日長調節を電照とシェードで実施しており、キクの長期連続栽培には欠かせない栽培管理である。

基本的には、挿し芽時点から電照を開始し、ピンチ後7日くらいまで行なっている。品種や鉢の大きさによって草丈の長い品種は、ピンチ後3〜5日、大鉢はピンチ後7〜10日というように日数をかえて電照を行なっている。時期によっても若干電照日数を変えているが、年間通して電照は行なっている。

電照のやり方は、100w球を2m間隔にベッドの中央部分の上につるし、夕方から午後10時くらいまで、日長の長いときは2〜3時間、日長の短いときは4〜5時間電照している。特に6〜7月については、電照なしでもよいと思われるが、苗が赤道直下のケニアからくるためにヨダーマムでは電照を行なうようにしている。

施肥管理 施肥では、元肥を施用していない。これは、用土として用いている調整ピート（プロミックスBX）が肥料分をほどよく含有しており、元肥が不要なためである。追肥は飯島さんの独特な方法として、硝安と塩化カリをあらかじめ水に溶かしておき、これを各100ppmでかん水のつどいっしょに施用している（第3表）。このほかには、大塚ハウス液肥5号を水

第3表 肥料名と成分

区分	肥料名	成分(N－P－K)	施用量(kg)	備考
元肥	なし	－	－	用土（プロミックスBX）のみ
追肥	硝安	34－0－0	0.29	水1t当たり かん水のつど(100PPM)
追肥	塩化加里	0－0－60	0.17	水1t当たり かん水のつど(100PPM)
追肥	大塚ハウス5号	6－0－9	0.03	水1t当たり

1t当たり30g入れ、鉄、マンガン、ホウ素などの微量要素の補給を行なっている。これは、主に単肥を使うことによって肥料代を安価にできることと、微量要素の欠乏を防止できる利点がある。

この方法では、かん水といっしょに施用する肥料の濃度はECで0.9〜1.0である。また、鉢から出る排液のECは0.5〜0.7を目安に管理している。

かん水 かん水方法は、主にはベンチの上にマットを敷いて、その上にパイプを配管し、バルブの開閉によって自動かん水を行なっている。挿し芽の直後は手かん水で上部かん水をしているが、マットがあることによって、均一な水分管理とかん水の省力化が図られている。

温度管理 高温期は、できるだけ日中25℃以下になるように換気と、ラブシートのカーテン張りによる遮光を行なっている。低温期は夜間最低16℃以上を目標に、暖房機による加温を行なっている。

病害虫防除 キクの一番の大敵は白さび病であるが、ヨダーマムでは今まで発病していないため、白さび病の防除は行なっていない。これは苗からの持ち込みがないことと、性質が丈夫なためと考えられ、以前のポットマムでは苦労していたがヨダーマムにしてからは白さび病から解放されている。他の病害もほとんど発生しないので、病害防除は特に行なっていない。

害虫は、アブラムシ、ハダニ、ハモグリバエなどがときどき発生するので、発生初期にアドマイヤー水和剤2,000倍やダニトロンフロアブル1,000倍などで防除を行なっている。作型によっては全く無防除でもできてしまうこともあ

鉢もの　生産者事例

第8図　ピンチ後，シェードに入る前の姿

り，多くても2回防除を行なうだけである。

本年は，ハモグリバエの発生が多く，被害葉の除去を実施している。

③生育判断の目のつけどころと対応

葉の大きさや葉色，分枝の出ぐあい，草丈，生育ムラを見て生育の良否を判断している。

生育が悪い場合は液肥やB－ナインを差をつけて施用することによって均一化を図っている。

（2）花芽分化・発達～出荷期

基本的に栽培管理は，栄養生長期間と大きく変わる点はシェード（短日処理）管理のみであり，他のかん水・施肥・温度管理などの管理方法は栄養生長期間とほとんど変わらない。

シェードは，電照打切り後ただちにシェード室へ入室し開始している（第8図）。

シェード室はシルバーで上部・周囲を完全に囲って光を遮断できるようになっている。

シェードのやり方は，午後5時30分～午前7時ころまで10.5時間日長になるように，シルバーで囲って花芽分化を促進している。

シェード室は大型ハウスを使っており，次々と生育ステージの異なったものが入ってくるので，出荷まですべて同じシェード管理を行なっている。

この方法で今のところ柳芽などの障害は特に出ておらず，日長操作はほぼうまくいっている。

（3）出荷の工夫

日照不足時や高温期には，花色が鮮明に出ないので苦労しているが，基本的には注文品を除いて，色合わせをして出荷している。1例として，4号鉢の場合1トレイ（11鉢）に，黄色5鉢・ピンク3鉢・白色1鉢・オレンジ他2鉢といった色合わせをして市場へ出荷している。

また，ピンク・オレンジ系は白色の鉢を使い，黄色・白色系は茶色の鉢を使い，鉢の色を使い分けることによって，花色が引き立つように工夫している。

一鉢ごとに品種名とヨダーマムの説明を書いた指定のラベルを付けて，セロハンのスリーブに入れて出荷している（第9図，第10図，第11図）。

出荷の等階級は特に設けていないが，徒長したものや下葉枯れ，虫害などの障害のあるものは，B級として別に出荷している。

主な取引市場は，フラワーオークションジャパン，名古屋日観，山梨園芸，第一花き，東京蘭葉，荻窪園芸，清水生花，長野中央園芸などで，方面別には関東方

第9図　出荷直前の姿

第10図　専用ラベル

面70%，中京方面20%，長野県内ほか10%となっている。

平均単価は，平成6年度には4号鉢で約170円，5号鉢で約400円，7号鉢で約1,700円であった。

（4） 生産性向上対策と今後の課題

ヨダーマムは新しいポットマムとして，生産者の間では一定の評価を得ている。現在，全国で「ヨダーマム倶楽部」の会員は35名に増加し，各地で生産に取り組んでいる。

しかし，市場・小売店・消費者にはそのよさがまだ充分理解されておらず，消費もあまり伸びているとはいえない。今後，ヨダーマムのよさ，特に室内に長期間置いても観賞でき，花色があせずに花持ちがよいことなどを積極的にPRし，消費拡大を図っていきたい。

また，経営面ではより一層のコスト低減やロス率の低下を図り，ポットマム経営の長期安定化を目指していきたい。

第11図　出荷時の姿

▶住所など　長野県南安曇郡三郷村明盛4027
　　　　　　飯島　俊一（46歳）
　　　　　　ＴＥＬ　0263—77—4448
　　　　　　ＦＡＸ　0263—77—4448

〈執筆〉　大島　誠（長野県南安曇農業改良普及センター）

1995年記

索　引

あ

亜鉛過剰……………………… 520
亜鉛欠乏……………………… 520
赤玉土………………………… 127
秋ギク…… 159,597,600,617,663,881
朝採り………………………… 487
アジャストマム……………… 491
後処理剤……………………… 448
新神…………………………… 683
暗期…………………………… 300
暗期中断………………… 289,316
アンチフロリゲン…………… 291
EOD-FR…………………… 284,319
ＥＯＤ変温管理……………… 701
イオンビーム………………… 99
育種………………………… 口絵1,87
育種目標……………… 105,111,119
萎縮そう生症………………… 521
移植器………………………… 364
一斉機械収穫………………… 417
一斉収穫……………………… 411
岩の白扇………………… 94,535,637
インドネシア………………… 79
ウイルス…………… 口絵11,354,576
ウイロイド………… 口絵11,354,576
AFT 遺伝子…………………… 300
エスレル処理……………… 612,867
エセフォン…………………… 341
エチレン……………… 442,457,467
LED…………………… 279,307,431
遠赤外線利用………………… 132
遠赤色光照射………………… 319
黄斑症………………………… 543
オオタバコガ………………… 559
大苗直挿し…………………… 725
親株養成…………… 536,637,782
オランダ………………… 59,65,71
温度管理……………………… 201
温度反応……………………… 149

か

開花・結実相………………… 196
開花液組成…………………… 458
開花斉一性…………………… 424
開花処理液…………………… 456
開花処理室…………………… 461
開花遅延………………… 219,666
開花調節……………………… 459
開花特性……………………… 33
開花日………………………… 455
開花抑制………………… 329,330
回転率………………………… 456
界面活性剤…………………… 458
夏秋ギク…… 111,153,220,331,342,
601,611,629,875,637
夏秋小ギク…………………… 843
花熟相………………………… 187
花成制御……………………… 298
花房形状……………………… 394
カリ過剰……………………… 518
カリ欠乏……………………… 518
カルシウム過剰……………… 519
カルシウム欠乏……………… 518
感応相………………………… 187
寒ギク…………………… 163,881
環境制御………………… 54,727
感光相………………………… 140
寒小ギク……………………… 166
韓国…………………………… 76
貫生花…………………… 219,531
キク切り花輸出入…………… 59
キク切り花輸入……………… 88
キクスタントウイロイド…… 662
キク属植物…………………… 17
奇形花…………………… 535,652,653
季咲き栽培…………………… 155
切り花栄養剤………………… 449
切り前…………………… 口絵6
近縁野生種…………………… 20

か (続き)

首曲がり症…………………… 529
クリサンセマム……………… 11
クリバネアザミウマ………… 573
暮植え………………………… 910
クロゲハナアザミウマ
　　　　　　　　口絵12,575
蛍光灯………………… 279,307,429
系統選抜……………………… 108
限界日長……………… 141,164,289
原産…………………………… 11
高温開花性…………………… 856
高温障害………………… 219,324
高温遭遇……………………… 207
抗菌剤………………………… 458
光源…………………………… 303
交雑育種……………………… 120
光質…………………………… 301
光周性…………………… 213,283
光周性花成…………………… 298
高所ロゼット………………… 170,342
購入苗………………………… 51
極暖地………………………… 885
コジェネレーション………… 269
コスト削減…………………… 429

さ

採花日表示…………………… 487
再電照………………………… 329,649,
　　　　　667,685,686,687,689,859
咲ききり保証………………… 488
さし穂………………………… 129
さし芽育苗…………………… 128
酸素発生剤…………………… 132
サンティニ……………… 65,93,120
シェード栽培…… 156,203,322,672
直挿し… 口絵4,50,379,648,784,801
湿式輸送……………………… 470
ジベレリン…………………… 339
遮光カーテン………………… 135
収穫ステージ………………… 458

周年栽培………………………47	窒素過剰………………517	は
周年生産………… 48,63,108,120	窒素ガス障害……………517	
秀芳の力………215,591,595,94	窒素欠乏………………517	灰色かび病……………485,660
出荷規格…………………41	中国………………………76	排熱回収装置……………430
趣味ギク…………………127	調製………………………53	培養土……………………127
瞬間水揚げ剤……………450	直接短日定植法…………373	ハウス半促成栽培………872
省エネ栽培………………817	蕾切り……………………411	白熱電球…………………279
省エネ電球………………431	DNAマーカー育種………121	ハスモンヨトウ…………563
消費者ニーズ……………807	低温開花性…………122,429,683	ハダニ類……………口絵12,567
植物活力剤………………133	低温処理…………………207	波長………………………301
植物成長調整剤…………854	低温輸送…………………438	発育相…………………139,187
植物ホルモン……………458	低コスト…………………795	発根促進処理……………388
白さび病………口絵10,551,864	定植機……………………359	発根日数…………………393
人工光源…………………279	ディスバッドタイプ……749	発蕾日数…………………818
心止まり症……………341,523	ディスバッドマム	花色…………………………98
神馬……………94,663,759	……………口絵16,98,119,807	花型…………………………32
神馬2号………273,429,675	DIF………………211,252	花形……………………98,122
スプレーフォーメーション	摘心……………131,365,648	花束加工…………………473
…………………850,781	鉄過剰……………………519	花芽形成相………………191
生育調節剤………………339	鉄欠乏……………………519	花芽分化…………………307
精雲……………94,591,596,629	電照………………………45	花芽分化抑制……………307
精興の誠……………94,543	電照用光源………………55	葉の黄化…………………468
成熟相…………………141,187	電照抑制…………………923	葉焼け……………………652
精の一世……94,273,647,759	電照抑制栽培……46,157,600,875	半無側枝性………………683
舌状花…………………18,329	伝来………………………13	ヒートポンプ暖房…………53
染色体数…………………17	銅過剰……………………520	ヒートポンプ夜冷…………53
鮮度……………………441,487	到花日数………………853,857	ビーナイン……………132,342
ソイルブロック育苗……357	胴切り……………………133	光応答……………………283
早期開花…………………219	銅欠乏……………………520	光環境……………………303
促成栽培………………47,156	糖質………………………456	光照射……………………303
	冬馬………………………686	日持ち…………………441,484
た	突然変異育種………99,121	日持ち保証……………56,479
	トリジェネレーション……269	日持ち保証販売…………484
タイ………………………79		病害虫抵抗性…………107,122
耐候性LED………………833	な	平張施設………………888,931
耐暑性……………………122		肥料障害…………………135
耐倒伏性…………………426	苗生産分業………………353	肥料費……………………433
台風対策…………………886	夏ギク……………147,341,872	品質保持………………437,479
台湾………………………77	日長調節…………………51	品質保持剤……………442,469
タバコガ類………………559	日長反応…………………147	品種構成……………………53
短茎………………………501	二度切り……50,395,339,672,692	フィトクロム……………290
短茎多収栽培……………431	二輪ギク…………………741	フィリピン…………………78
炭酸ガス……54,67,345,727,733,807	ネグサレセンチュウ類……565	フォーメーション………898
短時間変温処理…………251	ネットハウス栽培………881	不萌芽……………………650
暖房コスト………………787	根づまり…………………130	フルブルーム…………491,749
暖房費……………………429		

フロリゲン……………… 291	無加温栽培……………… 329	予冷………………… 438,451
分枝性………………………35	無加温ハウス栽培………… 881	
ベトナム………………………75	無側枝性… 649,684,686,687	**ら**
べと病……………………… 661	無側枝性品種……………… 431	リアルタイム診断………… 403
変温管理…… 205,251,430,815,825	無摘心………………………50	リファレンステスト……… 486
扁平花……………………… 685	無摘心栽培…………… 367,391	立神………………………… 685
防蛾灯……………………… 281	芽なしギク………………… 112	量販向け…………………… 709
ホウ素過剰………………… 520	猛暑対策…………………… 134	リン酸過剰………………… 518
ホウ素欠乏………………… 520	物日………………… 55,905,923	リン酸欠乏………………… 518
ボサギク…………………… 945	モリブデン過剰…………… 520	冷房………………………… 225
圃場占有期間……………… 430	モリブデン欠乏…………… 520	冷涼地………………… 611,853
保水剤……………………… 128		連続出荷…………………… 858
ポットマム………… 939,951,957	**や**	露地栽培……………… 872,875,881
	夜間短時間冷房…………… 239	露地電照…… 600,867,897,905,905
ま	夜間冷房処理……………… 656	ロゼット……………………36
前処理……………………… 437	野生種……………… 口絵1,17	ロゼット化…………… 169,171
前処理剤…………………… 442	柳葉………………… 343,593	ロゼット相…………… 139,169
マグネシウム過剰………… 519	柳芽……………… 191,393,651	ロゼット打破………… 150,174
マグネシウム欠乏………… 519	優花………………………… 759	ロックウール育苗………… 357
増し土……………………… 134	輸送用バケット処理剤…… 448	
マレーシア……………………73	養液土耕…………… 399,433	**わ**
マンガン過剰……………… 519	幼若化……………………… 430	わい化剤処理…… 667,686,687,691
マンガン欠乏……………… 519	幼若性……………………… 181	早生性……………………… 122
ミカンキイロアザミウマ	幼若相……………… 140,177,181	
………………… 口絵12,569	ヨトウガ………… 口絵12,561	

キク苗の入手先一覧（五十音順）

名称	郵便番号	所在地	電話番号
イノチオ精興園㈱	〒726-0002	広島県府中市鵜飼町 531-8	0847-40-0201
小井戸微笑園	〒390-0803	長野県松本市元町 1 丁目 1-7	0263-33-7155
晃花園	〒431-1115	静岡県浜松市和地町 240	053-486-1669
㈲光華園	〒315-0067	茨城県かすみがうら市下佐谷 978-2-1	0299-59-2811
㈱国華園	〒594-1192	大阪府和泉市善正町 10	0725-92-2737
デュメンオレンジジャパン㈱	〒432-8031	静岡県浜松市中区平田町 60 番地 くろかねやビル	053-457-8600
㈱デリフロールジャパン	〒434-0004	静岡県浜松市浜北区宮口 4884-2	053-582-1700
南砺市園芸植物園	〒939-1552	富山県南砺市柴田屋 128	0763-22-8711
㈱豊幸園	〒496-0908	愛知県愛西市金棒町東 101	0567-32-2315
みさき園芸	〒506-0807	岐阜県高山市三福寺町 1515	057-733-5237
山手秀芳園	〒729-3111	広島県福山市新市町金丸 673	0847-53-8133

キク大事典

2017年2月20日　第1刷発行
2022年1月25日　第3刷発行

農 文 協 編

発行所　一般社団法人　農山漁村文化協会
郵便番号　107-8668　東京都港区赤坂7-6-1
電話　03(3585)1141(代)　振替　00120-3-144478

ISBN978-4-540-16176-6　　印刷／藤原印刷㈱
検印廃止　　　　　　　　　製本／㈱渋谷文泉閣
Ⓒ農文協 2017　　　　　　【定価はカバーに表示】
PRINTED IN JAPAN